ENGENHARIA DE SISTEMAS DE CONTROLE

O GEN | Grupo Editorial Nacional – maior plataforma editorial brasileira no segmento científico, técnico e profissional – publica conteúdos nas áreas de ciências exatas, humanas, jurídicas, da saúde e sociais aplicadas, além de prover serviços direcionados à educação continuada e à preparação para concursos.

As editoras que integram o GEN, das mais respeitadas no mercado editorial, construíram catálogos inigualáveis, com obras decisivas para a formação acadêmica e o aperfeiçoamento de várias gerações de profissionais e estudantes, tendo se tornado sinônimo de qualidade e seriedade.

A missão do GEN e dos núcleos de conteúdo que o compõem é prover a melhor informação científica e distribuí-la de maneira flexível e conveniente, a preços justos, gerando benefícios e servindo a autores, docentes, livreiros, funcionários, colaboradores e acionistas.

Nosso comportamento ético incondicional e nossa responsabilidade social e ambiental são reforçados pela natureza educacional de nossa atividade e dão sustentabilidade ao crescimento contínuo e à rentabilidade do grupo.

Oitava edição

ENGENHARIA DE SISTEMAS DE CONTROLE

Norman S. Nise

California State Polytechnic University, Pomona.

Tradução e Revisão Técnica

Rubens Junqueira Magalhães Afonso

Professor Adjunto do Instituto Tecnológico de Aeronáutica (ITA).

LTC

- Data do fechamento do livro: 30/06/2023.

- **Atendimento ao cliente: (11) 5080-0751 | faleconosco@grupogen.com.br**

- Traduzido de
  CONTROL SYSTEMS ENGINEERING, EIGHTH EDITION

  ISBN: 978-1-1195-9615-8

  LTC | Livros Técnicos e Científicos Editora Ltda.
  Uma editora integrante do GEN | Grupo Editorial Nacional
  Travessa do Ouvidor, 11
  Rio de Janeiro, RJ – CEP 20040-040
  www.grupogen.com.br

- Adaptação da capa: Rejane Megale
- Imagem de Capa: © Ociacia / Shutterstock
- Editoração Eletrônica: Arte & Ideia
- Ficha catalográfica

CIP-BRASIL. CATALOGAÇÃO NA PUBLICAÇÃO
SINDICATO NACIONAL DOS EDITORES DE LIVROS, RJ

N637e
8. ed.

Nise, Norman S.
Engenharia de sistemas de controle / Norman S. Nise ; tradução Rubens Junqueira Magalhães Afonso. - 8. ed. - Rio de Janeiro : LTC, 2023.
: il.

Tradução de: Control systems engineering
Apêndice
Inclui índice
ISBN 978-85-216-3827-8

1. Engenharia de sistemas. 2. Controle automático. I. Afonso, Rubens Junqueira Magalhães. II. Título.

CDD: 629.8
23-84133 CDU: 681.5

Gabriela Faray Ferreira Lopes - Bibliotecária - CRB-7/6643

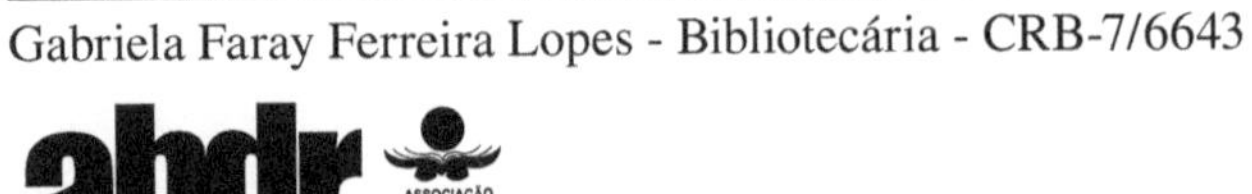

Sumário

*Materiais disponíveis *online* no Ambiente de aprendizagem do GEN, mediante cadastro.

Material Suplementar

Este livro conta com os seguintes materiais suplementares:

Material de acesso livre, mediante uso do PIN:

- Problemas
- Respostas para Problemas Selecionados
- Apêndices B a M.

Material restrito a docentes:

- Instructor Reserve Problem (conteúdo em inglês)
- Solutions to Instructor Reserve Problems (conteúdo em inglês).

O acesso ao material suplementar é gratuito. Basta que o leitor se cadastre e faça seu *login* em nosso site (www.grupogen.com.br), clique no menu superior do lado direito e, após, em Ambiente de aprendizagem. Em seguida, insira no canto superior esquerdo o código PIN de acesso localizado na orelha deste livro.

O acesso ao material suplementar online fica disponível até seis meses após a edição do livro ser retirada do mercado.

Caso haja alguma mudança no sistema ou dificuldade de acesso, entre em contato conosco (gendigital@grupogen.com.br).

Prefácio

Este livro introduz os estudantes à teoria e à prática da engenharia de sistemas de controle. O texto enfatiza a aplicabilidade do tema na análise e no projeto de sistemas com realimentação.

O estudo da engenharia de sistemas de controle é essencial para estudantes que buscam formação em engenharia elétrica, mecânica, aeroespacial, biomédica ou química. Os sistemas de controle são encontrados em uma ampla variedade de aplicações nessas áreas, desde aviões e espaçonaves até robôs e sistemas de controle de processos.

Engenharia de Sistemas de Controle é uma obra adequada para estudantes de semestres finais de engenharia e para aqueles que desejam dominar o assunto como autodidatas. O estudante que utilizar este texto deve ter concluído os cursos básicos típicos de primeiros semestres em física e matemática, incluindo equações diferenciais. O material sobre outros conhecimentos necessários, transformadas de Laplace e álgebra linear, por exemplo, está incorporado ao texto, seja ao longo das discussões apresentadas nos capítulos, seja separadamente nos apêndices. Esse material de revisão pode ser omitido sem perda de continuidade, caso o estudante não precise dele.

Principais Características

As principais características desta oitava edição são:

- Organização padronizada dos capítulos
- Explicações qualitativas e quantitativas
- **Exemplos, Exercícios** e **Estudos de Caso** ao longo de todo o texto
- **Investigação em Laboratório Virtual** e **Laboratório de Interface de Hardware**
- Ilustrações em abundância
- Inúmeros problemas para autoavaliação
- Ênfase em projeto
- Cobertura flexível
- Ênfase na análise e no projeto assistidos por computador incluindo MATLAB®[1] e LabVIEW®[2]
- Ícones para identificação dos tópicos principais.

Vamos considerar cada característica em mais detalhes.

Organização Padronizada dos Capítulos

Cada capítulo começa com uma lista de resultados de aprendizagem, seguida por uma lista de resultados de aprendizagem do estudo de caso que estão relacionados com o desempenho específico do estudante na solução de um problema de estudo de caso prático, como um sistema de controle de posição de azimute de antena.

Os tópicos são então divididos em seções numeradas e intituladas e apresentam explicações, exemplos e, quando apropriado, exercícios com respostas. Essas seções numeradas são seguidas por um ou mais estudos de caso, como será descrito mais adiante. Cada capítulo termina com um breve resumo, questões de revisão que requerem respostas curtas e experimentos.

Explicações Qualitativas e Quantitativas

As explicações são claras e completas e, quando apropriado, incluem uma breve revisão do conhecimento prévio necessário. Os tópicos são desenvolvidos com base uns nos outros e se apoiam mutuamente de forma lógica. Os fundamentos para novos conceitos e terminologia são cuidadosamente preparados de modo a evitar sobrecarregar o estudante e facilitar o estudo independente.

Embora as soluções quantitativas sejam obviamente importantes, uma compreensão qualitativa ou intuitiva dos problemas e métodos de solução é fundamental para permitir a perspicácia necessária para o desenvolvimento

[1] MATLAB é uma marca registrada da The MathWorks, Inc.
[2] LabVIEW é uma marca registrada da National Instruments Corporation.

de projetos sólidos. Portanto, sempre que possível, novos conceitos são discutidos a partir de uma perspectiva qualitativa antes que a análise e o projeto quantitativos sejam abordados. Por exemplo, no Capítulo 8, o estudante pode simplesmente examinar o lugar geométrico das raízes e descrever qualitativamente as alterações que irão ocorrer na resposta transitória, à medida que um parâmetro do sistema, como o ganho, é variado. Essa habilidade é desenvolvida com o auxílio de algumas equações simples do Capítulo 4.

Exemplos, Exercícios e Estudos de Caso

As explicações são ilustradas com clareza por meio de diversos **Exemplos** numerados e identificados ao longo de todo o texto. Quando apropriado, as seções são encerradas com **Exercícios**. Eles são exercícios de cálculo, a maioria com respostas, os quais testam a compreensão e fornecem retorno imediato. As respostas a alguns desses problemas podem ser encontradas no Ambiente de aprendizagem do GEN.

Exemplos mais abrangentes, na forma de **Estudos de Caso**, podem ser encontrados após a última seção numerada de cada capítulo, com exceção do Capítulo 1. Esses estudos de caso são problemas de aplicação prática que demonstram os conceitos introduzidos no capítulo e cada um deles termina com um problema "Desafio", sobre o qual os estudantes podem trabalhar a fim de testarem sua compreensão sobre o assunto.

Um dos estudos de caso, sobre um sistema de controle de posição de azimute de antena, é desenvolvido ao longo de todo o livro. A finalidade é ilustrar a aplicação de novos conhecimentos em cada capítulo ao mesmo sistema físico, destacando assim a continuidade do processo de projeto. Outro estudo de caso mais desafiador, envolvendo um Veículo Submersível Não Tripulado Independente, é desenvolvido ao longo de cinco capítulos.

Investigação em Laboratório Virtual e Laboratório de Interface de Hardware

Experimentos computacionais utilizando MATLAB, Simulink®[3] e Control System Toolbox são encontrados ao final dos capítulos, designados pelo subtítulo **Investigação em Laboratório Virtual**. Os experimentos permitem que o leitor verifique os conceitos cobertos no capítulo por meio de simulação. O leitor também pode alterar os parâmetros e realizar explorações do tipo "o que aconteceria se..." para ganhar maior compreensão do efeito de alterações de parâmetros e configuração. Os experimentos são apresentados com declaração de Objetivos e Requisitos Mínimos de Programas, bem como com tarefas e questões para antes, durante e após a execução dos experimentos. Dessa forma, os experimentos podem ser utilizados em um curso com laboratório que acompanha as aulas teóricas.

Os experimentos do Laboratório de Interface de Hardware estão em alguns capítulos. Esses experimentos usam a myDAQ da National Instruments para realizar a interface entre o seu computador e o hardware real, para testar os princípios no mundo real.

Ilustrações em Abundância

A capacidade de visualizar conceitos e processos é crítica para a compreensão do estudante. Por essa razão, aproximadamente 800 fotografias, diagramas, gráficos e tabelas aparecem ao longo do livro para ilustrar os tópicos em discussão.

Inúmeros Problemas para Autoavaliação

Uma variedade de problemas que permitem que os estudantes testem sua compreensão sobre o assunto apresentado no capítulo podem ser encontrados no Ambiente de aprendizagem do GEN. Os problemas variam em grau de dificuldade e complexidade, e a maioria dos capítulos inclui diversos problemas práticos da vida real para ajudar a manter a motivação dos estudantes. Além disso, alguns são problemas progressivos de análise e de projeto que utilizam os mesmos sistemas práticos para demonstrar os conceitos de cada capítulo.

Ênfase em Projeto

Projeto
P

Este livro coloca grande ênfase no projeto, sobretudo os Capítulos 8, 9, 11, 12 e 13. E mesmo nos capítulos que enfatizam a análise, exemplos simples de projeto são incluídos, sempre que possível.

Ao longo do livro, exemplos de projeto envolvendo sistemas físicos são identificados pelo ícone mostrado na margem. Os problemas para autoavaliação que envolvem o projeto de sistemas físicos são apresentados sob o título **Problemas de Projeto** e também podem ser encontrados nos capítulos que tratam de projeto, sob o título **Problemas Progressivos de Análise e de Projeto**. Nesses exemplos e problemas, uma resposta desejada é especificada, e o estudante deve calcular os valores de certos parâmetros do sistema, como o ganho, ou especificar

---
[3] Simulink é uma marca registrada da The MathWorks, Inc.

uma configuração de sistema em conjunto com valores para os parâmetros. Além disso, o texto inclui inúmeros exemplos e problemas de projeto (não identificados por um ícone) que envolvem sistemas puramente matemáticos.

Como a visualização é de extrema importância para a compreensão do projeto, este texto relaciona cuidadosamente as especificações indiretas de projeto com as especificações mais conhecidas. Por exemplo, a especificação menos conhecida e indireta de margem de fase é cuidadosamente relacionada com a mais direta e conhecida ultrapassagem percentual, antes de ser utilizada como especificação de projeto.

Para cada tipo de problema de projeto introduzido no texto, uma metodologia para resolvê-lo é apresentada – em muitos casos na forma de um procedimento passo a passo, começando com uma declaração dos objetivos de projeto. Problemas dos boxes Exemplo servem para demonstrar a metodologia seguindo o procedimento, fazendo hipóteses simplificadoras e apresentando os resultados do projeto em tabelas ou gráficos que comparam o desempenho do sistema original com o do sistema melhorado. Essa comparação também serve como uma verificação das hipóteses simplificadoras.

Tópicos de projeto de resposta transitória são cobertos de forma abrangente no texto. Eles incluem:

- Projeto por meio do ajuste do ganho utilizando o lugar geométrico das raízes
- Projeto de compensação e de controladores por meio do lugar geométrico das raízes
- Projeto por meio do ajuste do ganho utilizando métodos de resposta em frequência
- Projeto de compensação por meio de métodos de resposta em frequência
- Projeto de controladores no espaço de estados utilizando técnicas de alocação de polos
- Projeto de observadores no espaço de estados utilizando técnicas de alocação de polos
- Projeto de sistemas de controle digital por meio do ajuste de ganho no lugar geométrico das raízes
- Projeto de compensação de sistemas de controle digital por meio do projeto no plano s e da transformação de Tustin.

O projeto do erro em regime permanente é coberto de forma abrangente neste livro, e inclui:

- Ajuste do ganho
- Projeto de compensação por meio do lugar geométrico das raízes
- Projeto de compensação por meio de métodos de resposta em frequência
- Projeto de controle integral no espaço de estados.

Finalmente, o projeto do ganho para resultar em estabilidade é coberto a partir das seguintes perspectivas:

- Critério de Routh-Hurwitz
- Lugar geométrico das raízes
- Critério de Nyquist
- Diagramas de Bode.

Cobertura Flexível

O material deste livro pode ser adaptado para um curso de um trimestre ou de um semestre. A organização é flexível, permitindo que o professor escolha o material que melhor se ajusta aos requisitos e às restrições de tempo da turma.

Ao longo do livro, os métodos do espaço de estados são apresentados em conjunto com a abordagem clássica. Os capítulos e as seções (bem como exemplos, exercícios, questões de revisão e problemas) que envolvem espaço de estados são marcados pelo ícone mostrado na margem e podem ser omitidos sem nenhuma perda de continuidade. Aqueles que desejarem incluir uma introdução básica à modelagem no espaço de estados podem adicionar o Capítulo 3 no programa de estudos.

Espaço de Estados
EE

Em um curso de um semestre, as discussões sobre a análise no espaço de estados nos Capítulos 4, 5, 6 e 7, bem como o projeto no espaço de estados no Capítulo 12, podem ser cobertos em conjunto com a abordagem clássica. Outra opção é ensinar espaço de estados separadamente, reunindo os capítulos e as seções apropriados marcados com o ícone **Espaço de Estados** em uma única unidade que se segue à abordagem clássica. Em um curso de um trimestre, o Capítulo 13, "Sistemas de Controle Digital", pode ser suprimido.

Ênfase na Análise e no Projeto Assistidos por Computador

Os problemas de sistemas de controle, particularmente os problemas de análise e de projeto que utilizam o lugar geométrico das raízes, podem ser enfadonhos, uma vez que suas soluções envolvem o processo de tentativa e erro. Para resolver esses problemas, os estudantes devem ter acesso a computadores ou a calculadoras programáveis configurados com programas apropriados. Nesta oitava edição, o MATLAB e o LabVIEW continuam a ser integrados no texto como um aspecto opcional.

Muitos problemas contidos no livro podem ser resolvidos com um computador ou com uma calculadora programável. Por exemplo, os estudantes podem utilizar uma calculadora programável para (1) determinar se um ponto do plano s faz parte do lugar geométrico das raízes, (2) descobrir a resposta em frequência de magnitude e de fase para os diagramas de Nyquist e de Bode e (3) realizar a conversão entre as seguintes representações de um sistema de segunda ordem:

- Posição dos polos em coordenadas polares
- Posição dos polos em coordenadas cartesianas
- Polinômio característico
- Frequência natural e fator de amortecimento
- Tempo de acomodação e ultrapassagem percentual
- Instante de pico e ultrapassagem percentual
- Tempo de acomodação e instante de pico.

As calculadoras portáteis têm a vantagem da facilidade de acesso para trabalhos de casa e provas. Consulte o Apêndice H, disponível no Ambiente de aprendizagem do GEN, para uma discussão sobre auxílios computacionais que podem ser adaptados para calculadoras portáteis.

Os computadores pessoais são mais adequados para aplicações de cálculo mais intenso, como o traçado de respostas no domínio do tempo, lugares geométricos das raízes e curvas de resposta em frequência, bem como a obtenção de matrizes de transição de estados. Esses computadores também fornecem ao estudante um ambiente do mundo real no qual ele pode analisar e projetar sistemas de controle. Aqueles que não utilizam o MATLAB ou o LabVIEW podem escrever seus próprios programas ou utilizar outros programas, como o Program CC. Consulte o Apêndice H, disponível no Ambiente de aprendizagem do GEN, para uma discussão sobre auxílios computacionais que podem ser adaptados para uso em computadores que não tenham o MATLAB ou o LabVIEW instalados.

Sem o acesso a computadores ou a calculadoras programáveis, os estudantes não podem obter resultados significativos de análise e de projeto, e a experiência de aprendizado será limitada.

Ícones para Identificação dos Tópicos Principais

Diversos ícones identificam os assuntos abordados e o material opcional. Os ícones estão resumidos como a seguir.

MATLAB
ML

O ícone MATLAB identifica discussões, exemplos, exercícios e problemas envolvendo a utilização do MATLAB. A utilização do MATLAB é fornecida como um aperfeiçoamento e não é requerida para a compreensão do texto.

Simulink
SL

O ícone Simulink identifica discussões, exemplos, exercícios e problemas envolvendo o Simulink. A utilização do Simulink é fornecida como um aperfeiçoamento e não é requerida para a compreensão do texto.

Ferramenta GUI
FGUI

O ícone Ferramenta GUI identifica discussões, exemplos, exercícios e problemas envolvendo as Ferramentas GUI do MATLAB. As discussões sobre as ferramentas, que incluem o Linear System Analyzer e o Control System Designer, são fornecidas como um aperfeiçoamento e não são requeridas para a compreensão do texto.

Symbolic Math
SM

O ícone de Symbolic Math identifica discussões, exemplos, exercícios e problemas envolvendo a Symbolic Math Toolbox. A utilização da Symbolic Math Toolbox é fornecida como um aperfeiçoamento e não é requerida para a compreensão do texto.

LabVIEW
LV

O ícone LabVIEW identifica discussões, exemplos, exercícios e problemas envolvendo a utilização do LabVIEW. A utilização do LabVIEW é fornecida como um aperfeiçoamento, e não é requerida para a compreensão do texto.

Espaço de Estados
EE

O ícone Espaço de Estados destaca discussões, exemplos, exercícios e problemas envolvendo espaço de estados. O material sobre espaço de estados é opcional e pode ser omitido, sem perda de continuidade.

Projeto
P

O ícone Projeto identifica os problemas de projeto envolvendo sistemas físicos.

Novidades Desta Edição

A lista a seguir descreve as principais mudanças nesta oitava edição.

Problemas para autoavaliação

Aproximadamente 100 problemas para autoavaliação foram revisados.

MATLAB

O uso do MATLAB para análise e projeto assistidos por computador continua a ser integrado nas discussões e nos problemas como um recurso opcional na oitava edição. O tutorial do MATLAB foi atualizado para a Versão 9.3 (R2017b) do MATLAB, Versão 10.3 da Control System Toolbox e Versão 8.0 da Symbolic Math Toolbox.

Além disso, o código MATLAB continua estando incorporado nos capítulos na forma de caixas intituladas "Experimente".

Simulink

A utilização do Simulink para mostrar os efeitos de não linearidades na resposta no domínio do tempo dos sistemas em malha aberta e em malha fechada aparece novamente nesta oitava edição. Também continuamos a utilizar o Simulink para demonstrar como simular sistemas digitais. Finalmente, o tutorial do Simulink foi atualizado para o Simulink 9.0.

LabVIEW

O LabVIEW continua a ser integrado em problemas e experimentos. O LabVIEW foi atualizado para LabVIEW 2017.

Organização do Livro por Capítulos

Muitas vezes é útil compreender o raciocínio do autor por trás da organização do material do curso. Espera-se que os parágrafos a seguir esclareçam essa questão.

O objetivo principal do Capítulo 1 é motivar os estudantes. Nesse capítulo, os estudantes aprendem sobre as diversas aplicações de sistemas de controle na vida cotidiana e sobre as vantagens dos estudos e de uma carreira nesta área. Objetivos de projeto da engenharia de sistemas de controle, como resposta transitória, erro em regime permanente e estabilidade, são introduzidos, bem como o caminho para atingir esses objetivos. Termos novos e pouco familiares são igualmente incluídos no Glossário.

Muitos estudantes têm dificuldade com os primeiros passos da sequência de análise e projeto: transformar um sistema físico em um esquema. Esse passo requer muitas hipóteses simplificadoras baseadas na experiência que um estudante típico ainda não possui. A identificação de algumas dessas hipóteses no Capítulo 1 ajuda a compensar essa falta de experiência.

Os Capítulos 2, 3 e 5 abordam a representação de sistemas físicos. Os Capítulos 2 e 3 cobrem a modelagem de sistemas em malha aberta utilizando técnicas de resposta em frequência e técnicas do espaço de estados, respectivamente. O Capítulo 5 discute a representação e a redução de sistemas formados pela interconexão de subsistemas em malha aberta. Apenas uma amostra representativa dos sistemas físicos pode ser coberta em um livro deste porte. Sistemas elétricos, mecânicos (translacionais e rotacionais) e eletromecânicos são utilizados como exemplos de sistemas físicos que são modelados, analisados e projetados. A linearização de um sistema não linear – uma técnica utilizada pelo engenheiro para simplificar um sistema com a finalidade de representá-lo matematicamente – também é apresentada.

O Capítulo 4 fornece uma introdução à análise de sistemas, isto é, à obtenção e à descrição da resposta de saída de um sistema. Poderia parecer mais lógico inverter a ordem dos Capítulos 4 e 5 para apresentar o material do Capítulo 4 com os demais que cobrem a análise. Contudo, muitos anos ensinando sistemas de controle me instruíram que quanto mais cedo os estudantes virem uma aplicação do estudo da representação de sistemas maior será seu nível de motivação.

Os Capítulos 6, 7, 8 e 9 retornam à análise e ao projeto de sistemas de controle com o estudo da estabilidade (Capítulo 6), do erro em regime permanente (Capítulo 7) e da resposta transitória de sistemas de ordem elevada utilizando técnicas do lugar geométrico das raízes (Capítulo 8). O Capítulo 9 cobre o projeto de compensadores e de controladores utilizando o lugar geométrico das raízes.

Os Capítulos 10 e 11 focam a análise e o projeto no domínio da frequência. O Capítulo 10, como o Capítulo 8, cobre conceitos básicos para a análise de estabilidade, da resposta transitória e do erro em regime permanente. Entretanto, os métodos de Nyquist e de Bode são utilizados em substituição ao lugar geométrico das raízes. O Capítulo 11, como o Capítulo 9, cobre o projeto de compensadores, mas, do ponto de vista das técnicas de frequência, em vez do lugar geométrico das raízes.

Uma introdução ao projeto no espaço de estados e à análise e ao projeto de sistemas de controle digital completa o texto nos Capítulos 12 e 13, respectivamente. Embora esses capítulos possam ser utilizados como introdução para estudantes que prosseguirão seus estudos de engenharia de sistemas de controle, eles são úteis isoladamente e como um suplemento à discussão sobre análise e ao projeto dos capítulos anteriores. O assunto não pode ser tratado de modo abrangente em dois capítulos, mas a tônica é claramente definida e relacionada logicamente com o restante do livro.

Agradecimentos

O autor gostaria de agradecer a contribuição de professores e estudantes tanto da California State Polytechnic University, Pomona, quanto de outras partes dos Estados Unidos, cujas sugestões ao longo de todas as edições tiveram um impacto positivo nesta nova edição.

Estou profundamente grato aos meus colegas da California State Polytechnic University, Pomona, por suas contribuições às edições anteriores, em que foram reconhecidos. Suas contribuições continuam nesta edição. Meus sinceros agradecimentos se estendem ao Dr. Salomon Oldak nesta edição, que revisou aproximadamente 100 problemas.

Também gostaria de agradecer a John Wiley & Sons, Inc. e sua equipe, por mais uma vez fornecer o apoio profissional para este projeto em todas as fases de seu desenvolvimento. Particularmente, as seguintes pessoas fazem jus a um reconhecimento especial, por suas contribuições: Don Fowler, Shannon Corlis, Jennifer Brady, Judy Howarth e Mathangi Balasubramanian, da K & L Content Management.

Por suas contribuições às edições anteriores, que continuam nesta edição, meus sinceros agradecimentos são estendidos para Erik Luther, da National Instruments Corporation, e Paul Gilbert, Michel Levis e Tom Lee, da Quanser, pela concepção, coordenação e desenvolvimento dos Experimentos Virtuais, que – eu tenho certeza – irão aumentar seu entendimento de sistemas de controle. Outras pessoas da National Instruments, que contribuíram para a publicação com sucesso deste livro, são Margaret Barrett e Kathy Brown.

Por último, mas certamente não menos importante, desejo expressar minha gratidão à minha esposa, Ellen, por seu apoio, de tantas maneiras que não dá para mencionar, durante a elaboração de todas as edições. Particularmente, graças à sua verificação das páginas finais para esta oitava edição, você, leitor, deverá encontrar compreensão e não apreensão nas páginas que se seguem.

Norman S. Nise

Capítulo 1

Introdução

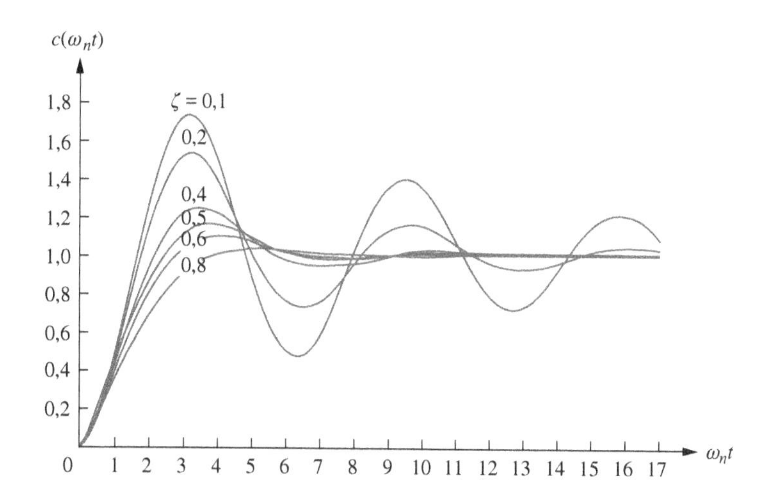

Resultados de Aprendizagem do Capítulo

Após completar este capítulo, o estudante estará apto a:

- Definir um sistema de controle e descrever algumas aplicações (Seção 1.1)
- Descrever os desenvolvimentos históricos que levaram à teoria de controle moderna (Seção 1.2)
- Descrever as características e configurações básicas dos sistemas de controle (Seção 1.3)
- Descrever os objetivos da análise e do projeto de sistemas de controle (Seção 1.4)
- Descrever o processo de projeto de um sistema de controle (Seções 1.5-1.6)
- Descrever os benefícios de estudar os sistemas de controle (Seção 1.7).

Resultados de Aprendizagem do Estudo de Caso

- Você será apresentado a um estudo de caso continuado – um sistema de controle de posição do azimute de uma antena – que servirá para ilustrar os princípios utilizados em cada um dos capítulos subsequentes. Neste capítulo, o sistema é utilizado para demonstrar qualitativamente como um sistema de controle funciona, bem como para definir os critérios de desempenho que são a base para a análise e o projeto de sistemas de controle.

1.1 Introdução

Os sistemas de controle são uma parte integrante da sociedade moderna. Inúmeras aplicações estão à nossa volta: os foguetes são acionados, e o ônibus espacial decola para orbitar a Terra; envolta em jatos de água de resfriamento, uma peça metálica é usinada automaticamente; um veículo autônomo distribuindo materiais para estações de trabalho em uma oficina de montagem aeroespacial desliza ao longo do piso buscando seu destino. Estes são apenas alguns exemplos dos sistemas controlados automaticamente que podemos criar.

Não somos os únicos criadores de sistemas controlados automaticamente; mas estes sistemas também existem na natureza. No interior de nossos próprios corpos existem inúmeros sistemas de controle, como o pâncreas, que regula nosso nível de açúcar do sangue. Em situações de estresse agudo, nossa adrenalina aumenta junto com a frequência cardíaca, fazendo com que mais oxigênio seja levado às nossas células. Nossos olhos seguem um objeto em movimento para mantê-lo no campo visual; nossas mãos seguram um objeto e o colocam precisamente em um local predeterminado.

Mesmo o mundo não físico parece ser regulado automaticamente. Alguns modelos que mostram o controle automático do desempenho de um estudante foram sugeridos. A entrada do modelo é o tempo que o estudante tem disponível para o estudo, e a saída é a nota. O modelo pode ser utilizado para predizer o tempo necessário para melhorar a nota se um aumento súbito no tempo de estudo estiver disponível. Utilizando este modelo, você pode determinar se vale a pena se esforçar e aumentar os estudos durante a última semana do período.

Definição de Sistema de Controle

Um sistema de controle consiste em *subsistemas* e *processos* (ou *plantas*) construídos com o objetivo de obter uma *saída* desejada com um *desempenho* desejado, dada uma *entrada* especificada. A Figura 1.1 mostra um sistema de controle em sua forma mais simples, na qual a entrada representa uma saída desejada.

Por exemplo, considere um elevador. Quando o botão do quarto andar é pressionado no primeiro andar, o elevador sobe até o quarto andar com uma velocidade e uma exatidão de nivelamento projetadas para o conforto do passageiro. A pressão no botão do quarto andar é uma *entrada* que representa a *saída* desejada, mostrada como uma função degrau na Figura 1.2. O *desempenho* do elevador pode ser verificado a partir da curva de resposta do elevador na figura.

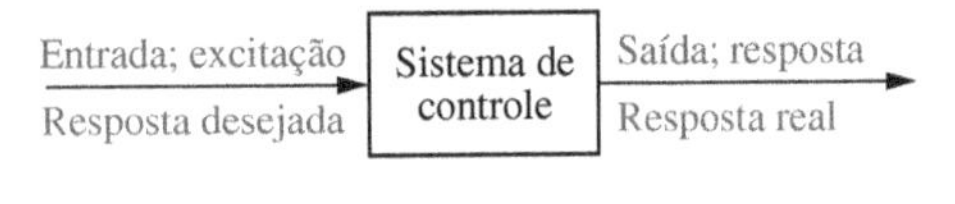

FIGURA 1.1 Descrição simplificada de um sistema de controle.

Duas das principais medidas de desempenho são evidentes: (1) a resposta transitória e (2) o erro em regime permanente. Neste exemplo, o conforto e a paciência do passageiro dependem da resposta transitória. Se esta resposta for muito rápida, o conforto do passageiro é sacrificado; se for muito lenta, a paciência do passageiro é sacrificada. O erro em regime permanente é outra especificação de desempenho importante, uma vez que a segurança do passageiro e a conveniência podem ser sacrificadas se o elevador não nivelar apropriadamente.

Vantagens dos Sistemas de Controle

Com os sistemas de controle podemos mover equipamentos pesados com uma precisão que, de outra forma, seria impossível. Podemos apontar grandes antenas para os confins do universo a fim de captar sinais de rádio muito fracos; controlar essas antenas manualmente seria impossível. Por causa dos sistemas de controle, os elevadores nos transportam rapidamente ao nosso destino, parando automaticamente no andar correto (Figura 1.3). Sozinhos, não poderíamos fornecer a potência necessária para a carga e a velocidade; motores fornecem a potência, e sistemas de controle regulam a posição e a velocidade.

Construímos sistemas de controle por quatro razões principais:

1. Amplificação de potência
2. Controle remoto
3. Conveniência da forma da entrada
4. Compensação de perturbações

Por exemplo, uma antena de radar, posicionada pela rotação de baixa potência de um botão de girar na entrada, requer uma grande quantidade de potência para a rotação de sua saída. Um sistema de controle pode produzir a amplificação de potência, ou *ganho* de potência, necessária.

Robôs projetados pelos princípios de sistemas de controle podem compensar a falta de habilidade humana. Os sistemas de controle também são úteis em locais remotos ou perigosos. Por exemplo, um braço robótico controlado remotamente pode ser utilizado para coletar material em um ambiente radioativo. A Figura 1.4 mostra um braço robótico projetado para trabalhar em ambientes contaminados.

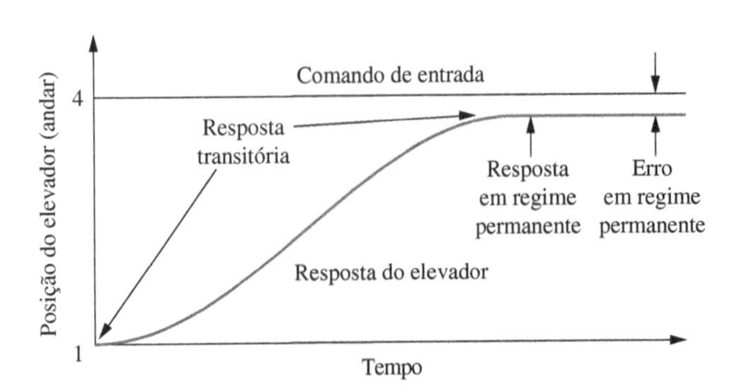

FIGURA 1.2 Resposta do elevador.

Bettmann/Getty Images

(*a*)

© Lourens Smak/Alamy Stock Photo

(*b*)

FIGURA 1.3 **a.** Os elevadores antigos eram controlados manualmente por cordas, ou por um ascensorista. Aqui, uma corda é cortada para demonstrar o freio de segurança, uma inovação nos elevadores antigos.
b. Um dos dois elevadores modernos de sustentação dupla segue seu caminho para cima no Grande Arco em Paris. Dois elevadores são acionados por um único motor, com cada cabine servindo de contrapeso para a outra. Atualmente os elevadores são totalmente automáticos, utilizando sistemas de controle para regular posição e velocidade.

Os sistemas de controle também podem ser utilizados para propiciar conveniência alterando a forma da entrada. Por exemplo, em um sistema de controle de temperatura a entrada é uma *posição* em um termostato. A saída é o *calor*. Assim, uma entrada de posição conveniente produz uma saída térmica desejada.

Outra vantagem de um sistema de controle é a habilidade de compensar perturbações. Tipicamente controlamos variáveis, tais como temperatura em sistemas térmicos, posição e velocidade em sistemas mecânicos, e tensão, corrente ou frequência em sistemas elétricos. O sistema deve ser capaz de fornecer a saída correta, mesmo com uma perturbação. Por exemplo, considere um sistema de antena que aponta em uma direção comandada. Se o vento desviar a antena de sua posição comandada, ou se houver ruído interno, o sistema deve ser capaz de detectar a perturbação e corrigir a posição da antena. Obviamente, a entrada do sistema não mudará para realizar a correção. Consequentemente, o próprio sistema deve avaliar o quanto a perturbação reposicionou a antena e então retorná-la à posição comandada pela entrada.

Hank Mogan/Science Source

FIGURA 1.4 O *Rover* foi construído para trabalhar em áreas contaminadas em Three Mile Island, em Middleton, Pensilvânia, onde um acidente nuclear ocorreu em 1979. O longo braço do robô controlado remotamente pode ser visto na frente do veículo.

1.2 História dos Sistemas de Controle

Os sistemas de controle com realimentação são mais antigos que a humanidade. Diversos sistemas de controle biológicos foram formados na época dos primeiros habitantes de nosso planeta. Vamos agora contemplar uma breve história dos sistemas de controle projetados pelos seres humanos.[1]

Controle de Nível de Líquido

Os gregos começaram a engenharia de sistemas com realimentação por volta de 300 a.C. Um relógio de água, inventado por Ktesibios, funcionava através do gotejamento de água, a uma taxa constante, em um recipiente de medição. O nível de água no recipiente de medição podia ser usado para informar o tempo decorrido. Para que a água gotejasse a uma taxa constante, o nível do reservatório de alimentação teria de ser mantido constante. Isto foi conseguido usando-se uma válvula de boia semelhante à do controle de nível de água da caixa de descarga dos vasos sanitários atuais.

Logo depois de Ktesibios, a ideia do controle de nível de líquido foi aplicada a uma lâmpada a óleo por Philon de Bizâncio. A lâmpada consistia em dois reservatórios de óleo posicionados verticalmente. A bandeja inferior era aberta no topo e fornecia o combustível para a chama. A taça superior, fechada, era o reservatório de combustível para a bandeja inferior. Os reservatórios eram interconectados por dois tubos capilares e mais outro tubo, chamado *transportador vertical*, que era inserido dentro do óleo na bandeja inferior, imediatamente

[1] Ver *Bennett* (*1979*) e *Mayr* (*1970*) para obras definitivas sobre a história dos sistemas de controle.

abaixo da superfície. À medida que o óleo queimava, a base do transportador vertical era exposta ao ar, o que forçava o óleo do reservatório superior a fluir através dos tubos capilares para a bandeja. A transferência de combustível do reservatório superior para a bandeja parava quando o nível anterior de óleo na bandeja era restabelecido, impedindo, assim, o ar de entrar no transportador vertical. Consequentemente, o sistema mantinha o nível de líquido no reservatório inferior constante.

Controles de Pressão do Vapor e de Temperatura

A regulação da pressão do vapor começou por volta de 1681, com a invenção da válvula de segurança por Denis Papin. O conceito foi aprimorado aumentando o peso do topo da válvula. Se a pressão ascendente oriunda da caldeira excedesse o peso, o vapor era liberado e a pressão diminuía. Caso ela não excedesse o peso, a válvula não abria e a pressão no interior da caldeira aumentava. Assim, o peso no topo da válvula determinava a pressão interna na caldeira.

Também no século XVII, Cornelis Drebbel, na Holanda, inventou um sistema de controle de temperatura puramente mecânico para a incubação de ovos. O dispositivo utilizava um frasco com álcool e mercúrio com uma boia em seu interior. A boia estava conectada a um registro que controlava uma chama. Uma parte do frasco era inserida na incubadora, para medir o calor gerado pela chama. À medida que o calor aumentava, o álcool e o mercúrio se expandiam, elevando a boia, fechando o registro e reduzindo a chama. Temperaturas mais baixas faziam com que a boia descesse, abrindo o registro e aumentando a chama.

Controle de Velocidade

Em 1745, o controle de velocidade foi aplicado a um moinho de vento por Edmund Lee. Ventos mais fortes fletiam as pás mais para trás, de modo que uma área menor ficava disponível. À medida que o vento diminuía, uma área de pás maior ficava disponível. William Cubitt aperfeiçoou a ideia em 1809, dividindo as velas do moinho em abas móveis.

Também no século XVIII, James Watt inventou o regulador de velocidade de esferas para controlar a velocidade de motores a vapor. Nesse dispositivo, duas esferas giratórias se elevam, à medida que a velocidade de rotação aumenta. Uma válvula de vapor conectada ao mecanismo das esferas fecha com o movimento ascendente das esferas e abre com o movimento descendente destas, regulando, assim, a velocidade.

Estabilidade, Estabilização e Direção

A teoria de sistemas de controle, como conhecida atualmente, começou a se sedimentar na segunda metade do século XIX. Em 1868, James Clerk Maxwell publicou o critério de estabilidade para um sistema de terceira ordem baseado nos coeficientes da equação diferencial. Em 1874, Edward John Routh, utilizando uma sugestão de William Kingdon Clifford que tinha sido ignorada anteriormente por Maxwell, foi capaz de estender o critério de estabilidade para os sistemas de quinta ordem. Em 1877, o tema para o prêmio Adams foi "O Critério da Estabilidade Dinâmica". Em resposta, Routh submeteu um trabalho intitulado *Um Tratado sobre a Estabilidade de um Determinado Estado de Movimento* e conquistou o prêmio. Esse trabalho contém o que é conhecido atualmente como o critério de estabilidade de Routh-Hurwitz, que será estudado no Capítulo 6. Alexandr Michailovich Lyapunov também contribuiu para o desenvolvimento e a formulação das teorias e práticas atuais da estabilidade dos sistemas de controle. Aluno de P. L. Chebyshev na Universidade de St. Petersburg, na Rússia, Lyapunov, estendeu o trabalho de Routh para sistemas não lineares, em sua tese de doutorado em 1892, intitulada *O Problema Geral da Estabilidade do Movimento*.

Durante a segunda metade do século XIX, o desenvolvimento de sistemas de controle se concentrou na direção e na estabilização de navios. Em 1874, Henry Bessemer, utilizando um giroscópio para medir o movimento de um navio e aplicando a potência gerada pelo sistema hidráulico da embarcação, deslocava o salão do navio, para mantê-lo nivelado (se isso fez alguma diferença para os passageiros é incerto). Outros esforços foram feitos para estabilizar plataformas de armas, bem como para estabilizar navios inteiros, utilizando pêndulos como sensores de movimento.

Desenvolvimentos do Século XX

Foi apenas no início do século XX que a condução automática de navios foi alcançada. Em 1922, a Sperry Gyroscope Company instalou um sistema automático de direção, que utilizava elementos de compensação e controle adaptativo para melhorar o desempenho. Entretanto, boa parte da teoria geral utilizada atualmente para melhorar o desempenho dos sistemas de controle automático é atribuída a Nicholas Minorsky, um russo nascido em 1885. Foi seu desenvolvimento teórico aplicado à condução automática de navios que levou ao que hoje chamamos de controladores proporcional, integral e derivado (PID), ou controladores de três modos, os quais serão estudados nos Capítulos 9 e 11.

No final da década de 1920 e início da década de 1930, H. W. Bode e H. Nyquist, da Bell Telephone Laboratories, desenvolveram a análise de amplificadores com realimentação. Essas contribuições evoluíram para as técnicas de análise e projeto em frequência atualmente utilizadas para os sistemas de controle com realimentação, apresentadas nos Capítulos 10 e 11.

Em 1948, Walter R. Evans, trabalhando na indústria aeronáutica, desenvolveu uma técnica gráfica para representar as raízes de uma equação característica de um sistema com realimentação cujos parâmetros variavam sobre uma faixa específica de valores. Essa técnica, atualmente conhecida como lugar geométrico das raízes, junto com o trabalho de Bode e Nyquist forma a base da teoria da análise e de projeto de sistemas de controle lineares. A técnica do lugar geométrico das raízes será estudada nos Capítulos 8, 9 e 13.

Aplicações Contemporâneas

Atualmente, os sistemas de controle encontram um vasto campo de aplicação na orientação, navegação e controle de mísseis e veículos espaciais, bem como em aviões e navios. Por exemplo, os navios modernos utilizam uma combinação de componentes elétricos, mecânicos e hidráulicos para gerar comandos de leme em resposta a comandos de rumo desejado. Os comandos de leme, por sua vez, resultam em um ângulo do leme que orienta o navio.

Encontramos sistemas de controle por toda a indústria de controle de processos, regulando o nível de líquidos em reservatórios, concentrações químicas em tanques e a espessura do material fabricado. Por exemplo, considere um sistema de controle de espessura para uma laminadora de acabamento de chapas de aço. O aço entra na laminadora de acabamento e passa por rolos. Na laminadora de acabamento, raios X medem a espessura real e a comparam com a espessura desejada. Qualquer diferença é ajustada por um controle de posição de um parafuso que altera a distância entre os rolos através dos quais passa a peça de aço. Essa alteração na distância entre os rolos regula a espessura.

Os desenvolvimentos modernos têm presenciado uma utilização generalizada de computadores digitais como parte dos sistemas de controle. Por exemplo, computadores são utilizados em sistemas de controle de robôs industriais, veículos espaciais e na indústria de controle de processos. É difícil imaginar um sistema de controle moderno que não utilize um computador digital.

Embora recentemente aposentado, o ônibus espacial fornece um excelente exemplo do uso de sistemas de controle, porque ele continha inúmeros sistemas de controle operados por um computador de bordo em regime de tempo compartilhado. Sem sistemas de controle, seria impossível orientar a nave para a órbita terrestre e da órbita terrestre, ou ajustar a órbita propriamente dita e manter o suporte à vida a bordo. Funções de navegação programadas nos computadores da nave utilizavam dados do *hardware* desta para estimar a posição e a velocidade do veículo. Essa informação era passada para as equações de guiamento que calculavam os comandos para os sistemas de controle de voo da nave, os quais manobravam a espaçonave. No espaço, o sistema de controle de voo girava os motores do sistema de manobra orbital (OMS — *orbital maneuvering system*) para uma posição que fornecia um impulso na direção comandada para manobrar a nave. Na atmosfera terrestre, a nave era manobrada por comandos enviados do sistema de controle de voo às superfícies de controle, como, por exemplo, os elevons.

Neste grande sistema de controle representado pela navegação, orientação e controle existiam inúmeros subsistemas para controlar as funções do veículo. Por exemplo, os elevons requeriam um sistema de controle para assegurar que a posição deles era, de fato, aquela que foi comandada, uma vez que perturbações, como o vento, poderiam girar os elevons, afastando-os de sua posição comandada. De modo análogo, no espaço, o giro dos motores de manobra orbital requeria um sistema de controle similar, para assegurar que o motor de giro pudesse realizar sua função com velocidade e exatidão. Sistemas de controle também eram utilizados para controlar e estabilizar o veículo durante sua descida ao sair de órbita. Diversos pequenos jatos que compunham o sistema de controle de reação (RCS — *reaction control system*) eram utilizados inicialmente na exosfera, onde as superfícies de controle eram ineficazes. O controle era passado para as superfícies de controle, à medida que a órbita decaía e a nave entrava na atmosfera.

No interior da nave, diversos sistemas de controle eram necessários para a geração de energia e para o suporte à vida. Por exemplo, o veículo orbital possuía três geradores de energia de célula de combustível que convertiam hidrogênio e oxigênio (reagentes) em eletricidade e água que eram utilizadas pela tripulação. As células de combustível envolviam o uso de sistemas de controle para regular a temperatura e a pressão. Os reservatórios de reagentes eram mantidos à pressão constante, à medida que a quantidade dos reagentes diminuía. Sensores nos reservatórios enviavam sinais para os sistemas de controle para ligar ou desligar os aquecedores, para manter constante a pressão dos reservatórios (*Rockwell International, 1984*).

Os sistemas de controle não estão limitados à ciência e à indústria. Por exemplo, um sistema de aquecimento de uma residência é um sistema de controle simples, que consiste em um termostato que contém um material bimetálico que se expande ou se contrai com a variação da temperatura. Essa expansão ou contração move um frasco de mercúrio que atua como interruptor, ligando ou desligando o aquecedor. A quantidade de expansão ou contração necessária para mover o interruptor de mercúrio é determinada pela regulagem de temperatura.

Sistemas de entretenimento domésticos também têm sistemas de controle embutidos. Por exemplo, em um sistema de gravação de disco óptico, cavidades microscópicas que representam as informações são gravadas no disco por um laser durante o processo de gravação. Durante a reprodução, um feixe de laser refletido focado nas cavidades muda de intensidade. As mudanças de intensidade da luz são convertidas em um sinal elétrico e processadas como som ou imagem. Um sistema de controle mantém o feixe de laser posicionado nas cavidades, que são cortadas na forma de círculos concêntricos.

Existem inúmeros outros exemplos de sistemas de controle, do cotidiano ao extraordinário. À medida que inicia seus estudos sobre a engenharia de sistemas de controle, você fica mais consciente da grande variedade de aplicações.

1.3 Configurações de Sistemas

Nesta seção, examinamos as duas principais configurações dos sistemas de controle: malha aberta e malha fechada. Podemos considerar essas configurações como sendo a arquitetura interna do sistema total mostrado na Figura 1.1. Por fim, mostramos como um computador digital se torna parte da configuração de um sistema de controle.

Sistemas em Malha Aberta

Um *sistema em malha aberta* genérico é mostrado na Figura 1.5(*a*). Ele começa com um subsistema chamado *transdutor de entrada*, o qual converte a forma da entrada para aquela utilizada pelo *controlador*. O controlador aciona um *processo* ou uma *planta*. A entrada algumas vezes é chamada *referência*, enquanto a saída pode ser chamada *variável controlada*. Outros sinais, como as *perturbações*, são mostrados adicionados às saídas do controlador e do processo através de *junções de soma*, as quais fornecem a soma algébrica dos seus sinais de entrada utilizando os sinais associados. Por exemplo, a planta pode ser uma fornalha ou um sistema de ar-condicionado, no qual a variável de saída é a temperatura. O controlador em um sistema de aquecimento consiste em válvulas de combustível e no sistema elétrico que opera as válvulas.

A característica distintiva de um sistema em malha aberta é que ele não pode realizar compensações para quaisquer perturbações que sejam adicionadas ao sinal de acionamento do controlador [Perturbação 1 na Figura 1.5(*a*)]. Por exemplo, se o controlador for um amplificador eletrônico e a Perturbação 1 for um ruído, então qualquer ruído aditivo do amplificador na primeira junção de soma também acionará o processo, corrompendo a saída com o efeito do ruído. A saída de um sistema em malha aberta é corrompida não apenas por sinais que são adicionados aos comandos do controlador, mas também por perturbações na saída [Perturbação 2 na Figura 1.5(*a*)]. O sistema também não pode realizar correções para essas perturbações.

Sistemas em malha aberta, então, não efetuam correções por causa das perturbações e são comandados simplesmente pela entrada. Por exemplo, torradeiras são sistemas em malha aberta; qualquer pessoa com uma torrada queimada pode confirmar. A variável controlada (saída) de uma torradeira é a cor da torrada. O aparelho é projetado com a hipótese de que quanto maior o tempo de exposição da torrada ao calor, mais escura ela ficará. A torradeira não mede a cor da torrada; ela não efetua correções pelo fato de a torrada ser de pão de centeio, pão branco ou pão *sourdough*, nem efetua correções pelo fato de as torradas terem espessuras diferentes.

Outros exemplos de sistemas em malha aberta são sistemas mecânicos constituídos de uma massa, mola e amortecedor com uma força constante posicionando a massa. Quanto maior a força, maior o deslocamento. Novamente, a posição do sistema será alterada por uma perturbação, como uma força adicional, e o sistema não detectará nem efetuará correções para essa perturbação. Ou admita que você calcule o tempo de estudo necessário para obter o conceito A em uma prova que abrange três capítulos de um livro. Se o professor adiciona um

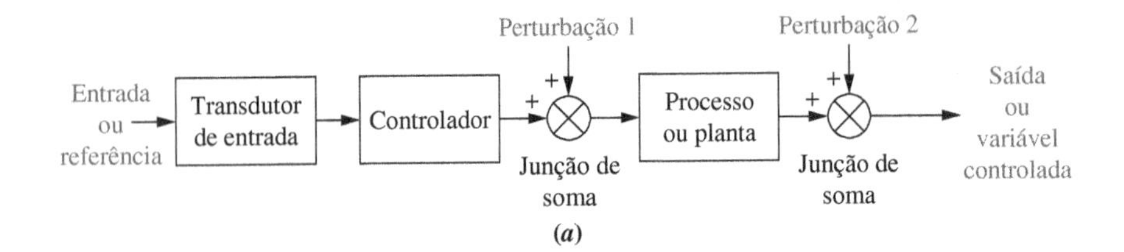

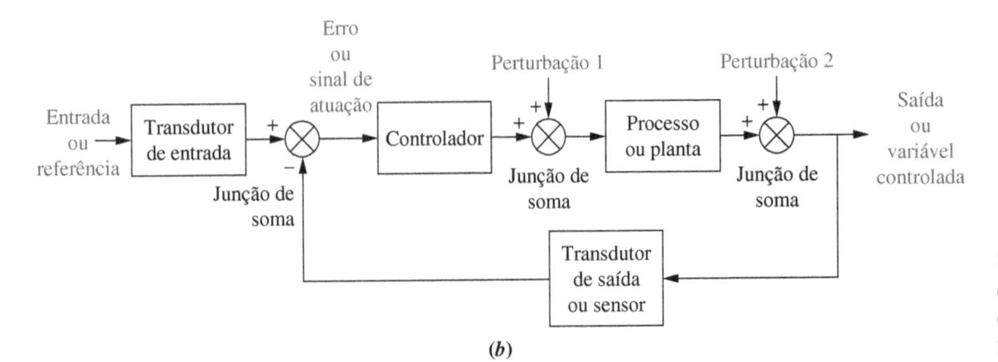

FIGURA 1.5 Diagramas de blocos de sistemas de controle: **a.** sistema em malha aberta; **b.** sistema em malha fechada.

quarto capítulo — uma perturbação — você seria um sistema em malha aberta se não percebesse a perturbação e não aumentasse seu tempo de estudo em relação ao calculado anteriormente. O resultado desse descuido seria uma nota inferior à esperada.

Sistemas em Malha Fechada (Controle com Realimentação)

As desvantagens dos sistemas em malha aberta, como a sensibilidade às perturbações e a falta de habilidade para corrigir seus efeitos, podem ser superadas nos *sistemas em malha fechada*. A arquitetura genérica de um sistema em malha fechada é mostrada na Figura 1.5(*b*).

O transdutor de entrada converte a forma da entrada para a forma utilizada pelo controlador. Um *transdutor de saída*, ou *sensor*, mede a resposta da saída e a converte para a forma utilizada pelo controlador. Por exemplo, se o controlador utiliza sinais elétricos para operar as válvulas de um sistema de controle de temperatura, a posição de entrada e a temperatura de saída são convertidas em sinais elétricos. A posição de entrada pode ser convertida em uma tensão por meio de um *potenciômetro*, um resistor regulável, e a temperatura de saída pode ser convertida em uma tensão por meio de um *termistor*, um dispositivo cuja resistência elétrica varia com a temperatura.

A primeira junção de soma adiciona algebricamente o sinal de entrada ao sinal de saída, que chega através da *malha de realimentação*, o caminho de retorno da saída para a junção de soma. Na Figura 1.5(*b*), o sinal de saída é subtraído do sinal de entrada. O resultado, geralmente, é chamado *sinal de atuação*. Entretanto, nos sistemas em que ambos os transdutores, de entrada e de saída, possuem *ganho unitário* (isto é, o transdutor amplifica sua entrada por um fator igual a 1), o valor do sinal de atuação é igual à diferença real entre a entrada e a saída. Nessas condições, o sinal de atuação é chamado *erro*.

O sistema em malha fechada compensa o efeito das perturbações medindo a resposta da saída, realimentando essa medida através da malha de realimentação e comparando essa resposta com a entrada na junção de soma. Se existir qualquer diferença entre as duas respostas, o sistema aciona a planta, através do sinal de atuação, para fazer uma correção. Se não há diferença, o sistema não aciona a planta, uma vez que a resposta da planta já é a resposta desejada.

Assim, os sistemas em malha fechada possuem a vantagem óbvia de apresentar uma exatidão maior que os sistemas em malha aberta. Eles são menos sensíveis a ruídos, perturbações e alterações do ambiente. A resposta transitória e os erros em regime permanente podem ser controlados de modo mais conveniente e com maior flexibilidade nos sistemas em malha fechada, frequentemente pelo simples ajuste de um ganho (amplificação) na malha e, algumas vezes, ajustando-se o projeto do controlador. Referimo-nos ao ajuste de projeto como *compensação* do sistema, e ao dispositivo resultante como um *compensador*. Por outro lado, os sistemas em malha fechada são mais complexos e mais caros que sistemas em malha aberta. Uma torradeira em malha aberta padrão serve como exemplo: ela é simples e barata. Uma torradeira de forno em malha fechada é mais complexa e mais cara, uma vez que ela tem que medir tanto a cor (por meio da reflexão de luz) quanto a umidade em seu interior. Assim, o engenheiro de sistemas de controle deve considerar a relação custo-benefício entre a simplicidade e o baixo custo de um sistema em malha aberta, e a exatidão e o custo mais elevado de um sistema em malha fechada.

Em resumo, sistemas que realizam as medições e correções descritas anteriormente são chamados *sistemas em malha fechada*, ou *sistemas de controle com realimentação*. Sistemas que não possuem essas propriedades de medição e correção são chamados *sistemas em malha aberta*.

Sistemas Controlados por Computador

Em muitos sistemas modernos, o controlador (ou compensador) é um computador digital. A vantagem da utilização de um computador é que muitas malhas podem ser controladas ou compensadas pela mesma máquina através do compartilhamento de tempo. Além disso, quaisquer ajustes dos parâmetros do compensador necessários para fornecer uma resposta desejada podem ser realizados através de alterações no programa em vez de mudanças no equipamento. O computador também pode realizar funções de supervisão, como agendar muitas aplicações necessárias. Por exemplo, o controlador do motor principal do ônibus espacial (SSME — *space shuttle main engine*), que continha dois computadores digitais, controlava, sozinho, várias funções do motor. Ele monitorava os sensores do motor que forneciam pressões, temperaturas, vazões, a velocidade da turbobomba, posições das válvulas e posições dos atuadores das servo-válvulas do motor. O controlador realizava, ainda, o controle em malha fechada do empuxo e da relação da mistura do propelente, da excitação dos sensores, dos atuadores das válvulas e da ignição, bem como de outras funções (*Rockwell International, 1984*).

1.4 Objetivos de Análise e de Projeto

Na Seção 1.1, mencionamos brevemente algumas especificações de desempenho de sistemas de controle, como a resposta transitória e o erro em regime permanente. Expandimos agora sobre o tópico de desempenho e colocamo-lo em perspectiva, à medida que definirmos nossos objetivos de análise e de projeto.

FIGURA 1.6 Acionador de disco rígido de computador mostrando o disco e a cabeça de leitura/gravação.

Análise é o processo através do qual o desempenho de um sistema é determinado. Por exemplo, a resposta transitória e o erro em regime permanente são avaliados para determinar se eles atendem às especificações desejadas. *Projeto* é o processo pelo qual o desempenho de um sistema é criado ou alterado. Por exemplo, se a resposta transitória e o erro em regime permanente de um sistema forem analisados e descobrirmos que eles não atendem às especificações, então mudamos os parâmetros ou adicionamos componentes para atender às especificações.

Um sistema de controle é *dinâmico*: ele responde a uma entrada apresentando uma resposta transitória antes de atingir uma resposta em regime permanente, que, geralmente, se parece com a entrada. Já identificamos essas duas respostas e citamos um sistema de controle de posição (um elevador) como exemplo. Nesta seção, discutimos três objetivos principais da análise e do projeto de sistemas: produzir a resposta transitória desejada, reduzir o erro em regime permanente e alcançar a estabilidade. Abordamos também outros aspectos do projeto, como o custo e a sensibilidade do desempenho do sistema a variações nos parâmetros.

Resposta Transitória

A resposta transitória é importante. No caso de um elevador, uma resposta transitória lenta deixa os passageiros impacientes, enquanto uma resposta excessivamente rápida os deixa desconfortáveis. Caso o elevador oscile em torno do andar desejado por mais de um segundo, pode-se ter uma sensação desconcertante. A resposta transitória também é importante por questões estruturais: uma resposta transitória muito rápida pode causar danos físicos permanentes. Em um computador, a resposta transitória contribui para o tempo necessário para a leitura ou gravação no disco de armazenamento do computador (ver Figura 1.6). Como a leitura e a gravação não podem ocorrer até que a cabeça pare, a velocidade do movimento da cabeça de leitura/gravação de uma trilha do disco para outra influencia a velocidade total do computador.

Neste livro, estabelecemos definições quantitativas para a resposta transitória. Então analisamos o sistema e sua resposta transitória *existente*. Finalmente, ajustamos os parâmetros ou componentes de projeto para produzir uma resposta transitória *desejada* — nosso primeiro objetivo de análise e de projeto.

Resposta em Regime Permanente

Outro objetivo de análise e de projeto está focado na resposta em regime permanente. Como vimos, esta resposta se assemelha à entrada, e é geralmente o que permanece depois que os transitórios tenham decaído a zero. Por exemplo, esta resposta pode ser um elevador parado próximo ao quarto andar, ou a cabeça de um acionador de disco finalmente parada na trilha correta. Estamos interessados na exatidão da resposta em regime permanente. Um elevador deve ficar suficientemente nivelado com o andar para que os passageiros possam sair, e uma cabeça de leitura/gravação não posicionada sobre a trilha comandada resulta em erros do computador. Uma antena rastreando um satélite deve manter o satélite bem dentro de seu campo de visão para não perder o rastreamento. Neste texto definimos os erros em regime permanente quantitativamente, analisamos o erro em regime permanente de um sistema e, então, projetamos uma ação corretiva para reduzi-lo — nosso segundo objetivo de análise e de projeto.

Estabilidade

A discussão da resposta transitória e do erro em regime permanente é irrelevante se o sistema não tiver *estabilidade*. Para explicar a estabilidade, partimos do fato de que a resposta total de um sistema é a soma da *resposta natural* com a *resposta forçada*. Quando você estudou as equações diferenciais lineares, provavelmente se referia a essas respostas como as *soluções homogênea* e *particular*, respectivamente. A resposta natural descreve o modo como o sistema dissipa ou obtém energia. A forma ou a natureza dessa resposta é dependente apenas do sistema, e não da entrada. Por outro lado, a forma ou a natureza da resposta forçada é dependente da entrada. Assim, para um sistema *linear*, podemos escrever

$$\text{Resposta total} = \text{Resposta natural} + \text{Resposta forçada} \tag{1.1}$$ [2]

[2] Você pode estar confuso com os termos *transitória* vs. *natural* e *regime permanente* vs. *forçada*. Se você olhar a Figura 1.2, poderá ver as partes transitória e em regime permanente da resposta total como indicadas. A resposta transitória é a soma das respostas natural e forçada, enquanto a resposta natural é grande. Se representássemos graficamente a resposta natural, sozinha, obteríamos uma curva que é diferente da parte transitória da Figura 1.2. A resposta em regime permanente da Figura 1.2 é também a soma da resposta natural e da resposta forçada, mas a resposta natural é pequena. Assim, as respostas transitória e em regime permanente são o que você realmente vê no gráfico; as respostas natural e forçada são as componentes matemáticas subjacentes dessas respostas.

Para um sistema de controle ser útil, a resposta natural deve (1) eventualmente tender a zero, deixando, assim, apenas a resposta forçada, ou (2) oscilar. Em alguns sistemas, entretanto, a resposta natural aumenta sem limites, ao invés de diminuir até chegar a zero ou oscilar. Eventualmente, a resposta natural é tão maior que a resposta forçada, que o sistema não é mais controlado. Esta condição, chamada *instabilidade*, poderia levar à autodestruição do dispositivo físico, caso limitadores não façam parte do projeto. Por exemplo, o elevador poderia colidir com o piso ou sair pelo telhado; um avião poderia entrar em uma rolagem incontrolável; ou uma antena comandada para apontar para um alvo poderia girar, alinhando-se com o alvo, mas, em seguida, começar a oscilar em torno do alvo com oscilações *crescentes* e a velocidade *aumentada* até que o motor ou os amplificadores atingissem seus limites de saída, ou até que a antena sofresse um dano estrutural. Um gráfico em função do tempo de um sistema instável mostraria uma resposta transitória que cresce sem limite e sem qualquer evidência de uma resposta em regime permanente.

Os sistemas de controle devem ser projetados para ser estáveis. Isto é, suas respostas naturais devem decair para zero à medida que o tempo tende a infinito, ou oscilar. Em muitos sistemas, a resposta transitória observada em um gráfico da resposta em função do tempo pode ser diretamente relacionada à resposta natural. Assim, se a resposta natural tende a zero à medida que o tempo tende a infinito, a resposta transitória também desaparece, deixando apenas a resposta forçada. Caso o sistema seja estável, as características de resposta transitória e erro em regime permanente adequadas podem ser projetadas. A estabilidade é nosso terceiro objetivo de análise e de projeto.

Outras Considerações

Os três objetivos principais da análise e do projeto de sistemas de controle já foram enumerados. Entretanto, outras considerações importantes devem ser levadas em conta. Por exemplo, fatores que afetam a escolha do equipamento, como o dimensionamento do motor para atender aos requisitos de potência e a escolha dos sensores para se obter exatidão, devem ser considerados no início do projeto.

Os aspectos financeiros também devem ser considerados. Os projetistas de sistemas de controle não podem criar projetos sem considerar seus impactos econômicos. Essas considerações, como a alocação de orçamento e preços competitivos, devem orientar o engenheiro. Por exemplo, se seu produto é único, você pode ser capaz de criar um projeto que utilize componentes mais caros sem aumentar significativamente o custo total. Entretanto, caso o seu projeto venha a ser utilizado para muitos exemplares, pequenos aumentos no custo por unidade podem representar um gasto muito maior para sua companhia propor no oferecimento de contratos e para desembolsar antes das vendas.

Outra consideração é o projeto *robusto*. Os parâmetros do sistema considerados constantes durante o projeto para a resposta transitória, para os erros em regime permanente e para a estabilidade variam ao longo do tempo quando o sistema real é construído. Assim, o desempenho do sistema também muda ao longo do tempo, e não será consistente com o seu projeto. Infelizmente, a relação entre as variações de parâmetros e seus efeitos no desempenho não é linear. Em alguns casos, até no mesmo sistema, variações nos valores dos parâmetros podem levar a pequenas ou grandes mudanças no desempenho, dependendo do ponto de operação nominal do sistema e do tipo de projeto utilizado. Assim, o engenheiro deseja criar um projeto robusto, de modo que o sistema não seja sensível a variações dos parâmetros. Discutiremos o conceito da sensibilidade do sistema a variações dos parâmetros nos Capítulos 7 e 8. Este conceito, então, poderá ser utilizado para testar a robustez de um projeto.

Estudo de Caso

Introdução a um Estudo de Caso

Agora que nossos objetivos foram declarados, como atingi-los? Nesta seção, analisaremos um exemplo de um sistema de controle com realimentação. O sistema aqui introduzido será utilizado em capítulos subsequentes como um estudo de caso continuado para demonstrar os objetivos desses capítulos. Um fundo cinza-claro como este identificará a seção de estudo de caso ao final de cada capítulo. A Seção 1.5, que se segue a este primeiro estudo de caso, explora o processo de projeto que nos auxiliará a construir nosso sistema.

Azimute de Antena: Uma Introdução aos Sistemas de Controle de Posição

Um sistema de controle de posição converte um comando de entrada de posição em uma resposta de saída de posição. Os sistemas de controle de posição encontram uma enorme variedade de aplicações em antenas, braços robóticos e acionadores de discos de computador. A antena de rádio telescópica, na Figura 1.7, é um exemplo de um sistema que utiliza sistemas de controle de posição. Nesta seção, analisaremos em detalhe um sistema de controle de posição de azimute de antena, que poderia ser utilizado para posicionar uma antena de rádio telescópica. Veremos como o sistema funciona e como podemos efetuar alterações em seu desempenho. A discussão aqui ocorrerá em um nível qualitativo, com o objetivo de obter um sentimento intuitivo para os sistemas com os quais estaremos lidando.

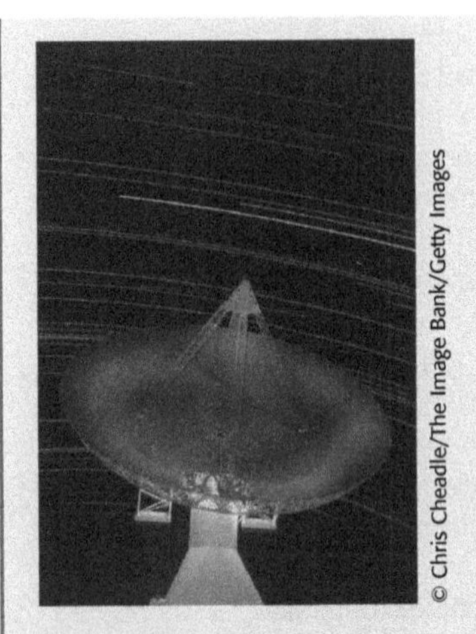

FIGURA 1.7 A procura por vida extraterrestre está sendo realizada com antenas de rádio como a mostrada nesta foto. Uma antena de rádio é um exemplo de sistema com controles de posição.

Um sistema de controle de posição de azimute de antena é mostrado na Figura 1.8(*a*), com uma representação e um esquema mais detalhados nas Figuras 1.8(*b*) e 1.8(*c*), respectivamente. A Figura 1.8(*d*) mostra *um diagrama de blocos funcional* do sistema. As funções são mostradas acima dos blocos, e os dispositivos requeridos são indicados no interior dos blocos. Partes da Figura 1.8 são repetidas no Apêndice A2 para referência futura.

O objetivo deste sistema é fazer com que a saída do ângulo de azimute da antena, $\theta_s(t)$, siga o ângulo de entrada do potenciômetro, $\theta_e(t)$. Vamos observar a Figura 1.8(*d*) e descrever como esse sistema funciona. O comando de entrada é um deslocamento angular. O potenciômetro converte o deslocamento angular em uma tensão. Analogamente, o deslocamento angular da saída é convertido em uma tensão pelo potenciômetro na malha de realimentação. Os amplificadores de sinal e de potência ressaltam a diferença entre as tensões de entrada e de saída. Esse sinal de atuação amplificado aciona a planta.

O sistema normalmente opera para levar o erro a zero. Quando a entrada e a saída se igualam, o erro será nulo e o motor não irá girar. Assim, o motor é acionado apenas quando a saída e a entrada são diferentes. Quanto maior a diferença entre a entrada e a saída, maior será a tensão de entrada do motor e mais rápido ele irá girar.

Caso aumentemos o ganho do amplificador de sinal, haverá um aumento no valor da saída em regime permanente? Se o ganho for aumentado, então, para um dado sinal de atuação, o motor será acionado mais intensamente. Entretanto, o motor ainda irá parar quando o sinal de atuação for igual a zero, isto é, quando a saída se igualar à entrada. A diferença na resposta, entretanto, estará no transitório. Uma vez que o motor é acionado mais intensamente, ele gira mais rapidamente em direção à sua posição final. Além disso, por causa da velocidade maior, a maior quantidade de movimento angular poderia fazer com que o motor ultrapassasse o valor final e fosse forçado pelo sistema a voltar à posição comandada. Portanto, existe a possibilidade de uma resposta transitória que consista em *oscilações amortecidas* (isto é, uma resposta senoidal cuja amplitude diminui com o tempo) em torno do valor de regime permanente, se o ganho for elevado. As respostas para ganho baixo e para ganho elevado são mostradas na Figura 1.9.

Nós examinamos a resposta transitória do sistema de controle de posição. Vamos agora dirigir nossa atenção à posição em regime permanente, para verificar quão de perto a saída se aproxima da entrada depois que os transitórios desaparecem.

Definimos o erro em regime permanente como a diferença entre a entrada e a saída depois que os transitórios tiverem efetivamente desaparecido. A definição se ajusta igualmente bem para entradas em degrau, em rampa e outros tipos de entrada. Tipicamente, o erro em regime permanente diminui com um aumento no ganho e aumenta com uma diminuição no ganho. A Figura 1.9 mostra erro nulo na resposta em regime permanente; isto é, depois que os transitórios desapareceram, a posição de saída se iguala à posição de entrada comandada. Em alguns sistemas, o erro em regime permanente não será nulo; para esses sistemas um simples ajuste de ganho para regular a resposta transitória ou é ineficiente, ou leva a uma solução de compromisso entre a resposta transitória desejada e a exatidão em regime permanente desejada.

Para resolver esse problema, um controlador com uma resposta dinâmica, como um filtro elétrico, é utilizado em conjunto com um amplificador. Com esse tipo de controlador, é possível projetar ambas, a resposta transitória requerida e a exatidão em regime permanente requerida, sem a solução de compromisso imposta pelo simples ajuste de ganho. Entretanto, o controlador agora é mais complexo. O filtro, neste caso, é chamado *compensador*. Muitos sistemas também utilizam elementos dinâmicos na malha de realimentação em conjunto com os transdutores da saída, para melhorar o desempenho do sistema.

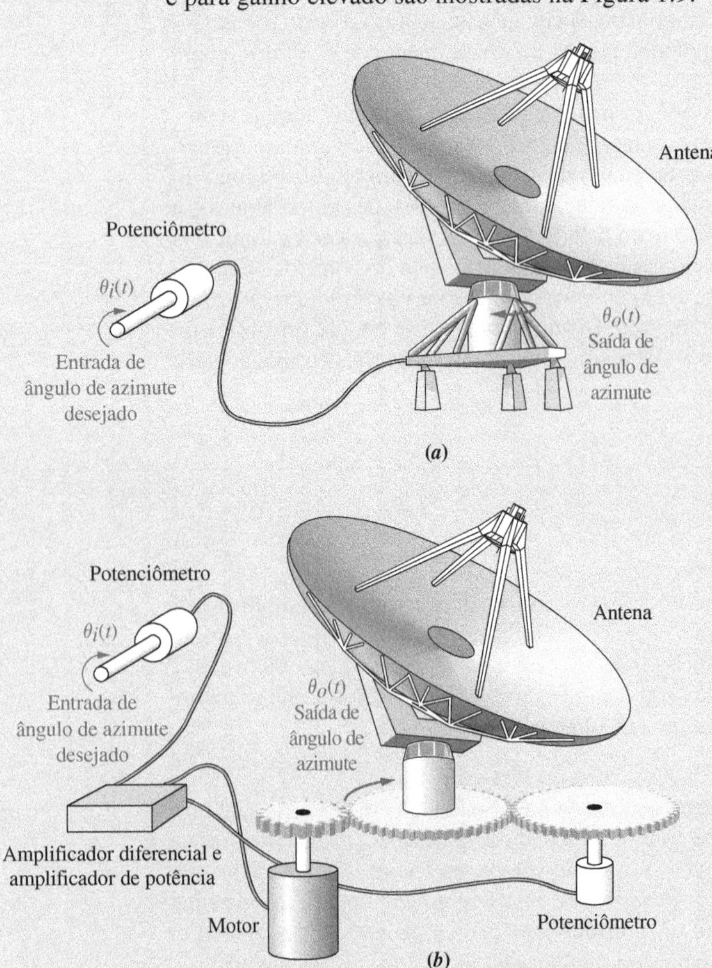

FIGURA 1.8 Sistema de controle de posição de azimute de antena: **a.** concepção do sistema; **b.** representação detalhada; (*continua*)

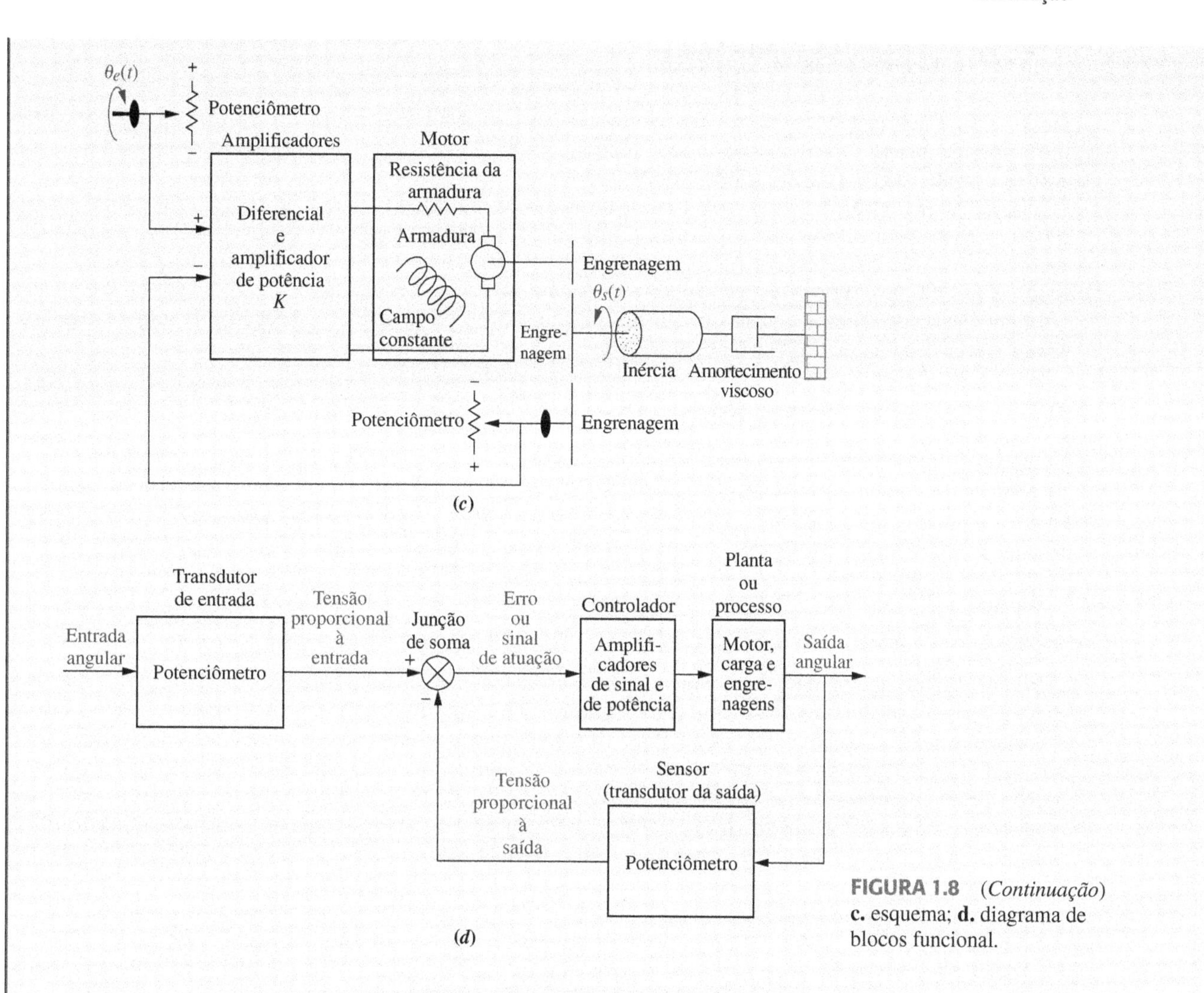

FIGURA 1.8 (*Continuação*) **c.** esquema; **d.** diagrama de blocos funcional.

Em resumo, nossos objetivos de projeto e o desempenho do sistema giram em torno da resposta transitória, do erro em regime permanente e da estabilidade. Ajustes de ganho podem afetar o desempenho e, algumas vezes, levar a soluções de compromisso entre os critérios de desempenho. Compensadores podem frequentemente ser projetados para atender às especificações de desempenho sem a necessidade de soluções de compromisso. Agora que estabelecemos nossos objetivos e alguns dos métodos disponíveis para alcançá-los, descrevemos o procedimento ordenado que nos leva ao projeto de sistema final.

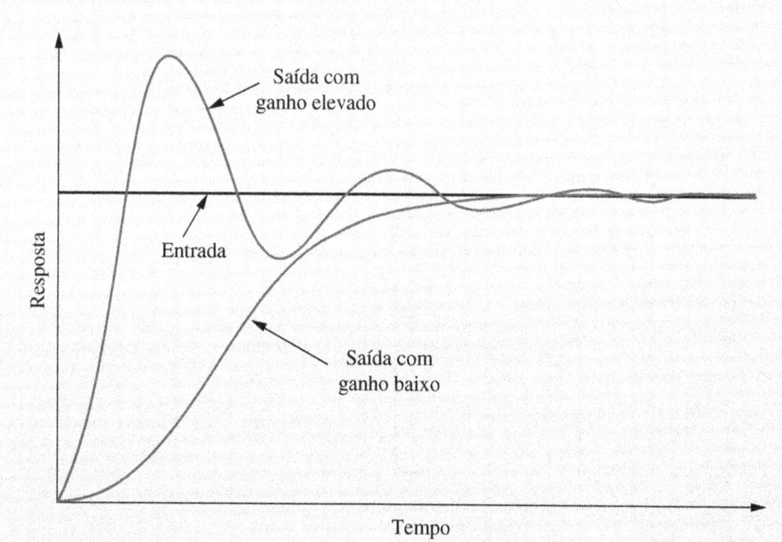

FIGURA 1.9 Resposta de um sistema de controle de posição mostrando o efeito do ganho do controlador elevado e baixo na resposta de saída.

1.5 Processo de Projeto

Nesta seção, estabelecemos uma sequência ordenada para o projeto de sistemas de controle com realimentação que será seguida à medida que progredimos ao longo do livro. A Figura 1.10 mostra o processo descrito, bem como os capítulos nos quais os passos são discutidos.

O sistema de controle de posição de azimute de antena examinado na seção anterior é representativo dos sistemas de controle que devem ser analisados e projetados. A realimentação e a comunicação durante cada fase da Figura 1.10 são inerentes. Por exemplo, se os testes (Passo 6) mostrarem que os requisitos não foram atendidos, o sistema deve ser reprojetado e retestado. Algumas vezes os requisitos são conflitantes, e o projeto não pode ser alcançado. Nesses casos, os requisitos devem ser reespecificados, e o processo de projeto, repetido. Vamos agora detalhar cada bloco da Figura 1.10.

Passo 1: Transformar Requisitos em um Sistema Físico

Começamos transformando os requisitos em um sistema físico. Por exemplo, no sistema de controle de posição de azimute de antena, os requisitos poderiam estabelecer o desejo de posicionar a antena a partir de um local remoto, e descrever características como peso e dimensões físicas. Utilizando os requisitos, especificações do projeto, tais como resposta transitória e exatidão em regime permanente desejadas, são determinadas. Talvez o resultado seja um conceito geral, como o mostrado na Figura 1.8(*a*).

Passo 2: Desenhar um Diagrama de Blocos Funcional

O projetista agora traduz uma descrição qualitativa do sistema em um diagrama de blocos funcional que descreve as partes constituintes do sistema (isto é, função e/ou dispositivo) e mostra suas interconexões. A Figura 1.8(*d*) é um exemplo de um diagrama de blocos funcional para o sistema de controle de posição de azimute de antena. Ele indica funções como transdutor de entrada e controlador, bem como descrições de possíveis dispositivos, como amplificadores e motores. Neste ponto, o projetista pode produzir uma representação detalhada do sistema, como a mostrada na Figura 1.8(*b*), a partir da qual a próxima etapa na sequência de análise e de projeto, desenvolver um diagrama esquemático, pode ser iniciada.

Passo 3: Criar um Esquema

Conforme vimos, os sistemas de controle de posição consistem em componentes elétricos, mecânicos e eletromecânicos. Após produzir a descrição de um sistema físico, o engenheiro de sistemas de controle transforma o sistema físico em um diagrama esquemático. O projetista de sistema de controle pode começar pela descrição física, como a contida na Figura 1.8(*a*), para deduzir um esquema. O engenheiro deve fazer aproximações acerca do sistema e desprezar determinados fenômenos; caso contrário, o esquema ficará muito complexo, tornando difícil extrair um modelo matemático útil durante a próxima etapa da sequência de análise e projeto. O projetista começa com uma representação esquemática simples e, em etapas subsequentes da sequência de análise e projeto, verifica as hipóteses adotadas em relação ao sistema físico através de análise e de simulações computacionais. Se o esquema for simples demais e não descrever adequadamente o comportamento observado, o engenheiro de sistemas de controle adiciona ao esquema fenômenos que foram anteriormente supostos desprezíveis. Um diagrama esquemático para o sistema de controle de posição de azimute de antena é mostrado na Figura 1.8(*c*).

Quando representamos os potenciômetros, fazemos nossa primeira hipótese simplificadora, desprezando seu atrito e sua inércia. Essas características mecânicas resultam em uma resposta dinâmica em vez de uma resposta instantânea na tensão de saída. Admitimos que esses efeitos mecânicos são desprezíveis e que a tensão sobre um potenciômetro varia instantaneamente, à medida que seu eixo gira.

Um amplificador diferencial e um amplificador de potência são utilizados como controlador para produzir um ganho e uma amplificação de potência, respectivamente, para acionar o motor. Novamente, admitimos que

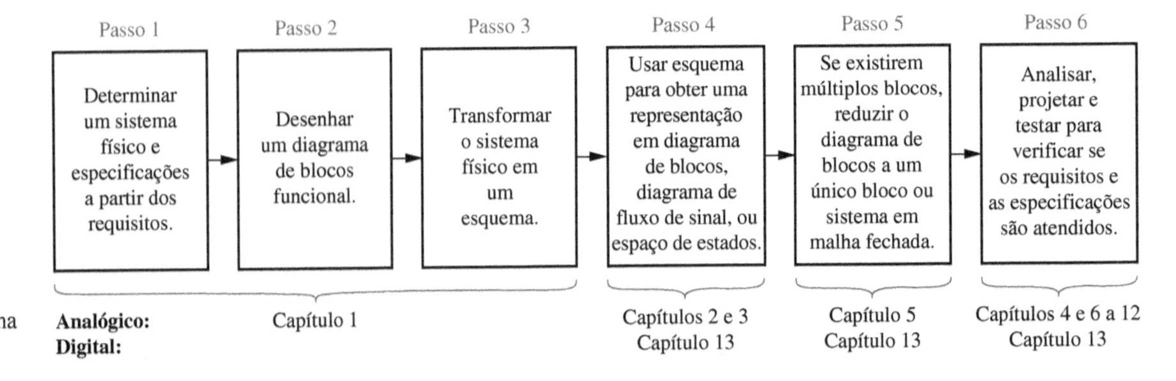

FIGURA 1.10 O processo de projeto de sistema de controle.

a dinâmica dos amplificadores é rápida, comparada ao tempo de resposta do motor; assim, os modelamos como um ganho puro K.

Um motor cc e uma carga equivalente produzem o deslocamento angular de saída. A velocidade do motor é proporcional à tensão aplicada ao *circuito da armadura* do motor. Tanto indutância quanto resistência fazem parte do circuito da armadura. Ao mostrar apenas a resistência da armadura na Figura 1.8(c), admitimos que o efeito da indutância da armadura é desprezível para um motor cc.

O projetista faz mais suposições sobre a carga. A carga consiste em uma massa em rotação e em um atrito de rolamento. Portanto, o modelo consiste em *inércia* e em *amortecimento viscoso*, cujo torque resistivo aumenta com a velocidade, como em um amortecedor de automóvel ou em um amortecedor de porta.

As decisões tomadas no desenvolvimento do esquema se baseiam no conhecimento do sistema físico, nas leis físicas que governam o comportamento do sistema e na *experiência prática*. Essas decisões não são fáceis; entretanto, à medida que adquire mais experiência de projeto, você ganhará o entendimento necessário para essa difícil tarefa.

Passo 4: Desenvolver um Modelo Matemático (Diagrama de Blocos)

Uma vez que o esquema esteja pronto, o projetista utiliza leis físicas, como as leis de Kirchhoff para circuitos elétricos, e a lei de Newton para sistemas mecânicos, em conjunto com hipóteses simplificadoras, para modelar o sistema matematicamente. Essas leis são:

Lei de Kirchhoff das tensões A soma das tensões ao longo de um caminho fechado é igual a zero.
Lei de Kirchhoff das correntes A soma das correntes elétricas que fluem a partir de um nó é igual a zero.
Leis de Newton A soma das forças atuantes em um corpo é igual a zero;[3] a soma dos momentos atuantes em um corpo é igual a zero.

As leis de Kirchhoff e de Newton conduzem a modelos matemáticos que descrevem o relacionamento entre a entrada e a saída de sistemas dinâmicos. Um desses modelos é a *equação diferencial linear invariante no tempo*, Equação (1.2):

$$\frac{d^m c(t)}{dt^n} + d_{n-1}\frac{d^{m-1}c(t)}{dt^{n-1}} + \cdots + d_0 c(t) = b_m \frac{d^m r(t)}{dt^m} + b_{m-1}\frac{d^{m-1}r(t)}{dt^{m-1}} + \cdots + b_0 r(t) \qquad (1.2)^4$$

Muitos sistemas podem ser descritos aproximadamente por esta equação, que relaciona a saída, $c(t)$, com a entrada, $r(t)$, por meio dos parâmetros do sistema, a_i e b_j. Admitimos que o leitor esteja familiarizado com as equações diferenciais. São fornecidos problemas e uma bibliografia ao final do capítulo para que você faça uma revisão deste assunto.

As hipóteses simplificadoras adotadas no processo de obtenção de um modelo matemático normalmente conduzem a uma forma de baixa ordem da Equação (1.2). Sem as hipóteses, o modelo do sistema poderia ser de ordem elevada, ou poderia ser descrito por equações diferenciais não lineares, variantes no tempo ou parciais. Essas equações complicam o processo de projeto e reduzem o discernimento do projetista. Naturalmente, todas as hipóteses devem ser verificadas e todas as simplificações devem ser justificadas por meio de análises ou testes. Se as hipóteses adotadas para a simplificação não puderem ser justificadas, então o modelo não poderá ser simplificado. Examinaremos algumas dessas hipóteses simplificadoras no Capítulo 2.

Além da equação diferencial, a *função de transferência* é outra maneira de modelar matematicamente um sistema. O modelo é obtido a partir da equação diferencial linear invariante no tempo, utilizando-se a chamada *transformada de Laplace*. Embora a função de transferência possa ser utilizada apenas para sistemas lineares, ela fornece uma informação mais intuitiva do que a equação diferencial. Nós seremos capazes de alterar parâmetros de um sistema e, rapidamente, perceber o efeito dessas mudanças na resposta do sistema. A função de transferência também é útil na modelagem da interligação de subsistemas pela formação de um diagrama de blocos similar ao da Figura 1.8(d), porém, com uma função matemática no interior de cada bloco.

Outro modelo é a *representação no espaço de estados*. Uma vantagem dos métodos do espaço de estados é que eles também podem ser utilizados para sistemas que não podem ser descritos por equações diferenciais lineares. Além disso, os métodos do espaço de estados são utilizados para modelar sistemas para simulação em computadores digitais. Basicamente, esta representação transforma uma equação diferencial de ordem n em um sistema de n equações diferenciais simultâneas de primeira ordem. Por enquanto, esta descrição é suficiente; descreveremos esta abordagem mais detalhadamente no Capítulo 3.

---

[3] Alternativamente, Σ forças $= Ma$. Neste texto, a força, Ma, será levada para o lado esquerdo da equação para resultar em Σ forças $= 0$ (princípio de D'Alembert). Podemos então ter uma analogia consistente entre força e tensão, e as leis de Kirchhoff e de Newton (isto é, Σ forças $= 0$; Σ tensões $= 0$).

[4] O lado direito da Equação (1.2) indica a diferenciação da entrada, $r(t)$. Em sistemas físicos, a diferenciação da entrada introduz ruído. Nos Capítulos 3 e 5, mostramos implementações e interpretações da Equação (1.2) que não requerem a diferenciação da entrada.

Finalmente, devemos mencionar que, para produzir o modelo matemático para um sistema, é necessário o conhecimento dos valores dos parâmetros, como resistência equivalente, indutância, massa e amortecimento, os quais, frequentemente, não são fáceis de obter. Análises, medições ou especificações de fabricantes são fontes que o engenheiro de sistemas de controle pode utilizar para obter os parâmetros.

Passo 5: Reduzir o Diagrama de Blocos

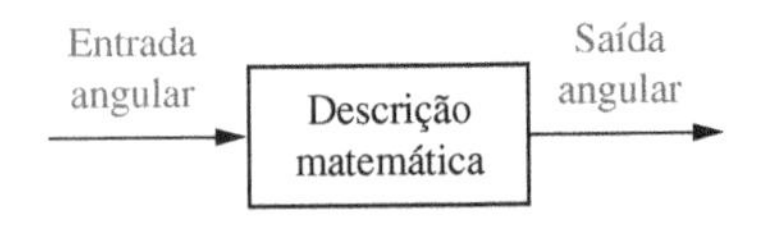

FIGURA 1.11 Diagrama de blocos equivalente para o sistema de controle de posição de azimute de antena.

Modelos de subsistemas são interconectados para formar diagramas de blocos de sistemas maiores, como na Figura 1.8(*d*), em que cada bloco possui uma descrição matemática. Observe que muitos sinais, como tensões proporcionais e o erro, são internos ao sistema. Há ainda dois sinais — entrada angular e saída angular — que são externos ao sistema. Para avaliar a resposta do sistema neste exemplo, precisamos reduzir este grande diagrama de blocos do sistema a um único bloco com uma descrição matemática que represente o sistema da sua entrada para sua saída, como mostrado na Figura 1.11. Uma vez que o diagrama de blocos seja reduzido, estamos prontos para analisar e projetar o sistema.

Passo 6: Analisar e Projetar

A próxima etapa do processo, que se segue à redução do diagrama de blocos, é a análise e o projeto. Caso você esteja interessado apenas no desempenho de um subsistema individual, pode pular a redução do diagrama de blocos e partir imediatamente para a análise e o projeto. Nesta etapa, o engenheiro analisa o sistema para verificar se as especificações de resposta e os requisitos de desempenho podem ser atendidos por simples ajustes nos parâmetros do sistema. Caso as especificações não possam ser atendidas, o projetista então projeta componentes adicionais, de modo a conseguir o desempenho desejado.

Sinais de entrada de teste são utilizados, tanto analiticamente quanto durante os testes, para verificar o projeto. Não é nem necessariamente prático, nem esclarecedor, escolher sinais de entrada complexos para analisar o desempenho de um sistema. Assim, o engenheiro usualmente escolhe entradas de teste padronizadas. Essas entradas são impulsos, degraus, rampas, parábolas e senoides, como mostrado na Tabela 1.1.

Um *impulso* é infinito em $t = 0$, e zero em qualquer outro instante de tempo. A área sob o impulso unitário vale 1. Uma aproximação desse tipo de forma de onda é utilizada para aplicar uma energia inicial a um sistema, de modo que a resposta devido a essa energia inicial seja apenas a resposta transitória do sistema. Com base nessa resposta, o projetista pode obter um modelo matemático do sistema.

Uma entrada em *degrau* representa um *comando constante*, como posição, velocidade ou aceleração. Tipicamente, o comando de entrada em degrau possui a mesma forma que a saída. Por exemplo, se a saída do sistema é uma posição, como é o caso do sistema de controle de posição de azimute de antena, a entrada em degrau representa uma posição desejada, e a saída representa a posição real. Caso a saída do sistema seja uma velocidade, como a velocidade de rotação para um leitor de discos de vídeo, a entrada em degrau representa uma velocidade constante desejada, e a saída representa a velocidade real. O projetista utiliza entradas em degrau, porque ambas as respostas, transitória e em regime permanente, são claramente visíveis e podem ser avaliadas.

A entrada em *rampa* representa um *comando linearmente crescente*. Por exemplo, se a saída do sistema é uma posição, a entrada em rampa representa uma posição linearmente crescente, como a encontrada quando se rastreia um satélite que se move através do céu a uma velocidade constante. Caso a saída do sistema seja uma velocidade, a entrada em rampa representa uma velocidade linearmente crescente. A resposta a um sinal de teste de entrada em rampa fornece informações adicionais sobre o erro em regime permanente. A discussão anterior pode ser estendida a entradas em *parábola*, que também são utilizadas para avaliar o erro do regime permanente de um sistema.

Entradas *senoidais* também podem ser utilizadas para testar um sistema físico e obter um modelo matemático. Discutiremos o uso dessa forma de onda em detalhes nos Capítulos 10 e 11.

Concluímos que um dos requisitos básicos da análise e do projeto é avaliar a resposta temporal de um sistema para uma determinada entrada. Ao longo deste livro você aprenderá diversos métodos para alcançar esse objetivo.

O engenheiro de sistemas de controle deve levar em consideração outras características dos sistemas de controle com realimentação. Por exemplo, o comportamento do sistema de controle é alterado por flutuações nos valores dos componentes ou nos parâmetros do sistema. Essas variações podem ser causadas pela temperatura, pressão, ou outras mudanças nas condições ambientais. Os sistemas devem ser construídos de modo que as flutuações esperadas não degradem o desempenho além dos limites especificados. Uma análise de *sensibilidade* pode fornecer o percentual de variação de uma especificação em função da mudança em um parâmetro do sistema. Um dos objetivos do projetista, então, é construir um sistema com a menor sensibilidade possível sobre uma faixa esperada de variações ambientais.

Nesta seção, examinamos algumas considerações sobre a análise e o projeto de sistemas de controle. Vimos que o projetista está preocupado com a resposta transitória, o erro em regime permanente, a estabilidade e a sensibilidade. O texto salientou que, embora a base da avaliação do desempenho de um sistema seja a equação diferencial, outros métodos, como as funções de transferência e o espaço de estados, serão utilizados. As vanta-

TABELA 1.1 Formas de onda de teste utilizadas em sistemas de controle.

Entrada	Função	Descrição	Esboço	Utilização
Impulso	$\delta(t)$	$\delta(t) = \infty$ para $0- < t < 0+$ $= 0$ caso contrário $\int_{0-}^{0+} \delta(t)dt = 1$	$f(t)$, $\delta(t)$, t	Resposta transitória Modelagem
Degrau	$u(t)$	$u(t) = 1$ para $t > 0$ $= 0$ para $t < 0$	$f(t)$, t	Resposta transitória Erro em regime permanente
Rampa	$tu(t)$	$tu(t) = t$ para $t \geq 0$ $= 0$ caso contrário	$f(t)$, t	Erro em regime permanente
Parábola	$\frac{1}{2}t^2u(t)$	$\frac{1}{2}t^2u(t) = \frac{1}{2}t^2$ para $t \geq 0$ $= 0$ caso contrário	$f(t)$, t	Erro em regime permanente
Senoide	$\operatorname{sen} \omega t$		$f(t)$, t	Resposta transitória Modelagem Erro em regime permanente

gens dessas novas técnicas em relação às equações diferenciais se tornarão evidentes quando as examinarmos, em capítulos posteriores.

1.6 Projeto Assistido por Computador

Agora que já examinamos a sequência de análise e de projeto, vamos examinar o uso do computador como uma ferramenta computacional nesta sequência. O computador desempenha um papel importante no projeto dos sistemas de controle modernos. No passado, o projeto de sistemas de controle era trabalhoso. Muitas das ferramentas que utilizamos hoje eram aplicadas através de cálculos manuais, ou, na melhor das hipóteses, utilizando o auxílio de ferramentas gráficas de plástico. O processo era lento, e os resultados, nem sempre exatos. Computadores centrais de grande porte eram então utilizados para simular os projetos.

Atualmente, somos afortunados por termos computadores e programas que eliminam o trabalho pesado da tarefa. Nos nossos próprios computadores de mesa, podemos realizar a análise, o projeto e a simulação com um único programa. Com a capacidade de simular um projeto rapidamente, podemos facilmente realizar alterações e testar imediatamente um novo projeto. Podemos brincar de "o que aconteceria se ..." e tentar soluções alternativas para verificar se elas produzem resultados melhores, como uma sensibilidade reduzida à variação de parâmetros. Podemos incluir não linearidades e outros efeitos, e testar a exatidão dos nossos modelos.

MATLAB

O computador é parte integrante do projeto de sistemas de controle modernos, e muitas ferramentas computacionais estão disponíveis para seu uso. Neste livro utilizamos o MATLAB e o MATLAB Control System Toolbox, que expande o MATLAB, para incluir comandos específicos de sistemas de controle. Além disso, são apresentados diversos recursos adicionais do MATLAB que dão mais funcionalidades ao MATLAB e ao Control System

Toolbox. Estão incluídos: (1) o Simulink, que utiliza uma interface gráfica de usuário (GUI — *graphical user interface*); (2) o Linear System Analyzer, o qual permite que medidas sejam feitas diretamente das curvas de resposta no domínio do tempo e no domínio da frequência; (3) a Control System Designer, uma ferramenta de análise e de projeto prática e intuitiva; e (4) o Symbolic Math Toolbox, que poupa trabalho ao fazer cálculos simbólicos requeridos na análise e no projeto de sistemas de controle. Alguns desses recursos podem necessitar de programas adicionais, disponibilizados pela The Math Works, Inc.

O MATLAB é apresentado como um método alternativo para a solução de problemas de sistemas de controle. Você é encorajado a resolver os problemas primeiro manualmente e então através do MATLAB, de modo que a compreensão não seja perdida pelo uso mecanizado de programas de computador. Para tanto, muitos exemplos ao longo do livro são resolvidos manualmente, seguidos por uma sugestão de uso do MATLAB.

Como um incentivo para começar a usar o MATLAB, instruções de programa simples que você pode tentar são sugeridas ao longo dos capítulos, em locais apropriados. Ao longo do livro, vários ícones aparecem nas margens para identificar referências ao MATLAB que direcionam você ao programa apropriado no apêndice adequado e informam o que você irá aprender. Problemas de fim de capítulo escolhidos e Desafios do Estudo de Caso a serem resolvidos utilizando o MATLAB também são identificados com ícones apropriados. A lista a seguir discrimina os componentes específicos do MATLAB utilizados neste livro, o ícone utilizado para identificar cada um deles e o apêndice no qual uma descrição pode ser encontrada:

MATLAB
ML

Tutoriais e código do MATLAB/Control System Toolbox são encontrados no Apêndice B e são identificados no texto com o ícone MATLAB mostrado na margem.

Simulink
SL

Tutoriais e diagramas do Simulink são encontrados no Apêndice C e são identificados no texto com o ícone Simulink mostrado na margem.

Ferramenta GUI
FGUI

Ferramentas, tutoriais e exemplos MATLAB GUI estão no Apêndice E, disponível no Ambiente de aprendizagem do GEN, e são identificados no texto com o ícone Ferramenta GUI mostrado na margem. Essas ferramentas consistem no Linear System Analyzer e no Control System Designer.

Symbolic Math
SM

Tutoriais e códigos da Symbolic Math Toolbox são encontrados no Apêndice F, disponível no Ambiente de aprendizagem do GEN, e são identificados no texto com o ícone Symbolic Math mostrado na margem.

O código MATLAB em si não é específico de uma plataforma. O mesmo código pode ser executado em computadores pessoais e estações de trabalho que suportam o MATLAB. Embora existam diferenças na instalação e no gerenciamento de arquivos do MATLAB, elas não são abordadas neste livro. Além disso, existem muito mais comandos no MATLAB e nas MATLAB *toolboxes* que os cobertos nos apêndices. Por favor, explore as bibliografias ao final dos apêndices apropriados para descobrir mais sobre o gerenciamento de arquivos do MATLAB e sobre instruções MATLAB que não são cobertas neste livro.

LabVIEW

O LabVIEW é um ambiente de programação apresentado como uma alternativa ao MATLAB. Esta alternativa gráfica produz painéis frontais de instrumentos virtuais no seu computador que são reproduções pictóricas de instrumentos, como geradores de sinais ou osciloscópios. Por trás dos painéis frontais estão diagramas de blocos. Os blocos contêm código subjacente para os controles e indicadores no painel frontal. Assim, um conhecimento de codificação não é necessário. Além disso, os parâmetros podem ser facilmente passados ou visualizados a partir do painel frontal.

LabVIEW
LV

Um tutorial do LabVIEW está no Apêndice D, e todo o material referente ao LabVIEW é identificado com o ícone LabVIEW mostrado na margem.

Você é encorajado a utilizar auxílios computacionais ao longo deste livro. Aqueles que não utilizam MATLAB ou LabVIEW devem consultar o Apêndice H, disponível no Ambiente de aprendizagem do GEN, para uma discussão sobre outras alternativas. Agora que fizemos uma introdução aos sistemas de controle e estabelecemos uma necessidade de auxílios computacionais para realizar a análise e o projeto, concluímos com uma discussão sobre a carreira de engenheiro de sistemas de controle e contemplamos as oportunidades e desafios que o esperam.

1.7 Engenheiro de Sistemas de Controle

A engenharia de sistemas de controle é uma área estimulante, na qual você pode aplicar seus talentos de engenharia, uma vez que ela permeia diversas disciplinas e inúmeras funções dentro de si. O engenheiro de controle pode ser encontrado no nível mais alto de grandes projetos, envolvido na fase conceitual, na determinação ou implementação de requisitos gerais de sistema. Esses requisitos incluem especificações de desempenho total do sistema, funções dos subsistemas e a interconexão dessas funções, incluindo requisitos de interface, projeto de equipamentos, projeto de *software* e planejamento e procedimento de testes.

Muitos engenheiros estão envolvidos em apenas uma área, como projeto de circuitos ou desenvolvimento de *software*. Entretanto, como um engenheiro de sistemas de controle, você pode trabalhar em uma área mais ampla e interagir com pessoas de diversos ramos da engenharia e da ciência. Por exemplo, caso você esteja trabalhando em um sistema biológico, precisará interagir com colaboradores das ciências biológicas, engenharia mecânica, engenharia elétrica e engenharia da computação, sem falar da matemática e da física. Você trabalhará com esses engenheiros em todos os níveis do desenvolvimento do projeto, desde a concepção, passando pelo projeto e, finalmente, chegando aos testes. No nível de projeto o engenheiro de sistemas de controle pode efetuar a escolha, o projeto e a interface de equipamentos, incluindo o projeto total dos subsistemas para atender aos requisitos especificados. O engenheiro de controle pode trabalhar com sensores e motores, bem como com circuitos e dispositivos eletrônicos, pneumáticos e hidráulicos.

O ônibus espacial é outro exemplo da diversidade requerida do engenheiro de sistemas. Na seção anterior, mostramos que os sistemas de controle do ônibus espacial abrangem muitos ramos da ciência: mecânica orbital e propulsão, aerodinâmica, engenharia elétrica e engenharia mecânica. Esteja você trabalhando ou não em um programa espacial, como engenheiro de sistemas de controle você vai aplicar uma ampla base de conhecimentos na solução de problemas de engenharia de controle. Você terá a oportunidade de expandir seus horizontes de engenharia além do seu currículo acadêmico.

Agora você está ciente das futuras oportunidades. Porém, por enquanto, que vantagens este curso oferece a um estudante de sistemas de controle (além do fato de você precisar dele para se graduar)? Os currículos de engenharia tendem a enfatizar o projeto *ascendente*. Isto é, você começa pelos componentes, desenvolve circuitos e, em seguida, monta um produto. No projeto *descendente*, primeiro é formulada uma visão de alto nível dos requisitos; em seguida as funções e os componentes necessários para implementar o sistema são determinados. Você será capaz de adotar uma abordagem de sistemas descendente como resultado deste curso.

Um dos principais motivos para não se ensinar o projeto descendente durante todo o currículo é o alto nível de matemática requerido inicialmente para a abordagem dos sistemas. Por exemplo, a teoria de sistemas de controle, que requer equações diferenciais, não poderia ser ensinada como um curso dos primeiros semestres. Entretanto, durante a progressão pelos cursos que utilizam projeto ascendente, fica difícil perceber como esse tipo de projeto se encaixa de modo lógico no grande cenário do ciclo de desenvolvimento de produto.

Depois de concluir este curso de sistemas de controle, você será capaz de olhar para trás e perceber como seus estudos anteriores se encaixam no grande cenário. Seu curso sobre amplificadores, ou sobre vibrações, terá um novo sentido, à medida que você começar a perceber o papel que o trabalho de projeto desempenha, como parte do desenvolvimento de produto. Por exemplo, como engenheiros, desejamos descrever o mundo físico matematicamente, de modo que possamos criar sistemas que beneficiarão a humanidade. Você descobrirá que de fato adquiriu, através de seus cursos anteriores, a habilidade de modelar matematicamente os sistemas físicos, embora, naquele momento, você possa não ter entendido onde, no ciclo de desenvolvimento de produto, a modelagem se encaixasse. Este curso irá esclarecer os procedimentos de análise e de projeto, e mostrará como o conhecimento que você adquiriu se encaixa no cenário geral de projeto de sistemas.

A compreensão dos sistemas de controle habilita os estudantes de todos os ramos da engenharia a falarem uma linguagem comum e a desenvolverem uma valorização e um conhecimento prático dos outros ramos. Você descobrirá que, na realidade, não existe muita diferença entre os ramos da engenharia, pelo menos no que diz respeito aos objetivos e aplicações. À medida que você estudar os sistemas de controle, notará essas semelhanças.

Resumo

Os sistemas de controle contribuem para todos os aspectos da sociedade moderna. Em nossos lares os encontramos em tudo, desde torradeiras e sistemas de aquecimento até os aparelhos de DVD. Os sistemas de controle também têm ampla aplicação na ciência e na indústria, desde a condução de embarcações e aviões até o guiamento de mísseis. Os sistemas de controle também existem naturalmente; nossos corpos contêm diversos sistemas de controle. Até mesmo representações de sistemas econômicos e psicológicos baseadas na teoria de sistemas de controle foram propostas. Os sistemas de controle são utilizados onde ganho de potência, controle remoto, ou conversão da forma de entrada são necessários.

Um sistema de controle possui uma *entrada*, um *processo* e uma *saída*. Os sistemas de controle podem estar em *malha aberta* ou em *malha fechada*. Os sistemas em malha aberta não monitoram ou corrigem a saída devido a perturbações; entretanto, eles são mais simples e mais baratos que os sistemas em malha fechada. Os sistemas em malha fechada monitoram a saída e a comparam com a entrada. Caso um erro seja detectado, o sistema corrige a saída e, assim, corrige os efeitos das perturbações.

A análise e o projeto de sistemas de controle focam três objetivos principais:

1. Produzir a resposta transitória desejada
2. Reduzir os erros em regime permanente
3. Alcançar estabilidade.

Um sistema precisa ser estável, para produzir as respostas transitória e em regime permanente apropriadas. A resposta transitória é importante porque afeta a velocidade do sistema e influencia a paciência e o conforto dos seres humanos, para não mencionar o esforço mecânico. A resposta em regime permanente determina a exatidão do sistema de controle; ela determina quão de perto a saída se aproxima da resposta desejada.

O projeto de um sistema de controle segue estes passos:

Passo 1 Determinar um sistema físico e especificações a partir de requisitos.
Passo 2 Desenhar um diagrama de blocos funcional.
Passo 3 Representar o sistema físico como um esquema.
Passo 4 Utilizar o esquema para obter um modelo matemático, como um diagrama de blocos.
Passo 5 Reduzir o diagrama de blocos.
Passo 6 Analisar e projetar o sistema para atender aos requisitos e às especificações, que incluem estabilidade, resposta transitória e desempenho em regime permanente.

No próximo capítulo continuaremos a sequência de análise e projeto e aprenderemos como utilizar o esquema para obter um modelo matemático.

Questões de Revisão

1. Cite três aplicações de sistemas de controle com realimentação.
2. Cite três razões para a utilização de sistemas de controle com realimentação e pelo menos uma razão para não utilizá-los.
3. Dê três exemplos de sistemas em malha aberta.
4. Funcionalmente, como os sistemas em malha fechada diferem dos sistemas em malha aberta?
5. Relate uma condição na qual o sinal do erro de um sistema de controle com realimentação não seria a diferença entre a entrada e a saída.
6. Caso o sinal do erro não seja a diferença entre a entrada e a saída, por qual denominação geral podemos nos referir ao sinal do erro?
7. Cite duas vantagens de utilizar um computador na malha.
8. Cite os três principais critérios de projeto para os sistemas de controle.
9. Cite as duas partes da resposta de um sistema.
10. Fisicamente, o que acontece com um sistema instável?
11. A instabilidade é atribuída a qual parte da resposta total?
12. Descreva uma tarefa típica da análise de sistemas de controle.
13. Descreva uma tarefa típica do projeto de sistemas de controle.
14. Ajustes no ganho do caminho direto à frente podem causar alterações na resposta transitória. Verdadeiro ou falso?
15. Cite três abordagens para a modelagem matemática de sistemas de controle.
16. Descreva sucintamente cada uma de suas respostas para a Questão 15.

Investigação em Laboratório Virtual

EXPERIMENTO 1.1

Objetivo Verificar o comportamento de sistemas em malha fechada como descrito no Estudo de Caso do Capítulo 1.

Requisitos Mínimos de Programas LabVIEW e o LabVIEW Control Design and Simulation Module. Observação: Embora nenhum conhecimento de LabVIEW seja necessário para esta experiência, ver Apêndice D para aprender mais sobre o LabVIEW, que será abordado, com mais detalhes, em capítulos posteriores.

Pré-Ensaio

1. A partir da discussão no Estudo de Caso, descreva o efeito do ganho de um sistema em malha fechada sobre a resposta transitória.
2. A partir da discussão no Estudo de Caso sobre o erro em regime permanente, esboce um gráfico de uma entrada em degrau superposta com uma saída de resposta ao degrau e mostre o erro em regime permanente. Admita uma resposta transitória qualquer. Repita para uma entrada rampa e uma saída de resposta à rampa. Descreva o efeito do ganho sobre o erro em regime permanente.

Ensaio

1. Execute o LabVIEW e abra **Find Examples ...** na aba **Help**.
2. Na janela **NI Example Finder**, abra **CDEx Effect of Controller Type.vi**, encontrado navegando-se até ele através de **Toolkits and Modules/Control and Simulation/Control Design/Time Analysis/CDEx Effect of Controller Type vi.**
3. Na barra de ferramentas, clique circulando nas setas localizadas ao lado da seta sólida na esquerda. O programa está rodando.
4. Mova o cursor **Controller Gain** e observe o efeito de ganhos elevados e baixos.
5. Mude o controlador clicando nas setas de **Controller Type** e repita o Passo 4.

Pós-Ensaio

1. Correlacione as respostas vistas na experiência com as descritas no seu Pré-Ensaio. Explore outros exemplos fornecidos nas pastas de exemplos do LabVIEW.

Bibliografia

Alternative Drivetrains, July 2005. Available at www.altfuels.org/backgrnd/altdrive.html. Accessed October 13, 2009.

Anderson, S. Field Guide: Hybrid Electric Powertrains, part 4 of 5. *Automotive Design & Production.* Gardner Publication, Inc. Available at http://www.autofieldguide.com/articles/ 020904.html. Accessed October 13, 2009.

Bahill, A. T. *Bioengineering: Biomedical, Medical, and Clinical Engineering.* Prentice Hall, Englewood Cliffs, NJ, 1981.

Bechhoefer, J. Feedback for Physicists: A Tutorial Essay on Control. *To Appear in Review of Modern Physics*, July 2005, pp. 42–45. Also available at http://www.sfu.ca/chaos/ Publications/papers/RMP_feedback.pdf.

Bennett, S. *A History of Control Engineering, 1800–1930.* Peter Peregrinus, Stevenage, UK, 1979.

Bode, H. W. *Network Analysis and Feedback Amplifier Design.* Van Nostrand, Princeton, NJ, 1945.

Bosch, R. GmbH. *Automotive Electrics and Automotive Electronics*, 5th ed. John Wiley & Sons Ltd., UK, 2007.

Bosch, R. GmbH. *Bosch Automotive Handbook*, 7th ed. John Wiley & Sons Ltd., UK, 2007.

Camacho, E. F., Berenguel, M., Rubio, F. R., and Martinez, D. *Control of Solar Energy Systems*, Springer-Verlag, London, 2012.

Cannon, R. H., Jr. *Dynamics of Physical Systems.* McGraw-Hill, New York, 1967.

Craig, I. K., Xia, X., and Venter, J. W. Introducing HIV/AIDS Education into the Electrical Engineering Curriculum at the University of Pretoria. *IEEE Transactions on Education*, vol. 47, no. 1, February 2004, pp. 65–73.

D'Azzo, J. J., and Houpis, C. H. *Feedback Control System Analysis and Synthesis*, 2d ed. McGraw-Hill, New York, 1966.

Doebelin, E. O. *Measurement Systems Application and Design*, 4th ed. McGraw-Hill, New York, 1990.

Dorf, R. C. *Modern Control Systems*, 5th ed. Addison-Wesley, Reading, MA, 1989.

D'Souza, A. F. *Design of Control Systems.* Prentice Hall, Upper Saddle River, NJ, 1988.

Edelson, J., et al. Facing the Challenges of the Current Hybrid Electric Drivetrain. *SMMA Technical Conference of the Motor and Motion Association.* Fall 2008. Available at www.ChorusCars.com.

Franklin, G. F., Powell, J. D., and Emami-Naeini, A. *Feedback Control of Dynamic Systems.* Addison-Wesley, Reading, MA, 1986.

Gurkaynak, Y., Li, Z., and Khaligh, A. A Novel Grid-tied, Solar Powered Residential Home with Plug-in Hybrid Electric Vehicle (PHEV) Loads. *IEEE Vehicle Power and Propulsion Conference* 2009, pp. 813–816.

Heller, H. C., Crawshaw, L. I., and Hammel, H. T. The Thermostat of Vertebrate Animals. *Scientific American*, August 1978, pp. 102–113.

Hogan, B. J. As Motorcycle's Speed Changes, Circuit Adjusts Radio's Volume. *Design News*, 18, August 1988, pp. 118–119.

Hostetter, G. H., Savant, C. J., Jr., and Stefani, R. T. *Design of Feedback Control Systems*, 2d ed. Saunders College Publishing, New York, 1989.

Jenkins, H. E., Kurfess, T. R., and Ludwick, S. J. Determination of a Dynamic Grinding Model. *Journal of Dynamic Systems, Measurements, and Control*, vol. 119, June 1997, pp. 289–293.

Klapper, J., and Frankle, J. T. *Phase-Locked and Frequency-Feedback Systems.* Academic Press, New York, 1972.

Lieberman, J., and Breazeal, C. Development of a Wearable Vibrotactile Feedback Suit for Accelerated Human Motor Learning. *2007 IEEE Int. Conf. on Robotics and Automation.* Roma, Italy, April 2007.

Martin, R. H., Jr. *Elementary Differential Equations with Boundary Value Problems.* McGraw-Hill, New York, 1984.

Mayr, O. The Origins of Feedback Control. *Scientific American*, October 1970, pp. 110–118.

Mayr, O. *The Origins of Feedback Control.* MIT Press, Cambridge, MA, 1970.

Mott, C., et al. *Modifying the Human Circadian Pacemaker Using Model-Based Predictive Control.* Proceedings of the American Control Conference. Denver, CO, June 2003, pp. 453–458.

Muñoz-Mansilla, R., Aranda, J., Diaz, J. M., Chaos, D., and Reinoso, A. J. Applications of QFT Robust Control Techniques to Marine Systems. *9th IEEE International Conference on Control and Automation*, December 19–21, 2011, pp. 378–385.

Novosad, J. P. *Systems, Modeling, and Decision Making.* Kendall/Hunt, Dubuque, IA, 1982.

Nyquist, H. Regeneration Theory. *Bell System Technical Journal*, January 1932.

Ogata, K. *Modern Control Engineering*, 2d ed. Prentice Hall, Upper Saddle River, NJ, 1990.

Overbye, D. The Big Ear. *Omni*, December 1990, pp. 41–48. Figure caption source for Figure1.7.

Rockwell International. *Space Shuttle Transportation System*, 1984 (press information).

Shaw, D. A., and Turnbull, G. A. Modern Thickness Control for a Generation III Hot Strip Mill. *The International Steel Rolling Conference—The Science & Technology of Flat Rolling*, vol. 1. Association Technique de la Siderurgie Française, Deauville, France, 1–3, June 1987.

UNAIDS. GLOBAL REPORT: UNAIDS Report on the Global AIDS Epidemic 2013. Joint United Nations Programme on HIV/AIDS (UNAIDS), 2013, p. 4.

United Technologies Otis Elevator Co. The World of Otis. United Technologies Otis Elevator Co., p. 2, 1991. Figure caption source for Figure 1.3(b).

United Technologies Otis Elevator Co. Tell Me About Elevators. United Technologies Otis Elevator Co., pp. 20–25, 1991. Figure caption source for Figure 1.3(b).

Zhao, Q., Wang, F., Wang, W., and Deng, H. Adaptive Fuzzy Control Technology for Automatic Oil Drilling System. *Proceedings of the IEEE International Conference on Automation and Logistics*, China, August 18–21, 2007.

Zhou, J., Nygaard, G., Godhaven, J., Bretholtz, Ø., and Verfing, E. H. Adaptive Observer for Kick Detection and Switched Control for Bottomhole Pressure Regulation and Kick Attenuation During Managed Pressure Drilling. *2010 American Control Conference*. Baltimore, MD, USA, June 30–July 02, 2010.

Capítulo 2

Modelagem no Domínio da Frequência

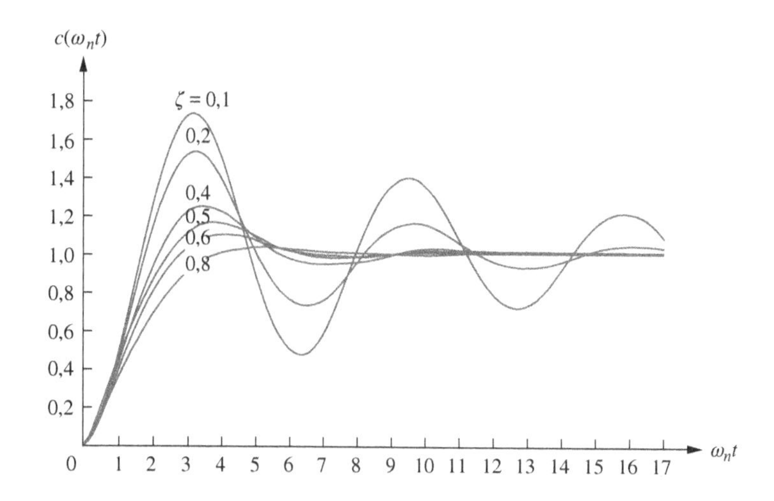

Resultados de Aprendizagem do Capítulo

Após completar este capítulo, o estudante estará apto a:

- Encontrar a transformada de Laplace de funções no domínio do tempo e a transformada de Laplace inversa (Seções 2.1 e 2.2)
- Encontrar a função de transferência a partir de uma equação diferencial e resolver a equação diferencial usando a função de transferência (Seção 2.3)
- Encontrar a função de transferência de circuitos elétricos lineares invariantes no tempo (Seção 2.4)
- Encontrar a função de transferência de sistemas mecânicos translacionais lineares invariantes no tempo (Seção 2.5)
- Encontrar a função de transferência de sistemas mecânicos rotacionais lineares invariantes no tempo (Seção 2.6)
- Encontrar a função de transferência de sistemas de engrenagens com perda e de sistemas de engrenagens sem perdas (Seção 2.7)
- Encontrar a função de transferência de sistemas eletromecânicos lineares invariantes no tempo (Seção 2.8)
- Produzir circuitos elétricos e sistemas mecânicos análogos (Seção 2.9)
- Linearizar um sistema não linear para obter a função de transferência (Seções 2.10 e 2.11).

Resultados de Aprendizagem do Estudo de Caso

Você será capaz de demonstrar seu conhecimento dos objetivos do capítulo com os estudos de caso como a seguir:

- Dado o sistema de controle de posição de azimute de antena, mostrado no Apêndice A2, você será capaz de determinar a função de transferência de cada subsistema.
- Dado um modelo de uma perna humana, ou um circuito elétrico não linear, você será capaz de linearizar o modelo e, em seguida, obter a função de transferência.

2.1 Introdução

No Capítulo 1, examinamos a sequência de análise e projeto que inclui a obtenção de um esquema do sistema e demonstramos esse passo para um sistema de controle de posição. Para obter um esquema, o engenheiro de sistemas de controle deve frequentemente adotar diversas hipóteses simplificadoras, de modo a manter o modelo resultante tratável e ainda aproximar a realidade física.

O próximo passo é desenvolver modelos matemáticos a partir de esquemas de sistemas físicos. Discutiremos dois métodos: (1) funções de transferência no domínio da frequência e (2) equações de estado no domínio do tempo. Esses tópicos são cobertos neste capítulo e no Capítulo 3, respectivamente. À medida que prosseguirmos, vamos observar que em ambos os casos o primeiro passo do desenvolvimento de um modelo matemático é a aplicação das leis básicas da física utilizadas na ciência e na engenharia. Por exemplo, quando modelarmos circuitos elétricos, a lei de Ohm e as leis de Kirchhoff, que são as leis básicas dos circuitos elétricos, serão aplicadas inicialmente. Somaremos tensões em uma malha ou correntes em um nó. Quando estudarmos sistemas mecânicos, usaremos as leis de Newton como princípios orientadores fundamentais. Nesse caso, somaremos forças ou torques. A partir dessas equações, obteremos a relação entre a saída e a entrada do sistema.

No Capítulo 1, verificamos que uma equação diferencial pode descrever a relação entre a entrada e a saída de um sistema. A forma da equação diferencial e seus coeficientes são uma formulação ou descrição do sistema. Embora a equação diferencial relacione o sistema à sua entrada e à sua saída, ela não é uma representação satisfatória da perspectiva do sistema. Analisando a Equação (1.2), uma equação diferencial geral de ordem n, linear e invariante no tempo, observamos que os parâmetros do sistema, que são os coeficientes, bem como a saída, $c(t)$, e a entrada, $r(t)$, aparecem por toda a equação.

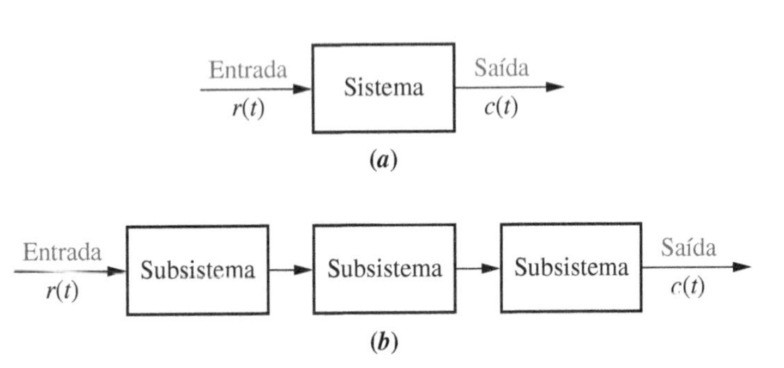

FIGURA 2.1 **a.** Representação em diagrama de blocos de um sistema; **b.** representação em diagrama de blocos de uma interconexão de subsistemas.

Seria preferível uma representação matemática como a mostrada na Figura 2.1(*a*), em que a entrada, a saída e o sistema são partes distintas e separadas. Além disso, gostaríamos de representar de modo conveniente a interconexão de diversos subsistemas. Por exemplo, gostaríamos de representar interconexões em *cascata*, como mostrado na Figura 2.1(*b*), em que uma função matemática, chamada *função de transferência*, está no interior de cada bloco, e as funções em blocos podem ser facilmente combinadas para produzir a Figura 2.1(*a*), facilitando, assim, a análise e o projeto. Esta conveniência não pode ser obtida com a equação diferencial.

2.2 Revisão da Transformada de Laplace

É difícil modelar um sistema representado por uma equação diferencial na forma de um diagrama de blocos. Assim, preparamos o terreno para a transformada de Laplace, com a qual podemos representar a entrada, a saída e o sistema como entidades separadas. Além disso, seu inter-relacionamento será simplesmente algébrico. Vamos primeiro definir a transformada de Laplace e, em seguida, mostrar como ela simplifica a representação de sistemas físicos (*Nilsson, 1996*).

A transformada de Laplace é definida como

$$\mathscr{L}[f(t)] = F(s) = \int_{0-}^{\infty} f(t)e^{-st}\,dt \tag{2.1}$$

em que $s = \sigma + j\omega$ é uma variável complexa. Desse modo, conhecendo $f(t)$ e sabendo que a integral na Equação (2.1) existe, podemos obter uma função $F(s)$, chamada *transformada de Laplace* de $f(t)$.[1]

A notação para o limite inferior significa que, mesmo que $f(t)$ seja descontínua em $t = 0$, podemos iniciar a integração antes da descontinuidade, desde que a integral convirja. Assim, podemos obter a transformada de Laplace de funções impulso. Esta propriedade tem nítidas vantagens quando aplicamos a transformada de Laplace na solução de equações diferenciais nas quais as condições iniciais são descontínuas em $t = 0$. Utilizando equações diferenciais, precisamos resolvê-las para as condições iniciais após a descontinuidade conhecendo as condições iniciais antes da descontinuidade. Utilizando a transformada de Laplace precisamos conhecer apenas

[1] A transformada de Laplace existe se a integral da Equação (2.1) converge. A integral irá convergir se $\int_{0-}^{\infty}|f(t)|e^{-\sigma_1 t}dt < \infty$. Se $|f(t)| < Me^{\sigma_2 t}$, $0 < t < \infty$, a integral irá convergir se $\infty > \sigma_1 > \sigma_2$. Chamamos σ_2 de *abscissa de convergência*, e esse é o menor valor de σ, em que $s = \sigma + j\omega$, para o qual a integral existe.

as condições iniciais antes da descontinuidade. Ver *Kailath (1980)* para uma discussão mais detalhada.

A transformada inversa de Laplace, a qual nos permite obter $f(t)$ a partir de $F(s)$, é

$$\mathscr{L}^{-1}[F(s)] = \frac{1}{2\pi j}\int_{\sigma-j\infty}^{\sigma+j\infty} F(s)e^{st}ds = f(t)u(t) \quad (2.2)$$

em que

$$\begin{aligned} u(t) &= 1 \quad t > 0 \\ &= 0 \quad t < 0 \end{aligned}$$

é a função degrau unitário. A multiplicação de $f(t)$ por $u(t)$ produz uma função do tempo que é igual a zero para $t < 0$.

Utilizando a Equação (2.1) é possível obter uma tabela relacionando $f(t)$ com $F(s)$ para casos específicos. A Tabela 2.1 mostra os resultados para uma amostra representativa de funções. Caso utilizemos a tabela, não precisamos usar a Equação (2.2), a qual requer uma integração complexa para obter $f(t)$ a partir de $F(s)$.

No exemplo a seguir, demonstramos a utilização da Equação (2.1) para obter a transformada de Laplace de uma função do tempo.

TABELA 2.1 Tabela de transformadas de Laplace.

Item nº	$f(t)$	$F(s)$
1.	$\delta(t)$	1
2.	$u(t)$	$\frac{1}{s}$
3.	$tu(t)$	$\frac{1}{s^2}$
4.	$t^n u(t)$	$\frac{n!}{s^{n+1}}$
5.	$e^{-at}u(t)$	$\frac{1}{s+a}$
6.	$\operatorname{sen}\omega t u(t)$	$\frac{\omega}{s^2+\omega^2}$
7.	$\cos\omega t u(t)$	$\frac{s}{s^2+\omega^2}$

Exemplo 2.1

Transformada de Laplace de uma Função do Tempo

PROBLEMA: Obter a transformada de Laplace de $f(t) = Ae^{-at}u(t)$.

SOLUÇÃO: Como a função do tempo não contém uma função impulso, podemos substituir o limite inferior da Equação (2.1) por 0. Assim,

$$F(s) = \int_0^\infty f(t)e^{-st}\,dt = \int_0^\infty Ae^{-at}e^{-st}\,dt = A\int_0^\infty e^{-(s+a)t}\,dt = -\frac{A}{s+a}e^{-(s+a)t}\Big|_{t=0}^{\infty} = \frac{A}{s+a} \quad (2.3)$$

Além da tabela de transformadas de Laplace, Tabela 2.1, podemos utilizar os teoremas da transformada de Laplace, listados na Tabela 2.2, para auxiliar na transformação entre $f(t)$ e $F(s)$. No exemplo a seguir, demonstramos a utilização dos teoremas da transformada de Laplace mostrados na Tabela 2.2 para obter $f(t)$ a partir de $F(s)$.

Exemplo 2.2

Transformada Inversa de Laplace

PROBLEMA: Obter a transformada inversa de Laplace de $F_1(s) = 1/(s+3)^2$.

SOLUÇÃO: Para este exemplo utilizamos o teorema do deslocamento em frequência, Item 4 da Tabela 2.2, e a transformada de Laplace de $f(t) = tu(t)$, Item 3 da Tabela 2.1. Se a transformada inversa de $F(s) = 1/s^2$ é $tu(t)$, a transformada inversa de $F(s+a) = 1/(s+a)^2$ é $e^{-at}tu(t)$. Assim, $f_1(t) = e^{-3t}tu(t)$.

Expansão em Frações Parciais

Para obter a transformada inversa de Laplace de uma função com elevado grau de complexidade, podemos converter a função em uma soma de termos mais simples, para os quais conhecemos a transformada de Laplace. O resultado é chamado *expansão em frações parciais*. Se $F_1(s) = N(s)/D(s)$, em que a ordem de $N(s)$ é menor do que a ordem de $D(s)$, então uma expansão em frações parciais pode ser realizada. Se a ordem de $N(s)$ for maior ou igual à ordem de $D(s)$, então $N(s)$ deve ser dividido por $D(s)$ sucessivamente até que o resultado tenha um resto cuja ordem do numerador seja inferior à ordem do denominador. Por exemplo, se

$$F_1(s) = \frac{s^3 + 2s^2 + 6s + 7}{s^2 + s + 5} \quad (2.4)$$

TABELA 2.2 Teoremas da transformada de Laplace.

Item nº	Teorema	Nome
1.	$\mathscr{L}[f(t)] = F(s) \;= \int_{0-}^{\infty} f(t)e^{-st}dt$	Definição
2.	$\mathscr{L}[kf(t)] \;= kF(s)$	Teorema da linearidade
3.	$\mathscr{L}[f_1(t) + f_2(t)] = F_1(s) + F_2(s)$	Teorema da linearidade
4.	$\mathscr{L}[e^{-at}f(t)] \;= F(s+a)$	Teorema do deslocamento em frequência
5.	$\mathscr{L}[f(t-T)] \;= e^{-sT}F(s)$	Teorema do deslocamento no tempo
6.	$\mathscr{L}[f(at)] \;= \frac{1}{a}F\left(\frac{s}{a}\right)$	Teorema da escala
7.	$\mathscr{L}\left[\frac{df}{dt}\right] \;= sF(s) - f(0-)$	Teorema da derivação
8.	$\mathscr{L}\left[\frac{d^2f}{dt^2}\right] \;= s^2F(s) - sf(0-) - f'(0-)$	Teorema da derivação
9.	$\mathscr{L}\left[\frac{d^nf}{dt^n}\right] \;= s^nF(s) - \sum_{k=1}^{n} s^{n-k}f^{k-1}(0-)$	Teorema da derivação
10.	$\mathscr{L}\left[\int_{0-}^{t} f(\tau)d\tau\right] = \frac{F(s)}{s}$	Teorema da integração
11.	$f(\infty) \;= \lim_{s\to 0} sF(s)$	Teorema do valor final[1]
12.	$f(0+) \;= \lim_{s\to\infty} sF(s)$	Teorema do valor inicial[2]

[1]Para que este teorema leve a resultados finitos corretos, todas as raízes do denominador de $F(s)$ devem ter parte real negativa, e não mais que um pode estar na origem.
[2]Para que este teorema seja válido, $f(t)$ deve ser contínua ou ter uma descontinuidade em degrau em $t = 0$ (isto é, sem impulsos ou suas derivadas em $t = 0$).

devemos realizar a divisão indicada até obtermos um resto cuja ordem do numerador seja inferior à ordem de seu denominador. Assim,

$$F_1(s) = s + 1 + \frac{2}{s^2 + s + 5} \tag{2.5}$$

Fazendo a transformada inversa de Laplace, utilizando o Item 1 da Tabela 2.1, em conjunto com o teorema da diferenciação (Item 7) e o teorema da linearidade (Item 3 da Tabela 2.2), obtemos

$$f_1(t) = \frac{d\delta(t)}{dt} + \delta(t) + \mathscr{L}^{-1}\left[\frac{2}{s^2 + s + 5}\right] \tag{2.6}$$

Utilizando a expansão em frações parciais, seremos capazes de expandir funções como $F(s) = 2/(s^2 + s + 5)$ em uma soma de termos e, em seguida, obter a transformada inversa de Laplace para cada termo. Iremos agora considerar três casos e mostrar, em cada caso, como $F(s)$ pode ser expandida em frações parciais.

Caso 1. As Raízes do Denominador de $F(s)$ São Reais e Distintas

Um exemplo de $F(s)$ com raízes reais e distintas no denominador é

$$F(s) = \frac{2}{(s+1)(s+2)} \tag{2.7}$$

As raízes do denominador são distintas, uma vez que cada fator é elevado apenas à primeira potência. Podemos escrever a expansão em frações parciais como uma soma de termos em que cada fator do denominador original forma o denominador de cada termo, e constantes, chamadas *resíduos*, formam os numeradores. Assim,

$$F(s) = \frac{2}{(s+1)(s+2)} = \frac{K_1}{(s+1)} + \frac{K_2}{(s+2)} \tag{2.8}$$

Para obter K_1, primeiro multiplicamos a Equação (2.8) por $(s + 1)$, o que isola K_1. Assim,

$$\frac{2}{(s+2)} = K_1 + \frac{(s+1)K_2}{(s+2)} \tag{2.9}$$

Fazendo s tender a -1, eliminamos o último termo e resulta $K_1 = 2$. Analogamente, K_2 pode ser obtida multiplicando a Equação (2.8) por $(s + 2)$ e, em seguida, fazendo s tender a -2; assim, $K_2 = -2$.

Cada parte constituinte da Equação (2.8) corresponde a uma $F(s)$ na Tabela 2.1. Portanto, $f(t)$ é a soma das transformadas inversas de Laplace de cada um dos termos, isto é,

$$f(t) = (2e^{-t} - 2e^{-2t})u(t) \tag{2.10}$$

Então, em geral, dada uma $F(s)$ cujo denominador possui raízes reais e distintas, uma expansão em frações parciais,

$$\begin{aligned} F(s) = \frac{N(s)}{D(s)} &= \frac{N(s)}{(s+p_1)(s+p_2)\cdots(s+p_m)\cdots(s+p_n)} \\ &= \frac{K_1}{(s+p_1)} + \frac{K_2}{(s+p_2)} + \cdots + \frac{K_m}{(s+p_m)} + \cdots + \frac{K_n}{(s+p_n)} \end{aligned} \tag{2.11}$$

pode ser realizada se a ordem de $N(s)$ for menor do que a ordem de $D(s)$. Para calcular cada resíduo, K_i, multiplicamos a Equação (2.11) pelo denominador da fração parcial correspondente. Assim, se desejamos obter K_m, multiplicamos a Equação (2.11) por $(s + p_m)$ e obtemos

$$\begin{aligned} (s+p_m)F(s) &= \frac{(s+p_m)N(s)}{(s+p_1)(s+p_2)\cdots(s+p_m)\cdots(s+p_n)} \\ &= (s+p_m)\frac{K_1}{(s+p_1)} + (s+p_m)\frac{K_2}{(s+p_2)} + \cdots + K_m + \cdots \\ &\quad + (s+p_m)\frac{K_n}{(s+p_n)} \end{aligned} \tag{2.12}$$

Se fazemos s tender a $-p_m$, todos os termos do lado direito da Equação (2.12) tendem a zero, exceto o termo K_m, restando

$$\left.\frac{\cancel{(s+p_m)}N(s)}{(s+p_1)(s+p_2)\cdots\cancel{(s+p_m)}\cdots(s+p_n)}\right|_{s\to -p_m} = K_m \tag{2.13}$$

O exemplo a seguir demonstra a utilização da expansão em frações parciais na solução de uma equação diferencial. Observaremos que a transformada de Laplace reduz a tarefa de encontrar a solução para álgebra simples.

Exemplo 2.3

Solução Via Transformada de Laplace de uma Equação Diferencial

PROBLEMA: Dada a equação diferencial a seguir, obter a solução para $y(t)$ considerando que todas as condições iniciais são iguais a zero. Utilize a transformada de Laplace.

$$\frac{d^2y}{dt^2} + 12\frac{dy}{dt} + 32y = 32u(t) \tag{2.14}$$

SOLUÇÃO: Substitua a $F(s)$ correspondente a cada termo na Equação (2.14) utilizando o Item 2 da Tabela 2.1, os Itens 7 e 8 da Tabela 2.2 e as condições iniciais de $y(t)$ e de $dy(t)/dt$, dadas por $y(0-) = 0$ e $\dot{y}(0-) = 0$, respectivamente. Assim, a transformada de Laplace da Equação (2.14) é

$$s^2Y(s) + 12sY(s) + 32Y(s) = \frac{32}{s} \tag{2.15}$$

Resolvendo para a resposta, $Y(s)$, resulta

$$Y(s) = \frac{32}{s(s^2+12s+32)} = \frac{32}{s(s+4)(s+8)} \tag{2.16}$$

Para resolver para $y(t)$, observamos que a Equação (2.16) não corresponde a nenhum dos termos da Tabela 2.1. Assim, realizamos a expansão em frações parciais do termo do lado direito da equação e fazemos a correspondência de cada um dos termos resultantes com as funções $F(s)$ da Tabela 2.1. Assim,

$$Y(s) = \frac{32}{s(s+4)(s+8)} = \frac{K_1}{s} + \frac{K_2}{(s+4)} + \frac{K_3}{(s+8)} \tag{2.17}$$

em que, pela Equação (2.13),

$$K_1 = \frac{32}{(s+4)(s+8)}\bigg|_{s\to 0} = 1 \tag{2.18a}$$

$$K_2 = \frac{32}{s(s+8)}\bigg|_{s\to -4} = -2 \tag{2.18b}$$

$$K_3 = \frac{32}{s(s+4)}\bigg|_{s\to -8} = 1 \tag{2.18c}$$

Portanto,

$$Y(s) = \frac{1}{s} - \frac{2}{(s+4)} + \frac{1}{(s+8)} \tag{2.19}$$

Como cada uma das três partes constituintes da Equação (2.19) é representada como uma função $F(s)$ na Tabela 2.1, $y(t)$ é a soma das transformadas inversas de Laplace de cada termo. Consequentemente,

$$y(t) = (1 - 2e^{-4t} + e^{-8t})u(t) \tag{2.20}$$

MATLAB **ML**

Os estudantes que estiverem usando o MATLAB devem, agora, executar os arquivos ch2apB1 até ch2apB8 do Apêndice B. Este é seu primeiro exercício de MATLAB. Você aprenderá como utilizar o MATLAB para (1) representar polinômios, (2) obter as raízes de polinômios, (3) multiplicar polinômios e (4) obter expansões em frações parciais. Finalmente, o Exemplo 2.3 será resolvido utilizando o MATLAB.

A função $u(t)$ na Equação (2.20) mostra que a resposta é igual a zero até $t = 0$. A menos que seja especificado de forma diferente, todas as entradas dos sistemas neste texto não começarão antes de $t = 0$. Assim, as respostas de saída também serão iguais a zero antes de $t = 0$. Por conveniência, vamos omitir a notação $u(t)$ a partir de agora. Portanto, escrevemos a resposta de saída como

$$y(t) = 1 - 2e^{-4t} + e^{-8t} \tag{2.21}$$

Experimente 2.1

Use a seguinte instrução MATLAB e Control System Toolbox para criar a função de transferência linear invariante no tempo (LTI – *linear time-invariant*) da Equação (2.22).

```
F=zpk([ ],[-1 -2 -2],2)
```

Caso 2. As Raízes do Denominador de *F*(*s*) São Reais e Repetidas

Um exemplo de uma função $F(s)$ com raízes reais e repetidas no denominador é

$$F(s) = \frac{2}{(s+1)(s+2)^2} \tag{2.22}$$

As raízes de $(s + 2)^2$ no denominador são repetidas, uma vez que este fator está elevado a uma potência inteira maior que 1. Nesse caso, a raiz do denominador em -2 é uma *raiz múltipla de multiplicidade* 2.

Podemos escrever a expansão em frações parciais como uma soma de termos, em que cada fator do denominador forma o denominador de cada termo. Além disso, cada raiz múltipla gera termos adicionais consistindo em fatores do denominador de multiplicidade reduzida. Por exemplo, se

$$F(s) = \frac{2}{(s+1)(s+2)^2} = \frac{K_1}{(s+1)} + \frac{K_2}{(s+2)^2} + \frac{K_3}{(s+2)} \tag{2.23}$$

então $K_1 = 2$, o que pode ser obtido conforme descrito anteriormente. K_2 pode ser isolado multiplicando a Equação (2.23) por $(s + 2)^2$, resultando em

$$\frac{2}{s+1} = (s+2)^2\frac{K_1}{(s+1)} + K_2 + (s+2)K_3 \tag{2.24}$$

Fazendo s tender a -2, $K_2 = -2$. Para obter K_3 observamos que, se derivarmos a Equação (2.24) em relação a s,

$$\frac{-2}{(s+1)^2} = \frac{(s+2)s}{(s+1)^2}K_1 + K_3 \tag{2.25}$$

Experimente 2.2

Use as seguintes instruções MATLAB para ajudá-lo a obter a Equação (2.26).

```
numf=2;
denf=poly([-1 -2 -2]);
[r,p,k]=residue...
 (numf,denf)
```

K_3 é isolado e pode ser obtido se fizermos s tender a -2. Consequentemente, $K_3 = -2$.

Cada termo constituinte da Equação (2.23) é uma função $F(s)$ na Tabela 2.1; logo, $f(t)$ é a soma das transformadas inversas de Laplace de cada um dos termos, ou

$$f(t) = 2e^{-t} - 2te^{-2t} - 2e^{-2t} \tag{2.26}$$

Se a raiz do denominador fosse de multiplicidade maior que 2, derivações sucessivas isolariam cada resíduo na expansão da raiz múltipla.

Assim, em geral, dada uma $F(s)$ cujo denominador tenha raízes reais e repetidas, uma expansão em frações parciais,

$$\begin{aligned} F(s) &= \frac{N(s)}{D(s)} \\ &= \frac{N(s)}{(s+p_1)^r(s+p_2)\cdots(s+p_n)} \\ &= \frac{K_1}{(s+p_1)^r} + \frac{K_2}{(s+p_1)^{r-1}} + \cdots + \frac{K_r}{(s+p_1)} + \frac{K_{r+1}}{(s+p_2)} + \cdots + \frac{K_n}{(s+p_n)} \end{aligned} \tag{2.27}$$

pode ser realizada se a ordem de $N(s)$ for menor do que a ordem de $D(s)$ e as raízes repetidas forem de multiplicidade r em $-p_1$. Para obter K_1 até K_r para as raízes com multiplicidade maior que a unidade, multiplica-se, inicialmente, a Equação (2.27) por $(s + p_1)^r$, obtendo-se $F_1(s)$, que é

$$\begin{aligned} F_1(s) &= (s+p_1)^r F(s) \\ &= \frac{(s+p_1)^r N(s)}{(s+p_1)^r(s+p_2)\cdots(s+p_n)} \\ &= K_1 + (s+p_1)K_2 + (s+p_1)^2 K_3 + \cdots + (s+p_1)^{r-1}K_r \\ &\quad + \frac{K_{r+1}(s+p_1)^r}{(s+p_2)} + \cdots + \frac{K_n(s+p_1)^r}{(s+p_n)} \end{aligned} \tag{2.28}$$

Imediatamente, podemos determinar K_1 fazendo s tender a $-p_1$. Podemos determinar K_2 derivando a Equação (2.28) em relação a s e, em seguida, fazendo s tender a $-p_1$. Derivações sucessivas permitirão que determinemos K_3 até K_r. A expressão geral para K_1 até K_r para raízes múltiplas é

$$K_i = \frac{1}{(i-1)!} \frac{d^{i-1}F_1(s)}{ds^{i-1}}\bigg|_{s\to -p_1} \quad i = 1, 2, \ldots, r; \quad 0! = 1 \tag{2.29}$$

Caso 3. As Raízes no Denominador de $F(s)$ São Complexas ou Imaginárias

Um exemplo de $F(s)$ com raízes complexas no denominador é

$$F(s) = \frac{3}{s(s^2+2s+5)} \tag{2.30}$$

Experimente 2.3

Use a seguinte instrução MATLAB e Control System Toolbox para criar a função de transferência LTI da Equação (2.30).

```
F=tf([3],[1 2 5 0])
```

Esta função pode ser expandida da seguinte forma:

$$\frac{3}{s(s^2+2s+5)} = \frac{K_1}{s} + \frac{K_2 s + K_3}{s^2+2s+5} \tag{2.31}$$

K_1 é obtida da forma usual como $\frac{3}{5}$. K_2 e K_3 podem ser determinadas multiplicando inicialmente a Equação (2.31) pelo mínimo múltiplo comum do denominador, $s(s^2 + 2s + 5)$, e cancelando os termos comuns das frações. Após a simplificação com $K_1 = \frac{3}{5}$, obtemos

$$3 = \left(K_2 + \frac{3}{5}\right)s^2 + \left(K_3 + \frac{6}{5}\right)s + 3 \tag{2.32}$$

Igualando os coeficientes, temos $(K_2 + \frac{3}{5}) = 0$ e $(K_3 + \frac{6}{5}) = 0$. Assim, $K_2 = -\frac{3}{5}$ e $K_3 = -\frac{6}{5}$. Portanto,

$$F(s) = \frac{3}{s(s^2+2s+5)} = \frac{3/5}{s} - \frac{3}{5}\frac{s+2}{s^2+2s+5} \tag{2.33}$$

Podemos mostrar que o último termo é a soma das transformadas de Laplace de um seno e de um cosseno amortecidos exponencialmente. Utilizando o Item 7 da Tabela 2.1 e os Itens 2 e 4 da Tabela 2.2, obtemos

$$\mathscr{L}[Ae^{-at}\cos \omega t] = \frac{A(s+a)}{(s+a)^2+\omega^2} \tag{2.34}$$

Analogamente,

$$\mathscr{L}[Be^{-at}\text{sen}\,\omega t] = \frac{B\omega}{(s+a)^2+\omega^2} \tag{2.35}$$

Somando as Equações (2.34) e (2.35), obtemos

$$\mathscr{L}[Ae^{-at}\cos\omega t + Be^{-at}\text{sen}\,\omega t] = \frac{A(s+a)+B\omega}{(s+a)^2+\omega^2} \tag{2.36}$$

Agora convertemos o último termo da Equação (2.33) para a forma sugerida pela Equação (2.36), completando os quadrados no denominador e ajustando os termos do numerador sem alterar seu valor. Assim,

$$F(s) = \frac{3/5}{s} - \frac{3}{5}\frac{(s+1)+(1/2)(2)}{(s+1)^2+2^2} \tag{2.37}$$

Experimente 2.4

Use as seguintes instruções MATLAB e Symbolic Math Toolbox para obter a Equação (2.38) a partir da Equação (2.30).

```
syms s
f=ilaplace...
  (3/(s*(s^2+2*s+5)));
pretty(f)
```

Comparando a Equação (2.37) com as funções da Tabela 2.1 e a Equação (2.36), encontramos

$$f(t) = \frac{3}{5} - \frac{3}{5}e^{-t}\left(\cos 2t + \frac{1}{2}\text{sen}\,2t\right) \tag{2.38}$$

Para visualizar a solução, uma forma alternativa de $f(t)$, obtida por identidades trigonométricas, é preferível. Utilizando as amplitudes dos termos em cos e sen, colocamos em evidência $\sqrt{1^2+(1/2)^2}$ a partir do termo entre parênteses e obtemos

$$f(t) = \frac{3}{5} - \frac{3}{5}\sqrt{1^2+(1/2)^2}e^{-t}\left(\frac{1}{\sqrt{1^2+(1/2)^2}}\cos 2t + \frac{1/2}{\sqrt{1^2+(1/2)^2}}\text{sen}\,2t\right) \tag{2.39}$$

Fazendo $1/\sqrt{1^2+(1/2)^2} = \cos\phi$ e $(1/2)/\sqrt{1^2+(1/2)^2} = \text{sen}\,\phi$,

$$f(t) = \frac{3}{5} - \frac{3}{5}\sqrt{1^2+(1/2)^2}e^{-t}(\cos\phi\cos 2t + \text{sen}\,\phi\,\text{sen}\,2t) \tag{2.40}$$

ou

$$f(t) = 0{,}6 - 0{,}671e^{-t}\cos(2t-\phi) \tag{2.41}$$

em que $\phi = \arctan 0{,}5 = 26{,}57°$. Assim, $f(t)$ é igual a uma constante somada a uma senoide amortecida exponencialmente.

Assim, em geral, dada uma função $F(s)$ cujo denominador possua raízes complexas ou puramente imaginárias, uma expansão em frações parciais,

$$\begin{aligned} F(s) = \frac{N(s)}{D(s)} &= \frac{N(s)}{(s+p_1)(s^2+as+b)\cdots} \\ &= \frac{K_1}{(s+p_1)} + \frac{(K_2s+K_3)}{(s^2+as+b)} + \cdots \end{aligned} \tag{2.42}$$

pode ser realizada se a ordem de $N(s)$ for menor que a ordem de $D(s)$, p_1 for real e $(s^2 + as + b)$ tiver raízes complexas ou puramente imaginárias. As raízes complexas ou imaginárias são expandidas com termos $(K_2s + K_3)$ no numerador, em vez de simplesmente K_1, como no caso de raízes reais. Os K_i na Equação (2.42) são obtidos igualando os coeficientes da equação depois da simplificação das frações. Depois de completar os quadrados em $(s_2 + as + b)$ e ajustar o numerador, $(K_2s + K_3)/(s^2 + as + b)$ pode ser colocada na forma do lado direito da Equação (2.36).

Finalmente, ocorrerá o caso de raízes puramente imaginárias se $a = 0$ na Equação (2.42). Os cálculos são os mesmos.

Outro método que segue a técnica utilizada para a expansão em frações parciais de $F(s)$ com raízes reais no denominador pode ser utilizado para raízes complexas e imaginárias. Entretanto, os resíduos das raízes complexas e imaginárias são conjugados complexos. Então, após a obtenção da transformada inversa de Laplace, os termos resultantes podem ser identificados como

$$\frac{e^{j\theta}+e^{-j\theta}}{2} = \cos\theta \tag{2.43}$$

e

$$\frac{e^{j\theta} - e^{-j\theta}}{2j} = \text{sen}\,\theta \tag{2.44}$$

Por exemplo, a função $F(s)$ anterior também pode ser expandida em frações parciais como

$$F(s) = \frac{3}{s(s^2+2s+5)} = \frac{3}{s(s+1+j2)(s+1-j2)} = \frac{K_1}{s} + \frac{K_2}{s+1+j2} + \frac{K_3}{s+1-j2} \tag{2.45}$$

Encontrando K_2,

$$K_2 = \left.\frac{3}{s(s+1-j2)}\right|_{s\to -1-j2} = -\frac{3}{20}(2+j1) \tag{2.46}$$

De modo análogo, K_3 é obtida como o conjugado complexo de K_2, e K_1 é determinada conforme descrito anteriormente. Assim,

$$F(s) = \frac{3/5}{s} - \frac{3}{20}\left(\frac{2+j1}{s+1+j2} + \frac{2-j1}{s+1-j2}\right) \tag{2.47}$$

de que

$$\begin{aligned} f(t) &= \frac{3}{5} - \frac{3}{20}\left[(2+j1)e^{-(1+j2)t} + (2-j1)e^{-(1-j2)t}\right] \\ &= \frac{3}{5} - \frac{3}{20}e^{-t}\left[4\left(\frac{e^{j2t}+e^{-j2t}}{2}\right) + 2\left(\frac{e^{j2t}+e^{-j2t}}{2j}\right)\right] \end{aligned} \tag{2.48}$$

Experimente 2.5

Use as seguintes instruções MATLAB para ajudá-lo a obter a Equação (2.47).

```
numf=3
denf=[1 2 5 0]
[r,p,k]=residue...
  (numf,denf)
```

Utilizando as Equações (2.43) e (2.44), temos

$$f(t) = \frac{3}{5} - \frac{3}{5}e^{-t}\left(\cos 2t + \frac{1}{2}\text{sen}\,2t\right) = 0{,}6 - 0{,}671e^{-t}\cos(2t - \phi) \tag{2.49}$$

em que $\phi = \arctan 0{,}5 = 26{,}57°$.

Estudantes que estão realizando os exercícios de MATLAB e desejam explorar a capacidade adicional da Symbolic Math Toolbox do MATLAB devem agora executar os arquivos ch2apF1 e ch2apF2 do Apêndice F, disponível no Ambiente de aprendizagem do GEN. Você aprenderá como construir objetos simbólicos e, em seguida, obter as transformadas inversas de Laplace e as transformadas de Laplace de funções no domínio da frequência e no domínio do tempo, respectivamente. Os exemplos do Caso 2 e do Caso 3 desta seção serão resolvidos utilizando a Symbolic Math Toolbox.

Symbolic Math

SM

Exercício 2.1

PROBLEMA: Obtenha a transformada de Laplace de $f(t) = te^{-5t}$.

RESPOSTA: $F(s) = 1/(s+5)^2$

A solução completa está disponível no Ambiente de aprendizagem do GEN.

Exercício 2.2

PROBLEMA: Obtenha a transformada de Laplace inversa de $F(s) = 10/[s(s+2)(s+3)^2]$.

RESPOSTA: $f(t) = \frac{5}{9} - 5e^{-2t} + \frac{10}{3}te^{-3t} + \frac{40}{9}e^{-3t}$

A solução completa está disponível no Ambiente de aprendizagem do GEN.

2.3 A Função de Transferência

Na seção anterior, definimos a transformada de Laplace e sua inversa. Apresentamos a ideia da expansão em frações parciais e aplicamos esses conceitos na solução de equações diferenciais. Estamos agora preparados para elaborar a representação de sistema mostrada na Figura 2.1, estabelecendo uma definição viável para uma função que relacione algebricamente a saída de um sistema à sua entrada. Essa função permitirá a separação da entrada, do sistema e da saída em três partes separadas e distintas, diferentemente do que ocorre com a equação diferencial. A função também permitirá combinar *algebricamente* representações matemáticas de subsistemas para produzir uma representação do sistema como um todo.

Vamos começar escrevendo uma equação diferencial geral de ordem n, linear e invariante no tempo,

$$a_n \frac{d^n c(t)}{dt^n} + a_{n-1} \frac{d^{n-1} c(t)}{dt^{n-1}} + \cdots + a_0 c(t) = b_m \frac{d^m r(t)}{dt^m} + b_{m-1} \frac{d^{m-1} r(t)}{dt^{m-1}} + \cdots + b_0 r(t) \quad (2.50)$$

em que $c(t)$ é a saída, $r(t)$ é a entrada e os coeficientes a_i e b_i e a forma da equação diferencial representam o sistema. Aplicando a transformada de Laplace a ambos os lados da equação,

$$\begin{aligned} a_n s^n C(s) + a_{n-1} s^{n-1} C(s) + \cdots + a_0 C(s) &+ \text{termos de condição inicial envolvendo } c(t) \\ = b_m s^m R(s) + b_{m-1} s^{m-1} R(s) + \cdots + b_0 R(s) &+ \text{termos de condição inicial envolvendo } r(t) \end{aligned} \quad (2.51)$$

A Equação (2.51) é uma expressão puramente algébrica. Se admitirmos que *todas as condições iniciais são nulas*, a Equação (2.51) reduz-se a

$$(a_n s^n + a_{n-1} s^{n-1} + \cdots + a_0) C(s) = (b_m s^m + b_{m-1} s^{m-1} + \cdots + b_0) R(s) \quad (2.52)$$

Agora formando a razão da transformada da saída, $C(s)$, dividida pela transformada da entrada, $R(s)$:

$$\frac{C(s)}{R(s)} = G(s) = \frac{(b_m s^m + b_{m-1} s^{m-1} + \cdots + b_0)}{(a_n s^n + a_{n-1} s^{n-1} + \cdots + a_0)} \quad (2.53)$$

Observe que a Equação (2.53) separa a saída, $C(s)$, a entrada, $R(s)$, e o sistema, que é a razão entre polinômios em s no lado direito da igualdade. Chamamos essa razão, $G(s)$, de *função de transferência* e a calculamos com *condições iniciais nulas*.

A função de transferência pode ser representada por meio de um diagrama de blocos, como mostrado na Figura 2.2, com a entrada à esquerda e a saída à direita, e a função de transferência do sistema no interior do bloco. Observe que o denominador da função de transferência é idêntico ao polinômio característico da equação diferencial. Além disso, podemos obter a saída, $C(s)$, utilizando

$$C(s) = R(s)G(s) \quad (2.54)$$

$R(s)$ → $\frac{(b_m s^m + b_{m-1} s^{m-1} + \cdots + b_0)}{(a_n s^n + a_{n-1} s^{n-1} + \cdots + a_0)}$ → $C(s)$

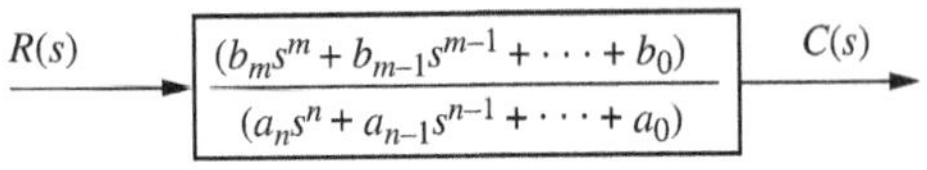

FIGURA 2.2 Diagrama de blocos de uma função de transferência.

Vamos aplicar o conceito da função de transferência a um exemplo e, em seguida, utilizar o resultado para obter a resposta do sistema.

Exemplo 2.4

Função de Transferência de uma Equação Diferencial

PROBLEMA: Obtenha a função de transferência representada por

$$\frac{dc(t)}{dt} + 2c(t) = r(t) \quad (2.55)$$

SOLUÇÃO: Aplicando a transformada de Laplace a ambos os lados da equação, admitindo condições iniciais nulas, temos

$$sC(s) + 2C(s) = R(s) \quad (2.56)$$

A função de transferência, $G(s)$, é

$$G(s) = \frac{C(s)}{R(s)} = \frac{1}{s+2} \quad (2.57)$$

MATLAB **ML**

Estudantes que estão utilizando o MATLAB devem agora executar os arquivos ch2apB9 até ch2apB12 do Apêndice B. Você aprenderá como utilizar o MATLAB para criar funções de transferência com numeradores e denominadores na forma polinomial ou fatorada. Você também aprenderá como converter entre as formas polinomial e fatorada. Finalmente, você aprenderá como utilizar o MATLAB para construir gráficos de funções temporais.

Symbolic Math **SM**

Estudantes que estão realizando os exercícios de MATLAB e desejam explorar a capacidade adicional da Symbolic Math Toolbox do MATLAB devem agora executar o arquivo ch2apF3 do Apêndice F, disponível no Ambiente de aprendizagem do GEN. Você aprenderá como utilizar a Symbolic Math Toolbox para simplificar a entrada de funções de transferência de maior complexidade, bem como melhorar o aspecto das funções. Você aprenderá como entrar com uma função de transferência simbólica e convertê-la em um objeto linear e invariante no tempo (LTI - *linear, time-invariant*), como apresentado no Apêndice B, ch2apB9.

Exemplo 2.5

Resposta do Sistema a Partir da Função de Transferência

PROBLEMA: Utilize o resultado do Exemplo 2.4 para obter a resposta, $c(t)$, para uma entrada $r(t) = u(t)$, um degrau unitário, admitindo condições iniciais nulas.

SOLUÇÃO: Para resolver o problema, utilizamos a Equação (2.54), em que $G(s) = 1/(s + 2)$ conforme obtido no Exemplo 2.4. Uma vez que $r(t) = u(t)$, $R(s) = 1/s$, a partir da Tabela 2.1. Como as condições iniciais são nulas,

$$C(s) = R(s)G(s) = \frac{1}{s(s+2)} \tag{2.58}$$

Expandindo em frações parciais, obtemos

$$C(s) = \frac{1/2}{s} - \frac{1/2}{s+2} \tag{2.59}$$

Finalmente, fazendo a transformada de Laplace inversa de cada um dos termos, resulta

$$c(t) = \frac{1}{2} - \frac{1}{2}e^{-2t} \tag{2.60}$$

Experimente 2.6

Use as seguintes instruções MATLAB e Symbolic Math Toolbox para ajudá-lo a obter a Equação (2.60).

```
syms s
C=1/(s*(s+2))
C=ilaplace(C)
```

Experimente 2.7

Use as seguintes instruções MATLAB para representar graficamente a Equação (2.60) para t variando de 0 a 1 em intervalos de 0,01 s.

```
t=0:0.01:1;
plot...
 (t,(1/2-1/2*exp(-2*t)))
```

Exercício 2.3

PROBLEMA: Obtenha a função de transferência, $G(s) = C(s)/R(s)$, correspondente à equação diferencial $\frac{d^3c}{dt^3} + 3\frac{d^2c}{dt^2} + 7\frac{dc}{dt} + 5c = \frac{d^2r}{dt^2} + 4\frac{dr}{dt} + 3r$.

RESPOSTA: $G(s) = \frac{C(s)}{R(s)} = \frac{s^2 + 4s + 3}{s^3 + 3s^2 + 7s + 5}$

A solução completa está disponível no Ambiente de aprendizagem do GEN.

Exercício 2.4

PROBLEMA: Obtenha a equação diferencial correspondente à função de transferência,

$$G(s) = \frac{2s + 1}{s^2 + 6s + 2}$$

RESPOSTA: $\frac{d^2c}{dt^2}+6\frac{dc}{dt}+2c=2\frac{dr}{dt}+r$

A solução completa está disponível no Ambiente de aprendizagem do GEN.

Exercício 2.5

PROBLEMA: Obtenha a resposta à rampa para um sistema cuja função de transferência é

$$G(s)=\frac{s}{(s+4)(s+8)}$$

RESPOSTA: $c(t)=\frac{1}{32}-\frac{1}{16}e^{-4t}+\frac{1}{32}e^{-8t}$

A solução completa está disponível no Ambiente de aprendizagem do GEN.

Em geral, um sistema físico que pode ser representado por uma equação diferencial linear invariante no tempo pode ser modelado como uma função de transferência. O restante deste capítulo será dedicado à tarefa de modelagem dos subsistemas individuais. Aprenderemos como representar circuitos elétricos, sistemas mecânicos translacionais, sistemas mecânicos rotacionais e sistemas eletromecânicos como funções de transferência. À medida que a necessidade surgir, o leitor pode consultar a Bibliografia no final do capítulo para discussões sobre outros tipos de sistemas, como sistemas pneumáticos, hidráulicos e de transferência de calor (*Cannon, 1967*).

2.4 Funções de Transferência de Circuitos Elétricos

Nesta seção, aplicamos formalmente a função de transferência na modelagem matemática de circuitos elétricos, incluindo circuitos passivos e circuitos com amplificadores operacionais. Seções subsequentes cobrem sistemas mecânicos e eletromecânicos.

Circuitos equivalentes para os circuitos elétricos com os quais trabalharemos inicialmente consistem em três componentes lineares passivos: resistores, capacitores e indutores.[2] A Tabela 2.3 resume os componentes e as relações entre tensão e corrente, e entre tensão e carga para condições iniciais nulas.

Combinamos agora os componentes elétricos em circuitos, decidimos sobre a entrada e a saída e obtemos a função de transferência. Nossos princípios orientadores são as leis de Kirchhoff. Somamos tensões ao longo de malhas ou somamos correntes em nós, dependendo de qual técnica envolve o menor esforço de manipulação algébrica, e em seguida igualamos o resultado a zero. A partir dessas relações podemos escrever as equações diferenciais para o circuito. Em seguida tomamos a transformada de Laplace das equações diferenciais e, finalmente, resolvemos para obter a função de transferência.

TABELA 2.3 Relações tensão-corrente, tensão-carga e impedância para capacitores, resistores e indutores.

Componente	Tensão-corrente	Corrente-tensão	Tensão-carga	Impedância $Z(s) = V(s)/I(s)$	Admitância $Y(s) = I(s)/V(s)$
Capacitor	$v(t)=\frac{1}{C}\int_0^t i(\tau)d\tau$	$i(t)=C\frac{dv(t)}{dt}$	$v(t)=\frac{1}{C}q(t)$	$\frac{1}{Cs}$	Cs
Resistor	$v(t)=Ri(t)$	$i(t)=\frac{1}{R}v(t)$	$v(t)=R\frac{dq(t)}{dt}$	R	$\frac{1}{R}=G$
Indutor	$v(t)=L\frac{di(t)}{dt}$	$i(t)=\frac{1}{L}\int_0^t v(\tau)d\tau$	$v(t)=L\frac{d^2q(t)}{dt^2}$	Ls	$\frac{1}{Ls}$

Observação: O seguinte conjunto de símbolos e unidades é utilizado neste livro: $v(t)$ – V (volts), $i(t)$ – A (ampères), $q(t)$ – Q (coulombs), C – F (farads), R – Ω (ohms), G – S (siemens), L – H (henries).

[2] *Passivo* significa que não há fonte interna de energia.

Circuitos Simples Através da Análise das Malhas

As funções de transferência podem ser obtidas utilizando a lei de Kirchhoff das tensões e somando as tensões ao longo dos laços ou malhas.[3] Chamamos este método de *análise das malhas* ou dos *laços* e o demonstramos no exemplo a seguir.

Exemplo 2.6

Função de Transferência – Malha Única Através da Equação Diferencial

PROBLEMA: Determine a função de transferência que relaciona a tensão no capacitor, $V_C(s)$, à tensão de entrada, $V(s)$, na Figura 2.3.

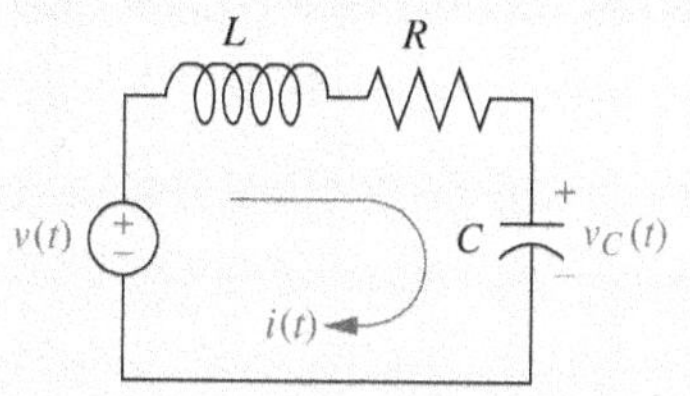

SOLUÇÃO: Em qualquer problema, o projetista deve primeiro decidir quais devem ser as variáveis de entrada e de saída. Neste circuito, diversas variáveis poderiam ter sido escolhidas como a saída – por exemplo, a tensão no indutor, a tensão no capacitor, a tensão ou a corrente no resistor. O enunciado do problema, entretanto, é claro neste caso: devemos tratar a tensão no capacitor como a saída e a tensão de alimentação como a entrada.

Somando as tensões ao longo da malha, admitindo condições iniciais nulas, produz-se a equação íntegro-diferencial para este circuito como

$$L\frac{di(t)}{dt} + Ri(t) + \frac{1}{C}\int_0^t i(\tau)d\tau = v(t) \tag{2.61}$$

FIGURA 2.3 Circuito *RLC*.

Trocando as variáveis de corrente para carga, utilizando $i(t) = dq(t)/dt$, resulta

$$L\frac{d^2q(t)}{dt^2} + R\frac{dq(t)}{dt} + \frac{1}{C}q(t) = v(t) \tag{2.62}$$

Da relação tensão-carga para um capacitor, da Tabela 2.3,

$$q(t) = Cv_C(t) \tag{2.63}$$

Substituindo a Equação (2.63) na Equação (2.62) resulta

$$LC\frac{d^2v_C(t)}{dt^2} + RC\frac{dv_C(t)}{dt} + v_C(t) = v(t) \tag{2.64}$$

Aplicando a transformada de Laplace, admitindo condições iniciais nulas, reorganizando os termos e simplificando, resulta

$$(LCs^2 + RCs + 1)V_C(s) = V(s) \tag{2.65}$$

Resolvendo para a função de transferência, $V_C(s)/V(s)$, obtemos

$$\frac{V_C(s)}{V(s)} = \frac{1/LC}{s^2 + \frac{R}{L}s + \frac{1}{LC}} \tag{2.66}$$

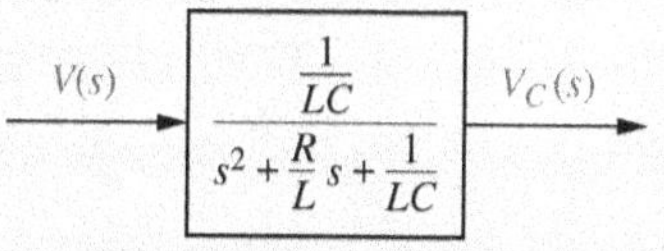

como mostrado na Figura 2.4.

FIGURA 2.4 Diagrama de blocos de circuito elétrico *RLC* em série.

Vamos agora desenvolver uma técnica para simplificar a solução para futuros problemas. Inicialmente, aplicamos a transformada de Laplace às equações na coluna tensão-corrente da Tabela 2.3 admitindo condições iniciais nulas.

Para o capacitor,

$$V(s) = \frac{1}{Cs}I(s) \tag{2.67}$$

Para o resistor,

$$V(s) = RI(s) \tag{2.68}$$

[3] Uma malha única em particular que se assemelha aos espaços em uma tela de cerca é conhecida como malha.

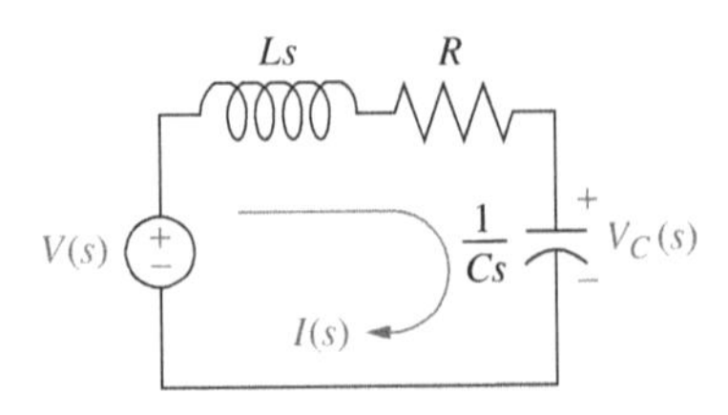

FIGURA 2.5 Circuito Laplace-transformado.

Para o indutor,

$$V(s) = LsI(s) \tag{2.69}$$

Agora definimos a seguinte função de transferência:

$$\frac{V(s)}{I(s)} = Z(s) \tag{2.70}$$

Observe que esta função é similar à definição de resistência, isto é, a razão entre tensão e corrente. Entretanto, diferentemente da resistência, esta função é aplicável a capacitores e indutores, e incorpora informações sobre o comportamento dinâmico do componente, uma vez que ela representa uma equação diferencial equivalente. Chamamos esta função de transferência particular de *impedância*. A impedância para cada um dos elementos elétricos é mostrada na Tabela 2.3.

Vamos agora demonstrar como o conceito de impedância simplifica a solução para a função de transferência. A transformada de Laplace da Equação (2.61), admitindo condições iniciais nulas, é

$$\left(Ls + R + \frac{1}{Cs}\right)I(s) = V(s) \tag{2.71}$$

Observe que a Equação (2.71), que está na forma

$$[\text{Soma das impedâncias}]I(s) = [\text{Soma das tensões de alimentação}] \tag{2.72}$$

sugere o circuito em série mostrado na Figura 2.5. Observe também que o circuito da Figura 2.5 poderia ter sido obtido imediatamente a partir do circuito da Figura 2.3 simplesmente substituindo cada elemento por sua impedância. Chamamos este circuito alterado de *circuito transformado*. Finalmente, observe que o circuito transformado leva imediatamente à Equação (2.71) se somarmos as impedâncias em série como somamos resistores em série. Assim, em vez de primeiro escrever a equação diferencial e, em seguida, aplicar a transformada de Laplace, podemos desenhar o circuito transformado e obter a transformada de Laplace da equação diferencial simplesmente aplicando a lei de Kirchhoff das tensões ao circuito transformado. Resumimos os passos como a seguir:

1. Redesenhe o circuito original mostrando todas as variáveis temporais, como $v(t)$, $i(t)$ e $v_C(t)$, como transformadas de Laplace $V(s)$, $I(s)$ e $V_C(s)$, respectivamente.
2. Substitua os valores dos componentes pelos valores de suas impedâncias. Esta substituição é análoga ao caso de circuitos cc, nos quais representamos os resistores pelos valores de suas resistências.

Refaremos agora o Exemplo 2.6 utilizando o método da transformada que acabamos de descrever e evitando escrever a equação diferencial.

Exemplo 2.7

Função de Transferência – Malha Única Através do Método da Transformada

PROBLEMA: Repita o Exemplo 2.6 utilizando a análise das malhas e o método da transformada sem escrever a equação diferencial.

SOLUÇÃO: Utilizando a Figura 2.5 e escrevendo uma equação de malha usando as impedâncias, como usaríamos valores de resistências em um circuito puramente resistivo, obtemos

$$\left(Ls + R + \frac{1}{Cs}\right)I(s) = V(s) \tag{2.73}$$

Resolvendo para $I(s)/V(s)$,

$$\frac{I(s)}{V(s)} = \frac{1}{Ls + R + \frac{1}{Cs}} \tag{2.74}$$

Entretanto, a tensão sobre o capacitor, $V_C(s)$, é o produto da corrente pela impedância do capacitor. Assim,

$$V_C(s) = I(s)\frac{1}{Cs} \tag{2.75}$$

Resolvendo a Equação (2.75) para $I(s)$, substituindo $I(s)$ na Equação (2.74) e simplificando, obtemos o mesmo resultado que o expresso pela Equação (2.66).

Circuitos Simples Através da Análise Nodal

Funções de transferência também podem ser obtidas utilizando a lei de Kirchhoff das correntes e somando as correntes que fluem dos nós. Chamamos esse método de *análise nodal*. Demonstramos agora este princípio refazendo o Exemplo 2.6 utilizando a lei de Kirchhoff das correntes e o método da transformada descrito anteriormente para evitar escrever a equação diferencial.

Exemplo 2.8

Função de Transferência – Nó Único Através do Método da Transformada

PROBLEMA: Repita o Exemplo 2.6 utilizando a análise nodal e sem escrever a equação diferencial.

SOLUÇÃO: A função de transferência pode ser obtida somando as correntes que saem do nó cuja tensão é $V_C(s)$ na Figura 2.5. Admitimos que as correntes que saem do nó são positivas e que as correntes que entram no nó são negativas. As correntes consistem na corrente através do capacitor e na corrente que flui através do resistor e do indutor em série. Da Equação (2.70), cada $I(s) = V(s)/Z(s)$. Portanto,

$$\frac{V_C(s)}{1/Cs} + \frac{V_C(s) - V(s)}{R + Ls} = 0 \qquad (2.76)$$

em que $V_C(s)/(1/Cs)$ é a corrente que sai do nó fluindo através do capacitor, e $[V_C(s) - V(s)]/(R + Ls)$ é a corrente que sai do nó fluindo através do resistor e indutor em série. Resolvendo a Equação (2.76) para a função de transferência, $V_C(s)/V(s)$, chegamos ao mesmo resultado da Equação (2.66).

Circuitos Simples Através da Divisão de Tensão

O Exemplo 2.6 pode ser resolvido diretamente utilizando uma divisão de tensão no circuito transformado. Demonstramos agora essa técnica.

Exemplo 2.9

Função de Transferência – Malha Única Através da Divisão de Tensão

PROBLEMA: Repita o Exemplo 2.6 utilizando divisão de tensão e o circuito transformado.

SOLUÇÃO: A tensão sobre o capacitor é uma fração da tensão de entrada, nomeadamente a impedância do capacitor dividida pela soma das impedâncias. Assim,

$$V_C(s) = \frac{1/Cs}{\left(Ls + R + \dfrac{1}{Cs}\right)} V(s) \qquad (2.77)$$

Resolvendo para a função de transferência, $V_C(s)/V(s)$, produz-se o mesmo resultado que a Equação (2.66).

Reveja os Exemplos 2.6 a 2.9. Qual método você julga ser o mais fácil para este circuito?

Os exemplos anteriores envolveram um circuito elétrico simples com uma única malha. Muitos circuitos elétricos consistem em múltiplas malhas e nós, e para esses circuitos devemos escrever e resolver equações diferenciais simultâneas de modo a obter a função de transferência, ou resolver para a saída.

Circuitos Complexos Através da Análise das Malhas

Para resolver circuitos elétricos complexos – aqueles com múltiplas malhas e nós – utilizando a análise das malhas, podemos executar os seguintes passos:

1. Substituir os valores dos elementos passivos por suas impedâncias.
2. Substituir todas as fontes e variáveis temporais por suas transformadas de Laplace.
3. Admitir uma corrente transformada e um sentido de corrente em cada malha.
4. Escrever a lei de Kirchhoff das tensões para cada malha.
5. Resolver as equações simultâneas para a saída.
6. Formar a função de transferência.

Vamos ver um exemplo.

Exemplo 2.10

Função de Transferência – Múltiplas Malhas

PROBLEMA: Dado o circuito mostrado na Figura 2.6(*a*), determine a função de transferência, $I_2(s)/V(s)$.

SOLUÇÃO: O primeiro passo para a solução é converter o circuito em transformadas de Laplace para impedâncias e variáveis do circuito, admitindo condições iniciais nulas. O resultado é mostrado na Figura 2.6(*b*). O circuito com o qual estamos lidando requer duas equações simultâneas para obtermos a função de transferência. Essas equações podem ser obtidas somando as tensões ao longo de cada malha, através das quais admitimos que circulem correntes $I_1(s)$ e $I_2(s)$. Para a Malha 1, em que circula $I_1(s)$,

$$R_1 I_1(s) + LsI_1(s) - LsI_2(s) = V(s) \tag{2.78}$$

Para a Malha 2, em que circula $I_2(s)$,

$$LsI_2(s) + R_2 I_2(s) + \frac{1}{Cs} I_2(s) - LsI_1(s) = 0 \tag{2.79}$$

Combinando os termos, as Equações (2.78) e (2.79) se tornam equações simultâneas em $I_1(s)$ e $I_2(s)$:

$$(R_1 + Ls)I_1(s) - LsI_2(s) = V(s) \tag{2.80a}$$

$$-LsI_1(s) + \left(Ls + R_2 + \frac{1}{Cs}\right) I_2(s) = 0 \tag{2.80b}$$

Podemos utilizar a regra de Cramer (ou qualquer outro método para resolver equações simultâneas) para resolver as Equações (2.80) para $I_2(s)$.[4] Assim,

$$I_2(s) = \frac{\begin{vmatrix} (R_1 + Ls) & V(s) \\ -Ls & 0 \end{vmatrix}}{\Delta} = \frac{LsV(s)}{\Delta} \tag{2.81}$$

em que

$$\Delta = \begin{vmatrix} (R_1 + Ls) & -Ls \\ -Ls & \left(Ls + R_2 + \frac{1}{Cs}\right) \end{vmatrix}$$

Formando a função de transferência, $G(s)$, resulta

$$G(s) = \frac{I_2(s)}{V(s)} = \frac{Ls}{\Delta} = \frac{LCs^2}{(R_1 + R_2)LCs^2 + (R_1 R_2 C + L)s + R_1} \tag{2.82}$$

como mostrado na Figura 2.6(*c*).

Tivemos sucesso em modelar um sistema físico como uma função de transferência: O circuito da Figura 2.6(*a*) é agora modelado através da função de transferência da Figura 2.6(*c*). Antes de concluir o exemplo, observamos um padrão, ilustrado inicialmente pela Equação (2.72). A forma assumida pelas Equações (2.80) é

$$\begin{bmatrix} \text{Soma das} \\ \text{impedâncias} \\ \text{da Malha 1} \end{bmatrix} I_1(s) - \begin{bmatrix} \text{Soma das} \\ \text{impedâncias} \\ \text{comuns às} \\ \text{duas malhas} \end{bmatrix} I_2(s) = \begin{bmatrix} \text{Soma das tensões} \\ \text{de alimentação} \\ \text{da Malha 1} \end{bmatrix} \tag{2.83a}$$

$$-\begin{bmatrix} \text{Soma das} \\ \text{impedâncias} \\ \text{comuns às} \\ \text{duas malhas} \end{bmatrix} I_1(s) + \begin{bmatrix} \text{Soma das} \\ \text{impedâncias} \\ \text{da Malha 2} \end{bmatrix} I_2(s) = \begin{bmatrix} \text{Soma das tensões} \\ \text{de alimentação} \\ \text{da Malha 2} \end{bmatrix} \tag{2.83b}$$

O reconhecimento da forma nos ajudará a escrever essas equações rapidamente; por exemplo, as equações de movimento para sistemas mecânicos (abordadas nas Seções 2.5 e 2.6) possuem a mesma forma.

[4] Ver o Apêndice G (Seção G.4), disponível no Ambiente de aprendizagem do GEN.

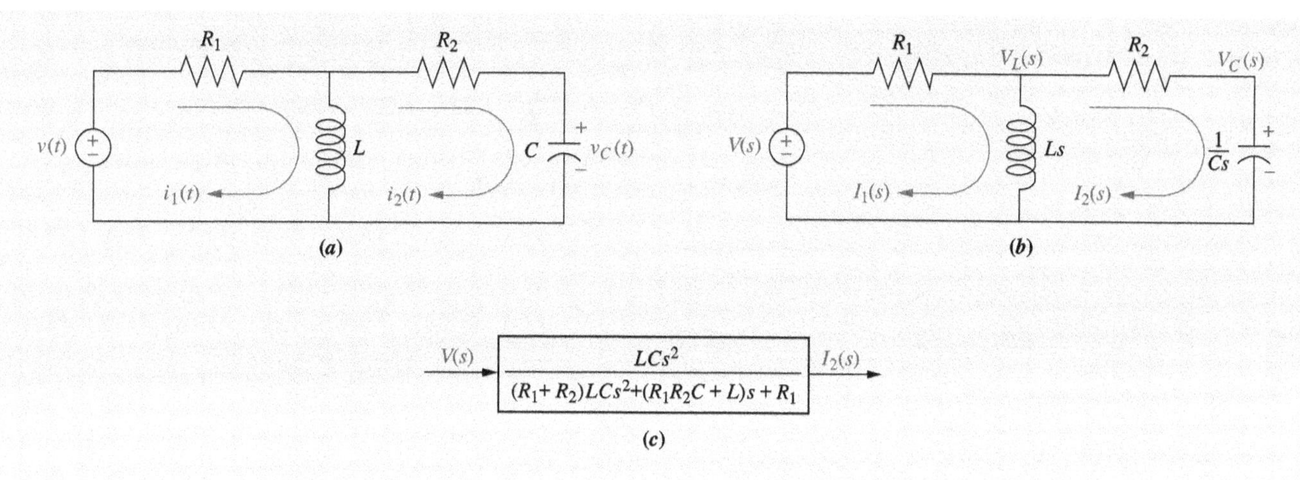

FIGURA 2.6 **a.** Circuito elétrico com duas malhas; **b.** circuito elétrico com duas malhas transformado; **c.** diagrama de blocos.

```
Estudantes que estão realizando os exercícios de MATLAB e desejam explorar a
capacidade adicional da Symbolic Math Toolbox do MATLAB devem agora executar o
arquivo ch2apF4 do Apêndice F, disponível no Ambiente de aprendizagem do GEN,
onde o Exemplo 2.10 é resolvido. Você aprenderá a utilizar a Symbolic Math
Toolbox para resolver equações simultâneas utilizando a regra de Cramer.
Especificamente, a Symbolic Math Toolbox será utilizada para obter a função
de transferência da Equação(2.82) utilizando as Equações(2.80).
```

Symbolic Math

SM

Circuitos Complexos Através da Análise Nodal

Frequentemente, a maneira mais fácil para obter a função de transferência é utilizar a análise nodal em vez da análise das malhas. O número de equações diferenciais simultâneas que devem ser escritas é igual ao número de nós para os quais a tensão é desconhecida. No exemplo anterior, escrevemos equações simultâneas das malhas utilizando a lei de Kirchhoff das tensões. Para múltiplos nós, utilizamos a lei de Kirchhoff das correntes e somamos as correntes que saem de cada nó. Novamente, como convenção, as correntes saindo do nó são admitidas como positivas, e correntes entrando no nó são admitidas como negativas.

Antes de seguir para um exemplo, vamos primeiro definir a *admitância*, $Y(s)$, como o inverso da impedância, ou,

$$Y(s) = \frac{1}{Z(s)} = \frac{I(s)}{V(s)} \tag{2.84}$$

Ao escrever as equações dos nós, pode ser mais conveniente representar os elementos do circuito por suas admitâncias. As admitâncias para os componentes elétricos básicos são mostradas na Tabela 2.3. Vamos ver um exemplo.

Exemplo 2.11

Função de Transferência – Múltiplos Nós

PROBLEMA: Determine a função de transferência, $V_C(s)/V(s)$, para o circuito mostrado na Figura 2.6(*b*). Utilize a análise nodal.

SOLUÇÃO: Para este problema somamos as correntes nos nós, em vez de somar as tensões das malhas. A partir da Figura 2.6(*b*), as somas das correntes que saem dos nós marcados como $V_L(s)$ e $V_C(s)$ são, respectivamente,

$$\frac{V_L(s) - V(s)}{R_1} + \frac{V_L(s)}{Ls} + \frac{V_L(s) - V_C(s)}{R_2} = 0 \tag{2.85a}$$

$$CsV_C(s) + \frac{V_C(s) - V_L(s)}{R_2} = 0 \tag{2.85b}$$

Reorganizando e expressando as resistências como condutâncias,[5] $G_1 = 1/R_1$ e $G_2 = 1/R_2$, obtemos

$$\left(G_1 + G_2 + \frac{1}{Ls}\right)V_L(s) - G_2V_C(s) = V(s)G_1 \tag{2.86a}$$

$$-G_2V_L(s) + (G_2 + Cs)V_C(s) = 0 \tag{2.86b}$$

Resolvendo para a função de transferência, $V_C(s)/V(s)$, resulta a Equação (2.87) como mostrado na Figura 2.7.

$$\frac{V_C(s)}{V(s)} = \frac{\dfrac{G_1G_2}{C}s}{(G_1 + G_2)s^2 + \dfrac{G_1G_2L + C}{LC}s + \dfrac{G_2}{LC}} \tag{2.87}$$

$V(s)$ → $\dfrac{\dfrac{G_1G_2}{C}s}{(G_1 + G_2)s^2 + \dfrac{G_1G_2L + C}{LC}s + \dfrac{G_2}{LC}}$ → $V_C(s)$

FIGURA 2.7 Diagrama de blocos do circuito da Figura 2.6.

Outra forma de escrever as equações dos nós é substituir as fontes de tensão por fontes de corrente. Uma fonte de tensão apresenta uma tensão constante para qualquer carga; reciprocamente, uma fonte de corrente fornece uma corrente constante para qualquer carga. Na prática, uma fonte de corrente pode ser construída a partir de uma fonte de tensão colocando uma resistência de alto valor em série com a fonte de tensão. Dessa forma, variações na carga não alterariam significativamente a corrente, uma vez que esta seria determinada, aproximadamente, pelo resistor de resistência elevada em série e pela fonte de tensão. Teoricamente, somos amparados pelo *teorema de Norton*, o qual declara que uma fonte de tensão, $V(s)$, em série com uma impedância, $Z_s(s)$, pode ser substituída por uma fonte de corrente, $I(s) = V(s)/Z_s(s)$, em paralelo com $Z_s(s)$.

Para lidar com circuitos elétricos com múltiplos nós, podemos executar os seguintes passos:

1. Substituir os valores dos elementos passivos por suas admitâncias.
2. Substituir todas as fontes e variáveis temporais por suas transformadas de Laplace.
3. Substituir as fontes de tensão transformadas por fontes de corrente transformadas.
4. Escrever a lei de Kirchhoff das correntes para cada nó.
5. Resolver as equações simultâneas para a saída.
6. Formar a função de transferência.

Vamos ver um exemplo.

Exemplo 2.12

Função de Transferência – Múltiplos Nós com Fontes de Corrente

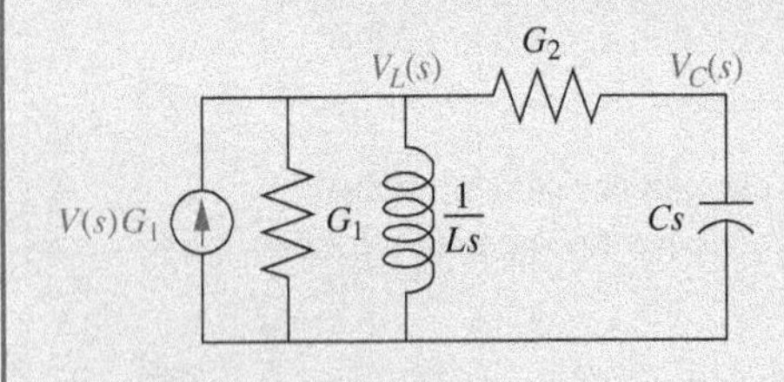

FIGURA 2.8 Circuito transformado pronto para a análise nodal.

PROBLEMA: Para o circuito da Figura 2.6, determine a função de transferência, $V_C(s)/V(s)$, utilizando análise nodal e um circuito transformado com fontes de corrente.

SOLUÇÃO: Converta todas as impedâncias em admitâncias e todas as fontes de tensão em série com uma impedância em fontes de corrente em paralelo com uma admitância utilizando o teorema de Norton.

Redesenhando a Figura 2.6(*b*) para refletir as alterações, obtemos a Figura 2.8, na qual $G_1 = 1/R_1$, $G_2 = 1/R_2$ e as tensões dos nós – as tensões sobre o indutor e do capacitor – foram identificadas como $V_L(s)$ e $V_C(s)$, respectivamente. Utilizando a relação geral, $I(s) = Y(s)V(s)$, e somando as correntes no nó $V_L(s)$,

$$G_1V_L(s) + \frac{1}{Ls}V_L(s) + G_2[V_L(s) - V_C(s)] = V(s)G_1 \tag{2.88}$$

Somando as correntes no nó $V_C(s)$ resulta

$$C_sV_C(s) + G_2[V_C(s) - V_L(s)] = 0 \tag{2.89}$$

Combinando os termos, as Equações (2.88) e (2.89) se tornam equações simultâneas em $V_C(s)$ e $V_L(s)$, as quais são idênticas às Equações (2.86) e conduzem à mesma solução que a Equação (2.87).

[5] Em geral, a admitância é complexa. A parte real é chamada *condutância* e a parte imaginária é chamada *susceptância*. Mas quando tomamos o inverso da resistência para obter a admitância, o resultado é puramente real. O inverso da resistência é chamado *condutância*.

Uma vantagem de desenhar esse circuito está na forma das Equações (2.86) e sua relação direta com a Figura 2.8, isto é,

$$\begin{bmatrix}\text{Soma das admitâncias}\\ \text{conectadas ao Nó 1}\end{bmatrix} V_L(s) - \begin{bmatrix}\text{Soma das admitâncias}\\ \text{comuns aos dois}\\ \text{nós}\end{bmatrix} V_C(s) = \begin{bmatrix}\text{Soma das correntes}\\ \text{aplicadas ao Nó 1}\end{bmatrix} \quad (2.90a)$$

$$-\begin{bmatrix}\text{Soma das admitâncias}\\ \text{comuns aos dois}\\ \text{nós}\end{bmatrix} V_L(s) + \begin{bmatrix}\text{Soma das admitâncias}\\ \text{conectadas ao Nó 2}\end{bmatrix} V_C(s) = \begin{bmatrix}\text{Soma da correntes}\\ \text{aplicadas ao Nó 2}\end{bmatrix} \quad (2.90b)$$

Uma Técnica de Solução de Problemas

Em todos os exemplos anteriores, vimos um padrão repetido nas equações, que podemos utilizar em nosso benefício. Caso reconheçamos esse padrão, não precisamos escrever as equações componente por componente; podemos somar as impedâncias ao longo da malha, no caso das equações das malhas, ou somar as admitâncias em um nó, no caso das equações dos nós. Vamos agora analisar um circuito elétrico com três malhas e escrever as equações das malhas por inspeção para demonstrar o processo.

Exemplo 2.13

Equações das Malhas por Inspeção

PROBLEMA: Escreva, sem resolver, as equações das malhas para o circuito mostrado na Figura 2.9.

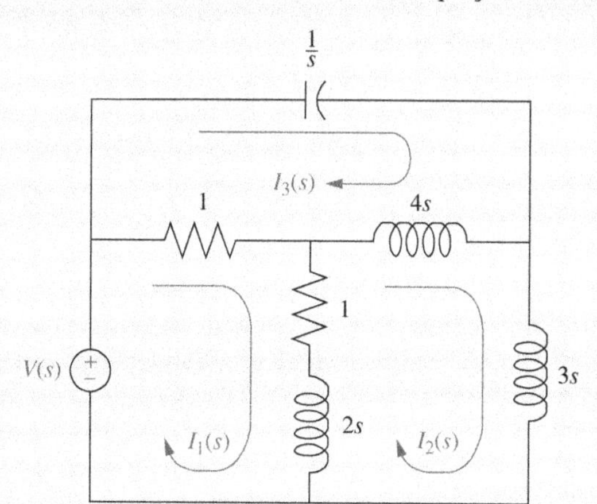

FIGURA 2.9 Circuito elétrico com três malhas.

SOLUÇÃO: Cada um dos problemas anteriores ilustrou que as equações das malhas e as equações dos nós apresentam uma forma previsível. Utilizamos esse conhecimento para resolver este problema de três malhas. A equação para a Malha 1 terá a seguinte forma:

$$\begin{bmatrix}\text{Soma das}\\ \text{impedâncias}\\ \text{da Malha 1}\end{bmatrix} I_1(s) - \begin{bmatrix}\text{Soma das}\\ \text{impedâncias}\\ \text{comuns à}\\ \text{Malha 1 e à}\\ \text{Malha 2}\end{bmatrix} I_2(s) \quad (2.91)$$

$$-\begin{bmatrix}\text{Soma das}\\ \text{impedâncias}\\ \text{comuns à}\\ \text{Malha 1 e à}\\ \text{Malha 3}\end{bmatrix} I_3(s) = \begin{bmatrix}\text{Soma das fontes}\\ \text{de tensão da}\\ \text{Malha 1}\end{bmatrix}$$

Analogamente, as equações para as Malhas 2 e 3, respectivamente, são

$$-\begin{bmatrix}\text{Soma das}\\\text{impedâncias}\\\text{comuns à}\\\text{Malha 1 e à}\\\text{Malha 2}\end{bmatrix}I_1(s)+\begin{bmatrix}\text{Soma das}\\\text{impedâncias}\\\text{da Malha 2}\end{bmatrix}I_2(s)-\begin{bmatrix}\text{Soma das}\\\text{impedâncias}\\\text{comuns à}\\\text{Malha 2 e à}\\\text{Malha 3}\end{bmatrix}I_3(s)=\begin{bmatrix}\text{Soma das fontes}\\\text{de tensão da}\\\text{Malha 2}\end{bmatrix} \quad (2.92)$$

e

$$-\begin{bmatrix}\text{Soma das}\\\text{impedâncias}\\\text{comuns à}\\\text{Malha 1 e à}\\\text{Malha 3}\end{bmatrix}I_1(s)-\begin{bmatrix}\text{Soma das}\\\text{impedâncias}\\\text{comuns à}\\\text{Malha 2 e à}\\\text{Malha 3}\end{bmatrix}I_2(s)+\begin{bmatrix}\text{Soma das}\\\text{impedâncias}\\\text{da Malha 3}\end{bmatrix}I_3(s)=\begin{bmatrix}\text{Soma das fontes}\\\text{de tensão da}\\\text{Malha 3}\end{bmatrix} \quad (2.93)$$

Experimente 2.8

Use as seguintes instruções MATLAB e Symbolic Math Toolbox para ajudá-lo a resolver para as correntes elétricas nas Equações (2.94).

```
syms s I1 I2 I3 V
A=[(2*s+2) -(2*s+1)...
  -1
  -(2*s+1) (9*s+1)...
  -4*s
  -1 -4*s...
  (4*s+1+1/s)];
B=[I1;I2;I3];
C=[V;0;0];
B=inv(A)*C;
pretty(B)
```

Substituindo os valores da Figura 2.9 nas Equações (2.91) até (2.93) resulta

$$+(2s+2)I_1(s)-(2s+1)I_2(s) \qquad -I_3(s)=\mathrm{V}(s) \quad (2.94a)$$

$$-(2s+1)I_1(s)+(9s+1)I_2(s) \qquad -4sI_3(s)=0 \quad (2.94b)$$

$$-I_1(s) \qquad -4sI_2(s)+\left(4s+1+\tfrac{1}{s}\right)I_3(s)=0 \quad (2.94c)$$

as quais podem ser resolvidas simultaneamente para qualquer função de transferência desejada, por exemplo, $I_3(s)/V(s)$.

Os circuitos elétricos passivos foram objeto de discussão até este ponto. Examinamos agora uma classe de circuitos ativos que podem ser utilizados para implementar funções de transferência. Esses circuitos são construídos com a utilização de amplificadores operacionais.

Amplificadores Operacionais

Um *amplificador operacional*, retratado na Figura 2.10(a), é um amplificador eletrônico utilizado como um bloco de construção básico para implementar funções de transferência. Ele apresenta as seguintes características:

1. Entrada diferencial, $v_2(t) - v_1(t)$
2. Alta impedância de entrada, $Z_e = \infty$ (ideal)
3. Baixa impedância de saída, $Z_s = 0$ (ideal)
4. Alta constante de ganho de amplificação, $A = \infty$ (ideal)

A saída, $v_s(t)$, é dada por

$$v_s(t) = A(v_2(t) - v_1(t)) \quad (2.95)$$

Amplificador Operacional Inversor

Caso $v_2(t)$ seja aterrado, o amplificador é chamado *amplificador operacional inversor*, como mostrado na Figura 2.10(b). Para o amplificador operacional inversor, temos

$$v_s(t) = -Av_1(t) \quad (2.96)$$

Caso duas impedâncias sejam conectadas ao amplificador operacional inversor, como mostrado na Figura 2.10(c), podemos deduzir um resultado interessante se o amplificador tiver as características mencionadas no início desta subseção. Se a impedância de entrada do amplificador é alta, então, pela lei de Kirchhoff das correntes,

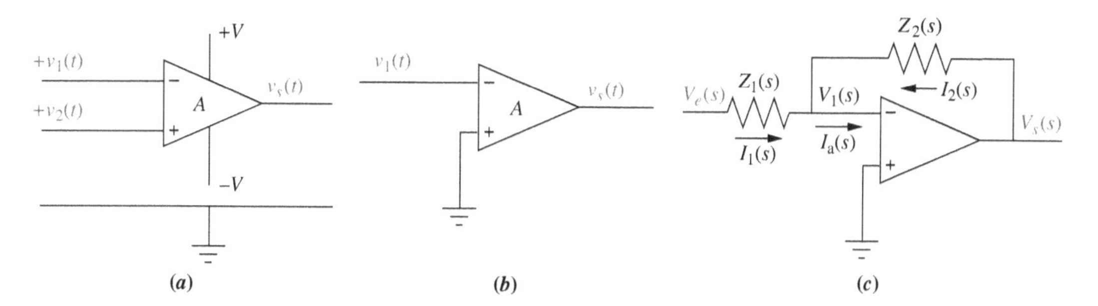

FIGURA 2.10 **a.** Amplificador operacional; **b.** esquema para um amplificador operacional inversor; **c.** amplificador operacional inversor configurado para a realização de uma função de transferência. Tipicamente, o ganho do amplificador, A, é omitido.

$I_a(s) = 0$ e $I_1(s) = -I_2(s)$. Além disso, uma vez que o ganho A é elevado, $v_1(t) \approx 0$. Assim, $I_1(s) = V_e(s)/Z_1(s)$ e $-I_2(s) = -V_s(s)/Z_2(s)$. Igualando as duas correntes, $V_s(s)/Z_2(s) = -V_e(s)/Z_1(s)$, ou a função de transferência do amplificador operacional inversor configurado como mostrado na Figura 2.10(*c*), é

$$\frac{V_s(s)}{V_e(s)} = -\frac{Z_2(s)}{Z_1(s)} \tag{2.97}$$

Exemplo 2.14

Função de Transferência – Circuito com Amplificador Operacional Inversor

PROBLEMA: Determine a função de transferência, $V_s(s)/V_e(s)$, para o circuito dado na Figura 2.11.

SOLUÇÃO: A função de transferência do circuito com amplificador operacional é dada pela Equação (2.97). Uma vez que as admitâncias de componentes em paralelo se somam, $Z_1(s)$ é o inverso da soma das admitâncias, ou,

$$Z_1(s) = \frac{1}{C_1 s + \frac{1}{R_1}} = \frac{1}{5{,}6 \times 10^{-6} s + \frac{1}{360 \times 10^3}} = \frac{360 \times 10^3}{2{,}016s + 1} \tag{2.98}$$

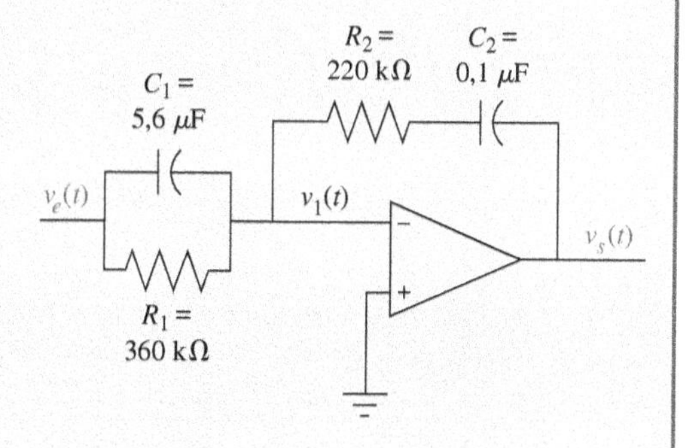

FIGURA 2.11 Circuito com amplificador operacional inversor para o Exemplo 2.14.

Para $Z_2(s)$ as impedâncias se somam, ou,

$$Z_2(s) = R_2 + \frac{1}{C_2 s} = 220 \times 10^3 + \frac{10^7}{s} \tag{2.99}$$

Substituindo as Equações (2.98) e (2.99) na Equação (2.97) e simplificando, temos

$$\frac{V_s(s)}{V_e(s)} = -1{,}232 \frac{s^2 + 45{,}95s + 22{,}55}{s} \tag{2.100}$$

O circuito resultante é chamado *controlador PID*, e pode ser utilizado para melhorar o desempenho de um sistema de controle. Exploraremos essa possibilidade, mais adiante, no Capítulo 9.

Amplificador Operacional Não Inversor

Outro circuito que pode ser analisado para obtermos sua função de transferência é o circuito com amplificador operacional não inversor mostrado na Figura 2.12. Deduzimos agora a função de transferência. Observamos que

$$V_s(s) = A(V_i(s) - V_1(s)) \tag{2.101}$$

Porém, utilizando divisão de tensão.

$$V_1(s) = \frac{Z_1(s)}{Z_1(s) + Z_2(s)} V_s(s) \tag{2.102}$$

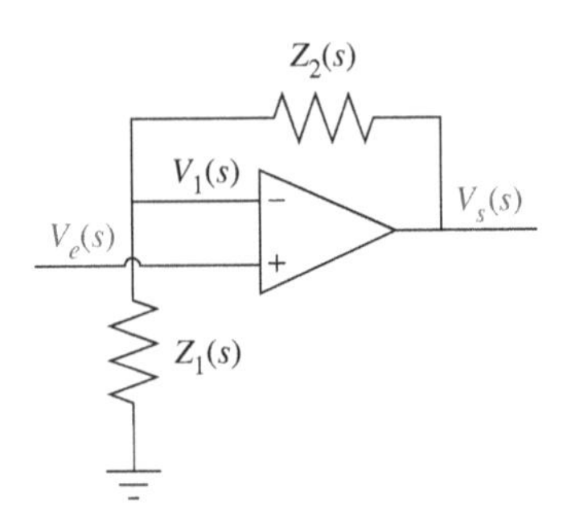

FIGURA 2.12 Circuito genérico com amplificador operacional não inversor.

Substituindo a Equação (2.102) na Equação (2.101), reorganizando e simplificando, obtemos

$$\frac{V_s(s)}{V_e(s)} = \frac{A}{1 + AZ_1(s)/(Z_1(s) + Z_2(s))} \tag{2.103}$$

Para um A suficientemente grande, desprezamos a unidade no denominador e a Equação (2.103) se torna

$$\frac{V_s(s)}{V_e(s)} = \frac{Z_1(s) + Z_2(s)}{Z_1(s)} \tag{2.104}$$

Agora, vamos ver um exemplo.

Exemplo 2.15

Função de Transferência – Circuito com Amplificador Operacional Não Inversor

PROBLEMA: Determine a função de transferência, $V_s(s)/V_e(s)$, para o circuito dado na Figura 2.13.

SOLUÇÃO: Determinamos cada uma das funções de impedância, $Z_1(s)$ e $Z_2(s)$, e, em seguida, as substituímos na Equação (2.104). Assim,

$$Z_1(s) = R_1 + \frac{1}{C_1 s} \tag{2.105}$$

e

$$Z_2(s) = \frac{R_2(1/C_2 s)}{R_2 + (1/C_2 s)} \tag{2.106}$$

Substituindo as Equações (2.105) e (2.106) na Equação (2.104) resulta

$$\frac{V_s(s)}{V_e(s)} = \frac{C_2C_1R_2R_1s^2 + (C_2R_2 + C_1R_2 + C_1R_1)s + 1}{C_2C_1R_2R_1s^2 + (C_2R_2 + C_1R_1)s + 1} \tag{2.107}$$

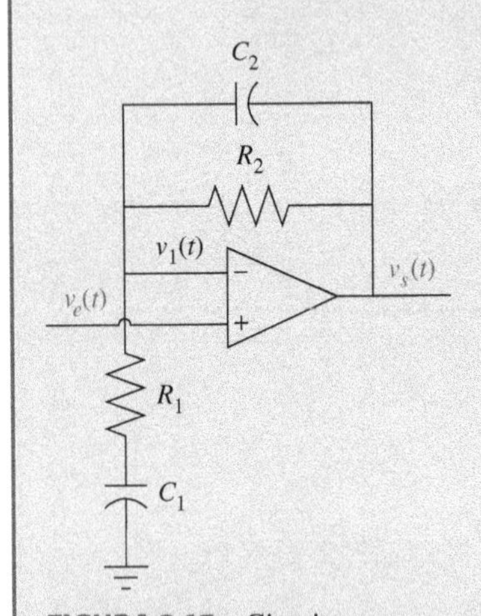

FIGURA 2.13 Circuito com amplificador operacional não inversor para o Exemplo 2.15.

Exercício 2.6

PROBLEMA: Determine a função de transferência, $G(s) = V_L(s)/V(s)$, para o circuito dado na Figura 2.14. Resolva o problema de duas maneiras – análise das malhas e análise nodal. Mostre que os dois métodos fornecem o mesmo resultado.

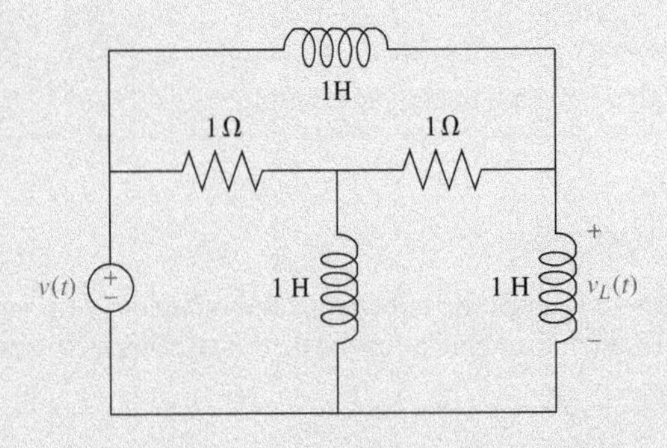

FIGURA 2.14 Circuito elétrico para o Exercício 2.6.

RESPOSTA: $V_L(s)/V(s) = (s^2 + 2s + 1)/(s^2 + 5s + 2)$

A solução completa está disponível no Ambiente de aprendizagem do GEN.

Exercício 2.7

PROBLEMA: Se $Z_1(s)$ é a impedância de um capacitor de 10 μF e $Z_2(s)$ é a impedância de um resistor de 100 kΩ, determine a função de transferência, $G(s) = V_s(s)/V_e(s)$, caso esses componentes sejam utilizados com (a) um amplificador operacional inversor e (b) um amplificador não inversor, como mostrado nas Figuras 2.10(c) e 2.12, respectivamente.

RESPOSTA: $G(s) = -s$ para um amplificador operacional inversor, e $G(s) = s + 1$ para um amplificador operacional não inversor.

A solução completa está disponível no Ambiente de aprendizagem do GEN.

Nesta seção determinamos funções de transferência para circuitos elétricos com múltiplas malhas e múltiplos nós, bem como para circuitos com amplificadores operacionais. Desenvolvemos equações de malhas e de nós, observamos sua forma e as escrevemos por inspeção. Na próxima seção, iniciaremos nosso trabalho com sistemas mecânicos. Veremos que muitos dos conceitos aplicados aos circuitos elétricos também podem ser aplicados a sistemas mecânicos através de analogias – dos conceitos básicos até escrever as equações descritivas por inspeção. Essa constatação lhe dará a confiança para ir além deste livro e estudar sistemas não abordados aqui, como os sistemas hidráulicos ou pneumáticos.

2.5 Funções de Transferência de Sistemas Mecânicos Translacionais

Mostramos que circuitos elétricos podem ser modelados por uma função de transferência, $G(s)$, que relaciona algebricamente a transformada de Laplace da saída com a transformada de Laplace da entrada. Agora, iremos fazer o mesmo para os sistemas mecânicos. Nesta seção, vamos nos concentrar nos sistemas mecânicos translacionais. Na seção seguinte, estendemos os conceitos aos sistemas mecânicos rotacionais. Observe que o resultado final, mostrado na Figura 2.2, será matematicamente indistinguível daquele referente a um circuito elétrico. Portanto, um circuito elétrico pode ser interfaceado com um sistema mecânico colocando suas funções de transferência em cascata, desde que um sistema não seja carregado pelo outro.[6]

Os sistemas mecânicos se assemelham tanto aos circuitos elétricos que existem analogias entre componentes e variáveis elétricos e mecânicos. Os sistemas mecânicos, da mesma forma que os circuitos elétricos, possuem três componentes lineares passivos. Dois deles, a mola e a massa, são elementos armazenadores de energia, e o outro, o amortecedor viscoso, dissipa energia. Os dois elementos armazenadores de energia são análogos aos dois elementos armazenadores de energia elétricos, o indutor e o capacitor. O dissipador de energia é análogo à resistência elétrica. Vamos examinar esses elementos mecânicos, que são mostrados na Tabela 2.4. Na tabela, K, f_v e M são chamados *constante de mola*, *coeficiente de atrito viscoso* e *massa*, respectivamente.

Agora fazemos as analogias entre os sistemas elétricos e mecânicos comparando as Tabelas 2.3 e 2.4. Comparando a coluna força-velocidade da Tabela 2.4 com a coluna tensão-corrente da Tabela 2.3, observamos que a força mecânica é análoga à tensão elétrica e que a velocidade mecânica é análoga à corrente elétrica. Comparando a coluna força-deslocamento da Tabela 2.4 com a coluna tensão-carga da Tabela 2.3, chegamos a uma analogia entre o deslocamento mecânico e a carga elétrica. Observamos também que a mola é análoga ao capacitor, que o amortecedor viscoso é análogo ao resistor e que a massa é análoga ao indutor. Assim, somar as forças escritas em função da velocidade é análogo a somar as tensões escritas em função das correntes, e as equações diferenciais mecânicas resultantes são análogas às equações das malhas. Se as forças forem escritas em função do deslocamento, as equações mecânicas resultantes serão semelhantes, mas não análogas, às equações das malhas. Contudo, utilizaremos esse modelo para sistemas mecânicos de modo que possamos escrever as equações diretamente em função do deslocamento.

Outra analogia pode ser feita comparando a coluna força-velocidade da Tabela 2.4 com a coluna corrente-tensão da Tabela 2.3 em ordem inversa. Nesse caso, a analogia é entre a força e a corrente, e entre a velocidade e a tensão. Além disso, a mola é análoga ao indutor, o amortecedor viscoso é análogo ao resistor e a massa é análoga ao capacitor. Assim, somar as forças escritas em função da velocidade é análogo a somar as correntes escritas em função da tensão, e as equações diferenciais mecânicas resultantes serão análogas às equações dos nós. Discutiremos essas analogias mais detalhadamente na Seção 2.9.

Agora estamos prontos para determinar funções de transferência para sistemas mecânicos translacionais. Nosso primeiro exemplo, mostrado na Figura 2.15(a), é similar ao circuito *RLC* simples do Exemplo 2.6 (ver a Figura 2.3). O sistema mecânico requer apenas uma equação diferencial, chamada *equação de movimento*, para

[6] O conceito de carregamento é explicado mais adiante, no Capítulo 5.

TABELA 2.4 Relações força-velocidade, força-deslocamento e impedância translacional para molas, amortecedores viscosos e massa.

Componente	Força-velocidade	Força-deslocamento	Impedância $Z_M(s) = F(s)/X(s)$
Mola ($x(t)$, $f(t)$, K)	$f(t) = K\int_0^t v(\tau)d\tau$	$f(t) = Kx(t)$	K
Amortecedor viscoso ($x(t)$, $f(t)$, f_v)	$f(t) = f_v v(t)$	$f(t) = f_v \dfrac{dx(t)}{dt}$	$f_v s$
Massa ($x(t)$, M, $f(t)$)	$f(t) = M\dfrac{dv(t)}{dt}$	$f(t) = M\dfrac{d^2x(t)}{dt^2}$	Ms^2

Observação: O seguinte conjunto de símbolos e unidades é utilizado neste livro: $f(t)$ − N (newtons), $x(t)$ − m (metros), $v(t)$ − m/s (metros/segundo), K − N/m (newtons/metro), f_v − N · s/m (newton·segundos/metro), M − kg (quilogramas = newton·segundos²/metro).

descrevê-lo. Inicialmente admitiremos um sentido positivo para o movimento, por exemplo, para a direita. Esse sentido positivo de movimento adotado é similar a admitir um sentido para a corrente em uma malha elétrica. Utilizando o sentido adotado para o movimento positivo, desenhamos inicialmente um diagrama de corpo livre, colocando sobre o corpo todas as forças que agem sobre ele, tanto no sentido do movimento quanto no sentido oposto. Em seguida, utilizamos a lei de Newton para produzir uma equação diferencial de movimento somando as forças e igualando a soma a zero. Finalmente, admitindo condições iniciais nulas aplicamos a transformada de Laplace à equação diferencial, separamos as variáveis e chegamos à função de transferência. Segue um exemplo.

Exemplo 2.16

Função de Transferência – Uma Equação de Movimento

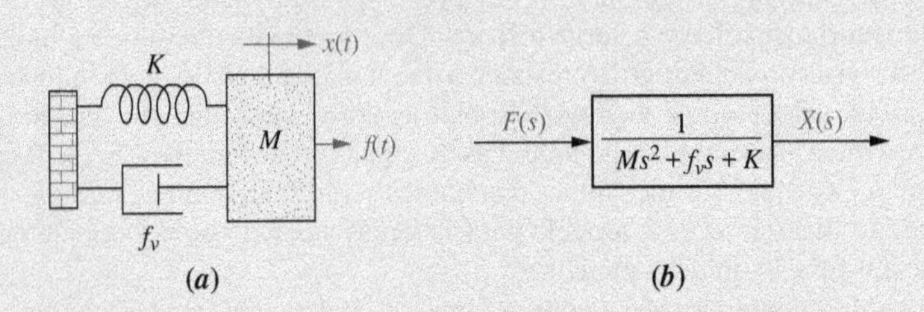

FIGURA 2.15 **a.** Sistema massa, mola e amortecedor; **b.** diagrama de blocos.

PROBLEMA: Determine a função de transferência, $X(s)/F(s)$, para o sistema da Figura 2.15(a).

SOLUÇÃO: Comece a solução desenhando o diagrama de corpo livre mostrado na Figura 2.16(a). Coloque sobre a massa todas as forças exercidas sobre ela. Admitimos que a massa esteja se movendo para a direita. Assim, apenas a força aplicada é orientada para a direita; todas as demais forças dificultam o movimento e atuam para se opor a ele. Assim, as forças da mola, do amortecedor viscoso e a decorrente da aceleração são orientadas para a esquerda.

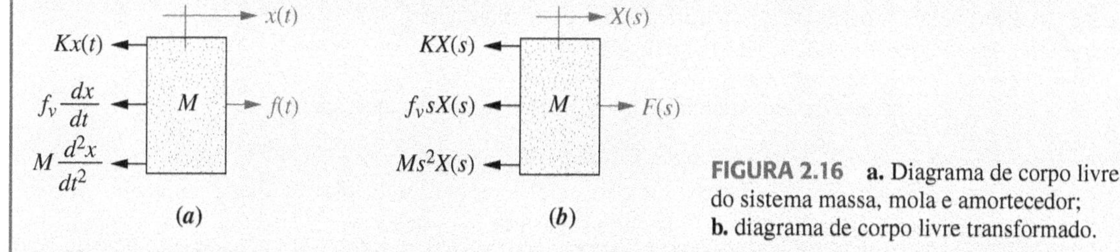

FIGURA 2.16 **a.** Diagrama de corpo livre do sistema massa, mola e amortecedor; **b.** diagrama de corpo livre transformado.

Escrevemos agora a equação diferencial de movimento utilizando a lei de Newton para igualar a zero a soma de todas as forças mostradas atuando sobre a massa na Figura 2.16(*a*):

$$M\frac{d^2x(t)}{dt^2}+f_v\frac{dx(t)}{dt}+Kx(t)=f(t) \tag{2.108}$$

Aplicando a transformada de Laplace, admitindo condições iniciais nulas,

$$Ms^2X(s)+f_vsX(s)+KX(s)=F(s) \tag{2.109}$$

ou

$$(Ms^2+f_vs+K)X(s)=F(s) \tag{2.110}$$

Resolvendo para a função de transferência, resulta

$$G(s)=\frac{X(s)}{F(s)}=\frac{1}{Ms^2+f_vs+K} \tag{2.111}$$

que está representada na Figura 2.15(*b*).

Agora, será que podemos fazer um paralelo de nosso trabalho com circuitos elétricos, evitando escrever as equações diferenciais e definindo impedâncias para componentes mecânicos? Caso afirmativo, podemos aplicar aos sistemas mecânicos a técnica de solução de problemas aprendida na seção anterior. Aplicando a transformada de Laplace à coluna força-deslocamento da Tabela 2.4, obtemos para a mola,

$$\boxed{F(s)=KX(s)} \tag{2.112}$$

para o amortecedor viscoso,

$$\boxed{F(s)=f_vsX(s)} \tag{2.113}$$

e para a massa,

$$\boxed{F(s)=Ms^2X(s)} \tag{2.114}$$

Se definirmos a impedância para componentes mecânicos como

$$\boxed{Z_M(s)=\frac{F(s)}{X(s)}} \tag{2.115}$$

e aplicarmos essa definição nas Equações (2.112) até (2.114), chegamos às impedâncias de cada componente, como resumido na Tabela 2.4 (*Raven, 1995*).[7]

Substituindo cada força na Figura 2.16(*a*) por sua transformada de Laplace, a qual está no formato

$$\boxed{F(s)=Z_M(s)X(s)} \tag{2.116}$$

[7] Observe que a coluna impedância da Tabela 2.4 não é uma analogia direta da coluna impedância da Tabela 2.3, uma vez que o denominador da Equação (2.115) é o deslocamento. Uma analogia direta poderia ser obtida definindo a impedância mecânica em função da velocidade como $F(s)/V(s)$. Escolhemos a Equação (2.115) como uma definição conveniente para escrever as equações de movimento em função do deslocamento, em vez da velocidade. A alternativa, entretanto, está disponível.

obtemos a Figura 2.16(*b*), a partir da qual poderíamos ter obtido a Equação (2.109) imediatamente, sem escrever a equação diferencial. A partir de agora utilizaremos essa abordagem.

Finalmente, observe que a Equação (2.110) é da forma

$$[\text{Soma de impedâncias}]X(s) = [\text{Soma de forças aplicadas}] \tag{2.117}$$

a qual é similar, mas não análoga, a uma equação de malha (ver nota de rodapé 7).

Muitos sistemas mecânicos são similares a circuitos elétricos com múltiplas malhas e múltiplos nós, no quais mais de uma equação diferencial simultânea é necessária para descrever o sistema. Nos sistemas mecânicos, o número de equações de movimento necessárias é igual ao número de movimentos *linearmente independentes*. A independência linear significa que um ponto de movimento em um sistema ainda pode se mover, mesmo que todos os demais pontos de movimento permaneçam imóveis. Outro nome para o número de movimentos linearmente independentes é o número de *graus de liberdade*. Essa argumentação não pretende dar a entender que esses movimentos não sejam acoplados uns com os outros; em geral, eles são. Por exemplo, em um circuito elétrico com duas malhas, a corrente em cada malha depende da corrente na outra malha, porém se abrirmos o circuito de apenas uma das malhas, a corrente na outra malha ainda poderá existir se houver uma fonte de tensão nesta malha. De modo análogo, em um sistema mecânico com dois graus de liberdade um ponto de movimento pode ser mantido imóvel enquanto o outro ponto de movimento se move sob a influência de uma força aplicada.

Para tratar tal tipo de problema, desenhamos o diagrama de corpo livre para cada ponto de movimento e, em seguida, utilizamos o princípio da superposição. Para cada diagrama de corpo livre começamos mantendo todos os demais pontos de movimento imóveis e determinando as forças atuantes no corpo decorrentes apenas de seu próprio movimento. Em seguida, mantemos o corpo imóvel e ativamos os demais pontos de movimento, um de cada vez, colocando no corpo original as forças geradas pelo movimento adjacente.

Utilizando a lei de Newton, somamos as forças sobre cada corpo e igualamos a soma a zero. O resultado é um sistema de equações de movimento simultâneas. Na forma de transformadas de Laplace, essas equações são então resolvidas para a variável de saída de interesse em função da variável de entrada, a partir do que a função de transferência é obtida. O Exemplo 2.17 ilustra essa técnica de solução de problemas.

Exemplo 2.17

Função de Transferência – Dois Graus de Liberdade

PROBLEMA: Determine a função de transferência, $X_2(s)/F(s)$, para o sistema da Figura 2.17(*a*).

SOLUÇÃO: O sistema possui dois graus de liberdade, uma vez que cada uma das massas pode ser movida na direção horizontal enquanto a outra é mantida imóvel. Assim, duas equações de movimento simultâneas serão necessárias para descrever o sistema. As duas equações são obtidas a partir de diagramas de corpo livre de cada uma das massas. O princípio da superposição é utilizado para desenhar os diagramas de corpo livre. Por exemplo, as forças sobre M_1 são decorrentes (1) de seu próprio movimento e (2) do movimento de M_2 transmitido para M_1 através do sistema. Consideraremos essas duas fontes separadamente.

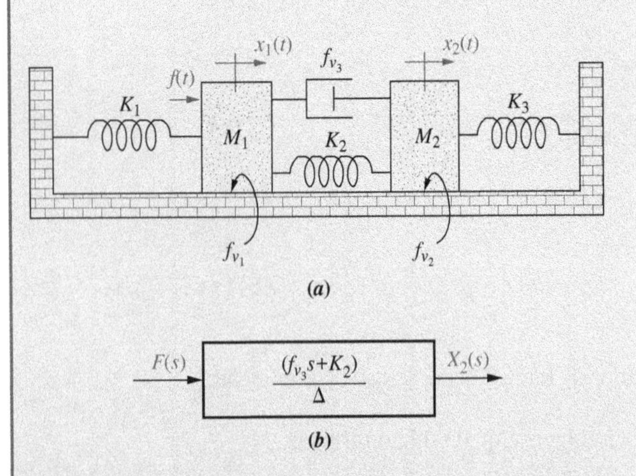

FIGURA 2.17 **a.** Sistema mecânico translacional com dois graus de liberdade;[8] **b.** diagrama de blocos.

Se mantivermos M_2 imóvel e movermos M_1 para a direita, consideramos as forças mostradas na Figura 2.18(*a*). Se mantivermos M_1 imóvel e movermos M_2 para a direita, consideramos as forças mostradas na Figura 2.18(*b*). A força total sobre M_1 é a superposição, ou soma, das forças anteriormente discutidas. Este resultado é mostrado na Figura 2.18(*c*). Para M_2, procedemos de maneira análoga: primeiro movemos M_2 para a direita enquanto mantemos M_1 imóvel; em seguida, movemos M_1 para a direita e mantemos M_2 imóvel. Para cada um dos casos calculamos as forças sobre M_2. Os resultados são apresentados na Figura 2.19.

[8] O atrito mostrado aqui e em todo o livro, salvo indicação em contrário, é atrito viscoso. Assim, f_{v1} e f_{v2} não são atritos de Coulomb, mas surgem por causa de uma interface viscosa.

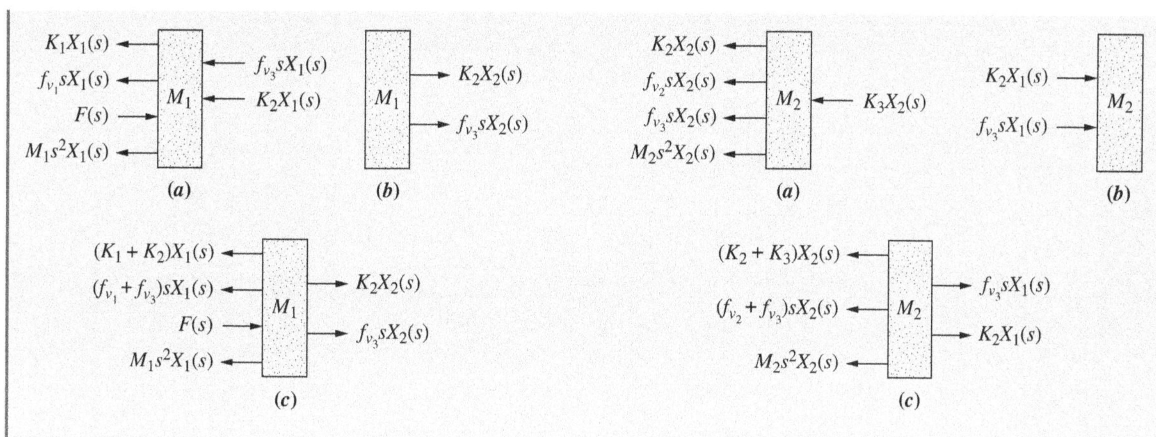

FIGURA 2.18 **a.** Forças sobre M_1 decorrentes apenas de movimento de M_1; **b.** forças sobre M_1 decorrentes apenas de movimento de M_2; **c.** todas as forças sobre M_1.

FIGURA 2.19 **a.** Forças sobre M_2 decorrentes apenas de movimento de M_2; **b.** forças sobre M_2 decorrentes apenas de movimento de M_1; **c.** todas as forças sobre M_2.

A transformada de Laplace das equações de movimento pode agora ser escrita a partir das Figuras 2.18(*c*) e 2.19(*c*) como

$$[M_1s^2(f_{v_1} + f_{v_3})s + (K_1 + K_2)]X_1(s) - (f_{v_3}s + K_2)X_2(s) = F(s) \quad (2.118a)$$

$$-(f_{v_3}s + K_2)X_1(s) + [M_2s^2 + (f_{v_2} + f_{v_3})s + (K_2 + K_3)]X_2(s) = 0 \quad (2.118b)$$

Disto, a função de transferência, $X_2(s)/F(s)$, é

$$\frac{X_2(s)}{F(s)} = G(s) = \frac{(f_{v_3}s + K_2)}{\Delta} \quad (2.119)$$

como mostrado na Figura 2.17(*b*), em que

$$\Delta = \begin{vmatrix} [M_1s^2 + (f_{v_1} + f_{v_3})s + (K_1 + K_2)] & -(f_{v_3}s + K_2) \\ -(f_{v_3}s + K_2) & [M_2s^2 + (f_{v_2} + f_{v_3})s + (K_2 + K_3)] \end{vmatrix}$$

Observe novamente, nas Equações (2.118), que a forma das equações é similar às equações das malhas elétricas:

$$\begin{bmatrix} \text{Soma das} \\ \text{impedâncias} \\ \text{conectadas} \\ \text{ao movimento} \\ \text{em } x_1 \end{bmatrix} X_1(s) - \begin{bmatrix} \text{Soma das} \\ \text{impedâncias} \\ \text{entre} \\ x_1 \text{ e } x_2 \end{bmatrix} X_2(s) = \begin{bmatrix} \text{Soma das} \\ \text{forças aplicadas} \\ \text{em } x_1 \end{bmatrix} \quad (2.120a)$$

$$-\begin{bmatrix} \text{Soma das} \\ \text{impedâncias} \\ \text{entre} \\ x_1 \text{ e } x_2 \end{bmatrix} X_1(s) + \begin{bmatrix} \text{Soma das} \\ \text{impedâncias} \\ \text{conectadas} \\ \text{ao movimento} \\ \text{em } x_2 \end{bmatrix} X_2(s) = \begin{bmatrix} \text{Soma das} \\ \text{forças aplicadas} \\ \text{em } x_2 \end{bmatrix} \quad (2.120b)$$

O padrão mostrado nas Equações (2.120) deve agora nos ser familiar. Vamos utilizar o conceito para escrever as equações de movimento de um sistema mecânico com três graus de liberdade por inspeção, sem desenhar o diagrama de corpo livre.

Exemplo 2.18

Equações de Movimento por Inspeção

PROBLEMA: Escreva, sem resolver, as equações de movimento para o sistema mecânico da Figura 2.20.

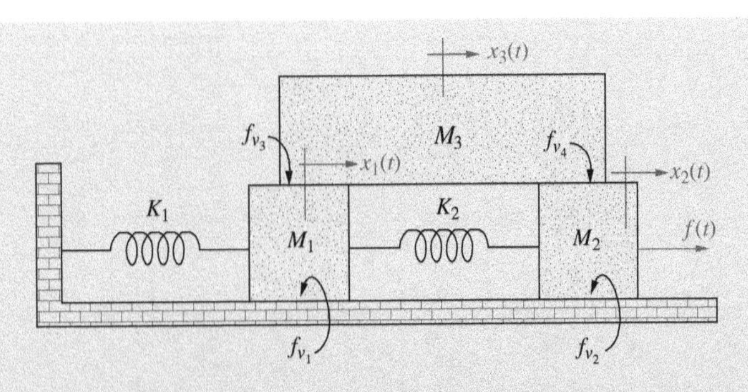

FIGURA 2.20 Sistema mecânico translacional com três graus de liberdade.

SOLUÇÃO: O sistema possui três graus de liberdade, uma vez que cada uma das três massas pode ser movida independentemente, enquanto as demais são mantidas imóveis. A forma das equações será similar à das equações das malhas elétricas. Para M_1,

$$\begin{bmatrix}\text{Soma das}\\ \text{impedâncias}\\ \text{conectadas}\\ \text{ao movimento}\\ \text{em } x_1\end{bmatrix} X_1(s) - \begin{bmatrix}\text{Soma das}\\ \text{impedâncias}\\ \text{entre}\\ x_1 \text{ e } x_2\end{bmatrix} X_2(s) - \begin{bmatrix}\text{Soma das}\\ \text{impedâncias}\\ \text{entre}\\ x_1 \text{ e } x_3\end{bmatrix} X_3(s) = \begin{bmatrix}\text{Soma das}\\ \text{forças aplicadas}\\ \text{em } x_1\end{bmatrix} \tag{2.121}$$

Analogamente, para M_2 e M_3, respectivamente,

$$-\begin{bmatrix}\text{Soma das}\\ \text{impedâncias}\\ \text{entre}\\ x_1 \text{ e } x_2\end{bmatrix} X_1(s) + \begin{bmatrix}\text{Soma das}\\ \text{impedâncias}\\ \text{conectadas}\\ \text{ao movimento}\\ \text{em } x_2\end{bmatrix} X_2(s) - \begin{bmatrix}\text{Soma das}\\ \text{impedâncias}\\ \text{entre}\\ x_2 \text{ e } x_3\end{bmatrix} X_3(s) = \begin{bmatrix}\text{Soma das}\\ \text{forças aplicadas}\\ \text{em } x_2\end{bmatrix} \tag{2.122}$$

$$-\begin{bmatrix}\text{Soma das}\\ \text{impedâncias}\\ \text{entre}\\ x_1 \text{ e } x_3\end{bmatrix} X_1(s) - \begin{bmatrix}\text{Soma das}\\ \text{impedâncias}\\ \text{entre}\\ x_2 \text{ e } x_3\end{bmatrix} X_2(s) + \begin{bmatrix}\text{Soma das}\\ \text{impedâncias}\\ \text{conectadas ao}\\ \text{movimento}\\ \text{em } x_3\end{bmatrix} X_3(s) = \begin{bmatrix}\text{Soma das}\\ \text{forças aplicadas}\\ \text{em } x_3\end{bmatrix} \tag{2.123}$$

M_1 tem duas molas, dois amortecedores viscosos e sua massa associados ao seu movimento. Existe uma mola entre M_1 e M_2, e um amortecedor viscoso entre M_1 e M_3. Assim, utilizando a Equação (2.121),

$$\left[M_1s^2 + (f_{v_1} + f_{v_3})s + (K_1 + K_2)\right]X_1(s) - K_2X_2(s) - f_{v_3}sX_3(s) = 0 \tag{2.124}$$

Analogamente, utilizando a Equação (2.122) para M_2,

$$-K_2X_1(s) + \left[M_2s^2 + (f_{v_2} + f_{v_4})s + K_2\right]X_2(s) - f_{v_4}sX_3(s) = F(s) \tag{2.125}$$

e utilizando a Equação (2.123) para M_3,

$$-f_{v_3}sX_1(s) - f_{v_4}sX_2(s) + \left[M_3s^2 + (f_{v_3} + f_{v_4})s\right]X_3(s) = 0 \quad (2.126)$$

As Equações (2.124) a (2.126) são as equações de movimento. Podemos resolvê-las para qualquer deslocamento $X_1(s)$, $X_2(s)$ ou $X_3(s)$, ou função de transferência.

Exercício 2.8

PROBLEMA: Determine a função de transferência, $G(s) = X_2(s)/F(s)$, para o sistema mecânico translacional mostrado na Figura 2.21.

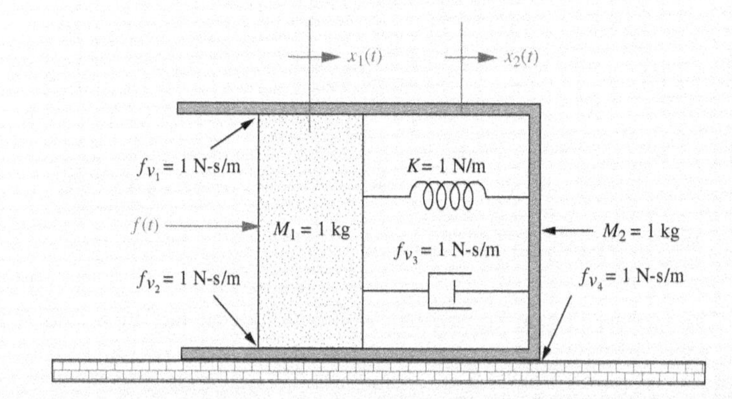

FIGURA 2.21 Sistema mecânico translacional para o Exercício 2.8.

RESPOSTA: $G(s) = \dfrac{3s + 1}{s(s^3 + 7s^2 + 5s + 1)}$

A solução completa está disponível no Ambiente de aprendizagem do GEN.

2.6 Funções de Transferência de Sistemas Mecânicos Rotacionais

Após abordar os sistemas elétricos e os sistemas mecânicos translacionais, passamos agora a considerar os sistemas mecânicos rotacionais. Os sistemas mecânicos rotacionais são tratados da mesma maneira que os sistemas mecânicos translacionais, com exceção de que o torque substitui a força e o deslocamento angular substitui o deslocamento translacional. Os componentes mecânicos para os sistemas rotacionais são os mesmos que para os sistemas translacionais, com exceção de que os componentes ficam sujeitos à rotação, em vez de translação. A Tabela 2.5 mostra os componentes junto com as relações entre torque e velocidade angular, bem como deslocamento angular. Observe que a representação dos componentes é a mesma que a dos sistemas translacionais, porém eles estão sujeitos à rotação, e não à translação.

Observe também que o termo associado com a massa é substituído por inércia. Os valores de K, D e J são chamados *constante de mola*, *coeficiente de atrito viscoso* e *momento de inércia*, respectivamente. As impedâncias dos componentes mecânicos também estão resumidas na última coluna da Tabela 2.5. Os valores podem ser obtidos aplicando a transformada de Laplace, admitindo condições iniciais nulas, à coluna torque-deslocamento angular da Tabela 2.5.

O conceito de graus de liberdade se estende aos sistemas rotacionais, com exceção de que testamos um ponto de movimento colocando-o em *rotação* enquanto mantemos todos os demais pontos de movimento imóveis. O número de pontos de movimento que podem ser colocados em rotação enquanto todos os demais são mantidos imóveis é igual ao número de equações de movimento necessárias para descrever o sistema.

Escrever as equações de movimento para sistemas rotacionais é similar a escrevê-las para os sistemas translacionais; a única diferença é que o diagrama de corpo livre consiste em torques, em vez de forças. Obtemos esses torques utilizando o princípio da superposição. Inicialmente, colocamos um corpo em rotação enquanto mantemos todos os demais pontos imóveis e colocamos em seu diagrama de corpo livre todos os torques decorrentes do movimento do próprio corpo. Em seguida, mantendo o corpo imóvel, colocamos em rotação os pontos de movimento adjacentes, um de cada vez, e adicionamos os torques decorrentes dos movimentos

TABELA 2.5 Relações rotacionais torque-velocidade angular, torque-deslocamento angular e impedância para molas, amortecedores viscosos e inércia.

Componente	Torque-velocidade angular	Torque-deslocamento angular	Impedância $Z_M(s) = T(s)/\theta(s)$
Mola K	$T(t) = K\int_0^t \omega(\tau)d\tau$	$T(t) = K\theta(t)$	K
Amortecedor viscoso D	$T(t) = D\omega(t)$	$T(t) = D\dfrac{d\theta(t)}{dt}$	Ds
Inércia J	$T(t) = J\dfrac{d\omega(t)}{dt}$	$T(t) = J\dfrac{d^2\theta(t)}{dt^2}$	Js^2

Observação: O seguinte conjunto de símbolos e unidades é utilizado neste livro: $T(t)$ – N·m (newton·metro), $\theta(t)$ – rad (radianos), $\omega(t)$ – rad/s (radiano/segundo), K – N·m /rad (newton·metro/radiano), D – N·m·s/rad (newton·metro·segundo/radiano), J – kg·m² (quilograma·metro² = newton·metro·segundo²/radiano).

adjacentes ao diagrama de corpo livre. O processo é repetido para cada ponto de movimento. Para cada diagrama de corpo livre, esses torques são somados e igualados a zero para formar a equação de movimento.

Dois exemplos demonstrarão a solução dos sistemas rotacionais. O primeiro utiliza diagramas de corpo livre; o segundo utiliza o conceito de impedâncias para escrever as equações de movimento por inspeção.

Exemplo 2.19

Função de Transferência – Duas Equações de Movimento

PROBLEMA: Determine a função de transferência, $\theta_2(s)/T(s)$, para o sistema rotacional mostrado na Figura 2.22(a). A barra é suportada por mancais em ambas as extremidades e é submetida à torção. Um torque é aplicado à esquerda, e o deslocamento é medido à direita.

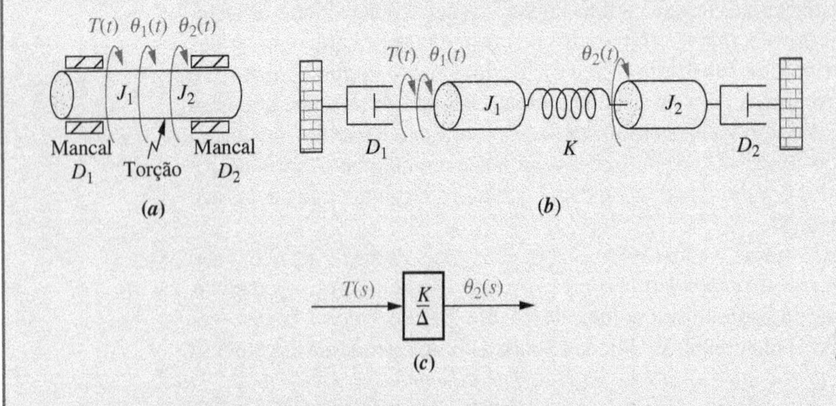

FIGURA 2.22 **a.** Sistema físico; **b.** esquema; **c.** diagrama de blocos.

SOLUÇÃO: Primeiro, obtenha um esquema a partir do sistema físico. Embora a torção ocorra ao longo da barra na Figura 2.22(a),[9] fazemos uma aproximação do sistema admitindo que a torção atue como uma mola concentrada em um ponto particular da barra, com uma inércia J_1 à esquerda e uma inércia J_2 à direita.[10] Também admitimos que o amortecimento dentro da barra flexível seja desprezível. O esquema é mostrado na Figura 2.22(b). O sistema possui dois graus de liberdade, uma vez que cada uma das inércias pode ser colocada

[9] Neste caso, o parâmetro é referenciado como um parâmetro *distribuído*.

[10] O parâmetro é agora referenciado como um parâmetro *concentrado*.

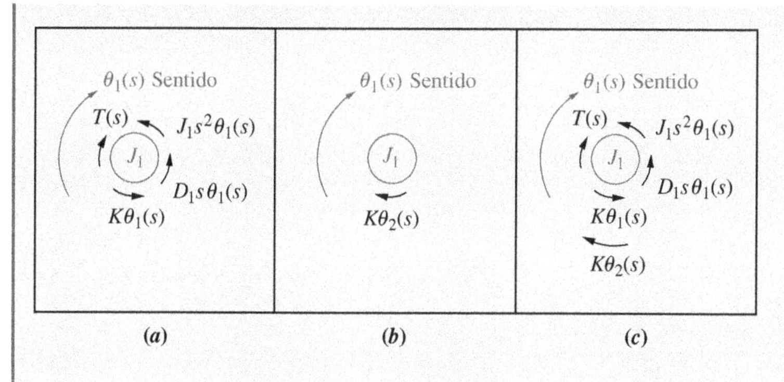

FIGURA 2.23 **a.** Torques em J_1 decorrentes apenas do movimento de J_1; **b.** torques em J_1 decorrentes apenas do movimento de J_2; **c.** diagrama de corpo livre final para J_1.

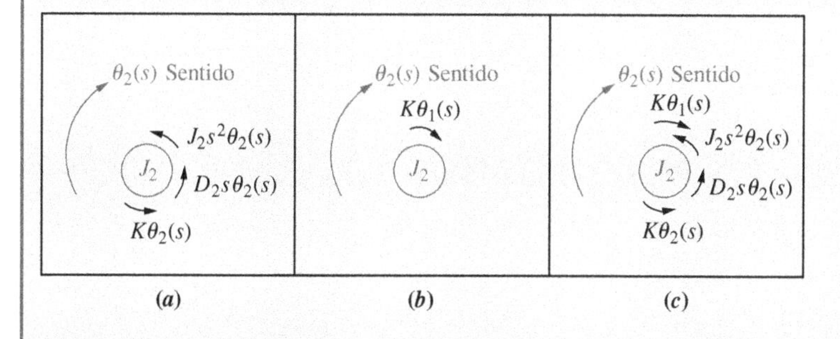

FIGURA 2.24 **a.** Torques em J_2 decorrentes apenas do movimento de J_2; **b.** torques em J_2 decorrentes apenas do movimento de J_1; **c.** diagrama de corpo livre final para J_2.

em rotação enquanto a outra é mantida imóvel. Assim, são necessárias duas equações simultâneas para solucionar o sistema.

Em seguida, desenhe um diagrama de corpo livre de J_1, utilizando o princípio da superposição. A Figura 2.23(*a*) mostra os torques em J_1 se J_2 é mantida imóvel e J_1 é colocado em rotação. A Figura 2.23(*b*) mostra os torques em J_1 se J_1 é mantida imóvel e J_2 é colocada em rotação. Finalmente, a soma das Figuras 2.23(*a*) e 2.23(*b*) é mostrada na Figura 2.23(*c*), o diagrama de corpo livre final para J_1. O mesmo procedimento é repetido na Figura 2.24 para J_2.

Somando os torques, respectivamente, a partir das Figuras 2.23(*c*) e 2.24(*c*), obtemos as equações de movimento,

$$(J_1s^2 + D_1s + K)\theta_1(s) \qquad - K\theta_2(s) = T(s) \tag{2.127a}$$

$$-K\theta_1(s) + (J_2s^2 + D_2s + K)\theta_2(s) = 0 \tag{2.127b}$$

a partir das quais a função de transferência requerida é determinada como

$$\frac{\theta_2(s)}{T(s)} = \frac{K}{\Delta} \tag{2.128}$$

como mostrado na Figura 2.22(*c*), em que

$$\Delta = \begin{vmatrix} (J_1s^2 + D_1s + K) & -K \\ -K & (J_2s^2 + D_2s + K) \end{vmatrix}$$

Observe que as Equações (2.127) possuem a agora bem conhecida forma

$$\begin{bmatrix} \text{Soma das} \\ \text{impedâncias} \\ \text{conectadas} \\ \text{ao movimento} \\ \text{em } \theta_1 \end{bmatrix} \theta_1(s) - \begin{bmatrix} \text{Soma das} \\ \text{impedâncias} \\ \text{entre} \\ \theta_1 \text{ e } \theta_2 \end{bmatrix} \theta_2(s) = \begin{bmatrix} \text{Soma dos} \\ \text{torques aplicados} \\ \text{em } \theta_1 \end{bmatrix} \tag{2.129a}$$

$$-\begin{bmatrix} \text{Soma das} \\ \text{impedâncias} \\ \text{entre} \\ \theta_1 \text{ e } \theta_2 \end{bmatrix} \theta_1(s) + \begin{bmatrix} \text{Soma das} \\ \text{impedâncias} \\ \text{conectadas} \\ \text{ao movimento} \\ \text{em } \theta_2 \end{bmatrix} \theta_2(s) = \begin{bmatrix} \text{Soma dos} \\ \text{torques aplicados} \\ \text{em } \theta_2 \end{bmatrix} \tag{2.129b}$$

Experimente 2.9

Use as seguintes instruções MATLAB e Symbolic Math Toolbox para ajudá-lo a obter a Equação (2.128).

```
syms s J1 D1 K T J2 D2...
  theta1 theta2
A=[(J1*s^2+D1*s+K) -K
    -K (J2*s^2+D2*s+K)];
B=[theta1
    theta2];
C=[T
    0];
B=inv(A)*C;
theta2=B(2);
'theta2'
pretty(theta2)
```

Exemplo 2.20

Equações de Movimento por Inspeção

PROBLEMA: Escreva, sem resolver, a transformada de Laplace das equações de movimento para o sistema mostrado na Figura 2.25.

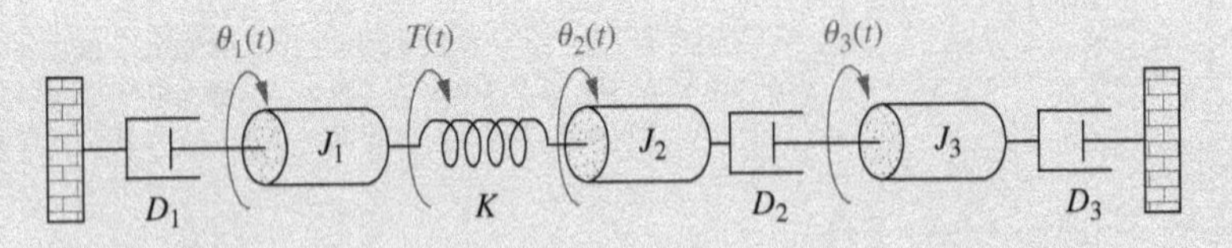

FIGURA 2.25 Sistema rotacional com três graus de liberdade.

SOLUÇÃO: As equações terão a seguinte forma, similar às equações de malhas elétricas:

$$\begin{bmatrix}\text{Soma das}\\ \text{impedâncias}\\ \text{conectadas}\\ \text{ao movimento}\\ \text{em } \theta_1\end{bmatrix}\theta_1(s) - \begin{bmatrix}\text{Soma das}\\ \text{impedâncias}\\ \text{entre}\\ \theta_1 \text{ e } \theta_2\end{bmatrix}\theta_2(s) - \begin{bmatrix}\text{Soma das}\\ \text{impedâncias}\\ \text{entre}\\ \theta_1 \text{ e } \theta_3\end{bmatrix}\theta_3(s) = \begin{bmatrix}\text{Soma dos}\\ \text{torques aplicados}\\ \text{em } \theta_1\end{bmatrix} \tag{2.130a}$$

$$-\begin{bmatrix}\text{Soma das}\\ \text{impedâncias}\\ \text{entre}\\ \theta_1 \text{ e } \theta_2\end{bmatrix}\theta_1(s) + \begin{bmatrix}\text{Soma das}\\ \text{impedâncias}\\ \text{conectadas}\\ \text{ao movimento}\\ \text{em } \theta_2\end{bmatrix}\theta_2(s) - \begin{bmatrix}\text{Soma das}\\ \text{impedâncias}\\ \text{entre}\\ \theta_2 \text{ e } \theta_3\end{bmatrix}\theta_3(s) = \begin{bmatrix}\text{Soma dos}\\ \text{torques aplicados}\\ \text{em } \theta_2\end{bmatrix} \tag{2.130b}$$

$$-\begin{bmatrix}\text{Soma das}\\ \text{impedâncias}\\ \text{entre}\\ \theta_1 \text{ e } \theta_3\end{bmatrix}\theta_1(s) - \begin{bmatrix}\text{Soma das}\\ \text{impedâncias}\\ \text{entre}\\ \theta_2 \text{ e } \theta_3\end{bmatrix}\theta_2(s) + \begin{bmatrix}\text{Soma das}\\ \text{impedâncias}\\ \text{conectadas}\\ \text{ao movimento}\\ \text{em } \theta_3\end{bmatrix}\theta_3(s) = \begin{bmatrix}\text{Soma dos}\\ \text{torques aplicados}\\ \text{em } \theta_3\end{bmatrix} \tag{2.130c}$$

Consequentemente,

$$\begin{aligned}(J_1s^2 + D_1s + K)\theta_1(s) \quad & -K\theta_2(s) \quad & -0\theta_3(s) = T(s)\\ -K\theta_1(s) \quad & +(J_2s^2 + D_2s + K)\theta_2(s) \quad & -D_2s\theta_3(s) = 0\\ -0\theta_1(s) \quad & -D_2s\theta_2(s) \quad & +(J_3s^2 + D_3s + D_2s)\theta_3(s) = 0\end{aligned} \tag{2.131a,b,c}$$

Exercício 2.9

PROBLEMA: Determine a função de transferência, $G(s) = \theta_2(s)/T(s)$, para o sistema mecânico rotacional mostrado na Figura 2.26.

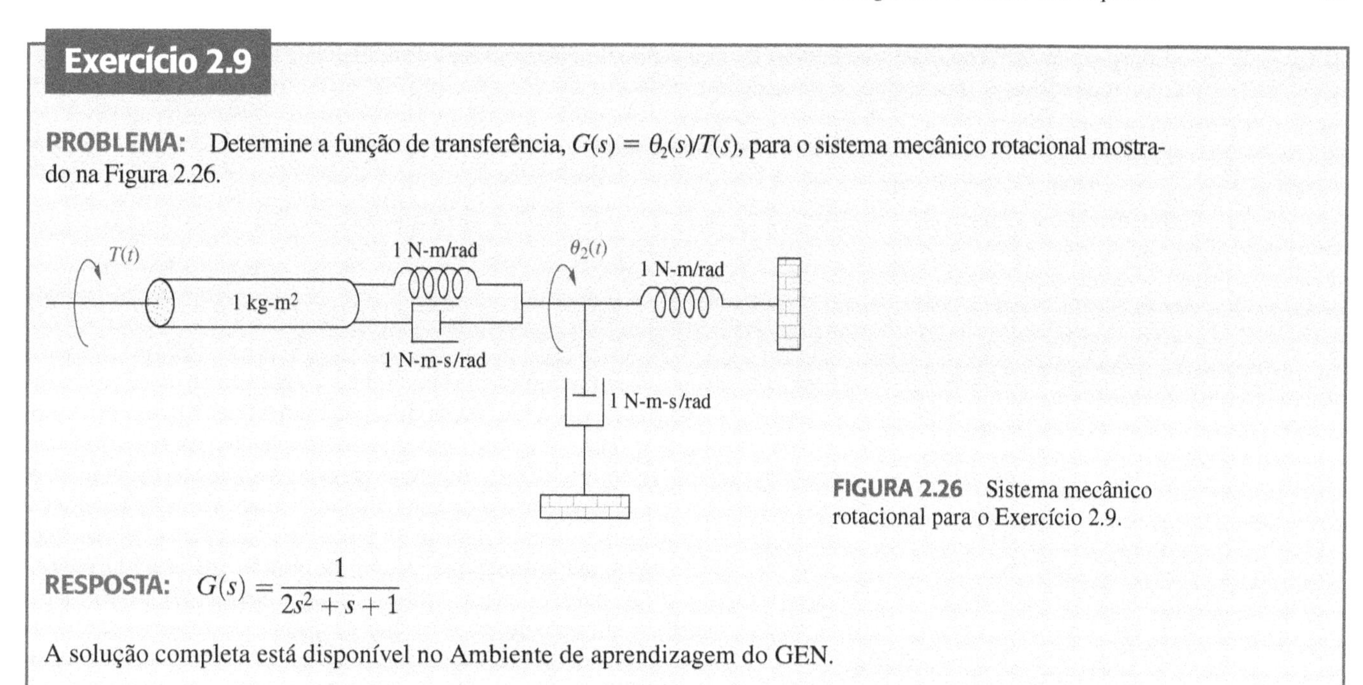

FIGURA 2.26 Sistema mecânico rotacional para o Exercício 2.9.

RESPOSTA: $G(s) = \dfrac{1}{2s^2 + s + 1}$

A solução completa está disponível no Ambiente de aprendizagem do GEN.

2.7 Funções de Transferência para Sistemas com Engrenagens

Agora que somos capazes de determinar a função de transferência para sistemas rotacionais, percebemos que esses sistemas, especialmente aqueles acionados por motores, raramente são encontrados sem trens de engrenagens associadas acionando a carga. Esta seção trata deste importante tópico.

As engrenagens oferecem vantagens mecânicas aos sistemas rotacionais. Qualquer pessoa que tenha andado em uma bicicleta de 10 marchas conhece o efeito das engrenagens. Nas subidas, você muda de marcha para ter mais torque e menos velocidade. Em uma reta você muda de marcha para obter mais velocidade e menos torque. Desse modo, as engrenagens permitem que você case o sistema de acionamento e a carga – uma solução de compromisso entre velocidade e torque.

Em muitas aplicações as engrenagens apresentam *folgas*, que ocorrem por causa do encaixe solto entre duas engrenagens conectadas. A engrenagem de acionamento gira de um pequeno ângulo antes de entrar em contato com a engrenagem acionada. O resultado é que a rotação angular da engrenagem de saída não acontece até que uma pequena rotação da engrenagem de entrada tenha ocorrido. Nesta seção, idealizamos o comportamento das engrenagens e admitimos que não existam folgas.

A interação linearizada entre duas engrenagens é representada na Figura 2.27. Uma engrenagem de entrada com raio r_1 e N_1 dentes é girada de um ângulo $\theta_1(t)$ devido a um torque, $T_1(t)$. Uma engrenagem de saída com raio r_2 e N_2 dentes responde girando de um ângulo $\theta_2(t)$ e fornecendo um torque, $T_2(t)$. Vamos agora determinar a relação entre as rotações da Engrenagem 1, $\theta_1(t)$, e da Engrenagem 2, $\theta_2(t)$.

Conforme a Figura 2.27, à medida que as engrenagens giram, a distância percorrida ao longo da circunferência de cada engrenagem é a mesma. Assim,

$$r_1\theta_1 = r_2\theta_2 \tag{2.132}$$

ou

$$\frac{\theta_2}{\theta_1} = \frac{r_1}{r_2} = \frac{N_1}{N_2} \tag{2.133}$$

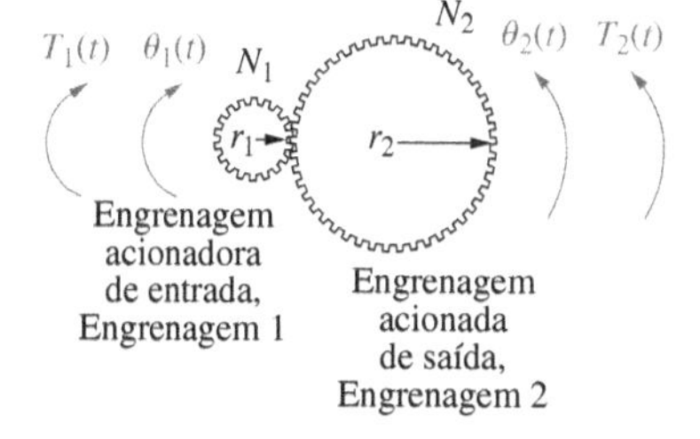

FIGURA 2.27 Um sistema de engrenagens.

uma vez que a razão entre os números de dentes ao longo das circunferências está na mesma proporção que a razão entre os raios. Concluímos que a razão entre os deslocamentos angulares das engrenagens é inversamente proporcional à razão entre os números de dentes.

Qual a relação entre o torque de entrada, T_1, e o torque fornecido, T_2? Se admitirmos que as engrenagens sejam *sem perdas*, isto é, elas não absorvem nem armazenam energia, a energia que entra na Engrenagem 1 é igual à energia que sai na

Engrenagem 2.[11] Uma vez que a energia translacional de força vezes deslocamento se torna a energia rotacional de torque vezes deslocamento angular,

$$T_1\theta_1 = T_2\theta_2 \tag{2.134}$$

Resolvendo a Equação (2.134) para a razão entre torques e utilizando a Equação (2.133), obtemos

$$\frac{T_2}{T_1} = \frac{\theta_1}{\theta_2} = \frac{N_2}{N_1} \tag{2.135}$$

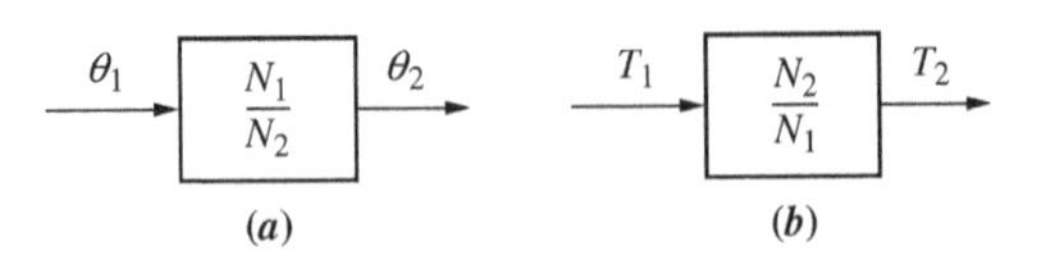

FIGURA 2.28 Funções de transferência para **a.** deslocamento angular em engrenagens sem perdas; **b.** torque em engrenagens sem perdas.

Assim, os torques são diretamente proporcionais à razão entre os números de dentes. Todos os resultados estão resumidos na Figura 2.28.

Vamos verificar o que ocorre com impedâncias mecânicas que são acionadas por engrenagens. A Figura 2.29(*a*) mostra engrenagens acionando uma inércia rotacional, mola e amortecedor viscoso. Para maior clareza, as engrenagens são mostradas por uma vista de extremidade simplificada. Desejamos representar a Figura 2.29(*a*) como um sistema equivalente em relação a θ_1 sem as engrenagens. Em outras palavras, as impedâncias mecânicas podem ser refletidas da saída para a entrada, eliminando assim as engrenagens?

Conforme a Figura 2.28(*b*), T_1 pode ser refletido para a saída multiplicando-o por N_2/N_1. O resultado é mostrado na Figura 2.29(*b*), a partir da qual escrevemos a equação de movimento como

$$(Js^2 + Ds + K)\theta_2(s) = T_1(s)\frac{N_2}{N_1} \tag{2.136}$$

Agora converta $\theta_2(s)$ em um $\theta_1(s)$ equivalente, de modo que a Equação (2.136) apareça como se tivesse sido escrita em relação à entrada. Utilizando a Figura 2.28(*a*) para obter $\theta_2(s)$ em função de $\theta_1(s)$, obtemos

$$(Js^2 + Ds + K)\frac{N_1}{N_2}\theta_1(s) = T_1(s)\frac{N_2}{N_1} \tag{2.137}$$

Após uma simplificação

$$\left[J\left(\frac{N_1}{N_2}\right)^2 s^2 + D\left(\frac{N_1}{N_2}\right)^2 s + K\left(\frac{N_1}{N_2}\right)^2\right]\theta_1(s) = T_1(s) \tag{2.138}$$

que sugere o sistema equivalente com relação à entrada sem engrenagens mostrado na Figura 2.29(*c*). Assim, a carga pode ser considerada como tendo sido refletida da saída para a entrada.

Generalizando os resultados, podemos fazer a seguinte afirmação: *impedâncias mecânicas rotacionais podem ser refletidas através de trens de engrenagens multiplicando-se a impedância mecânica pela razão*

$$\left(\frac{\text{Número de dentes da engrenagem do eixo de } \textit{destino}}{\text{Número de dentes da engrenagem do eixo de } \textit{origem}}\right)^2$$

em que a impedância a ser refletida está conectada ao eixo de origem e está sendo refletida para o eixo de destino. O próximo exemplo demonstra a aplicação do conceito de impedâncias refletidas ao determinarmos a função de transferência de um sistema mecânico rotacional com engrenagens.

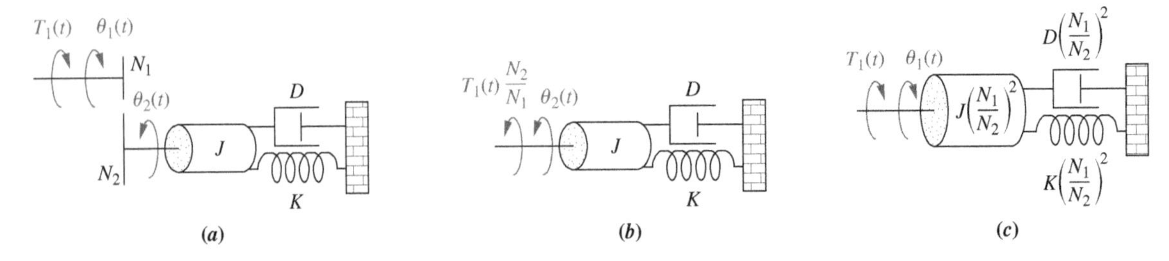

FIGURA 2.29 **a.** Sistema rotacional acionado por engrenagens; **b.** sistema equivalente com relação à saída após reflexão do torque de entrada; **c.** sistema equivalente com relação à entrada após reflexão das impedâncias.

[11] Isto é equivalente a dizer que as engrenagens possuem inércia e amortecimento desprezíveis.

Exemplo 2.21

Função de Transferência – Sistema com Engrenagens sem Perdas

PROBLEMA: Determine a função de transferência, $\theta_2(s)/T_1(s)$, para o sistema da Figura 2.30(a).

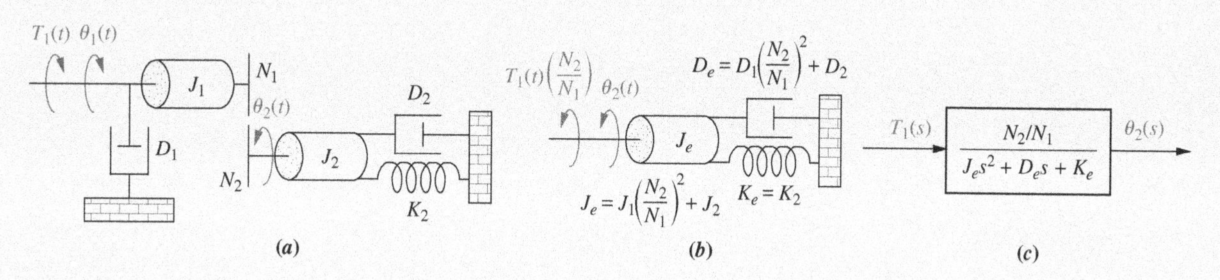

FIGURA 2.30 **a.** Sistema mecânico rotacional com engrenagens; **b.** sistema após reflexão dos torques e impedâncias para o eixo de saída; **c.** diagrama de blocos.

SOLUÇÃO: Pode ser tentador neste momento procurar por duas equações simultâneas correspondentes a cada uma das inércias. As inércias, entretanto, não estão sujeitas a movimentos linearmente independentes, uma vez que estão ligadas pelas engrenagens. Assim, existe apenas um grau de liberdade e, consequentemente, uma equação de movimento.

Vamos inicialmente refletir as impedâncias (J_1 e D_1) e o torque (T_1) do eixo de entrada para a saída, como mostrado na Figura 2.30(b), em que as impedâncias são refletidas por $(N_2/N_1)^2$ e o torque é refletido por (N_2/N_1). A equação de movimento pode agora ser escrita como

$$(J_e s^2 + D_e s + K_e)\theta_2(s) = T_1(s)\frac{N_2}{N_1} \tag{2.139}$$

em que

$$J_e = J_1\left(\frac{N_2}{N_1}\right)^2 + J_2; \quad D_e = D_1\left(\frac{N_2}{N_1}\right)^2 + D_2; \quad K_e = K_2$$

Resolvendo para $\theta_2(s)/T_1(s)$, a função de transferência é determinada como

$$G(s) = \frac{\theta_2(s)}{T_1(s)} = \frac{N_2/N_1}{J_e s^2 + D_e s + K_e} \tag{2.140}$$

como mostrado na Figura 2.30(c).

A fim de suprimir engrenagens com raios grandes, um *trem de engrenagens* é utilizado para implementar relações de transmissão elevadas, colocando relações de transmissão menores em cascata.* Um diagrama esquemático de um trem de engrenagens é mostrado na Figura 2.31. Seguindo cada rotação, o deslocamento angular relativo a θ_1 foi calculado. A partir da Figura 2.31,

$$\theta_4 = \frac{N_1 N_3 N_5}{N_2 N_4 N_6}\theta_1 \tag{2.141}$$

Concluímos que, para os trens de engrenagens, a relação de transmissão equivalente é o produto das relações de transmissão individuais. Aplicamos agora este resultado para determinar a função de transferência de um sistema que tem engrenagens com perdas.

FIGURA 2.31 Trem de engrenagens.

* N.T.: Relações de transmissão são as razões entre os números de dentes das engrenagens.

Exemplo 2.22

Função de Transferência – Engrenagens com Perdas

PROBLEMA: Determine a função de transferência, $\theta_1(t)/T_1(t)$, para o sistema da Figura 2.32(a).

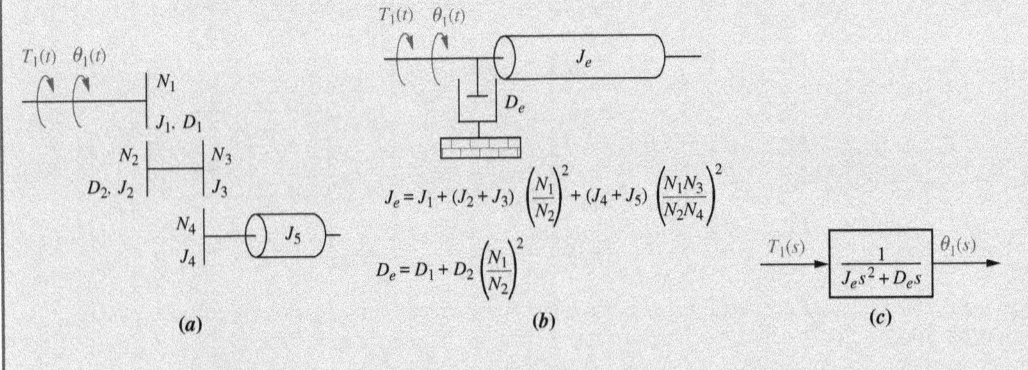

FIGURA 2.32 **a.** Sistema usando um trem de engrenagens; **b.** sistema equivalente com relação à entrada; **c.** diagrama de blocos.

SOLUÇÃO: Este sistema, que utiliza um trem de engrenagens, tem engrenagens com perdas. Todas as engrenagens possuem inércia e, em alguns eixos, há atrito viscoso. Para resolver o problema, precisamos refletir todas as impedâncias para o eixo de entrada, θ_1. As relações de transmissão não são iguais para todas as impedâncias. Por exemplo, D_2 é refletido apenas através de uma relação de transmissão como $D_2(N_1/N_2)^2$, enquanto J_4 mais J_5 são refletidas através de duas relações de transmissão como $(J_4 + J_5)[(N_3/N_4)(N_1/N_2)]^2$. O resultado da reflexão de todas as impedâncias para θ_1 é mostrado na Figura 2.32(b), a partir da qual a equação de movimento é

$$(J_e s^2 + D_e s)\theta_1(s) = T_1(s) \tag{2.142}$$

em que

$$J_e = J_1 + (J_2 + J_3)\left(\frac{N_1}{N_2}\right)^2 + (J_4 + J_5)\left(\frac{N_1 N_3}{N_2 N_4}\right)^2$$

e

$$D_e = D_1 + D_2\left(\frac{N_1}{N_2}\right)^2$$

A partir da Equação (2.142), a função de transferência é

$$G(s) = \frac{\theta_1(s)}{T_1(s)} = \frac{1}{J_e s^2 + D_e s} \tag{2.143}$$

como mostrado na Figura 2.32(c).

Exercício 2.10

PROBLEMA: Determine a função de transferência, $G(s) = \theta_2(s)/T(s)$, para o sistema mecânico rotacional com engrenagens mostrado na Figura 2.33.

FIGURA 2.33 Sistema mecânico rotacional com engrenagens para o Exercício 2.10.

RESPOSTA: $G(s) = \dfrac{1/2}{s^2 + s + 1}$

A solução completa está desponível no Ambiente de aprendizagem do GEN.

2.8 Funções de Transferência de Sistemas Eletromecânicos

Na última seção abordamos os sistemas rotacionais com engrenagens, os quais completaram nossa discussão sobre os sistemas puramente mecânicos. Agora, passamos para os sistemas que são híbridos, com variáveis elétricas e mecânicas, os *sistemas eletromecânicos*. Vimos uma aplicação de um sistema eletromecânico no Capítulo 1, o sistema de controle da posição de azimute de antena. Outras aplicações de sistemas com componentes eletromecânicos são os controles dos robôs, os rastreadores do Sol e de estrelas, e os controles de posição dos acionamentos de fitas e discos de computadores. Um exemplo de um sistema de controle que utiliza componentes eletromecânicos é mostrado na Figura 2.34.

Um motor é um componente eletromecânico que produz uma saída de deslocamento para uma entrada de tensão, isto é, uma saída mecânica gerada por uma entrada elétrica. Iremos deduzir a função de transferência para um tipo particular de sistema eletromecânico, o servomotor cc controlado pela armadura (*Mablekos, 1980*). O esquema do motor é mostrado na Figura 2.35(*a*), e a função de transferência que iremos deduzir aparece na Figura 2.35(*b*).

Na Figura 2.35(*a*) um campo magnético, chamado *campo constante*, é gerado por ímãs permanentes estacionários ou por um eletroímã estacionário. Um circuito rotativo, chamado *armadura*, através do qual circula a corrente $i_a(t)$, passa ortogonalmente através desse campo magnético e é submetido a uma força, $F = Bli_a(t)$, em que B é a intensidade do campo magnético e l é o comprimento do condutor. O torque resultante gira o *rotor*, o elemento rotativo do motor.

Existe outro fenômeno que ocorre no motor: um condutor movendo-se ortogonalmente a um campo magnético gera uma diferença de tensão entre os terminais do condutor igual a $e = Blv$, em que e é a diferença de tensão e v é a velocidade do condutor perpendicular ao campo magnético. Uma vez que a armadura que conduz a corrente está girando em um campo magnético, sua tensão é proporcional à velocidade. Assim,

$$v_{ce}(t) = K_{ce}\frac{d\theta_m(t)}{dt} \tag{2.144}$$

Chamamos essa tensão $v_{ce}(t)$ de *força contraeletromotriz (fcem)*; K_{ce} é uma constante de proporcionalidade chamada *constante de fcem*; e $d\theta_m(t)/dt = \omega_m(t)$ é a velocidade angular do motor. Aplicando a transformada de Laplace, obtemos

$$V_{ce}(s) = K_{ce}s\theta_m(s) \tag{2.145}$$

A relação entre a corrente da armadura, $i_a(t)$, a tensão aplicada à armadura, $e_a(t)$, e a fcem, $v_{ce}(t)$, é obtida escrevendo uma equação de malha ao longo do circuito da armadura transformado por Laplace (ver Figura 3.5(*a*)):

$$R_aI_a(s) + L_asI_a(s) + V_{ce}(s) = E_a(s) \tag{2.146}$$

O torque desenvolvido pelo motor é proporcional à corrente de armadura; assim,

$$T_m(s) = K_tI_a(s) \tag{2.147}$$

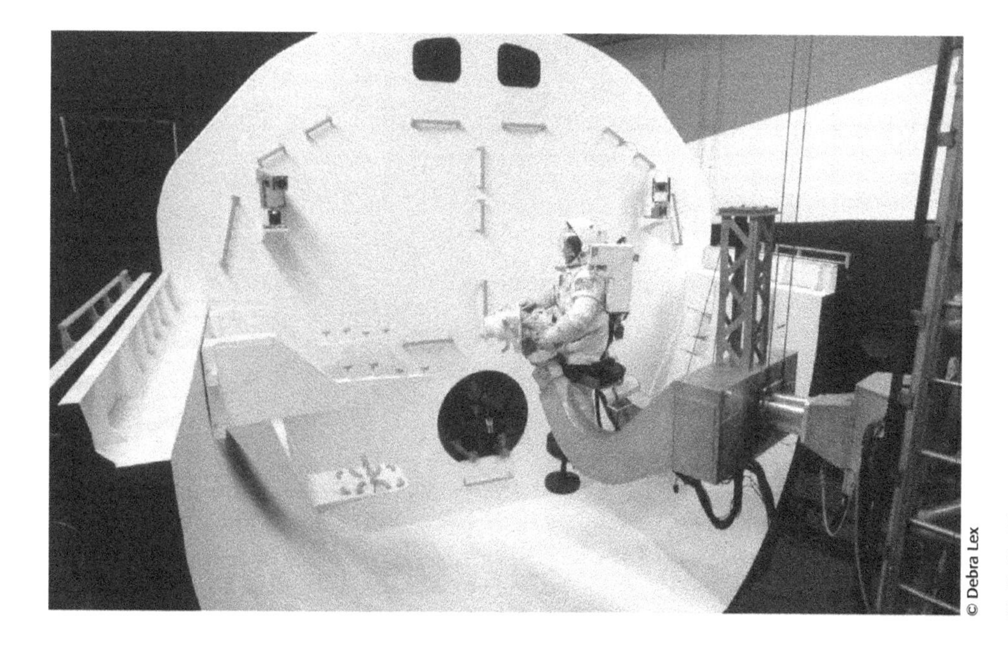

© Debra Lex

FIGURA 2.34 Braço robótico de simulador de voo da NASA com componentes eletromecânicos no sistema de controle.

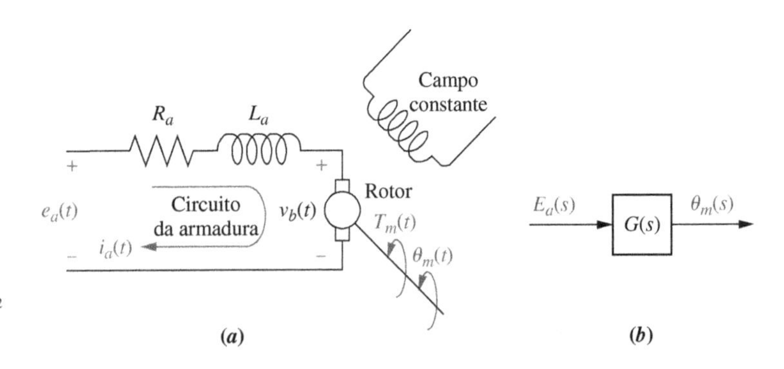

FIGURA 2.35 Motor cc: **a.** esquema;[12] **b.** diagrama de blocos.

em que T_m é o torque desenvolvido pelo motor e K_t é uma constante de proporcionalidade, chamada *constante de torque do motor*, a qual depende das características do motor e do campo magnético. Em um conjunto consistente de unidades, o valor de K_t é igual ao valor de K_{ce}. Reorganizando a Equação (2.147), resulta

$$I_a(s) = \frac{1}{K_t} T_m(s) \tag{2.148}$$

Para determinar a função de transferência do motor, primeiro substituímos as Equações (2.145) e (2.148) na Equação (2.146), resultando

$$\frac{(R_a + L_a s)T_m(s)}{K_t} + K_{ce} s\theta_m(s) = E_a(s) \tag{2.149}$$

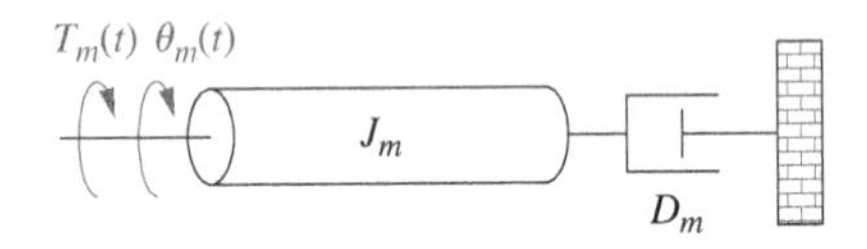

FIGURA 2.36 Carregamento mecânico equivalente típico em um motor.

Agora devemos determinar $T_m(s)$ em função de $\theta_m(s)$ para separar as variáveis de entrada e de saída e obter a função de transferência $\theta_m(s)/E_a(s)$.

A Figura 2.36 mostra um carregamento mecânico equivalente típico em um motor. J_m é a inércia equivalente na armadura e inclui tanto a inércia da armadura quanto, como veremos adiante, a inércia da carga refletida para a armadura. D_m é o amortecimento viscoso equivalente na armadura e inclui tanto o amortecimento viscoso da armadura quanto, como veremos adiante, o amortecimento viscoso da carga refletido para a armadura. A partir da Figura 2.36,

$$T_m(s) = (J_m s^2 + D_m s)\theta_m(s) \tag{2.150}$$

Substituindo a Equação (2.150) na Equação (2.149) resulta

$$\frac{(R_a + L_a s)(J_m s^2 + D_m s)\theta_m(s)}{K_t} + K_{ce} s\theta_m(s) = E_a(s) \tag{2.151}$$

Se admitirmos que a indutância da armadura, L_a, seja pequena quando comparada à sua resistência, R_a, o que é usual para um motor cc, a Equação (2.151) fica

$$\left[\frac{R_a}{K_t}(J_m s + D_m) + K_{ce}\right] s\theta_m(s) = E_a(s) \tag{2.152}$$

Após uma simplificação, a função de transferência desejada, $\theta_m(s)/E_a(s)$, é determinada como

$$\frac{\theta_m(s)}{E_a(s)} = \frac{K_t/(R_a J_m)}{s\left[s + \frac{1}{J_m}\left(D_m + \frac{K_t K_{ce}}{R_a}\right)\right]} \tag{2.153}$$[13]

Embora a forma da Equação (2.153) seja relativamente simples, a saber

$$\frac{\theta_m(s)}{E_a(s)} = \frac{K}{s(s+\alpha)} \tag{2.154}$$

o leitor pode estar preocupado em como calcular as constantes.

Vamos primeiro discutir as constantes mecânicas J_m e D_m. Considere a Figura 2.37, que mostra um motor com inércia J_a e amortecimento D_a na armadura acionando uma carga que consiste em uma inércia J_C e um amorteci-

[12] Ver Apêndice I, disponível no Ambiente de aprendizagem do GEN, para uma dedução deste esquema e parâmetros.
[13] As unidades para as constantes elétricas são K_t = N·m/A (newton·metro/ampère) e K_{ce} = V·s/rad (volt·segundo/radiano).

mento D_C. Admitindo que todos os valores de inércia e amortecimento mostrados sejam conhecidos, J_C e D_C podem ser refletidos para a armadura como inércia e amortecimento equivalentes a serem adicionados a J_a e D_a, respectivamente. Assim, a inércia equivalente, J_m, e o amortecimento equivalente, D_m, na armadura são

$$J_m = J_a + J_C\left(\frac{N_1}{N_2}\right)^2; \quad D_m = D_a + D_C\left(\frac{N_1}{N_2}\right)^2 \qquad (2.155)[14]$$

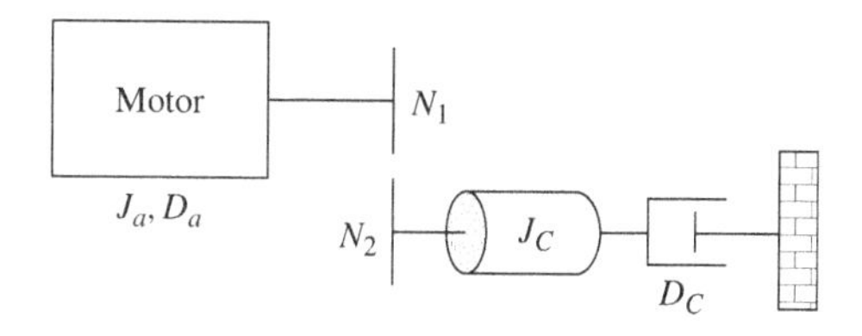

FIGURA 2.37 Motor cc acionando uma carga mecânica rotacional.

Agora que calculamos as constantes mecânicas J_m e D_m, o que se pode afirmar sobre as constantes elétricas na função de transferência da Equação (2.153)? Veremos que essas constantes podem ser obtidas por meio de um ensaio do motor com um *dinamômetro*, em que um dinamômetro mede o torque e a velocidade de um motor sob a condição de uma tensão aplicada constante. Vamos inicialmente desenvolver as relações que orientam a utilização de um dinamômetro.

Substituindo as Equações (2.145) e (2.148) na Equação (2.146), com $L_a = 0$, resulta

$$\frac{R_a}{K_t}T_m(s) + K_{ce}s\theta_m(s) = E_a(s) \qquad (2.156)$$

Aplicando a transformada inversa de Laplace, obtemos

$$\frac{R_a}{K_t}T_m(t) + K_{ce}\omega_m(t) = e_a(t) \qquad (2.157)$$

em que a transformada inversa de Laplace de $s\theta_m(s)$ é $d\theta_m(t)/dt$ ou, alternativamente, $\omega_m(t)$.

Se uma tensão cc, e_a, for aplicada, o motor irá girar a uma velocidade angular constante, ω_m, com um torque constante, T_m. Portanto, desconsiderando o relacionamento funcional baseado no tempo da Equação (2.157), a relação a seguir é válida quando o motor estiver operando em regime permanente com uma tensão cc de entrada:

$$\frac{R_a}{K_t}T_m + K_{ce}\omega_m = e_a \qquad (2.158)$$

Resolvendo para T_m resulta

$$T_m = -\frac{K_{ce}K_t}{R_a}\omega_m + \frac{K_t}{R_a}e_a \qquad (2.159)$$

A Equação (2.159) representa uma linha reta, T_m *versus* ω_m, e é mostrada na Figura 2.38. Este gráfico é chamado *curva torque-velocidade*. O eixo do torque é interceptado quando a velocidade angular é zero. Este valor de torque é denominado *torque com rotor bloqueado*, $T_{\text{bloqueado}}$. Assim,

$$T_{\text{bloqueado}} = \frac{K_t}{R_a}e_a \qquad (2.160)$$

A velocidade angular que ocorre quando o torque é nulo é chamada *velocidade em vazio*, ω_{vazio}. Portanto,

$$\omega_{\text{vazio}} = \frac{e_a}{K_{ce}} \qquad (2.161)$$

As constantes elétricas da função de transferência do motor podem agora ser determinadas a partir das Equações (2.160) e (2.161) como

$$\frac{K_t}{R_a} = \frac{T_{\text{bloqueado}}}{e_a} \qquad (2.162)$$

e

$$K_{ce} = \frac{e_a}{\omega_{\text{vazio}}} \qquad (2.163)$$

As constantes elétricas, K_t/R_a e K_{ce}, podem ser determinadas a partir de um ensaio do motor com um dinamômetro, o qual forneceria $T_{\text{bloqueado}}$ e ω_{vazio} para um determinado e_a.

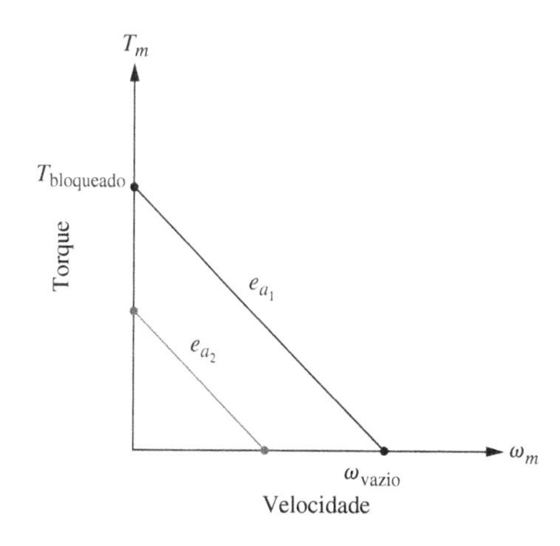

FIGURA 2.38 Curvas torque-velocidade com a tensão da armadura, e_a, como parâmetro.

[14] Caso os valores das constantes mecânicas não sejam conhecidos, as constantes do motor podem ser determinadas por meio de ensaios laboratoriais utilizando dados da resposta transitória ou da resposta em frequência. O conceito de resposta transitória é coberto no Capítulo 4; a resposta em frequência é coberta no Capítulo 10.

Exemplo 2.23

Função de Transferência – Motor cc e Carga

PROBLEMA: Dado o sistema e a curva torque-velocidade da Figura 2.39(*a*) e (*b*), determine a função de transferência, $\theta_C(s)/E_a(s)$.

SOLUÇÃO: Comece determinando as constantes mecânicas J_m e D_m, na Equação (2.153). A partir das Equações (2.155), a inércia total na armadura do motor é

$$J_m = J_a + J_C\left(\frac{N_1}{N_2}\right)^2 = 5 + 700\left(\frac{1}{10}\right)^2 = 12 \tag{2.164}$$

e o amortecimento total na armadura do motor é

$$D_m = D_a + D_C\left(\frac{N_1}{N_2}\right)^2 = 2 + 800\left(\frac{1}{10}\right)^2 = 10 \tag{2.165}$$

Agora determinaremos as constantes elétricas K_t/R_a e K_{ce}. A partir da curva torque-velocidade da Figura 2.39(*b*),

$$T_{\text{bloqueado}} = 500 \tag{2.166}$$

$$\omega_{\text{vazio}} = 50 \tag{2.167}$$

$$e_a = 100 \tag{2.168}$$

Portanto, as constantes elétricas são

$$\frac{K_t}{R_a} = \frac{T_{\text{bloqueado}}}{e_a} = \frac{500}{100} = 5 \tag{2.169}$$

e

$$K_{ce} = \frac{e_a}{\omega_{\text{vazio}}} = \frac{100}{50} = 2 \tag{2.170}$$

Substituindo as Equações (2.164), (2.165), (2.169) e (2.170) na Equação (2.153), resulta

$$\frac{\theta_m(s)}{E_a(s)} = \frac{5/12}{s\left\{s + \frac{1}{12}[10 + (5)(2)]\right\}} = \frac{0{,}417}{s(s+1{,}667)} \tag{2.171}$$

Para determinar $\theta_C(s)/E_a(s)$, utilizamos a relação de transmissão, $N_1/N_2 = 1/10$, e obtemos

$$\frac{\theta_C(s)}{E_a(s)} = \frac{0{,}0417}{s(s+1{,}667)} \tag{2.172}$$

como mostrado na Figura 2.39(*c*).

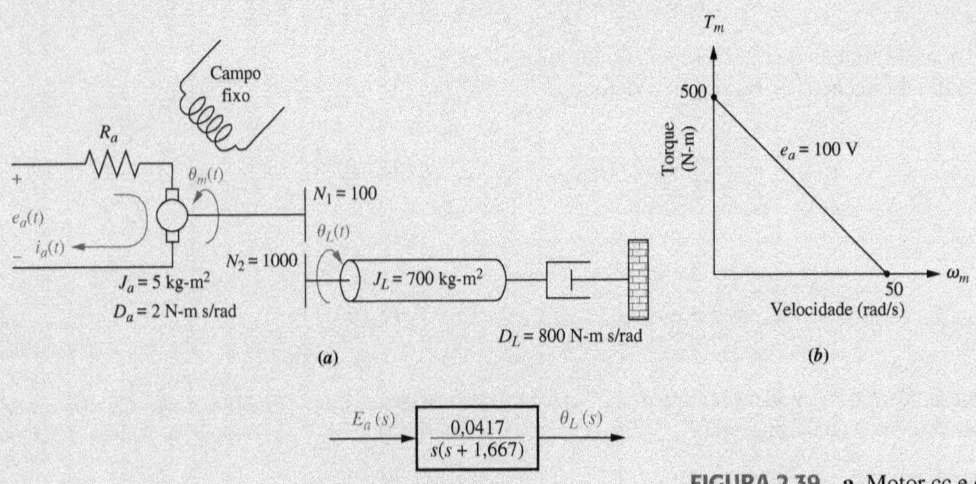

FIGURA 2.39 **a.** Motor cc e carga; **b.** curva torque-velocidade; **c.** diagrama de blocos.

Exercício 2.11

PROBLEMA: Determine a função de transferência $G(s) = \theta_L(s)/E_a(s)$, para o motor e carga mostrados na Figura 2.40. A curva torque-velocidade é dada por $T_m = -8\omega_m + 200$ quando a tensão de entrada é de 100 volts.

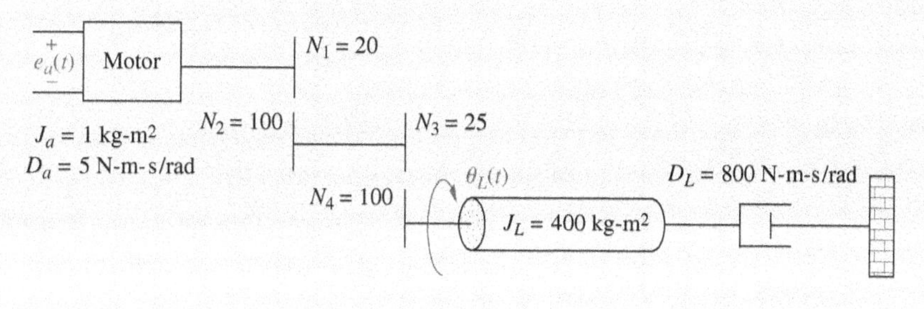

FIGURA 2.40 Sistema eletromecânico para o Exercício 2.11.

RESPOSTA: $G(s) = \dfrac{1/20}{s[s + (15/2)]}$

A solução completa está disponível no Ambiente de aprendizagem do GEN.

2.9 Circuitos Elétricos Análogos

Nesta seção mostramos os aspectos comuns aos sistemas de diferentes campos de conhecimento demonstrando que os sistemas mecânicos com os quais trabalhamos podem ser representados por circuitos elétricos equivalentes. Destacamos a similaridade entre as equações resultantes das leis de Kirchhoff para sistemas elétricos e as equações de movimento dos sistemas mecânicos. Mostramos agora essa semelhança de modo bem mais convincente, apresentando circuitos elétricos equivalentes para sistemas mecânicos. As variáveis dos circuitos elétricos se comportam exatamente como as variáveis análogas dos sistemas mecânicos. Na realidade, converter sistemas mecânicos para circuitos elétricos antes de escrever as equações que descrevem o sistema é uma abordagem de solução de problemas que você pode querer adotar.

Um circuito elétrico que é análogo a um sistema de outro campo de conhecimento é chamado *circuito elétrico análogo*. Os análogos podem ser obtidos pela comparação das equações que descrevem o sistema, como as equações de movimento de um sistema mecânico, tanto com as equações elétricas de malhas quanto com as equações dos nós. Quando a comparação é realizada com as equações das malhas, o circuito elétrico resultante é chamado *análogo em série*. Quando a comparação é com as equações dos nós, o circuito elétrico resultante é chamado *análogo em paralelo*.

Análogo em Série

Considere o sistema mecânico translacional mostrado na Figura 2.41(a), cuja equação de movimento é

$$(Ms^2 + f_v s + K)X(s) = F(s) \tag{2.173}$$

A equação de malha de Kirchhoff para o circuito *RLC* em série simples mostrado na Figura 2.41(b) é

$$\left(Ls + R + \frac{1}{Cs}\right)I(s) = E(s) \tag{2.174}$$

Conforme destacamos anteriormente, a Equação (2.173) não é diretamente análoga à Equação (2.174) porque o deslocamento e a corrente não são análogos. Podemos criar uma analogia direta manipulando a Equação (2.173) para converter o deslocamento em velocidade, dividindo e multiplicando o lado esquerdo da equação por s, resultando

$$\frac{Ms^2 + f_v s + K}{s} sX(s) = \left(Ms + f_v + \frac{K}{s}\right)V(s) = F(s) \tag{2.175}$$

Comparando as Equações (2.174) e (2.175), reconhecemos a soma de impedâncias e desenhamos o circuito mostrado na Figura 2.41(c). As conversões são resumidas na Figura 2.41(d).

Quando temos mais de um grau de liberdade, as impedâncias associadas a um movimento aparecem como elementos elétricos em série em uma malha, porém as impedâncias entre movimentos adjacentes são desenhadas como impedâncias elétricas em série entre as duas malhas correspondentes. Demonstramos isso com um exemplo.

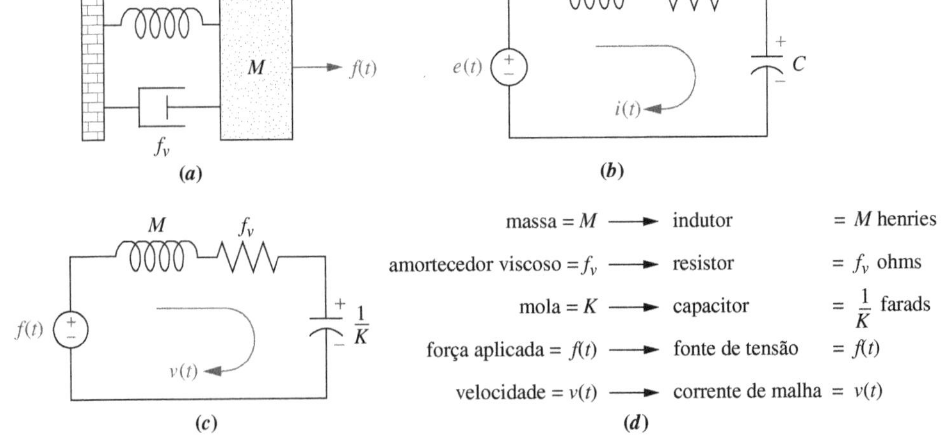

FIGURA 2.41 Desenvolvimento de um análogo em série: **a.** sistema mecânico; **b.** representação elétrica desejada; **c.** análogo em série; **d.** parâmetros para o análogo em série.

Exemplo 2.24

Convertendo um Sistema Mecânico em um Análogo em Série

PROBLEMA: Desenhe um análogo em série para o sistema mecânico da Figura 2.17(*a*).

SOLUÇÃO: As Equações (2.118) são análogas às equações de malhas elétricas após serem convertidas para velocidade. Assim,

$$\left[M_1 s + (f_{v_1} + f_{v_3}) + \frac{(K_1 + K_2)}{s}\right] V_1(s) - \left(f_{v_3} + \frac{K_2}{s}\right) V_2(s) = F(s) \tag{2.176a}$$

$$-\left(f_{v_3} + \frac{K_2}{s}\right) V_1(s) + \left[M_2 s + (f_{v_2} + f_{v_3}) + \frac{(K_2 + K_3)}{s}\right] V_2(s) = 0 \tag{2.176b}$$

Os coeficientes representam somas de impedâncias elétricas. As impedâncias mecânicas associadas a M_1 formam a primeira malha, na qual as impedâncias entre as duas massas são comuns às duas malhas. As impedâncias associadas a M_2 formam a segunda malha. O resultado é mostrado na Figura 2.42, em que $v_1(t)$ e $v_2(t)$ são as velocidades de M_1 e M_2, respectivamente.

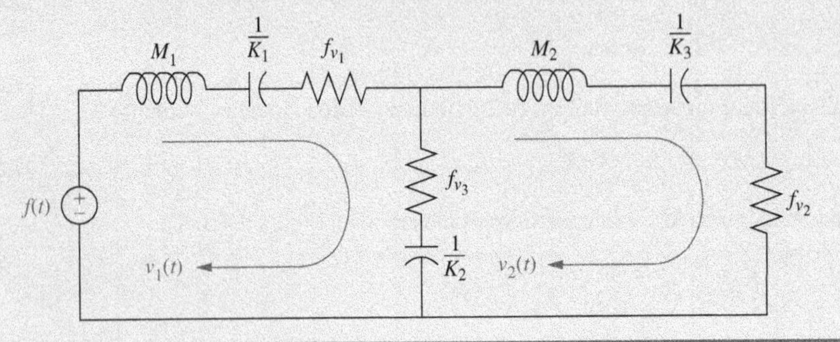

FIGURA 2.42 Análogo em série do sistema mecânico da Figura 2.17(*a*).

Análogo em Paralelo

Um sistema também pode ser convertido em um equivalente análogo em paralelo. Considere o sistema mecânico translacional mostrado na Figura 2.43(*a*), cuja equação de movimento é dada pela Equação (2.175). A equação nodal de Kirchhoff para o circuito *RLC* paralelo simples na Figura 2.43(*b*) é

$$\left(Cs + \frac{1}{R} + \frac{1}{Ls}\right) E(s) = I(s) \tag{2.177}$$

Comparando as Equações (2.175) e (2.177), identificamos a soma das admitâncias e desenhamos o circuito mostrado na Figura 2.43(*c*). As conversões são resumidas na Figura 2.43(*d*).

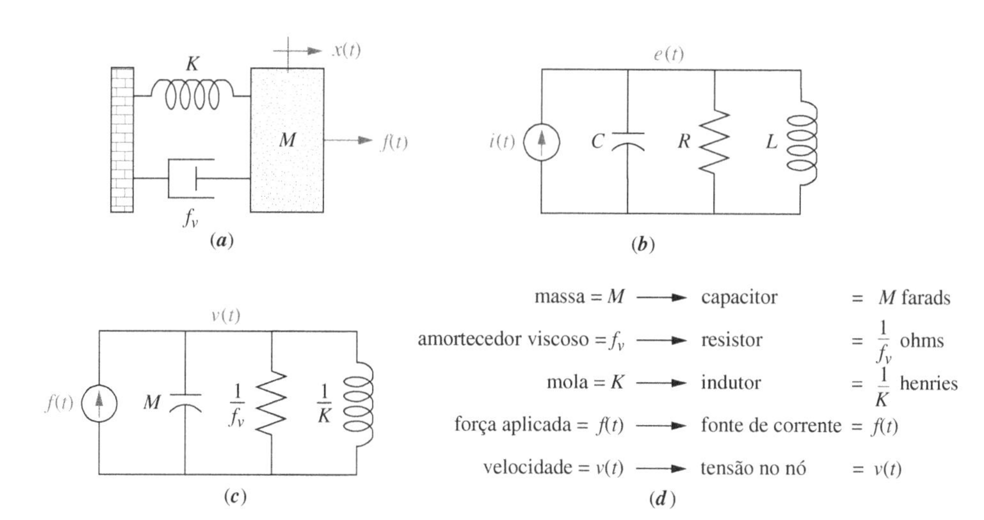

FIGURA 2.43 Desenvolvimento de um análogo em paralelo: **a.** sistema mecânico; **b.** representação elétrica desejada; **c.** análogo em paralelo; **d.** parâmetros para o análogo em paralelo.

Quando temos mais de um grau de liberdade, os componentes associados a um movimento aparecem como elementos elétricos em paralelo conectados a um nó, porém os componentes de movimentos adjacentes são desenhados como elementos elétricos em paralelo entre dois nós correspondentes. Demonstramos isso com um exemplo.

Exemplo 2.25

Convertendo um Sistema Mecânico em um Análogo em Paralelo

PROBLEMA: Desenhe um análogo em paralelo para o sistema mecânico da Figura 2.17(*a*).

SOLUÇÃO: As Equações (2.176) também são análogas às equações elétricas dos nós. Os coeficientes representam a soma de admitâncias elétricas. As admitâncias associadas a M_1 formam os elementos conectados ao primeiro nó, onde as admitâncias mecânicas entre as duas massas são comuns aos dois nós. As admitâncias mecânicas associadas a M_2 formam os elementos conectados ao segundo nó. O resultado é mostrado na Figura 2.44, em que $v_1(t)$ e $v_2(t)$ são as velocidades de M_1 e M_2, respectivamente.

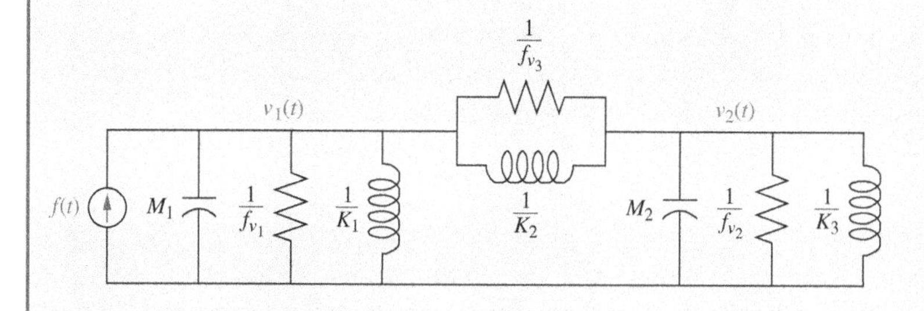

FIGURA 2.44 Análogo em paralelo do sistema mecânico da Figura 2.17(*a*).

Exercício 2.12

PROBLEMA: Desenhe um análogo em série e um análogo em paralelo para o sistema mecânico rotacional da Figura 2.22.

RESPOSTA: A solução completa está disponível no Ambiente de aprendizagem do GEN.

2.10 Não Linearidades

Os modelos até agora foram desenvolvidos a partir de sistemas que podem ser descritos aproximadamente por equações diferenciais lineares e invariantes no tempo. Uma hipótese de *linearidade* estava implícita no desenvolvimento desses modelos. Nesta seção, definimos formalmente os termos *linear* e *não linear*, e mostramos como fazer a distinção entre eles. Na Seção 2.11 mostramos como aproximar um sistema não linear por um sistema

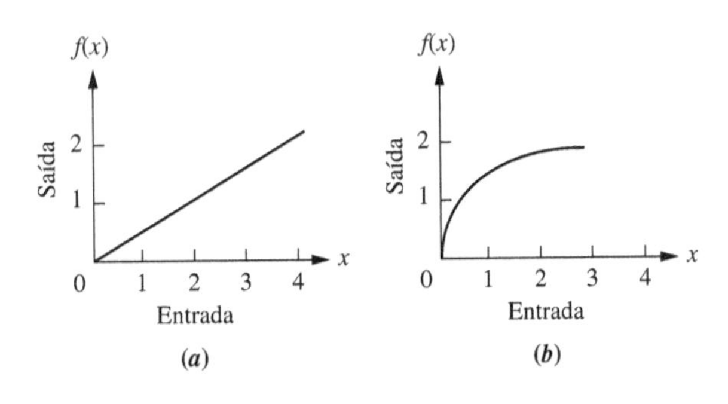

FIGURA 2.45 **a.** Sistema linear; **b.** sistema não linear.

linear, de modo que possamos utilizar as técnicas de modelagem apresentadas anteriormente neste capítulo (*Hsu, 1968*).

Um sistema linear possui duas propriedades: superposição e homogeneidade. A propriedade de *superposição* significa que a resposta de saída de um sistema à soma de entradas é a soma das respostas às entradas individuais. Assim, se uma entrada $r_1(t)$ produz uma saída $c_1(t)$, e uma entrada $r_2(t)$ produz uma saída $c_2(t)$, então, uma entrada $r_1(t) + r_2(t)$ produz uma saída $c_1(t) + c_2(t)$. A propriedade de *homogeneidade* descreve a resposta do sistema para uma multiplicação da entrada por um escalar. Especificamente, em um sistema linear, a propriedade de homogeneidade é demonstrada se, para uma entrada $r_1(t)$ que produz uma saída $c_1(t)$, uma entrada $Ar_1(t)$ produz uma saída $Ac_1(t)$; isto é, a multiplicação de uma entrada por um escalar produz uma resposta que é multiplicada pelo mesmo escalar.

Podemos visualizar a linearidade como mostrado na Figura 2.45. A Figura 2.45(*a*) é um sistema linear cuja saída é sempre metade da entrada, ou $f(x) = 0{,}5x$, independentemente do valor de x. Assim, cada uma das duas propriedades dos sistemas lineares se aplica. Por exemplo, uma entrada de valor 1 produz uma saída de $\frac{1}{2}$, e uma entrada de 2 produz uma saída de 1. Utilizando a superposição, uma entrada que é a soma das duas entradas originais, isto é 3, deve produzir uma saída que é a soma das saídas individuais, isto é 1,5. Pela Figura 2.45(*a*) uma entrada de 3 realmente produz uma saída de 1,5.

Para testar a propriedade de homogeneidade, admita uma entrada de 2, a qual produz uma saída de 1. A multiplicação dessa entrada por 2 deveria produzir uma saída duas vezes maior, isto é 2. Pela Figura 2.45(*a*) uma entrada de 4 produz realmente uma saída de 2. O leitor pode verificar que as propriedades da linearidade certamente não se aplicam à relação mostrada na Figura 2.45(*b*).

A Figura 2.46 mostra alguns exemplos de não linearidades físicas. Um amplificador eletrônico é linear sobre uma faixa específica de valores, porém apresenta a não linearidade denominada *saturação* para tensões de entrada elevadas. Um motor que não responde a tensões de entrada muito baixas, devido às forças de atrito, apresenta uma não linearidade denominada *zona morta*. Engrenagens que não se ajustam firmemente apresentam uma não linearidade denominada *folga*: a entrada se move sobre uma pequena faixa sem que a saída responda. O leitor pode verificar que as curvas mostradas na Figura 2.46 não atendem às definições de linearidade ao longo de toda a faixa de valores. Outro exemplo de subsistema não linear é um detector de fase, utilizado em uma malha de captura de fase (*phase-locked loop*) em um receptor de rádio FM, cuja resposta de saída é o seno do sinal de entrada.

Um projetista pode frequentemente fazer uma aproximação linear de um sistema não linear. As aproximações lineares simplificam a análise e o projeto de um sistema, e são utilizadas desde que os resultados forneçam uma boa aproximação da realidade. Por exemplo, uma relação linear pode ser estabelecida em um ponto da curva não linear se a faixa de variação dos valores de entrada em torno desse ponto for pequena e se a origem for transladada para esse ponto. Os amplificadores eletrônicos são um exemplo de dispositivos físicos que realizam uma amplificação linear com pequenas excursões em torno de um ponto.

2.11 Linearização

Os sistemas elétricos e mecânicos cobertos até agora foram admitidos como lineares. Entretanto, caso algum componente não linear esteja presente, devemos linearizar o sistema antes que possamos determinar a função de transferência. Na última seção, definimos e discutimos não linearidades; nesta seção, mostramos como obter as aproximações lineares de sistemas não lineares com a finalidade de determinar funções de transferência.

O primeiro passo é identificar o componente não linear e escrever a equação diferencial não linear. Quando linearizamos uma equação diferencial não linear, nós a linearizamos para pequenas variações do sinal de entrada em torno da solução em regime permanente quando a variação do sinal de entrada é igual a zero. Esta solução em regime permanente é chamada *equilíbrio*, e é escolhida como o segundo passo do processo de linearização.

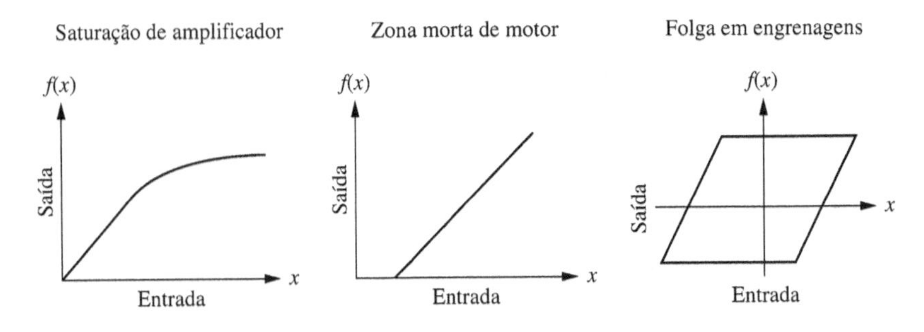

FIGURA 2.46 Algumas não linearidades físicas.

Por exemplo, quando um pêndulo está em repouso, ele está em equilíbrio. O deslocamento angular é descrito por uma equação diferencial não linear, porém ele pode ser expresso por uma equação diferencial linear para pequenas variações em torno deste ponto de equilíbrio.

Em seguida, linearizamos a equação diferencial não linear e então aplicamos a transformada de Laplace à equação diferencial linearizada, admitindo condições iniciais nulas. Finalmente, separamos as variáveis de entrada e de saída e formamos a função de transferência. Vamos primeiro ver como linearizar uma função; depois, aplicaremos o método na linearização de uma equação diferencial.

Caso admitamos um sistema não linear operando em um ponto A, $[x_0, f(x_0)]$ na Figura 2.47, pequenas variações na entrada podem ser relacionadas às variações na saída em torno do ponto através da inclinação da curva neste ponto A. Assim, se a inclinação da curva no ponto A é m_a, então pequenas variações da entrada em torno do ponto A, δx, produzem pequenas variações na saída, $\delta f(x)$, relacionadas pela inclinação no ponto A. Assim,

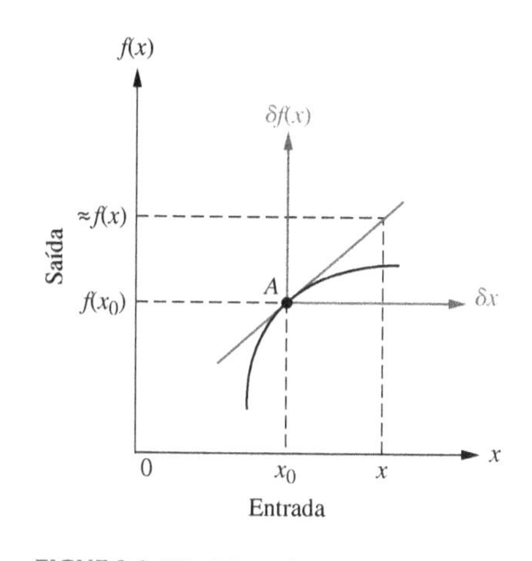

FIGURA 2.47 Linearização em torno do ponto A.

$$[f(x) - f(x_0)] \approx m_a(x - x_0) \tag{2.178}$$

de que

$$\delta f(x) \approx m_a \delta x \tag{2.179}$$

e

$$f(x) \approx f(x_0) + m_a(x - x_0) \approx f(x_0) + m_a \delta x \tag{2.180}$$

Esta relação é mostrada graficamente na Figura 2.47, em que um novo conjunto de eixos, δx e $\delta f(x)$, é criado com a origem no ponto A, e $f(x)$ é aproximadamente igual a $f(x_0)$, a ordenada da nova origem, somada a pequenas excursões, $m_a \delta x$, a partir do ponto A. Vamos ver um exemplo.

Exemplo 2.26

Linearizando uma Função

PROBLEMA: Linearize $f(x) = 5 \cos x$ em torno de $x = \pi/2$.

SOLUÇÃO: Primeiro determinamos que a derivada de $f(x)$ é $df/dx = (-5 \text{ sen } x)$. Em $x = \pi/2$, a derivada vale -5. Além disso, $f(x_0) = f(\pi/2) = 5 \cos(\pi/2) = 0$. Assim, a partir da Equação (2.180) o sistema pode ser representado como $f(x) = -5\ \delta x$ para pequenas variações de x em torno de $\pi/2$. O processo é mostrado graficamente na Figura 2.48, em que a curva do cosseno de fato aparenta ser uma linha reta de inclinação igual a -5 nas proximidades de $\pi/2$.

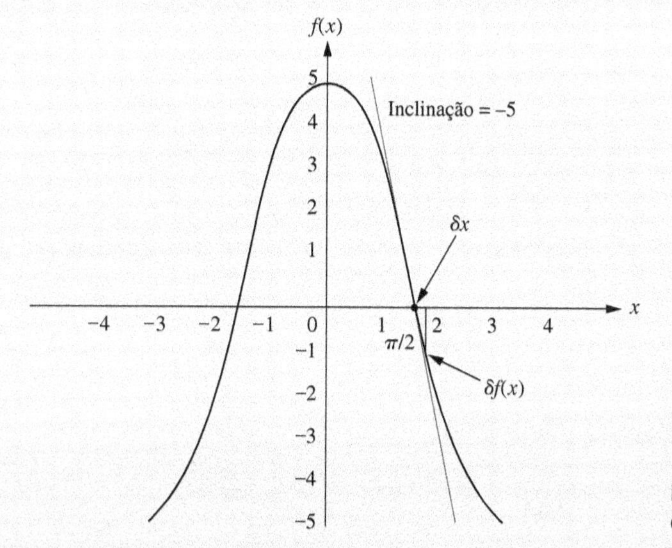

FIGURA 2.48 Linearização de 5 cos x em torno de $x = \pi/2$.

A discussão anterior pode ser formalizada utilizando-se a expansão em série de Taylor, a qual expressa o valor de uma função em termos do valor dessa função em um ponto particular, da variação em torno desse ponto e das derivadas calculadas nesse ponto. A série de Taylor é mostrada na Equação (2.181).

$$f(x) = f(x_0) + \left.\frac{df}{dx}\right|_{x=x_0} \frac{(x - x_0)}{1!} + \left.\frac{d^2f}{dx^2}\right|_{x=x_0} \frac{(x - x_0)^2}{2!} + \cdots \tag{2.181}$$

Para pequenas variações de x em torno de x_0, podemos desprezar os termos de ordem superior. A aproximação resultante fornece uma relação na forma de uma reta entre a variação em $f(x)$ e as variações em torno de x_0. Desprezando os termos de ordem superior na Equação (2.181), obtemos

$$f(x) - f(x_0) \approx \left.\frac{df}{dx}\right|_{x=x_0} (x - x_0) \tag{2.182}$$

ou

$$\delta f(x) \approx m|_{x=x_0} \delta x \tag{2.183}$$

que é uma relação linear entre $\delta f(x)$ e δx para pequenas variações em torno de x_0. É interessante observar que as Equações (2.182) e (2.183) são idênticas às Equações (2.178) e (2.179), que foram deduzidas intuitivamente. Os exemplos a seguir ilustram a linearização. O primeiro exemplo demonstra a linearização de uma equação diferencial, e o segundo exemplo aplica a linearização para determinar uma função de transferência.

Exemplo 2.27

Linearizando uma Equação Diferencial

PROBLEMA: Linearize a Equação (2.184) para pequenas variações em torno de $x = \pi/4$.

$$\frac{d^2x}{dt^2} + 2\frac{dx}{dt} + \cos x = 0 \tag{2.184}$$

SOLUÇÃO: A presença do termo $\cos x$ torna esta equação não linear. Uma vez que desejamos linearizar a equação em torno de $x = \pi/4$, fazemos $x = \delta x + \pi/4$, em que δx é a pequena variação em torno de $\pi/4$, e substituímos x na Equação (2.184):

$$\frac{d^2\left(\delta x + \frac{\pi}{4}\right)}{dt^2} + 2\frac{d\left(\delta x + \frac{\pi}{4}\right)}{dt} + \cos\left(\delta x + \frac{\pi}{4}\right) = 0 \tag{2.185}$$

Porém

$$\frac{d^2\left(\delta x + \frac{\pi}{4}\right)}{dt^2} = \frac{d^2\delta x}{dt^2} \tag{2.186}$$

e

$$\frac{d\left(\delta x + \frac{\pi}{4}\right)}{dt} = \frac{d\delta x}{dt} \tag{2.187}$$

Finalmente, o termo $\cos(\delta x + (\pi/4))$ pode ser linearizado com a série de Taylor truncada. Substituindo $f(x) = \cos(\delta x + (\pi/4))$, $f(x_0) = f(\pi/4) = \cos(\pi/4)$ e $(x - x_0) = \delta x$ na Equação (2.182) resulta

$$\cos\left(\delta x + \frac{\pi}{4}\right) - \cos\left(\frac{\pi}{4}\right) = \left.\frac{d\cos x}{dx}\right|_{x=\frac{\pi}{4}} \delta x = -\text{sen}\left(\frac{\pi}{4}\right)\delta x \tag{2.188}$$

Resolvendo a Equação (2.188) para $\cos(\delta x + (\pi/4))$, obtemos

$$\cos\left(\delta x + \frac{\pi}{4}\right) = \cos\left(\frac{\pi}{4}\right) - \text{sen}\left(\frac{\pi}{4}\right)\delta x = \frac{\sqrt{2}}{2} - \frac{\sqrt{2}}{2}\delta x \tag{2.189}$$

Substituindo as Equações (2.186), (2.187) e (2.189) na Equação (2.185) resulta a seguinte equação diferencial linearizada:

$$\frac{d^2\delta x}{dt^2} + 2\frac{d\delta x}{dt} - \frac{\sqrt{2}}{2}\delta x = -\frac{\sqrt{2}}{2} \tag{2.190}$$

Esta equação pode agora ser resolvida para δx, de onde podemos obter $x = \delta x + (\pi/4)$.

Embora a Equação (2.184) não linear seja homogênea, a Equação (2.190) linearizada não é homogênea. A Equação (2.190) possui uma função forçante do lado direito da igualdade. Este termo adicional pode ser considerado como uma entrada para um sistema representado pela Equação (2.184).

Outra observação sobre a Equação (2.190) é o sinal negativo no lado esquerdo da igualdade. O estudo das equações diferenciais nos indica que uma vez que as raízes da equação característica são positivas, a solução homogênea crescerá indefinidamente, em vez de tender para zero. Assim, este sistema linearizado em torno de $x = \pi/4$ não é estável.

Exemplo 2.28

Função de Transferência – Circuito Elétrico Não Linear

PROBLEMA: Determine a função de transferência, $V_L(s)/V(s)$, para o circuito elétrico mostrado na Figura 2.49, que contém um resistor não linear cuja relação tensão-corrente é definida por $i_r = 2e^{0,1v_r}$, em que i_r e v_r são a corrente e a tensão no resistor, respectivamente. Além disso, $v(t)$ na Figura 2.49 é uma fonte de pequenos sinais.

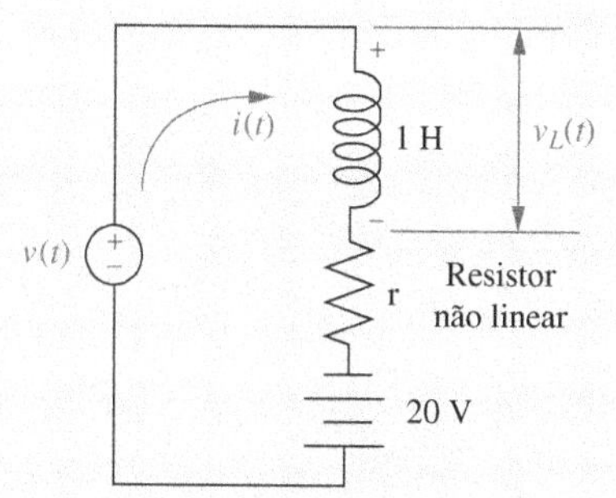

FIGURA 2.49 Circuito elétrico não linear.

SOLUÇÃO: Utilizaremos a lei de Kirchhoff das tensões para somar as tensões na malha para obter a equação diferencial não linear, mas primeiro devemos obter a expressão da tensão sobre o resistor não linear. Aplicando o logaritmo natural na relação tensão-corrente do resistor, obtemos $v_r = 10\ \ln\frac{1}{2}i_r$. Aplicando a lei de Kirchhoff das tensões ao longo da malha, em que $i_r = i$, resulta

$$L\frac{di}{dt} + 10\ln\frac{1}{2}i - 20 = v(t) \tag{2.191}$$

Em seguida, vamos calcular a solução de equilíbrio. Inicialmente, faça a fonte de pequenos sinais, $v(t)$, igual a zero. Agora, calcule a corrente em regime permanente. Com $v(t) = 0$, o circuito consiste em uma bateria de 20 V em série com o indutor e o resistor não linear. No regime permanente a tensão sobre o indutor será nula, uma vez que $v_L(t) = Ldi/dt$ e di/dt é zero em regime permanente, dada uma bateria de tensão constante. Assim, a tensão no resistor, v_r, é 20 V. Utilizando a característica do resistor, $i_r = 2e^{0,1v_r}$, determinamos que $i_r = i = 14{,}78$ ampères. Esta corrente, i_0, é o valor de equilíbrio da corrente do circuito. Consequentemente, $i = i_0 + \delta i$. Substituindo essa corrente na Equação (2.191) resulta

$$L\frac{d(i_0 + \delta i)}{dt} + 10\ln\frac{1}{2}(i_0 + \delta i) - 20 = v(t) \tag{2.192}$$

Utilizando a Equação (2.182) para linearizar $\ln\frac{1}{2}(i_0 + \delta i)$, obtemos

$$\ln\frac{1}{2}(i_0 + \delta i) - \ln\frac{1}{2}i_0 = \left.\frac{d(\ln\frac{1}{2}i)}{di}\right|_{i=i_0}\delta i = \left.\frac{1}{i}\right|_{i=i_0}\delta i = \frac{1}{i_0}\delta i \tag{2.193}$$

ou

$$\ln\frac{1}{2}(i_0 + \delta i) = \ln\frac{i_0}{2} + \frac{1}{i_0}\delta i \tag{2.194}$$

Substituindo na Equação (2.192), a equação linearizada se torna

$$L\frac{d\delta i}{dt} + 10\left(\ln\frac{i_0}{2} + \frac{1}{i_0}\delta i\right) - 20 = v(t) \tag{2.195}$$

Fazendo $L = 1$ e $i_0 = 14{,}78$, a equação diferencial linearizada final é

$$\frac{d\delta i}{dt} + 0{,}677\delta i = v(t) \tag{2.196}$$

Aplicando a transformada de Laplace com condições iniciais nulas e resolvendo para $\delta i(s)$, obtemos

$$\delta i(s) = \frac{V(s)}{s + 0{,}677} \tag{2.197}$$

Mas a tensão sobre o indutor em torno do ponto de equilíbrio é

$$v_L(t) = L\frac{d}{dt}(i_0 + \delta i) = L\frac{d\delta i}{dt} \tag{2.198}$$

Aplicando a transformada de Laplace,

$$V_L(s) = Ls\delta i(s) = s\delta i(s) \tag{2.199}$$

Substituindo a Equação (2.197) na Equação (2.199) resulta

$$V_L(s) = s\frac{V(s)}{s+0,677} \tag{2.200}$$

a partir da qual a função de transferência final é

$$\frac{V_L(s)}{V(s)} = \frac{s}{s+0,677} \tag{2.201}$$

para pequenas variações em torno de $i = 14,78$ ou, de modo equivalente, em torno de $v(t) = 0$.

Exercício 2.13

PROBLEMA: Determine a função de transferência linearizada, $G(s) = V(s)/I(s)$, para o circuito elétrico mostrado na Figura 2.50. O circuito contém um resistor não linear cuja relação tensão-corrente é definida por $i_r = e^{v_r}$. A fonte de corrente, $i(t)$, é um gerador de pequenos sinais.

RESPOSTA: $G(s) = \dfrac{1}{s+2}$

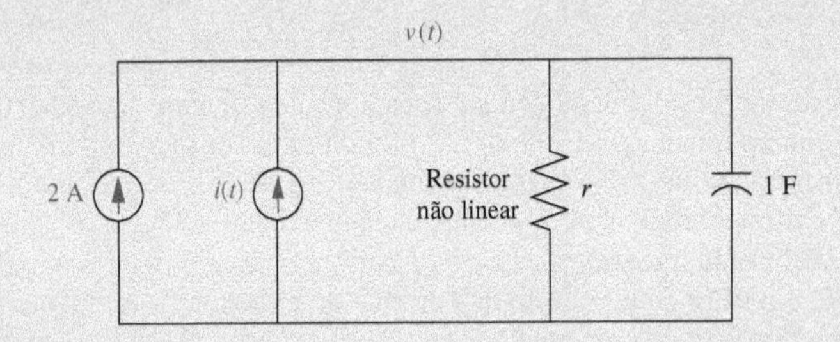

FIGURA 2.50 Circuito elétrico não linear para o Exercício 2.13.

A solução completa está disponível no Ambiente de aprendizagem do GEN.

Estudos de Caso

Controle de Antena: Funções de Transferência

Este capítulo mostrou que os sistemas físicos podem ser modelados matematicamente através de funções de transferência. Tipicamente, os sistemas são constituídos de subsistemas de diferentes tipos, como elétrico, mecânico e eletromecânico.

O primeiro estudo de caso utiliza o exemplo continuado do sistema de controle de posição de azimute de antena para mostrar como representar cada subsistema através de uma função de transferência.

PROBLEMA: Determine a função de transferência para cada subsistema do esquema do sistema de controle de posição de azimute de antena mostrado no Apêndice A2. Utilize a Configuração 1.

SOLUÇÃO: Primeiro identificamos os subsistemas individuais para os quais devemos determinar as funções de transferência; eles estão resumidos na Tabela 2.6. Em seguida, determinamos a função de transferência para cada subsistema.

Potenciômetro de Entrada; Potenciômetro de Saída

Como os potenciômetros de entrada e de saída são configurados do mesmo modo, suas funções de transferência serão idênticas. *Desprezamos* a dinâmica dos potenciômetros e determinamos simplesmente a relação entre a tensão de saída e o deslocamento angular de entrada. Na posição central, a tensão de saída é zero. Cinco voltas tanto no sentido dos 10 volts positivos quanto no sentido dos 10 volts negativos resultam em

TABELA 2.6 Subsistemas do sistema de controle de posição de azimute de antena.

Subsistema	Entrada	Saída
Potenciômetro de entrada	Deslocamento angular a partir do usuário, $\theta_{en}(t)$	Tensão para o pré-amplificador, $v_{en}(t)$
Pré-amplificador	Tensão dos potenciômetros, $v_e(t) = v_{en}(t) - v_s(t)$	Tensão para o amplificador de potência, $v_p(t)$
Amplificador de potência	Tensão do pré-amplificador, $v_p(t)$	Tensão para o motor, $e_a(t)$
Motor	Tensão do amplificador de potência, $e_a(t)$	Deslocamento angular para a carga, $\theta_s(t)$
Potenciômetro de saída	Deslocamento angular da carga, $\theta_s(t)$	Tensão para o pré-amplificador, $v_s(t)$

uma variação de tensão de 10 volts. Assim, a função de transferência, $V_{en}(s)/\theta_{en}(s)$, para os potenciômetros é determinada dividindo a variação da tensão pelo deslocamento angular:

$$\frac{V_{en}(s)}{\theta_{en}(s)} = \frac{10}{10\pi} = \frac{1}{\pi} \tag{2.202}$$

Pré-amplificador; Amplificador de Potência

As funções de transferência dos amplificadores são fornecidas no enunciado do problema. Dois fenômenos são *desprezados*. Primeiro, *admitimos* que a saturação nunca seja alcançada. Segundo, a dinâmica do pré-amplificador é *desprezada*, uma vez que sua velocidade de resposta é tipicamente muito maior do que a do amplificador de potência. As funções de transferência de ambos os amplificadores são dadas no enunciado do problema e são as razões obtidas pela divisão das transformadas de Laplace das tensões de entrada pelas transformadas de Laplace das tensões de saída. Assim, para o pré-amplificador,

$$\frac{V_p(s)}{V_e(s)} = K \tag{2.203}$$

e para o amplificador de potência,

$$\frac{E_a(s)}{V_p(s)} = \frac{100}{s+100} \tag{2.204}$$

Motor e Carga

O motor e sua carga são os seguintes. A função de transferência relacionando o deslocamento da armadura à tensão na armadura é dada na Equação (2.153). A inércia equivalente, J_m, é

$$J_m = J_a + J_C\left(\frac{25}{250}\right)^2 = 0{,}02 + 1\frac{1}{100} = 0{,}03 \tag{2.205}$$

em que $J_C = 1$ é a inércia da carga em θ_s. O amortecimento viscoso equivalente, D_m, na armadura é

$$D_m = D_a + D_C\left(\frac{25}{250}\right)^2 = 0{,}01 + 1\frac{1}{100} = 0{,}02 \tag{2.206}$$

em que D_C é o amortecimento viscoso da carga em θ_s. A partir do enunciado do problema, $K_t = 0{,}5$ N · m/A, $K_{ce} = 0{,}5$ V · s/rad e a resistência da armadura $R_a = 8$ ohms. Esses valores, com J_m e D_m, são substituídos na Equação (2.153), resultando na função de transferência do motor, da tensão na armadura para o deslocamento da armadura, ou

$$\frac{\theta_m(s)}{E_a(s)} = \frac{K_t/(R_aJ_m)}{s\left[s+\frac{1}{J_m}\left(D_m+\frac{K_tK_{ce}}{R_a}\right)\right]} = \frac{2{,}083}{s(s+1{,}71)} \tag{2.207}$$

Para completar a função de transferência do motor, multiplicamos a expressão pela relação de transmissão para chegarmos à função de transferência que relaciona o deslocamento da carga à tensão na armadura:

$$\frac{\theta_s(s)}{E_a(s)} = 0{,}1\frac{\theta_m(s)}{E_a(s)} = \frac{0{,}2083}{s(s+1{,}71)} \tag{2.208}$$

Os resultados são resumidos no diagrama de blocos e na tabela de parâmetros do diagrama de blocos (Configuração 1) mostrados no Apêndice A2.

DESAFIO: Agora apresentamos um problema para testar seu conhecimento sobre os objetivos deste capítulo: Em relação ao esquema do sistema de controle de posição de azimute de antena, mostrado no Apêndice A2, determine a função de transferência de cada subsistema. Utilize a Configuração 2. Registre seus resultados na tabela dos parâmetros do diagrama de blocos mostrada no Apêndice A2 para utilização nos desafios dos estudos de caso de capítulos subsequentes.

Função de Transferência de uma Perna Humana

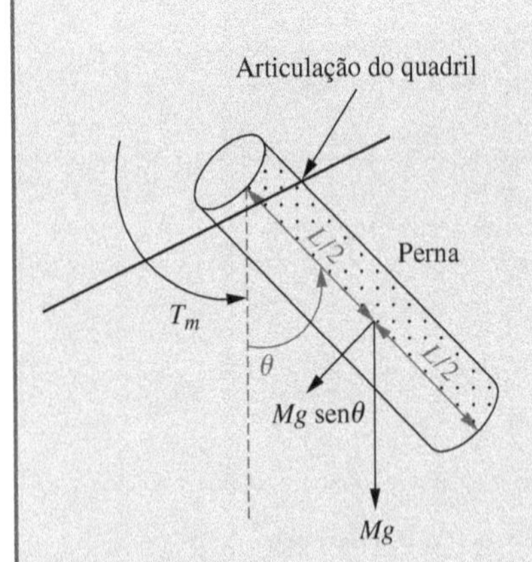

FIGURA 2.51 Modelo cilíndrico de uma perna humana.

Neste estudo de caso, determinamos a função de transferência de um sistema biológico. O sistema é uma perna humana, que gira em torno da articulação do quadril. Neste problema, a componente do peso é não linear, de modo que o sistema requer uma linearização antes de determinar a função de transferência.

PROBLEMA: A função de transferência de uma perna humana relaciona o deslocamento angular de saída em torno da articulação do quadril ao torque de entrada fornecido pelos músculos da perna. Um modelo simplificado para a perna é mostrado na Figura 2.51. O modelo *admite* um torque muscular aplicado, $T_m(t)$, e um amortecimento viscoso, D, na articulação do quadril e uma inércia, J, em torno dela.[15] Além disso, uma componente do peso da perna, Mg, em que M é a massa da perna e g é a aceleração da gravidade, cria um torque não linear. Se *admitirmos* que a perna tenha densidade uniforme, o peso pode ser aplicado em $L/2$, em que L é o comprimento da perna (*Milsum, 1966*). Faça o seguinte:

a. Calcule o torque não linear.
b. Determine a função de transferência, $\theta(s)/T_m(s)$, para pequenos ângulos de rotação, em que $\theta(s)$ é o deslocamento angular da perna em torno da articulação no quadril.

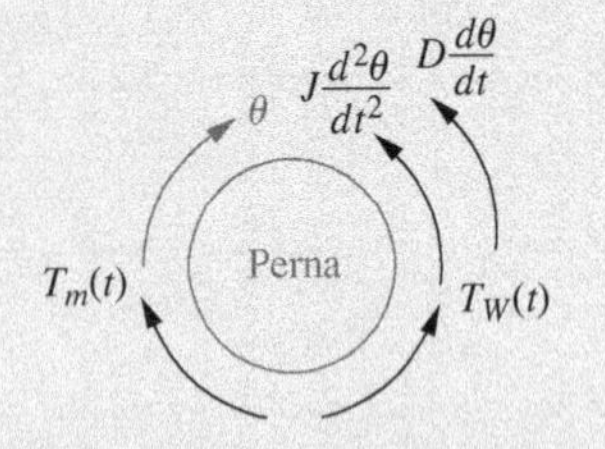

FIGURA 2.52 Diagrama de corpo livre do modelo da perna.

SOLUÇÃO: Primeiro, calcule o torque devido ao peso. O peso total da perna é Mg atuando verticalmente. A componente do peso na direção da rotação é Mg sen θ. Esta força é aplicada a uma distância $L/2$ da articulação do quadril. Assim, o torque na direção da rotação, $T_P(t)$, é $Mg(L/2)$ sen θ. Em seguida, desenhe um diagrama de corpo livre da perna, mostrando o torque aplicado, $T_m(t)$, o torque devido ao peso, $T_P(t)$, e os torques contrários decorrentes da inércia e do amortecimento viscoso (ver Figura 2.52).

Somando os torques, obtemos

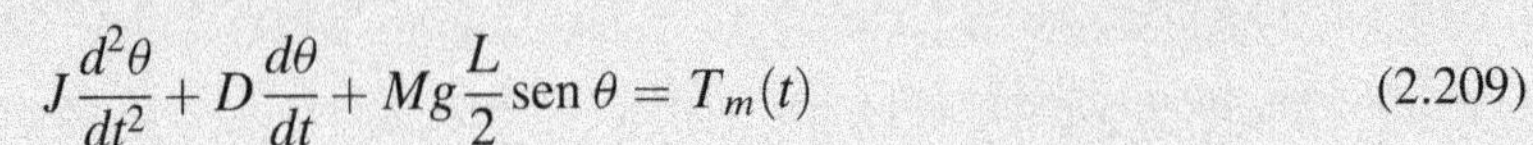

$$J\frac{d^2\theta}{dt^2} + D\frac{d\theta}{dt} + Mg\frac{L}{2}\operatorname{sen}\theta = T_m(t) \quad (2.209)$$

Linearizamos o sistema em torno do ponto de equilíbrio, $\theta = 0$, a posição vertical da perna. Utilizando a Equação (2.182), obtemos

$$\operatorname{sen}\theta - \operatorname{sen}0 = (\cos 0)\delta\theta \quad (2.210)$$

da qual, sen $\theta = \delta\theta$. Além disso, $J\,d^2\theta/dt^2 = J\,d^2\delta\theta/dt^2$ e $D\,d\theta/dt = D\,d\delta\theta/dt$. Assim, a Equação (2.209) fica

$$J\frac{d^2\delta\theta}{dt^2} + D\frac{d\delta\theta}{dt} + Mg\frac{L}{2}\delta\theta = T_m(t) \quad (2.211)$$

Observe que o torque devido ao peso se aproxima do torque de uma mola sobre a perna. Aplicando a transformada de Laplace com condições iniciais nulas resulta

$$\left(Js^2 + Ds + Mg\frac{L}{2}\right)\delta\theta(s) = T_m(s) \quad (2.212)$$

a partir do que a função de transferência é

$$\frac{\delta\theta(s)}{T_m(s)} = \frac{1/J}{s^2 + \frac{D}{J}s + \frac{MgL}{2J}} \quad (2.213)$$

para pequenas variações em torno do ponto de equilíbrio, $\theta = 0$.

[15] Para dar ênfase, J não está em torno do centro de massa, como admitimos anteriormente para a inércia em rotação mecânica.

DESAFIO: Agora, apresentamos um desafio de estudo de caso para testar seu conhecimento sobre os objetivos deste capítulo. Embora o sistema físico seja diferente de uma perna humana, o problema utiliza os mesmos princípios: linearização seguida pela determinação da função de transferência.

Dado o circuito elétrico não linear mostrado na Figura 2.53, determine a função de transferência que relaciona a saída que é a tensão do resistor não linear, $V_r(s)$, à entrada, que é a tensão da fonte, $V(s)$.

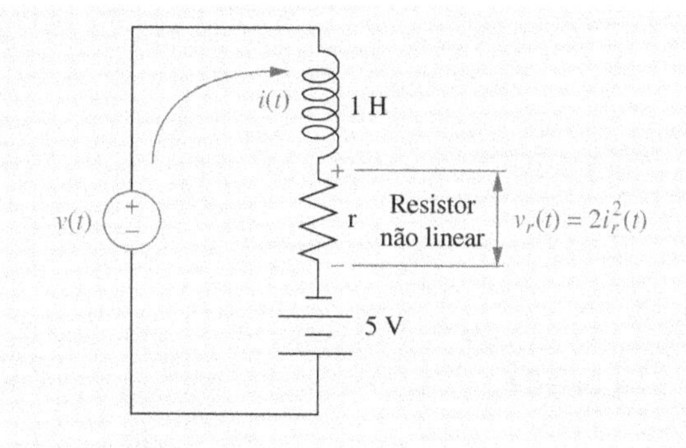

FIGURA 2.53 Circuito elétrico não linear.

Resumo

Neste capítulo, discutimos como determinar um modelo matemático, chamado *função de transferência*, para sistemas elétricos, mecânicos e eletromecânicos lineares e invariantes com o tempo. A função de transferência é definida como $G(s) = C(s)/R(s)$, ou a razão entre a transformada de Laplace da saída e a transformada de Laplace da entrada. Esta relação é algébrica e também se adapta à modelagem de subsistemas interconectados.

Temos consciência de que o mundo físico consiste em mais sistemas do que os que ilustramos neste capítulo. Por exemplo, poderíamos aplicar a modelagem em função de transferência aos sistemas hidráulicos, pneumáticos, térmicos e, até mesmo, econômicos. Naturalmente, devemos admitir que esses sistemas sejam lineares ou fazer aproximações lineares, para utilizarmos esta técnica de modelagem.

Agora que temos a função de transferência, podemos avaliar sua resposta para uma entrada específica. A resposta do sistema será coberta no Capítulo 4. Para aqueles interessados na abordagem de espaço de estados, continuamos nossa discussão sobre modelagem no Capítulo 3, no qual utilizamos o domínio do tempo em vez do domínio da frequência.

Questões de Revisão

1. Que modelo matemático permite a fácil interconexão de sistemas físicos?
2. A que classe de sistemas a função de transferência pode ser mais bem aplicada?
3. Que transformação muda a solução de equações diferenciais em manipulações algébricas?
4. Defina a função de transferência.
5. Qual hipótese é feita em relação às condições iniciais quando lidamos com funções de transferência?
6. Como chamamos as equações mecânicas escritas para determinar a função de transferência?
7. Caso compreendamos a forma que as equações mecânicas tomam, que passo evitamos na determinação da função de transferência?
8. Por que as funções de transferência para sistemas mecânicos parecem idênticas às funções de transferência para circuitos elétricos?
9. Que função as engrenagens desempenham?
10. Quais são as partes componentes das constantes mecânicas da função de transferência de um motor?
11. A função de transferência de um motor relaciona o deslocamento da armadura à tensão da armadura. Como a função de transferência que relaciona o deslocamento da carga à tensão da armadura pode ser determinada?
12. Resuma os passos executados para linearizar um sistema não linear.

Investigação em Laboratório Virtual

EXPERIMENTO 2.1

Objetivos Aprender a utilizar o MATLAB para (1) criar polinômios, (2) manipular polinômios, (3) criar funções de transferência, (4) manipular funções de transferência e (5) realizar expansões em frações parciais.

Requisitos Mínimos de Programas MATLAB e Control System Toolbox

Pré-Ensaio

1. Realize os seguintes cálculos manualmente ou com uma calculadora:
   a. As raízes de $P_1 = s^6 + 7s^5 + 2s^4 + 9s^3 + 10s^2 + 12s + 15$
   b. As raízes de $P_2 = s^6 + 9s^5 + 8s^4 + 9s^3 + 12s^2 + 15s + 20$
   c. $P_3 = P_1 + P_2$; $P_4 = P_1 - P_2$; $P_5 = P_1P_2$
2. Calcule manualmente ou com uma calculadora o polinômio

$$P_6 = (s+7)(s+8)(s+3)(s+5)(s+9)(s+10)$$

3. Calcule manualmente ou com uma calculadora as seguintes funções de transferência:

   a. $G_1(s) = \dfrac{20(s+2)(s+3)(s+6)(s+8)}{s(s+7)(s+9)(s+10)(s+15)}$,

   representadas por um polinômio no numerador dividido por um polinômio no denominador.

   b. $G_2(s) = \dfrac{s^4 + 17s^3 + 99s^2 + 223s + 140}{s^5 + 32s^4 + 363s^3 + 2092s^2 + 5052s + 4320}$,

   expressas como fatores no numerador divididos por fatores no denominador, similar à forma de $G_1(s)$ no Item 3**a** do Pré-Ensaio.

   c. $G_3(s) = G_1(s) + G_2(s)$; $G_4(s) = G_1(s) - G_2(s)$; $G_5(s) = G_1(s)G_2(s)$;

   expressas como fatores divididos por fatores e expressas como polinômios divididos por polinômios.
4. Calcule manualmente ou com uma calculadora a expansão em frações parciais das seguintes funções de transferência:

   a. $G_6 = \dfrac{5(s+2)}{s(s^2+8s+15)}$

   b. $G_7 = \dfrac{5(s+2)}{s(s^2+6s+9)}$

   c. $G_8 = \dfrac{5(s+2)}{s(s^2+6s+34)}$

Ensaio

1. Utilize o MATLAB para determinar P_3, P_4 e P_5 do Item 1 do Pré-Ensaio.
2. Utilize apenas um comando do MATLAB para determinar P_6 do Item 2 do Pré-Ensaio.
3. Utilize apenas dois comandos do MATLAB para obter $G_1(s)$ do Item 3a do Pré-Ensaio representada como um polinômio dividido por outro polinômio.
4. Utilize apenas dois comandos do MATLAB para obter $G_2(s)$ expressa como fatores no numerador divididos por fatores no denominador.
5. Utilizando várias combinações de $G_1(s)$ e $G_2(s)$, obtenha $G_3(s)$, $G_4(s)$ e $G_5(s)$. Utilizar várias combinações significa misturar e combinar $G_1(s)$ e $G_2(s)$ expressas como fatores e polinômios. Por exemplo, para obter $G_3(s)$, $G_1(s)$ pode ser expressa na forma fatorada e $G_2(s)$ pode ser expressa na forma polinomial. Outra combinação seria expressar tanto $G_1(s)$ quanto $G_2(s)$ como polinômios. Ainda outra combinação seriam $G_1(s)$ e $G_2(s)$, ambas expressas na forma fatorada.
6. Utilize o MATLAB para determinar as expansões em frações parciais mostradas no Item 4 do Pré-Ensaio.

Pós-Ensaio

1. Discuta os resultados obtidos no Item 5 do Ensaio. O que você pode concluir?
2. Discuta o uso do MATLAB para manipular funções de transferência e polinômios. Discuta eventuais deficiências na utilização do MATLAB para realizar expansões em frações parciais.

EXPERIMENTO 2.2

Objetivos Aprender a utilizar o MATLAB e a Symbolic Math Toolbox para (1) obter transformadas de Laplace de funções temporais, (2) obter funções temporais a partir de transformadas de Laplace, (3) criar funções de transferência LTI a partir de funções de transferência simbólicas e (4) obter soluções de equações simbólicas simultâneas.

Requisitos Mínimos de Programas

MATLAB, Symbolic Math Toolbox e Control System Toolbox.

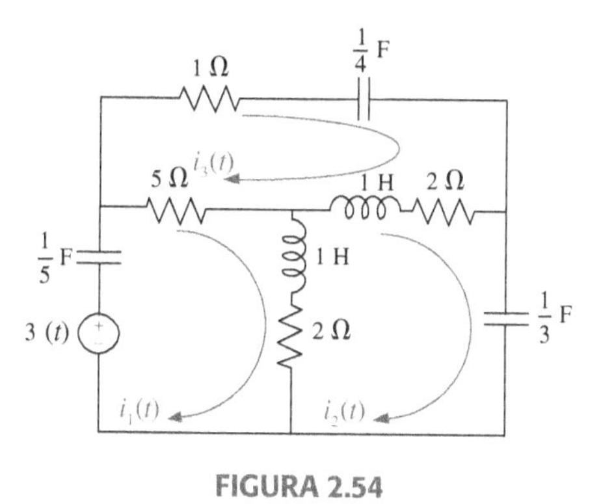

FIGURA 2.54

Pré-Ensaio

1. Utilizando cálculos manuais, obtenha a transformada de Laplace de:

$$f(t) = 0{,}0075 - 0{,}00034e^{-2{,}5t}\cos(22t) + 0{,}087e^{-2{,}5t}\,\text{sen}(22t) - 0{,}0072e^{-8t}$$

2. Utilizando cálculos manuais, obtenha a transformada inversa de Laplace de

$$F(s) = \frac{2(s+3)(s+5)(s+7)}{s(s+8)(s^2+10s+100)}$$

3. Utilize cálculos manuais para determinar a solução para as correntes das malhas do circuito mostrado na Figura 2.54.

Ensaio

1. Utilize o MATLAB e a Symbolic Math Toolbox para
   a. Gerar simbolicamente a função do tempo $f(t)$ mostrada no Item 1 do Pré-Ensaio.
   b. Gerar simbolicamente $F(s)$ mostrada no Item 2 do Pré-Ensaio. Obtenha seu resultado simbolicamente tanto na forma fatorada quanto na forma polinomial.
   c. Obter a transformada de Laplace da função $f(t)$ mostrada no Item 1 do Pré-Ensaio.
   d. Obter a transformada inversa de Laplace de $F(s)$ mostrada no Item 2 do Pré-Ensaio.
   e. Gerar uma função de transferência LTI para a representação simbólica de $F(s)$ do Item 2 do Pré-Ensaio, tanto na forma polinomial quanto na forma fatorada. Comece com a $F(s)$ que você gerou simbolicamente.
   f. Resolver o circuito do Item 3 do Pré-Ensaio para as transformadas de Laplace das correntes das malhas.

Pós-Ensaio

1. Discuta as vantagens e desvantagens entre a Symbolic Math Toolbox e apenas o MATLAB, para converter uma função de transferência da forma fatorada para a forma polinomial e vice-versa.
2. Discuta as vantagens e desvantagens de utilizar a Symbolic Math Toolbox para gerar funções de transferência LTI.
3. Discuta as vantagens de utilizar a Symbolic Math Toolbox para resolver equações simultâneas do tipo gerado pelo circuito elétrico do Item 3 do Pré-Ensaio. É possível resolver as equações utilizando apenas o MATLAB? Explique.
4. Discuta quaisquer outras observações que você tenha sobre a utilização da Symbolic Math Toolbox.

EXPERIMENTO 2.3

Objetivo

Aprender a utilizar o LabVIEW para criar e manipular polinômios e funções de transferência.

Requisitos Mínimos de Programas

LabVIEW e o LabVIEW Control Design and Simulation Module.

Pré-Ensaio

1. Estude o Apêndice D, Seções D.1 até D.4, Exemplo D.1.
2. Realize manualmente os cálculos enunciados no Item 1 do Pré-Ensaio do Experimento 2.1.
3. Determine manualmente o polinômio cujas raízes são: -7, -8, -3. -5, -9 e -10.
4. Realize manualmente a expansão em frações parciais de $G(s) = \dfrac{5s+10}{s^3+8s^2+15s}$.
5. Obtenha manualmente $G_1(s) + G_2(s)$, $G_1(s) - G_2(s)$ e $G_1(s)G_2(s)$, em que

$$G_1(s) = \frac{1}{s^2+s+2} \text{ e } G_2(s) = \frac{s+1}{s^2+4s+3}.$$

Ensaio

1. Abra a paleta de funções do LabVIEW e selecione a paleta **Mathematics/Polynomial**.
2. Crie os polinômios enumerados nos Itens 1a e 1b do Pré-Ensaio do Experimento 2.1.
3. Crie as operações polinomiais enunciadas no Item 1c do Pré-Ensaio do Experimento 2.1.
4. Crie um polinômio cujas raízes sejam as enunciadas no Item 3 do Pré-Ensaio deste experimento.
5. Obtenha a expansão em frações parciais da função de transferência dada no Item 4 do Pré-Ensaio deste experimento.

6. Utilizando a paleta **Control Design and Simulation/Control Design/Model Construction**, construa as duas funções de transferência enumeradas no Item 5 do Pré-Ensaio.
7. Utilizando a paleta **Control Design and Simulation/Control Design/Model Interconnection**, mostre os resultados das operações matemáticas enumeradas no Item 5 do Pré-Ensaio deste Experimento.

Pós-Ensaio

1. Compare as operações polinomiais obtidas no Item 3 do Ensaio com as obtidas no Item 2 do Pré-Ensaio.
2. Compare o polinômio apresentado no Item 4 do Ensaio com o calculado no Item 3 do Pré-Ensaio.
3. Compare a expansão em frações parciais obtida no Item 5 do Ensaio com a calculada no Item 4 do Pré-Ensaio.
4. Compare os resultados das operações matemáticas obtidos no Item 7 do Ensaio com aqueles calculados no Item 5 do Pré-Ensaio.

Laboratório de Interface de Hardware

***Observação*: *Antes de realizar os experimentos nesta seção, por favor estude o Apêndice D (Tutorial do LabVIEW), incluindo a seção que trata o myDAQ.* Quando um experimento indicar um arquivo fornecido, o arquivo pode ser obtido no Ambiente de aprendizagem do GEN.**

EXPERIMENTO 2.4 Programando com o LabVIEW Parte 1

Objetivos

1. Aprender como programar no LabVIEW, Parte 1
2. Aprender como escrever programas LabVIEW básicos e entender o fluxo do LabVIEW

Material Necessário

Computador com o LabVIEW instalado

Pré-Ensaio

Vá para o *site*: http://www.learnni.com/getting-started/. Complete os módulos 0-7.

Ensaio

1. Escreva um programa LabVIEW que execute o equivalente ao código tipo C a seguir, em que x é uma entrada e y é uma saída (Formula Nodes não são permitidos):

```
if(abs(x)<0.1)
        y=1;
else
        if(x>=0)
             y=0;
        else
             y=2
```

   Execute seu programa para as seguintes entradas: x = 0,05; –0,05; 1; –1.
2. Escreva um programa LabVIEW que receba três cores representando o valor de um resistor e retorne o valor numérico do resistor em ohms. Sua interface deve ser parecida com a mostrada na Figura 2.55. A terceira faixa deve incluir as cores prateada e dourada.

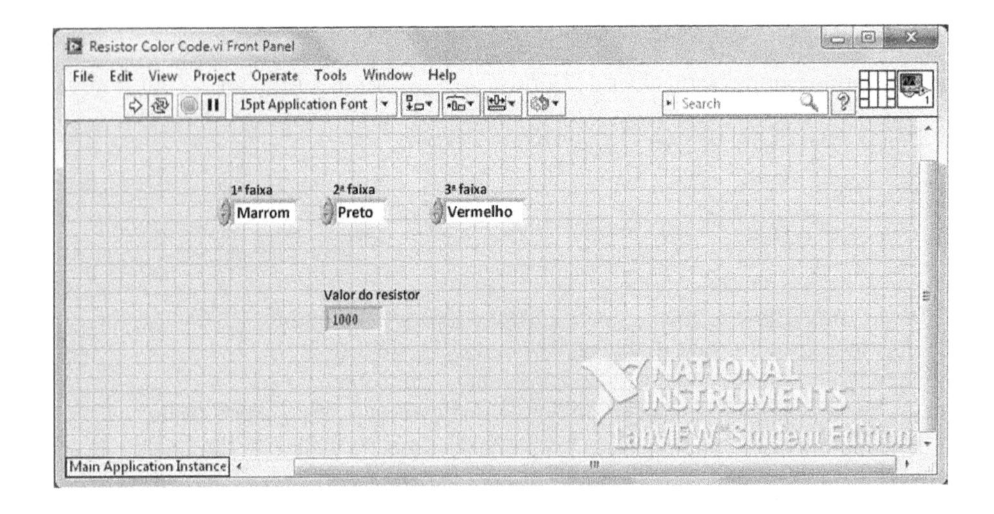

FIGURA 2.55

Execute seu programa para pelo menos as seguintes entradas:

Vermelho Vermelho Preto
Marrom Preto Laranja
Laranja Branco Dourado

EXPERIMENTO 2.5 Programando com o LabVIEW Parte 2

Objetivos

1. Aprender como programar no LabVIEW, Parte 2
2. Aprender como usar laços, realizar operações matemáticas básicas dentro dos laços e apresentar graficamente informações numéricas usando o LabVIEW.

Material Necessário Computador com o LabVIEW instalado

Pré-Ensaio Vá para o *site*: http://www.learnni.com/getting-started/. Complete os módulos 8-10.

Ensaio

1. É sabido que $1 + x + x^2 + x^3 + \cdots = \dfrac{1}{1-x}$ quando $|x| < 1$.

   Escreva um programa LabVIEW que receba como entrada um valor para x e um número de iterações. O programa usará um laço para calcular a soma da série geométrica para o número especificado de operações. Ele também irá calcular a expressão na forma fechada para a série. O programa irá mostrar os dois resultados e também irá mostrar o erro absoluto da diferença.
   Demonstre seu programa com x = 0,5 e 3, 10 e 200 iterações.
2. Escreva um programa LabVIEW que irá gerar um sinal em onda quadrada com 50 % de saída alta entre 0 e $X_{máx}$ volts, em que $X_{máx} < 10$ V, com uma frequência não nula. A amplitude e a frequência serão entradas. Mostre a forma de onda em uma *waveform chart*, que será a saída. Nesta etapa não é permitido que você use os blocos geradores de função fornecidos pelo LabVIEW.
   Demonstre este programa para amplitude de 1, 5 e 10 V e para 1 Hz e 5 Hz.

EXPERIMENTO 2.6 Programando o MyDAQ

Objetivo Familiarizar-se com as capacidades de aquisição de dados e a geração de sinais do myDAQ.

Material necessário Computador com o LabVIEW instalado e myDAQ

Arquivos fornecidos no Ambiente de aprendizagem do GEN

Battery Meter.ctl

Pré-Ensaio

Vá para o *site*: https://decibel.ni.com/content/docs/DOC-11624. Examine a Unidade 4 – DAQ: Lesson 1. Examine então o tutorial de medição de tensão em http://zone.ni.com/devzone/cda/epd/p/id/6436.

Ensaio

1. Escreva um programa testador de baterias usando o LabVIEW e o myDAQ como um dispositivo de aquisição. O testador de baterias deve funcionar para três valores nominais de baterias: 1,5 V, 6 V e 9 V. As baterias são consideradas descarregadas para valores de tensão 20 % ou mais abaixo do nominal. Entre 20 % e o valor nominal as baterias estão em uma região de alerta, e para valores acima do nominal as baterias estão OK. Sua interface deve ser parecida com a mostrada na Figura 2.56. Um controle customizado aceitando entradas de 0 a 120 foi criado com o nome **Battery Meter.ctl**.

2. Use o programa LabVIEW que você escreveu no Experimento 2.5 para gerar um sinal em onda quadrada com 50 % de saída alta. Gere sua saída através de um dos canais analógicos do myDAQ e leia o sinal usando a função osciloscópio do myDAQ (disponível a partir do arquivo myDAQ: *NI ELVISmx Instrument Launcher*) para verificar o sinal gerado. Grave dois exemplos usando as medidas automáticas do scope.

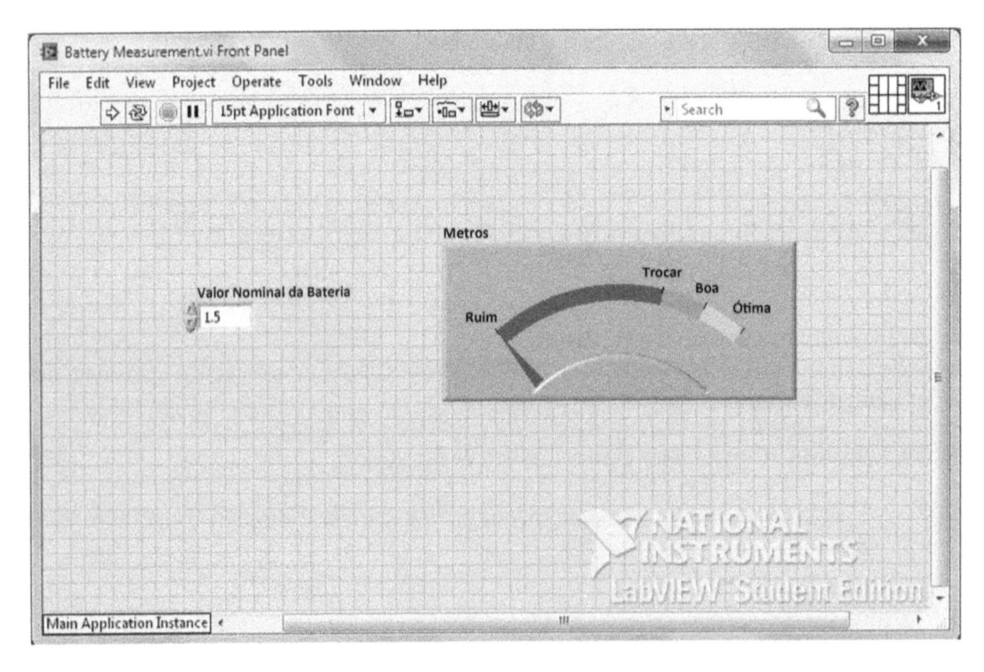

FIGURA 2.56

Bibliografia

Agee J. T., and Jimoh, A. A. Flat Controller Design for Hardware-cost Reduction in Polar-axis Photovoltaic Systems. *Solar Energy*, vol. 86, pp. 452–462, 2012.

Aggarwal, J. K. *Notes on Nonlinear Systems*. Van Nostrand Reinhold, New York, 1972.

Bosch, R. GmbH, *Bosch Automotive Handbook*, 7th ed. John Wiley & Sons Ltd., UK, 2007.

Camacho, E. F., Berenguel, M., Rubio, F. R., and Martinez, D. *Control of Solar Energy Systems*. Springer-Verlag, London, 2012.

Cannon, R. H., Jr., *Dynamics of Physical Systems*. McGraw-Hill, New York, 1967.

Carlson, L. E., and Griggs, G. E. *Aluminum Catenary System Quarterly Report*. Technical Report Contract Number DOT-FR-9154, U.S. Department of Transportation, 1980.

Chignola, R., and Foroni, R. I. Estimating the Growth Kinetics of Experimental Tumors from as Few as Two Determinations of Tumor Size: Implications for Clinical Oncology. *IEEE Transactions on Biomedical Engineering*, vol. 52, no. 5, May 2005, pp. 808–815.

Cochin, I. *Analysis and Design of Dynamic Systems*. Harper and Row, New York, 1980.

Cook, P. A. *Nonlinear Dynamical Systems*. Prentice Hall, United Kingdom, 1986.

Craig, I. K., Xia, X., and Venter, J. W. Introducing HIV/AIDS Education into the Electrical Engineering Curriculum at the University of Pretoria. *IEEE Transactions on Education*, vol. 47, no. 1, February 2004, pp. 65–73.

Davis, S. A., and Ledgerwood, B. K. *Electromechanical Components for Servomechanisms*. McGraw-Hill, New York, 1961.

Doebelin, E. O. *Measurement Systems Application and Design*. McGraw-Hill, New York, 1983.

Dorf, R. *Introduction to Electric Circuits*, 2d ed. Wiley, New York, 1993.

D'Souza, A. *Design of Control Systems*. Prentice Hall, Upper Saddle River, NJ, 1988.

Elkins, J. A. *A Method for Predicting the Dynamic Response of a Pantograph Running at Constant Speed under a Finite Length of Overhead Equipment*. Technical Report TN DA36, British Railways, 1976.

Franklin, G. F., Powell, J. D., and Emami-Naeini, A. *Feedback Control of Dynamic Systems*. Addison-Wesley, Reading, MA, 1986.

Graovac D., and Katić V. Online Control of Current-Source-Type Active Rectifier Using Transfer Function Approach. *IEEE Transactions on Industrial Electronics*, vol. 48, no. 3, June 2001, pp. 526–535.

Hsu, J. C., and Meyer, A. U. *Modern Control Principles and Applications*. McGraw-Hill, New York, 1968.

Johansson, R., Magnusson, M., and Åkesson, M. Identification of Human Postural Dynamics. *IEEE Transactions on Biomedical Engineering*, vol. 35, no. 10, October 1988, pp. 858–869.

Kailath, T. *Linear Systems*. Prentice Hall, Upper Saddle River, NJ, 1980.

Kermurjian, A. From the Moon Rover to the Mars Rover. *The Planetary Report*, July/August 1990, pp. 4–11.

Krieg, M., and Mohseni, K. Developing a Transient Model for Squid Inspired Thrusters, and Incorporation into Underwater Robot Control Design. *2008 IEEE/RSJ Int. Conf. on Intelligent Robots and Systems, France*, September 2008.

Kuo, F. F. *Network Analysis and Synthesis*. Wiley, New York, 1966.

Lago, G., and Benningfield, L. M. *Control System Theory*. Ronald Press, New York, 1962.

Lessard, C. D. *Basic Feedback Controls in Biomedicine*. Morgan & Claypool, San Rafael, CA, 2009.

Mablekos, V E. *Electric Machine Theory for Power Engineers*. Harper & Row, Cambridge, MA, 1980.

Minorsky, N. *Theory of Nonlinear Control Systems*. McGraw-Hill, New York, 1969.
Nilsson, J. W., and Riedel, S. A. *Electric Circuits*, 5th ed. Addison-Wesley, Reading, MA, 1996.
Ogata, K. *Modern Control Engineering*, 2d ed. Prentice Hall, Upper Saddle River, NJ, 1990.
Raven, F. H. *Automatic Control Engineering*, 5th ed. McGraw-Hill, New York, 1995.
Schiop L., Gaiceanu M. Mathematical Modeling of Color Mixing Process and PLC Control Implementation by Using Human Machine Interface. *IEEE International Symposium on Electrical and Electronics Engineering*, 2010.
Van Valkenburg, M. E. *Network Analysis*. Prentice Hall, Upper Saddle River, NJ, 1974.
Vidyasagar, M. *Nonlinear Systems Analysis*. Prentice Hall, Upper Saddle River, NJ, 1978.

Capítulo 3

Modelagem no Domínio do Tempo

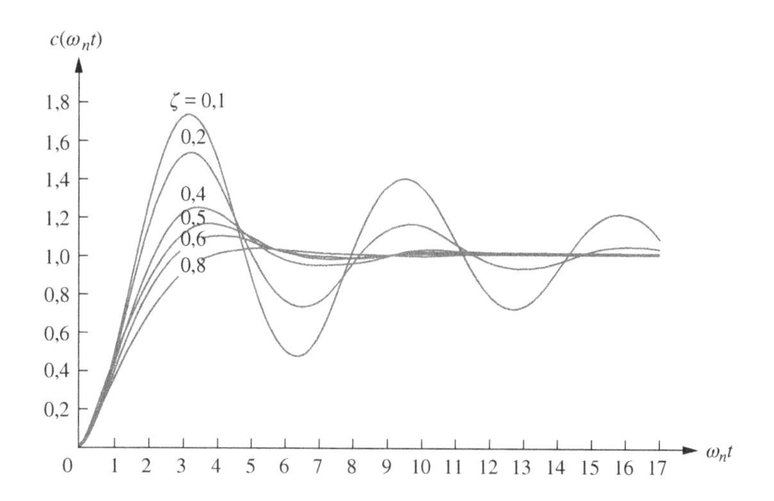

Este capítulo cobre apenas métodos do espaço de estados.

Espaço de Estados

SS

Resultados de Aprendizagem do Capítulo

Após completar este capítulo, o estudante estará apto a:

- Obter um modelo matemático, denominado representação no *espaço de estados*, para um sistema linear e invariante no tempo (Seções 3.1-3.3)
- Modelar sistemas elétricos e mecânicos no espaço de estados (Seção 3.4)
- Converter uma função de transferência para o espaço de estados (Seção 3.5)
- Converter uma representação no espaço de estados para uma função de transferência (Seção 3.6)
- Linearizar uma representação no espaço de estados (Seção 3.7).

Resultados de Aprendizagem do Estudo de Caso

Você será capaz de demonstrar seu conhecimento dos objetivos do capítulo com os estudos de caso como a seguir:

- Dado o sistema de controle de posição de azimute de antena mostrado no Apêndice A2, você será capaz de obter a representação em espaço de estados de cada subsistema.
- Dada uma descrição do modo com que um medicamento flui através do corpo humano, você será capaz de obter a representação no espaço de estados para determinar as concentrações do medicamento em blocos compartimentados específicos do processo e do corpo humano. Você também será capaz de aplicar os mesmos conceitos a um aquífero para determinar o nível de água.

3.1 Introdução

Duas abordagens estão disponíveis para a análise e o projeto dos sistemas de controle com realimentação. A primeira, que começamos a estudar no Capítulo 2, é conhecida como abordagem *clássica*, ou técnica do *domínio da frequência*. Esta abordagem é baseada na conversão da equação diferencial do sistema em uma função de transferência, gerando, assim, um modelo matemático do sistema que relaciona *algebricamente* uma representação da saída com uma representação da entrada. Substituir uma equação diferencial por uma equação algébrica não apenas simplifica a representação de subsistemas individuais, mas também simplifica a modelagem de subsistemas interconectados.

A principal desvantagem da abordagem clássica é sua aplicabilidade limitada: ela pode ser aplicada apenas a sistemas lineares e invariantes no tempo, ou sistemas que assim podem ser aproximados.

Uma grande vantagem das técnicas do domínio da frequência é que elas fornecem rapidamente informações sobre a estabilidade e a resposta transitória. Assim, podemos observar imediatamente os efeitos da variação de parâmetros do sistema até que um projeto aceitável seja encontrado.

Com o advento da exploração espacial, os requisitos para os sistemas de controle aumentaram em escopo. Modelar sistemas através de equações diferenciais lineares e invariantes no tempo e subsequentemente através de funções de transferência se tornou inadequado. A abordagem do *espaço de estados* (também conhecida como abordagem *moderna* ou no *domínio do tempo*) é um método unificado para modelar, analisar e projetar uma vasta variedade de sistemas. Por exemplo, a abordagem do espaço de estados pode ser utilizada para representar sistemas não lineares que possuam folgas, saturação e zona morta. Além disso, ela pode tratar, convenientemente, sistemas com condições iniciais não nulas. Sistemas variantes no tempo (por exemplo, mísseis com variação do nível de combustível, ou a sustentação de uma aeronave voando através de uma grande faixa de altitudes) podem ser representados no espaço de estados. Diversos sistemas não possuem apenas uma única entrada e uma única saída. Sistemas com múltiplas entradas e múltiplas saídas (como um veículo com entrada de direção e entrada de velocidade produzindo uma saída de direção e uma saída de velocidade) podem ser representados de forma compacta no espaço de estados através de um modelo similar, em forma e complexidade, àquele utilizado para sistemas com uma única entrada e uma única saída. A abordagem no domínio do tempo pode ser utilizada para representar sistemas com um computador digital na malha ou para modelar sistemas para simulação digital. Com um modelo simulado, a resposta do sistema pode ser obtida para variações em seus parâmetros — uma importante ferramenta de projeto. A abordagem no espaço de estados também é atrativa devido à disponibilidade de vários pacotes de programas que trabalham com o espaço de estados para computadores pessoais.

A abordagem no domínio do tempo também pode ser utilizada para a mesma classe de sistemas modelados pela abordagem clássica. Este modelo alternativo dá ao projetista de sistemas de controle uma outra perspectiva a partir da qual ele pode criar um projeto. Embora a abordagem do espaço de estados possa ser aplicada a uma vasta variedade de sistemas, ela não é tão intuitiva quanto a abordagem clássica. O projetista deve realizar diversos cálculos antes que a interpretação física do modelo se torne aparente, enquanto no controle clássico poucos cálculos ou uma representação gráfica dos dados fornecem rapidamente uma interpretação física.

Neste livro, a cobertura das técnicas de espaço de estados deve ser considerada uma introdução ao assunto, um ponto de partida para estudos mais avançados e uma abordagem alternativa para as técnicas do domínio da frequência. Limitaremos a abordagem no espaço de estados a sistemas lineares invariantes no tempo ou a sistemas que possam ser linearizados pelos métodos do Capítulo 2. O estudo de outras classes de sistemas está além do escopo deste livro. Uma vez que a análise e o projeto no espaço de estados se baseiam em matrizes e operações matriciais, você pode querer revisar este tópico no Apêndice G, disponível no Ambiente de aprendizagem do GEN, antes de continuar.

3.2 Algumas Observações

Prosseguimos agora para estabelecer a abordagem do espaço de estados como um método alternativo para representar sistemas físicos. Esta seção prepara o cenário para a definição formal da representação no espaço de estados, apresentando algumas observações sobre os sistemas e suas variáveis. Na discussão que se segue, parte do desenvolvimento foi colocada em notas de rodapé para evitar o obscurecimento das questões principais com equações em excesso e para garantir que o conceito seja claro. Embora utilizemos dois circuitos elétricos para ilustrar os conceitos, poderíamos também perfeitamente ter utilizado um sistema mecânico ou outro sistema físico.

Demonstramos agora que para um sistema com muitas variáveis, como tensão sobre o indutor, tensão sobre o resistor e carga no capacitor, precisamos utilizar equações diferenciais apenas para encontrar a solução para determinado subconjunto das variáveis do sistema, uma vez que todas as demais variáveis do sistema podem ser calculadas algebricamente a partir das variáveis do subconjunto. Nossos exemplos adotam a seguinte abordagem:

1. Escolhemos um *subconjunto* particular de todas as possíveis variáveis do sistema e chamamos as variáveis deste subconjunto de *variáveis de estado*.
2. Para um sistema de ordem n, escrevemos n *equações diferenciais simultâneas de primeira ordem* em função das variáveis de estado. Chamamos este sistema de equações diferenciais simultâneas de *equações de estado*.

3. Caso conheçamos a condição inicial de todas as variáveis de estado em t_0, bem como a entrada do sistema para $t \geq t_0$, podemos resolver as equações diferenciais simultâneas para as variáveis de estado para $t \geq t_0$.
4. Combinamos *algebricamente* as variáveis de estado com a entrada do sistema e determinamos todas as demais variáveis do sistema para $t \geq t_0$. Chamamos esta equação algébrica de *equação de saída*.
5. Consideramos as equações de estado e as equações de saída uma representação viável do sistema. Chamamos esta representação do sistema de *representação no espaço de estados*.

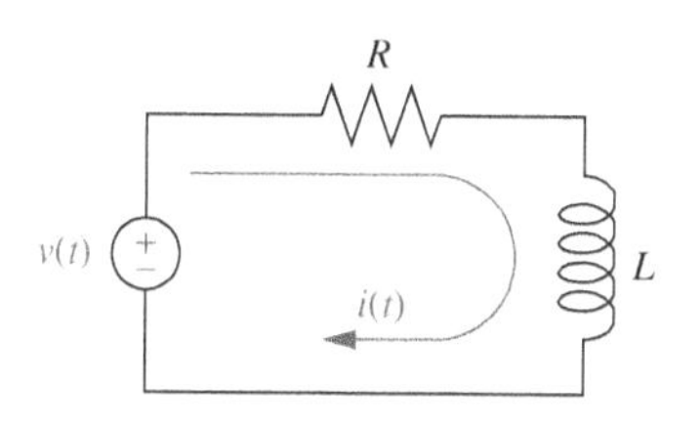

FIGURA 3.1 Circuito *RL*.

Vamos agora seguir esses passos em um exemplo. Considere o circuito *RL* mostrado na Figura 3.1 com uma corrente inicial $i(0)$.

1. Escolhemos a corrente, $i(t)$, para a qual iremos escrever e resolver uma equação diferencial utilizando transformadas de Laplace.
2. Escrevemos a equação de malha,

$$L\frac{di}{dt} + Ri = v(t) \tag{3.1}$$

3. Aplicando a transformada de Laplace, utilizando a Tabela 2.2, Item 7, e incluindo as condições iniciais, resulta

$$L[sI(s) - i(0)] + RI(s) = V(s) \tag{3.2}$$

Admitindo que a entrada, $v(t)$, seja um degrau unitário, $u(t)$, cuja transformada de Laplace é $V(s) = 1/s$, resolvemos para $I(s)$ e obtemos

$$I(s) = \frac{1}{R}\left(\frac{1}{s} - \frac{1}{s + \frac{R}{L}}\right) + \frac{i(0)}{s + \frac{R}{L}} \tag{3.3}$$

a partir da qual

$$i(t) = \frac{1}{R}\left(1 - e^{-(R/L)t}\right) + i(0)e^{-(R/L)t} \tag{3.4}$$

A função $i(t)$ é um subconjunto de todas as possíveis variáveis do circuito que somos capazes de determinar a partir da Equação (3.4), caso conheçamos sua condição inicial, $i(0)$, e a entrada $v(t)$. Assim, $i(t)$ é uma variável de estado, e a equação diferencial (3.1) é uma *equação de estado*.

4. Podemos agora obter a solução para todas as demais variáveis do circuito *algebricamente* em função de $i(t)$ e da tensão aplicada, $v(t)$. Por exemplo, a tensão sobre o resistor é

$$v_R(t) = Ri(t) \tag{3.5}$$

A tensão sobre o indutor é

$$v_L(t) = v(t) - Ri(t) \tag{3.6}$$[1]

A derivada da corrente é

$$\frac{di}{dt} = \frac{1}{L}[v(t) - Ri(t)] \tag{3.7}$$[2]

Portanto, conhecendo a variável de estado, $i(t)$, e a entrada, $v(t)$, podemos obter o valor, ou o *estado*, de qualquer variável do circuito em qualquer tempo, $t \geq t_0$. Assim, as equações algébricas, Equações (3.5) a (3.7), são *equações de saída*.

5. Uma vez que as variáveis de interesse são descritas completamente pela Equação (3.1) e pelas Equações (3.5) a (3.7), dizemos que a combinação da equação de estado (3.1) com as equações de saída (3.5 a 3.7) forma uma representação viável do circuito, a qual chamamos de *representação no espaço de estados*.

A Equação (3.1), que descreve a dinâmica do circuito, não é única. Esta equação poderia ser escrita em função de qualquer outra variável do circuito. Por exemplo, substituindo $i = v_R/R$ na Equação (3.1) resulta

$$\frac{L}{R}\frac{dv_R}{dt} + v_R = v(t) \tag{3.8}$$

[1] Uma vez que $v_L(t) = v(t) - v_R(t) = v(t) - Ri(t)$.

[2] Uma vez que $\frac{di}{dt} = \frac{1}{L}v_L(t) = \frac{1}{L}[v(t) - Ri(t)]$.

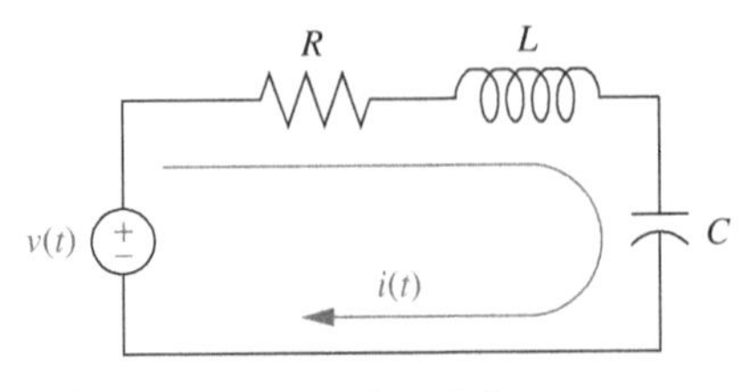

FIGURA 3.2 Circuito *RLC*.

que pode ser resolvida sabendo que a condição inicial $v_R(0) = R_i(0)$ e conhecendo $v(t)$. Nesse caso, a variável de estado é $v_R(t)$. Analogamente, todas as outras variáveis do circuito podem, agora, ser escritas em função da variável de estado, $v_R(t)$, e da entrada, $v(t)$. Vamos agora estender nossas observações a um sistema de segunda ordem, como mostrado na Figura 3.2.

1. Como o circuito é de segunda ordem, duas equações diferenciais de primeira ordem simultâneas são necessárias para achar a solução para duas variáveis de estado. Escolhemos $i(t)$ e $q(t)$, a carga no capacitor, como as duas variáveis de estado.
2. Escrevendo a equação da malha, resulta

$$L\frac{di}{dt} + Ri + \frac{1}{C}\int i\,dt = v(t) \tag{3.9}$$

Convertendo para carga, usando $i(t) = dq/dt$, obtemos

$$L\frac{d^2q}{dt^2} + R\frac{dq}{dt} + \frac{1}{C}q = v(t) \tag{3.10}$$

Mas uma equação diferencial de ordem n pode ser convertida em n equações diferenciais de primeira ordem simultâneas, com cada uma das equações da forma

$$\frac{dx_i}{dt} = a_{i1}x_1 + a_{i2}x_2 + \cdots + a_{in}x_n + b_i f(t) \tag{3.11}$$

em que cada x_i é uma variável de estado, e a_{ij} e b_i são constantes para sistemas lineares invariantes no tempo. Dizemos que o lado direito da Equação (3.11) é uma *combinação linear* das variáveis de estado e de entrada, $f(t)$.

Podemos converter a Equação (3.10) em duas equações diferenciais de primeira ordem simultâneas em função de $i(t)$ e $q(t)$. A primeira equação pode ser $dq/dt = i$. A segunda equação pode ser formada substituindo $\int i\,dt = q$ na Equação (3.9) e resolvendo para di/dt. Juntando as duas equações resultantes, obtemos

$$\frac{dq}{dt} = i \tag{3.12a}$$

$$\frac{di}{dt} = -\frac{1}{LC}q - \frac{R}{L}i + \frac{1}{L}v(t) \tag{3.12b}$$

3. Estas equações são as equações de estado e podem ser resolvidas simultaneamente para as variáveis de estado, $q(t)$ e $i(t)$, com a utilização da transformada de Laplace e dos métodos do Capítulo 2. Adicionalmente também precisamos conhecer a entrada, $v(t)$, e as condições iniciais para $q(t)$ e $i(t)$.
4. A partir dessas duas variáveis de estado, podemos obter a solução para todas as demais variáveis do circuito. Por exemplo, a tensão sobre o indutor pode ser escrita em função das variáveis de estado resolvidas e da entrada como

$$v_L(t) = -\frac{1}{C}q(t) - Ri(t) + v(t) \tag{3.13}$$ [3]

A Equação (3.13) é uma *equação de saída*; dizemos que $v_L(t)$ é uma *combinação linear* das variáveis de estado, $q(t)$ e $i(t)$, e da entrada, $v(t)$.
5. A combinação das equações de estado (3.12) com a equação de saída (3.13) forma uma representação viável do circuito, a qual chamamos de *representação no espaço de estados.*

Outra escolha das duas variáveis de estado pode ser feita, por exemplo, $v_R(t)$ e $v_C(t)$, as tensões sobre o resistor e sobre o capacitor, respectivamente. O conjunto resultante de equações diferenciais de primeira ordem simultâneas é:

$$\frac{dv_R}{dt} = -\frac{R}{L}v_R - \frac{R}{L}v_C + \frac{R}{L}v(t) \tag{3.14a}$$ [4]

$$\frac{dv_C}{dt} = \frac{1}{RC}v_R \tag{3.14b}$$

Novamente, essas equações diferenciais podem ser resolvidas para as variáveis de estado se conhecemos as condições iniciais e também $v(t)$. Além disso, todas as demais variáveis do circuito podem ser obtidas como combinação linear dessas variáveis de estado.

[3] Uma vez que $v_L(t) = L(di/dt) = -(1/C)q - Ri + v(t)$, em que di/dt pode ser obtida a partir da Equação (3.9) e $\int i\,dt = q$.

[4] Uma vez que $v_R(t) = i(t)R$ e $v_C(t) = (1/C)\int i\,dt$, derivando $v_R(t)$ resulta $dv_R/dt = R(di/dt) = (R/L)v_L = (R/L)[v(t) - v_R - v_C]$, e derivando $v_C(t)$ resulta $dv_C/dt = (1/C)i = (1/RC)v_R$.

Existe alguma restrição na escolha das variáveis de estado? Sim! Tipicamente, o número mínimo de variáveis de estado necessário para descrever um sistema é igual à ordem da equação diferencial. Assim, um sistema de segunda ordem requer um mínimo de duas variáveis de estado para descrevê-lo. Podemos definir mais variáveis de estado do que o conjunto mínimo; todavia, dentro desse conjunto mínimo as variáveis de estado devem ser linearmente independentes. Por exemplo, caso $v_R(t)$ seja escolhida como variável de estado, então $i(t)$ não pode ser escolhida, porque $v_R(t)$ pode ser escrita como uma combinação linear de $i(t)$, mais especificamente, $v_R(t) = Ri(t)$. Nessas circunstâncias, dizemos que as variáveis de estado são *linearmente dependentes*. As variáveis de estado devem ser *linearmente independentes*; isto é, nenhuma variável de estado pode ser escrita como uma combinação linear das demais variáveis de estado, caso contrário poderemos não ter informações suficientes para achar a solução para todas as outras variáveis do sistema, e podemos até mesmo ter problemas para escrever as próprias equações simultâneas.

As equações de estado e de saída podem ser escritas na forma vetorial-matricial se o sistema for linear. Assim, as Equações (3.12), as equações de estado, podem ser escritas como

$$\dot{\mathbf{x}} = \mathbf{A}\mathbf{x} + \mathbf{B}u \tag{3.15}$$

em que

$$\dot{\mathbf{x}} = \begin{bmatrix} dq/dt \\ di/dt \end{bmatrix}; \quad \mathbf{A} = \begin{bmatrix} 0 & 1 \\ -1/LC & -R/L \end{bmatrix}$$

$$\mathbf{x} = \begin{bmatrix} q \\ i \end{bmatrix}; \quad \mathbf{B} = \begin{bmatrix} 0 \\ 1/L \end{bmatrix}; \; u = v(t)$$

A Equação (3.13), equação de saída, pode ser escrita como

$$y = \mathbf{C}\mathbf{x} + Du \tag{3.16}$$

em que

$$y = v_L(t); \quad \mathbf{C} = \begin{bmatrix} -1/C & -R \end{bmatrix}; \quad \mathbf{x} = \begin{bmatrix} q \\ i \end{bmatrix}; \quad D = 1; \quad u = v(t)$$

Chamamos a combinação das Equações (3.15) e (3.16) de uma *representação no espaço de estados* do circuito da Figura 3.2. Uma representação no espaço de estados, portanto, consiste (1) nas equações diferenciais de primeira ordem simultâneas a partir das quais pode ser obtida a solução para as variáveis de estado, e (2) na equação algébrica de saída a partir da qual todas as demais variáveis do sistema podem ser obtidas. Uma representação no espaço de estados não é única, uma vez que uma escolha diferente das variáveis de estado leva a uma representação diferente do mesmo sistema.

Nesta seção, utilizamos dois circuitos elétricos para demonstrar alguns princípios que são a base da representação no espaço de estados. As representações desenvolvidas nesta seção foram de sistemas de entrada única e saída única, em que y, D e u nas Equações (3.15) e (3.16) são grandezas escalares. Em geral, os sistemas possuem múltiplas entradas e múltiplas saídas. Para esses casos, y e u se tornam grandezas vetoriais e D se torna uma matriz. Na Seção 3.3, iremos generalizar a representação para sistemas com múltiplas entradas e múltiplas saídas, bem como sintetizar o conceito da representação no espaço de estados.

3.3 A Representação Geral no Espaço de Estados

Agora que representamos um sistema físico no espaço de estados e temos uma boa ideia da terminologia e do conceito, vamos sintetizar e generalizar a representação das equações diferenciais lineares. Primeiro formalizamos algumas das definições com as quais nos deparamos na última seção.

Combinação linear. Uma combinação linear de n variáveis, x_i, para $i = 1$ até n, é dada pela seguinte soma, S:

$$S = K_n x_n + K_{n-1} x_{n-1} + \cdots + K_1 x_1 \tag{3.17}$$

em que cada K_i é uma constante.

Independência linear. Um conjunto de variáveis é dito ser linearmente independente se nenhuma das variáveis puder ser escrita como uma combinação linear das demais. Por exemplo, dados x_1, x_2 e x_3, se $x_2 = 5x_1 + 6x_3$, então as variáveis não são linearmente independentes, uma vez que uma delas pode ser escrita como uma combinação linear das outras duas. Agora, o que deve acontecer para que uma variável não possa ser escrita como uma combinação linear das outras variáveis? Considere o exemplo $K_2x_2 = K_1x_1 + K_3x_3$. Se nenhum $x_i = 0$, então qualquer x_i pode ser escrito como uma combinação linear das outras variáveis, a menos que todos $K_i = 0$. Formalmente, as variáveis x_i, para $i = 1$ até n, são ditas ser linearmente independentes se sua combinação linear, S, for igual a zero *somente* se todos $K_i = 0$ e *nenhum* $x_i = 0$ para todo $t \geq 0$.

Variável do sistema. Qualquer variável que responda a uma entrada ou a condições iniciais em um sistema.

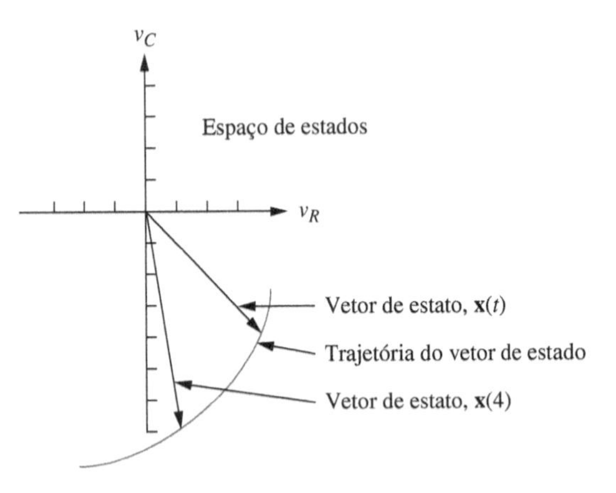

FIGURA 3.3 Representação gráfica do espaço de estados e de um vetor de estado.

Variáveis de estado. O menor conjunto de variáveis do sistema linearmente independentes, tal que os valores dos elementos do conjunto no instante t_0 em conjunto com funções forçantes conhecidas determinam completamente o valor de todas as variáveis do sistema para todo $t \geq t_0$.

Vetor de estado. Um vetor cujos elementos são as variáveis de estado.

Espaço de estados. O espaço n-dimensional cujos eixos são as variáveis de estado. Este é um termo novo e é ilustrado na Figura 3.3, na qual as variáveis de estado são admitidas como uma tensão sobre um resistor, v_R, e uma tensão sobre um capacitor, v_C. Essas variáveis formam os eixos do *espaço de estados*. Pode-se considerar que uma trajetória seja mapeada pelo vetor de estado $\mathbf{x}(t)$, para determinada faixa de variação de t. A figura mostra também o vetor de estado em um instante particular $t = 4$.

Equações de estado. Um conjunto de n equações diferenciais de primeira ordem simultâneas com n variáveis, em que as n variáveis a serem resolvidas são as variáveis de estado.

Equação de saída. A equação algébrica que expressa as variáveis de saída de um sistema como combinações lineares das variáveis de estado e das entradas.

Agora que as definições foram formalmente declaradas, definimos a representação no espaço de estados de um sistema. Um sistema é representado no espaço de estados pelas seguintes equações:

$$\dot{\mathbf{x}} = \mathbf{A}\mathbf{x} + \mathbf{B}\mathbf{u} \tag{3.18}$$

$$\mathbf{y} = \mathbf{C}\mathbf{x} + \mathbf{D}\mathbf{u} \tag{3.19}$$

para $t \geq t_0$ e condições iniciais, $\mathbf{x}(t_0)$, em que

$\mathbf{x}$ = vetor de estado
$\dot{\mathbf{x}}$ = derivada do vetor de estado em relação ao tempo
$\mathbf{y}$ = vetor de saída
$\mathbf{u}$ = vetor de entrada ou vetor de controle
$\mathbf{A}$ = matriz do sistema
$\mathbf{B}$ = matriz de entrada
$\mathbf{C}$ = matriz de saída
$\mathbf{D}$ = matriz de transmissão direta

A Equação (3.18) é chamada *equação de estado*, e o vetor $\mathbf{x}$, o *vetor de estado*, contém as variáveis de estado. A Equação (3.18) pode ser resolvida para as variáveis de estado, o que demonstramos no Capítulo 4. A Equação (3.19) é chamada *equação de saída.* Esta equação é utilizada para calcular quaisquer outras variáveis do sistema. Esta representação de um sistema fornece o conhecimento completo de todas as variáveis do sistema em qualquer tempo $t \geq t_0$.

Por exemplo, para um sistema linear de segunda ordem invariante no tempo com uma única entrada $v(t)$, as equações de estado podem ter a seguinte forma:

$$\frac{dx_1}{dt} = a_{11}x_1 + a_{12}x_2 + b_1v(t) \tag{3.20a}$$

$$\frac{dx_2}{dt} = a_{21}x_1 + a_{22}x_2 + b_2v(t) \tag{3.20b}$$

em que x_1 e x_2 são as variáveis de estado. Caso haja uma única saída, a equação de saída poderia ter a seguinte forma:

$$y = c_1x_1 + c_2x_2 + d_1v(t) \tag{3.21}$$

A escolha das variáveis de estado para um sistema específico não é única. O requisito para a escolha das variáveis de estado é que elas sejam linearmente independentes e que um número mínimo de variáveis seja escolhido.

3.4 Aplicando a Representação no Espaço de Estados

Nesta seção, aplicamos a formulação no espaço de estados à representação de sistemas físicos mais complexos. O primeiro passo na representação de um sistema é escolher o vetor de estado, o qual deve ser escolhido de acordo com as seguintes considerações:

1. Um número mínimo de variáveis de estado deve ser escolhido para compor o vetor de estado. Este número mínimo de variáveis de estado é suficiente para descrever completamente o estado do sistema.

2. As componentes do vetor de estado (isto é, este número mínimo de variáveis de estado) devem ser linearmente independentes.

Vamos rever e esclarecer essas afirmações.

Variáveis de Estado Linearmente Independentes

As componentes do vetor de estado devem ser linearmente independentes. Por exemplo, pela definição de independência linear apresentada na Seção 3.3, se x_1, x_2 e x_3 forem escolhidas como variáveis de estado, porém $x_3 = 5x_1 + 4x_2$, então x_3 não é linearmente independente de x_1 e x_2, uma vez que conhecidos os valores de x_1 e x_2 o valor de x_3 pode ser obtido. As variáveis e suas derivadas sucessivas são linearmente independentes. Por exemplo, a tensão sobre um indutor, v_L, é linearmente independente da corrente através do indutor, i_L, uma vez que $v_L = Ldi_L/dt$. Assim, v_L não pode ser expressa como uma combinação linear da corrente, i_L.

Número Mínimo de Variáveis de Estado

Como sabemos o número mínimo de variáveis de estado a serem escolhidas? Tipicamente, o número mínimo necessário é igual à ordem da equação diferencial que descreve o sistema. Por exemplo, se uma equação diferencial de terceira ordem descreve o sistema, então três equações diferenciais de primeira ordem simultâneas são necessárias em conjunto com três variáveis de estado. Da perspectiva das funções de transferência, a ordem da equação diferencial é a ordem do denominador da função de transferência após o cancelamento dos fatores comuns ao numerador e ao denominador.

Na maioria dos casos, outra forma de determinar o número de variáveis de estado é contar o número de elementos armazenadores de energia independentes presentes no sistema.[5] O número desses elementos armazenadores de energia é igual à ordem da equação diferencial e ao número de variáveis de estado. Na Figura 3.2, existem dois elementos armazenadores de energia: o capacitor e o indutor. Portanto, duas variáveis de estado e duas equações de estado são requeridas para o sistema.

Caso poucas variáveis de estado sejam escolhidas, pode ser impossível escrever certas equações de saída, uma vez que algumas variáveis do sistema não podem ser escritas como uma combinação linear do número reduzido de variáveis de estado. Em muitos casos, pode ser impossível até mesmo completar a escrita das equações de estado, uma vez que as derivadas das variáveis de estado não podem ser expressas como combinações lineares do número reduzido de variáveis de estado.

Caso você escolha o número mínimo de variáveis de estado, mas elas não sejam linearmente independentes, na melhor das hipóteses você não conseguirá encontrar a solução para todas as demais variáveis do sistema. No pior caso, você poderá não ser capaz de completar a escrita das equações de estado.

Frequentemente, o vetor de estado inclui mais do que o número mínimo de variáveis de estado necessárias. Duas situações podem ocorrer. Frequentemente as variáveis de estado são escolhidas como variáveis físicas de um sistema, como posição e velocidade em um sistema mecânico. Existem casos em que essas variáveis, embora linearmente independentes, são também *desacopladas*. Isto é, algumas das variáveis linearmente independentes não são necessárias para obter a solução para quaisquer outras variáveis linearmente independentes ou qualquer outra variável dependente do sistema. Considere o caso de uma massa e um amortecedor viscoso cuja equação diferencial é $M\,dv/dt + Dv = f(t)$, em que v é a velocidade da massa. Como esta é uma equação de primeira ordem, uma equação de estado é tudo o que é necessário para definir este sistema no espaço de estados com a velocidade como a variável de estado. Além disso, como existe apenas um elemento armazenador de energia, a massa, apenas uma variável de estado é necessária para representar esse sistema no espaço de estados. Entretanto, a massa também possui uma posição associada, a qual é linearmente independente da velocidade. Caso desejemos incluir a posição no vetor de estado em conjunto com a velocidade, então adicionamos a posição como uma variável de estado que é linearmente independente da outra variável de estado, a velocidade. A Figura 3.4 ilustra o que está ocorrendo. O primeiro bloco é a função de transferência equivalente a $M\,dv/dt + Dv = f(t)$. O segundo bloco mostra que integramos a velocidade de saída para produzir o deslocamento de saída (ver Tabela 2.2, Item 10). Assim, caso desejemos o deslocamento como uma saída, o denominador, ou a equação característica, tem a ordem aumentada para 2, o produto de duas funções de transferência. Muitas vezes, a escrita das equações de estado é simplificada pela inclusão de variáveis de estado adicionais.

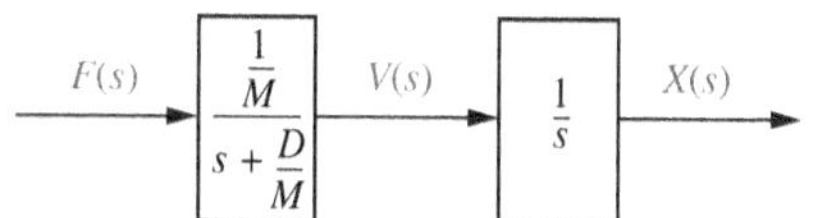

FIGURA 3.4 Diagrama de blocos de uma massa e amortecedor.

Outro caso que aumenta o tamanho do vetor de estado ocorre quando a variável adicionada não é linearmente independente das outras componentes do vetor de estado. Isso geralmente ocorre quando uma variável é escolhida como variável de estado, mas sua dependência das demais variáveis de estado não é imediatamente aparente. Por exemplo, os elementos armazenadores de energia podem ser utilizados para escolher as

[5] Algumas vezes não é aparente no esquema quantos elementos armazenadores de energia independentes existem. É possível que mais do que o número mínimo de elementos armazenadores de energia sejam selecionados, levando a um vetor de estado cujos componentes excedem o mínimo necessário e não são linearmente independentes. A escolha de elementos armazenadores de energia dependentes adicionais resulta em uma matriz de sistema de ordem mais elevada e em maior complexidade do que a necessária para a solução da equação de estado.

variáveis de estado, e a dependência da variável associada a um elemento armazenador de energia das variáveis dos outros elementos armazenadores de energia pode não ser reconhecida. Assim, a dimensão da matriz do sistema é aumentada desnecessariamente, e a solução para o vetor de estado, a qual cobrimos no Capítulo 4, fica mais difícil. Além disso, o acréscimo de variáveis de estado dependentes afeta a capacidade do projetista de utilizar métodos do espaço de estados para projeto.[6]

Vimos na Seção 3.2 que a representação no espaço de estados não é única. O exemplo a seguir demonstra uma técnica para escolher as variáveis de estado e representar um sistema no espaço de estados. Nossa abordagem é escrever a equação da derivada simples para cada elemento armazenador de energia e expressar cada termo de derivada como uma combinação linear de quaisquer das variáveis do sistema e da entrada que estejam presentes na equação. Em seguida, escolhemos cada variável derivada como uma variável de estado. Então expressamos todas as demais variáveis do sistema nas equações em função das variáveis de estado e da entrada. Finalmente, escrevemos as variáveis de saída como combinações lineares das variáveis de estado e da entrada.

Exemplo 3.1

Representando um Circuito Elétrico

PROBLEMA: Dado o circuito elétrico da Figura 3.5, obtenha uma representação no espaço de estados, caso a saída seja a corrente através do resistor.

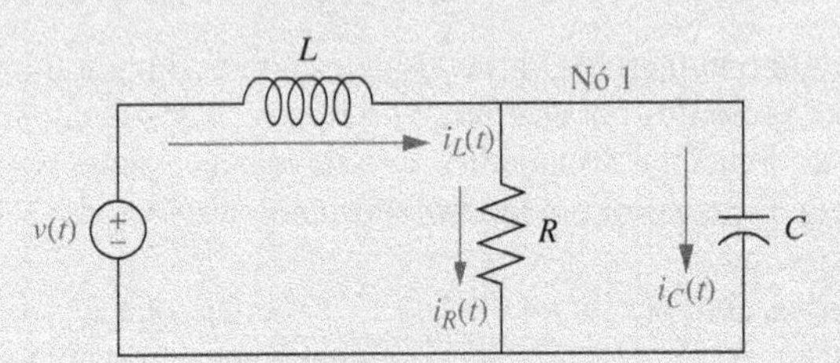

FIGURA 3.5 Circuito elétrico para representação no espaço de estados.

SOLUÇÃO: Os seguintes passos resultarão em uma representação viável do circuito no espaço de estados.

Passo 1 Nomeie todas as correntes dos ramos do circuito. Isso abrange i_L, i_R e i_C, como mostrado na Figura 3.5.

Passo 2 Escolha as variáveis de estado escrevendo as equações diferenciais para todos os elementos armazenadores de energia, isto é, o indutor e o capacitor. Assim,

$$C\frac{dv_C}{dt} = i_C \tag{3.22}$$

$$L\frac{di_L}{dt} = v_L \tag{3.23}$$

A partir das Equações (3.22) e (3.23), escolha as variáveis de estado como as grandezas que são derivadas, isto é, v_C e i_L. Utilizando a Equação (3.20) como referência, observamos que a representação no espaço de estados estará completa se os lados direitos das Equações (3.22) e (3.23) puderem ser escritos como combinações lineares das variáveis de estado e da entrada.

Uma vez que i_C e v_L não são variáveis de estado, nosso próximo passo é expressar i_C e v_L como combinações lineares das variáveis de estado, v_C e i_L, e da entrada, $v(t)$.

Passo 3 Aplique a teoria de circuitos, como as leis de Kirchhoff das tensões e das correntes, para obter i_C e v_L em função das variáveis de estado, v_C e i_L. No Nó 1,

$$\begin{aligned} i_C &= -i_R + i_L \\ &= -\frac{1}{R}v_C + i_L \end{aligned} \tag{3.24}$$

que fornece i_C em função das variáveis de estado, v_C e i_L.

Ao longo da malha externa,

$$v_L = -v_C + v(t) \tag{3.25}$$

que fornece v_L em função da variável de estado, v_C, e da fonte, $v(t)$.

Passo 4 Substitua os resultados das Equações (3.24) e (3.25) nas Equações (3.22) e (3.23) para obter as seguintes equações de estado:

[6] Ver Capítulo 12 para técnicas de projeto no espaço de estados.

$$C\frac{dv_C}{dt} = -\frac{1}{R}v_C + i_L \tag{3.26a}$$

$$L\frac{di_L}{dt} = -v_C + v(t) \tag{3.26b}$$

ou

$$\frac{dv_C}{dt} = -\frac{1}{RC}v_C + \frac{1}{C}i_L \tag{3.27a}$$

$$\frac{di_L}{dt} = -\frac{1}{L}v_C + \frac{1}{L}v(t) \tag{3.27b}$$

Passo 5 Obtenha a equação de saída. Como a saída é $i_R(t)$,

$$i_R = \frac{1}{R}v_C \tag{3.28}$$

O resultado final para a representação no espaço de estados é obtido representando as Equações (3.27) e (3.28) na forma vetorial-matricial como a seguir:

$$\begin{bmatrix} \dot{v}_C \\ \dot{i}_L \end{bmatrix} = \begin{bmatrix} -1/(RC) & 1/C \\ -1/L & 0 \end{bmatrix} \begin{bmatrix} v_C \\ i_L \end{bmatrix} + \begin{bmatrix} 0 \\ 1/L \end{bmatrix} v(t) \tag{3.29a}$$

$$i_R = \begin{bmatrix} 1/R & 0 \end{bmatrix} \begin{bmatrix} v_C \\ i_L \end{bmatrix} \tag{3.29b}$$

em que o ponto indica derivação em relação ao tempo.

Com a finalidade de tornar a representação de sistemas físicos no espaço de estados mais clara, vamos examinar mais dois exemplos. O primeiro é um circuito elétrico com uma fonte controlada. Embora sigamos o mesmo procedimento do problema anterior, este problema apresentará maior complexidade na aplicação da análise de circuitos para obter as equações de estado. Para o segundo exemplo, obtemos a representação no espaço de estados de um sistema mecânico.

Exemplo 3.2

Representando um Circuito Elétrico com uma Fonte Controlada

PROBLEMA: Obtenha as equações de estado e de saída para o circuito elétrico mostrado na Figura 3.6, caso o vetor de saída seja $\mathbf{y} = [v_{R_2} \quad i_{R_2}]^T$, em que T significa transposta.[7]

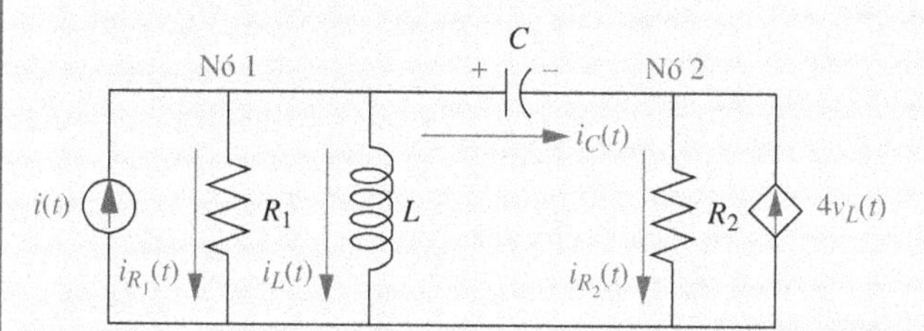

FIGURA 3.6 Circuito elétrico para o Exemplo 3.2.

SOLUÇÃO: Observe, de imediato, que este circuito possui uma fonte de corrente controlada por tensão.

Passo 1 Nomeie todas as correntes dos ramos do circuito, como mostrado na Figura 3.6.

Passo 2 Escolha as variáveis de estado listando as relações tensão-corrente para todos os elementos armazenadores de energia:

$$L\frac{di_L}{dt} = v_L \tag{3.30a}$$

[7] Ver Apêndice G para uma discussão sobre a transposta. O Apêndice G está disponível no Ambiente de aprendizagem do GEN.

$$C\frac{dv_C}{dt} = i_C \tag{3.30b}$$

A partir das Equações (3.30), escolha as variáveis de estado como as variáveis derivadas. Assim, as variáveis de estado, x_1 e x_2, são

$$x_1 = i_L; \quad x_2 = v_C \tag{3.31}$$

Passo 3 Lembrando que a forma da equação de estado é

$$\dot{\mathbf{x}} = \mathbf{Ax} + \mathbf{Bu} \tag{3.32}$$

observamos que a tarefa que resta é transformar o lado direito das Equações (3.30) em combinações lineares das variáveis de estado e da fonte de corrente de entrada. Utilizando as leis de Kirchhoff das tensões e das correntes, obtemos v_L e i_C em função das variáveis de estado e da fonte de corrente de entrada.

Ao longo da malha que contém L e C,

$$v_L = v_C + v_{R_2} = v_C + i_{R_2}R_2 \tag{3.33}$$

Porém, no Nó 2, $i_{R_2} = i_C + 4v_L$. Substituindo esta relação para i_{R_2} na Equação (3.33) resulta

$$v_L = v_C + (i_C + 4v_L)R_2 \tag{3.34}$$

Resolvendo para v_L, obtemos

$$v_L = \frac{1}{1-4R_2}(v_C + i_C R_2) \tag{3.35}$$

Observe que uma vez que v_C é uma variável de estado, precisamos apenas determinar i_C em função das variáveis de estado. Teremos então obtido v_L em função das variáveis de estado.

Assim, no Nó 1 podemos escrever a soma das correntes como

$$\begin{aligned} i_C &= i(t) - i_{R_1} - i_L \\ &= i(t) - \frac{v_{R_1}}{R_1} - i_L \\ &= i(t) - \frac{v_L}{R_1} - i_L \end{aligned} \tag{3.36}$$

em que $v_{R_1} = v_L$. As Equações (3.35) e (3.36) são duas equações que relacionam v_L e i_C em função das variáveis de estado i_L e v_C. Reescrevendo as Equações (3.35) e (3.36), obtemos duas equações simultâneas fornecendo v_L e i_C como combinações lineares das variáveis de estado i_L e v_C:

$$(1-4R_2)v_L - R_2 i_C = v_C \tag{3.37a}$$

$$-\frac{1}{R_1}v_L - i_C = i_L - i(t) \tag{3.37b}$$

Resolvendo as Equações (3.37) simultaneamente para v_L e i_C resulta

$$v_L = \frac{1}{\Delta}[R_2 i_L - v_C - R_2 i(t)] \tag{3.38}$$

e

$$i_C = \frac{1}{\Delta}\left[(1-4R_2)i_L + \frac{1}{R_1}v_C - (1-4R_2)i(t)\right] \tag{3.39}$$

em que

$$\Delta = -\left[(1-4R_2) + \frac{R_2}{R_1}\right] \tag{3.40}$$

Substituindo as Equações (3.38) e (3.39) na Equação (3.30), simplificando e escrevendo o resultado na forma vetorial-matricial, resulta a seguinte equação de estado:

$$\begin{bmatrix} \dot{i}_L \\ \dot{v}_C \end{bmatrix} = \begin{bmatrix} R_2/(L\Delta) & -1/(L\Delta) \\ (1-4R_2)/(C\Delta) & 1/(R_1 C\Delta) \end{bmatrix} \begin{bmatrix} i_L \\ v_C \end{bmatrix} + \begin{bmatrix} -R_2/(L\Delta) \\ -(1-4R_2)/(C\Delta) \end{bmatrix} i(t) \tag{3.41}$$

Passo 4 Deduza a equação de saída. Uma vez que as variáveis de saída especificadas são v_{R_2} e i_{R_2}, observamos que ao longo da malha que contém C, L e R_2,

$$v_{R_2} = -v_C + v_L \tag{3.42a}$$

$$i_{R_2} = i_C + 4v_L \tag{3.42b}$$

Substituindo as Equações (3.38) e (3.39) nas Equações (3.42), v_{R_2} e i_{R_2} são obtidas como combinações lineares das variáveis de estado, i_L e v_C. Na forma vetorial-matricial, a equação é

$$\begin{bmatrix} v_{R_2} \\ i_{R_2} \end{bmatrix} = \begin{bmatrix} R_2/\Delta & -(1+1/\Delta) \\ 1/\Delta & (1-4R_1)/(\Delta R_1) \end{bmatrix} \begin{bmatrix} i_L \\ v_C \end{bmatrix} + \begin{bmatrix} -R_2/\Delta \\ -1/\Delta \end{bmatrix} i(t) \tag{3.43}$$

No próximo exemplo, obtemos a representação no espaço de estados para um sistema mecânico. Quando se trabalha com sistemas mecânicos é mais conveniente obter as equações de estado diretamente das equações de movimento do que a partir dos elementos armazenadores de energia. Por exemplo, considere um elemento armazenador de energia como uma mola, em que $F = Kx$. Esta relação não contém a derivada de uma variável física como no caso dos circuitos elétricos, nos quais $i = C\,dv/dt$ para os capacitores e $v = L\,di/dt$ para os indutores. Assim, nos sistemas mecânicos mudamos nossa escolha de variáveis de estado para a posição e a velocidade de cada ponto de movimento linearmente independente. No exemplo veremos que, embora existam três elementos armazenadores de energia, existirão quatro variáveis de estado; uma variável de estado linearmente independente adicional é incluída para a comodidade da escrita das equações de estado. É deixada ao leitor a tarefa de mostrar que esse sistema resulta em uma função de transferência de quarta ordem caso relacionemos o deslocamento de qualquer das massas à força aplicada, e em uma função de transferência de terceira ordem caso relacionemos a velocidade de qualquer das massas à força aplicada.

Exemplo 3.3

Representando um Sistema Mecânico Translacional

PROBLEMA: Obtenha as equações de estado para o sistema mecânico translacional mostrado na Figura 3.7.

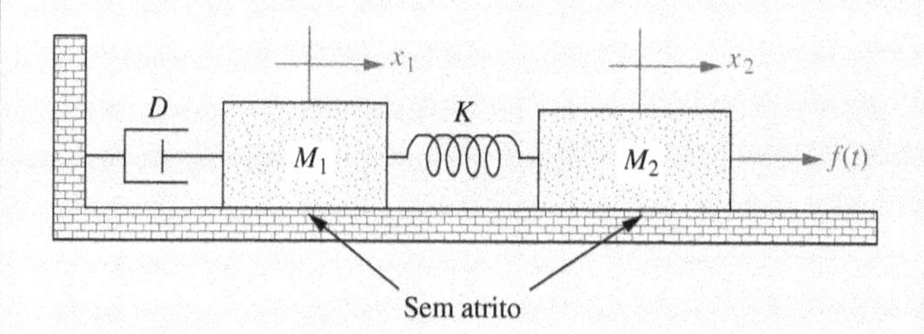

FIGURA 3.7 Sistema mecânico translacional.

SOLUÇÃO: Primeiro escreva as equações diferenciais para o sistema da Figura 3.7, utilizando os métodos do Capítulo 2 para determinar a transformada de Laplace das equações de movimento. Em seguida, aplique a transformada de Laplace inversa a essas equações, admitindo condições iniciais nulas, e obtenha

$$M_1\frac{d^2x_1}{dt^2} + D\frac{dx_1}{dt} + Kx_1 - Kx_2 = 0 \tag{3.44}$$

$$-Kx_1 + M_2\frac{d^2x_2}{dt^2} + Kx_2 = f(t) \tag{3.45}$$

Agora, faça $d^2x_1/dt^2 = dv_1/dt$ e $d^2x_2/dt^2 = dv_2/dt$, e escolha x_1, v_1, x_2 e v_2 como variáveis de estado. Em seguida, forme duas das equações de estado resolvendo a Equação (3.44) para dv_1/dt e a Equação (3.45) para dv_2/dt. Finalmente, acrescente $dx_1/dt = v_1$ e $dx_2/dt = v_2$ para completar o conjunto de equações de estado. Assim,

$$\frac{dx_1}{dt} = \qquad +v_1 \tag{3.46a}$$

$$\frac{dv_1}{dt} = -\frac{K}{M_1}x_1 - \frac{D}{M_1}v_1 + \frac{K}{M_1}x_2 \tag{3.46b}$$

$$\frac{dx_2}{dt} = \qquad\qquad +v_2 \tag{3.46c}$$

$$\frac{dv_2}{dt} = +\frac{K}{M_2}x_1 \qquad -\frac{K}{M_2}x_2 \qquad +\frac{1}{M_2}f(t) \tag{3.46d}$$

Na forma vetorial-matricial,

$$\begin{bmatrix} \dot{x}_1 \\ \dot{v}_1 \\ \dot{x}_2 \\ \dot{v}_2 \end{bmatrix} = \begin{bmatrix} 0 & 1 & 0 & 0 \\ -K/M_1 & -D/M_1 & K/M_1 & 0 \\ 0 & 0 & 0 & 1 \\ K/M_2 & 0 & -K/M_2 & 0 \end{bmatrix} \begin{bmatrix} x_1 \\ v_1 \\ x_2 \\ v_2 \end{bmatrix} + \begin{bmatrix} 0 \\ 0 \\ 0 \\ 1/M_2 \end{bmatrix} f(t) \tag{3.47}$$

em que o ponto indica derivada em relação ao tempo. Qual é a equação de saída caso a saída seja $x(t)$?

Exercício 3.1

PROBLEMA: Obtenha a representação no espaço de estados do circuito elétrico mostrado na Figura 3.8. A saída é $v_s(t)$.

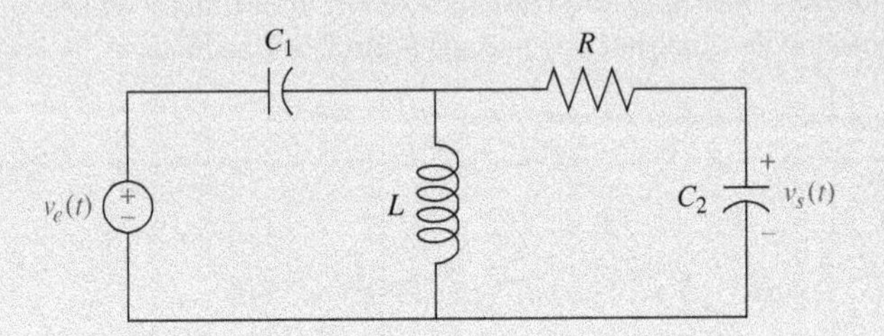

FIGURA 3.8 Circuito elétrico para o Exercício 3.1.

RESPOSTA:

$$\dot{\mathbf{x}} = \begin{bmatrix} 1/C_1 & 1/C_1 & -1/C_1 \\ -1/L & 0 & 0 \\ 1/C_2 & 0 & -1/C_2 \end{bmatrix} \mathbf{x} + \begin{bmatrix} 0 \\ 1 \\ 0 \end{bmatrix} v_i(t)$$

$$y = \begin{bmatrix} 0 & 0 & 1 \end{bmatrix} \mathbf{x}$$

A solução completa está disponível no Ambiente de aprendizagem do GEN.

Exercício 3.2

PROBLEMA: Represente o sistema mecânico translacional mostrado na Figura 3.9 no espaço de estados, em que $x_3(t)$ é a saída.

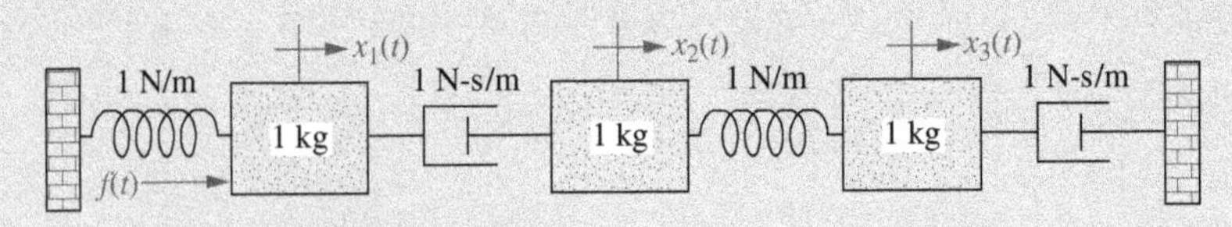

FIGURA 3.9 Sistema mecânico translacional para o Exercício 3.2.

RESPOSTA:

$$\dot{\mathbf{z}} = \begin{bmatrix} 0 & 1 & 0 & 0 & 0 & 0 \\ -1 & -1 & 0 & 1 & 0 & 0 \\ 0 & 0 & 0 & 1 & 0 & 0 \\ 0 & 1 & -1 & -1 & 1 & 0 \\ 0 & 0 & 0 & 0 & 0 & 1 \\ 0 & 0 & 1 & 0 & -1 & -1 \end{bmatrix}\mathbf{z} + \begin{bmatrix} 0 \\ 1 \\ 0 \\ 0 \\ 0 \\ 0 \end{bmatrix} f(t)$$

$$y = \begin{bmatrix} 0 & 0 & 0 & 0 & 1 & 0 \end{bmatrix}\mathbf{z}$$

em que

$$\mathbf{z} = \begin{bmatrix} x_1 & \dot{x}_1 & x_2 & \dot{x}_2 & x_3 & \dot{x}_3 \end{bmatrix}^T$$

A solução completa está disponível no Ambiente de aprendizagem do GEN.

3.5 Convertendo uma Função de Transferência para o Espaço de Estados

Na última seção, aplicamos a representação no espaço de estados a sistemas elétricos e mecânicos. Nesta seção, aprendemos como converter uma representação em função de transferência para uma representação no espaço de estados. Uma das vantagens da representação no espaço de estados é que ela pode ser utilizada para a simulação de sistemas físicos em computadores digitais. Assim, caso desejemos simular um sistema que é representado por uma função de transferência, devemos primeiro converter a representação em função de transferência para o espaço de estados.

Inicialmente escolhemos um conjunto de variáveis de estado, chamadas *variáveis de fase*, no qual cada variável de estado subsequente é definida como a derivada da variável de estado anterior. No Capítulo 5, mostramos como realizar outras escolhas para as variáveis de estado.

Vamos começar mostrando como representar uma equação diferencial linear de ordem n genérica com coeficientes constantes no espaço de estados na forma de variáveis de fase. Mostraremos então como aplicar essa representação às funções de transferência.

Considere a equação diferencial

$$\frac{d^n y}{dt^n} + a_{n-1}\frac{d^{n-1}y}{dt^{n-1}} + \cdots + a_1\frac{dy}{dt} + a_0 y = b_0 u \tag{3.48}$$

Um modo conveniente de escolher as variáveis de estado é escolher a saída, $y(t)$, e suas $(n - 1)$ derivadas como as variáveis de estado. Esta escolha é chamada *escolha de variáveis de fase*. Escolhendo as variáveis de estado, x_i, obtemos

$$x_1 = y \tag{3.49a}$$

$$x_2 = \frac{dy}{dt} \tag{3.49b}$$

$$x_3 = \frac{d^2y}{dt^2} \tag{3.49c}$$

$$\vdots$$

$$x_n = \frac{d^{n-1}y}{dt^{n-1}} \tag{3.49d}$$

e derivando ambos os lados resulta

$$\dot{x}_1 = \frac{dy}{dt} \tag{3.50a}$$

$$\dot{x}_2 = \frac{d^2y}{dt^2} \tag{3.50b}$$

$$\dot{x}_3 = \frac{d^3y}{dt^3} \tag{3.50c}$$

$$\vdots$$

$$\dot{x}_n = \frac{d^ny}{dt^n} \tag{3.50d}$$

em que o ponto acima do x indica derivada em relação ao tempo.

Substituindo as definições das Equações (3.49) nas Equações (3.50), as equações de estado são obtidas como

$$\dot{x}_1 = x_2 \tag{3.51a}$$

$$\dot{x}_2 = x_3 \tag{3.51b}$$

$$\vdots$$

$$\dot{x}_{n-1} = x_n \tag{3.51c}$$

$$\dot{x}_n = -a_0x_1 - a_1x_2 \cdots - a_{n-1}x_n + b_0u \tag{3.51d}$$

em que a Equação (3.51d) foi obtida a partir da Equação (3.48) resolvendo para $d^n y/dt^n$ e utilizando as Equações (3.49). Na forma vetorial-matricial, as Equações (3.51) se tornam

$$\begin{bmatrix} \dot{x}_1 \\ \dot{x}_2 \\ \dot{x}_3 \\ \vdots \\ \dot{x}_{n-1} \\ \dot{x}_n \end{bmatrix} = \begin{bmatrix} 0 & 1 & 0 & 0 & 0 & 0 & \cdots & 0 \\ 0 & 0 & 1 & 0 & 0 & 0 & \cdots & 0 \\ 0 & 0 & 0 & 1 & 0 & 0 & \cdots & 0 \\ \vdots & & & & & & & \\ 0 & 0 & 0 & 0 & 0 & 0 & \cdots & 1 \\ -a_0 & -a_1 & -a_2 & -a_3 & -a_4 & -a_5 & \cdots & -a_{n-1} \end{bmatrix} \begin{bmatrix} x_1 \\ x_2 \\ x_3 \\ \vdots \\ x_{n-1} \\ x_n \end{bmatrix} + \begin{bmatrix} 0 \\ 0 \\ 0 \\ \vdots \\ 0 \\ b_0 \end{bmatrix} u \tag{3.52}$$

A Equação (3.52) é a forma de variáveis de fase das equações de estado. Esta forma é facilmente reconhecida pelo padrão único de 1s e 0s e pelo valor negativo dos coeficientes da equação diferencial, escritos em ordem inversa na última linha da matriz do sistema.

Finalmente, como a solução da equação diferencial é $y(t)$, ou x_1, a equação de saída é

$$y = \begin{bmatrix} 1 & 0 & 0 & \cdots & 0 \end{bmatrix} \begin{bmatrix} x_1 \\ x_2 \\ x_3 \\ \vdots \\ x_{n-1} \\ x_n \end{bmatrix} \tag{3.53}$$

Em resumo, para converter uma função de transferência em equações de estado na forma de variáveis de fase, primeiro convertemos a função de transferência em uma equação diferencial pela multiplicação cruzada e aplicando a transformada de Laplace inversa, admitindo condições iniciais nulas. Então representamos a equação diferencial no espaço de estados na forma de variáveis de fase. Um exemplo ilustra o processo.

Exemplo 3.4

Convertendo uma Função de Transferência com Termo Constante no Numerador

PROBLEMA: Obtenha a representação no espaço de estados na forma de variáveis de fase para a função de transferência mostrada na Figura 3.10(a).

SOLUÇÃO:

Passo 1 Determine a equação diferencial associada.

$$\frac{C(s)}{R(s)} = \frac{24}{(s^3 + 9s^2 + 26s + 24)} \tag{3.54}$$

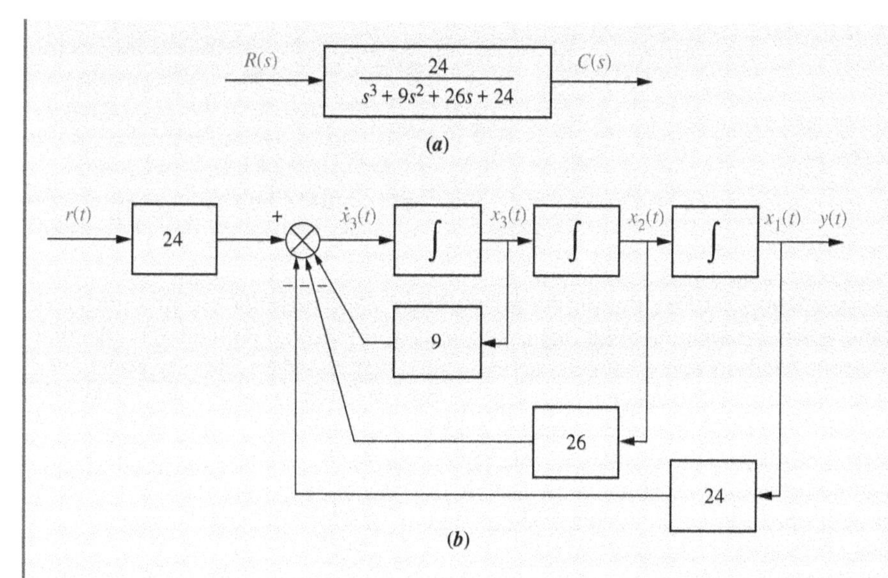

FIGURA 3.10 **a.** Função de transferência; **b.** diagrama de blocos equivalente mostrando as variáveis de fase. *Observação*: $y(t) = c(t)$.

Como o produto cruzado fornece

$$(s^3 + 9s^2 + 26s + 24)C(s) = 24R(s) \tag{3.55}$$

A equação diferencial correspondente é obtida aplicando-se a transformada inversa de Laplace, admitindo-se condições iniciais nulas:

$$\dddot{c} + 9\ddot{c} + 26\dot{c} + 24c = 24r \tag{3.56}$$

Passo 2 Escolha as variáveis de estado.
Escolhendo as variáveis de estado como derivadas sucessivas, obtemos

$$x_1 = c \tag{3.57a}$$

$$x_2 = \dot{c} \tag{3.57b}$$

$$x_3 = \ddot{c} \tag{3.57c}$$

Derivando ambos os lados e utilizando as Equações (3.57) para obter $\dot{x}_1$ e $\dot{x}_2$, e a Equação (3.56) para determinar $\dddot{c} = \dot{x}_3$, obtemos as equações de estado. Uma vez que a saída é $c = x_1$, as equações de estado e de saída combinadas são

$$\dot{x}_1 = x_2 \tag{3.58a}$$

$$\dot{x}_2 = x_3 \tag{3.58b}$$

$$\dot{x}_3 = -24x_1 - 26x_2 - 9x_3 + 24r \tag{3.58c}$$

$$y = c = x_1 \tag{3.58d}$$

Na forma vetorial-matricial,

$$\begin{bmatrix} \dot{x}_1 \\ \dot{x}_2 \\ \dot{x}_3 \end{bmatrix} = \begin{bmatrix} 0 & 1 & 0 \\ 0 & 0 & 1 \\ -24 & -26 & -9 \end{bmatrix} \begin{bmatrix} x_1 \\ x_2 \\ x_3 \end{bmatrix} + \begin{bmatrix} 0 \\ 0 \\ 24 \end{bmatrix} r \tag{3.59a}$$

$$y = [1 \quad 0 \quad 0] \begin{bmatrix} x_1 \\ x_2 \\ x_3 \end{bmatrix} \tag{3.59b}$$

Observe que a terceira linha da matriz do sistema possui os mesmos coeficientes do denominador da função de transferência, porém com sinal negativo e na ordem inversa.

Neste ponto, podemos criar um diagrama de blocos equivalente do sistema da Figura 3.10(a) para auxiliar na visualização das variáveis de estado. Desenhamos três blocos de integração, como mostrado na Figura 3.10(b), e nomeamos cada saída como uma das variáveis de estado, $x_i(t)$, como mostrado. Uma vez que a entrada de cada integrador é $\dot{x}_i(t)$, utilize as Equações (3.58a), (3.58b) e (3.58c) para determinar a combinação de sinais de entrada para cada integrador. Forme e nomeie cada entrada. Finalmente, utilize a Equação (3.58d) para formar e nomear a saída, $y(t) = c(t)$. O resultado final da Figura 3.10(b) é um sistema equivalente ao da Figura 3.10(a), que mostra explicitamente as variáveis de estado e fornece uma imagem nítida da representação no espaço de estados.

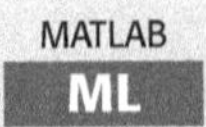

Os estudantes que estiverem usando o MATLAB devem, agora, executar os arquivos ch3apB1 até ch3apB4 do Apêndice B. Você aprenderá como representar a matriz do sistema **A**, a matriz de entrada **B** e a matriz de saída **C** utilizando o MATLAB. Você aprenderá como converter uma função de transferência em uma representação no espaço de estados na forma de variáveis de fase. Finalmente, o Exemplo 3.4 será resolvido utilizando o MATLAB.

A função de transferência do Exemplo 3.4 possui um termo constante no numerador. Se uma função de transferência possuir um polinômio em s no numerador que seja de ordem inferior ao polinômio do denominador, como mostrado na Figura 3.11(a), o numerador e o denominador podem ser tratados separadamente. Inicialmente, decomponha a função de transferência em duas funções de transferência em cascata, como mostrado na Figura 3.11(b); a primeira é o denominador e a segunda é apenas o numerador. A primeira função de transferência, apenas com o denominador, é convertida em uma representação de variáveis de fase no espaço de estados, como mostrado no último exemplo. Assim, a variável de fase x_1 é a saída e as demais variáveis de fase são as variáveis internas do primeiro bloco, como mostrado na Figura 3.11(b). A segunda função de transferência, apenas com o numerador, fornece

$$Y(s) = C(s) = (b_2s^2 + b_1s + b_0)X_1(s) \tag{3.60}$$

em que, após aplicar a transformada inversa de Laplace, com condições iniciais nulas,

$$y(t) = b_2\frac{d^2x_1}{dt^2} + b_1\frac{dx_1}{dt} + b_0x_1 \tag{3.61}$$

Porém, os termos em derivadas são as definições das variáveis de fase obtidas no primeiro bloco. Assim, escrevendo os termos em ordem inversa para se ajustar a uma equação de saída,

$$y(t) = b_0x_1 + b_1x_2 + b_2x_3 \tag{3.62}$$

Portanto, o segundo bloco simplesmente estabelece uma combinação linear específica das variáveis de estado desenvolvidas no primeiro bloco.

De outra perspectiva, o denominador da função de transferência fornece as equações de estado, enquanto o numerador fornece a equação de saída. O próximo exemplo demonstra o processo.

$R(s)$ → $\dfrac{b_2s^2 + b_1s + b_0}{a_3s^3 + a_2s^2 + a_1s + a_0}$ → $C(s)$

(a)

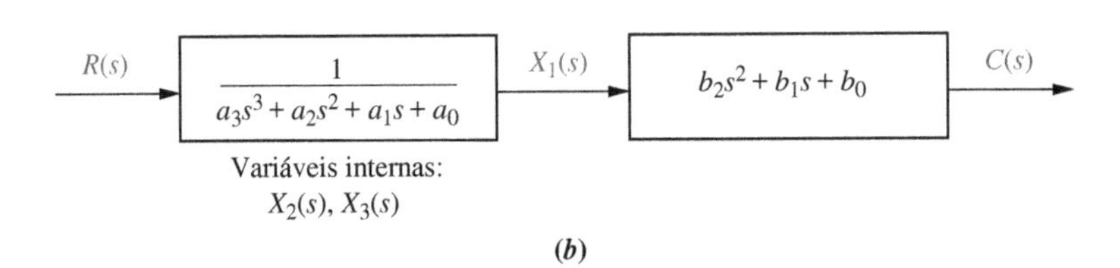

FIGURA 3.11 Decompondo uma função de transferência.

Exemplo 3.5

Convertendo uma Função de Transferência com Polinômio no Numerador

PROBLEMA: Obtenha a representação no espaço de estados da função de transferência mostrada na Figura 3.12(a).

SOLUÇÃO: Este problema difere do Exemplo 3.4, uma vez que o numerador possui um polinômio em s, em vez de apenas um termo constante.

Passo 1 Separe o sistema em dois blocos em cascata, como mostrado na Figura 3.12(b). O primeiro bloco contém o denominador e o segundo bloco contém o numerador.

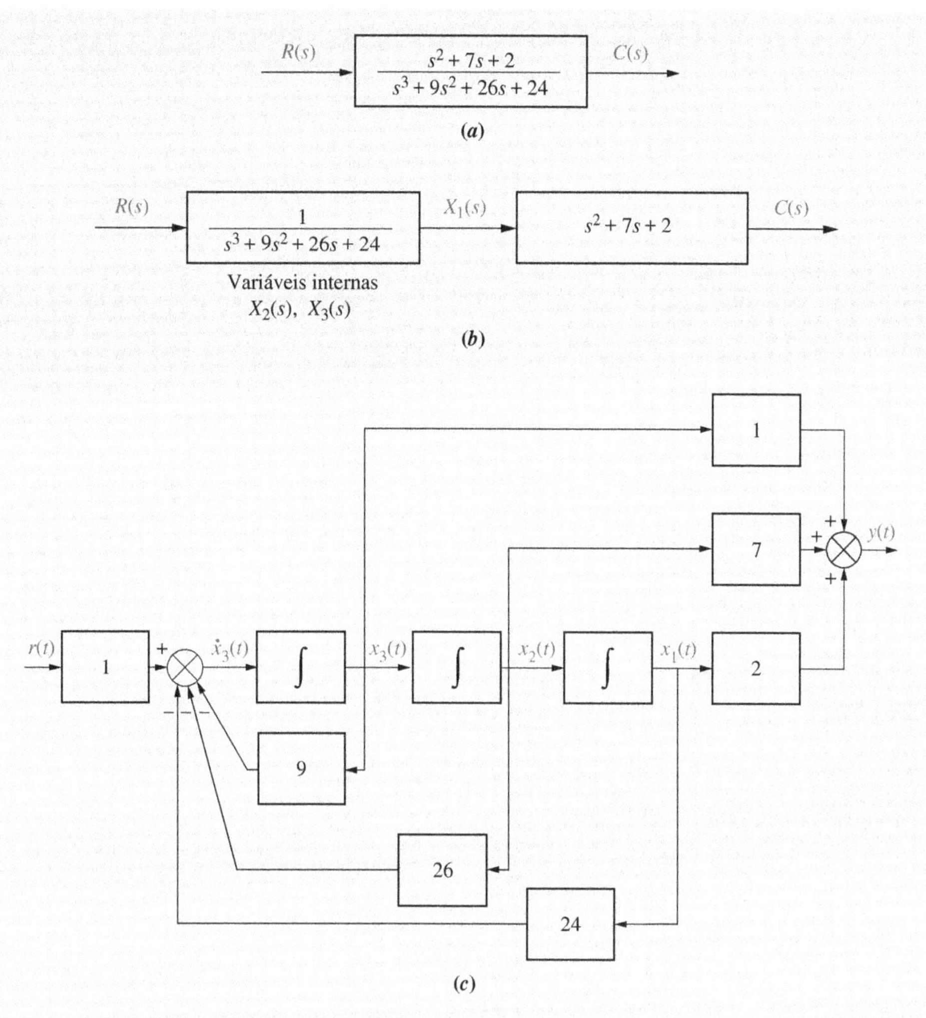

FIGURA 3.12 **a.** Função de transferência; **b.** função de transferência decomposta; **c.** diagrama de blocos equivalente. *Observação*: $y(t) = c(t)$.

Passo 2 Obtenha as equações de estado para o bloco que contém o denominador. Notamos que o numerador do primeiro bloco é 1/24 do numerador do Exemplo 3.4. Assim, as equações de estado são as mesmas, exceto que a matriz de entrada deste sistema é igual a 1/24 da matriz do Exemplo 3.4. Portanto, a equação de estado é

$$\begin{bmatrix} \dot{x}_1 \\ \dot{x}_2 \\ \dot{x}_3 \end{bmatrix} = \begin{bmatrix} 0 & 1 & 0 \\ 0 & 0 & 1 \\ -24 & -26 & -9 \end{bmatrix} \begin{bmatrix} x_1 \\ x_2 \\ x_3 \end{bmatrix} + \begin{bmatrix} 0 \\ 0 \\ 1 \end{bmatrix} r \tag{3.63}$$

Passo 3 Introduza o efeito do bloco com o numerador. O segundo bloco da Figura 3.12(*b*), em que $b_2 = 1$, $b_1 = 7$ e $b_0 = 2$, estabelece que

$$C(s) = (b_2 s^2 + b_1 s + b_0)X_1(s) = (s^2 + 7s + 2)X_1(s) \tag{3.64}$$

Aplicando a transformada inversa de Laplace com condições iniciais nulas, obtemos

$$c = \ddot{x}_1 + 7\dot{x}_1 + 2x_1 \tag{3.65}$$

Mas

$$x_1 = x_1$$
$$\dot{x}_1 = x_2$$
$$\ddot{x}_1 = x_3$$

Portanto,

$$y = c(t) = b_2 x_3 + b_1 x_2 + b_0 x_1 = x_3 + 7x_2 + 2x_1 \tag{3.66}$$

Experimente 3.1

Use as seguintes instruções MATLAB para criar uma representação LTI no espaço de estados a partir da função de transferência mostrada na Figura 3.12(a). A matriz **A** e o vetor **B** são mostrados na Equação (3.63). O vetor **C** é mostrado na Equação (3.67).

```
num=[1 7 2];
den=[1 9 26 24];
[A,B,C,D]=tf2ss...
(num,den);
P=[0 0 1;0 1 0;1 0 0];
A=inv(P)*A*P
B=inv(P)*B
C=C*P
```

Assim, o último bloco da Figura 3.11(*b*) "reúne" os estados e gera a equação de saída. A partir da Equação (3.66),

$$y = \begin{bmatrix} b_0 & b_1 & b_2 \end{bmatrix} \begin{bmatrix} x_1 \\ x_2 \\ x_3 \end{bmatrix} = \begin{bmatrix} 2 & 7 & 1 \end{bmatrix} \begin{bmatrix} x_1 \\ x_2 \\ x_3 \end{bmatrix} \tag{3.67}$$

Embora o segundo bloco da Figura 3.12(*b*) apresente derivações, este bloco foi implementado sem derivações devido à separação em duas partes que foi aplicada à função de transferência. O último bloco simplesmente reuniu as derivadas que já haviam sido formadas pelo primeiro bloco.

Mais uma vez podemos produzir um diagrama de blocos equivalente que representa vividamente nosso modelo no espaço de estados. O primeiro bloco da Figura 3.12(*b*) é o mesmo da Figura 3.10(*a*), exceto pela constante diferente no numerador. Assim, na Figura 3.12(*c*) reproduzimos a Figura 3.10(*b*), exceto pela alteração da constante no numerador, que aparece como uma alteração no fator multiplicador da entrada. O segundo bloco da Figura 3.12(*b*) é representado utilizando a Equação (3.66), que forma a saída a partir de uma combinação linear das variáveis de estado, como mostrado na Figura 3.12(*c*).

Exercício 3.3

PROBLEMA: Obtenha as equações de estado e a equação de saída para a representação em variáveis de fase da função de transferência $G(s) = \dfrac{2s+1}{s^2+7s+9}$.

RESPOSTA:

$$\dot{\mathbf{x}} = \begin{bmatrix} 0 & 1 \\ -9 & -7 \end{bmatrix}\mathbf{x} + \begin{bmatrix} 0 \\ 1 \end{bmatrix} r(t)$$
$$y = \begin{bmatrix} 1 & 2 \end{bmatrix}\mathbf{x}$$

A solução completa está disponível no Ambiente de aprendizagem do GEN.

3.6 Convertendo do Espaço de Estados para uma Função de Transferência

Nos Capítulos 2 e 3, exploramos dois métodos de representação de sistemas: a representação em função de transferência e a representação no espaço de estados. Na última seção, unimos as duas representações convertendo funções de transferência em representações no espaço de estados. Agora nos movemos no sentido oposto e convertemos a representação no espaço de estados em uma função de transferência.

Dadas as equações de estado e de saída

$$\dot{\mathbf{x}} = \mathbf{A}\mathbf{x} + \mathbf{B}\mathbf{u} \tag{3.68a}$$

$$\mathbf{y} = \mathbf{C}\mathbf{x} + \mathbf{D}\mathbf{u} \tag{3.68b}$$

aplique a transformada de Laplace admitindo condições iniciais nulas:[8]

$$s\mathbf{X}(s) = \mathbf{A}\mathbf{X}(s) + \mathbf{B}\mathbf{U}(s) \tag{3.69a}$$

$$\mathbf{Y}(s) = \mathbf{C}\mathbf{X}(s) + \mathbf{D}\mathbf{U}(s) \tag{3.69b}$$

Resolvendo para $\mathbf{X}(s)$ na Equação (3.69a), em que $\mathbf{I}$ é a matriz identidade,

$$(s\mathbf{I} - \mathbf{A})\mathbf{X}(s) = \mathbf{B}\mathbf{U}(s) \tag{3.70}$$

[8] A transformada de Laplace de um vetor é obtida aplicando a transformada de Laplace a cada um de seus elementos. Uma vez que $\dot{\mathbf{x}}$ consiste nas derivadas das variáveis de estado, a transformada de Laplace de $\dot{\mathbf{x}}$ com condições iniciais nulas resulta em cada elemento com a forma $sX_i(s)$, em que $X_i(s)$ é a transformada de Laplace da variável de estado. Colocando em evidência a variável complexa s de cada elemento, resulta na transformada de Laplace de $\dot{\mathbf{x}}$ como $s\mathbf{X}(s)$, em que $\mathbf{X}(s)$ é um vetor coluna com elementos $X_i(s)$.

ou

$$\mathbf{X}(s) = (s\mathbf{I} - \mathbf{A})^{-1}\mathbf{B}\mathbf{U}(s) \tag{3.71}$$

Substituindo a Equação (3.71) na Equação (3.69b), resulta

$$\mathbf{Y}(s) = \mathbf{C}(s\mathbf{I} - \mathbf{A})^{-1}\mathbf{B}\mathbf{U}(s) + \mathbf{D}\mathbf{U}(s) = [\mathbf{C}(s\mathbf{I} - \mathbf{A})^{-1}\mathbf{B} + \mathbf{D}]\mathbf{U}(s) \tag{3.72}$$

Chamamos a matriz $[\mathbf{C}(s\mathbf{I} - \mathbf{A})^{-1}\mathbf{B} + \mathbf{D}]$ de matriz de função de transferência, uma vez que ela relaciona o vetor de saída, $\mathbf{Y}(s)$, com o vetor de entrada, $\mathbf{U}(s)$. Entretanto, se $\mathbf{U}(s) = U(s)$ e $\mathbf{Y}(s) = Y(s)$ são escalares, podemos obter a função de transferência. Portanto,

$$T(s) = \frac{Y(s)}{U(s)} = \mathbf{C}(s\mathbf{I} - \mathbf{A})^{-1}\mathbf{B} + \mathbf{D} \tag{3.73}$$

Vejamos um exemplo.

Exemplo 3.6

Representação no Espaço de Estados para Função de Transferência

PROBLEMA: Dado o sistema definido pelas Equações (3.74), obtenha a função de transferência $T(s) = Y(s)/U(s)$, em que $U(s)$ é a entrada e $Y(s)$ é a saída.

$$\dot{\mathbf{x}} = \begin{bmatrix} 0 & 1 & 0 \\ 0 & 0 & 1 \\ -1 & -2 & -3 \end{bmatrix}\mathbf{x} + \begin{bmatrix} 10 \\ 0 \\ 0 \end{bmatrix}u \tag{3.74a}$$

$$y = [1 \quad 0 \quad 0]\mathbf{x} \tag{3.74b}$$

SOLUÇÃO: A solução gira em torno de obter o termo $(s\mathbf{I} - \mathbf{A})^{-1}$ da Equação (3.73).[9] Todos os outros termos já estão definidos. Assim, primeiro obtenha $(s\mathbf{I} - \mathbf{A})$:

$$(s\mathbf{I} - \mathbf{A}) = \begin{bmatrix} s & 0 & 0 \\ 0 & s & 0 \\ 0 & 0 & s \end{bmatrix} - \begin{bmatrix} 0 & 1 & 0 \\ 0 & 0 & 1 \\ -1 & -2 & -3 \end{bmatrix} = \begin{bmatrix} s & -1 & 0 \\ 0 & s & -1 \\ 1 & 2 & s+3 \end{bmatrix} \tag{3.75}$$

Agora obtenha $(s\mathbf{I} - \mathbf{A})^{-1}$:

$$(s\mathbf{I} - \mathbf{A})^{-1} = \frac{\operatorname{adj}(s\mathbf{I} - \mathbf{A})}{\det(s\mathbf{I} - \mathbf{A})} = \frac{\begin{bmatrix} (s^2+3s+2) & s+3 & 1 \\ -1 & s(s+3) & s \\ -s & -(2s+1) & s^2 \end{bmatrix}}{s^3 + 3s^2 + 2s + 1} \tag{3.76}$$

Substituindo $(s\mathbf{I} - \mathbf{A})^{-1}$, $\mathbf{B}$, $\mathbf{C}$ e $\mathbf{D}$ na Equação (3.73), em que

$$\mathbf{B} = \begin{bmatrix} 10 \\ 0 \\ 0 \end{bmatrix}$$

$$\mathbf{C} = [1 \quad 0 \quad 0]$$

$$\mathbf{D} = 0$$

obtemos o resultado final para a função de transferência:

$$T(s) = \frac{10(s^2 + 3s + 2)}{s^3 + 3s^2 + 2s + 1} \tag{3.77}$$

[9] Ver Apêndice G. Ele está disponível no Ambiente de aprendizagem do GEN e aborda o cálculo da matriz inversa.

MATLAB

Os estudantes que estiverem usando o MATLAB devem, agora, executar o arquivo ch3apB5 do Apêndice B. Você aprenderá como converter uma representação no espaço de estados em uma função de transferência utilizando o MATLAB. Você pode praticar escrevendo um programa MATLAB para resolver o Exemplo 3.6.

Symbolic Math

SM

Estudantes que estão realizando os exercícios de MATLAB e desejam explorar a capacidade adicional da Symbolic Math Toolbox do MATLAB devem agora executar o arquivo ch3apF1 do Apêndice F, disponível no Ambiente de aprendizagem do GEN. Você aprenderá como utilizar a Symbolic Math Toolbox para escrever matrizes e vetores. Você verá que a Symbolic Math Toolbox oferece um modo alternativo de utilizar o MATLAB para resolver o Exemplo 3.6.

Exercício 3.4

Experimente 3.2

Use as seguintes instruções MATLAB e Control System Toolbox para obter a função de transferência mostrada no Exercício 3.4 a partir da representação no espaço de estados das Equações (3.78).

```
A=[-4 -1.5;4 0];
B=[2 0]';
C=[1.5 0.625];
D=0;
T=ss(A,B,C,D);
T=tf(T)
```

PROBLEMA: Converta as equações de estado e de saída mostradas nas Equações (3.78) em uma função de transferência.

$$\dot{\mathbf{x}} = \begin{bmatrix} -4 & -1{,}5 \\ 4 & 0 \end{bmatrix}\mathbf{x} + \begin{bmatrix} 2 \\ 0 \end{bmatrix}u(t) \tag{3.78a}$$

$$y = \begin{bmatrix} 1{,}5 & 0{,}625 \end{bmatrix}\mathbf{x} \tag{3.78b}$$

RESPOSTA:

$$G(s) = \frac{3s+5}{s^2+4s+6}$$

A solução completa está disponível no Ambiente de aprendizagem do GEN.

No Exemplo 3.6, as equações de estado na forma de variáveis de fase foram convertidas em funções de transferência. No Capítulo 5 veremos que outras formas, além da forma de variáveis de fase, podem ser utilizadas para representar um sistema no espaço de estados. O método de obtenção da representação em função de transferência para essas outras formas é o mesmo que foi apresentado nesta seção.

3.7 Linearização

Uma vantagem primordial da representação no espaço de estados em relação à representação em função de transferência é a capacidade de representar sistemas com não linearidades, como o sistema mostrado na Figura 3.13. A capacidade de representar sistemas não lineares não implica a capacidade de resolver suas equações de estado para as variáveis de estado e a saída. Existem técnicas para a solução de alguns tipos de equações de estado não lineares, porém esse estudo está além do escopo deste livro. Entretanto, no Apêndice H, disponível no Ambiente de aprendizagem do GEN, você pode descobrir como utilizar o computador digital para resolver equações de estado. Este método também pode ser utilizado para equações de estado não lineares.

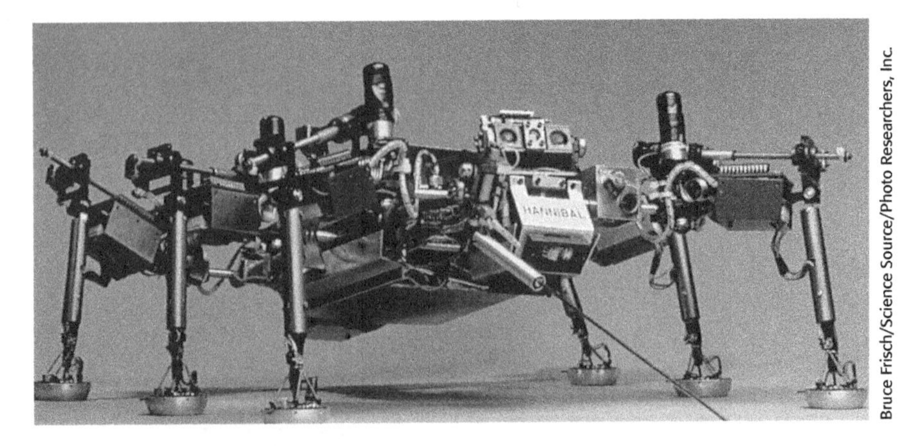

Bruce Frisch/Science Source/Photo Researchers, Inc.

FIGURA 3.13 Robôs andarilhos, como o Hannibal, mostrado aqui, podem ser utilizados para explorar ambientes hostis e terrenos acidentados, como os encontrados em outros planetas ou dentro de vulcões.

Caso estejamos interessados em pequenas perturbações em torno de um ponto de equilíbrio, como estávamos quando estudamos a linearização no Capítulo 2, também podemos linearizar as equações de estado em torno de um ponto de equilíbrio. A chave para a linearização em torno de um ponto de equilíbrio é, mais uma vez, a série de Taylor. No exemplo a seguir, escrevemos as equações de estado para um pêndulo simples, mostrando que podemos representar um sistema não linear no espaço de estados; em seguida linearizamos o pêndulo em torno de seu ponto de equilíbrio, a posição vertical com velocidade nula.

Exemplo 3.7

Representando um Sistema Não Linear

PROBLEMA: Inicialmente, represente o pêndulo simples mostrado na Figura 3.14(*a*) (que poderia ser um modelo simples para a perna do robô mostrado na Figura 3.13) no espaço de estados: Mg é o peso, T é um torque aplicado no sentido de θ e L é o comprimento do pêndulo. Admita que a massa seja uniformemente distribuída, com o centro de massa em $L/2$. Em seguida, linearize as equações de estado em torno do ponto de equilíbrio do pêndulo – a posição vertical com velocidade angular igual a zero.

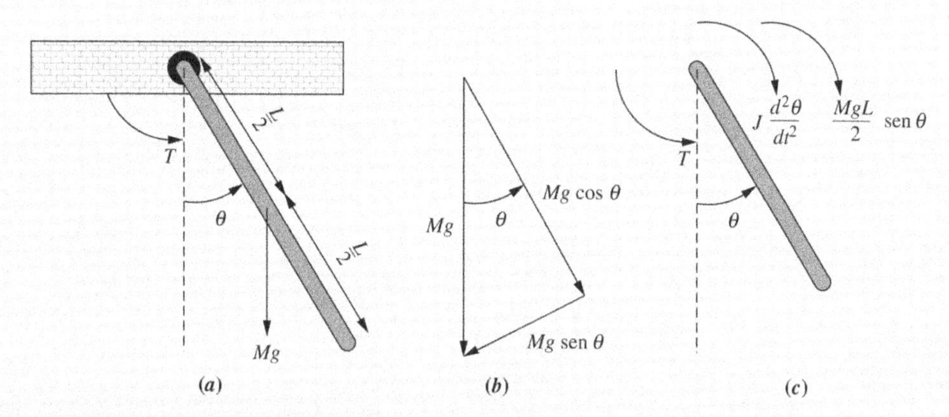

FIGURA 3.14 **a.** Pêndulo simples; **b.** componentes de força de Mg; **c.** diagrama de corpo livre.

SOLUÇÃO: Inicialmente, desenhe um diagrama de corpo livre como o mostrado na Figura 3.14(*c*). Somando os torques, obtemos

$$J\frac{d^2\theta}{dt^2}+\frac{MgL}{2}\operatorname{sen}\theta = T \tag{3.79}$$

em que J é o momento de inércia do pêndulo em torno do ponto de rotação. Escolha as variáveis de estado x_1 e x_2 como variáveis de fase. Fazendo $x_1 = \theta$ e $x_2 = d\theta/dt$, escrevemos as equações de estado como

$$\dot{x}_1 = x_2 \tag{3.80a}$$

$$\dot{x}_2 = -\frac{MgL}{2J}\operatorname{sen} x_1 + \frac{T}{J} \tag{3.80b}$$

em que $\dot{x}_2 = d^2\theta/dt^2$ é obtida a partir da Equação (3.79).

Assim, representamos um sistema não linear no espaço de estados. É interessante observar que as Equações (3.80) não lineares representam um modelo válido e completo do pêndulo no espaço de estados, mesmo que as condições iniciais não sejam nulas, e mesmo que os parâmetros sejam variantes no tempo. Entretanto, caso desejemos aplicar técnicas clássicas e converter essas equações de estado em uma função de transferência, devemos linearizá-las.

Vamos prosseguir agora linearizando a equação em torno do ponto de equilíbrio, $x_1 = 0$ e $x_2 = 0$, isto é, $\theta = 0$ e $d\theta/dt = 0$. Sejam x_1 e x_2 perturbadas em torno do ponto de equilíbrio, ou

$$x_1 = 0 + \delta x_1 \tag{3.81a}$$

$$x_2 = 0 + \delta x_2 \tag{3.81b}$$

Utilizando a Equação (2.182), obtemos

$$\operatorname{sen} x_1 - \operatorname{sen} 0 = \left.\frac{d(\operatorname{sen} x_1)}{dx_1}\right|_{x_1=0}\delta x_1 = \delta x_1 \tag{3.82}$$

da qual

$$\operatorname{sen} x_1 = \delta x_1 \tag{3.83}$$

Substituindo as Equações (3.81) e (3.83) na Equação (3.80) resultam as seguintes equações de estado:

$$\dot{\delta x}_1 = \delta x_2 \tag{3.84a}$$

$$\delta\dot{x}_2 = -\frac{MgL}{2J}\delta x_1 + \frac{T}{J} \tag{3.84b}$$

as quais são lineares e uma boa aproximação das Equações (3.80) para pequenas variações a partir do ponto de equilíbrio. Qual é a equação de saída?

Exercício 3.5

PROBLEMA: Represente o sistema mecânico translacional mostrado na Figura 3.15 no espaço de estados em torno do deslocamento de equilíbrio. A mola é não linear, em que a relação entre força da mola, $f_m(t)$, e deslocamento da mola, $x_m(t)$, é $f_m(t) = 2x_m^2(t)$. A força aplicada é $f(t) = 10 + \delta f(t)$, em que $\delta f(t)$ é uma pequena força em torno do valor constante de 10 N.

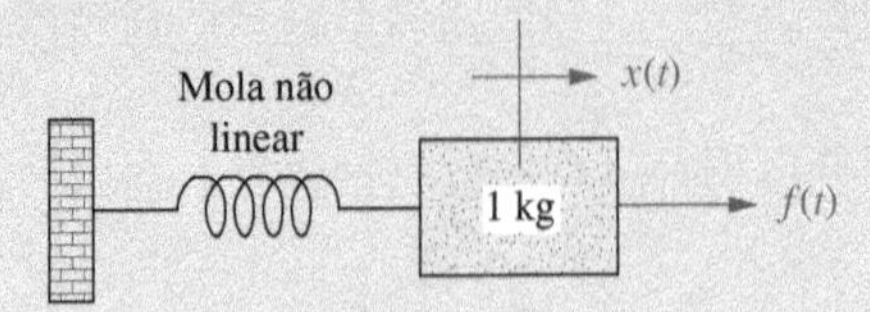

FIGURA 3.15 Sistema mecânico translacional não linear para o Exercício 3.5.

Admita que a saída seja o deslocamento da massa, $x(t)$.

RESPOSTA:

$$\dot{\mathbf{x}} = \begin{bmatrix} 0 & 1 \\ -4\sqrt{5} & 0 \end{bmatrix}\mathbf{x} + \begin{bmatrix} 0 \\ 1 \end{bmatrix}\delta f(t)$$

$$y = \begin{bmatrix} 1 & 0 \end{bmatrix}\mathbf{x}$$

A solução completa está disponível no Ambiente de aprendizagem do GEN.

Estudos de Caso

Controle de Antena: Representação no Espaço de Estados

Cobrimos a representação em espaço de estados de subsistemas físicos individuais neste capítulo. No Capítulo 5, iremos reunir subsistemas individuais em sistemas de controle com realimentação e representaremos o sistema realimentado como um todo no espaço de estados. O Capítulo 5 também mostra como a representação no espaço de estados, através de diagramas de fluxo de sinal, pode ser utilizada para interconectar esses subsistemas e permitir a representação no espaço de estados de todo o sistema em malha fechada. No estudo de caso a seguir, examinamos o sistema de controle de posição de azimute de antena e demonstramos os conceitos deste capítulo representando cada subsistema no espaço de estados.

PROBLEMA: Obtenha a representação no espaço de estados na forma de variáveis de fase para cada subsistema dinâmico no sistema de controle de posição de azimute de antena, mostrado no Apêndice A2, *Configuração 1*. Com *dinâmico*, queremos dizer que o sistema não atinge o regime permanente instantaneamente. Por exemplo, um sistema descrito por uma equação diferencial de primeira ordem ou de ordem superior é um sistema dinâmico. Um ganho puro, por outro lado, é um exemplo de sistema que não é dinâmico, uma vez que o regime permanente é atingido instantaneamente.

SOLUÇÃO: No problema de estudo de caso do Capítulo 2, cada subsistema do sistema de controle de posição de azimute de antena foi identificado. Verificamos que o amplificador de potência e o motor com a carga são sistemas dinâmicos. O pré-amplificador e os potenciômetros são ganhos puros e, por essa razão, respondem instantaneamente. Assim, vamos obter as representações no espaço de estados apenas para o amplificador de potência e para o motor com a carga.

Amplificador de potência

A função de transferência do amplificador de potência é fornecida no Apêndice A2 como $G(s) = 100/(s + 100)$. Iremos converter essa função de transferência para sua representação no espaço de estados. Fazendo $v_p(t)$ representar a entrada do amplificador de potência e $e_a(t)$ representar a saída do amplificador de potência,

$$G(s) = \frac{E_a(s)}{V_p(s)} = \frac{100}{(s+100)} \tag{3.85}$$

Realizando a multiplicação cruzada, $(s + 100)E_a(s) = 100V_p(s)$, a partir do que a equação diferencial pode ser escrita como

$$\frac{de_a}{dt} + 100e_a = 100v_p(t) \tag{3.86}$$

Reorganizando a Equação (3.86) resulta a equação de estado com e_a como a variável de estado:

$$\frac{de_a}{dt} = -100e_a + 100v_p(t) \tag{3.87}$$

Uma vez que a saída do amplificador de potência é $e_a(t)$, a equação de saída é

$$y = e_a \tag{3.88}$$

Motor com a carga

Agora obtemos a representação no espaço de estados para o motor com a carga. Naturalmente poderíamos utilizar o bloco do motor com a carga, mostrado no diagrama de blocos no Apêndice A2, para obter o resultado. Entretanto, é mais elucidativo deduzir a representação no espaço de estados diretamente da física do motor sem primeiro deduzir a função de transferência. Os elementos da dedução foram cobertos na Seção 2.8, mas são repetidos aqui para continuidade. Começando com a equação de Kirchhoff das tensões ao longo do circuito de armadura, obtemos

$$e_a(t) = i_a(t)R_a + K_{ce}\frac{d\theta_m}{dt} \tag{3.89}$$

em que $e_a(t)$ é a tensão de entrada da armadura, $i_a(t)$ é a corrente da armadura, R_a é a resistência da armadura, K_{ce} é a constante da armadura e θ_m é o deslocamento angular da armadura.

O torque, $T_m(t)$, desenvolvido pelo motor está relacionado separadamente com a corrente da armadura e com a carga vista pela armadura. Da Seção 2.8,

$$T_m(t) = K_t i_a(t) = J_m\frac{d^2\theta_m}{dt^2} + D_m\frac{d\theta_m}{dt} \tag{3.90}$$

em que J_m é a inércia equivalente como vista pela armadura e D_m é o amortecimento viscoso equivalente como visto pela armadura.

Resolvendo a Equação (3.90) para $i_a(t)$ e substituindo o resultado na Equação (3.89) resulta

$$e_a(t) = \left(\frac{R_aJ_m}{K_t}\right)\frac{d^2\theta_m}{dt^2} + \left(\frac{D_mR_a}{K_t} + K_{ce}\right)\frac{d\theta_m}{dt} \tag{3.91}$$

Definindo as variáveis de estado x_1 e x_2 como

$$x_1 = \theta_m \tag{3.92a}$$

$$x_2 = \frac{d\theta_m}{dt} \tag{3.92b}$$

e substituindo na Equação (3.91), obtemos

$$e_a(t) = \left(\frac{R_aJ_m}{K_t}\right)\frac{dx_2}{dt} + \left(\frac{D_mR_a}{K_t} + K_{ce}\right)x_2 \tag{3.93}$$

Resolvendo para dx_2/dt, resulta

$$\frac{dx_2}{dt} = -\frac{1}{J_m}\left(D_m + \frac{K_tK_{ce}}{R_a}\right)x_2 + \left(\frac{K_t}{R_aJ_m}\right)e_a(t) \tag{3.94}$$

Utilizando as Equações (3.92) e (3.94), as equações de estado são escritas como

$$\frac{dx_1}{dt} = x_2 \tag{3.95a}$$

$$\frac{dx_2}{dt} = -\frac{1}{J_m}\left(D_m + \frac{K_tK_{ce}}{R_a}\right)x_2 + \left(\frac{K_t}{R_aJ_m}\right)e_a(t) \tag{3.95b}$$

A saída, $\theta_s(t)$, é 1/10 do deslocamento da armadura, que é x_1. Assim, a equação de saída é

$$y = 0{,}1x_1 \tag{3.96}$$

Na forma vetorial-matricial,

$$\dot{\mathbf{x}} = \begin{bmatrix} 0 & 1 \\ 0 & -\frac{1}{J_m}\left(D_m + \frac{K_t K_{ce}}{R_a}\right) \end{bmatrix}\mathbf{x} + \begin{bmatrix} 0 \\ \frac{K_t}{R_a J_m} \end{bmatrix} e_a(t) \tag{3.97a}$$

$$y = [0{,}1 \quad 0]\mathbf{x} \tag{3.97b}$$

Entretanto, do problema de estudo de caso do Capítulo 2, $J_m = 0{,}03$ e $D_m = 0{,}02$. Além disso, $K_t/R_a = 0{,}0625$ e $K_{ce} = 0{,}5$. Substituindo esses valores na Equação (3.97a), obtemos a representação final no espaço de estados:

$$\dot{\mathbf{x}} = \begin{bmatrix} 0 & 1 \\ 0 & -1{,}71 \end{bmatrix}\mathbf{x} + \begin{bmatrix} 0 \\ 2{,}083 \end{bmatrix} e_a(t) \tag{3.98a}$$

$$y = [0{,}1 \quad 0]\mathbf{x} \tag{3.98b}$$

DESAFIO: Agora apresentamos um problema para testar seu conhecimento sobre os objetivos deste capítulo. Em relação ao sistema de controle de posição de azimute de antena, mostrado no Apêndice A2, obtenha a representação no espaço de estados de cada subsistema dinâmico. Utilize a Configuração 2.

Absorção de Medicamento

Uma vantagem da representação no espaço de estados sobre a representação em função de transferência é a possibilidade de manter o foco sobre as partes constituintes de um sistema e escrever n equações diferenciais de primeira ordem simultâneas, em vez de tentar representar o sistema como uma única equação diferencial de ordem n, como fizemos com a função de transferência. Além disso, sistemas com múltiplas entradas e múltiplas saídas podem ser representados de modo conveniente no espaço de estados. Este estudo de caso demonstra esses dois conceitos.

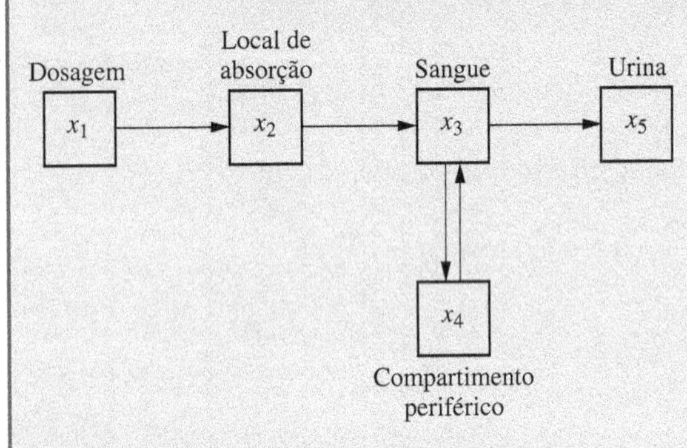

FIGURA 3.16 Concentração de nível de medicamento em um ser humano.

PROBLEMA: Na indústria farmacêutica, desejamos descrever a distribuição de um medicamento no corpo humano. Um modelo simples divide o processo em compartimentos: a dosagem, o local de absorção, o sangue, o compartimento periférico e a urina. A taxa de variação da quantidade de um medicamento em um compartimento é igual à vazão de entrada menos a vazão de saída. A Figura 3.16 sintetiza o sistema. Neste caso, cada x_i é a quantidade de medicamento em um compartimento em particular (*Lordi, 1972*). Represente o sistema no espaço de estados, em que as saídas são as quantidades de medicamento em cada compartimento.

SOLUÇÃO: A vazão de entrada de medicamento em qualquer compartimento é proporcional à concentração do medicamento no compartimento anterior, e a vazão de saída de determinado compartimento é proporcional à concentração do medicamento no próprio compartimento.

Escrevemos agora a vazão para cada compartimento. A dosagem é liberada para o local de absorção a uma taxa proporcional à concentração da dosagem, ou,

$$\frac{dx_1}{dt} = -K_1 x_1 \tag{3.99}$$

A vazão de entrada do local de absorção é proporcional à concentração do medicamento na dosagem. A vazão de saída do local de absorção para o sangue é proporcional à concentração do medicamento no local de absorção. Portanto,

$$\frac{dx_2}{dt} = K_1 x_1 - K_2 x_2 \tag{3.100}$$

Analogamente, a vazão líquida de entrada no sangue e no compartimento periférico são

$$\frac{dx_3}{dt} = K_2 x_2 - K_3 x_3 + K_4 x_4 - K_5 x_3 \tag{3.101}$$

$$\frac{dx_4}{dt} = \qquad K_5 x_3 - K_4 x_4 \tag{3.102}$$

em que $(K_4 x_4 - K_5 x_3)$ é a vazão líquida que entra no sangue vinda do compartimento periférico. Finalmente, a quantidade de medicamento na urina aumenta à medida que o sangue libera o medicamento para a urina a uma taxa proporcional à concentração do medicamento no sangue. Assim,

$$\frac{dx_5}{dt} = K_3 x_3 \tag{3.103}$$

As Equações (3.99) a (3.103) são as equações de estado. A equação de saída é um vetor que contém cada uma das quantidades, x_i. Assim, na forma vetorial-matricial,

$$\dot{\mathbf{x}} = \begin{bmatrix} -K_1 & 0 & 0 & 0 & 0 \\ K_1 & -K_2 & 0 & 0 & 0 \\ 0 & K_2 & -(K_3+K_5) & K_4 & 0 \\ 0 & 0 & K_5 & -K_4 & 0 \\ 0 & 0 & K_3 & 0 & 0 \end{bmatrix} \mathbf{x} \quad (3.104a)$$

$$\mathbf{y} = \begin{bmatrix} 1 & 0 & 0 & 0 & 0 \\ 0 & 1 & 0 & 0 & 0 \\ 0 & 0 & 1 & 0 & 0 \\ 0 & 0 & 0 & 1 & 0 \\ 0 & 0 & 0 & 0 & 1 \end{bmatrix} \mathbf{x} \quad (3.104b)$$

Talvez você esteja intrigado em saber como pode existir uma solução para essas equações, se não existe uma entrada. No Capítulo 4, quando estudarmos como resolver as equações de estado, veremos que condições iniciais fornecerão soluções sem funções forçantes. Para este problema, uma condição inicial de quantidade de dosagem, x_1, irá gerar as quantidades do medicamento em todos os demais compartimentos.

DESAFIO: Agora apresentamos um problema para testar seu conhecimento sobre os objetivos deste capítulo. O problema diz respeito ao armazenamento de água em aquíferos. Os princípios são semelhantes aos utilizados para modelar a absorção de medicamento.

Reservatórios subterrâneos de água, chamados aquíferos, são utilizados em muitas regiões para propósitos agrícolas, industriais e residenciais. Um sistema aquífero consiste em determinado número de reservatórios naturais interconectados. A água natural flui através da areia e do arenito do sistema aquífero, alterando os níveis de água dos reservatórios em seu caminho para o mar. Uma política de conservação de água pode ser estabelecida, segundo a qual a água é bombeada entre reservatórios para evitar sua perda para o mar.

Um modelo para o sistema aquífero é mostrado na Figura 3.17. Nesse modelo, o aquífero é representado por três reservatórios com nível de água h_i, chamado *altura de carga*. Cada q_n é a vazão de água natural fluindo para o mar e é proporcional à diferença de alturas de carga entre dois reservatórios contíguos, ou, $q_n = G_n(h_n - h_{n-1})$, em que G_n é uma constante de proporcionalidade e as unidades de q_n são m³/ano.

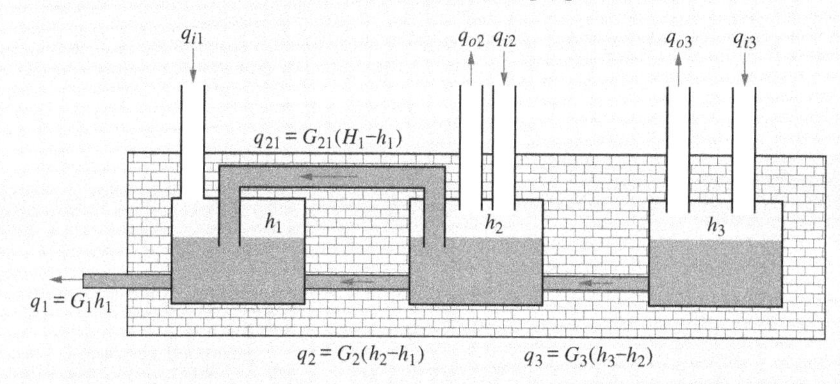

FIGURA 3.17 Modelo de sistema aquífero.

A vazão projetada consiste em três componentes, também medidos em m³/ano: (1) a vazão que sai dos reservatórios para irrigação, indústrias e residências, q_{sn}; (2) o reabastecimento dos reservatórios a partir de poços, q_{en}; e (3) a vazão, q_{21}, criada pela política de conservação de água para evitar a perda para o mar. Neste modelo, a água para irrigação e para a indústria será retirada somente dos Reservatórios 2 e 3. A conservação de água ocorrerá apenas entre os Reservatórios 1 e 2, conforme estabelecido a seguir. Seja H_1 uma altura de carga de referência para o Reservatório 1. Caso o nível de água do Reservatório 1 fique abaixo de H_1, a água será bombeada do Reservatório 2 para o Reservatório 1 para restabelecer a altura de carga. Caso h_1 seja maior que H_1, a água será bombeada de volta para o Reservatório 2, para evitar a perda para o mar. Chamando essa de *vazão para conservação* de q_{21}, podemos dizer que ela é proporcional à diferença entre a altura de carga do Reservatório 1, h_1, e a altura de carga de referência, H_1, ou $q_{21} = G_{21}(H_1 - h_1)$.

A vazão líquida em um reservatório é proporcional à taxa de variação da altura de carga em cada reservatório. Portanto,

$$C_n dh_n/dt = q_{en} - q_{sn} + q_{n+1} - q_n + q_{(n+1)n} - q_{n(n-1)}$$

(*Kandel, 1973*).

Represente o sistema aquífero no espaço de estados, no qual as variáveis de estado e de saída são as alturas de carga de cada reservatório.

Resumo

Este capítulo abordou a representação no espaço de estados dos sistemas físicos, que toma a forma de uma equação de estado,

$$\dot{\mathbf{x}} = \mathbf{Ax} + \mathbf{Bu} \tag{3.105}$$

e uma equação de saída,

$$\mathbf{y} = \mathbf{Cx} + \mathbf{Du} \tag{3.106}$$

para $t \geq t_0$, e condições iniciais $\mathbf{x}(t_0)$. O vetor $\mathbf{x}$ é chamado *vetor de estado* e contém variáveis, chamadas *variáveis de estado*. As variáveis de estado podem ser combinadas algebricamente com a entrada para formar a equação de saída, Equação (3.106), a partir das quais quaisquer outras variáveis do sistema podem ser obtidas. As variáveis de estado, que podem representar grandezas físicas, como uma corrente ou uma tensão, são escolhidas como linearmente independentes. A escolha das variáveis de estado não é única e afeta os elementos das matrizes **A**, **B**, **C** e **D**. Resolveremos as equações de estado e de saída para **x** e **y** no Capítulo 4.

Neste capítulo, funções de transferência foram representadas no espaço de estados. A forma escolhida foi a forma de variáveis de fase, que consiste em variáveis de estado que são derivadas sucessivas uma da outra. No espaço de estados tridimensional a matriz do sistema resultante, **A**, para a representação em variáveis tem a forma

$$\begin{bmatrix} 0 & 1 & 0 \\ 0 & 0 & 1 \\ -a_0 & -a_1 & -a_2 \end{bmatrix} \tag{3.107}$$

em que os a_is são os coeficientes do polinômio característico ou denominador da função de transferência do sistema. Também discutimos como converter de uma representação no espaço de estados para uma função de transferência.

Concluindo, então, para sistemas lineares e invariantes no tempo a representação no espaço de estados é simplesmente outra maneira de modelá-los matematicamente. Uma das principais vantagens da aplicação da representação no espaço de estados a esses sistemas lineares é que ela permite a simulação computacional. Programar o sistema no computador digital e observar a resposta do sistema é uma ferramenta inestimável de análise e projeto. A simulação é coberta no Apêndice H, encontrado disponível no Ambiente de aprendizagem do GEN.

Questões de Revisão

1. Dê duas razões para modelar sistemas no espaço de estados.
2. Declare uma vantagem da abordagem da função de transferência sobre a abordagem do espaço de estados.
3. Defina *variáveis de estado.*
4. Defina *estado.*
5. Defina *vetor de estado.*
6. Defina *espaço de estados.*
7. O que é necessário para representar um sistema no espaço de estados?
8. Um sistema de oitava ordem deve ser representado no espaço de estados com quantas equações de estado?
9. Se as equações de estado são um sistema de equações diferenciais de primeira ordem, cuja solução fornece as variáveis de estado, então qual é a função da equação de saída?
10. O que significa *independência linear*?
11. Que fatores influenciam a escolha das variáveis de estado em qualquer sistema?
12. Qual é uma escolha conveniente de variáveis de estado para circuitos elétricos?
13. Se um circuito elétrico possui três elementos armazenadores de energia, é possível ter uma representação no espaço de estados com mais de três variáveis de estado? Explique.
14. O que significa a forma em variáveis de fase da equação de estado?

Investigação em Laboratório Virtual

EXPERIMENTO 3.1

Objetivos Aprender a utilizar o MATLAB para (1) criar uma representação de um sistema LTI no espaço de estados e (2) converter uma representação no espaço de estados de um sistema LTI em uma função de transferência LTI.

Requisitos Mínimos de Programas MATLAB e Control System Toolbox

Pré-Ensaio

1. Deduza a representação no espaço de estados do sistema mecânico translacional mostrado no Exercício 3.2, caso ainda não o tenha feito. Considere a saída como $x_3(t)$.
2. Deduza a função de transferência $\frac{x_3(s)}{F(s)}$, a partir das equações de movimento para o sistema mecânico translacional mostrado no Exercício 3.2.

Ensaio

1. Utilize o MATLAB para gerar a representação LTI no espaço de estados deduzida no Item 1 do Pré-Ensaio.
2. Utilize o MATLAB para converter a representação LTI no espaço de estados obtida no Item 1 do Ensaio na função de transferência LTI obtida no Item 2 do Pré-Ensaio.

Pós-Ensaio

1. Compare suas funções de transferência obtidas no Item 2 do Pré-Ensaio e no Item 2 do Ensaio.
2. Discuta a utilização do MATLAB para criar representações LTI no espaço de estados e o uso do MATLAB para converter essas representações em funções de transferência.

EXPERIMENTO 3.2

Objetivos Aprender a utilizar o MATLAB e a Symbolic Math Toolbox para (1) obter uma função de transferência simbólica a partir da representação no espaço de estados e (2) obter uma representação no espaço de estados a partir das equações de movimento.

Requisitos Mínimos de Programas MATLAB, Symbolic Math Toolbox e Control System Toolbox

Pré-Ensaio

1. Realize os Itens 1 e 2 do Pré-Ensaio do Experimento 3.1, caso você ainda não o tenha feito.
2. Utilizando a equação $T(s) = \mathbf{C}(s\mathbf{I} - \mathbf{A})^{-1}\mathbf{B}$ para obter uma função de transferência a partir de uma representação no espaço de estados, escreva um programa em MATLAB utilizando a Symbolic Math Toolbox para obter a função de transferência simbólica a partir da representação no espaço de estados do sistema mecânico translacional mostrado no Exercício 3.2 e obtida como um dos passos do Item 1 do Pré-Ensaio.
3. Utilizando as equações de movimento do sistema mecânico translacional mostrado no Exercício 3.2, obtidas no Item 1 do Pré-Ensaio, escreva um programa MATLAB simbólico para obter a função de transferência, $\frac{x_3(s)}{F(s)}$, para este sistema.

Ensaio

1. Execute os programas desenvolvidos nos Itens 2 e 3 do Pré-Ensaio e obtenha as funções de transferência simbólicas utilizando os dois métodos.

Pós-Ensaio

1. Compare a função de transferência simbólica obtida a partir de $T(s) = \mathbf{C}(s\mathbf{I} - \mathbf{A})^{-1}\mathbf{B}$ com a função de transferência simbólica obtida a partir das equações de movimento.
2. Discuta as vantagens e desvantagens dos dois métodos.
3. Descreva como você poderia obter uma representação LTI no espaço de estados e uma função de transferência LTI a partir de sua função de transferência simbólica.

EXPERIMENTO 3.3

Objetivos Aprender como utilizar o LabVIEW para (1) criar representações no espaço de estados de funções de transferência, (2) criar funções de transferência a partir de representações no espaço de estados e (3) verificar que existem múltiplas representações no espaço de estados para uma função de transferência.

Requisitos Mínimos de Programas LabVIEW, LabVIEW Control Design and Simulation Module e MathScript RT Module.

Pré-Ensaio

1. Estude o Apêndice D, Seções D.1 a D.4, Exemplo D.1.
2. Resolva o Exercício 3.3.
3. Utilize sua solução para o Item 2 do Pré-Ensaio e converta de volta para uma função de transferência.

Ensaio

1. Utilize o LabVIEW para converter a função de transferência, $G(s) = \dfrac{2s+1}{s^2+7s+9}$, em uma representação no espaço de estados usando tanto a abordagem gráfica quanto a abordagem com MathScript. O *front panel* conterá controles para a entrada da função de transferência e indicadores da função de transferência e dos dois resultados no espaço de estados. As funções para essa experiência podem ser encontradas nas seguintes paletas: (1) **Control Design and Simulation/Control Design/Model Construction,** (2) **Control Design and Simulation/Control Design/Model Conversion** e (3) **Programming/Structures.**
   Aviso: Os coeficientes são entrados na ordem inversa quando se utiliza o MathScript com o MATLAB.
2. Utilize o LabVIEW para converter todas as representações no espaço de estados obtidas no Item 1 do Ensaio em uma função de transferência. Todas as conversões do espaço de estados devem produzir a função de transferência dada no Item 1 do Ensaio. O *front panel* conterá controles para entrar representações no espaço de estados e indicadores da função de transferência resultante bem como das equações de estado utilizadas.

Pós-Ensaio

1. Descreva quaisquer correlações encontradas entre os resultados do Item 1 do Ensaio e os cálculos realizados no Pré-Ensaio.
2. Descreva e explique quaisquer diferenças entre os resultados do Item 1 do Ensaio e os cálculos realizados no Pré-Ensaio.
3. Explique os resultados do Item 2 do Ensaio e teça conclusões a partir dos resultados.

Bibliografia

Agee, J. T., and Jimoh, A. A. Flat Controller Design for Hardware-cost Reduction in Polar-axis Photovoltaic Systems. *Solar Energy*, vol. 86, pp. 452–462, 2012.

Camacho, E. F., Berenguel, M., Rubio, F. R., and Martinez, D. *Control of Solar Energy Systems*. Springer-Verlag, London, 2012.

Carlson, L. E., and Griggs, G. E. *Aluminum Catenary System Quarterly Report.* Technical Report Contract Number DOT-FR-9154, U.S. Department of Transportation, 1980.

Cereijo, M. R. State Variable Formulations. *Instruments and Control Systems*, December 1969, pp. 87–88.

Chiu, D. K., and Lee, S. Design and Experimentation of a Jump Impact Controller. *IEEE Control Systems*, June 1997, pp. 99–106.

Cochin, I. *Analysis and Design of Dynamic Systems*. Harper & Row, New York, 1980.

Craig, I. K., Xia, X., and Venter, J. W. Introducing HIV/AIDS Education into the Electrical Engineering Curriculum at the University of Pretoria. *IEEE Transactions on Education*, vol. 47, no. 1, February 2004, pp. 65–73.

Elkins, J. A. *A Method for Predicting the Dynamic Response of a Pantograph Running at Constant Speed under a Finite Length of Overhead Equipment*. Technical Report TN DA36, British Railways, 1976.

Franklin, G. F., Powell, J. D., and Emami-Naeini, A. *Feedback Control of Dynamic Systems*. Addison-Wesley, Reading, MA, 1986.

Hong, J., Tan, X., Pinette, B., Weiss, R., and Riseman, E. M. Image-Based Homing. *IEEE Control Systems*, February 1992, pp. 38–45.

Inigo, R. M. Observer and Controller Design for D.C. Positional Control Systems Using State Variables. *Transactions, Analog/Hybrid Computer Educational Society*, December 1974, pp. 177–189.

Kailath, T. *Linear Systems*. Prentice Hall, Upper Saddle River, NJ, 1980.

Kandel, A. Analog Simulation of Groundwater Mining in Coastal Aquifers. *Transactions, Analog/Hybrid Computer Educational Society*, November 1973, pp. 175–183.

Li, S., Jarvis, A.J., and Leedal, D.T., Are Response Function Representations of the Global Carbon Cycle Ever Interpretable? *Tellus*, vol. 61B, 2009, pp. 361–371.

Liceaga-Castro, E., van der Molen, G. M. Submarine H^{∞} Depth Control Under Wave Disturbances. *IEEE Transactions on Control Systems Technology*, vol. 3, no. 3, 1995, pp. 338–346.
Lordi, N. G. Analog Computer Generated Lecture Demonstrations in Pharmacokinetics. *Transactions, Analog/Hybrid Computer Educational Society*, November 1972, pp. 217–222.
Philco Technological Center. *Servomechanism Fundamentals and Experiments*. Prentice Hall, Upper Saddle River, NJ, 1980.
Prasad, L., Tyagi, B., and Gupta, H. Modeling & Simulation for Optimal Control of Nonlinear Inverted Pendulum Dynamical System using PID Controller & LQR. *IEEE Computer Society Sixth Asia Modeling Symposium, 2012*, pp. 138–143.
Preitl, Z., Bauer, P., and Bokor, J. A Simple Control Solution for Traction Motor Used in Hybrid Vehicles. *Fourth International Symposium on Applied Computational Intelligence and Informatics. IEEE*. 2007.
Qu, S-G., Zhang, Y., Ye, Z., Shao, M., and Xia, W. Modeling and Simulation of the Proportional Valve Control System for the Turbo charger. *IEEE*, 2010.
Riegelman, S. et al. Shortcomings in Pharmacokinetic Analysis by Conceiving the Body to Exhibit Properties of a Single Compartment. *Journal of Pharmaceutical Sciences*, vol. 57, no. 1, 1968, pp. 117–123.
Timothy, L. K., and Bona, B. E. *State Space Analysis: An Introduction*. McGraw-Hill, New York, 1968.

Capítulo 4

Resposta no Domínio do Tempo

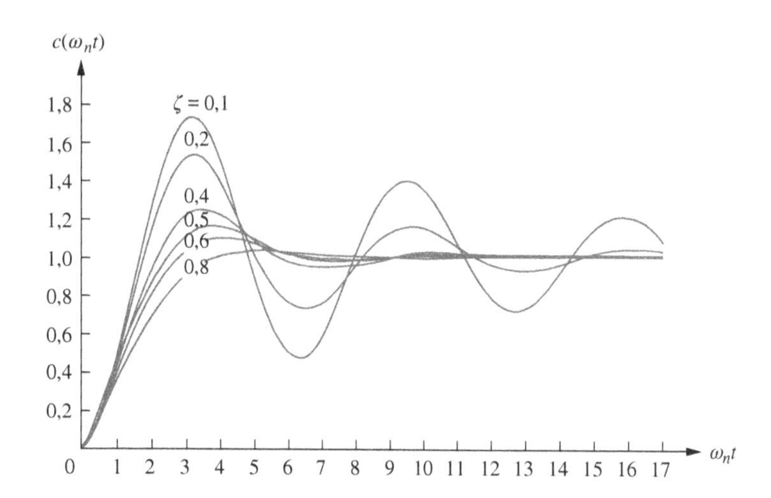

Resultados de Aprendizagem do Capítulo

Após completar este capítulo, o estudante estará apto a:

- Utilizar os polos e zeros das funções de transferência para determinar a resposta no tempo de um sistema de controle (Seções 4.1-4.2)
- Descrever quantitativamente a resposta transitória de sistemas de primeira ordem (Seção 4.3)
- Escrever a resposta geral de sistemas de segunda ordem dada a posição dos polos (Seção 4.4)
- Determinar o fator de amortecimento e a frequência natural de um sistema de segunda ordem (Seção 4.5)
- Determinar o tempo de acomodação, o instante de pico, a ultrapassagem percentual e o tempo de subida para um sistema de segunda ordem subamortecido (Seção 4.6)
- Aproximar sistemas de ordem mais elevada e sistemas como zeros por sistemas de primeira ou segunda ordem (Seções 4.7-4.8)
- Descrever os efeitos de não linearidades na resposta no tempo do sistema (Seção 4.9)
- Obter a resposta no domínio do tempo a partir da representação no espaço de estados (Seções 4.10-4.11).

Resultados de Aprendizagem do Estudo de Caso

Você será capaz de demonstrar seu conhecimento dos objetivos do capítulo com os estudos de caso como a seguir:

- Dado o sistema de controle de posição de azimute de antena mostrado no Apêndice A2, você será capaz de (1) predizer, por inspeção, a forma da resposta em malha aberta da velocidade angular da carga para uma entrada de tensão em degrau no amplificador de potência; (2) descrever quantitativamente a resposta transitória do sistema em malha aberta; (3) deduzir a expressão para a saída de velocidade angular em malha aberta para uma entrada de tensão em degrau; (4) obter a representação em malha aberta no espaço de estados e (5) representar graficamente a resposta de velocidade em malha aberta ao degrau utilizando simulação computacional.
- Dado o diagrama de blocos do sistema de controle de arfagem do Veículo Submersível Não Tripulado Independente (UFSS – *Unmanned Free-Swimming Submersible*) mostrado no Apêndice A3, você será capaz de predizer, determinar e representar graficamente a resposta da dinâmica do veículo a um comando de entrada em degrau. Além disso, você será capaz de calcular o efeito dos zeros e dos polos de ordem superior do sistema sobre a resposta. Você também será capaz de calcular a resposta de rolagem de um navio no mar.

4.1 Introdução

No Capítulo 2, vimos como as funções de transferência podem representar sistemas lineares invariantes no tempo. No Capítulo 3, os sistemas foram representados diretamente no domínio do tempo através das equações de estado e de saída. Depois que o engenheiro obtém uma representação matemática de um subsistema, este é analisado quanto às suas respostas transitória e em regime permanente para verificar se essas características fornecem o comportamento desejado. Este capítulo é dedicado à análise da resposta transitória do sistema.

Pode parecer mais lógico continuar com o Capítulo 5, que trata da modelagem de sistemas em malha fechada, em vez de interromper a sequência de modelagem com a análise apresentada aqui no Capítulo 4. Entretanto, o estudante não deve progredir muito à frente na representação de sistemas sem conhecer as aplicações para o esforço despendido. Assim, este capítulo demonstra aplicações da representação de sistemas, calculando a resposta transitória a partir do modelo do sistema. Naturalmente, essa abordagem não está distante da realidade, uma vez que o engenheiro pode realmente desejar calcular a resposta de um subsistema antes de inseri-lo no sistema em malha fechada.

Após descrevermos uma valiosa ferramenta de análise e projeto, os polos e zeros, começamos analisando nossos modelos para obter a resposta ao degrau de sistemas de primeira e segunda ordens. A ordem se refere à ordem da equação diferencial equivalente que representa o sistema – a ordem do denominador da função de transferência após o cancelamento de fatores comuns no numerador ou o número de equações de primeira ordem simultâneas necessárias para a representação no espaço de estados.

4.2 Polos, Zeros e a Resposta do Sistema

A resposta de saída de um sistema é a soma de duas respostas: a *resposta forçada* e a *resposta natural*.[1] Embora muitas técnicas, como a solução de uma equação diferencial ou a aplicação da transformada inversa de Laplace, permitam que calculemos essa resposta de saída, tais técnicas são trabalhosas e consomem muito tempo. A produtividade é auxiliada por técnicas de análise e projeto que fornecem resultados em um tempo mínimo. Se a técnica for tão rápida que sentimos que deduzimos os resultados desejados por inspeção, algumas vezes utilizamos o atributo *qualitativo* para descrever o método. A utilização dos polos e zeros e de sua relação com a resposta no domínio do tempo de um sistema é uma técnica desse tipo. O aprendizado dessa relação nos dá uma "visão" qualitativa dos problemas. O conceito de polos e zeros, fundamental para análise e projeto de sistemas de controle, simplifica o cálculo da resposta de um sistema. O leitor é encorajado a dominar os conceitos de polos e zeros e suas aplicações nos problemas ao longo deste livro. Vamos começar com duas definições.

Polos de uma Função de Transferência

Os *polos* de uma função de transferência são (1) os valores da variável da transformada de Laplace, s, que fazem com que a função de transferência se torne infinita, ou (2) quaisquer raízes do denominador da função de transferência que são comuns às raízes do numerador.

Estritamente falando, os polos de uma função de transferência satisfazem a parte (1) da definição. Por exemplo, as raízes do polinômio característico no denominador são os valores de s que tornam a função de transferência infinita, portanto são polos. Entretanto, se um fator do denominador pode ser cancelado com o mesmo fator no numerador, a raiz desse fator não faz mais com que a função de transferência se torne infinita. Em sistemas de controle, geralmente nos referimos à raiz do fator cancelado no denominador como um polo, mesmo que a função de transferência não seja infinita nesse valor. Portanto, incluímos a parte (2) da definição.

Zeros de uma Função de Transferência

Os *zeros* de uma função de transferência são (1) os valores da variável da transformada de Laplace, s, que fazem com que a função de transferência se torne zero, ou (2) quaisquer raízes do numerador da função de transferência que são comuns às raízes do denominador.

Estritamente falando, os zeros de uma função de transferência satisfazem a parte (1) desta definição. Por exemplo, as raízes do numerador são valores de s que anulam a função de transferência e, portanto, são zeros. Entretanto, se um fator do numerador pode ser cancelado com o mesmo fator no denominador, a raiz desse fator não mais fará com que a função de transferência se torne zero. Em sistemas de controle, frequentemente nos referimos à raiz do fator cancelado no numerador como um zero, mesmo que a função de transferência não seja zero neste valor. Assim, incluímos a parte (2) da definição.

[1] A resposta forçada é também chamada *resposta em regime permanente* ou *solução particular*. A resposta natural é também chamada *solução homogênea*.

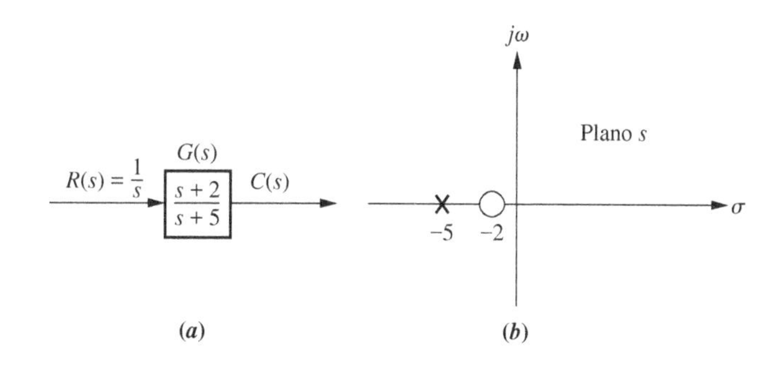

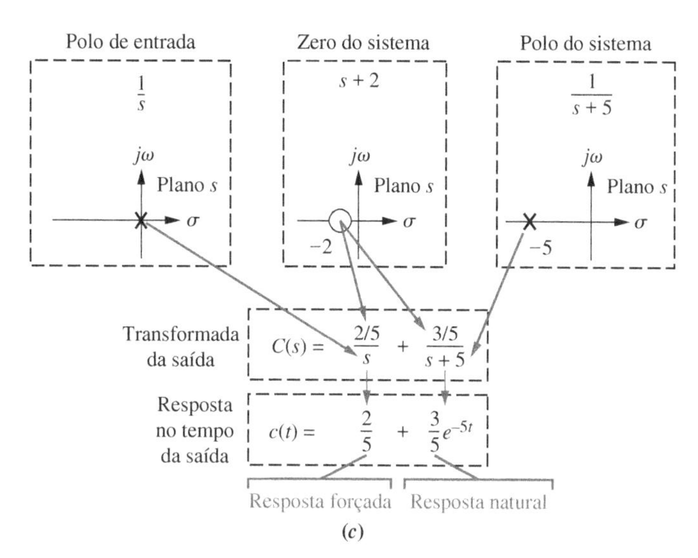

FIGURA 4.1 **a.** Sistema mostrando a entrada e a saída; **b.** diagrama de polos e zeros do sistema; **c.** cálculo da resposta de um sistema. Siga as setas em tom cinza para ver o cálculo da componente da resposta gerada pelo polo ou pelo zero.

Polos e Zeros de um Sistema de Primeira Ordem: Um Exemplo

Dada a função de transferência $G(s)$ na Figura 4.1(a), existe um polo em $s = -5$ e um zero em $s = -2$. Esses valores são representados graficamente no plano s complexo na Figura 4.1(b), utilizando-se um × para o polo e um ○ para o zero. Para mostrar as propriedades dos polos e dos zeros, vamos determinar a resposta ao degrau unitário do sistema. Multiplicando a função de transferência da Figura 4.1(a) por uma função degrau resulta

$$C(s) = \frac{(s+2)}{s(s+5)} = \frac{A}{s} + \frac{B}{s+5} = \frac{2/5}{s} + \frac{3/5}{s+5} \tag{4.1}$$

em que

$$A = \left.\frac{(s+2)}{(s+5)}\right|_{s\to 0} = \frac{2}{5}$$

$$B = \left.\frac{(s+2)}{s}\right|_{s\to -5} = \frac{3}{5}$$

Assim,

$$c(t) = \frac{2}{5} + \frac{3}{5}e^{-5t} \tag{4.2}$$

A partir do desenvolvimento resumido na Figura 4.1(c), tiramos as seguintes conclusões:

1. Um polo da função de entrada gera a forma da *resposta forçada* (isto é, o polo na origem gerou uma função degrau na saída).
2. Um polo da função de transferência gera a forma da *resposta natural* (isto é, o polo em -5 gerou e^{-5t}).
3. Um polo no eixo real gera uma resposta *exponencial* da forma $e^{-\alpha t}$, em que $-\alpha$ é a posição do polo no eixo real. Assim, quanto mais à esquerda um polo estiver no eixo real negativo, mais rápido a resposta transitória exponencial decairá para zero (novamente, o polo em -5 gerou e^{-5t}; ver Figura 4.2 para o caso geral).

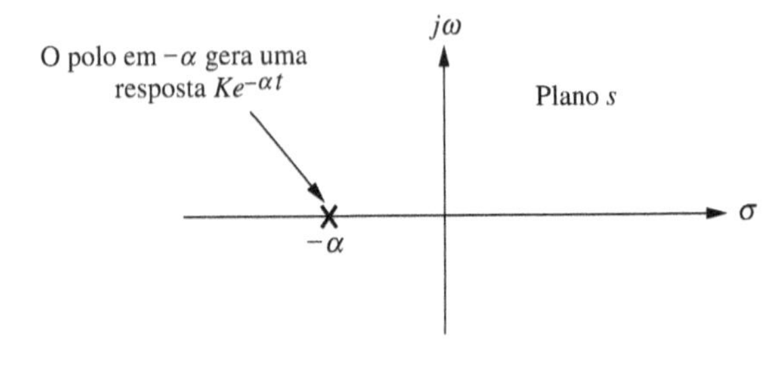

FIGURA 4.2 Efeito de um polo no eixo real sobre a resposta transitória.

4. Os zeros e os polos geram as *amplitudes* para ambas as respostas, forçada e natural [isso pode ser observado a partir dos cálculos de A e B na Equação (4.1)].

Vamos agora ver um exemplo que demonstra a técnica de utilização dos polos para obter a forma da resposta do sistema. Iremos aprender a escrever a forma da resposta por inspeção. Cada polo da função de transferência do sistema que está no eixo real gera uma resposta exponencial que é uma componente da resposta natural. O polo da entrada gera a resposta forçada.

Exemplo 4.1

Calculando a Resposta Utilizando Polos

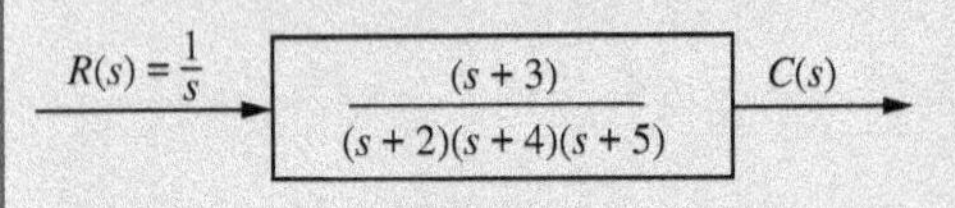

FIGURA 4.3 Sistema para o Exemplo 4.1.

PROBLEMA: Dado o sistema da Figura 4.3, escreva a saída, $c(t)$, em termos gerais. Especifique as partes forçada e natural da solução.

SOLUÇÃO: Por inspeção, cada polo do sistema gera uma exponencial como parte da resposta natural. O polo da entrada gera a resposta forçada. Assim,

$$C(s) \equiv \underbrace{\frac{K_1}{s}}_{\text{Resposta forçada}} + \underbrace{\frac{K_2}{s+2} + \frac{K_3}{s+4} + \frac{K_4}{s+5}}_{\text{Resposta natural}} \tag{4.3}$$

Aplicando a transformada inversa de Laplace, obtemos

$$c(t) \equiv \underbrace{K_1}_{\text{Resposta forçada}} + \underbrace{K_2e^{-2t} + K_3e^{-4t} + K_4e^{-5t}}_{\text{Resposta natural}} \tag{4.4}$$

Exercício 4.1

PROBLEMA: Um sistema possui uma função de transferência, $G(s) = \dfrac{10(s+4)(s+6)}{(s+1)(s+7)(s+8)(s+10)}$. Escreva, por inspeção, a saída, $c(t)$, em termos gerais, caso a entrada seja um degrau unitário.

RESPOSTA: $c(t) \equiv A + Be^{-t} + Ce^{-7t} + De^{-8t} + Ee^{-10t}$

Nesta seção, aprendemos que os polos determinam a natureza da resposta no domínio do tempo: os polos da função de entrada determinam a forma da resposta forçada, e os polos da função de transferência determinam a forma da resposta natural. Os zeros e os polos da entrada ou da função de transferência contribuem com as amplitudes das partes componentes da resposta total. Finalmente, os polos no eixo real geram respostas exponenciais.

4.3 Sistemas de Primeira Ordem

Discutimos agora os sistemas de primeira ordem sem zeros para definir uma especificação de desempenho para tal sistema. Um sistema de primeira ordem sem zeros pode ser descrito pela função de transferência mostrada na Figura 4.4(a). Caso a entrada seja um degrau unitário, em que $R(s) = 1/s$, a transformada de Laplace da resposta ao degrau é $C(s)$, em que

$$C(s) = R(s)G(s) = \frac{a}{s(s+a)} \tag{4.5}$$

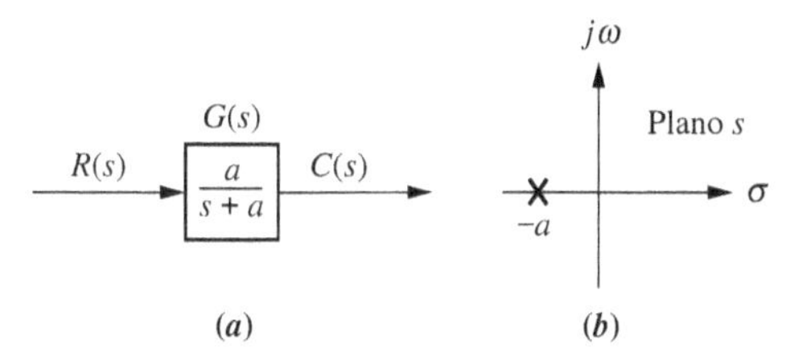

FIGURA 4.4 **a.** Sistema de primeira ordem; **b.** Diagrama do polo.

Aplicando a transformada inversa, a resposta ao degrau é dada por

$$c(t) = c_f(t) + c_n(t) = 1 - e^{-at} \tag{4.6}$$

em que o polo da entrada na origem gerou a resposta forçada $c_f(t) = 1$, e o polo do sistema em $-a$, como mostrado na Figura 4.4(*b*), gerou a resposta natural $c_n(t) = -e^{-at}$. A Equação (4.6) é representada graficamente na Figura 4.5.

Vamos examinar o significado do parâmetro a, o único necessário para descrever a resposta transitória. Quando $t = 1/a$,

$$e^{-at}\big|_{t=1/a} = e^{-1} = 0{,}37 \tag{4.7}$$

ou

$$c(t)\big|_{t=1/a} = 1 - e^{-at}\big|_{t=1/a} = 1 - 0{,}37 = 0{,}63 \tag{4.8}$$

Utilizamos agora as Equações (4.6), (4.7) e (4.8) para definir três especificações de desempenho da resposta transitória.

Constante de Tempo

Chamamos $1/a$ de *constante de tempo* da resposta. A partir da Equação (4.7), a constante de tempo pode ser descrita como o tempo para e^{-at} decair para 37 % de seu valor inicial. Alternativamente, a partir da Equação (4.8) a constante de tempo é o tempo necessário para a resposta ao degrau atingir 63 % de seu valor final (ver Figura 4.5).

O inverso da constante de tempo tem a unidade (1/segundos), ou frequência. Assim, podemos chamar o parâmetro a de *frequência exponencial*. Uma vez que a derivada de e^{-at} é $-a$ quando $t = 0$, a é a taxa inicial de variação da exponencial em $t = 0$. Assim, a constante de tempo pode ser considerada uma especificação da resposta transitória para um sistema de primeira ordem, uma vez que ela está relacionada à velocidade com a qual o sistema responde a uma entrada em degrau.

A constante de tempo também pode ser calculada a partir do diagrama do polo [ver Figura 4.4(*b*)]. Uma vez que o polo da função de transferência está em $-a$, podemos dizer que o polo está localizado no *inverso* da constante de tempo, e quanto mais afastado o polo estiver do eixo imaginário, mais rápida será a resposta transitória.

Vamos considerar outras especificações da resposta transitória, como o tempo de subida, T_r, e o tempo de acomodação, T_s, como mostrado na Figura 4.5.

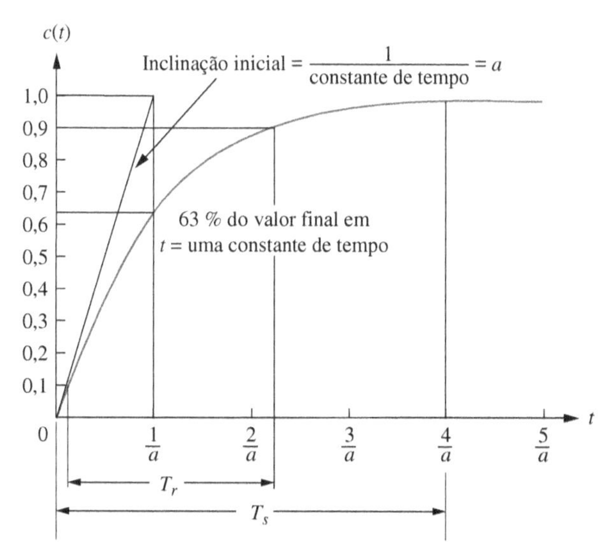

FIGURA 4.5 Resposta de sistema de primeira ordem a um degrau unitário.

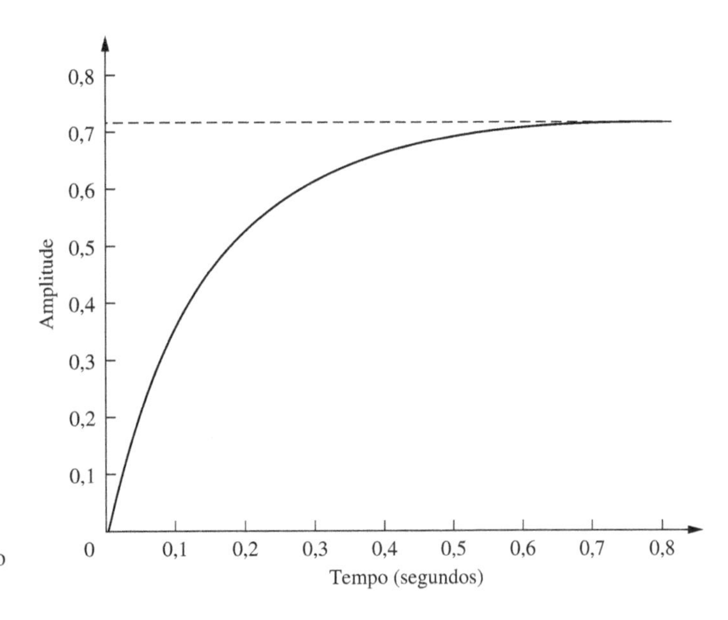

FIGURA 4.6 Resultados laboratoriais de um ensaio de resposta ao degrau de um sistema.

Tempo de Subida, T_r

O *tempo de subida* é definido como o tempo necessário para que a forma de onda vá de 0,1 a 0,9 de seu valor final. O tempo de subida é obtido resolvendo-se a Equação (4.6) para a diferença de tempo entre $c(t) = 0{,}9$ e $c(t) = 0{,}1$. Portanto,

$$T_r = \frac{2{,}31}{a} - \frac{0{,}11}{a} = \frac{2{,}2}{a} \tag{4.9}$$

Tempo de Acomodação, T_s

O *tempo de acomodação* é definido como o tempo para que a resposta alcance e fique em uma faixa 2 % em torno de seu valor final.[2] Fazendo $c(t) = 0{,}98$ na Equação (4.6) e resolvendo para o tempo, t, determinamos o tempo de acomodação como

$$T_s = \frac{4}{a} \tag{4.10}$$

Funções de Transferência de Primeira Ordem a Partir de Ensaios

Frequentemente não é possível, ou prático, obter a função de transferência de um sistema analiticamente. Talvez o sistema seja fechado e suas partes constituintes não sejam facilmente identificáveis. Uma vez que a função de transferência é uma representação do sistema da entrada para a saída, a resposta ao degrau do sistema pode conduzir a uma representação, mesmo que a construção interna não seja conhecida. Com uma entrada em degrau, podemos medir a constante de tempo e o valor em regime permanente, a partir dos quais a função de transferência pode ser calculada.

Considere um sistema de primeira ordem simples, $G(s) = K/(s + a)$, cuja resposta ao degrau é

$$C(s) = \frac{K}{s(s+a)} = \frac{K/a}{s} - \frac{K/a}{(s+a)} \tag{4.11}$$

Caso possamos identificar K e a a partir de ensaios laboratoriais, podemos obter a função de transferência do sistema.

Por exemplo, considere a resposta ao degrau unitário na Figura 4.6. Determinamos que ela possui as características de primeira ordem que vimos até o momento, como a ausência de ultrapassagem e uma inclinação inicial não nula. A partir da resposta, medimos a constante de tempo, isto é, o tempo para a amplitude atingir 63 % de seu valor final. Como o valor final é cerca de 0,72, a constante de tempo é determinada onde a curva atinge $0{,}63 \times 0{,}72 = 0{,}45$, ou cerca de 0,13 s. Assim, $a = 1/0{,}13 = 7{,}7$.

Para obter K, verificamos, a partir da Equação (4.11), que a resposta forçada atinge um valor em regime permanente de $K/a = 0{,}72$. Substituindo o valor de a, obtemos $K = 5{,}54$. Assim, a função de transferência para o sistema é $G(s) = 5{,}54/(s + 7{,}7)$. É interessante observar que a resposta mostrada na Figura 4.6 foi gerada utilizando a função de transferência $G(s) = 5/(s + 7)$.

---

[2] Estritamente falando, esta é a definição do *tempo de acomodação* de 2 %. Outros percentuais, por exemplo, 5 %, também podem ser utilizados. Utilizaremos *tempo de acomodação* em todo o livro com o significado de tempo de acomodação de 2 %.

Exercício 4.2

PROBLEMA: Um sistema possui uma função de transferência, $G(s) = \frac{50}{s+50}$. Determine a constante de tempo, T_c, o tempo de acomodação, T_s, e o tempo de subida, T_r.

RESPOSTA: $T_c = 0{,}02\ \text{s}$, $T_s = 0{,}08\ \text{s}$ e $T_r = 0{,}044\ \text{s}$.

A solução completa está disponível no Ambiente de aprendizagem do GEN.

4.4 Sistemas de Segunda Ordem: Introdução

Vamos agora estender os conceitos de polos, zeros e resposta transitória aos sistemas de segunda ordem. Comparado à simplicidade de um sistema de primeira ordem, um sistema de segunda ordem exibe uma ampla variedade de respostas que devem ser analisadas e descritas. Enquanto a variação de um parâmetro de um sistema de primeira ordem simplesmente altera a velocidade da resposta, as variações nos parâmetros de um sistema de segunda ordem podem alterar a *forma* da resposta. Por exemplo, um sistema de segunda ordem pode apresentar características muito parecidas com as de um sistema de primeira ordem ou, dependendo dos valores dos componentes, apresentar oscilações amortecidas ou puras na resposta transitória.

Para nos familiarizarmos com a ampla variedade de respostas antes de formalizar nossa discussão na próxima seção, observamos alguns exemplos numéricos de respostas de sistemas de segunda ordem mostradas na Figura 4.7. Todos os exemplos são derivados da Figura 4.7(*a*), o caso geral, que possui dois polos finitos e nenhum zero. O termo no numerador é simplesmente uma escala ou um fator de multiplicação da entrada que pode assumir qualquer valor sem afetar a forma dos resultados deduzidos. Atribuindo valores apropriados aos parâmetros a e b, podemos mostrar todas as respostas transitórias de segunda ordem possíveis. A resposta ao degrau unitário pode então ser obtida utilizando $C(s) = R(s)G(s)$, em que $R(s) = 1/s$, seguido de uma expansão em frações parciais e da transformada inversa de Laplace. Os detalhes são deixados como um problema de fim de capítulo, para o qual você pode querer rever a Seção 2.2.

Explicamos agora cada resposta e mostramos como podemos utilizar os polos para determinar a natureza da resposta sem passar pelo procedimento da expansão em frações parciais seguido da transformada inversa de Laplace.

Resposta Superamortecida, Figura 4.7(*b*)

Para esta resposta,

$$C(s) = \frac{9}{s(s^2+9s+9)} = \frac{9}{s(s+7{,}854)(s+1{,}146)} \tag{4.12}$$

Esta função possui um polo na origem, proveniente da entrada em degrau unitário, e dois polos reais provenientes do sistema. O polo da entrada na origem gera a resposta forçada constante; cada um dos dois polos do sistema no eixo real gera uma resposta natural exponencial, cuja frequência exponencial é igual à posição do polo. Assim, a resposta inicialmente poderia ter sido escrita como $c(t) = K_1 + K_2e^{-7{,}854t} + K_3e^{-1{,}146t}$. Esta resposta, mostrada na Figura 4.7(*b*), é chamada *superamortecida*.[3] Observamos que os polos nos dizem a forma da resposta sem o cálculo tedioso da transformada inversa de Laplace.

Resposta Subamortecida, Figura 4.7(*c*)

Para esta resposta,

$$C(s) = \frac{9}{s(s^2+2s+9)} \tag{4.13}$$

Esta função possui um polo na origem, proveniente da entrada em degrau unitário, e dois polos complexos, provenientes do sistema. Comparamos agora a resposta do sistema de segunda ordem com os polos que a geraram. Inicialmente compararemos a posição do polo com a função no domínio do tempo e, em seguida, compararemos a posição do polo com o gráfico. A partir da Figura 4.7(*c*), os polos que geram a resposta natural estão

[3] Denominada dessa forma porque *superamortecido* se refere a uma grande absorção de energia no sistema, o que evita que a resposta transitória apresente ultrapassagem e oscile em torno do valor em regime permanente para uma entrada em degrau. À medida que a absorção de energia é reduzida, um sistema superamortecido se tornará subamortecido e apresentará ultrapassagem.

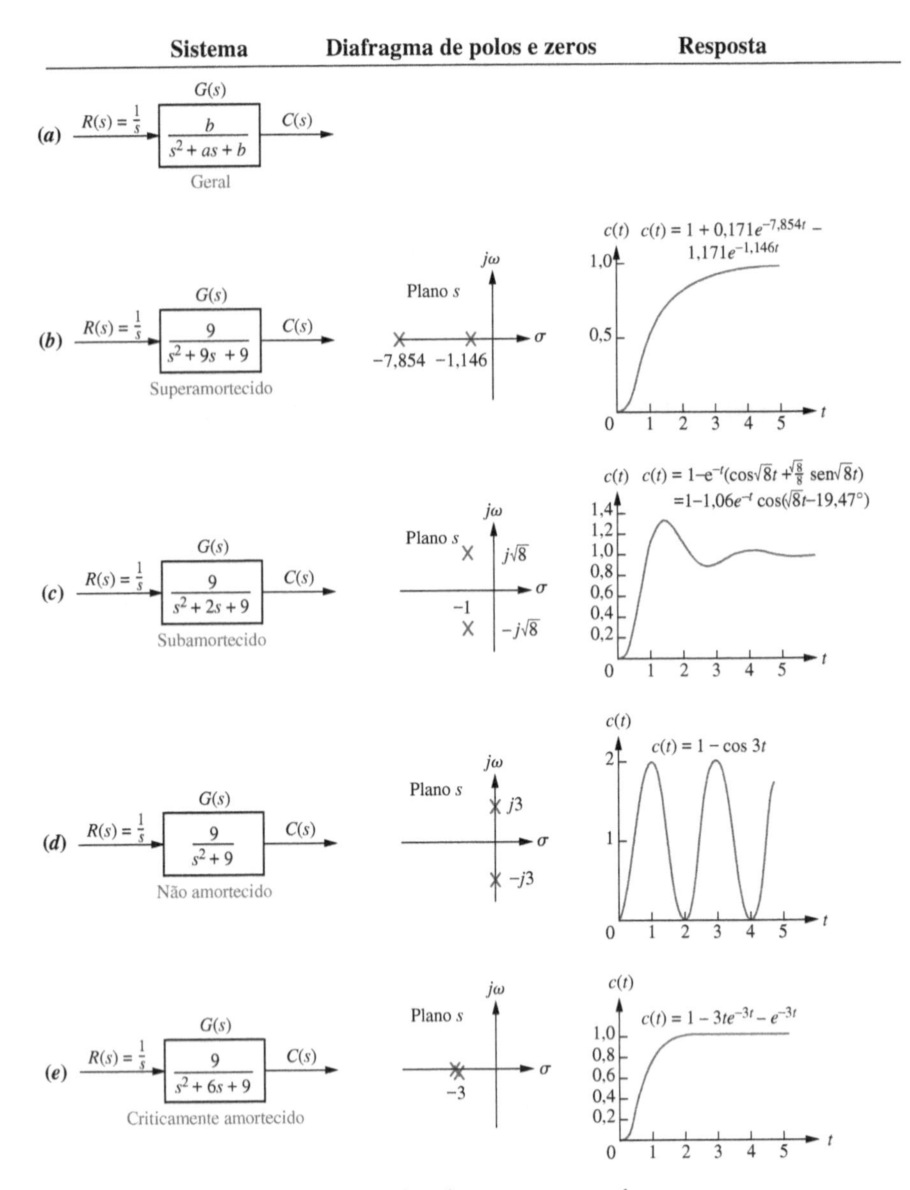

FIGURA 4.7 Sistemas de segunda ordem, diagramas de polos e respostas ao degrau.

em $s = -1 \pm j\sqrt{8}$. Comparando esses valores a $c(t)$ na mesma figura, observamos que a parte real do polo corresponde à frequência de decaimento exponencial da amplitude da senoide, enquanto a parte imaginária do polo corresponde à frequência da oscilação senoidal.

Vamos agora comparar a posição do polo com o gráfico. A Figura 4.8 mostra uma resposta senoidal amortecida geral de um sistema de segunda ordem. A resposta transitória consiste em uma amplitude exponencialmente decrescente gerada pela parte real do polo do sistema, multiplicada por uma forma de onda senoidal gerada pela parte imaginária do polo do sistema. A constante de tempo do decaimento exponencial é igual ao inverso da parte real do polo do sistema. O valor da parte imaginária é a frequência real da senoide, como ilustrado na Figura 4.8. A esta frequência senoidal é dado o nome de *frequência de oscilação amortecida*, ω_d. Finalmente, a resposta em regime permanente (degrau unitário) foi gerada pelo polo da entrada localizado na origem. Chamamos o tipo de resposta mostrado na Figura 4.8 de *resposta subamortecida*, a qual se aproxima do valor em regime permanente através de uma resposta transitória que é uma oscilação amortecida.

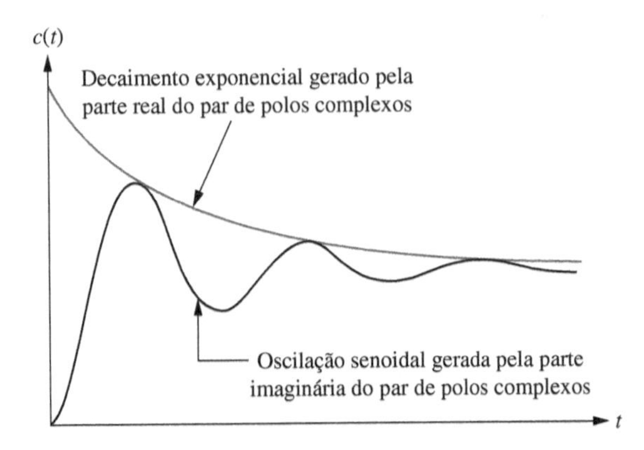

FIGURA 4.8 Componentes da resposta de segunda ordem ao degrau gerada por polos complexos.

O exemplo a seguir demonstra como o conhecimento da relação entre a posição do polo e a resposta transitória pode conduzir rapidamente à forma da resposta, sem o cálculo da transformada inversa de Laplace.

Exemplo 4.2

Forma da Resposta Subamortecida Utilizando os Polos

PROBLEMA: Por inspeção, escreva a forma da resposta ao degrau do sistema na Figura 4.9.

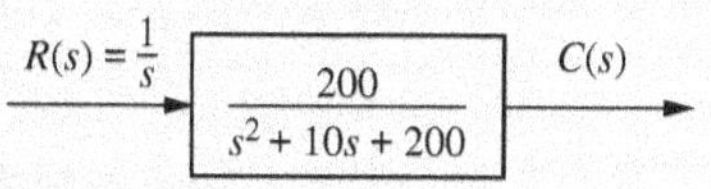

$R(s) = \frac{1}{s}$ → $\frac{200}{s^2 + 10s + 200}$ → $C(s)$

FIGURA 4.9 Sistema para o Exemplo 4.2.

SOLUÇÃO: Primeiro determinamos que a forma da resposta forçada é um degrau. Em seguida, obtemos a forma da resposta natural. Fatorando o denominador da função de transferência da Figura 4.9, determinamos os polos como $s = -5 \pm j13{,}23$. A parte real, -5, é a frequência exponencial do amortecimento. Este valor também é o inverso da constante de tempo do decaimento das oscilações. A parte imaginária, 13,23, é a frequência, em radianos, da oscilação senoidal. Utilizando nossas discussões anteriores e a Figura 4.7(*c*) como guia, obtemos $c(t) = K_1 + e^{-5t}(K_2 \cos 13{,}23t + K_3 \operatorname{sen} 13{,}23t) = K_1 + K_4e^{-5t}(\cos 13{,}23t - \phi)$, em que $\phi = \tan^{-1} K_3/K_2$, $K_4 = \sqrt{K_2^2 + K_3^2}$ e $c(t)$ é uma constante somada a uma senoide amortecida exponencialmente.

Iremos revisitar a resposta subamortecida de segunda ordem nas Seções 4.5 e 4.6, em que generalizamos a discussão e deduzimos alguns resultados que relacionam a posição do polo a outros parâmetros da resposta.

Resposta Não Amortecida, Figura 4.7(*d*)

Para esta resposta,

$$C(s) = \frac{9}{s(s^2 + 9)} \tag{4.14}$$

Esta função possui um polo na origem, proveniente da entrada em degrau unitário, e dois polos imaginários provenientes do sistema. O polo da entrada na origem gera a resposta forçada constante, e os dois polos do sistema no eixo imaginário em $\pm j3$ geram uma resposta natural senoidal cuja frequência é igual à posição dos polos imaginários. Assim, a saída pode ser estimada como $c(t) = K_1 + K_4 \cos(3t - \phi)$. Esse tipo de resposta, mostrada na Figura 4.7(*d*), denomina-se *não amortecida*. Observe que a ausência de uma parte real no par de polos corresponde a uma exponencial que não apresenta decaimento. Matematicamente, a exponencial é $e^{-0t} = 1$.

Resposta Criticamente Amortecida, Figura 4.7(e)

Para esta resposta,

$$C(s) = \frac{9}{s(s^2 + 6s + 9)} = \frac{9}{s(s + 3)^2} \tag{4.15}$$

Esta função possui um polo na origem, proveniente da entrada em degrau unitário, e dois polos reais iguais provenientes do sistema. O polo da entrada na origem gera a resposta forçada constante, e os dois polos no eixo real em -3 geram uma resposta natural que consiste em uma exponencial e em uma exponencial multiplicada pelo tempo, em que a frequência exponencial é igual à posição dos polos reais. Assim, a saída pode ser estimada como $c(t) = K_1 + K_2e^{-3t} + K_3te^{-3t}$. Esse tipo de resposta, mostrada na Figura 4.7(*e*), denomina-se *criticamente amortecida*. As respostas criticamente amortecidas são as mais rápidas possíveis sem ultrapassagem, que é uma característica da resposta subamortecida.

Resumimos agora as nossas observações. Nesta seção, definimos as seguintes respostas naturais e determinamos suas características:

1. *Respostas superamortecidas*

   Polos: Dois reais em $-\sigma_1$ e $-\sigma_2$

   Resposta natural: Duas exponenciais com constantes de tempo iguais ao inverso das posições dos polos, ou

$$c(t) = K_1e^{-\sigma_1 t} + K_2e^{-\sigma_2 t}$$

2. *Respostas subamortecidas*

   Polos: Dois complexos em $-\sigma_d \pm j\omega_d$

   Resposta natural: Senoide amortecida com uma envoltória exponencial cuja constante de tempo é igual ao inverso da parte real do polo. A frequência, em radianos, da senoide, a frequência de oscilação amortecida, é igual à parte imaginária dos polos, ou

$$c(t) = Ae^{-\sigma_d t}\cos(\omega_d t - \phi)$$

3. *Respostas não amortecidas*

Polos: Dois imaginários em $\pm j\omega_1$

Resposta natural: Senoide não amortecida com frequência, em radianos, igual à parte imaginária dos polos, ou

$$c(t) = A\cos(\omega_1 t - \phi)$$

4. *Respostas criticamente amortecidas*

Polos: Dois reais em $-\sigma_1$

Resposta natural: Um termo é uma exponencial cuja constante de tempo é igual ao inverso da posição do polo. O outro termo é o produto do tempo, *t*, por uma exponencial com constante de tempo igual ao inverso da posição do polo, ou

$$c(t) = K_1 e^{-\sigma_1 t} + K_2 t e^{-\sigma_1 t}$$

As respostas ao degrau para os quatro casos de amortecimento discutidos nesta seção são superpostas na Figura 4.10. Observe que o caso criticamente amortecido é o divisor entre os casos superamortecidos e os casos subamortecidos, e é a resposta mais rápida sem ultrapassagem.

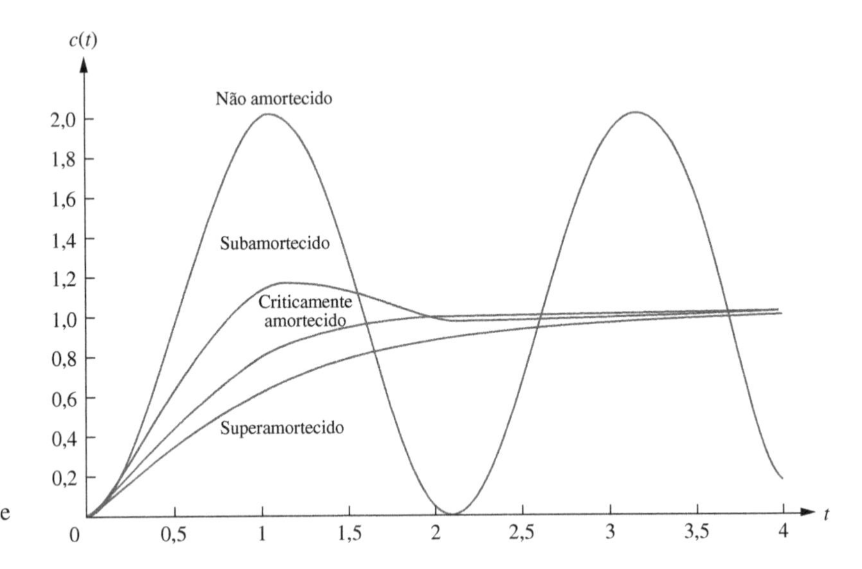

FIGURA 4.10 Respostas ao degrau para os casos de amortecimento de sistemas de segunda ordem.

Exercício 4.3

PROBLEMA: Para cada uma das funções de transferência a seguir, escreva, por inspeção, a forma geral da resposta ao degrau:

a. $G(s) = \dfrac{400}{s^2 + 12s + 400}$

b. $G(s) = \dfrac{900}{s^2 + 90s + 900}$

c. $G(s) = \dfrac{225}{s^2 + 30s + 225}$

d. $G(s) = \dfrac{625}{s^2 + 625}$

RESPOSTAS:

a. $c(t) = A + Be^{-6t}\cos(19{,}08t + \phi)$

b. $c(t) = A + Be^{-78{,}54t} + Ce^{-11{,}46t}$

c. $c(t) = A + Be^{-15t} + Cte^{-15t}$

d. $c(t) = A + B\cos(25t + \phi)$

A solução completa está disponível no Ambiente de aprendizagem do GEN.

Na próxima seção, iremos formalizar e generalizar nossa discussão sobre respostas de segunda ordem, bem como definir duas especificações utilizadas para a análise e o projeto de sistemas de segunda ordem. Na Seção 4.6, iremos nos concentrar no caso *subamortecido* e deduziremos algumas especificações únicas para essa resposta que utilizaremos posteriormente para análise e projeto.

4.5 O Sistema de Segunda Ordem Geral

Agora que ficamos familiarizados com os sistemas de segunda ordem e suas respostas, generalizamos a discussão e estabelecemos especificações quantitativas definidas de modo que a resposta de um sistema de segunda ordem possa ser descrita a um projetista sem a necessidade de esboçar essa resposta. Nesta seção, definimos duas especificações com significado físico para os sistemas de segunda ordem. Essas grandezas podem ser utilizadas para descrever as características da resposta transitória de segunda ordem da mesma forma que as constantes de tempo descrevem a resposta dos sistemas de primeira ordem. Essas duas grandezas são denominadas *frequência natural* e *fator de amortecimento*. Vamos defini-las formalmente.

Frequência Natural, ω_n

A *frequência natural* de um sistema de segunda ordem é a frequência de oscilação do sistema sem amortecimento. Por exemplo, a frequência de oscilação de um circuito *RLC* em série com a resistência em curto-circuito seria a frequência natural.

Fator de Amortecimento, ζ

Antes de declararmos nossa próxima definição, alguns esclarecimentos são necessários. Já vimos que a resposta ao degrau subamortecida de um sistema de segunda ordem é caracterizada por oscilações amortecidas. Nossa definição é fruto da necessidade de descrever quantitativamente essa oscilação amortecida independentemente da escala de tempo. Assim, um sistema cuja resposta transitória passa por três ciclos em um milissegundo antes de alcançar o regime permanente deve ter a mesma medida que um sistema que passa por três ciclos em um milênio antes de alcançar o regime permanente. Por exemplo, a curva subamortecida na Figura 4.10 tem uma medida associada que define sua forma. Esta medida permanece inalterada, mesmo que mudemos a base de tempo de segundos para microssegundos ou para milênios.

Uma definição viável para essa grandeza é aquela que considera a razão entre a frequência de decaimento exponencial da envoltória e a frequência natural. Esta razão é constante, independentemente da escala de tempo da resposta. Além disso, o inverso, que é proporcional à razão entre período natural e a constante de tempo exponencial, permanece o mesmo, independentemente da base de tempo.

Definimos o *fator de amortecimento*, ζ, como

$$\zeta = \frac{\text{Frequência de decaimento exponencial}}{\text{Frequência natural (rad/segundo)}} = \frac{1}{2\pi}\frac{\text{Período natural (segundos)}}{\text{Constante de tempo exponencial}}$$

Vamos agora revisar nossa descrição do sistema de segunda ordem para refletir as novas definições. O sistema de segunda ordem geral mostrado na Figura 4.7(*a*) pode ser transformado para mostrar as grandezas ζ e ω_n. Considere o sistema geral

$$G(s) = \frac{b}{s^2 + as + b} \tag{4.16}$$

Sem amortecimento, os polos estariam no eixo $j\omega$, e a resposta seria uma senoide não amortecida. Para que os polos sejam imaginários puros, $a = 0$. Portanto,

$$G(s) = \frac{b}{s^2 + b} \tag{4.17}$$

Por definição, a frequência natural, ω_n, é a frequência de oscilação desse sistema. Uma vez que os polos desse sistema estão no eixo $j\omega$ em $\pm j\sqrt{b}$,

$$\omega_n = \sqrt{b} \tag{4.18}$$

Portanto,

$$b = \omega_n^2 \tag{4.19}$$

Agora, o que é o termo a na Equação (4.16)? Admitindo um sistema subamortecido, os polos complexos possuem uma parte real, σ, igual a $-a/2$. A magnitude desse valor é, então, a frequência de decaimento exponencial descrita na Seção 4.4. Portanto,

$$\zeta = \frac{\text{Frequência de decaimento exponencial}}{\text{Frequência natural (rad/segundo)}} = \frac{|\sigma|}{\omega_n} = \frac{a/2}{\omega_n} \quad (4.20)$$

a partir do que

$$a = 2\zeta\omega_n \quad (4.21)$$

Nossa função de transferência de segunda ordem geral, finalmente, apresenta a forma:

$$G(s) = \frac{\omega_n^2}{s^2 + 2\zeta\omega_n s + \omega_n^2} \quad (4.22)$$

No exemplo a seguir, obtemos valores numéricos para ζ e ω_n igualando a função de transferência à Equação (4.22).

Exemplo 4.3

Determinando ζ e ω_n para um Sistema de Segunda Ordem

PROBLEMA: Dada a função de transferência da Equação (4.23), determine ζ e ω_n.

$$G(s) = \frac{36}{s^2 + 4{,}2s + 36} \quad (4.23)$$

SOLUÇÃO: Comparando a Equação (4.23) à Equação (4.22), $\omega_n^2 = 36$, a partir do que $\omega_n = 6$. Além disso, $2\zeta\omega_n = 4{,}2$. Substituindo o valor de ω_n, $\zeta = 0{,}35$.

Agora que definimos ζ e ω_n, vamos relacionar essas grandezas à posição do polo. Calculando os polos da função de transferência na Equação (4.22), resulta

$$s_{1,2} = -\zeta\omega_n \pm \omega_n\sqrt{\zeta^2 - 1} \quad (4.24)$$

A partir da Equação (4.24), observamos que os diversos casos de resposta de segunda ordem são uma função de ζ; eles são resumidos na Figura 4.11.[4]

No exemplo a seguir, determinamos o valor numérico de ζ e determinamos a natureza da resposta transitória.

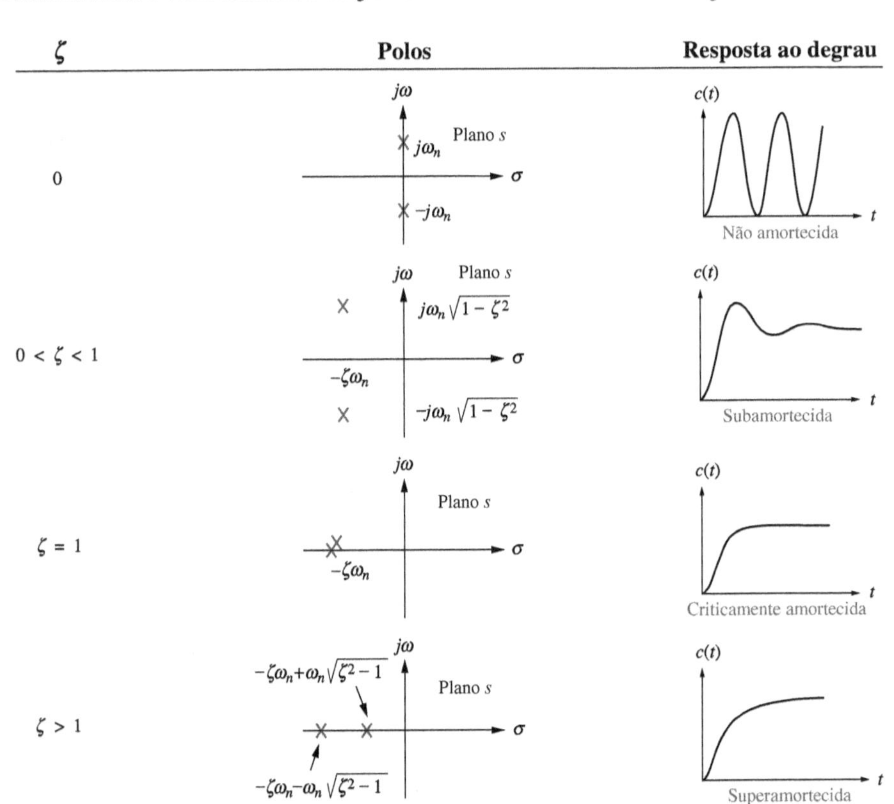

FIGURA 4.11 Resposta de segunda ordem em função do fator de amortecimento.

[4] O estudante deve verificar a Figura 4.11 como exercício.

Exemplo 4.4

Caracterizando a Resposta a Partir do Valor de ζ

PROBLEMA: Para cada um dos sistemas mostrados na Figura 4.12, determine o valor de ζ e descreva o tipo de resposta esperado.

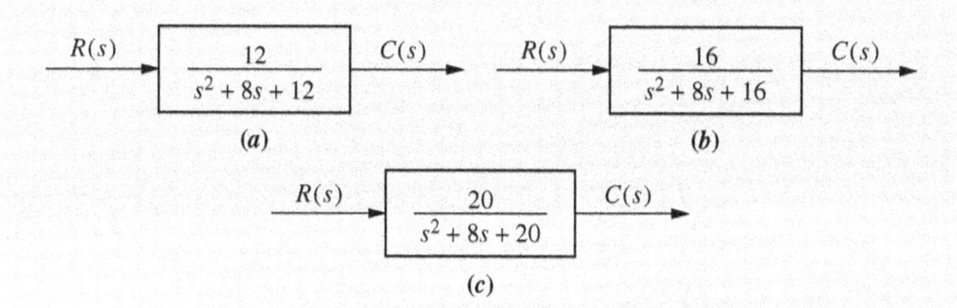

FIGURA 4.12 Sistemas para o Exemplo 4.4.

SOLUÇÃO: Primeiro iguale a forma desses sistemas com as formas mostradas nas Equações (4.16) e (4.22). Uma vez que $a = 2\zeta\omega_n$ e $\omega_n = \sqrt{b}$,

$$\zeta = \frac{a}{2\sqrt{b}} \tag{4.25}$$

Utilizando os valores de a e b de cada um dos sistemas da Figura 4.12, obtemos $\zeta = 1{,}155$ para o sistema (a), que é, portanto, superamortecido, uma vez que $\zeta > 1$; $\zeta = 1$ para o sistema (b), que é, portanto, criticamente amortecido; e $\zeta = 0{,}894$ para o sistema (c), que é, portanto, subamortecido, uma vez que $\zeta < 1$.

Exercício 4.4

PROBLEMA: Para cada uma das funções de transferência do Exercício 4.3, faça o seguinte: (1) Determine os valores de ζ e ω_n; (2) caracterize a natureza da resposta.

RESPOSTAS:

a. $\zeta = 0{,}3$, $\omega_n = 20$; o sistema é subamortecido
b. $\zeta = 1{,}5$, $\omega_n = 30$; o sistema é superamortecido
c. $\zeta = 1$, $\omega_n = 15$; o sistema é criticamente amortecido
d. $\zeta = 0$, $\omega_n = 25$; o sistema é não amortecido

A solução completa está disponível no Ambiente de aprendizagem do GEN.

Esta seção definiu duas especificações, ou parâmetros, dos sistemas de segunda ordem: a frequência natural, ω_n, e o fator de amortecimento, ζ. Vimos que a natureza da resposta obtida está relacionada com valor de ζ. Variações apenas do fator de amortecimento produzem a variedade completa de respostas superamortecida, criticamente amortecida, subamortecida e não amortecida.

4.6 Sistemas de Segunda Ordem Subamortecidos

Agora que generalizamos a função de transferência de segunda ordem em função de ζ e ω_n, vamos analisar a resposta ao degrau de um sistema de segunda ordem *subamortecido*. Não apenas essa resposta será obtida em função de ζ e ω_n; porém mais especificações naturais do caso subamortecido serão definidas. O sistema de segunda ordem subamortecido, um modelo comum para problemas físicos, apresenta um comportamento único que deve ser pormenorizado; uma descrição detalhada da resposta subamortecida é necessária tanto para a análise quanto para o projeto. Nosso primeiro objetivo é definir especificações transitórias associadas às respostas subamortecidas. Em seguida, relacionamos essas especificações com a posição do polo, extraindo uma associação entre a posição do polo e a forma da resposta de segunda ordem subamortecida. Finalmente, vinculamos a posição do polo aos parâmetros do sistema, fechando assim o laço: a resposta desejada define os componentes requeridos do sistema.

Vamos começar determinando a resposta ao degrau do sistema de segunda ordem geral da Equação (4.22). A transformada da resposta, $C(s)$, é a transformada da entrada multiplicada pela função de transferência, ou

$$C(s) = \frac{\omega_n^2}{s(s^2 + 2\zeta\omega_n s + \omega_n^2)} = \frac{K_1}{s} + \frac{K_2 s + K_3}{s^2 + 2\zeta\omega_n s + \omega_n^2} \tag{4.26}$$

em que se admite que $\zeta < 1$ (caso subamortecido). Expandir em frações parciais, utilizando os métodos descritos na Seção 2.2, Caso 3, resulta em

$$C(s) = \frac{1}{s} - \frac{(s + \zeta\omega_n) + \frac{\zeta}{\sqrt{1-\zeta^2}}\omega_n\sqrt{1-\zeta^2}}{(s + \zeta\omega_n)^2 + \omega_n^2(1-\zeta^2)} \tag{4.27}$$

Aplicando a transformada inversa de Laplace, o que é deixado como exercício para o estudante, resulta em

$$\begin{aligned} c(t) &= 1 - e^{-\zeta\omega_n t}\left(\cos\omega_n\sqrt{1-\zeta^2}t + \frac{\zeta}{\sqrt{1-\zeta^2}}\operatorname{sen}\omega_n\sqrt{1-\zeta^2}t\right) \\ &= 1 - \frac{1}{\sqrt{1-\zeta^2}}e^{-\zeta\omega_n t}\cos(\omega_n\sqrt{1-\zeta^2}t - \phi) \end{aligned} \tag{4.28}$$

em que $\phi = \tan^{-2}(\zeta/\sqrt{1-\zeta^2})$.

Um gráfico dessa resposta é mostrado na Figura 4.13 para diversos valores de ζ, no qual o eixo do tempo é normalizado com relação à frequência natural. Observamos agora a relação entre o valor de ζ e o tipo de resposta obtido: quanto menor o valor de ζ, mais oscilatória é a resposta. A frequência natural é um fator de escala do eixo do tempo e não afeta a natureza da resposta, a não ser pelo fato de mudar sua escala de tempo.

Definimos dois parâmetros associados aos sistemas de segunda ordem, ζ e ω_n. Outros parâmetros associados à resposta subamortecida são o tempo de subida, o instante de pico, a ultrapassagem percentual e o tempo de acomodação. Essas especificações são definidas como a seguir (ver também Figura 4.14):

1. *Tempo de subida*, T_r. O tempo necessário para que a forma de onda vá de 0,1 do valor final até 0,9 do valor final.
2. *Instante de pico*, T_p. O tempo necessário para alcançar o primeiro pico, ou pico máximo.
3. *Ultrapassagem percentual*, *%UP*. O valor pelo qual a forma de onda ultrapassa o valor em regime permanente, ou valor final, no instante de pico, expresso como uma percentagem do valor em regime permanente.
4. *Tempo de acomodação*, T_s. O tempo necessário para que as oscilações amortecidas transitórias alcancem e permaneçam dentro de uma faixa de ± 2 % em torno do valor em regime permanente.

Observe que as definições para tempo de acomodação e tempo de subida são basicamente as mesmas que as definições para a resposta de primeira ordem. Todas as definições também são válidas para sistemas de ordem superior a 2, embora expressões analíticas para esses parâmetros não possam ser obtidas, a menos que a resposta do sistema de ordem mais elevada possa ser aproximada pela resposta de um sistema de segunda ordem, o que fazemos nas Seções 4.7 e 4.8.

O tempo de subida, o instante de pico e o tempo de acomodação fornecem informações sobre a velocidade da resposta transitória. Essas informações podem auxiliar um projetista a determinar se a velocidade e a natureza

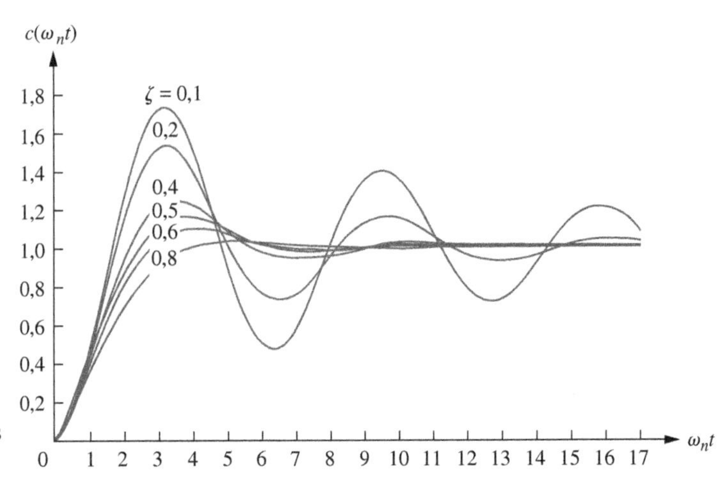

FIGURA 4.13 Respostas de segunda ordem subamortecidas para diferentes valores de fator de amortecimento.

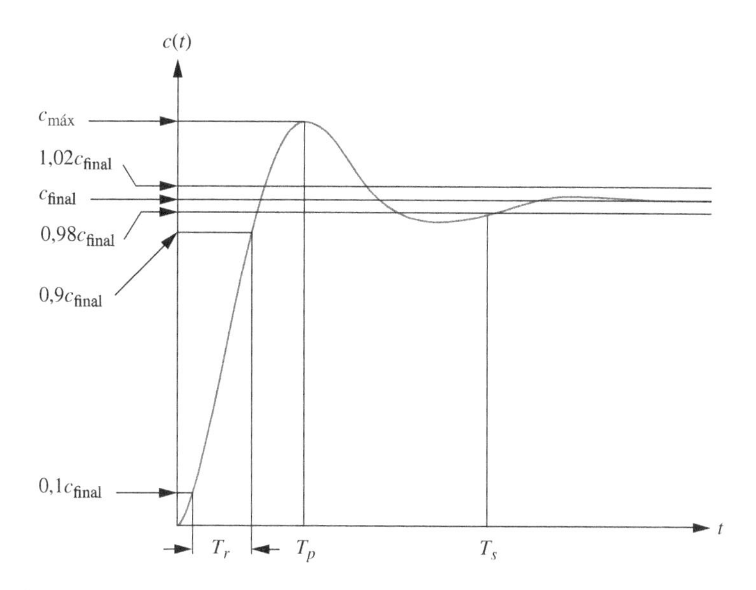

FIGURA 4.14 Especificações da resposta subamortecida de segunda ordem.

da resposta degradam ou não o desempenho do sistema. Por exemplo, a velocidade de um sistema computacional como um todo depende do tempo que a cabeça do acionador de disco leva para alcançar o regime permanente e ler os dados; o conforto do passageiro depende, em parte, do sistema de suspensão do automóvel e do número de oscilações por que ele passa após um solavanco.

Calculamos agora T_p, $\%UP$ e T_s como funções de ζ e ω_n. Mais adiante neste capítulo, relacionamos essas especificações com a posição dos polos do sistema. Uma expressão analítica precisa para o tempo de subida não pode ser obtida; assim, apresentamos um gráfico e uma tabela mostrando a relação entre ζ e o tempo de subida.

Cálculo de T_p

T_p é determinado derivando $c(t)$ na Equação (4.28) e obtendo o primeiro cruzamento de zero após $t = 0$. Essa tarefa é simplificada através da "derivação" no domínio da frequência utilizando o Item 7 da Tabela 2.2. Admitindo condições iniciais nulas e utilizando a Equação (4.26), obtemos

$$\mathscr{L}[\dot{c}(t)] = sC(s) = \frac{\omega_n^2}{s^2 + 2\zeta\omega_n s + \omega_n^2} \tag{4.29}$$

Completando os quadrados no denominador, temos

$$\mathscr{L}[\dot{c}(t)] = \frac{\omega_n^2}{(s + \zeta\omega_n)^2 + \omega_n^2(1 - \zeta^2)} = \frac{\frac{\omega_n}{\sqrt{1-\zeta^2}}\omega_n\sqrt{1 - \zeta^2}}{(s + \zeta\omega_n)^2 + \omega_n^2(1 - \zeta^2)} \tag{4.30}$$

Portanto,

$$\dot{c}(t) = \frac{\omega_n}{\sqrt{1 - \zeta^2}} e^{-\zeta\omega_n t} \operatorname{sen} \omega_n \sqrt{1 - \zeta^2} t \tag{4.31}$$

Igualando a derivada a zero, resulta

$$\omega_n \sqrt{1 - \zeta^2} t = n\pi \tag{4.32}$$

ou

$$t = \frac{n\pi}{\omega_n \sqrt{1 - \zeta^2}} \tag{4.33}$$

Cada valor de n fornece o instante para um máximo ou mínimo local. Fazendo $n = 0$, resulta $t = 0$, o primeiro ponto da curva na Figura 4.14 que possui uma inclinação igual a zero. O primeiro pico, que ocorre no instante de pico, T_p, é determinado fazendo $n = 1$ na Equação (4.33):

$$\boxed{T_p = \frac{\pi}{\omega_n \sqrt{1 - \zeta^2}}} \tag{4.34}$$

Cálculo de %*UP*

A partir da Figura 4.14, a ultrapassagem percentual, $\%UP$, é dada por

$$\%UP = \frac{c_{\text{máx}} - c_{\text{final}}}{c_{\text{final}}} \times 100 \tag{4.35}$$

O termo $c_{\text{máx}}$ é obtido calculando $c(t)$ no instante de pico, $c(T_p)$. Utilizando a Equação (4.34) para T_p e substituindo na Equação (4.28) resulta

$$\begin{aligned} c_{\text{máx}} = c(T_p) &= 1 - e^{-(\zeta\pi/\sqrt{1-\zeta^2})}\left(\cos\pi + \frac{\zeta}{\sqrt{1-\zeta^2}}\operatorname{sen}\pi\right) \\ &= 1 + e^{-(\zeta\pi/\sqrt{1-\zeta^2})} \end{aligned} \tag{4.36}$$

Para o degrau unitário utilizado para a Equação (4.28),

$$c_{\text{final}} = 1 \tag{4.37}$$

Substituindo as Equações (4.36) e (4.37) na Equação (4.35), obtemos finalmente

$$\%UP = e^{-(\zeta\pi/\sqrt{1-\zeta^2})} \times 100 \tag{4.38}$$

Observe que a ultrapassagem percentual é uma função apenas do fator de amortecimento, ζ.

Enquanto a Equação (4.38) permite encontrar $\%UP$ dado ζ, a inversa da equação permite calcular ζ dado $\%UP$. A inversa é dada por

$$\zeta = \frac{-\ln(\%UP/100)}{\sqrt{\pi^2 + \ln^2(\%UP/100)}} \tag{4.39}$$

A dedução da Equação (4.39) é deixada como exercício para o estudante. A Equação (4.38) [ou, de modo equivalente, a Equação (4.39)] é representada graficamente na Figura 4.15.

Cálculo de T_s

Para determinar o tempo de acomodação, precisamos determinar o instante para o qual $c(t)$ na Equação (4.28) alcança e permanece dentro da faixa de ± 2 % em torno do valor em regime permanente, c_{final}. Utilizando nossa definição, o tempo de acomodação é o tempo necessário para que a amplitude da senoide amortecida na Equação (4.28) chegue a 0,02, ou

$$e^{-\zeta\omega_n t}\frac{1}{\sqrt{1-\zeta^2}} = 0{,}02 \tag{4.40}$$

Esta equação é uma estimativa conservadora, uma vez que estamos admitindo que $\cos(\omega_n\sqrt{1-\zeta^2}t - \phi) = 1$ no instante referente ao tempo de acomodação. Resolvendo a Equação (4.40) para t, o tempo de acomodação é

$$T_s = \frac{-\ln(0{,}02\sqrt{1-\zeta^2})}{\zeta\omega_n} \tag{4.41}$$

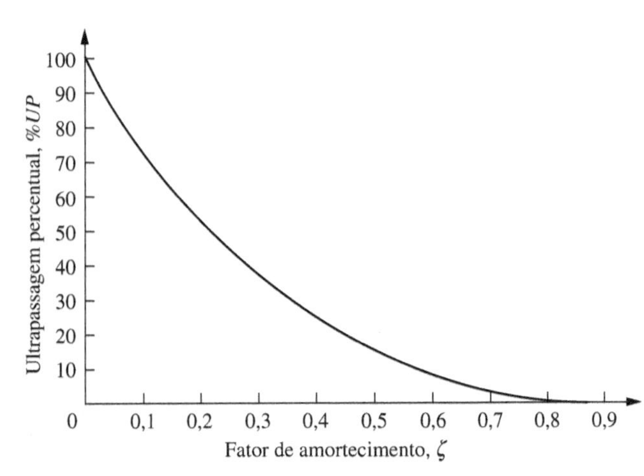

FIGURA 4.15 Ultrapassagem percentual *versus* fator de amortecimento.

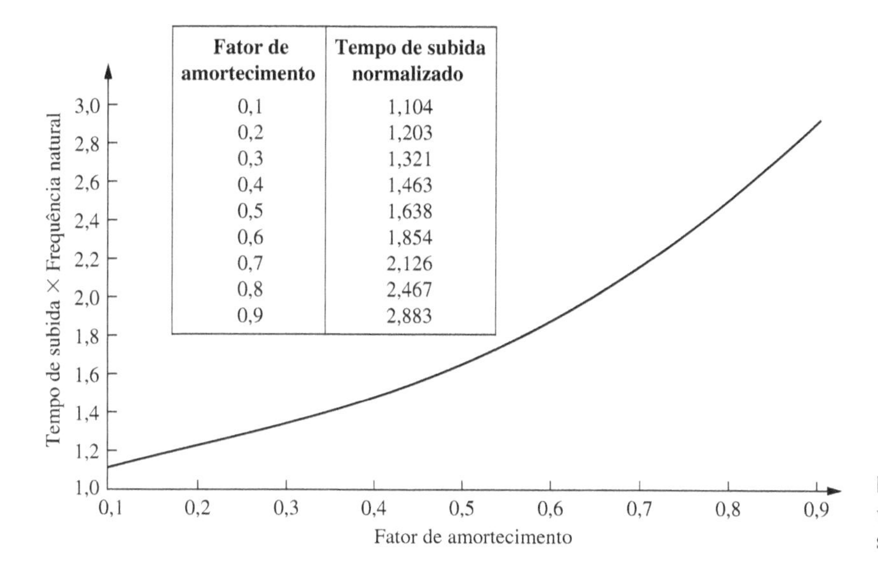

Fator de amortecimento	Tempo de subida normalizado
0,1	1,104
0,2	1,203
0,3	1,321
0,4	1,463
0,5	1,638
0,6	1,854
0,7	2,126
0,8	2,467
0,9	2,883

FIGURA 4.16 Tempo de subida normalizado *versus* fator de amortecimento para uma resposta subamortecida de segunda ordem.

Você pode verificar que o numerador da Equação (4.41) varia de 3,91 até 4,74, à medida que ζ varia de 0 até 0,9. Vamos adotar uma aproximação para o tempo de acomodação que será utilizada para todos os valores de ζ, a qual é

$$T_s = \frac{4}{\zeta\omega_n} \qquad (4.42)$$

Cálculo de T_r

Uma relação analítica precisa entre o tempo de subida e o fator de amortecimento, ζ, não pode ser obtida. Contudo, utilizando um computador e a Equação (4.28) o tempo de subida pode ser determinado. Primeiro definimos $\omega_n t$ como a variável tempo normalizada e escolhemos um valor para ζ. Utilizando o computador, obtemos os valores de $\omega_n t$ que resultam em $c(t) = 0,9$ e $c(t) = 0,1$. Subtraindo os dois valores de $\omega_n t$ resulta o tempo de subida normalizado, $\omega_n T_r$, para aquele valor de ζ. Procedendo da mesma forma com outros valores de ζ, obtemos os resultados representados graficamente na Figura 4.16.[5] Vamos ver um exemplo.

Exemplo 4.5

Determinando T_p, $\%UP$, T_s e T_r a Partir de uma Função de Transferência

PROBLEMA: Dada a função de transferência

$$G(s) = \frac{100}{s^2 + 15s + 100} \qquad (4.43)$$

determine T_p, $\%UP$, T_s e T_r.

SOLUÇÃO: ω_n e ζ são calculados como 10 e 0,75, respectivamente. Agora, substitua ζ e ω_n nas Equações (4.34), (4.38) e (4.42) e determine, respectivamente, que $T_p = 0,475$ segundo, $\%UP = 2,838$ e $T_s = 0,533$ segundo. Utilizando a tabela da Figura 4.16, o tempo de subida normalizado é de aproximadamente 2,3 segundos. Dividindo por ω_n resulta $T_r = 0,23$ segundo. Este problema demonstra que podemos determinar T_p, $\%UP$, T_s e T_r sem a tarefa tediosa de aplicar a transformada inversa de Laplace, representar graficamente a resposta de saída e realizar as medições a partir do gráfico.

Agora temos expressões que relacionam o instante de pico, a ultrapassagem percentual e o tempo de acomodação com a frequência natural e o fator de amortecimento. Vamos agora relacionar essas grandezas com a posição dos polos que geram essas características.

O diagrama de polos para um sistema de segunda ordem subamortecido geral, mostrado anteriormente na Figura 4.11, é reproduzido e expandido na Figura 4.17 para enfatizá-lo. Observamos a partir do teorema de Pitágoras que a distância radial da origem até o polo é a frequência natural, ω_n, e que $\cos\theta = \zeta$.

[5] A Figura 4.16 pode ser aproximada pelos seguintes polinômios: $\omega_n T_r = 1,76\zeta^3 - 0,417\zeta^2 + 1,039\zeta + 1$ (erro máximo menor que $\frac{1}{2}$ % para $0 < \zeta < 0,9$), e $\zeta = 0,115(\omega_n T_r)^3 - 0,883(\omega_n T_r)^2 + 2,504(\omega_n T_r) - 1,738$ (erro máximo menor que 5 % para $0,1 < \zeta < 0,9$). Os polinômios foram obtidos com a utilização da função **polyfit** do MATLAB.

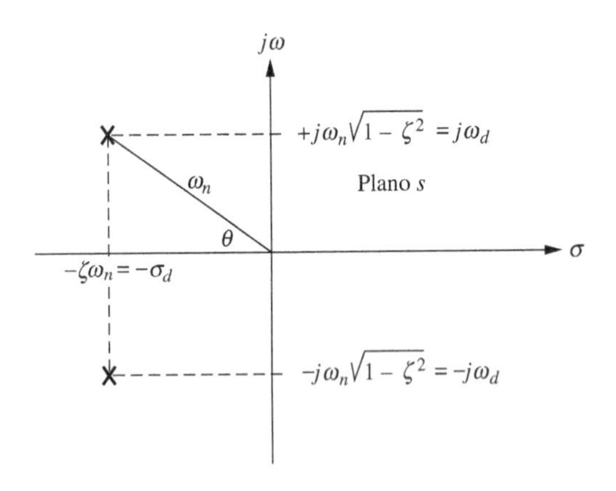

FIGURA 4.17 Diagrama de polos para um sistema de segunda ordem subamortecido.

Agora, comparando as Equações (4.34) e (4.42) com a posição do polo, calculamos o instante de pico e o tempo de acomodação devido à posição do polo. Assim,

$$T_p = \frac{\pi}{\omega_n\sqrt{1-\zeta^2}} = \frac{\pi}{\omega_d} \tag{4.44}$$

$$T_s = \frac{4}{\zeta\omega_n} = \frac{4}{\sigma_d} \tag{4.45}$$

em que ω_d é a parte imaginária do polo e é chamada *frequência de oscilação amortecida*, e σ_d é a magnitude da parte real do polo e a *frequência de amortecimento exponencial*.

A Equação (4.44) mostra que T_p é inversamente proporcional à parte imaginária do polo. Uma vez que as linhas horizontais no plano s são linhas de valor imaginário constante, elas também são linhas de instante de pico constante. De modo similar, a Equação (4.45) nos diz que o tempo de acomodação é inversamente proporcional à parte real do polo. Uma vez que as linhas verticais no plano s são linhas de valor real constante, elas também são linhas de tempo de acomodação constante. Finalmente, como $\zeta = \cos\theta$, linhas radiais são linhas de ζ constante. Uma vez que a ultrapassagem percentual é uma função apenas de ζ, as linhas radiais são linhas de ultrapassagem percentual constante, $\%UP$. Esses conceitos são retratados na Figura 4.18, em que linhas de T_p, T_s e $\%UP$ constantes são rotuladas no plano s.

Neste ponto, podemos compreender o significado da Figura 4.18 examinando a resposta real ao degrau de sistemas para comparação. Retratadas na Figura 4.19(*a*) estão as respostas ao degrau, à medida que os polos são movimentados na direção vertical, mantendo a parte real inalterada. À medida que os polos se movem na direção vertical a frequência aumenta, porém a envoltória permanece a mesma, uma vez que a parte real do polo não está mudando. A figura mostra uma envoltória exponencial constante, mesmo que a resposta senoidal esteja mudando de frequência. Uma vez que todas as curvas se ajustam sob a mesma curva de decaimento exponencial, o tempo de acomodação é praticamente o mesmo para todas as formas de onda. Observe que à medida que a ultrapassagem aumenta o tempo de subida diminui.

Vamos mover os polos para a direita ou para a esquerda. Uma vez que a parte imaginária agora é constante, o movimento dos polos produz as respostas da Figura 4.19(*b*). Nesse caso, a frequência é constante ao longo da faixa de variação da parte real. À medida que os polos se movem para a esquerda, a resposta amortece mais rapidamente, enquanto a frequência permanece a mesma. Observe que o instante de pico é o mesmo para todas as formas de onda porque a parte imaginária permanece inalterada.

Movendo os polos ao longo de uma linha radial constante, produzem-se as respostas mostradas na Figura 4.19(*c*). Nesse caso, a ultrapassagem percentual permanece a mesma. Observe também que as respostas são muito parecidas, exceto por sua velocidade. Quanto mais afastados os polos estiverem da origem, mais rápida será a resposta.

Concluímos esta seção com alguns exemplos que demonstram a relação entre a posição do polo e as especificações da resposta subamortecida de segunda ordem. O primeiro exemplo cobre a análise. O segundo exemplo é um problema de projeto simples que consiste em um sistema físico cujos valores dos componentes desejamos projetar para atender uma especificação de resposta transitória.

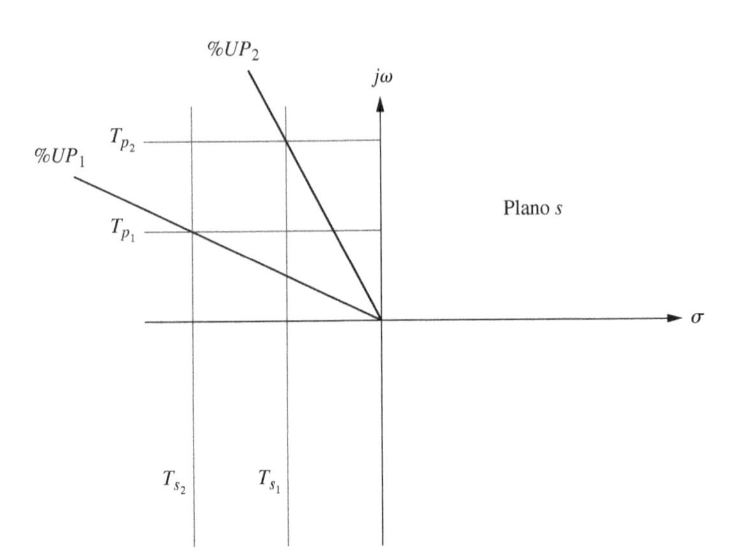

FIGURA 4.18 Linhas de instante de pico, T_p, tempo de acomodação, T_s, e ultrapassagem percentual, $\%UP$, constantes. *Observação*: $T_{s_2} < T_{s_1}$; $T_{p_2} < T_{p_1}$; e $\%UP_1 < \%UP_2$.

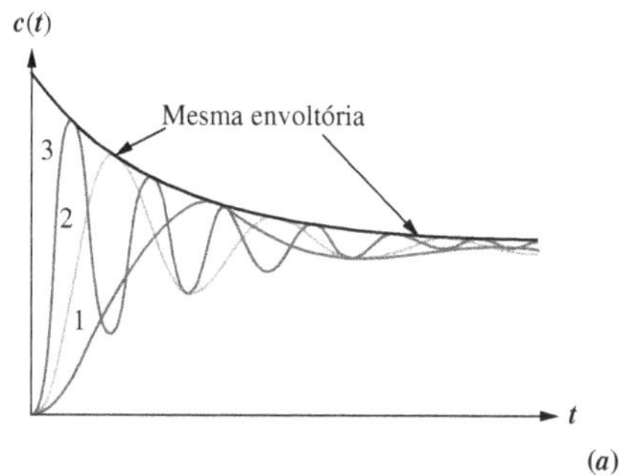

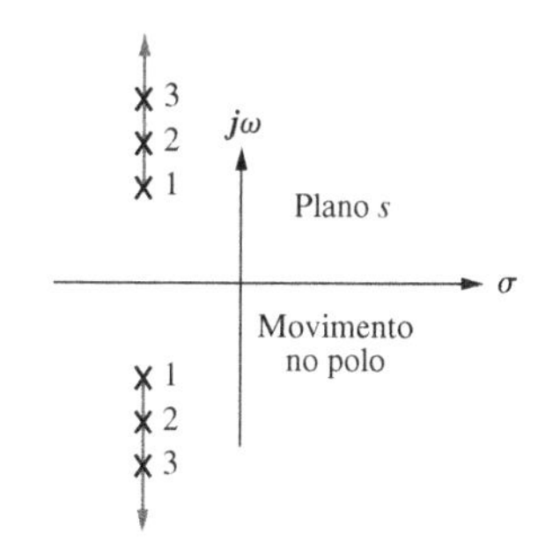

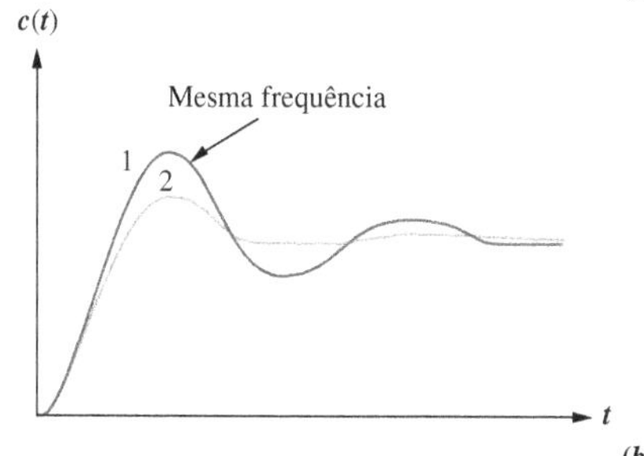

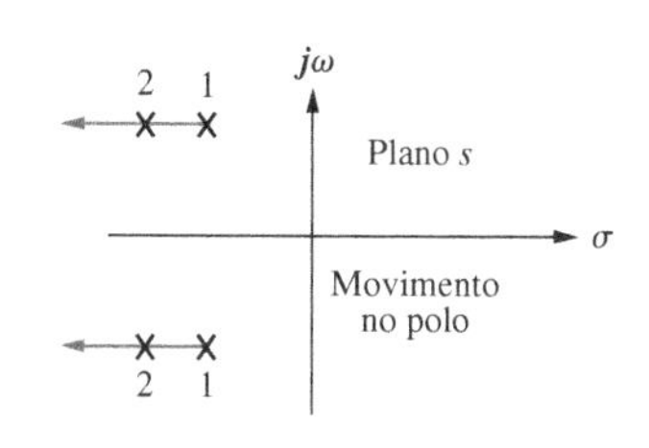

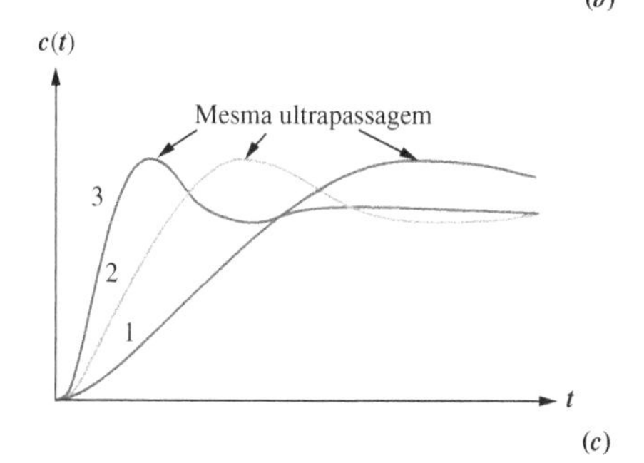

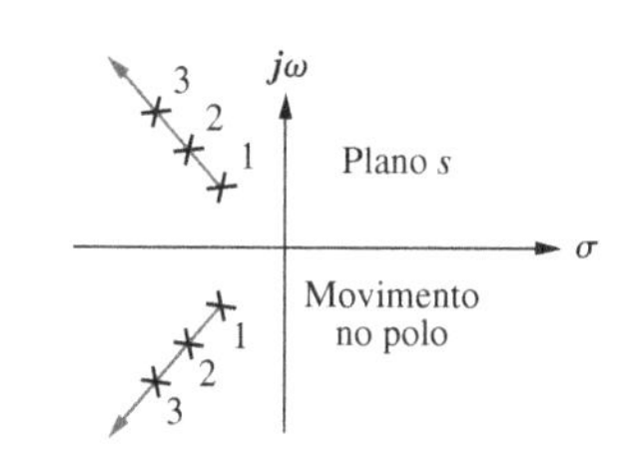

FIGURA 4.19 Respostas ao degrau de sistemas subamortecidos de segunda ordem à medida que os polos se movem: **a.** com parte real constante; **b.** com parte imaginária constante; **c.** com fator de amortecimento constante.

Exemplo 4.6

Determinando T_p, $\%UP$ e T_s a Partir da Posição do Polo

PROBLEMA: Dado o diagrama de polos mostrado na Figura 4.20, determine ζ, ω_n, T_p, $\%UP$ e T_s.

SOLUÇÃO: O fator de amortecimento é dado por $\zeta = \cos\theta = \cos[\text{arctg}\,(7/3)] = 0{,}394$. A frequência natural, ω_n, é a distância radial da origem ao polo, ou $\omega_n = \sqrt{7^2 + 3^2} = 7{,}616$. O instante de pico é

$$T_p = \frac{\pi}{\omega_d} = \frac{\pi}{7} = 0{,}449 \text{ segundo} \tag{4.46}$$

A ultrapassagem percentual é

$$\%UP = e^{-(\zeta\pi/\sqrt{1-\zeta^2})} \times 100 = 26\ \% \tag{4.47}$$

O tempo de acomodação aproximado é

$$T_s = \frac{4}{\sigma_d} = \frac{4}{3} = 1{,}333 \text{ segundo} \tag{4.48}$$

Os estudantes que estiverem usando o MATLAB devem, agora, executar o arquivo ch4apB1 do Apêndice B. Você aprenderá como criar um polinômio de segunda ordem a partir de dois polos complexos, bem como extrair e utilizar os coeficientes do polinômio para calcular T_p, $\%UP$ e T_s. Este exercício utiliza o MATLAB para resolver o problema no Exemplo 4.6.

MATLAB
ML

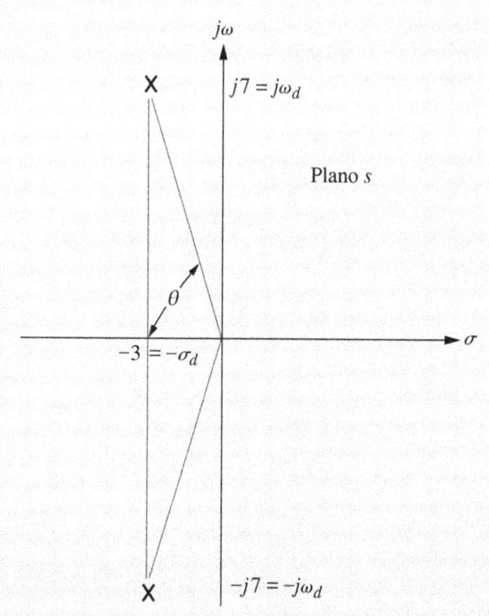

FIGURA 4.20 Diagrama de polos para o Exemplo 4.6.

Exemplo 4.7

Resposta Transitória Através do Projeto de Componentes

Projeto
P

PROBLEMA: Dado o sistema mostrado na Figura 4.21, determine J e D para resultar em uma ultrapassagem de 20 % e em um tempo de acomodação de 2 segundos para uma entrada em degrau do torque $T(t)$.

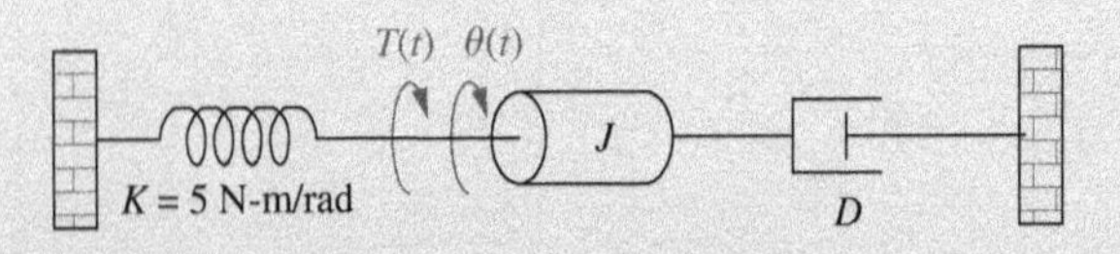

FIGURA 4.21 Sistema mecânico rotacional para o Exemplo 4.7.

SOLUÇÃO: Primeiro, a função de transferência para o sistema é

$$G(s) = \frac{1/J}{s^2 + \frac{D}{J}s + \frac{K}{J}} \tag{4.49}$$

A partir da função de transferência,

$$\omega_n = \sqrt{\frac{K}{J}} \tag{4.50}$$

e

$$2\zeta\omega_n = \frac{D}{J} \tag{4.51}$$

Mas, do enunciado do problema,

$$T_s = 2 = \frac{4}{\zeta\omega_n} \tag{4.52}$$

ou $\zeta\omega_n = 2$. Portanto,

$$2\zeta\omega_n = 4 = \frac{D}{J} \tag{4.53}$$

Além disso, a partir das Equações (4.50) e (4.52),

$$\zeta = \frac{4}{2\omega_n} = 2\sqrt{\frac{J}{K}} \tag{4.54}$$

A partir da Equação (4.39), uma ultrapassagem de 20 % implica $\zeta = 0{,}456$. Portanto, a partir da Equação (4.54),

$$\zeta = 2\sqrt{\frac{J}{K}} = 0{,}456 \tag{4.55}$$

Assim,

$$\frac{J}{K} = 0{,}052 \tag{4.56}$$

Pelo enunciado do problema, $K = 5$ N·m/rad. Combinando este valor com as Equações (4.53) e (4.56), $D = 1{,}04$ N·m·s/rad e $J = 0{,}26$ kg·m^2.

Funções de Transferência de Segunda Ordem a Partir de Ensaios

Assim como obtivemos a função de transferência de um sistema de primeira ordem experimentalmente, podemos fazer o mesmo para um sistema que apresenta uma resposta de segunda ordem subamortecida típica. Novamente, podemos utilizar a curva de resposta experimental e medir a ultrapassagem percentual e o tempo de acomodação, a partir dos quais podemos determinar os polos e, assim, o denominador. O numerador pode ser obtido, como para o sistema de primeira ordem, a partir do conhecimento dos valores em regime permanente medido e esperado. Um problema no fim do capítulo ilustra a estimação de uma função de transferência de segunda ordem a partir da resposta ao degrau.

Exercício 4.5

PROBLEMA: Determine ζ, ω_n, T_s, T_p, T_r e $\%UP$ para um sistema cuja função de transferência é $G(s) = \dfrac{361}{s^2 + 16s + 361}$.

RESPOSTAS:

$$\zeta = 0{,}421,\ \omega_n = 19,\ T_s = 0{,}5\,\text{s},\ T_p = 0{,}182\,\text{s},\ T_r = 0{,}079\,\text{s e } \%UP = 23{,}3\,\%.$$

A solução completa está disponível no Ambiente de aprendizagem do GEN.

Experimente 4.1

Use as seguintes instruções MATLAB para calcular as respostas do Exercício 4.5. As reticências significam que o código continua na linha seguinte.

```
numg=361;
deng=[1 16 361];
omegan=sqrt(deng(3)...
 /deng(1))
zeta=(deng(2)/deng(1))...
 /(2*omegan)
Ts=4/(zeta*omegan)
Tp=pi/(omegan*sqrt...
 (1-zeta^2))
pos=100*exp(-zeta*...
 pi/sqrt(1-zeta^2))
Tr=(1.768*zeta^3 -...
 0.417*zeta^2+1.039*...
 zeta+1)/omegan
```

Agora que analisamos os sistemas com dois polos, como a inclusão de outro polo afeta a resposta? Respondemos essa questão na próxima seção.

4.7 Resposta do Sistema com Polos Adicionais

Na última seção, analisamos sistemas com um ou dois polos. Deve ser ressaltado que as expressões que descrevem a ultrapassagem percentual, o tempo de acomodação e o instante de pico foram deduzidas apenas para um sistema com dois polos complexos e nenhum zero. Caso um sistema como o mostrado na Figura 4.22 possua mais de dois polos ou possua zeros não podemos utilizar as expressões para calcular as especificações de desempenho que deduzimos. Entretanto, em certas condições um sistema com mais de dois polos ou com zeros pode ser aproximado por um sistema de segunda ordem que possui apenas dois *polos dominantes* complexos. Uma vez justificada essa aproximação, as expressões para ultrapassagem percentual, tempo de acomodação e instante de pico podem ser aplicadas a esses sistemas de ordem mais elevada através da utilização da posição dos polos dominantes. Nesta seção, investigamos o efeito de um polo adicional na resposta de segunda ordem. Na próxima seção, analisamos o efeito da adição de um zero a um sistema com dois polos.

Vamos agora verificar as condições que devem ser atendidas para aproximarmos o comportamento de um sistema com três polos pelo comportamento de um sistema com dois polos. Considere um sistema com três polos, com polos complexos e um terceiro polo no eixo real. Admitindo que os polos complexos estejam em $-\zeta\omega_n \pm j\omega_n\sqrt{1-\zeta^2}$ e que o polo real esteja em $-\alpha_r$, a resposta ao degrau do sistema pode ser determinada a partir da expansão em frações parciais. Assim, a transformada da saída é

$$C(s) = \frac{A}{s} + \frac{B(s+\zeta\omega_n) + C\omega_d}{(s+\zeta\omega_n)^2 + \omega_d^2} + \frac{D}{s+\alpha_r} \tag{4.57}$$

ou, no domínio do tempo,

$$c(t) = Au(t) + e^{-\zeta\omega_n t}(B\cos\omega_d t + C\,\text{sen}\,\omega_d t) + De^{-\alpha_r t} \tag{4.58}$$

As partes constituintes de $c(t)$ são mostradas na Figura 4.23 para três casos de α_r. Para o Caso I, $\alpha_r = \alpha_{r_1}$ e não é muito maior que $\zeta\omega_n$; para o Caso II, $\alpha_r = \alpha_{r_2}$ e é muito maior que $\zeta\omega_n$; e para o Caso III, $\alpha_r = \infty$.

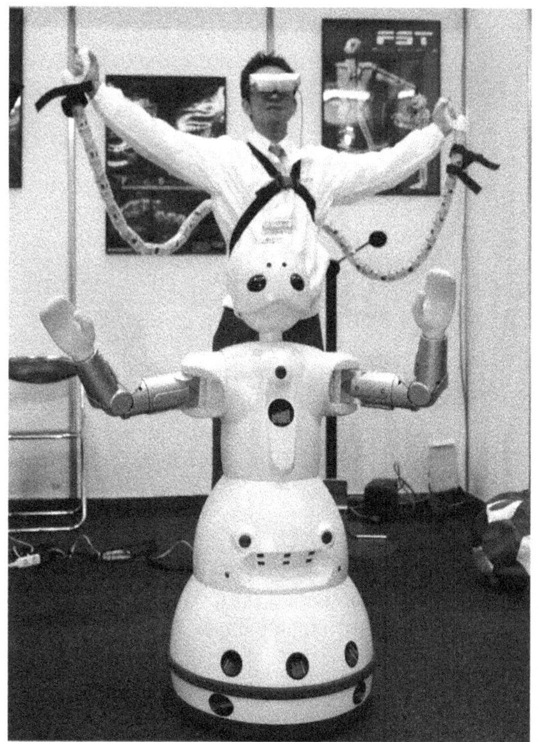

Yoshikazu Tsuno/AFP/Getty Images

FIGURA 4.22 O robô segue comandos de entrada de um treinador humano.

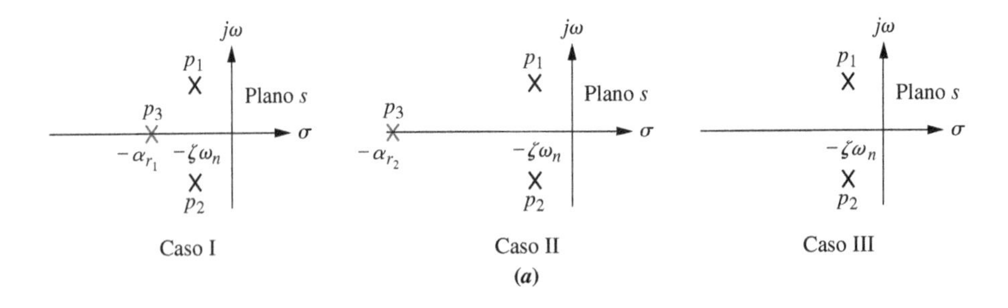

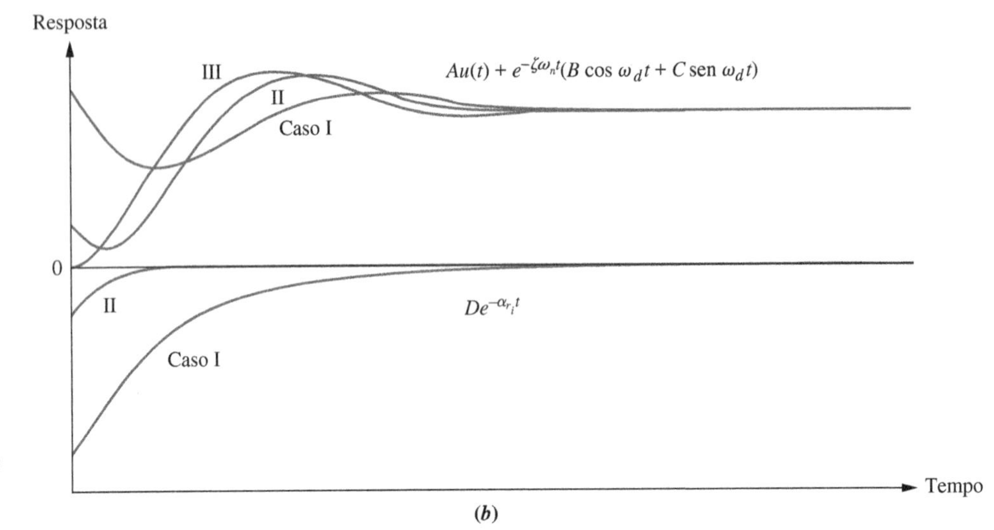

FIGURA 4.23 Componentes das respostas de um sistema com três polos: **a.** diagrama de polos; **b.** componentes das respostas: o polo não dominante está próximo do par de segunda ordem dominante (Caso I), longe do par (Caso II) e no infinito (Caso III).

Vamos dirigir nossa atenção para a Equação (4.58) e a Figura 4.23. Se $\alpha_r \gg \zeta\omega_n$ (Caso II), a exponencial pura desaparecerá muito mais rápido do que a resposta ao degrau subamortecida de segunda ordem. Se o termo da exponencial pura decai para um valor insignificante no instante da primeira ultrapassagem, os parâmetros, como a ultrapassagem percentual, o tempo de acomodação e o instante de pico, serão gerados pela componente da resposta ao degrau subamortecida de segunda ordem. Assim, a resposta total se aproximará da resposta de um sistema de segunda ordem puro (Caso III).

Caso α_r não seja muito maior que $\zeta\omega_n$ (Caso I), a resposta transitória do polo real não decairá até um valor insignificante no instante de pico ou no tempo de acomodação gerado pelo par de segunda ordem. Nesse caso, o decaimento exponencial é significativo, e o sistema não pode ser representado como um sistema de segunda ordem.

A próxima questão é: quão afastado dos polos dominantes o terceiro polo precisa estar para que seu efeito na resposta de segunda ordem seja desprezível? A resposta, naturalmente, depende da exatidão que você está querendo. Entretanto, este livro admite que o decaimento exponencial seja desprezível depois de cinco constantes de tempo. Assim, caso o polo real esteja cinco vezes mais afastado à esquerda que os polos dominantes, admitimos que o sistema possa ser representado por seu par de polos de segunda ordem dominantes.

E quanto à magnitude do decaimento exponencial? Ela pode ser tão grande que sua contribuição no instante de pico não seja desprezível? Podemos mostrar através de uma expansão em frações parciais que o resíduo do terceiro polo, em um sistema com três polos com polos de segunda ordem dominantes e sem zeros, irá efetivamente diminuir em magnitude, à medida que o terceiro polo for movido para mais longe no semiplano esquerdo. Admita uma seguinte resposta ao degrau, $C(s)$, de um sistema com três polos:

$$C(s) = \frac{bc}{s(s^2 + as + b)(s + c)} = \frac{A}{s} + \frac{Bs + C}{s^2 + as + b} + \frac{D}{s + c} \tag{4.59}$$

em que admitimos que o polo não dominante está localizado em $-c$ no eixo real e que a resposta em regime permanente tenda à unidade. Calculando as constantes no numerador de cada termo,

$$A = 1; \qquad B = \frac{ca - c^2}{c^2 + b - ca} \tag{4.60a}$$

$$C = \frac{ca^2 - c^2a - bc}{c^2 + b - ca}; \; D = \frac{-b}{c^2 + b - ca} \tag{4.60b}$$

Quando o polo não dominante tende a ∞ ou $c \to \infty$,

$$A = 1;\ B = -1;\ C = -a;\ D = 0 \tag{4.61}$$

Assim, neste exemplo, D, o resíduo do polo não dominante e sua resposta se tornam iguais a zero quando o polo não dominante tende a infinito.

O projetista também pode optar por se abster de uma análise de resíduo extensiva, uma vez que todos os projetos de sistemas devem ser simulados para determinar sua aceitação final. Nesse caso, o engenheiro de sistemas de controle pode utilizar a regra prática das "cinco vezes" como uma condição necessária, mas não suficiente, para aumentar a confiança na aproximação de segunda ordem durante o projeto, simulando em seguida o projeto completado.

Vamos agora examinar um exemplo que compara as respostas de dois sistemas com três polos distintos com a resposta de um sistema de segunda ordem.

Exemplo 4.8

Comparando Respostas de Sistemas com Três Polos

PROBLEMA: Obtenha a resposta ao degrau de cada uma das funções de transferência apresentadas nas Equações (4.62) a (4.64) e compare-as.

$$T_1(s) = \frac{24{,}542}{s^2 + 4s + 24{,}542} \tag{4.62}$$

$$T_2(s) = \frac{245{,}42}{(s + 10)(s^2 + 4s + 24{,}542)} \tag{4.63}$$

$$T_3(s) = \frac{73{,}626}{(s + 3)(s^2 + 4s + 24{,}542)} \tag{4.64}$$

SOLUÇÃO: A resposta ao degrau, $C_i(s)$, para a função de transferência, $T_i(s)$, pode ser obtida multiplicando a função de transferência por $1/s$, uma entrada em degrau; utilizando expansão em frações parciais, seguida pela transformada inversa de Laplace, podemos obter a resposta, $c_i(t)$. Com os detalhes deixados como exercício para o estudante, os resultados são

$$c_1(t) = 1 - 1{,}09e^{-2t}\cos(4{,}532t - 23{,}8°) \tag{4.65}$$

$$c_2(t) = 1 - 0{,}29e^{-10t} - 1{,}189e^{-2t}\cos(4{,}532t - 53{,}34°) \tag{4.66}$$

$$c_3(t) = 1 - 1{,}14e^{-3t} + 0{,}707e^{-2t}\cos(4{,}532t + 78{,}63°) \tag{4.67}$$

As três respostas são representadas graficamente na Figura 4.24. Observe que $c_2(t)$, com seu terceiro polo em -10 e mais afastado dos polos dominantes, é a melhor aproximação de $c_1(t)$, a resposta do sistema de segunda ordem puro; $c_3(t)$, com um terceiro polo mais próximo dos polos dominantes, resulta no maior erro.

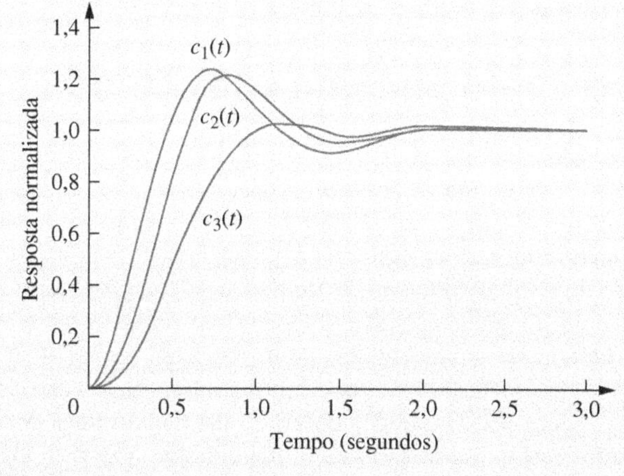

FIGURA 4.24 Respostas ao degrau do sistema $T_1(s)$, do sistema $T_2(s)$ e do sistema $T_3(s)$.

MATLAB
ML

Os estudantes que estiverem utilizando o MATLAB devem, agora, executar o arquivo ch4apB2 do Apêndice B. Você aprenderá como gerar uma resposta ao degrau para uma função de transferência e como representar graficamente a resposta diretamente ou armazenar os pontos para utilização futura. O exemplo mostra como armazenar os pontos e, em seguida, utilizá-los para criar uma figura com múltiplos gráficos, atribuir um título ao gráfico e rotular os eixos e as curvas para produzir o gráfico da Figura 4.24 para resolver o Exemplo 4.8.

Simulink
SL

As respostas de sistemas podem alternativamente ser obtidas utilizando o Simulink. O Simulink é um pacote de programas integrado com o MATLAB para fornecer uma interface gráfica com o usuário (GUI) para a definição de sistemas e a geração de respostas. O leitor é encorajado a estudar o Apêndice C, que contém um tutorial do Simulink, bem como alguns exemplos. Um dos exemplos ilustrativos, o Exemplo C.1, resolve o Exemplo 4.8 utilizando o Simulink.

Ferramenta GUI
FGUI

Outro método para obter respostas de sistemas é através da utilização do Linear System Analyzer. Uma vantagem do Linear System Analyzer é que ele mostra os valores do tempo de acomodação, do instante de pico, do tempo de subida, da resposta máxima e do valor final no gráfico da resposta ao degrau. O leitor é encorajado a estudar o Apêndice E, disponível no Ambiente de aprendizagem do GEN, que contém um tutorial do Linear System Analyzer, bem como alguns exemplos. O Exemplo E.1 resolve o Exemplo 4.8 utilizando o Linear System Analyzer.

Exercício 4.6

Experimente 4.2

Use as seguintes instruções de MATLAB e Control System Toolbox para investigar os efeitos do polo adicional no Exercício 4.6(a). Mova o polo de ordem superior originalmente em −15 para outros valores alterando "a" no código.

```
a=15
numga=100*a;
denga=conv([1 a],...
[1 4 100]);
Ta=tf(numga,denga);
numg=100;
deng=[1 4 100];
T=tf(numg,deng);
step(Ta,'.',T,'-')
```

PROBLEMA: Determine a validade de uma aproximação de segunda ordem para cada uma dessas duas funções de transferência:

a. $G(s) = \dfrac{700}{(s+15)(s^2+4s+100)}$

b. $G(s) = \dfrac{360}{(s+4)(s^2+2s+90)}$

RESPOSTAS:

a. A aproximação de segunda ordem é válida.
b. A aproximação de segunda ordem não é válida.

A solução completa está disponível no Ambiente de aprendizagem do GEN.

4.8 Resposta do Sistema com Zeros

Agora que examinamos os efeitos de um polo adicional, vamos acrescentar um zero ao sistema de segunda ordem. Na Seção 4.2, constatamos que os zeros de uma resposta afetam o resíduo, ou a amplitude, de uma componente da resposta, mas não afetam sua natureza – exponencial, senoide amortecida, e assim por diante. Nesta seção, acrescentamos um zero no eixo real a um sistema com dois polos. O zero será acrescentado primeiro no semiplano esquerdo e, em seguida, no semiplano direito, e seus efeitos serão observados e analisados. Concluímos a seção falando sobre o cancelamento de polos e zeros.

Começando com um sistema com dois polos localizados em $(-1 \pm j2{,}828)$, acrescentamos zeros consecutivamente em -3, -5 e -10. Os resultados normalizados pelo valor em regime permanente são representados graficamente na Figura 4.25. Podemos observar que quanto mais próximo o zero está dos polos dominantes, maior é seu efeito na resposta transitória. À medida que o zero se afasta dos polos dominantes, a resposta se aproxima daquela do sistema com dois polos. Esta análise pode ser fundamentada através da expansão em frações parciais. Se admitirmos um grupo de polos e um zero afastado dos polos, o resíduo de cada polo será

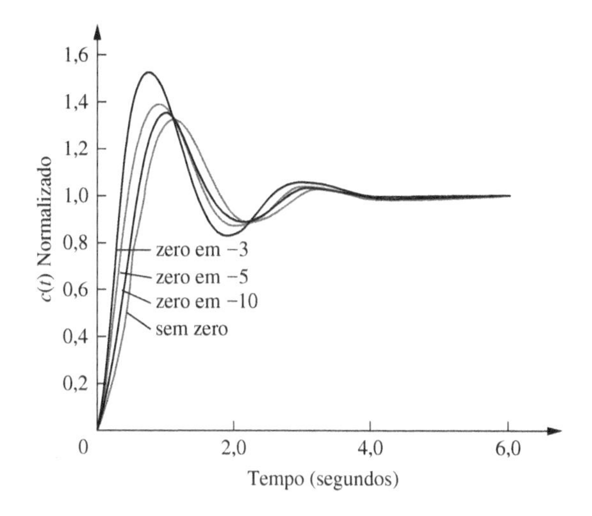

FIGURA 4.25 Efeito do acréscimo de um zero a um sistema com dois polos.

afetado da mesma forma pelo zero. Assim, as amplitudes relativas permanecem basicamente as mesmas. Por exemplo, admita a expansão em frações parciais mostrada na Equação (4.68):

$$T(s) = \frac{(s+a)}{(s+b)(s+c)} = \frac{A}{s+b} + \frac{B}{s+c}$$

$$= \frac{(-b+a)/(-b+c)}{s+b} + \frac{(-c+a)/(-c+b)}{s+c} \tag{4.68}$$

Se o zero estiver afastado dos polos, então a será muito maior que b e c, e

$$T(s) \approx a\left[\frac{1/(-b+c)}{s+b} + \frac{1/(-c+b)}{s+c}\right] = \frac{a}{(s+b)(s+c)} \tag{4.69}$$

Portanto, o zero se comporta como um simples fator de ganho e não altera as amplitudes relativas das componentes da resposta.

Experimente 4.3

Use as seguintes instruções de MATLAB e Control System Toolbox para gerar a Figura 4.25.

```
deng=[1 2 9];
Ta=tf([1 3]*9/3,deng);
Tb=tf([1 5]*9/5,deng);
Tc=tf([1 10]*9/10,deng);
T=tf(9,deng);
step(T,Ta,Tb,Tc)
text(0.5,0.6,'sem zero')
text(0.4,0.7,...
 'zero em -10')
text(0.35,0.8,...
 'zero at -5')
text(0.3,0.9,'zero em -3')
```

Outra maneira de interpretar o efeito de um zero, que é mais geral, é a seguinte (*Franklin, 1991*): seja $C(s)$ a resposta de um sistema, $T(s)$, com a unidade no numerador. Caso acrescentemos um zero à função de transferência, resultando em $(s + a)T(s)$, a transformada de Laplace da resposta será

$$(s+a)C(s) = sC(s) + aC(s) \tag{4.70}$$

Assim, a resposta de um sistema com um zero consiste em duas partes: a derivada da resposta original e uma versão, em escala, da resposta original. Caso a, o negativo do zero, seja muito grande, a transformada de Laplace da resposta é aproximadamente $aC(s)$, ou uma versão em escala da resposta original. Caso a não seja muito grande, a resposta possui uma componente adicional consistindo na derivada da resposta original. À medida que a se torna menor, o termo derivativo contribui mais para a resposta e tem um efeito maior. Para as respostas ao degrau, a derivada é tipicamente positiva no início da resposta. Assim, para pequenos valores de a podemos esperar uma ultrapassagem maior em sistemas de segunda ordem, uma vez que o termo derivativo será aditivo em torno da primeira ultrapassagem. Esse raciocínio pode ser confirmado pela Figura 4.25.

Um fenômeno interessante ocorre caso a seja negativo, posicionando o zero no semiplano direito. A partir da Equação (4.70), observamos que o termo derivativo, tipicamente positivo nos instantes iniciais, terá o sinal contrário ao termo da resposta em escala. Assim, caso o termo derivativo, $sC(s)$, seja maior do que a resposta em escala, $aC(s)$, a resposta irá inicialmente seguir a derivada no sentido oposto ao da resposta em escala. O resultado para um sistema de segunda ordem é mostrado na Figura 4.26, em que o sinal de entrada foi invertido para resultar em um valor positivo em regime permanente. Observe que a resposta começa indo no sentido negativo, embora o valor final seja positivo. Um sistema que exibe esse fenômeno é conhecido como sistema de *fase não mínima*. Caso uma motocicleta ou um avião fosse um sistema de fase não mínima, ele iria inicialmente se inclinar para a esquerda quando comandado a virar para a direita.

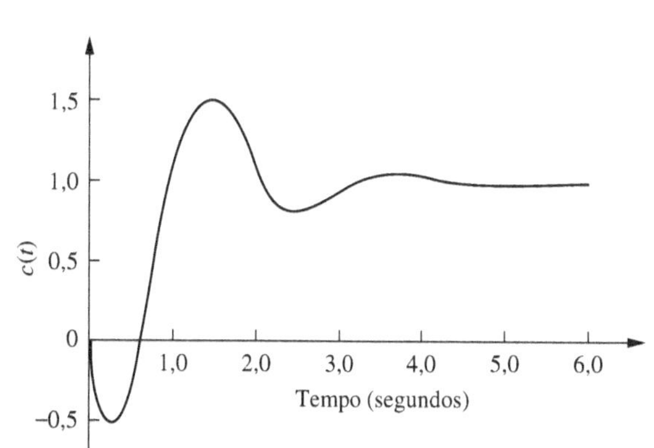

FIGURA 4.26 Resposta ao degrau de um sistema de fase não mínima.

Vamos agora examinar um exemplo de um circuito elétrico de fase não mínima.

Exemplo 4.9

Função de Transferência de um Sistema de Fase Não Mínima

PROBLEMA:

a. Determine a função de transferência, $V_s(s)/V_e(s)$, para o circuito com amplificador operacional mostrado na Figura 4.27.

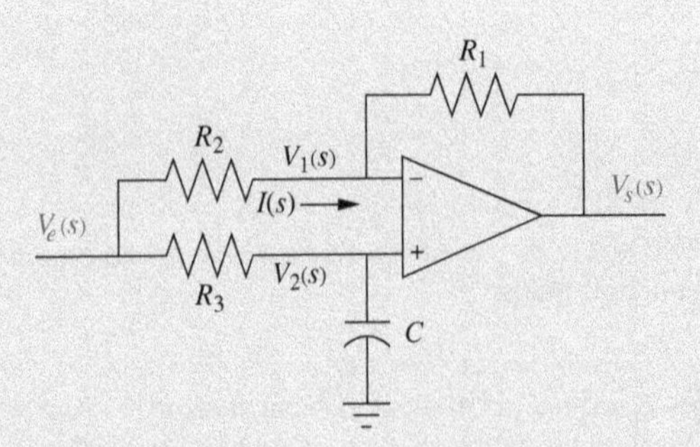

FIGURA 4.27 Circuito elétrico de fase não mínima.[6]

b. Caso $R_1 = R_2$, esse circuito é conhecido como um filtro passa todas, uma vez que ele deixa passar ondas senoidais de uma ampla faixa de frequências sem atenuar ou amplificar suas magnitudes (*Dorf, 1993*). Aprenderemos mais sobre a resposta em frequência no Capítulo 10. Por agora, seja $R_1 = R_2$, $R_3C = 1/10$, determine a resposta ao degrau do filtro. Mostre que as partes constituintes da resposta podem ser identificadas com aquelas da Equação (4.70).

SOLUÇÃO:

a. Lembrando, do Capítulo 2, que o amplificador operacional possui uma alta impedância de entrada, a corrente, $I(s)$, através de R_1 e R_2, é a mesma e é igual a

$$I(s) = \frac{V_e(s) - V_s(s)}{R_1 + R_2} \tag{4.71}$$

Além disso,

$$V_s(s) = A(V_2(s) - V_1(s)) \tag{4.72}$$

Mas

$$V_1(s) = I(s)R_1 + V_s(s) \tag{4.73}$$

Substituindo a Equação (4.71) na Equação (4.73),

$$V_1(s) = \frac{1}{R_1 + R_2}(R_1 V_e(s) + R_2 V_s(s)) \tag{4.74}$$

Utilizando divisão de tensão,

$$V_2(s) = V_e(s)\frac{1/Cs}{R_3 + \frac{1}{Cs}} \tag{4.75}$$

Substituindo as Equações (4.74) e (4.75) na Equação (4.72), e simplificando, resulta

$$\frac{V_s(s)}{V_e(s)} = \frac{A(R_2 - R_1R_3Cs)}{(R_3Cs + 1)(R_1 + R_2(1 + A))} \tag{4.76}$$

Uma vez que o amplificador operacional possui um ganho alto, A, faça A tender a infinito. Assim, após simplificação,

$$\frac{V_s(s)}{V_e(s)} = \frac{R_2 - R_1R_3Cs}{R_2R_3Cs + R_2} = -\frac{R_1}{R_2}\frac{\left(s - \frac{R_2}{R_1R_3C}\right)}{\left(s + \frac{1}{R_3C}\right)} \tag{4.77}$$

[6] Adaptado de Dorf, R. C. *Introduction to Electric Circuits, 2nd ed.* (NewYork: John Wiley & Sons, 1989, 1993), p. 583. ©1989, 1993 John Wiley & Sons. Reimpresso com permissão da editora.

b. Fazendo $R_1 = R_2$ e $R_3C = 1/10$,

$$\frac{V_s(s)}{V_e(s)} = \frac{\left(s - \frac{1}{R_3C}\right)}{\left(s + \frac{1}{R_3C}\right)} = -\frac{(s-10)}{(s+10)} \tag{4.78}$$

Para uma entrada em degrau, calculamos a resposta como sugerido pela Equação (4.70):

$$C(s) = -\frac{(s-10)}{s(s+10)} = -\frac{1}{s+10} + 10\frac{1}{s(s+10)} = sC_o(s) - 10C_o(s) \tag{4.79}$$

em que

$$C_o(s) = -\frac{1}{s(s+10)} \tag{4.80}$$

é a transformada de Laplace da resposta sem um zero. Expandindo a Equação (4.79) em frações parciais,

$$C(s) = -\frac{1}{s+10} + 10\frac{1}{s(s+10)} = -\frac{1}{s+10} + \frac{1}{s} - \frac{1}{s+10} = \frac{1}{s} - \frac{2}{s+10} \tag{4.81}$$

ou a resposta com um zero é

$$c(t) = -e^{-10t} + 1 - e^{-10t} = 1 - 2e^{-10t} \tag{4.82}$$

Além disso, a partir da Equação (4.80),

$$C_o(s) = -\frac{1/10}{s} + \frac{1/10}{s+10} \tag{4.83}$$

ou a resposta sem um zero é

$$c_o(t) = -\frac{1}{10} + \frac{1}{10}e^{-10t} \tag{4.84}$$

As respostas normalizadas são representadas graficamente na Figura 4.28. Observe a inversão imediata da resposta de fase não mínima, $c(t)$.

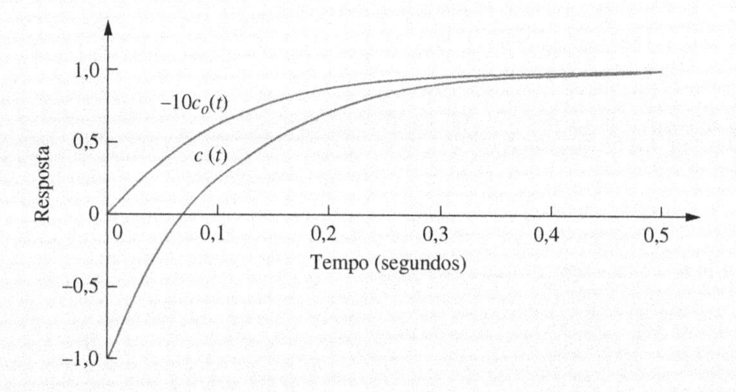

FIGURA 4.28 Resposta ao degrau do circuito de fase não mínima da Figura 4.27 ($c(t)$) e a resposta ao degrau normalizada de um circuito equivalente sem o zero ($-10c_o(t)$).

Concluímos esta seção falando sobre o cancelamento de polos e zeros e seu efeito em nossa capacidade de realizar aproximações de segunda ordem para um sistema. Admita um sistema com três polos com um zero, como mostrado na Equação (4.85). Caso o termo do polo $(s + p_3)$ e o termo do zero $(s + z)$ se cancelem, ficamos com

$$T(s) = \frac{K\cancel{(s+z)}}{\cancel{(s+p_3)}\,(s^2+as+b)} \tag{4.85}$$

como uma função de transferência de segunda ordem. De outra perspectiva, caso o zero em $-z$ esteja muito próximo do polo em $-p_3$, então uma expansão em frações parciais da Equação (4.85) mostrará que o resíduo do decaimento exponencial será muito menor que a amplitude da resposta de segunda ordem. Vamos ver um exemplo.

Exemplo 4.10

Avaliando o Cancelamento de Polos e Zeros Utilizando Resíduos

Experimente 4.4

Use as seguintes instruções de MATLAB e Symbolic Math Toolbox para calcular o efeito dos polos de ordem superior determinando as partes constituintes da resposta no domínio do tempo $c_1(t)$ e $c_2(t)$ no Exemplo 4.10.

```
syms s
C1=26.25*(s+4)/...
  (s*(s+3.5)*...
  (s+5)*(s+6));
C2=26.25*(s+4)/...
  (s*(s+4.01)*...
  (s+5)*(s+6));
c1=ilaplace(C1);
'c1'
c1=vpa(c1,3)
c2=ilaplace(C2);
'c2'
c2=vpa(c2,3)
```

PROBLEMA: Para cada uma das funções de resposta nas Equações (4.86) e (4.87), determine se há cancelamento entre o zero e o polo mais próximo do zero. Para qualquer função para a qual o cancelamento de polo e zero seja válido, obtenha a resposta aproximada.

$$C_1(s) = \frac{26{,}25(s+4)}{s(s+3{,}5)(s+5)(s+6)} \tag{4.86}$$

$$C_2(s) = \frac{26{,}25(s+4)}{s(s+4{,}01)(s+5)(s+6)} \tag{4.87}$$

SOLUÇÃO: A expansão em frações parciais da Equação (4.86) é

$$C_1(s) = \frac{1}{s} - \frac{3{,}5}{s+5} + \frac{3{,}5}{s+6} - \frac{1}{s+3{,}5} \tag{4.88}$$

O resíduo do polo em $-3{,}5$, o mais próximo do zero em -4, é igual a 1 e não é desprezível comparado aos outros resíduos. Portanto, uma aproximação de segunda ordem da resposta ao degrau não pode ser feita para $C_1(s)$. A expansão em frações parciais para $C_2(s)$ é

$$C_2(s) = \frac{0{,}87}{s} - \frac{5{,}3}{s+5} + \frac{4{,}4}{s+6} + \frac{0{,}033}{s+4{,}01} \tag{4.89}$$

O resíduo do polo em $-4{,}01$, o mais próximo do zero em -4, é igual a 0,033, cerca de duas ordens de grandeza menor do que qualquer um dos demais resíduos. Assim, fazemos uma aproximação de segunda ordem desprezando a resposta gerada pelo polo em $-4{,}01$:

$$C_2(s) \approx \frac{0{,}87}{s} - \frac{5{,}3}{s+5} + \frac{4{,}4}{s+6} \tag{4.90}$$

e a resposta $c_2(t)$ é, aproximadamente,

$$c_2(t) \approx 0{,}87 - 5{,}3e^{-5t} + 4{,}4e^{-6t} \tag{4.91}$$

Exercício 4.7

PROBLEMA: Determine a validade de uma aproximação de resposta ao degrau de segunda ordem para cada uma das funções de transferência apresentadas a seguir.

a. $G(s) = \dfrac{185{,}71(s+7)}{(s+6{,}5)(s+10)(s+20)}$

b. $G(s) = \dfrac{197{,}14(s+7)}{(s+6{,}9)(s+10)(s+20)}$

RESPOSTAS:

a. Uma aproximação de segunda ordem não é válida.
b. Uma aproximação de segunda ordem é válida.

A solução completa está disponível no Ambiente de aprendizagem do GEN.

Nesta seção, examinamos os efeitos de polos e zeros adicionais da função de transferência na resposta. Na próxima seção, acrescentamos não linearidades dos tipos discutidos na Seção 2.10 e examinamos que efeitos elas têm na resposta do sistema.

4.9 Efeitos de Não Linearidades sobre a Resposta no Domínio do Tempo

Nesta seção, examinamos qualitativamente os efeitos de não linearidades sobre a resposta no domínio do tempo de sistemas físicos. Nos exemplos a seguir, inserimos não linearidades, como saturação, zona morta e folga, como mostrado na Figura 2.46, em um sistema para mostrar os efeitos dessas não linearidades sobre as respostas lineares.

As respostas foram obtidas utilizando o Simulink, um pacote de programas de simulação que é integrado ao MATLAB para fornecer uma interface gráfica com o usuário (GUI). Os leitores interessados em aprender como utilizar o Simulink para gerar respostas não lineares devem consultar o tutorial do Simulink no Apêndice C. Os diagramas de blocos do Simulink são incluídos com todas as respostas que se seguem.

Vamos considerar o motor e a carga do Estudo de Caso de Controle de Antena do Capítulo 2 e examinar a velocidade angular da carga, $\omega_s(s)$, em que $\omega_s(s) = 0{,}1\, s\theta_m(s) = 0{,}2083\, E_a(s)/(s + 1{,}71)$ a partir da Equação (2.208). Caso acionemos o motor com uma entrada em degrau através de um amplificador de ganho unitário que satura em ± 5 volts, a Figura 4.29 mostra que o efeito da saturação do amplificador é limitar a velocidade obtida.

O efeito da zona morta sobre o eixo de saída acionado por um motor e engrenagens é mostrado na Figura 4.30. Aqui novamente consideramos motor, carga e engrenagens do Estudo de Caso do Controle de Antena do Capítulo 2. A zona morta está presente quando o motor não é capaz de responder a pequenas tensões. A entrada do motor é uma forma de onda senoidal, escolhida para permitir que observemos claramente os efeitos da zona morta. A resposta começa quando a tensão de entrada no motor excede um limiar. Observamos uma amplitude menor quando a zona morta está presente.

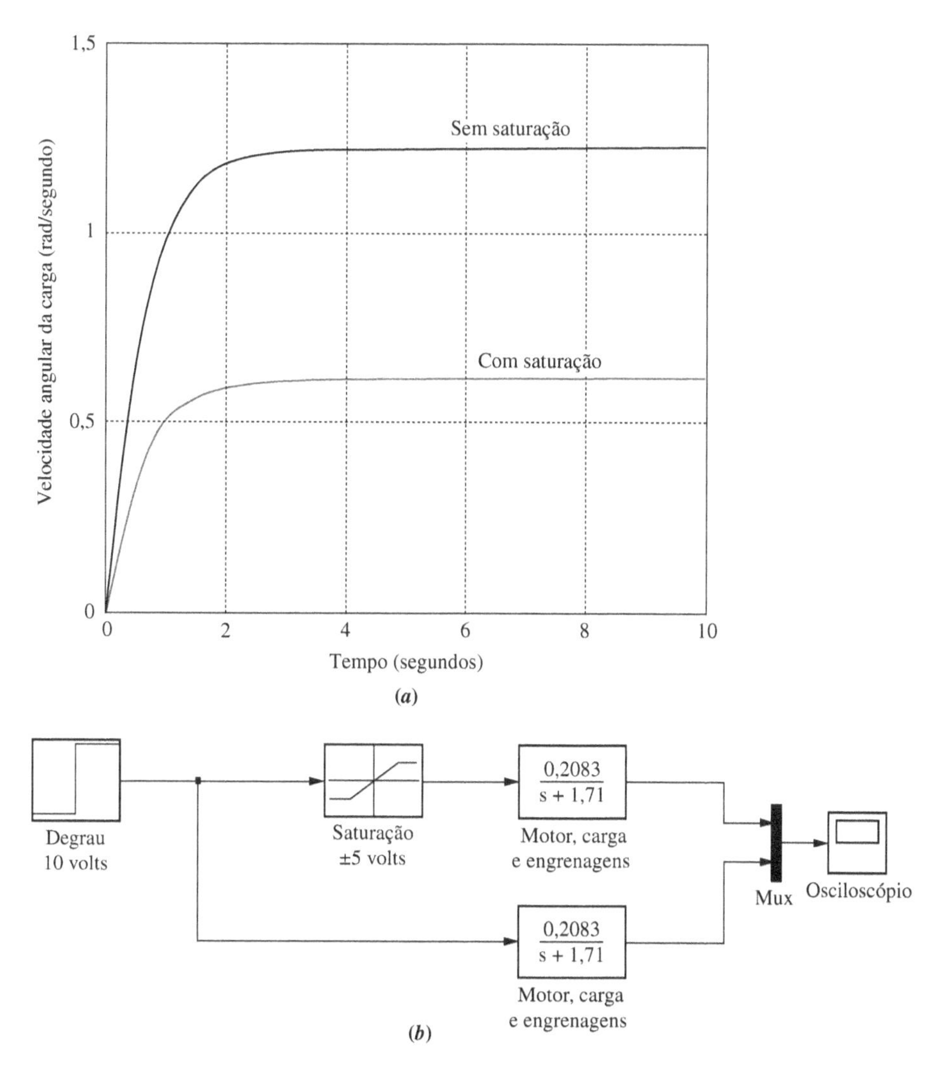

FIGURA 4.29 **a.** Efeito da saturação do amplificador na resposta de velocidade angular da carga; **b.** diagrama de blocos do Simulink.

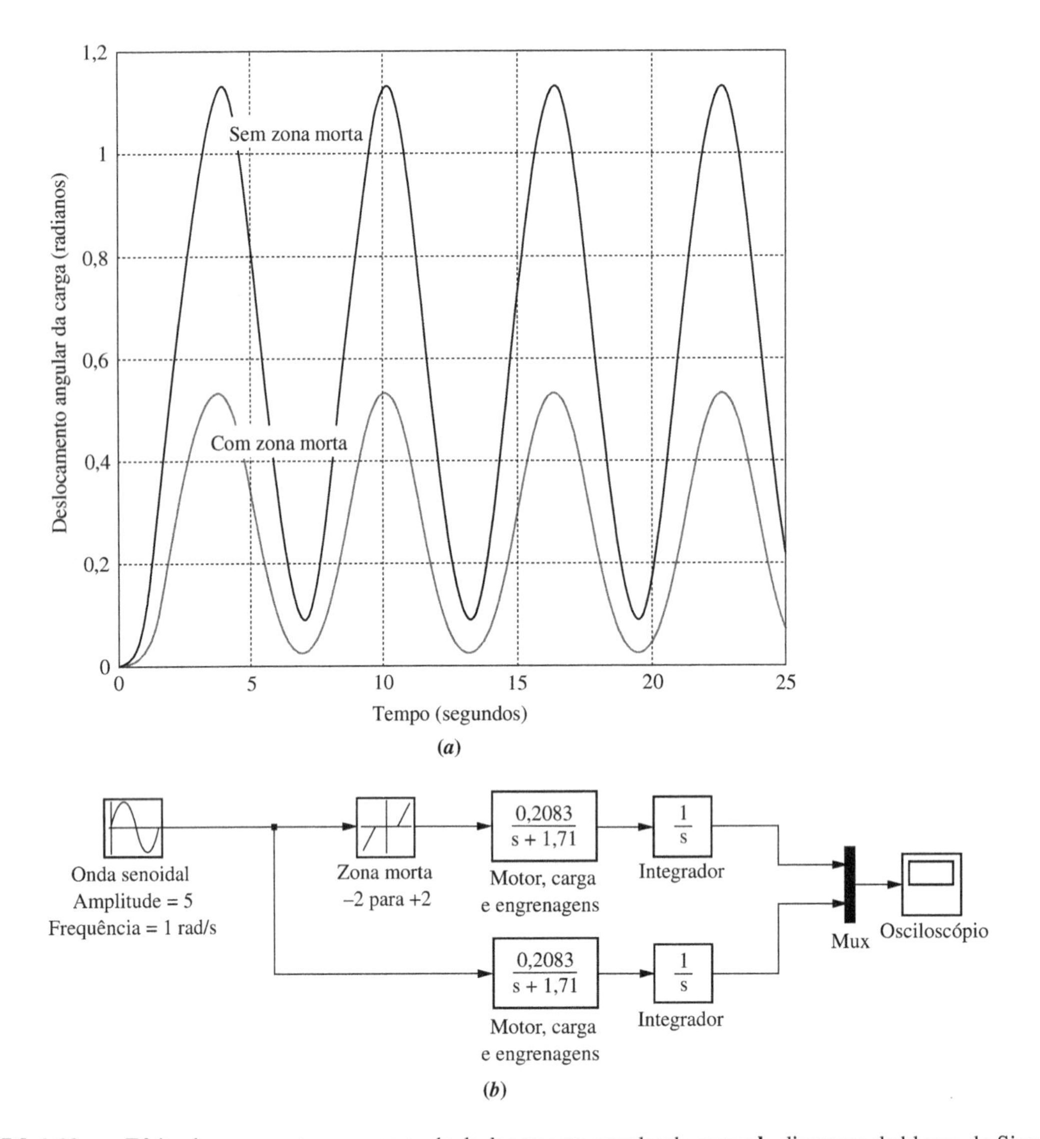

FIGURA 4.30 **a.** Efeito da zona morta na resposta de deslocamento angular da carga; **b.** diagrama de blocos do Simulink.

O efeito de folgas no eixo de saída acionado por motor e engrenagens é mostrado na Figura 4.31. Novamente consideramos motor, carga e engrenagens do Estudo de Caso do Controle de Antena do Capítulo 2. A entrada no motor é, novamente, uma forma de onda senoidal, que é escolhida para permitir que observemos claramente os efeitos da folga nas engrenagens acionadas pelo motor. Quando o motor inverte a direção, o eixo de saída permanece parado durante o início da inversão do motor. Quando as engrenagens finalmente se conectam, o eixo de saída começa a girar no sentido inverso. A resposta resultante é bastante diferente da resposta linear sem a folga.

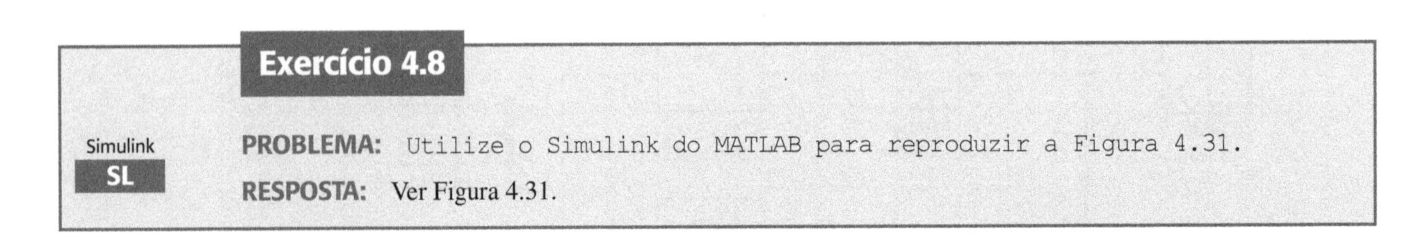

Exercício 4.8

Simulink
SL

PROBLEMA: `Utilize o Simulink do MATLAB para reproduzir a Figura 4.31.`

RESPOSTA: Ver Figura 4.31.

Agora que examinamos os efeitos das não linearidades na resposta no domínio do tempo, vamos retornar aos sistemas lineares. Nossa cobertura, até o momento, dos sistemas lineares abordou a obtenção da resposta no domínio do tempo utilizando a transformada de Laplace no domínio da frequência. Outra maneira de obter a resposta é utilizar as técnicas do espaço de estados no domínio do tempo. Este tópico é o tema das duas próximas seções.

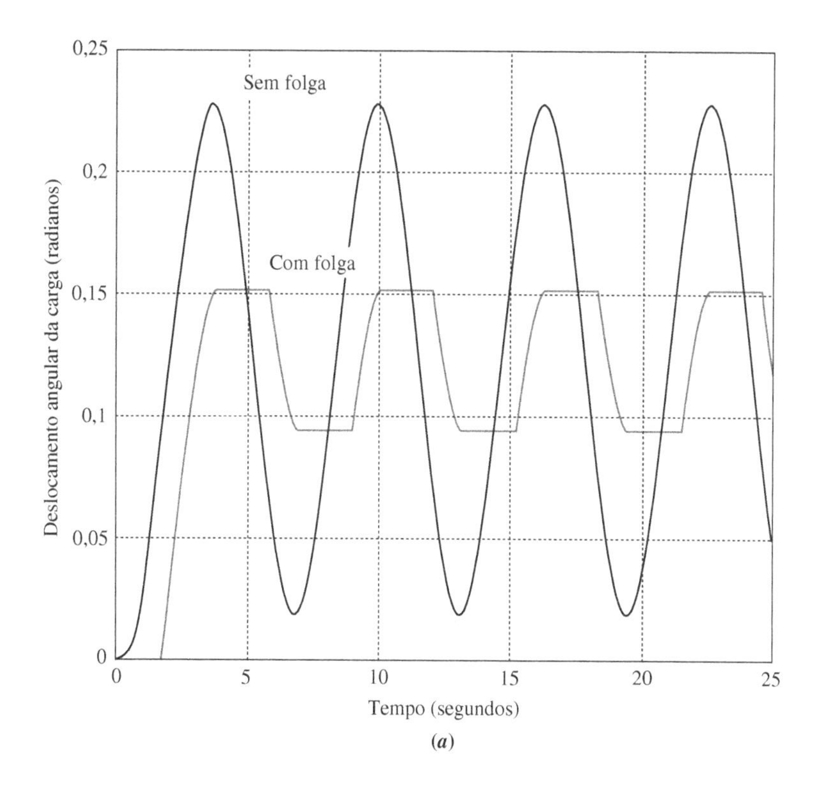

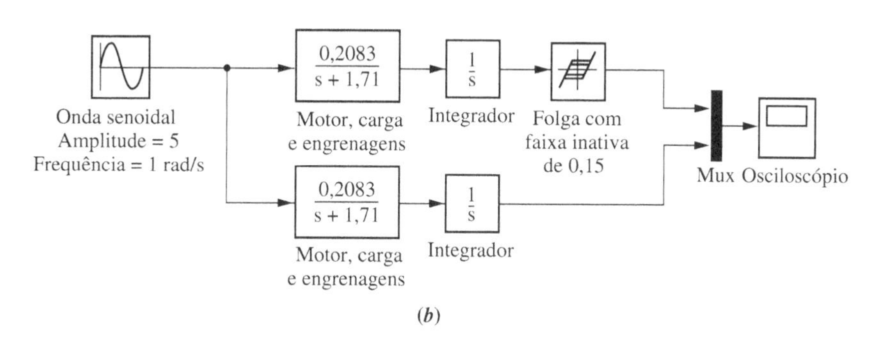

FIGURA 4.31 **a.** Efeito da folga na resposta de deslocamento angular da carga; **b.** diagrama de blocos do Simulink.

4.10 Solução Via Transformada de Laplace de Equações de Estado

Espaço de Estados
EE

No Capítulo 3, os sistemas foram modelados no espaço de estados, em que a representação no espaço de estados consistiu em uma equação de estado e em uma equação de saída. Nesta seção, utilizamos a transformada de Laplace para resolver as equações de estado para os vetores de estado e de saída.

Considere a equação de estado

$$\dot{\mathbf{x}} = \mathbf{A}\mathbf{x} + \mathbf{B}\mathbf{u} \tag{4.92}$$

e a equação de saída

$$\mathbf{y} = \mathbf{C}\mathbf{x} + \mathbf{D}\mathbf{u} \tag{4.93}$$

Aplicando a transformada de Laplace a ambos os lados da equação de estado, resulta

$$s\mathbf{X}(s) - \mathbf{x}(0) = \mathbf{A}\mathbf{X}(s) + \mathbf{B}\mathbf{U}(s) \tag{4.94}$$

Para isolar $\mathbf{X}(s)$, substitua $s\mathbf{X}(s)$ por $s\mathbf{I}\mathbf{X}(s)$, em que $\mathbf{I}$ é uma matriz identidade $n \times n$, e n é a ordem do sistema. Combinando todos os termos em $\mathbf{X}(s)$, obtemos

$$(s\mathbf{I} - \mathbf{A})\mathbf{X}(s) = \mathbf{x}(0) + \mathbf{B}\mathbf{U}(s) \tag{4.95}$$

Resolvendo para $\mathbf{X}(s)$, multiplicando à esquerda ambos os lados da Equação (4.95) por $(s\mathbf{I} - \mathbf{A})^{-1}$, a solução final para $\mathbf{X}(s)$ é

$$\mathbf{X}(s) = (s\mathbf{I} - \mathbf{A})^{-1}\mathbf{x}(0) + (s\mathbf{I} - \mathbf{A})^{-1}\mathbf{B}\mathbf{U}(s)$$
$$= \frac{\text{adj}(s\mathbf{I} - \mathbf{A})}{\det(s\mathbf{I} - \mathbf{A})}[\mathbf{x}(0) + \mathbf{B}\mathbf{U}(s)] \quad (4.96)$$

Aplicando a transformada de Laplace à equação de saída, resulta

$$\mathbf{Y}(s) = \mathbf{C}\mathbf{X}(s) + \mathbf{D}\mathbf{U}(s) \quad (4.97)$$

Autovalores e Polos da Função de Transferência

Constatamos que os polos da função de transferência determinam a natureza da resposta transitória do sistema. Existe uma grandeza equivalente na representação no espaço de estados que forneça a mesma informação? A Seção 5.8 define formalmente as raízes de det $(s\mathbf{I} - \mathbf{A}) = 0$ [ver denominador da Equação (4.96)] como os *autovalores* da matriz do sistema, $\mathbf{A}$.[7] Vamos mostrar que os autovalores são iguais aos polos da função de transferência do sistema. Sejam a saída, $\mathbf{Y}(s)$, e a entrada, $\mathbf{U}(s)$, grandezas escalares $Y(s)$ e $U(s)$, respectivamente. Além disso, por adequação à definição de uma função de transferência, seja $\mathbf{x}(0)$, o vetor de estado inicial, igual a $\mathbf{0}$, o vetor nulo. Substituindo a Equação (4.96) na Equação (4.97) e resolvendo para a função de transferência, $Y(s)/U(s)$, resulta

$$\frac{Y(s)}{U(s)} = \mathbf{C}\left[\frac{\text{adj}(s\mathbf{I} - \mathbf{A})}{\det(s\mathbf{I} - \mathbf{A})}\right]\mathbf{B} + \mathbf{D}$$
$$= \frac{\mathbf{C}\,\text{adj}(s\mathbf{I} - \mathbf{A})\mathbf{B} + \mathbf{D}\det(s\mathbf{I} - \mathbf{A})}{\det(s\mathbf{I} - \mathbf{A})} \quad (4.98)$$

As raízes do denominador da Equação (4.98) são os polos do sistema. Uma vez que os denominadores das Equações (4.96) e (4.98) são idênticos, os polos do sistema são iguais aos autovalores. Assim, se um sistema é representado no espaço de estados, podemos determinar os polos a partir de $\det(s\mathbf{I} - \mathbf{A}) = 0$. Seremos mais formais com esse fato quando discutirmos estabilidade no Capítulo 6.

O exemplo a seguir demonstra a solução das equações de estado utilizando a transformada de Laplace, bem como a determinação dos autovalores e dos polos do sistema.

Exemplo 4.11

Solução Via Transformada de Laplace; Autovalores e Polos

PROBLEMA: Dado o sistema representado no espaço de estados pelas Equações (4.99),

$$\dot{\mathbf{x}} = \begin{bmatrix} 0 & 1 & 0 \\ 0 & 0 & 1 \\ -24 & -26 & -9 \end{bmatrix}\mathbf{x} + \begin{bmatrix} 0 \\ 0 \\ 1 \end{bmatrix} e^{-t} \quad (4.99a)$$

$$y = [1 \quad 1 \quad 0]\mathbf{x} \quad (4.99b)$$

$$\mathbf{x}(0) = \begin{bmatrix} 1 \\ 0 \\ 2 \end{bmatrix} \quad (4.99c)$$

faça o seguinte:

a. Resolva a equação de estado precedente e obtenha a saída para a entrada exponencial fornecida.
b. Determine os autovalores e os polos do sistema.

[7] Algumas vezes o símbolo λ é utilizado no lugar da variável complexa s na solução das equações de estado sem a utilização da transformada de Laplace. Assim, é comum encontrar a equação característica também escrita como det $(\lambda\mathbf{I} - \mathbf{A}) = 0$.

SOLUÇÃO:

a. Iremos resolver o problema obtendo as partes constituintes da Equação (4.96), substituindo em seguida na Equação (4.97). Primeiro determine **A** e **B** comparando a Equação (4.99a) com a Equação (4.92). Uma vez que

$$s\mathbf{I} = \begin{bmatrix} s & 0 & 0 \\ 0 & s & 0 \\ 0 & 0 & s \end{bmatrix} \tag{4.100}$$

então

$$(s\mathbf{I} - \mathbf{A}) = \begin{bmatrix} s & -1 & 0 \\ 0 & s & -1 \\ 24 & 26 & s+9 \end{bmatrix} \tag{4.101}$$

e

$$(s\mathbf{I} - \mathbf{A})^{-1} = \frac{\begin{bmatrix} (s^2+9s+26) & (s+9) & 1 \\ -24 & s^2+9s & s \\ -24s & -(26s+24) & s^2 \end{bmatrix}}{s^3+9s^2+26s+24} \tag{4.102}$$

Uma vez que $\mathbf{U}(s)$ é $1/(s+1)$ (a transformada de Laplace de e^{-t}), $\mathbf{X}(s)$ pode ser calculado. Reescrevendo a Equação (4.96) como

$$\mathbf{X}(s) = (s\mathbf{I} - \mathbf{A})^{-1}[\mathbf{x}(0) + \mathbf{B}\mathbf{U}(s)] \tag{4.103}$$

e utilizando **B** e **x**(0) das Equações (4.99a) e (4.99c), respectivamente, obtemos

$$X_1(s) = \frac{(s^3+10s^2+37s+29)}{(s+1)(s+2)(s+3)(s+4)} \tag{4.104a}$$

$$X_2(s) = \frac{(2s^2-21s-24)}{(s+1)(s+2)(s+3)(s+4)} \tag{4.104b}$$

$$X_3(s) = \frac{s(2s^2-21s-24)}{(s+1)(s+2)(s+3)(s+4)} \tag{4.104c}$$

A equação de saída é obtida a partir da Equação (4.99b). Realizando as somas indicadas, resulta

$$Y(s) = [1 \quad 1 \quad 0]\begin{bmatrix} X_1(s) \\ X_2(s) \\ X_3(s) \end{bmatrix} = X_1(s) + X_2(s) \tag{4.105}$$

ou

$$\begin{aligned} Y(s) &= \frac{(s^3+12s^2+16s+5)}{(s+1)(s+2)(s+3)(s+4)} \\ &= \frac{-6,5}{s+2} + \frac{19}{s+3} - \frac{11,5}{s+4} \end{aligned} \tag{4.106}$$

em que o polo em -1 é cancelado com um zero em -1. Aplicando a transformada inversa de Laplace,

$$y(t) = -6,5e^{-2t} + 19e^{-3t} - 11,5e^{-4t} \tag{4.107}$$

b. O denominador da Equação (4.102), que é $\det(s\mathbf{I} - \mathbf{A})$, é também o denominador da função de transferência do sistema. Assim, $\det(s\mathbf{I} - \mathbf{A}) = 0$ fornece tanto os polos do sistema quanto os autovalores -2, -3 e -4.

Estudantes que estão realizando os exercícios de MATLAB e desejam explorar a capacidade adicional da Symbolic Math Toolbox do MATLAB devem agora executar o arquivo ch4apF1 do Apêndice F, disponível no Ambiente de aprendizagem do GEN. Você aprenderá como resolver equações de estado para a resposta de saída utilizando a transformada de Laplace. O Exemplo 4.11 será resolvido utilizando o MATLAB e a Symbolic Math Toolbox.

Symbolic Math
SM

Exercício 4.9

Experimente 4.5

Use as seguintes instruções MATLAB e Symbolic Math Toolbox para resolver o Exercício 4.9.

```
Syms s
A=[0 2;-3 -5];B=[0;1];
C=[1 3];X0=[2;1];
U=1/(s+1);
I=[1 0;0 1];
X=((s*I-A)^-1)*...
  (X0+B*U);
Y=C*X;Y=simplify(Y);
y=ilaplace(Y);
pretty(y)
eig(A)
```

PROBLEMA: Dado o sistema representado no espaço de estados pelas Equações (4.108),

$$\dot{\text{x}} = \begin{bmatrix} 0 & 2 \\ -3 & -5 \end{bmatrix}\mathbf{x} + \begin{bmatrix} 0 \\ 1 \end{bmatrix} e^{-t} \tag{4.108a}$$

$$y = [1 \quad 3]\mathbf{x} \tag{4.108b}$$

$$\mathbf{x}(0) = \begin{bmatrix} 2 \\ 1 \end{bmatrix} \tag{4.108c}$$

faça o seguinte:

a. Resolva para $y(t)$ utilizando as técnicas do espaço de estados e da transformada de Laplace.
b. Determine os autovalores e os polos do sistema.

RESPOSTAS:

a. $y(t) = -0{,}5e^{-t} - 12e^{-2t} + 17{,}5e^{-3t}$
b. $-2, -3$

A solução completa está disponível no Ambiente de aprendizagem do GEN.

4.11 Solução no Domínio do Tempo de Equações de Estado

Espaço de Estados
EE

Examinamos agora outra técnica para a solução de equações de estado. Em vez de utilizar a transformada de Laplace, resolvemos as equações diretamente no domínio do tempo utilizando um método muito parecido com a solução clássica de equações diferenciais. Verificaremos que a solução final consiste em duas partes que são diferentes das respostas forçada e natural.

A solução no domínio do tempo é dada diretamente por

$$\begin{aligned} \mathbf{x}(t) &= e^{\mathbf{A}t}\mathbf{x}(0) + \int_0^t e^{\mathbf{A}(t-\tau)}\mathbf{B}\mathbf{u}(\tau)d\tau \\ &= \mathbf{\Phi}(t)\mathbf{x}(0) + \int_0^t \Phi(t-\tau)\mathbf{B}\mathbf{u}(\tau)d\tau \end{aligned} \tag{4.109}$$

em que $\mathbf{\Phi}(t) = e^{\mathbf{A}t}$ por definição, e é chamada *matriz de transição de estado*. A Equação (4.109) é deduzida no Apêndice I, disponível no Ambiente de aprendizagem do GEN. Os leitores que não estejam familiarizados com essa equação ou que desejem refrescar a memória devem consultar o Apêndice I antes de prosseguir.

Observe que o primeiro termo do lado direito da equação é a resposta devida ao vetor de estado inicial, $\mathbf{x}(0)$. Observe também que ele é o único termo dependente do vetor de estado inicial, e não da entrada. Chamamos essa parte da resposta de *resposta para entrada zero*, uma vez que ela é a resposta total caso a entrada seja zero. O segundo termo, chamado *integral de convolução*, é dependente apenas da entrada, **u**, e da matriz de entrada, **B**, e não do vetor de estado inicial. Chamamos essa parte da resposta de *resposta para estado zero*, uma vez que ela é a resposta total caso o vetor de estado inicial seja zero. Assim, existe uma separação em partes da resposta, diferente da resposta forçada/natural que vimos quando obtivemos a solução de equações diferenciais. Nas equações diferenciais, as constantes arbitrárias da resposta natural são calculadas com base nas condições iniciais e nos valores iniciais da resposta forçada e de suas derivadas. Assim, as amplitudes da resposta natural são uma função das condições iniciais da saída e da entrada. Na Equação (4.109), a resposta para entrada zero não é dependente dos valores iniciais da entrada e de suas derivadas. Ela é dependente apenas das condições iniciais do vetor de estado. O próximo exemplo mostra claramente a diferença na separação. Preste muita atenção no fato de que no resultado final a resposta para estado zero contém não apenas a solução forçada, mas também partes daquela que chamamos anteriormente de resposta natural. Veremos na solução que a resposta natural é distribuída entre a resposta para entrada zero e a resposta para estado zero.

Antes de prosseguir com o exemplo, vamos examinar a forma que os elementos de $\Phi(t)$ tomam para sistemas lineares invariantes no tempo. O primeiro termo da Equação (4.96), a transformada de Laplace da resposta para sistemas não forçados, é a transformada de $\mathbf{\Phi}(t)\mathbf{x}(0)$, a resposta para entrada zero da Equação (4.109). Assim, para o sistema não forçado

$$\mathscr{L}[\mathbf{x}(t)] = \mathscr{L}[\mathbf{\Phi}(t)\mathbf{x}(0)] = (s\mathbf{I} - \mathbf{A})^{-1}\mathbf{x}(0) \tag{4.110}$$

de onde podemos observar que $(s\mathbf{I} - \mathbf{A})^{-1}$ *é a transformada de Laplace da matriz de transição de estado*, $\Phi(t)$. Já vimos que o denominador de $(s\mathbf{I} - \mathbf{A})^{-1}$ é um polinômio em s cujas raízes são os polos do sistema. Esse polinômio é obtido a partir da equação $\det(s\mathbf{I} - \mathbf{A}) = 0$. Uma vez que

$$\mathscr{L}^{-1}[(s\mathbf{I} - \mathbf{A})^{-1}] = \mathscr{L}^{-1}\left[\frac{\operatorname{adj}(s\mathbf{I} - \mathbf{A})}{\det(s\mathbf{I} - \mathbf{A})}\right] = \mathbf{\Phi}(t) \tag{4.111}$$

cada termo de $\mathbf{\Phi}(t)$ deve ser a soma de exponenciais geradas pelos polos do sistema.

Vamos resumir os conceitos através de dois exemplos numéricos. O primeiro exemplo resolve as equações de estado diretamente no domínio do tempo. O segundo exemplo utiliza a transformada de Laplace para resolver para a matriz de transição de estado obtendo a transformada inversa de Laplace de $(s\mathbf{I} - \mathbf{A})^{-1}$.

Exemplo 4.12

Solução no Domínio do Tempo

PROBLEMA: Para a equação de estado e vetor de estado inicial apresentados nas Equações (4.112), em que $u(t)$ é um degrau unitário, obtenha a matriz de transição de estado e em seguida resolva para $\mathbf{x}(t)$.

$$\dot{\mathbf{x}}(t) = \begin{bmatrix} 0 & 1 \\ -8 & -6 \end{bmatrix}\mathbf{x}(t) + \begin{bmatrix} 0 \\ 1 \end{bmatrix}u(t) \tag{4.112a}$$

$$\mathbf{x}(0) = \begin{bmatrix} 1 \\ 0 \end{bmatrix} \tag{4.112b}$$

SOLUÇÃO: Uma vez que a equação de estado está na forma

$$\dot{\mathbf{x}}(t) = \mathbf{A}\mathbf{x}(t) + \mathbf{B}u(t) \tag{4.113}$$

determine os autovalores utilizando $\det(s\mathbf{I} - \mathbf{A}) = 0$. Assim, $s^2 + 6s + 8 = 0$, de onde $s_1 = -2$ e $s_2 = -4$. Uma vez que cada termo da matriz de transição de estado é a soma das respostas geradas pelos polos (autovalores), admitimos uma matriz de transição de estado da forma

$$\mathbf{\Phi}(t) = \begin{bmatrix} (K_1e^{-2t} + K_2e^{-4t}) & (K_3e^{-2t} + K_4e^{-4t}) \\ (K_5e^{-2t} + K_6e^{-4t}) & (K_7e^{-2t} + K_8e^{-4t}) \end{bmatrix} \tag{4.114}$$

Para obter os valores das constantes, utilizamos as propriedades da matriz de transição de estado deduzidas no Apêndice J, disponível no Ambiente de aprendizagem do GEN.

Uma vez que

$$\mathbf{\Phi}(0) = \mathbf{I} \tag{4.115}$$

então

$$K_1 + K_2 = 1 \tag{4.116a}$$

$$K_3 + K_4 = 0 \tag{4.116b}$$

$$K_5 + K_6 = 0 \tag{4.116c}$$

$$K_7 + K_8 = 1 \tag{4.116d}$$

e como

$$\dot{\mathbf{\Phi}}(0) = \mathbf{A} \tag{4.117}$$

segue que

$$-2K_1 - 4K_2 = 0 \tag{4.118a}$$

$$-2K_3 - 4K_4 = 1 \tag{4.118b}$$

$$-2K_5 - 4K_6 = -8 \tag{4.118c}$$

$$-2K_7 - 4K_8 = -6 \tag{4.118d}$$

As constantes são resolvidas tomando duas equações simultâneas quatro vezes. Por exemplo, a Equação (4.116a) pode ser resolvida simultaneamente com a Equação (4.118a) para fornecer os valores de K_1 e K_2. Procedendo de modo semelhante, todas as constantes podem ser obtidas. Portanto,

$$\mathbf{\Phi}(t) = \begin{bmatrix} (2e^{-2t} - e^{-4t}) & \left(\frac{1}{2}e^{-2t} - \frac{1}{2}e^{-4t}\right) \\ (-4e^{-2t} + 4e^{-4t}) & (-e^{-2t} + 2e^{-4t}) \end{bmatrix} \tag{4.119}$$

Além disso,

$$\mathbf{\Phi}(t-\tau)\mathbf{B} = \begin{bmatrix} \left(\frac{1}{2}e^{-2(t-\tau)} - \frac{1}{2}e^{-4(t-\tau)}\right) \\ \left(-e^{-2(t-\tau)} + 2e^{-4(t-\tau)}\right) \end{bmatrix} \tag{4.120}$$

Portanto, o primeiro termo da Equação (4.109) é

$$\mathbf{\Phi}(t)\mathbf{x}(0) = \begin{bmatrix} (2e^{-2t} - e^{-4t}) \\ (-4e^{-2t} + 4e^{-4t}) \end{bmatrix} \tag{4.121}$$

O último termo da Equação (4.109) é

$$\int_0^t \mathbf{\Phi}(t-\tau)\mathbf{B}\mathbf{u}(\tau)d\tau = \begin{bmatrix} \frac{1}{2}e^{-2t}\int_0^t e^{2\tau}d\tau - \frac{1}{2}e^{-4t}\int_0^t e^{4\tau}d\tau \\ -e^{-2t}\int_0^t e^{2\tau}d\tau + 2e^{-4t}\int_0^t e^{4\tau}d\tau \end{bmatrix} = \begin{bmatrix} \frac{1}{8} - \frac{1}{4}e^{-2t} + \frac{1}{8}e^{-4t} \\ \frac{1}{2}e^{-2t} - \frac{1}{2}e^{-4t} \end{bmatrix} \tag{4.122}$$

Observe que, conforme afirmado anteriormente, a Equação (4.122), a resposta para estado zero, contém não apenas a resposta forçada, 1/8, mas também termos da forma Ae^{-2t} e Be^{-4t} que são parte daquela que anteriormente chamamos de resposta natural. Porém, os coeficientes A e B não são dependentes das condições iniciais.

O resultado final é obtido somando as Equações (4.121) e (4.122). Portanto,

$$\mathbf{x}(t) = \mathbf{\Phi}(t)\mathbf{x}(0) + \int_0^t \Phi(t-\tau)\mathbf{B}\mathbf{u}(\tau)d\tau = \begin{bmatrix} \frac{1}{8} + \frac{7}{4}e^{-2t} - \frac{7}{8}e^{-4t} \\ -\frac{7}{2}e^{-2t} + \frac{7}{2}e^{-4t} \end{bmatrix} \tag{4.123}$$

Exemplo 4.13

Matriz de Transição de Estado Via Transformada de Laplace

PROBLEMA: Determine a matriz de transição de estado do Exemplo 4.12, utilizando $(s\mathbf{I} - \mathbf{A})^{-1}$.

SOLUÇÃO: Utilizamos o fato de que $\mathbf{\Phi}(t)$ é a transformada inversa de Laplace de $(s\mathbf{I} - \mathbf{A})^{-1}$. Assim, primeiro obtenha $(s\mathbf{I} - \mathbf{A})$ como

$$(s\mathbf{I} - \mathbf{A}) = \begin{bmatrix} s & -1 \\ 8 & (s+6) \end{bmatrix} \tag{4.124}$$

a partir do que

$$(s\mathbf{I}-\mathbf{A})^{-1}=\frac{\begin{bmatrix} s+6 & 1 \\ -8 & s \end{bmatrix}}{s^2+6s+8}=\begin{bmatrix} \dfrac{s+6}{s^2+6s+8} & \dfrac{1}{s^2+6s+8} \\ \dfrac{-8}{s^2+6s+8} & \dfrac{s}{s^2+6s+8} \end{bmatrix} \tag{4.125}$$

Expandindo cada termo da matriz do lado direito em frações parciais, resulta

$$(s\mathbf{I}-\mathbf{A})^{-1}=\begin{bmatrix} \left(\dfrac{2}{s+2}-\dfrac{1}{s+4}\right) & \left(\dfrac{1/2}{s+2}-\dfrac{1/2}{s+4}\right) \\ \left(\dfrac{-4}{s+2}+\dfrac{4}{s+4}\right) & \left(\dfrac{-1}{s+2}+\dfrac{2}{s+4}\right) \end{bmatrix} \tag{4.126}$$

Finalmente, aplicando a transformada inversa de Laplace a cada termo, obtemos

$$\mathbf{\Phi}(t)=\begin{bmatrix} (2e^{-2t}-e^{-4t}) & \left(\dfrac{1}{2}e^{-2t}-\dfrac{1}{2}e^{-4t}\right) \\ (-4e^{-2t}+4e^{-4t}) & (-e^{-2t}+2e^{-4t}) \end{bmatrix} \tag{4.127}$$

```
Estudantes que estão realizando os exercícios de MATLAB e desejam
explorar a capacidade adicional da Symbolic Math Toolbox do MATLAB
devem agora executar o arquivo ch4apF2 do Apêndice F, disponível no
Ambiente de aprendizagem do GEN. Você aprenderá como resolver equações
de estado para a resposta de saída utilizando a integral de convolução.
Os Exemplos 4.12 e 4.13 serão resolvidos utilizando o MATLAB e a Symbolic
Math Toolbox.
```

Symbolic Math

SM

Os sistemas representados no espaço de estados podem ser simulados em computadores digitais. Programas como o MATLAB podem ser utilizados para esse propósito. Alternativamente, o usuário pode escrever programas específicos, como discutido no Apêndice H.1, disponível no Ambiente de aprendizagem do GEN.

```
Os estudantes que estiverem usando o MATLAB devem, agora, executar o arquivo
ch4apB3 do Apêndice B. Este exercício utiliza o MATLAB para simular a resposta
ao degrau de sistemas representados no espaço de estados. Além disso, para
gerar a resposta ao degrau, você aprenderá como especificar a faixa de valores
para o eixo do tempo para o gráfico.
```

Exercício 4.10

PROBLEMA: Dado o sistema representado no espaço de estados pelas Equações (4.128a):

$$\dot{\mathbf{x}}=\begin{bmatrix} 0 & 2 \\ -2 & -5 \end{bmatrix}\mathbf{x}+\begin{bmatrix} 0 \\ 1 \end{bmatrix}e^{-2t} \tag{4.128a}$$

$$y=[2 \quad 1]\mathbf{x} \tag{4.128b}$$

$$\mathbf{x}(0)=\begin{bmatrix} 1 \\ 2 \end{bmatrix} \tag{4.128c}$$

faça o seguinte:

a. Resolva para a matriz de transição de estado.
b. Resolva para o vetor de estado utilizando a integral de convolução.
c. Obtenha a saída, $y(t)$.

RESPOSTAS:

a. $$\Phi(t)=\begin{bmatrix}\left(\frac{4}{3}e^{-t}-\frac{1}{3}e^{-4t}\right) & \left(\frac{2}{3}e^{-t}-\frac{2}{3}e^{-4t}\right)\\ \left(-\frac{2}{3}e^{-t}+\frac{2}{3}e^{-4t}\right) & \left(-\frac{1}{3}e^{-t}+\frac{4}{3}e^{-4t}\right)\end{bmatrix}$$

b. $$\mathbf{x}(t)=\begin{bmatrix}\left(\frac{10}{3}e^{-t}-e^{-2t}-\frac{4}{3}e^{-4t}\right)\\ \left(-\frac{5}{3}e^{-t}+e^{-2t}+\frac{8}{3}e^{-4t}\right)\end{bmatrix}$$

c. $y(t)=5e^{-t}-e^{-2t}$

A solução completa está disponível no Ambiente de aprendizagem do GEN.

Estudos de Caso

Controle de Antena: Resposta em Malha Aberta

Neste capítulo, utilizamos as funções de transferência deduzidas no Capítulo 2 e as equações de estado deduzidas no Capítulo 3 para obter a resposta de saída de um sistema em malha aberta. Também mostramos a importância dos polos de um sistema na determinação da resposta transitória. O estudo de caso a seguir utiliza esses conceitos para analisar uma parte do sistema de controle de posição de azimute de antena em malha aberta. A função em malha aberta com a qual lidaremos consiste em um amplificador de potência e em um motor com carga.

PROBLEMA: Para o esquema do sistema de controle de posição de azimute, mostrado no Apêndice A2, Configuração 1, admita um sistema em malha aberta (caminho de realimentação desconectado).

a. Prediga, por inspeção, a forma da resposta de velocidade angular da carga em malha aberta para uma entrada de tensão em degrau no amplificador de potência.
b. Determine o fator de amortecimento e a frequência natural do sistema em malha aberta.
c. Deduza a expressão analítica completa para a resposta de velocidade angular da carga em malha aberta para uma entrada de tensão em degrau no amplificador de potência, utilizando funções de transferência.
d. Obtenha as equações de estado e de saída em malha aberta.
e. `Utilize o MATLAB para obter um gráfico da resposta de velocidade angular em malha aberta para uma entrada de tensão em degrau.`

Espaço de Estados **EE**

MATLAB **ML**

SOLUÇÃO: As funções de transferência do amplificador de potência, motor e carga, como mostradas no Apêndice A2, Configuração 1, foram discutidas no estudo de caso do Capítulo 2. Os dois subsistemas são mostrados interconectados na Figura 4.32(*a*). Derivando a posição angular da saída do motor e carga, multiplicando por s, obtemos a velocidade angular de saída, ω_s, como mostrado na Figura 4.32(*a*). A função de transferência equivalente, representando os três blocos na Figura 4.32(*a*), é produto das funções de transferência individuais, e mostrada na Figura 4.32(*b*).[8]

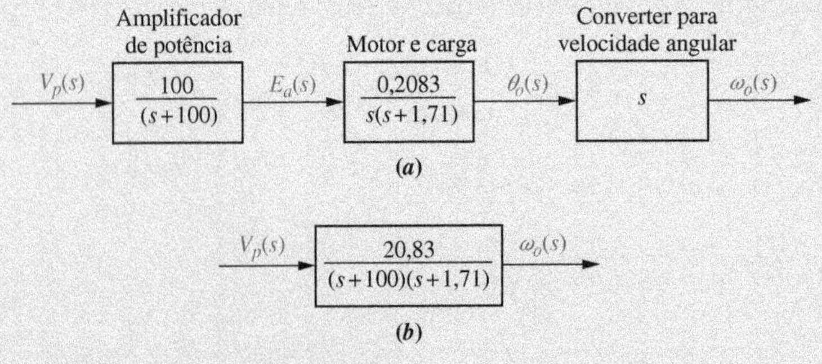

FIGURA 4.32 Sistema de controle de posição de azimute de antena para velocidade angular: **a.** caminho à frente; **b.** caminho à frente equivalente.

[8] Esta relação de produto será deduzida no Capítulo 5.

a. Utilizando a função de transferência mostrada na Figura 4.32(*b*), podemos predizer a natureza da resposta ao degrau. A resposta ao degrau consiste na resposta em regime permanente gerada pela entrada em degrau e na resposta transitória, a qual é a soma de duas exponenciais geradas por cada polo da função de transferência. Assim, a forma da resposta é

$$\omega_s(t) = A + Be^{-100t} + Ce^{-1{,}71t} \tag{4.129}$$

b. O fator de amortecimento e a frequência natural do sistema em malha aberta podem ser obtidos expandindo o denominador da função de transferência. Como a função de transferência em malha aberta é

$$G(s) = \frac{20{,}83}{s^2 + 101{,}71s + 171} \tag{4.130}$$

$\omega_n = \sqrt{171} = 13{,}08$, e $\zeta = 3{,}89$ (superamortecido).

c. Para deduzir a resposta de velocidade angular para uma entrada em degrau, multiplicamos a função de transferência da Equação (4.130) por uma entrada em degrau, $1/s$, e obtemos

$$\omega_s(s) = \frac{20{,}83}{s(s+100)(s+1{,}71)} \tag{4.131}$$

Expandindo em frações parciais, temos

$$\omega_s(s) = \frac{0{,}122}{s} + \frac{2{,}12 \times 10^{-3}}{s+100} - \frac{0{,}124}{s+1{,}71} \tag{4.132}$$

Transformando para o domínio do tempo, resulta

$$\omega_s(t) = 0{,}122 + (2{,}12 \times 10^{-3})e^{-100t} - 0{,}124e^{-1{,}71t} \tag{4.133}$$

d. Primeiro converta a função de transferência em uma representação no espaço de estados. Utilizando a Equação (4.130), temos

Espaço de Estados

$$\frac{\omega_s(s)}{V_p(s)} = \frac{20{,}83}{s^2 + 101{,}71s + 171} \tag{4.134}$$

Fazendo a multiplicação cruzada e aplicando a transformada inversa de Laplace com condições iniciais nulas, temos

$$\ddot{\omega}_s + 101{,}71\dot{\omega}_s + 171\omega_s = 20{,}83v_p \tag{4.135}$$

Definindo as variáveis de fase como

$$x_1 = \omega_s \tag{4.136a}$$

$$x_2 = \dot{\omega}_s \tag{4.136b}$$

e utilizando a Equação (4.135), as equações de estado são escritas como

$$\dot{x}_1 = x_2 \tag{4.137a}$$

$$\dot{x}_2 = -171x_1 - 101{,}71x_2 + 20{,}83v_p \tag{4.137b}$$

em que $v_p = 1$, um degrau unitário. Uma vez que $x_1 = \omega_s$ é a saída, a equação de saída é

$$y = x_1 \tag{4.138}$$

As Equações (4.137) e (4.138) podem ser programadas para obter a resposta ao degrau utilizando o MATLAB ou os métodos alternativos descritos no Apêndice H.1, disponível no Ambiente de aprendizagem do GEN.

e. `Os estudantes que estiverem usando o MATLAB devem, agora, executar o arquivo ch4apB4 do Apêndice B. Esse exercício utiliza o MATLAB para representar graficamente a resposta ao degrau.`

MATLAB
ML

DESAFIO: Agora apresentamos um problema para testar seu conhecimento dos objetivos deste capítulo. Em relação ao sistema de controle de posição de azimute de antena, mostrado no Apêndice A2, Configuração 2, admita um sistema em malha aberta (caminho de realimentação desconectado) e faça o seguinte:

a. Prediga a resposta de velocidade angular em malha aberta do amplificador de potência, motor e carga para um degrau de tensão na entrada do amplificador de potência.

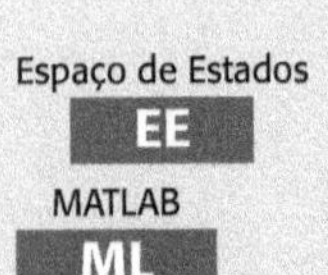

b. Determine o fator de amortecimento e a frequência natural do sistema em malha aberta.
c. Deduza a resposta de velocidade angular em malha aberta do amplificador de potência, motor e carga para uma entrada de tensão em degrau utilizando funções de transferência.
d. Obtenha as equações de estado e de saída em malha aberta.
e. `Utilize o MATLAB para obter um gráfico da resposta de velocidade angular em malha aberta para uma entrada de tensão em degrau.`

Veículo Submersível Não Tripulado Independente: Resposta de Arfagem em Malha Aberta

Um Veículo Submersível Não Tripulado Independente (UFSS) é mostrado na Figura 4.33. A profundidade do veículo é controlada como descrito a seguir. Durante o movimento à frente, a superfície de um leme de profundidade no veículo é defletida por um valor escolhido. Essa deflexão faz com que o veículo gire em torno do eixo de arfagem. A arfagem do veículo cria uma força vertical que faz com que o veículo afunde ou suba. O sistema de controle de arfagem do veículo é utilizado aqui e em capítulos subsequentes como um estudo de caso para demonstrar os conceitos cobertos. O diagrama de blocos para o sistema de controle de arfagem é mostrado na Figura 4.34 e no Apêndice A3 para futura referência (*Johnson, 1980*). Neste estudo de caso, investigamos a resposta no domínio do tempo da dinâmica do veículo que relaciona a saída de ângulo de arfagem com a entrada de deflexão do leme de profundidade.

PROBLEMA: A função de transferência que relaciona o ângulo de arfagem, $\theta(s)$, ao ângulo da superfície do leme de profundidade, $\delta_e(s)$, para o veículo UFSS é

$$\frac{\theta(s)}{\delta_e(s)} = \frac{-0{,}125(s+0{,}435)}{(s+1{,}23)(s^2+0{,}226s+0{,}0169)} \tag{4.139}$$

FIGURA 4.33 Veículo Submersível Não Tripulado Independente (UFSS).

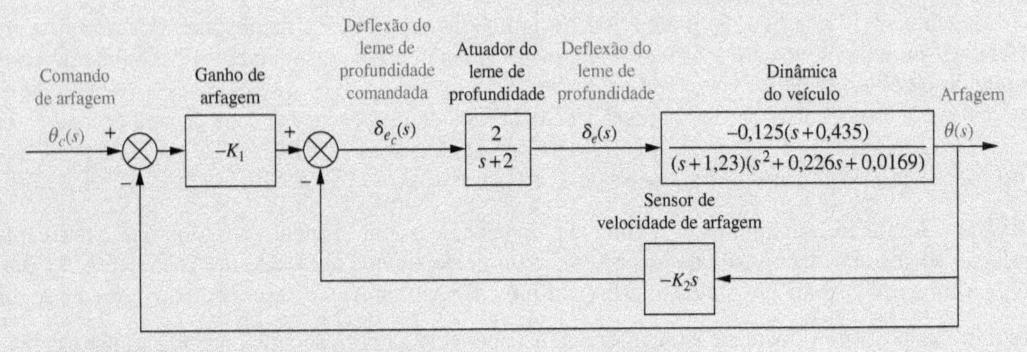

FIGURA 4.34 Malha de controle de arfagem para o veículo UFSS.

a. Utilizando apenas os polos de segunda ordem mostrados na função de transferência, prediga a ultrapassagem percentual, o tempo de subida, o instante de pico e o tempo de acomodação.
b. Utilizando transformadas de Laplace, obtenha a expressão analítica para a resposta de ângulo de arfagem para uma entrada em degrau na deflexão da superfície do leme de profundidade.
c. Avalie o efeito do polo e do zero adicionais sobre a validade da aproximação de segunda ordem.
d. Represente graficamente a resposta ao degrau da dinâmica do veículo e verifique suas conclusões obtidas no Item (c).

SOLUÇÃO:

a. Utilizando o polinômio $s^2 + 0{,}226s + 0{,}0169$, determinamos que $\omega_n^2 = 0{,}0169$ e $2\zeta\omega_n = 0{,}226$. Assim, $\omega_n = 0{,}13$ rad/s e $\zeta = 0{,}869$. Portanto, $\%UP = e^{-\zeta\pi/\sqrt{1-\zeta^2}}\,100 = 0{,}399\ \%$. A partir da Figura 4.16, $\omega_n T_r = 2{,}75$, ou $T_r = 21{,}2$ s. Para determinar o instante de pico, utilizamos $T_p = \pi/\omega_n\sqrt{1+\zeta^2} = 48{,}9$ s. Finalmente, o tempo de acomodação é $T_s = 4/\zeta\omega_n = 35{,}4$ s.

b. Com a finalidade de apresentar um valor final positivo no Item **d**, determinamos a resposta do sistema a um degrau unitário negativo, compensando o sinal negativo na função de transferência. Utilizando expansão em frações parciais, a transformada de Laplace da resposta, $\theta(s)$, é

$$\begin{aligned}\theta(s) &= \frac{0{,}125(s+0{,}435)}{s(s+1{,}23)(s^2+0{,}226s+0{,}0169)}\\ &= 2{,}616\frac{1}{s} + 0{,}0645\frac{1}{s+1{,}23}\\ &\quad - \frac{2{,}68(s+0{,}113)+3{,}478\sqrt{0{,}00413}}{(s+0{,}113)^2+0{,}00413}\end{aligned} \tag{4.140}$$

Aplicando a transformada inversa de Laplace,

$$\begin{aligned}\theta(t) &= 2{,}616 + 0{,}0645e^{-1{,}23t}\\ &\quad - e^{-0{,}113t}(2{,}68\cos 0{,}0643t + 3{,}478\,\text{sen}\,0{,}0643t)\\ &= 2{,}616 + 0{,}0645e^{-1{,}23t} - 4{,}39e^{-0{,}113t}\cos(0{,}0643t + 52{,}38°)\end{aligned} \tag{4.141}$$

c. Observando as amplitudes relativas entre o coeficiente do termo $e^{-1{,}23t}$ e do termo do cosseno na Equação (4.141), verificamos que há um cancelamento de polo e zero entre o polo em $-1{,}23$ e o zero em $-0{,}435$. Além disso, o polo em $-1{,}23$ está mais de cinco vezes mais afastado do eixo $j\omega$ que os polos dominantes de segunda ordem em $-0{,}113 \pm j0{,}0643$. Concluímos que a resposta será próxima da que foi predita.
d. Representando graficamente a Equação (4.141) ou utilizando uma simulação computacional, obtemos a resposta ao degrau mostrada na Figura 4.35. Realmente observamos uma resposta próxima da predita.

MATLAB ML

Os estudantes que estiverem usando o MATLAB devem, agora, executar o arquivo ch4apB5 do Apêndice B. Esse exercício utiliza o MATLAB para determinar ζ, ω_n, T_s, T_p e T_r, e representar graficamente uma resposta ao degrau. Uma tabela é utilizada para determinar T_r. O exercício aplica os conceitos ao problema anterior.

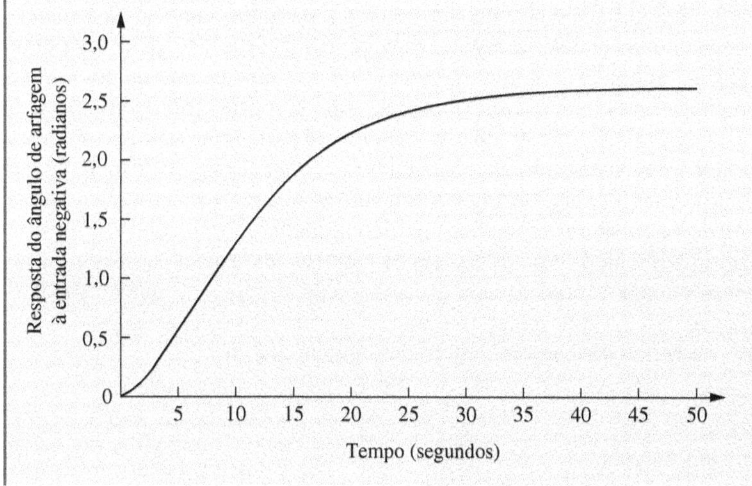

FIGURA 4.35 Resposta ao degrau negativo do controle de arfagem do veículo UFSS.

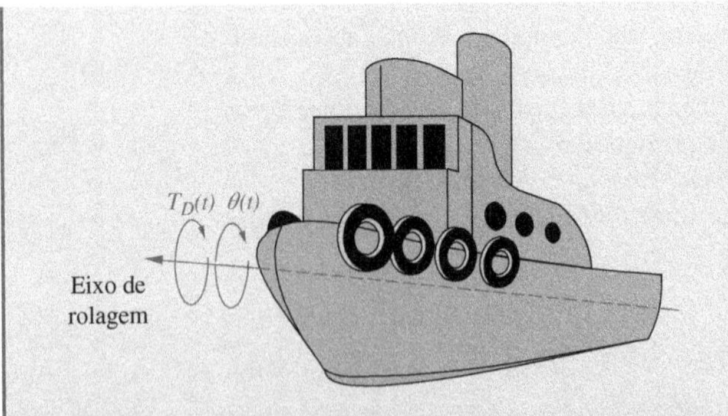

FIGURA 4.36 Um navio no mar, mostrando o eixo de rolagem.

DESAFIO: Agora apresentamos um problema para testar seu conhecimento dos objetivos deste capítulo. Este problema utiliza os mesmos princípios que foram aplicados ao Veículo Submersível Não Tripulado Independente: Os navios no mar são submetidos a movimentos em torno de seu eixo de rolagem, como mostrado na Figura 4.36. Aletas chamadas *estabilizadores* são utilizadas para reduzir esse movimento de rolagem. Os estabilizadores podem ser posicionados por um sistema de controle de rolagem em malha fechada que consiste em componentes, como atuadores e sensores das aletas, bem como na dinâmica de rolagem do navio.

Admita que a dinâmica de rolagem, que relaciona a saída de ângulo de rolagem, $\theta(s)$, com a entrada de perturbação de torque, $T_P(s)$, seja

$$\frac{\theta(s)}{T_P(s)} = \frac{2{,}25}{(s^2 + 0{,}5s + 2{,}25)} \tag{4.142}$$

Faça o seguinte:

a. Determine a frequência natural, o fator de amortecimento, o instante de pico, o tempo de acomodação, o tempo de subida e a ultrapassagem percentual.

b. Obtenha a expressão analítica para a resposta de saída para uma entrada de perturbação em degrau unitário.

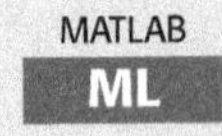

c. `Utilize o MATLAB para resolver os itens` **a** `e` **b** `e representar graficamente a resposta obtida no item` **b**.

Resumo

Neste capítulo, utilizamos os modelos de sistemas desenvolvidos nos Capítulos 2 e 3 e obtivemos a resposta da saída para uma entrada especificada, geralmente um degrau. A resposta ao degrau fornece uma imagem clara da resposta transitória do sistema. Realizamos essa análise para dois tipos de sistemas, de *primeira ordem* e de *segunda ordem*, os quais são representativos de muitos sistemas físicos. Formalizamos então nossas descobertas e chegamos a especificações numéricas que descrevem as respostas.

Para sistemas de primeira ordem que possuem um único polo no eixo real, a especificação da resposta transitória que deduzimos foi a *constante de tempo*, que é o inverso da posição do polo no eixo real. Essa especificação nos dá uma indicação da velocidade da resposta transitória. Em particular, a constante de tempo é o tempo para que a resposta ao degrau alcance 63 % de seu valor final.

Os sistemas de segunda ordem são mais complexos. Dependendo dos valores dos componentes do sistema, um sistema de segunda ordem pode apresentar quatro tipos de comportamento:

1. Superamortecido.
2. Subamortecido.
3. Não amortecido.
4. Criticamente amortecido.

Verificamos que os polos da entrada geram a resposta forçada, enquanto os polos do sistema geram a resposta transitória. Caso os polos do sistema sejam reais, o sistema apresentará um comportamento *superamortecido*. Essas respostas exponenciais possuem constantes de tempo iguais ao inverso das posições dos polos. Polos imaginários puros produzem oscilações senoidais *não amortecidas*, cuja frequência em radianos é igual à magnitude do polo imaginário. Os sistemas com polos complexos apresentam respostas *subamortecidas*. A parte real do polo complexo determina a envoltória de decaimento exponencial, e a parte imaginária determina a frequência senoidal em radianos. A envoltória de decaimento exponencial possui uma constante de tempo igual ao inverso da parte real do polo, e a senoide possui uma frequência em radianos igual à parte imaginária do polo.

Para todos os casos de segunda ordem, desenvolvemos especificações denominadas *fator de amortecimento*, ζ, e *frequência natural*, ω_n. O fator de amortecimento nos dá uma ideia da natureza da resposta transitória e de quanta ultrapassagem e oscilação ela apresentará independentemente da escala de tempo. A frequência natural dá uma indicação da velocidade da resposta.

Verificamos que o valor de ζ determina a forma da resposta natural de segunda ordem:

- Se $\zeta = 0$, a resposta é não amortecida.
- Se $\zeta < 1$, a resposta é subamortecida.
- Se $\zeta = 1$, a resposta é criticamente amortecida.
- Se $\zeta > 1$, a resposta é superamortecida.

A frequência natural é a frequência de oscilação, caso todo o amortecimento seja removido. Ela atua como um fator de escala da resposta, como pode ser observado a partir da Equação (4.28), na qual a variável independente pode ser considerada $\omega_n t$.

Para o caso subamortecido, definimos várias especificações para a resposta transitória, incluindo:

- Ultrapassagem percentual, $\%UP$
- Instante de pico, T_p
- Tempo de acomodação, T_s
- Tempo de subida, T_r.

O instante de pico é inversamente proporcional à parte imaginária do polo complexo. Assim, linhas horizontais no plano s são linhas de instante de pico constante. A ultrapassagem percentual é uma função apenas do fator de amortecimento. Consequentemente, linhas radiais são linhas de ultrapassagem percentual constante. Finalmente, o tempo de acomodação é inversamente proporcional à parte real do polo complexo. Assim, linhas verticais no plano s são linhas de tempo de acomodação constante.

Verificamos que o instante de pico, a ultrapassagem percentual e o tempo de acomodação estão relacionados com a posição do polo. Assim, podemos projetar respostas transitórias relacionando uma resposta desejada com uma posição de polo e, em seguida, relacionando essa posição do polo com uma função de transferência e os componentes do sistema.

Os efeitos de não linearidades, como saturação, zona morta e folga, foram explorados utilizando o Simulink do MATLAB.

Neste capítulo, também avaliamos a resposta no domínio do tempo utilizando a abordagem do espaço de estados. A resposta obtida desse modo foi separada em *resposta para entrada zero* e *resposta para estado zero*, enquanto o método da resposta no domínio da frequência resultou em uma resposta total dividida em componentes de *resposta natural* e *resposta forçada*.

No próximo capítulo, utilizaremos as especificações da resposta transitória desenvolvidas neste capítulo para analisar e projetar sistemas que consistem na interconexão de múltiplos subsistemas. Veremos como reduzir esses sistemas a uma única função de transferência com a finalidade de aplicar os conceitos desenvolvidos no Capítulo 4.

Questões de Revisão

1. Cite a especificação de desempenho para sistemas de primeira ordem.
2. O que a especificação de desempenho para um sistema de primeira ordem nos diz?
3. Em um sistema com uma entrada e uma saída, quais polos geram a resposta em regime permanente?
4. Em um sistema com uma entrada e uma saída, quais polos geram a resposta transitória?
5. A parte imaginária de um polo gera qual parte de uma resposta?
6. A parte real de um polo gera qual parte de uma resposta?
7. Qual é a diferença entre a frequência natural e a frequência de oscilação amortecida?
8. Se um polo é movido com uma parte imaginária constante, o que as respostas terão em comum?
9. Se um polo é movido com uma parte real constante, o que as respostas terão em comum?
10. Se um polo é movido ao longo de uma linha radial que se estende a partir da origem, o que as respostas terão em comum?
11. Liste cinco especificações para um sistema de segunda ordem subamortecido.
12. Para a Questão 11, quantas especificações determinam completamente a resposta?
13. Que posições de polos caracterizam (1) o sistema subamortecido, (2) o sistema superamortecido e (3) o sistema criticamente amortecido?
14. Cite duas condições sob as quais a resposta gerada por um polo pode ser desprezada.
15. Como você pode justificar o cancelamento de polos e zeros?
16. A solução da equação de estado fornece a resposta de saída do sistema? Explique. *Espaço de Estados EE*
17. Qual é a relação entre ($s\mathbf{I} - \mathbf{A}$), que apareceu durante a solução das equações de estado através da transformada de Laplace, e a matriz de transição de estado, que apareceu durante a solução clássica da equação de estado? *Espaço de Estados EE*
18. Cite uma vantagem primordial da utilização de técnicas do domínio do tempo para a obtenção da resposta. *Espaço de Estados EE*
19. Cite uma vantagem primordial da utilização de técnicas do domínio da frequência para a obtenção da resposta. *Espaço de Estados EE*
20. Quais as três informações que devem ser dadas com a finalidade de obter a resposta de saída de um sistema utilizando técnicas do espaço de estados? *Espaço de Estados EE*
21. Como os polos de um sistema podem ser determinados a partir das equações de estado?

Investigação em Laboratório Virtual

EXPERIMENTO 4.1

Objetivo Avaliar o efeito da posição de polos e zeros sobre a resposta no tempo de sistemas de primeira e de segunda ordens.

Requisitos Mínimos de Programas MATLAB, Simulink e Control System Toolbox

Pré-Ensaio

1. Dada a função de transferência $G(s) = \frac{a}{s+a}$, calcule o tempo de acomodação e o tempo de subida para os seguintes valores de a: 1, 2, 3 e 4. Além disso, represente graficamente os polos.
2. Dada a função de transferência $G(s) = \frac{b}{s^2 + as + b}$:
   a. Calcule a ultrapassagem percentual, o tempo de acomodação, o instante de pico e o tempo de subida para os seguintes valores: $a = 4$, $b = 25$. Além disso, represente graficamente os polos.
   b. Calcule os valores de a e b de modo que a parte imaginária dos polos permaneça a mesma, porém a parte real seja o dobro em relação ao Pré-Ensaio 2**a**, e repita o Pré-Ensaio 2**a**.
   c. Calcule os valores de a e b de modo que a parte imaginária dos polos permaneça a mesma, porém a parte real seja reduzida à metade em relação ao Pré-Ensaio 2**a**, e repita o Pré-Ensaio 2**a**.
3. a. Para o sistema do Pré-Ensaio 2**a**, calcule os valores de a e b de modo que a parte real dos polos permaneça a mesma, porém a parte imaginária seja dobrada em relação ao Pré-Ensaio 2**a**, e repita o Pré-Ensaio 2**a**.
   b. Para o sistema do Pré-Ensaio 2**a**, calcule os valores de a e b de modo que a parte real dos polos permaneça a mesma, porém a parte imaginária seja quadruplicada em relação ao Pré-Ensaio 2**a**, e repita o Pré-Ensaio 2**a**.
4. a. Para o sistema do Pré-Ensaio 2**a**, calcule os valores de a e b de modo que o fator de amortecimento permaneça o mesmo, porém a frequência natural seja dobrada em relação ao Pré-Ensaio 2**a**, e repita o Pré-Ensaio 2**a**.
   b. Para o sistema do Pré-Ensaio 2**a**, calcule os valores de a e b de modo que o fator de amortecimento permaneça o mesmo, porém a frequência natural seja quadruplicada em relação ao Pré-Ensaio 2**a**, e repita o Pré-Ensaio 2**a**.
5. Descreva brevemente os efeitos na resposta no tempo à medida que os polos são alterados em cada um dos Pré-Ensaios 2, 3 e 4.

Ensaio

1. Utilizando o Simulink, prepare os sistemas do Pré-Ensaio 1 e apresente a resposta ao degrau de cada uma das quatro funções de transferência em um único gráfico utilizando o Simulink Lynear System Analyzer. (Ver Apêndice E.6, disponível no Ambiente de aprendizagem do GEN, para um tutorial.) Além disso, registre os valores do tempo de acomodação e do tempo de subida para cada resposta ao degrau.
2. Utilizando o Simulink, prepare os sistemas do Pré-Ensaio 2. Utilizando o Simulink Lynear System Analyzer, apresente a resposta ao degrau de cada uma das três funções de transferência em um único gráfico. Além disso, registre os valores da ultrapassagem percentual, do tempo de acomodação, do instante de pico e do tempo de subida para cada resposta ao degrau.
3. Utilizando o Simulink, prepare os sistemas do Pré-Ensaio 2**a** e do Pré-Ensaio 3. Utilizando o Lynear System Analyzer, apresente a resposta ao degrau de cada uma das três funções de transferência em um único gráfico. Além disso, registre os valores da ultrapassagem percentual, do tempo de acomodação, do instante de pico e do tempo de subida para cada resposta ao degrau.
4. Utilizando o Simulink, prepare os sistemas do Pré-Ensaio 2**a** e do Pré-Ensaio 4. Utilizando o Simulink Lynear System Analyzer, apresente a resposta ao degrau de cada uma das três funções de transferência em um único gráfico. Além disso, registre os valores da ultrapassagem percentual, do tempo de acomodação, do instante de pico e do tempo de subida para cada resposta ao degrau.

Pós-Ensaio

1. Para os sistemas de primeira ordem, construa uma tabela de valores calculados e experimentais do tempo de acomodação, tempo de subida e posição dos polos.
2. Para os sistemas de segunda ordem do Pré-Ensaio 2, construa uma tabela de valores calculados e experimentais da ultrapassagem percentual, tempo de acomodação, instante de pico, tempo de subida e posição dos polos.
3. Para os sistemas de segunda ordem do Pré-Ensaio 2**a** e do Pré-Ensaio 3, construa uma tabela de valores calculados e experimentais da ultrapassagem percentual, tempo de acomodação, instante de pico, tempo de subida e posição dos polos.

4. Para os sistemas de segunda ordem do Pré-Ensaio 2**a** e do Pré-Ensaio 4, construa uma tabela de valores calculados e experimentais da ultrapassagem percentual, tempo de acomodação, instante de pico, tempo de subida e posição dos polos.
5. Discuta os efeitos da posição dos polos sobre a resposta no tempo tanto para os sistemas de primeira ordem quanto para os sistemas de segunda ordem. Discuta quaisquer discrepâncias entre seus valores calculados e experimentais.

EXPERIMENTO 4.2

Objetivo Avaliar o efeito de polos e zeros adicionais sobre a resposta no tempo de sistemas de segunda ordem.

Requisitos Mínimos de Programas MATLAB, Simulink e Control System Toolbox

Pré-Ensaio

1. a. Dada a função de transferência $G(s) = \dfrac{25}{s^2 + 4s + 25}$, calcule a ultrapassagem percentual, o tempo de acomodação, o instante de pico e o tempo de subida. Além disso, represente graficamente os polos.
   b. Adicione um polo em -200 ao sistema do Pré-Ensaio 1**a**. Estime se a resposta transitória no Pré-Ensaio 1**a** será afetada significativamente.
   c. Repita o Pré-Ensaio 1**b** com o polo colocado sucessivamente em -20, -10 e -2.
2. Um zero é adicionado ao sistema do Pré-Ensaio 1**a** em -200 e, em seguida, movimentado para -50, -20, -10, -5 e -2. Liste os valores da posição do zero na ordem do maior para o menor efeito sobre a resposta transitória de segunda ordem pura.
3. Dada a função de transferência: $G(s) = \dfrac{(25b/a)(s + a)}{(s + b) + (s^2 + 4s + 25)}$, seja $a = 3$ e $b = 3{,}01$, $3{,}1$, $3{,}3$, $3{,}5$ e $4{,}0$.

   Quais valores de b terão um efeito mínimo sobre a resposta transitória de segunda ordem pura?
4. Dada a função de transferência $G(s) = \dfrac{(2500b/a)(s + a)}{(s + b)(s^2 + 40s + 2500)}$, seja $a = 30$ e $b = 30{,}01$, $30{,}1$, $30{,}5$, 31, 35 e 40. Quais valores de b terão um efeito mínimo na resposta transitória de segunda ordem pura?

Ensaio

1. Utilizando o Simulink, adicione um polo ao sistema de segunda ordem do Pré-ensaio 1**a** e apresente as respostas ao degrau do sistema quando o polo de ordem superior não existe e quando ele está em -200, -20, -10 e -2. Apresente os resultados em um único gráfico, utilizando o Simulink Lynear System Analyzer. Normalize todas as respostas para um valor em regime permanente unitário. Registre a ultrapassagem percentual, o tempo de acomodação, o instante de pico e o tempo de subida para cada resposta.
2. Utilizando o Simulink, adicione um zero ao sistema de segunda ordem do Pré-Ensaio 1**a** e apresente as respostas ao degrau do sistema quando o zero não existe e quando ele está em -200, -50, -20, -10, -5 e -2. Apresente seus resultados em um único gráfico, utilizando o Simulink Lynear System Analyzer. Normalize todas as respostas para um valor em regime permanente unitário. Registre a ultrapassagem percentual, o tempo de acomodação, o instante de pico e o tempo de subida para cada resposta.
3. Utilizando o Simulink e a função de transferência do Pré-Ensaio 3 com $a = 3$, apresente as respostas ao degrau do sistema quando o valor de b for 3, 3,01, 3,1, 3,3, 3,5 e 4,0. Apresente os resultados em um único gráfico utilizando o Simulink Lynear System Analyzer. Registre a ultrapassagem percentual, o tempo de acomodação, o instante de pico e o tempo de subida para cada resposta.
4. Utilizando o Simulink e a função de transferência do Pré-Ensaio 4 com $a = 30$, apresente as respostas ao degrau do sistema quando o valor de b for 30, 30,01, 30,1, 30,5, 31, 35 e 40. Apresente seus resultados em um único gráfico utilizando o Simulink Lynear System Analyzer. Registre a ultrapassagem percentual, o tempo de acomodação, o instante de pico e o tempo de subida para cada resposta.

Pós-Ensaio

1. Discuta o efeito sobre a resposta transitória da proximidade de um polo de ordem superior do par de polos dominantes de segunda ordem.
2. Discuta o efeito sobre a resposta transitória da proximidade de um zero do par de polos dominantes de segunda ordem. Explore a relação entre o comprimento do vetor de zero até o polo dominante e o efeito do zero sobre a resposta ao degrau de segunda ordem pura.
3. Discuta o efeito do cancelamento de polo e zero sobre a resposta transitória de um par de polos dominantes de segunda ordem. Faça uma alusão sobre quão próximos o polo e o zero, sendo cancelados, devem estar, e a relação entre (1) a distância entre eles e (2) a distância entre o zero e os polos dominantes de segunda ordem.

EXPERIMENTO 4.3

Objetivo Utilizar o LabVIEW Control Design and Simulation Module para a análise do desempenho de sistemas no domínio do tempo.

Requisitos Mínimos de Programas LabVIEW com Control Design and Simulation Module.

Pré-Ensaio Um dos braços robóticos de acionamento direto experimentais construído no Laboratório de Inteligência Artificial do MTT e no Instituto de Robótica da CMU pode ser representado como um sistema de controle com realimentação com uma entrada de posição angular desejada para a posição da articulação do robô e uma saída de posição angular representando a posição real da articulação do robô.

O caminho à frente consiste em três funções de transferência em cascata: (1) um compensador, $G_c(s)$, para melhorar o desempenho; (2) um amplificador de potência de ganho $K_a = 1$; e (3) a função de transferência do motor e da carga, $G(s) = 2292/s(s + 75{,}6)$. Admita um sistema com realimentação unitária. Inicialmente o sistema será controlado com $G_c(s) = 0{,}6234$, chamado *controlador proporcional* (*McKerrow, 1991*).

1. Obtenha a função de transferência do sistema em malha fechada e utilize o MATLAB para representar graficamente a resposta ao degrau unitário resultante.
2. Repita com $G_c(s) = 3{,}05 + 0{,}04s$, que é chamado *controlador PD*.
3. Compare ambas as respostas e teça conclusões a respeito de suas especificações no domínio do tempo.

Ensaio Crie uma VI no LabVIEW que utilize um laço de simulação para implementar ambos os controladores definidos no Pré-Ensaio. Apresente as respostas no mesmo gráfico para facilitar a comparação.

Pós-Ensaio Compare as respostas obtidas usando sua VI no LABVIEW com as obtidas no Pré-Ensaio.

EXPERIMENTO 4.4

Objetivo Utilizar o LabVIEW Control Design and Simulation Module para avaliar o efeito da posição do polo sobre a resposta no tempo de sistemas de segunda ordem.

Requisitos Mínimos de Programas LabVIEW com Control Design and Simulation Module.

Pré-Ensaio Realize o Item 2 do Pré-Ensaio do Experimento 4.1 de Investigação em Laboratório Virtual.

Ensaio Construa uma VI no LabVIEW para implementar as funções estudadas no Item 2 do Pré-Ensaio de Investigação em Laboratório Virtual 4.1.

Especificamente para o Item 2**a** do Pré-Ensaio, seu *front panel* terá os coeficientes da função de transferência de segunda ordem como entrada. O *front panel* também terá os seguintes indicadores: (1) a função de transferência; (2) a representação no espaço de estados; (3) as posições dos polos; (4) o gráfico da resposta ao degrau; (5) a resposta no tempo dos dois estados no mesmo gráfico; (6) os dados paramétricos da resposta no tempo, incluindo o tempo de subida, o instante de pico, o tempo de acomodação, a ultrapassagem percentual, o valor de pico e o valor final.

Para o Item 2**b** do Pré-Ensaio, o *front panel* também terá os seguintes indicadores: (1) o gráfico da resposta ao degrau e (2) os dados paramétricos listados anteriormente para o Item 2**a** do Pré-Ensaio, mas específicos para o Item 2**b**.

Para o Item 2**c** do Pré-Ensaio, o *front panel* também terá os seguintes indicadores: (1) o gráfico da resposta ao degrau e (2) os dados paramétricos listados anteriormente para o Item 2**a** do Pré-Ensaio, mas específicos para o Item 2**c**.

Execute a VI para obter os dados dos indicadores.

Pós-Ensaio Utilize os resultados para discutir o efeito da posição do polo sobre a resposta ao degrau.

Laboratório de Interface de Hardware

EXPERIMENTO 4.5 Controle de Velocidade em Malha Aberta de um Motor

Objetivos Controlar a velocidade de um motor em malha aberta e verificar as funções da configuração de controle do motor como preparação para experimentos futuros.

Material Necessário Computador com o LabVIEW instalado; myDAQ; motor com escovas e redução cc com *encoder* de efeito Hall em quadratura (faixa de operação normal de –10 V a +10 V); e chip de controle do motor BA6886N ou um circuito transistorizado substituto. (*Observação*: Por simplicidade, a entrada do motor será analógica. O PWM será evitado por adicionar um nível extra de complexidade aos experimentos. Planeje adequadamente, caso você decida substituir o chip de controle do motor.)

Arquivos Fornecidos no Ambiente de aprendizagem do GEN

Open Loop Control.vi

Pré-Ensaio Planeje como você irá ligar seu motor à placa de ensaio. Uma das possibilidades é soldar um barramento a seis fios de cores correspondentes que irá permitir que você conecte e desconecte o motor do myDAQ de forma eficiente. Você também pode soldar fios nos cabos do motor.

Ensaio

Software: O *front panel* para o Open Loop Control VI é mostrado na Figura 4.37(*a*). A entrada do sistema é a tensão aplicada ao motor. A saída é a velocidade do motor em rotações por segundo (rps). O diagrama de blocos correspondente é mostrado na Figura 4.37(*b*).

Observe o valor indicado pela seta cinza na Figura 4.37(*b*). Para obter um valor de leitura significativo para a velocidade do motor, este valor precisa ser modificado, dependendo da relação de engrenagens de seu motor e da resolução de seu *encoder*. Para entender como esse valor é calculado, note que o bloco DAQ Assistant na parte superior do diagrama lê o *encoder* a partir do myDAQ. Seria razoável supor que a frequência deste sinal seja proporcional à velocidade do motor, o que teoricamente é verdadeiro. Entretanto, com velocidades muito pequenas o DAQ Assistant "*times out*" (esgota o tempo) e falha em fornecer uma leitura, caso a frequência seja medida diretamente. Para evitar este problema, um método diferente é utilizado para calcular a frequência do sinal. O DAQ Assistant mede as bordas de subida do sinal do *encoder* a cada 100 ms e subtrai este número do acumulado durante o período anterior de 100 ms. A frequência do sinal do *encoder* (em bordas/ms) é determinado dividindo o valor desta subtração pelo período (100 ms). Veja o diagrama de blocos para entender como este algoritmo foi implementado.

Usamos um exemplo para ilustrar o cálculo da constante apontada com a seta cinza. Se uma relação de engrenagens de 9,7:1 for utilizada com um *encoder* de 48 CPR, com cada revolução o *encoder* irá gerar um total de 48 bordas nos canais do *encoder*. Usando apenas um canal e bordas positivas, são 12 bordas positivas/revolução do eixo do motor. O número total de contagem (bordas positivas) gerado por cada revolução do eixo externo é $9{,}7 \times 12 = 116{,}4$ bordas positivas por revolução.

Com o objetivo de determinar a velocidade de rotação, a frequência (bordas/ms) do sinal é dividido pelo número total de contagem gerado pelo eixo externo, ajustando as unidades de tempo de ms para segundos:

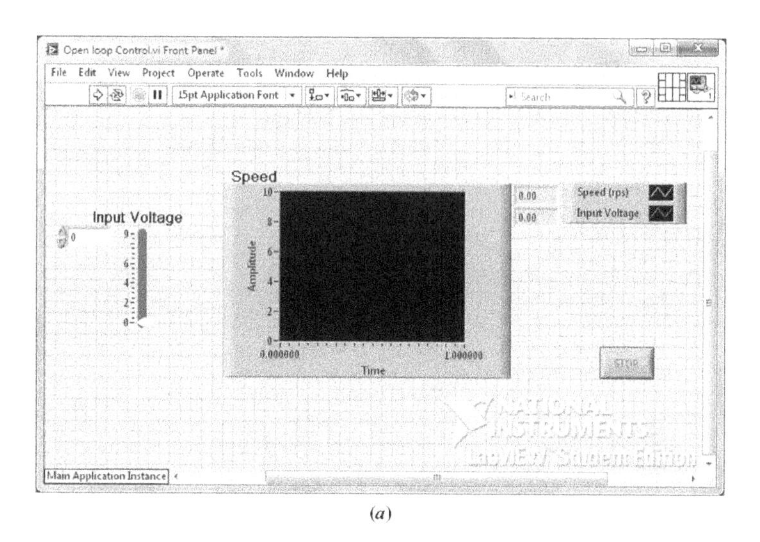

(*a*)

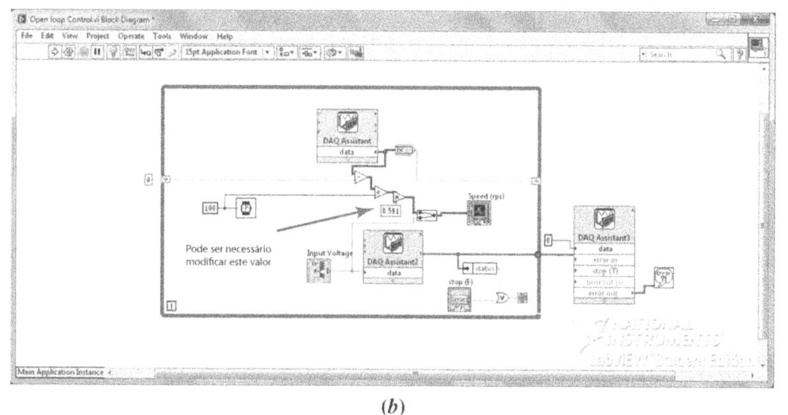

(*b*)

FIGURA 4.37 Open Loop Control.VI: **a.** Front Panel; **b.** Diagrama de Blocos.

Velocidade de Rotação (rps) = Frequência × 1000/(9,7 × 12) = Frequência × 8,591. Este valor precisa ser ajustado, como ilustrado no Diagrama de Blocos.

O bloco DAQ Assistant2 transmite a tensão do *slider* de controle para o myDAQ e para o chip de controle do motor. O bloco DAQ Assistant3 garante que a saída para o chip seja zerada quando a VI é finalizada.

Hardware: Conecte o myDAQ, o motor e o controlador do motor, como mostrado na Figura 4.38.

Procedimento:

1. Verifique a operação de seu circuito executando a VI e modificando a posição do *slider*. Se tudo estiver correto, a velocidade do motor irá variar, à medida que a posição do *slider* mudar.
2. Verifique se você está usando o fator de escala correto para seu motor definindo que ele gire a 0,5 rps. Conte o número de rotações do eixo do motor por 10 segundos usando um cronômetro. Repita definindo a velocidade de rotação em 1 rps. Suas medidas devem ser consistentes.
3. Realize as seguintes medidas movendo o *slider*:
   a. Aumente a tensão começando do zero e grave a tensão mínima para que o motor comece a girar.
   b. Começando o *slider* em uma velocidade de rotação, reduza a tensão até que o motor pare. Grave essa tensão. Esses valores são iguais? Esses valores são importantes e serão usados em experimentos futuros. Guarde-os em um local seguro de modo que você não tenha que repetir essas medidas novamente.
4. Faça um gráfico em que o eixo *x* é a tensão de entrada e o eixo *y* é a velocidade em rps. Inclua os resultados no Item 3.
5. Desenhe um diagrama de blocos funcional do sistema (similar ao Capítulo 1), rotulando cada componente no diagrama.
6. O circuito e a VI anteriores permitem que o motor gire em apenas uma direção. Modifique a VI e o circuito de modo que a direção e a velocidade do motor possam ser controladas a partir da VI.

   Observe que a entrada de referência para o chip só pode aceitar valores positivos de tensão. As especificações técnicas do controle do motor indicam que a direção de rotação deve ser alterada invertendo-se os valores lógicos do Pino 2 e do Pino 10 do chip de controle do motor. Entretanto, uma leitura cuidadosa das especificações técnicas indica que deve haver um intervalo de tempo (de duração não especificada) no qual ambas as entradas devem ser Falso antes de mudar de direção. Convém usar um *ring* do LabVIEW para simular uma chave de três posições. Use duas seleções do *ring* para controlar a direção de rotação do motor. A terceira seleção no *ring* deve fornecer entradas baixas para as entradas lógicas do controlador do motor para ser possível parar o motor antes de mudar de direção.

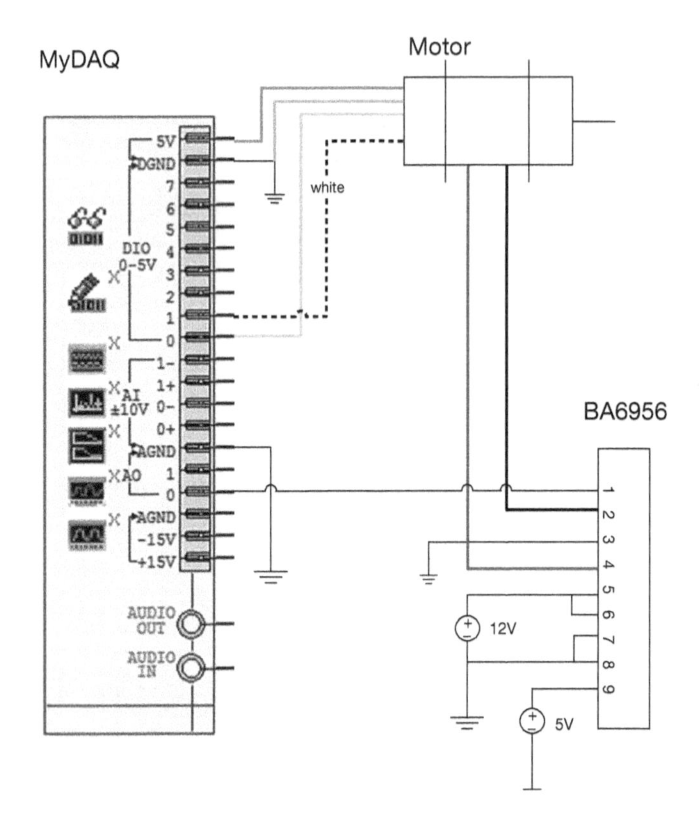

FIGURA 4.38 Diagrama elétrico.[9]

[9] A borda da direita do MyDAQ mostrada à esquerda foi retirada do programa Multisim módulo NI myDAQ design e também é reproduzida no White-Paper 11423, Figura 2. Tanto o Multisim quanto o White Paper são da National Instruments.

EXPERIMENTO 4.6 Identificação de Função de Transferência

Objetivo Identificar a função de transferência de um motor da entrada de tensão para a velocidade angular do motor usando o myDAQ e o LabVIEW.

Material Necessário Computador com o LabVIEW instalado; myDAQ; motor com escovas e redução cc com *encoder* de efeito Hall em quadratura (faixa de operação normal de −10 V a +10 V); e chip de controle do motor BA6886N (ou um circuito transistorizado substituto).

Arquivos Fornecidos no Ambiente de aprendizagem do GEN
Plant Identification 2.vi

Pré-Ensaio Responda às questões a seguir:

1. Qual é a resposta ao degrau unitário de um sistema com função de transferência $G(s) = \dfrac{K}{s\tau + 1}$, em que K e τ são constantes > 0?
2. Faça um esboço manual da resposta ao degrau unitário do sistema no Item 1.
3. Qual é o valor da resposta ao degrau do sistema do Item 1 quando $t = \tau$?
4. Encontre ou deduza a expressão para a função de transferência da tensão para a velocidade angular de um motor cc de campo contínuo sem carga. Compare essa função de transferência com o sistema de primeira ordem no Item 1.

Ensaio Conecte o myDAQ, o motor e o controlador do motor como mostrado na Figura 4.39. Esta configuração é idêntica à que foi utilizada inicialmente no Experimento 4.5, exceto que conectamos os dois canais de entrada analógica aos dois canais de saída analógica. Isto nos permitirá usar o osciloscópio myDAQ para medições. Caso você opte por usar um osciloscópio externo, estas conexões não são necessárias.

1. Abra o osciloscópio e a Plant Identification 2.vi mostrados nas Figuras 4.40 e 4.41, respectivamente. Você também pode optar por usar um osciloscópio externo. Utilize um ajuste parecido com o mostrado na Figura 4.40.
2. Na Plant Identification 2.vi, escolha os valores de amplitude e *offset* mostrados na Figura 4.41. Um erro do LabVIEW será gerado, caso a onda quadrada gere valores negativos, uma vez que eles não são permitidos como entradas do chip. O valor da frequência não é relevante; só é preciso certificar-se de que a entrada é lenta o suficiente para que a velocidade do motor chegue ao regime permanente, como mostrado na Figura 4.41.

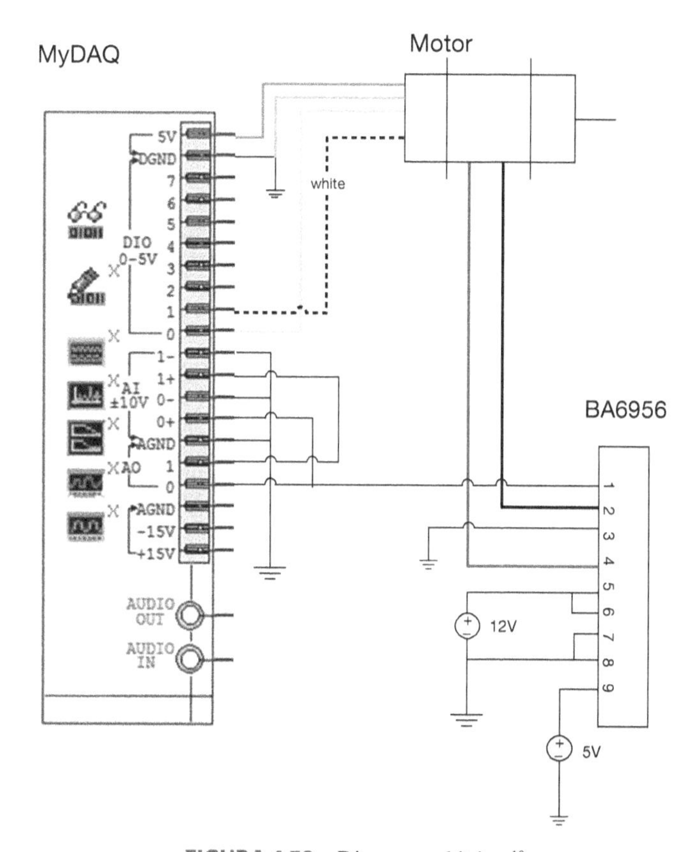

FIGURA 4.39 Diagrama elétrico.[10]

[10] A borda da direita do MyDAQ mostrada à esquerda foi retirada do programa Multisim módulo NI myDAQ design e também é reproduzida no White-Paper 11423, Figura 2. Tanto o Multisim quanto o White Paper são da National Instruments.

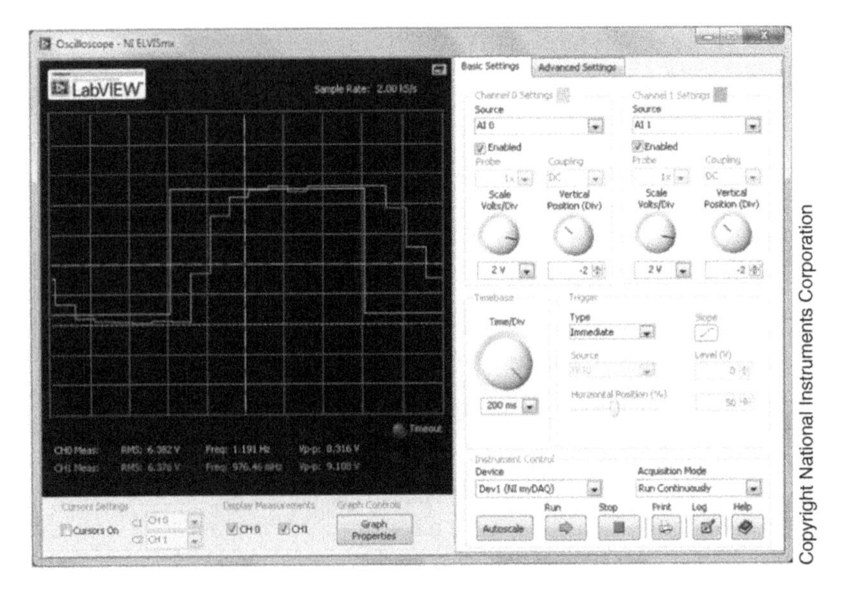

FIGURA 4.40 Osciloscópio LabVIEW – NI ELVISmx.

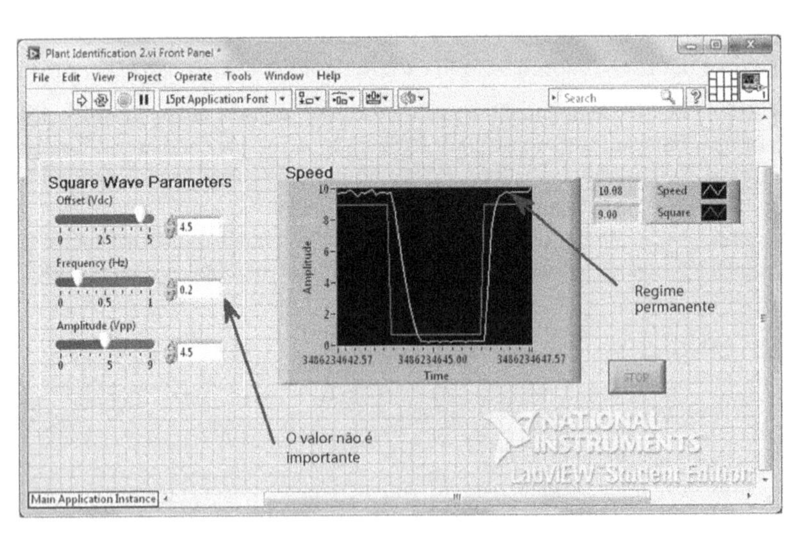

FIGURA 4.41 Front Panel da Plant Identification 2.vi

3. Execute a Plant Identification 2.vi e o osciloscópio. Pressione o botão Stop no osciloscópio, assim que ele mostrar um semiciclo completo de velocidade positiva, semelhante à Figura 4.40.
4. Clique no botão Log no osciloscópio, dê um nome ao arquivo e salve-o. Abra o arquivo usando um programa de planilhas.
5. Observe que a resposta do sistema no osciloscópio tem total semelhança com a de um sistema de primeira ordem, o que é consistente com as expectativas teóricas. Assim, a função de transferência terá a forma:

$$\frac{\Omega(s)}{E_i(s)} = \frac{K}{s\tau + 1}.$$

K pode ser prontamente identificado a partir do osciloscópio ou da Plant Identification 2.vi. No exemplo mostrado, $K = \frac{9{,}71}{9} = 1{,}079$. Usaremos os dados da planilha para determinar a constante de tempo, τ.

6. Utilize seus dados de planilha para determinar a constante de tempo. Para obter ajuda para completar esta tarefa, acesse o Ambiente de aprendizagem do GEN.
7. Repita o experimento para tensões de entrada de 2 V, 5 V e 9 V.

Pós-Ensaio

1. Seu sistema é linear? Como você sabe disso?
2. Caso seu sistema seja linear para uma faixa de entradas, obtenha uma interpolação apropriada entre as três funções de transferência que você encontrou no Item 7 do ensaio. Escreva sua função de transferência final resultante e guarde-a para usá-la em futuros experimentos.

Bibliografia

Camacho, E. F., Berenguel, M., Rubio, F. R., and Martinez, D. *Control of Solar Energy Systems*. Springer-Verlag, London, 2012.

Craig, I. K., Xia, X., and Venter, J. W.; Introducing HIV/AIDS Education into the Electrical Engineering Curriculum at the University of Pretoria. *IEEE Transactions on Education*, vol. 47, no. 1, February 2004, pp. 65–73.

DiBona, G. F. Physiology in Perspective: The Wisdom of the Body. Neural Control of the Kidney. *American Journal of Physiology–Regulatory, Integrative and Comparative Physiology*, vol. 289, 2005, pp. R633–R641.

Dorf, R. C. *Introduction to Electric Circuits*, 2d ed. Wiley, New York, 1993.

Elarafi, M. G. M. K., and Hisham, S. B. Modeling and Control of pH Neutralization Using Neural Network Predictive Controller. *International Conference on Control, Automation and Systems 2008,* Seoul, Korea. Oct. pp. 14–17, 2008.

Franklin, G. F., Powell, J. D., and Emami-Naeini, A. *Feedback Control of Dynamic Systems*, 2d ed. Addison-Wesley, Reading, MA, 1991.

Glantz, A. S., and Tyberg, V. J. Determination of Frequency Response from Step Response: Application to Fluid-Filled Catheters. *American Journal of Physiology*, vol. 2, 1979, pp. H376–H378.

Good, M. C., Sweet, L. M., and Strobel, K. L. Dynamic Models for Control System Design of Integrated Robot and Drive Systems. *Journal of Dynamic Systems, Measurement, and Control*, March 1985, pp. 53–59.

Ionescu, C., and De Keyser, R. Adaptive Closed-Loop Strategy for Paralyzed Skeletal Muscles. *Proceedings of the IASTED International Conference on Biomedical Engineering*, 2005.

Jiayu, K., Mengxiao W., Linan, M., and Zhongjun, X. Cascade Control of pH in an Anaerobic Waste Water Treatment System, *3d International Conference on Bioinformatics and Biomedical Engineering*, 2009.

Johnson, H. et al. *Unmanned Free-Swimming Submersible (UFSS) System Description*. NRL Memorandum Report 4393. Naval Research Laboratory, Washington, D.C. 1980.

Kuo, B. C. *Automatic Control Systems*, 5th ed. Prentice Hall, Upper Saddle River, NJ, 1987.

Kuo, C-F. J., Tsai, C-C., and Tu, H-M. Carriage Speed Control of a Cross-lapper System for Nonwoven Web Quality. *Fibers and Polymers*, vol. 9, no. 4, 2008, pp. 495–502.

Mallavarapu, K., Newbury, K., and Leo, D. J. Feedback Control of the Bending Response of Ionic Polymer-Metal Composite Actuators. *Proceedings of the SPIE*, vol. 4329, 2001, pp. 301–310.

McKerrow, P. J. *Introduction to Robotics*. Addison-Wesley, Singapore, 1991.

McRuer, D., Ashkenas, I., and Graham, D. *Aircraft Dynamics and Automatic Control*. Princeton University Press, 1973.

Nakamura, M. et al. Transient Response of Remnant Atrial Heart Rate to Step Changes in Total Artificial Heart Output. *Journal of Artificial Organs*, vol. 5, 2002, pp. 6–12.

Nashner, L. M., and Wolfson, P. Influence of Head Position and Proprioceptive Cues on Short Latency Postural Reflexes Evoked by Galvanic Stimulation of the Human Labyrinth. *Brain Research*, vol. 67, 1974, pp. 255–268.

Ogata, K. *Modern Control Engineering*, 2d ed. Prentice Hall, Upper Saddle River, NJ, 1990.

Philips, C. L., and Nagle, H. T. *Digital Control Systems Analysis and Design*. Prentice Hall, Upper Saddle River, NJ, 1984.

Prasad, L., Tyagi, B., and Gupta, H. Modelling & Simulation for Optimal Control of Nonlinear Inverted Pendulum Dynamical System using PID Controller & LQR. *IEEE Computer Society Sixth Asia Modeling Symposium*, 2012, pp. 138–143.

Ren, Z., and Zhu, G. G. Modeling and Control of an Electric Variable Valve Timing System for SI and HCCI Combustion Mode Transition. *American Control Conference*, San Francisco, CA, 2011, pp. 979–984.

Salapaka, S., Sebastian, A., Cleveland, J. P., and Salapaka, M. V High Bandwidth Nano-Positioner: A Robust Control Approach. *Review of Scientific Instruments*, vol. 73, No. 9, 2002, pp. 3232–3241.

Sawusch, M. R., and Summers, T. A. *1001 Things to Do with Your Macintosh*. TAB Books, Blue Ridge Summit, PA, 1984.

Stefani, R. T. *Modeling Human Response Characteristics*. COED Application Note No. 33. Computers in Education Division of ASEE, 1973.

Thomsen, S., Hoffmann, N., and Fuchs, F. W. PI Control, PI-Based State Space Control, and Model-Based Predictive Control for Drive Systems With Elastically Coupled Loads—A Comparative Study. *IEEE Transactions on Industrial Electronics*, vol. 58, no. 8, August 2011, pp. 3647–3657.

Timothy, L. K., and Bona, B. E. *State Space Analysis: An Introduction*. McGraw-Hill, New York, 1968.

Xue, D., and Chen, Y. D. Sub-Optimum H_2 Rational Approximations to Fractional Order Linear Systems. *Proceedings of IDET/CIE 2005.* ASME 2005 International Design Engineering Technical Conferences & Computers and Information in Engineering Conference, Long Beach. CA, 2005. pp. 1–10.

Zedka, M., Prochazka, A., Knight, B., Gillard, D., and Gauthier, M. Voluntary and Reflex Control of Human Back Muscles During Induced Pain. *Journal of Physiology*, vol. 520, 1999, pp. 591–604.

Zhou, B. H., Baratta, R. V., Solomonow, M., and D'Ambrosia, R. D. The Dynamic Response of the Cat Ankle Joint During Load-Moving Contractions. *IEEE Transactions on Biomedical Engineering*, vol. 42, no. 4, 1995, pp. 386–393.

Capítulo 5

Redução de Subsistemas Múltiplos

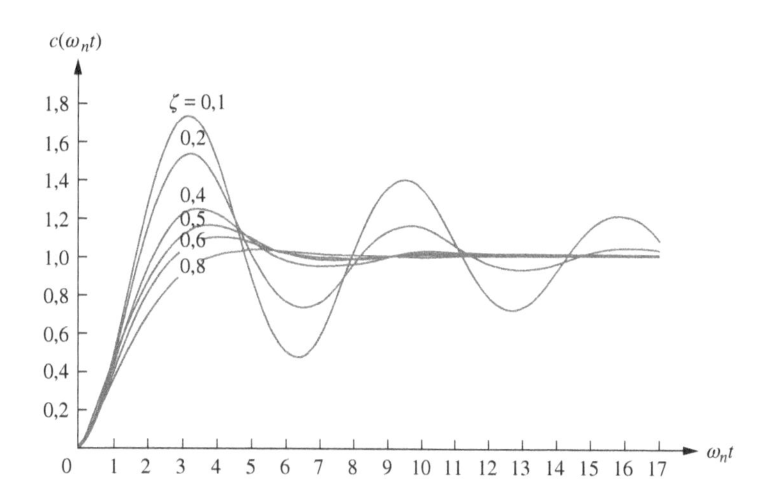

Resultados de Aprendizagem do Capítulo

Após completar este capítulo, o estudante estará apto a:

- Reduzir um diagrama de blocos de subsistemas múltiplos a um único bloco representando a função de transferência da entrada para a saída (Seções 5.1-5.2)
- Analisar e projetar a resposta transitória para um sistema consistindo em subsistemas múltiplos (Seção 5.3)
- Converter diagramas de blocos em diagramas de fluxo de sinal (Seção 5.4)
- Obter a função de transferência de subsistemas múltiplos usando a regra de Mason (Seção 5.5)
- Representar equações de estado como diagramas de fluxo de sinal (Seção 5.6)
- Representar subsistemas múltiplos no espaço de estados nas formas em cascata, paralela, canônica controlável e canônica observável (Seção 5.7)
- Realizar transformações entre sistemas similares usando matrizes de transformação; e diagonalizar uma matriz de sistema (Seção 5.8).

Resultados de Aprendizagem do Estudo de Caso

Você será capaz de demonstrar seu conhecimento dos objetivos do capítulo com os estudos de caso como a seguir:

- Dado o sistema de controle de posição de azimute de antena mostrado no Apêndice A2, você será capaz de (a) obter a função de transferência em malha fechada que representa o sistema da entrada para a saída; (b) obter uma representação no espaço de estados para o sistema em malha fechada; (c) predizer, para um modelo simplificado do sistema, a ultrapassagem percentual, o tempo de acomodação e o instante de pico do sistema em malha fechada para uma entrada em degrau; (d) calcular a resposta ao degrau para o sistema em malha fechada; e (e) para o modelo simplificado, projetar o ganho do sistema para atender um requisito de resposta transitória.
- Dados os diagramas de blocos dos sistemas de controle de arfagem e de rumo do Veículo Submersível Não Tripulado Independente (UFSS) no Apêndice A3, você será capaz de representar cada sistema de controle no espaço de estados.

Espaço de Estados
EE

5.1 Introdução

Anteriormente, trabalhamos com subsistemas individuais representados por um bloco com sua entrada e sua saída. Entretanto, sistemas mais complexos são representados pela interconexão de diversos subsistemas. Uma vez que a resposta de uma única função de transferência pode ser calculada, desejamos representar subsistemas múltiplos através de uma única função de transferência. Assim, podemos aplicar as técnicas analíticas dos capítulos anteriores e obter as informações da resposta transitória relativa ao sistema como um todo.

Neste capítulo, os subsistemas múltiplos são representados de duas maneiras: como diagramas de blocos e como diagramas de fluxo de sinal. Embora nenhuma dessas representações seja restrita a uma técnica específica de análise ou projeto, os diagramas de blocos geralmente são utilizados para análise e projeto no domínio da frequência, e os diagramas de fluxo de sinal, para análise no espaço de estados.

Os diagramas de fluxo de sinal representam as funções de transferência como linhas, e os sinais como pequenos nós circulares. A soma fica implícita. Para mostrar por que é conveniente utilizar diagramas de fluxo de sinal para análise e projeto no espaço de estados, considere a Figura 3.10. Uma representação gráfica da função de transferência do sistema é tão simples quanto a Figura 3.10(*a*). Entretanto, uma representação gráfica de um sistema no espaço de estados requer a representação de cada variável de estado, como na Figura 3.10(*b*). Neste exemplo, uma função de transferência de um único bloco requer sete blocos e uma junção de soma para mostrar as variáveis de estado explicitamente. Assim, os diagramas de fluxo de sinal possuem vantagens sobre os diagramas de bloco, como o da Figura 3.10(*b*): Eles podem ser desenhados mais rapidamente, são mais compactos e destacam as variáveis de estado.

Desenvolveremos técnicas para reduzir cada representação a uma única função de transferência. A álgebra de diagramas de blocos será utilizada para reduzir os diagramas de blocos, e a regra de Mason, para reduzir os diagramas de fluxo de sinal. Novamente, deve ser enfatizado que esses métodos são tipicamente utilizados como descrito. Entretanto, poderemos ver que ambos os métodos podem ser utilizados para análise e projeto no domínio da frequência ou no espaço de estados.

5.2 Diagramas de Blocos

Como você já sabe, um subsistema é representado como um bloco com uma entrada, uma saída e uma função de transferência. Muitos sistemas são constituídos de subsistemas múltiplos, como na Figura 5.1. Quando subsistemas múltiplos são conectados, alguns elementos esquemáticos adicionais devem ser acrescentados ao diagrama de blocos. Esses novos elementos são as *junções de soma* e os *pontos de ramificação*. Todas as partes constituintes de um diagrama de blocos para um sistema linear invariante no tempo são mostradas na Figura 5.2.

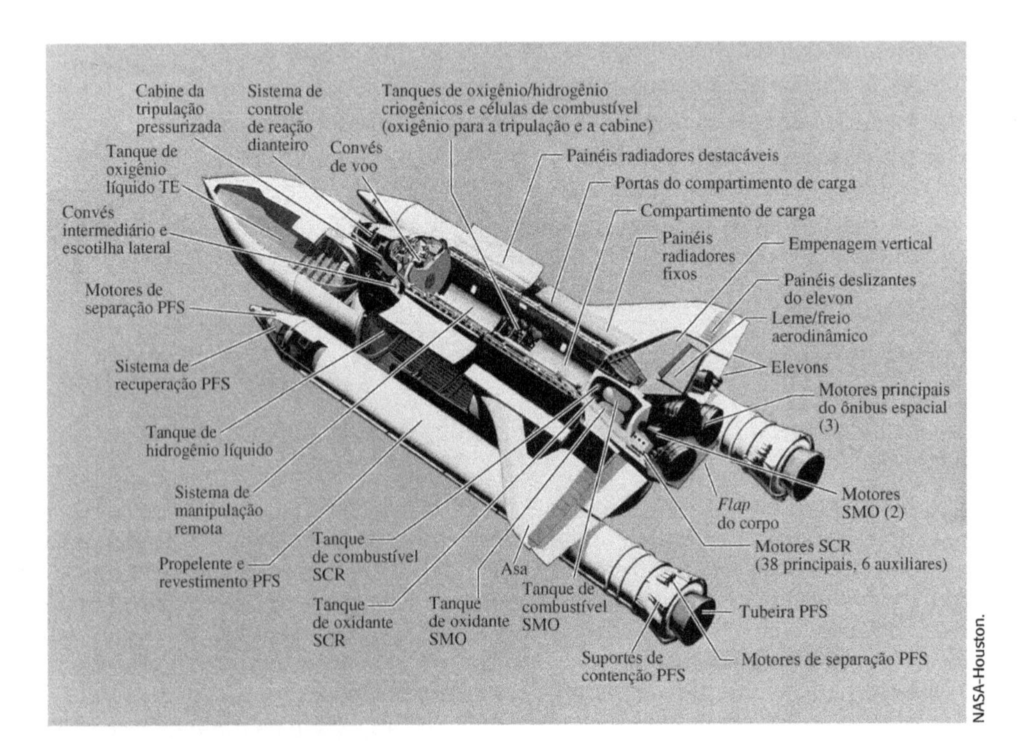

FIGURA 5.1 O recentemente aposentado ônibus espacial consistia em subsistemas múltiplos. Você consegue identificar aqueles que são sistemas de controle ou partes de sistemas de controle?

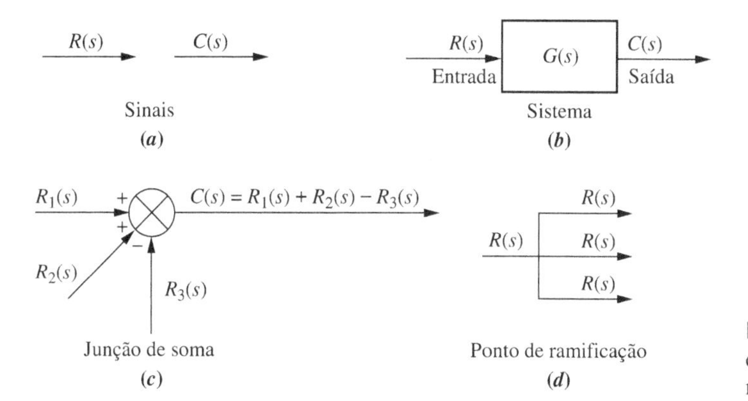

FIGURA 5.2 Componentes de um diagrama de blocos para um sistema linear invariante no tempo.

A característica da junção de soma mostrada na Figura 5.2(*c*) é que o sinal de saída, $C(s)$, é a soma algébrica dos sinais de entrada, $R_1(s)$, $R_2(s)$ e $R_3(s)$. A figura mostra três entradas, porém qualquer número de entradas pode estar presente. Um ponto de ramificação, como mostrado na Figura 5.2(*d*), distribui o sinal de entrada, $R(s)$, inalterado, para vários pontos de saída.

Examinaremos agora algumas topologias comuns para interconectar subsistemas e deduziremos a representação em função de transferência única para cada uma delas. Essas topologias comuns formarão a base para a redução de sistemas mais complexos a um único bloco.

Forma em Cascata

A Figura 5.3(a) mostra um exemplo de subsistemas em cascata. Valores de sinais intermediários são mostrados na saída de cada subsistema. Cada sinal é obtido pelo produto da entrada pela função de transferência. A função de transferência equivalente, $G_e(s)$, mostrada na Figura 5.3(*b*), é a transformada de Laplace da saída dividida pela transformada de Laplace da entrada da Figura 5.3(*a*), ou,

$$G_e(s) = G_3(s)G_2(s)G_1(s) \tag{5.1}$$

que é o produto das funções de transferência dos subsistemas.

A Equação (5.1) foi obtida considerando a hipótese de que os subsistemas interconectados não carregam os subsistemas adjacentes. Isto é, a saída de um subsistema permanece a mesma estando ou não o subsistema subsequente conectado. Caso ocorra uma alteração na saída, o subsistema subsequente carrega o subsistema anterior e a função de transferência equivalente não é o produto das funções de transferência individuais. O circuito da Figura 5.4(*a*) ilustra este conceito. Sua função de transferência é

$$G_1(s) = \frac{V_1(s)}{V_i(s)} = \frac{\dfrac{1}{R_1C_1}}{s + \dfrac{1}{R_1C_1}} \tag{5.2}$$

Analogamente, o circuito da Figura 5.4(*b*) possui a seguinte função de transferência:

$$G_2(s) = \frac{V_2(s)}{V_1(s)} = \frac{\dfrac{1}{R_2C_2}}{s + \dfrac{1}{R_2C_2}} \tag{5.3}$$

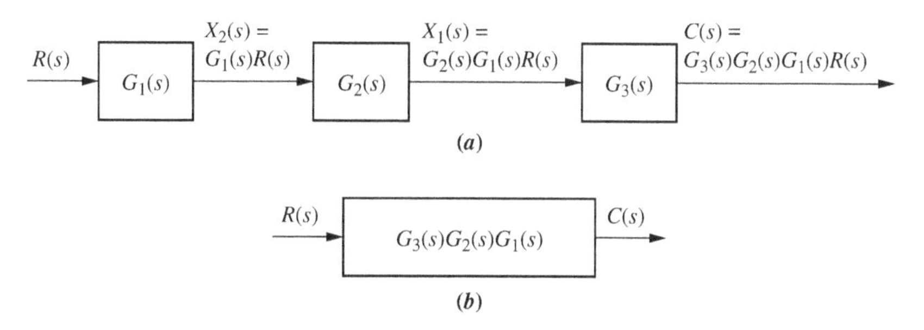

FIGURA 5.3 **a.** Subsistemas em cascata; **b.** função de transferência equivalente.

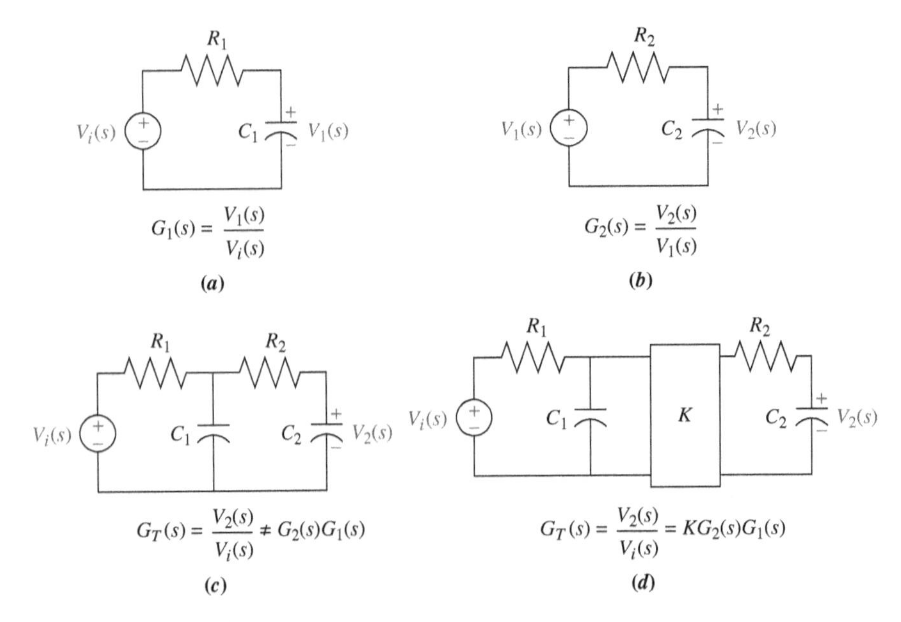

FIGURA 5.4 Carregamento em sistemas em cascata.

Se os circuitos forem colocados em cascata, como na Figura 5.4(*c*), você pode verificar que a função de transferência, obtida usando equações das malhas ou dos nós, é

$$G(s) = \frac{V_2(s)}{V_i(s)} = \frac{\frac{1}{R_1C_1R_2C_2}}{s^2 + \left(\frac{1}{R_1C_1} + \frac{1}{R_2C_2} + \frac{1}{R_2C_1}\right)s + \frac{1}{R_1C_1R_2C_2}} \tag{5.4}$$

Mas, utilizando a Equação (5.1),

$$G(s) = G_2(s)G_1(s) = \frac{\frac{1}{R_1C_1R_2C_2}}{s^2 + \left(\frac{1}{R_1C_1} + \frac{1}{R_2C_2}\right)s + \frac{1}{R_1C_1R_2C_2}} \tag{5.5}$$

As Equações (5.4) e (5.5) não são iguais: a Equação (5.4) possui um termo a mais no coeficiente de s no denominador e está correta.

Uma forma de evitar o carregamento é utilizar um amplificador entre os dois circuitos, como mostrado na Figura 5.4(*d*). O amplificador possui uma entrada com impedância elevada, de modo que ele não carrega o circuito anterior. Ao mesmo tempo possui uma saída com baixa impedância, de modo que ele aparenta ser uma fonte de tensão pura para o circuito subsequente. Com a inclusão do amplificador, a função de transferência equivalente é o produto das funções de transferências e do ganho, K, do amplificador.

Forma Paralela

A Figura 5.5 mostra um exemplo de subsistemas em paralelo. Novamente, escrevendo a saída de cada subsistema, podemos obter a função de transferência equivalente. Os subsistemas em paralelo possuem uma entrada comum e uma saída formada pela soma algébrica das saídas de todos os subsistemas. A função de transferência equivalente, $G_e(s)$, é a transformada da saída dividida pela transformada da entrada da Figura 5.5(*a*), ou

$$G_e(s) = \pm G_1(s) \pm G_2(s) \pm G_3(s) \tag{5.6}$$

que é a soma algébrica das funções de transferência dos subsistemas; este resultado aparece na Figura 5.5(*b*).

Forma com Realimentação

A terceira topologia é a forma com realimentação, a qual será vista repetidamente nos capítulos subsequentes. O sistema com realimentação forma a base para nosso estudo da engenharia de sistemas de controle. No Capítulo 1, definimos sistemas em malha aberta e em malha fechada, e destacamos a vantagem dos sistemas em malha fechada, ou sistemas de controle com realimentação, sobre os sistemas em malha aberta. À medida que avançamos, iremos nos focar na análise e no projeto de sistemas com realimentação.

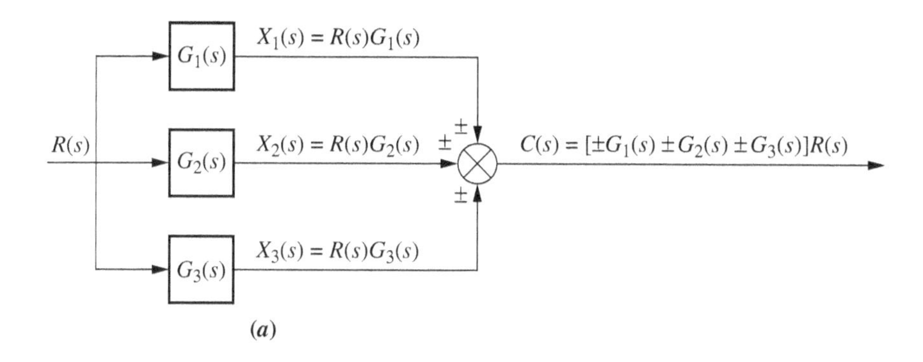

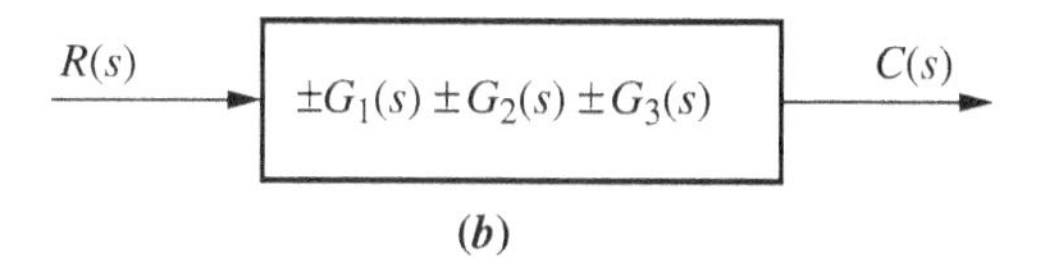

FIGURA 5.5 **a.** Subsistemas em paralelo; **b.** função de transferência equivalente.

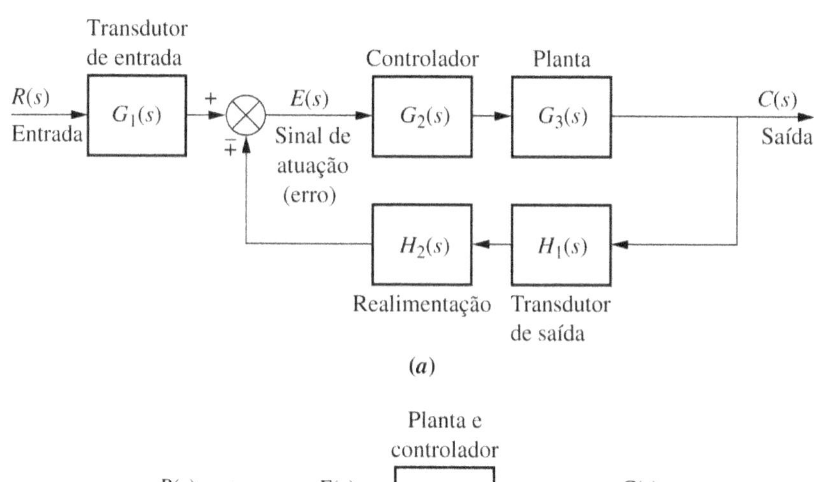

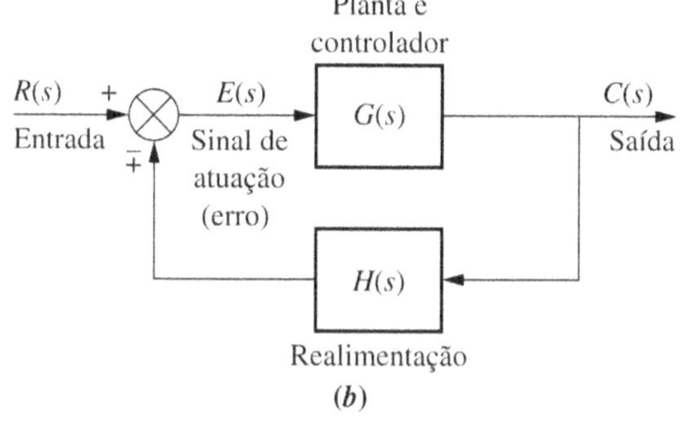

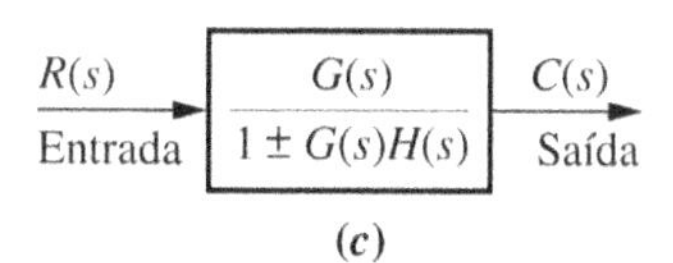

FIGURA 5.6 **a.** Sistema de controle com realimentação; **b.** modelo simplificado; **c.** função de transferência equivalente.

Vamos deduzir a função de transferência que representa o sistema de sua entrada para sua saída. O sistema com realimentação típico, descrito em detalhes no Capítulo 1, é mostrado na Figura 5.6(*a*); um modelo simplificado é mostrado na Figura 5.6(*b*).[1] Dirigindo nossa atenção para o modelo simplificado,

$$E(s) = R(s) \mp C(s)H(s) \tag{5.7}$$

Mas, uma vez que $C(s) = E(s)G(s)$,

$$E(s) = \frac{C(s)}{G(s)} \tag{5.8}$$

[1] Diz-se que o sistema possui *realimentação negativa* se o sinal na junção de soma é negativo, e *realimentação positiva* se o sinal é positivo.

Substituindo a Equação (5.8) na Equação (5.7) e resolvendo para a função de transferência, $C(s)/R(s) = G_e(s)$, obtemos a função de transferência equivalente, ou *em malha fechada*, mostrada na Figura 5.6(*c*),

$$G_e(s) = \frac{G(s)}{1 \pm G(s)H(s)} \tag{5.9}$$

O produto $G(s)H(s)$, na Equação (5.9), é chamado *função de transferência em malha aberta*, ou *ganho de malha*.

Até agora, exploramos três configurações diferentes para subsistemas múltiplos. Para cada um deles, determinamos a função de transferência equivalente. Uma vez que essas três formas são combinadas em arranjos complexos nos sistemas físicos, reconhecer essas topologias é um pré-requisito para obter a função de transferência equivalente de um sistema complexo. Nesta seção, iremos reduzir sistemas complexos constituídos de subsistemas múltiplos a funções de transferências únicas.

Movendo Blocos para Criar Formas Familiares

Antes de iniciar a redução dos diagramas de blocos, deve-se esclarecer que as formas familiares (em cascata, paralela e com realimentação) nem sempre ficam aparentes em um diagrama de blocos. Por exemplo, se na forma com realimentação houver um ponto de ramificação depois da junção de soma, você não pode utilizar a fórmula de realimentação para reduzir o sistema com realimentação a um único bloco. O sinal desaparece e não há local para restabelecer o ponto de ramificação.

Esta subseção discutirá movimentos básicos de blocos que podem ser feitos com a finalidade de estabelecer formas familiares quando elas quase existirem. Em particular, será explicado como mover os blocos para a esquerda e para a direita passando por junções de soma e pontos de ramificação.

A Figura 5.7 mostra diagramas de blocos equivalentes formados quando funções de transferência são movidas para a esquerda ou para a direita passando uma junção de soma, e a Figura 5.8 mostra diagramas de blocos equivalentes formados quando funções de transferência são movimentadas para a esquerda ou para a direita passando um ponto de ramificação. Nos diagramas, o símbolo ≡ significa "equivalente a". Essas equivalências, junto com as formas estudadas anteriormente nesta seção, podem ser utilizadas para reduzir um diagrama de blocos a uma única função de transferência. Em cada caso das Figuras 5.7 e 5.8, a equivalência pode ser verificada seguindo os sinais da entrada até a saída e reconhecendo que os sinais de saída são idênticos. Por exemplo, na Figura 5.7(*a*) os sinais $R(s)$ e $X(s)$ são multiplicados por $G(s)$ antes de chegarem à saída. Assim, os dois diagramas de blocos são equivalentes, com $C(s) = R(s)G(s) \mp X(s)G(s)$. Na Figura 5.7(*b*), $R(s)$ é multiplicado por $G(s)$ antes de chegar à saída, mas $X(s)$ não. Portanto, os dois diagramas de blocos na Figura 5.7(*b*) são equivalentes, com $C(s) = R(s)G(s) \mp X(s)$. Para os pontos de ramificação, um raciocínio similar conduz a resultados similares para os diagramas de blocos das Figuras 5.8(*a*) e 5.8(*b*).

Vamos agora juntar tudo com exemplos de redução de diagramas de blocos.

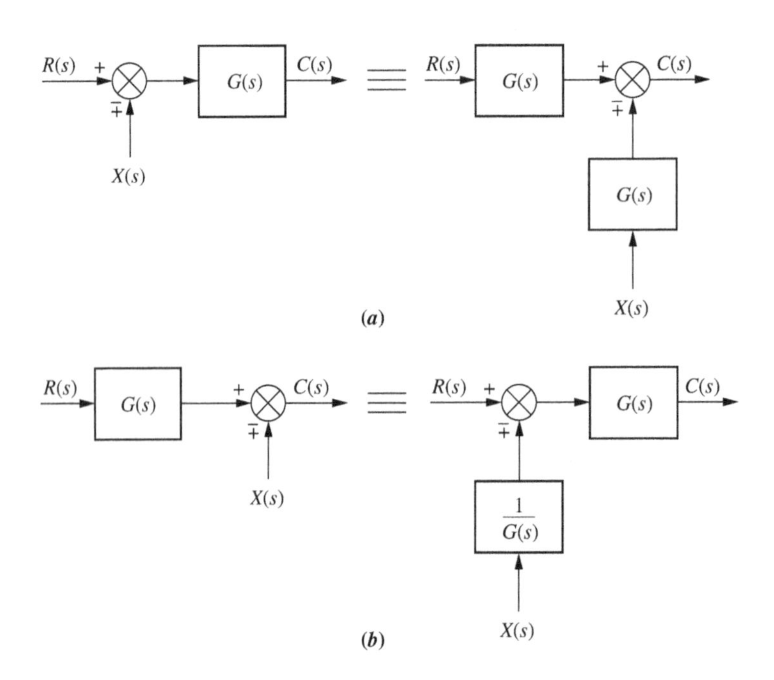

FIGURA 5.7 Álgebra de diagramas de blocos para junções de soma – formas equivalentes para o movimento de um bloco **a.** para a esquerda, passando uma junção de soma; **b.** para a direita, passando uma junção de soma.

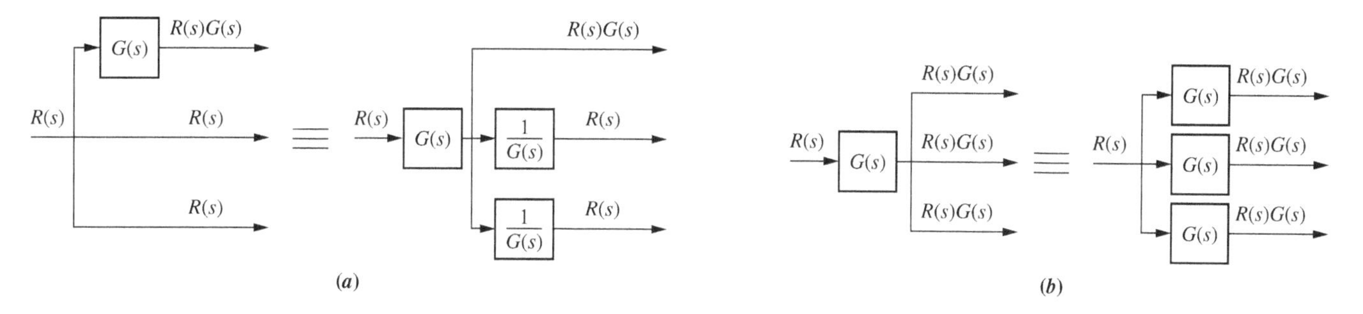

FIGURA 5.8 Álgebra de diagramas de blocos para pontos de ramificação – formas equivalentes para o movimento de um bloco **a.** para a esquerda, passando por um ponto de ramificação; **b.** para a direita, passando por um ponto de ramificação.

Exemplo 5.1

Redução de Diagrama de Blocos Através de Formas Familiares

PROBLEMA: Reduza o diagrama de blocos mostrado na Figura 5.9 a uma única função de transferência.

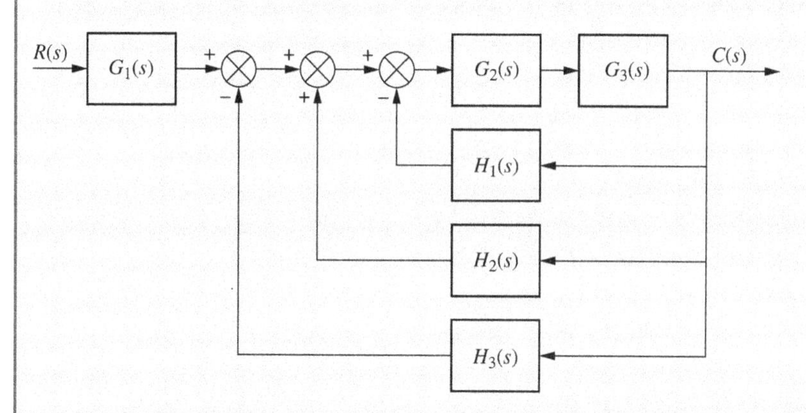

FIGURA 5.9 Diagrama de blocos para o Exemplo 5.1.

SOLUÇÃO: Resolvemos o problema seguindo as etapas na Figura 5.10. Primeiro, as três junções de soma podem ser combinadas em uma única junção de soma, como mostrado na Figura 5.10(*a*).

Segundo, perceba que as três funções de realimentação, $H_1(s)$, $H_2(s)$ e $H_3(s)$, estão conectadas em paralelo. Elas são alimentadas a partir de uma fonte de sinal comum, e suas saídas são somadas. A função equivalente é $H_1(s) - H_2(s) + H_3(s)$. Perceba também que $G_2(s)$ e $G_3(s)$ estão conectadas em cascata. Assim, a função de transferência equivalente é o produto $G_3(s)G_2(s)$. Os resultados dessas etapas são mostrados na Figura 5.10(*b*).

Finalmente, o sistema com realimentação é reduzido e multiplicado por $G_1(s)$ para fornecer a função de transferência equivalente mostrada na Figura 5.10(*c*).

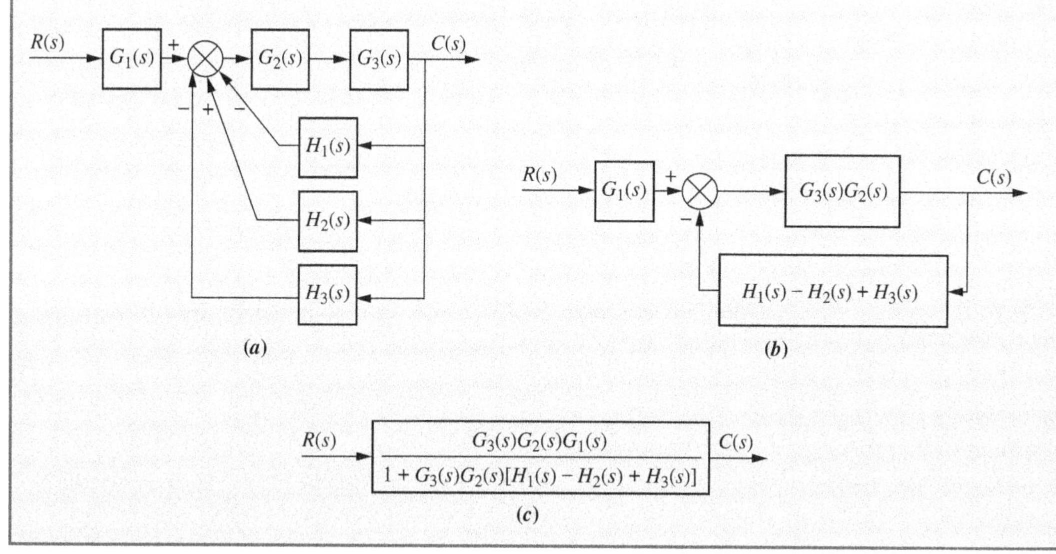

FIGURA 5.10 Etapas para a solução do Exemplo 5.1: **a.** combine as junções de soma; **b.** forme o equivalente ao sistema em cascata no caminho à frente e o equivalente ao sistema paralelo no caminho de realimentação; **c.** forme o equivalente ao sistema com realimentação e multiplique por $G_1(s)$ em cascata.

Exemplo 5.2

Redução de Diagrama de Blocos Através da Movimentação de Blocos

PROBLEMA: Reduza o sistema mostrado na Figura 5.11 a uma única função de transferência.

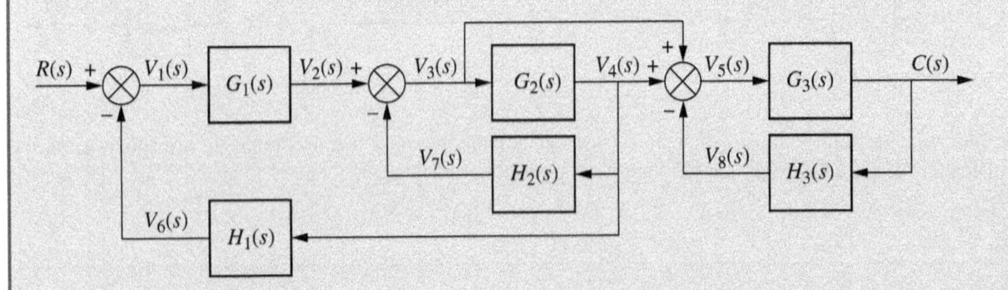

FIGURA 5.11 Diagrama de blocos para o Exemplo 5.2.

SOLUÇÃO: Neste exemplo, fazemos uso das formas equivalentes mostradas nas Figuras 5.7 e 5.8. Primeiro, mova $G_2(s)$ para a esquerda passando o ponto de ramificação para criar subsistemas paralelos e reduzir o sistema com realimentação consistindo em $G_3(s)$ e $H_3(s)$. Esse resultado é mostrado na Figura 5.12(a).

Segundo, reduza o par paralelo consistindo em $1/G_2(s)$ e a unidade, e mova $G_1(s)$ para a direita passando a junção de soma, criando subsistemas paralelos na realimentação. Esses resultados são mostrados na Figura 5.12(b).

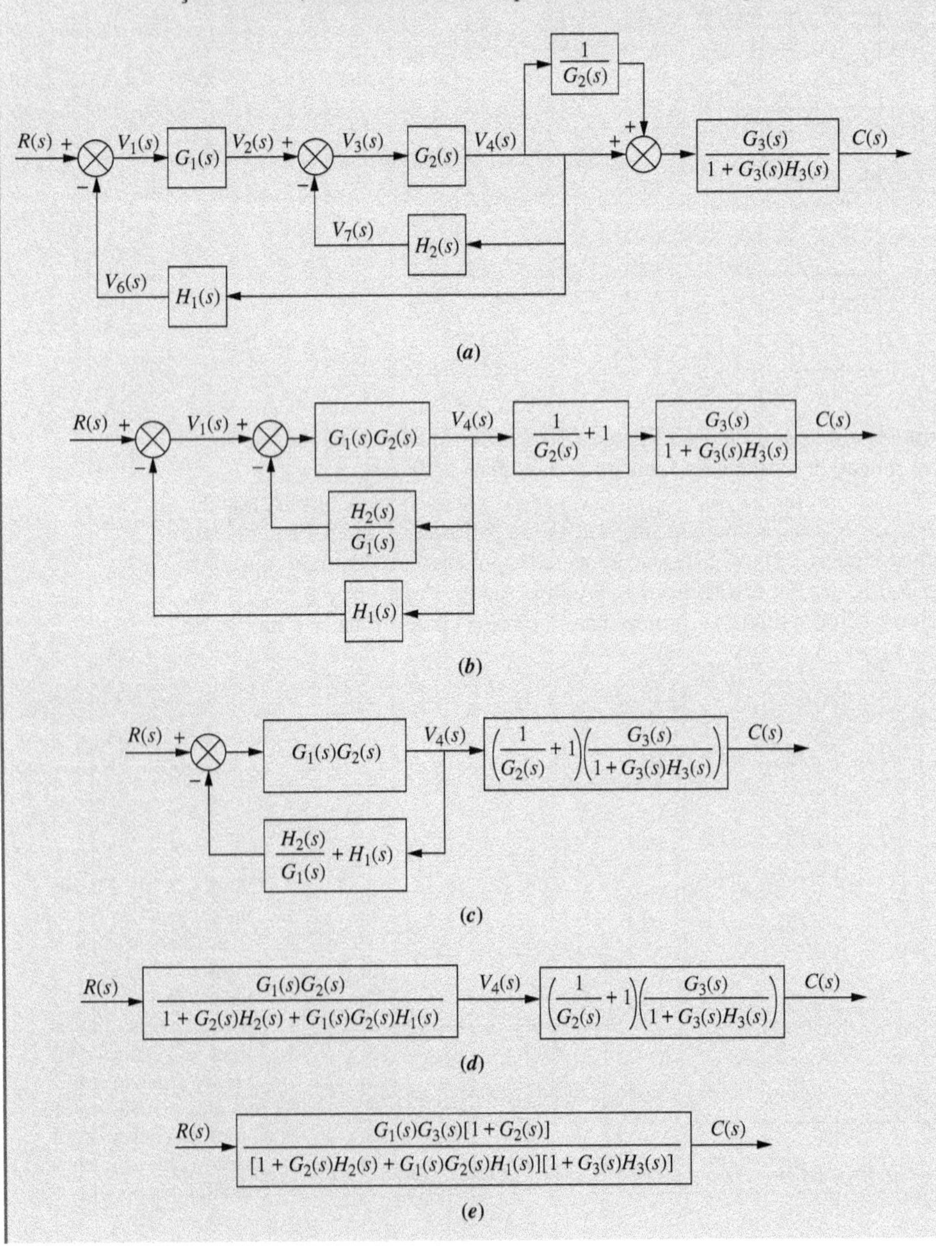

FIGURA 5.12 Etapas da redução de diagrama de blocos do Exemplo 5.2.

Terceiro, combine as junções de soma, some os dois elementos de realimentação e combine os dois últimos blocos em cascata. A Figura 5.12(*c*) mostra esses resultados.

Quarto, utilize a fórmula da realimentação para obter a Figura 5.12(*d*).

Finalmente, multiplique os dois blocos em cascata e obtenha o resultado final, mostrado na Figura 5.12(*e*).

```
Os estudantes que estiverem usando o MATLAB devem, agora, executar o arquivo
ch5apB1 do Apêndice B para realizar a redução de diagrama de blocos.
```

MATLAB **ML**

Exercício 5.1

PROBLEMA: Obtenha a função de transferência equivalente, $T(s) = C(s)/R(s)$, para o sistema mostrado na Figura 5.13.

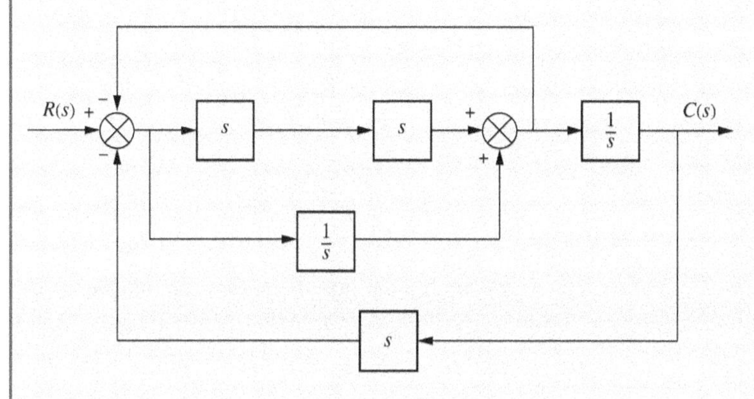

FIGURA 5.13 Diagrama de blocos para o Exercício 5.1.

RESPOSTA:

$$T(s) = \frac{s^3 + 1}{2s^4 + s^2 + 2s}$$

A solução completa está disponível no Ambiente de aprendizagem do GEN.

Experimente 5.1

Use as seguintes instruções de MATLAB e Control System Toolbox para obter a função de transferência em malha fechada do sistema no Exemplo 5.2, caso todas as $G_i(s) = 1/(s + 1)$ e todas as $H_i(s) = 1/s$.

```
G1=tf(1,[1 1]);
G2=G1;G3=G1;
H1=tf(1,[1 0]);
H2=H1;H3=H1;
System=append...
 (G1,G2,G3,H1,H2,H3);
input=1;output=3;
Q=[1  -4   0   0   0
   2   1  -5   0   0
   3   2   1  -5  -6
   4   2   0   0   0
   5   2   0   0   0
   6   3   0   0   0];
T=connect(System,...
 Q,input,output);
T=tf(T);T=minreal(T)
```

Nesta seção, examinamos a equivalência entre diversas configurações de diagramas de blocos contendo sinais, sistemas, junções de soma e pontos de ramificação. Essas configurações formam as formas em cascata, paralela e com realimentação. Durante a redução do diagrama de blocos, tentamos produzir essas formas facilmente reconhecidas e, em seguida, reduzimos o diagrama de blocos a uma única função de transferência. Na próxima seção, iremos examinar algumas aplicações da redução de diagramas de blocos.

5.3 Análise e Projeto de Sistemas com Realimentação

Uma aplicação imediata dos princípios da Seção 5.2 é a análise e o projeto de sistemas com realimentação que possam ser reduzidos a sistemas de segunda ordem. A ultrapassagem percentual, o tempo de acomodação, o instante de pico e o tempo de subida podem então ser obtidos a partir da função de transferência equivalente.

Considere o sistema mostrado na Figura 5.14, o qual pode ser o modelo de um sistema de controle como o sistema de controle de posição de azimute de antena. Por exemplo, a função de transferência $K/s(s + a)$ pode modelar os amplificadores, o motor, a carga e as engrenagens. A partir da Equação (5.9), a função de transferência em malha fechada, $T(s)$, para este sistema é

$$T(s) = \frac{K}{s^2 + as + K} \tag{5.10}$$

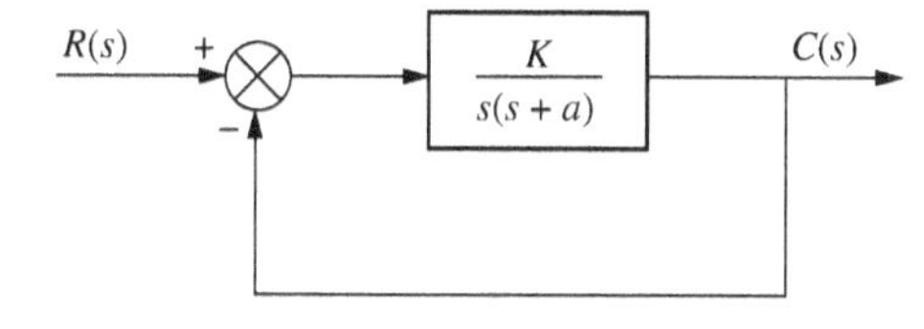

FIGURA 5.14 Sistema de controle de segunda ordem com realimentação.

em que K representa o ganho do amplificador, isto é, a relação entre a tensão de saída e a tensão de entrada. À medida que K varia, os polos se movem através das três faixas de operação de um sistema de segunda ordem: superamortecido, criticamente amortecido e subamortecido. Por exemplo, para K entre 0 e $a^2/4$, os polos do sistema são reais e estão localizados em

$$s_{1,2} = -\frac{a}{2} \pm \frac{\sqrt{a^2 - 4K}}{2} \tag{5.11}$$

À medida que K aumenta, os polos se movem ao longo do eixo real e o sistema permanece superamortecido até $K = a^2/4$. Neste ganho, ou amplificação, ambos os polos são reais e iguais, e o sistema é criticamente amortecido.

Para ganhos acima de $a^2/4$, o sistema é subamortecido, com polos complexos localizados em

$$s_{1,2} = -\frac{a}{2} \pm j\frac{\sqrt{4K - a^2}}{2} \tag{5.12}$$

Agora, à medida que K aumenta, a parte real permanece constante e a parte imaginária aumenta. Assim, o instante de pico diminui e a ultrapassagem percentual aumenta, enquanto o tempo de acomodação permanece constante.

Vamos ver dois exemplos que aplicam esses conceitos a sistemas de controle com realimentação. No primeiro exemplo, determinamos a resposta transitória de um sistema. No segundo exemplo, projetamos o ganho para atender um requisito de resposta transitória.

Exemplo 5.3

Obtendo a Resposta Transitória

PROBLEMA: Para o sistema mostrado na Figura 5.15, obtenha o instante de pico, a ultrapassagem percentual e o tempo de acomodação.

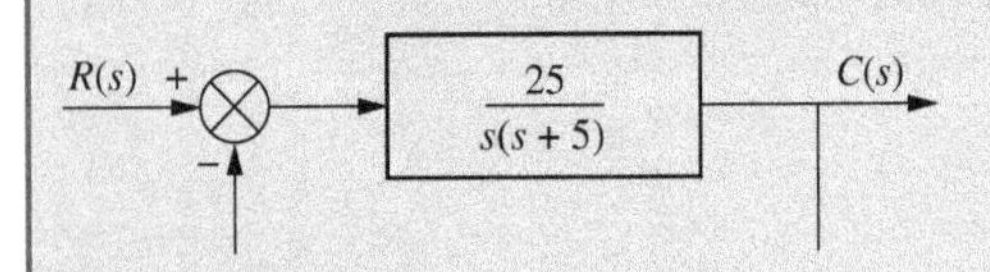

FIGURA 5.15 Sistema com realimentação para o Exemplo 5.3.

SOLUÇÃO: A função de transferência em malha fechada obtida a partir da Equação (5.9) é

$$T(s) = \frac{25}{s^2 + 5s + 25} \tag{5.13}$$

A partir da Equação (4.18),

$$\omega_n = \sqrt{25} = 5 \tag{5.14}$$

A partir da Equação (4.21),

$$2\zeta\omega_n = 5 \tag{5.15}$$

Substituindo a Equação (5.14) na Equação (5.15) e resolvendo para ζ, resulta

$$\zeta = 0{,}5 \tag{5.16}$$

Utilizando os valores de ζ e ω_n junto com as Equações (4.34), (4.38) e (4.42), obtemos, respectivamente,

$$T_p = \frac{\pi}{\omega_n\sqrt{1-\zeta^2}} = 0{,}726 \text{ segundo} \tag{5.17}$$

$$\%UP = e^{-\zeta\pi/\sqrt{1-\zeta^2}} \times 100 = 16{,}303 \tag{5.18}$$

$$T_s = \frac{4}{\zeta\omega_n} = 1{,}6 \text{ segundo} \tag{5.19}$$

MATLAB **ML**

Os estudantes que estiverem usando o MATLAB devem, agora, executar o arquivo ch5apB2 do Apêndice B. Você aprenderá como realizar a redução de diagramas de blocos seguida pela avaliação da resposta transitória de um sistema em malha fechada, obtendo T_p, $\%UP$ e T_s. Finalmente, você aprenderá como utilizar o MATLAB para gerar uma resposta ao degrau em malha fechada. Este exercício utiliza o MATLAB para resolver o Exemplo 5.3.

Simulink

SL

O Simulink do MATLAB fornece um método alternativo de simulação de sistemas com realimentação para obter a resposta no tempo. Estudantes que estão realizando os exercícios de MATLAB e desejam explorar a capacidade adicional do Simulink do MATLAB devem agora consultar o Apêndice C. O Exemplo C.3 inclui uma discussão e um exemplo sobre o uso do Simulink para simular sistemas com realimentação com não linearidades.

Exemplo 5.4

Projeto do Ganho para Resposta Transitória

PROBLEMA: Determine o valor do ganho, K, para o sistema de controle com realimentação da Figura 5.16 de modo que o sistema responderá com uma ultrapassagem de 10 %.

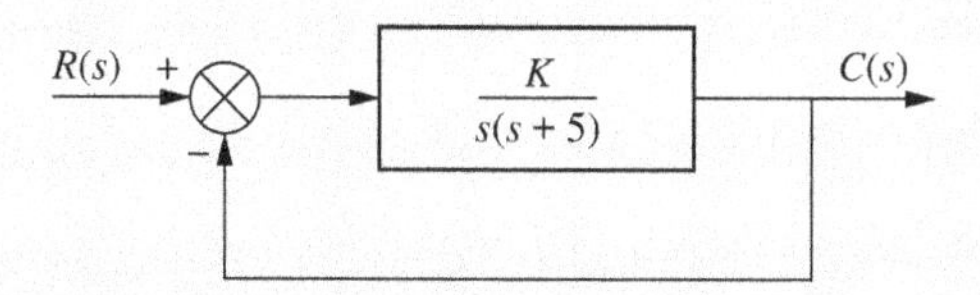

FIGURA 5.16 Sistema com realimentação para o Exemplo 5.4.

SOLUÇÃO: A função de transferência em malha fechada do sistema é

$$T(s) = \frac{K}{s^2 + 5s + K} \tag{5.20}$$

A partir da Equação (5.20),

$$2\zeta\omega_n = 5 \tag{5.21}$$

e

$$\omega_n = \sqrt{K} \tag{5.22}$$

Assim,

$$\zeta = \frac{5}{2\sqrt{K}} \tag{5.23}$$

Uma vez que a ultrapassagem é função apenas de ζ, a Equação (5.23) mostra que a ultrapassagem percentual é uma função apenas de K.

Uma ultrapassagem de 10 % implica que $\zeta = 0{,}591$. Substituindo este valor para o fator de amortecimento na Equação (5.23) e resolvendo para K, resulta

$$K = 17{,}9 \tag{5.24}$$

Embora sejamos capazes de projetar para a ultrapassagem percentual neste problema, não poderíamos ter escolhido o tempo de acomodação como critério de projeto porque, independentemente do valor de K, as partes reais, –2,5, dos polos da Equação (5.20) permanecem as mesmas.

Exercício 5.2

PROBLEMA: Para um sistema de controle com realimentação unitária com uma função de transferência do caminho à frente $G(s) = \dfrac{16}{s(s+a)}$, projete o valor de a para produzir uma resposta ao degrau em malha fechada que tenha 5 % de ultrapassagem.

RESPOSTA:

$$a = 5{,}52$$

A solução completa está disponível no Ambiente de aprendizagem do GEN.

Experimente 5.2

Use as seguintes instruções de MATLAB e Control System Toolbox para determinar ζ, ω_n, $\%UP$, T_s, T_p e T_r para o sistema com realimentação unitária em malha fechada descrito no Exercício 5.2. Comece com $a = 2$ e tente alguns outros valores. Uma resposta ao degrau para o sistema em malha fechada também será apresentada.

```
a=2;
numg=16;
deng=poly([0 -a]);
G=tf(numg,deng);
T=feedback(G,1);
[numt,dent]=...
 tfdata(T,'v');
wn=sqrt(dent(3))
z=dent(2)/(2*wn)
Ts=4/(z*wn)
Tp=pi/(wn*...
 sqrt(1-z^2))
pos=exp(-z*pi...
 /sqrt(1-z^2))*100
Tr=(1.76*z^3-...
 0.417*z^2+1.039*...
 z+1)/wn
step(T)
```

5.4 Diagramas de Fluxo de Sinal

Os diagramas de fluxo de sinal são uma alternativa aos diagramas de blocos. Diferentemente dos diagramas de blocos, que consistem em blocos, sinais, junções de soma e pontos de ramificação, um diagrama de fluxo de sinal consiste apenas em *ramos*, os quais representam sistemas, e *nós*, os quais representam sinais. Esses elementos são mostrados na Figura 5.17(*a*) e (*b*), respectivamente. Um sistema é representado por uma linha com uma seta indicando o sentido do fluxo do sinal através do sistema. Adjacente à linha escrevemos a função de transferência. Um sinal é um nó com o nome do sinal escrito adjacente ao nó.

A Figura 5.17(*c*) mostra a interconexão de sistemas e de sinais. Cada sinal é a soma dos sinais que fluem para ele. Por exemplo, podemos ver o sinal $V(s) = R_1(s)G_1(s) - R_2(s)G_2(s) + R_3(s)G_3(s)$; o sinal $C_2(s) = V(s)G_5(s) = R_1(s)G_1(s)G_5(s) - R_2(s)G_2(s)G_5(s) + R_3(s)G_3(s)G_5(s)$; e o sinal $C_3(s) = -V(s)G_6(s) = -R_1(s)G_1(s)G_6(s) + R_2(s)G_2(s)G_6(s) - R_3(s)G_3(s)G_6(s)$. Observe que na soma de sinais negativos associamos o sinal negativo ao sistema, e não à junção de soma, como no caso dos diagramas de blocos.

Para mostrar o paralelismo entre os diagramas de blocos e os diagramas de fluxo de sinal, tomaremos algumas das formas de diagramas de blocos da Seção 5.2 e os converteremos em diagramas de fluxo de sinal no Exemplo 5.5. Em cada caso, iremos primeiro converter os sinais nos nós e, em seguida, interconectaremos os nós com ramos de sistemas. No Exemplo 5.6, iremos converter um diagrama de blocos intrincado em um diagrama de fluxo de sinal.

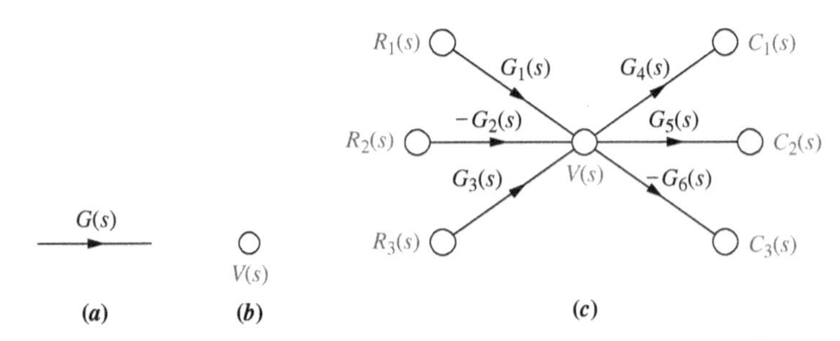

FIGURA 5.17 Componentes do diagrama de fluxo de sinal: **a.** sistema; **b.** sinal; **c.** interconexão de sistemas e sinais.

Exemplo 5.5

Convertendo Diagramas de Blocos Comuns em Diagramas de Fluxo de Sinal

PROBLEMA: Converta as formas em cascata, paralela e com realimentação dos diagramas de blocos mostrados nas Figuras 5.3(*a*), 5.5(*a*) e 5.6(*b*), respectivamente, em diagramas de fluxo de sinal.

SOLUÇÃO: Em cada caso, começamos desenhando os nós dos sinais do sistema. A seguir, interconectamos os nós de sinais com ramos de sistemas. Os nós de sinais para as formas em cascata, paralela e com realimentação são mostrados na Figura 5.18(*a*), (*c*) e (*e*), respectivamente. A interconexão dos nós com os ramos que representam os subsistemas é mostrada na Figura 5.18(*b*), (*d*) e (*f*) para as formas em cascata, paralela e com realimentação, respectivamente.

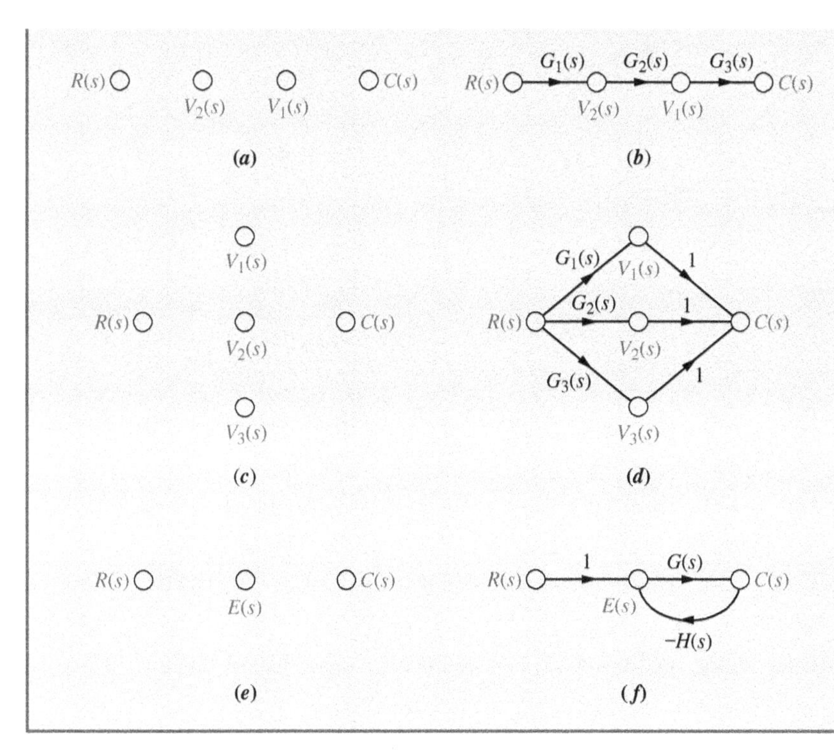

FIGURA 5.18 Construindo diagramas de fluxo de sinal: **a.** nós do sistema em cascata [a partir da Figura 5.3(*a*)]; **b.** diagrama de fluxo de sinal do sistema em cascata; **c.** nós do sistema paralelo [a partir da Figura 5.5(*a*)]; **d.** diagrama de fluxo de sinal do sistema paralelo; **e.** nós do sistema com realimentação [a partir da Figura 5.6(*b*)]; **f.** diagrama de fluxo de sinal do sistema com realimentação.

Exemplo 5.6

Convertendo um Diagrama de Blocos em um Diagrama de Fluxo de Sinal

PROBLEMA: Converta o diagrama de blocos da Figura 5.11 em um diagrama de fluxo de sinal.

SOLUÇÃO: Comece desenhando os nós de sinais, como mostrado na Figura 5.19(*a*). Em seguida, interconecte os nós, mostrando o sentido do fluxo de sinal e identificando cada função de transferência. O resultado é mostrado na Figura 5.19(*b*). Observe que os sinais negativos nas junções de soma do diagrama de blocos são representados pelas funções de transferência negativas do diagrama de fluxo de sinal. Finalmente, se desejado, simplifique o diagrama de fluxo de sinal para o mostrado na Figura 5.19(*c*) eliminando os sinais que possuem um único fluxo de entrada e um único fluxo de saída, como $V_2(s)$, $V_6(s)$, $V_7(s)$ e $V_8(s)$.

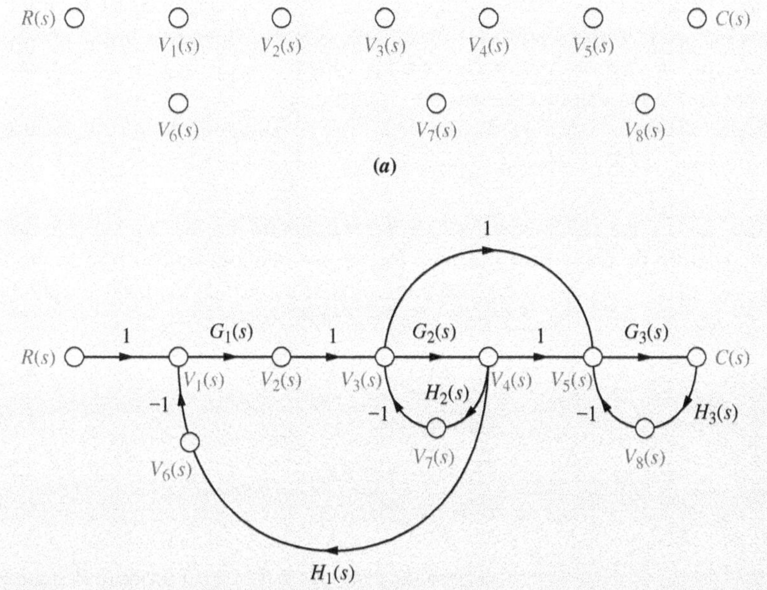

FIGURA 5.19 Desenvolvimento de diagrama de fluxo de sinal: **a.** nós de sinais; **b.** diagrama de fluxo de sinal. (*continua*)

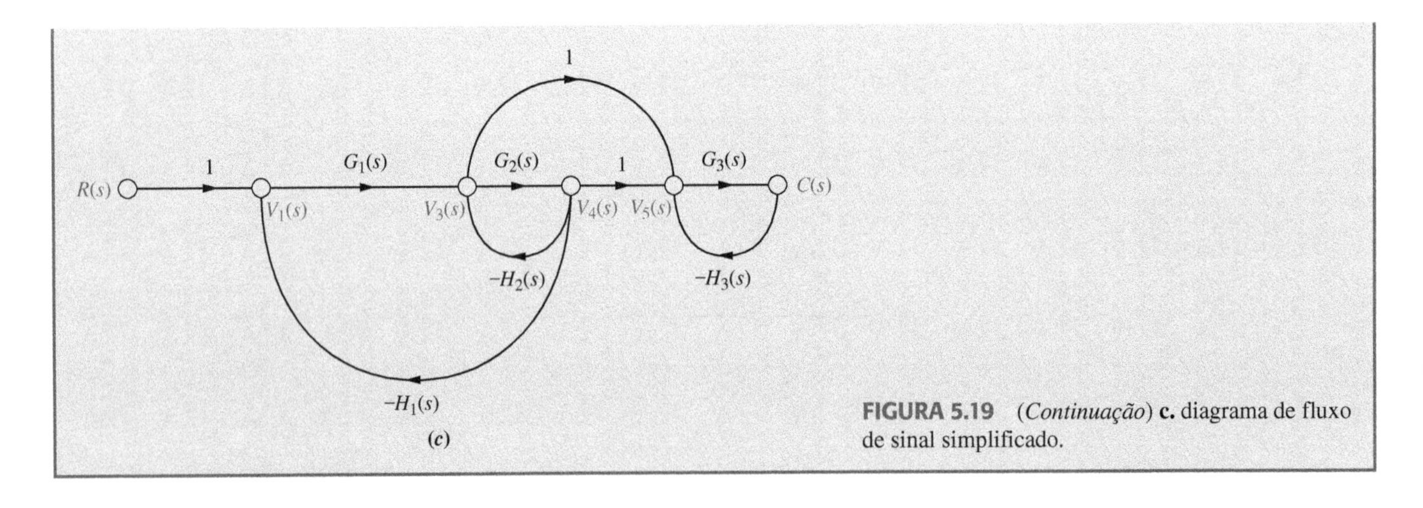

FIGURA 5.19 (*Continuação*) **c.** diagrama de fluxo de sinal simplificado.

Exercício 5.3

PROBLEMA: Converta o diagrama de blocos da Figura 5.13 em um diagrama de fluxo de sinal.

RESPOSTA: A solução completa está disponível no Ambiente de aprendizagem do GEN.

5.5 Regra de Mason

Anteriormente neste capítulo, discutimos como reduzir diagramas de blocos a uma única função de transferência. Agora, estamos prontos para discutir uma técnica para reduzir diagramas de fluxo de sinal a uma única função de transferência que relacione a saída de um sistema com sua entrada.

A técnica de redução de diagramas de blocos estudada na Seção 5.2 requer a aplicação sucessiva de relações básicas de modo a se chegar à função de transferência do sistema. Por outro lado, a regra de Mason para a redução do diagrama de fluxo de sinal a uma única função de transferência requer a aplicação de uma fórmula. A fórmula foi deduzida por S. J. Mason quando ele relacionou o diagrama de fluxo de sinal com as equações simultâneas que podem ser escritas a partir do diagrama (*Mason, 1953*).

Em geral, pode ser complicado implementar a fórmula sem cometer erros. Especificamente, a existência do que chamaremos adiante de laços que não se tocam aumenta a complexidade da fórmula. Entretanto, muitos sistemas não possuem laços que não se tocam. Para esses sistemas, você pode achar a regra de Mason mais fácil de ser utilizada do que a redução de diagrama de blocos.

A fórmula de Mason possui várias componentes a serem calculadas. Primeiro, precisamos estar certos de que as definições das componentes estão bem compreendidas. Em seguida, devemos ser cuidadosos no cálculo das componentes. Para este fim, discutimos algumas definições básicas aplicáveis aos diagramas de fluxo de sinal; em seguida, declaramos a regra de Mason e apresentamos um exemplo.

Definições

Ganho de laço. O produto dos ganhos dos ramos encontrados ao percorrer um caminho que começa em um nó e termina no mesmo nó, seguindo o sentido do fluxo do sinal, sem passar por nenhum outro nó mais de uma vez. Para exemplos de ganhos de laço, ver Figura 5.20. Existem quatro ganhos de laço:

1. $G_2(s)H_1(s)$ (5.25a)
2. $G_4(s)H_2(s)$ (5.25b)
3. $G_4(s)G_5(s)H_3(s)$ (5.25c)
4. $G_4(s)G_6(s)H_3(s)$ (5.25d)

FIGURA 5.20 Diagrama de fluxo de sinal para a demonstração da regra de Mason.

Ganho do caminho à frente. O produto dos ganhos encontrados ao se percorrer um caminho, no sentido do fluxo do sinal, a partir do nó de entrada até o nó de saída do diagrama de fluxo de sinal. Exemplos de ganhos do caminho à frente também são mostrados na Figura 5.20. Existem dois ganhos do caminho à frente:

1. $G_1(s)G_2(s)G_3(s)G_4(s)G_5(s)G_7(s)$ (5.26a)
2. $G_1(s)G_2(s)G_3(s)G_4(s)G_6(s)G_7(s)$ (5.26b)

Laços que não se tocam. Laços que não possuem nenhum nó em comum. Na Figura 5.20, o laço $G_2(s)H_1(s)$ não toca os laços $G_4(s)H_2(s)$, $G_4(s)G_5(s)H_3(s)$ e $G_4(s)G_6(s)H_3(s)$.

Ganho de laços que não se tocam. O produto dos ganhos de laço, dos laços que não se tocam tomados dois a dois, três a três, quatro a quatro, e assim por diante, de cada vez. Na Figura 5.20, o produto do ganho de laço $G_2(s)H_1(s)$ e do ganho de laço $G_4(s)H_2(s)$ é um ganho de laços que não se tocam tomados dois a dois. Em resumo, os três ganhos de laços que não se tocam tomados dois a dois de cada vez são

1. $[G_2(s)H_1(s)][G_4(s)H_2(s)]$ (5.27a)
2. $[G_2(s)H_1(s)][G_4(s)G_5(s)H_3(s)]$ (5.27b)
3. $[G_2(s)H_1(s)][G_4(s)G_6(s)H_3(s)]$ (5.27c)

O produto dos ganhos de malha $[G_4(s)G_5(s)H_3(s)][G_4(s)G_6(s)H_3(s)]$ não é um ganho de laços que não se tocam, uma vez que esses dois laços possuem nós em comum. Em nosso exemplo, não existem ganhos de laços que não se tocam tomados três a três, uma vez que não existem três laços que não se tocam no exemplo.

Agora estamos prontos para declarar a regra de Mason.

Regra de Mason

A função de transferência, $C(s)/R(s)$, de um sistema representado por um diagrama de fluxo de sinal é

$$G(s) = \frac{C(s)}{R(s)} = \frac{\sum_k T_k \Delta_k}{\Delta} \quad (5.28)$$

em que

k = número de caminhos à frente
T_k = ganho do k-ésimo caminho à frente
Δ = 1 − Σ ganhos de laço + Σ ganhos de laços que não se tocam tomados dois a dois de cada vez − Σ ganhos de laços que não se tocam tomados três a três de cada vez + Σ ganhos de laços que não se tocam tomados quatro a quatro de cada vez − …
Δ_k = Δ − Σ termos de ganhos de laços em Δ que tocam o k-ésimo caminho à frente. Em outras palavras, Δ_k é formado eliminando de Δ os ganhos de laços que tocam o k-ésimo caminho à frente.

Observe a alternância dos sinais dos componentes de Δ. O exemplo a seguir ajudará a esclarecer a regra de Mason.

Exemplo 5.7

Função de Transferência Via Regra de Mason

PROBLEMA: Obtenha a função de transferência, $C(s)/R(s)$, para o diagrama de fluxo de sinal na Figura 5.21.

SOLUÇÃO: Primeiro, identifique os *ganhos do caminho à frente*. Neste exemplo há somente um:

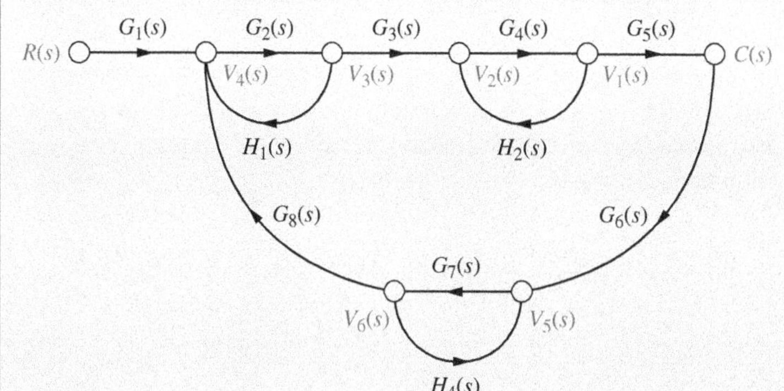

FIGURA 5.21 Diagrama de fluxo de sinal para o Exemplo 5.7.

$$G_1(s)G_2(s)G_3(s)G_4(s)G_5(s) \tag{5.29}$$

Segundo, identifique os *ganhos de laço*. Existem quatro, como a seguir:

1. $G_2(s)H_1(s)$ (5.30a)
2. $G_4(s)H_2(s)$ (5.30b)
3. $G_7(s)H_4(s)$ (5.30c)
4. $G_2(s)G_3(s)G_4(s)G_5(s)G_6(s)G_7(s)G_8(s)$ (5.30d)

Terceiro, identifique os *laços que não se tocam tomados dois a dois de cada vez*. A partir das Equações (5.30) e da Figura 5.21, podemos verificar que o laço 1 não toca o laço 2, o laço 1 não toca o laço 3 e o laço 2 não toca o laço 3. Observe que os laços 1, 2 e 3 tocam, todos eles, o laço 4. Portanto, as combinações dos laços que não se tocam tomados dois a dois de cada vez são as seguintes:

$$\text{Laço 1 e laço 2: } G_2(s)H_1(s)G_4(s)H_2(s) \tag{5.31a}$$

$$\text{Laço 1 e laço 3: } G_2(s)H_1(s)G_7(s)H_4(s) \tag{5.31b}$$

$$\text{Laço 2 e laço 3: } G_4(s)H_2(s)G_7(s)H_4(s) \tag{5.31c}$$

Finalmente, os *laços que não se tocam tomados três a três de cada vez* são:

$$\text{Laços 1, 2 e 3: } G_2(s)H_1(s)G_4(s)H_2(s)G_7(s)H_4(s) \tag{5.32}$$

Agora, a partir da Equação (5.28) e de suas definições, formamos Δ e Δ_k. Assim,

$$\begin{aligned}\Delta = 1 &-[G_2(s)H_1(s) + G_4(s)H_2(s) + G_7(s)H_4(s)\\ &\qquad + G_2(s)G_3(s)G_4(s)G_5(s)G_6(s)G_7(s)G_8(s)]\\ &+[G_2(s)H_1(s)G_4(s)H_2(s) + G_2(s)H_1(s)G_7(s)H_4(s)\\ &\qquad + G_4(s)H_2(s)G_7(s)H_4(s)]\\ &-[G_2(s)H_1(s)G_4(s)H_2(s)G_7(s)H_4(s)]\end{aligned} \tag{5.33}$$

Formamos Δ_k eliminando de Δ os ganhos de laço que tocam o k-ésimo caminho à frente:

$$\Delta_1 = 1 - G_7(s)H_4(s) \tag{5.34}$$

As expressões (5.29), (5.33) e (5.34) são agora substituídas na Equação (5.28), resultando na função de transferência:

$$G(s) = \frac{T_1\Delta_1}{\Delta} = \frac{[G_1(s)G_2(s)G_3(s)G_4(s)G_5(s)][1 - G_7(s)H_4(s)]}{\Delta} \tag{5.35}$$

Uma vez que existe apenas um caminho à frente, $G(s)$ consiste em apenas um termo, em vez de um somatório de termos, cada um proveniente de um caminho à frente.

Exercício 5.4

PROBLEMA: Utilize a regra de Mason para obter a função de transferência do diagrama de fluxo de sinal mostrado na Figura 5.19(*c*). Observe que este é o mesmo sistema utilizado no Exemplo 5.2 para obter a função de transferência através da redução de diagrama de blocos.

RESPOSTA:

$$T(s) = \frac{G_1(s)G_3(s)[1 + G_2(s)]}{[1 + G_2(s)H_2(s) + G_1(s)G_2(s)H_1(s)][1 + G_3(s)H_3(s)]}$$

A solução completa está disponível no Ambiente de aprendizagem do GEN.

5.6 Diagramas de Fluxo de Sinal de Equações de Estado

Espaço de Estados
EE

Nesta seção, desenhamos diagramas de fluxo de sinal a partir de equações de estado. Inicialmente este processo nos ajudará a visualizar as variáveis de estado. Posteriormente iremos desenhar diagramas de fluxo de sinal e, em seguida, escrever representações alternativas de um sistema no espaço de estados.

Considere as seguintes equações de estado e de saída:

$$\dot{x}_1 = 2x_1 - 5x_2 + 3x_3 + 2r \quad (5.36a)$$

$$\dot{x}_2 = -6x_1 - 2x_2 + 2x_3 + 5r \quad (5.36b)$$

$$\dot{x}_3 = x_1 - 3x_2 - 4x_3 + 7r \quad (5.36c)$$

$$y = -4x_1 + 6x_2 + 9x_3 \quad (5.36d)$$

Primeiro, identifique três nós que serão as variáveis de estado, x_1, x_2 e x_3; além disso, identifique três nós, posicionados à esquerda de cada respectiva variável de estado, como as derivadas das variáveis de estado, como na Figura 5.22(*a*). Identifique também um nó como a entrada, *r*, e outro nó como a saída, *y*.

Em seguida, interconecte as variáveis de estado e suas derivadas com a integração, 1/*s*, como mostrado na Figura 5.22(*b*). Então, usando as Equações (5.36), alimente os sinais indicados para cada nó. Por exemplo, a partir da Equação (5.36*a*), $\dot{x}_1$ recebe $2x_1 - 5x_2 + 3x_3 + 2r$, como mostrado na Figura 5.22(*c*). De modo similar, $\dot{x}_2$ recebe $-6x_1 - 2x_2 + 2x_3 + 5r$, como mostrado na Figura 5.22(*d*), e $\dot{x}_3$ recebe $x_1 - 3x_2 - 4x_3 + 7r$, como mostrado na Figura 5.22(*e*). Finalmente, utilizando a Equação (5.36*d*), a saída, *y*, recebe $-4x_1 + 6x_2 + 9x_3$, como mostrado na Figura 5.19(*f*), a representação final em variáveis de fase, em que as variáveis de estado são as saídas dos integradores.

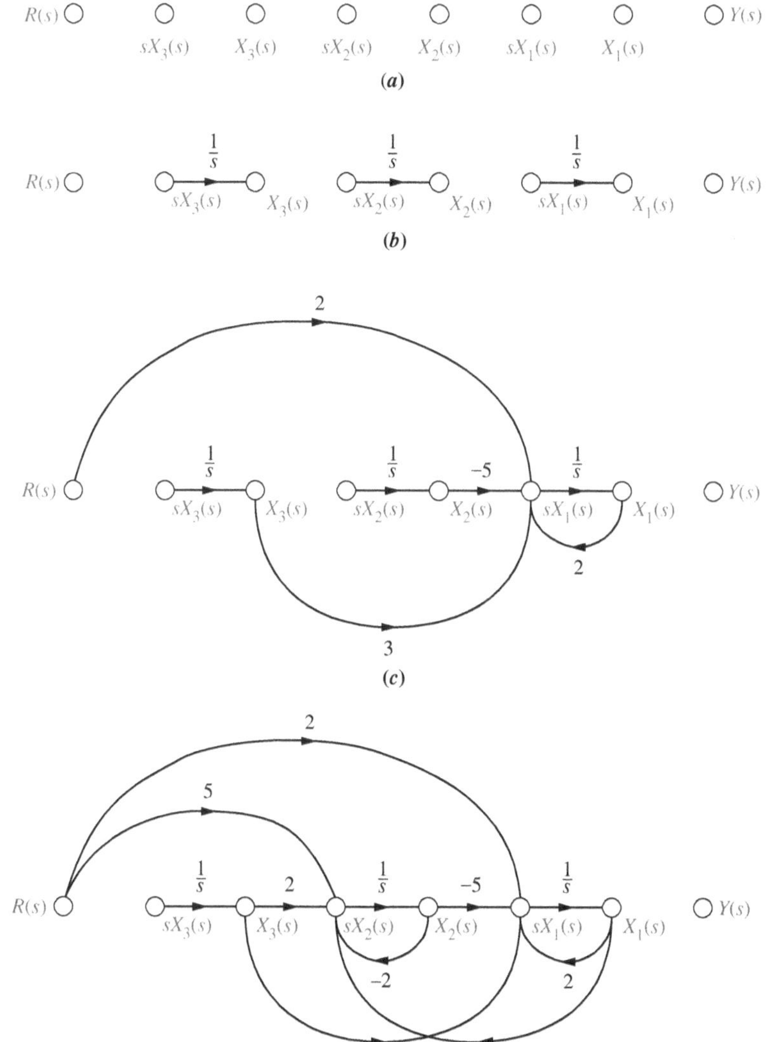

FIGURA 5.22 Estágios do desenvolvimento de um diagrama de fluxo de sinal para o sistema das Equações (5.36): **a.** identificar os nós; **b.** interconectar as variáveis de estado e suas derivadas; **c.** formar dx_1/dt; **d.** formar dx_2/dt. (*continua*)

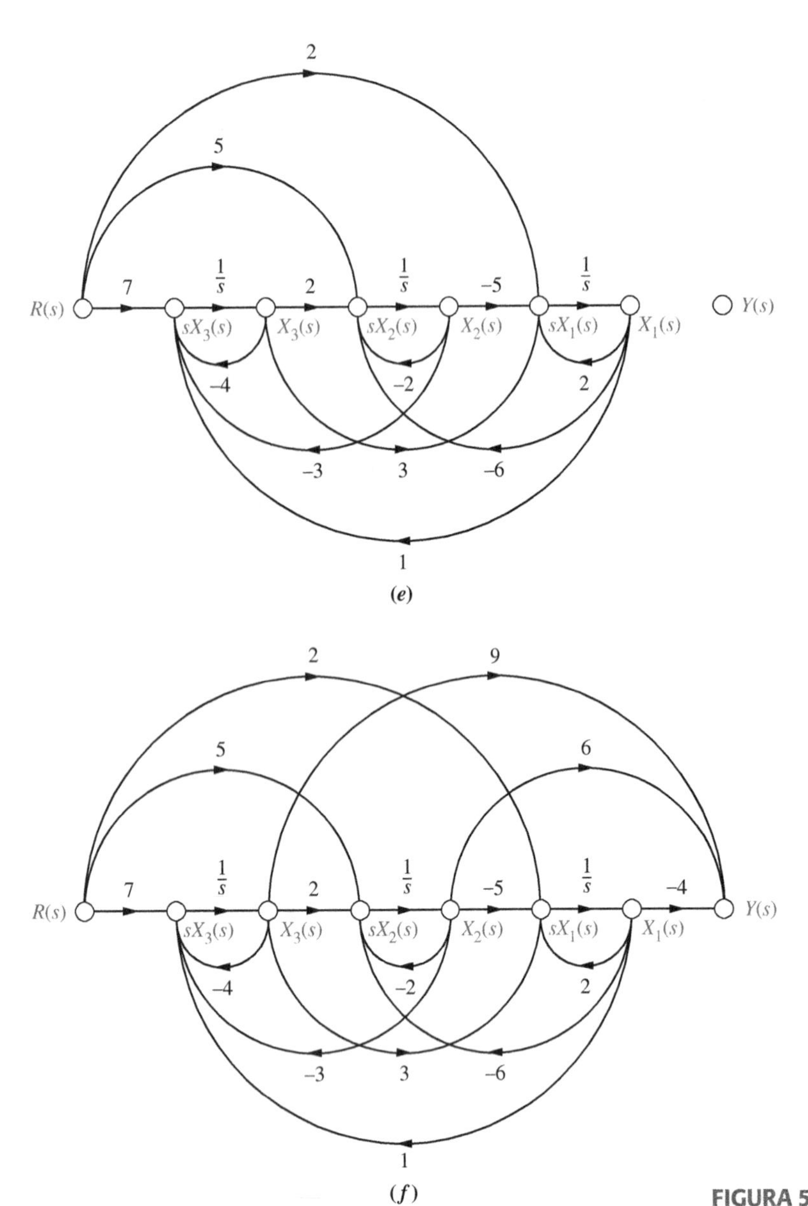

FIGURA 5.22 (*Continuação*) **e.** Formar dx_3/dt; **f.** formar a saída.

Exercício 5.5

PROBLEMA: Desenhe um diagrama de fluxo de sinal para as seguintes equações de estado e de saída:

$$\dot{\mathbf{x}} = \begin{bmatrix} -2 & 1 & 0 \\ 0 & -3 & 1 \\ -3 & -4 & -5 \end{bmatrix} \mathbf{x} + \begin{bmatrix} 0 \\ 0 \\ 1 \end{bmatrix} r$$

$$y = [0 \quad 1 \quad 0]\mathbf{x}$$

RESPOSTA: A solução completa está disponível no Ambiente de aprendizagem do GEN.

Na próxima seção, o modelo em diagrama de fluxo de sinal nos ajudará a visualizar o processo de determinação de representações alternativas de um mesmo sistema no espaço de estados. Veremos que, embora um sistema possa ser o mesmo com relação a seus terminais de entrada e de saída, as representações no espaço de estados podem ser muitas e variadas.

5.7 Representações Alternativas no Espaço de Estados

Espaço de Estados
EE

No Capítulo 3, os sistemas foram representados no espaço de estados na forma em variáveis de fase. Entretanto, a modelagem de sistemas no espaço de estados pode assumir muitas representações além da forma em variáveis de fase. Embora cada um desses modelos produza a mesma saída para dada entrada, um engenheiro pode preferir uma representação em particular por diversas razões. Por exemplo, um conjunto de variáveis de estado, com sua representação exclusiva, pode modelar as variáveis físicas reais de um sistema, como as saídas de amplificadores e filtros.

Outro motivo para escolher um conjunto particular de variáveis de estado e determinado modelo no espaço de estados é a facilidade de solução. Como veremos, uma escolha particular de variáveis de estado pode desacoplar o sistema de equações diferenciais simultâneas. Neste caso, cada equação é escrita em função de uma única variável de estado, e a solução é obtida através da solução individual de n equações diferenciais de primeira ordem.

A facilidade de modelagem é outra razão para uma escolha particular de variáveis de estado. Certas escolhas podem facilitar a conversão do subsistema para a representação no espaço de estados através da utilização de características reconhecíveis do modelo. O engenheiro aprende rapidamente como escrever as equações de estado e de saída, bem como desenhar o diagrama de fluxo de sinal, ambos por inspeção. Esses subsistemas convertidos geram a definição das variáveis de estado.

Iremos agora analisar algumas formas representativas e mostrar como gerar a representação no espaço de estados para cada uma delas.

Forma em Cascata

Já vimos que os sistemas podem ser representados no espaço de estados com as variáveis de estado escolhidas como as variáveis de fase, isto é, variáveis que são derivadas sucessivas uma da outra. Esta não é, de forma alguma, a única escolha. Retornando ao sistema da Figura 3.10(a), a função de transferência pode ser representada alternativamente como

$$\frac{C(s)}{R(s)} = \frac{24}{(s+2)(s+3)(s+4)} \tag{5.37}$$

A Figura 5.23 mostra uma representação em diagrama de blocos desse sistema formada pela associação em cascata dos termos da Equação (5.37). A saída de cada bloco de sistema de primeira ordem foi rotulada como uma variável de estado. Essas variáveis de estado não são variáveis de fase.

Mostraremos agora como o diagrama de fluxo de sinal pode ser utilizado para obter uma representação no espaço de estados desse sistema. Para escrever as equações de estado com nosso novo conjunto de variáveis de estado, é útil esboçar um diagrama de fluxo de sinal primeiro, utilizando a Figura 5.23 como guia. O fluxo de sinal para cada sistema de primeira ordem da Figura 5.23 pode ser obtido transformando cada bloco em uma equação diferencial equivalente. Cada bloco de primeira ordem tem a forma

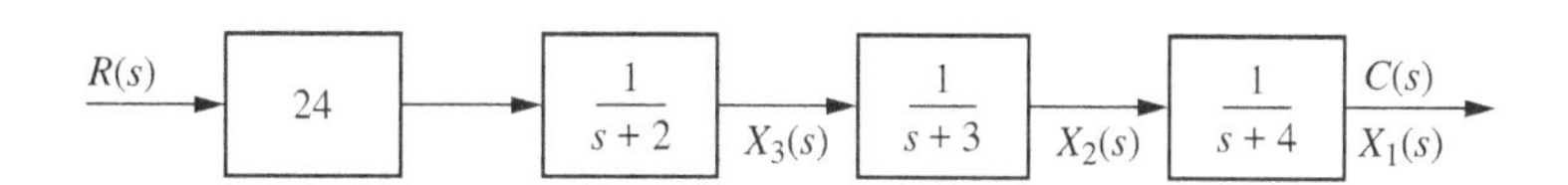

FIGURA 5.23 Representação do sistema da Figura 3.10 como sistemas de primeira ordem em cascata.

$$\frac{C_i(s)}{R_i(s)} = \frac{1}{(s+a_i)} \tag{5.38}$$

Fazendo a multiplicação cruzada, obtemos

$$(s+a_i)C_i(s) = R_i(s) \tag{5.39}$$

Após a aplicação da transformada inversa de Laplace, temos

$$\frac{dc_i(t)}{dt} + a_i c_i(t) = r_i(t) \tag{5.40}$$

Resolvendo para $dc_i(t)/dt$, resulta

$$\frac{dc_i(t)}{dt} = -a_i c_i(t) + r_i(t) \tag{5.41}$$

A Figura 5.24(a) mostra a implementação da Equação (5.41) como um diagrama de fluxo de sinal. Aqui, mais uma vez, foi suposto um nó para $c_i(t)$ na saída de um integrador, e sua derivada foi formada na entrada.

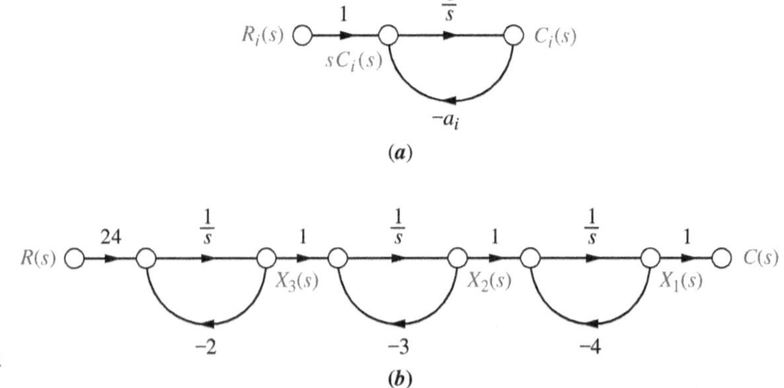

FIGURA 5.24 **a.** Subsistema de primeira ordem; **b.** diagrama de fluxo de sinal para o sistema da Figura 5.23.

Colocando em cascata as funções de transferência mostradas na Figura 5.24(*a*), chegamos à representação de sistema mostrada na Figura 5.24(*b*).[2] Agora, escreva as equações de estado para a nova representação do sistema. Lembre-se de que a derivada de uma variável de estado estará na entrada de cada integrador:

$$\dot{x}_1 = -4x_1 + x_2 \tag{5.42a}$$

$$\dot{x}_2 = -3x_2 + x_3 \tag{5.42b}$$

$$\dot{x}_3 = -2x_3 + 24r \tag{5.42c}$$

A equação de saída é escrita por inspeção a partir da Figura 5.24(*b*):

$$y = c(t) = x_1 \tag{5.43}$$

A representação no espaço de estados é concluída reescrevendo as Equações (5.42) e (5.43) na forma matricial vetorial:

$$\dot{\mathbf{x}} = \begin{bmatrix} -4 & 1 & 0 \\ 0 & -3 & 1 \\ 0 & 0 & -2 \end{bmatrix}\mathbf{x} + \begin{bmatrix} 0 \\ 0 \\ 24 \end{bmatrix} r \tag{5.44a}$$

$$y = \begin{bmatrix} 1 & 0 & 0 \end{bmatrix}\mathbf{x} \tag{5.44b}$$

Comparando as Equações (5.44) com a Figura 5.24(*b*), você pode formar uma imagem nítida do significado de alguns componentes da equação de estado. Para a discussão a seguir, consulte novamente a forma geral das equações de estado e de saída, Equações (3.18) e (3.19).

Por exemplo, a matriz **B** é a matriz de entrada, uma vez que ela contém os termos que acoplam a entrada, $r(t)$, ao sistema. Em particular, a constante 24 aparece tanto no diagrama de fluxo de sinal em sua entrada, como mostrado na Figura 5.24(*b*), quanto na matriz de entrada nas Equações (5.44). A matriz **C** é a matriz de saída, uma vez que ela contém a constante que acopla a variável de estado, x_1, à saída, $c(t)$. Finalmente, a matriz **A** é a matriz de sistema, uma vez que ela contém os termos relativos ao sistema interno propriamente dito. Na forma das Equações (5.44), a matriz de sistema contém os polos do sistema ao longo da diagonal.

Compare as Equações (5.44) com a representação em variáveis de fase nas Equações (3.59). Nessa representação, os coeficientes do polinômio característico do sistema apareceram ao longo da última linha, enquanto na representação atual as raízes da equação característica, os polos do sistema aparecem ao longo da diagonal.

Forma Paralela

Outra forma que pode ser utilizada para representar um sistema é a forma paralela. Esta forma leva a uma matriz **A** que é puramente diagonal, desde que nenhum polo do sistema seja uma raiz repetida da equação característica.

Enquanto a forma anterior foi obtida colocando os subsistemas individuais de primeira ordem em cascata, a forma paralela é deduzida a partir de uma expansão em frações parciais da função de transferência do sistema. Efetuando uma expansão em frações parciais no nosso sistema de exemplo, obtemos

$$\frac{C(s)}{R(s)} = \frac{24}{(s+2)(s+3)(s+4)} = \frac{12}{(s+2)} - \frac{24}{(s+3)} + \frac{12}{(s+4)} \tag{5.45}$$

[2] Observe que o nó $X_3(s)$ e o nó seguinte não podem ser unidos, ou então a entrada para o primeiro integrador seria alterada pela realimentação de $X_2(s)$, e o sinal $X_3(s)$ seria perdido. Um argumento similar pode ser aplicado para $X_2(s)$ e o nó seguinte.

A Equação (5.45) representa a soma dos subsistemas de primeira ordem individuais. Para chegar a um diagrama de fluxo de sinal, primeiro resolva para $C(s)$ em que,

$$C(s) = R(s)\frac{12}{(s+2)} - R(s)\frac{24}{(s+3)} + R(s)\frac{12}{(s+4)} \tag{5.46}$$

e observe que $C(s)$ é a soma de três termos. Cada termo é um subsistema de primeira ordem com $R(s)$ como entrada. Formulando essa ideia como um diagrama de fluxo de sinal, desenvolve-se a representação mostrada na Figura 5.25.

FIGURA 5.25 Representação em diagrama de fluxo de sinal da Equação (5.45).

Mais uma vez, utilizamos o diagrama de fluxo de sinal como um auxílio para obter as equações de estado. Por inspeção, as variáveis de estado são as saídas de cada integrador, em que as derivadas das variáveis de estado são as entradas dos integradores. Escrevemos as equações de estado somando os sinais nas entradas dos integradores:

$$\dot{x}_1 = -2x_1 \qquad\qquad\qquad + 12r \tag{5.47a}$$

$$\dot{x}_2 = \qquad -3x_2 \qquad - 24r \tag{5.47b}$$

$$\dot{x}_3 = \qquad\qquad -4x_3 + 12r \tag{5.47c}$$

A equação de saída é obtida somando os sinais que fornecem $c(t)$:

$$y = c(t) = x_1 + x_2 + x_3 \tag{5.48}$$

Na forma vetorial matricial, as Equações (5.47) e (5.48) ficam

$$\dot{\mathbf{x}} = \begin{bmatrix} -2 & 0 & 0 \\ 0 & -3 & 0 \\ 0 & 0 & -4 \end{bmatrix}\mathbf{x} + \begin{bmatrix} 12 \\ -24 \\ 12 \end{bmatrix} r \tag{5.49}$$

e

$$y = [1 \quad 1 \quad 1]\mathbf{x} \tag{5.50}$$

Assim, nossa terceira representação do sistema da Figura 3.10(a) produz uma matriz de sistema diagonal. Qual é a vantagem desta representação? Cada uma das equações é uma equação diferencial de primeira ordem em apenas uma variável. Assim, poderíamos resolver essas equações independentemente. Essas equações são chamadas *desacopladas*.

MATLAB ML

```
Os estudantes que estiverem usando o MATLAB devem, agora, executar o
arquivo ch5apB3 do Apêndice B. Você aprenderá como utilizar o MATLAB para
converter uma função de transferência para o espaço de estados em uma forma
especificada. O exercício resolve o exemplo anterior representando a função
de transferência da Equação (5.45) pela representação, no espaço, de estados
na forma paralela da Equação (5.49).
```

Se o denominador da função de transferência possuir raízes reais repetidas, a forma paralela ainda pode ser deduzida a partir da expansão em frações parciais. Entretanto, a matriz de sistema não será diagonal. Por exemplo, considere o sistema

$$\frac{C(s)}{R(s)} = \frac{(s+3)}{(s+1)^2(s+2)} \tag{5.51}$$

que pode ser expandido em frações parciais:

$$\frac{C(s)}{R(s)} = \frac{2}{(s+1)^2} - \frac{1}{(s+1)} + \frac{1}{(s+2)} \tag{5.52}$$

Procedendo como anteriormente, o diagrama de fluxo de sinal para a Equação (5.52) é mostrado na Figura 5.26. O termo $-1/(s+1)$ foi formado criando o fluxo de sinal de $X_2(s)$ para $C(s)$. Agora, as equações de estado e de saída podem ser escritas por inspeção a partir da Figura 5.26, como a seguir:

$$\dot{x}_1 = -x_1 \quad + x_2 \tag{5.53a}$$

$$\dot{x}_2 = \qquad - x_2 \qquad + 2r \tag{5.53b}$$

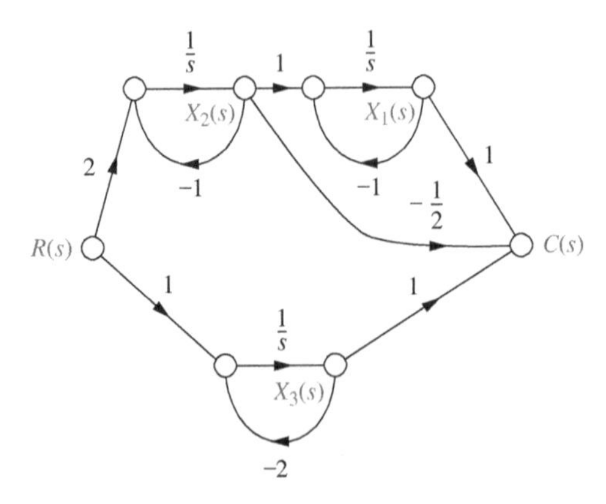

FIGURA 5.26 Representação em diagrama de fluxo de sinal da Equação (5.52).

$$\dot{x}_3 = \qquad - 2x_3 + r \tag{5.53c}$$

$$y = c(t) = x_1 - \frac{1}{2}x_2 + x_3 \tag{5.53d}$$

ou, na forma vetorial matricial,

$$\dot{\mathbf{x}} = \begin{bmatrix} -1 & 1 & 0 \\ 0 & -1 & 0 \\ 0 & 0 & -2 \end{bmatrix} \mathbf{x} + \begin{bmatrix} 0 \\ 2 \\ 1 \end{bmatrix} r \tag{5.54a}$$

$$y = \begin{bmatrix} 1 & -\frac{1}{2} & 1 \end{bmatrix} \mathbf{x} \tag{5.54b}$$

Esta matriz de sistema, embora não seja diagonal, possui os polos do sistema ao longo da diagonal. Observe o 1 fora da diagonal para o caso da raiz repetida. A forma dessa matriz de sistema é conhecida como *forma canônica de Jordan*.

Forma Canônica Controlável

Outra representação que utiliza variáveis de fase é a *forma canônica controlável*, assim denominada devido a seu uso no projeto de controladores, o que é coberto no Capítulo 12. Esta forma é obtida a partir da forma em variáveis de fase simplesmente pela ordenação das variáveis de fase na ordem inversa. Por exemplo, considere a função de transferência

$$G(s) = \frac{C(s)}{R(s)} = \frac{s^2 + 7s + 2}{s^3 + 9s^2 + 26s + 24} \tag{5.55}$$

A forma em variáveis de fase foi deduzida no Exemplo 3.5 como

$$\begin{bmatrix} \dot{x}_1 \\ \dot{x}_2 \\ \dot{x}_3 \end{bmatrix} = \begin{bmatrix} 0 & 1 & 0 \\ 0 & 0 & 1 \\ -24 & -26 & -9 \end{bmatrix} \begin{bmatrix} x_1 \\ x_2 \\ x_3 \end{bmatrix} + \begin{bmatrix} 0 \\ 0 \\ 1 \end{bmatrix} r \tag{5.56a}$$

$$y = [2 \quad 7 \quad 1] \begin{bmatrix} x_1 \\ x_2 \\ x_3 \end{bmatrix} \tag{5.56b}$$

em que $y = c(t)$. Renumerando as variáveis de fase em ordem inversa, resulta

$$\begin{bmatrix} \dot{x}_3 \\ \dot{x}_2 \\ \dot{x}_1 \end{bmatrix} = \begin{bmatrix} 0 & 1 & 0 \\ 0 & 0 & 1 \\ -24 & -26 & -9 \end{bmatrix} \begin{bmatrix} x_3 \\ x_2 \\ x_1 \end{bmatrix} + \begin{bmatrix} 0 \\ 0 \\ 1 \end{bmatrix} r \tag{5.57a}$$

$$y = [2 \quad 7 \quad 1] \begin{bmatrix} x_3 \\ x_2 \\ x_1 \end{bmatrix} \tag{5.57b}$$

Experimente 5.3

Use as seguintes instruções de MATLAB e Control System Toolbox para converter a função de transferência da Equação (5.55) para a representação canônica controlável no espaço de estados das Equações (5.58).

```
numg=[1 7 2];
deng=[1 9 26 24];
[Acc,Bcc,Ccc,Dcc]...
  =tf2ss(numg,deng)
```

Finalmente, rearranjando as Equações (5.57) em ordem numérica crescente, resulta a forma canônica controlável[3] como

$$\begin{bmatrix} \dot{x}_1 \\ \dot{x}_2 \\ \dot{x}_3 \end{bmatrix} = \begin{bmatrix} -9 & -26 & -24 \\ 1 & 0 & 0 \\ 0 & 1 & 0 \end{bmatrix} \begin{bmatrix} x_1 \\ x_2 \\ x_3 \end{bmatrix} + \begin{bmatrix} 1 \\ 0 \\ 0 \end{bmatrix} r \tag{5.58a}$$

$$y = [1 \quad 7 \quad 2] \begin{bmatrix} x_1 \\ x_2 \\ x_3 \end{bmatrix} \tag{5.58b}$$

A Figura 5.27 mostra os passos que realizamos em um diagrama de fluxo de sinal. Observe que a forma canônica controlável é obtida simplesmente pela renumeração das variáveis de fase em ordem inversa. As Equações (5.56) podem ser obtidas a partir da Figura 5.27(*a*), e as Equações (5.58), a partir da Figura 5.27(*b*).

[3] Os estudantes que estão utilizando o MATLAB para converter funções de transferência para o espaço de estados usando o comando **tf2ss** observarão que o MATLAB apresenta os resultados na forma canônica controlável.

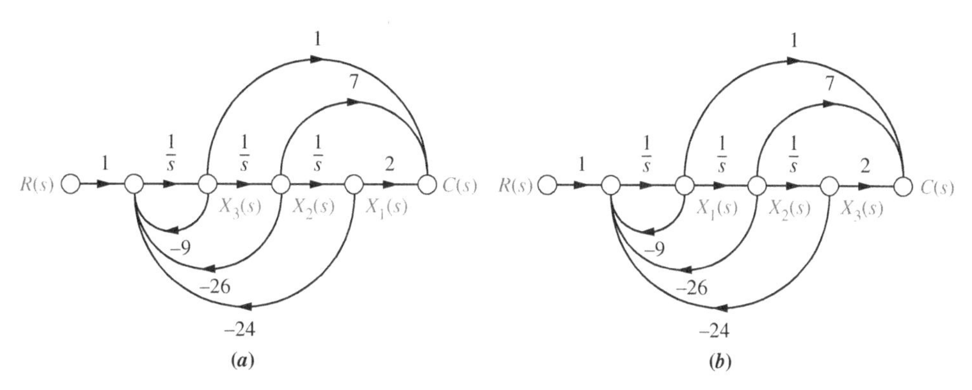

FIGURA 5.27 Diagramas de fluxo de sinal para obtenção de formas para $G(s) = C(s)/R(s) = (s^2 + 7s + 2)/(s^3 + 9s^2 + 26s + 24)$: **a.** forma em variáveis de fase; **b.** forma canônica controlável.

Observe que a forma em variáveis de fase e a forma canônica controlável contêm os coeficientes do polinômio característico na linha inferior e na linha superior, respectivamente. As matrizes de sistema que contêm os coeficientes do polinômio característico são chamadas *matrizes companheiras* do polinômio característico. A forma em variáveis de fase e a forma canônica controlável resultam em uma matriz de sistema companheira inferior e superior, respectivamente. As matrizes companheiras também podem ter os coeficientes do polinômio característico na coluna da esquerda ou da direita. Na próxima subseção, discutimos uma dessas representações.

Forma Canônica Observável

A *forma canônica observável*, assim denominada por seu uso no projeto de observadores (coberto no Capítulo 12), é uma representação que produz uma matriz de sistema companheira esquerda. Como exemplo, o sistema modelado pela Equação (5.55) será representado nessa forma. Comece dividindo todos os termos do numerador e do denominador pela maior potência de s, s^3, e obtenha

$$\frac{C(s)}{R(s)} = \frac{\dfrac{1}{s} + \dfrac{7}{s^2} + \dfrac{2}{s^3}}{1 + \dfrac{9}{s} + \dfrac{26}{s^2} + \dfrac{24}{s^3}} \tag{5.59}$$

A multiplicação cruzada produz

$$\left[\frac{1}{s} + \frac{7}{s^2} + \frac{2}{s^3}\right] R(s) = \left[1 + \frac{9}{s} + \frac{26}{s^2} + \frac{24}{s^3}\right] C(s) \tag{5.60}$$

Combinando os termos de mesma potência de integração, resulta

$$C(s) = \frac{1}{s}[R(s) - 9C(s)] + \frac{1}{s^2}[7R(s) - 26C(s)] + \frac{1}{s^3}[2R(s) - 24C(s)] \tag{5.61}$$

ou

$$C(s) = \frac{1}{s}\left[[R(s) - 9C(s)] + \frac{1}{s}\left([7R(s) - 26C(s)] + \frac{1}{s}[2R(s) - 24C(s)]\right)\right] \tag{5.62}$$

As Equações (5.61) ou (5.62) podem ser utilizadas para desenhar o diagrama de fluxo de sinal. Comece com três integrações, como mostrado na Figura 5.28(*a*).

Utilizando a Equação (5.61), o primeiro termo nos diz que a saída $C(s)$ é formada, em parte, pela integração de $[R(s) - 9C(s)]$. Formamos, assim, $[R(s) - 9C(s)]$ na entrada do integrador mais próximo da saída, $C(s)$, como mostrado na Figura 5.28(*b*). O segundo termo nos diz que o termo $[7R(s) - 26C(s)]$ deve ser integrado duas vezes. Forme agora $[7R(s) - 26C(s)]$ na entrada do segundo integrador. Finalmente, o último termo da Equação (5.61) diz que $[2R(s) - 24C(s)]$ deve ser integrado três vezes. Forme $[2R(s) - 24C(s)]$ na entrada do primeiro integrador.

Identificando as variáveis de estado como as saídas dos integradores, escrevemos as seguintes equações de estado:

$$\dot{x}_1 = -9x_1 + x_2 + r \tag{5.63a}$$

$$\dot{x}_2 = -26x_1 + x_3 + 7r \tag{5.63b}$$

$$\dot{x}_3 = -24x_1 + 2r \tag{5.63c}$$

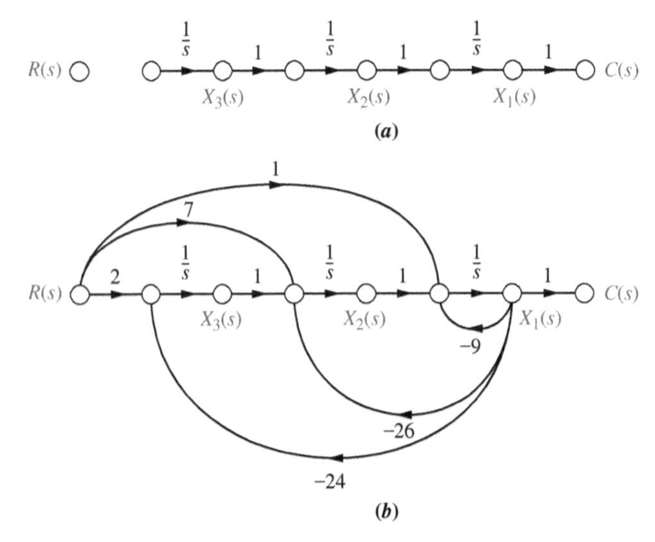

FIGURA 5.28 Diagrama de fluxo de sinal para as variáveis da forma canônica observável: **a.** planejamento; **b.** implementação.

A equação de saída a partir da Figura 5.28(*b*) é

$$y = c(t) = x_1 \tag{5.64}$$

Na forma vetorial matricial, as Equações (5.63) e (5.64) se tornam

$$\dot{\mathbf{x}} = \begin{bmatrix} -9 & 1 & 0 \\ -26 & 0 & 1 \\ -24 & 0 & 0 \end{bmatrix}\mathbf{x} + \begin{bmatrix} 1 \\ 7 \\ 2 \end{bmatrix} r \tag{5.65a}$$

$$y = [1 \quad 0 \quad 0]\mathbf{x} \tag{5.65b}$$

Experimente 5.4

Use as seguintes instruções de MATLAB e Control System Toolbox para converter a função de transferência da Equação (5.55) para a representação canônica observável no espaço de estados das Equações (5.65).

```
numg=[1 7 2];
deng=[1 9 26 24];
[Acc,Bcc,Ccc,Dcc]...
 =tf2ss(numg,deng);
Aoc=transpose(Acc)
Boc=transpose(Ccc)
Coc=transpose(Bcc)
```

Observe que a forma das Equações (5.65) é similar à forma em variáveis de fase, exceto que os coeficientes do denominador da função de transferência estão na primeira coluna, e os coeficientes do numerador formam a matriz de entrada **B**. Observe também que a forma canônica observável possui uma matriz **A** que é a transposta da forma canônica controlável, um vetor **B** que é o transposto do vetor **C** da forma canônica controlável e um vetor **C** que é o transposto do vetor **B** da forma canônica controlável. Por esse motivo, dizemos que essas duas formas são *duais*. Assim, se um sistema é descrito por **A**, **B** e **C**, seu dual é descrito por $\mathbf{A_D} = \mathbf{A}^T$, $\mathbf{B_D} = \mathbf{C}^T$ e $\mathbf{C_D} = \mathbf{B}^T$. Você pode verificar o significado da dualidade comparando os diagramas de fluxo de sinal de um sistema e de seu dual, Figuras 5.27(*b*) e 5.28(*b*), respectivamente. O diagrama de fluxo de sinal do dual pode ser obtido a partir do diagrama de fluxo original invertendo todas as setas, trocando as variáveis de estado por suas derivadas e vice-versa, e intercambiando $C(s)$ e $R(s)$, invertendo assim os papéis de entrada e de saída.

Concluímos esta seção com um exemplo que mostra a aplicação das formas discutidas anteriormente a um sistema de controle com realimentação.

Exemplo 5.8

Representação no Espaço de Estados de Sistemas com Realimentação

PROBLEMA: Represente o sistema de controle com realimentação mostrado na Figura 5.29 no espaço de estados. Modele a função de transferência à frente na forma em cascata.

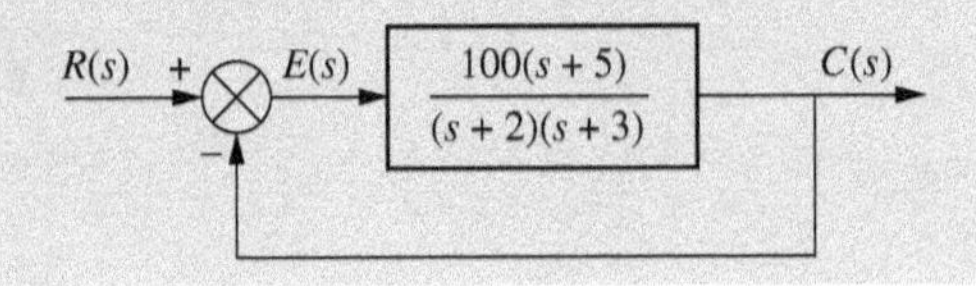

FIGURA 5.29 Sistema de controle com realimentação para o Exemplo 5.8.

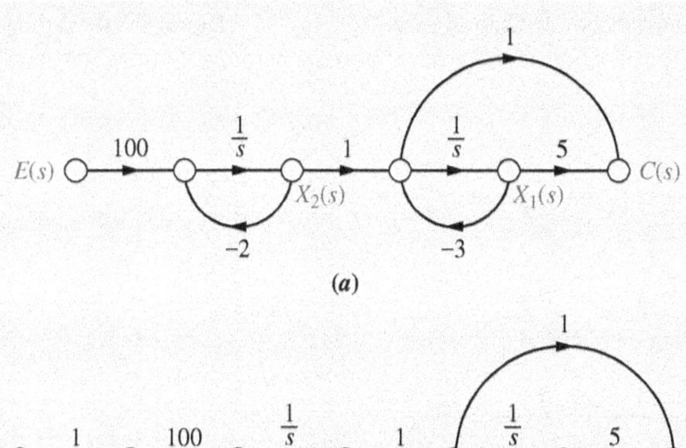

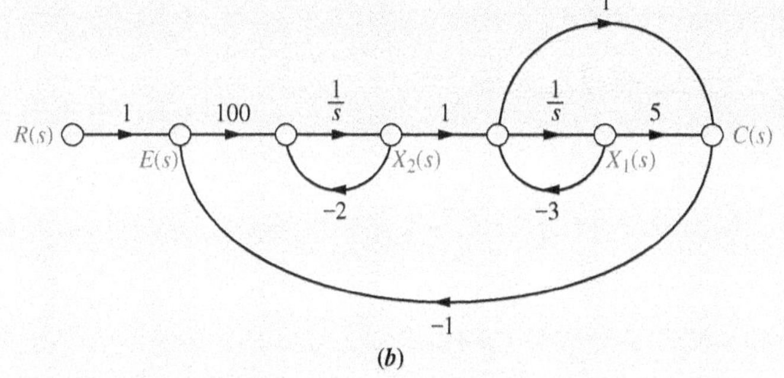

FIGURA 5.30 Criando um diagrama de fluxo de sinal para o sistema da Figura 5.29; **a.** função de transferência à frente; **b.** sistema completo.

SOLUÇÃO: Primeiro modelamos a função de transferência à frente na forma em cascata. O ganho de 100, o polo em -2 e o polo em -3 são mostrados em cascata na Figura 5.30(*a*). O zero em -5 foi obtido utilizando o método para implementação de zeros para um sistema representado na forma de variáveis de fase, como discutido na Seção 3.5.

Em seguida, adicione a malha de realimentação e a entrada, como mostrado na Figura 5.30(*b*). Agora, por inspeção, escreva as equações de estado:

$$\dot{x}_1 = -3x_1 + x_2 \quad (5.66a)$$

$$\dot{x}_2 = \quad -2x_2 + 100(r - c) \quad (5.66b)$$

Mas, a partir da Figura 5.30(*b*),

$$c = 5x_1 + (x_2 - 3x_1) = 2x_1 + x_2 \quad (5.67)$$

Substituindo a Equação (5.67) na Equação (5.66*b*), obtemos as equações de estado para o sistema:

$$\dot{x}_1 = \quad -3x_1 \quad + x_2 \quad (5.68a)$$

$$\dot{x}_2 = -200x_1 - 102x_2 + 100r \quad (5.68b)$$

A equação de saída é a mesma da Equação (5.67), ou

$$y = c(t) = 2x_1 + x_2 \quad (5.69)$$

Na forma vetorial matricial,

$$\dot{\mathbf{x}} = \begin{bmatrix} -3 & 1 \\ -200 & -102 \end{bmatrix}\mathbf{x} + \begin{bmatrix} 0 \\ 100 \end{bmatrix} r \quad (5.70a)$$

$$y = [2 \quad 1]\mathbf{x} \quad (5.70b)$$

Exercício 5.6

PROBLEMA: Represente o sistema de controle com realimentação mostrado na Figura 5.29 no espaço de estados. Modele a função de transferência à frente na forma canônica controlável.

RESPOSTA:

$$\dot{\mathbf{x}} = \begin{bmatrix} -105 & -506 \\ 1 & 0 \end{bmatrix}\mathbf{x} + \begin{bmatrix} 1 \\ 0 \end{bmatrix} r$$

$$y = [100 \quad 500]\mathbf{x}$$

A solução completa está disponível no Ambiente de aprendizagem do GEN.

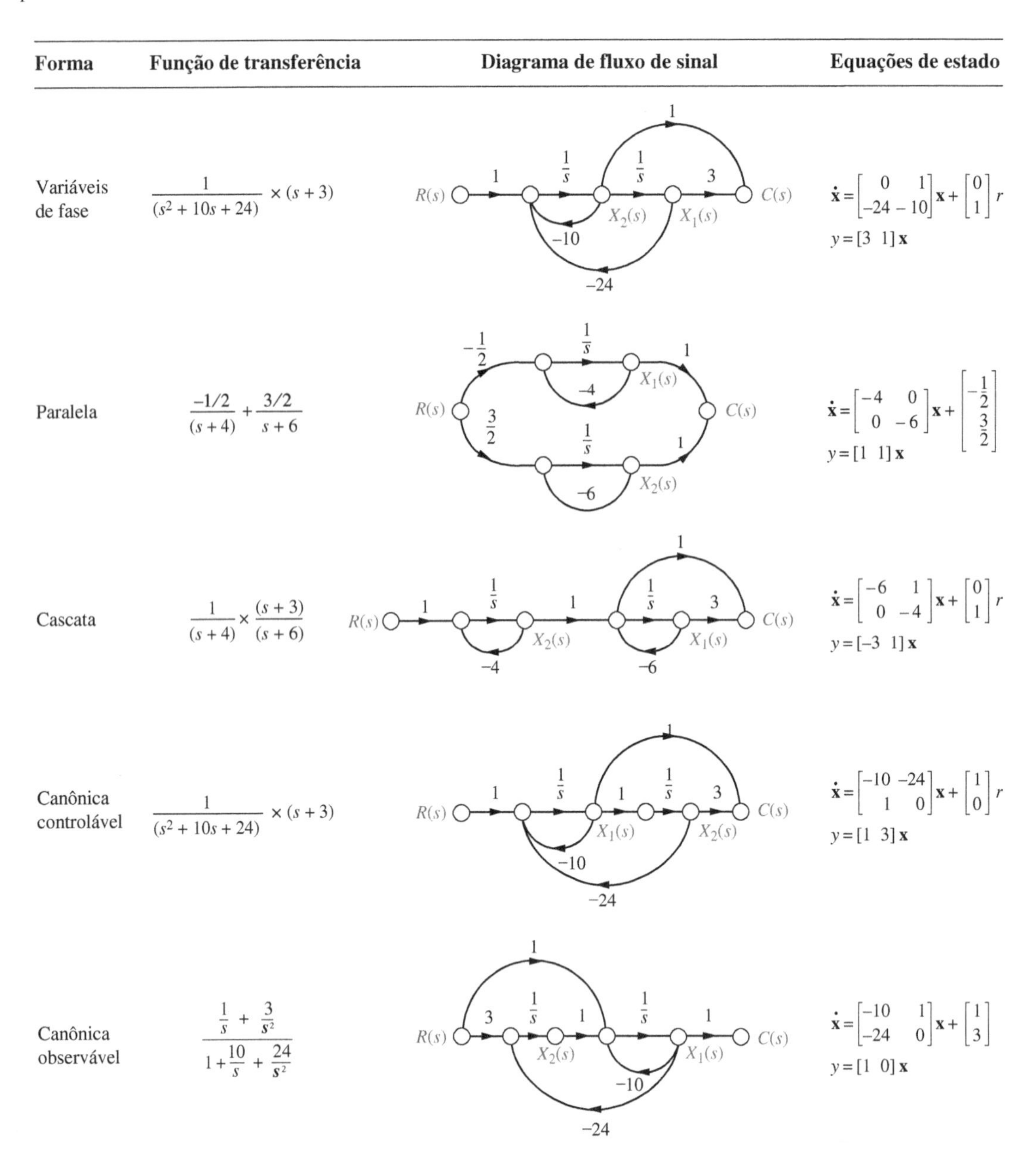

FIGURA 5.31 Formas no espaço de estados para $C(s)/R(s) = (s + 3)/[(s + 4)(s + 6)]$. *Observação*: $y = c(t)$.

Nesta seção, utilizamos funções de transferência e diagramas de fluxo de sinal para representar sistemas na forma paralela, em cascata, canônica controlável e canônica observável, além da forma em variáveis de fase. Utilizando a função de transferência, $C(s)/R(s) = (s + 3)/[(s + 4)(s + 6)]$ como exemplo, a Figura 5.31 compara as formas mencionadas anteriormente. Observe a dualidade das formas canônicas controlável e observável, como demonstrado por seus respectivos diagramas de fluxo de sinal e equações de estado. Na próxima seção, iremos explorar a possibilidade de transformação entre representações sem o uso de funções de transferência e diagramas de fluxo de sinal.

5.8 Transformações de Similaridade

Espaço de Estados **EE**

Na Seção 5.7, vimos que os sistemas podem ser representados através de diferentes variáveis de estado, mesmo que a função de transferência que relaciona a saída com a entrada permaneça a mesma. As diversas formas das equações de estado foram obtidas manipulando a função de transferência, desenhando um diagrama de fluxo de sinal e, em seguida, escrevendo as equações de estado a partir do diagrama de fluxo de sinal. Esses sistemas são chamados *sistemas similares*. Embora suas representações no espaço de estados sejam diferentes, os sistemas similares possuem a mesma função de transferência e, portanto, os mesmos polos e autovalores.

Podemos fazer transformações entre sistemas similares de um conjunto de equações de estado para outro sem utilizar a função de transferência e os diagramas de fluxo de sinal. Os resultados são apresentados nesta seção junto com exemplos. Os estudantes que não tiverem abordado esse assunto ainda ou que desejem refrescar a memória são encorajados a estudar o Apêndice L, disponível no Ambiente de aprendizagem do GEN, para a dedução. O resultado da dedução estabelece que um sistema representado no espaço de estados como

$$\mathbf{x} = \mathbf{Ax} + \mathbf{Bu} \tag{5.71a}$$

$$\mathbf{y} = \mathbf{Cx} + \mathbf{Du} \tag{5.71b}$$

pode ser transformado em um sistema similar,

$$\mathbf{z} = \mathbf{P}^{-1}\mathbf{APz} + \mathbf{P}^{-1}\mathbf{Bu} \tag{5.72a}$$

$$\mathbf{y} = \mathbf{CPz} + \mathbf{Du} \tag{5.72b}$$

em que, para espaços de duas dimensões,

$$\mathbf{P} = [\mathbf{U}_{\mathbf{z}_1}\mathbf{U}_{\mathbf{z}_2}] = \begin{bmatrix} p_{11} & p_{12} \\ p_{21} & p_{22} \end{bmatrix} \tag{5.72c}$$

$$\mathbf{x} = \begin{bmatrix} p_{11} & p_{12} \\ p_{21} & p_{22} \end{bmatrix}\begin{bmatrix} z_1 \\ z_2 \end{bmatrix} = \mathbf{Pz} \tag{5.72d}$$

e

$$\mathbf{z} = \mathbf{P}^{-1}\mathbf{x} \tag{5.72e}$$

Assim, **P** é uma matriz de transformação cujas colunas são as coordenadas dos vetores da base do espaço z_1z_2 expressas como combinações lineares do espaço x_1x_2. Vamos ver um exemplo.

Exemplo 5.9

Transformações de Similaridade de Equações de Estado

PROBLEMA: Dado o sistema representado no espaço de estados pelas Equações (5.73),

$$\dot{\mathbf{x}} = \begin{bmatrix} 0 & 1 & 0 \\ 0 & 0 & 1 \\ -2 & -5 & -7 \end{bmatrix}\mathbf{x} + \begin{bmatrix} 0 \\ 0 \\ 1 \end{bmatrix}u \tag{5.73a}$$

$$y = [1 \quad 0 \quad 0]\mathbf{x} \tag{5.73b}$$

transforme o sistema para um novo conjunto de variáveis de estado, **z**, em que as novas variáveis de estado estejam relacionadas com as variáveis de estado originais, **x**, como a seguir:

$$z_1 = 2x_1 \tag{5.74a}$$

$$z_2 = 3x_1 + 2x_2 \tag{5.74b}$$

$$z_3 = x_1 + 4x_2 + 5x_3 \tag{5.74c}$$

SOLUÇÃO: Expressando as Equações (5.74) na forma vetorial matricial,

$$\mathbf{z} = \begin{bmatrix} 2 & 0 & 0 \\ 3 & 2 & 0 \\ 1 & 4 & 5 \end{bmatrix}\mathbf{x} = \mathbf{P}^{-1}\mathbf{x} \tag{5.75}$$

Utilizando as Equações (5.72) como guia,

$$\mathbf{P}^{-1}\mathbf{AP} = \begin{bmatrix} 2 & 0 & 0 \\ 3 & 2 & 0 \\ 1 & 4 & 5 \end{bmatrix} \begin{bmatrix} 0 & 1 & 0 \\ 0 & 0 & 1 \\ -2 & -5 & -7 \end{bmatrix} \begin{bmatrix} 0{,}5 & 0 & 0 \\ -0{,}75 & 0{,}5 & 0 \\ 0{,}5 & -0{,}4 & 0{,}2 \end{bmatrix}$$

$$= \begin{bmatrix} -1{,}5 & 1 & 0 \\ -1{,}25 & 0{,}7 & 0{,}4 \\ -2{,}5 & 0{,}4 & -6{,}2 \end{bmatrix} \tag{5.76}$$

$$\mathbf{P}^{-1}\mathbf{B} = \begin{bmatrix} 2 & 0 & 0 \\ 3 & 2 & 0 \\ 1 & 4 & 5 \end{bmatrix} \begin{bmatrix} 0 \\ 0 \\ 1 \end{bmatrix} = \begin{bmatrix} 0 \\ 0 \\ 5 \end{bmatrix} \tag{5.77}$$

$$\mathbf{CP} = [1 \quad 0 \quad 0] \begin{bmatrix} 0{,}5 & 0 & 0 \\ -0{,}75 & 0{,}5 & 0 \\ 0{,}5 & -0{,}4 & 0{,}2 \end{bmatrix} = [0{,}5 \quad 0 \quad 0] \tag{5.78}$$

Portanto, o sistema transformado é

$$\dot{\mathbf{z}} = \begin{bmatrix} -1{,}5 & 1 & 0 \\ -1{,}25 & 0{,}7 & 0{,}4 \\ -2{,}55 & 0{,}4 & -6{,}2 \end{bmatrix} \mathbf{z} + \begin{bmatrix} 0 \\ 0 \\ 5 \end{bmatrix} u \tag{5.79a}$$

$$y = [0{,}5 \quad 0 \quad 0]\mathbf{z} \tag{5.79b}$$

MATLAB
ML

Os estudantes que estiverem usando o MATLAB devem, agora, executar o arquivo ch5apB4 do Apêndice B. Você aprenderá como realizar transformações de similaridade. Este exercício utiliza o MATLAB para resolver o Exemplo 5.9.

Até aqui falamos sobre a transformação de sistemas entre vetores da base em um espaço de estados diferente. Uma grande vantagem da obtenção desses sistemas similares se torna evidente na transformação para um sistema que tenha uma matriz diagonal.

Diagonalizando uma Matriz de Sistema

Na Seção 5.7, vimos que a forma paralela de um diagrama de fluxo de sinal pode produzir uma matriz de sistema diagonal. Uma matriz de sistema diagonal tem a vantagem de que cada equação de estado é uma função de apenas uma variável de estado. Assim, cada equação diferencial pode ser resolvida independentemente das demais equações. Dizemos que as equações estão *desacopladas*.

Em vez de utilizar expansão em frações parciais e diagramas de fluxo de sinal, podemos desacoplar um sistema utilizando transformações matriciais. Se encontrarmos a matriz correta, **P**, a matriz de sistema transformada, $\mathbf{P}^{-1}\mathbf{AP}$, será uma matriz diagonal. Assim, estamos procurando uma transformação para outro espaço de estados que produza uma matriz de sistema diagonal nesse espaço. Esse novo espaço de estados também possui vetores da base que estão alinhados com suas variáveis de estado. Damos um nome especial a todos os vetores que são colineares com os vetores da base do novo sistema que produz uma matriz de sistema diagonal: eles são chamados *autovetores*. Assim, as coordenadas dos autovetores formam as colunas da matriz de transformação, **P**, conforme demonstrado na Equação L.7 do Apêndice L, disponível no Ambiente de aprendizagem do GEN.

Primeiro, vamos definir formalmente os autovetores a partir de outra perspectiva e então mostraremos que eles possuem a propriedade que acaba de ser descrita. A seguir, definiremos os autovalores. Finalmente, mostraremos como diagonalizar uma matriz.

Definições

Autovetor. Os autovetores da matriz **A** são todos os vetores, $\mathbf{x}_i \neq \mathbf{0}$, que através da transformação **A** se tornam múltiplos deles próprios; isto é,

$$\mathbf{Ax}_i = \lambda_i \mathbf{x}_i \tag{5.80}$$

em que os λ_i são constantes.

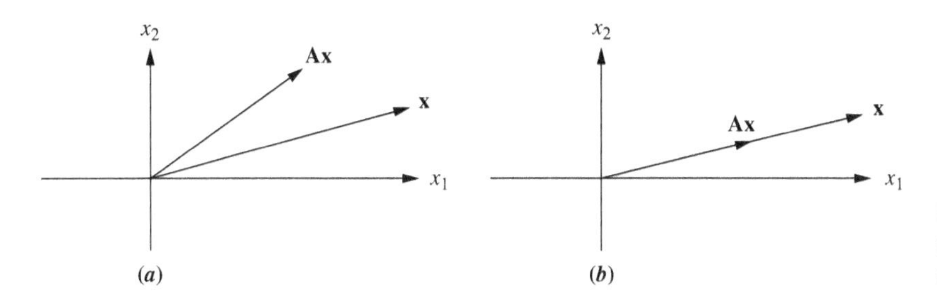

FIGURA 5.32 Para ser um autovetor, a transformação **Ax** deve ser colinear com **x**; assim, em (*a*), **x** não é um autovetor; em (*b*), ele é.

A Figura 5.32 mostra esta definição de autovetores. Se **Ax** não é colinear com **x** depois da transformação, como na Figura 5.32(*a*), **x** não é um autovetor. Se **Ax** é colinear com **x** depois da transformação, como na Figura 5.32(*b*), **x** é um autovetor.

Autovalor. Os autovalores da matriz **A** são os valores de λ_i que satisfazem à Equação (5.80) para $\mathbf{x_i} \neq \mathbf{0}$.

Para obter os autovetores, rearranjamos a Equação (5.80). Os autovetores, $\mathbf{x_i}$, satisfazem

$$\mathbf{0} = (\lambda_i \mathbf{I} - \mathbf{A})\mathbf{x_i} \tag{5.81}$$

Resolvendo para $\mathbf{x_i}$, pré-multiplicando ambos os lados por $(\lambda_i \mathbf{I} - \mathbf{A})^{-1}$, resulta

$$\mathbf{x_i} = (\lambda_i \mathbf{I} - \mathbf{A})^{-1}\mathbf{0} = \frac{\mathrm{adj}(\lambda_i \mathbf{I} - \mathbf{A})}{\det(\lambda_i \mathbf{I} - \mathbf{A})}\mathbf{0} \tag{5.82}$$

Uma vez que $\mathbf{x_i} \neq \mathbf{0}$, uma solução diferente de zero existirá se

$$\boxed{\det(\lambda_i \mathbf{I} - \mathbf{A}) = \mathbf{0}} \tag{5.83}$$

a partir do que λ_i, os autovalores, podem ser obtidos.

Agora estamos prontos para mostrar como obter os autovetores, $\mathbf{x_i}$. Primeiro obtemos os autovalores, λ_i, usando $\det(\lambda_i \mathbf{I} - \mathbf{A}) = 0$ e, em seguida, usamos a Equação (5.80) para obter os autovetores.

Exemplo 5.10

Obtendo Autovetores

PROBLEMA: Obtenha os autovetores da matriz

$$\mathbf{A} = \begin{bmatrix} -3 & 1 \\ 1 & -3 \end{bmatrix} \tag{5.84}$$

SOLUÇÃO: Os autovetores, $\mathbf{x_i}$, satisfazem a Equação (5.81). Primeiro, use $\det(\lambda_i \mathbf{I} - \mathbf{A}) = 0$ para obter os autovalores, λ_i, para a Equação (5.81):

$$\begin{aligned} \det(\lambda \mathbf{I} - \mathbf{A}) &= \left| \begin{bmatrix} \lambda & 0 \\ 0 & \lambda \end{bmatrix} - \begin{bmatrix} -3 & 1 \\ 1 & -3 \end{bmatrix} \right| \\ &= \begin{vmatrix} \lambda + 3 & -1 \\ -1 & \lambda + 3 \end{vmatrix} \\ &= \lambda^2 + 6\lambda + 8 \end{aligned} \tag{5.85}$$

a partir do que os autovalores são $\lambda = -2$ e -4.

Usando a Equação (5.80) sucessivamente com cada autovalor, temos

$$\mathbf{Ax_i} = \lambda \mathbf{x_i}$$

$$\begin{bmatrix} -3 & 1 \\ 1 & -3 \end{bmatrix}\begin{bmatrix} x_1 \\ x_2 \end{bmatrix} = -2\begin{bmatrix} x_1 \\ x_2 \end{bmatrix} \tag{5.86}$$

ou

$$-3x_1 + x_2 = -2x_1 \tag{5.87a}$$

$$x_1 - 3x_2 = -2x_2 \tag{5.87b}$$

a partir do que $x_1 = x_2$. Assim,

$$\mathbf{x} = \begin{bmatrix} c \\ c \end{bmatrix} \tag{5.88}$$

Utilizando o outro autovalor, –4, temos

$$\mathbf{x} = \begin{bmatrix} c \\ -c \end{bmatrix} \tag{5.89}$$

Usando as Equações (5.88) e (5.89), uma escolha de autovetores é

$$\mathbf{x_1} = \begin{bmatrix} 1 \\ 1 \end{bmatrix} \text{ e } \mathbf{x_2} = \begin{bmatrix} 1 \\ -1 \end{bmatrix} \tag{5.90}$$

Mostramos agora que se os autovetores da matriz **A** forem escolhidos como os vetores da base de uma transformação, **P**, a matriz de sistema resultante será diagonal. Seja a matriz de transformação **P** constituída pelos autovetores de **A**, $\mathbf{x_i}$.

$$\mathbf{P} = [\mathbf{x}_1, \mathbf{x}_2, \mathbf{x}_3, \ldots, \mathbf{x_n}] \tag{5.91}$$

Uma vez que $\mathbf{x_i}$ são autovetores, $\mathbf{Ax_i} = \lambda_i \mathbf{x_i}$, o que pode ser escrito equivalentemente como um sistema de equações expressas por

$$\mathbf{AP} = \mathbf{PD} \tag{5.92}$$

em que **D** é uma matriz diagonal consistindo nos autovalores, λ_i, ao longo da diagonal, e **P** é como definida na Equação (5.91). Resolvendo a Equação (5.92) para **D**, pré-multiplicando por $\mathbf{P}^{-1}$, obtemos

$$\mathbf{D} = \mathbf{P}^{-1}\mathbf{AP} \tag{5.93}$$

que é a matriz de sistema da Equação (5.72).

Em resumo, através da transformação **P**, consistindo nos autovetores da matriz de sistema, o sistema transformado é diagonal, com os autovalores do sistema ao longo da diagonal. O sistema transformado é idêntico ao obtido utilizando a expansão em frações parciais da função de transferência com raízes reais distintas.

No Exemplo 5.10, obtivemos os autovetores de um sistema de segunda ordem. Vamos continuar com esse problema e diagonalizar a matriz de sistema.

Exemplo 5.11

Diagonalizando um Sistema no Espaço de Estados

PROBLEMA: Dado o sistema das Equações (5.94), obtenha o sistema diagonal que é similar.

$$\dot{\mathbf{x}} = \begin{bmatrix} -3 & 1 \\ 1 & -3 \end{bmatrix}\mathbf{x} + \begin{bmatrix} 1 \\ 2 \end{bmatrix}u \tag{5.94a}$$

$$y = [2 \quad 3]\mathbf{x} \tag{5.94b}$$

SOLUÇÃO: Primeiro obtenha os autovalores e autovetores. Esta etapa foi realizada no Exemplo 5.10. Em seguida, forme a matriz de transformação **P**, cujas colunas consistem nos autovetores.

$$\mathbf{P} = \begin{bmatrix} 1 & 1 \\ 1 & -1 \end{bmatrix} \tag{5.95}$$

Finalmente, forme as matrizes de sistema, de entrada e de saída, do sistema similar, respectivamente.

$$\mathbf{P}^{-1}\mathbf{AP} = \begin{bmatrix} 1/2 & 1/2 \\ 1/2 & -1/2 \end{bmatrix}\begin{bmatrix} -3 & 1 \\ 1 & -3 \end{bmatrix}\begin{bmatrix} 1 & 1 \\ 1 & -1 \end{bmatrix} = \begin{bmatrix} -2 & 0 \\ 0 & -4 \end{bmatrix} \tag{5.96a}$$

$$\mathbf{P}^{-1}\mathbf{B} = \begin{bmatrix} 1/2 & 1/2 \\ 1/2 & -1/2 \end{bmatrix}\begin{bmatrix} 1 \\ 2 \end{bmatrix} = \begin{bmatrix} 3/2 \\ -1/2 \end{bmatrix} \tag{5.96b}$$

$$\mathbf{CP} = [2 \quad 3]\begin{bmatrix} 1 & 1 \\ 1 & -1 \end{bmatrix} = [5 \quad -1] \tag{5.96c}$$

Substituindo as Equações (5.96) nas Equações (5.72), obtemos

$$\dot{\mathbf{z}} = \begin{bmatrix} -2 & 0 \\ 0 & -4 \end{bmatrix}\mathbf{z} + \begin{bmatrix} 3/2 \\ -1/2 \end{bmatrix}u \tag{5.97a}$$

$$y = [5 \quad -1]\mathbf{z} \tag{5.97b}$$

Observe que a matriz de sistema é diagonal, com os autovalores ao longo da diagonal.

MATLAB ML

Os estudantes que estiverem usando o MATLAB devem, agora, executar o arquivo ch5apB5 do Apêndice B. Este problema, que utiliza o MATLAB para diagonalizar um sistema, é similar (mas não idêntico) ao Exemplo 5.11.

Exercício 5.7

PROBLEMA: Para o sistema representado no espaço de estados como a seguir:

$$\dot{\mathbf{x}} = \begin{bmatrix} 1 & 3 \\ -4 & -6 \end{bmatrix}\mathbf{x} + \begin{bmatrix} 1 \\ 3 \end{bmatrix}u$$
$$y = [1 \quad 4]\mathbf{x}$$

converta o sistema de modo que o novo vetor de estado, **z**, seja

$$\mathbf{z} = \begin{bmatrix} 3 & -2 \\ 1 & -4 \end{bmatrix}\mathbf{x}$$

RESPOSTA:

$$\dot{\mathbf{z}} = \begin{bmatrix} 6{,}5 & -8{,}5 \\ 9{,}5 & -11{,}5 \end{bmatrix}\mathbf{z} + \begin{bmatrix} -3 \\ -11 \end{bmatrix}u$$
$$y = [0{,}8 \quad -1{,}4]\mathbf{z}$$

A solução completa está disponível no Ambiente de aprendizagem do GEN.

Exercício 5.8

PROBLEMA: Para o sistema original do Exercício 5.7, obtenha o sistema diagonal que é similar.

RESPOSTA:

$$\dot{\mathbf{z}} = \begin{bmatrix} -2 & 0 \\ 0 & -3 \end{bmatrix}\mathbf{z} + \begin{bmatrix} 18{,}39 \\ 20 \end{bmatrix}u$$
$$y = [-2{,}121 \quad 2{,}6]\mathbf{z}$$

A solução completa está disponível no Ambiente de aprendizagem do GEN.

Experimente 5.5

Use as seguintes instruções de MATLAB e Control System Toolbox para resolver o Exercício 5.8.

```
A=[1 3; -4 -6];
B=[1; 3];
C=[1 4];
D=0;S=ss(A, B, C, D);
Sd=canon(S,'modal')
```

Nesta seção, aprendemos como obter diferentes representações do mesmo sistema no espaço de estados, através de transformações matriciais, em vez da manipulação da função de transferência e dos diagramas de fluxo de sinal. Essas diferentes representações são ditas *similares*. As características dos sistemas similares são que as funções de transferência relacionando a saída com a entrada são as mesmas, bem como os autovalores

FIGURA 5.33 Braços robóticos usados em montagem automobilística.

e os polos. Uma transformação particular foi a conversão de um sistema com autovalores reais e distintos para uma matriz de sistema diagonal.

Resumiremos agora os conceitos de representação de sistemas em diagramas de blocos e em diagramas de fluxo de sinal, primeiro através de problemas de estudo de caso e, em seguida, por meio de um resumo escrito. Nossos estudos de caso incluem o sistema de controle de posição de azimute de antena e o UFSS. A redução do diagrama de blocos é importante para a análise e o projeto desses sistemas, bem como dos sistemas de controle usados para robôs de montagem automobilística mostrados na Figura 5.33.

Estudos de Caso

Controle de Antena: Projetando uma Resposta em Malha Fechada

Projeto
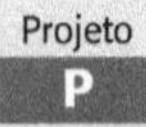

Este capítulo mostrou que os sistemas físicos podem ser modelados matematicamente com funções de transferência e, em seguida, interconectados para formar um sistema com realimentação. Os modelos matemáticos interconectados podem ser reduzidos a uma única função de transferência representando o sistema da entrada para a saída. Esta função de transferência, a função de transferência em malha fechada, é então utilizada para determinar a resposta do sistema.

O estudo de caso a seguir mostra como reduzir os subsistemas do sistema de controle de posição de azimute de antena a uma única função de transferência em malha fechada com o objetivo de analisar e projetar as características da resposta transitória.

PROBLEMA: Dado o sistema de controle de posição de azimute de antena mostrado no Apêndice A2, Configuração 1, faça o seguinte:

Espaço de Estados
EE

a. Obtenha a função de transferência em malha fechada utilizando redução de diagrama de blocos.
b. Represente cada subsistema com um diagrama de fluxo de sinal e obtenha a representação no espaço de estados do sistema em malha fechada a partir do diagrama de fluxo de sinal.
c. Utilize o diagrama de fluxo de sinal obtido no Item **b** e a regra de Mason para obter a função de transferência em malha fechada.
d. Substitua o amplificador de potência por uma função de transferência unitária e calcule o instante de pico, a ultrapassagem percentual e o tempo de acomodação em malha fechada para $K = 1000$.
e. Para o sistema do Item **d**, deduza a expressão para a resposta ao degrau em malha fechada do sistema.
f. Para o modelo simplificado do Item **d**, determine o valor de K que resulta em 10 % de ultrapassagem.

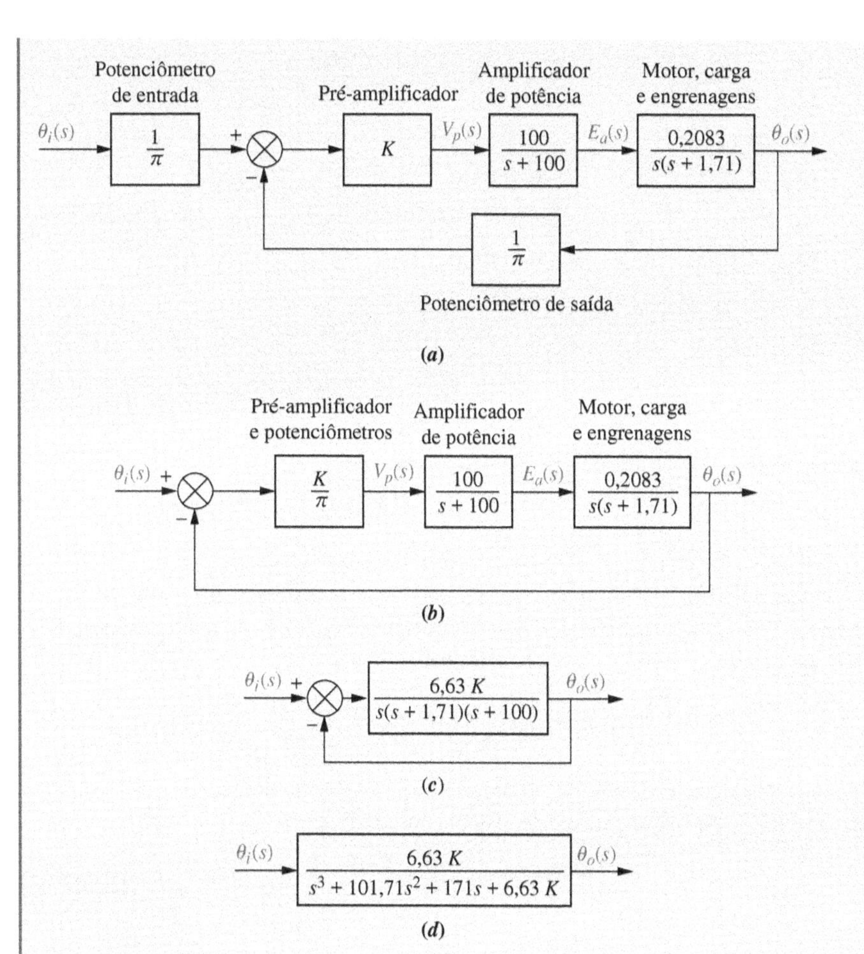

FIGURA 5.34 Redução de diagrama de blocos para o sistema de controle de posição de azimute de antena: **a.** diagrama original; **b.** movendo o potenciômetro da entrada para a direita, passando a junção de soma; **c.** mostrando a função de transferência à frente equivalente; **d.** função de transferência em malha fechada final.

SOLUÇÃO: Cada função de transferência de subsistema foi obtida no estudo de caso no Capítulo 2. Primeiro, as combinamos no diagrama de blocos do sistema de controle com realimentação em malha fechada mostrado na Figura 5.34(*a*).

a. Os passos realizados para reduzir o diagrama de blocos a uma única função de transferência em malha fechada, relacionando o deslocamento angular de saída com o deslocamento angular de entrada são mostrados na Figura 5.34(*a-d*). Na Figura 5.34(*b*), o potenciômetro de entrada foi deslocado para a direita, passando a junção de soma, criando um sistema com realimentação unitária. Na Figura 5.34(*c*), todos os blocos da função de transferência à frente foram multiplicados, formando a função de transferência à frente equivalente. Finalmente, a fórmula da realimentação é aplicada, resultando na função de transferência em malha fechada na Figura 5.34(*d*).
b. Para obter o diagrama de fluxo de sinal de cada subsistema, usamos as equações de estado deduzidas no estudo de caso do Capítulo 3. O diagrama de fluxo de sinal do amplificador de potência é desenhado a partir das equações de estado das Equações (3.87) e (3.88), e o diagrama de fluxo de sinal do motor e da carga é desenhado a partir da equação de estado da Equação (3.98). Os demais subsistemas são ganhos puros. O diagrama de fluxo de sinal da Figura 5.34(*a*) é mostrado na Figura 5.35 e consiste nos subsistemas interconectados.

Espaço de Estados

EE

As equações de estado são escritas a partir da Figura 5.35. Primeiro, defina as variáveis de estado como as saídas dos integradores. Assim, o vetor de estado é

$$\mathbf{x} = \begin{bmatrix} x_1 \\ x_2 \\ e_a \end{bmatrix} \tag{5.98}$$

FIGURA 5.35 Diagrama de fluxo de sinal para o sistema de controle de posição de azimute de antena.

Utilizando a Figura 5.35, escrevemos as equações de estado por inspeção:

$$\dot{x}_1 = +x_2 \quad (5.99a)$$

$$\dot{x}_2 = -1{,}71x_2 + 2{,}083e_a \quad (5.99b)$$

$$\dot{e}_a = -3{,}18Kx_1 - 100e_a + 31{,}8K\theta_{en} \quad (5.99c)$$

junto com a equação de saída,

$$y = \theta_s = 0{,}1x_1 \quad (5.100)$$

em que $1/\pi = 0{,}318$.

Na forma vetorial matricial,

$$\dot{\mathbf{x}} = \begin{bmatrix} 0 & 1 & 0 \\ 0 & -1{,}71 & 2{,}083 \\ -3{,}18K & 0 & -100 \end{bmatrix}\mathbf{x} + \begin{bmatrix} 0 \\ 0 \\ 31{,}8K \end{bmatrix}\theta_{en} \quad (5.101a)$$

$$y = [0{,}1 \quad 0 \quad 0]\mathbf{x} \quad (5.101b)$$

c. Aplicamos agora a regra de Mason à Figura 5.35 para deduzir a função de transferência em malha fechada do sistema de controle de posição de azimute de antena. Obtenha primeiro os ganhos do caminho à frente. A partir da Figura 5.35 existe apenas um ganho de caminho à frente:

$$T_1 = \left(\frac{1}{\pi}\right)(K)(100)\left(\frac{1}{s}\right)(2{,}083)\left(\frac{1}{s}\right)\left(\frac{1}{s}\right)(0{,}1) = \frac{6{,}63K}{s^3} \quad (5.102)$$

Em seguida, identifique os ganhos dos laços. Existem três: o laço do amplificador de potência, $G_{L1}(s)$, com e_a na saída; o laço do motor, $G_{L2}(s)$, com x_2 na saída; e o laço do sistema como um todo, $G_{L3}(s)$, com θ_s na saída.

$$G_{L1}(s) = \frac{-100}{s} \quad (5.103a)$$

$$G_{L2}(s) = \frac{-1{,}71}{s} \quad (5.103b)$$

$$G_{L3}(s) = (K)(100)\left(\frac{1}{s}\right)(2{,}083)\left(\frac{1}{s}\right)\left(\frac{1}{s}\right)(0{,}1)\left(\frac{-1}{\pi}\right) = \frac{-6{,}63K}{s^3} \quad (5.103c)$$

Apenas $G_{L1}(s)$ e $G_{L2}(s)$ são laços que não se tocam. Portanto, o ganho dos laços que não se tocam é

$$G_{L1}(s)G_{L2}(s) = \frac{171}{s^2} \quad (5.104)$$

Formando Δ e Δ_k na Equação (5.28), temos

$$\begin{aligned}\Delta &= 1 - [G_{L1}(s) + G_{L2}(s) + G_{L3}(s)] + [G_{L1}(s)G_{L2}(s)] \\ &= 1 + \frac{100}{s} + \frac{1{,}71}{s} + \frac{6{,}63K}{s^3} + \frac{171}{s^2}\end{aligned} \quad (5.105)$$

e

$$\Delta_1 = 1 \quad (5.106)$$

Substituindo as Equações (5.102), (5.105) e (5.106) na Equação (5.28), obtemos a função de transferência em malha fechada como

$$T(s) = \frac{C(s)}{R(s)} = \frac{T_1\Delta_1}{\Delta} = \frac{6{,}63K}{s^3 + 101{,}71s^2 + 171s + 6{,}63K} \quad (5.107)$$

d. Substituindo o amplificador de potência por um ganho unitário e fazendo o ganho do pré-amplificador, K, na Figura 5.34(*b*) igual a 1000, resulta uma função de transferência à frente, $G(s)$, de

$$G(s) = \frac{66{,}3}{s(s + 1{,}71)} \quad (5.108)$$

Utilizando a fórmula de realimentação para calcular a função de transferência em malha fechada, obtemos

$$T(s) = \frac{66{,}3}{s^2 + 1{,}71s + 66{,}3} \quad (5.109)$$

A partir do denominador, $\omega_n = 8{,}14$ e $\zeta = 0{,}105$. Utilizando as Equações (4.34), (4.38) e (4.42), o instante de pico = 0,388 segundo, a ultrapassagem percentual = 71,77 % e o tempo de acomodação = 4,68 segundos.

e. A transformada de Laplace da resposta ao degrau é obtida multiplicando a Equação (5.109) por $1/s$, uma entrada em degrau unitário, e, em seguida, expandindo em frações parciais:

$$C(s) = \frac{66{,}3}{s(s^2+1{,}71s+66{,}3)} = \frac{1}{s} - \frac{s+1{,}71}{s^2+1{,}71s+66{,}3}$$

$$= \frac{1}{s} - \frac{(s+0{,}855)+0{,}106(8{,}097)}{(s+0{,}855)^2+(8{,}097)^2} \quad (5.110)$$

Aplicando a transformada inversa de Laplace, obtemos

$$c(t) = 1 - e^{-0{,}855t}(\cos 8{,}097t + 0{,}106 \operatorname{sen} 8{,}097t) \quad (5.111)$$

f. Para o modelo simplificado, temos

$$G(s) = \frac{0{,}0663K}{s(s+1{,}71)} \quad (5.112)$$

a partir do que a função de transferência em malha fechada é calculada como

$$T(s) = \frac{0{,}0663K}{s^2+1{,}71s+0{,}0663K} \quad (5.113)$$

A partir da Equação (4.39), uma ultrapassagem de 10 % fornece $\zeta = 0{,}591$. Utilizando o denominador da Equação (5.113), $\omega_n = \sqrt{0{,}0663K}$ e $2\zeta\omega_n = 1{,}71$. Portanto,

$$\zeta = \frac{1{,}71}{2\sqrt{0{,}0663K}} = 0{,}591 \quad (5.114)$$

a partir do que $K = 31{,}6$.

DESAFIO: Agora apresentamos um problema para testar seu conhecimento dos objetivos deste capítulo. Em relação ao sistema de controle de posição de azimute de antena, mostrado no Apêndice A2, Configuração 2, faça o seguinte:

a. Obtenha a função de transferência em malha fechada utilizando redução de diagrama de blocos.

b. Represente cada subsistema com um diagrama de fluxo de sinal e obtenha a representação no espaço de estados do sistema em malha fechada a partir do diagrama de fluxo de sinal.

Espaço de Estados
EE

c. Utilize o diagrama de fluxo de sinal obtido no Item (b) e a regra de Mason para obter a função de transferência em malha fechada

d. Substitua o amplificador de potência por uma função de transferência unitária e calcule a ultrapassagem percentual, o tempo de acomodação e o instante de pico em malha fechada para $K = 5$.

e. Para o sistema utilizado no Item (d), deduza a expressão para a resposta ao degrau em malha fechada.

f. Para o modelo simplificado do Item (d), obtenha o valor do ganho do pré-amplificador, K, para resultar em 15 % de ultrapassagem.

Veículo UFSS: Representação do Controle de Ângulo de Arfagem

Retornamos ao UFSS introduzido nos estudos de caso no Capítulo 4 (*Johnson, 1980*). Iremos representar o sistema de controle de ângulo de arfagem, que é utilizado para o controle de profundidade, no espaço de estados.

Espaço de Estados
EE

PROBLEMA: Considere o diagrama de blocos da malha de controle de arfagem do veículo UFSS mostrado no Apêndice A3. O ângulo de arfagem, θ, é controlado por um ângulo de arfagem comandado, θ_c, o qual, com a realimentação do ângulo de arfagem e da velocidade de arfagem, determina a deflexão do leme de profundidade, δ_e, o qual atua sobre a dinâmica do veículo para determinar o ângulo de arfagem. Seja $K_1 = K_2 = 1$ e faça o seguinte:

a. Desenhe o diagrama de fluxo de sinal para cada um dos subsistemas, assegurando-se de que o ângulo de arfagem, a velocidade de arfagem e a deflexão do leme de profundidade sejam representados como variáveis de estado. Em seguida, interconecte os subsistemas.

b. Utilize o diagrama de fluxo de sinal obtido no Item **a** para representar a malha de controle de arfagem no espaço de estados.

SOLUÇÃO:

a. A dinâmica do veículo é dividida em duas funções de transferência, a partir das quais o diagrama de fluxo de sinal é desenhado. A Figura 5.36 mostra a divisão com o atuador do leme de profundidade. Cada bloco é desenhado na forma de variáveis de fase para atender o requisito de que certas variáveis do sistema sejam variáveis de estado. Este resultado é mostrado na Figura 5.37(*a*). Os caminhos de realimentação são então adicionados para completar o diagrama de fluxo de sinal, o qual é mostrado na Figura 5.37(*b*).

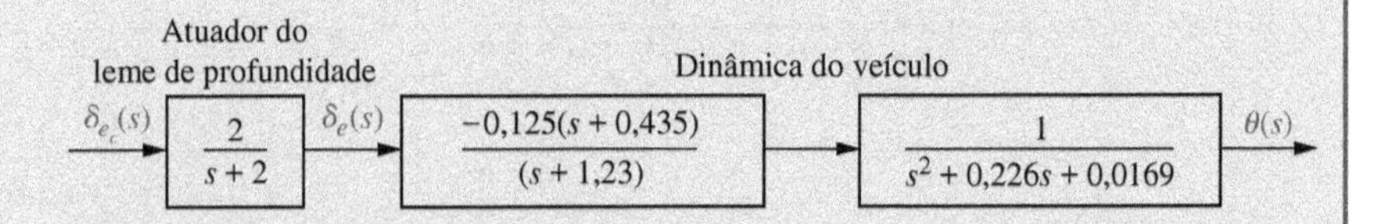

FIGURA 5.36 Diagrama de blocos do leme de profundidade e da dinâmica do veículo UFSS, a partir do qual o diagrama de fluxo de sinal pode ser desenhado.

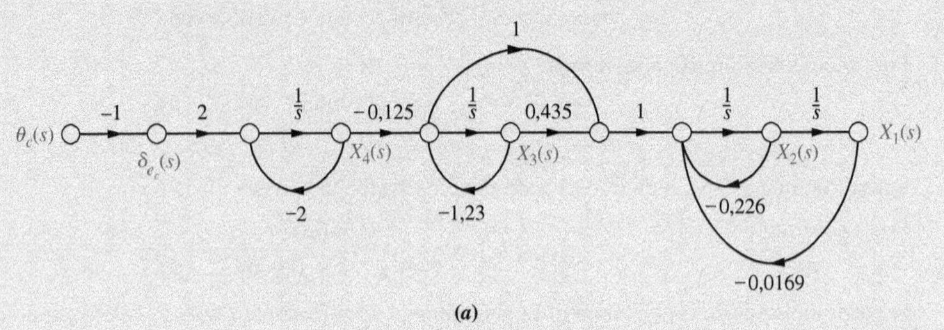

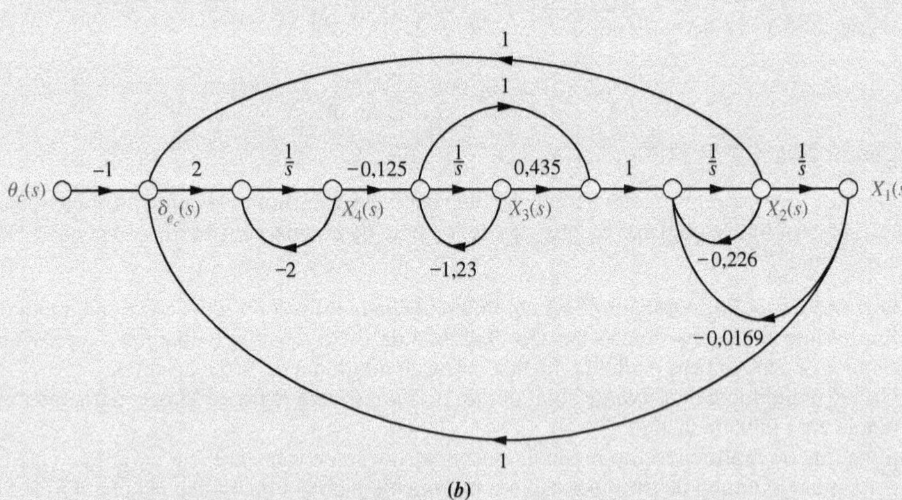

FIGURA 5.37 Representação em diagrama de fluxo de sinal do sistema de controle de arfagem do veículo UFSS: **a.** sem realimentação de posição e de velocidade; **b.** com realimentação de posição e de velocidade. (*Observação*: As variáveis explicitamente requeridas são $x_1 = \theta$, $x_2 = d\theta/dt$ e $x_4 = \delta_e$.)

b. Por inspeção, as derivadas das variáveis de estado x_1 a x_4 são escritas como

$$\dot{x}_1 = x_2 \tag{5.115a}$$

$$\dot{x}_2 = -0{,}0169x_1 - 0{,}226x_2 + 0{,}435x_3 - 1{,}23x_3 - 0{,}125x_4 \tag{5.115b}$$

$$\dot{x}_3 = -1{,}23x_3 - 0{,}125x_4 \tag{5.115c}$$

$$\dot{x}_4 = 2x_1 + 2x_2 - 2x_4 - 2\theta c \tag{5.115d}$$

Finalmente, a saída $y = x_1$.

Na forma vetorial matricial, as equações de estado e de saída são

$$\dot{\mathbf{x}} = \begin{bmatrix} 0 & 1 & 0 & 0 \\ -0{,}0169 & -0{,}226 & -0{,}795 & -0{,}125 \\ 0 & 0 & -1{,}23 & -0{,}125 \\ 2 & 2 & 0 & -2 \end{bmatrix}\mathbf{x} + \begin{bmatrix} 0 \\ 0 \\ 0 \\ -2 \end{bmatrix}\theta_c \tag{5.116a}$$

$$y = [1 \quad 0 \quad 0 \quad 0]\mathbf{x} \tag{5.116b}$$

DESAFIO: Agora apresentamos um problema para testar seu conhecimento dos objetivos deste capítulo. O veículo UFSS é manobrado através do sistema de controle de rumo mostrado na Figura 5.38 e repetido no Apêndice A3. Um comando de rumo é a entrada. A entrada e a realimentação do rumo e da velocidade de guinagem do submersível são utilizadas para gerar um comando para o leme que manobra o submersível (*Johnson, 1980*). Seja $K_1 = K_2 = 1$ e faça o seguinte:

a. Desenhe o diagrama de fluxo de sinal para cada subsistema, certificando-se de que o ângulo de rumo, a velocidade de guinagem e a deflexão do leme sejam representados como variáveis de estado. Em seguida, interconecte os subsistemas.

b. Utilize o diagrama de fluxo de sinal obtido no Item **a** para representar a malha de controle de rumo no espaço de estados.

c. `Utilize o MATLAB para representar o sistema de controle de rumo em malha fechada do UFSS no espaço de estados na forma canônica controlável.`

MATLAB
ML

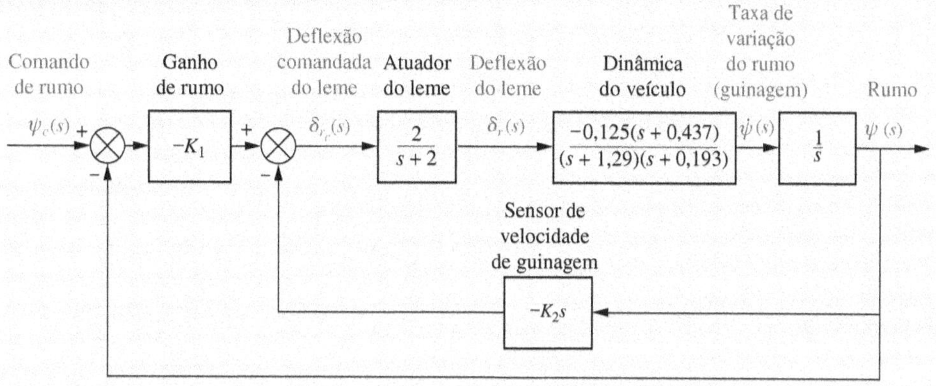

FIGURA 5.38 Diagrama de blocos do sistema de controle de rumo do veículo UFSS.

Resumo

Um dos objetivos deste capítulo foi que você aprendesse como representar subsistemas múltiplos através de diagramas de blocos e de diagramas de fluxo de sinal. Outro objetivo foi capacitá-lo a reduzir tanto a representação em diagrama de blocos quanto a representação em diagrama de fluxo de sinal a uma única função de transferência.

Vimos que o diagrama de blocos de um sistema linear invariante no tempo consiste em quatro elementos: *sinais*, *sistemas*, *junções de soma* e *pontos de ramificação*. Esses elementos foram combinados em três formas básicas: *em cascata*, *paralela* e *com realimentação*. Algumas operações básicas foram então deduzidas: mover sistemas passando junções de soma e passando pontos de ramificação.

Uma vez que reconheçamos as formas e operações básicas, podemos reduzir um diagrama de blocos complexo a uma única função de transferência relacionando entrada e saída. Em seguida, aplicamos os métodos do Capítulo 4 para analisar e projetar o comportamento transitório de um sistema de segunda ordem. Vimos que ajustando o ganho de um sistema de controle com realimentação temos controle parcial sobre a resposta transitória.

A representação em fluxo de sinal de sistemas lineares invariantes no tempo consiste em dois elementos: nós, que representam sinais, e linhas com setas, que representam subsistemas. As junções de soma e os pontos de ramificação estão implícitos nos diagramas de fluxo de sinal. Esses diagramas são úteis na visualização do significado das variáveis de estado. Além disso, eles podem ser desenhados inicialmente como um auxílio na obtenção das equações de estado para um sistema.

A *regra de Mason* foi utilizada para deduzir a função de transferência do sistema a partir do diagrama de fluxo de sinal. Esta fórmula substituiu as técnicas de redução de diagrama de blocos. A regra de Mason parece complicada, mas seu uso é simplificado, caso não existam laços que não se tocam. Em muitos desses casos a função de transferência pode ser escrita, por inspeção, com menos trabalho que na técnica de redução de diagrama de blocos.

Finalmente, vimos que os sistemas podem ser representados no espaço de estados utilizando diferentes conjuntos de variáveis. Nos três últimos capítulos cobrimos as formas *em variáveis de fase*, *em cascata*, *paralela*, *canônica controlável* e *canônica observável*. Uma representação específica pode ser escolhida porque um conjunto de variáveis de estado possui um significado físico diferente de outro, ou por causa da facilidade com a qual equações de estado específicas podem ser resolvidas.

No próximo capítulo, discutiremos a estabilidade de sistemas. Sem estabilidade não podemos iniciar o projeto de um sistema para a resposta transitória desejada. Descobriremos como dizer se um sistema é estável e qual efeito os valores dos parâmetros têm sobre a estabilidade de um sistema.

Questões de Revisão

1. Cite os quatro componentes de um diagrama de blocos de um sistema linear invariante no tempo.
2. Cite três formas básicas para a interconexão de subsistemas.
3. Para cada uma das formas na Questão 2, declare (respectivamente) como a função de transferência equivalente é obtida.
4. Além de conhecer as formas básicas discutidas nas Questões 2 e 3, que outras equivalências você deve conhecer para efetuar a redução de diagramas de blocos?
5. Para um sistema de controle com realimentação de segunda ordem simples, do tipo mostrado na Figura 5.14, descreva o efeito que as variações do ganho do caminho à frente, K, tem sobre a resposta transitória.
6. Para um sistema de controle com realimentação de segunda ordem simples, do tipo mostrado na Figura 5.14, descreva as alterações no fator de amortecimento à medida que o ganho, K, é aumentado dentro da região subamortecida.
7. Cite os dois componentes de um diagrama de fluxo de sinal.
8. Como as junções de soma são mostradas nos diagramas de fluxo de sinal?
9. Caso um caminho à frente tocasse todos os laços, qual seria o valor de Δ_k?
10. Cite cinco representações de sistemas no espaço de estados. (Espaço de Estados EE)
11. Quais são as duas formas de representação no espaço de estados que são encontradas utilizando o mesmo método? (Espaço de Estados EE)
12. Qual forma de representação no espaço de estados conduz a uma matriz diagonal? (Espaço de Estados EE)
13. Quando a matriz de sistema é diagonal, quais grandezas estão ao longo da diagonal? (Espaço de Estados EE)
14. Que termos ficam ao longo da diagonal para um sistema representado na forma canônica de Jordan? (Espaço de Estados EE)
15. Qual é a vantagem de ter um sistema representado em uma forma que tenha uma matriz de sistema diagonal? (Espaço de Estados EE)
16. Apresente duas razões para querer-se representar um sistema por meio de formas alternativas. (Espaço de Estados EE)
17. Para que tipo de sistema você utilizaria a forma canônica observável? (Espaço de Estados EE)
18. Descreva as transformações do vetor de estado da perspectiva de bases diferentes. (Espaço de Estados EE)
19. Qual é a definição de um autovetor? (Espaço de Estados EE)
20. Com base na sua definição de um autovetor, o que é um autovalor? (Espaço de Estados EE)
21. Qual é o significado de utilizar autovetores como vetores da base para uma transformação de um sistema? (Espaço de Estados EE)

Investigação em Laboratório Virtual

EXPERIMENTO 5.1

Objetivos Verificar a equivalência das formas básicas, incluindo as formas em cascata, paralela e com realimentação. Verificar a equivalência das movimentações básicas, incluindo a movimentação de blocos passando junções de soma e a movimentação de blocos passando pontos de ramificação.

Requisitos Mínimos de Programas MATLAB, Simulink e Control System Toolbox

Pré-Ensaio

1. Obtenha a função de transferência equivalente de três blocos em cascata, $G_1(s) = \frac{1}{s+1}$, $G_2(s) = \frac{1}{s+4}$ e $G_3(s) = \frac{s+3}{s+5}$.
2. Obtenha a função de transferência equivalente de três blocos paralelos, $G_1(s) = \frac{1}{s+4}$, $G_2(s) = \frac{1}{s+4}$ e $G_3(s) = \frac{s+3}{s+5}$.

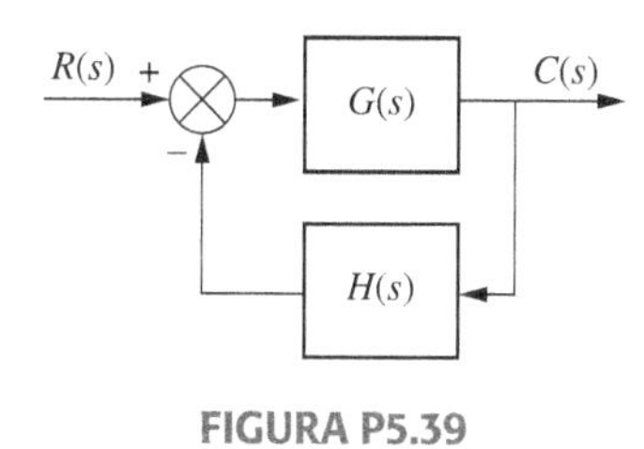

FIGURA P5.39

3. Obtenha a função de transferência equivalente do sistema com realimentação negativa da Figura P5.55 caso $G(s) = \dfrac{s+1}{s(s+2)}$ e $H(s) = \dfrac{s+3}{s+4}$.

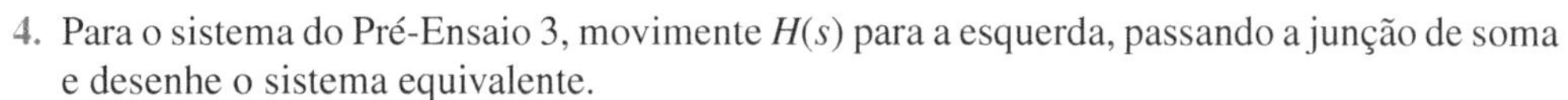

4. Para o sistema do Pré-Ensaio 3, movimente $H(s)$ para a esquerda, passando a junção de soma e desenhe o sistema equivalente.

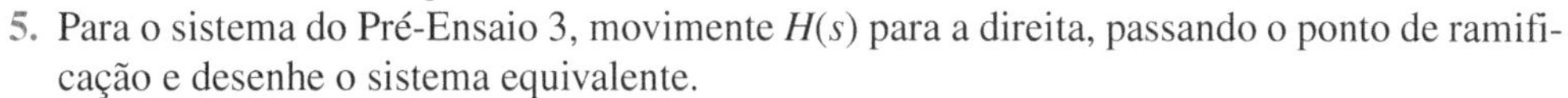

5. Para o sistema do Pré-Ensaio 3, movimente $H(s)$ para a direita, passando o ponto de ramificação e desenhe o sistema equivalente.

Ensaio

1. Utilizando o Simulink, prepare o sistema em cascata do Pré-Ensaio 1 e o bloco único equivalente. Represente em gráficos separados a resposta ao degrau do sistema em cascata e de seu bloco único equivalente. Registre os valores do tempo de acomodação e do tempo de subida para cada resposta ao degrau.
2. Utilizando o Simulink, prepare o sistema em paralelo do Pré-Ensaio 2 e o bloco único equivalente. Represente em gráficos separados a resposta ao degrau do sistema paralelo e de seu bloco único equivalente. Registre os valores do tempo de acomodação e do tempo de subida para cada resposta ao degrau.
3. Utilizando o Simulink, prepare o sistema com realimentação negativa do Pré-Ensaio 3 e o bloco único equivalente. Represente em gráficos separados a resposta ao degrau do sistema com realimentação negativa e de seu bloco único equivalente. Registre os valores do tempo de acomodação e do tempo de subida para cada resposta ao degrau.
4. Utilizando o Simulink, prepare os sistemas com realimentação negativa dos Pré-Ensaios 3, 4 e 5. Represente em gráficos separados a resposta ao degrau de cada um dos sistemas. Registre os valores do tempo de acomodação e do tempo de subida para cada resposta ao degrau.

Pós-Ensaio

1. Utilizando os dados de seu laboratório, verifique a função de transferência equivalente de blocos em cascata.
2. Utilizando os dados de seu laboratório, verifique a função de transferência equivalente de blocos em paralelo.
3. Utilizando os dados de seu laboratório, verifique a função de transferência equivalente de sistemas com realimentação negativa.
4. Utilizando os dados de seu laboratório, verifique a movimentação de blocos passando junções de soma e pontos de ramificação.
5. Discuta seus resultados. As equivalências foram verificadas?

EXPERIMENTO 5.2

Objetivo Utilizar as várias funções do LabVIEW Control Design and Simulation Module para implementar a redução de diagramas de blocos.

Requisitos Mínimos de Programas LabVIEW com Control Design and Simulation Module.

Pré-Ensaio Dado o diagrama de blocos do Exemplo 5.2, substitua G_1, G_2, G_3, H_1, H_2 e H_3 pelas seguintes funções de transferência e obtenha uma função de transferência equivalente.

$$G_1 = \frac{1}{s+10}; G_2 = \frac{1}{s+1}; G_3 = \frac{s+1}{s^2+4s+4}; H_1 = \frac{s+1}{s+2}; H_2 = 2; H_3 = 1$$

Ensaio Utilize o LABVIEW para implementar o diagrama de blocos do Exemplo 5.2 usando as funções de transferência dadas no Pré-Ensaio.

Pós-Ensaio Verifique seus cálculos do Pré-Ensaio com a função de transferência equivalente obtida com o LabVIEW.

EXPERIMENTO 5.3

Objetivo Utilizar as várias funções do LabVIEW Control Design and Simulation Module e a paleta Mathematics/Polynomial para implementar a regra de Mason para a redução de diagramas de blocos.

Requisitos Mínimos de Programas LabVIEW com Control Design and Simulation Module, Math Script RT Module e a paleta Mathematics/Polynomial.

Pré-Ensaio Dado o diagrama de blocos criado no Pré-Ensaio de Investigando Laboratório Virtual 5.2, utilize a regra de Mason para obter uma função de transferência equivalente.

Ensaio Utilize o LabVIEW com Control Design and Simulation Module, bem como as funções Mathematics/Polynomial, para implementar a redução de diagramas de blocos usando a regra de Mason.

Pós-Ensaio Verifique seus cálculos do Pré-Ensaio com a função de transferência equivalente obtida com o LabVIEW.

Bibliografia

Ballard, R. D. *The Discovery of the Titanic*, Warner Books, New York, 1987. Também fonte da legenda da Figura 5.33.

Butler, H. Position Control in Lithographic Equipment. *IEEE Control Systems*, October 2011, pp. 28–47.

Camacho, E. F., Berenguel, M., Rubio, F. R., and Martinez, D. *Control of Solar Energy Systems*. Springer-Verlag, London, 2012.

Craig, I. K., Xia, X., and Venter, J. W., Introducing HIV/AIDS Education into the Electrical Engineering Curriculum at the University of Pretoria, *IEEE Transactions on Education*, vol. 47, no. 1, February 2004, pp. 65–73.

de Vlugt, E., Schouten, A. C., and van derHelm, F.C.T. Adaptation of Reflexive Feedback during Arm Posture to Different Environments. *Biological Cybernetics*, vol. 87, 2002, pp. 10–26.

Gozde, H., and Taplamacioglu, M. C. Comparative Performance Analysis of Artificial Bee Colony Algorithm for Automatic Voltage Regulator (AVR) system. *Journal of the Franklin Institute*, vol. 348, pp. 1927–1946, 2011.

Graebe, S. F., Goodwin, G. C., and Elsley, G., Control Design and Implementation in Continuous Steel Casting. *IEEE Control Systems*, August 1995, pp. 64–71.

Hostetter, G. H., Savant, C. J., Jr. and Stefani, R. T. *Design of Feedback Control Systems*. 2d ed. Saunders College Publishing, New York, 1989.

Johnson, H. et al. *Unmanned Free-Swimming Submersible (UFSS) System Description*. NRL Memorandum Report 4393. Naval Research Laboratory, Washington, DC, 1980.

Karkoub, M., Her, M.-G., and Chen, J. M. Design and Control of a Haptic Interactive Motion Simulator for Virtual Entertainment Systems, *Robonica*, vol. 28, 2010, pp. 47–56.

Kong, F., and de Keyser, R. Identification and Control of the Mould Level in a Continuous Casting Machine. *Second IEEE Conference on Control Application*, Vancouver, B.C., 1993. pp. 53–58.

Lin, J.-S., and Kanellakopoulos, I., Nonlinear Design of Active Suspensions. *IEEE Control Systems*, vol. 17, issue 3, June 1997, pp. 45–59.

Mason, S. J. Feedback Theory—Some Properties of Signal-Flow Graphs. *Proc. IRE*, September 1953, pp. 1144–1156.

Neamen, D. A. *Electronic Circuit Analysis and Design*. McGraw-Hill, 2d ed., 2001, p. 334.

Piccin, O., Barbe L., Bayle B., and de Mathelin, M. A Force Feedback Teleoperated Needle Insertion Device for Percutaneous Procedures. *Int. J. of Robotics Research*, vol. 28, 2009, p. 1154.

Preitl, Z., Bauer, P., and Bokor, J. A Simple Control Solution for Traction Motor Used in Hybrid Vehicles. *Fourth International Symposium on Applied Computational Intelligence and Informatics*. IEEE, 2007.

Tasch, U., Koontz, J. W., Ignatoski, M. A., and Geselowitz, D. B. An Adaptive Aortic Pressure Observer for the Penn State Electric Ventricular Assist Device. *IEEE Transactions on Biomedical Engineering*, vol. 37, 1990, pp. 374–383.

Timothy, L. K., and Bona, B. E. *State Space Analysis: An Introduction*. McGraw-Hill, New York, 1968.

Yaniv, Y., Sivan, R., and Landesberg, A. Stability, Controllability and Observability of the "Four State" Model for the Sarcomeric Control of Contraction. *Annals of Biomedical Engineering*, vol. 34, 2006, pp. 778–789.

Capítulo 6

Estabilidade

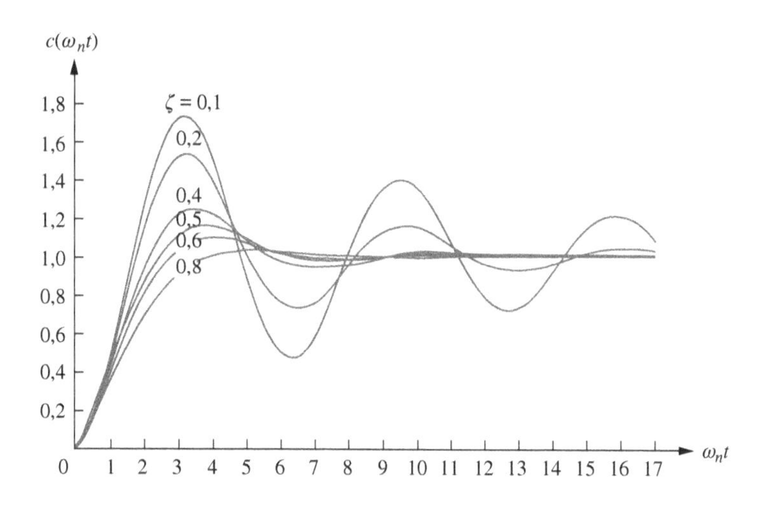

Resultados de Aprendizagem do Capítulo

Após completar este capítulo, o estudante estará apto a:

- Construir e interpretar uma tabela de Routh básica para determinar a estabilidade de um sistema (Seções 6.1-6.2)
- Construir e interpretar uma tabela de Routh em que o primeiro elemento de uma linha é nulo ou uma linha inteira é nula (Seções 6.3-6.4)
- Utilizar uma tabela de Routh para determinar a estabilidade de um sistema representado no espaço de estados (Seção 6.5).

Espaço de Estados

EE

Resultados de Aprendizagem do Estudo de Caso

Você será capaz de demonstrar seu conhecimento dos objetivos do capítulo com os estudos de caso como a seguir:

- Dado o sistema de controle de posição de azimute de antena mostrado no Apêndice A2, você será capaz de obter a faixa de ganho do pré-amplificador que mantém o sistema estável.
- Dados os diagramas de blocos dos sistemas de controle de arfagem e de rumo do Veículo Submersível Não Tripulado Independente (UFSS), no Apêndice A3, você será capaz de determinar a faixa de ganho para a estabilidade do sistema de controle de arfagem ou de rumo.

6.1 Introdução

No Capítulo 1, vimos que três requisitos fazem parte do projeto de um sistema de controle: resposta transitória, estabilidade e erros em regime permanente. Até agora cobrimos a resposta transitória, sobre a qual falaremos novamente no Capítulo 8. Estamos agora prontos para discutir o requisito seguinte, a estabilidade.

Estabilidade é a especificação de sistema mais importante. Caso um sistema seja instável, a resposta transitória e os erros em regime permanente são uma questão irrelevante. Um sistema instável não pode ser projetado para ter uma resposta transitória específica ou para atender um requisito de erro em regime permanente. O que, então, é estabilidade? Existem muitas definições de estabilidade, dependendo do tipo de sistema ou do ponto de vista. Nesta seção, nos limitamos a sistemas lineares e invariantes no tempo.

Na Seção 1.5, verificamos que podemos controlar a saída de um sistema se a resposta em regime permanente consistir apenas na resposta forçada. Porém, a resposta total de um sistema é a soma das respostas forçada e natural, ou

$$c(t) = c_{\text{forçada}}(t) + c_{\text{natural}}(t) \tag{6.1}$$

Utilizando esses conceitos, apresentamos as seguintes definições de estabilidade, instabilidade e estabilidade marginal:

Um sistema linear invariante no tempo é *estável* se a resposta natural tende a zero, à medida que o tempo tende a infinito.

Um sistema linear invariante no tempo é *instável* se a resposta natural aumenta sem limites, à medida que o tempo tende a infinito.

Um sistema linear invariante no tempo é *marginalmente estável*, caso a resposta natural não decaia nem aumente, mas permaneça constante ou oscile à medida que o tempo tende a infinito.

Dessa forma, a definição de estabilidade implica que apenas a resposta forçada permanece, à medida que a resposta natural tende a zero.

Essas definições se baseiam em uma descrição da resposta natural. Quando se está observando a resposta total, pode ser difícil separar a resposta natural da resposta forçada. Entretanto, percebemos que se a entrada for limitada e a resposta total não estiver tendendo a infinito à medida que o tempo tende a infinito, então a resposta natural obviamente não estará tendendo a infinito. Se a entrada for ilimitada, temos uma resposta total ilimitada, e não podemos chegar a nenhuma conclusão sobre a estabilidade do sistema; não podemos dizer se a resposta total é ilimitada porque a resposta forçada é ilimitada ou porque a resposta natural é ilimitada. Assim, nossa definição alternativa de *estabilidade*, que diz respeito à resposta total e implica a primeira definição baseada na resposta natural, é:

Um sistema é estável se *toda* entrada limitada gerar uma saída limitada.

Chamamos esta declaração de definição de estabilidade entrada limitada, saída limitada (*bounded-input, bounded-output* – BIBO).

Vamos agora produzir uma definição alternativa para instabilidade baseada na resposta total em vez da resposta natural. Percebemos que, se a entrada for limitada, mas a resposta total for ilimitada, o sistema é instável, uma vez que podemos concluir que a resposta natural tende a infinito à medida que o tempo tende a infinito. Caso a entrada seja ilimitada, veremos uma resposta total ilimitada, e não poderemos tirar nenhuma conclusão a respeito da estabilidade do sistema; não podemos dizer se a resposta total é ilimitada porque a resposta forçada é ilimitada ou porque a resposta natural é ilimitada. Assim, nossa definição alternativa de *instabilidade*, que diz respeito à resposta total, é:

Um sistema é instável se *alguma* entrada limitada gerar uma saída ilimitada.

Essas definições ajudam a esclarecer nossa definição anterior de *estabilidade marginal*, a qual, na verdade, quer dizer que o sistema é estável para algumas entradas limitadas e instável para outras. Por exemplo, mostraremos que, se a resposta natural for não amortecida, uma entrada senoidal limitada de mesma frequência produzirá uma resposta natural com oscilações crescentes. Assim, o sistema parece ser estável para todas as entradas limitadas, exceto para essa senoide. Portanto, os sistemas marginalmente estáveis segundo as definições da resposta natural são considerados sistemas instáveis segundo as definições BIBO.

Vamos resumir nossas definições de estabilidade de sistemas lineares invariantes no tempo. Usando a resposta natural:

1. Um sistema é estável se a resposta natural tende a zero, à medida que o tempo tende a infinito.
2. Um sistema é instável se a resposta natural tende a infinito, à medida que o tempo tende a infinito.
3. Um sistema é marginalmente estável se a resposta natural não decair nem crescer, mas permanecer constante ou oscilar.

Usando a resposta total (BIBO):

1. Um sistema é estável se *toda* entrada limitada gerar uma saída limitada.
2. Um sistema é instável se *alguma* entrada limitada gerar uma saída ilimitada.

Fisicamente, um sistema instável cuja resposta natural aumente sem limites pode causar danos ao sistema, às instalações adjacentes ou à vida humana. Muitas vezes, os sistemas são projetados com limites de parada para evitar uma perda total de controle. Da perspectiva do gráfico da resposta no tempo de um sistema físico, a instabilidade é apresentada por transitórios que crescem sem limites e, consequentemente, a resposta total não tende a um valor em regime permanente ou a outra resposta forçada.[1]

Como determinamos se um sistema é estável? Vamos nos focar nas definições de estabilidade da resposta natural. Recorde, de nosso estudo sobre polos do sistema, que polos no semiplano da esquerda (spe) produzem respostas naturais de decaimento exponencial puro ou senoides amortecidas. Essas respostas naturais tendem a zero, à medida que o tempo tende a infinito. Assim, se os polos do sistema em malha fechada estiverem na metade esquerda do plano s e consequentemente tiverem parte real negativa, o sistema será estável. Isto é, *os sistemas estáveis possuem funções de transferência em malha fechada com polos apenas no semiplano da esquerda.*

Os polos no semiplano da direita (spd) produzem respostas naturais de exponenciais crescentes puras ou senoides exponencialmente crescentes. Essas respostas naturais tendem a infinito à medida que o tempo tende a infinito. Assim, se os polos do sistema em malha fechada estiverem na metade direita do plano s e consequentemente tiverem parte real positiva, o sistema será instável. Além disso, polos com multiplicidade maior que 1 no eixo imaginário levam à soma de respostas da forma $At^n \cos(\omega t + \phi)$, em que $n = 1, 2, \ldots$, na qual a amplitude tende a infinito à medida que o tempo tende a infinito. Portanto, *os sistemas instáveis possuem funções de transferência em malha fechada com pelo menos um polo no semiplano da direita e/ou polos com multiplicidade maior que 1 no eixo imaginário.*

Finalmente, um sistema que possui polos com multiplicidade 1 no eixo imaginário produz oscilações senoidais puras como uma resposta natural. Essas respostas não aumentam nem diminuem em amplitude. Portanto, *os sistemas marginalmente estáveis possuem funções de transferência em malha fechada apenas com polos no eixo imaginário com multiplicidade 1 e polos no semiplano da esquerda.*

Como exemplo, a resposta ao degrau unitário do sistema estável da Figura 6.1(*a*) é comparada com a do sistema instável da Figura 6.1(*b*). As respostas, também mostradas na Figura 6.1, mostram que, enquanto as oscilações para o sistema estável diminuem, as do sistema instável aumentam sem limite. Além disso, observe que, neste caso, a resposta do sistema estável tende à unidade em regime permanente.

Nem sempre é simples determinar se um sistema de controle com realimentação é estável. Infelizmente, um problema típico que surge é mostrado na Figura 6.2. Embora conheçamos os polos da função de transferência à frente na Figura 6.2(*a*), não sabemos a posição dos polos do sistema em malha fechada equivalente da Figura 6.2(*b*) sem fatorar ou calcular explicitamente as raízes do denominador.

Contudo, em certas condições, podemos tirar algumas conclusões sobre a estabilidade do sistema. Primeiro, se a função de transferência em malha fechada possuir apenas polos no semiplano da esquerda, então os fatores do denominador da função de transferência em malha fechada consistirão em produtos de termos como $(s + a_i)$, em que a_i é real e positivo, ou complexo com parte real positiva. O produto desses termos é um polinômio com todos os coeficientes positivos.[2] Nenhum termo do polinômio pode estar faltando, uma vez que isso implicaria o cancelamento entre coeficientes positivos e negativos ou fatores de

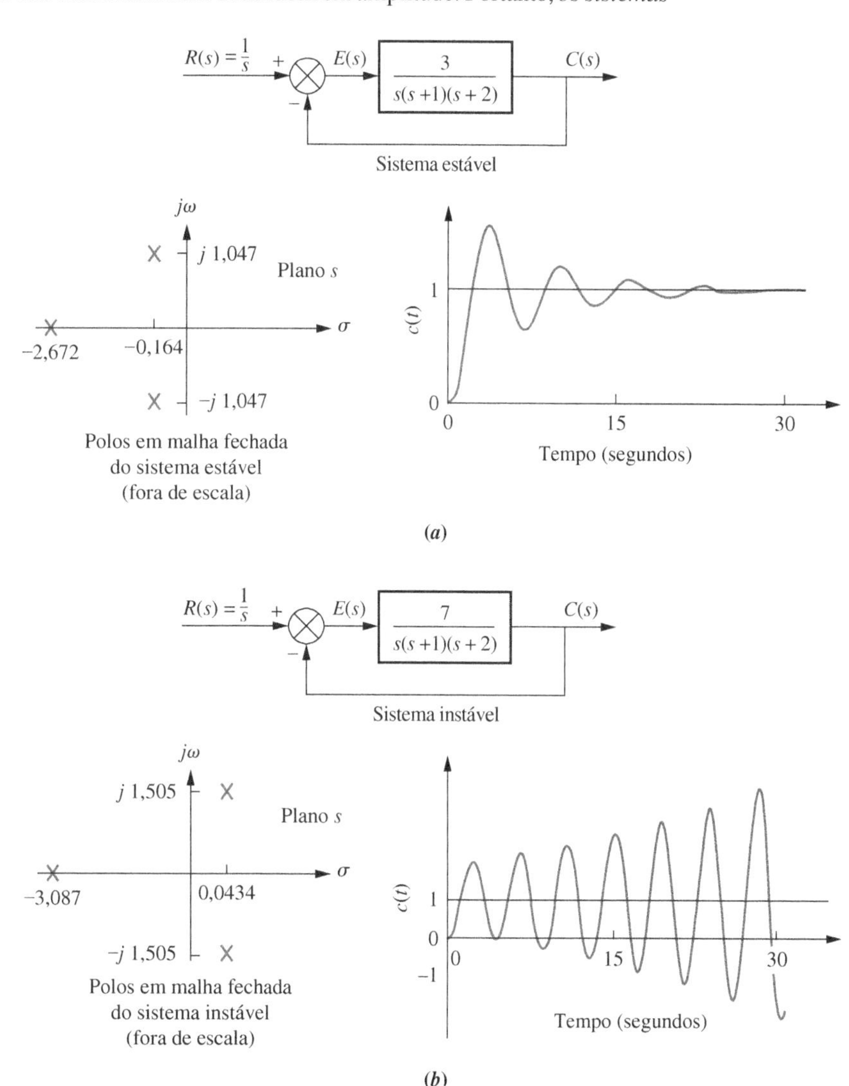

FIGURA 6.1 Polos em malha fechada e resposta: **a.** sistema estável; **b.** sistema instável.

[1] Aqui deve-se ter cuidado em distinguir entre respostas naturais crescendo sem limites e uma resposta forçada, como uma rampa ou um crescimento exponencial, que também crescem sem limites. Um sistema cuja resposta forçada tenda a infinito é estável, desde que a resposta natural tenda a zero.

[2] Os coeficientes também podem ser feitos todos negativos multiplicando-se o polinômio por −1. Esta operação não altera as posições das raízes.

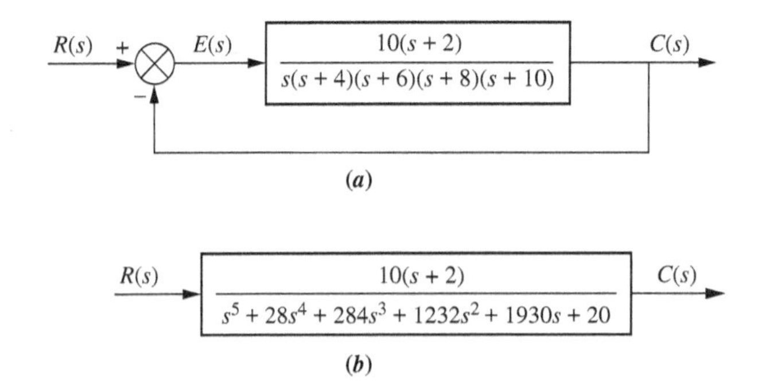

FIGURA 6.2 Causa comum de problemas na obtenção dos polos em malha fechada: **a.** sistema original; **b.** sistema equivalente.

raízes sobre o eixo imaginário, o que não é o caso. Portanto, uma condição suficiente para que um sistema seja instável é que nem todos os sinais dos coeficientes do denominador da função de transferência em malha fechada sejam iguais. Se potências de s estiverem faltando, o sistema é instável ou, na melhor das hipóteses, marginalmente estável. Infelizmente, se todos os coeficientes do denominador estiverem presentes e forem positivos, não temos informações definitivas sobre as posições dos polos do sistema.

Se o método descrito no parágrafo anterior não for suficiente, então um computador pode ser utilizado para determinar a estabilidade calculando-se as posições das raízes do denominador da função de transferência em malha fechada. Atualmente algumas calculadoras portáteis podem calcular as raízes de um polinômio. Há, contudo, outro método para testar a estabilidade sem a necessidade de calcular as raízes do denominador. Discutimos este método na próxima seção.

6.2 Critério de Routh-Hurwitz

Nesta seção, estudamos um método que fornece informações sobre a estabilidade sem a necessidade de calcular os polos do sistema em malha fechada. Utilizando este método, podemos dizer quantos polos do sistema em malha fechada estão no semiplano da esquerda, no semiplano da direita e sobre o eixo $j\omega$. (Observe que foi dito *quantos*, e não *onde*.) Podemos obter o número de polos em cada seção de plano s, porém não podemos obter suas coordenadas. O método é chamado *critério de Routh-Hurwitz* para a estabilidade (*Routh, 1905*).

O método requer dois passos: (1) gerar uma tabela de dados chamada *tabela de Routh* e (2) interpretar a tabela de Routh para dizer quantos polos de sistema em malha fechada estão no semiplano esquerdo, no semiplano direito e sobre o eixo $j\omega$. Você pode querer saber por que estudamos o critério de Routh-Hurwitz quando calculadoras e computadores modernos podem nos dizer a posição exata dos polos do sistema. O poder do método está no projeto, e não na análise. Por exemplo, se você tem um parâmetro desconhecido no denominador de uma função de transferência, é difícil determinar por meio de uma calculadora a faixa de valores deste parâmetro que resulta em estabilidade. Você provavelmente dependeria de um processo de tentativa e erro para responder sobre a questão da estabilidade. Veremos mais adiante que o critério de Routh-Hurwitz pode fornecer uma expressão fechada para a faixa de valores do parâmetro desconhecido.

Nesta seção, construímos e interpretamos uma tabela de Routh básica. Na próxima seção, consideramos dois casos especiais que podem ocorrer quando se gera essa tabela de dados.

Construindo uma Tabela de Routh Básica

Observe a função de transferência em malha fechada equivalente mostrada na Figura 6.3. Uma vez que estamos interessados nos polos do sistema, focamos nossa atenção no denominador. Primeiro construímos a tabela de Routh mostrada na Tabela 6.1. Comece rotulando as linhas com potências de s, indo da potência mais alta do denominador da função de transferência em malha fechada até s^0. Em seguida, inicie com o coeficiente da potência mais alta de s no denominador e liste, horizontalmente, na primeira linha, os demais coeficientes, mas sempre pulando um coeficiente. Na segunda linha liste, horizontalmente, começando com a segunda potência mais alta de s, todos os coeficientes que foram pulados na primeira linha.

Os elementos remanescentes são preenchidos da seguinte forma: cada elemento é o negativo do determinante de elementos das duas linhas anteriores dividido pelo elemento na primeira coluna diretamente acima da linha que está sendo calculada. A coluna da esquerda do determinante é sempre a primeira coluna das duas linhas anteriores, e a coluna da direita é constituída dos elementos da coluna acima e à direita. A tabela está completa quando todas as linhas estiverem completas até s^0. A Tabela 6.2 é a tabela de Routh completa. Vamos ver um exemplo.

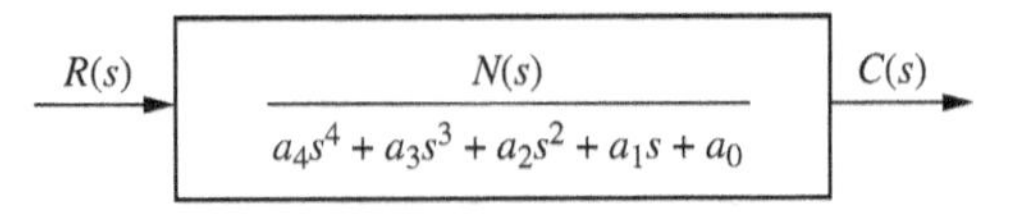

FIGURA 6.3 Função de transferência em malha fechada equivalente.

TABELA 6.1 Aparência inicial da tabela de Routh.

s^4	a_4	a_2	a_0
s^3	a_3	a_1	0
s^2			
s^1			
s^0			

TABELA 6.2 Tabela de Routh completa.

s^4	a_4	a_2	a_0
s^3	a_3	a_1	0
s^2	$\dfrac{-\begin{vmatrix} a_4 & a_2 \\ a_3 & a_1 \end{vmatrix}}{a_3} = b_1$	$\dfrac{-\begin{vmatrix} a_4 & a_0 \\ a_3 & 0 \end{vmatrix}}{a_3} = b_2$	$\dfrac{-\begin{vmatrix} a_4 & 0 \\ a_3 & 0 \end{vmatrix}}{a_3} = 0$
s^1	$\dfrac{-\begin{vmatrix} a_3 & a_1 \\ b_1 & b_2 \end{vmatrix}}{b_1} = c_1$	$\dfrac{-\begin{vmatrix} a_3 & 0 \\ b_1 & 0 \end{vmatrix}}{b_1} = 0$	$\dfrac{-\begin{vmatrix} a_3 & 0 \\ b_1 & 0 \end{vmatrix}}{b_1} = 0$
s^0	$\dfrac{-\begin{vmatrix} b_1 & b_2 \\ c_1 & 0 \end{vmatrix}}{c_1} = d_1$	$\dfrac{-\begin{vmatrix} b_1 & 0 \\ c_1 & 0 \end{vmatrix}}{c_1} = 0$	$\dfrac{-\begin{vmatrix} b_1 & 0 \\ c_1 & 0 \end{vmatrix}}{c_1} = 0$

Exemplo 6.1

Criando uma Tabela de Routh

PROBLEMA: Construa a tabela de Routh para o sistema mostrado na Figura 6.4(*a*).

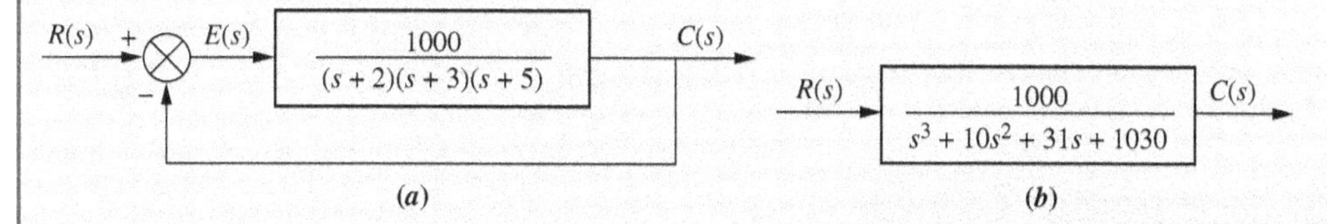

FIGURA 6.4 **a.** Sistema com realimentação para o Exemplo 6.1; **b.** sistema em malha fechada equivalente.

SOLUÇÃO: O primeiro passo é obter o sistema em malha fechada equivalente, porque queremos testar o denominador desta função, e não o da função de transferência à frente fornecida. Utilizando a fórmula da realimentação, obtemos o sistema equivalente da Figura 6.4(*b*). O critério de Routh-Hurwitz será aplicado a este denominador. Primeiro rotule as linhas com potências de s indo de s^3 a s^0 em uma coluna vertical, como mostrado na Tabela 6.3. Em seguida, forme a primeira linha da tabela utilizando os coeficientes do denominador da função de transferência em malha fechada. Comece com o coeficiente de mais alta potência e pule uma potência de s de cada vez. Agora forme a segunda linha com os coeficientes do denominador pulados no passo anterior. As linhas subsequentes são formadas com determinantes, como mostrado na Tabela 6.2.

Por conveniência, qualquer linha da tabela de Routh pode ser multiplicada por uma constante positiva sem alterar os valores das linhas abaixo. Isso pode ser provado examinando as expressões para os elementos e verificando que qualquer constante multiplicativa de uma linha anterior é cancelada. Na segunda linha da Tabela 6.3, por exemplo, a linha foi multiplicada por 1/10. Vemos adiante que é necessário ter cuidado para não multiplicar a linha por uma constante negativa.

TABELA 6.3 Tabela de Routh completa para o Exemplo 6.1.

s^3	1	31	0
s^2	~~10~~ 1	~~1030~~ 103	0
s^1	$\dfrac{-\begin{vmatrix} 1 & 31 \\ 1 & 103 \end{vmatrix}}{1} = -72$	$\dfrac{-\begin{vmatrix} 1 & 0 \\ 0 & 0 \end{vmatrix}}{1} = 0$	$\dfrac{-\begin{vmatrix} 1 & 0 \\ 1 & 0 \end{vmatrix}}{1} = 0$
s^0	$\dfrac{-\begin{vmatrix} 1 & 103 \\ -72 & 0 \end{vmatrix}}{-72} = 103$	$\dfrac{-\begin{vmatrix} 1 & 0 \\ -72 & 0 \end{vmatrix}}{-72} = 0$	$\dfrac{-\begin{vmatrix} 1 & 0 \\ -72 & 0 \end{vmatrix}}{-72} = 0$

Interpretando a Tabela Básica de Routh

Agora que sabemos como construir a tabela de Routh, vamos ver como interpretá-la. A tabela de Routh básica se aplica a sistemas com polos nos semiplanos esquerdo e direito. Os sistemas com polos imaginários e o tipo de tabela de Routh resultante serão discutidos na próxima seção. Enunciado de forma simples, o critério de Routh-Hurwitz estabelece que *o número de raízes do polinômio que estão no semiplano direito é igual ao número de mudanças de sinal na primeira coluna*.

Se a função de transferência em malha fechada possui todos os polos na metade esquerda do plano s, o sistema é estável. Assim, um sistema é estável se não houver mudança de sinal na primeira coluna da tabela de

Routh. Por exemplo, a Tabela 6.3 tem duas mudanças de sinal na primeira coluna. A primeira mudança de sinal ocorre de 1 na linha s^2 para –72 na linha s^1. A segunda ocorre de –72 na linha s^1 para 103 na linha s^0. Portanto, o sistema da Figura 6.4 é instável, uma vez que existem dois polos no semiplano da direita.

Exercício 6.1

PROBLEMA: Construa uma tabela de Routh e diga quantas raízes do polinômio a seguir estão no semiplano da direita e no semiplano da esquerda.

$$P(s) = 3s^7 + 9s^6 + 6s^5 + 4s^4 + 7s^3 + 8s^2 + 2s + 6 \tag{6.2}$$

RESPOSTA: Quatro no semiplano da direita (spd) e três no semiplano da esquerda (spe).
A solução completa está disponível no Ambiente de aprendizagem do GEN.

Agora que descrevemos como construir e interpretar uma tabela de Routh básica, vamos estudar dois casos especiais que podem ocorrer.

6.3 Critério de Routh-Hurwitz: Casos Especiais

Dois casos especiais podem ocorrer: (1) A tabela de Routh algumas vezes terá um *zero apenas na primeira coluna* de uma linha, ou (2) a tabela de Routh algumas vezes terá *uma linha inteira* que consiste em zeros. Vamos examinar o primeiro caso.

Zero Apenas na Primeira Coluna

Caso o primeiro elemento de uma linha seja zero, uma divisão por zero seria necessária para formar a próxima linha. Para evitar esse fenômeno, um épsilon, ϵ, é designado para substituir o zero na primeira coluna. O valor ϵ é então feito tender a zero pelo lado positivo ou pelo lado negativo, após o que os sinais dos elementos na primeira coluna podem ser determinados. Vamos ver um exemplo.

Exemplo 6.2

Experimente 6.1

Use as seguintes instruções MATLAB para obter os polos da função de transferência em malha fechada na Equação (6.3).

```
roots([1 2 3 6 5 3])
```

Estabilidade Via Método do Épsilon

PROBLEMA: Determine a estabilidade da função de transferência em malha fechada

$$T(s) = \frac{10}{s^5 + 2s^4 + 3s^3 + 6s^2 + 5s + 3} \tag{6.3}$$

SOLUÇÃO: A solução é mostrada na Tabela 6.4. Formamos a tabela de Routh utilizando o denominador da Equação (6.3). Comece construindo a tabela de Routh até a linha onde um zero aparece *apenas* na primeira coluna (a linha s^3). Em seguida, substitua o zero por um número pequeno, ϵ, e complete a tabela. Para começar a interpretação, devemos primeiro admitir um sinal, positivo ou negativo, para a grandeza ϵ. A Tabela 6.5 mostra a primeira coluna da Tabela 6.4 junto com os sinais resultantes para escolhas de ϵ positivo e ϵ negativo.

TABELA 6.4 Tabela de Routh completa para o Exemplo 6.2.

s^5	1	3	5
s^4	2	6	3
s^3	~~0~~ ϵ	$\frac{7}{2}$	0
s^2	$\frac{6\epsilon - 7}{\epsilon}$	3	0
s^1	$\frac{42\epsilon - 49 - 6\epsilon^2}{12\epsilon - 14}$	0	0
s^0	3	0	0

TABELA 6.5 Determinando sinais na primeira coluna de uma tabela de Routh com zero como primeiro elemento em uma linha.

Rótulo	Primeira coluna	$\epsilon = +$	$\epsilon = -$
s^5	1	+	+
s^4	2	+	+
s^3	~~0~~ ϵ	+	−
s^2	$\frac{6\epsilon - 7}{\epsilon}$	−	+
s^1	$\frac{42\epsilon - 49 - 6\epsilon^2}{12\epsilon - 14}$	+	+
s^0	3	+	+

Caso ϵ seja escolhido positivo, a Tabela 6.5 mostrará uma mudança de sinal da linha s^3 para a linha s^2, e haverá outra mudança de sinal da linha s^2 para a linha s^1. Assim, o sistema é instável e possui dois polos no semiplano da direita.

Alternativamente, poderíamos escolher ϵ negativo. A Tabela 6.5 mostraria então uma mudança de sinal da linha s^4 para a linha s^3. Outra mudança de sinal ocorreria da linha s^3 para a linha s^2. Nosso resultado seria exatamente o mesmo que para uma escolha de ϵ positivo. Portanto, o sistema é instável, com dois polos no semiplano da direita.

Symbolic Math **SM**

Estudantes que estão realizando os exercícios de MATLAB e desejam explorar a capacidade adicional da Symbolic Math Toolbox do MATLAB devem agora executar o arquivo ch6apF1 do Apêndice F, disponível no Ambiente de aprendizagem do GEN. Você aprenderá como utilizar a Symbolic Math Toolbox para calcular os valores dos elementos em uma tabela de Routh, mesmo que a tabela contenha objetos simbólicos, como ϵ. Você verá que a Symbolic Math Toolbox e o MATLAB fornecem um caminho alternativo para gerar a tabela de Routh para o Exemplo 6.2.

Outro método que pode ser utilizado quando um zero aparece apenas na primeira coluna de uma linha é deduzido a partir do fato de que um polinômio que tenha raízes recíprocas das raízes do polinômio original possui suas raízes distribuídas da mesma forma – semiplano da direita, semiplano da esquerda ou eixo imaginário – porque o recíproco do valor de uma raiz está na mesma região da raiz. Assim, caso possamos obter o polinômio que possui as raízes recíprocas das do polinômio original, é possível que a tabela de Routh para o novo polinômio não tenha um zero na primeira coluna. Este método é geralmente mais fácil, do ponto de vista computacional, do que o método do épsilon que acabamos de descrever.

Mostramos agora que o polinômio que procuramos, aquele com as raízes recíprocas, é simplesmente o polinômio original com seus coeficientes escritos na ordem inversa (*Phillips, 1991*). Admita a equação

$$s^n + a_{n-1}s^{n-1} + \cdots + a_1 s + a_0 = 0 \tag{6.4}$$

Caso s seja substituído por $1/d$, então d terá raízes que são as recíprocas de s. Fazendo essa substituição na Equação (6.4),

$$\left(\frac{1}{d}\right)^n + a_{n-1}\left(\frac{1}{d}\right)^{n-1} + \cdots + a_1\left(\frac{1}{d}\right) + a_0 = 0 \tag{6.5}$$

Colocando $(1/d)^n$ em evidência,

$$\left(\frac{1}{d}\right)^n \left[1 + a_{n-1}\left(\frac{1}{d}\right)^{-1} + \cdots + a_1\left(\frac{1}{d}\right)^{(1-n)} + a_0\left(\frac{1}{d}\right)^{-n}\right] =$$

$$\left(\frac{1}{d}\right)^n [1 + a_{n-1}d + \cdots + a_1 d^{(n-1)} + a_0 d^n] = 0 \tag{6.6}$$

Assim, o polinômio com raízes recíprocas é um polinômio com os coeficientes escritos na ordem inversa. Vamos refazer o exemplo anterior para mostrar a vantagem computacional deste método.

Exemplo 6.3

Estabilidade Via Coeficientes em Ordem Inversa

PROBLEMA: Determine a estabilidade da função de transferência em malha fechada

$$T(s) = \frac{10}{s^5 + 2s^4 + 3s^3 + 6s^2 + 5s + 3} \tag{6.7}$$

SOLUÇÃO: Primeiro escreva um polinômio que tenha as raízes recíprocas do denominador da Equação (6.7). A partir de nossa discussão, este polinômio é formado escrevendo-se o denominador da Equação (6.7) em ordem inversa. Assim,

$$D(s) = 3s^5 + 5s^4 + 6s^3 + 3s^2 + 2s + 1 \tag{6.8}$$

Construímos a tabela de Routh como mostrado na Tabela 6.6 utilizando a Equação (6.8). Uma vez que existem duas mudanças de sinal, o sistema é instável e possui dois polos no semiplano da direita. Este é o mesmo resultado obtido no Exemplo 6.2. Observe que a Tabela 6.6 não possui um zero na primeira coluna.

TABELA 6.6 Tabela de Routh para o Exemplo 6.3.

s^5	3	6	2
s^4	5	3	1
s^3	4,2	1,4	
s^2	1,33	1	
s^1	−1,75		
s^0	1		

Uma Linha Inteira de Zeros

Examinamos agora o segundo caso especial. Algumas vezes, ao construir uma tabela de Routh, verificamos que uma linha inteira é constituída de zeros porque há um polinômio par que é um fator do polinômio original. Este caso deve ser tratado de modo diferente do caso de um zero apenas na primeira coluna de uma linha. Vamos ver um exemplo que mostra como construir e interpretar a tabela de Routh quando uma linha inteira de zeros estiver presente.

Exemplo 6.4

Estabilidade Via Tabela de Routh com Linha de Zeros

PROBLEMA: Determine o número de polos no semiplano da direita da função de transferência em malha fechada

$$T(s) = \frac{10}{s^5 + 7s^4 + 6s^3 + 42s^2 + 8s + 56} \tag{6.9}$$

SOLUÇÃO: Comece construindo a tabela de Routh para o denominador da Equação (6.9) (ver Tabela 6.7). Na segunda linha, multiplicamos por 1/7, por conveniência. Paramos na terceira linha, uma vez que a linha inteira consiste em zeros, e utilizamos o procedimento descrito a seguir. Primeiro, retornamos à linha imediatamente acima da linha de zeros e construímos um polinômio auxiliar, utilizando os elementos desta linha como coeficientes. O polinômio começará com a potência de s da coluna de rótulo correspondente e continuará pulando sempre uma potência de s. Assim, o polinômio construído para este exemplo é

$$P(s) = s^4 + 6s^2 + 8 \tag{6.10}$$

Em seguida, derivamos o polinômio em relação a s e obtemos

$$\frac{dP(s)}{ds} = 4s^3 + 12s + 0 \tag{6.11}$$

Finalmente, usamos os coeficientes da Equação (6.11) para substituir a linha de zeros. Novamente, por conveniência, a terceira linha é multiplicada por 1/4 após a substituição dos zeros.

O restante da tabela é construído de modo direto, seguindo a forma padrão mostrada na Tabela 6.2. A Tabela 6.7 mostra que todos os elementos na primeira coluna são positivos. Assim, não existem polos no semiplano da direita.

TABELA 6.7 Tabela de Routh para o Exemplo 6.4.

s^5	1	6	8
s^4	~~7~~ 1	~~42~~ 6	~~56~~ 8
s^3	~~0~~ ~~4~~ 1	~~0~~ ~~12~~ 3	~~0~~ ~~0~~ 0
s^2	3	8	0
s^1	$\frac{1}{3}$	0	0
s^0	8	0	0

Vamos examinar melhor o caso que resulta em uma linha inteira de zeros. Uma linha inteira de zeros aparecerá na tabela de Routh quando um polinômio estritamente par ou estritamente ímpar for um fator do polinômio original. Por exemplo, $s^4 + 5s^2 + 7$ é um polinômio par; ele possui apenas potências pares de s. Os polinômios pares só possuem raízes que são simétricas com relação à origem.[3] Esta simetria pode ocorrer sob três condições de posições das raízes: (1) As raízes são simétricas e reais, (2) as raízes são simétricas e imaginárias ou (3) as raízes são quadrantais. A Figura 6.5 mostra exemplos desses casos. Cada caso, ou combinação desses casos, gera um polinômio par.

É este polinômio par que faz com que a linha de zeros apareça. Assim, a linha de zeros indica a existência de um polinômio par cujas raízes são simétricas em relação à origem. Algumas das raízes poderiam estar sobre o eixo $j\omega$. Por outro lado, uma vez que raízes $j\omega$ são simétricas em relação à origem, se não tivermos uma linha de zeros, não será possível termos raízes $j\omega$.

Outra característica da tabela de Routh para o caso em questão é que a linha anterior à linha de zeros contém o polinômio par que é um fator do polinômio original. Finalmente, tudo a partir da linha que contém o polinômio par até o final da tabela de Routh é um teste apenas do polinômio par. Vamos juntar esses fatos em um exemplo.

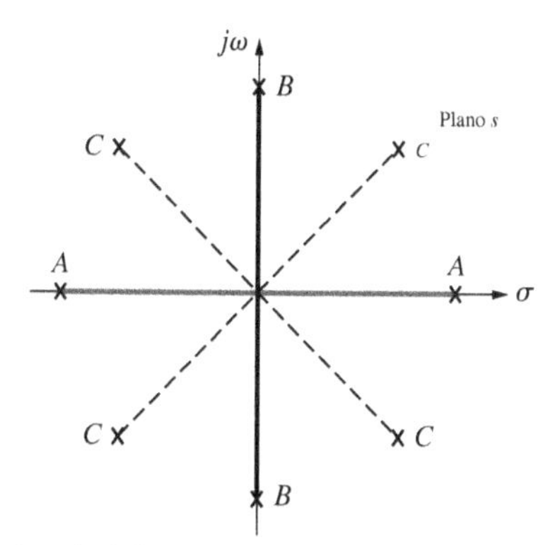

A: Reais e simétricas com relação à origem
B: Imaginárias e simétricas com relação à origem
C: Quadrantais e simétricas com relação à origem

FIGURA 6.5 Posições das raízes para gerar polinômios pares: A, B, C ou qualquer combinação.

Exemplo 6.5

Distribuição de Polos Via Tabela de Routh com Linha de Zeros

PROBLEMA: Para a função de transferência

$$T(s) = \frac{20}{s^8 + s^7 + 12s^6 + 22s^5 + 39s^4 + 59s^3 + 48s^2 + 38s + 20} \tag{6.12}$$

diga quantos polos estão no semiplano da direita, no semiplano da esquerda e sobre o eixo $j\omega$.

SOLUÇÃO: Utilize o denominador da Equação (6.12) e construa a tabela de Routh mostrada na Tabela 6.8. Por conveniência, a linha s^6 é multiplicada por 1/10 e a linha s^5 é multiplicada por 1/20. Na linha s^3, obtemos uma linha de zeros. Voltando uma linha para s^4, extraímos o polinômio par, $P(s)$, como

$$P(s) = s^4 + 3s^2 + 2 \tag{6.13}$$

TABELA 6.8 Tabela de Routh para o Exemplo 6.5.

s^8	1	12	39	48	20
s^7	1	22	59	38	0
s^6	−~~10~~ −1	−~~20~~ −2	~~10~~ 1	~~20~~ 2	0
s^5	~~20~~ 1	~~60~~ 3	~~40~~ 2	0	0
s^4	1	3	2	0	0
s^3	~~0~~ ~~4~~ 2	~~0~~ ~~6~~ 3	~~0~~ ~~0~~ 0	0	0
s^2	~~$\frac{3}{2}$~~ 3	~~2~~ 4	0	0	0
s^1	$\frac{1}{3}$	0	0	0	0
s^0	4	0	0	0	0

Este polinômio dividirá o denominador da Equação (6.12) e, consequentemente, é um fator. Derivando em relação a s para obter os coeficientes que substituem a linha de zeros na linha s^3, obtemos

$$\frac{dP(s)}{ds} = 4s^3 + 6s + 0 \tag{6.14}$$

Substitua a linha de zeros com 4, 6 e 0, e multiplique a linha por 1/2, por conveniência. Finalmente, continue a tabela até a linha s^0, utilizando o procedimento padrão.

[3] O polinômio $s^5 + 5s^3 + 7s$ é um exemplo de polinômio ímpar; ele possui apenas potências ímpares de s. Os polinômios ímpares são o produto de um polinômio par e uma potência ímpar de s. Assim, o termo constante de um polinômio ímpar é sempre nulo.

Como interpretamos agora a tabela de Routh? Uma vez que todos os elementos a partir do polinômio par na linha s^4 até a linha s^0 são um teste do polinômio par, começamos a tirar algumas conclusões sobre as raízes do polinômio par. Não existe mudança de sinal da linha s^4 até a linha s^0. Assim, o polinômio par não possui polos no semiplano da direita. Uma vez que não há polos no semiplano da direita, não existem polos no semiplano da esquerda, devido ao requisito de simetria. Portanto, o polinômio par, Equação (6.13), deve ter todos os seus quatro polos sobre o eixo $j\omega$.[4] Esses resultados são resumidos na primeira coluna da Tabela 6.9.

As raízes remanescentes do polinômio total são avaliadas a partir da linha s^8 até a linha s^4. Observamos duas mudanças de sinal: uma da linha s^7 para a linha s^6 e outra da linha s^6 para a linha s^5. Portanto, o outro polinômio deve ter duas raízes no semiplano da direita. Esses resultados são incluídos na Tabela 6.9, na coluna **Outro**. A contagem final é a soma das raízes de cada componente, o polinômio par e o outro polinômio, como mostrado na coluna **Total** na Tabela 6.9. Assim, o sistema tem dois polos no semiplano da direita, dois polos no semiplano da esquerda e quatro polos sobre o eixo $j\omega$; ele é instável devido aos polos no semiplano da direita.

TABELA 6.9 Resumo das posições dos polos para o Exemplo 6.5.

	Polinômio		
Posição	Par (quarta ordem)	Outro (quarta ordem)	Total (oitava ordem)
Semiplano da direita	0	2	2
Semiplano da esquerda	0	2	2
$j\omega$	4	0	4

Resumimos agora o que aprendemos sobre os polinômios que geram linhas inteiras de zeros na tabela de Routh. Esses polinômios possuem um fator puramente par com raízes que são simétricas em relação à origem. O polinômio par aparece na tabela de Routh na linha imediatamente acima da linha de zeros. Todos os elementos na tabela a partir da linha do polinômio par até o final da tabela se aplicam apenas ao polinômio par. Portanto, o número de mudanças de sinal a partir do polinômio par até o final da tabela é igual ao número de raízes no semiplano da direita do polinômio par. Por causa da simetria das raízes em relação à origem, o polinômio par deve ter o mesmo número de raízes no semiplano da esquerda e no semiplano da direita. Tendo contabilizado as raízes nos semiplanos da direita e da esquerda, sabemos que as demais raízes devem estar sobre o eixo $j\omega$.

Todas as linhas da tabela de Routh do início da tabela até a linha contendo o polinômio par se aplicam apenas ao outro fator do polinômio original. Para este fator, o número de mudanças de sinal, do começo da tabela até o polinômio par, é igual ao número de raízes no semiplano da direita. As demais raízes estão no semiplano da esquerda. Não pode haver raízes $j\omega$ contidas no outro polinômio.

Exercício 6.2

PROBLEMA: Utilize o critério de Routh-Hurwitz para descobrir quantos polos do sistema em malha fechada a seguir, $T(s)$, estão no spd, no spe e sobre o eixo $j\omega$:

$$T(s) = \frac{s^3 + 7s^2 - 21s + 10}{s^6 + s^5 - 6s^4 + 0s^3 - s^2 - s + 6}$$

RESPOSTA: Dois no spd, dois no spe e dois sobre o eixo $j\omega$.

A solução completa está disponível no Ambiente de aprendizagem do GEN.

Vamos demonstrar a utilidade do critério de Routh-Hurwitz com alguns exemplos adicionais.

6.4 Critério de Routh-Hurwitz: Exemplos Adicionais

As duas seções anteriores apresentaram o critério de Routh-Hurwitz. Agora precisamos mostrar a aplicação do método a alguns problemas de análise e de projeto.

[4] Uma condição necessária para a estabilidade é que as raízes $j\omega$ possuam multiplicidade unitária. O polinômio par deve ser verificado para raízes $j\omega$ múltiplas. Neste caso, a existência de raízes $j\omega$ múltiplas levaria a um polinômio de quarta ordem na forma de um quadrado perfeito. Uma vez que a Equação (6.13) não é um quadrado perfeito, as quatro raízes $j\omega$ são distintas.

Exemplo 6.6

Routh-Hurwitz Padrão

PROBLEMA: Determine o número de polos no semiplano da esquerda, no semiplano da direita e sobre o eixo $j\omega$ para o sistema da Figura 6.6.

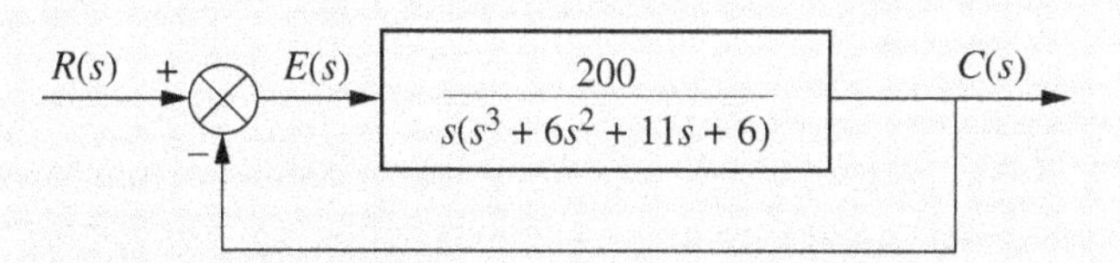

FIGURA 6.6 Sistema de controle com realimentação para o Exemplo 6.6.

SOLUÇÃO: Primeiro, obtenha a função de transferência em malha fechada como

$$T(s) = \frac{200}{s^4 + 6s^3 + 11s^2 + 6s + 200} \tag{6.15}$$

A tabela de Routh para o denominador da Equação (6.15) é mostrada na Tabela 6.10. Para maior clareza, deixamos em branco as células com zero. Na linha s^1, há um coeficiente negativo; assim, existem duas mudanças de sinal. O sistema é instável, uma vez que ele possui dois polos no semiplano da direita e dois polos no semiplano da esquerda. O sistema não pode possuir polos sobre o eixo $j\omega$, uma vez que não apareceu uma linha de zeros na tabela de Routh.

TABELA 6.10 Tabela de Routh para o Exemplo 6.6.

s^4	1	11	200
s^3	~~6~~ 1	~~6~~ 1	
s^2	~~10~~ 1	~~200~~ 20	
s^1	−19		
s^0	20		

O próximo exemplo mostra a ocorrência de um zero apenas na primeira coluna de uma linha.

Exemplo 6.7

Routh-Hurwitz com Zero na Primeira Coluna

PROBLEMA: Determine o número de polos no semiplano da esquerda, no semiplano da direita e sobre o eixo $j\omega$ para o sistema da Figura 6.7.

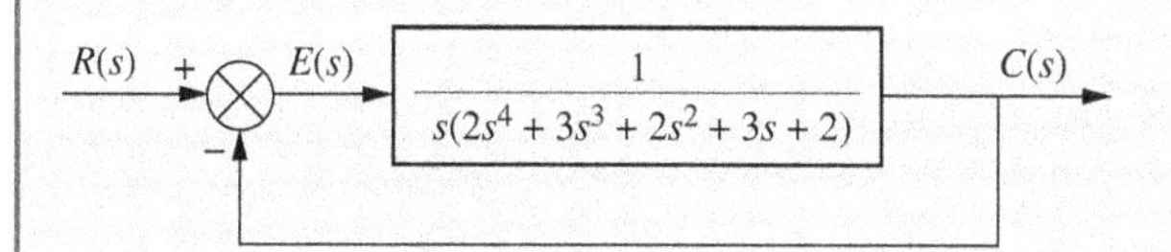

FIGURA 6.7 Sistema de controle com realimentação para o Exemplo 6.7.

SOLUÇÃO: A função de transferência em malha fechada é

$$T(s) = \frac{1}{2s^5 + 3s^4 + 2s^3 + 3s^2 + 2s + 1} \tag{6.16}$$

Construa a tabela de Routh mostrada na Tabela 6.11 utilizando o denominador da Equação (6.16). Um zero aparece na primeira coluna da linha s^3. Uma vez que a linha toda não é nula, simplesmente substitua o zero por um

TABELA 6.11 Tabela de Routh para o Exemplo 6.7.

s^5	2	2	2
s^4	3	3	1
s^3	~~0~~ ϵ	$\frac{4}{3}$	
s^2	$\frac{3\epsilon - 4}{\epsilon}$	1	
s^1	$\frac{12\epsilon - 16 - 3\epsilon^2}{9\epsilon - 12}$		
s^0	1		

valor pequeno, ϵ, e continue a tabela. Fazendo com que ϵ seja um valor pequeno e positivo, verificamos que o primeiro elemento da linha s^2 é negativo. Assim, há duas mudanças de sinal, e o sistema é instável, com dois polos no semiplano da direita. Os demais polos estão no semiplano da esquerda.

Também podemos usar a abordagem alternativa, em que produzimos um polinômio cujas raízes são as recíprocas das do original. Utilizando o denominador da Equação (6.17), construímos um polinômio escrevendo os coeficientes em ordem inversa,

$$s^5 + 2s^4 + 3s^3 + 2s^2 + 3s + 2 \qquad (6.17)$$

A tabela de Routh para este polinômio é mostrada na Tabela 6.12. Infelizmente, neste caso, também temos um zero apenas na primeira coluna da linha s^2. Contudo, é mais fácil trabalhar com ela do que com a Tabela 6.11. A Tabela 6.12 fornece os mesmos resultados que a Tabela 6.11: três polos no semiplano da esquerda e dois polos no semiplano da direita. O sistema é instável.

TABELA 6.12 Tabela de Routh alternativa para o Exemplo 6.7.

s^5	1	3	3
s^4	2	2	2
s^3	2	2	
s^2	~~0~~ ϵ	2	
s^1	$\dfrac{2\epsilon - 4}{\epsilon}$		
s^0	2		

MATLAB **ML**

`Os estudantes que estiverem usando o MATLAB devem, agora, executar o arquivo ch6apB1 do Apêndice B. Você aprenderá como realizar a redução de diagrama de blocos para obter T(s), seguida da avaliação dos polos do sistema em malha fechada para determinar a estabilidade. Este exercício utiliza o MATLAB para resolver o Exemplo 6.7.`

No próximo exemplo, vemos uma linha inteira de zeros aparecer com a possibilidade de raízes imaginárias.

Exemplo 6.8

Routh-Hurwitz com Linha de Zeros

PROBLEMA: Determine o número de polos no semiplano da esquerda, no semiplano da direita e sobre o eixo $j\omega$ para o sistema da Figura 6.8. Tire conclusões a respeito da estabilidade do sistema em malha fechada.

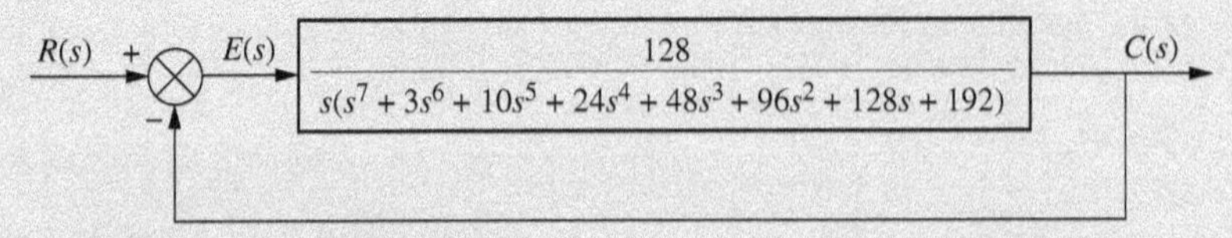

FIGURA 6.8 Sistema de controle com realimentação para o Exemplo 6.8.

Experimente 6.2

Use as seguintes instruções MATLAB e Control System Toolbox para obter a função de transferência em malha fechada, $T(s)$, para a Figura 6.8 e os polos em malha fechada.

```
numg=128;
deng=[1 3 10 24 ...
 48 96 128 192 0];
G=tf(numg,deng);
T=feedback(G,1)
poles=pole(T)
```

SOLUÇÃO: A função de transferência em malha fechada para o sistema da Figura 6.8 é

$$T(s) = \frac{128}{s^8 + 3s^7 + 10s^6 + 24s^5 + 48s^4 + 96s^3 + 128s^2 + 192s + 128} \qquad (6.18)$$

Utilizando o denominador, construa a tabela de Routh mostrada na Tabela 6.13. Uma linha de zeros aparece na linha s^5. Portanto, o denominador da função de transferência em malha fechada deve ter um polinômio par como fator. Retorne à linha s^6 e construa o polinômio par:

$$P(s) = s^6 + 8s^4 + 32s^2 + 64 \qquad (6.19)$$

Derive este polinômio com relação a s para obter os coeficientes que substituirão a linha de zeros:

$$\frac{dP(s)}{ds} = 6s^5 + 32s^3 + 64s + 0 \qquad (6.20)$$

Substitua a linha de zeros na linha s^5 pelos coeficientes da Equação (6.20) e multiplique por 1/2 por conveniência. Em seguida, complete a tabela.

Observamos que há duas mudanças de sinal do polinômio par na linha s^6 até o final da tabela. Portanto, o polinômio par possui dois polos no semiplano da direita. Por causa da simetria em relação à origem, o polinômio par deve ter o mesmo número de polos no semiplano da esquerda. Portanto, o polinômio par tem

TABELA 6.13 Tabela de Routh para o Exemplo 6.8.

s^8	1	10	48	128	128
s^7	~~3~~ 1	~~24~~ 8	~~96~~ 32	~~192~~ 64	
s^6	~~2~~ 1	~~16~~ 8	~~64~~ 32	~~128~~ 64	
s^5	~~0~~ ~~6~~ 3	~~0~~ ~~32~~ 16	~~0~~ ~~64~~ 32	~~0~~ ~~0~~ 0	
s^4	~~$\frac{8}{3}$~~ 1	~~$\frac{64}{3}$~~ 8	~~64~~ 24		
s^3	~~-8~~ -1	~~-40~~ -5			
s^2	~~3~~ 1	~~24~~ 8			
s^1	3				
s^0	8				

dois polos no semiplano da esquerda. Uma vez que o polinômio par é de sexta ordem, os dois polos restantes devem estar sobre o eixo $j\omega$.

Não há mudanças do início da tabela até o polinômio par na linha s^6. Portanto, o resto do polinômio não tem polos no semiplano da direita. Os resultados são resumidos na Tabela 6.14. O sistema tem dois polos no semiplano da direita, quatro polos no semiplano da esquerda e dois polos sobre o eixo $j\omega$, os quais são de multiplicidade unitária. O sistema em malha fechada é instável por causa dos polos no semiplano da direita.

TABELA 6.14 Resumo das posições dos polos para o Exemplo 6.8.

	Polinômio		
Posição	**Par (sexta ordem)**	**Outro (segunda ordem)**	**Total (oitava ordem)**
Semiplano da direita	2	0	2
Semiplano da esquerda	2	2	4
$j\omega$	2	0	2

O critério de Routh-Hurwitz oferece uma prova nítida de que mudanças no ganho de um sistema de controle com realimentação resultam em diferenças na resposta transitória em decorrência de mudanças nas posições dos polos em malha fechada. O próximo exemplo demonstra esse conceito. Veremos que para sistemas de controle, como a máquina-ferramenta de mão robótica mostrada na Figura 6.9, variações de ganho podem mover os polos de regiões estáveis do plano s para o eixo $j\omega$ e, em seguida, para o semiplano da direita.

FIGURA 6.9 Máquina-ferramenta de mão robótica em uma fábrica de manufatura industrial.

Exemplo 6.9

Projeto de Estabilidade Via Routh-Hurwitz

PROBLEMA: Determine a faixa de valores de ganho, K, para o sistema da Figura 6.10, que fará com que o sistema seja estável, instável e marginalmente estável. Admita $K > 0$.

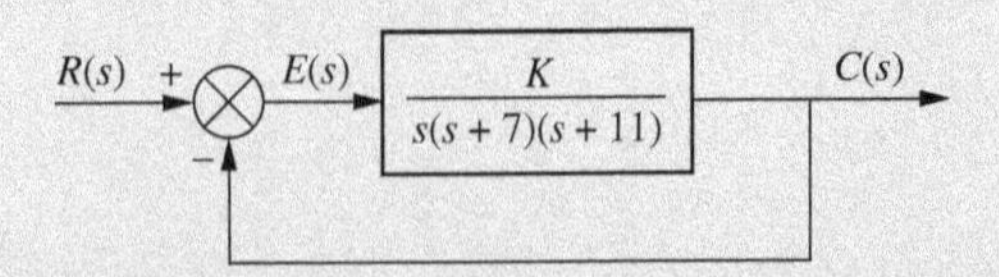

FIGURA 6.10 Sistema de controle com realimentação para o Exemplo 6.9.

SOLUÇÃO: Primeiro, obtenha a função de transferência em malha fechada como

$$T(s) = \frac{K}{s^3 + 18s^2 + 77s + K} \tag{6.21}$$

TABELA 6.15 Tabela de Routh para o Exemplo 6.9.

s^3	1	77
s^2	18	K
s^1	$\frac{1386 - K}{18}$	
s^0	K	

Em seguida, construa a tabela de Routh mostrada na Tabela 6.15.

Uma vez que K é admitido positivo, vemos que todos os elementos na primeira coluna são sempre positivos, exceto o da linha s^1. Esse elemento pode ser positivo, zero ou negativo, dependendo do valor de K. Se $K < 1386$, todos os termos na primeira coluna serão positivos e, como não há mudanças de sinal, o sistema terá três polos no semiplano da esquerda e será *estável*.

Se $K > 1386$, o termo s^1 na primeira coluna será negativo. Há duas mudanças de sinal, indicando que o sistema tem dois polos no semiplano da direita e um polo no semiplano da esquerda, o que faz com que o sistema seja *instável*.

Se $K = 1386$, temos uma linha inteira de zeros, o que poderia significar polos $j\omega$. Retornando à linha s^2 e substituindo K por 1386, construímos o polinômio par

$$P(s) = 18s^2 + 1386 \tag{6.22}$$

Derivando em relação a s, temos

$$\frac{dP(s)}{ds} = 36s + 0 \tag{6.23}$$

TABELA 6.16 Tabela de Routh para o Exemplo 6.9 com $K = 1386$.

s^3	1	77
s^2	18	1386
s^1	~~0~~ 36	
s^0	1386	

Substituindo a linha de zeros com os coeficientes da Equação (6.23), obtemos a tabela de Routh-Hurwitz mostrada na Tabela 6.16 para o caso de $K = 1386$.

Como não há mudanças de sinal a partir do polinômio par (linha s^2) até o final da tabela, o polinômio par tem suas duas raízes sobre o eixo $j\omega$ com multiplicidade unitária. Como não há mudanças de sinal acima do polinômio par, a raiz remanescente está no semiplano da esquerda. Portanto, o sistema é *marginalmente estável*.

MATLAB **ML**

Os estudantes que estiverem usando o MATLAB devem, agora, executar o arquivo ch6apB2 do Apêndice B. Você aprenderá como preparar um laço para procurar pela faixa de valores de ganho a fim de resultar em estabilidade. Este exercício utiliza o MATLAB para resolver o Exemplo 6.9.

Symbolic Math **SM**

Estudantes que estão realizando os exercícios de MATLAB e desejam explorar a capacidade adicional da Symbolic Math Toolbox do MATLAB devem agora executar o arquivo ch6apF2 do Apêndice F, disponível no Ambiente de aprendizagem do GEN. Você aprenderá como utilizar a Symbolic Math Toolbox para calcular os valores dos elementos em uma tabela de Routh, mesmo se a tabela contiver objetos simbólicos, como um ganho variável, K. Você verá que a Symbolic Math Toolbox e o MATLAB fornecem um caminho alternativo para resolver o Exemplo 6.9.

O critério de Routh-Hurwitz é frequentemente utilizado em aplicações limitadas para fatorar polinômios contendo fatores pares. Vamos ver um exemplo.

Exemplo 6.10

Fatorando Via Routh-Hurwitz

PROBLEMA: Fatore o polinômio

$$s^4 + 3s^3 + 30s^2 + 30s + 200 \tag{6.24}$$

SOLUÇÃO: Construa a tabela de Routh da Tabela 6.17. Verificamos que a linha s^1 é uma linha de zeros. Construa agora o polinômio par na linha s^2:

$$P(s) = s^2 + 10 \tag{6.25}$$

TABELA 6.17 Tabela de Routh para o Exemplo 6.10.

s^4	1	30	200
s^3	~~3~~ 1	~~30~~ 10	
s^2	~~20~~ 1	~~200~~ 10	
s^1	~~0~~ 2	~~0~~ 0	
s^0	10		

Este polinômio é derivado em relação a s para completar a tabela de Routh. Entretanto, como este polinômio é um fator do polinômio original na Equação (6.24), dividindo a Equação (6.24) pela Equação (6.25) resulta $(s^2 + 3s + 20)$ como o outro fator. Portanto,

$$\begin{aligned} s^4 + 3s^3 + 30s^2 + 30s + 200 &= (s^2 + 10)(s^2 + 3s + 20) \\ &= (s + j3{,}1623)(s - j3{,}1623) \\ &\quad \times (s + 1{,}5 + j4{,}213)(s + 1{,}5 - j4{,}213) \end{aligned} \tag{6.26}$$

Exercício 6.3

PROBLEMA: Para um sistema com realimentação unitária com a função de transferência à frente

$$G(s) = \frac{K(s+20)}{s(s+2)(s+3)}$$

determine a faixa de valores de K que torna o sistema estável.

RESPOSTA: $0 < K < 2$

A solução completa está disponível no Ambiente de aprendizagem do GEN.

6.5 Estabilidade no Espaço de Estados

Espaço de Estados EE

Até agora, examinamos a estabilidade do ponto de vista do plano s. Agora analisamos a estabilidade pela perspectiva do espaço de estados. Na Seção 4.10 mencionamos que os valores dos polos do sistema são iguais aos autovalores da matriz de sistema, $\mathbf{A}$. Declaramos que os autovalores da matriz $\mathbf{A}$ eram soluções da equação $\det(s\mathbf{I} - \mathbf{A}) = 0$, que também resultava nos polos da função de transferência. Os autovalores apareceram novamente na Seção 5.8, em que foram formalmente definidos e utilizados para diagonalizar uma matriz. Vamos agora mostrar, formalmente, que os autovalores e os polos do sistema têm os mesmos valores.

Revendo a Seção 5.8, os autovalores de uma matriz, $\mathbf{A}$, são os valores de λ que propiciam uma solução não trivial (diferente de $\mathbf{0}$) para $\mathbf{x}$ na equação

$$\mathbf{Ax} = \lambda\mathbf{x} \tag{6.27}$$

Para obter os valores de λ que, de fato, permitem a solução para $\mathbf{x}$, reorganizamos a Equação (6.27) como a seguir:

$$\lambda\mathbf{x} - \mathbf{Ax} = \mathbf{0} \tag{6.28}$$

ou

$$(\lambda\mathbf{I} - \mathbf{A})\mathbf{x} = \mathbf{0} \tag{6.29}$$

Resolvendo para **x**, resulta

$$\mathbf{x} = (\lambda\mathbf{I} - \mathbf{A})^{-1}\mathbf{0} \tag{6.30}$$

ou

$$\mathbf{x} = \frac{\text{adj}(\lambda\mathbf{I} - \mathbf{A})}{\det(\lambda\mathbf{I} - \mathbf{A})}\mathbf{0} \tag{6.31}$$

Verificamos que todas as soluções serão o vetor nulo, exceto quando ocorrer um zero no denominador. Como esta é a única condição em que os elementos de **x** serão 0/0, ou indeterminados, este é o único caso em que uma solução não nula é possível.

Os valores de λ são calculados igualando o denominador a zero:

$$\det(\lambda\mathbf{I} - \mathbf{A}) = 0 \tag{6.32}$$

Esta equação determina os valores de λ para os quais existe uma solução não nula para **x** na Equação (6.27). Na Seção 5.8, definimos **x** como *autovetores* e os valores de λ como *autovalores* da matriz **A**.

Vamos agora relacionar os autovalores da matriz de sistema, **A**, aos polos do sistema. No Capítulo 3 deduzimos a equação da função de transferência do sistema, Equação (3.73), a partir das equações de estado. A função de transferência do sistema tem $\det(s\mathbf{I} - \mathbf{A})$ no denominador por causa da presença de $(s\mathbf{I} - \mathbf{A})^{-1}$. Assim,

$$\det(s\mathbf{I} - \mathbf{A}) = 0 \tag{6.33}$$

é a equação característica do sistema a partir da qual os polos do sistema podem ser obtidos.

Como as Equações (6.32) e (6.33) são idênticas, com exceção de uma mudança no nome da variável, concluímos que os autovalores da matriz **A** são idênticos aos polos do sistema antes do cancelamento de polos e zeros comuns na função de transferência. Portanto, podemos determinar a estabilidade de um sistema representado no espaço de estados obtendo os autovalores da matriz de sistema, **A**, e determinando suas posições no plano s.

Exemplo 6.11

Estabilidade no Espaço de Estados

PROBLEMA: Dado o sistema

$$\dot{\mathbf{x}} = \begin{bmatrix} 0 & 3 & 1 \\ 2 & 8 & 1 \\ -10 & -5 & -2 \end{bmatrix}\mathbf{x} + \begin{bmatrix} 10 \\ 0 \\ 0 \end{bmatrix}u \tag{6.34a}$$

$$y = [1 \quad 0 \quad 0]\mathbf{x} \tag{6.34b}$$

determine quantos polos estão no semiplano da esquerda, no semiplano da direita e sobre o eixo $j\omega$.

SOLUÇÃO: Primeiro construa $(s\mathbf{I} - \mathbf{A})$:

$$(s\mathbf{I} - \mathbf{A}) = \begin{bmatrix} s & 0 & 0 \\ 0 & s & 0 \\ 0 & 0 & s \end{bmatrix} - \begin{bmatrix} 0 & 3 & 1 \\ 2 & 8 & 1 \\ -10 & -5 & -2 \end{bmatrix} = \begin{bmatrix} s & -3 & -1 \\ -2 & s-8 & -1 \\ 10 & 5 & s+2 \end{bmatrix} \tag{6.35}$$

Agora obtenha o $\det(s\mathbf{I} - \mathbf{A})$:

$$\det(s\mathbf{I} - \mathbf{A}) = s^3 - 6s^2 - 7s - 52 \tag{6.36}$$

Utilizando este polinômio, forme a tabela de Routh da Tabela 6.18.

TABELA 6.18 Tabela de Routh para o Exemplo 6.11.

s^3	1	−7
s^2	~~−6~~ −3	~~−52~~ −26
s^1	~~$-\frac{47}{3}$~~ −1	~~0~~ 0
s^0	−26	

Como há uma mudança de sinal na primeira coluna, o sistema tem um polo no semiplano da direita e dois polos no semiplano da esquerda. Ele é, portanto, instável. Contudo, você pode questionar a possibilidade de que, se um zero de fase não mínima cancelar o polo instável, o sistema será estável. Entretanto, na prática, o zero de fase não mínima ou o polo instável se deslocará devido a pequenas variações nos parâmetros do sistema. Essas variações farão com que o sistema fique instável.

Os estudantes que estiverem usando o MATLAB devem, agora, executar o arquivo ch6apB3 do Apêndice B. Você aprenderá como determinar a estabilidade de um sistema representado no espaço de estados obtendo os autovalores da matriz de sistema. Este exercício utiliza o MATLAB para resolver o Exemplo 6.11.

MATLAB ML

Exercício 6.4

PROBLEMA: Para o sistema a seguir, representado no espaço de estados, determine quantos polos estão no semiplano da esquerda, no semiplano da direita e sobre o eixo $j\omega$.

$$\dot{\mathbf{x}} = \begin{bmatrix} 2 & 1 & 1 \\ 1 & 7 & 1 \\ -3 & 4 & -5 \end{bmatrix} \mathbf{x} + \begin{bmatrix} 0 \\ 0 \\ 1 \end{bmatrix} r$$

$$y = [0 \quad 1 \quad 0]\mathbf{x}$$

RESPOSTA: Dois no spd e um no spe.

A solução completa está disponível no Ambiente de aprendizagem do GEN.

Experimente 6.3

Use as seguintes instruções MATLAB para obter os autovalores do sistema descrito no Exercício 6.4.

```
A=[2 1 1
   1 7 1
   -3 4 -5];
Eig=eig(A)
```

Nesta seção, avaliamos a estabilidade de sistemas de controle com realimentação da perspectiva do espaço de estados. Como os polos em malha fechada e os autovalores de um sistema são os mesmos, o requisito de estabilidade de um sistema representado no espaço de estados impõe que os autovalores não podem estar na metade da direita do plano s ou ser múltiplos sobre o eixo $j\omega$.

Podemos obter os autovalores a partir das equações de estado sem ter que primeiro converter para uma função de transferência para assim obter os polos: A equação $\det(s\mathbf{I} - \mathbf{A}) = 0$ fornece os autovalores diretamente. Se $\det(s\mathbf{I} - \mathbf{A})$, um polinômio em s, não puder ser fatorado facilmente, podemos aplicar o critério de Routh-Hurwitz a ele para verificar quantos autovalores estão em cada região do plano s.

Resumimos agora este capítulo, primeiro com estudos de caso e, em seguida, com um resumo escrito. Nossos estudos de caso incluem o sistema de controle de posição de azimute de antena e o UFSS. A estabilidade é tão importante para esses sistemas quanto para o sistema mostrado na Figura 6.11.

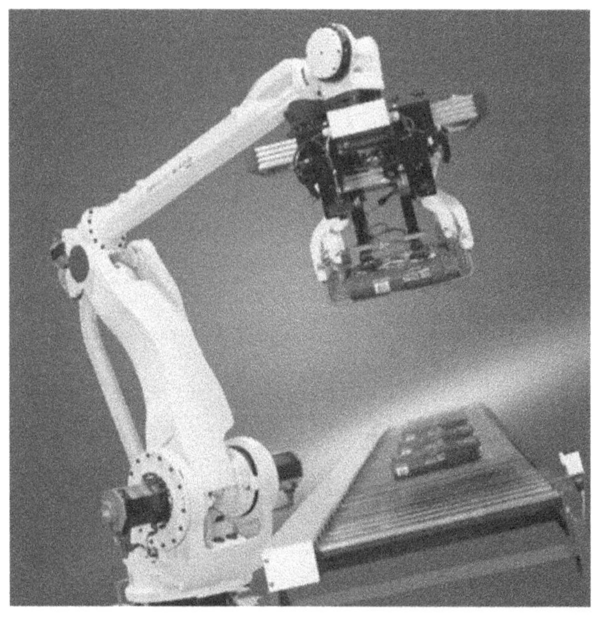

FIGURA 6.11 O FANUC M-410*i*B™ tem quatro eixos de movimento. Ele é visto aqui realizando paletização de sacos.

Estudos de Caso

Controle de Antena: Projeto de Estabilidade Via Ganho

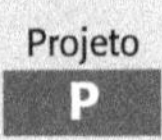

Este capítulo cobriu os elementos da estabilidade. Mostramos que os sistemas estáveis possuem seus polos em malha fechada na metade esquerda do plano s. À medida que o ganho de malha é alterado, as posições dos polos também são alteradas, criando a possibilidade de que os polos possam se mover para a metade direita do plano s, o que resultaria em instabilidade. Ajustes de ganho adequados são essenciais para a estabilidade de sistemas em malha fechada. O estudo de caso a seguir demonstra o ajuste adequado do ganho de malha para assegurar a estabilidade.

PROBLEMA: Dado o sistema de controle de posição de azimute de antena mostrado no Apêndice A2, Configuração 1, obtenha a faixa de ganhos do pré-amplificador necessária para manter estável o sistema em malha fechada.

SOLUÇÃO: A função de transferência em malha fechada foi deduzida nos estudos de caso, no Capítulo 5, como

$$T(s) = \frac{6{,}63K}{s^3 + 101{,}71s^2 + 171s + 6{,}63K} \tag{6.37}$$

Utilizando o denominador, construa a tabela de Routh mostrada na Tabela 6.19. A terceira linha da tabela mostra que uma linha de zeros ocorre se $K = 2623$. Este valor de K torna o sistema marginalmente estável. Portanto, não haverá mudanças de sinal na primeira coluna se $0 < K < 2623$. Concluímos que, para estabilidade, $0 < K < 2623$.

TABELA 6.19 Tabela de Routh para o estudo de caso do controle de antena.

s^3	1	171
s^2	101,71	$6{,}63K$
s^1	$17.392{,}41 - 6{,}63K$	0
s^0	$6{,}63K$	

DESAFIO: Agora apresentamos um problema para testar seu conhecimento dos objetivos deste capítulo. Em relação ao sistema de controle de posição de azimute de antena, mostrado no Apêndice A2, Configuração 2, obtenha a faixa de ganhos do pré-amplificador necessária para manter estável o sistema em malha fechada.

Veículo UFSS: Projeto de Estabilidade Via Ganho

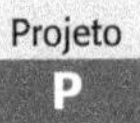

Para este estudo de caso, retornamos ao veículo UFSS e estudamos a estabilidade do sistema de controle de arfagem, que é utilizado para controlar a profundidade. Especificamente, obtemos a faixa de ganhos de arfagem que mantém estável a malha de controle de arfagem.

PROBLEMA: A malha de controle de arfagem para o veículo UFSS (*Johnson, 1980*) é mostrada no Apêndice A3. Faça $K_2 = 1$ e determine a faixa de K_1 que garanta que o sistema de controle de arfagem em malha fechada seja estável.

SOLUÇÃO: O primeiro passo é reduzir o sistema de controle de arfagem a uma única função de transferência em malha fechada. A função de transferência do caminho à frente equivalente, $G_e(s)$, é

$$G_e(s) = \frac{0{,}25K_1(s + 0{,}435)}{s^4 + 3{,}456s^3 + 3{,}457s^2 + 0{,}719s + 0{,}0416} \tag{6.38}$$

Com realimentação unitária, a função de transferência em malha fechada, $T(s)$, é

$$T(s) = \frac{0{,}25K_1(s + 0{,}435)}{s^4 + 3{,}456s^3 + 3{,}457s^2 + (0{,}719 + 0{,}25K_1)s + (0{,}0416 + 0{,}109K_1)} \tag{6.39}$$

O denominador da Equação (6.39) é agora utilizado para construir a tabela de Routh mostrada na Tabela 6.20.

TABELA 6.20 Tabela de Routh para o estudo de caso do UFSS.

s^4	1	3,457	$0{,}0416 + 0{,}109K_1$
s^3	3,456	$0{,}719 + 0{,}25K_1$	
s^2	$11{,}228 - 0{,}25K_1$	$0{,}144 + 0{,}377K_1$	
s^1	$\dfrac{-0{,}0625K_1^2 + 1{,}324K_1 + 7{,}575}{11{,}228 - 0{,}25K_1}$		
s^0	$0{,}144 + 0{,}377K_1$		

Observação: Algumas linhas foram multiplicadas por uma constante positiva, por conveniência.

Observando a primeira coluna, as linhas s^4 e s^3 são positivas. Portanto, todos os elementos da primeira coluna devem ser positivos para termos estabilidade. Para que a primeira coluna da linha s^2 seja positiva, $-\infty < K_1 < 44{,}91$. Para que a primeira coluna da linha s^1 seja positiva, o numerador deve ser positivo, uma vez que o denominador é positivo devido ao passo anterior. A solução para o termo quadrático no numerador fornece raízes de $K_1 = -4{,}685$ e 25,87. Assim, para um numerador positivo, $-4{,}685 < K_1 < 25{,}87$. Finalmente, para que a primeira coluna da linha s^0 seja positiva, $-0{,}382 < K_1 < \infty$. Usando todas as três condições, a estabilidade será garantida se $-0{,}382 < K_1 < 25{,}87$.

DESAFIO: Agora apresentamos um problema para testar seu conhecimento dos objetivos deste capítulo. Para o sistema de controle de rumo do veículo UFSS (*Johnson, 1980*) mostrado no Apêndice A3 e apresentado no desafio do estudo de caso do UFSS, no Capítulo 5, faça o seguinte:

a. Obtenha a faixa de ganhos de rumo que assegure a estabilidade do veículo. Faça $K_2 = 1$.
b. Repita o Item **a** utilizando o MATLAB.

MATLAB ML

Nos nossos estudos de caso, calculamos as faixas de ganho para garantir a estabilidade. O estudante deve estar ciente de que, embora essas faixas resultem em estabilidade, o ajuste do ganho dentro desses limites pode não fornecer as características desejadas de resposta transitória ou erro em regime permanente. Nos Capítulos 9 e 11, exploraremos técnicas de projeto, além do simples ajuste de ganho, que fornecerão maior flexibilidade na obtenção das características desejadas.

Resumo

Neste capítulo, exploramos o conceito de estabilidade de sistema tanto do ponto de vista clássico quanto da perspectiva do espaço de estados. Descobrimos que para sistemas lineares a *estabilidade* é baseada em uma resposta natural que decai para zero, à medida que o tempo tende a infinito. Por outro lado, se a resposta natural aumenta sem limite, a resposta forçada é dominada pela resposta natural, e perdemos o controle. Esta condição é conhecida como *instabilidade*. Existe uma terceira possibilidade: a resposta natural pode não decair nem aumentar sem limites, mas oscilar. Neste caso, o sistema é *marginalmente estável*.

Também usamos uma definição alternativa de estabilidade para o caso em que a resposta natural não está disponível explicitamente. Esta definição é baseada na resposta total, e diz que um sistema é estável se toda entrada limitada produzir uma saída limitada (BIBO), e instável, se alguma entrada limitada produzir uma saída ilimitada.

Matematicamente, a estabilidade para sistemas lineares invariantes no tempo pode ser determinada a partir da posição dos polos em malha fechada:

- Caso os polos estejam apenas no semiplano da esquerda, o sistema é estável.
- Caso algum polo esteja no semiplano da direita, o sistema é instável.
- Caso os polos estejam sobre o eixo $j\omega$ e no semiplano da esquerda, o sistema é marginalmente estável, desde que os polos sobre o eixo $j\omega$ sejam de multiplicidade unitária; ele é instável se existir algum polo $j\omega$ múltiplo.

Infelizmente, embora os polos em malha aberta possam ser conhecidos, verificamos que em sistemas de ordem elevada é difícil determinar os polos em malha fechada sem um programa de computador.

O *critério de Routh-Hurwitz* nos permite descobrir quantos polos estão em cada uma das seções do plano s sem nos fornecer as coordenadas dos polos. O simples conhecimento da existência de polos no semiplano da direita é suficiente para concluir que um sistema é instável. Sob certas condições limitadas, quando um polinômio par está presente, a tabela de Routh pode ser utilizada para fatorar a equação característica do sistema.

A obtenção da estabilidade a partir da representação no espaço de estados de um sistema é baseada no mesmo conceito – a posição das raízes da equação característica. Essas raízes são equivalentes aos autovalores da matriz de sistema e podem ser determinadas resolvendo-se a equação $\det(s\mathbf{I} - \mathbf{A}) = 0$. Novamente, o critério de Routh-Hurwitz pode ser aplicado a esse polinômio. O ponto importante é que a representação no espaço de estados de um sistema não precisa ser convertida em uma função de transferência para investigar a estabilidade. No próximo capítulo, analisaremos os erros em regime permanente, o último dos três requisitos de sistema de controle importantes que enfatizamos.

Questões de Revisão

1. Que parte da resposta de saída é responsável pela determinação da estabilidade de um sistema linear?
2. O que acontece com a resposta mencionada na Questão 1 que gera a instabilidade?
3. O que poderia acontecer a um sistema físico que se torne instável?
4. Por que os sistemas marginalmente estáveis são considerados instáveis segundo a definição BIBO de estabilidade?
5. Onde os polos de um sistema devem estar para assegurar que o sistema não seja instável?

6. O que o critério de Routh-Hurwitz nos diz?
7. Sob que condições o critério de Routh-Hurwitz poderia nos dizer facilmente a posição real dos polos em malha fechada do sistema?
8. O que faz um zero aparecer apenas na primeira coluna da tabela de Routh?
9. O que faz aparecer uma linha inteira de zeros na tabela de Routh?
10. Por que algumas vezes multiplicamos uma linha de uma tabela de Routh por uma constante positiva?
11. Por que não multiplicamos uma linha de uma tabela de Routh por uma constante negativa?
12. Se a tabela de Routh tem duas mudanças de sinal acima do polinômio par e cinco mudanças de sinal abaixo do polinômio par, quantos polos no semiplano da direita o sistema tem?
13. A presença de uma linha inteira de zeros sempre significa que o sistema tem polos $j\omega$?
14. Se um sistema de sétima ordem tiver uma linha de zeros na linha s^3 e duas mudanças de sinal abaixo da linha s^4, quantos polos $j\omega$ o sistema tem?

Espaço de Estados EE

15. É verdade que os autovalores da matriz de sistema são iguais aos polos em malha fechada?

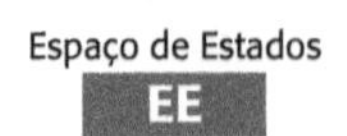

16. Como determinamos os autovalores?

Investigação em Laboratório Virtual

EXPERIMENTO 6.1

Objetivos Verificar o efeito da posição dos polos sobre a estabilidade. Verificar o efeito sobre a estabilidade do ganho de malha em um sistema com realimentação negativa.

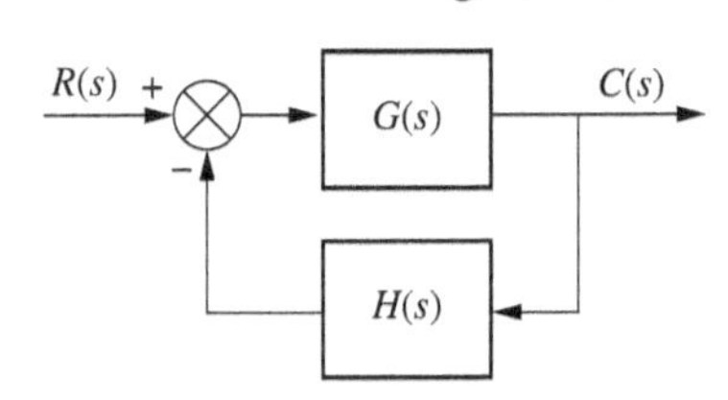

FIGURA 6.12

Requisitos Mínimos de Programas MATLAB, Simulink e Control System Toolbox

Pré-Ensaio

1. Obtenha a função de transferência equivalente do sistema com realimentação negativa da Figura 6.12, caso

$$G(s) = \frac{K}{s(s+2)^2} \text{ e } H(s) = 1$$

2. Para o sistema do Pré-Ensaio 1, obtenha dois valores de ganho que resultarão em polos de segunda ordem superamortecidos em malha fechada. Repita para polos subamortecidos.
3. Para o sistema do Pré-Ensaio 1, determine o valor do ganho, K, que tornará o sistema criticamente amortecido.
4. Para o sistema do Pré-Ensaio 1, determine o valor do ganho, K, que tornará o sistema marginalmente estável. Além disso, obtenha a frequência de oscilação para este valor de K que torna o sistema marginalmente estável.
5. Para cada um dos Pré-Ensaios de 2 até 4, represente graficamente em um diagrama as posições dos polos para cada caso e escreva o valor do ganho, K, correspondente em cada polo.

Ensaio

1. Utilizando o Simulink, prepare o sistema com realimentação negativa do Pré-Ensaio 1. Represente graficamente a resposta ao degrau do sistema para cada valor de ganho calculado para produzir respostas superamortecida, subamortecida, criticamente amortecida e marginalmente estável.
2. Represente graficamente as respostas ao degrau para dois valores do ganho, K, acima do que foi calculado para resultar em estabilidade marginal.
3. Na saída do sistema com realimentação negativa, coloque em cascata a função de transferência

$$G_1(s) = \frac{1}{s^2+4}$$

Ajuste o ganho, K, para um valor abaixo do que foi calculado para estabilidade marginal e represente graficamente a resposta ao degrau. Repita para K calculado para resultar em estabilidade marginal.

Pós-Ensaio

1. A partir de seus gráficos, discuta as condições que levam a respostas instáveis.
2. Discuta o efeito do ganho sobre a natureza da resposta ao degrau de um sistema em malha fechada.

EXPERIMENTO 6.2

Objetivo Utilizar o LabVIEW Control Design and Simulation Module para análise de estabilidade.

Requisitos Mínimos de Programas LabVIEW com Control Design and Simulation Module.

Pré-Ensaio

1. Escolha seis funções de transferência de diversas ordens e utilize Routh-Hurwitz para determinar se elas são estáveis.

Ensaio

1. Crie uma VI no LabVIEW que receba a ordem e os coeficientes da equação característica e gere as posições dos polos e informações sobre a estabilidade.

Pós-Ensaio

1. Verifique a estabilidade dos sistemas do seu Pré-Ensaio.

Bibliografia

Ballard, R. D. The Riddle of the Lusitania. *National Geographic*, April 1994, National Geographic Society, Washington, D. C., 1994, pp. 68–85.

Camacho, E. F., Berenguel, M., Rubio, F. R., and Martinez, D. *Control of Solar Energy Systems*. Springer-Verlag, London, 2012.

Craig, I. K., Xia, X., and Venter, J. W. Introducing HIV/AIDS Education into the Electrical Engineering Curriculum at the University of Pretoria, *IEEE Transactions on Education*, vol. 47, no. 1, February 2004, pp. 65–73.

D'Azzo, J., and Houpis, C. H. *Linear Control System Analysis and Design*, 3d ed. McGraw-Hill, New York, 1988.

Dorf, R. C. *Modern Control Systems*, 5th ed. Addison-Wesley, Reading, MA, 1989.

FANUC Robotics North America, Inc. Figure caption source for Figure 6.11.

Gozde, H., and Taplamacioglu, M. C. Comparative performance analysis of artificial bee colony algorithm for automatic voltage regulator (AVR) system. *Journal of the Franklin Institute*, vol. 348, 2011.

Graebe, S. F., Goodwin, G. C., and Elsley, G. Control Design and Implementation in Continuous Steel Casting. *IEEE Control Systems, August* 1995, pp. 64–71.

Hekman, K. A., and Liang, S. Y. Compliance Feedback Control for Part Parallelism in Grinding. *International Journal of Manufacturing Technology*, vol.15, 1999, pp. 64–69.

Hostetter, G. H., Savant, C. J., Jr., and Stefani, R. T. *Design of Feedback Control Systems*, 2d ed. Saunders College Publishing, New York, 1989.

Johnson, H., et al. *Unmanned Free-Swimming Submersible (UFSS) System Description*. NRL Memorandum Report 4393. Naval Research Laboratory, Washington, D. C., 1980.

Martinnen, A., Virkkunen, J., and Salminen, R. T. Control Study with Pilot Crane. *IEEE Transactions on Education*, vol. 33, no. 3, August 1990, pp. 298–305.

Özgüner, Ü., Ünyelioglu, K. A., and Haptipoĝlu, C. An Analytical Study of Vehicle Steering Control. Proceedings of the 4th IEEE Conference Control Applications, 1995, pp. 125–130.

Phillips, C. L., and Harbor, R. D. *Feedback Control Systems*, 2d ed. Prentice Hall, Upper Saddle River, NJ, 1991.

Pounds, P. E. I., Bersak, D. R., and Dollar, A . M. Grasping From the Air: Hovering Capture and Load Stability. *2011 IEEE International Conference on Robotics and Automation*, Shanghai International Conference Center, May 9–13, Shanghai, China, 2011.

Prasad, L., Tyagi, B., and Gupta, H. Modeling & Simulation for Optimal Control of Nonlinear Inverted Pendulum Dynamical System using PID Controller & LQR. *IEEE Computer Society Sixth Asia Modeling Symposium*, 2012, pp. 138–143.

Preitl, Z., Bauer, P., and Bokor, J. A Simple Control Solution for Traction Motor Used in Hybrid Vehicles. *4th International Symposium on Applied Computational Intelligence and Informatics*. IEEE. 2007, pp. 157–162.

Routh, E. J. *Dynamics of a System of Rigid Bodies*, 6th ed. Macmillan, London, 1905.

Schierman, J. D., and Schmidt, D. K. Analysis of Airframe and Engine Control Interactions and Integrated Flight/Propulsion Control. *Journal of Guidance, Control, and Dynamics*, vol. 15, no. 6, November–December 1992, pp. 1388–1396.

Thomas, B., Soleimani-Mosheni, M., and Fahlén, P., Feed-Forward in Temperature Control of Buildings. *Energy and Buildings*, vol. 37, 2005, pp. 755–761.

Thomsen, S., Hoffmann, N., and Fuchs, F. W. PI Control, PI-Based State Space Control, and Model-Based Predictive Control for Drive Systems With Elastically Coupled Loads — A Comparative Study. *IEEE Transactions on Industrial Electronics*, vol. 58, no. 8, August 2011, pp. 3647–3657.

Timothy, L. K., and Bona, B. E. *State Space Analysis: An Introduction*. McGraw-Hill, New York, 1968.

Tsang, K. M., Chan, W. L. A Simple and Low-cost Charger for Lithium-Ion Batteries. *Journal of Power Sources*, vol. 191, 2009, pp. 633–635.

Wang, X.-K., Yang, X.-H., Liu, G., and Qian, H. Adaptive Neuro-Fuzzy Inference System PID controller for steam generator water level of nuclear power plant. *Procedings of the Eighth International Conference on Machine Learning and Cybernetics*, 2009, pp. 567–572.

Wingrove, R. C., and Da, R. E. Classical Linear-Control Analysis Applied to Business-Cycle Dynamics and Stability. *Computational Economics*. vol. 39, Springer, 2012, pp. 77—98.

Capítulo 7

Erros em Regime Permanente

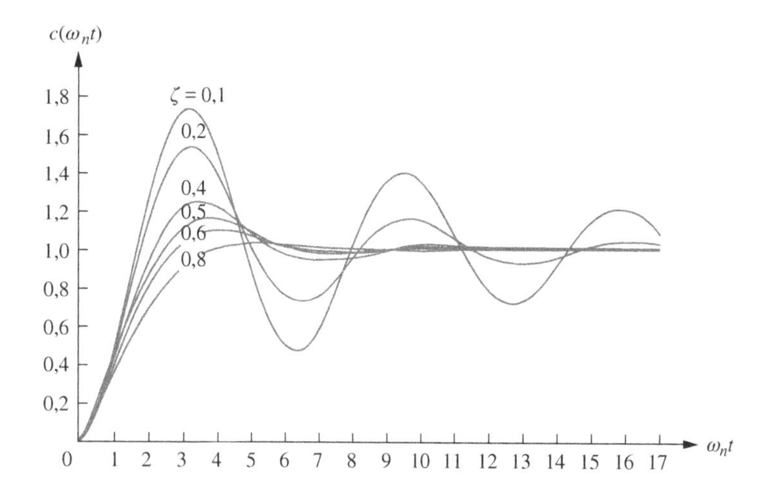

Resultados de Aprendizagem do Capítulo

Após completar este capítulo, o estudante estará apto a:

- Determinar o erro em regime permanente para um sistema com realimentação unitária (Seções 7.1 e 7.2)
- Especificar o desempenho de erro em regime permanente de um sistema (Seção 7.3)
- Projetar o ganho de um sistema em malha fechada para atender a uma especificação de erro em regime permanente (Seção 7.4)
- Determinar o erro em regime permanente para entradas de perturbação (Seção 7.5)
- Determinar o erro em regime permanente para sistemas com realimentação não unitária (Seção 7.6)
- Determinar a sensibilidade do erro em regime permanente para variações paramétricas (Seção 7.7)
- Determinar o erro em regime permanente para sistemas representados no espaço de estados (Seção 7.8).

Resultados de Aprendizagem do Estudo de Caso

Você será capaz de demonstrar seu conhecimento dos objetivos do capítulo com os estudos de caso, como a seguir:

- Dado o sistema de controle de posição de azimute de antena, mostrado no Apêndice A2, você será capaz de determinar o ganho do pré-amplificador para atender às especificações de desempenho de erro em regime permanente.
- Dado um gravador de Laserdisc, você será capaz de determinar o ganho necessário para permitir que o sistema grave em um disco deformado.

7.1 Introdução

No Capítulo 1, vimos que a análise e o projeto de sistemas de controle estão focados em três especificações: (1) resposta transitória, (2) estabilidade e (3) erros em regime permanente, levando em consideração a robustez do projeto com aspectos econômicos e sociais. Elementos da análise transitória foram deduzidos no Capítulo 4 para sistemas de primeira e de segunda ordens. Esses conceitos são revisitados no Capítulo 8, no qual são estendidos para sistemas de ordem mais elevada. A estabilidade foi coberta no Capítulo 6, no qual vimos que respostas forçadas eram dominadas por respostas naturais que aumentavam sem limites, caso o sistema fosse instável. Agora estamos prontos para examinar os erros em regime permanente. Definimos os erros e obtemos métodos para controlá-los. À medida que avançamos, verificamos que o projeto de sistemas de controle envolve soluções de compromisso entre a resposta transitória desejada, o erro em regime permanente e o requisito de que o sistema seja estável.

Definição e Entradas de Teste

O *erro em regime permanente* é a diferença entre a entrada e a saída para uma entrada de teste prescrita quando $t \rightarrow \infty$. As entradas de teste utilizadas para a análise e projeto do erro em regime permanente estão resumidas na Tabela 7.1.

Com o intuito de explicar como esses sinais de teste são utilizados, vamos admitir um sistema de controle de posição em que a posição de saída segue a posição comandada de entrada. As entradas em degrau representam posições constantes e, assim, são úteis na determinação da capacidade de o sistema de controle se posicionar em relação a um alvo estacionário, como um satélite em órbita geoestacionária (ver Figura 7.1). O controle de posicionamento de uma antena é um exemplo de um sistema que pode ter a exatidão testada com a utilização de entradas em degrau.

As entradas em rampa representam entradas de velocidade constante para um sistema de controle de posição por meio de sua amplitude linearmente crescente. Essas formas de onda podem ser utilizadas para testar a capacidade de um sistema de seguir uma entrada linearmente crescente ou, equivalentemente, de rastrear um alvo com velocidade constante. Por exemplo, um sistema de controle de posição que rastreia um satélite que se move através do firmamento com velocidade angular constante, como mostrado na Figura 7.1, poderia ser testado com uma entrada em rampa para avaliar o erro em regime permanente entre a posição angular do satélite e a posição angular do sistema de controle.

Finalmente, as parábolas, cujas segundas derivadas são constantes, representam entradas de aceleração constante para sistemas de controle de posição e podem ser utilizadas para representar alvos acelerando, como o míssil na Figura 7.1, para determinar o desempenho do erro em regime permanente.

TABELA 7.1 Formas de onda de teste para a avaliação dos erros em regime permanente de sistemas de controle de posição.

Forma de onda	Nome	Interpretação física	Função no domínio do tempo	Transformada de Laplace
$r(t)$ vs. t	Degrau	Posição constante	1	$\frac{1}{s}$
$r(t)$ vs. t	Rampa	Velocidade constante	t	$\frac{1}{s^2}$
$r(t)$ vs. t	Parábola	Aceleração constante	$\frac{1}{2}t^2$	$\frac{1}{s^3}$

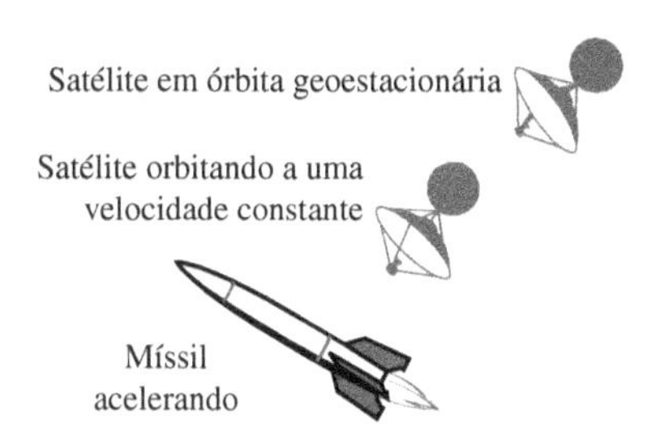

FIGURA 7.1 As entradas de teste para análise e projeto do erro em regime permanente variam com o tipo de alvo.

Aplicação a Sistemas Estáveis

Uma vez que estamos interessados na diferença entre a entrada e a saída de um sistema de controle com realimentação depois que o regime permanente tenha sido alcançado, nossa discussão é limitada aos sistemas estáveis, nos quais a resposta natural tende a zero à medida que $t \to \infty$. Os sistemas instáveis representam perda de controle em regime permanente e são absolutamente inaceitáveis para utilização. As expressões que deduzimos para calcular o erro em regime permanente podem ser aplicadas erroneamente a um sistema instável. Assim, o engenheiro deve verificar a estabilidade do sistema ao realizar a análise e o projeto do erro em regime permanente. Entretanto, com o objetivo de nos concentrarmos no tópico, admitimos que todos os sistemas nos exemplos e problemas deste capítulo são estáveis. Para praticar, você pode querer testar a estabilidade de alguns desses sistemas.

Calculando Erros em Regime Permanente

Vamos examinar o conceito de erros em regime permanente. Na Figura 7.2(*a*), uma entrada em degrau e duas possíveis saídas são mostradas. A Saída 1 tem erro em regime permanente nulo, e a Saída 2 tem um erro em regime permanente finito, $e_2(\infty)$. Um exemplo análogo é mostrado na Figura 7.2(*b*), na qual uma entrada em rampa é comparada com a Saída 1, que tem erro em regime permanente nulo, e a Saída 2, que tem um erro em regime permanente finito, $e_2(\infty)$. O erro é medido verticalmente entre a Entrada e a Saída 2 após os transitórios terem desaparecido. Para a entrada em rampa, existe outra possibilidade. Se a inclinação da saída for diferente da inclinação da entrada, então temos a Saída 3, mostrada na Figura 7.2(*b*). Neste caso, o erro em regime permanente é infinito conforme medido verticalmente entre a Entrada e a Saída 3, após os transitórios terem desaparecido, e t tender a infinito.

Vamos agora examinar o erro pela perspectiva de um diagrama de blocos mais geral. Como o erro é a diferença entre a entrada e a saída de um sistema, admitimos uma função de transferência em malha fechada, $T(s)$, e formamos o erro, $E(s)$, tomando a diferença entre a entrada e a saída, como mostrado na Figura 7.3(*a*). Neste caso estamos interessados no valor em regime permanente, ou valor final, de $e(t)$. Para sistemas com realimentação

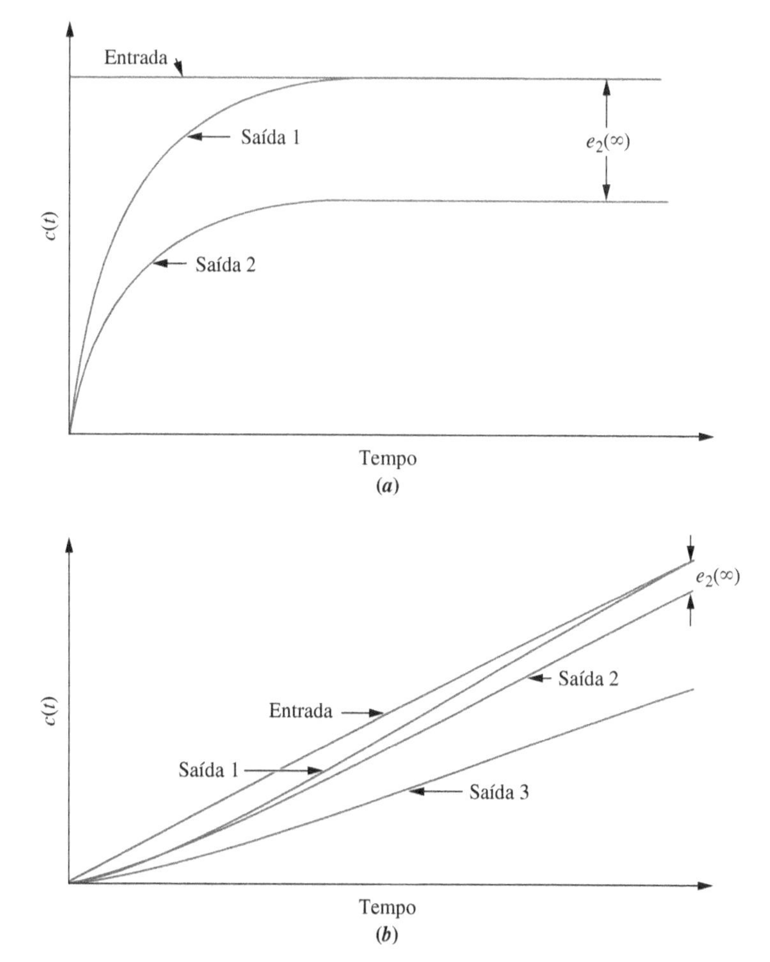

FIGURA 7.2 Erro em regime permanente: **a.** entrada em degrau; **b.** entrada em rampa.

FIGURA 7.3 Erro de sistema de controle em malha fechada: **a.** representação geral; **b.** representação para sistemas com realimentação unitária.

unitária, $E(s)$ aparece como mostrado na Figura 7.3(b). Neste capítulo, primeiro estudamos e deduzimos expressões para o erro em regime permanente para sistemas com realimentação unitária e, em seguida, expandimos nossos estudos aos sistemas com realimentação não unitária. Antes de iniciarmos nosso estudo dos erros em regime permanente para sistemas com realimentação unitária, vamos examinar as fontes de erro com as quais lidamos.

Fontes de Erro em Regime Permanente

Muitos erros em regime permanente em sistemas de controle originam-se de fontes não lineares, como folgas em engrenagens ou um motor que não se moverá a não ser que a tensão de entrada exceda um limiar. O comportamento não linear como fonte de erros em regime permanente, embora seja um tópico viável para o estudo, está além do escopo de um texto sobre sistemas de controle lineares. Os erros em regime permanente que estudamos neste texto são originados da configuração do sistema em si e do tipo de entrada aplicada.

Por exemplo, observe o sistema mostrado na Figura 7.4(a), na qual $R(s)$ é a entrada, $C(s)$ é a saída e $E(s) = R(s) - C(s)$ é o erro. Considere uma entrada em degrau. No regime permanente, se $c(t)$ for igual a $r(t)$, $e(t)$ será nulo. Mas, com um ganho puro, K, o erro, $e(t)$, não pode ser nulo se $c(t)$ deve ser finito e diferente de zero. Assim, devido à configuração do sistema (um ganho puro de K no caminho à frente), um erro deve existir. Se chamarmos o valor em regime permanente da saída de $c_{\text{regime permanente}}$ e o valor em regime permanente do erro de $e_{\text{regime permanente}}$, então $c_{\text{regime permanente}} = Ke_{\text{regime permanente}}$, ou

$$e_{\text{regime permanente}} = \frac{1}{K} c_{\text{regime permanente}} \tag{7.1}$$

Assim, quanto maior o valor de K, menor o valor de $e_{\text{regime permanente}}$ terá que ser para resultar em um valor similar de $c_{\text{regime permanente}}$. A conclusão a que podemos chegar é de que, com um ganho puro no caminho à frente, sempre haverá um erro em regime permanente para uma entrada em degrau. Este erro diminui, à medida que o valor de K aumenta.

Caso o ganho do caminho à frente seja substituído por um integrador, como mostrado na Figura 7.4(b), haverá erro nulo em regime permanente para uma entrada em degrau. O raciocínio é o seguinte: à medida que $c(t)$ aumenta, $e(t)$ irá diminuir, uma vez que $e(t) = r(t) - c(t)$. Essa diminuição continuará até que haja erro zero, mas ainda existirá um valor para $c(t)$, uma vez que um integrador pode ter uma saída constante sem nenhuma entrada. Por exemplo, um motor pode ser representado simplesmente como um integrador. Uma tensão aplicada ao motor causará sua rotação. Quando a tensão aplicada for removida, o motor irá parar e permanecerá na sua posição de saída atual. Como ele não retorna à sua posição inicial, temos uma saída de deslocamento angular sem uma entrada para o motor. Portanto, um sistema similar ao da Figura 7.4(b), que utiliza um motor no caminho à frente, pode ter erro em regime permanente nulo para uma entrada em degrau.

Examinamos dois casos qualitativamente para mostrar que podemos esperar que um sistema apresente diferentes características de erro em regime permanente, dependendo da configuração do sistema. Formalizamos agora os conceitos e deduzimos as relações entre os erros em regime permanente e a configuração de sistema que gera esses erros.

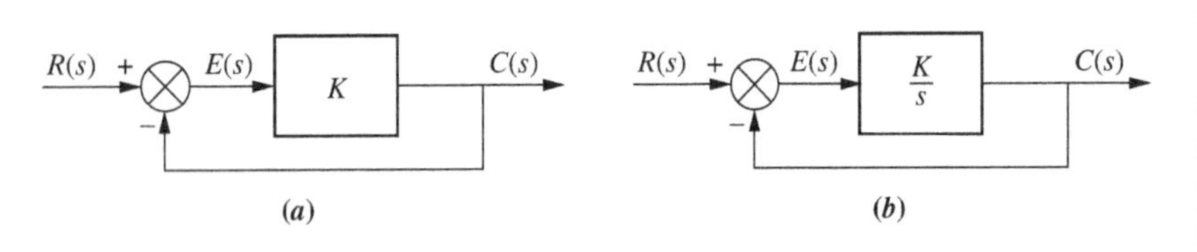

FIGURA 7.4 Sistema com **a.** erro em regime permanente finito para uma entrada em degrau; **b.** erro em regime permanente nulo para uma entrada em degrau.

7.2 Erro em Regime Permanente para Sistemas com Realimentação Unitária

O erro em regime permanente pode ser calculado a partir da função de transferência em malha fechada de um sistema, $T(s)$, ou da função de transferência em malha aberta, $G(s)$, para sistemas com realimentação unitária. Começamos deduzindo o erro em regime permanente do sistema em termos da função de transferência em malha fechada, $T(s)$, para introduzir o assunto e as definições. Em seguida, obtemos uma maior compreensão dos fatores que afetam o erro em regime permanente utilizando a função de transferência em malha aberta, $G(s)$, em sistemas com realimentação unitária, para nossos cálculos. Mais adiante, no capítulo, generalizamos esta discussão para sistemas com realimentação não unitária.

Erro em Regime Permanente em Função de $T(s)$

Considere a Figura 7.3(a). Para determinar $E(s)$, o erro entre a entrada, $R(s)$, e a saída, $C(s)$, escrevemos

$$E(s) = R(s) - C(s) \tag{7.2}$$

Mas

$$C(s) = R(s)T(s) \tag{7.3}$$

Substituindo a Equação (7.3) na Equação (7.2), simplificando e resolvendo para $E(s)$, resulta

$$E(s) = R(s)[1 - T(s)] \tag{7.4}$$

Embora a Equação (7.4) nos permita obter $e(t)$ para qualquer instante de tempo, t, estamos interessados no valor final do erro, $e(\infty)$. Aplicando o teorema do valor final,[1] o qual nos permite obter o valor final de $e(t)$ sem ter que aplicar a transformada inversa de Laplace a $E(s)$, e, em seguida, fazer t tender a infinito, obtemos

$$e(\infty) = \lim_{t\to\infty} e(t) = \lim_{s\to 0} sE(s) \qquad (7.5)^2$$

Substituindo a Equação (7.4) na Equação (7.5), resulta

$$e(\infty) = \lim_{s\to\infty} sR(s)[1 - T(s)] \tag{7.6}$$

Vamos ver um exemplo.

Exemplo 7.1

Erro em Regime Permanente em Função de $T(s)$

PROBLEMA: Determine o erro em regime permanente para o sistema da Figura 7.3(a), caso $T(s) = 5/(s^2 + 7s + 10)$ e a entrada seja um degrau unitário.

SOLUÇÃO: A partir do enunciado do problema, $R(s) = 1/s$ e $T(s) = 5/(s^2 + 7s + 10)$. Substituindo na Equação (7.4), resulta

$$E(s) = \frac{s^2 + 7s + 5}{s(s^2 + 7s + 10)} \tag{7.7}$$

Uma vez que $T(s)$ é estável e, subsequentemente, $E(s)$ não tem polos no semiplano da direita, nem polos $j\omega$ que não estejam na origem, podemos aplicar o teorema do valor final. Substituindo a Equação (7.7) na Equação (7.5), temos $e(\infty) = 1/2$.

Erro em Regime Permanente em Função de $G(s)$

Muitas vezes temos o sistema configurado como um sistema com realimentação unitária com uma função de transferência do caminho à frente, $G(s)$. Embora possamos obter a função de transferência em malha fechada, $T(s)$, e então proceder como na subseção anterior, obtemos uma maior compreensão para a análise e o projeto expressando o erro em regime permanente em função de $G(s)$ em vez de $T(s)$.

---

[1] O teorema do valor final é deduzido a partir da transformada de Laplace da derivada. Assim,

$$\mathscr{L}[\dot{f}(t)] = \int_{0-}^{\infty} \dot{f}(t)e^{st}dt = sF(s) - f(0-)$$

Quando $s \to 0$,

$$\int_{0-}^{\infty} \dot{f}(t)dt = f(\infty) - f(0-) = \lim_{s\to 0} sF(s) - f(0-)$$

ou

$$f(\infty) = \lim_{s\to 0} sF(s)$$

Para erros finitos em regime permanente, o teorema do valor final é válido somente se $F(s)$ possuir polos apenas no semiplano da esquerda e, no máximo, um polo na origem. Entretanto, resultados corretos que conduzem a erros infinitos em regime permanente podem ser obtidos, caso $F(s)$ possua mais de um polo na origem (ver *D'Azzo e Houpis, 1988*). Caso $F(s)$ possua polos no semiplano da direita ou polos sobre o eixo imaginário que não na origem, o teorema do valor final não será válido.

[2] Válido somente se (1) $E(s)$ possuir polos apenas no semiplano da esquerda e na origem, e (2) a função de transferência em malha fechada, $T(s)$, for estável. Observe que, utilizando a Equação (7.5), resultados numéricos podem ser obtidos para sistemas instáveis. Esses resultados, contudo, não têm significado.

Considere o sistema de controle com realimentação mostrado na Figura 7.3(*b*). Uma vez que a realimentação, $H(s)$, é igual a 1, o sistema possui realimentação unitária. A consequência é que $E(s)$ é, na realidade, o erro entre a entrada, $R(s)$, e a saída, $C(s)$. Portanto, se resolvermos para $E(s)$, teremos uma expressão para o erro. Aplicaremos então o teorema do valor final, Item 11 da Tabela 2.2, para calcular o erro em regime permanente.

Escrevendo $E(s)$ a partir da Figura 7.3(*b*), obtemos

$$E(s) = R(s) - C(s) \tag{7.8}$$

Mas

$$C(s) = E(s)G(s) \tag{7.9}$$

Finalmente, substituindo a Equação (7.9) na Equação (7.8) e resolvendo para $E(s)$, resulta

$$E(s) = \frac{R(s)}{1 + G(s)} \tag{7.10}$$

Aplicamos agora o teorema do valor final, Equação (7.5). Neste ponto em um cálculo numérico, devemos verificar se o sistema em malha fechada é estável utilizando, por exemplo, o critério de Routh-Hurwitz. Por agora, contudo, admita que o sistema em malha fechada seja estável e substitua a Equação (7.10) na Equação (7.5), obtendo

$$e(\infty) = \lim_{s\to 0} \frac{sR(s)}{1 + G(s)} \tag{7.11}$$

A Equação (7.11) nos permite calcular o erro em regime permanente, $e(\infty)$, dados a entrada, $R(s)$, e o sistema, $G(s)$. Substituímos agora diversas entradas para $R(s)$ e então tiramos conclusões sobre as relações que existem entre o sistema em malha aberta, $G(s)$, e a natureza do erro em regime permanente, $e(\infty)$.

Os três sinais de teste que utilizamos para estabelecer especificações para as características de erro em regime permanente de sistemas de controle são mostrados na Tabela 7.1. Vamos tomar cada uma das entradas e avaliar seu efeito no erro em regime permanente utilizando a Equação (7.11).

Entrada em Degrau. Utilizando a Equação (7.11) com $R(s) = 1/s$, obtemos

$$e(\infty) = e_{\text{degrau}}(\infty) = \lim_{s\to 0} \frac{s(1/s)}{1 + G(s)} = \frac{1}{1 + \lim_{s\to 0} G(s)} \tag{7.12}$$

O termo

$$\lim_{s\to 0} G(s)$$

é o ganho estático da função de transferência do caminho à frente, uma vez que s, a variável da frequência, está tendendo a zero. Para termos erro em regime permanente nulo,

$$\lim_{s\to 0} G(s) = \infty \tag{7.13}$$

Portanto, para satisfazer a Equação (7.13), $G(s)$ deve ter a seguinte forma:

$$G(s) \equiv \frac{(s + z_1)(s + z_2)\cdots}{s^n(s + p_1)(s + p_2)\cdots} \tag{7.14}$$

Para que o limite seja infinito, o denominador deve tender a zero quando s tende a zero. Portanto, $n \geq 1$; isto é, pelo menos um polo deve estar na origem. Uma vez que a divisão por s no domínio da frequência corresponde à integração no domínio do tempo (ver Tabela 2.2, Item 10), também estamos dizendo que pelo menos uma integração pura deve estar presente no caminho à frente. A resposta em regime permanente para esse caso de erro em regime permanente nulo é semelhante à mostrada na Figura 7.2(*a*), Saída 1.

Caso não existam integrações, então $n = 0$. Utilizando a Equação (7.14), temos

$$\lim_{s\to 0} G(s) = \frac{z_1 z_2 \cdots}{p_1 p_2 \cdots} \tag{7.15}$$

que é finito e conduz a um erro finito, com base na Equação (7.12). A Figura 7.12(*a*), Saída 2, é um exemplo desse caso de erro finito em regime permanente.

Em resumo, para uma entrada em degrau aplicada a um sistema com realimentação unitária, o erro em regime permanente será nulo se existir pelo menos uma integração pura no caminho à frente. Se não houver integrações, então haverá um erro finito diferente de zero. Esse resultado é compatível com nossa discussão qualitativa na Seção 7.1, na qual verificamos que um ganho puro leva a um erro constante em regime permanente para uma entrada em degrau, porém um integrador resulta em um erro nulo para o mesmo tipo de entrada. Repetimos agora o desenvolvimento para uma entrada em rampa.

Entrada em Rampa. Utilizando a Equação (7.11), com $R(s) = 1/s^2$, obtemos

$$e(\infty) = e_{\text{rampa}}(\infty) = \lim_{s\to 0}\frac{s(1/s^2)}{1+G(s)} = \lim_{s\to 0}\frac{1}{s+sG(s)} = \frac{1}{\lim\limits_{s\to 0} sG(s)} \tag{7.16}$$

Para termos erro nulo em regime permanente para uma entrada em rampa, devemos ter

$$\lim_{s\to 0} sG(s) = \infty \tag{7.17}$$

Para satisfazer a Equação (7.17), $G(s)$ deve ter a mesma forma da Equação (7.14), exceto que $n \geq 2$. Em outras palavras, devem existir pelo menos duas integrações no caminho à frente. Um exemplo de erro nulo em regime permanente para uma entrada em rampa é mostrado na Figura 7.2(*b*), Saída 1.

Caso haja apenas uma integração no caminho à frente, então, considerando a Equação (7.14),

$$\lim_{s\to 0} sG(s) = \frac{z_1 z_2 \cdots}{p_1 p_2 \cdots} \tag{7.18}$$

que é finito, e não infinito. Utilizando a Equação (7.16), verificamos que esta configuração conduz a um erro constante, como mostrado na Figura 7.2(*b*), Saída 2.

Caso não ocorram integrações no caminho à frente, então

$$\lim_{s\to 0} sG(s) = 0 \tag{7.19}$$

e o erro em regime permanente seria infinito, resultando em rampas divergentes, como mostrado na Figura 7.2(*b*), Saída 3. Finalmente, repetimos o desenvolvimento para uma entrada em parábola.

Entrada em Parábola. Utilizando a Equação (7.11), com $R(s) = 1/s^3$, obtemos

$$e(\infty) = e_{\text{parábola}}(\infty) = \lim_{s\to 0}\frac{s(1/s^3)}{1+G(s)} = \lim_{s\to 0}\frac{1}{s^2+s^2G(s)} = \frac{1}{\lim\limits_{s\to 0} s^2G(s)} \tag{7.20}$$

Para termos erro nulo em regime permanente para uma entrada em parábola, devemos ter

$$\lim_{s\to 0} s^2G(s) = \infty \tag{7.21}$$

Para satisfazer a Equação (7.21), $G(s)$ deve ter a mesma forma da Equação (7.14), exceto que $n \geq 3$. Em outras palavras, devem existir pelo menos três integrações no caminho à frente.

Caso existam apenas duas integrações no caminho à frente, então

$$\lim_{s\to 0} s^2G(s) = \frac{z_1 z_2 \cdots}{p_1 p_2 \cdots} \tag{7.22}$$

é finito, e não infinito. Utilizando a Equação (7.20), verificamos que esta configuração leva a um erro constante.

Caso exista apenas uma ou nenhuma integração no caminho à frente, então

$$\lim_{s\to 0} s^2G(s) = 0 \tag{7.23}$$

e o erro em regime permanente será infinito. Dois exemplos demonstram esses conceitos.

Exemplo 7.2

Erros em Regime Permanente para Sistemas sem Integração

PROBLEMA: Determine os erros em regime permanente para entradas de $5u(t)$, $5tu(t)$ e $5t^2u(t)$ para o sistema mostrado na Figura 7.5. A função $u(t)$ é o degrau unitário.

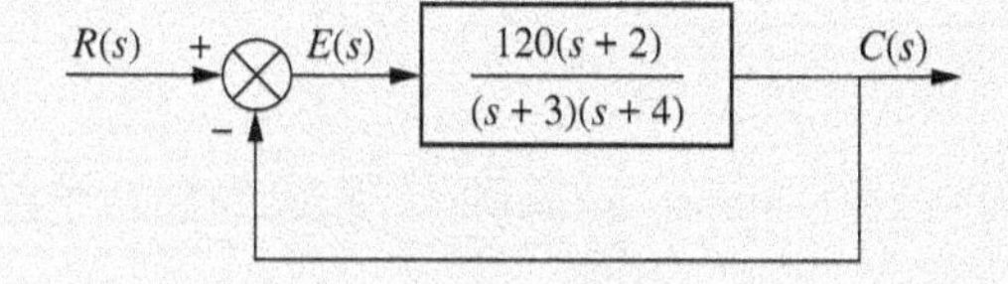

FIGURA 7.5 Sistema de controle com realimentação para o Exemplo 7.2.

SOLUÇÃO: Primeiro verificamos que o sistema em malha fechada é realmente estável. Para este exemplo, omitimos os detalhes. Em seguida, para a entrada $5u(t)$, cuja transformada de Laplace é $5/s$, o erro em regime permanente será cinco vezes maior que o dado pela Equação (7.12),

$$e(\infty) = e_{\text{degrau}}(\infty) = \frac{5}{1 + \lim_{s \to 0} G(s)} = \frac{5}{1 + 20} = \frac{5}{21} \tag{7.24}$$

ou o que implica uma resposta semelhante à Saída 2 da Figura 7.2(a).

Para a entrada $5tu(t)$, cuja transformada de Laplace é $5/s^2$, o erro em regime permanente será cinco vezes maior que o dado pela Equação (7.16), ou

$$e(\infty) = e_{\text{rampa}}(\infty) = \frac{5}{\lim_{s \to 0} sG(s)} = \frac{5}{0} = \infty \tag{7.25}$$

o que implica uma resposta semelhante à Saída 3 da Figura 7.2(b).

Para a entrada $5t^2u(t)$, cuja transformada de Laplace é $10/s^3$, o erro em regime permanente será 10 vezes maior que o dado pela Equação (7.20), ou

$$e(\infty) = e_{\text{parábola}}(\infty) = \frac{10}{\lim_{s \to 0} s^2G(s)} = \frac{10}{0} = \infty \tag{7.26}$$

Exemplo 7.3

Erros em Regime Permanente para Sistemas com uma Integração

PROBLEMA: Determine os erros em regime permanente para entradas de $5u(t)$, $5tu(t)$ e $5t^2u(t)$ para o sistema mostrado na Figura 7.6. A função $u(t)$ é o degrau unitário.

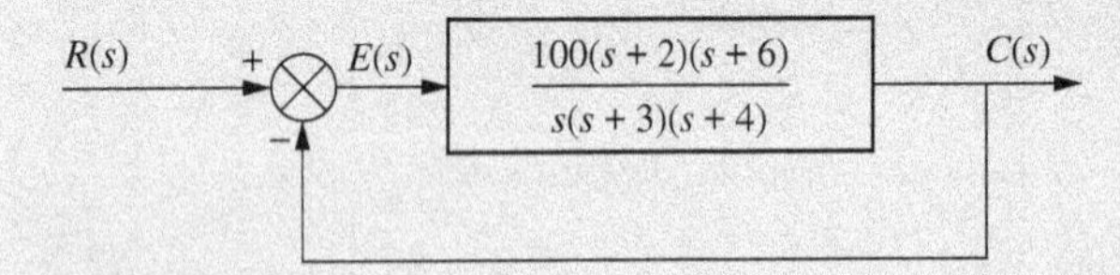

FIGURA 7.6 Sistema de controle com realimentação para o Exemplo 7.3.

SOLUÇÃO: Primeiro verifique que o sistema em malha fechada é realmente estável. Para este exemplo, omitimos os detalhes. Em seguida, observe que, uma vez que há uma integração no caminho à frente, os erros em regime permanente para algumas das formas de onda de entrada serão menores que os obtidos no Exemplo 7.2. Para a entrada $5u(t)$, cuja transformada de Laplace é $5/s$, o erro em regime permanente será cinco vezes maior que o dado pela Equação (7.12), ou

$$e(\infty) = e_{\text{degrau}}(\infty) = \frac{5}{1 + \lim_{s \to 0} G(s)} = \frac{5}{\infty} = 0 \tag{7.27}$$

o que implica uma resposta semelhante à Saída 1 da Figura 7.2(a). Observe que a integração no caminho à frente leva a um erro nulo para uma entrada em degrau, em vez do erro finito obtido no Exemplo 7.2.

Para a entrada $5tu(t)$, cuja transformada de Laplace é $5/s^2$, o erro em regime permanente será cinco vezes maior que o dado pela Equação (7.16), ou

$$e(\infty) = e_{\text{rampa}}(\infty) = \frac{5}{\lim_{s \to 0} sG(s)} = \frac{5}{100} = \frac{1}{20} \tag{7.28}$$

o que implica uma resposta semelhante à Saída 2 da Figura 7.2(b). Observe que a integração no caminho à frente leva a um erro finito para uma entrada em rampa, em vez do erro infinito obtido no Exemplo 7.2.

Para a entrada, $5t^2u(t)$, cuja transformada de Laplace é $10/s^3$, o erro em regime permanente será 10 vezes maior que o dado pela Equação (7.20), ou

$$e(\infty) = e_{\text{parábola}}(\infty) = \frac{10}{\lim_{s \to 0} s^2G(s)} = \frac{10}{0} = \infty \tag{7.29}$$

Observe que a integração no caminho à frente não resulta em nenhuma melhoria no erro em regime permanente em relação ao obtido no Exemplo 7.2 para uma entrada em parábola.

Exercício 7.1

PROBLEMA: Um sistema com realimentação unitária possui a seguinte função de transferência à frente:

$$G(s) = \frac{10(s+20)(s+30)}{s(s+25)(s+35)}$$

a. Determine o erro em regime permanente para as seguintes entradas: $15u(t)$, $15tu(t)$ e $15t^2u(t)$.
b. Repita para

$$G(s) = \frac{10(s+20)(s+30)}{s^2(s+25)(s+35)(s+50)}$$

RESPOSTAS:

a. O sistema em malha fechada é estável. Para $15u(t)$, $e_{\text{degrau}}(\infty) = 0$; para $15tu(t)$, $e_{\text{rampa}}(\infty) = 2{,}1875$; para $15(t^2)u(t)$, $e_{\text{parábola}}(\infty) = \infty$.
b. O sistema em malha fechada é instável. Os cálculos não podem ser realizados.

A solução completa está disponível no Ambiente de aprendizagem do GEN.

7.3 Constante de Erro Estático e Tipo do Sistema

Continuamos concentrados em sistemas com realimentação unitária negativa e definimos parâmetros que podemos utilizar como especificações de desempenho de erro em regime permanente. Essas definições assemelham-se às definições de fator de amortecimento, frequência natural, tempo de acomodação, ultrapassagem percentual e assim por diante, como especificações de desempenho para a resposta transitória. Essas especificações de desempenho de erro em regime permanente são chamadas *constantes de erro estático*. Vamos ver como elas são definidas, como calculá-las e, na próxima seção, como usá-las para o projeto.

Constantes de Erro Estático

Na seção anterior deduzimos as seguintes relações para o erro em regime permanente.
Para uma entrada em degrau, $u(t)$,

$$e(\infty) = e_{\text{degrau}}(\infty) = \frac{1}{1 + \lim_{s\to 0} G(s)} \tag{7.30}$$

Para uma entrada em rampa, $tu(t)$,

$$e(\infty) = e_{\text{rampa}}(\infty) = \frac{1}{\lim_{s\to 0} sG(s)} \tag{7.31}$$

Para uma entrada em parábola, $\frac{1}{2}t^2u(t)$,

$$e(\infty) = e_{\text{parábola}}(\infty) = \frac{1}{\lim_{s\to 0} s^2G(s)} \tag{7.32}$$

Os três termos no denominador, para os quais se calcula o limite, determinam o erro em regime permanente. Chamamos esses limites de *constantes de erro estático*. Individualmente, seus nomes são:

constante de posição, K_p, em que

$$K_p = \lim_{s\to 0} G(s) \tag{7.33}$$

constante de velocidade, K_v, em que

$$K_v = \lim_{s\to 0} sG(s) \tag{7.34}$$

constante de aceleração, K_a, em que

$$K_a = \lim_{s\to 0} s^2 G(s) \tag{7.35}$$

Como vimos, essas grandezas, dependendo da forma de $G(s)$, podem assumir um valor nulo, uma constante finita ou infinito. Uma vez que a constante de erro estático aparece no denominador do erro em regime permanente, Equações (7.30) até (7.32), o valor do erro em regime permanente diminui à medida que a constante de erro estático aumenta.

Na Seção 7.2, avaliamos o erro em regime permanente utilizando o teorema do valor final. Um método alternativo utiliza as constantes de erro estático. Seguem-se alguns exemplos.

Exemplo 7.4

Erro em Regime Permanente Via Constantes de Erro Estático

PROBLEMA: Para cada um dos sistemas da Figura 7.7, calcule as constantes de erro estático e obtenha o erro esperado para as entradas padronizadas em degrau, em rampa e em parábola.

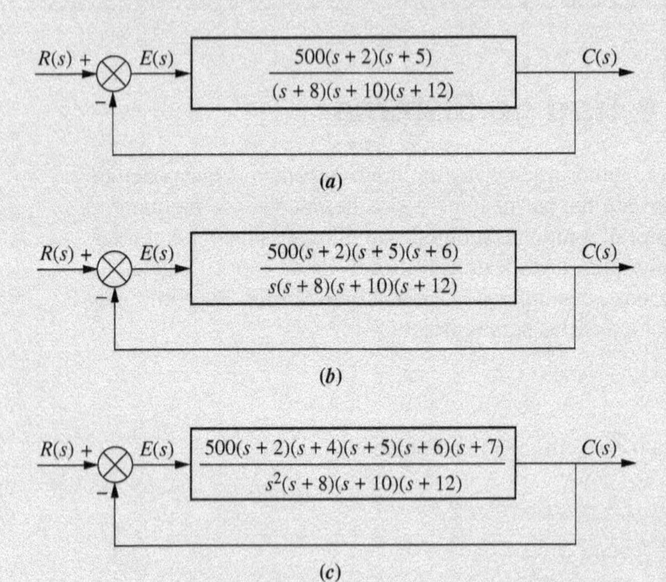

FIGURA 7.7 Sistemas de controle com realimentação para o Exemplo 7.4.

SOLUÇÃO: Primeiro verifique que todos os sistemas em malha fechada mostrados são realmente estáveis. Para este exemplo omitimos os detalhes. Em seguida, para a Figura 7.7(*a*),

$$K_p = \lim_{s\to 0} G(s) = \frac{500 \times 2 \times 5}{8 \times 10 \times 12} = 5{,}208 \tag{7.36}$$

$$K_v = \lim_{s\to 0} sG(s) = 0 \tag{7.37}$$

$$K_a = \lim_{s\to 0} s^2 G(s) = 0 \tag{7.38}$$

Assim, para uma entrada em degrau,

$$e(\infty) = \frac{1}{1+K_p} = 0{,}161 \tag{7.39}$$

Para uma entrada em rampa,

$$e(\infty) = \frac{1}{K_v} = \infty \tag{7.40}$$

Para uma entrada em parábola,

$$e(\infty) = \frac{1}{K_a} = \infty \tag{7.41}$$

Agora, para a Figura 7.7(*b*),

$$K_p = \lim_{s\to 0} G(s) = \infty \tag{7.42}$$

$$K_v = \lim_{s\to 0} sG(s) = \frac{500 \times 2 \times 5 \times 6}{8 \times 10 \times 12} = 31{,}25 \tag{7.43}$$

e

$$K_a = \lim_{s\to 0} s^2G(s) = 0 \tag{7.44}$$

Assim, para uma entrada em degrau,

$$e(\infty) = \frac{1}{1+K_p} = 0 \tag{7.45}$$

Para uma entrada em rampa,

$$e(\infty) = \frac{1}{K_v} = \frac{1}{31{,}25} = 0{,}032 \tag{7.46}$$

Para uma entrada em parábola,

$$e(\infty) = \frac{1}{K_a} = \infty \tag{7.47}$$

Finalmente, para a Figura 7.7(*c*)

$$K_p = \lim_{s\to 0} G(s) = \infty \tag{7.48}$$

$$K_v = \lim_{s\to 0} sG(s) = \infty \tag{7.49}$$

e

$$K_a = \lim_{s\to 0} s^2G(s) = \frac{500 \times 2 \times 4 \times 5 \times 6 \times 7}{8 \times 10 \times 12} = 875 \tag{7.50}$$

Assim, para uma entrada em degrau,

$$e(\infty) = \frac{1}{1+K_p} = 0 \tag{7.51}$$

Para uma entrada em rampa,

$$e(\infty) = \frac{1}{K_v} = 0 \tag{7.52}$$

Para uma entrada em parábola,

$$e(\infty) = \frac{1}{K_a} = \frac{1}{875} = 1{,}14 \times 10^{-3} \tag{7.53}$$

`Os estudantes que estiverem usando o MATLAB devem, agora, executar o arquivo ch7apB1 do Apêndice B. Você aprenderá como testar a estabilidade do sistema, calcular as constantes de erro estático e os erros em regime permanente utilizando o MATLAB. Este exercício utiliza o MATLAB para resolver o Exemplo 7.4 com o sistema (b).`

MATLAB
ML

Tipo do Sistema

Vamos continuar concentrados em um sistema com realimentação unitária negativa. Os valores das constantes de erro estático, novamente, dependem da forma de $G(s)$, especialmente do número de integrações puras no caminho à frente. Uma vez que os erros em regime permanente dependem do número de integrações no caminho à frente, damos um nome a este atributo do sistema. Dado o sistema na Figura 7.8, definimos o *tipo do sistema* como o valor de n

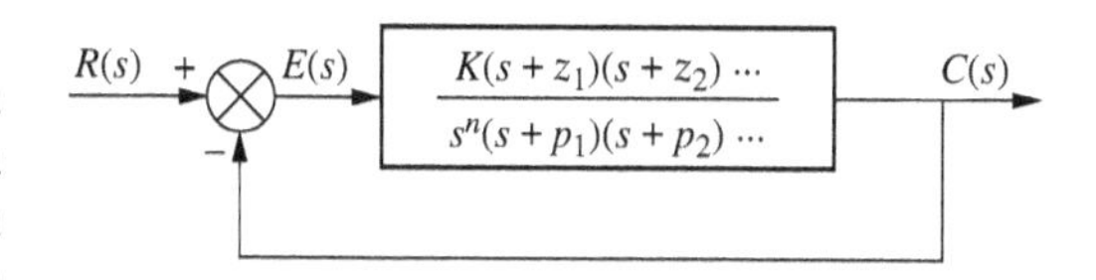

FIGURA 7.8 Sistema de controle com realimentação para definição do tipo do sistema.

TABELA 7.2 Relações entre entrada, tipo do sistema, constantes de erro estático e erros em regime permanente.

		Tipo 0		Tipo 1		Tipo 2	
Entrada	**Fórmula do erro em regime permanente**	**Constante de erro estático**	**Erro**	**Constante de erro estático**	**Erro**	**Constante de erro estático**	**Erro**
Degrau, $u(t)$	$\frac{1}{1+K_p}$	$K_p = \text{Constante}$	$\frac{1}{1+K_p}$	$K_p = \infty$	0	$K_p = \infty$	0
Rampa, $tu(t)$	$\frac{1}{K_v}$	$K_v = 0$	∞	$K_v = \text{Constante}$	$\frac{1}{K_v}$	$K_v = \infty$	0
Parábola, $\frac{1}{2}t^2u(t)$	$\frac{1}{K_a}$	$K_a = 0$	∞	$K_a = 0$	∞	$K_a = \text{Constante}$	$\frac{1}{K_a}$

no denominador ou, equivalentemente, o número de integrações puras no caminho à frente. Portanto, um sistema com $n = 0$ é um sistema do Tipo 0. Se $n = 1$ ou $n = 2$, o sistema correspondente é um sistema do Tipo 1 ou do Tipo 2, respectivamente.

A Tabela 7.2 reúne os conceitos de erro em regime permanente, constantes de erro estático e tipo do sistema. A tabela mostra as constantes de erro estático e os erros em regime permanente como funções da forma de onda da entrada e do tipo do sistema.

Exercício 7.2

PROBLEMA: Um sistema com realimentação unitária possui a seguinte função de transferência à frente:

$$G(s) = \frac{1000(s+8)}{(s+7)(s+9)}$$

a. Determine o tipo do sistema, K_p, K_v e K_a.

b. Utilize suas respostas do Item **a** para determinar os erros em regime permanente para as entradas padrão em degrau, em rampa e em parábola.

RESPOSTAS:

a. O sistema em malha fechada é estável. Tipo do sistema = Tipo 0, $K_p = 127$, $K_v = 0$ e $K_a = 0$.

b. $e_{\text{degrau}}(\infty) = 7{,}8 \times 10^{-3}$, $e_{\text{rampa}}(\infty) = \infty$ e $e_{\text{parábola}}(\infty) = \infty$.

A solução completa está disponível no Ambiente de aprendizagem do GEN.

Experimente 7.1

Use as seguintes instruções MATLAB e Control System Toolbox para determinar K_p, $e_{\text{degrau}}(\infty)$, e os polos em malha fechada para verificar a estabilidade do sistema do Exercício 7.2.

```
numg=1000*[1 8];
deng=poly([-7 -9]);
G=tf(numg,deng);
Kp=dcgain(G)
estep=1/(1+Kp)
T=feedback(G,1);
poles=pole(T)
```

Nesta seção, definidos os erros em regime permanente, as constantes de erro estático e o tipo do sistema. Serão agora formuladas as especificações para os erros em regime permanente de um sistema de controle, seguidas de alguns exemplos.

7.4 Especificações de Erro em Regime Permanente

As constantes de erro estático podem ser utilizadas para especificar as características de erro em regime permanente de sistemas de controle, como o mostrado na Figura 7.9. Assim como o fator de amortecimento, ζ, o tempo de acomodação, T_s, o instante de pico, T_p, e a ultrapassagem percentual, $\%UP$, são utilizados como especificações para a resposta transitória de um sistema de controle, a constante de posição, K_p, a constante de velocidade, K_v, e a constante de aceleração, K_a, podem ser utilizadas como especificações para os erros em regime permanente de um sistema de controle. Veremos, a seguir, que informações valiosas estão presentes na especificação de uma constante de erro estático.

Por exemplo, se um sistema de controle possui a especificação $K_v = 1000$, podemos tirar diversas conclusões:

FIGURA 7.9 Robô usado para soldagem automatizada. Erro em regime permanente é uma consideração importante de projeto para robôs de linhas de montagem.

1. O sistema é estável.
2. O sistema é do Tipo 1, uma vez que apenas os sistemas do Tipo 1 possuem K_v com um valor constante finito. Recorde que $K_v = 0$ para sistemas do Tipo 0, enquanto $K_v = \infty$, para sistemas do Tipo 2.
3. Uma entrada em rampa é o sinal de teste. Como K_v é especificado como uma constante finita e o erro em regime permanente para uma entrada em rampa é inversamente proporcional a K_v, sabemos que o sinal de teste é uma rampa.
4. O erro em regime permanente entre a rampa de entrada e a rampa de saída é $1/K_v$ por unidade de inclinação da rampa de entrada.

Vamos ver dois exemplos que demonstram a análise e o projeto utilizando constantes de erro estático.

Exemplo 7.5

Interpretando a Especificação de Erro em Regime Permanente

PROBLEMA: Que informações estão contidas na especificação $K_p = 1000$?

SOLUÇÃO: O sistema é estável. O sistema é do Tipo 0, uma vez que apenas um sistema do Tipo 0 possui um K_p finito. Os sistemas do Tipo 1 e Tipo 2 têm $K_p = \infty$. O sinal de teste de entrada é um degrau, uma vez que K_p foi especificado. Finalmente, o erro por unidade do degrau é

$$e(\infty) = \frac{1}{1+K_p} = \frac{1}{1+1000} = \frac{1}{1001} \tag{7.54}$$

Exemplo 7.6

Projeto de Ganho para Atender a uma Especificação de Erro em Regime Permanente

PROBLEMA: Dado o sistema de controle na Figura 7.10, determine o valor de K de modo que haja um erro de 10 % em regime permanente.

SOLUÇÃO: Como o sistema é do Tipo 1, o erro declarado no problema deve se aplicar a uma entrada em rampa; apenas uma rampa leva a um erro finito em um sistema do Tipo 1. Assim,

$$e(\infty) = \frac{1}{K_v} = 0{,}1 \tag{7.55}$$

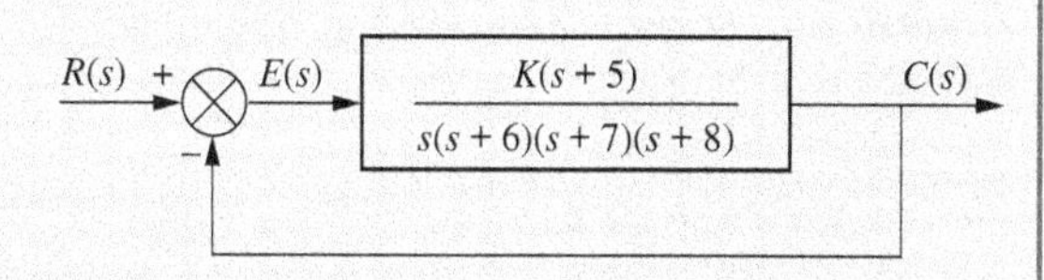

FIGURA 7.10 Sistema de controle com realimentação para o Exemplo 7.6.

Portanto,

$$K_v = 10 = \lim_{s\to 0} sG(s) = \frac{K \times 5}{6 \times 7 \times 8} \qquad (7.56)$$

o que resulta

$$K = 672 \qquad (7.57)$$

Aplicando o critério de Routh-Hurwitz, verificamos que o sistema é estável com esse ganho.

Embora esse ganho atenda aos critérios de erro em regime permanente e estabilidade, ele pode não resultar em uma resposta transitória desejável. No Capítulo 9, iremos projetar sistemas de controle com realimentação para atender a todas as três especificações.

MATLAB

ML

Os estudantes que estiverem usando o MATLAB devem, agora, executar o arquivo ch7apB2 do Apêndice B. Você aprenderá como determinar o ganho para atender a uma especificação de erro em regime permanente utilizando o MATLAB. Este exercício resolve o Exemplo 7.6 utilizando o MATLAB.

Exercício 7.3

Experimente 7.2

Use as seguintes instruções MATLAB e Control System Toolbox para resolver o Exercício 7.3 e verificar a estabilidade do sistema resultante.

```
numg=[1 12];
deng=poly([-14 -18]);
G=tf(numg,deng);
Kpdk=dcgain(G);
estep=0.1;
K=(1/estep-1)/Kpdk
T=feedback(G,1);
poles=pole(T)
```

PROBLEMA: Um sistema com realimentação unitária possui a seguinte função de transferência à frente:

$$G(s) = \frac{K(s+12)}{(s+14)(s+18)}$$

Determine o valor de K para resultar em um erro de 10 % em regime permanente.

RESPOSTA: $K = 189$

A solução completa está disponível no Ambiente de aprendizagem do GEN.

Este exemplo e exercício completam nossa discussão sobre sistemas com realimentação unitária. Nas seções restantes, trataremos dos erros em regime permanente para perturbações e dos erros em regime permanente para sistemas de controle com realimentação nos quais a realimentação não é unitária.

7.5 Erro em Regime Permanente para Perturbações

Os sistemas de controle com realimentação são utilizados para compensar perturbações ou entradas indesejadas que atuam sobre um sistema. A vantagem da utilização da realimentação é que, independentemente dessas perturbações, o sistema pode ser projetado para seguir a entrada com erro pequeno ou nulo, como mostramos agora. A Figura 7.11 mostra um sistema de controle com realimentação com uma perturbação, $D(s)$, inserida entre o controlador e a planta. Agora, deduzimos novamente a expressão para o erro em regime permanente com a perturbação incluída.

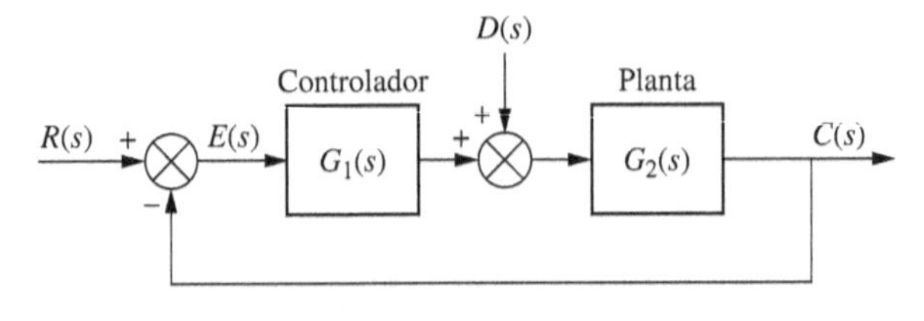

FIGURA 7.11 Sistema de controle com realimentação mostrando a perturbação.

A transformada da saída é dada por

$$C(s) = E(s)G_1(s)G_2(s) + D(s)G_2(s) \qquad (7.58)$$

Mas

$$C(s) = R(s) - E(s) \qquad (7.59)$$

Substituindo a Equação (7.59) na Equação (7.58) e resolvendo para $E(s)$, obtemos

$$E(s) = \frac{1}{1 + G_1(s)G_2(s)}R(s) - \frac{G_2(s)}{1 + G_1(s)G_2(s)}D(s) \tag{7.60}$$

em que podemos pensar em $1/[1 + G_1(s)G_2(s)]$ como uma função de transferência relacionando $E(s)$ com $R(s)$ e em $-G_2(s)/[1 + G_1(s)G_2(s)]$ como uma função de transferência relacionando $E(s)$ com $D(s)$.

Para obter o valor em regime permanente do erro, aplicamos o teorema do valor final[3] à Equação (7.60) e obtemos

$$\begin{aligned} e(\infty) = \lim_{s\to 0} sE(s) &= \lim_{s\to 0}\frac{s}{1 + G_1(s)G_2(s)}R(s) - \lim_{s\to 0}\frac{sG_2(s)}{1 + G_1(s)G_2(s)}D(s) \\ &= e_R(\infty) + e_D(\infty) \end{aligned} \tag{7.61}$$

em que

$$e_R(\infty) = \lim_{s\to 0}\frac{s}{1 + G_1(s)G_2(s)}R(s)$$

e

$$e_D(\infty) = -\lim_{s\to 0}\frac{sG_2(s)}{1 + G_1(s)G_2(s)}D(s)$$

O primeiro termo, $e_R(\infty)$, é o erro em regime permanente devido a $R(s)$, o qual já foi obtido. O segundo termo, $e_D(\infty)$, é o erro em regime permanente devido à perturbação. Vamos explorar as condições que devem ser atendidas por $e_D(\infty)$ para reduzir o erro devido à perturbação.

Neste ponto devemos fazer algumas suposições sobre $D(s)$, o controlador e a planta. Primeiro, admitimos uma perturbação em degrau, $D(s) = 1/s$. Substituindo este valor no segundo termo da Equação (7.61), $e_D(\infty)$, a componente do erro em regime permanente devido à perturbação em degrau é determinada como

$$e_D(\infty) = -\frac{1}{\lim\limits_{s\to 0}\dfrac{1}{G_2(s)} + \lim\limits_{s\to 0} G_1(s)} \tag{7.62}$$

Esta equação mostra que o erro em regime permanente produzido por uma perturbação em degrau pode ser reduzido aumentando-se o ganho estático de $G_1(s)$ ou diminuindo-se o ganho estático de $G_2(s)$.

Este conceito é mostrado na Figura 7.12, na qual o sistema da Figura 7.11 foi reorganizado de modo que a perturbação, $D(s)$, é representada como a entrada, e o erro, $E(s)$, como a saída, com $R(s)$ igual a zero. Caso desejemos minimizar o valor em regime permanente de $E(s)$, mostrado como a saída na Figura 7.12, devemos aumentar o ganho estático de $G_1(s)$, de modo que um valor menor de $E(s)$ seja realimentado para igualar o valor em regime permanente de $D(s)$, ou diminuir o ganho estático de $G_2(s)$, o que resulta em um valor menor de $e(\infty)$, como predito pela fórmula da realimentação.

Vamos ver um exemplo e calcular o valor numérico do erro em regime permanente resultante a partir de uma perturbação.

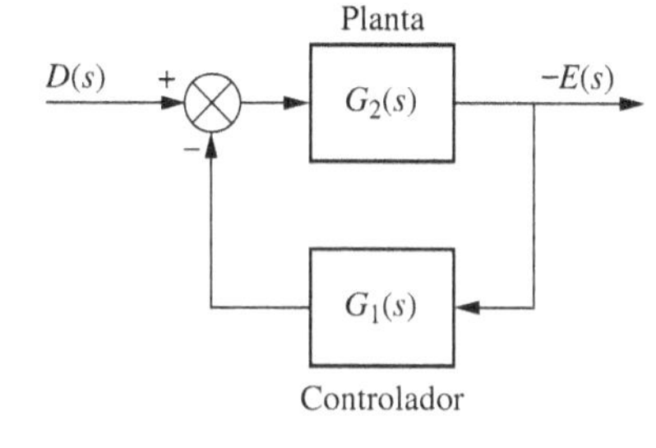

FIGURA 7.12 Sistema da Figura 7.11 reorganizado para mostrar a perturbação como entrada e o erro como saída, com $R(s) = 0$.

Exemplo 7.7

Erro em Regime Permanente Devido a Perturbação em Degrau

PROBLEMA: Determine a componente do erro em regime permanente devido a uma perturbação em degrau para o sistema da Figura 7.13.

SOLUÇÃO: O sistema é estável. Usando a Figura 7.12 e a Equação (7.62), obtemos

$$e_D(\infty) = -\frac{1}{\lim\limits_{s\to 0}\dfrac{1}{G_2(s)} + \lim\limits_{s\to 0} G_1(s)} = -\frac{1}{0 + 1000} = -\frac{1}{1000} \tag{7.63}$$

[3] Lembre-se de que o teorema do valor final pode ser aplicado, apenas se o sistema for estável, com as raízes de $1/[1 + G_1(s)G_2(s)]$ no semiplano da esquerda.

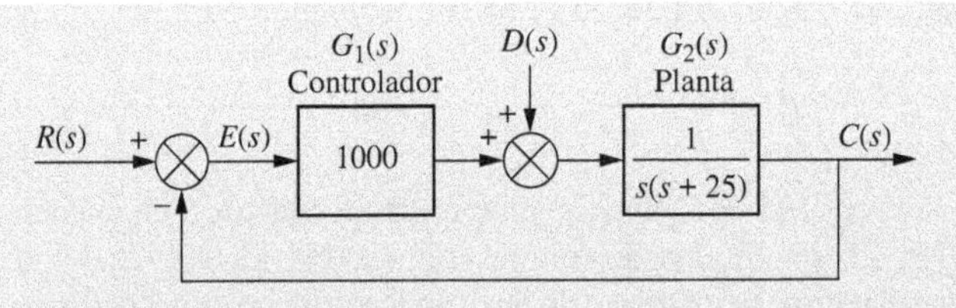

FIGURA 7.13 Sistema de controle com realimentação para o Exemplo 7.7.

O resultado mostra que o erro em regime permanente produzido pela perturbação em degrau é inversamente proporcional ao ganho estático de $G_1(s)$. O ganho estático de $G_2(s)$ é infinito neste exemplo.

Exercício 7.4

PROBLEMA: Calcule a componente do erro em regime permanente devido a uma perturbação em degrau para o sistema da Figura 7.14.

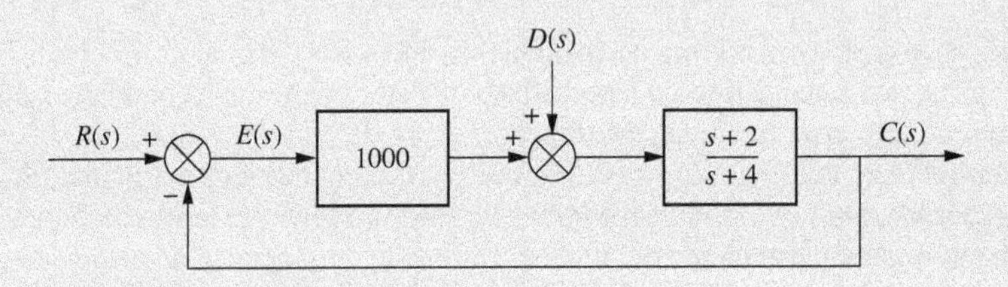

FIGURA 7.14 Sistema para o Exercício 7.4.

RESPOSTA: $e_D(\infty) = -9{,}98 \times 10^{-4}$

A solução completa está disponível no Ambiente de aprendizagem do GEN.

7.6 Erro em Regime Permanente para Sistema com Realimentação Não Unitária

Os sistemas de controle frequentemente não possuem realimentação unitária por causa da compensação utilizada para melhorar o desempenho ou por causa do modelo físico do sistema. O caminho de realimentação pode ser um ganho puro com valor diferente da unidade ou possuir alguma representação dinâmica.

Um sistema com realimentação geral, mostrando o transdutor de entrada, $G_1(s)$, o controlador e a planta, $G_2(s)$, e a realimentação, $H_1(s)$, é mostrado na Figura 7.15(a). Movendo o transdutor de entrada para a direita, passando a junção de soma, gera-se o sistema com realimentação não unitária geral mostrado na Figura 7.15(b), em que $G(s) = G_1(s)G_2(s)$ e $H(s) = H_1(s)/G_1(s)$. Observe que, diferentemente de um sistema com realimentação unitária, no qual $H(s) = 1$, o erro não é a diferença entre a entrada e a saída. Neste caso, chamamos de *sinal de atuação*, $E_a(s)$, o sinal de saída da junção de soma. Se $r(t)$ e $c(t)$ tiverem as mesmas unidades, podemos determinar o erro em regime permanente, $e(\infty) = r(\infty) - c(\infty)$. O primeiro passo é mostrar explicitamente $E(s) = R(s) - C(s)$ no diagrama de blocos.

A partir do sistema de controle com realimentação não unitária mostrado na Figura 7.15(b), construa um sistema com realimentação unitária somando e subtraindo caminhos de realimentação unitária, como mostrado na Figura 7.15(c). Esse passo requer que as unidades da entrada e da saída sejam iguais. Em seguida, combine $H(s)$ com a realimentação unitária negativa, como mostrado na Figura 7.15(d). Finalmente, combine o sistema com realimentação consistindo em $G(s)$ e $[H(s) - 1]$, deixando um caminho à frente equivalente e uma realimentação unitária, como mostrado na Figura 7.15(e). Observe que a figura final mostra $E(s) = R(s) - C(s)$ explicitamente.

O exemplo a seguir resume os conceitos de erro em regime permanente, tipo do sistema e constantes de erro estático para sistemas com realimentação não unitária.

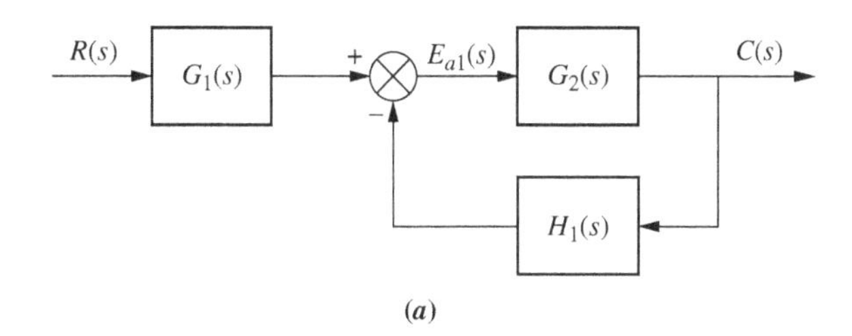

(a)

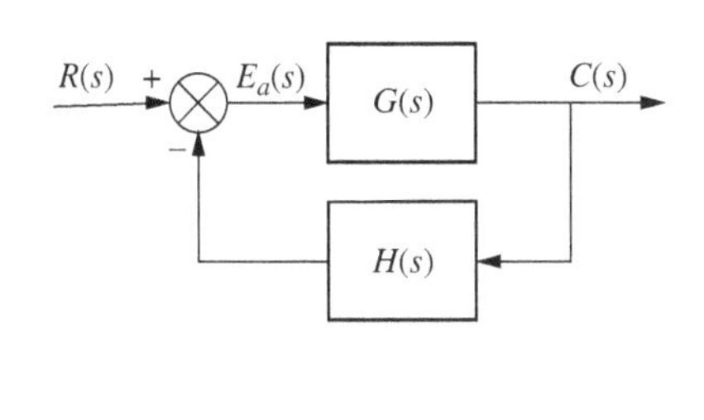

(b)

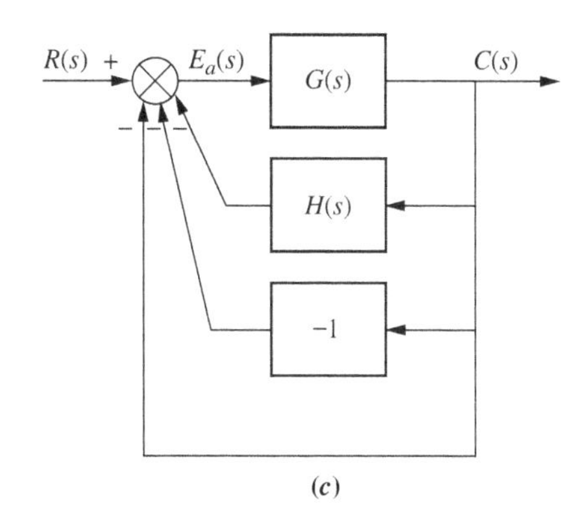

(c)

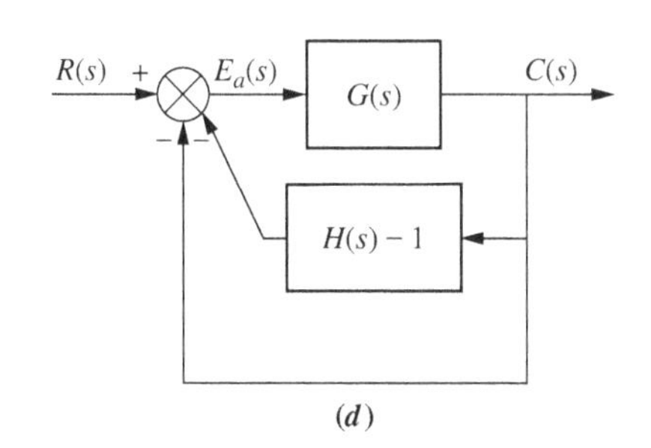

(d)

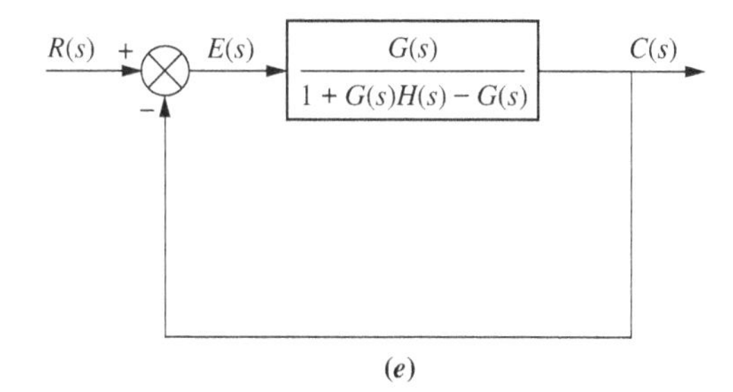

(e)

FIGURA 7.15 Construindo um sistema com realimentação unitária equivalente a partir de um sistema com realimentação não unitária geral.

Exemplo 7.8

Erro em Regime Permanente para Sistemas com Realimentação Não Unitária

PROBLEMA: Para o sistema mostrado na Figura 7.16, determine o tipo do sistema, a constante de erro apropriada associada ao tipo do sistema e o erro em regime permanente para uma entrada em degrau unitário. Admita que as unidades de entrada e de saída sejam iguais.

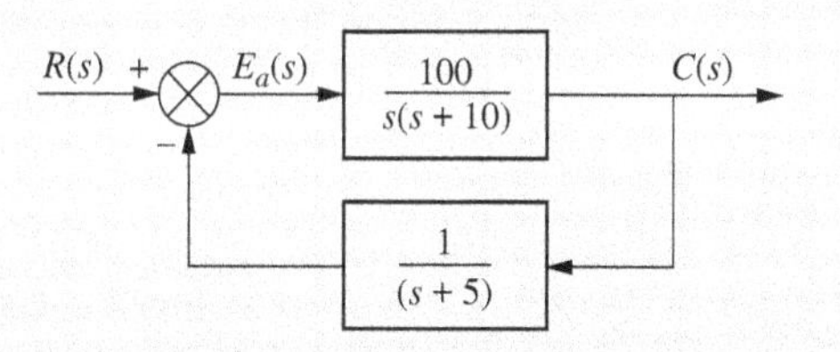

FIGURA 7.16 Sistema de controle com realimentação não unitária para o Exemplo 7.8.

SOLUÇÃO: Após verificar que o sistema é realmente estável, pode-se impulsivamente declarar que o sistema é do Tipo 1. Este pode não ser o caso, uma vez que há um elemento de realimentação não unitária e o sinal de atuação da planta não é a diferença entre a entrada e a saída. O primeiro passo na solução do problema é converter o sistema da Figura 7.16 em um sistema com realimentação unitária equivalente. Utilizando a função de transferência à frente equivalente da Figura 7.15(*e*), com

$$G(s) = \frac{100}{s(s+10)} \tag{7.64}$$

e

$$H(s) = \frac{1}{(s+5)} \tag{7.65}$$

obtemos

$$G_e(s) = \frac{G(s)}{1 + G(s)H(s) - G(s)} = \frac{100(s+5)}{s^3 + 15s^2 - 50s - 400} \tag{7.66}$$

Experimente 7.3

Use as seguintes instruções MATLAB e Control System Toolbox para determinar $G_e(s)$ no Exemplo 7.8.

```
G=zpk([],[0 -10],100);
H=zpk([],-5,1);
Ge=feedback...
 (G,(H-1));
'Ge(s)'
Ge=tf(Ge)
T=feedback(Ge,1);
'Poles of T(s)'
pole(T)
```

Assim, o sistema é do Tipo 0, uma vez que não há integrações puras na Equação (7.66). A constante de erro estático apropriada é, então, K_p, cujo valor é

$$K_p = \lim_{s\to 0} G_e(s) = \frac{100 \times 5}{-400} = -\frac{5}{4} \tag{7.67}$$

O erro em regime permanente, $e(\infty)$, é

$$e(\infty) = \frac{1}{1+K_p} = \frac{1}{1-(5/4)} = -4 \tag{7.68}$$

O valor negativo para o erro em regime permanente implica que o degrau de saída é maior do que o degrau de entrada.

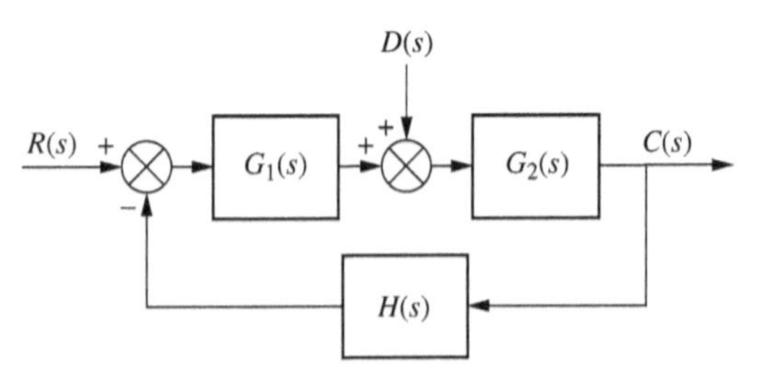

FIGURA 7.17 Sistema de controle com realimentação não unitária com perturbação.

Para continuar nossa discussão sobre o erro em regime permanente para sistemas com realimentação não unitária, vamos observar o sistema geral da Figura 7.17, o qual tem tanto uma perturbação quanto uma realimentação não unitária. Deduziremos uma equação geral para o erro em regime permanente e, em seguida, determinaremos os parâmetros do sistema com o objetivo de levar o erro para zero para entradas em degrau e perturbações em degrau.[4]

O erro em regime permanente para esse sistema, $e(\infty) = r(\infty) - c(\infty)$, é

$$e(\infty) = \lim_{s\to 0} sE(s) = \lim_{s\to 0} s\left\{\left[1 - \frac{G_1(s)G_2(s)}{1+G_1(s)G_2(s)H(s)}\right]R(s) - \left[\frac{G_2(s)}{1+G_1(s)G_2(s)H(s)}D(s)\right]\right\} \tag{7.69}$$

Agora, limitando a discussão a entradas em degrau e perturbações em degrau, em que $R(s) = D(s) = 1/s$, a Equação (7.69) se torna

$$e(\infty) = \lim_{s\to 0} sE(s) = \left\{\left[1 - \frac{\lim\limits_{s\to 0}[G_1(s)G_2(s)]}{\lim\limits_{s\to 0}[1+G_1(s)G_2(s)H(s)]}\right] - \left[\frac{\lim\limits_{s\to 0} G_2(s)}{\lim\limits_{s\to 0}[1+G_1(s)G_2(s)H(s)]}\right]\right\} \tag{7.70}$$

Para erro nulo,

$$\frac{\lim\limits_{s\to 0}[G_1(s)G_2(s)]}{\lim\limits_{s\to 0}[1+G_1(s)G_2(s)H(s)]} = 1 \quad \text{e} \quad \frac{\lim\limits_{s\to 0} G_2(s)}{\lim\limits_{s\to 0}[1+G_1(s)G_2(s)H(s)]} = 0 \tag{7.71}$$

As duas equações na Equação (7.71) podem sempre ser satisfeitas se (1) o sistema for estável, (2) $G_1(s)$ for um sistema do Tipo 1, (3) $G_2(s)$ for um sistema do Tipo 0 e (4) $H(s)$ for um sistema do Tipo 0 com um ganho estático unitário.

Para concluir esta seção, discutimos a determinação do valor em regime permanente do sinal de atuação, $E_{a1}(s)$, na Figura 7.15(a). Para essa tarefa não há a restrição de que as unidades da entrada e da saída sejam iguais, uma vez que estamos determinando a diferença em regime permanente entre sinais na junção de soma, os quais têm a mesma unidade.[5] O sinal de atuação em regime permanente para a Figura 7.15(a) é

$$e_{a1}(\infty) = \lim_{s\to 0} \frac{sR(s)G_1(s)}{1+G_2(s)H_1(s)} \tag{7.72}$$

A dedução é deixada para o estudante no conjunto de problemas deste capítulo.

[4] Os detalhes da dedução são incluídos como um problema deste capítulo.

[5] Para maior clareza, o erro em regime permanente é a diferença em regime permanente entre a entrada e a saída. O sinal de atuação em regime permanente é a diferença em regime permanente na saída da junção de soma. Em questões solicitando o erro em regime permanente nos problemas, exemplos e exercícios, será admitido que as unidades da entrada e da saída são iguais.

Exemplo 7.9

Sinal de Atuação em Regime Permanente para Sistemas com Realimentação Não Unitária

PROBLEMA: Determine o sinal de atuação em regime permanente para o sistema da Figura 7.16 para uma entrada em degrau unitário. Repita para uma entrada em rampa unitária.

SOLUÇÃO: Utilize a Equação (7.72) com $R(s) = 1/s$, uma entrada em degrau unitário, $G_1(s) = 1$, $G_2(s) = 100/[s(s+10)]$ e $H_1(s) = 1/(s+5)$. Além disso, perceba que $e_{a1}(\infty) = e_a(\infty)$, uma vez que $G_1(s) = 1$. Assim,

$$e_a(\infty) = \lim_{s\to 0} \frac{s\left(\frac{1}{s}\right)}{1 + \left(\frac{100}{s(s+10)}\right)\left(\frac{1}{(s+5)}\right)} = 0 \tag{7.73}$$

Agora, utilize a Equação (7.72) com $R(s) = 1/s^2$, uma entrada em rampa unitária, e obtenha

$$e_a(\infty) = \lim_{s\to 0} \frac{s\left(\frac{1}{s^2}\right)}{1 + \left(\frac{100}{s(s+10)}\right)\left(\frac{1}{(s+5)}\right)} = \frac{1}{2} \tag{7.74}$$

Exercício 7.5

PROBLEMA:

a. Determine o erro em regime permanente, $e(\infty) = r(\infty) - c(\infty)$, para uma entrada em degrau unitário, dado o sistema com realimentação não unitária da Figura 7.18. Repita para uma entrada em rampa unitária. Admita que as unidades da entrada e da saída são iguais.
b. Determine o sinal de atuação em regime permanente, $e_a(\infty)$, para uma entrada em degrau unitário, dado o sistema com realimentação não unitária da Figura 7.18. Repita para uma entrada em rampa unitária.

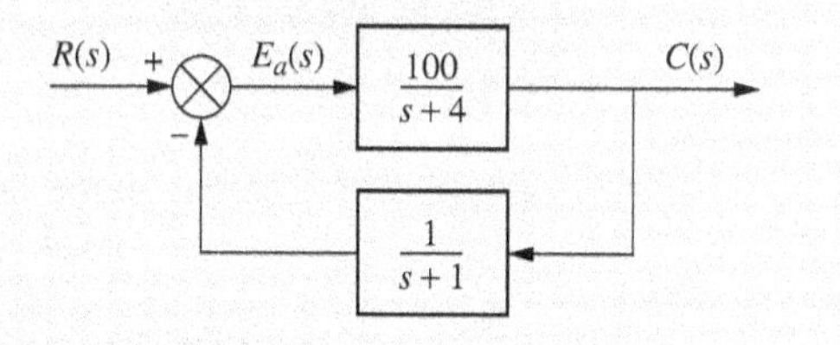

FIGURA 7.18 Sistema de controle com realimentação não unitária para o Exercício 7.5.

RESPOSTAS:

a. $e_{degrau}(\infty) = 3{,}846 \times 10^{-2}$; $e_{rampa}(\infty) = \infty$
b. Para uma entrada em degrau unitário, $e_a(\infty) = 3{,}846 \times 10^{-2}$; para uma entrada em rampa unitária, $e_a(\infty) = \infty$

A solução completa está disponível no Ambiente de aprendizagem do GEN.

Nesta seção, aplicamos a análise do erro em regime permanente a sistemas com realimentação não unitária. Quando uma realimentação não unitária está presente, o sinal de atuação da planta não é o erro real ou a diferença entre a entrada e a saída. Com realimentação não unitária podemos optar por (1) determinar o erro em regime permanente para sistemas em que as unidades da entrada e da saída são iguais ou (2) determinar o sinal de atuação em regime permanente.

Também deduzimos uma expressão geral para o erro em regime permanente de um sistema com realimentação não unitária com uma perturbação. Utilizamos esta equação para determinar os atributos dos subsistemas de modo a termos erro zero para entradas em degrau e perturbações em degrau.

Antes de concluir este capítulo, discutiremos um tópico que não é apenas significativo para os erros em regime permanente, mas é também de utilidade geral em todo o processo de projeto de sistemas de controle.

7.7 Sensibilidade

Durante o processo de projeto, o engenheiro pode querer considerar a extensão dos efeitos de variações nos parâmetros do sistema sobre o comportamento do sistema. Idealmente, variações de parâmetros devido à temperatura ou outras causas não deveriam afetar significativamente o desempenho de um sistema. O grau segundo o qual variações nos parâmetros do sistema afetam as funções de transferência de um sistema e, consequentemente, o desempenho, é chamado *sensibilidade*. Um sistema com sensibilidade zero (isto é, variações nos parâmetros do sistema não têm efeito sobre a função de transferência) é o ideal. Quanto maior a sensibilidade, menos desejável é o efeito da variação de um parâmetro.

Por exemplo, considere a função $F = K/(K + a)$. Se $K = 10$ e $a = 100$, então $F = 0{,}091$. Se o parâmetro a for triplicado para 300, então $F = 0{,}032$. Verificamos que uma variação relativa no parâmetro a de $(300 - 100)/100 = 2$ (uma variação de 200 %) resulta em uma variação na função F de $(0{,}032 - 0{,}091)/0{,}091 = -0{,}65$ (variação de -65 %). Portanto, a função F possui uma sensibilidade reduzida a variações no parâmetro a. À medida que prosseguirmos, veremos que outra vantagem da realimentação é que, em geral, ela confere sensibilidade reduzida a variações de parâmetros.

Com base na discussão anterior, vamos formalizar a definição de sensibilidade: *Sensibilidade* é a razão entre a variação relativa da função e a variação relativa do parâmetro quando a variação relativa do parâmetro tende a zero. Isto é,

$$\begin{aligned} S_{F:P} &= \lim_{\Delta P \to 0} \frac{\text{Variação relativa da função, } F}{\text{Variação relativa do parâmetro, } P} \\ &= \lim_{\Delta P \to 0} \frac{\Delta F/F}{\Delta P/P} \\ &= \lim_{\Delta P \to 0} \frac{P\Delta F}{F\Delta P} \end{aligned}$$

que se reduz a

$$S_{F:P} = \frac{P}{F}\frac{\delta F}{\delta P} \tag{7.75}$$

Vamos agora aplicar a definição, primeiro a uma função de transferência em malha fechada, e, em seguida, ao erro em regime permanente.

Exemplo 7.10

Sensibilidade de uma Função de Transferência em Malha Fechada

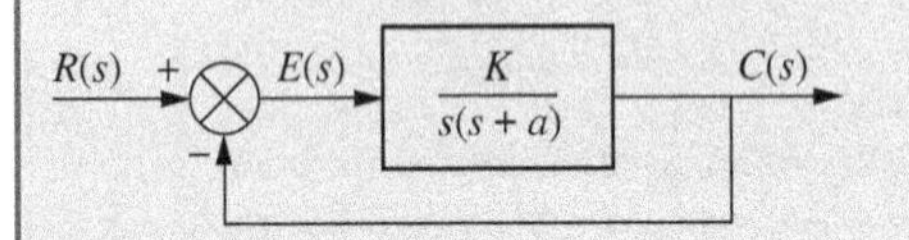

FIGURA 7.19 Sistema de controle com realimentação para os Exemplos 7.10 e 7.11.

PROBLEMA: Dado o sistema da Figura 7.19, calcule a sensibilidade da função de transferência em malha fechada a variações no parâmetro a. Como você poderia reduzir a sensibilidade?

SOLUÇÃO: A função de transferência em malha fechada é

$$T(s) = \frac{K}{s^2 + as + K} \tag{7.76}$$

Utilizando a Equação (7.75), a sensibilidade é dada por

$$S_{T:a} = \frac{a}{T}\frac{\delta T}{\delta a} = \frac{a}{\left(\dfrac{K}{s^2 + as + K}\right)}\left(\frac{-Ks}{(s^2 + as + K)^2}\right) = \frac{-as}{s^2 + as + K} \tag{7.77}$$

que é, em parte, uma função do valor de s. Entretanto, para qualquer valor de s, um aumento em K reduz a sensibilidade da função de transferência em malha fechada a variações do parâmetro a.

Exemplo 7.11

Sensibilidade do Erro em Regime Permanente com Entrada em Rampa

PROBLEMA: Para o sistema da Figura 7.19, determine a sensibilidade do erro em regime permanente a variações do parâmetro K e do parâmetro a com entradas em rampa.

SOLUÇÃO: O erro em regime permanente para o sistema é

$$e(\infty) = \frac{1}{K_v} = \frac{a}{K} \tag{7.78}$$

A sensibilidade de $e(\infty)$ a variações do parâmetro a é

$$S_{e:a} = \frac{a}{e}\frac{\delta e}{\delta a} = \frac{a}{a/K}\left[\frac{1}{K}\right] = 1 \tag{7.79}$$

A sensibilidade de $e(\infty)$ a variações do parâmetro K é

$$S_{e:K} = \frac{K}{e}\frac{\delta e}{\delta K} = \frac{K}{a/K}\left[\frac{-a}{K^2}\right] = -1 \tag{7.80}$$

Assim, variações tanto no parâmetro a quanto no parâmetro K são refletidas diretamente em $e(\infty)$ e não há redução nem aumento da sensibilidade. O sinal negativo na Equação (7.80) indica uma diminuição em $e(\infty)$ para um aumento em K. Ambos os resultados poderiam ter sido obtidos diretamente da Equação (7.78), uma vez que $e(\infty)$ é diretamente proporcional ao parâmetro a e inversamente proporcional ao parâmetro K.

Exemplo 7.12

Sensibilidade do Erro em Regime Permanente com Entrada em Degrau

PROBLEMA: Determine a sensibilidade do erro em regime permanente a variações do parâmetro K e do parâmetro a para o sistema mostrado na Figura 7.20 com uma entrada em degrau.

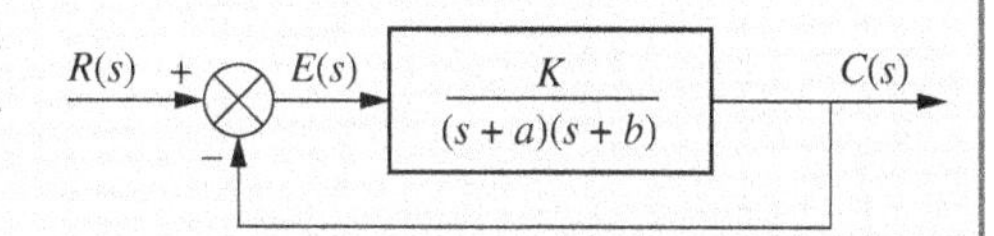

FIGURA 7.20 Sistema de controle com realimentação para o Exemplo 7.12.

SOLUÇÃO: O erro em regime permanente para este sistema do Tipo 0 é

$$e(\infty) = \frac{1}{1+K_p} = \frac{1}{1+\frac{K}{ab}} = \frac{ab}{ab+K} \tag{7.81}$$

A sensibilidade de $e(\infty)$ a variações do parâmetro a é

$$S_{e:a} = \frac{a}{e}\frac{\delta e}{\delta a} = \frac{a}{\left(\frac{ab}{ab+K}\right)}\ \frac{(ab+K)b - ab^2}{(ab+K)^2} = \frac{K}{ab+K} \tag{7.82}$$

A sensibilidade de $e(\infty)$ a variações do parâmetro K é

$$S_{e:K} = \frac{K}{e}\frac{\delta e}{\delta K} = \frac{K}{\left(\frac{ab}{ab+K}\right)}\ \frac{-ab}{(ab+K)^2} = \frac{-K}{ab+K} \tag{7.83}$$

As Equações (7.82) e (7.83) mostram que a sensibilidade a variações dos parâmetros K e a são menores que a unidade para a e b positivos. Assim, a realimentação neste caso resulta em sensibilidade reduzida a variações em ambos os parâmetros.

Experimente 7.4

Use o MATLAB, a Symbolic Math Toolbox e as instruções a seguir para determinar $S_{e:a}$ no Exemplo 7.12.

```
syms K a b s
G=K/((s+a)*(s+b));
Kp=subs(G,s,0);
e=1/(1+Kp);
Sea=(a/e)*diff(e,a);
Sea=simplify(Sea);
'Sea'
pretty(Sea)
```

Exercício 7.6

PROBLEMA: Determine a sensibilidade do erro em regime permanente a variações de K para o sistema mostrado na Figura 7.21.

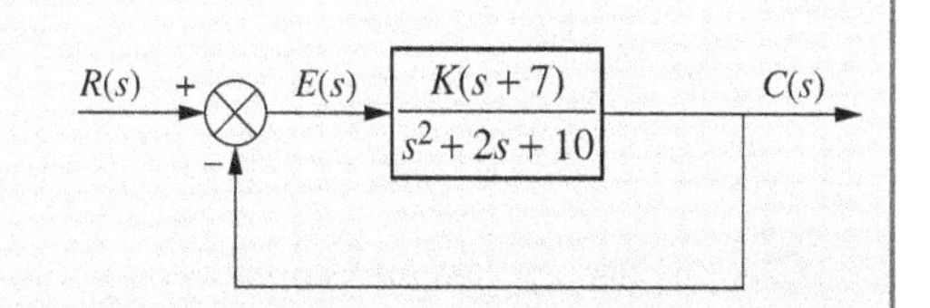

FIGURA 7.21 Sistema para o Exercício 7.6.

RESPOSTA: $S_{e:k} = \dfrac{-7K}{10+7K}$

A solução completa está disponível no Ambiente de aprendizagem do GEN.

Nesta seção, definimos sensibilidade e mostramos que, em alguns casos, a realimentação reduz a sensibilidade do erro em regime permanente de um sistema a variações nos parâmetros do sistema. O conceito de sensibilidade também pode ser aplicado a outras medidas do desempenho de sistemas de controle; ele não é limitado à sensibilidade do desempenho do erro em regime permanente.

7.8 Erro em Regime Permanente para Sistemas no Espaço de Estados

Até aqui avaliamos o erro em regime permanente para sistemas modelados como funções de transferência. Nesta seção, discutiremos como calcular o erro em regime permanente para sistemas representados no espaço de estados. Dois métodos para calcular o erro em regime permanente serão cobertos: (1) análise através do teorema do valor final e (2) análise através da substituição da entrada. Vamos considerar esses métodos individualmente.

Análise Através do Teorema do Valor Final

O erro em regime permanente de um sistema de entrada única e saída única representado no espaço de estados pode ser analisado com a utilização do teorema do valor final e da função de transferência em malha fechada, Equação (3.73), deduzida em função da representação no espaço de estados. Considere o sistema em malha fechada representado no espaço de estados:

$$\dot{\mathbf{x}} = \mathbf{A}\mathbf{x} + \mathbf{B}r \tag{7.84a}$$

$$y = \mathbf{C}\mathbf{x} \tag{7.84b}$$

A transformada de Laplace do erro é

$$E(s) = R(s) - Y(s) \tag{7.85}$$

Mas

$$Y(s) = R(s)T(s) \tag{7.86}$$

em que $T(s)$ é a função de transferência em malha fechada. Substituindo a Equação (7.86) na Equação (7.85), obtemos

$$E(s) = R(s)[1 - T(s)] \tag{7.87}$$

Utilizando a Equação (3.73) para $T(s)$, obtemos

$$E(s) = R(s)[1 - \mathbf{C}(s\mathbf{I} - \mathbf{A})^{-1}\mathbf{B}] \tag{7.88}$$

Aplicando o teorema do valor final, temos

$$\lim_{s\to 0} sE(s) = \lim_{s\to 0} sR(s)[1 - \mathbf{C}(s\mathbf{I} - \mathbf{A})^{-1}\mathbf{B}] \tag{7.89}$$

Vamos aplicar o resultado a um exemplo.

Exemplo 7.13

Erro em Regime Permanente Utilizando o Teorema do Valor Final

PROBLEMA: Calcule o erro em regime permanente para o sistema descrito pelas Equações (7.90) para entradas em degrau unitário e em rampa unitária. Utilize o teorema do valor final.

$$\mathbf{A} = \begin{bmatrix} -5 & 1 & 0 \\ 0 & -2 & 1 \\ 20 & -10 & 1 \end{bmatrix}; \quad \mathbf{B} = \begin{bmatrix} 0 \\ 0 \\ 1 \end{bmatrix}; \quad \mathbf{C} = [-1 \quad 1 \quad 0] \tag{7.90}$$

Experimente 7.5

Use o MATLAB, a Symbolic Math Toolbox e as instruções a seguir para determinar o erro em regime permanente para uma entrada em degrau para o sistema do Exemplo 7.13.

```
syms s
A=[-5 1 0
   0 -2 1
   20 -10 1];
B=[0; 0; 1];
C=[-1 1 0];
I=[1 0 0
   0 1 0
   0 0 1];
E=(1/s)*[1-C*...
 [(s*I-A)^-1]*B];
%Novo Comando:
%subs(X,velho,novo);
%Substitui velho em...
%X(velho) com novo.
error=subs(s*E,s,0)
```

SOLUÇÃO: Substituindo as Equações (7.90) na Equação (7.89), obtemos

$$\begin{aligned} e(\infty) &= \lim_{s\to 0} sR(s)\left(1 - \frac{s+4}{s^3+6s^2+13s+20}\right) \\ &= \lim_{s\to 0} sR(s)\left(\frac{s^3+6s^2+12s+16}{s^3+6s^2+13s+20}\right) \end{aligned} \tag{7.91}$$

Para um degrau unitário, $R(s) = 1/s$ e $e(\infty) = 4/5$. Para uma rampa unitária, $R(s) = 1/s^2$ e $e(\infty) = \infty$. Observe que o sistema se comporta como um sistema do Tipo 0.

Análise Através da Substituição da Entrada

Outro método para a análise do regime permanente evita a obtenção da inversa de $(s\mathbf{I} - \mathbf{A})$ e pode ser expandido para sistemas com múltiplas entradas e múltiplas saídas; ele substitui a entrada com uma suposta solução nas equações de estado (*Hostetter, 1989*). Deduziremos os resultados para entradas em degrau unitário e em rampa unitária.

Entradas em Degrau. Dadas as equações de estado, Equações (7.84), se a entrada for um degrau unitário em que $r = 1$, uma solução em regime permanente, $\mathbf{x}_{rp}$, para $\mathbf{x}$ é

$$\mathbf{x_{rp}} = \begin{bmatrix} V_1 \\ V_2 \\ \vdots \\ V_n \end{bmatrix} = \mathbf{V} \tag{7.92}$$

em que V_i é constante. Além disso,

$$\dot{\mathbf{x}}_{\mathbf{rp}} = \mathbf{0} \tag{7.93}$$

Substituindo $r = 1$, um degrau unitário, junto com as Equações (7.92) e (7.93), nas Equações (7.84), resulta

$$\mathbf{0} = \mathbf{AV} + \mathbf{B} \tag{7.94a}$$

$$y_{rp} = \mathbf{CV} \tag{7.94b}$$

em que y_{rp} é a saída em regime permanente. Resolvendo para $\mathbf{V}$, resulta

$$\mathbf{V} = -\mathbf{A}^{-1}\mathbf{B} \tag{7.95}$$

Mas o erro em regime permanente é a diferença entre a entrada em regime permanente e a saída em regime permanente. O resultado final para o erro em regime permanente para uma entrada em degrau unitário em um sistema representado no espaço de estados é

$$e(\infty) = 1 - y_{rp} = 1 - \mathbf{CV} = 1 + \mathbf{CA}^{-1}\mathbf{B} \tag{7.96}$$

Entradas em Rampa. Para entradas em rampa unitária, $r = t$, uma solução em regime permanente para $\mathbf{x}$ é

$$\mathbf{x_{rp}} = \begin{bmatrix} V_1 t + W_1 \\ V_2 t + W_2 \\ \vdots \\ V_n t + W_n \end{bmatrix} = \mathbf{V}t + \mathbf{W} \tag{7.97}$$

em que V_i e W_i são constantes. Portanto,

$$\dot{\mathbf{x}}_{\mathbf{rp}} = \begin{bmatrix} V_1 \\ V_2 \\ \vdots \\ V_n \end{bmatrix} = \mathbf{V} \tag{7.98}$$

Substituindo $r = t$, junto com as Equações (7.97) e (7.98), nas Equações (7.84), resulta

$$\mathbf{V} = \mathbf{A}(\mathbf{V}t + \mathbf{W}) + \mathbf{B}t \tag{7.99a}$$

$$y_{rp} = \mathbf{C}(\mathbf{V}t + \mathbf{W}) \tag{7.99b}$$

Para equilibrar a Equação (7.99a), igualamos os coeficientes matriciais de t, $\mathbf{AV} = -\mathbf{B}$, ou

$$\mathbf{V} = -\mathbf{A}^{-1}\mathbf{B} \tag{7.100}$$

Igualando os termos constantes na Equação (7.99a), temos $\mathbf{AW} = \mathbf{V}$, ou

$$\mathbf{W} = \mathbf{A}^{-1}\mathbf{V} \tag{7.101}$$

Substituindo as Equações (7.100) e (7.101) na Equação (7.99b), resulta

$$y_{\text{rp}} = \mathbf{C}[-\mathbf{A}^{-1}\mathbf{B}t + \mathbf{A}^{-1}(-\mathbf{A}^{-1}\mathbf{B})] = -\mathbf{C}[\mathbf{A}^{-1}\mathbf{B}t + (\mathbf{A}^{-1})^2\mathbf{B}] \tag{7.102}$$

O erro em regime permanente, é portanto,

$$e(\infty) = \lim_{t\to\infty}(t - y_{\text{rp}}) = \lim_{t\to\infty}[(1 + \mathbf{CA}^{-1}\mathbf{B})t + \mathbf{C}(\mathbf{A}^{-1})^2\mathbf{B}] \tag{7.103}$$

Observe que, para utilizar este método, a matriz $\mathbf{A}^{-1}$ deve existir. Isto é, det $\mathbf{A} \neq 0$.

Mostramos agora a utilização das Equações (7.96) e (7.103) para determinar o erro em regime permanente para entradas em degrau e em rampa.

Exemplo 7.14

Erro em Regime Permanente Utilizando Substituição da Entrada

PROBLEMA: Calcule o erro em regime permanente para o sistema descrito pelas três equações na Equação (7.90) para entradas em degrau unitário e em rampa unitária. Utilize substituição da entrada.

SOLUÇÃO: Para uma entrada em degrau unitário, o erro em regime permanente dado pela Equação (7.96) é

$$e(\infty) = 1 + \mathbf{CA}^{-1}\mathbf{B} = 1 - 0{,}2 = 0{,}8 \tag{7.104}$$

em que $\mathbf{C}$, $\mathbf{A}$ e $\mathbf{B}$ são as seguintes:

$$\mathbf{A} = \begin{bmatrix} -5 & 1 & 0 \\ 0 & -2 & 1 \\ 20 & -10 & 1 \end{bmatrix}; \quad \mathbf{B} = \begin{bmatrix} 0 \\ 0 \\ 1 \end{bmatrix}; \quad \mathbf{C} = [-1 \quad 1 \quad 0] \tag{7.105}$$

Para uma entrada em rampa, usando a Equação (7.103), temos

$$e(\infty) = [\lim_{t\to\infty}[(1 + \mathbf{CA}^{-1}\mathbf{B})]t + \mathbf{C}(\mathbf{A}^{-1})^2\mathbf{B}] = \lim_{t\to\infty}(0{,}8t + 0{,}08) = \infty \tag{7.106}$$

Exercício 7.7

PROBLEMA: Determine o erro em regime permanente para uma entrada em degrau, dado o sistema representado no espaço de estados a seguir. Calcule o erro em regime permanente utilizando tanto o método do teorema do valor final quanto o método da substituição da entrada.

$$\mathbf{A} = \begin{bmatrix} 0 & 1 \\ -3 & -6 \end{bmatrix}; \quad \mathbf{B} = \begin{bmatrix} 0 \\ 1 \end{bmatrix}; \quad \mathbf{C} = [1 \quad 1]$$

RESPOSTA:

$$e_{\text{degrau}}(\infty) = \frac{2}{3}$$

A solução completa está disponível no Ambiente de aprendizagem do GEN.

Neste capítulo, cobrimos a avaliação do erro em regime permanente para sistemas representados por funções de transferência, bem como sistemas representados no espaço de estados. Para os sistemas representados no espaço de estados, dois métodos foram apresentados: (1) teorema do valor final e (2) substituição da entrada.

Estudos de Caso

Controle de Antena: Projeto de Erro em Regime Permanente Via Ganho

Projeto
P

Este capítulo mostrou como determinar os erros em regime permanente para entradas em degrau, em rampa e em parábola para sistemas de controle com realimentação em malha fechada. Também aprendemos como calcular o ganho para atender a um requisito de erro em regime permanente. Este estudo de caso continuado utiliza nosso sistema de controle de posição de azimute de antena para resumir os conceitos.

PROBLEMA: Para o sistema de controle de posição de azimute de antena mostrado no Apêndice A2, Configuração 1,

a. Determine o erro em regime permanente em função do ganho, *K*, para entradas em degrau, em rampa e em parábola.
b. Determine o valor do ganho, *K*, que resulta em um erro de 10 % em regime permanente.

SOLUÇÃO:

a. O diagrama de blocos simplificado do sistema é mostrado no Apêndice A2. O erro em regime permanente é dado por

$$e(\infty) = \lim_{s\to 0} sE(s) = \lim_{s\to 0} \frac{sR(s)}{1+G(s)} \tag{7.107}$$

A partir do diagrama de blocos, depois de movimentar o potenciômetro para a direita, passando a junção de soma, a função de transferência à frente equivalente é

$$G(s) = \frac{6{,}63K}{s(s+1{,}71)(s+100)} \tag{7.108}$$

Para determinar o erro em regime permanente para uma entrada em degrau, use $R(s) = 1/s$ com a Equação (7.108) e substitua-os na Equação (7.107). O resultado é $e(\infty) = 0$.

Para determinar o erro em regime permanente para uma entrada em rampa, use $R(s) = 1/s^2$ com a Equação (7.108) e substitua-os na Equação (7.107). O resultado é $e(\infty) = 25{,}79/K$.

Para determinar o erro em regime permanente para uma entrada em parábola, use $R(s) = 1/s^3$ com a Equação (7.108) e substitua-os na Equação (7.107). O resultado é $e(\infty) = \infty$.

b. Como o sistema é do Tipo 1, um erro de 10 % em regime permanente deve se referir a uma entrada em rampa. Esta é a única entrada que resulta em um erro finito diferente de zero. Assim, para uma entrada em rampa unitária,

$$e(\infty) = 0{,}1 = \frac{1}{K_v} = \frac{(1{,}71)(100)}{6{,}63K} = \frac{25{,}79}{K} \tag{7.109}$$

de onde $K = 257{,}9$. Você deve verificar se o valor de *K* está dentro da faixa de ganhos que assegura a estabilidade do sistema. No estudo de caso do controle de antena, no capítulo anterior, a faixa de ganho para estabilidade foi obtida como $0 < K < 2623{,}29$. Assim, o sistema é estável para um ganho de 257,9.

DESAFIO: Agora apresentamos um problema para testar seu conhecimento acerca dos objetivos deste capítulo. Em relação ao sistema de controle de posição de azimute de antena, mostrado no Apêndice A2, Configuração 2, faça o seguinte:

a. Determine o erro em regime permanente em função do ganho, *K*, para entradas em degrau, em rampa e em parábola.
b. Determine o valor do ganho, *K*, que resulta em um erro de 20 % em regime permanente.

Gravador de Laserdisc: Projeto de Erro em Regime Permanente Via Ganho

Projeto
P

Como um segundo estudo de caso, vamos examinar um sistema de foco para gravação em Laserdisc.

PROBLEMA: Para gravar em um Laserdisc, um feixe de laser de 0,5 μm deve ser focalizado sobre a mídia de gravação para queimar fendas que representem o material do programa. O feixe estreito de laser requer que a lente de focagem seja posicionada com uma exatidão de $\pm 0{,}1$ μm. Um modelo do sistema de controle com realimentação para a lente de focagem é mostrado na Figura 7.22.

O detector capta a distância entre a lente de focagem e o disco medindo o grau de focalização como mostrado na Figura 7.23(*a*). O feixe de laser refletido pelo disco, *D*, é dividido por separadores de feixe B_1 e B_2 e focalizado atrás do diafragma *A*. O restante é refletido pelo espelho e focalizado na frente do diafragma *A*.

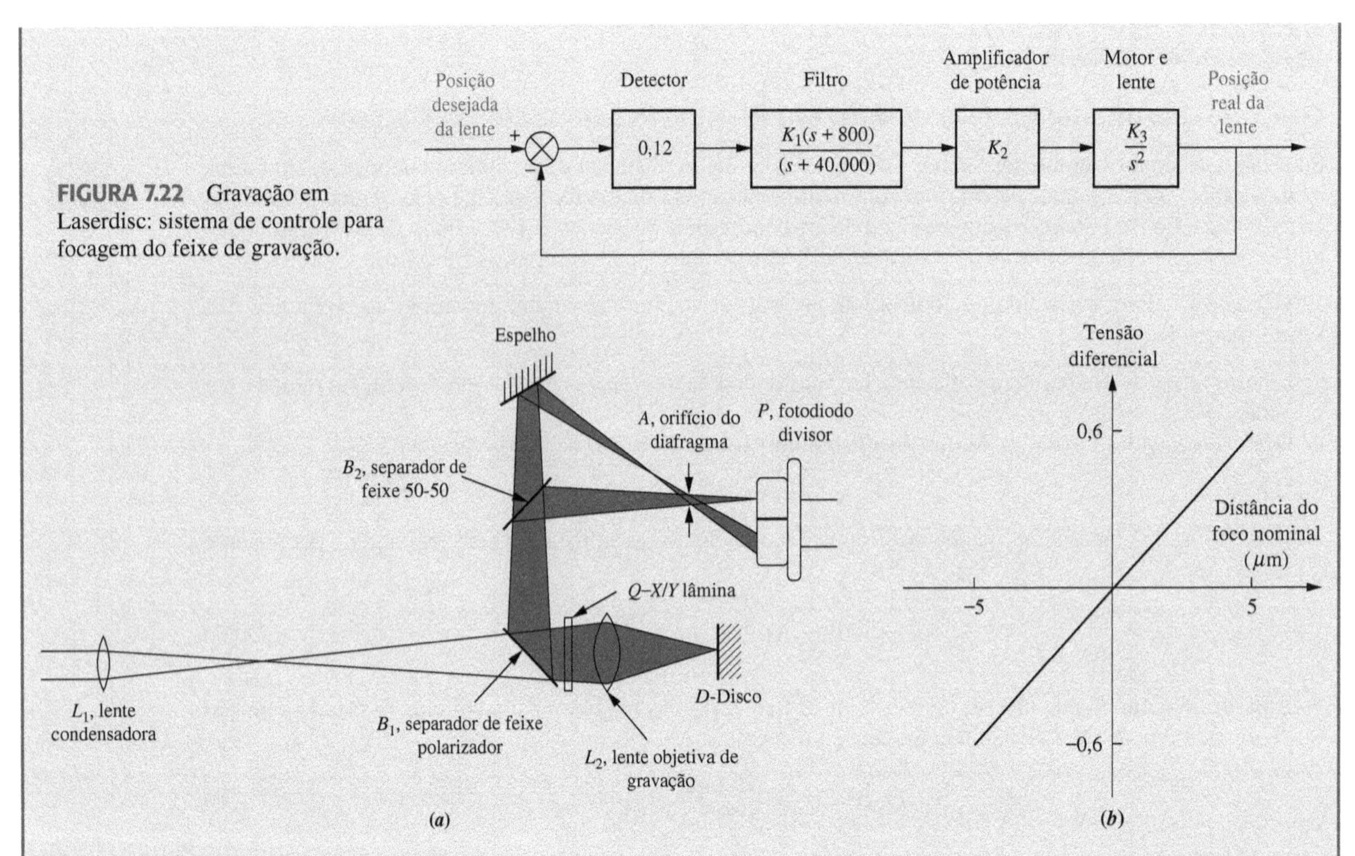

FIGURA 7.22 Gravação em Laserdisc: sistema de controle para focagem do feixe de gravação.

FIGURA 7.23 Gravação em Laserdisc: **a.** óptica do detector de foco;[6] **b.** função de transferência linearizada para o detector de foco.[6]

A quantidade de luz de cada feixe que passa através do diafragma depende de quão longe o ponto focal do feixe está do diafragma. Cada um dos lados do fotodiodo divisor, P, mede a intensidade de um dos feixes. Portanto, à medida que a distância entre o disco e a lente objetiva de gravação varia, o mesmo ocorre com o ponto focal de cada um dos feixes. Como resultado, a tensão relativa detectada por cada parte do fotodiodo divisor se altera. Quando o feixe está fora de foco, um dos lados do fotodiodo fornece uma tensão maior. Quando o feixe está em foco, as saídas de tensão de ambos os lados do fotodiodo são iguais.

Um modelo simplificado para o detector é uma linha reta, relacionando a saída de tensão diferencial entre os dois elementos à distância do Laserdisc do foco nominal. Um gráfico linearizado da relação entrada-saída do detector é mostrado na Figura 7.23(*b*) (*Isailović, 1985*). Admita que uma deformação no disco produza uma perturbação de pior caso no foco de $10\tau^2$ μm. Determine o valor de $K_1K_2K_3$ de modo a atender à exatidão de focalização requerida pelo sistema.

SOLUÇÃO: Como o sistema é do Tipo 2, ele pode responder a entradas em parábola com erro finito. Podemos admitir que a perturbação tem o mesmo efeito de uma entrada de $10t^2$ μm. A transformada de Laplace de $10t^2$ é $20/s^3$, ou 20 unidades maior que a aceleração unitária utilizada para deduzir a equação geral do erro para uma entrada em parábola. Portanto, $e(\infty) = 20/K_a$. Mas, $K_a = \lim_{s\to 0} s^2G(s)$.

A partir da Figura 7.22, $K_a = 0{,}0024K_1K_2K_3$. Além disso, do enunciado do problema, o erro não deve ser maior que 0,1 μm. Assim, $e(\infty) = 8333{,}33/K_1K_2K_3 = 0{,}1$. Portanto, $K_1K_2K_3 \geq 83.333{,}3$, e o sistema é estável.

DESAFIO: Agora apresentamos um problema para testar seu conhecimento dos objetivos deste capítulo. Dado o sistema de gravação de Laserdisc, cujo diagrama de blocos é mostrado na Figura 7.24, faça o seguinte:

a. Se a lente de foco precisa ser posicionada com uma exatidão de $\pm 0{,}005$ μm, determine o valor de $K_1K_2K_3$, caso a deformação no disco produza uma perturbação de pior caso no foco de $15t^2$ μm.

b. Utilize o critério de Routh-Hurwitz para mostrar que o sistema é estável quando as condições do Item **a** forem atendidas.

MATLAB ML

c. Utilize o MATLAB para mostrar que o sistema é estável quando as condições do Item **a** forem atendidas.

[6] Isailović, J. *Videodisc and Optical Memory Technologies, 1st Edition*, © 1985. Reproduzido com permissão de Pearson Education, Inc., Upper Saddle River, NJ.

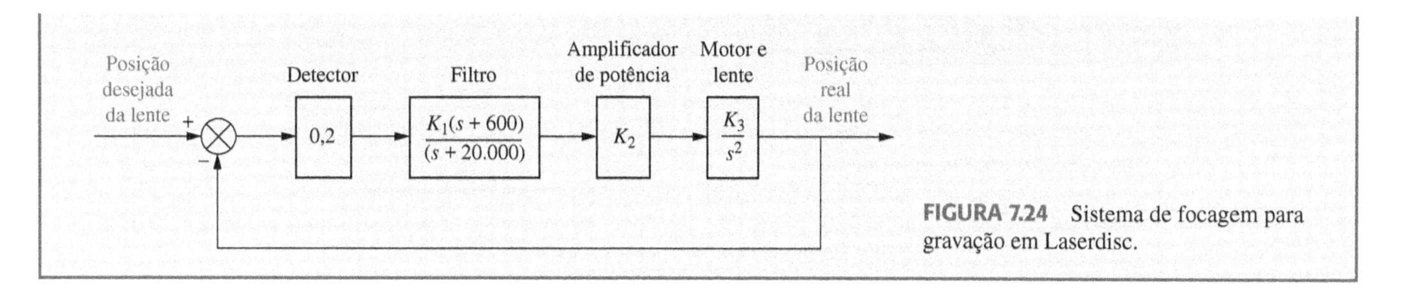

FIGURA 7.24 Sistema de focagem para gravação em Laserdisc.

Resumo

Este capítulo cobriu a análise e o projeto de sistemas de controle com realimentação para os erros em regime permanente. Os erros em regime permanente estudados resultaram exclusivamente da configuração do sistema. Com base na configuração de um sistema e em um grupo de sinais de teste escolhidos, a saber, degraus, rampas e parábolas, podemos analisar ou projetar o desempenho do erro em regime permanente do sistema. Quanto maior o número de integrações puras que um sistema tem no caminho à frente, maior o grau de exatidão, admitindo que o sistema seja estável.

Os erros em regime permanente dependem do tipo de entrada de teste. Aplicando o teorema do valor final a sistemas estáveis, o erro em regime permanente para entradas em degrau unitário é

$$e(\infty) = \frac{1}{1 + \lim_{s\to 0} G(s)} \tag{7.110}$$

O erro em regime permanente para entradas em rampa com velocidade unitária é

$$e(\infty) = \frac{1}{\lim_{s\to 0} sG(s)} \tag{7.111}$$

e para entradas em parábola com aceleração unitária, ele é

$$e(\infty) = \frac{1}{\lim_{s\to 0} s^2G(s)} \tag{7.112}$$

Os termos conduzidos ao limite nas Equações (7.110) a (7.112) são chamados *constantes de erro estático*. Começando com a Equação (7.110), os termos no denominador conduzidos ao limite são chamados *constante de posição*, *constante de velocidade* e *constante de aceleração*, respectivamente. As constantes de erro estático são as especificações de erro em regime permanente para sistemas de controle. Quando se especifica uma constante de erro estático, está se declarando o número de integrações puras no caminho à frente, o sinal de teste utilizado e o erro em regime permanente esperado.

Outra definição coberta neste capítulo foi a de *tipo do sistema*. O tipo do sistema é o número de integrações puras no caminho à frente, admitindo um sistema com realimentação unitária. Aumentando-se o tipo do sistema diminui-se o erro em regime permanente, desde que o sistema permaneça estável.

Uma vez que o erro em regime permanente é, em sua maior parte, inversamente proporcional à constante de erro estático, quanto maior a constante de erro estático, menor o erro em regime permanente. Aumentando-se o ganho do sistema, aumenta-se a constante de erro estático. Assim, em geral, aumentando-se o ganho do sistema, diminui-se o erro em regime permanente, desde que o sistema permaneça estável.

Os sistemas com realimentação não unitária foram tratados deduzindo-se um sistema com realimentação unitária equivalente cujas características de erro em regime permanente seguiam todos os desenvolvimentos anteriores. O método foi restrito a sistemas em que as unidades da entrada e da saída são iguais.

Também vimos como a realimentação reduz o erro em regime permanente causado por perturbações. Com a realimentação, o efeito de uma perturbação pode ser reduzido através de ajustes do ganho do sistema.

Finalmente, para sistemas representados no espaço de estados, calculamos o erro em regime permanente utilizando métodos do teorema do valor final e da substituição da entrada.

No próximo capítulo, examinaremos o lugar geométrico das raízes, uma ferramenta poderosa para a análise e o projeto de sistemas de controle.

Questões de Revisão

1. Cite duas fontes de erro em regime permanente.
2. Um controle de posição, rastreando com uma diferença constante em velocidade, resultaria em que erro de posição em regime permanente?
3. Cite os sinais de teste utilizados para avaliar o erro em regime permanente.
4. Quantas integrações no caminho à frente são necessárias para que haja erro nulo em regime permanente para cada uma das entradas de teste listadas na Questão 3?
5. O aumento do ganho do sistema tem qual efeito sobre o erro em regime permanente?
6. Para uma entrada em degrau, o erro em regime permanente é aproximadamente o inverso da constante de erro estático se qual condição for verdadeira?
7. Qual é a relação exata entre as constantes de erro estático e os erros em regime permanente para entradas em rampa e em parábola?
8. Quais informações estão contidas na especificação $K_p = 10.000$?
9. Defina *tipo do sistema.*
10. A função de transferência à frente de um sistema de controle possui três polos em –1, –2 e –3. Qual é o tipo do sistema?
11. Que efeito a realimentação tem sobre as perturbações?
12. Para uma entrada de perturbação em degrau na entrada de uma planta, descreva o efeito do ganho do controlador e do ganho da planta sobre a minimização do efeito da perturbação.
13. O sinal de atuação do caminho à frente é o erro do sistema se o sistema possuir realimentação não unitária?
14. Como os sistemas com realimentação não unitária são analisados e projetados para os erros em regime permanente?
15. Defina, em palavras, a *sensibilidade* e descreva o objetivo da engenharia de sistemas de controle com realimentação no que se aplica à sensibilidade.
16. Cite dois métodos para calcular o erro em regime permanente para sistemas representados no espaço de estados.

Investigação em Laboratório Virtual

EXPERIMENTO 7.1

Objetivo Verificar o efeito da forma de onda de entrada, do ganho de malha e do tipo do sistema sobre os erros em regime permanente.

Requisitos Mínimos de Programas MATLAB, Simulink e Control System Toolbox.

Pré-Ensaio

1. Que tipos de sistema fornecerão erro em regime permanente nulo para entradas em degrau?
2. Que tipos de sistema fornecerão erro em regime permanente nulo para entradas em rampa?
3. Que tipos de sistema fornecerão erro em regime permanente infinito para entradas em rampa?
4. Que tipos de sistema fornecerão erro em regime permanente nulo para entradas em parábola?
5. Que tipos de sistema fornecerão erro em regime permanente infinito para entradas em parábola?
6. Para o sistema com realimentação negativa da Figura 7.25, em que $G(s) = \dfrac{K(s+6)}{(s+4)(s+7)(s+9)(s+12)}$ e $H(s) = 1$, calcule o erro em regime permanente em função de K para as seguintes entradas: $5u(t)$, $5tu(t)$ e $5t^2u(t)$.

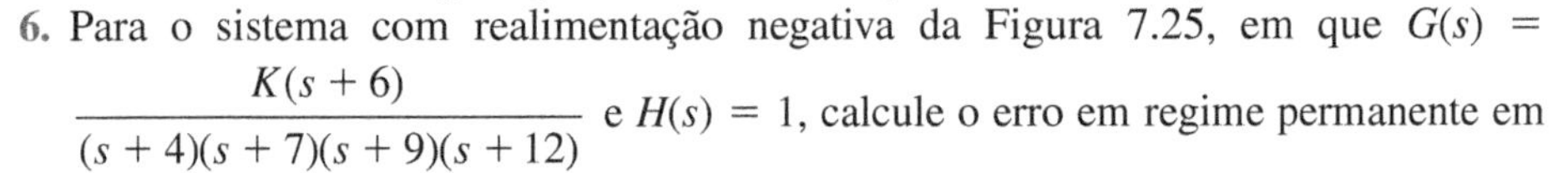

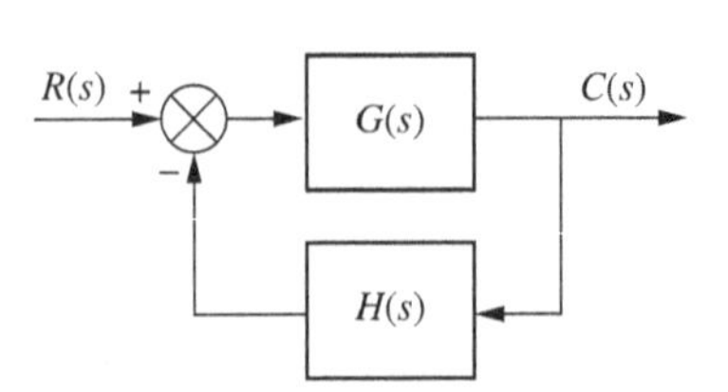

FIGURA 7.25

7. Repita o Pré-Ensaio 6 para $G(s) = \dfrac{K(s+6)(s+8)}{s(s+4)(s+7)(s+9)(s+12)}$ e $H(s) = 1$.
8. Repita o Pré-Ensaio 6 para $G(s) = \dfrac{K(s+1)(s+6)(s+8)}{s^2(s+4)(s+7)(s+9)(s+12)}$ e $H(s) = 1$.

Ensaio

1. Utilizando o Simulink, prepare o sistema com realimentação negativa do Pré-Ensaio 6. Represente em um gráfico o sinal de erro do sistema para uma entrada de $5u(t)$ e $K = 50$, 500, 1000 e 5000. Repita para entradas de $5tu(t)$ e $5t^2u(t)$.
2. Utilizando o Simulink, prepare o sistema com realimentação negativa do Pré-Ensaio 7. Represente em um gráfico o sinal de erro do sistema para uma entrada de $5u(t)$ e $K = 50$, 500, 1000 e 5000. Repita para entradas de $5tu(t)$ e $5t^2u(t)$.

3. Utilizando o Simulink, prepare o sistema com realimentação negativa do Pré-Ensaio 8. Represente em um gráfico o sinal de erro do sistema para uma entrada de $5u(t)$ e $K = 200, 400, 800$ e 1000. Repita para entradas de $5tu(t)$ e $5t^2u(t)$.

Pós-Ensaio

1. Utilize seus gráficos do Ensaio 1 e compare os erros em regime permanente esperados com os calculados no Pré-Ensaio. Explique as razões para quaisquer discrepâncias.
2. Utilize seus gráficos do Ensaio 2 e compare os erros em regime permanente esperados com os calculados no Pré-Ensaio. Explique as razões para quaisquer discrepâncias.
3. Utilize seus gráficos do Ensaio 3 e compare os erros em regime permanente esperados com os calculados no Pré-Ensaio. Explique as razões para quaisquer discrepâncias.

EXPERIMENTO 7.2

Objetivo Utilizar o LabVIEW Control Design and Simulation Module para a análise do desempenho em regime permanente para entradas em degrau e em rampa.

Requisitos Mínimos de Programas LabVIEW com Control Design and Simulation Module.

Pré-Ensaio Dado o modelo de uma única junta de um manipulador robótico mostrado na Figura 7.26 (*Spong, 2005*), no qual B é o coeficiente de atrito viscoso, $\theta_d(s)$ é o ângulo desejado, $\theta(s)$ é o ângulo de saída e $D(s)$ é a perturbação. Desejamos rastrear o ângulo da junta usando um controlador PD, que estudaremos no Capítulo 9. Admita $J = B = 1$. Obtenha as respostas ao degrau e à rampa deste sistema para as seguintes combinações de ganhos do PD (K_P, K_D): (16, 7), (64, 15) e (144, 23).

Ensaio

1. Crie uma VI no LABVIEW para simular a resposta deste sistema para uma entrada em degrau e uma entrada em rampa, em condições sem perturbação. Utilize as funções disponíveis na paleta **Control Design and Simulation/Control Design**.
2. Crie uma VI no LABVIEW utilizando as funções disponíveis na paleta **Control Design and Simulation/Control Design**, para rastrear um ponto de ajuste de entrada de 10 com uma perturbação de D = 40.

Pós-Ensaio Compare seus resultados com os do Pré-Ensaio. Que conclusões você pode tirar a partir das várias respostas deste sistema a diferentes entradas e com diferentes parâmetros do PD? Qual é o tipo do sistema? O comportamento em regime permanente corrobora a teoria que você aprendeu relativamente ao tipo do sistema e o erro em regime permanente para várias entradas? Explique sua resposta.

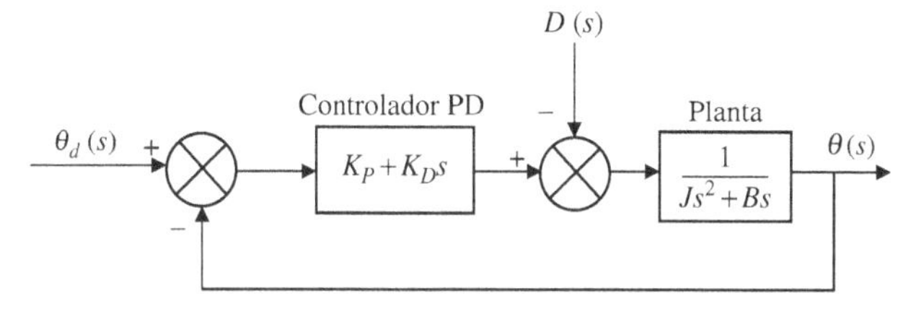

FIGURA 7.26

Bibliografia

Bylinkski, G. *Silicon Valley High Tech: Window to the Future*. Intercontinental Publishing Corp, Ltd., Hong Kong, 1985. Figure caption source for Figure 7.9.

Camacho, E. F., Berenguel, M., Rubio, F. R., and Martinez, D. *Control of Solar Energy Systems*. Springer-Verlag, London, 2012.

Craig, I. K., Xia, X., and Venter, J. W., Introducing HIV/AIDS Education into the Electrical Engineering Curriculum at the University of Pretoria. *IEEE Transactions on Education*, vol. 47, no. 1, February 2004, pp. 65–73.

D'Azzo, J. J., and Houpis, C. H., *Feedback Control System Analysis and Design Conventional and Modern*, 3d ed. McGraw-Hill, New York, 1988.

Hostetter, G. H., Savant, C. J., Jr., and Stefani, R. T. *Design of Feedback Control Systems*, 2d ed. Saunders College Publishing, New York, 1989.

Isailović, J. *Videodisc and Optical Memory Systems*. Prentice Hall, Upper Saddle River, NJ, 1985.

Kuo, C.-F. J., Tu, H.-M., and Liu, C.-H. Dynamic Modeling and Control of a Current New Horizontal Type Cross-Lapper Machine. *Textile Research Journal*, vol. 80, no. 19, Sage, 2010, pp. 2016–2027.

Lam, C. S., Wong, M. C., and Han, Y. D. Stability Study on Dynamic Voltage Restorer (DVR). *Power Electronics Systems and Applications, 2004; Proceedings First International Conference on Power Electronics*, 2004, pp. 66–71.

Lin, J.-S., and Kanellakopoulos, I. Nonlinear Design of Active Suspensions. *IEEE Control Systems*, vol. 17, issue 3, June 1997, pp. 45–59.

Low, K. H., Wang, H., Liew, K. M., and Cai, Y. Modeling and Motion Control of Robotic Hand for Telemanipulation Application. *International Journal of Software Engineering and Knowledge Engineering*, vol. 15, 2005, pp. 147–152.

Mitchell, R. J. More Nested Velocity Feedback Control. *IEEE 9th International Conference on Cybernetic Intelligent Systems* (CIS), 2010.

Ohnishi, K., Shibata, M., and Murakami, T. Motion Control for Advanced Mechatronics. *IEEE/ASME Transactions on Mechatronics*, vol. 1, no. 1, March 1996, pp. 56–67.

Papadopoulos, K . G., Papastefanaki, E. N., and Margaris, N. I. Explicit Analytical PID Tuning Rules for the Design of Type-III Control Loops. *IEEE Transactions on Industrial Electronics*, vol. 60, no. 10, October 2013, pp. 4650–4664.

Preitl, Z., Bauer, P., and Bokor, J. A Simple Control Solution for Traction Motor Used in Hybrid Vehicles. *Fourth International Symposium on Applied Computational Intelligence and Informatics*. IEEE, 2007.

Schneider, R. T. Pneumatic Robots Continue to Improve. *Hydraulics & Pneumatics*, October 1992, pp. 38–39.

Spong, M., Hutchinson, S., and Vidyasagar, M. *Robot Modeling and Control*. John Wiley & Sons. Hoboken, NJ, 2006.

Yin, G., Chen, N., and Li, P. Improving Handling Stability Performance of Four-Wheel Steering Vehicle via m-Synthesis Robust Control. *Ieee Transactions on Vehicular Technology*, vol. 56, no. 5, 2007, pp. 2432–2439.

Capítulo 8

Técnicas do Lugar Geométrico das Raízes

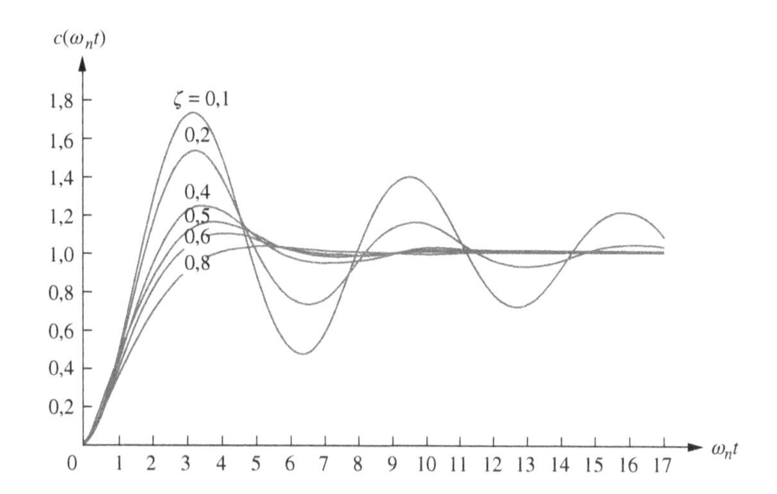

Resultados de Aprendizagem do Capítulo

Após completar este capítulo, o estudante estará apto a:

- Definir um lugar geométrico das raízes (Seções 8.1-8.2)
- Declarar as propriedades de um lugar geométrico das raízes (Seção 8.3)
- Esboçar um lugar geométrico das raízes (Seção 8.4)
- Determinar as coordenadas dos pontos sobre o lugar geométrico das raízes e seus ganhos associados (Seções 8.5-8.6)
- Utilizar o lugar geométrico das raízes para projetar o valor de um parâmetro para atender a uma especificação de resposta transitória para sistemas de ordem 2 ou superior (Seções 8.7-8.8)
- Esboçar o lugar geométrico das raízes para sistemas com realimentação positiva (Seção 8.9)
- Determinar a sensibilidade da raiz para pontos ao longo do lugar geométrico das raízes (Seção 8.10).

Resultados de Aprendizagem do Estudo de Caso

Você será capaz de demonstrar seu conhecimento dos objetivos do capítulo com os estudos de caso como a seguir:

- Dado o sistema de controle de posição de azimute de antena, mostrado no Apêndice A2, você será capaz de determinar o ganho do pré-amplificador para atender a uma especificação de resposta transitória.
- Dado o sistema de controle de arfagem ou de rumo do veículo Submersível Não Tripulado Independente (UFSS), mostrado no Apêndice A3, você será capaz de traçar o lugar geométrico das raízes e projetar o ganho para atender a uma especificação de resposta transitória. Você vai então ser capaz de avaliar outras características de desempenho.

8.1 Introdução

O lugar geométrico das raízes, uma representação gráfica dos polos em malha fechada à medida que um parâmetro do sistema é variado, é um método poderoso de análise e projeto para a estabilidade e a resposta transitória (*Evans, 1948; 1950*). Os sistemas de controle com realimentação são difíceis de compreender de um ponto de vista qualitativo e, portanto, dependem fortemente da matemática. O lugar geométrico das raízes coberto neste capítulo é uma técnica gráfica que nos dá a descrição qualitativa do desempenho de um sistema de controle que estamos buscando e que também serve como uma ferramenta qualitativa poderosa que fornece mais informações do que os métodos já discutidos.

Até aqui, os ganhos e outros parâmetros do sistema foram projetados para resultar em uma resposta transitória desejada apenas para sistemas de primeira e segunda ordens. Embora o lugar geométrico das raízes possa ser utilizado para resolver o mesmo tipo de problema, seu verdadeiro poder está na sua capacidade de fornecer soluções para sistemas de ordem superior a 2. Por exemplo, em condições adequadas, os parâmetros de um sistema de quarta ordem podem ser projetados para resultar em determinada ultrapassagem percentual e em determinado tempo de acomodação utilizando-se os conceitos aprendidos no Capítulo 4.

O lugar geométrico das raízes pode ser utilizado para descrever qualitativamente o desempenho de um sistema à medida que diversos parâmetros são alterados. Por exemplo, o efeito da variação do ganho sobre a ultrapassagem percentual, o tempo de acomodação e o instante de pico pode ser mostrado vividamente. A descrição qualitativa pode então ser verificada através de uma análise quantitativa.

Além da resposta transitória, o lugar geométrico das raízes também fornece uma representação gráfica da estabilidade do sistema. Podemos ver claramente faixas de estabilidade, faixas de instabilidade e as condições que fazem com que um sistema entre em oscilação.

Antes de apresentar o lugar geométrico das raízes, vamos rever dois conceitos que precisamos para a discussão subsequente: (1) o problema do sistema de controle e (2) os números complexos e sua representação como vetores.

O Problema do Sistema de Controle

Encontramos anteriormente o problema do sistema de controle no Capítulo 6: enquanto os polos da função de transferência em malha aberta são facilmente obtidos (tipicamente, eles são identificados por inspeção e não mudam com variações no ganho do sistema), os polos da função de transferência em malha fechada são mais difíceis de obter (tipicamente, eles não podem ser obtidos sem se fatorar o polinômio característico do sistema em malha fechada, o denominador da função de transferência em malha fechada) e, além disso, os polos em malha fechada variam com variações no ganho do sistema.

Um sistema de controle com realimentação em malha fechada típico é mostrado na Figura 8.1(*a*). A função de transferência em malha aberta foi definida no Capítulo 5 como $KG(s)H(s)$. Normalmente podemos determinar os polos de $KG(s)H(s)$, uma vez que eles se originam de subsistemas de primeira ou de segunda ordem simplesmente em cascata. Além disso, variações em K não afetam a posição de nenhum polo dessa função. Por outro lado, não podemos determinar os polos de $T(s) = KG(s)/[1 + KG(s)H(s)]$, a menos que fatoremos o denominador. Além disso, os polos de $T(s)$ variam com K.

Vamos demonstrar fazendo

$$G(s) = \frac{N_G(s)}{D_G(s)} \tag{8.1}$$

e

$$H(s) = \frac{N_H(s)}{D_H(s)} \tag{8.2}$$

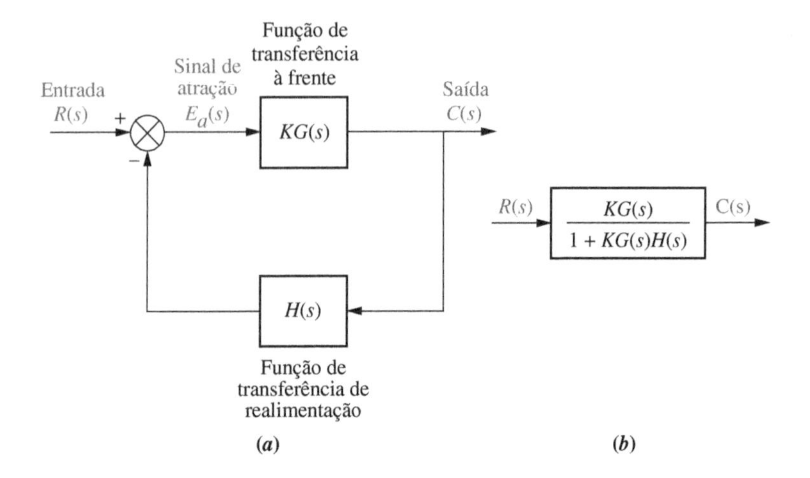

FIGURA 8.1 **a.** Sistema em malha fechada; **b.** função de transferência equivalente.

então

$$T(s) = \frac{KN_G(s)D_H(s)}{D_G(s)D_H(s) + KN_G(s)N_H(s)} \tag{8.3}$$

em que N e D são polinômios fatorados e correspondem aos termos do numerador e do denominador, respectivamente. Observamos o seguinte: normalmente, conhecemos os fatores dos numeradores e dos denominadores de $G(s)$ e $H(s)$. Além disso, os zeros de $T(s)$ consistem nos zeros de $G(s)$ e dos polos de $H(s)$. Os polos de $T(s)$ não são conhecidos imediatamente e, de fato, podem mudar com K. Por exemplo, se $G(s) = (s + 1)/[s(s + 2)]$ e $H(s) = (s + 3)/(s + 4)$, os polos de $KG(s)H(s)$ são 0, -2 e -4. Os zeros de $KG(s)H(s)$ são -1 e -3. Agora, $T(s) = K(s + 1)(s + 4)/[s^3 + (6 + K)s^2 + (8 + 4K)s + 3K]$. Assim, os zeros de $T(s)$ consistem nos zeros de $G(s)$ e nos polos de $H(s)$. Os polos de $T(s)$ não são conhecidos imediatamente sem se fatorar o denominador, e eles são uma função de K. Uma vez que a resposta transitória e a estabilidade do sistema dependem dos polos de $T(s)$, não temos conhecimento do desempenho do sistema, a menos que fatoremos o denominador para valores específicos de K. O lugar geométrico das raízes será utilizado para nos dar uma representação vívida dos polos de $T(s)$ à medida que K varia.

Representação Vetorial de Números Complexos

Qualquer *número complexo*, $\sigma + j\omega$, descrito em coordenadas cartesianas, pode ser representado graficamente por um vetor, como mostrado na Figura 8.2(*a*). O número complexo também pode ser descrito na forma polar com magnitude M e ângulo θ, como $M\angle\theta$. Caso o número complexo seja substituído em uma função complexa, $F(s)$, outro número complexo resultará. Por exemplo, se $F(s) = (s + a)$, então, substituindo o número complexo $s = \sigma + j\omega$, resulta $F(s) = (\sigma + a) + j\omega$, outro número complexo. Este número é mostrado na Figura 8.2(*b*). Observe que $F(s)$ possui um zero em $-a$. Caso translademos o vetor a unidades para a esquerda, como na Figura 8.2(*c*), temos uma representação alternativa do número complexo que se origina no zero de $F(s)$ e termina no ponto $s = \sigma + j\omega$.

Concluímos que $(s + a)$ *é um número complexo e pode ser representado por um vetor traçado a partir do zero da função até o ponto s*. Por exemplo, $(s + 7)|_{s\to 5+j2}$ é um número complexo traçado a partir do zero da função -7, até o ponto s, que é $5 + j2$, como mostrado na Figura 8.2(*d*).

Vamos agora aplicar os conceitos a uma função mais elaborada. Admita uma função

$$F(s) = \frac{\prod_{i=1}^{m}(s + z_i)}{\prod_{j=1}^{n}(s + p_j)} = \frac{\prod \text{fatores complexos do numerador}}{\prod \text{fatores complexos do denominador}} \tag{8.4}$$

em que o símbolo $\prod$ significa "produto", m = número de zeros e n = número de polos. Cada fator do numerador e cada fator do denominador é um número complexo que pode ser representado como um vetor. A função

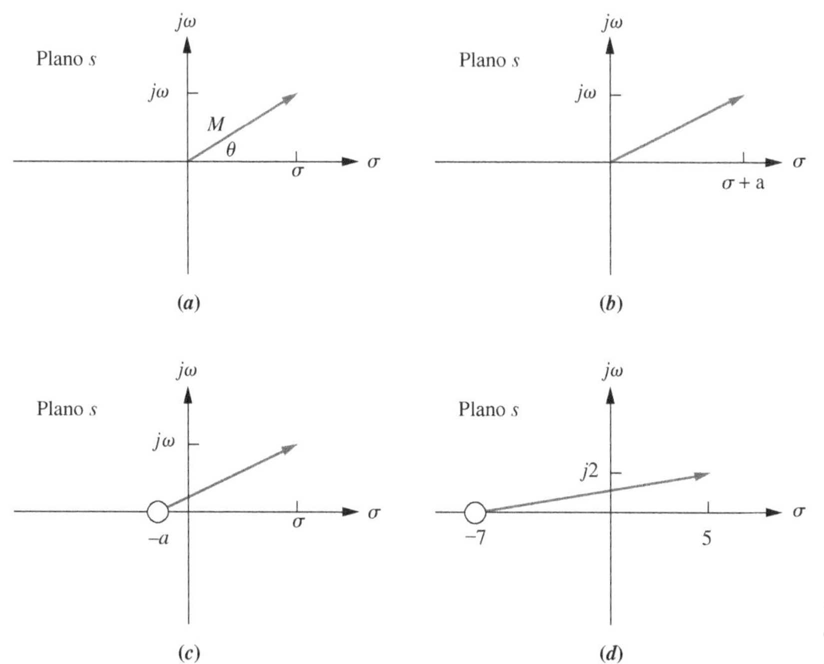

FIGURA 8.2 Representação vetorial de números complexos: **a.** $s = \sigma + j\omega$; **b.** $(s + a)$; **c.** representação alternativa de $(s + a)$; **d.** $(s + 7)|_{s\to 5+j2}$.

define a aritmética complexa a ser realizada para calcular $F(s)$ em qualquer ponto s. Como cada fator complexo pode ser interpretado como um vetor, a magnitude, M, de $F(s)$ em qualquer ponto, s, é

$$M = \frac{\prod \text{distâncias até os zeros}}{\prod \text{distâncias até os polos}} = \frac{\prod_{i=1}^{m} |(s+z_i)|}{\prod_{j=1}^{n} |(s+p_j)|} \tag{8.5}$$

em que uma distância até um zero, $|(s + z_i)|$, é a magnitude do vetor traçado a partir do zero de $F(s)$ em $-z_i$ até o ponto s, e uma distância até um polo, $|(s + p_j)|$, é a magnitude do vetor traçado a partir do polo de $F(s)$ em $-p_j$ até o ponto s. O ângulo, θ, de $F(s)$ em qualquer ponto, s, é

$$\begin{aligned}\theta &= \sum \text{ângulos até os zeros} - \sum \text{ângulos até os polos} \\ &= \sum_{i=1}^{m} \angle(s+z_i) - \sum_{j=1}^{n} \angle(s+p_j)\end{aligned} \tag{8.6}$$

em que um ângulo até um zero é o ângulo, medido a partir da extensão positiva do eixo real, do vetor traçado do zero de $F(s)$ em $-z_i$ até o ponto s, e o ângulo até um polo é o ângulo, medido a partir da extensão positiva do eixo real, do vetor traçado do polo de $F(s)$ em $-p_i$ até o ponto s.

Como demonstração das Equações (8.5) e (8.6), considere o exemplo a seguir.

Exemplo 8.1

Cálculo de uma Função Complexa Através de Vetores

PROBLEMA: Dado

$$F(s) = \frac{(s+1)}{s(s+2)} \tag{8.7}$$

determine $F(s)$ no ponto $s = -3 + j4$.

SOLUÇÃO: O problema é representado graficamente na Figura 8.3, na qual cada vetor $(s + \alpha)$ da função é mostrado terminando no ponto escolhido $s = -3 + j4$. O vetor com origem no zero em -1 é

$$\sqrt{20}\angle 116{,}6^\circ \tag{8.8}$$

O vetor com origem no polo na origem é

$$5\angle 126{,}9^\circ \tag{8.9}$$

O vetor com origem no polo em -2 é

$$\sqrt{17}\angle 104{,}0^\circ \tag{8.10}$$

Substituindo as Equações (8.8) até (8.10) nas Equações (8.5) e (8.6), resulta

$$M\angle\theta = \frac{\sqrt{20}}{5\sqrt{17}}\angle 116{,}6^\circ - 126{,}9^\circ - 104{,}0^\circ = 0{,}217\angle - 114{,}3^\circ \tag{8.11}$$

como o resultado do cálculo de $F(s)$ no ponto $-3 + j4$.

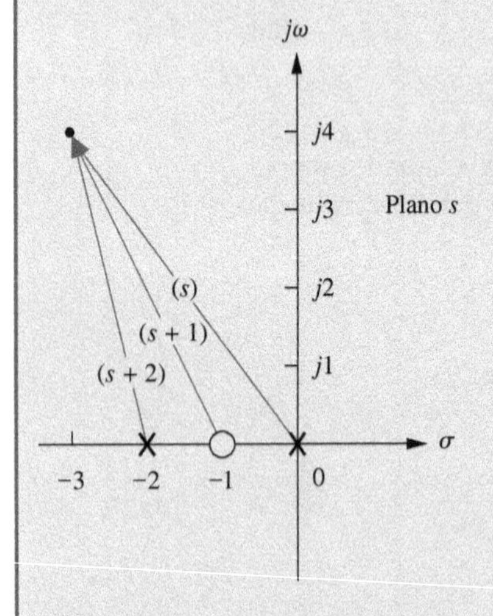

FIGURA 8.3 Representação vetorial da Equação (8.7).

Exercício 8.1

PROBLEMA: Dado

$$F(s) = \frac{(s+2)(s+4)}{s(s+3)(s+6)}$$

determine $F(s)$ no ponto $s = -7 + j9$ das seguintes formas:

a. Substituindo diretamente o ponto em $F(s)$

b. Calculando o resultado utilizando vetores

RESPOSTA:

$$-0{,}0339 - j0{,}0899 = 0{,}096\angle - 110{,}7^\circ$$

A solução completa está disponível no Ambiente de aprendizagem do GEN.

Experimente 8.1

Use as seguintes instruções MATLAB para resolver o problema dado no Exercício 8.1.

```
s=-7+9j;
G=(s+2)*(s+4)/...
 (s*(s+3)*(s+6));
Theta=(180/pi)*...
 angle(G)
M=abs(G)
```

Estamos agora prontos para iniciar nossa discussão sobre o lugar geométrico das raízes.

8.2 Definindo o Lugar Geométrico das Raízes

Um sistema de câmera de segurança, semelhante ao mostrado na Figura 8.4(*a*), pode seguir automaticamente um indivíduo. O sistema de rastreamento monitora variações de pixels e posiciona a câmera para centralizar as variações.

A técnica do lugar geométrico das raízes pode ser utilizada para analisar e projetar o efeito do ganho de malha sobre a resposta transitória e a estabilidade do sistema. Admita a representação em diagrama de blocos de um sistema de rastreamento como mostrado na Figura 8.4(*b*), em que os polos em malha fechada do sistema mudam de posição à medida que o ganho, K, é variado. A Tabela 8.1, que foi construída aplicando-se a fórmula quadrática ao denominador da função de transferência na Figura 8.4(*c*), mostra a variação da posição do polo para diferentes valores de ganho, K. Os dados da Tabela 8.1 são apresentados graficamente na Figura 8.5(*a*), a qual mostra cada polo e seu ganho.

À medida que o ganho, K, aumenta na Tabela 8.1 e na Figura 8.5(*a*), o polo em malha fechada que está em -10 para $K = 0$ se move para a direita, e o polo em malha fechada que está em 0 para $K = 0$ se move para a esquerda.

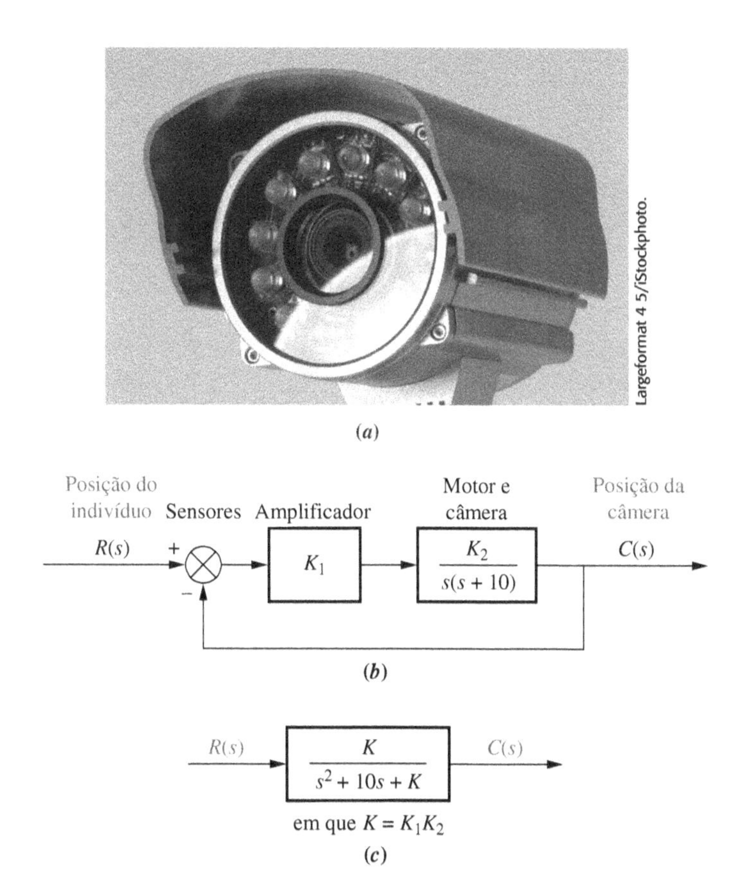

FIGURA 8.4 **a.** Câmeras de segurança com rastreamento automático podem ser utilizadas para seguir automaticamente objetos em movimento; **b.** diagrama de blocos; **c.** função de transferência em malha fechada.

TABELA 8.1 Posição do polo em função do ganho para o sistema da Figura 8.4.

K	Polo 1	Polo 2
0	−10	0
5	−9,47	−0,53
10	−8,87	−1,13
15	−8,16	−1,84
20	−7,24	−2,76
25	−5	−5
30	$-5 + j2{,}24$	$-5 - j2{,}24$
35	$-5 + j3{,}16$	$-5 - j3{,}16$
40	$-5 + j3{,}87$	$-5 - j3{,}87$
45	$-5 + j4{,}47$	$-5 - j4{,}47$
50	$-5 + j5$	$-5 - j5$

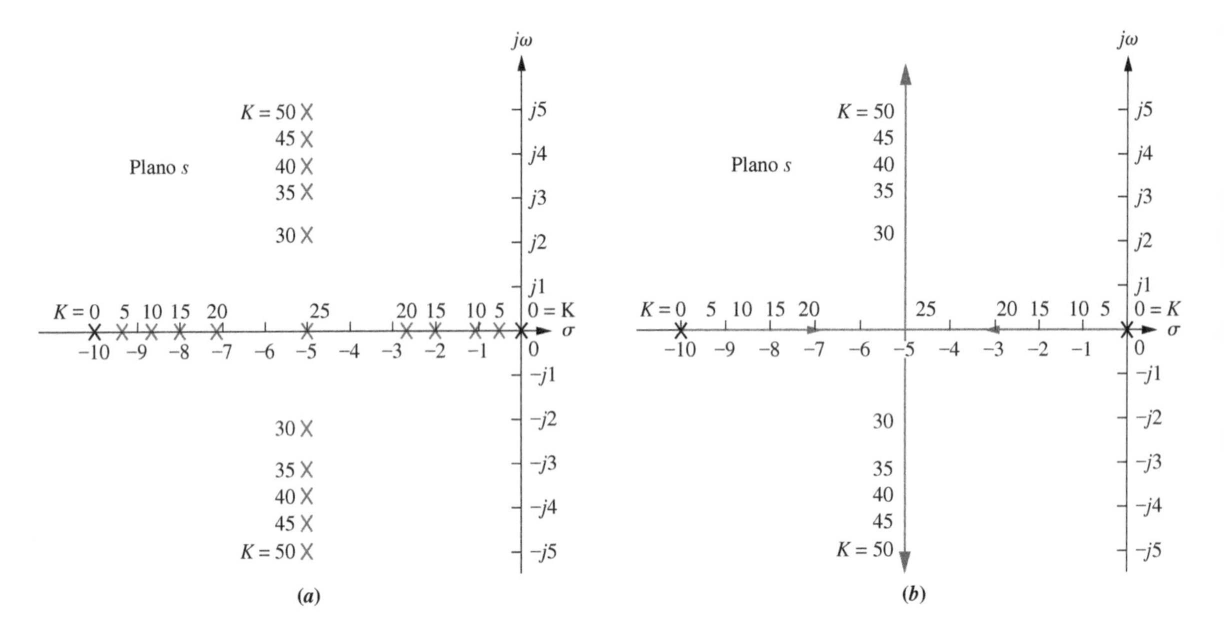

FIGURA 8.5 **a.** Diagrama de polos da Tabela 8.1; **b.** lugar geométrico das raízes.

Eles se encontram em −5, saem do eixo real e se movem no plano complexo. Um dos polos em malha fechada se move para cima, enquanto o outro se move para baixo. Não podemos dizer qual polo se move para cima ou qual se move para baixo. Na Figura 8.5(*b*), as posições individuais dos polos em malha fechada são removidas e seus caminhos são representados por linhas contínuas. É esta *representação dos caminhos dos polos em malha fechada à medida que o ganho é variado* que chamamos de *lugar geométrico das raízes*. Para a maior parte de nosso trabalho, a discussão será limitada a ganho positivo, ou $K \geq 0$.

O lugar geométrico das raízes mostra as variações na resposta transitória à medida que o ganho, K, varia. Em primeiro lugar, os polos são reais para ganhos inferiores a 25. Assim, o sistema é superamortecido. Com um ganho de 25, os polos são reais e múltiplos, e, portanto, criticamente amortecidos. Para ganhos superiores a 25, o sistema é subamortecido. Embora essas conclusões possam ser tiradas através das técnicas analíticas cobertas no Capítulo 4, as conclusões a seguir são demonstradas graficamente pelo lugar geométrico das raízes.

Dirigindo nossa atenção para a parcela subamortecida do lugar geométrico das raízes, observamos que, independentemente do valor do ganho, as partes reais dos polos complexos são sempre as mesmas. Como o tempo de acomodação é inversamente proporcional à parte real dos polos complexos para esse sistema de segunda ordem, a conclusão é que, independentemente do valor do ganho, o tempo de acomodação para o sistema permanece o mesmo para todas as situações de respostas subamortecidas.

Além disso, à medida que aumentamos o ganho, o fator de amortecimento diminui, e a ultrapassagem percentual aumenta. A frequência amortecida de oscilação, que é igual à parte imaginária do polo, também aumenta com um aumento do ganho, resultando em uma redução do instante de pico. Finalmente, como o lugar geométrico das raízes nunca passa para o semiplano da direita, o sistema será sempre estável, independentemente do valor do ganho, e nunca entrará em oscilação senoidal.

Essas conclusões para um sistema simples como este podem parecer triviais. O que estamos para ver é que a análise é aplicável a sistemas de ordem superior a 2. Para esses sistemas, é difícil relacionar as características da resposta transitória à posição dos polos. O lugar geométrico das raízes nos permitirá fazer esta associação e se tornará uma técnica importante na análise e no projeto de sistemas de ordem mais elevada.

8.3 Propriedades do Lugar Geométrico das Raízes

Na Seção 8.2, chegamos ao lugar geométrico das raízes fatorando o polinômio de segunda ordem no denominador da função de transferência. Considere o que aconteceria se aquele polinômio fosse de quinta ou décima ordem. Sem um computador, fatorar o polinômio seria um grande problema para inúmeros valores do ganho.

Estamos prestes a examinar as propriedades do lugar geométrico das raízes. A partir dessas propriedades, seremos capazes de fazer um *esboço* rápido do lugar geométrico das raízes para sistemas de ordem elevada sem ter que fatorar o denominador da função de transferência em malha fechada.

As propriedades do lugar geométrico das raízes podem ser deduzidas a partir do sistema de controle geral da Figura 8.1(*a*). A função de transferência em malha fechada para o sistema é

$$T(s) = \frac{KG(s)}{1 + KG(s)H(s)} \tag{8.12}$$

A partir da Equação (8.12), um polo, s, existe quando o polinômio característico no denominador se anula, ou

$$KG(s)H(s) = -1 = 1\angle(2k+1)180^\circ \quad k = 0, \pm 1, \pm 2, \pm 3, \ldots \tag{8.13}$$

em que -1 é representado na forma polar como $1\angle(2k + 1)180^\circ$. Alternativamente, um valor de s é um polo em malha fechada se

$$|KG(s)H(s)| = 1 \tag{8.14}$$

e

$$\angle KG(s)H(s) = (2k+1)180^\circ \tag{8.15}$$

A Equação (8.13) estabelece que, se um valor de s for substituído na função $KG(s)H(s)$, um número complexo resulta. Se o ângulo do número complexo for um múltiplo ímpar de 180°, este valor de s é um polo do sistema para algum valor específico de K. Que valor de K? Uma vez que o critério de ângulo da Equação (8.15) é satisfeito, só resta satisfazer o critério de magnitude, Equação (8.14). Portanto,

$$K = \frac{1}{|G(s)||H(s)|} \tag{8.16}$$

Acabamos de descobrir que um polo do sistema em malha fechada faz com que o ângulo de $KG(s)H(s)$, ou simplesmente $G(s)H(s)$, uma vez que K é um escalar, seja múltiplo ímpar de 180°. Além disso, a magnitude de $KG(s)H(s)$ deve ser unitária, implicando que o valor de K é o inverso da magnitude de $G(s)H(s)$ quando o valor do polo é substituído no lugar de s.

Vamos demonstrar essa relação para o sistema de segunda ordem da Figura 8.4. O fato de existirem polos em malha fechada em $-9{,}47$ e $-0{,}53$ quando o ganho é 5 já foi estabelecido na Tabela 8.1. Para esse sistema,

$$KG(s)H(s) = \frac{K}{s(s+10)} \tag{8.17}$$

Substituindo o polo em $-9{,}47$ no lugar de s e 5 no lugar de K, resulta $KG(s)H(s) = -1$. O estudante pode repetir o exercício para outros pontos na Tabela 8.1 e mostrar que cada caso resulta em $KG(s)H(s) = -1$.

É útil visualizar graficamente o significado da Equação (8.15). Vamos aplicar os conceitos de números complexos revisados na Seção 8.1 ao lugar geométrico das raízes do sistema mostrado na Figura 8.6. Para este sistema, a função de transferência em malha aberta é

$$KG(s)H(s) = \frac{K(s+3)(s+4)}{(s+1)(s+2)} \tag{8.18}$$

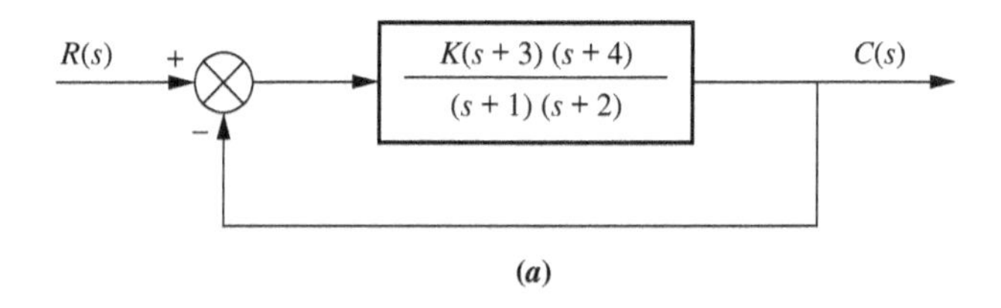

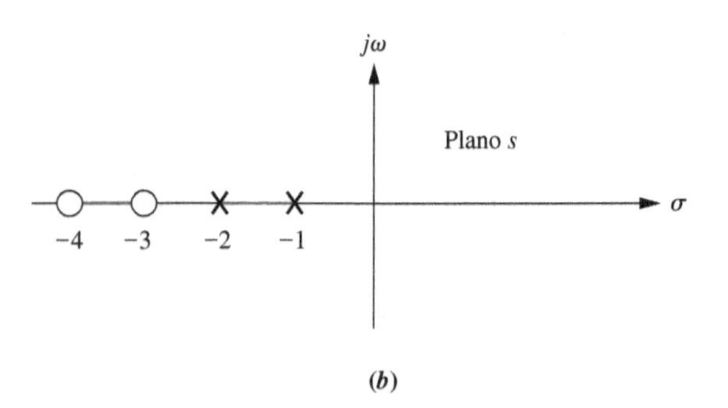

FIGURA 8.6 **a.** Sistema de exemplo; **b.** diagrama de polos e zeros de $G(s)$.

A função de transferência em malha fechada, $T(s)$, é

$$T(s) = \frac{K(s+3)(s+4)}{(1+K)s^2 + (3+7K)s + (2+12K)} \tag{8.19}$$

Se o ponto s é um polo do sistema em malha fechada para algum valor de ganho, K, então s deve satisfazer às Equações (8.14) e (8.15).

Considere o ponto $-2 + j3$. Se esse ponto é um polo em malha fechada para algum valor de ganho, então os ângulos dos zeros menos os ângulos dos polos devem ser iguais a um múltiplo ímpar de 180°. A partir da Figura 8.7,

$$\theta_1 + \theta_2 - \theta_3 - \theta_4 = 56{,}31^\circ + 71{,}57^\circ - 90^\circ - 108{,}43^\circ = -70{,}55^\circ \tag{8.20}$$

Portanto, $-2 + j3$ não é um ponto do lugar geométrico das raízes ou, alternativamente, $-2 + j3$ não é um polo em malha fechada para algum ganho.

Caso esses cálculos sejam repetidos para o ponto $-2 + j(\sqrt{2}/2)$, a soma dos ângulos será 180°. Isto é, $-2 + j(\sqrt{2}/2)$ é um ponto do lugar geométrico das raízes para algum valor de ganho. Prosseguimos agora para calcular esse valor de ganho.

A partir das Equações (8.5) e (8.16),

$$K = \frac{1}{|G(s)H(s)|} = \frac{1}{M} = \frac{\prod \text{distâncias até os polos}}{\prod \text{distâncias até os zeros}} \tag{8.21}$$

Observando a Figura 8.7 com o ponto $-2 + j3$ substituído por $-2 + j(\sqrt{2}/2)$, o ganho, K, é calculado como

$$K = \frac{L_3 L_4}{L_1 L_2} = \frac{\frac{\sqrt{2}}{2}(1{,}22)}{(2{,}12)(1{,}22)} = 0{,}33 \tag{8.22}$$

Assim, o ponto $-2 + j(\sqrt{2}/2)$ é um ponto sobre o lugar geométrico das raízes para um ganho de 0,33.

Resumimos o que descobrimos, como a seguir: dados os polos e zeros da função de transferência em malha aberta, $KG(s)H(s)$, um ponto no plano s estará sobre o lugar geométrico das raízes para um valor particular de ganho, K, se os ângulos dos zeros menos os ângulos dos polos, todos traçados até o ponto escolhido no plano s, totalizarem $(2k + 1)180°$. Além disso, o ganho K neste ponto para o qual os ângulos totalizam $(2k + 1)180°$ é encontrado dividindo o produto das distâncias até os polos pelo produto das distâncias até os zeros.

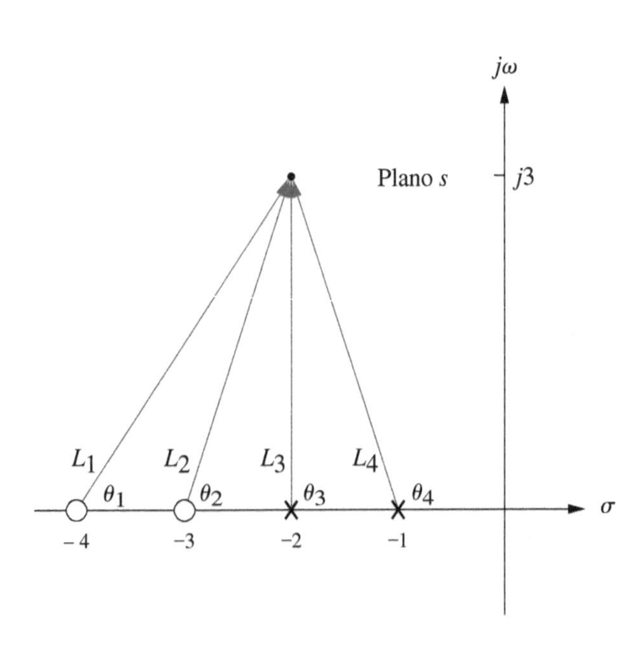

FIGURA 8.7 Representação vetorial de $G(s)$ a partir da Figura 8.6(a) em $-2 + j3$.

Exercício 8.2

PROBLEMA: Dado um sistema com realimentação unitária que possui a função de transferência à frente

$$G(s) = \frac{K(s+2)}{(s^2+4s+13)}$$

faça o seguinte:

a. Calcule o ângulo de $G(s)$ no ponto $(-3 + j0)$ determinando a soma algébrica dos ângulos dos vetores traçados a partir dos zeros e dos polos de $G(s)$ até o ponto dado.
b. Determine se o ponto especificado em **a** está sobre o lugar geométrico das raízes.
c. Se o ponto especificado em **a** estiver sobre o lugar geométrico das raízes, determine o ganho, K, utilizando os comprimentos dos vetores.

RESPOSTAS:

a. Soma dos ângulos = 180°
b. O ponto está sobre o lugar geométrico das raízes
c. $K = 10$

A solução completa está disponível no Ambiente de aprendizagem do GEN.

Experimente 8.2

Utilize o MATLAB e as instruções a seguir para resolver o Exercício 8.2.

```
s=-3+0j;
G=(s+2)/(s^2+4*s+13);
Theta=(180/pi)*...
 angle(G)
M=abs(G);
K=1/M
```

8.4 Esboçando o Lugar Geométrico das Raízes

Decorre de nossa discussão anterior que o lugar geométrico das raízes pode ser obtido varrendo-se todos os pontos do plano s para localizar aqueles para os quais a soma dos ângulos, como descrito anteriormente, resulta em um múltiplo ímpar de 180°. Embora esta tarefa seja enfadonha sem o auxílio de um computador, seu conceito pode ser utilizado para desenvolver regras que podem ser utilizadas para *esboçar* o lugar geométrico das raízes sem o esforço exigido para *traçar com exatidão* o lugar geométrico. Uma vez que um esboço tenha sido obtido, é possível representar com exatidão apenas os pontos que são de interesse para um problema particular.

As cinco regras a seguir nos permitem esboçar o lugar geométrico das raízes utilizando um mínimo de cálculos. As regras resultam em um esboço que fornece uma compreensão intuitiva do comportamento de um sistema de controle. Na próxima seção, refinamos o esboço determinando pontos ou ângulos reais sobre o lugar geométrico das raízes. Esses refinamentos, contudo, requerem alguns cálculos ou o uso de programas de computador, como o MATLAB.

1. **Número de ramos.** Cada polo em malha fechada se desloca à medida que o ganho é variado. Se definirmos um *ramo* como o caminho que um polo percorre, então haverá um ramo para cada polo em malha fechada. Nossa primeira regra, então, define o número de ramos do lugar geométrico das raízes:

   O número de ramos do lugar geométrico das raízes é igual ao número de polos em malha fechada.

   Como exemplo, observe a Figura 8.5(b), na qual os dois ramos são mostrados. Um começa na origem, e o outro, em -10.
2. **Simetria.** Caso os polos complexos em malha fechada não ocorressem em pares conjugados, o polinômio resultante, formado pela multiplicação dos fatores contendo os polos em malha fechada, teria coeficientes complexos. Os sistemas fisicamente realizáveis não podem ter coeficientes complexos em suas funções de transferência. Assim, concluímos que:

   O lugar geométrico das raízes é simétrico em relação ao eixo real.

   Um exemplo de simetria em relação ao eixo real é mostrado na Figura 8.5(b).
3. **Segmentos do eixo real.** Vamos utilizar a propriedade do ângulo, Equação (8.15), dos pontos do lugar geométrico das raízes para determinar onde existem segmentos do eixo real que fazem parte do lugar geométrico das raízes. A Figura 8.8 mostra os polos e zeros de um sistema em malha aberta geral. Ao tentar calcular a contribuição angular dos polos e zeros em cada ponto, P_1, P_2, P_3 e P_4, sobre o eixo real, observamos o seguinte: (1) Em cada ponto, a contribuição angular de um par de polos ou de zeros complexos em malha aberta é nula, e (2) a contribuição dos polos e zeros em malha aberta à

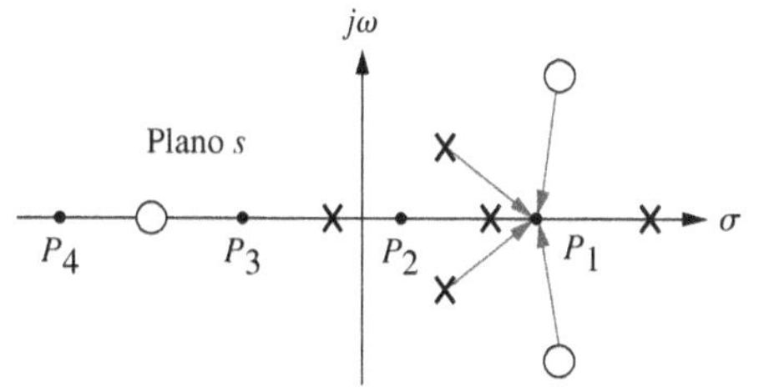

FIGURA 8.8 Polos e zeros de um sistema em malha aberta geral com pontos de teste, P_i, sobre o eixo real.

esquerda do ponto respectivo é nula. A conclusão é que a única contribuição para o ângulo em qualquer dos pontos vem dos polos e zeros em malha aberta sobre o eixo real que existem à direita do ponto respectivo. Caso calculemos o ângulo em cada ponto utilizando apenas os polos e zeros em malha aberta sobre o eixo real, à direita de cada ponto, observamos o seguinte: (1) Os ângulos sobre o eixo real se alternam entre 0º e 180º, e (2) o ângulo é de 180º para regiões do eixo real que estão à esquerda de um número ímpar de polos e/ou zeros. A regra a seguir resume os resultados:

No eixo real, para $K > 0$ o lugar geométrico das raízes existe à esquerda de um número ímpar de polos e/ou zeros finitos em malha aberta sobre o eixo real.

Examine a Figura 8.6(*b*). De acordo com a regra que acabamos de desenvolver, os segmentos do eixo real do lugar geométrico das raízes estão entre -1 e -2 e entre -3 e -4, como mostrado na Figura 8.9.

4. **Pontos de início e de término.** Onde o lugar geométrico das raízes se inicia (ganho zero) e onde ele termina (ganho infinito)? A resposta a esta questão nos permitirá expandir o esboço do lugar geométrico das raízes para além dos segmentos do eixo real. Considere a função de transferência em malha fechada, $T(s)$, descrita pela Equação (8.3). $T(s)$ pode agora ser calculada para valores grandes e pequenos do ganho, K. À medida que K tende a zero (ganho pequeno),

$$T(s) \approx \frac{KN_G(s)D_H(s)}{D_G(s)D_H(s) + \epsilon} \tag{8.23}$$

A partir da Equação (8.23), observamos que os polos do sistema em malha fechada para ganhos pequenos tendem aos polos combinados de $G(s)$ e $H(s)$. Concluímos que o lugar geométrico das raízes se inicia nos polos de $G(s)H(s)$, a função de transferência em malha aberta.

Para ganhos elevados, em que K tende a infinito,

$$T(s) \approx \frac{KN_G(s)D_H(s)}{\epsilon + KN_G(s)N_H(s)} \tag{8.24}$$

A partir da Equação (8.24), observamos que os polos do sistema em malha fechada para ganhos elevados tendem aos zeros combinados de $G(s)$ e $H(s)$. Concluímos agora que o lugar geométrico das raízes termina nos zeros de $G(s)H(s)$, a função de transferência em malha aberta.

Resumindo o que descobrimos:

O lugar geométrico das raízes se inicia nos polos finitos e infinitos de $G(s)H(s)$ e termina nos zeros finitos e infinitos de $G(s)H(s)$.

Lembre-se de que esses polos e zeros são os polos e zeros em malha aberta.

Para demonstrar esta regra, observe o sistema da Figura 8.6(*a*), cujos segmentos do eixo real foram esboçados na Figura 8.9. Utilizando a regra que acabamos de deduzir, descobrimos que o lugar geométrico das raízes se inicia nos polos em -1 e -2 e termina nos zeros em -3 e -4 (ver Figura 8.10). Assim, os polos saem de -1 e -2 e se movem ao longo do trecho de eixo real entre eles. Eles se encontram em algum lugar entre os dois polos e saem para o plano complexo, movendo-se como complexos conjugados. Os polos retornam ao eixo real em algum lugar entre os zeros em -3 e -4, onde seus caminhos são completados à medida que se afastam um do outro e terminam respectivamente nos dois zeros do sistema em malha aberta em -3 e -4.

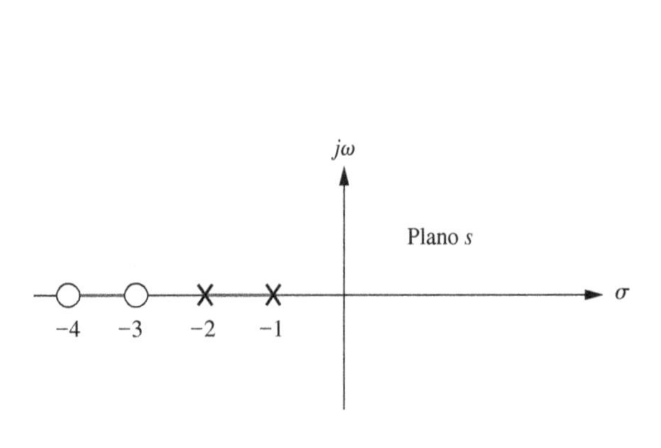

FIGURA 8.9 Segmentos do eixo real do lugar geométrico das raízes para o sistema da Figura 8.6.

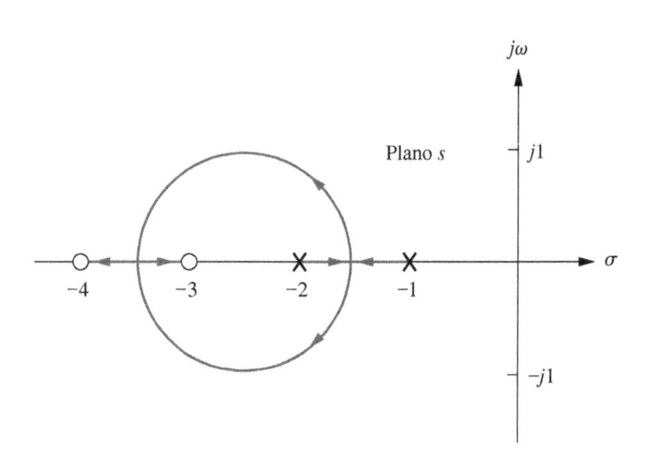

FIGURA 8.10 Lugar geométrico das raízes completo para o sistema da Figura 8.6.

5. **Comportamento no infinito.** Considere a aplicação da Regra 4 à seguinte função de transferência em malha aberta:

$$KG(s)H(s) = \frac{K}{s(s+1)(s+2)} \tag{8.25}$$

Existem três polos finitos, em $s = 0, -1$ e -2, e nenhum zero finito.

Uma função também pode possuir polos e zeros *infinitos*. Se a função tende a infinito quando s tende a infinito, então a função possui um polo no infinito. Se a função tende a zero quando s tende a infinito, então a função possui um zero no infinito. Por exemplo, a função $G(s) = s$ possui um polo no infinito, uma vez que $G(s)$ tende a infinito quando s tende a infinito. Por outro lado, $G(s) = 1/s$ possui um zero no infinito, uma vez que $G(s)$ tende a zero quando s tende a infinito.

Toda função de s possui um número igual de polos e zeros se incluirmos os polos e os zeros infinitos, bem como os polos e zeros finitos. Neste exemplo, a Equação (8.25) possui três polos finitos e três zeros infinitos. Para ilustrar, faça s tender a infinito. A função de transferência em malha aberta fica

$$KG(s)H(s) \approx \frac{K}{s^3} = \frac{K}{s \cdot s \cdot s} \tag{8.26}$$

Cada s no denominador faz com que a função em malha aberta, $KG(s)H(s)$, se torne zero quando s tende a infinito. Portanto, a Equação (8.26) possui três zeros no infinito.

Assim, para a Equação (8.25) o lugar geométrico das raízes se inicia nos polos finitos de $KG(s)H(s)$ e termina nos zeros infinitos. A questão permanece: onde estão os zeros infinitos? Precisamos saber onde esses zeros estão para mostrar o lugar geométrico se movendo dos três polos finitos para os três zeros infinitos. A Regra 5 nos ajuda a localizar esses zeros no infinito. A Regra 5 também nos ajuda a localizar os polos no infinito para funções contendo mais zeros finitos do que polos finitos.[1]

Declaramos agora a Regra 5, que nos dirá a aparência do lugar geométrico das raízes quando ele se aproxima dos zeros no infinito ou quando ele se move a partir dos polos no infinito. A dedução pode ser encontrada no Apêndice M.1, disponível no Ambiente de aprendizagem do GEN.

O lugar geométrico das raízes tende a retas assintóticas quando o lugar geométrico tende a infinito. Além disso, a equação das assíntotas é dada pela interseção com o eixo real, σ_a, e o ângulo, θ_a, como se segue:

$$\sigma_a = \frac{\sum \text{polos finitos} - \sum \text{zeros finitos}}{\#\text{polos finitos} - \#\text{zeros finitos}} \tag{8.27}$$

$$\theta_a = \frac{(2k+1)\pi}{\#\text{polos finitos} - \#\text{zeros finitos}} \tag{8.28}$$

em que $k = 0, +1, +2, +3$ e o ângulo é expresso em radianos em relação à extensão positiva do eixo real.

Observe que o índice, k, na Equação (8.28) resulta em múltiplas retas que representam os diversos ramos de um lugar geométrico das raízes que tende a infinito. Vamos demonstrar os conceitos com um exemplo.

Exemplo 8.2

Esboçando um Lugar Geométrico das Raízes com Assíntotas

PROBLEMA: Esboce o lugar geométrico das raízes para o sistema mostrado na Figura 8.11.

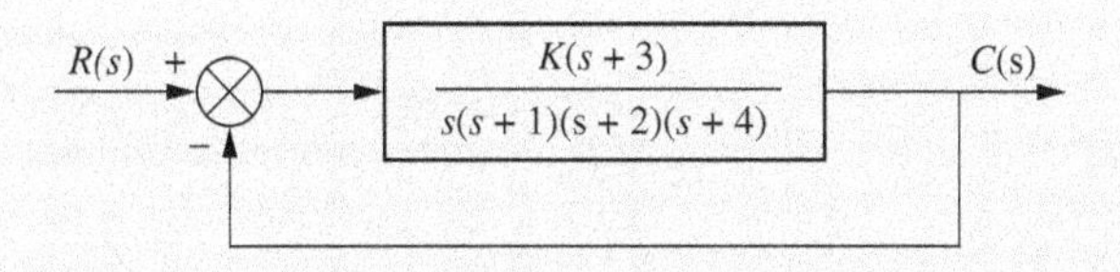

FIGURA 8.11 Sistema para o Exemplo 8.2.

[1] Os sistemas físicos, contudo, possuem mais polos finitos que zeros finitos, uma vez que a derivação decorrente resultaria em saídas infinitas para funções de entrada descontínuas, como entradas em degrau.

SOLUÇÃO: Vamos começar calculando as assíntotas. Utilizando a Equação (8.27), a interseção com o eixo real é calculada como

$$\sigma_a = \frac{(-1-2-4)-(-3)}{4-1} = -\frac{4}{3} \quad (8.29)$$

Os ângulos das retas que se cruzam em −4/3, dados pela Equação (8.28), são

$$\theta_a = \frac{(2k+1)\pi}{\#\text{polos finitos} - \#\text{zeros finitos}} \quad (8.30a)$$

$$= \pi/3 \quad \text{para } k = 0 \quad (8.30b)$$

$$= \pi \quad \text{para } k = 1 \quad (8.30c)$$

$$= 5\pi/3 \quad \text{para } k = 2 \quad (8.30d)$$

Se o valor de k continuar aumentando, os ângulos começarão a se repetir. O número de retas obtidas é igual à diferença entre o número de polos finitos e o número de zeros finitos.

A Regra 4 estabelece que o lugar geométrico se inicia nos polos em malha aberta e termina nos zeros em malha aberta. Para o exemplo, existem mais polos em malha aberta do que zeros em malha aberta. Assim, devem existir zeros no infinito. As assíntotas nos dizem como chegar a esses zeros no infinito.

A Figura 8.12 mostra o lugar geométrico das raízes completo, bem como as assíntotas que acabaram de ser calculadas. Observe que utilizamos todas as regras aprendidas até aqui. Os segmentos do eixo real estão à esquerda de um número ímpar de polos e/ou zeros. O lugar geométrico começa nos polos em malha aberta e termina nos zeros em malha aberta. Para o exemplo existem apenas um zero finito em malha aberta e três zeros no infinito. A Regra 5, então, nos diz que os três zeros no infinito estão no final das assíntotas.

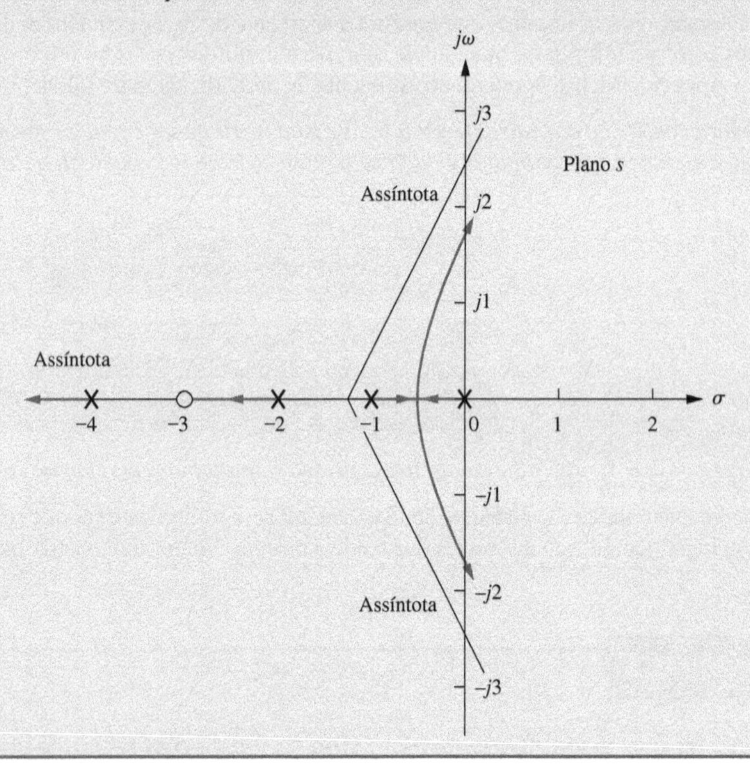

FIGURA 8.12 Lugar geométrico das raízes e assíntotas para o sistema da Figura 8.11.

Exercício 8.3

PROBLEMA: Esboce o lugar geométrico das raízes e suas assíntotas para um sistema com realimentação unitária que possui a função de transferência à frente

$$G(s) = \frac{K}{(s+2)(s+4)(s+6)}$$

RESPOSTA: A solução completa está disponível no Ambiente de aprendizagem do GEN.

8.5 Refinando o Esboço

As regras cobertas na seção anterior nos permitem esboçar rapidamente um lugar geométrico das raízes. Caso desejemos mais detalhes, precisamos ser capazes de determinar com exatidão pontos importantes sobre o lugar geométrico das raízes junto com seus respectivos ganhos. Pontos sobre o eixo real em que o lugar geométrico das raízes entra ou sai do plano complexo – pontos de saída e de entrada sobre o eixo real – e os cruzamentos do eixo $j\omega$ são candidatos naturais. Também podemos obter um esboço melhor do lugar geométrico das raízes determinando os ângulos de partida e de chegada de polos e zeros complexos, respectivamente.

Nesta seção, discutimos os cálculos necessários para obter pontos específicos do lugar geométrico das raízes. Alguns desses cálculos podem ser realizados utilizando a relação básica do lugar geométrico das raízes de que a soma dos ângulos dos zeros menos a soma dos ângulos dos polos é igual a um múltiplo ímpar de 180º, e o ganho em um ponto do lugar geométrico das raízes é obtido como a razão entre (1) o produto das distâncias dos polos até o ponto e (2) o produto das distâncias dos zeros até o ponto. Ainda temos que tratar de como implementar essa tarefa. No passado, um instrumento barato chamado Spirule™ adicionava os ângulos rapidamente e, em seguida, multiplicava e dividia prontamente as distâncias para obter o ganho. Atualmente, podemos contar com calculadoras portáteis ou programáveis, bem como com computadores pessoais.

Os estudantes que utilizam o MATLAB aprenderão como aplicá-lo ao lugar geométrico das raízes ao final da Seção 8.6. Outras alternativas são discutidas no Apêndice H.2, disponível no Ambiente de aprendizagem do GEN. A discussão pode ser adaptada para calculadoras portáteis programáveis. Todos os leitores são encorajados a escolher um auxílio computacional neste ponto. Os cálculos do lugar geométrico das raízes podem ser muito trabalhosos se realizados manualmente.

Discutimos agora como refinar nosso esboço do lugar geométrico das raízes calculando os pontos de saída e de entrada sobre o eixo real, os cruzamentos do eixo $j\omega$, os ângulos de partida dos polos complexos e os ângulos de chegada dos zeros complexos. Concluímos mostrando como determinar com exatidão qualquer ponto do lugar geométrico das raízes e calcular o ganho.

Pontos de Saída e de Entrada sobre o Eixo Real

Inúmeros lugares geométricos das raízes parecem sair do eixo real quando os polos do sistema se movem do eixo real para o plano complexo. Outras vezes, os lugares geométricos parecem retornar ao eixo real quando um par de polos complexos se torna real. Ilustramos isso na Figura 8.13. Esse lugar geométrico é esboçado utilizando as quatro primeiras regras: (1) número de ramos, (2) simetria, (3) segmentos sobre o eixo real e (4) pontos de início e de término. A figura mostra um lugar geométrico das raízes deixando o eixo real entre -1 e -2 e retornando ao eixo real entre $+3$ e $+5$. O ponto em que o lugar geométrico deixa o eixo real, $-\sigma_1$, é chamado *ponto de saída*, e o ponto em que o lugar geométrico retorna ao eixo real, σ_2, é chamado *ponto de entrada*.

No ponto de saída ou no ponto de entrada, os ramos do lugar geométrico das raízes formam um ângulo de $180º/n$ com o eixo real, em que n é o número de polos em malha fechada chegando ou saindo do ponto de saída ou de entrada sobre eixo real (*Kuo, 1991*). Assim, para os dois polos mostrados na Figura 8.13, os ramos no ponto de saída formam ângulos de 90º com o eixo real.

Mostramos agora como determinar os pontos de saída e de entrada. Quando os dois polos em malha fechada, que estão em -1 e -2 para $K = 0$, se movem um em direção ao outro, o ganho aumenta a partir do valor zero. Concluímos que o ganho deve ser máximo sobre o eixo real no ponto em que ocorre a saída, em algum lugar entre -1 e -2. Naturalmente, o ganho aumenta além desse valor quando os polos se movem para o plano complexo. Concluímos que o ponto de saída ocorre em um ponto de ganho máximo sobre o eixo real entre os polos em malha aberta.

Agora vamos dirigir nossa atenção para o ponto de entrada em algum lugar entre $+3$ e $+5$ sobre o eixo real. Quando o par complexo em malha fechada retorna ao eixo real, o ganho continuará a aumentar até infinito à medida que os polos em malha fechada se movem em direção aos zeros em malha aberta. Deve ser verdade, então, que o ganho no ponto de entrada é o ganho mínimo encontrado sobre o eixo real entre os dois zeros.

O esboço na Figura 8.14 mostra a variação do ganho sobre o eixo real. O ponto de saída é obtido no ganho máximo entre -1 e -2, e o ponto de entrada é obtido no ganho mínimo entre $+3$ e $+5$.

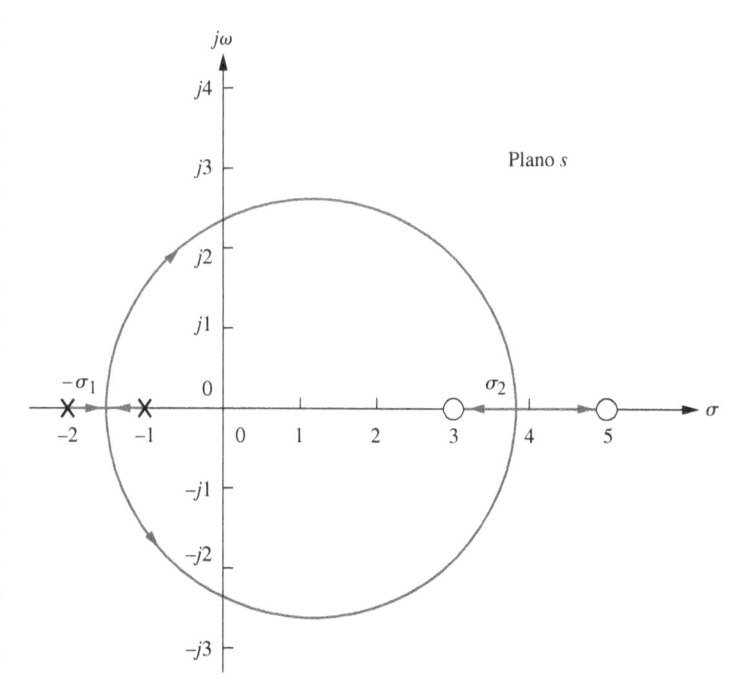

FIGURA 8.13 Exemplo de lugar geométrico das raízes mostrando pontos de saída ($-\sigma_1$) e de entrada (σ_2) sobre o eixo real.

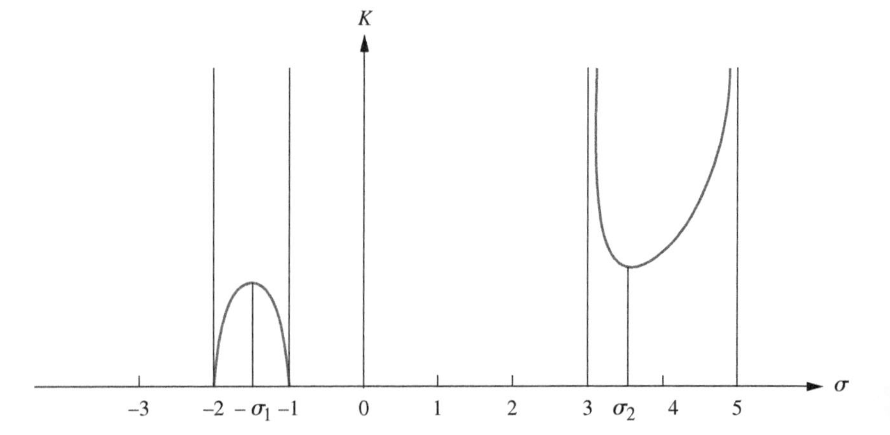

FIGURA 8.14 Variação do ganho ao longo do eixo real para o lugar geométrico das raízes da Figura 8.13.

Existem três métodos para determinar os pontos nos quais o lugar geométrico das raízes sai e entra no eixo real. O primeiro método é maximizar e minimizar o ganho, K, utilizando cálculo diferencial. Para todos os pontos do lugar geométrico das raízes, a Equação (8.13) fornece

$$K = -\frac{1}{G(s)H(s)} \tag{8.31}$$

Para pontos ao longo dos segmentos do eixo real do lugar geométrico das raízes em que pontos de saída e de entrada podem existir, $s = \sigma$. Portanto, sobre o eixo real a Equação (8.31) se torna

$$K = -\frac{1}{G(\sigma)H(\sigma)} \tag{8.32}$$

Esta equação representa, então, uma curva de K *versus* σ semelhante à mostrada na Figura 8.14. Portanto, se derivarmos a Equação (8.32) em relação a σ e igualarmos a derivada a zero, podemos determinar os pontos de ganho máximo e mínimo e, assim, os pontos de saída e de entrada. Vamos demonstrar.

Exemplo 8.3

Pontos de Saída e de Entrada Via Derivação

PROBLEMA: Determine os pontos de saída e de entrada para o lugar geométrico das raízes da Figura 8.13, utilizando cálculo diferencial.

SOLUÇÃO: Utilizando os polos e zeros em malha aberta, representamos o sistema em malha aberta cujo lugar geométrico das raízes é mostrado na Figura 8.13, como a seguir:

$$KG(s)H(s) = \frac{K(s-3)(s-5)}{(s+1)(s+2)} = \frac{K(s^2-8s+15)}{(s^2+3s+2)} \tag{8.33}$$

Mas, para todos os pontos sobre o lugar geométrico das raízes $KG(s)H(s) = -1$, e sobre o eixo real, $s = \sigma$. Portanto,

$$\frac{K(\sigma^2-8\sigma+15)}{(\sigma^2+3\sigma+2)} = -1 \tag{8.34}$$

Resolvendo para K, obtemos

$$K = \frac{-(\sigma^2+3\sigma+2)}{(\sigma^2-8\sigma+15)} \tag{8.35}$$

Derivando K em relação a σ e igualando a derivada a zero, resulta

$$\frac{dK}{d\sigma} = \frac{(11\sigma^2-26\sigma-61)}{(\sigma^2-8\sigma+15)^2} = 0 \tag{8.36}$$

Resolvendo para σ, obtemos $\sigma = -1{,}45$ e $3{,}82$, que são os pontos de saída e de entrada.

O segundo método é uma variação do método do cálculo diferencial. Chamado *método de transição*, ele elimina a etapa da derivação (*Franklin, 1991*). Esse método, deduzido no Apêndice M.2, disponível no Ambiente de aprendizagem do GEN, é agora enunciado:

Os pontos de saída e de entrada satisfazem à relação

$$\sum_{1}^{m}\frac{1}{\sigma+z_i}=\sum_{1}^{n}\frac{1}{\sigma+p_i} \tag{8.37}$$

em que z_i e p_i são os negativos dos valores dos zeros e dos polos, respectivamente, de $G(s)H(s)$.

Resolvendo a Equação (8.37) para σ, os valores do eixo real que minimizam ou maximizam K, chega-se aos pontos de saída e de entrada sem derivação. Vamos ver um exemplo.

Exemplo 8.4

Pontos de Saída e de Entrada sem Derivação

PROBLEMA: Repita o Exemplo 8.3 sem derivar.

SOLUÇÃO: Utilizando a Equação (8.37),

$$\frac{1}{\sigma-3}+\frac{1}{\sigma-5}=\frac{1}{\sigma+1}+\frac{1}{\sigma+2} \tag{8.38}$$

Simplificando,

$$11\sigma^2-26\sigma-61=0 \tag{8.39}$$

Portanto, $\sigma = -1{,}45$ e 3,82, que estão de acordo com o Exemplo 8.3.

Para o terceiro método, o programa para o lugar geométrico das raízes discutido no Apêndice H.2, disponível no Ambiente de aprendizagem do GEN, pode ser utilizado para obter os pontos de saída e de entrada. Simplesmente utilize o programa para procurar pelo ponto de ganho máximo entre -1 e -2 e para procurar pelo ponto de ganho mínimo entre $+3$ e $+5$. A Tabela 8.2 mostra os resultados da busca. O lugar geométrico deixa o eixo em $-1{,}45$, o ponto de ganho máximo entre -1 e -2, e volta ao eixo real em $+3{,}8$, o ponto de ganho mínimo entre $+3$ e $+5$. Esses resultados são os mesmos que os obtidos utilizando os dois primeiros métodos. O MATLAB também possui a capacidade de determinar os pontos de saída e de entrada.

TABELA 8.2 Dados para os pontos de saída e de entrada para o lugar geométrico das raízes da Figura 8.13.

Valor no eixo real	Ganho		Comentário
−1,41	0,008557		
−1,42	0,008585		
−1,43	0,008605		
−1,44	0,008617		
−1,45	0,008623	←	Ganho máximo: ponto de saída
−1,46	0,008622		
3,3	44,686		
3,4	37,125		
3,5	33,000		
3,6	30,667		
3,7	29,440		
3,8	29,000	←	Ganho mínimo: ponto de entrada
3,9	29,202		

Os Cruzamentos do Eixo $j\omega$

Agora refinamos ainda mais o lugar geométrico das raízes determinando os cruzamentos do eixo imaginário. A importância dos cruzamentos do eixo $j\omega$ deve ser facilmente percebida. Observando a Figura 8.12, vemos que os polos do sistema estão no semiplano da esquerda até um valor particular de ganho. Acima desse valor de ganho, dois dos polos do sistema em malha fechada movem-se no semiplano da direita, o que significa que o sistema é instável. O cruzamento do eixo $j\omega$ é um ponto do lugar geométrico das raízes que separa a operação estável do sistema da operação instável. O valor de ω no cruzamento do eixo fornece a frequência de oscilação, enquanto o ganho no cruzamento do eixo $j\omega$ fornece, neste exemplo, o ganho positivo máximo para a estabilidade do sistema. Devemos fazer uma observação neste ponto, de que outros exemplos ilustram a instabilidade com valores pequenos de ganho e a estabilidade com valores grandes de ganho. Esses sistemas possuem um lugar geométrico das raízes começando no semiplano da direita (instável para valores pequenos de ganho) e terminando no semiplano da esquerda (estável para valores grandes de ganho).

Para determinar o cruzamento do eixo $j\omega$, podemos utilizar o critério de Routh-Hurwitz, coberto no Capítulo 6, como se segue: Forçando uma linha de zeros na tabela de Routh, obtém-se o ganho; retornando uma linha para a equação do polinômio par e resolvendo para as raízes, obtém-se a frequência no cruzamento do eixo imaginário.

Exemplo 8.5

Frequência e Ganho no Cruzamento do Eixo Imaginário

PROBLEMA: Para o sistema da Figura 8.11, determine a frequência e o ganho, K, para o qual o lugar geométrico das raízes cruza o eixo imaginário. Para que faixa de K o sistema é estável?

SOLUÇÃO: A função de transferência em malha fechada para o sistema da Figura 8.11 é

$$T(s) = \frac{K(s+3)}{s^4 + 7s^3 + 14s^2 + (8+K)s + 3K} \tag{8.40}$$

Utilizando o denominador e simplificando alguns dos elementos multiplicando qualquer linha por uma constante, obtemos a tabela de Routh mostrada na Tabela 8.3.

TABELA 8.3 Tabela de Routh para a Equação (8.40).

s^4	1	14	$3K$
s^3	7	$8+K$	
s^2	$90-K$	$21K$	
s^1	$\frac{-K^2-65K+720}{90-K}$		
s^0	$21K$		

Uma linha completa de zeros fornece a possibilidade de raízes sobre o eixo imaginário. Para valores positivos do ganho, para os quais o lugar geométrico das raízes é traçado, somente a linha s^1 pode resultar em uma linha de zeros. Assim,

$$-K^2 - 65K + 720 = 0 \tag{8.41}$$

A partir desta equação, K é calculado como

$$K = 9{,}65 \tag{8.42}$$

Formando o polinômio par utilizando a linha s^2 com $K = 9{,}65$, obtemos

$$(90-K)s^2 + 21K = 80{,}35s^2 + 202{,}7 = 0 \tag{8.43}$$

e s é determinado sendo igual a $\pm j1{,}59$. Portanto, o lugar geométrico das raízes cruza o eixo $j\omega$ em $\pm j1{,}59$, com um ganho de 9,65. Concluímos que o sistema é estável para $0 \le K \le 9{,}65$.

Outro método para determinar o cruzamento do eixo $j\omega$ (ou qualquer ponto do lugar geométrico das raízes) utiliza o fato de que no cruzamento do eixo $j\omega$ a soma dos ângulos a partir dos polos e zeros finitos em malha aberta deve totalizar $(2k+1)180°$. Assim, podemos procurar o eixo $j\omega$ até encontrarmos o ponto que atende a essa condição de ângulo. Um programa de computador, como o programa para o lugar geométrico das raízes discutido no Apêndice H.2, disponível no Ambiente de aprendizagem do GEN, ou o MATLAB, pode ser utilizado para esse propósito. Os exemplos subsequentes neste capítulo utilizam esse método para determinar o cruzamento do eixo $j\omega$.

Ângulos de Partida e de Chegada

Nesta subseção, refinamos ainda mais nosso esboço do lugar geométrico das raízes determinando os ângulos de partida e de chegada de polos e zeros complexos. Considere a Figura 8.15, que mostra os polos e zeros em malha aberta, alguns dos quais são complexos. O lugar geométrico das raízes se inicia nos polos em malha aberta e termina nos zeros em malha aberta. Com o objetivo de esboçar o lugar geométrico das raízes de modo mais exato, desejamos calcular o ângulo de partida do lugar geométrico das raízes dos polos complexos e o ângulo de chegada dos zeros complexos.

Caso consideremos um ponto no lugar geométrico das raízes a uma distância pequena ϵ de um polo complexo, a soma dos ângulos traçados a partir de todos os polos e zeros finitos até este ponto é um múltiplo ímpar de 180°. Exceto para o polo que está a uma distância ϵ do ponto, admitimos que todos os ângulos traçados a partir de todos os demais polos e zeros são traçados diretamente até o polo que está próximo do ponto. Assim, o único ângulo desconhecido na soma é o ângulo traçado a partir do polo que está a uma distância ϵ. Podemos resolver para esse ângulo desconhecido, o qual é também o ângulo de partida desse polo complexo. Portanto, a partir da Figura 8.15(*a*),

$$-\theta_1 + \theta_2 + \theta_3 - \theta_4 - \theta_5 + \theta_6 = (2k + 1)180^\circ \tag{8.44a}$$

ou

$$\theta_1 = \theta_2 + \theta_3 - \theta_4 - \theta_5 + \theta_6 - (2k + 1)180^\circ \tag{8.44b}$$

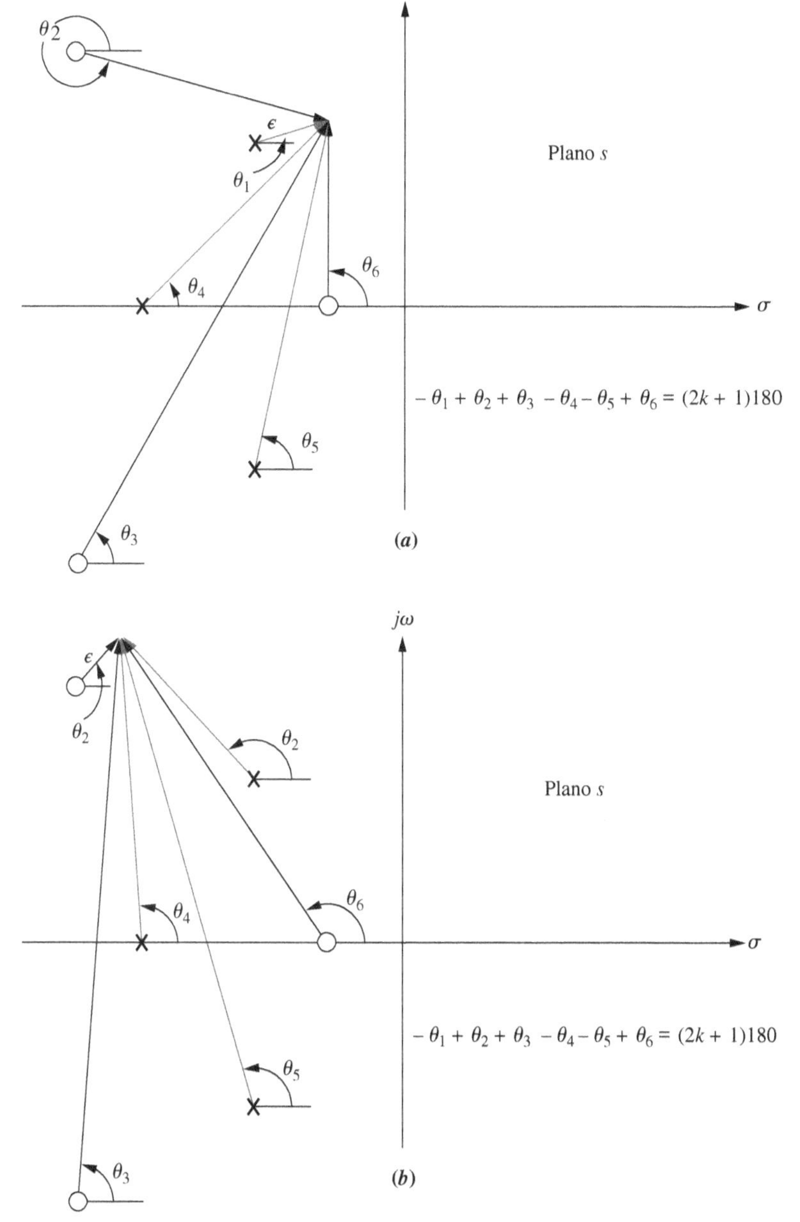

FIGURA 8.15 Polos e zeros em malha aberta e cálculo do: **a.** ângulo de partida; **b.** ângulo de chegada.

Caso consideremos um ponto do lugar geométrico das raízes a uma distância pequena ϵ de um zero complexo, a soma dos ângulos traçados a partir de todos os polos e zeros finitos até este ponto é um múltiplo ímpar de 180°. Exceto para o zero que está a uma distância ϵ do ponto, podemos admitir que todos os ângulos traçados a partir de todos os demais polos e zeros são traçados diretamente até o zero que está próximo do ponto. Assim, o único ângulo desconhecido na soma é o ângulo traçado a partir do zero que está a uma distância ϵ. Podemos resolver para esse ângulo desconhecido, o qual é também o ângulo de chegada a esse zero complexo. Portanto, a partir da Figura 8.15(*b*),

$$-\theta_1 + \theta_2 + \theta_3 - \theta_4 - \theta_5 + \theta_6 = (2k+1)180^\circ \tag{8.45a}$$

ou

$$\theta_2 = \theta_1 - \theta_3 + \theta_4 + \theta_5 - \theta_6 + (2k+1)180^\circ \tag{8.45b}$$

Vamos ver um exemplo.

Exemplo 8.6

Ângulo de Partida de um Polo Complexo

PROBLEMA: Dado o sistema com realimentação unitária da Figura 8.16, determine o ângulo de partida dos polos complexos e esboce o lugar geométrico das raízes.

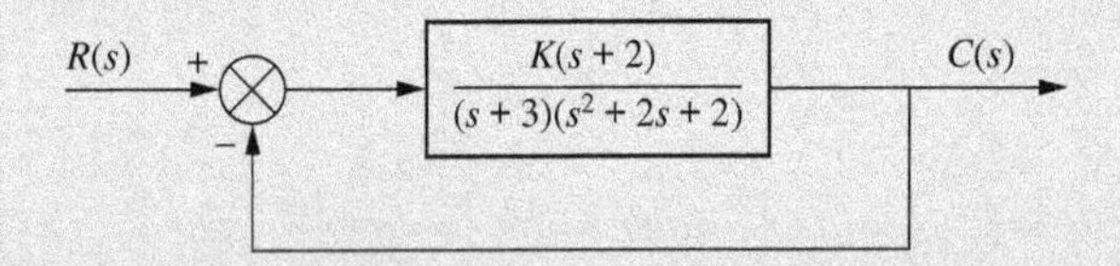

FIGURA 8.16 Sistema com realimentação unitária com polos complexos.

SOLUÇÃO: Utilizando os polos e zeros de $G(s) = (s + 2)/[(s + 3)(s^2 + 2s + 2)]$, como representados graficamente na Figura 8.17, calculamos a soma dos ângulos traçados até um ponto a uma distância ϵ do polo complexo $-1 + j1$, no segundo quadrante. Assim,

$$-\theta_1 - \theta_2 + \theta_3 - \theta_4 = -\theta_1 - 90^\circ + \tan^{-1}\left(\frac{1}{1}\right) - \tan^{-1}\left(\frac{1}{2}\right) = 180^\circ \tag{8.46}$$

a partir do que $\theta = -251{,}6^\circ = 108{,}4^\circ$. Um esboço do lugar geométrico das raízes é mostrado na Figura 8.17. Observe como o ângulo de partida dos polos complexos nos ajuda a refinar a forma do lugar geométrico das raízes.

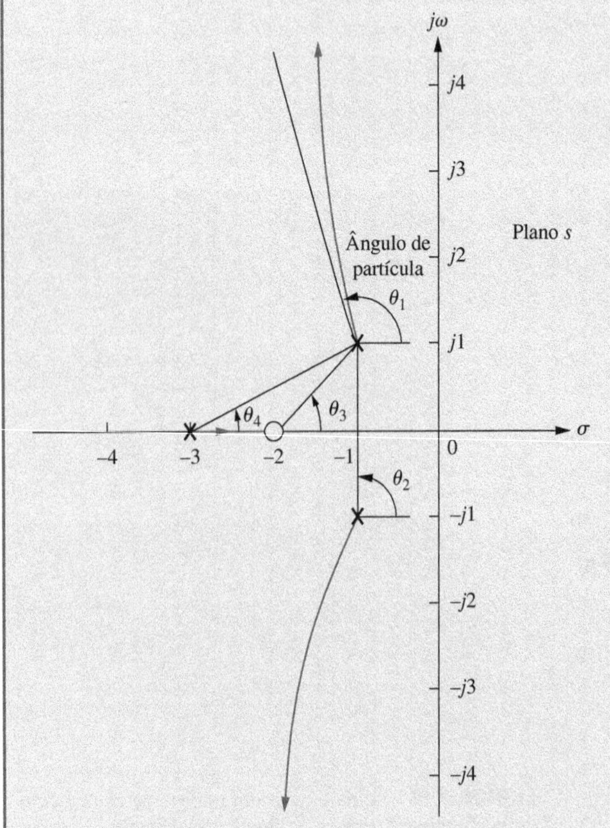

FIGURA 8.17 Lugar geométrico das raízes para o sistema da Figura 8.16 mostrando o ângulo de partida.

Traçando e Calibrando o Lugar Geométrico das Raízes

Uma vez que tenhamos esboçado o lugar geométrico das raízes utilizando as regras da Seção 8.4, podemos querer localizar com exatidão pontos sobre o lugar geométrico das raízes, bem como determinar seus ganhos associados. Por exemplo, poderíamos querer saber as coordenadas exatas do lugar geométrico das raízes quando ele cruza a reta radial que representa 20 % de ultrapassagem. Além disso, também poderíamos querer saber o valor do ganho neste ponto.

Considere o lugar geométrico das raízes mostrado na Figura 8.12. Vamos admitir que quiséssemos determinar o ponto exato em que o lugar geométrico cruza a reta de fator de amortecimento 0,45 e o ganho neste ponto. A Figura 8.18 mostra os polos e zeros em malha aberta do sistema com a reta de $\zeta = 0{,}45$. Caso alguns pontos de teste ao longo da reta $\zeta = 0{,}45$ sejam escolhidos, podemos calcular suas somas angulares e localizar o ponto em que os ângulos totalizam um múltiplo ímpar de 180°. É neste ponto que existe o lugar geométrico das raízes. A Equação (8.21) pode então ser utilizada para calcular o ganho, K, neste ponto.

Escolhendo o ponto de raio 2 ($r = 2$) sobre a reta $\zeta = 0{,}45$, somamos os ângulos dos zeros e subtraímos os ângulos dos polos, obtendo

$$\theta_2 - \theta_1 - \theta_3 - \theta_4 - \theta_5 = -251{,}5^\circ \tag{8.47}$$

Como a soma não é igual a um múltiplo ímpar de 180º, o ponto de raio = 2 não está sobre o lugar geométrico das raízes. Procedendo de forma semelhante para os pontos de raios = 1,5, 1, 0,747 e 0,5, obtemos a tabela mostrada na Figura 8.18. Essa tabela lista os pontos, dando seus raios, r, e a soma dos ângulos indicada pelo símbolo $\angle$. A partir da tabela, vemos que o ponto de raio 0,747 está sobre o lugar geométrico das raízes, uma vez que os ângulos totalizam -180°. Utilizando a Equação (8.21), o ganho K, neste ponto é

$$K = \frac{|A||C||D||E|}{|B|} = 1{,}71 \tag{8.48}$$

Em resumo, *procuramos ao longo de uma reta dada pelo ponto que resulta em uma soma de ângulos (ângulos dos zeros-ângulos dos polos) igual a um múltiplo ímpar de* 180º. Concluímos que o ponto está sobre o lugar geométrico das raízes. O ganho neste ponto é então determinado *multiplicando-se as distâncias dos polos até o ponto e dividindo-se pelo produto das distâncias dos zeros até o ponto*. Um programa de computador, como o discutido no Apêndice H.2, disponível no Ambiente de aprendizagem do GEN, ou o MATLAB, pode ser utilizado.

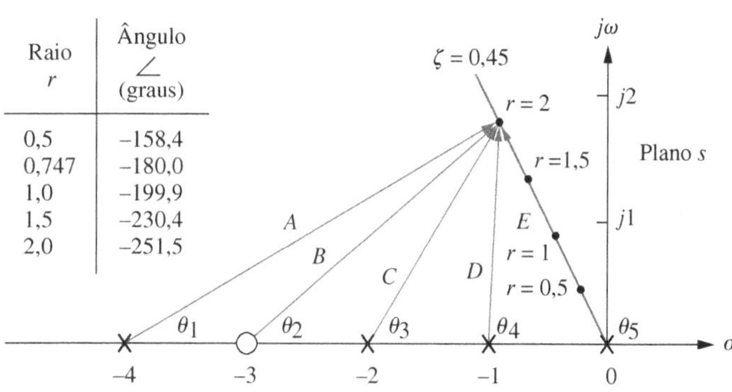

Raio r	Ângulo $\angle$ (graus)
0,5	–158,4
0,747	–180,0
1,0	–199,9
1,5	–230,4
2,0	–251,5

FIGURA 8.18 Determinando e calibrando pontos exatos sobre o lugar geométrico das raízes da Figura 8.12.

Exercício 8.4

PROBLEMA: Dado um sistema com realimentação unitária que possui a função de transferência à frente

$$G(s) = \frac{K(s+2)}{(s^2 - 4s + 13)}$$

faça o seguinte:

a. Esboce o lugar geométrico das raízes.
b. Determine o cruzamento do eixo imaginário.
c. Determine o ganho, K, no cruzamento do eixo $j\omega$.
d. Determine o ponto de entrada.
e. Determine o ângulo de partida dos polos complexos.

RESPOSTAS:

a. Veja a solução disponível no Ambiente de aprendizagem do GEN.
b. $s = \pm j\sqrt{21}$
c. $K = 4$
d. Ponto de entrada $= -7$
e. Ângulo de partida $= -233{,}1^\circ$

A solução completa está disponível no Ambiente de aprendizagem do GEN.

8.6 Um Exemplo

Revisamos agora as regras para esboçar e determinar pontos sobre o lugar geométrico das raízes, bem como apresentamos um exemplo. O lugar geométrico das raízes é o caminho dos polos em malha fechada de um sistema, à medida que um parâmetro do sistema é variado. Cada ponto do lugar geométrico das raízes satisfaz à condição de ângulo, $\angle G(s)H(s) = (2k + 1)180°$. Utilizando essa relação, regras para esboçar e determinar pontos sobre o lugar geométrico das raízes foram desenvolvidas e são agora resumidas.

Regras Básicas para Esboçar o Lugar Geométrico das Raízes

Número de ramos O número de ramos do lugar geométrico das raízes é igual ao número de polos em malha fechada.

Simetria O lugar geométrico das raízes é simétrico em relação ao eixo real.

Segmentos do eixo real No eixo real, para $K > 0$ o lugar geométrico das raízes existe à esquerda de um número ímpar de polos e/ou zeros finitos em malha aberta sobre o eixo real.

Pontos de início e término O lugar geométrico das raízes se inicia nos polos finitos e infinitos de $G(s)H(s)$ e termina nos zeros finitos e infinitos de $G(s)H(s)$.

Comportamento no infinito O lugar geométrico das raízes tende a retas assintóticas quando o lugar geométrico tende a infinito. Além disso, as equações das assíntotas são dadas pela interseção com o eixo real e o ângulo em radianos, como a seguir:

$$\sigma_a = \frac{\sum \text{polos finitos} - \sum \text{zeros finitos}}{\#\text{polos finitos} - \#\text{zeros finitos}} \tag{8.49}$$

$$\theta_a = \frac{(2k+1)\pi}{\#\text{polos finitos} - \#\text{zeros finitos}} \tag{8.50}$$

em que $k = 0, \pm 1, \pm 2, \pm 3, \ldots$

Regras Adicionais para Refinar o Esboço

Pontos de entrada e de saída do eixo real O lugar geométrico das raízes sai do eixo real em um ponto em que o ganho é máximo e entra no eixo real em um ponto em que o ganho é mínimo.

Cálculo dos cruzamentos do eixo $j\omega$ O lugar geométrico das raízes cruza o eixo $j\omega$ no ponto em que $\angle G(s)H(s) = (2k + 1)180°$. Routh-Hurwitz ou uma busca ao longo do eixo $j\omega$ por $(2k + 1)180°$ podem ser utilizados para determinar o cruzamento do eixo $j\omega$.

Ângulos de partida e de chegada O lugar geométrico das raízes parte dos polos complexos em malha aberta e chega aos zeros complexos em malha aberta segundo ângulos que podem ser calculados como a seguir. Admita um ponto a uma distância pequena ϵ do polo ou zero complexo. Some todos os ângulos traçados a partir de todos os polos e zeros em malha aberta até este ponto. A soma deve ser igual a $(2k + 1)180°$. O único ângulo desconhecido é aquele traçado a partir do polo ou zero a uma distância ϵ, uma vez que os vetores traçados a partir de todos os demais polos e zeros podem ser considerados como tendo sido traçados até o polo ou o zero complexo que está a uma distância ϵ do ponto. Resolvendo para o ângulo desconhecido, obtém-se o ângulo de partida ou chegada.

Traçando e calibrando o lugar geométrico das raízes Todos os pontos do lugar geométrico das raízes satisfazem à relação $\angle G(s)H(s) = (2k + 1)180°$. O ganho K, em qualquer ponto do lugar geométrico das raízes, é dado por

$$K = \frac{1}{|G(s)H(s)|} = \frac{1}{M} = \frac{\prod \text{distâncias até os polos finitos}}{\prod \text{distâncias até os zeros finitos}} \tag{8.51}$$

Vamos agora ver um exemplo de resumo.

Exemplo 8.7

Esboçando um Lugar Geométrico das Raízes e Determinando Pontos Críticos

PROBLEMA: Esboce o lugar geométrico das raízes para o sistema mostrado na Figura 8.19(*a*) e determine o seguinte:

a. O ponto exato e o ganho em que o lugar geométrico cruza a reta de fator de amortecimento 0,45.
b. O ponto exato e o ganho em que o lugar geométrico cruza o eixo $j\omega$.
c. O ponto de saída do eixo real.
d. A faixa de K na qual o sistema é estável.

SOLUÇÃO: A solução do problema é mostrada, em parte, na Figura 8.19(*b*). Primeiro esboce o lugar geométrico das raízes. Utilizando a Regra 3, o segmento do eixo real é determinado estando entre -2 e -4. A Regra 4 nos diz que o lugar geométrico das raízes se inicia nos polos em malha aberta e termina nos zeros em malha aberta. Essas duas regras, sozinhas, nos dão a forma geral do lugar geométrico das raízes.

a. Para determinar o ponto exato em que o lugar geométrico cruza a reta $\zeta = 0{,}45$, podemos utilizar o programa para o lugar geométrico das raízes discutido no Apêndice H.2, disponível no Ambiente de aprendizagem do GEN, para procurar ao longo da reta

$$\theta = 180° - \cos^{-1} 0{,}45 = 116{,}7° \qquad (8.52)$$

pelo ponto em que os ângulos totalizam um múltiplo ímpar de 180°. Procurando em coordenadas polares, descobrimos que o lugar geométrico das raízes cruza a reta $\zeta = 0{,}45$ em $3{,}4\angle 116{,}7°$ com um ganho, K, de 0,417.

b. Para determinar o ponto exato em que o lugar geométrico das raízes cruza o eixo $j\omega$, utilize o programa para o lugar geométrico das raízes para procurar ao longo da reta

$$\theta = 90° \qquad (8.53)$$

pelo ponto em que os ângulos totalizam um múltiplo ímpar de 180°. Procurando em coordenadas polares, descobrimos que o lugar geométrico das raízes cruza o eixo $j\omega$ em $\pm j3{,}9$ com um ganho de $K = 1{,}5$.

c. Para determinar o ponto de saída, utilize o programa para o lugar geométrico das raízes para procurar sobre o eixo real entre -2 e -4 pelo ponto que resulta em ganho máximo. Naturalmente, todos os pontos terão a soma de seus ângulos igual a um múltiplo ímpar de 180°. Um ganho máximo de 0,0248 é encontrado no ponto $-2{,}88$. Portanto, o ponto de saída está entre os polos em malha aberta sobre o eixo real em $-2{,}88$.

d. A partir da resposta para o Item **b**, o sistema é estável para K entre 0 e 1,5.

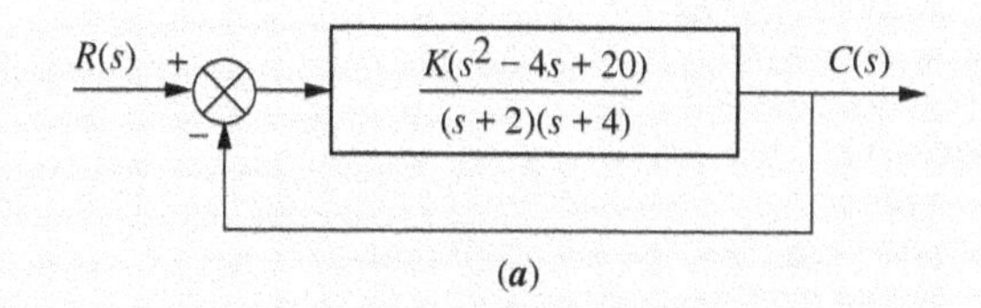

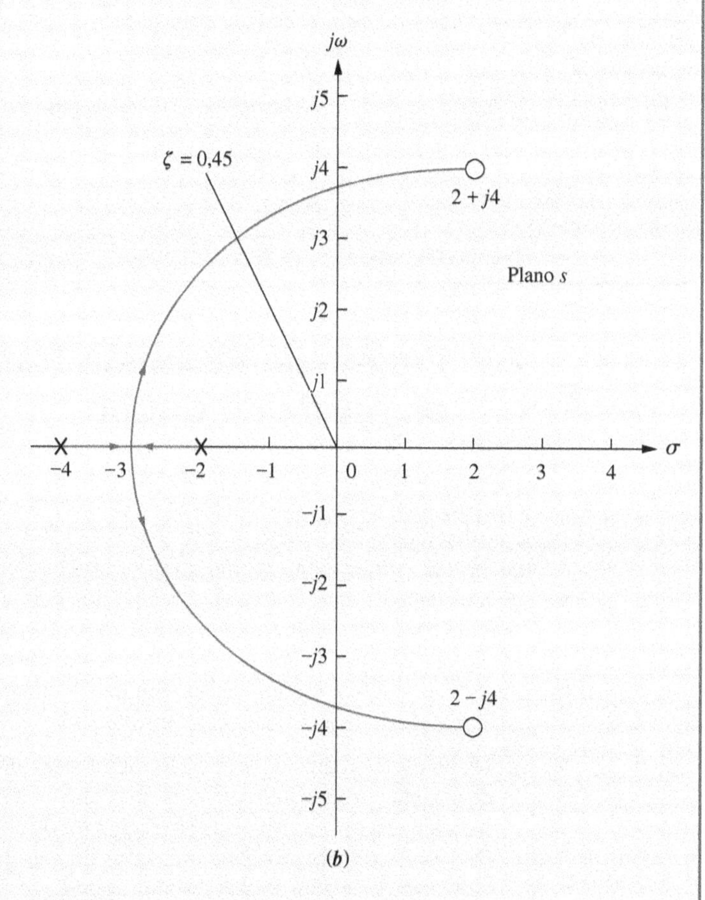

FIGURA 8.19 **a.** Sistema para o Exemplo 8.7; **b.** esboço do lugar geométrico das raízes.

MATLAB ML

Os estudantes que estiverem usando o MATLAB devem, agora, executar o arquivo ch8apB1 do Apêndice B. Você aprenderá como utilizar o MATLAB para representar graficamente e atribuir um título a um lugar geométrico das raízes, sobrepor curvas de ζ e ω_n constantes, ampliar e reduzir a visualização de um lugar geométrico das raízes e interagir com o lugar geométrico das raízes para determinar pontos críticos, bem como os ganhos nesses pontos. Este exercício resolve o Exemplo 8.7 utilizando o MATLAB.

Exercício 8.5

PROBLEMA: Dado um sistema com realimentação unitária que possui a função de transferência à frente

$$G(s) = \frac{K(s-2)(s-4)}{(s^2+6s+25)}$$

faça o seguinte:

a. Esboce o lugar geométrico das raízes.
b. Determine o cruzamento do eixo imaginário.
c. Determine o ganho K, no cruzamento do eixo $j\omega$.
d. Determine o ponto de entrada.
e. Determine o ponto onde o lugar geométrico cruza a reta de fator de amortecimento 0,5.
f. Determine o ganho no ponto onde o lugar geométrico cruza a reta de fator de amortecimento 0,5.
g. Determine a faixa de ganho K, para a qual o sistema é estável.

RESPOSTAS:

a. Veja a solução disponível no Ambiente de aprendizagem do GEN.
b. $s = \pm j4{,}06$
c. $K = 1$
d. Ponto de entrada $= +2{,}89$
e. $s = -2{,}42 + j4{,}18$
f. $K = 0{,}108$
g. $K < 1$

A solução completa está disponível no Ambiente de aprendizagem do GEN.

Experimente 8.3

Use o MATLAB, a Control System Toolbox e as instruções a seguir para representar graficamente o lugar geométrico das raízes para o Exercício 8.5. Resolva os demais itens do problema clicando nos pontos apropriados no gráfico do lugar geométrico das raízes.

```
numg=poly([2 4]);
deng=[1 6 25];
G=tf(numg,deng)
rlocus(G)
z=0.5
sgrid(z,0)
```

8.7 Projeto da Resposta Transitória Através do Ajuste de Ganho

Agora que sabemos como esboçar um lugar geométrico das raízes, mostramos como utilizá-lo para o projeto da resposta transitória. Na seção anterior, descobrimos que o lugar geométrico das raízes cruzava a reta de fator de amortecimento 0,45 com um ganho de 0,417. Isso significa que o sistema responderá com uma ultrapassagem de 20,5 %, o equivalente a um fator de amortecimento de 0,45? Deve ser enfatizado que as fórmulas descrevendo a ultrapassagem percentual, o tempo de acomodação e o instante de pico foram deduzidas apenas para um sistema com dois polos complexos em malha fechada e sem zeros em malha fechada. O efeito de polos e zeros adicionais e as condições para justificar uma aproximação por um sistema de dois polos foram discutidos nas Seções 4.7 e 4.8, e são aplicadas aqui para sistemas em malha fechada e seus lugares geométricos das raízes. As condições que justificam uma aproximação de segunda ordem são declaradas aqui novamente:

1. Os polos de ordem superior estão muito mais afastados no semiplano esquerdo do plano s que o par de polos de segunda ordem dominante. A resposta que resulta de um polo de ordem superior não altera significativamente a resposta transitória esperada para os polos de segunda ordem dominantes.
2. Os zeros em malha fechada próximos do par de polos de segunda ordem em malha fechada são aproximadamente cancelados pela estreita proximidade de polos de ordem superior em malha fechada.
3. Os zeros em malha fechada não cancelados pela estreita proximidade de polos de ordem superior em malha fechada estão muito afastados do par de polos de segunda ordem em malha fechada.

A aplicação da primeira condição ao lugar geométrico das raízes é mostrada graficamente na Figura 8.20(*a*) e (*b*). A Figura 8.20(*b*) resultaria em uma aproximação de segunda ordem muito melhor que a Figura 8.20(*a*), uma vez que o polo em malha fechada p_3 está mais distante do par de segunda ordem dominante em malha fechada, p_1 e p_2.

A segunda condição é mostrada graficamente na Figura 8.20(*c*) e (*d*). A Figura 8.20(*d*) resultaria em uma aproximação de segunda ordem bem melhor que a Figura 8.20(*c*), uma vez que o polo em malha fechada p_3 está mais perto de cancelar o zero em malha fechada.

Resumindo o procedimento de projeto para sistemas de ordem mais elevada, chegamos ao seguinte:

1. Esboce o lugar geométrico das raízes para o sistema dado.
2. Admita que o sistema seja de segunda ordem sem zeros e determine o ganho para atender à especificação de resposta transitória.

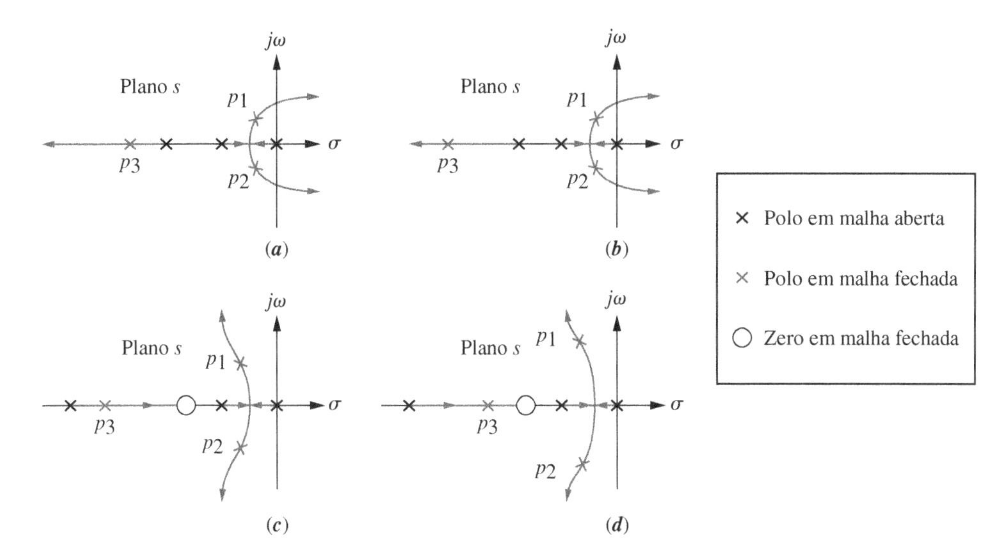

FIGURA 8.20 Fazendo aproximações de segunda ordem.

3. Justifique sua hipótese de segunda ordem determinando a posição de todos os polos de ordem superior e avaliando o fato de que eles estão muito mais afastados do eixo $j\omega$ do que o par de segunda ordem dominante. Como regra prática, este livro considera um fator de cinco vezes mais afastado. Além disso, verifique que zeros em malha fechada são aproximadamente cancelados por polos de ordem superior. Se zeros em malha fechada não forem cancelados por polos de ordem superior em malha fechada, assegure-se de que o zero está muito afastado do par de polos de segunda ordem dominante para resultar aproximadamente na mesma resposta obtida sem o zero finito.
4. Se as hipóteses não puderem ser justificadas, sua solução terá que ser simulada para certificar-se de que ela atende à especificação da resposta transitória. É uma boa ideia, em qualquer caso, simular todas as soluções.

Examinamos agora um exemplo de projeto para mostrar como fazer uma aproximação de segunda ordem e então verificar se a aproximação é válida ou não.

Exemplo 8.8

Projeto de Ganho de Sistema de Terceira Ordem

PROBLEMA: Considere o sistema mostrado na Figura 8.21. Projete o valor do ganho K, para resultar em 1,52 % de ultrapassagem. Além disso, estime o tempo de acomodação, o instante de pico e o erro em regime permanente.

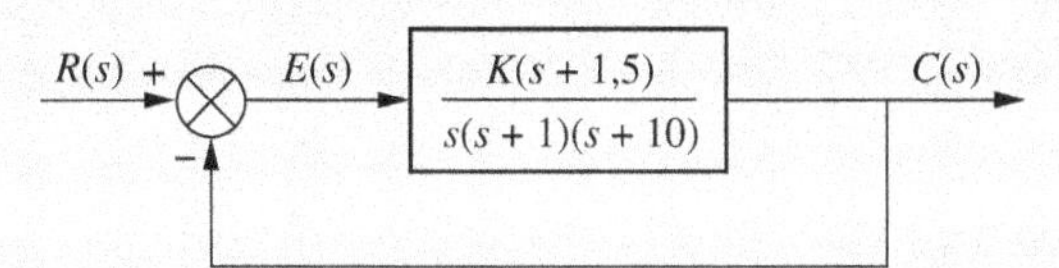

FIGURA 8.21 Sistema para o Exemplo 8.8.

SOLUÇÃO: O lugar geométrico das raízes é mostrado na Figura 8.22. Observe que este é um sistema de terceira ordem com um zero. Pontos de saída do eixo real podem ocorrer entre 0 e -1, e entre $-1{,}5$ e -10, em que o ganho alcança um pico. Utilizando o programa para o lugar geométrico das raízes e procurando nessas regiões pelos picos de ganho, pontos de saída são encontrados em $-0{,}62$ com um ganho de 2,511 e em $-4{,}4$ com um ganho de 28,89. Um ponto de entrada no eixo real pode ocorrer entre $-1{,}5$ e -10, em que o ganho alcança um mínimo local. Utilizando o programa para o lugar geométrico das raízes e procurando nessa região pelo ganho mínimo local, um ponto de entrada é encontrado em $-2{,}8$ com um ganho de 27,91.

Em seguida, admita que o sistema possa ser aproximado por um sistema subamortecido de segunda ordem sem zeros. Uma ultrapassagem de 1,52 % corresponde a um fator de amortecimento de 0,8. Esboce esta reta de fator de amortecimento no lugar geométrico das raízes, como mostrado na Figura 8.22.

Utilize o programa para o lugar geométrico das raízes para procurar ao longo da reta de fator de amortecimento 0,8 pelo ponto onde os ângulos a partir dos polos e zeros em malha aberta totalizam um múltiplo ímpar de 180°. Este é o ponto onde o lugar geométrico das raízes cruza a reta de fator de amortecimento 0,8 ou a reta de 1,52 % de ultrapassagem percentual. Três pontos satisfazem a esse critério: $-0{,}87 \pm j0{,}66$, $-1{,}19 \pm j0{,}90$ e $-4{,}6 \pm j3{,}45$, com ganhos respectivos de 7,36, 12,79 e 39,64. Para cada ponto, o tempo de acomodação e o instante de pico são calculados utilizando

$$T_s = \frac{4}{\zeta\omega_n} \tag{8.54}$$

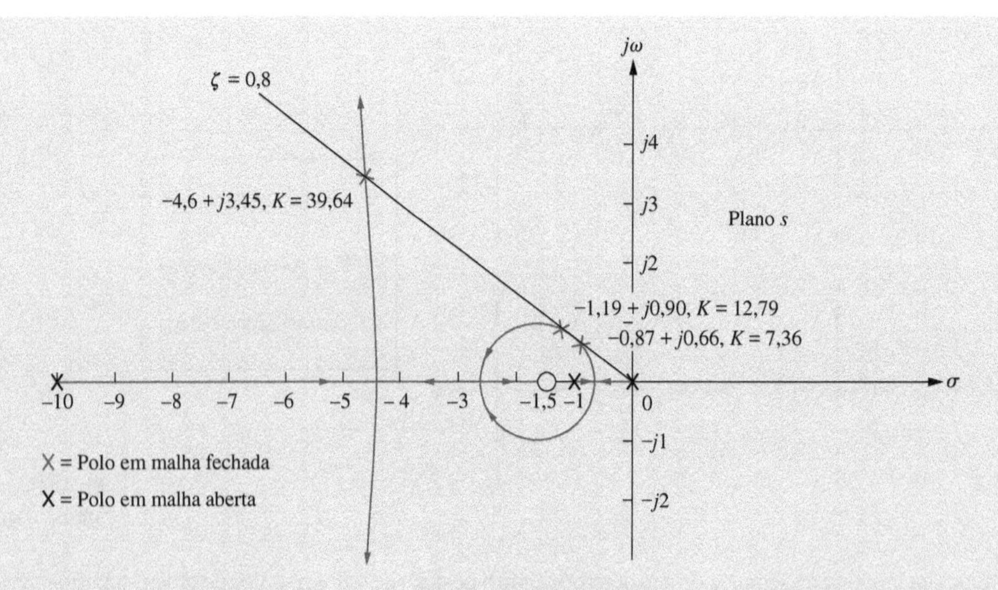

FIGURA 8.22 Lugar geométrico das raízes para o Exemplo 8.8.

em que $\zeta\omega_n$ é a parte real do polo em malha fechada, e utilizando também

$$T_p = \frac{\pi}{\omega_n\sqrt{1-\zeta^2}} \tag{8.55}$$

em que $\omega_n\sqrt{1-\zeta^2}$ é a parte imaginária do polo em malha fechada.

Para testar nossa hipótese de um sistema de segunda ordem, devemos calcular a posição do terceiro polo. Utilizando o programa para o lugar geométrico das raízes, procure ao longo da extensão negativa do eixo real, entre o zero em −1,5 e o polo em −10, pelos pontos que correspondem ao valor de ganho encontrado para os polos dominantes de segunda ordem. Para cada um dos três cruzamentos da reta de fator de amortecimento 0,8, o terceiro polo em malha fechada está em −9,25, −8,6 e −1,8, respectivamente. Os resultados estão resumidos na Tabela 8.4.

Finalmente, vamos examinar o erro em regime permanente produzido em cada caso. Observe que temos pouco controle sobre o erro em regime permanente neste ponto. Quando o ganho é ajustado para atender à resposta transitória, também projetamos o erro em regime permanente. Para o exemplo, a especificação de erro em regime permanente é dada por K_v e é calculada como

$$K_v = \lim_{s\to 0} sG(s) = \frac{K(1{,}5)}{(1)(10)} \tag{8.56}$$

Os resultados para cada caso são mostrados na Tabela 8.4.

TABELA 8.4 Características do sistema do Exemplo 8.8.

Caso	Polos em malha fechada	Zero em malha fechada	Ganho	Terceiro polo em malha fechada	Tempo de acomodação	Instante de pico	K_v
1	$-0{,}87 \pm j0{,}66$	$-1{,}5 + j0$	7,36	−9,25	4,51	3,69	1,1
2	$-1{,}19 \pm j0{,}90$	$-1{,}5 + j0$	12,79	−8,61	3,43	2,56	1,9
3	$-4{,}60 \pm j3{,}45$	$-1{,}5 + j0$	39,64	−1,80	1,57	0,761	5,9

Quão válidas são as hipóteses de segunda ordem? A partir da Tabela 8.4, os Casos 1 e 2 resultam em terceiros polos em malha fechada que estão relativamente distantes do zero em malha fechada. Para esses dois casos não há cancelamento de polo e zero, e uma aproximação de sistema de segunda ordem não é válida. No Caso 3, o terceiro polo em malha fechada e o zero em malha fechada estão relativamente próximos um do outro, e uma aproximação de sistema de segunda ordem pode ser considerada válida. Para mostrar isso, vamos fazer uma expansão em frações parciais da resposta ao degrau em malha fechada do Caso 3 e ver que a amplitude do decaimento exponencial é muito menor que a amplitude da senoide subamortecida. A resposta ao degrau em malha fechada, $C_3(s)$, formada a partir dos polos e zeros em malha fechada do Caso 3 é

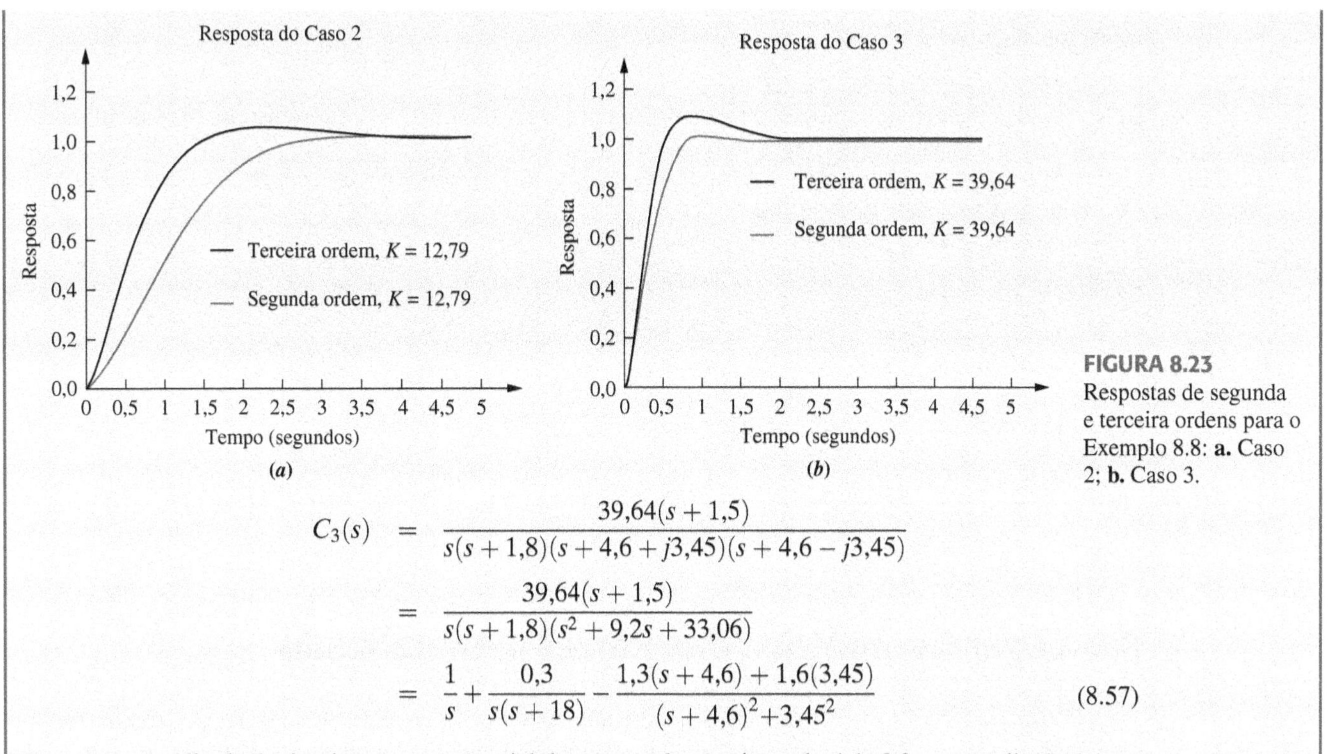

FIGURA 8.23 Respostas de segunda e terceira ordens para o Exemplo 8.8: **a.** Caso 2; **b.** Caso 3.

$$\begin{aligned} C_3(s) &= \frac{39{,}64(s+1{,}5)}{s(s+1{,}8)(s+4{,}6+j3{,}45)(s+4{,}6-j3{,}45)} \\ &= \frac{39{,}64(s+1{,}5)}{s(s+1{,}8)(s^2+9{,}2s+33{,}06)} \\ &= \frac{1}{s}+\frac{0{,}3}{s(s+18)}-\frac{1{,}3(s+4{,}6)+1{,}6(3{,}45)}{(s+4{,}6)^2+3{,}45^2} \end{aligned} \tag{8.57}$$

Portanto, a amplitude do decaimento exponencial decorrente do terceiro polo é de 0,3, e a amplitude da resposta subamortecida decorrente dos polos dominantes é $\sqrt{1{,}3^2+1{,}6^2}=2{,}06$. Assim, a resposta do polo dominante é 6,9 vezes maior que a resposta exponencial não dominante, e consideramos que uma aproximação de segunda ordem é válida.

Utilizando um programa de simulação, obtemos a Figura 8.23, que mostra comparações de respostas ao degrau para o problema que acabamos de resolver. Os Casos 2 e 3 são representados graficamente para ambas as respostas de terceira e segunda ordens, admitindo apenas o par de polos dominantes calculados no problema de projeto. Novamente, a aproximação de segunda ordem foi justificada para o Caso 3, onde existe uma pequena diferença na ultrapassagem percentual. A aproximação de segunda ordem não é válida para o Caso 2. Exceto pela ultrapassagem em excesso, as respostas do Caso 3 são parecidas.

MATLAB **ML**

Os estudantes que estiverem usando o MATLAB devem, agora, executar o arquivo ch8apB2 do Apêndice B. Você aprenderá como utilizar o MATLAB para entrar com um valor de ultrapassagem percentual a partir do teclado. O MATLAB irá, então, desenhar o lugar geométrico das raízes e irá superpor a reta de ultrapassagem percentual requerida. Você irá, então, interagir com o MATLAB e selecionar o ponto de interseção do lugar geométrico das raízes com a reta de ultrapassagem percentual requerida. O MATLAB responderá com o valor do ganho, com todos os polos em malha fechada com esse ganho, e com um gráfico da resposta ao degrau em malha fechada correspondente ao ponto escolhido. Este exercício resolve o Exemplo 8.8 usando o MATLAB.

Ferramenta GUI **FGUI**

Os estudantes que estão utilizando o MATLAB podem querer explorar o Control System Designer descrito no Apêndice E disponível no Ambiente de aprendizagem do GEN. O Control System Designer é uma forma conveniente e intuitiva de obter, visualizar e interagir com o lugar geométrico das raízes de um sistema. A Seção E.7 descreve as vantagens de utilizar a ferramenta, enquanto a Seção E.8 descreve como utilizá-la. Para praticar, você pode querer aplicar o Control System Designer a alguns dos problemas ao final deste capítulo.

Exercício 8.6

PROBLEMA: Dado um sistema com realimentação unitária que possui a função de transferência do caminho à frente

$$G(s)=\frac{K}{(s+2)(s+4)(s+6)}$$

faça o seguinte:

a. Esboce o lugar geométrico das raízes.
b. Utilizando uma aproximação de segunda ordem, projete o valor de K para resultar em 10 % de ultrapassagem para uma entrada em degrau unitário.
c. Estime o tempo de acomodação, o instante de pico, o tempo de subida e o erro em regime permanente para o valor de K projetado no Item (b).
d. Determine a validade de sua aproximação de segunda ordem.

RESPOSTAS:

a. Veja a solução disponível no Ambiente de aprendizagem do GEN.
b. $K = 45{,}55$
c. $T_s = 1{,}97$ s, $T_p = 1{,}13$ s, $T_r = 0{,}53$s e $e_{\text{degrau}}(\infty) = 0{,}51$
d. A aproximação de segunda ordem não é válida.

A solução completa está disponível no Ambiente de aprendizagem do GEN.

8.8 Lugar Geométrico das Raízes Generalizado

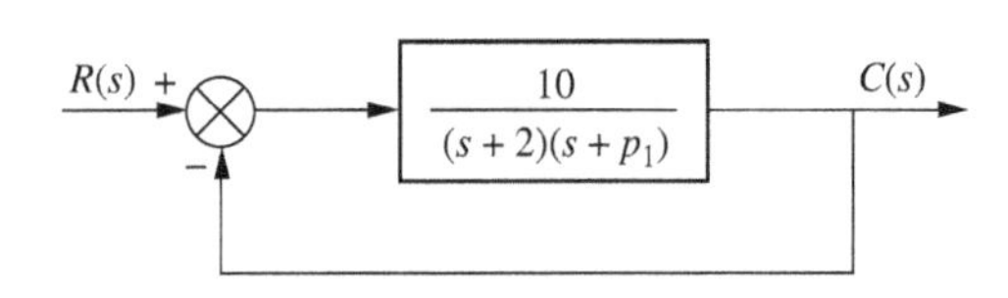

FIGURA 8.24 Sistema requerendo um lugar geométrico das raízes calibrado com p_1 como um parâmetro.

Até agora sempre desenhamos o lugar geométrico das raízes como uma função do ganho do caminho à frente, K. O projetista de sistemas de controle frequentemente deve saber como os polos em malha fechada variam em função de outro parâmetro. Por exemplo, na Figura 8.24, o parâmetro de interesse é o polo em malha aberta em $-p_1$. Como podemos obter um lugar geométrico das raízes para variações do valor de p_1?

Caso a função $KG(s)H(s)$ seja formada como

$$KG(s)H(s) = \frac{10}{(s+2)(s+p_1)} \tag{8.58}$$

o problema é que p_1 não é um fator multiplicativo da função, como o ganho K foi em todos os problemas anteriores. A solução para esse dilema é criar um sistema equivalente onde p_1 apareça como o ganho do caminho à frente. Como o denominador da função de transferência em malha fechada é $1 + KG(s)H(s)$, desejamos, efetivamente, criar um sistema equivalente cujo denominador é $1 + p_1G(s)H(s)$.

Para o sistema da Figura 8.24, a função de transferência em malha fechada é

$$T(s) = \frac{KG(s)}{1 + KG(s)H(s)} = \frac{10}{s^2 + (p_1 + 2)s + 2p_1 + 10} \tag{8.59}$$

Isolando p_1, temos

$$T(s) = \frac{10}{s^2 + 2s + 10 + p_1(s+2)} \tag{8.60}$$

Convertendo o denominador para a forma $[1 + p_1G(s)H(s)]$ dividindo o numerador e o denominador pelo termo não incluído com p_1, $s^2 + 2s + 10$, obtemos

$$T(s) = \frac{\dfrac{10}{s^2 + 2s + 10}}{1 + \dfrac{p_1(s+2)}{s^2 + 2s + 10}} \tag{8.61}$$

Conceitualmente, a Equação (8.61) implica que temos um sistema para o qual

$$KG(s)H(s) = \frac{p_1(s+2)}{s^2 + 2s + 10} \tag{8.62}$$

O lugar geométrico das raízes pode agora ser esboçado como uma função de p_1, admitindo o sistema em malha aberta da Equação (8.62). O resultado final é mostrado na Figura 8.25.

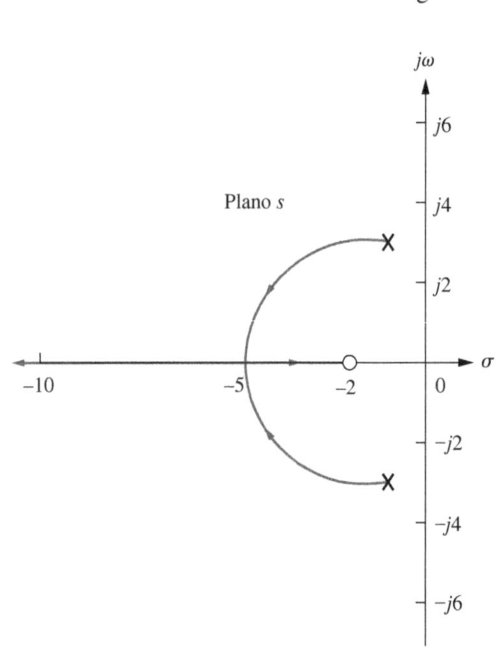

FIGURA 8.25 Lugar geométrico das raízes para o sistema da Figura 8.24, com p_1 como um parâmetro.

Exercício 8.7

PROBLEMA: Esboce o lugar geométrico das raízes para variações no valor de p_1, para um sistema com realimentação unitária que possui a seguinte função de transferência à frente:

$$G(s) = \frac{100}{s(s+p_1)}$$

RESPOSTA: A solução completa está disponível no Ambiente de aprendizagem do GEN.

Nesta seção, aprendemos a traçar o lugar geométrico das raízes em função de qualquer parâmetro do sistema. Na próxima seção, aprenderemos como traçar lugares geométricos das raízes para sistemas com realimentação positiva.

8.9 Lugar Geométrico das Raízes para Sistemas com Realimentação Positiva

As propriedades do lugar geométrico das raízes foram deduzidas a partir do sistema da Figura 8.1. Este é um sistema com realimentação negativa por causa da soma negativa do sinal de realimentação ao sinal de entrada. As propriedades do lugar geométrico das raízes mudam consideravelmente se o sinal de realimentação for adicionado ao de entrada em vez de subtraído. Um sistema com realimentação positiva pode ser considerado um sistema com realimentação negativa com um valor negativo de $H(s)$. Utilizando este conceito, verificamos que a função de transferência para o sistema com realimentação positiva mostrado na Figura 8.26 é

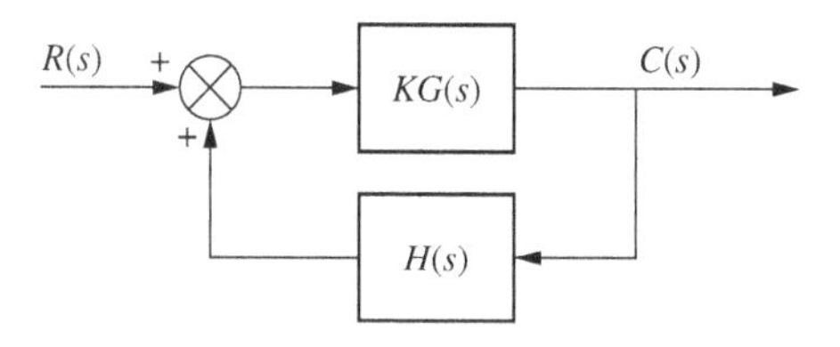

FIGURA 8.26 Sistema com realimentação positiva.

$$T(s) = \frac{KG(s)}{1 - KG(s)H(s)} \tag{8.63}$$

Fazemos agora o desenvolvimento do lugar geométrico das raízes para o denominador da Equação (8.63). Obviamente, um polo, s, existe quando

$$KG(s)H(s) = 1 = 1\angle k360^\circ \quad k = 0, \pm1, \pm2, \pm3, \ldots \tag{8.64}$$

Portanto, o lugar geométrico das raízes para sistemas com realimentação positiva consiste em todos os pontos do plano s em que o ângulo de $KG(s)H(s) = k360^\circ$. Como esta relação altera as regras para esboçar o lugar geométrico das raízes apresentadas na Seção 8.4?

1. **Número de ramos.** Os mesmos argumentos da realimentação negativa se aplicam a esta regra. Não há alteração.
2. **Simetria.** Os mesmos argumentos da realimentação negativa se aplicam a esta regra. Não há alteração.
3. **Segmentos do eixo real.** O desenvolvimento na Seção 8.4 para os segmentos do eixo real levou ao fato de que os ângulos de $G(s)H(s)$ ao longo do eixo real totalizam um múltiplo ímpar de 180º ou um múltiplo de 360º. Assim, para sistemas com realimentação positiva o lugar geométrico das raízes existe no eixo real sobre seções em que o lugar geométrico para sistemas com realimentação negativa não existe. A regra é a seguinte:

   Segmentos do eixo real: No eixo real, o lugar geométrico das raízes para sistemas com realimentação positiva existe à esquerda de um número par de polos e/ou zeros finitos em malha aberta sobre o eixo real.

   A alteração na regra é a palavra *par*; para sistemas com realimentação negativa, o lugar geométrico existia à esquerda de um número *ímpar* de polos e/ou zeros finitos em malha aberta sobre o eixo real.
4. **Pontos de início e de término.** Você não vai encontrar alterações no desenvolvimento na Seção 8.4, caso a Equação (8.63) seja utilizada no lugar da Equação (8.12). Portanto, temos a seguinte regra:

   Pontos de início e de término: O lugar geométrico das raízes para sistemas com realimentação positiva se inicia nos polos finitos e infinitos de $G(s)H(s)$ e termina nos zeros finitos e infinitos de $G(s)H(s)$.
5. **Comportamento no infinito.** As alterações no desenvolvimento das assíntotas começam na Equação (M.4) do Apêndice M disponível no Ambiente de aprendizagem do GEN, uma vez que os sistemas com realimentação positiva seguem a relação na Equação (8.64). Essa mudança resulta em uma inclinação diferente para as assíntotas. O valor da interseção com o eixo real para as assíntotas permanece inalterado. O estudante é

encorajado a realizar o desenvolvimento em detalhes e mostrar que o comportamento no infinito para sistemas com realimentação positiva é dado pela seguinte regra:

O lugar geométrico das raízes tende a retas assintóticas quando o lugar geométrico tende a infinito. Além disso, as equações das assíntotas para sistemas com realimentação positiva são dadas pela interseção com o eixo real, σ_a, *e o ângulo,* θ_a, *como a seguir:*

$$\sigma_a = \frac{\sum \text{polos finitos} - \sum \text{zeros finitos}}{\#\,\text{polos finitos} - \#\,\text{zeros finitos}} \tag{8.65}$$

$$\theta_a = \frac{k2\pi}{\#\,\text{polos finitos} - \#\,\text{zeros finitos}} \tag{8.66}$$

em que $k = 0, \pm 1, \pm 2, \pm 3, \ldots$, *e o ângulo é expresso em radianos em relação à extensão positiva do eixo real.*

A alteração que vemos é que o numerador da Equação (8.66) é $k2\pi$ em vez de $(2k + 1)\pi$.

E sobre os demais cálculos? O cruzamento do eixo imaginário pode ser encontrado com a utilização do programa para o lugar geométrico das raízes. Em uma busca sobre o eixo $j\omega$, você estará procurando pelo ponto onde os ângulos totalizam um múltiplo de 360° em vez de um múltiplo ímpar de 180°. Os pontos de saída são determinados procurando-se pelo valor máximo de K. Os pontos de entrada são determinados procurando-se pelo valor mínimo de K.

Quando estávamos discutindo os sistemas com realimentação *negativa*, sempre construímos o lugar geométrico das raízes para valores positivos de ganho. Uma vez que os sistemas com realimentação *positiva* também podem ser considerados sistemas com realimentação *negativa* com ganho negativo, as regras desenvolvidas nesta seção se aplicam igualmente a sistemas com realimentação *negativa* com ganho negativo. Vamos ver um exemplo.

Exemplo 8.9

Lugar Geométrico das Raízes para um Sistema com Realimentação Positiva

PROBLEMA: Esboce o lugar geométrico das raízes em função do ganho negativo, K, para o sistema mostrado na Figura 8.11.

SOLUÇÃO: O sistema com realimentação positiva equivalente obtido movendo −1, associado ao ganho K, para a direita passando o ponto de ramificação é mostrado na Figura 8.27(*a*). Portanto, à medida que o ganho do sistema equivalente percorre valores positivos de K, o lugar geométrico das raízes será equivalente ao gerado pelo ganho, K, do sistema original na Figura 8.11 à medida que ele percorre valores negativos.

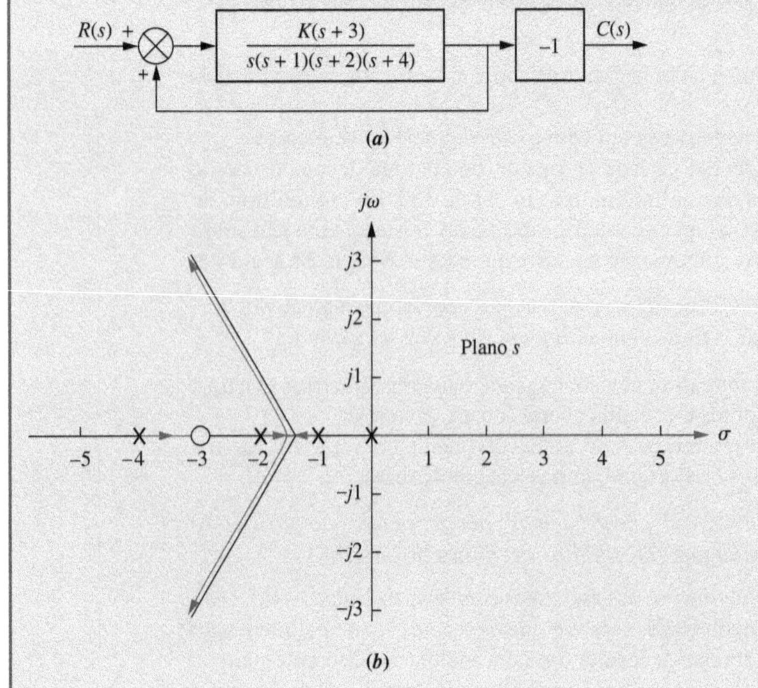

FIGURA 8.27 **a.** Sistema com realimentação positiva equivalente para o Exemplo 8.9; **b.** lugar geométrico das raízes.

O lugar geométrico das raízes existe no eixo real à esquerda de um número par de polos e/ou zeros finitos reais em malha aberta. Portanto, o lugar existe em toda a extensão positiva do eixo real, entre -1 e -2, e entre -3 e -4. Utilizando a Equação (8.27), a interseção σ_a é determinada como

$$\sigma_a = \frac{(-1-2-4)-(-3)}{4-1} = -\frac{4}{3} \tag{8.67}$$

Os ângulos das retas que se interceptam em $-4/3$ são dados por

$$\theta_a = \frac{k2\pi}{\#\,\text{polos finitos} - \#\,\text{zeros finitos}} \tag{8.68a}$$

$$= 0 \qquad \text{para } k = 0 \tag{8.68b}$$

$$= 2\pi/3 \qquad \text{para } k = 1 \tag{8.68c}$$

$$= 4\pi/3 \qquad \text{para } k = 2 \tag{8.68d}$$

O esboço final do lugar geométrico das raízes é mostrado na Figura 8.27(*b*).

Exercício 8.8

PROBLEMA: Esboce o lugar geométrico das raízes para o sistema com realimentação positiva cuja função de transferência à frente é

$$G(s) = \frac{K(s+4)}{(s+1)(s+2)(s+3)}$$

O sistema possui realimentação unitária.

RESPOSTA: A solução completa está disponível no Ambiente de aprendizagem do GEN.

8.10 Sensibilidade do Polo

O lugar geométrico das raízes é um gráfico dos polos em malha fechada, à medida que um parâmetro do sistema é variado. Tipicamente, esse parâmetro do sistema é um ganho. Qualquer variação no parâmetro altera os polos em malha fechada e, subsequentemente, o desempenho do sistema. Muitas vezes, o parâmetro varia contra nossa vontade, devido à temperatura ou outras condições ambientais. Gostaríamos de descobrir em que extensão variações nos valores de um parâmetro afetam o desempenho de nosso sistema.

O lugar geométrico das raízes apresenta uma relação não linear entre o ganho e a posição do polo. Em algumas partes do lugar geométrico das raízes, (1) variações muito pequenas no ganho produzem alterações muito grandes na posição do polo e, consequentemente, no desempenho; em outras partes do lugar geométrico das raízes, (2) variações muito grandes no ganho produzem alterações muito pequenas na posição do polo. No primeiro caso, dizemos que o sistema tem uma sensibilidade elevada a variações no ganho. No segundo caso, o sistema possui uma sensibilidade reduzida a variações no ganho. Preferimos sistemas com sensibilidade reduzida a variações no ganho.

Na Seção 7.7, definimos sensibilidade como a razão entre a variação relativa em uma função e a variação relativa em um parâmetro quando a variação no parâmetro tende a zero. Aplicando a mesma definição aos polos em malha fechada de um sistema que variam com um parâmetro, definimos *sensibilidade da raiz* como a razão entre a variação relativa em um polo em malha fechada e a variação relativa em um parâmetro do sistema, como o ganho. Utilizando a Equação (7.75), calculamos a sensibilidade de um polo em malha fechada, s, com relação ao ganho, K:

$$S_{s:K} = \frac{K}{s}\frac{\delta s}{\delta K} \tag{8.69}$$

em que s é a posição atual do polo e K é o ganho atual. Utilizando a Equação (8.69) e convertendo a derivada parcial em incrementos finitos, a alteração real nos polos em malha fechada pode ser aproximada por

$$\Delta s = s(S_{s:K})\frac{\Delta K}{K} \tag{8.70}$$

em que Δs é a alteração na posição do polo e $\Delta K/K$ é a variação relativa no ganho, K. Vamos demonstrar com um exemplo. Começamos com a equação característica a partir da qual $\delta s/\delta K$ pode ser determinada. Em seguida, utilizando a Equação (8.69) com o polo em malha fechada atual, s, e seu ganho associado, K, podemos determinar a sensibilidade.

Exemplo 8.10

Sensibilidade da Raiz de um Sistema em Malha Fechada a Variações do Ganho

PROBLEMA: Determine a sensibilidade da raiz do sistema na Figura 8.4 em $s = -9{,}47$ e $-5 + j5$. Calcule também a alteração na posição do polo para uma variação de 10 % em K.

SOLUÇÃO: A equação característica do sistema, determinada a partir do denominador da função de transferência em malha fechada, é $s^2 + 10s + K = 0$. Derivando em relação a K, temos

$$2s\frac{\delta s}{\delta K} + 10\frac{\delta s}{\delta K} + 1 = 0 \tag{8.71}$$

a partir do que

$$\frac{\delta s}{\delta K} = \frac{-1}{2s + 10} \tag{8.72}$$

Substituindo a Equação (8.72) na Equação (8.69), a expressão da sensibilidade é determinada como

$$S_{s:K} = \frac{K}{s} \times \frac{-1}{2s + 10} \tag{8.73}$$

Para $s = -9{,}47$, a Tabela 8.1 mostra que $K = 5$. Substituindo esses valores na Equação (8.73) resulta $S_{s:K} = -0{,}059$. A alteração na posição do polo para uma variação de 10 % em K pode ser determinada utilizando a Equação (8.70), com $s = -9{,}47$, $\Delta K/K = 0{,}1$ e $S_{s:K} = -0{,}059$. Portanto, $\Delta s = 0{,}056$, ou o polo se moverá para a direita por 0,056 unidade para uma variação de 10 % em K.

Para $s = -5 + j5$, a Tabela 8.1 mostra que $K = 50$. Substituindo esses valores na Equação (8.73) resulta $S_{s:K} = 1/(1 + j1) = (1/\sqrt{2})\angle -45°$. A alteração na posição do polo para uma variação de 10 % em K pode ser determinada utilizando a Equação (8.70), com $s = -5 + j5$, $\Delta K/K = 0{,}1$ e $S_{s:K} = (1/\sqrt{2})\angle -45°$. Portanto, $\Delta s = -j5$, ou o polo se moverá verticalmente por 0,5 unidade para uma variação de 10 % em K.

Em resumo, então, para $K = 5$, $S_{s:K} = -0{,}059$. Para $K = 50$, $S_{s:K} = (1/\sqrt{2})\angle -45°$. Comparando as magnitudes, concluímos que o lugar geométrico das raízes é menos sensível a variações no ganho para o valor mais baixo de K. Observe que a sensibilidade da raiz é uma grandeza complexa, possuindo tanto a informação de magnitude quanto a de direção, a partir das quais a alteração nos polos pode ser calculada.

Exercício 8.9

PROBLEMA: Um sistema com realimentação unitária negativa possui a função de transferência à frente

$$G(s) = \frac{K(s + 1)}{s(s + 2)}$$

Se K é ajustado para 20, determine as alterações na posição dos polos em malha fechada para uma variação de 5 % em K.

RESPOSTA: Para o polo em malha fechada em $-21{,}05$, $\Delta s = -0{,}9975$; para o polo em malha fechada em $-0{,}95$, $\Delta s = -0{,}0025$.

A solução completa está disponível no Ambiente de aprendizagem do GEN.

Estudos de Caso

Controle de Antena: Projeto do Transitório Via Ganho

Projeto

P

O objetivo principal deste capítulo é demonstrar o projeto de sistemas de ordem elevada (maior que dois) através do ajuste do ganho. Especificamente, estamos interessados em determinar o valor de ganho necessário

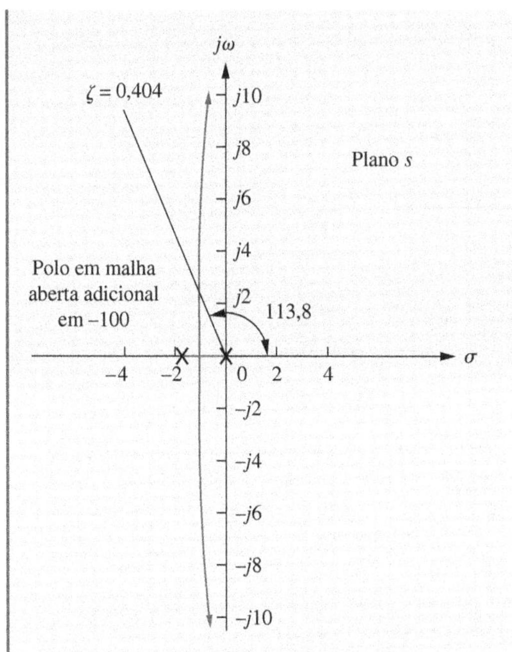

FIGURA 8.28 Parte do lugar geométrico das raízes para o sistema de controle de antena.

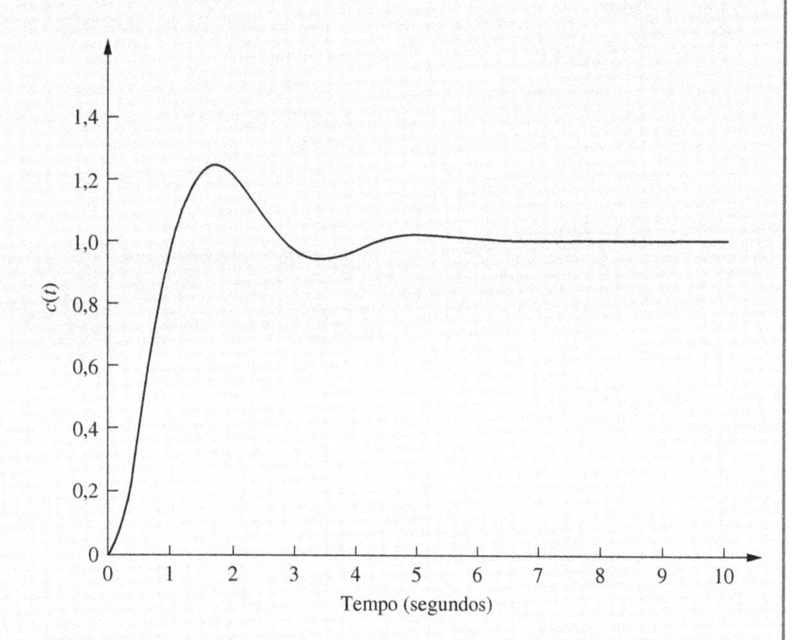

FIGURA 8.29 Resposta ao degrau do sistema de controle de antena com ganho ajustado.

para atender a requisitos de resposta transitória, como ultrapassagem percentual, tempo de acomodação e instante de pico. O estudo de caso, a seguir, enfatiza esse procedimento de projeto, utilizando o lugar geométrico das raízes.

PROBLEMA: Dado o sistema de controle de posição de azimute de antena mostrado no Apêndice A2, Configuração 1, determine o ganho do pré-amplificador necessário para 25 % de ultrapassagem.

SOLUÇÃO: O diagrama de blocos para o sistema foi deduzido na Seção de Estudos de Caso no Capítulo 5 e é mostrado na Figura 5.34(*c*), em que $G(s) = 6{,}63K/[s(s + 1{,}71)(s + 100)]$.

Primeiro, um esboço do lugar geométrico das raízes é feito para orientar o projetista. Os segmentos do eixo real estão entre a origem e $-1{,}71$, e a partir de -100 até infinito. O lugar geométrico se inicia nos polos em malha aberta, os quais estão todos sobre o eixo real, na origem, em $-1{,}71$ e em -100. O lugar geométrico então se move em direção aos zeros no infinito seguindo assíntotas que, a partir das Equações (8.27) e (8.28), interceptam o eixo real em $-33{,}9$ em ângulos de 60°, 180° e −60°. Uma parte do lugar geométrico das raízes é mostrada na Figura 8.28.

A partir da Equação (4.39), 25 % de ultrapassagem correspondem a um fator de amortecimento de 0,404. Agora, trace uma reta radial a partir da origem com ângulo de $\cos^{-1}\zeta = 113{,}8°$. A interseção desta reta com o lugar geométrico das raízes localiza os polos em malha fechada de segunda ordem dominantes do sistema. Utilizando o programa para o lugar geométrico das raízes discutido no Apêndice H.2, disponível no Ambiente de aprendizagem do GEN, para procurar na reta radial por 180° resulta nos polos dominantes em malha fechada como $2{,}063\angle 113{,}8° = -0{,}833 \pm j1{,}888$. O valor do ganho fornece $6{,}63K = 425{,}7$, a partir do que $K = 64{,}21$.

Verificando nossa hipótese de segunda ordem, o terceiro polo deve estar à esquerda do polo em malha aberta em -100 e está, portanto, mais que cinco vezes mais afastado que a parte real do par de polos dominantes, que é $-0{,}833$. A aproximação de segunda ordem é, portanto, válida.

A simulação computacional da resposta ao degrau do sistema em malha fechada na Figura 8.29 mostra que o requisito do projeto de 25 % de ultrapassagem é atendido.

DESAFIO: Agora apresentamos um problema para testar seu conhecimento dos objetivos deste capítulo. Em relação ao sistema de controle de posição de azimute de antena, mostrado no Apêndice A2, Configuração 2, faça o seguinte:

a. Determine o ganho do pré-amplificador, *K*, necessário para um tempo de acomodação de 8 segundos.

b. `Repita, usando o MATLAB.`

MATLAB **ML**

Veículo Submersível Não Tripulado Independente (UFSS): Projeto do Transitório Através do Ganho

Projeto **P**

Neste estudo de caso, aplicamos o lugar geométrico das raízes à malha de controle de arfagem do veículo UFSS. A malha de controle de arfagem é mostrada com ambas as realimentações de velocidade e de posição no Apêndice A3. No exemplo que se segue, traçamos o lugar geométrico das raízes sem a realimentação de velocidade e, em seguida, com a realimentação de velocidade. Veremos o efeito estabilizante que a realimentação de velocidade tem sobre o sistema.

PROBLEMA: Considere o diagrama de blocos da malha de controle de arfagem do veículo UFSS mostrado no Apêndice A3 (*Johnson, 1980*).

a. Caso $K_2 = 0$ (sem realimentação de velocidade), trace o lugar geométrico das raízes para o sistema em função do ganho de arfagem, K_1, e estime o tempo de acomodação e o instante de pico da resposta em malha fechada com 20 % de ultrapassagem.

b. Faça $K_2 = K_1$ (acrescente a realimentação de velocidade) e repita o Item **a**.

SOLUÇÃO:

a. Fazendo $K_2 = 0$, a função de transferência em malha aberta é

$$G(s)H(s) = \frac{0{,}25K_1(s+0{,}435)}{(s+1{,}23)(s+2)(s^2+0{,}226s+0{,}0169)} \quad (8.74)$$

a partir da qual o lugar geométrico das raízes é traçado na Figura 8.30. Procurando ao longo da reta de 20 % de ultrapassagem, calculada a partir da Equação (4.39), encontramos os polos de segunda ordem dominantes como $-0{,}202 \pm j0{,}394$, com um ganho de $K = 0{,}25K_1 = 0{,}706$, ou $K_1 = 2{,}824$.

Com base na parte real do polo dominante, o tempo de acomodação é estimado como $T_s = 4/0{,}202 = 19{,}8$ segundos. Com base na parte imaginária do polo dominante, o instante de pico é estimado como $T_p = \pi/0{,}394 = 7{,}97$ segundos. Uma vez que nossas estimativas estão baseadas em uma hipótese de segunda ordem, testamos agora nossa hipótese determinando a posição do terceiro polo em malha fechada entre $-0{,}435$ e $-1{,}23$, e a posição do quarto polo em malha fechada entre -2 e infinito. Procurando em cada uma dessas regiões por um ganho de $K = 0{,}706$, determinamos o terceiro e o quarto polo em $-0{,}784$ e $-2{,}27$, respectivamente. O terceiro polo em $-0{,}784$ pode não estar suficientemente próximo do zero em $-0{,}435$ e, portanto, o sistema deve ser simulado. O quarto polo, em $-2{,}27$, está 11 vezes mais afastado do eixo imaginário que os polos dominantes e assim atende o requisito de no mínimo cinco vezes a parte real dos polos dominantes.

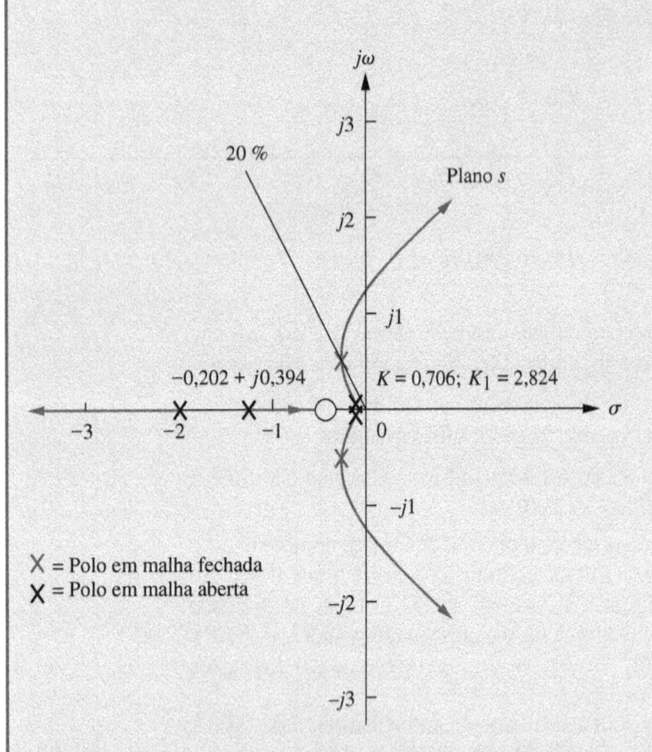

FIGURA 8.30 Lugar geométrico das raízes da malha de controle de arfagem sem realimentação de velocidade, veículo UFSS.

Uma simulação computacional da resposta ao degrau para o sistema, a qual é mostrada na Figura 8.31, mostra uma ultrapassagem de 29 % acima de um valor final de 0,88, aproximadamente 20 segundos de tempo de acomodação e um instante de pico de aproximadamente 7,5 segundos.

b. Acrescentando a realimentação de velocidade, fazendo $K_2 = K_1$ no sistema de controle de arfagem mostrado no Apêndice A3, prosseguimos para determinar a nova função de transferência em malha aberta. Movendo $-K_1$ para a direita passando a junção de soma, dividindo o sensor de velocidade de arfagem por $-K_1$ e combinando os dois caminhos de realimentação resultantes obtendo $(s + 1)$, temos a seguinte função de transferência em malha aberta: ver adiante a Equação (8.75).

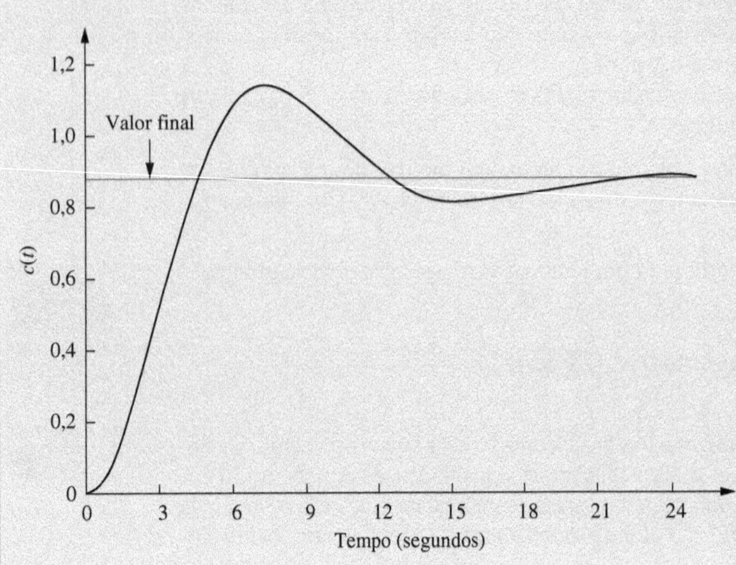

FIGURA 8.31 Simulação computacional da resposta ao degrau da malha de controle de arfagem sem realimentação de velocidade, veículo UFSS.

$$G(s)H(s) = \frac{0{,}25K_1(s+0{,}435)(s+1)}{(s+1{,}23)(s+2)(s^2+0{,}226s+0{,}0169)} \quad (8.75)$$

Observe que o acréscimo da realimentação de velocidade adiciona um zero à função de transferência em malha aberta. O lugar geométrico das raízes resultante é mostrado na Figura 8.32. Observe que este lugar geométrico das raízes, diferente do lugar geométrico das raízes no Item **a**, é estável para todos os valores de ganho, uma vez que o lugar geométrico não passa para a metade direita do plano s para nenhum valor de ganho positivo, $K = 0{,}25K_1$. Observe também que a interseção com a reta de 20 % de ultrapassagem está muito mais afastada do eixo imaginário que, no caso, está sem realimentação de velocidade, resultando em um tempo de resposta mais rápido para o sistema.

O lugar geométrico das raízes intercepta a reta de 20 % de ultrapassagem em $-1{,}024 \pm j1{,}998$ com um ganho de $K = 0{,}25K_1 = 5{,}17$, ou $K_1 = 20{,}68$. Utilizando as partes real e imaginária da posição do polo dominante, o tempo de acomodação é predito como $T_s = 4/1{,}024 = 3{,}9$ segundos, e o instante de pico é estimado como $T_p = \pi/1{,}998 = 1{,}57$ segundo. As novas estimativas mostram uma melhora considerável na resposta transitória quando comparada com a do sistema sem realimentação de velocidade.

Testamos agora nossa aproximação de segunda ordem determinando a posição do terceiro e quarto polos entre $-0{,}435$ e -1. Procurando nesta região por um ganho de $K = 5{,}17$, localizamos o terceiro e quarto polos em aproximadamente $-0{,}5$ e $0{,}91$. Uma vez que o zero em -1 é um zero de $H(s)$, o estudante pode verificar que este zero não é um zero da função de transferência em malha fechada. Assim, embora possa existir um cancelamento de polo e zero entre o polo em malha fechada em $-0{,}5$ e o zero em malha fechada em $-0{,}435$, não existe zero *em malha fechada* para cancelar o polo em malha fechada em $-0{,}91$.[2] Nossa aproximação de segunda ordem não é válida.

Uma simulação computacional do sistema com realimentação de velocidade é mostrada na Figura 8.33. Embora a resposta mostre que nossa aproximação de segunda ordem é inválida, ela ainda representa uma melhora considerável no desempenho em relação ao sistema sem realimentação de velocidade; a ultrapassagem percentual é pequena, e o tempo de acomodação é de cerca de 6 segundos em vez de cerca de 20 segundos.

DESAFIO: Agora apresentamos um problema para testar seu conhecimento dos objetivos deste capítulo. Para o sistema de controle de rumo do veículo UFSS (*Johnson, 1980*), mostrado no Apêndice A3, e introduzido no desafio do estudo de caso no Capítulo 5, faça o seguinte:

a. Faça $K_2 = K_1$ e determine o valor de K_1 que resulta em 10 % de ultrapassagem.

b. `Repita, usando o MATLAB.`

MATLAB ML

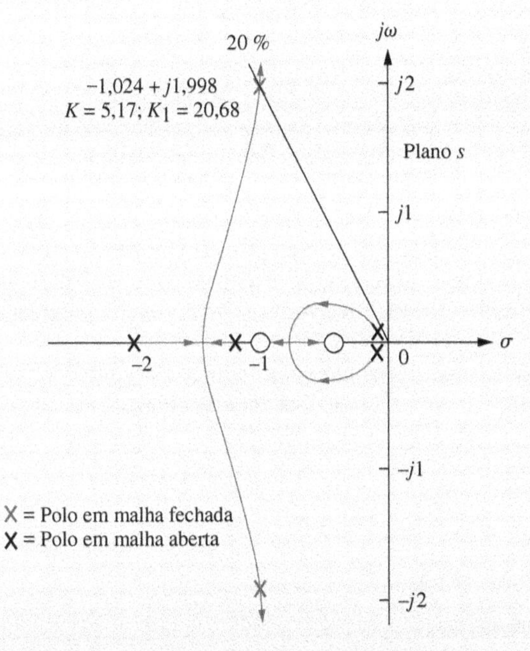

FIGURA 8.32 Lugar geométrico das raízes da malha de controle de arfagem com realimentação de velocidade, veículo UFSS.

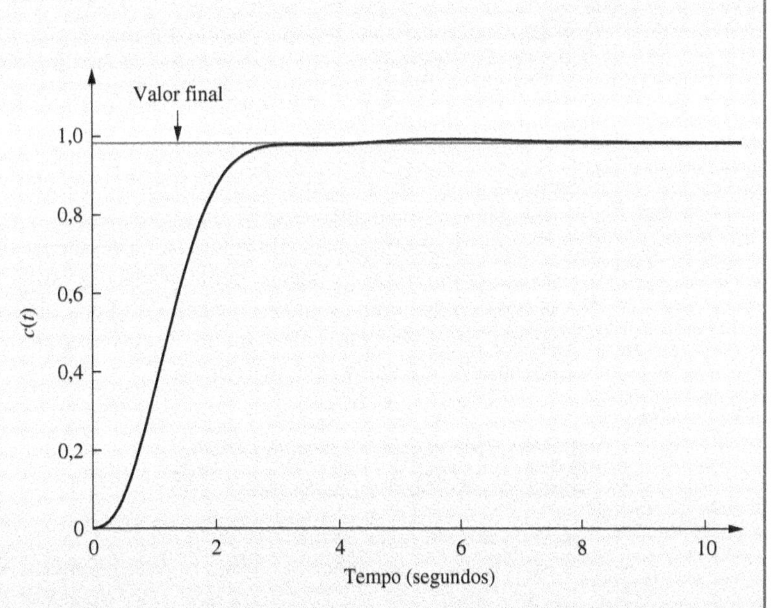

FIGURA 8.33 Simulação computacional da resposta ao degrau da malha de controle de arfagem com realimentação de velocidade, veículo UFSS.

[2] O zero em -1 mostrado no gráfico do lugar geométrico das raízes da Figura 8.32 é um zero em malha aberta, uma vez que ele vem do numerador de $H(s)$.

Concluímos o capítulo com dois estudos de caso mostrando o uso e a aplicação do lugar geométrico das raízes. Vimos como traçar um lugar geométrico das raízes e estimar a resposta transitória fazendo uma aproximação de segunda ordem. Vimos que a aproximação de segunda ordem era válida quando a realimentação de velocidade não foi utilizada para o UFSS. Quando a realimentação de velocidade foi utilizada, um zero em malha aberta de $H(s)$ foi introduzido. Uma vez que ele não era um zero em malha fechada, não houve cancelamento de polo e zero, e uma aproximação de segunda ordem não pôde ser justificada. Neste caso, contudo, o sistema com realimentação de velocidade apresentou uma melhora na resposta transitória em relação ao sistema sem realimentação de velocidade. Em capítulos subsequentes veremos por que a realimentação de velocidade produz uma melhoria. Veremos também outros métodos para melhorar a resposta transitória.

Resumo

Neste capítulo, examinamos o *lugar geométrico das raízes*, uma ferramenta poderosa para a análise e o projeto de sistemas de controle. O lugar geométrico das raízes nos capacita com informações qualitativas e quantitativas sobre a estabilidade e a resposta transitória de sistemas de controle com realimentação. O lugar geométrico das raízes nos permite determinar os polos do sistema em malha fechada partindo dos polos e zeros do sistema em malha aberta. Ele é basicamente uma técnica gráfica de determinação de raízes.

Vimos maneiras de esboçar o lugar geométrico das raízes rapidamente, mesmo para os casos de sistemas de ordem elevada. O esboço nos dá informações qualitativas sobre mudanças na resposta transitória à medida que parâmetros são variados. A partir do lugar geométrico fomos capazes de determinar se um sistema era instável para qualquer faixa de ganho.

Em seguida, desenvolvemos o critério para determinar se um ponto no plano s estava sobre o lugar geométrico das raízes: os ângulos a partir dos zeros em malha aberta, menos os ângulos a partir dos polos em malha aberta traçados até o ponto no plano s totalizam um múltiplo ímpar de 180°.

O programa de computador discutido no Apêndice G.2, disponível no Ambiente de aprendizagem do GEN, nos ajuda a procurar rapidamente por pontos sobre o lugar geométrico das raízes. Esse programa nos permite encontrar pontos e ganhos para atender a certas especificações da resposta transitória, desde que sejamos capazes de justificar uma aproximação de segunda ordem para sistemas de ordem superior. Outros programas de computador, como o MATLAB, traçam o lugar geométrico das raízes e permitem que o usuário interaja com o gráfico para determinar especificações da resposta transitória e parâmetros do sistema.

Nosso método de projeto neste capítulo é o ajuste de ganho. Estamos limitados a respostas transitórias regidas pelos polos sobre o lugar geométrico das raízes. Respostas transitórias representadas por posições de polos fora do lugar geométrico das raízes não podem ser obtidas através de um simples ajuste de ganho. Além disso, uma vez que a resposta transitória tenha sido estabelecida, o ganho é definido, e também o desempenho do erro em regime permanente. Em outras palavras, através de um simples ajuste de ganho, temos que estabelecer uma solução de compromisso entre uma resposta transitória especificada e um erro em regime permanente especificado. A resposta transitória e o erro em regime permanente não podem ser projetados independentemente com um simples ajuste de ganho.

Também aprendemos como traçar o lugar geométrico das raízes em função de parâmetros do sistema diferentes do ganho. Para traçar esse gráfico do lugar geométrico das raízes, devemos primeiro converter a função de transferência em malha fechada em uma função de transferência equivalente que tenha o parâmetro desejado do sistema na mesma posição do ganho. A discussão do capítulo foi concluída com sistemas com realimentação positiva e como traçar os lugares geométricos das raízes para esses sistemas.

O próximo capítulo estende o conceito do lugar geométrico das raízes para o projeto de estruturas de compensação. Essas estruturas apresentam como vantagem o projeto separado do desempenho transitório e do desempenho do erro em regime permanente.

Questões de Revisão

1. O que é um lugar geométrico das raízes?
2. Descreva duas maneiras de obter o lugar geométrico das raízes.
3. Se $KG(s)H(s) = 5\angle 180°$, para qual valor de ganho s é um ponto no lugar geométrico das raízes?
4. Os zeros de um sistema mudam com uma variação no ganho?
5. Onde estão os zeros da função de transferência em malha fechada?
6. Quais são as duas maneiras de determinar onde o lugar geométrico das raízes cruza o eixo imaginário?
7. Como você pode dizer, a partir do lugar geométrico das raízes, se um sistema é instável?
8. Como você pode dizer, a partir do lugar geométrico das raízes, se o tempo de acomodação não varia para uma região de ganho?

9. Como você pode dizer, a partir do lugar geométrico das raízes, que a frequência natural não varia para uma região de ganho?
10. Como você determinaria se um gráfico do lugar geométrico das raízes cruzou ou não o eixo real?
11. Descreva as condições que devem ocorrer para todos os polos e zeros em malha fechada para que se possa fazer uma aproximação de segunda ordem.
12. Quais regras para traçar o lugar geométrico das raízes são as mesmas se um sistema é um sistema com realimentação positiva ou um sistema com realimentação negativa?
13. Descreva brevemente como os zeros do sistema em malha aberta afetam o lugar geométrico das raízes e a resposta transitória.

Investigação em Laboratório Virtual

EXPERIMENTO 8.1

Objetivos Verificar o efeito de polos e zeros em malha aberta sobre a forma do lugar geométrico das raízes. Verificar a utilização do lugar geométrico das raízes como uma ferramenta para estimar o efeito do ganho em malha aberta sobre a resposta transitória de sistemas em malha fechada.

Requisitos Mínimos de Programas MATLAB e Control System Toolbox.

Pré-Ensaio

1. Esboce duas possibilidades para o lugar geométrico das raízes de um sistema com realimentação negativa unitária com a configuração de polos e zeros em malha aberta mostrada na Figura P8.34.

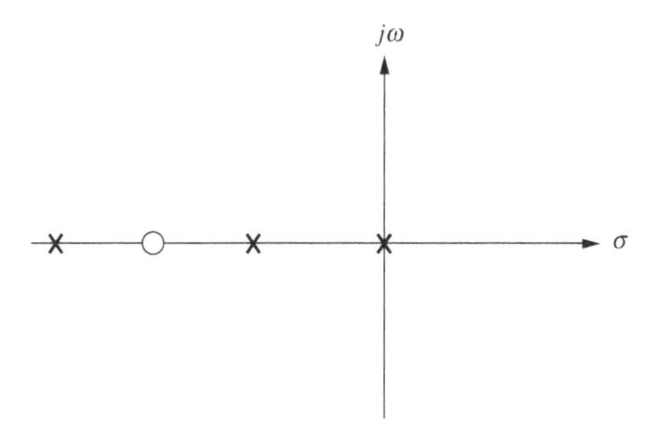

FIGURA P8.34

2. Caso o sistema em malha aberta do Pré-Ensaio 1 seja $G(s) = \dfrac{K(s+1{,}5)}{s(s+0{,}5)(s+10)}$, estime a ultrapassagem percentual para os seguintes valores de ganho, K: 20, 50, 85, 200 e 700.

Ensaio

1. Utilizando o Control System Designer do MATLAB, prepare um sistema com realimentação negativa com

$$G(s) = \frac{K(s+6)}{s(s+0{,}5)(s+10)}$$

para gerar um lugar geométrico das raízes. Por conveniência, ajuste o zero em -6 utilizando a função compensador do Control System Designer, simplesmente arrastando um zero até -6 no lugar geométrico das raízes resultante. Armazene o lugar geométrico das raízes para o zero em -6. Mova o zero para as seguintes posições e armazene um lugar geométrico das raízes para cada posição: -2, $-1{,}5$ $-1{,}37$ e $-1{,}2$.
2. Utilizando o Control System Designer do MATLAB, prepare um sistema com realimentação negativa unitária com

$$G(s) = \frac{K(s+1{,}5)}{s(s+0{,}5)(s+10)}$$

para gerar um lugar geométrico das raízes. Abra o Linear System Analyzer, para mostrar as respostas ao degrau. Utilizando os valores de K especificados no Pré-Ensaio 2, registre a ultrapassagem percentual e o tempo de acomodação, e grave o lugar geométrico das raízes e a resposta ao degrau para cada valor de K.

Pós-Ensaio

1. Discuta os resultados obtidos no Pré-Ensaio 1 e no Ensaio 1. Que conclusões você pode tirar?
2. Construa uma tabela comparando a ultrapassagem percentual e o tempo de acomodação de seus cálculos no Pré-Ensaio 2 e seus valores experimentais obtidos no Ensaio 2. Discuta as razões de quaisquer discrepâncias. Que conclusões você pode tirar?

EXPERIMENTO 8.2

Objetivo Utilizar o MATLAB para projetar o ganho de um controlador via lugar geométrico das raízes.

Requisitos Mínimos de Programas MATLAB com Control System Toolbox.

Pré-Ensaio O modelo da dinâmica do sistema em malha aberta para a ligação da junta eletromecânica do ombro do Manipulador de Pesquisa Avançada II (ARM II – Advanced Research Manipulator II) de oito eixos, da NASA, atuado através de um servomotor cc controlado pela armadura, é mostrado na Figura P8.35.

Os parâmetros constantes da junta do ombro do ARM II são $K_a = 12$, $L = 0{,}006$ H, $R = 1{,}4\ \Omega$, $K_{ce} = 0{,}00867$, $n = 200$, $K_m = 4{,}375$, $J = J_m + J_C/n^2$, $D = D_m + D_C/n^2$, $J_C = 1$, $D_C = 0{,}5$, $J_m = 0{,}00844$ e $D_m = 0{,}00013$ (*Craig, 2005*), (*Nyzen, 1999*), (*Williams, 1994*).

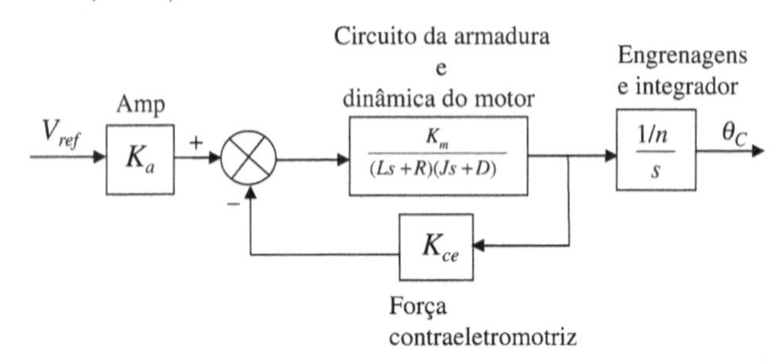

FIGURA P8.35 Modelo em malha aberta para o ARM II.

a. Obtenha a função de transferência em malha aberta equivalente, $G(s) = \dfrac{\theta_C(s)}{V_{ref}(s)}$.

b. A malha deve ser fechada colocando-se um controlador, $G_c(s) = K_D s + K_P$, em cascata com $G(s)$ no caminho à frente formando uma função de transferência equivalente, $G_e(s) = G_c(s)G(s)$. Os parâmetros de $G_c(s)$ serão usados para projetar um desempenho transitório desejado. A entrada para o sistema em malha fechada é uma tensão, $V_I(s)$, representando o deslocamento angular desejado da junta robótica com uma relação de 1 volt igual a 1 radiano. A saída do sistema em malha fechada é o deslocamento angular real da junta, $\theta_C(s)$. Um encoder no caminho de realimentação, K_e, converte o deslocamento real da junta em uma tensão com uma relação de 1 radiano igual a 1 volt. Desenhe o sistema em malha fechada mostrando todas as funções de transferência.

c. Obtenha a função de transferência em malha fechada.

Ensaio Faça $\dfrac{K_P}{K_D} = 4$ e utilize o MATLAB para projetar o valor de K_D para resultar em uma resposta ao degrau com uma ultrapassagem percentual máxima de 0,2 %.

Pós-Ensaio

1. Discuta o sucesso de seu projeto.
2. O erro em regime permanente é o que você esperava? Dê razões para sua resposta.

EXPERIMENTO 8.3

Objetivo Utilizar o LabVIEW para projetar o ganho de um controlador via lugar geométrico das raízes.

Requisitos Mínimos de Programas LabVIEW com Control Design and Simulation Module e MathScript RT Module.

Pré-Ensaio Complete o Pré-Ensaio do Experimento 8.2, caso ainda não o tenha feito.

Ensaio Faça $\dfrac{K_P}{K_D} = 4$. Utilize o LabVIEW para abrir e customizar a Interactive Root Locus VI em Examples com o objetivo de implementar um projeto de K_D para resultar em uma resposta ao degrau com uma ultrapassagem percentual máxima de 0,2 %. Utilize uma abordagem híbrida gráfica/MathScript.

Pós-Ensaio

1. Discuta o sucesso de seu projeto.
2. O erro em regime permanente é o que você esperava? Dê razões para sua resposta.

Laboratório de Interface de Hardware

EXPERIMENTO 8.4 Controle de Velocidade Usando Ajuste de Ganho

Objetivos Controlar a velocidade de um motor em malha fechada utilizando compensação de ganho. Fazer observações sobre a solução de compromisso entre a resposta transitória compensada e o erro em regime permanente.

Material Necessário Computador com o LabVIEW instalado; myDAQ; motor com escovas e redução cc com *encoder* de efeito Hall em quadratura (faixa de operação normal de –10 V a +10 V); e chip de controle do motor BA6956AN (ou um circuito transistorizado substituto).

Arquivos Fornecidos no Ambiente de aprendizagem do GEN

Speed P Control Incomplete.vi
Signal Conditioning (subVI).vi

Pré-Ensaio Responda às questões a seguir:

1. Determine a função de transferência em malha fechada de $R(s)$ para $C(s)$ para o sistema na Figura P8.36.
2. Desenhe o lugar geométrico das raízes.
3. Desenhe a resposta ao degrau unitário para o sistema, marcando o tempo de acomodação, o instante de pico e o máximo da saída.
4. Obtenha uma expressão para o erro em regime permanente para uma entrada em degrau unitário para o sistema.

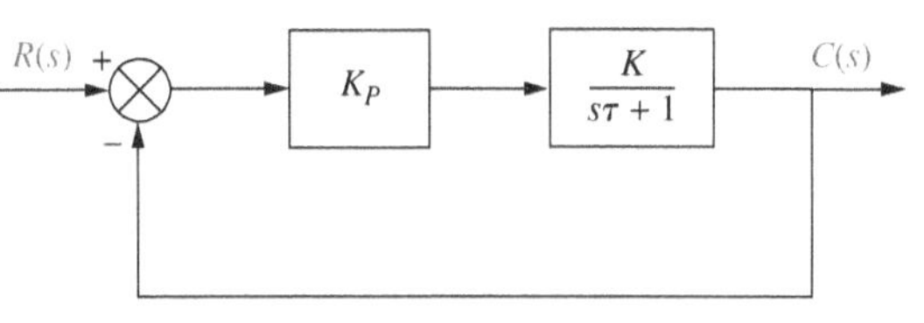

FIGURA P8.36

Ensaio

Software: A **Speed P Control Incomplete.vi** é fornecida e ilustrada na Figura P8.37. Você precisa modificá-la, como a seguir, antes que ela se torne operacional.

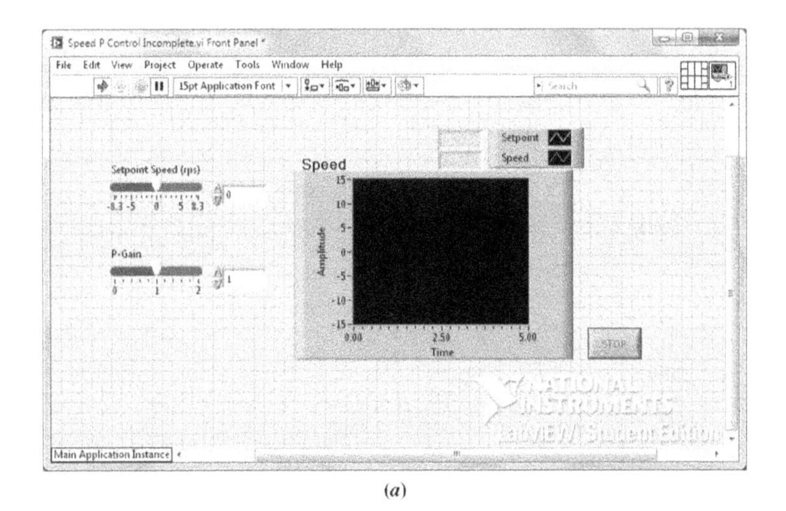

(*a*)

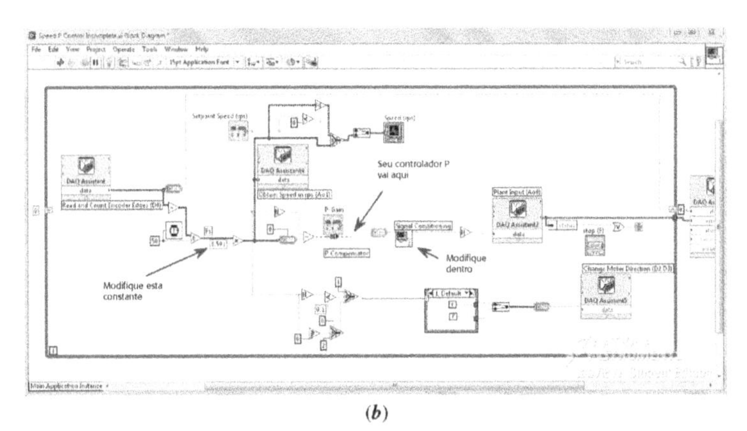

(*b*)

FIGURA P8.37 Speed P Control Incomplete.vi: **a.** Painel Frontal; **b.** Diagrama de Blocos.

1. Você precisa alterar a constante na esquerda de acordo com a relação de engrenagens e CPR (contagens por revolução) de seu motor, como mostrado na Figura P8.37(*b*).
2. Você precisa escrever uma SubVI para um *P controller* (controlador proporcional) e colocá-la onde a seta indica na Figura P8.37(*b*). A função de um *P controller* é $u = K_p e$. Sua SubVI possui duas entradas: o erro do sistema, e, e a constante proporcional, K_p. Ela terá uma saída u.
3. Dando um duplo clique na **Signal Conditioning (SubVI)** [Figura P8.37(*b*)], você terá a Figura P8.38. Modifique a constante indicada para refletir o parâmetro de zona morta de seu motor. Esta SubVI limita a tensão de entrada para o controlador do motor e elimina a zona morta compensando a entrada para o controlador do motor.

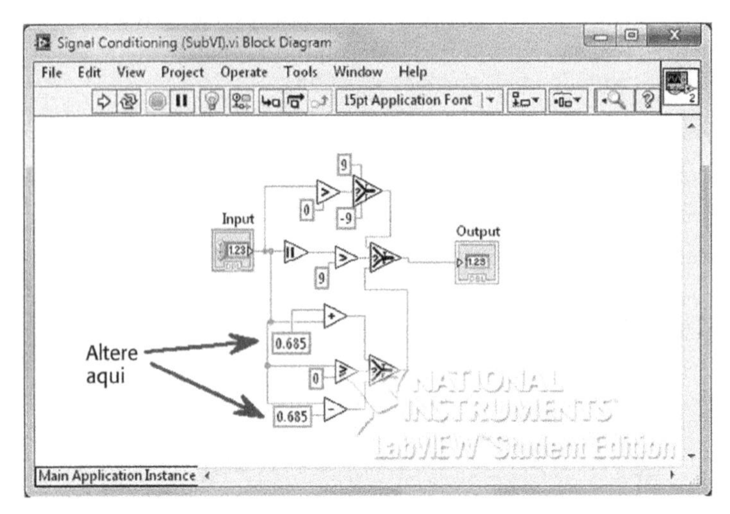

FIGURA P8.38 Diagrama de Blocos da Signal Conditioning (SubVI).vi.

Hardware: A Figura P8.39 é o diagrama de hardware para o controle de velocidade. O diagrama é idêntico ao do Experimento 4.6, exceto que os Pinos 2 e 10 do chip do controlador do motor são conectados às linhas digitais D2 e D3 no myDAQ para permitir alterações na direção do motor.

Procedimento:

1. Verifique a operação de seu sistema em malha fechada.
2. Desenhe um diagrama de blocos funcional (similar aos mostrados em livros de sistemas de controle) do sistema. Não inclua as funções de condicionamento de sinal, nem os sinais de alteração de direção.

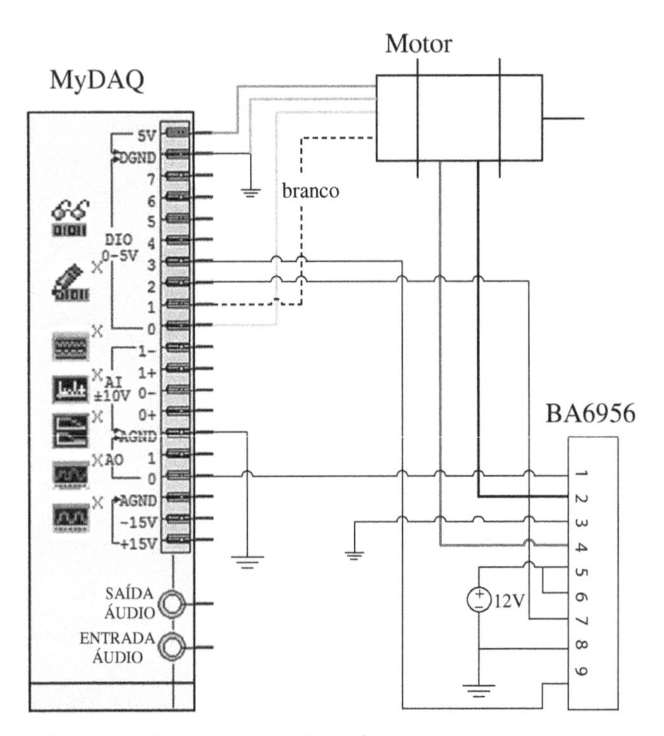

FIGURA P8.39 Diagrama elétrico.[3]

[3] A borda da direita do MyDAQ mostrada à esquerda foi retirada do programa Multisim módulo NI myDAQ design e também é reproduzida no White-Paper 11423, Figura 2. Tanto o Multisim quanto o White Paper são da National Instruments.

3. Usando a função de transferência que você determinou no Experimento 4.6, desenhe o lugar geométrico das raízes do sistema.
4. Determine a faixa teórica de K_p na qual o sistema é estável em malha fechada.
5. Execute seu programa e sistema para determinar experimentalmente a faixa de K_p na qual o sistema é estável em malha fechada.
6. Faça uma escolha adequada de três valores diferentes de K_p para experimentação.
7. Usando a função de transferência que você determinou previamente e as três escolhas adequadas de ganho proporcional, complete a tabela a seguir usando apenas cálculos manuais (calculadoras, tudo bem; mas simulações computacionais não são permitidas). Registre todos os cálculos.

K_P			
T_P – Instante de pico			
%UP – Ultrapassagem percentual			
T_s – Tempo de acomodação			
e_{rp} – Erro em regime permanente (entrada degrau)			

Teórico

8. Para cada um dos três valores de K_p, realize experimentos de entrada em degrau; utilize um único valor de amplitude da entrada em degrau para os três valores de ganho. Certifique-se de que a captura de seu osciloscópio contenha a resposta transitória do sistema em sua totalidade. Mostre medidas de todos os parâmetros na tabela anterior e preencha a tabela a seguir. Observe que T_s, o tempo de acomodação, é difícil de medir na configuração atual devido ao número limitado de canais analógicos presentes. Em vez de medir T_s, marque, em seu osciloscópio, seu valor teórico usando os cursores do osciloscópio.

K_P			
T_P – Instante de pico			
%UP – Ultrapassagem percentual			
e_{rp} – Erro em regime permanente (entrada degrau)			

Experimental

Pós-Ensaio Faça uma comparação detalhada de seus resultados teóricos e experimentais. Discuta similaridades e discrepâncias entre valores experimentais e teóricos e apresente possíveis razões.

EXPERIMENTO 8.5 Controle de Posição Usando Ajuste de Ganho

Objetivos Controlar a posição angular do eixo de um motor cc de ímã permanente em malha fechada usando compensação de ganho. Fazer observações sobre a solução de compromisso entre a resposta transitória compensada e o erro em regime permanente.

Material Necessário Computador com o LabVIEW instalado; myDAQ; motor com escovas e redução cc com *encoder* de efeito Hall em quadratura (faixa de operação normal de –10 V a +10 V); e chip de controle do motor BA6956AN ou um circuito transistorizado substituto.

Arquivos Fornecidos no Ambiente de aprendizagem do GEN

Position Control.vi
Signal Conditioning (SubVI).vi
P Controller (SubVI).vi

Pré-Ensaio Responda às questões a seguir:

1. Para um dado motor cc de ímã permanente foi determinado que a função de transferência da tensão da armadura $E_a(s)$ para a velocidade angular $\Omega(s)$ é $\dfrac{\Omega(s)}{E_a(s)} = \dfrac{K}{\tau s + 1}$. Determine a função de transferência do motor da tensão da armadura para a posição angular $\dfrac{\Theta(s)}{E_a(s)}$.

2. Desenhe o lugar geométrico das raízes para o sistema na Figura P8.40.

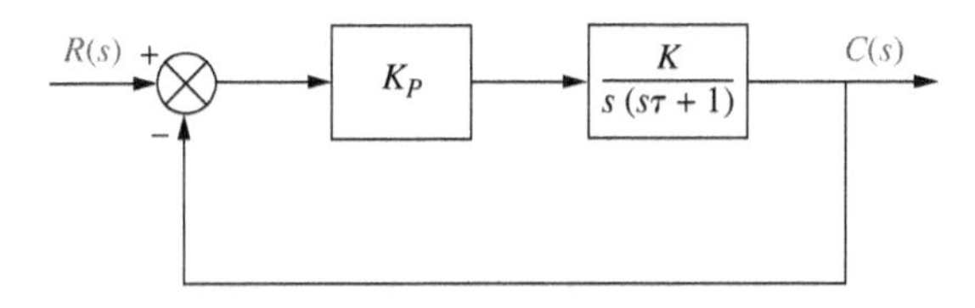

FIGURA P8.40

3. Desenhe a resposta ao degrau unitário para o sistema marcando o tempo de acomodação, o instante de pico e o máximo da saída.
4. Obtenha uma expressão para o erro em regime permanente para uma entrada em degrau unitário para o sistema. Verifique todas as possibilidades: superamortecido, criticamente amortecido e subamortecido.

Ensaio

Software: O *front panel* e o diagrama de blocos da **Position Control.vi** são mostrados na Figura P8.41. Modifique as constantes dentro da **Signal Conditioning SubVI** para corresponder aos seus parâmetros de zona morta. A constante no diagrama deve ser modificada para atingir a relação de transmissão do seu motor.
Hardware: Faça as seguintes modificações no diagrama elétrico mostrado na Figura P8.39: mova as conexões de D1, D2 e D3 para D2, D3 e D4, respectivamente. Todas as outras conexões continuam as mesmas.

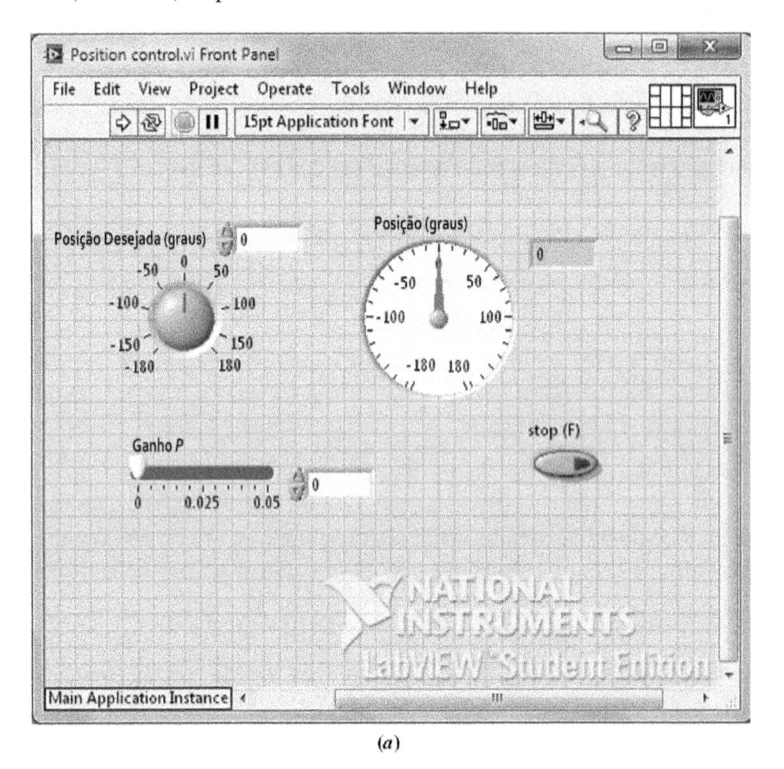

(*a*)

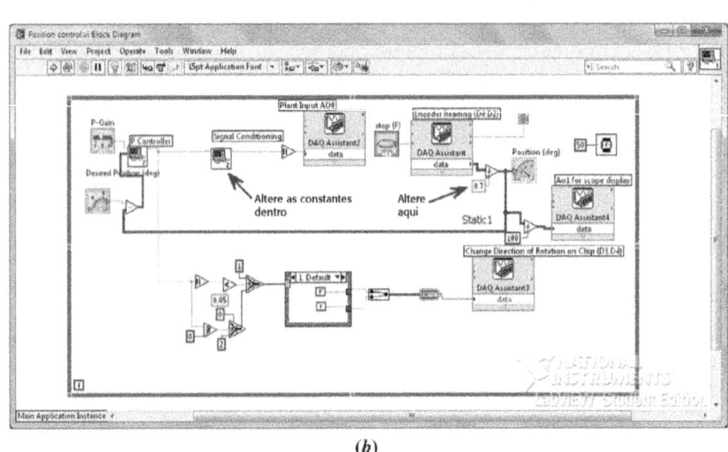

(*b*)

FIGURA P8.41 Position control.vi: **a.** Painel Frontal; **b.** Diagrama de Blocos.

Procedimento:

1. Escolha um ganho P pequeno. Verifique a operação de seu sistema em malha fechada. O motor deve ser capaz de se mover em ambas as direções e através de toda a faixa de valores.
2. Usando a função de transferência determinada no Experimento 4.6, calcule a função de transferência do motor da tensão da armadura para a posição angular $\frac{\Theta(s)}{E_a(s)}$.
3. Desenhe um diagrama de blocos funcional do sistema. Não inclua as funções de condicionamento de sinal, nem os sinais de alteração de direção. Rotule todos os sinais pertinentes.
4. Usando a função de transferência $\frac{\Theta(s)}{E_a(s)}$ que você acabou de calcular, desenhe o lugar geométrico das raízes do sistema.
5. Determine a faixa teórica de K_p para a qual o sistema é estável em malha fechada.
6. Execute seu programa e seu sistema para determinar experimentalmente a faixa de K_p para a qual o sistema é estável em malha fechada.
7. Faça uma escolha adequada de três valores diferentes de K_p para experimentação.
8. Usando a função de transferência que você calculou anteriormente e as três escolhas adequadas de ganho proporcional, complete a tabela adiante utilizando apenas cálculos manuais (calculadoras, tudo bem; mas simulações computacionais não são permitidas). Registre todos os cálculos.

K_P			
T_P – Instante de pico			
%UP – Ultrapassagem percentual			
T_s – Tempo de acomodação			
e_{rp} – Erro em regime permanente (entrada degrau)			

Teórico

9. Para cada um dos três valores de K_p, realize experimentos de entrada em degrau usando um valor de entrada em degrau para os três valores de ganho. Certifique-se de que a captura de seu osciloscópio contenha a resposta transitória do sistema em sua totalidade. Mostre medidas de todos os parâmetros na tabela anterior e preencha a tabela a seguir. Observe que T_s, o tempo de acomodação, é difícil de medir na configuração atual devido ao número limitado de canais analógicos disponíveis. Em vez de medir T_s, marque em seu osciloscópio seu valor teórico usando os cursores do osciloscópio.

K_P			
T_P – Instante de pico			
%UP – Ultrapassagem percentual			
e_{rp} – Erro em regime permanente (entrada degrau)			

Experimental

Pós-Ensaio Faça uma comparação detalhada de suas tabelas teóricas e experimentais. Discuta similaridades e discrepâncias entre resultados experimentais e teóricos e apresente possíveis razões.

Bibliografia

Anderson, C. G., Richon, J.-B., and Campbell, T. J. An Aerodynamic Moment-Controlled Surface for Gust Load Alleviation on Wind Turbine Rotors. *IEEE Transactions on Control System Technology*, vol. 6, no. 5, September 1998, pp. 577–595.

Åström, K., Klein, R. E., and Lennartsson, A. Bicycle Dynamics and Control. *IEEE Control Systems*, August 2005, pp. 26–47.

Baker, M. W., and Sarpeshkar, R. Feedback Analysis and Design of RF Power Links for Low-Power Bionic Systems. *IEEE Transactions on Biomedical, Circuits and Systems*. vol. 1, 2007, pp. 28–38.

Camacho, E. F., Berenguel, M., Rubio, F. R., and Martinez, D. *Control of Solar Energy Systems*. Springer-Verlag, London, 2012.

Craig, I. K., Xia, X., and Venter, J. W., Introducing HIV/AIDS Education into the Electrical Engineering Curriculum at the University of Pretoria. *IEEE Transactions on Education*, vol. 47, no. 1, February 2004, pp. 65–73.

Craig, J. J, *Introduction to Robotics. Mechanics and Control*, 3d ed. Prentice Hall, Upper Saddle River, NJ, 2005.

Davidson, C. M., de Paor, A. M., and Lowery, M. M. Insights from Control Theory into Deep Brain Stimulation for Relief from Parkinson's Disease. *IEEE, Proc. of the 9th Int. Conf. Elektro*, 2012, pp. 2–7.

Dorf, R. C. *Modern Control Systems*, 5th ed. Addison-Wesley, Reading, MA., 1989.

Evans, W. R. Control System Synthesis by Root Locus Method. *AIEE Transactions*, vol. 69, 1950, pp. 66–69.

Evans, W. R. Graphical Analysis of Control Systems. *AIEE Transactions*, vol. 67, 1948, pp. 547–551.

Franklin, G. F., Powell, J. D., and Emami-Naeini, A. *Feedback Control of Dynamic Systems*, 2d ed. Addison-Wesley, Reading, MA., 1991.

Galvão, K. H. R., Yoneyama, T., and de Araujo, F. M. U. A Simple Technique for Identifying a Linearized Model for a Didactic Magnetic Levitation System. *IEEE Transactions on Education*, vol. 46, no. 1, February 2003, pp. 22–25.

Guy, W. *The Human Pupil Servomechanism.* Computers in Education Division of ASEE, Application Note No. 45, 1976.

Hahn, J. O., Dumont, G. A., and Ansermino, J. M. System Identification and Closed-Loop Control of End-Tidal CO_2 in Mechanically Ventilated Patients. *IEEE Transactions on Information Technology in Biomedicine*, vol. 16, no. 6, November 2012, pp. 1176–2012.

Johnson, H., et al. *Unmanned Free-Swimming Submersible(UFSS) System Description.* NRL Memorandum Report 4393. Naval Research Laboratory, Washington, D.C., 1980.

Karlsson, P., and Svesson, J. DC Bus Voltage Control for a Distributed Power System, *IEEE Trans. on Power Electronics*, vol. 18, no. 6, 2003, pp. 1405–1412.

Kuo, B. C. *Automatic Control Systems*, 6th ed. Prentice Hall, Upper Saddle River, NJ, 1991.

Lam, C. S., Wong, M. C., and Han, Y. D. Stability Study on Dynamic Voltage Restorer (DVR). *Power Electronics Systems and Applications 2004*; Proceedings of the First International Conference on Power Electronics, 2004, pp. 66–71.

Mahmood, H., and Jiang, J. Modeling and Control System Design of a Grid Connected VSC Considering the Effect of the Interface Transformer Type. *IEEE Transactions on Smart Grid*, vol. 3, no. 1, March 2012, pp. 122–134.

Nyzen, R. J. *Analysis and Control of an Eight-Degree-of-Freedom Manipulator,* Ohio University Masters Thesis, Mechanical Engineering, Dr. Robert L. Williams II, advisor, August 1999.

Preitl, Z., Bauer, P., and Bokor, J. A Simple Control Solution for Traction Motor Used in Hybrid Vehicles. *Fourth International Symposium on Applied Computational Intelligence and Informatics.* IEEE, 2007.

Shahin, M., and Maka, S. A Transfer Function Method for the Assessment of Nervous System Modulation of Long-Term Dynamics of Blood Pressure. *IEEE International Conf. on Communication, Control, and Computing*, IEEE 2010, pp. 560–564.

Spong, M., Hutchinson, S., and Vidyasagar, M. *Robot Modeling and Control.* John Wiley & Sons, Hoboken, NJ, 2006.

Stapleton, C.A. Root-Locus Study of Synchronous-Machine Regulation. *IEE Proceedings*, vol. 111, issue 4, 1964, pp. 761–768.

Thomsen, S., Hoffmann, N., and Fuchs, F. W. PI Control, PI-Based State Space Control, and Model-Based Predictive Control for Drive Systems With Elastically Coupled Loads—A Comparative Study. *IEEE Transactions on Industrial Electronics*, vol. 58, no. 8, August 2011, pp. 3647–3657.

Ünyelioğlu, K. A., Hatopoğlu, C., and Özgüner, Ü. Design and Stability Analysis of a Lane Following Controller. *IEEE Transactions on Control Systems Technology*, vol. 5, 1997, pp. 127–134.

Williams, R. L. II. Local Performance Optimization for a Class of Redundant Eight-Degree-of-Freedom Manipulators. *NASA Technical Paper 3417*, NASA Langley Research Center, Hampton VA, March 1994.

Yamazaki, H., Marumo, Y., Iizuka, Y., and Tsunashima, H. Driver Model Simulation for Railway Brake Systems, *Fourth IET Int. Conf. on Railway Condition Monitoring*, 2008.

Yan, T., and Lin, R. Experimental Modeling and Compensation of Pivot Nonlinearity in Hard Disk Drives. *IEEE Transactions on Magnetics*, vol. 39, 2003, pp. 1064–1069.

Capítulo 9

Projeto Via Lugar Geométrico das Raízes

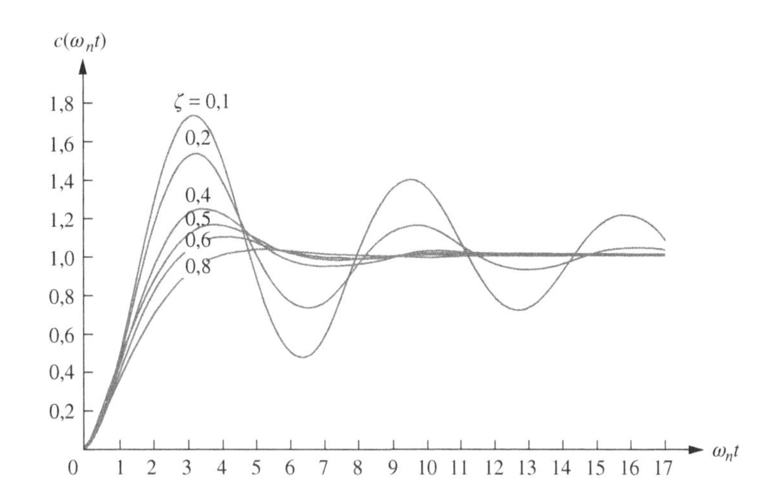

Resultados de Aprendizagem do Capítulo

Após completar este capítulo, o estudante estará apto a:

- Utilizar o lugar geométrico das raízes para projetar compensadores em cascata para melhorar o erro em regime permanente (Seções 9.1-9.2)
- Utilizar o lugar geométrico das raízes para projetar compensadores em cascata para melhorar a resposta transitória (Seção 9.3)
- Utilizar o lugar geométrico das raízes para projetar compensadores em cascata para melhorar ambos, o erro em regime permanente e a resposta transitória (Seção 9.4)
- Utilizar o lugar geométrico das raízes para projetar compensadores de realimentação para melhorar a resposta transitória (Seção 9.5)
- Implementar fisicamente os compensadores projetados (Seção 9.6).

Resultados de Aprendizagem do Estudo de Caso

Você será capaz de demonstrar seu conhecimento dos objetivos do capítulo com os estudos de caso, como a seguir:

- Dado o sistema de controle de posição de azimute de antena mostrado no Apêndice A2, você será capaz de projetar um compensador em cascata para atender a especificações de resposta transitória e de erro em regime permanente.
- Dado o sistema de controle de arfagem ou rumo para o Veículo Submersível Não Tripulado Independente (UFSS) mostrado no Apêndice A3, você será capaz de projetar um compensador em cascata ou de realimentação para atender a especificações de resposta transitória.

9.1 Introdução

No Capítulo 8, vimos que o lugar geométrico das raízes mostrava graficamente informações tanto sobre a resposta transitória quanto sobre a estabilidade. O lugar geométrico pode ser esboçado rapidamente para obter uma ideia geral das mudanças na resposta transitória geradas por variações no ganho. Pontos específicos do lugar geométrico também podem ser determinados com exatidão para fornecer informações quantitativas de projeto.

O lugar geométrico das raízes tipicamente nos permite escolher o ganho de malha adequado para atender a uma especificação de resposta transitória. À medida que o ganho é variado, nos movemos através de diferentes regiões de resposta. Ajustando o ganho em um valor particular, produz-se a resposta transitória ditada pelos polos no ponto sobre o lugar geométrico das raízes. Assim, *estamos limitados às respostas que existem ao longo do lugar geométrico das raízes.*

Melhorando a Resposta Transitória

A flexibilidade no projeto de uma resposta transitória desejada pode ser aumentada se pudermos projetar para respostas transitórias que não estão sobre o lugar geométrico das raízes. A Figura 9.1(*a*) ilustra esse conceito. Admita que a resposta transitória desejada, definida pela ultrapassagem percentual e pelo tempo de acomodação, seja representada pelo ponto *B*. Infelizmente, no lugar geométrico das raízes atual para a ultrapassagem percentual especificada, só podemos obter o tempo de acomodação representado pelo ponto *A* após um simples ajuste de ganho. Assim, nosso objetivo é aumentar a velocidade da resposta em *A* para a em *B*, sem afetar a ultrapassagem percentual. Esse aumento de velocidade não pode ser realizado por um simples ajuste de ganho, uma vez que o ponto *B* não está sobre o lugar geométrico das raízes. A Figura 9.1(*b*) ilustra a melhoria na resposta transitória que buscamos: a resposta mais rápida possui a mesma ultrapassagem percentual da resposta mais lenta.

Uma maneira de resolver nosso problema é substituir o sistema existente por um sistema cujo lugar geométrico das raízes intercepte o ponto de projeto desejado, *B*. Infelizmente, essa substituição é dispendiosa e contraproducente. A maioria dos sistemas é escolhida por outras características, que não estão relacionadas com a resposta transitória. Por exemplo, a cabine e o motor de um elevador são escolhidos com base na velocidade e na potência. Componentes escolhidos por suas respostas transitórias podem não atender necessariamente, por exemplo, a requisitos de potência.

Em vez de alterar o sistema existente, aumentamos, ou *compensamos* o sistema com polos e zeros *adicionais*, de modo que o sistema compensado tenha um lugar geométrico das raízes que passe pela posição desejada do polo para algum valor de ganho. Uma das vantagens de compensar um sistema dessa forma é que os polos e zeros adicionais podem ser acrescentados na extremidade de baixa potência do sistema antes da planta. O acréscimo de polos e zeros de compensação não precisa interferir nos requisitos de potência de saída do

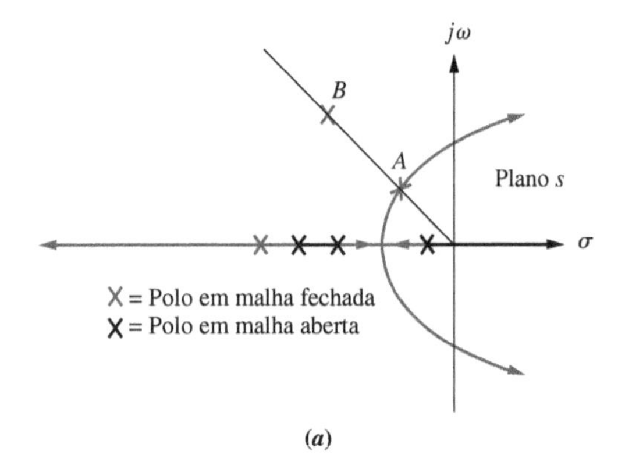

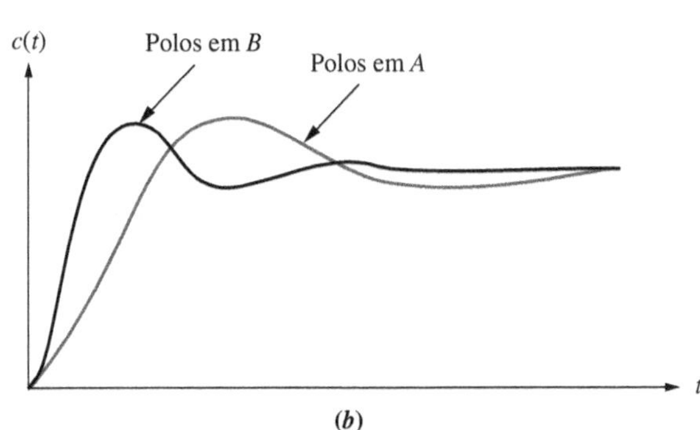

FIGURA 9.1 **a.** Lugar geométrico das raízes mostrando um ponto de projeto possível através de ajuste de ganho (*A*) e um ponto de projeto desejado que não pode ser atingido através de um simples ajuste de ganho (*B*); **b.** respostas de polos em *A* e *B*.

sistema ou apresentar problemas adicionais de carregamento ou de projeto. Os polos e zeros de compensação podem ser gerados com um circuito passivo ou com um circuito ativo.

Uma possível desvantagem de compensar um sistema com polos e zeros adicionais em malha aberta é que a ordem do sistema pode aumentar, com um efeito subsequente na resposta desejada. Nos Capítulos 4 e 8, discutimos o efeito de polos e zeros adicionais em malha fechada sobre a resposta transitória. No início do processo de projeto discutido neste capítulo, determinamos a posição adequada de polos e zeros adicionais em *malha aberta* para resultar nos polos desejados de segunda ordem em *malha fechada*. Entretanto, não sabemos a posição dos polos em *malha fechada* de ordem superior até o final do projeto. Assim, devemos avaliar a resposta transitória através de simulação depois que o projeto esteja completo, para nos certificarmos de que os requisitos foram atendidos.

No Capítulo 12, quando discutimos o projeto no espaço de estados, a desvantagem de determinar a posição dos polos de ordem superior em malha fechada depois do projeto será eliminada através de técnicas que permitem ao projetista especificar e projetar a posição de todos os polos em malha fechada no início do processo de projeto.

Um método de compensação para resposta transitória que será discutido posteriormente é inserir um derivador no caminho à frente em paralelo com o ganho. Podemos visualizar a operação do derivador com o exemplo a seguir. Admitindo um controle de posição com entrada em degrau, observamos que o erro sofre uma grande variação inicial. Derivando essa variação rápida, produz-se um grande sinal que aciona a planta. A saída do derivador é muito maior que a saída do ganho puro. Essa grande entrada inicial para a planta produz uma resposta mais rápida. À medida que o erro se aproxima de seu valor final, sua derivada tende a zero e a saída do derivador se torna desprezível, comparada com a saída do ganho.

Melhorando o Erro em Regime Permanente

Os compensadores não são utilizados apenas para melhorar a resposta transitória de um sistema; eles também são utilizados *independentemente* para melhorar as características de erro em regime permanente. Anteriormente, quando o ganho do sistema foi ajustado para atender à especificação de resposta transitória, o desempenho do erro em regime permanente se deteriorou, uma vez que tanto a resposta transitória quanto a constante de erro estático estavam relacionadas com o ganho. Quanto maior o ganho, menor o erro em regime permanente, porém maior a ultrapassagem percentual. Por outro lado, reduzindo o ganho para diminuir a ultrapassagem percentual, aumenta-se o erro em regime permanente. Caso utilizemos compensadores dinâmicos, estruturas de compensação que nos permitirão atender às especificações de transitório e de erro em regime permanente *simultaneamente* podem ser projetadas.[1] Não precisamos mais de uma solução de compromisso entre resposta transitória e erro em regime permanente, desde que o sistema opere em sua faixa linear.

No Capítulo 7, aprendemos que o erro em regime permanente pode ser melhorado adicionando-se um polo em malha aberta na origem no caminho à frente, aumentando assim o tipo do sistema e conduzindo o erro em regime permanente associado a zero. Esse polo adicional na origem requer um integrador para sua realização.

Em resumo, então, a resposta transitória é melhorada com o acréscimo de derivação, e o erro em regime permanente é melhorado com o acréscimo de integração no caminho à frente.

Configurações

Duas configurações de compensação são cobertas neste capítulo: compensação em cascata e compensação de realimentação. Esses métodos são modelados na Figura 9.2. Com compensação em cascata, a estrutura de compensação, $G_1(s)$, é colocada na extremidade de baixa potência do caminho à frente em cascata com a planta. Caso a compensação de realimentação seja utilizada, o compensador, $H_1(s)$, é colocado no caminho de realimentação. Ambos os métodos alteram os polos e zeros em malha aberta, criando, dessa forma, um novo lugar geométrico das raízes o qual passa pela posição desejada do polo em malha fechada.

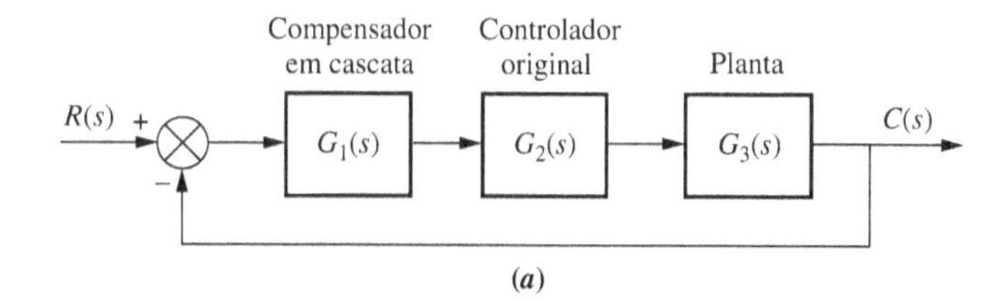

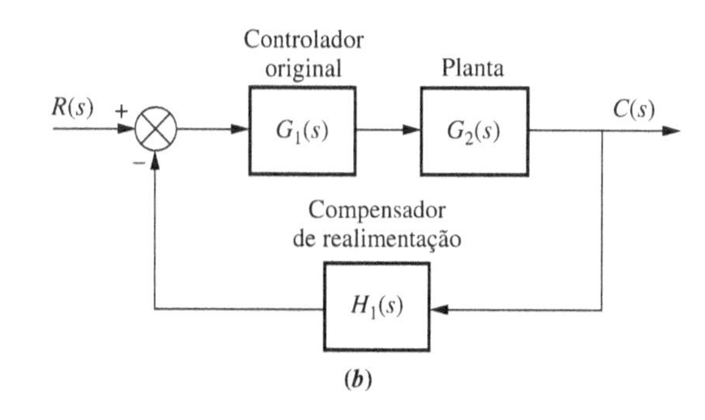

FIGURA 9.2 Técnicas de compensação: **a.** cascata; **b.** realimentação.

Compensadores

Os compensadores que utilizam integração pura para melhorar o erro em regime permanente ou derivação pura para melhorar a resposta transitória são definidos como *compensadores ideais*. Os compensadores ideais devem ser implementados com

[1] A palavra *dinâmicos* descreve compensadores com resposta transitória não instantânea. As funções de transferência desses compensadores são funções da variável de Laplace, s, em vez de um ganho puro.

estruturas ativas, as quais, no caso de circuitos elétricos, requerem o uso de amplificadores ativos e possivelmente de fontes de alimentação adicionais. Uma vantagem dos compensadores com integrador ideal é que o erro em regime permanente é reduzido a zero. Os compensadores eletromecânicos ideais, como os tacômetros, são frequentemente utilizados para melhorar a resposta transitória, uma vez que eles podem ser interfaceados de forma conveniente com a planta.

Outras técnicas de projeto que evitam o uso de dispositivos ativos para compensação podem ser adotadas. Esses compensadores, que podem ser implementados com elementos passivos, como resistores e capacitores, não utilizam integração pura nem derivação pura e não são compensadores ideais. As estruturas passivas têm as vantagens de serem menos dispendiosas e de não requererem fontes de alimentação adicionais para seu funcionamento. Sua desvantagem é que o erro em regime permanente não é levado a zero nos casos em que os compensadores ideais produziriam erro nulo.

Assim, a escolha entre um compensador ativo e um compensador passivo gira em torno de custo, peso, desempenho desejado, função de transferência e interface entre o compensador e outros equipamentos. Nas Seções 9.2, 9.3 e 9.4, primeiro discutimos o projeto de compensadores em cascata utilizando compensação ideal e, em seguida, a compensação em cascata utilizando compensadores que não são implementados com integração ou derivação pura.

9.2 Melhorando o Erro em Regime Permanente Via Compensação em Cascata

Nesta seção, discutimos duas maneiras de melhorar o erro em regime permanente de um sistema de controle com realimentação utilizando compensação em cascata. Um objetivo deste projeto é melhorar o erro em regime permanente sem afetar de forma apreciável a resposta transitória.

A primeira técnica é a *compensação integral ideal*, a qual utiliza um integrador puro para adicionar um polo na origem no caminho à frente em malha aberta, aumentando assim o tipo do sistema e reduzindo o erro a zero. A segunda técnica não utiliza integração pura. Esta técnica de compensação adiciona o polo perto da origem e, embora não leve o erro em regime permanente a zero, resulta em uma redução considerável do erro em regime permanente.

Embora a primeira técnica reduza o erro em regime permanente a zero, o compensador precisa ser implementado com estruturas ativas, como amplificadores. A segunda técnica, embora não reduza o erro a zero, tem a vantagem de poder ser implementada com uma estrutura passiva menos dispendiosa que não requer fontes de alimentação adicionais.

Os nomes associados aos compensadores provêm do método de implementação do compensador ou das características do compensador. Os sistemas que alimentam o erro adiante para a planta são chamados *sistemas de controle proporcional*. Os sistemas que alimentam a integral do erro para a planta são chamados *sistemas de controle integral*. Finalmente, os sistemas que alimentam a derivada do erro para a planta são chamados *sistemas de controle derivativo*. Assim, nesta seção chamamos o compensador integral ideal de *controlador proporcional e integral* (*PI*), uma vez que sua implementação, como veremos, consiste em alimentar o erro (proporcional) mais a integral do erro adiante para a planta. A segunda técnica utiliza o que chamamos de *compensador de atraso de fase*. O nome desse compensador vem de suas características de resposta em frequência, as quais serão discutidas no Capítulo 11. Portanto, utilizamos o nome *controlador PI* para o *compensador integral ideal*, e utilizamos o nome compensador de atraso de fase quando o compensador em cascata não emprega integração pura.

Compensação Integral Ideal (PI)

O erro em regime permanente pode ser melhorado acrescentando-se um polo em malha aberta na origem, uma vez que isso aumenta o tipo do sistema por um. Por exemplo, um sistema do Tipo 0 respondendo a uma entrada em degrau com um erro finito responderá com erro nulo se o tipo do sistema for aumentado por um. Os circuitos ativos podem ser utilizados para acrescentar polos na origem. Mais adiante, neste capítulo, mostramos como construir um integrador com circuitos eletrônicos ativos.

Para ver como melhorar o erro em regime permanente sem afetar a resposta transitória, observe a Figura 9.3(a). Aqui temos um sistema operando com uma resposta transitória desejável gerada pelos polos em malha fechada em A. Caso adicionemos um polo na origem para aumentar o tipo do sistema, a contribuição angular dos polos em malha aberta no ponto A não é mais 180°, e o lugar geométrico das raízes não passará mais pelo ponto A, como mostrado na Figura 9.3(b).

Para resolver o problema, adicionamos também um zero próximo ao polo na origem, como mostrado na Figura 9.3(c). Agora as contribuições angulares do zero do compensador e do polo do compensador se cancelam, o ponto A ainda está sobre o lugar geométrico das raízes e o tipo do sistema foi aumentado. Além disso, o ganho requerido no polo dominante é aproximadamente o mesmo que antes da compensação, uma vez que a razão entre os comprimentos a partir do polo do compensador e do zero do compensador é aproximadamente unitária. Dessa forma, melhoramos o erro em regime permanente sem afetar apreciavelmente

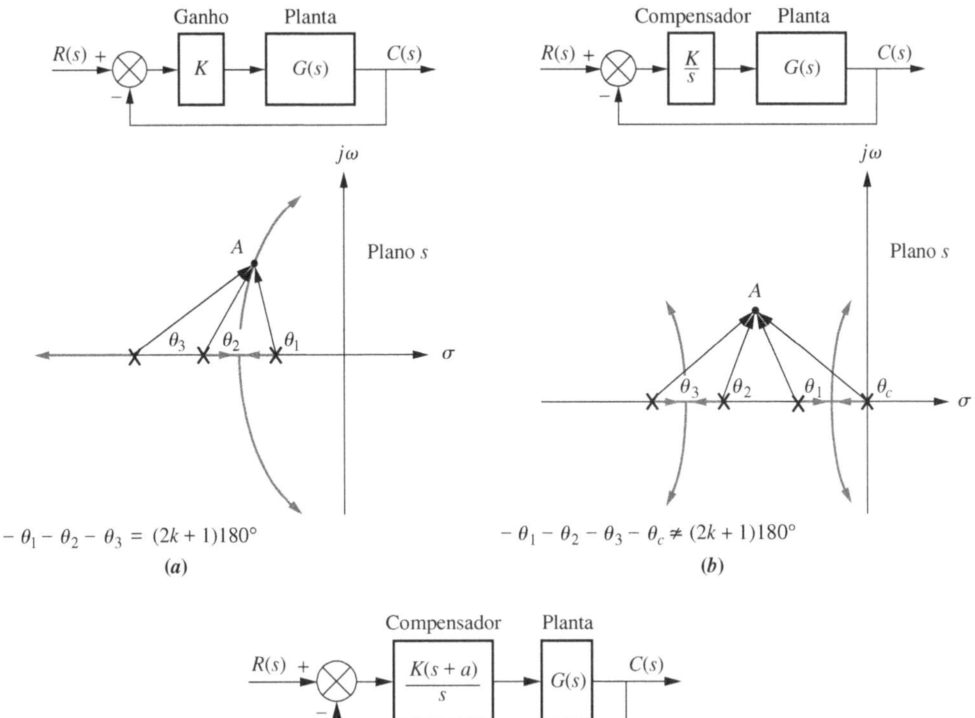

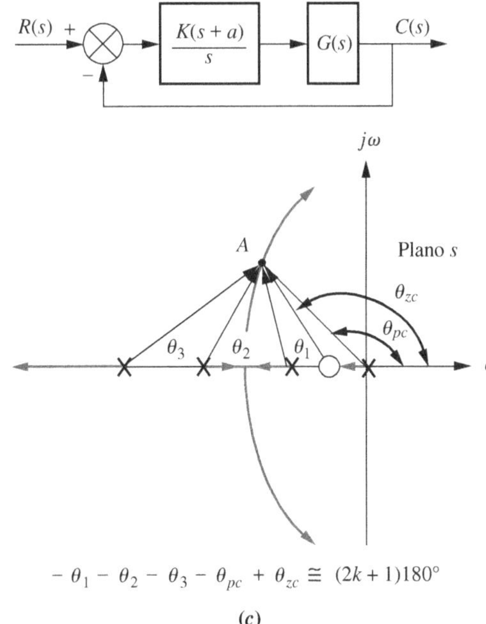

FIGURA 9.3 O polo em A: **a.** está sobre o lugar geométrico das raízes sem compensador; **b.** não está sobre o lugar geométrico das raízes com o polo do compensador adicionado; **c.** está aproximadamente sobre o lugar geométrico das raízes com o polo e o zero do compensador adicionados.

a resposta transitória. Um compensador com um polo na origem e um zero próximo ao polo é chamado *compensador integral ideal.*

No exemplo a seguir, demonstramos o efeito da compensação integral ideal. Um polo em malha aberta será colocado na origem para aumentar o tipo do sistema e levar o erro em regime permanente a zero. Um zero em malha aberta será colocado bastante próximo do polo em malha aberta na origem, de modo que os polos originais em malha fechada sobre o lugar geométrico das raízes original permaneçam aproximadamente nos mesmos pontos sobre o lugar geométrico das raízes compensado.

Exemplo 9.1

O Efeito de um Compensador Integral Ideal

PROBLEMA: Dado o sistema da Figura 9.4(a), operando com um fator de amortecimento de 0,174, mostre que a adição do compensador integral ideal mostrado na Figura 9.4(b) reduz o erro em regime permanente a zero para uma entrada em degrau sem afetar significativamente a resposta transitória. A estrutura de compensação é escolhida com um polo na origem para aumentar o tipo do sistema e um zero em −0,1, próximo ao

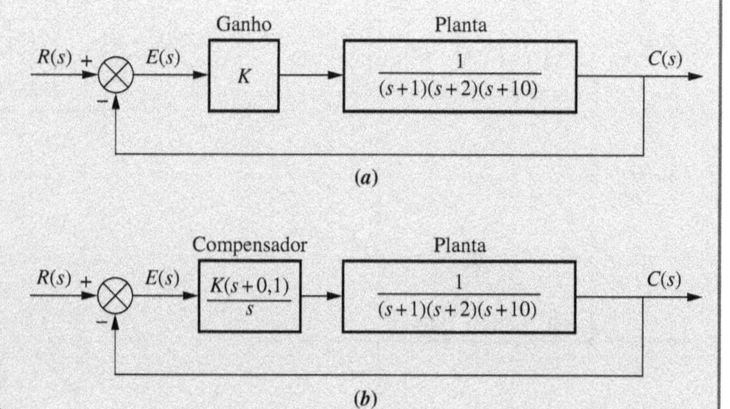

FIGURA 9.4 Sistema em malha fechada para o Exemplo 9.1: **a.** antes da compensação; **b.** após a compensação integral ideal.

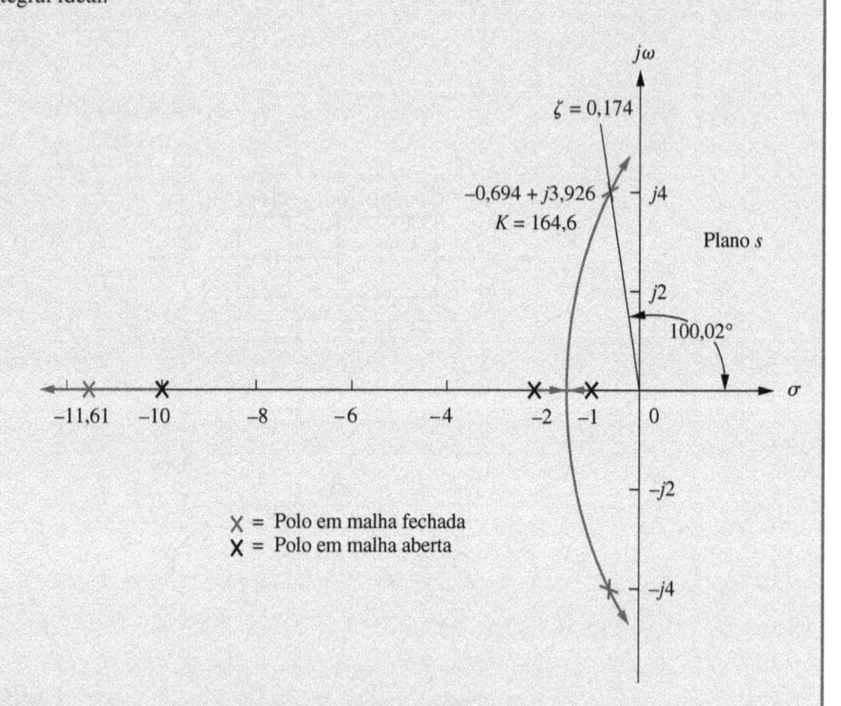

FIGURA 9.5 Lugar geométrico das raízes para o sistema sem compensação da Figura 9.4(a).

polo do compensador, de modo que a contribuição angular do compensador avaliada nos polos de segunda ordem dominantes originais seja aproximadamente zero. Assim, os polos de segunda ordem dominantes em malha fechada originais estão aproximadamente sobre o novo lugar geométrico das raízes.

SOLUÇÃO: Primeiro analisamos o sistema sem compensação e determinamos a posição dos polos de segunda ordem dominantes. Em seguida, calculamos o erro em regime permanente sem compensação para uma entrada em degrau unitário. O lugar geométrico das raízes do sistema sem compensação é mostrado na Figura 9.5.

Um fator de amortecimento de 0,174 é representado por uma reta radial traçada no plano s a 100,02°. Procurando ao longo dessa reta com o programa para o lugar geométrico das raízes discutido no Apêndice H, disponível no Ambiente de aprendizagem do GEN, constatamos que os polos dominantes são $-0{,}694 \pm j3{,}926$ para um ganho, K, de 164,6. Agora, procure pelo terceiro polo no lugar geométrico das raízes além de -10 sobre o eixo real. Utilizando o programa para o lugar geométrico das raízes e procurando pelo mesmo ganho do par dominante, $K = 164{,}6$, constatamos que o terceiro polo está em aproximadamente $-11{,}61$. Esse ganho resulta em $K_p = 8{,}23$. Portanto, o erro em regime permanente é

$$e(\infty) = \frac{1}{1+K_p} = \frac{1}{1+8{,}23} = 0{,}108 \tag{9.1}$$

Adicionando um compensador integral ideal com um zero em $-0{,}1$, como mostrado na Figura 9.4(b), obtemos o lugar geométrico das raízes mostrado na Figura 9.6. Os polos dominantes de segunda ordem, o terceiro polo além de -10 e o ganho são aproximadamente os mesmos do sistema sem compensação. Outra seção do lugar geométrico das raízes compensado está entre a origem e $-0{,}1$. Procurando nessa região pelo mesmo ganho do par dominante, $K = 158{,}2$, o quarto polo em malha fechada é localizado em $-0{,}0902$, perto o suficiente do zero para propiciar o cancelamento de polo e zero. Assim, os polos em malha fechada e o ganho do sistema compensado são aproximadamente os mesmos que os polos em malha fechada e o ganho do sistema

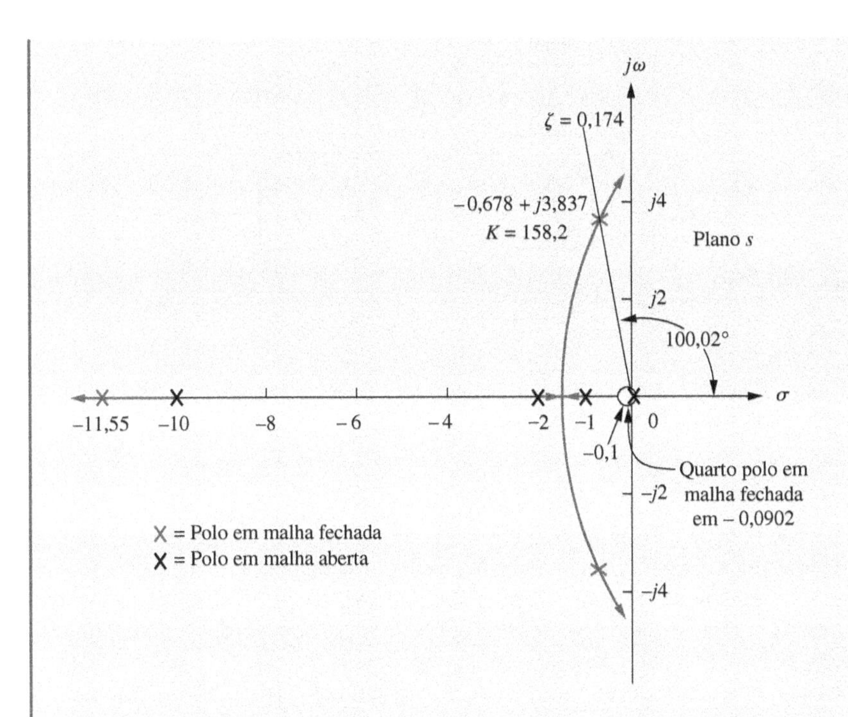

FIGURA 9.6 Lugar geométrico das raízes para o sistema compensado da Figura 9.4(*b*).

sem compensação, o que indica que a resposta transitória do sistema compensado é aproximadamente a mesma do sistema sem compensação. Entretanto, o sistema compensado, com seu polo na origem, é um sistema do Tipo 1; diferentemente do sistema sem compensação, ele responderá a uma entrada em degrau com erro nulo.

A Figura 9.7 compara a resposta sem compensação com a resposta compensada com integração ideal. A resposta ao degrau do sistema com compensação integral ideal tende à unidade em regime permanente, enquanto o sistema sem compensação tende a 0,892. Portanto, o sistema com compensação integral ideal responde com erro em regime permanente nulo. A resposta transitória do sistema sem compensação e do sistema com compensação integral ideal é a mesma até aproximadamente 3 segundos. Após esse instante, o integrador no compensador, mostrado na Figura 9.4(*b*), compensa lentamente o erro até que o erro nulo seja finalmente alcançado. A simulação mostra que são necessários 18 segundos para que o sistema compensado fique dentro da faixa de ±2 % do valor final unitário, enquanto o sistema sem compensação leva cerca de 6 segundos para se acomodar na faixa de ±2 % de seu valor final de 0,892. A compensação, a princípio, pode parecer ter resultado em uma deterioração do tempo de acomodação. Entretanto, observe que o sistema compensado alcança o valor final do sistema sem compensação aproximadamente ao mesmo tempo. O tempo restante é utilizado para melhorar o erro em regime permanente em relação ao do sistema sem compensação.

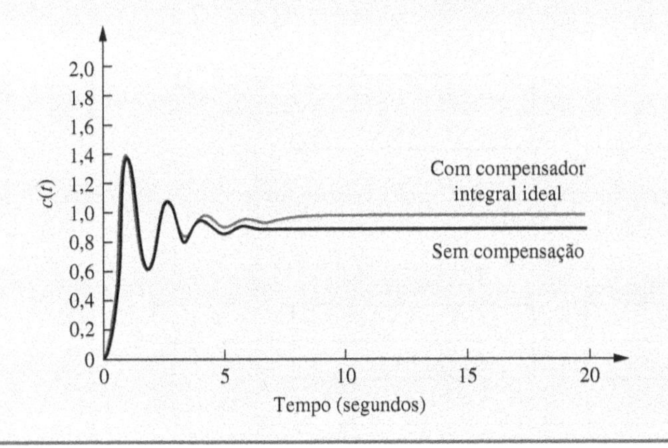

FIGURA 9.7 Resposta do sistema com compensador integral ideal e resposta do sistema sem compensação do Exemplo 9.1.

Um método para implementar um compensador integral ideal é mostrado na Figura 9.8. A estrutura de compensação precede $G(s)$ e é um compensador integral ideal, uma vez que

$$G_c(s) = K_1 + \frac{K_2}{s} = \frac{K_1\left(s + \dfrac{K_2}{K_1}\right)}{s} \tag{9.2}$$

O valor do zero pode ser ajustado pela variação de K_2/K_1. Nesta implementação, o erro e a integral do erro são alimentados adiante para a planta, $G(s)$. Como a Figura 9.8 possui ambos, controle proporcional e controle

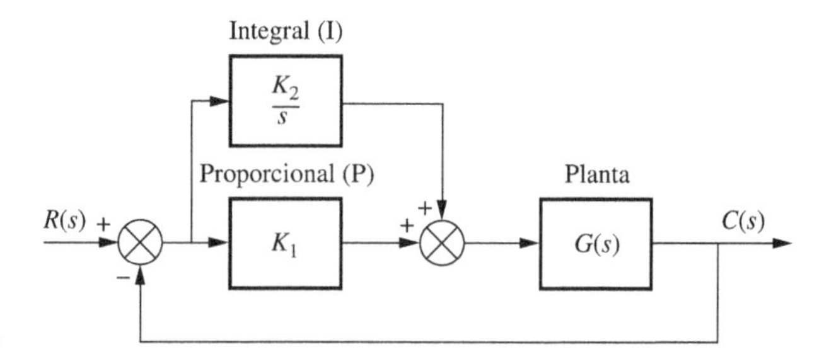

FIGURA 9.8 Controlador PI.

integral, o controlador integral ideal, ou compensador, recebe o nome alternativo de *controlador PI*. Mais adiante neste capítulo, veremos como implementar cada bloco, K_1 e K_2/s.

Compensação de Atraso de Fase

A compensação integral ideal, com seu polo na origem, requer um integrador ativo. Caso utilizemos estruturas passivas, o polo e o zero são movidos para a esquerda, nas proximidades da origem, como mostrado na Figura 9.9(*c*). Pode-se imaginar que esse posicionamento do polo, embora não aumente o tipo do sistema, resulte em melhoria na constante de erro estático em relação a um sistema sem compensação. Sem perda de generalidade, demonstramos que essa melhoria é, de fato, realizada para um sistema do Tipo 1.

Admita o sistema sem compensação mostrado na Figura 9.9(*a*). A constante de erro estático, K_{vO}, para o sistema é

$$K_{v_O} = \frac{K z_1 z_2 \cdots}{p_1 p_2 \cdots} \tag{9.3}$$

Admitindo o compensador de atraso de fase mostrado na Figura 9.9(*b*) e (*c*), a nova constante de erro estático é

$$K_{v_N} = \frac{(K z_1 z_2 \cdots)(z_c)}{(p_1 p_2 \cdots)(p_c)} \tag{9.4}$$

Qual é o efeito sobre a resposta transitória? A Figura 9.10 mostra os efeitos da adição do compensador de atraso de fase sobre o lugar geométrico das raízes. O lugar geométrico das raízes do sistema sem compensação é mostrado na Figura 9.10(*a*), na qual o ponto *P* é admitido como polo dominante. Caso o polo e o zero do compensador de atraso de fase estejam próximos um do outro, a contribuição angular do compensador no ponto *P* é de aproximadamente zero grau. Assim, na Figura 9.10(*b*), na qual o compensador foi adicionado, o ponto *P* está aproximadamente na mesma posição sobre o lugar geométrico das raízes compensado.

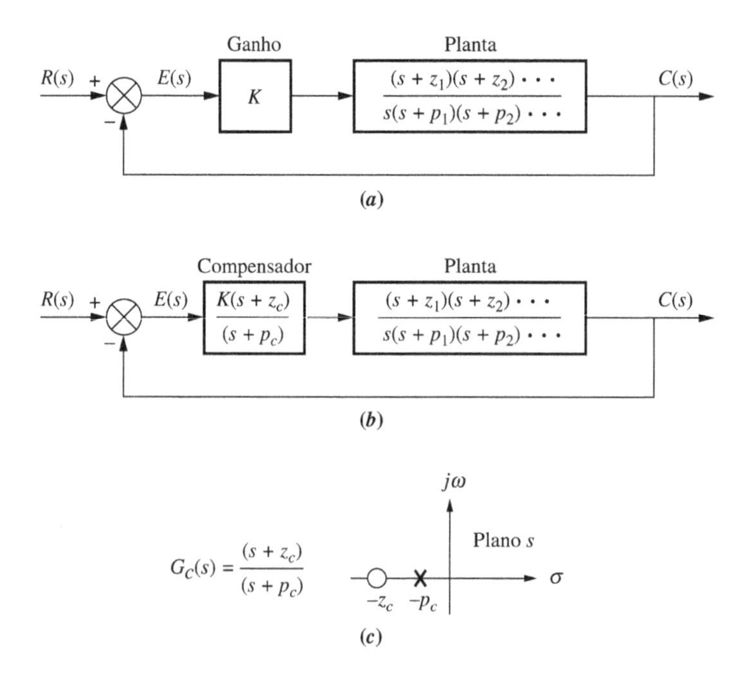

FIGURA 9.9 **a.** Sistema do Tipo 1 sem compensação; **b.** sistema do Tipo 1 compensado; **c.** diagrama de polos e zeros do compensador.

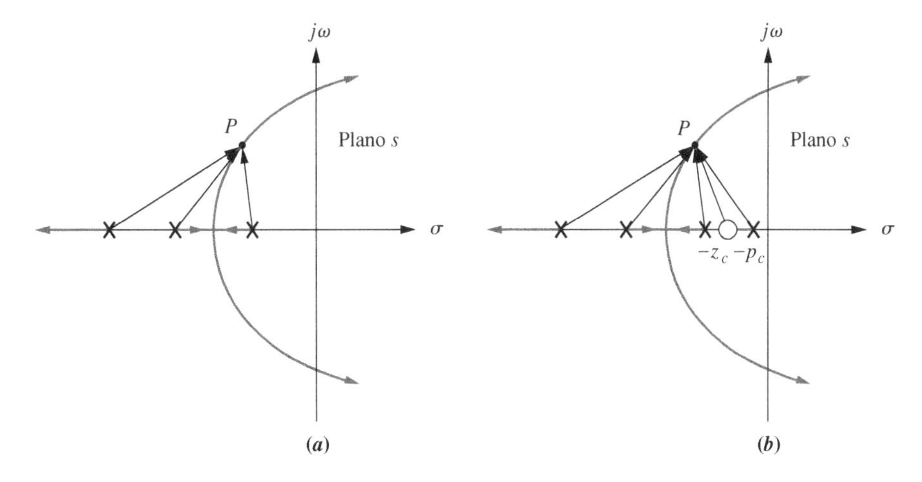

FIGURA 9.10 Lugar geométrico das raízes: **a.** antes da compensação de atraso de fase; **b.** depois da compensação de atraso de fase.

Qual é o efeito sobre o ganho requerido, K? Após inserir o compensador, constatamos que K é virtualmente o mesmo para os sistemas sem compensação e compensado, uma vez que os comprimentos dos vetores traçados a partir do compensador de atraso de fase são aproximadamente iguais e todos os demais vetores não se alteraram significativamente.

Agora, que melhoria pode ser esperada no erro em regime permanente? Uma vez que estabelecemos que o ganho, K, é aproximadamente o mesmo para os sistemas sem compensação e compensado, podemos substituir a Equação (9.3) na Equação (9.4) e obter

$$K_{v_N} = K_{v_O} \frac{z_c}{p_c} > K_{v_O} \tag{9.5}$$

A Equação (9.5) mostra que a melhoria no K_v do sistema compensado em relação ao K_v do sistema sem compensação é igual à razão entre as magnitudes do zero do compensador e do polo do compensador. Para manter a resposta transitória inalterada, sabemos que o polo e o zero do compensador devem estar próximos um do outro. A única forma de a razão entre z_c e p_c poder ser grande para resultar em uma melhoria apreciável no erro em regime permanente e, simultaneamente, ter o polo e o zero do compensador próximos um do outro para minimizar a contribuição angular é posicionar o par de polo e zero do compensador próximo da origem. Por exemplo, a razão entre z_c e p_c pode ser igual a 10 se o polo estiver em $-0{,}001$, e o zero, em $-0{,}01$. Assim, a razão é 10, mas o polo e o zero estão bastante próximos e a contribuição angular do compensador é pequena.

Em conclusão, embora o compensador ideal leve o erro em regime permanente para zero, o compensador de atraso de fase com um polo que não está na origem irá melhorar a constante de erro estático por um fator igual a z_c/p_c. Haverá também um efeito mínimo sobre a resposta transitória se o polo e o zero do compensador forem posicionados próximos à origem. Mais adiante, neste capítulo, mostramos configurações de circuitos para o compensador de atraso de fase. Essas configurações de circuito podem ser obtidas com estruturas passivas e, portanto, não requerem os amplificadores ativos e possíveis fontes adicionais de alimentação que são requeridas pelo compensador integral ideal (PI). No exemplo a seguir, projetamos um compensador de atraso de fase para resultar em uma melhoria especificada no erro em regime permanente.

Exemplo 9.2

Projeto de Compensador de Atraso de Fase

PROBLEMA: Compense o sistema da Figura 9.4(a), cujo lugar geométrico das raízes é mostrado na Figura 9.5, para melhorar o erro em regime permanente por um fator de 10, caso o sistema esteja operando com um fator de amortecimento de 0,174.

SOLUÇÃO: O erro do sistema sem compensação do Exemplo 9.1 foi 0,108 com $Kp = 8{,}23$. Uma melhoria de dez vezes corresponde a um erro em regime permanente de

$$e(\infty) = \frac{0{,}108}{10} = 0{,}0108 \tag{9.6}$$

Como

$$e(\infty) = \frac{1}{1 + K_p} = 0{,}0108 \tag{9.7}$$

reorganizando e resolvendo para o K_p requerido, resulta

$$K_p = \frac{1 - e(\infty)}{e(\infty)} = \frac{1 - 0{,}0108}{0{,}0108} = 91{,}59 \tag{9.8}$$

A melhoria em K_p do sistema sem compensação para o sistema compensado é a razão requerida entre o zero do compensador e o polo do compensador, ou

$$\frac{z_c}{p_c} = \frac{K_{p_N}}{K_{p_O}} = \frac{91{,}59}{8{,}23} = 11{,}13 \tag{9.9}$$

Escolhendo arbitrariamente

$$p_c = 0{,}01 \tag{9.10}$$

utilizamos a Equação (9.9) e obtemos

$$z_c = 11{,}13 p_c \approx 0{,}111 \tag{9.11}$$

Vamos agora comparar o sistema compensado, mostrado na Figura 9.11, com o sistema sem compensação. Primeiro esboce o lugar geométrico das raízes do sistema compensado, como mostrado na Figura 9.12. Em seguida, procure ao longo da reta $\zeta = 0{,}174$ por um múltiplo de 180° e constate que os polos dominantes de segunda ordem estão em $-0{,}678 \pm j3{,}836$ com um ganho, K, de 158,1. O terceiro e o quarto polos em malha fechada estão em $-11{,}55$ e $-0{,}101$, respectivamente, e são encontrados procurando-se no eixo real por um ganho igual ao dos polos dominantes. Todos os resultados transitórios e em regime permanente para ambos os sistemas, sem compensação e compensado, são mostrados na Tabela 9.1.

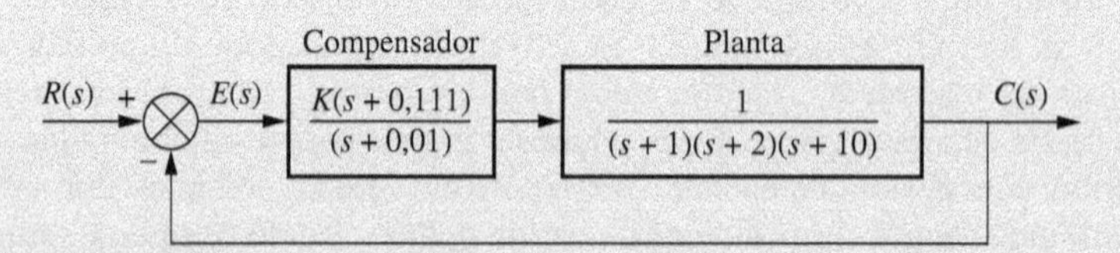

FIGURA 9.11 Sistema compensado para o Exemplo 9.2.

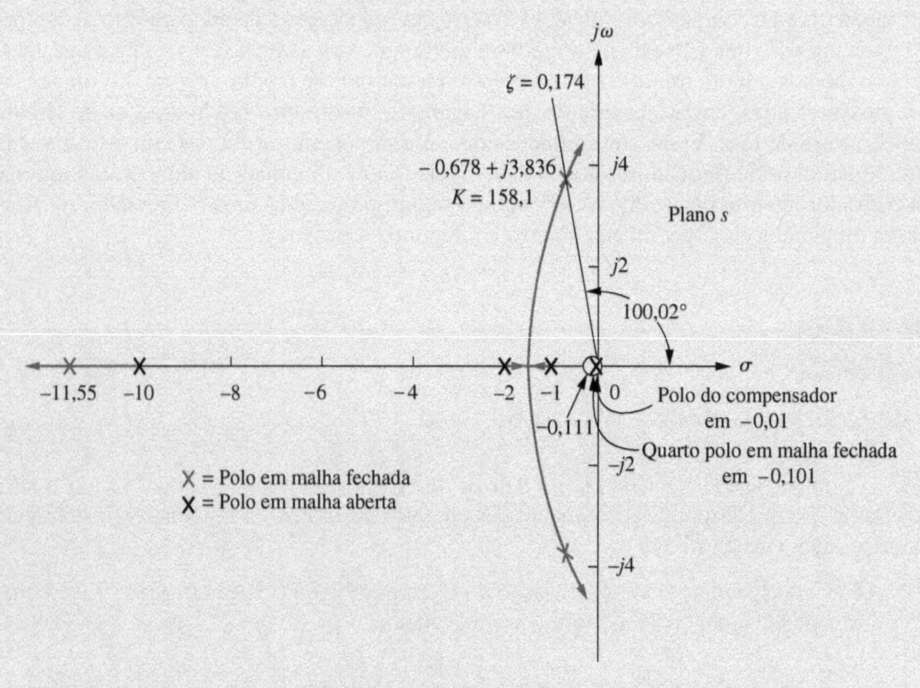

FIGURA 9.12 Lugar geométrico das raízes para o sistema compensado da Figura 9.11.

TABELA 9.1 Características preditas dos sistemas sem compensação e compensado com atraso de fase para o Exemplo 9.2.

Parâmetro	Sem compensação	Compensado com atraso de fase
Planta e compensador	$\dfrac{K}{(s+1)(s+2)(s+10)}$	$\dfrac{K(s+0{,}111)}{(s+1)(s+2)(s+10)(s+0{,}01)}$
K	164,6	158,1
K_p	8,23	87,75
$e(\infty)$	0,108	0,011
Polos de segunda ordem dominantes	$-0{,}694 \pm j3{,}926$	$-0{,}678 \pm j3{,}836$
Terceiro polo	−11,61	−11,55
Quarto polo	Nenhum	−0,101
Zero	Nenhum	−0,111

O quarto polo do sistema compensado cancela seu zero. Isso deixa os três polos restantes em malha fechada do sistema compensado muito próximos em valor aos três polos em malha fechada do sistema sem compensação. Assim, a resposta transitória de ambos os sistemas é aproximadamente a mesma, bem como o ganho do sistema. Contudo, observe que o erro em regime permanente do sistema compensado é 1/9,818 do erro do sistema sem compensação e está próximo da especificação de projeto de uma melhoria de dez vezes.

A Figura 9.13 mostra o efeito do compensador de atraso de fase no domínio do tempo. Embora as respostas transitórias dos sistemas sem compensação e compensado com atraso de fase sejam iguais, o sistema compensado com atraso de fase apresenta um erro em regime permanente menor aproximando-se mais da unidade do que o sistema sem compensação.

Examinamos agora outra possibilidade de projeto para o compensador de atraso de fase e comparamos a resposta com a da Figura 9.13. Vamos admitir um compensador de atraso de fase em que o polo e o zero estejam 10 vezes mais perto da origem do que no projeto anterior. Os resultados são comparados na Figura 9.14. Embora ambas as respostas talvez alcancem aproximadamente o mesmo valor em regime permanente, o compensador de atraso de fase projetado antes, $G_c(s) = (s + 0{,}111)/(s + 0{,}01)$, tende ao valor final mais rápido que o controlador de atraso de fase proposto $G_c(s) = (s + 0{,}0111)/(s + 0{,}001)$. Podemos explicar esse fenômeno como a seguir. A partir da Tabela 9.1, o compensador de atraso de fase projetado anteriormente possui um quarto polo em malha fechada em −0,101. Utilizando a mesma análise para o novo compensador de atraso de fase com seu polo em malha aberta 10 vezes mais próximo do eixo imaginário, encontramos seu quarto polo em malha fechada em −0,01. Assim, o novo compensador de atraso de fase possui um polo em malha fechada mais próximo do eixo imaginário que o compensador de atraso de fase original. Este polo em −0,01 produzirá uma resposta transitória mais longa que o polo original em −0,101, e o valor de regime permanente não será alcançado tão rapidamente.

Experimente 9.1

Use as seguintes instruções MATLAB e Control System Toolbox para reproduzir a Figura 9.13.

```
Gu=zpk([],...
 [-1 -2 -10],164.6);
Gc=zpk([-0.111],...
 [-0.01],1);
Gce=Gu*Gc;
Tu=feedback(Gu,1);
Tc=feedback(Gce,1);
step(Tu)
hold
step(Tc)
```

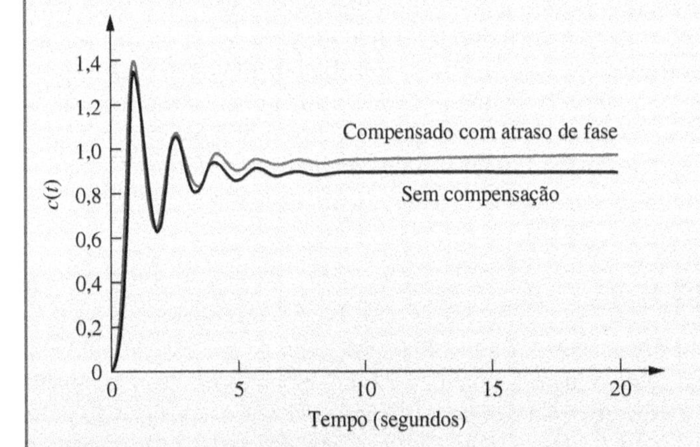

FIGURA 9.13 Respostas ao degrau dos sistemas sem compensação e compensado com atraso de fase para o Exemplo 9.2.

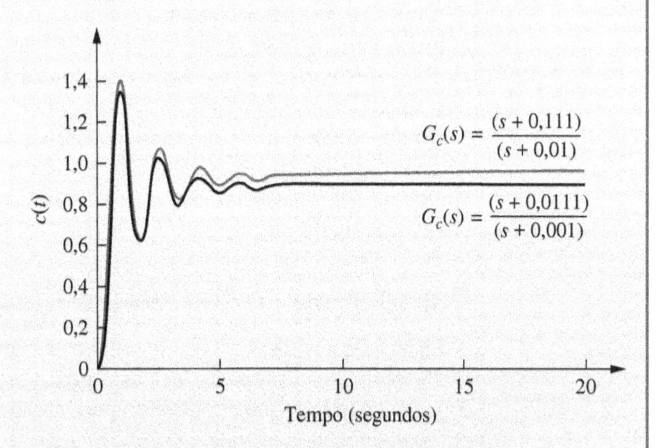

FIGURA 9.14 Respostas ao degrau do sistema para o Exemplo 9.2 utilizando diferentes compensadores de atraso de fase.

Exercício 9.1

PROBLEMA: Um sistema com realimentação unitária com a função de transferência à frente

$$G(s) = \frac{K}{s(s+7)}$$

está operando com uma resposta ao degrau em malha fechada que tem 15 % de ultrapassagem. Faça o seguinte:

a. Calcule o erro em regime permanente para uma entrada em rampa unitária.
b. Projete um compensador de atraso de fase para melhorar o erro em regime permanente por um fator de 20.
c. Calcule o erro em regime permanente para uma entrada em rampa unitária para seu sistema compensado.
d. Calcule a melhoria obtida no erro em regime permanente.

RESPOSTAS:

a. $e_{\text{rampa}}(\infty) = 0{,}1527$

b. $G_{\text{atraso}}(s) = \dfrac{s+0{,}2}{s+0{,}01}$

c. $e_{\text{rampa}}(\infty) = 0{,}0078$

d. Melhoria de 19,58 vezes

A solução completa está disponível no Ambiente de aprendizagem do GEN.

9.3 Melhorando a Resposta Transitória Via Compensação em Cascata

Uma vez que resolvemos o problema da melhoria do erro em regime permanente sem afetar a resposta transitória, vamos agora melhorar a própria resposta transitória. Nesta seção, discutimos duas formas de melhorar a resposta transitória de um sistema de controle com realimentação utilizando compensação em cascata. Tipicamente, o objetivo é projetar uma resposta que tenha uma ultrapassagem percentual desejada e um tempo de acomodação menor que o sistema sem compensação.

A primeira técnica que discutiremos é a *compensação derivativa ideal*. Com a compensação derivativa ideal, um derivador puro é adicionado ao caminho à frente do sistema de controle com realimentação. Veremos que o resultado de adicionar a derivação é o acréscimo de um zero à função de transferência do caminho à frente. Esse tipo de compensação requer uma estrutura ativa para sua realização. Além disso, a derivação é um processo ruidoso; embora o nível de ruído seja baixo, a frequência do ruído é alta, comparada com o sinal. Assim, a derivação do ruído de alta frequência resulta em um grande sinal indesejado.

A segunda técnica não utiliza derivação pura. Em vez disso, ela aproxima a derivação com uma estrutura passiva adicionando à função de transferência do caminho à frente um zero e um polo mais distante. O zero aproxima a derivação pura como descrito anteriormente.

Como na compensação para melhorar o erro em regime permanente, introduzimos nomes associados com a implementação dos compensadores. Chamamos um compensador derivativo ideal de *controlador proporcional e derivativo* (*PD*), uma vez que a implementação, como veremos, consiste em alimentar o erro (proporcional) mais a derivada do erro adiante para a planta. A segunda técnica utiliza uma estrutura passiva chamada *compensador de avanço de fase*. Como no caso do compensador de atraso de fase, o nome vem de sua resposta em frequência, discutida no Capítulo 11. Assim, utilizamos o nome *controlador PD* para o *compensador derivativo ideal*, e utilizamos o nome *compensador de avanço de fase* quando o compensador em cascata não emprega derivação pura.

Compensação Derivativa Ideal (PD)

A resposta transitória de um sistema pode ser ajustada através da escolha apropriada da posição do polo em malha fechada no plano s. Caso esse ponto esteja sobre o lugar geométrico das raízes, então um simples ajuste de ganho é tudo o que é requerido para atender à especificação de resposta transitória. Caso a posição do polo em malha fechada não esteja sobre o lugar geométrico das raízes, então o lugar geométrico das raízes deve ser remodelado de modo que o lugar geométrico das raízes compensado (novo) passe pela posição escolhida para o polo em malha fechada. Para realizar a última tarefa, polos e zeros podem ser adicionados no caminho à frente para produzir uma nova função em malha aberta cujo lugar geométrico das raízes passe pelo ponto de projeto no plano s. Uma forma de aumentar a velocidade do sistema original que geralmente funciona é adicionar um único zero ao caminho à frente.

Esse zero pode ser representado por um compensador cuja função de transferência é

$$G_c(s) = s + z_c \tag{9.12}$$

Essa função, a soma de um derivador e de um ganho puro, é chamada *controlador derivativo ideal* ou *controlador PD*. Uma escolha sensata da posição do zero do compensador pode acelerar a resposta do sistema sem compensação. Em resumo, respostas transitórias inatingíveis através de um simples ajuste de ganho podem ser obtidas aumentando-se os polos e zeros do sistema com um compensador derivativo ideal.

Mostramos agora que a compensação derivativa ideal aumenta a velocidade da resposta de um sistema. Alguns exemplos simples são mostrados na Figura 9.15, onde o sistema sem compensação da Figura 9.15(*a*), operando com um fator de amortecimento de 0,4, se torna um sistema compensado pela adição de um zero de compensação em -2, -3 e -4 nas Figuras 9.15(*b*), (*c*) e (*d*), respectivamente. Em cada projeto, o zero é deslocado para uma posição diferente e o lugar geométrico das raízes é mostrado. Para cada caso compensado, os polos dominantes de segunda ordem estão mais distantes ao longo da reta de fator de amortecimento 0,4 do que para o sistema sem compensação.

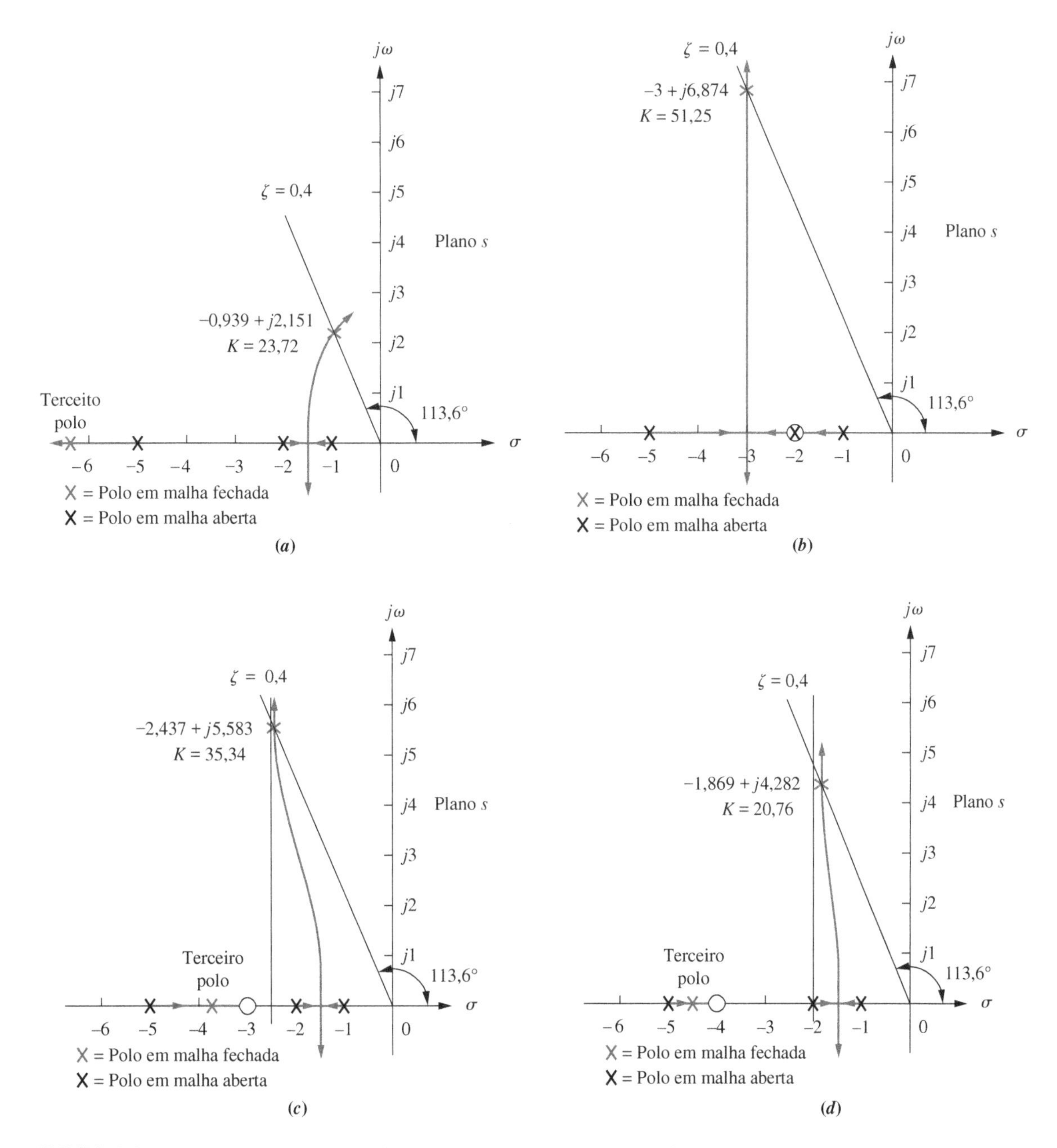

FIGURA 9.15 Usando compensação derivativa ideal: **a.** sem compensação; **b.** zero do compensador em -2; **c.** zero do compensador em -3; **d.** zero compensador em -4.

TABELA 9.2 Características preditas para os sistemas da Figura 9.15.

	Sem compensação	Compensação b	Compensação c	Compensação d
Planta e compensador	$\frac{K}{(s+1)(s+2)(s+5)}$	$\frac{K(s+2)}{(s+1)(s+2)(s+5)}$	$\frac{K(s+3)}{(s+1)(s+2)(s+5)}$	$\frac{K(s+4)}{(s+1)(s+2)(s+5)}$
Polos dominantes	$-0{,}939 \pm j2{,}151$	$-3 \pm j6{,}874$	$-2{,}437 \pm j5{,}583$	$-1{,}869 \pm j4{,}282$
K	23,72	51,25	35,34	20,76
ζ	0,4	0,4	0,4	0,4
ω_n	2,347	7,5	6,091	4,673
$\%UP$	25,38	25,38	25,38	25,38
T_s	4,26	1,33	1,64	2,14
T_p	1,46	0,46	0,56	0,733
K_p	2,372	10,25	10,6	8,304
$e(\infty)$	0,297	0,089	0,086	0,107
Terceiro polo	−6,123	Nenhum	−3,127	−4,262
Zero	Nenhum	Nenhum	−3	−4
Comentários	Aproximação de segunda ordem OK	Segunda ordem pura	Aproximação de segunda ordem OK	Aproximação de segunda ordem OK

Cada um dos casos compensados possui polos dominantes com o mesmo fator de amortecimento do caso sem compensação. Portanto, predizemos que a ultrapassagem percentual será a mesma para cada caso.

Além disso, os polos dominantes em malha fechada compensados possuem parte real mais negativa que os polos dominantes em malha fechada sem compensação. Assim, predizemos que os tempos de acomodação para os casos compensados serão menores que para o caso sem compensação. Os polos dominantes em malha fechada compensados com as partes reais mais negativas terão os menores tempos de acomodação. O sistema na Figura 9.15(*b*) terá o menor tempo de acomodação.

Todos os sistemas compensados terão instantes de pico menores do que o sistema sem compensação, uma vez que as partes imaginárias dos sistemas compensados são maiores. O sistema da Figura 9.15(*b*) terá o menor instante de pico.

Observe também que, à medida que o zero é posicionado mais longe dos polos dominantes, os polos dominantes compensados em malha fechada se movem mais próximos da origem e dos polos dominantes em malha fechada do sistema sem compensação. A Tabela 9.2 resume os resultados obtidos a partir do lugar geométrico das raízes de cada um dos casos de projeto mostrados na Figura 9.15.

Em resumo, embora os métodos de compensação *c* e *d* resultem em respostas mais lentas que o método *b*, a adição da compensação derivativa ideal diminuiu o tempo de resposta em cada caso enquanto manteve a mesma ultrapassagem percentual. Essa mudança pode ser mais bem percebida no tempo de acomodação e no instante de pico, onde existe pelo menos uma duplicação da velocidade em todos os casos de compensação. Um benefício adicional é a melhoria no erro em regime permanente, embora uma compensação de atraso de fase não tenha sido utilizada. Neste caso, o erro em regime permanente do sistema compensado é pelo menos um terço do erro do sistema sem compensação, como pode ser visto por $e(\infty)$ e K_p. Todos os sistemas na Tabela 9.2 são do Tipo 0, e algum erro em regime permanente é esperado. O leitor não deve admitir que, em geral, uma melhoria na resposta transitória sempre resulte em uma melhoria no erro em regime permanente.

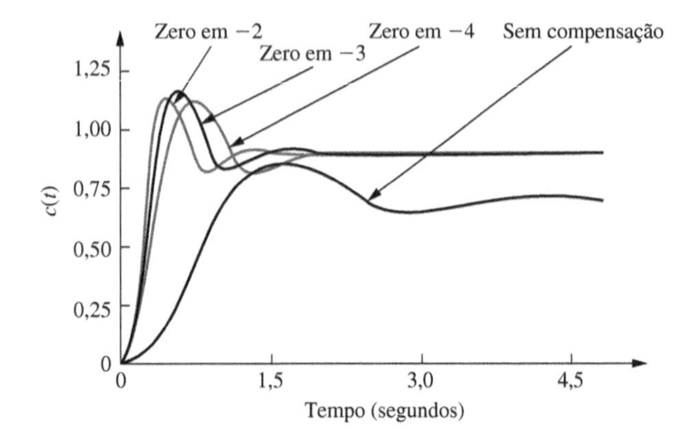

FIGURA 9.16 Sistema sem compensação e soluções de compensação derivativa ideal da Tabela 9.2.

A resposta no tempo de cada caso na Tabela 9.2 é mostrada na Figura 9.16. Observamos que as respostas compensadas são mais rápidas e apresentam menos erros que a resposta sem compensação.

Agora que vimos o que a compensação derivativa ideal pode fazer, estamos prontos para projetar nosso próprio compensador derivativo ideal para atender a uma especificação de resposta transitória. Basicamente, iremos calcular a soma dos ângulos a partir dos polos e zeros em malha aberta até um ponto de projeto, que é o polo em malha fechada que resulta na resposta transitória desejada. A diferença entre 180° e o ângulo calculado deve ser a contribuição angular do zero do compensador. A trigonometria é então utilizada para determinar a posição do zero que fornece a diferença angular requerida.

Exemplo 9.3

Projeto de Compensador Derivativo Ideal

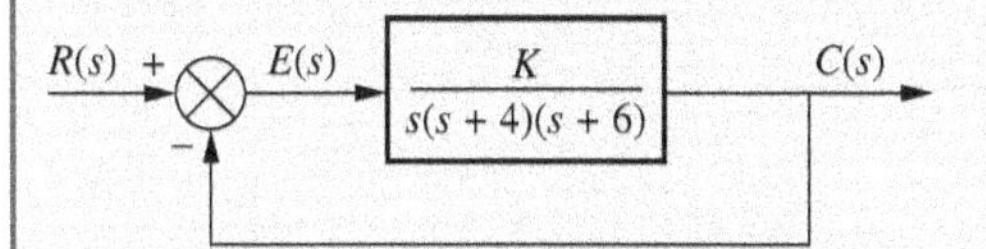

FIGURA 9.17 Sistema de controle com realimentação para o Exemplo 9.3.

PROBLEMA: Dado o sistema da Figura 9.17, projete um compensador derivativo ideal para resultar em 16 % de ultrapassagem, com uma redução de três vezes no tempo de acomodação.

SOLUÇÃO: Vamos primeiro avaliar o desempenho do sistema sem compensação operando com 16 % de ultrapassagem. O lugar geométrico das raízes para o sistema sem compensação é mostrado na Figura 9.18. Como 16 % de ultrapassagem é equivalente a $\zeta = 0{,}504$, procuramos ao longo da reta com esse fator de amortecimento por um múltiplo ímpar de 180° e constatamos que o par de polos dominantes de segunda ordem está em $-1{,}205 \pm j2{,}064$. Assim, o tempo de acomodação do sistema sem compensação é

$$T_s = \frac{4}{\zeta\omega_n} = \frac{4}{1{,}205} = 3{,}320 \tag{9.13}$$

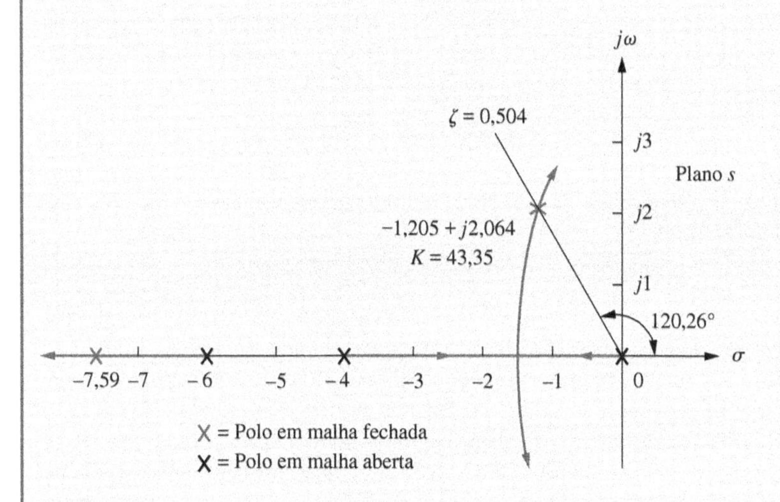

FIGURA 9.18 Lugar geométrico das raízes para o sistema sem compensação mostrado na Figura 9.17.

Como nosso cálculo da ultrapassagem percentual e do tempo de acomodação é baseado em uma aproximação de segunda ordem, devemos verificar a hipótese determinando o terceiro polo e justificando a aproximação de segunda ordem. Procurando além de −6 sobre o eixo real por um ganho igual ao ganho do par de segunda ordem dominante, 43,35, encontramos um terceiro polo em −7,59, o qual está mais de seis vezes afastado do eixo $j\omega$ que o par dominante de segunda ordem. Concluímos que nossa aproximação é válida. As características transitórias e do erro em regime permanente do sistema sem compensação estão resumidas na Tabela 9.3.

TABELA 9.3 Características dos sistemas sem compensação e compensado do Exemplo 9.3.

	Sem compensação	Simulação	Compensado	Simulação
Planta e compensador	$\frac{K}{s(s+4)(s+6)}$		$\frac{K(s+3{,}006)}{s(s+4)(s+6)}$	
Polos dominantes	$-1{,}205 \pm j2{,}064$		$-3{,}613 \pm j6{,}193$	
K	43,35		47,45	
ζ	0,504		0,504	
ω_n	2,39		7,17	
$\%UP$	16	14,8	16	11,8
T_s	3,320	3,6	1,107	1,2
T_p	1,522	1,7	0,507	0,5
K_v	1,806		5,94	
$e(\infty)$	0,554		0,168	
Terceiro polo	−7,591		−2,775	
Zero	Nenhum		−3,006	
Comentários	Aproximação de segunda ordem OK		Polo e zero não se cancelam	

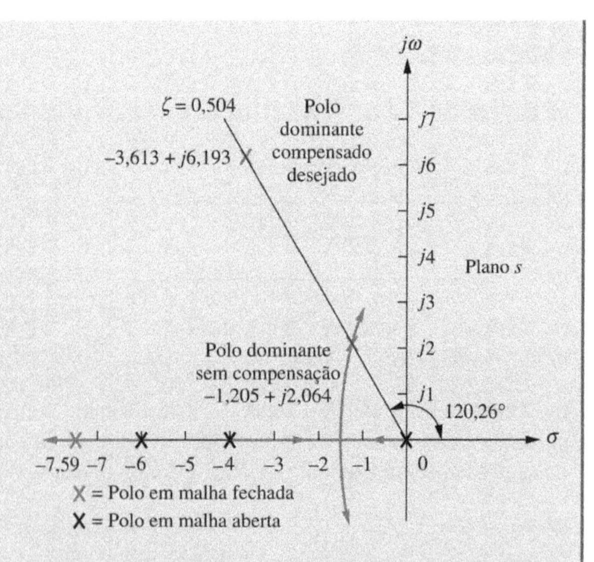

FIGURA 9.19 Polo dominante compensado sobreposto ao lugar geométrico das raízes sem compensação para o Exemplo 9.3.

Prosseguimos agora com a compensação do sistema. Primeiro determinamos a posição dos polos dominantes do sistema compensado. Para termos uma redução de três vezes no tempo de acomodação, o tempo de acomodação do sistema compensado será igual a um terço da Equação (9.13). O novo tempo de acomodação será 1,107. Portanto, a parte real do polo dominante de segunda ordem do sistema compensado é

$$\sigma = \frac{4}{T_s} = \frac{4}{1{,}107} = 3{,}613 \tag{9.14}$$

A Figura 9.19 mostra o polo dominante de segunda ordem projetado, com uma parte real igual a $-3{,}613$ e uma parte imaginária de

$$\omega_d = 3{,}613\tan(180^\circ - 120{,}26^\circ) = 6{,}193 \tag{9.15}$$

Em seguida, projetamos a posição do zero do compensador. Entre com os polos e zeros do sistema sem compensação no programa para o lugar geométrico das raízes, bem como com o ponto de projeto $-3{,}613 \pm j6{,}193$ como ponto de teste. O resultado é a soma dos ângulos até o ponto de projeto de todos os polos e zeros do sistema compensado, exceto o zero do próprio compensador. A diferença entre o resultado obtido e 180° é a contribuição angular requerida do zero do compensador. Utilizando os polos em malha aberta na Figura 9.19 e o ponto de teste, $-3{,}613 + j6{,}193$, que é o polo dominante de segunda ordem desejado, obtemos a soma de ângulos como $-275{,}6°$. Portanto, a contribuição angular requerida do zero do compensador para que o ponto de teste esteja sobre o lugar geométrico das raízes é $+275{,}6° - 180° = 95{,}6°$. A geometria é mostrada na Figura 9.20, em que agora devemos resolver para $-\sigma$, a posição do zero do compensador.

A partir da figura,

$$\frac{6{,}193}{3{,}613 - \sigma} = \tan(180^\circ - 95{,}6^\circ) \tag{9.16}$$

Portanto, $\sigma = 3{,}006$. O lugar geométrico das raízes completo para o sistema compensado é mostrado na Figura 9.21.

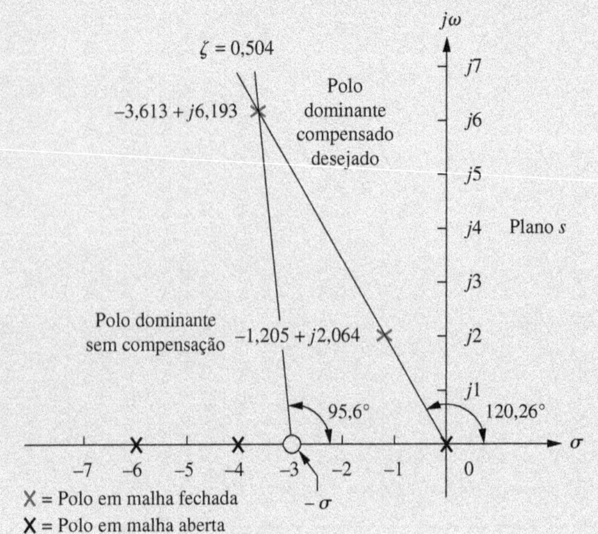

FIGURA 9.20 Determinando a posição do zero do compensador para o Exemplo 9.3.

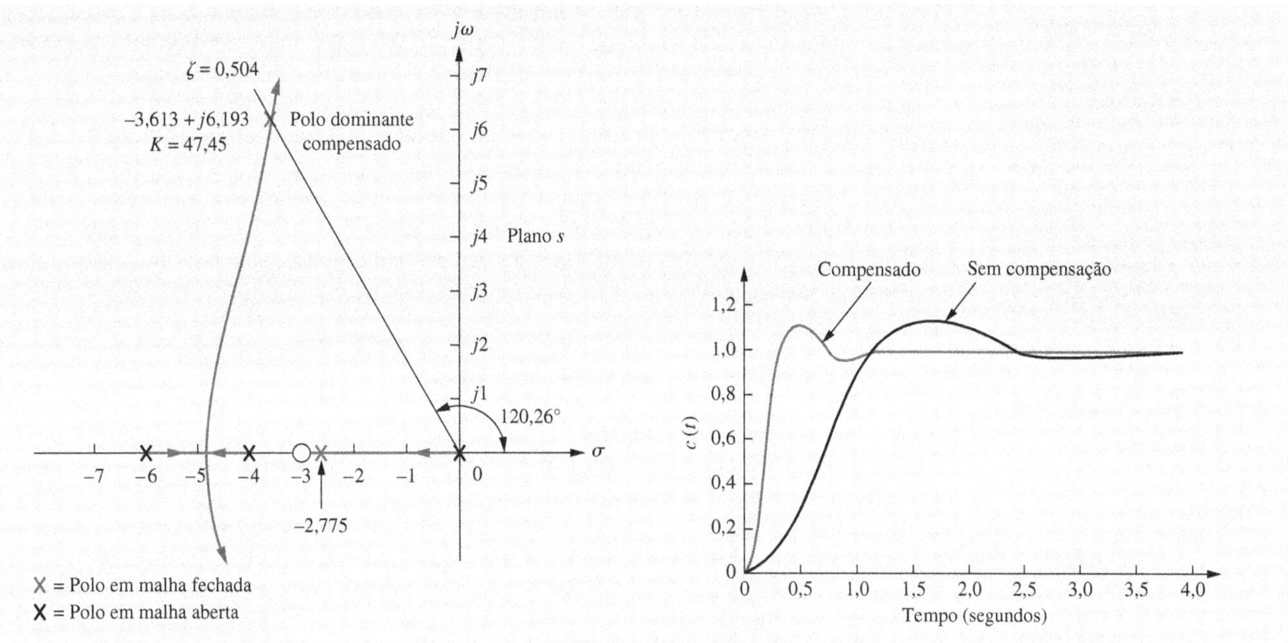

FIGURA 9.21 Lugar geométrico das raízes para o sistema compensado do Exemplo 9.3.

FIGURA 9.22 Respostas ao degrau do sistema sem compensação e do sistema compensado do Exemplo 9.3.

A Tabela 9.3 resume os resultados para ambos os sistemas, sem compensação e compensado. Para o sistema sem compensação, a estimativa da resposta transitória é exata, uma vez que o terceiro polo é pelo menos cinco vezes a parte real do par dominante de segunda ordem. A aproximação de segunda ordem para o sistema compensado, entretanto, pode ser inválida porque não há cancelamento aproximado de polo de terceira ordem e zero entre o polo em malha fechada em $-2{,}775$ e o zero em malha fechada em $-3{,}006$. Uma simulação ou uma expansão em frações parciais da resposta em malha fechada, para comparar o resíduo do polo em $-2{,}775$ com os resíduos dos polos dominantes em $-3{,}613 \pm j6{,}193$, é necessária. Os resultados de uma simulação são mostrados na segunda coluna da tabela para o sistema sem compensação, e na quarta coluna, para o sistema compensado. Os resultados da simulação podem ser obtidos utilizando o MATLAB (discutido no final deste exemplo) ou um programa como aquele para resposta ao degrau no espaço de estados descrito no Apêndice H.1, disponível no Ambiente de aprendizagem do GEN. A ultrapassagem percentual difere por 3 % entre os sistemas sem compensação e compensado, enquanto há uma melhoria de aproximadamente três vezes na velocidade avaliada a partir do tempo de acomodação.

Os resultados finais são mostrados na Figura 9.22, que compara o sistema sem compensação e o sistema compensado mais rápido.

MATLAB **ML**

`Os estudantes que estiverem usando o MATLAB devem, agora, executar o arquivo ch9apB1 do Apêndice B. O MATLAB será utilizado para projetar um controlador PD. Você entrará na ultrapassagem percentual desejada a partir do teclado. O MATLAB irá traçar o lugar geométrico das raízes do sistema sem compensação e a reta de ultrapassagem percentual. Você selecionará interativamente o ganho, após o que o MATLAB apresentará as características de desempenho do sistema sem compensação e representará graficamente sua resposta ao degrau. Utilizando essas características, você entrará com o tempo de acomodação desejado. O MATLAB irá projetar o controlador PD, enumerar suas características de desempenho e representar graficamente uma resposta ao degrau. Este exercício resolve o Exemplo 9.3 utilizando o MATLAB.`

Uma vez que tenhamos decidido a posição do zero de compensação, como implementamos o controlador derivativo ideal ou controlador PD? O compensador integral ideal que melhorou o erro em regime permanente foi implementado com um controlador proporcional e integral (PI). O compensador derivativo ideal utilizado para melhorar a resposta transitória é implementado com um controlador proporcional e derivativo (PD). Por exemplo, na Figura 9.23 a função de transferência do controlador é

$$G_c(s) = K_2 s + K_1 = K_2\left(s + \frac{K_1}{K_2}\right) \tag{9.17}$$

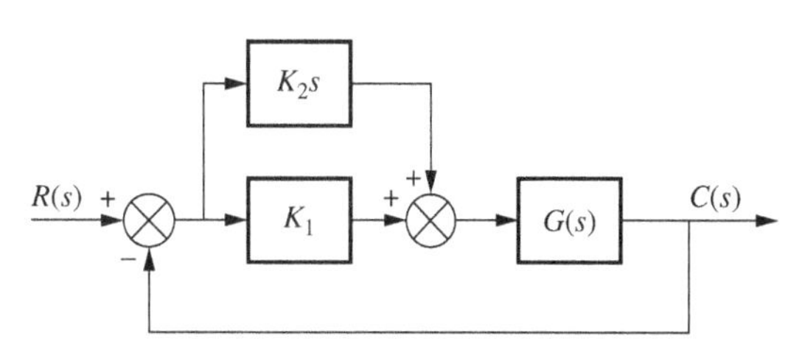

FIGURA 9.23 Controlador PD.

Experimente 9.2

1. Na aba Home da janela **Command** do MATLAB, clique em **Clear Workspace** na categoria **VARIABLE**.
2. Clique em **APPS** na barra de abas da janela **Command** do MATLAB e clique em **Control System Designer**.
3. Na janela **Control System Designer** aberta, na aba **Control System**, clique em **Preferences** e selecione **Zero/pole/gain** na aba **Options** e clique em **OK**. Então, clique em **Edit Architecture**.
4. Na janela aberta **Edit Architecture – Configuration 1**, clique na aba **Blocks** e digite ao lado de **G** sob a aba **Value**: zpk([ ], [0, -4, -6],1). Clique em **OK**.
5. Clique com o botão direito do *mouse* na aba **Root Locus Editor for . . .** no topo e selecione **Maximize**.
6. Clique com o botão direito do *mouse* no espaço em branco no Lugar Geométrico das Raízes e escolha **Design Requirements/New. . .**
7. Escolha **Percent overshoot** no menu e digite 16. Clique em **OK**.
8. Clique com o botão direito do *mouse* no espaço em branco no Lugar Geométrico das Raízes **Design Requirements/New. . .**
9. Escolha **Settling time** e clique em **OK**.
10. Arraste a reta vertical de tempo de acomodação até a interseção do Lugar Geométrico das Raízes e a reta radial de ultrapassagem de 16%. Você pode ampliar o Lugar Geométrico das Raízes na aba **ROOT LOCUS EDITOR**.
11. Arraste um polo de malha fechada sobre o Lugar Geométrico das Raízes até que esteja na interseção dos limitantes da ultrapassagem percentual e do tempo de acomodação.
12. Clique com o botão esquerdo do *mouse* no espaço em branco do Lugar Geométrico das Raízes e escolha **Design Requirements/Edit. . .** Selecione **Settling time** no menu que aparece. Altere o tempo de acomodação para 1/3 do que é mostrado. Clique em **Close**.
13. Na aba **ROOT LOCUS EDITOR**, selecione um zero e coloque sobre o eixo real do Lugar Geométrico das Raízes. Mova o zero até que o Lugar Geométrico

Portanto, K_1/K_2 é escolhida igual ao negativo do zero do compensador, e K_2 é escolhido para contribuir para o valor de ganho de malha requerido. Mais adiante, neste capítulo, estudaremos circuitos que podem ser utilizados para aproximar a derivação e produzir ganho.

Embora o compensador derivativo ideal possa melhorar a resposta transitória do sistema, ele tem duas desvantagens. Primeiro, ele requer um circuito ativo para realizar a derivação. Segundo, como mencionado anteriormente, a derivação é um processo ruidoso: o nível do ruído é baixo, mas a frequência do ruído é alta, comparada com o sinal. A derivação de altas frequências pode levar a grandes sinais indesejados ou à saturação de amplificadores e outros componentes. O compensador de avanço de fase é uma estrutura passiva utilizada para superar as desvantagens da derivação ideal e ainda conservar a capacidade de melhorar a resposta transitória.

Compensação de Avanço de Fase

Assim como o compensador integral ideal ativo pode ser aproximado por uma estrutura de atraso de fase passiva, um compensador derivativo ideal ativo pode ser aproximado por um compensador de avanço de fase passivo. Quando estruturas passivas são utilizadas, um único zero não pode ser produzido; em vez disso, um zero e um polo do compensador são produzidos. Entretanto, se o polo está mais afastado do eixo imaginário que o zero, a contribuição angular do compensador ainda é positiva e assim pode ser aproximada por um único zero, equivalente. Em outras palavras, a contribuição angular do polo do compensador é subtraída da contribuição angular do zero. Essa subtração não impossibilita a utilização do compensador para melhorar a resposta transitória, uma vez que o saldo da contribuição angular é positivo, exatamente como para um controlador PD com um único zero.

As vantagens de uma estrutura de avanço de fase passiva em relação a um controlador PD ativo são: (1) fontes de alimentação adicionais não são requeridas e (2) o ruído devido à derivação é reduzido. A desvantagem é que o polo adicional não reduz o número de ramos do lugar geométrico das raízes que cruzam o eixo imaginário para o semiplano da direita. Por outro lado, a adição do zero único do controlador PD tende a reduzir o número de ramos do lugar geométrico das raízes que passam para o semiplano da direita.

Vamos primeiro examinar o conceito por trás da compensação de avanço de fase. Caso escolhamos um polo dominante de segunda ordem desejado no plano s, a soma dos ângulos a partir dos polos e zeros do sistema sem compensação até o ponto de projeto pode ser obtida. A diferença entre 180° e a soma dos ângulos deve ser a contribuição angular requerida do compensador.

Por exemplo, observando a Figura 9.24, constatamos que

$$\theta_2 - \theta_1 - \theta_3 - \theta_4 + \theta_5 = (2k+1)180^\circ \tag{9.18}$$

em que $(\theta_2 - \theta_1) = \theta_c$ é a contribuição angular do compensador de avanço de fase. A partir da Figura 9.24, percebemos que θ_c é o ângulo de um feixe que parte do ponto de projeto e intercepta o eixo real nos valores do polo do zero do compensador. Agora, visualize esse feixe girando em torno da posição do polo em malha fechada desejado e interceptando o eixo real no polo e no zero do compensador, como ilustrado na Figura 9.25. Percebemos que um número infinito de compensadores de avanço de fase poderia ser usado para atender ao requisito de resposta transitória.

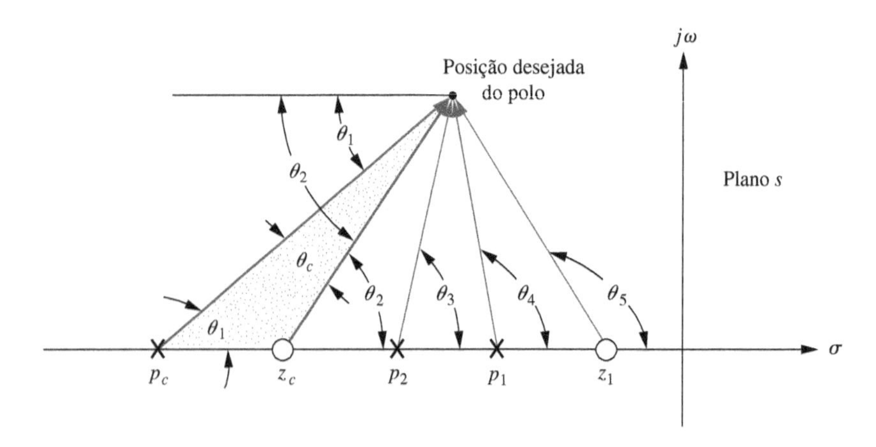

FIGURA 9.24 Geometria da compensação de avanço de fase.

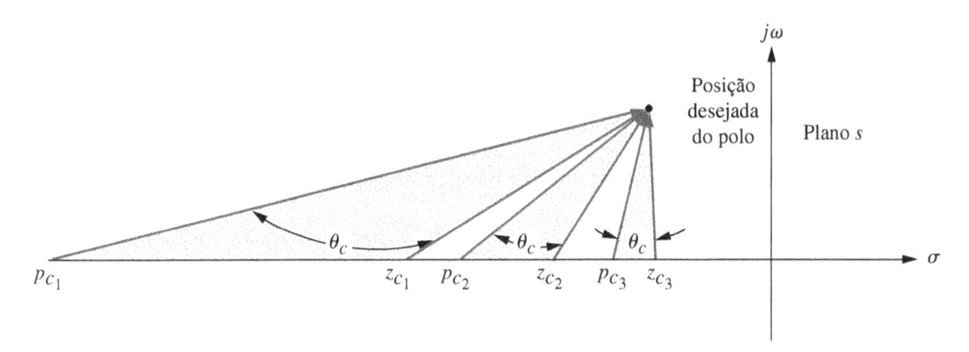

FIGURA 9.25 Três das infinitas soluções possíveis para o compensador de avanço de fase.

Como os possíveis compensadores de avanço de fase diferem um do outro? As diferenças estão nos valores das constantes de erro estático, no ganho requerido para alcançar o ponto de projeto no lugar geométrico das raízes compensado, na dificuldade de se justificar uma aproximação de segunda ordem quando o projeto está completo e na resposta transitória subsequente.

Para o projeto, escolhemos arbitrariamente o polo ou o zero do compensador de avanço de fase e determinamos a contribuição angular no ponto de projeto desse polo ou zero junto com os polos e zeros do sistema em malha aberta. A diferença entre esse ângulo e 180° é a contribuição requerida do polo ou zero remanescente do compensador. Vamos ver um exemplo.

das Raízes intercepte os limitantes da ultrapassagem percentual e do tempo de acomodação. Mova um polo de malha fechada sobre o Lugar Geométrico das Raízes até que ele intercepte os mesmos dois limitantes.

14. Clique com o botão esquerdo do *mouse* no espaço em branco do Lugar Geométrico das Raízes e escolha **Edit Compensator...** para ver o projeto de compensador de avanço de fase ideal.
15. Na aba **CONTROL SYSTEM**, selecione **New Plot/New Step**. Na janela que se abre, selecione **New Input-Output Transfer Response**. Especifique os sinais de entrada (r) e saída (y). Clique em **Plot**.
16. Clique com o botão esquerdo do *mouse* no gráfico e escolha **Characteristics/Peak Response** e **Settling time**.
17. Clique nos pontos resultantes para verificar seu projeto.

Exemplo 9.4

Projeto de Compensador de Avanço de Fase

PROBLEMA: Projete três compensadores de avanço de fase para o sistema da Figura 9.17 que irão reduzir o tempo de acomodação por um fator de 2 enquanto mantém 30 % de ultrapassagem. Compare as características do sistema entre os três projetos.

SOLUÇÃO: Primeiro determine as características do sistema sem compensação operando com 30 % de ultrapassagem para obter o tempo de acomodação sem compensação. Como 30 % de ultrapassagem é equivalente a um fator de amortecimento de 0,358, procuramos ao longo da reta $\zeta = 0{,}358$ pelos polos dominantes sem compensação no lugar geométrico das raízes, como mostrado na Figura 9.26. Com base na parte real do polo, calculamos o tempo de acomodação sem compensação como $Ts = 4/1{,}007 = 3{,}972$ segundos. As demais características do sistema sem compensação estão resumidas na Tabela 9.4.

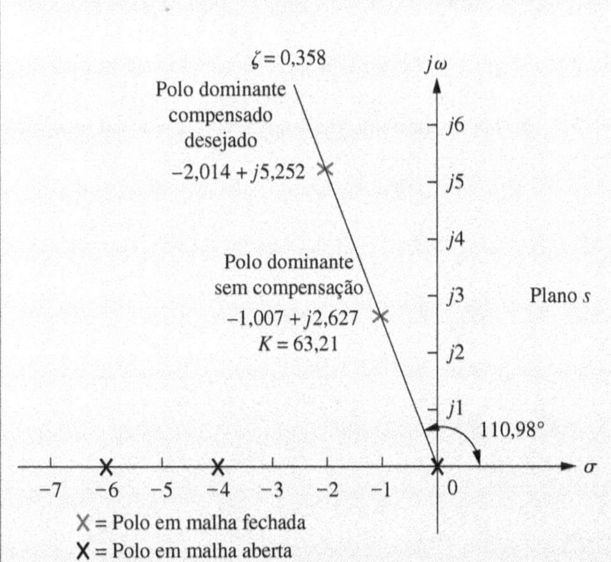

FIGURA 9.26 Projeto de compensador de avanço de fase, mostrando o cálculo dos polos dominantes sem compensação e compensados para o Exemplo 9.4.

Em seguida, determinamos o ponto de projeto. Uma redução por um fator de dois no tempo de acomodação resulta em $T_s = 3{,}972/2 = 1{,}986$ segundo, a partir do que a parte real da posição desejada do polo é $-\zeta\omega_n = -4/T_s = -2{,}014$. A parte imaginária é $\omega_d = -2{,}014 \tan(110{,}98°) = 5{,}252$.

Continuamos projetando o compensador de avanço de fase. Admita arbitrariamente um zero do compensador em -5 no eixo real como uma possível solução. Utilizando o programa para o lugar geométrico das raízes, some os ângulos desse zero e dos polos e zeros do sistema sem compensação, usando o ponto de projeto como ponto de teste. O ângulo resultante é de $-172{,}69°$. A diferença entre este ângulo e 180° é a contribuição angular requerida para o polo do compensador de modo a posicionar o ponto de projeto sobre o lugar geométrico das raízes. Portanto, uma contribuição angular de $-7{,}31°$ é requerida para o polo do compensador.

TABELA 9.4 Comparação de projetos de compensação de avanço de fase para o Exemplo 9.4.

	Sem compensação	Compensação a	Compensação b	Compensação c
Planta e compensador	$\frac{K}{s(s+4)(s+6)}$	$\frac{K(s+5)}{s(s+4)(s+6)(s+42{,}96)}$	$\frac{K(s+4)}{s(s+4)(s+6)(s+20{,}09)}$	$\frac{K(s+2)}{s(s+4)(s+6)(s+8{,}971)}$
Polos dominantes	$-1{,}007 \pm j2{,}627$	$-2{,}014 \pm j5{,}252$	$-2{,}014 \pm j5{,}252$	$-2{,}014 \pm j5{,}252$
K	63,21	1423	698,1	345,6
ζ	0,358	0,358	0,358	0,358
ω_n	2,813	5,625	5,625	5,625
$\%UP^*$	30 (28)	30 (30,7)	30 (28,2)	30 (14,5)
T_s^*	3,972 (4)	1,986 (2)	1,986 (2)	1,986 (1,7)
T_p^*	1,196 (1,3)	0,598 (0,6)	0,598 (0,6)	0,598 (0,7)
K_v	2,634	6,9	5,791	3,21
$e(\infty)$	0,380	0,145	0,173	0,312
Outros polos	$-7{,}986$	$-43{,}8, -5{,}134$	$-22{,}06$	$-13{,}3, -1{,}642$
Zero	Nenhum	-5	Nenhum	-2
Comentários	Aproximação de segunda ordem OK	Aproximação de segunda ordem OK	Aproximação de segunda ordem OK	Polo e zero não se cancelam

Resultados de simulação são mostrados entre parênteses.

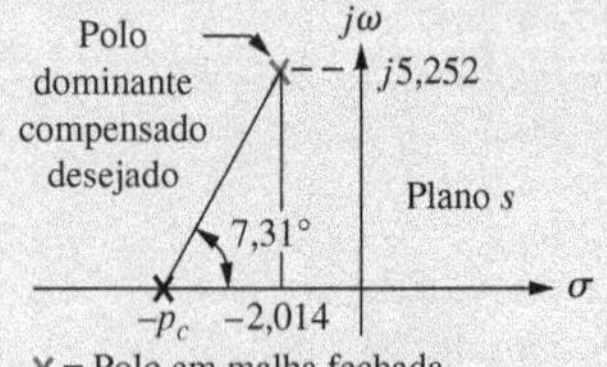

Observação: Esta figura não está desenhada em escala.

FIGURA 9.27 Diagrama no plano s utilizado para calcular a posição do polo do compensador para o Exemplo 9.4.

A geometria mostrada na Figura 9.27 é utilizada para calcular a posição do polo do compensador. A partir da figura, temos

$$\frac{5{,}252}{p_c - 2{,}014} = \tan 7{,}31° \tag{9.19}$$

a partir da qual o polo compensador é obtido como

$$p_c = 42{,}96 \tag{9.20}$$

O lugar geométrico das raízes do sistema compensado é esboçado na Figura 9.28.

Para justificar nossas estimativas de ultrapassagem percentual e de tempo de acomodação, devemos mostrar que a aproximação de segunda ordem é válida. Para realizar essa verificação de validade, procuramos pelo terceiro e pelo quarto polos em malha fechada que estão além de $-42{,}96$ e entre -5 e -6 na Figura 9.28. Procurando nessas regiões pelo ganho igual ao do polo dominante compensado, 1423, constatamos que o terceiro e quarto polos estão em $-43{,}8$ e $-5{,}134$, respectivamente. Uma vez que $-43{,}8$ é mais que 20 vezes a parte real do polo dominante, o efeito do terceiro polo em malha fechada é desprezível. Como o polo em malha fechada em $-5{,}134$ está próximo do zero em -5, temos cancelamento de polo e zero, e a aproximação de segunda ordem é válida.

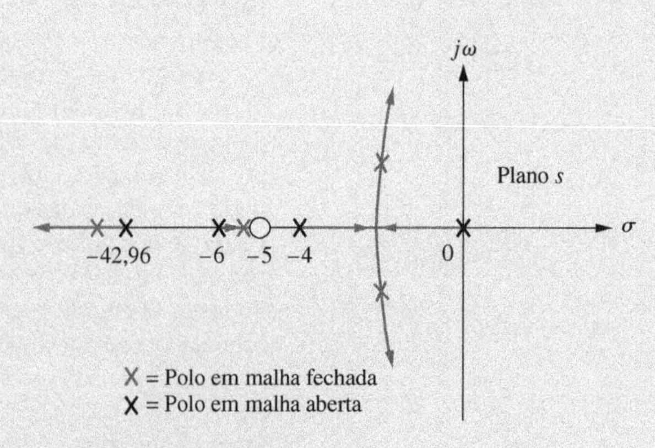

Observação: Esta figura não esta desenhada em escala.

FIGURA 9.28 Lugar geométrico das raízes do sistema compensado.

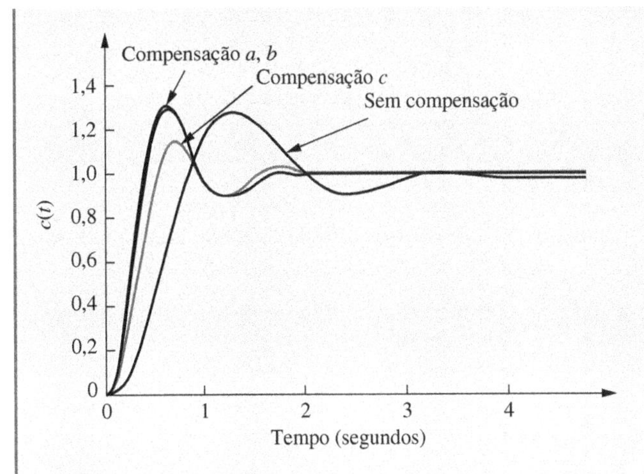

FIGURA 9.29 Respostas dos sistemas não compensado e com compensação de avanço de fase para o Exemplo 9.4.

Todos os resultados para este projeto e outros dois projetos, os quais posicionam o zero do compensador arbitrariamente em -2 e em -4 e seguem técnicas de projeto semelhantes, estão resumidos na Tabela 9.4. Cada projeto deve ser verificado através de uma simulação, que pode consistir no uso do MATLAB (discutido no final deste exemplo) ou do modelo no espaço de estados e do programa de resposta ao degrau discutido no Apêndice H.1, disponível no Ambiente de aprendizagem do GEN. Realizamos uma simulação para esse problema de projeto e os resultados são mostrados por elementos entre parênteses ao lado dos valores estimados na tabela. O único projeto em desacordo com a simulação é o caso no qual o zero do compensador está em -2. Para este caso, o polo e o zero em malha fechada não se cancelam.

Um esboço do lugar geométrico das raízes, o qual você deve gerar, mostra por que o efeito do zero é pronunciado, fazendo com que a resposta seja diferente da predita. Colocando o zero à direita do polo em -4 cria-se um trecho do lugar geométrico das raízes que está entre a origem e o zero. Em outras palavras, existe um polo em malha fechada mais próximo da origem que os polos dominantes, com pequena chance de cancelamento de polo e zero, exceto para ganho elevado. Assim, um esboço rápido do lugar geométrico das raízes nos fornece informações a partir das quais podemos tomar melhores decisões de projeto. Para este exemplo, desejamos colocar o zero sobre o polo em -4, ou à esquerda dele, o que dá uma possibilidade melhor para o cancelamento de polo e zero, e para um polo de ordem superior que está à esquerda dos polos dominantes e é subsequentemente mais rápido. Isto é verificado pelo fato de nossos resultados mostrarem boas aproximações de segunda ordem para os casos em que o zero foi posicionado em -4 e em -5. Uma vez mais, as decisões sobre onde posicionar o zero são baseadas em regras práticas simples e devem ser verificadas através de simulação ao final do projeto.

Vamos agora resumir os resultados mostrados na Tabela 9.4. Primeiro observamos diferenças no seguinte:

1. A posição do zero escolhido arbitrariamente
2. A melhoria no erro em regime permanente
3. O valor de ganho requerido, K
4. A posição do terceiro e quarto polos e seus efeitos relativos sobre a aproximação de segunda ordem. Esse efeito é medido por suas distâncias dos polos dominantes ou pelo grau de cancelamento com o zero em malha fechada.

Uma vez que o desempenho desejado seja verificado através de uma simulação, a escolha da compensação pode ser baseada no valor de ganho requerido ou na melhoria no erro em regime permanente que pode ser obtida sem um compensador de atraso de fase.

Os resultados da Tabela 9.4 são amparados por simulações da resposta ao degrau, mostradas na Figura 9.29 para o sistema sem compensação e para as três soluções de compensação de avanço de fase.

MATLAB
ML

Os estudantes que estiverem usando o MATLAB devem, agora, executar o arquivo ch9apB2 do Apêndice B. O MATLAB será utilizado para projetar um compensador de avanço de fase. Você entrará na ultrapassagem percentual desejada a partir do teclado. O MATLAB irá traçar o lugar geométrico das raízes do sistema sem compensação e a reta de ultrapassagem percentual. Você selecionará interativamente o ganho, após o que o MATLAB apresentará as características de desempenho do sistema sem compensação e apresentará sua resposta ao degrau. Utilizando essas características, você entrará com o tempo de acomodação desejado e com um valor para o zero do compensador de avanço de fase. Você irá então selecionar interativamente um valor para o polo do compensador. O MATLAB irá responder com um lugar geométrico das raízes. Você pode, então, continuar selecionando valores para o polo até que o lugar geométrico das raízes passe pelo ponto desejado. O MATLAB irá exibir o compensador de avanço de fase, enumerar suas características de desempenho e representar graficamente uma resposta ao degrau. Este exercício resolve o Exemplo 9.4 utilizando o MATLAB.

Exercício 9.2

PROBLEMA: Um sistema com realimentação unitária com a função de transferência à frente

$$G(s) = \frac{K}{s(s+7)}$$

está operando com uma resposta ao degrau em malha fechada que tem 15 % de ultrapassagem. Faça o seguinte:

a. Calcule o tempo de acomodação.
b. Projete um compensador de avanço de fase para reduzir o tempo de acomodação por um fator de três. Escolha o zero do compensador em −10.

RESPOSTAS:

a. $T_s = 1{,}143$ s
b. $G_{\text{avanço}}(s) = \frac{s+10}{s+25{,}52}$ $K = 476{,}3$

A solução completa está disponível no Ambiente de aprendizagem do GEN.

9.4 Melhorando o Erro em Regime Permanente e a Resposta Transitória

Combinamos agora as técnicas de projeto cobertas nas Seções 9.2 e 9.3 para obter uma melhoria no erro em regime permanente e na resposta transitória *independentemente*. Basicamente, primeiro melhoramos a resposta transitória utilizando os métodos da Seção 9.3. Então melhoramos o erro em regime permanente desse sistema compensado aplicando os métodos da Seção 9.2. Uma desvantagem desta abordagem é a pequena redução na velocidade da resposta quando o erro em regime permanente é melhorado.

Como alternativa, podemos melhorar o erro em regime permanente primeiro e então seguir com o projeto para melhorar a resposta transitória. Uma desvantagem dessa abordagem é que a melhoria na resposta transitória em alguns casos resulta em deterioração da melhoria do erro em regime permanente que foi projetado primeiro. Em outros casos, a melhoria na resposta transitória resulta em melhoria adicional nos erros em regime permanente. Assim, um sistema pode ser projetado em excesso com relação aos erros em regime permanente. O projeto em excesso usualmente não é um problema, a menos que ele afete o custo ou gere outros problemas de projeto. Neste livro, primeiro projetamos para a resposta transitória e então projetamos para o erro em regime permanente.

O projeto pode utilizar compensadores ativos ou compensadores passivos, como descrito anteriormente. Caso projetemos um controlador PD ativo seguido de um controlador PI ativo, o compensador resultante é chamado *controlador proporcional, integral e derivativo* (*PID*). Caso projetemos primeiro um compensador de avanço de fase passivo e em seguida projetemos um compensador de atraso de fase passivo, o compensador resultante é chamado *compensador de avanço e atraso de fase*.

Projeto de Controlador PID

Um controlador PID é mostrado na Figura 9.30. Sua função de transferência é

$$G_c(s) = K_1 + \frac{K_2}{s} + K_3 s = \frac{K_1 s + K_2 + K_3 s^2}{s} = \frac{K_3\left(s^2 + \frac{K_1}{K_3}s + \frac{K_2}{K_3}\right)}{s} \tag{9.21}$$

a qual possui dois zeros mais um polo na origem. Um zero e o polo na origem podem ser projetados como o compensador integral ideal; o outro zero pode ser projetado como o compensador derivativo ideal.

A técnica de projeto, demonstrada no Exemplo 9.5, consiste nos seguintes passos:

1. Avalie o desempenho do sistema sem compensação para determinar quanta melhoria na resposta transitória é requerida.
2. Projete o controlador PD para atender às especificações de resposta transitória. O projeto inclui a posição do zero e o ganho de malha.
3. Simule o sistema para ter certeza de que todos os requisitos foram atendidos.
4. Projete novamente se a simulação mostrar que os requisitos não foram atendidos.
5. Projete o controlador PI para resultar no erro em regime permanente desejado.

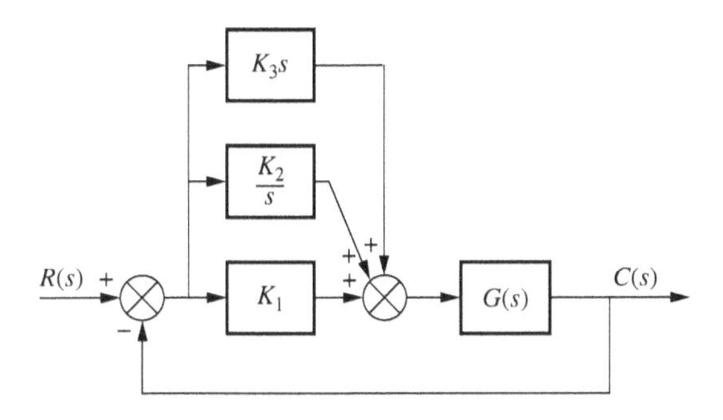

FIGURA 9.30 Controlador PID.

6. Determine os ganhos K_1, K_2 e K_3, na Figura 9.30.
7. Simule o sistema para ter certeza de que todos os requisitos foram atendidos.
8. Projete novamente se a simulação mostrar que os requisitos não foram atendidos.

Exemplo 9.5

Projeto de Controlador PID

PROBLEMA: Dado o sistema da Figura 9.31, projete um controlador PID de modo que o sistema possa operar com um instante de pico que é dois terços do instante de pico do sistema sem compensação com 20 % de ultrapassagem e com erro em regime permanente nulo para uma entrada em degrau.

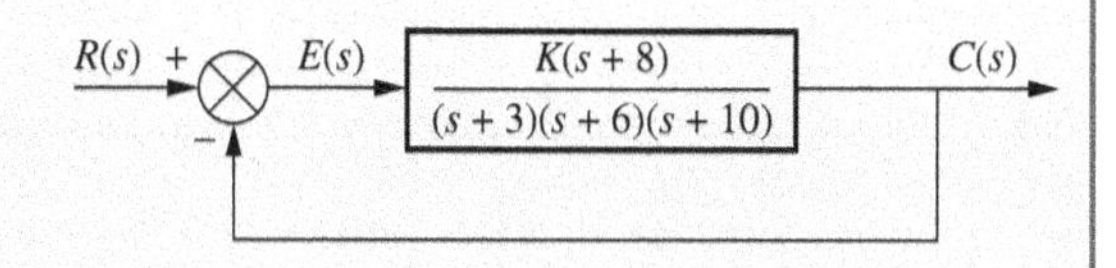

FIGURA 9.31 Sistema de controle com realimentação sem compensação para o Exemplo 9.5.

SOLUÇÃO: Observe que nossa solução segue o procedimento de oito passos descritos anteriormente.

Passo 1 Vamos primeiro avaliar o sistema sem compensação operando com 20 % de ultrapassagem. Procurando ao longo da reta de 20 % de ultrapassagem ($\zeta = 0{,}456$) na Figura 9.32, obtemos os polos dominantes como $-5{,}415 \pm j10{,}57$ com um ganho de 121,5. Um terceiro polo, que está em $-8{,}169$, é encontrado procurando-se na região entre -8 e -10 para um ganho equivalente ao dos polos dominantes. O desempenho completo do sistema sem compensação é mostrado na primeira coluna da Tabela 9.5, onde comparamos os valores calculados com os obtidos através de simulação (Figura 9.35). Estimamos que o sistema sem compensação tem um instante de pico de 0,297 segundo com 20 % de ultrapassagem.

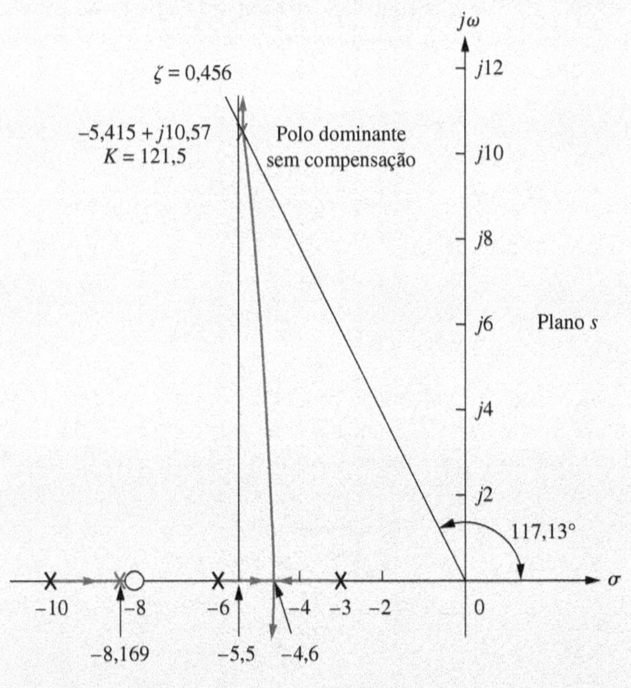

FIGURA 9.32 Lugar geométrico das raízes para o sistema sem compensação do Exemplo 9.5.

TABELA 9.5 Características preditas dos sistemas sem compensação, compensado com PD e compensado com PID do Exemplo 9.5.

	Sem compensação	Compensado com DP	Compensado com PID
Planta e compensador	$\dfrac{K(s+8)}{(s+3)(s+6)(s+10)}$	$\dfrac{K(s+8)(s+55{,}92)}{(s+3)(s+6)(s+10)}$	$\dfrac{K(s+8)(s+55{,}92)(s+0{,}5)}{(s+3)(s+6)(s+10)s}$
Polos dominantes	$-5{,}415 \pm j10{,}57$	$-8{,}13 \pm j15{,}87$	$-7{,}516 \pm j14{,}67$
K	121,5	5,34	4,6
ζ	0,456	0,456	0,456
ω_n	11,88	17,83	16,49
$\%UP$	20	20	20
T_s	0,739	0,492	0,532
T_p	0,297	0,198	0,214
K_p	5,4	13,27	∞
$e(\infty)$	0,156	0,070	0
Outros polos	−8,169	−8,079	−8,099, −0,468
Zeros	−8	−8, −55,92	−8, −55,92, −0,5
Comentários	Aproximação de segunda ordem OK	Aproximação de segunda ordem OK	Zeros em −55,92 e −0,5 não cancelados

Passo 2 Para compensar o sistema para reduzir o instante de pico a dois terços do sistema sem compensação, precisamos primeiro determinar a posição dos polos dominantes do sistema compensado. A parte imaginária do polo dominante compensado é

$$\omega_d = \frac{\pi}{T_p} = \frac{\pi}{(2/3)(0{,}297)} = 15{,}87 \tag{9.22}$$

Portanto, a parte real do polo dominante compensado é

$$\sigma = \frac{\omega_d}{\tan 117{,}13^\circ} = -8{,}13 \tag{9.23}$$

Em seguida projetamos o compensador. Utilizando a geometria mostrada na Figura 9.33, calculamos a posição do zero de compensação. Utilizando o programa para o lugar geométrico das raízes, obtemos a soma dos ângulos a partir dos polos e zeros do sistema sem compensação até o polo dominante compensado desejado como $-198{,}37^\circ$. Assim, a contribuição requerida a partir do zero do compensador é $198{,}37^\circ - 180^\circ = 18{,}37^\circ$. Admita que o zero do compensador esteja posicionado em $-z_c$, como mostrado na Figura 9.33. Uma vez que

$$\frac{15{,}87}{z_c - 8{,}13} = \tan 18{,}37^\circ \tag{9.24}$$

então

$$z_c = 55{,}92 \tag{9.25}$$

Assim, o controlador PD é

$$G_{\text{PD}}(s) = (s + 55{,}92) \tag{9.26}$$

O lugar geométrico das raízes completo para o sistema compensado com PD é esboçado na Figura 9.34. Utilizando um programa para o lugar geométrico das raízes, o ganho no ponto de projeto é de 5,34. Especificações completas para a compensação derivativa ideal são mostradas na terceira coluna da Tabela 9.5.

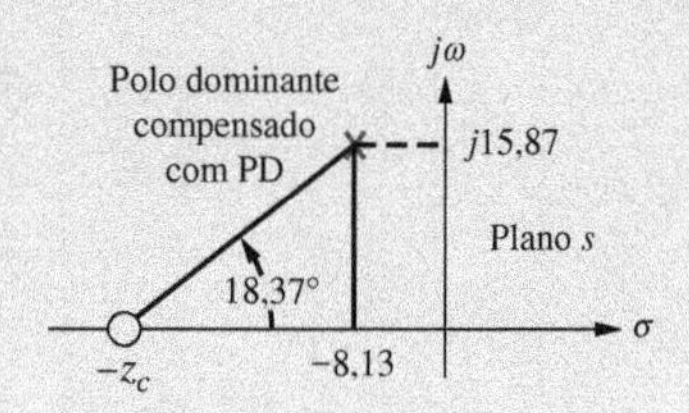

FIGURA 9.33 Calculando o zero do compensador PD para o Exemplo 9.5.

Observação: Esta figura não está desenhada em escala.

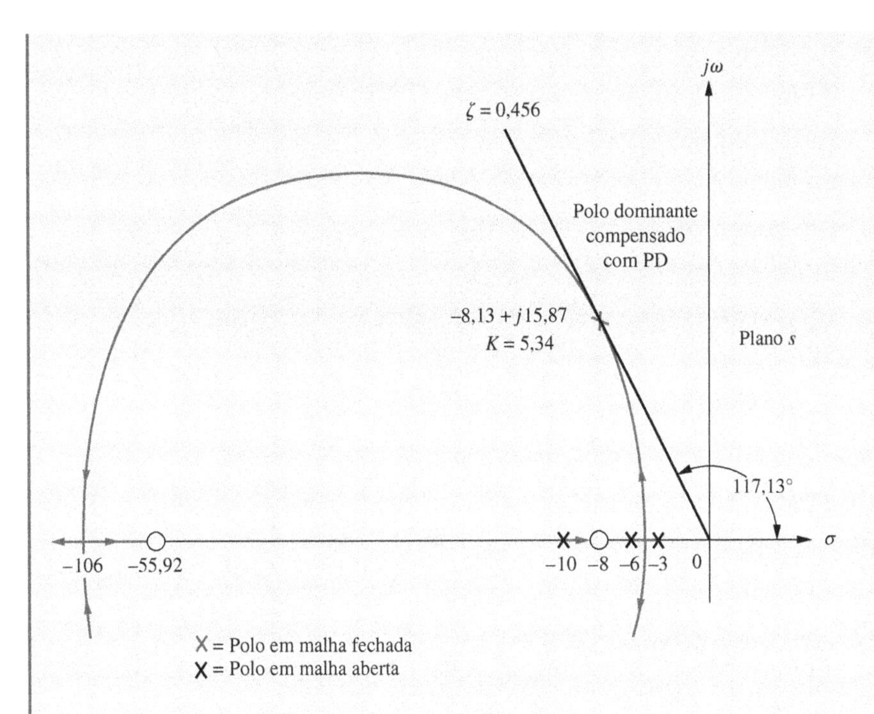

FIGURA 9.34 Lugar geométrico das raízes para o sistema compensado com PD do Exemplo 9.5.

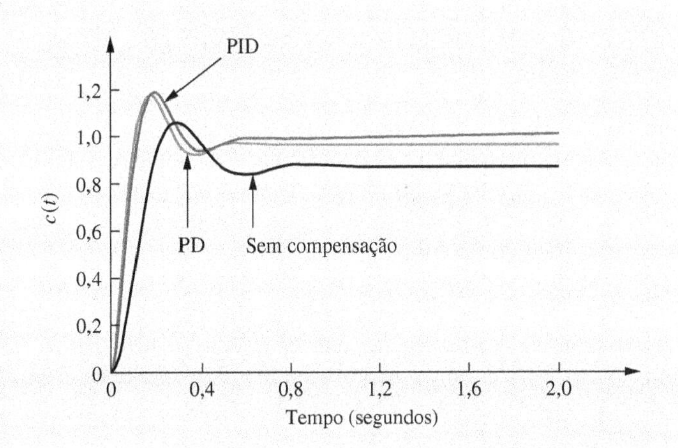

FIGURA 9.35 Respostas ao degrau para os sistemas sem compensação, compensado com PD e compensado com PID do Exemplo 9.5.

Passos 3 e 4 Simulamos o sistema compensado com PD, como mostrado na Figura 9.35. Observamos a redução do instante de pico e a melhoria no erro em regime permanente em relação ao sistema sem compensação.

Passo 5 Depois de projetarmos o controlador PD, projetamos o compensador integral ideal para reduzir o erro em regime permanente para uma entrada em degrau a zero. Qualquer zero do compensador integral ideal irá funcionar, desde que o zero seja posicionado próximo da origem. Escolhendo o compensador integral ideal como

$$G_{\text{PI}}(s) = \frac{s + 0,5}{s} \tag{9.27}$$

esboçamos o lugar geométrico das raízes para o sistema compensado com PID, como mostrado na Figura 9.36. Procurando na reta de fator de amortecimento 0,456, obtemos os polos dominantes de segunda ordem como $-7,516 \pm j14,67$, com um ganho associado de 4,6. As demais características do sistema compensado com PID são resumidas na quarta coluna da Tabela 9.5.

Passo 6 Agora determinados os ganhos K_1, K_2 e K_3, na Figura 9.30. A partir das Equações (9.26) e (9.27), o produto do ganho e do controlador PID é

$$\begin{aligned} G_{\text{PID}}(s) &= \frac{K(s + 55,92)(s + 0,5)}{s} = \frac{4,6(s + 55,92)(s + 0,5)}{s} \\ &= \frac{4,6(s^2 + 56,42s + 27,96)}{s} \end{aligned} \tag{9.28}$$

Combinando as Equações (9.21) e (9.28), $K_1 = 259,5$, $K_2 = 128,6$ e $K_3 = 4,6$.

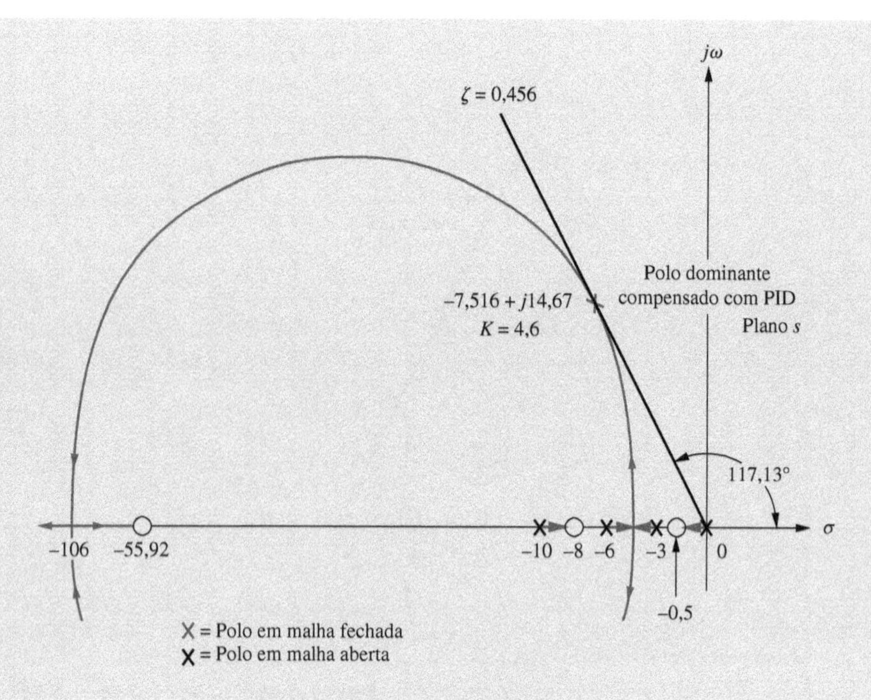

FIGURA 9.36 Lugar geométrico das raízes para o sistema compensado com PID do Exemplo 9.5.

Passos 7 e 8 Retornando à Figura 9.35, resumimos os resultados de nosso projeto. A compensação PD melhorou a resposta transitória, reduzindo o tempo necessário para alcançar o primeiro pico e também resultou em alguma melhoria no erro em regime permanente. O controlador PID completo melhorou ainda mais o erro em regime permanente sem alterar significativamente a resposta transitória projetada com o controlador PD. Como mencionamos anteriormente, o controlador PID apresenta uma resposta mais lenta, alcançando o valor final unitário em aproximadamente 3 segundos. Caso isso seja indesejável, a velocidade do sistema deve ser aumentada, projetando-se novamente o compensador derivativo ideal ou movendo-se o zero do controlador PI para mais longe da origem. A simulação desempenha um papel importante nesse tipo de projeto, uma vez que a equação deduzida para o tempo de acomodação não é aplicável a essa parte da resposta, onde existe uma lenta correção do erro em regime permanente.

Projeto de Compensador de Avanço e Atraso de Fase

No exemplo anterior, combinamos serialmente os conceitos de compensação derivativa ideal e integral ideal para chegar ao projeto de um controlador PID que melhorou ambos os desempenhos, da resposta transitória e do erro em regime permanente. No próximo exemplo, melhoramos a resposta transitória e o erro em regime permanente utilizando um compensador de avanço de fase e um compensador de atraso de fase, em vez do PID ideal. Nosso compensador é chamado *compensador de avanço e atraso de fase*.

Primeiro projetamos o compensador de avanço de fase para melhorar a resposta transitória. Em seguida, avaliamos a melhoria no erro em regime permanente que ainda é requerida. Finalmente, projetamos o compensador de atraso de fase para atender ao requisito de erro em regime permanente. Mais adiante, neste capítulo, mostramos projetos de circuitos para a estrutura passiva. Os passos a seguir resumem o procedimento de projeto:

1. Avalie o desempenho do sistema sem compensação para determinar a melhoria necessária na resposta transitória.
2. Projete o compensador de avanço de fase para atender às especificações de resposta transitória. O projeto inclui a posição do zero, a posição do polo e o ganho de malha.
3. Simule o sistema para ter certeza de que todos os requisitos foram atendidos.
4. Projete novamente se a simulação mostrar que os requisitos não foram atendidos.
5. Avalie o desempenho do erro em regime permanente do sistema compensado com avanço de fase para determinar a melhoria adicional requerida no erro em regime permanente.
6. Projete o compensador de atraso de fase para resultar no erro em regime permanente requerido.
7. Simule o sistema para ter certeza de que todos os requisitos foram atendidos.
8. Projete novamente se a simulação mostrar que os requisitos não foram atendidos.

Exemplo 9.6

Projeto de Compensador de Avanço e Atraso de Fase

PROBLEMA: Projete um compensador de avanço e atraso de fase para o sistema da Figura 9.37, de modo que o sistema opere com 20 % de ultrapassagem e uma redução de duas vezes no tempo de acomodação. Além disso, o sistema compensado deve apresentar melhoria de dez vezes no erro em regime permanente para uma entrada em rampa.

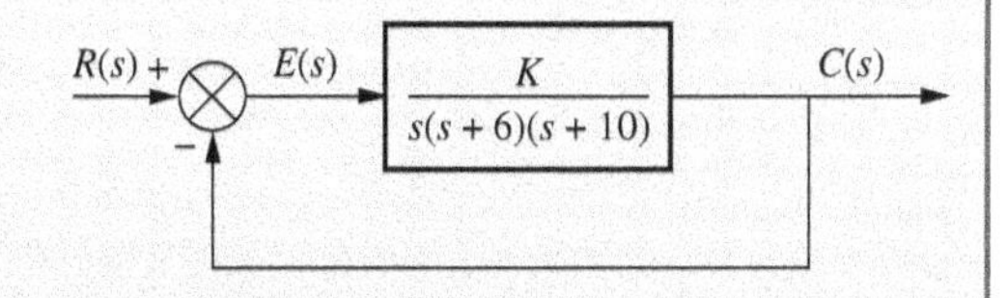

FIGURA 9.37 Sistema sem compensação para o Exemplo 9.6.

SOLUÇÃO: Novamente, nossa solução segue os passos que acabaram de ser descritos.

Passo 1 Primeiro avaliamos o desempenho do sistema sem compensação. Procurando ao longo da reta de 20 % de ultrapassagem ($\zeta = 0{,}456$) na Figura 9.38, encontramos os polos dominantes em $-1{,}794 \pm j3{,}501$, com um ganho de 192,1. O desempenho do sistema sem compensação está resumido na Tabela 9.6.

Passo 2 Em seguida, começamos o projeto do compensador de avanço de fase selecionando a posição dos polos dominantes do sistema compensado. Para realizar uma redução de duas vezes no tempo de

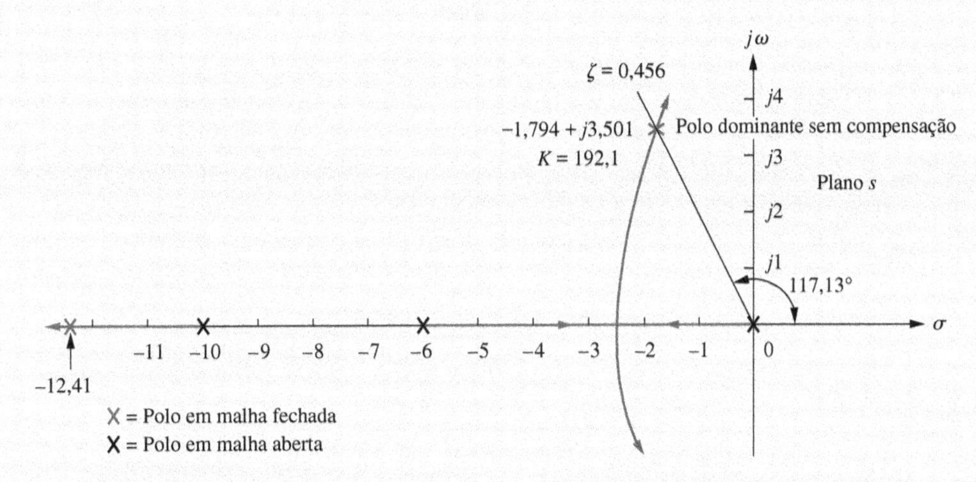

FIGURA 9.38 Lugar geométrico das raízes para o sistema sem compensação do Exemplo 9.6.

TABELA 9.6 Características preditas dos sistemas sem compensação, compensado com avanço de fase e compensado com avanço e atraso de fase do Exemplo 9.6.

	Sem compensação	**Compensado com avanço de fase**	**Compensado com avanço e atraso de fase**
Planta e compensador	$\frac{K}{s(s+6)(s+10)}$	$\frac{K}{s(s+10)(s+29{,}1)}$	$\frac{K(s+0{,}04713)}{s(s+10)(s+29{,}1)(s+0{,}01)}$
Polos dominantes	$-1{,}794 \pm j3{,}501$	$-3{,}588 \pm j7{,}003$	$-3{,}574 \pm j6{,}976$
K	192,1	1977	1971
ζ	0,456	0,456	0,456
ω_n	3,934	7,869	7,838
$\%UP$	20	20	20
T_s	2,230	1,115	1,119
T_p	0,897	0,449	0,450
K_v	3,202	6,794	31,92
$e(\infty)$	0,312	0,147	0,0313
Terceiro polo	−12,41	−31,92	−31,91, −0,0474
Zero	Nenhum	Nenhum	−0,04713
Comentários	Aproximação de segunda ordem OK	Aproximação de segunda ordem OK	Aproximação de segunda ordem OK

acomodação, a parte real do polo dominante deve ser aumentada por um fator 2, uma vez que o tempo de acomodação é inversamente proporcional à parte real. Assim,

$$-\zeta\omega_n = -2(1{,}794) = -3{,}588 \tag{9.29}$$

A parte imaginária do ponto de projeto é

$$\omega_d = \zeta\omega_n \tan 117{,}13^\circ = 3{,}588 \tan 117{,}13^\circ = 7{,}003 \tag{9.30}$$

Agora projetamos o compensador de avanço de fase. Escolha arbitrariamente uma posição para o zero do compensador de avanço de fase. Para este exemplo, escolhemos a posição do zero do compensador coincidente com o polo em malha aberta em -6. Essa escolha eliminará um zero e deixará o sistema compensado com avanço de fase com três polos, como o sistema sem compensação.

Completamos o projeto determinando a posição do polo do compensador. Utilizando o programa para o lugar geométrico das raízes, some os ângulos até o ponto de projeto a partir dos polos e zeros do sistema sem compensação e do zero do compensador, e obtenha $-164{,}65^\circ$. A diferença entre 180° e este valor é a contribuição angular requerida a partir do polo do compensador, ou $-15{,}35^\circ$. Utilizando a geometria mostrada na Figura 9.39,

$$\frac{7{,}003}{p_c - 3{,}588} = \tan 15{,}35^\circ \tag{9.31}$$

a partir do que a posição do polo do compensador, p_c, é determinada como $-29{,}1$.

O lugar geométrico das raízes completo para o sistema compensado com avanço de fase é esboçado na Figura 9.40. O valor do ganho no ponto de projeto é determinado como 1977.

Passos 3 e 4 Verifique o projeto com uma simulação. (O resultado para o sistema compensado com avanço de fase é mostrado na Figura 9.42 e é satisfatório.)

Passo 5 Continue projetando o compensador de atraso de fase para melhorar o erro em regime permanente. Uma vez que a função de transferência em malha aberta do sistema sem compensação é

$$G(s) = \frac{192{,}1}{s(s+6)(s+10)} \tag{9.32}$$

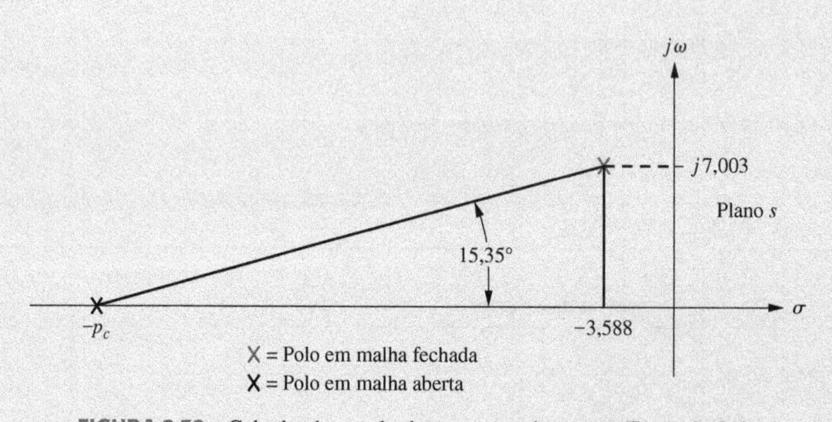

FIGURA 9.39 Calculando o polo do compensador para o Exemplo 9.6.

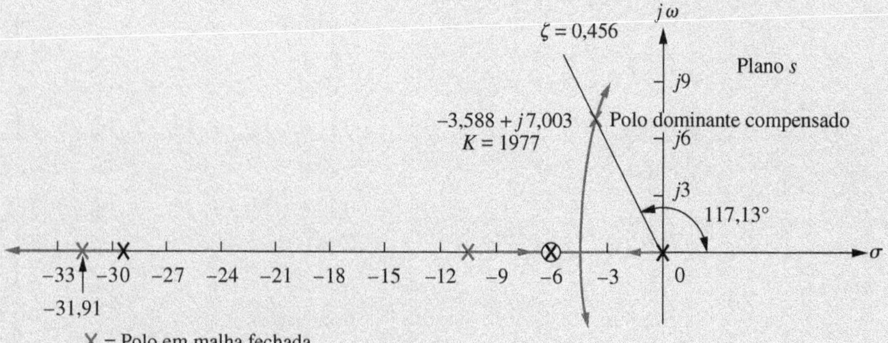

FIGURA 9.40 Lugar geométrico das raízes para o sistema compensado com avanço de fase do Exemplo 9.6.

a constante de erro estático, K_v, que é inversamente proporcional ao erro em regime permanente, é 3,201. Como a função de transferência em malha aberta do sistema compensado com avanço de fase é

$$G_{CAv}(s) = \frac{1977}{s(s+10)(s+29{,}1)} \tag{9.33}$$

a constante de erro estático, K_v, que é inversamente proporcional ao erro em regime permanente, é 6,794. Assim, a adição da compensação de avanço de fase melhorou o erro em regime permanente por um fator de 2,122. Como os requisitos do problema especificaram uma melhoria de dez vezes, o compensador de atraso de fase deve ser projetado para melhorar o erro em regime permanente por um fator de 4,713 (10/2,122 = 4,713) em relação ao sistema compensado com avanço de fase.

Passo 6 Escolhemos arbitrariamente o polo do compensador de atraso de fase em 0,01, o que então posiciona o zero do compensador de atraso de fase em 0,04713, resultando

$$G_{atraso}(s) = \frac{(s+0{,}04713)}{(s+0{,}01)} \tag{9.34}$$

como o compensador de atraso de fase. A função de transferência em malha aberta do sistema compensado com avanço e atraso de fase é

$$G_{CAA}(s) = \frac{K(s+0{,}04713)}{s(s+10)(s+29{,}1)(s+0{,}01)} \tag{9.35}$$

em que o polo do sistema sem compensação em -6 foi cancelado com o zero do compensador de avanço de fase em -6. Traçando o lugar geométrico das raízes completo para o sistema compensado com avanço e atraso de fase e procurando ao longo da reta de fator de amortecimento 0,456, determinamos os polos dominantes em malha fechada estando em $-3{,}574 \pm j6{,}976$, com um ganho de 1971. O lugar geométrico das raízes compensado com avanço e atraso de fase é mostrado na Figura 9.41.

Um resumo de nosso projeto é mostrado na Tabela 9.6. Observe que a compensação com avanço e atraso de fase realmente aumentou a velocidade do sistema, como pode ser verificado pelo tempo de acomodação ou pelo instante de pico. O erro em regime permanente para uma entrada em rampa também diminuiu cerca de 10 vezes, como pode ser visto de $e(\infty)$.

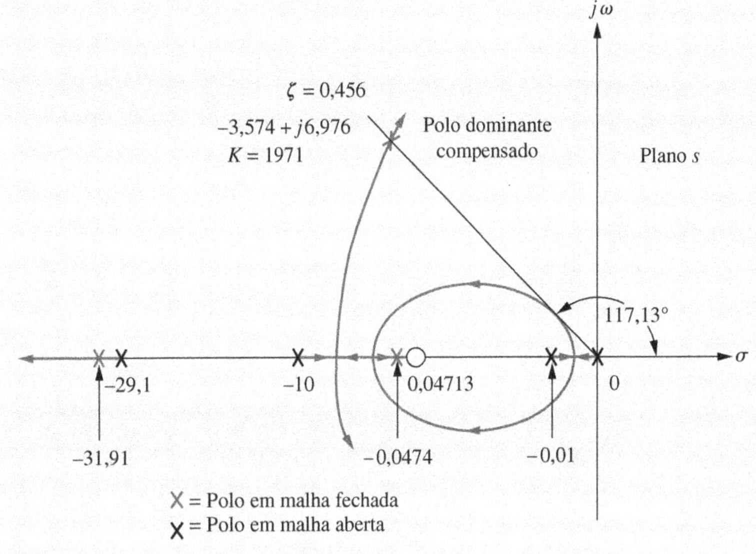

FIGURA 9.41 Lugar geométrico das raízes para o sistema compensado com avanço e atraso de fase do Exemplo 9.6.

Passo 7 A prova final de nossos projetos é mostrada pelas simulações das Figuras 9.42 e 9.43. A melhoria na resposta transitória é mostrada na Figura 9.42, na qual vemos o instante de pico ocorrendo mais cedo no sistema compensado com avanço e atraso de fase. A melhoria no erro em regime permanente para uma entrada em rampa é observada na Figura 9.43, na qual cada parte de nosso projeto resultou em melhoria adicional. A melhoria para o sistema compensado com avanço de fase é mostrada na Figura 9.43(a), e a melhoria final decorrente da adição do atraso de fase é mostrada na Figura 9.43(b).

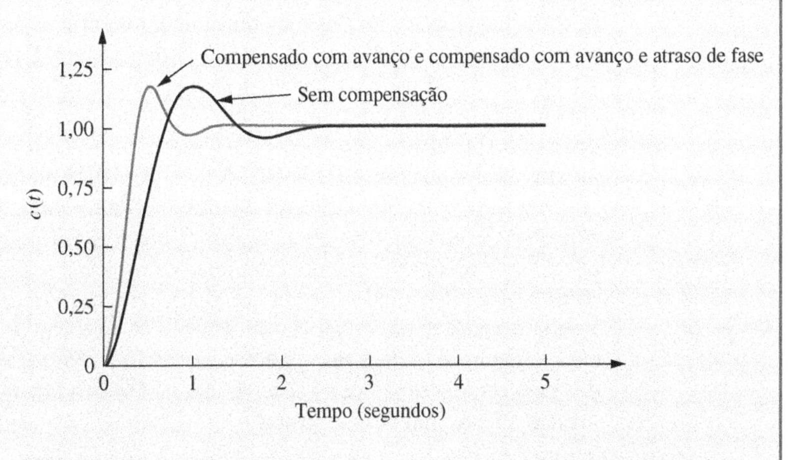

FIGURA 9.42 Melhoria na resposta ao degrau para o sistema compensado com avanço e atraso de fase do Exemplo 9.6.

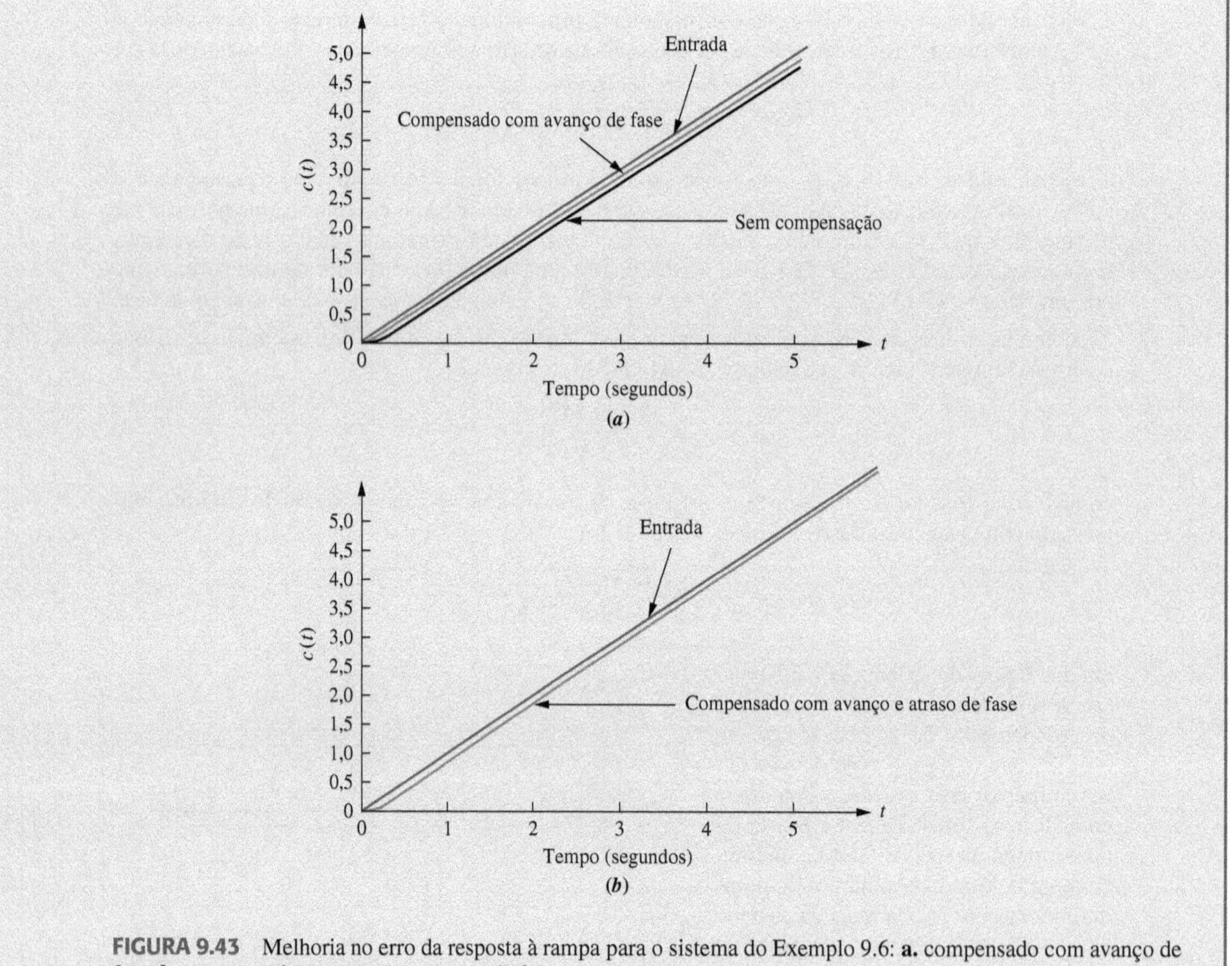

FIGURA 9.43 Melhoria no erro da resposta à rampa para o sistema do Exemplo 9.6: **a.** compensado com avanço de fase; **b.** compensado com avanço e atraso de fase.

No exemplo anterior, cancelamos o polo do sistema em -6 com o zero do compensador de avanço de fase. A técnica de projeto é a mesma, se você colocar o zero do compensador de avanço de fase em uma posição diferente. Colocar o zero em uma posição diferente e não cancelar o polo em malha aberta resulta em um sistema com um polo a mais que no exemplo. Esse aumento de complexidade pode tornar mais difícil justificar uma aproximação de segunda ordem. De qualquer forma, simulações devem ser utilizadas a cada etapa para verificar o desempenho.

Filtro Notch

Se uma planta, como um sistema mecânico, tem modos de vibração de alta frequência, então uma resposta desejada em malha fechada pode ser difícil de se obter. Esses modos de vibração de alta frequência podem ser modelados como parte da função de transferência da planta através de pares de polos complexos próximos ao eixo imaginário. Em uma configuração em malha fechada, esses polos podem se mover para mais perto do eixo imaginário ou até mesmo passar para o semiplano da direita, como mostrado na Figura 9.44(*a*). Isso pode resultar em instabilidade ou em oscilações de alta frequência sobrepostas à resposta desejada [ver Figura 9.44(*b*)].

Uma forma de eliminar as oscilações de alta frequência é inserir um *filtro notch*[2] em cascata com a planta (*Kuo*, *1995*), como mostrado na Figura 9.44(*c*). O filtro notch possui zeros próximos aos polos da planta com baixo fator de amortecimento, bem como dois polos reais. A Figura 9.44(*d*) mostra que o ramo do lugar geométrico das raízes que se inicia nos polos de alta frequência percorre agora uma pequena distância do polo de alta frequência até o zero do filtro notch. A resposta de alta frequência será agora desprezível por causa do cancelamento de polo e zero [ver Figura 9.44(*e*)]. Outros compensadores em cascata podem agora ser projetados para resultar em uma resposta desejada. O filtro notch será aplicado ao Problema Progressivo de Análise e Projeto 55, ao final deste capítulo.

[2] O nome desse filtro deve-se à forma da magnitude de sua resposta em frequência, que apresenta uma queda abrupta próximo da frequência amortecida dos polos de alta frequência. A magnitude da resposta em frequência é discutida no Capítulo 10.

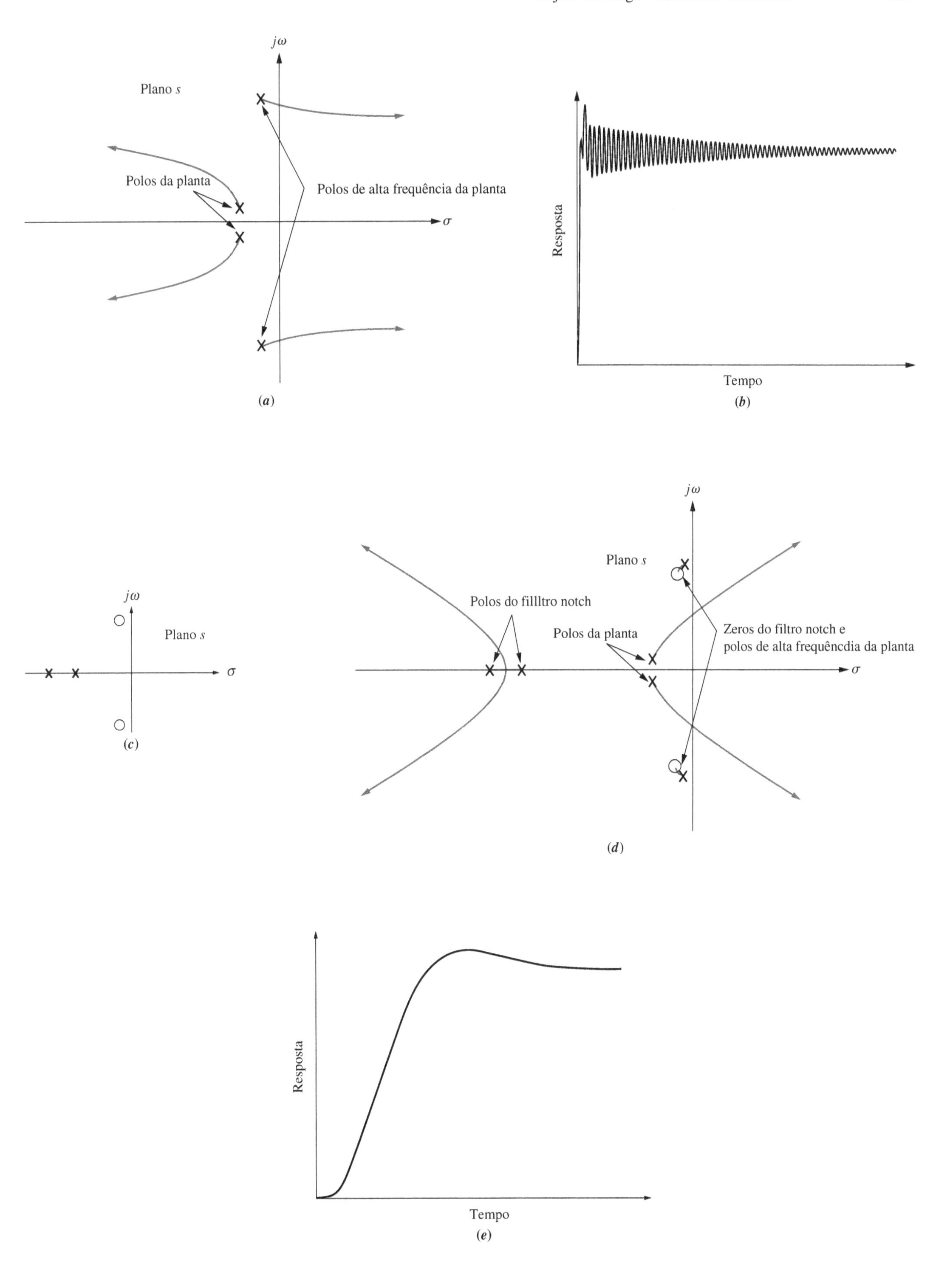

FIGURA 9.44 **a.** Lugar geométrico das raízes antes da inserção de um filtro notch em cascata; **b.** resposta ao degrau em malha fechada típica antes da inserção de um filtro notch em cascata; **c.** diagrama de polos e zeros de um filtro notch; **d.** lugar geométrico das raízes após a inserção de um filtro notch em cascata; **e.** resposta ao degrau em malha fechada após a inserção de um filtro notch em cascata.

Exercício 9.3

PROBLEMA: Um sistema com realimentação unitária com função de transferência à frente

$$G(s) = \frac{K}{s(s+7)}$$

está operando com uma resposta ao degrau em malha fechada que tem 20 % de ultrapassagem. Faça o seguinte:

a. Calcule o tempo de acomodação.
b. Calcule o erro em regime permanente para uma entrada em rampa unitária.
c. Projete um compensador de avanço e atraso de fase para reduzir o tempo de acomodação em duas vezes e diminuir o erro em regime permanente para uma entrada em rampa unitária em dez vezes. Coloque o zero do avanço de fase em −3.

RESPOSTAS:

a. $T_s = 1{,}143$ s

b. $e_{\text{rampa}}(\infty) = 0{,}1189$

c. $G_c(s) = \dfrac{(s+3)(s+0{,}092)}{(s+9{,}61)(s+0{,}01)}, \quad K = 205{,}4$

A solução completa está disponível no Ambiente de aprendizagem do GEN.

Antes de concluir esta seção, vamos resumir brevemente nossa discussão sobre compensação em cascata. Nas Seções 9.2, 9.3 e 9.4, utilizamos compensadores em cascata para melhorar a resposta transitória e o erro em regime permanente. A Tabela 9.7 relaciona os tipos, as funções e as características desses compensadores.

9.5 Compensação de Realimentação

Na Seção 9.4, utilizamos a compensação em cascata como uma maneira de melhorar a resposta transitória e a resposta em regime permanente independentemente. Inserir um compensador em cascata com a planta não é a única maneira de modificar a forma do lugar geométrico das raízes para que ele intercepte os polos no plano s em malha fechada que resultam em uma resposta transitória desejada. Funções de transferência projetadas para serem colocadas em um caminho de realimentação também podem alterar a forma do lugar geométrico das raízes. A Figura 9.45 é uma configuração geral mostrando um compensador, $H_c(s)$, colocado na *malha secundária* de um sistema de controle com realimentação. Outras configurações surgem, caso consideremos K unitário, $G_2(s)$ unitária ou ambos unitários.

Os procedimentos para o projeto da compensação de realimentação podem ser mais complexos que os da compensação em cascata. Por outro lado, a compensação de realimentação pode resultar em respostas mais rápidas. Assim, o engenheiro pode se dar ao luxo de projetar respostas mais rápidas em partes de uma malha de controle com o objetivo de fornecer isolamento. Por exemplo, a resposta transitória dos sistemas de controle dos ailerons e do leme de uma aeronave pode ser projetada separadamente para ser rápida com o objetivo de reduzir o efeito de sua resposta dinâmica sobre malha de controle de manobra. A compensação de realimentação pode ser utilizada em casos nos quais problemas de ruído impedem o uso da compensação em cascata. Além disso, a compensação de realimentação pode não requerer amplificação adicional, uma vez que o sinal que passa através do compensador se origina na saída de alta potência do caminho à frente e é entregue à entrada de baixa potência no caminho à frente. Por exemplo, sejam K e $G_2(s)$, na Figura 9.45, unitários. A entrada para o

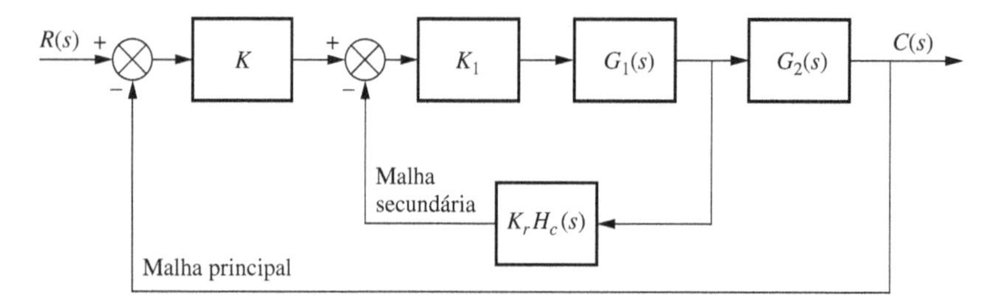

FIGURA 9.45 Sistema de controle geral com compensação de realimentação.

TABELA 9.7 Tipos de compensadores em cascata.

Função	Compensador	Função de transferência	Características
Melhoria do erro de regime permanente	PI	$K\frac{s+z_c}{s}$	**1.** Aumenta o tipo do sistema. **2.** O erro se torna nulo. **3.** O zero em $-z_c$ é pequeno e negativo. **4.** Circuitos ativos são requeridos para a implementação.
Melhoria do erro de regime permanente	Atraso de fase	$K\frac{s+z_c}{s+p_c}$	**1.** O erro é melhorado, mas não é levado a zero. **2.** O polo em $-p_c$ é pequeno e negativo. **3.** O zero em $-z_c$ está próximo e à esquerda do polo em $-p_c$. **4.** Circuitos ativos não são requeridos para a implementação.
Melhoria da resposta transitória	PD	$K(s+z_c)$	**1.** O zero em $-z_c$ é escolhido de modo a colocar o ponto de projeto sobre o lugar geométrico das raízes. **2.** Circuitos ativos são requeridos para a implementação. **3.** Pode causar ruído e saturação; implementar com realimentação de velocidade ou com um polo (avanço de fase).
Melhoria da resposta transitória	Avanço de fase	$K\frac{s+z_c}{s+p_c}$	**1.** O zero em $-z_c$ e o polo em $-p_c$ são escolhidos de modo a colocar o ponto de projeto sobre lugar geométrico das raízes. **2.** O polo em $-p_c$ é mais negativo do que o zero em $-z_c$. **3.** Circuitos ativos não são requeridos para a implementação.
Melhoria do erro de regime permanente e da resposta transitória	PID	$K\frac{(s+z_{\text{atraso}})(s+z_{\text{avanço}})}{s}$	**1.** O zero de atraso em $-z_{\text{atraso}}$ e o polo na origem melhoram o erro em regime permanente. **2.** O zero de avanço em $-z_{\text{avanço}}$ melhora a resposta transitória. **3.** O zero de atraso em $-z_{\text{atraso}}$ está próximo e à esquerda da origem. **4.** O zero de avanço em $-z_{\text{avanço}}$ é escolhido de modo a colocar o ponto de projeto sobre o lugar geométrico das raízes. **5.** Circuitos ativos requeridos para a implementação. **6.** Pode causar ruído e saturação; implementar com realimentação de velocidade ou com um polo adicional.
Melhoria do erro de regime permanente e da resposta transitória	Avanço e atraso de fase	$K\frac{(s+z_{\text{atraso}})(s+z_{\text{avanço}})}{(s+p_{\text{atraso}})(s+p_{\text{avanço}})}$	**1.** O polo de atraso $-p_{\text{atraso}}$ e o zero de atraso em $-z_{\text{atraso}}$ são utilizados para melhorar o erro em regime permanente. **2.** O polo de avanço em $-p_{\text{avanço}}$ e o zero de avanço em $-z_{\text{avanço}}$ são utilizados para melhorar a resposta transitória. **3.** O polo de atraso em $-p_{\text{atraso}}$ é pequeno e negativo. **4.** O zero de atraso em $-z_{\text{atraso}}$ está próximo e à esquerda do polo de atraso em $-p_{\text{atraso}}$. **5.** O zero de avanço em $-z_{\text{avanço}}$ e o polo de avanço em $-p_{\text{avanço}}$ são escolhidos de modo a colocar o ponto de projeto sobre lugar geométrico das raízes. **6.** O polo de avanço em $-p_{\text{avanço}}$ é mais negativo que o zero de avanço em $-z_{\text{avanço}}$. **7.** Circuitos ativos não são requeridos para a implementação.

compensador de realimentação, $K_rH_c(s)$, vem da saída de alta potência de $G_1(s)$, enquanto a saída de $K_rH_c(s)$ é uma das entradas de baixa potência para K_1. Portanto, há uma redução de potência através de $K_rH_c(s)$, e uma amplificação não é usualmente necessária.

Um compensador de realimentação popular é um sensor de velocidade que atua como um derivador. Nas aplicações em aeronaves e em embarcações, o sensor de velocidade pode ser um giroscópio de velocidade que responde com uma tensão de saída proporcional à velocidade angular de entrada. Em vários outros sistemas, esse sensor de velocidade é implementado com um tacômetro. Um tacômetro é um gerador de tensão que produz uma tensão de saída proporcional à velocidade de rotação de entrada. Esse compensador pode ser facilmente acoplado à saída de posição de um sistema. A Figura 9.46 retrata um sistema de controle de posição mostrando o acoplamento do tacômetro com o motor. Você pode observar os potenciômetros de entrada e de saída, bem como o motor e a carga de inércia. A representação em diagrama de blocos de um tacômetro é mostrada na Figura 9.47(a), e sua posição típica dentro de uma malha de controle é mostrada na Figura 9.47(b).

FIGURA 9.46 Um sistema de controle de posição que utiliza um tacômetro como derivador no caminho de realimentação. Você consegue ver a semelhança entre este sistema e o esquema no Apêndice A2?

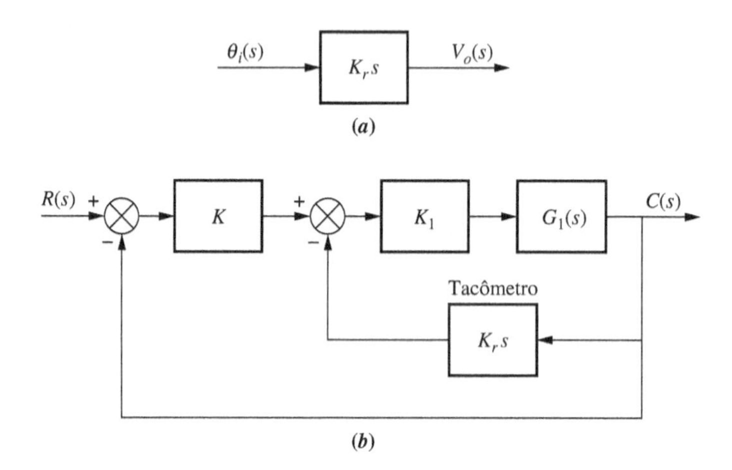

FIGURA 9.47 **a.** Função de transferência de um tacômetro; **b.** compensação de realimentação com tacômetro.

Esta seção, além de mostrar métodos para o projeto de sistemas utilizando realimentação de velocidade, também prepara o cenário para as técnicas de compensação do Capítulo 12, onde não apenas a velocidade, mas todos os estados, incluindo posição, serão realimentados para se obter um desempenho apropriado do sistema de controle.

Discutimos agora os procedimentos de projeto. Tipicamente, o projeto da compensação de realimentação consiste em obter os ganhos, como K, K_1 e K_r, na Figura 9.45, após o estabelecimento de uma forma dinâmica para $H_c(s)$. Existem duas abordagens. A primeira é semelhante à compensação em cascata. Admita um sistema com realimentação típico, em que $G(s)$ é o caminho à frente e $H(s)$ é a realimentação. Suponha agora que um lugar geométrico das raízes seja traçado com base em $G(s)H(s)$. Na compensação em cascata, adicionamos polos e zeros a $G(s)$. Na compensação de realimentação, polos e zeros são adicionados através de $H(s)$.

Na segunda abordagem, projetamos um desempenho especificado para a malha secundária, mostrada na Figura 9.45, seguida do projeto da malha principal. Assim, a malha secundária, como os ailerons em uma aeronave, pode ser projetada com suas próprias especificações de desempenho e operar dentro da malha principal.

Abordagem 1

A primeira abordagem consiste em reduzir a Figura 9.45 à Figura 9.48 movendo-se K para a direita passando a junção de soma, movendo-se $G_2(s)$ para a esquerda passando o ponto de ramificação e, em seguida, somando-se os dois caminhos de realimentação. A Figura 9.48 mostra que o ganho de malha, $G(s)H(s)$, é

$$G(s)H(s) = K_1G_1(s)[K_rH_c(s) + KG_2(s)] \tag{9.36}$$

Sem a realimentação, K_rH_c(s), o ganho de malha é

$$G(s)H(s) = KK_1G_1(s)G_2(s) \tag{9.37}$$

Assim, o efeito do acréscimo da realimentação é substituir os polos e zeros de $G_2(s)$ pelos polos e zeros de $[K_rH_c(s) + KG_2(s)]$. Portanto, esse método é semelhante à compensação em cascata no que diz respeito a adicionar novos polos e zeros através de $H(s)$ para alterar a forma do lugar geométrico das raízes de modo que ele passe pelo ponto de projeto. Contudo, é preciso lembrar que os zeros da realimentação equivalente mostrada na Figura 9.48, $H(s) = [K_rH_c(s) + KG_2(s)]/KG_2(s)$, não são zeros em malha fechada.

Por exemplo, caso $G_2(s) = 1$ e a realimentação da malha secundária, $K_rH_c(s)$, for um sensor de velocidade, $K_rH_c(s) = K_rs$, então a partir da Equação (9.36) o ganho de malha é

$$G(s)H(s) = K_rK_1G_1(s)\left(s + \frac{K}{K_r}\right) \tag{9.38}$$

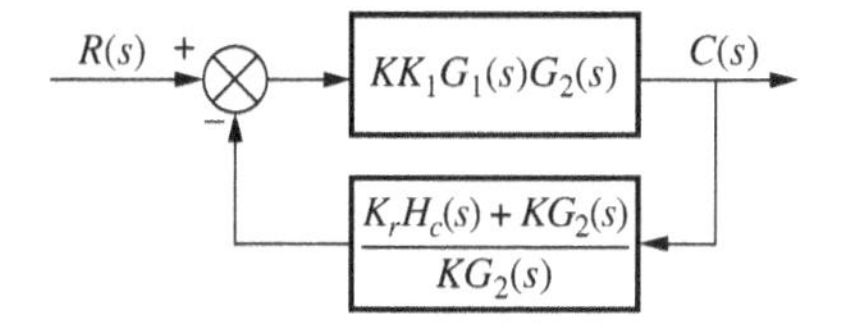

FIGURA 9.48 Diagrama de blocos equivalente da Figura 9.45.

Assim, um zero em $-K/K_r$ é adicionado aos polos e zeros existentes em malha aberta. Esse zero modifica a forma do lugar geométrico das raízes para fazê-lo passar pelo ponto de projeto desejado. Um ajuste final do ganho, K_1, resulta na resposta desejada. Mais uma vez, você deve verificar que este zero não é um zero em malha fechada. Vamos ver um exemplo numérico.

Exemplo 9.7

Zero de Compensação Via Realimentação de Velocidade

PROBLEMA: Dado o sistema da Figura 9.49(*a*), projete uma compensação de realimentação de velocidade, como mostrado na Figura 9.49(*b*), para reduzir o tempo de acomodação por um fator de 4 enquanto continua a operar o sistema com 20 % de ultrapassagem.

SOLUÇÃO: Primeiro projete um compensador PD. Para o sistema sem compensação, procure ao longo da reta de 20 % de ultrapassagem ($\zeta = 0{,}456$) e constate que os polos dominantes estão em $-1{,}809 \pm j3{,}531$, como mostrado na Figura 9.50. As especificações estimadas para o sistema sem compensação são mostradas na Tabela 9.8, e a resposta ao degrau é mostrada na Figura 9.51. O tempo de acomodação é de 2,21 segundos e deve ser reduzido por um fator de 4 para 0,55 segundo.

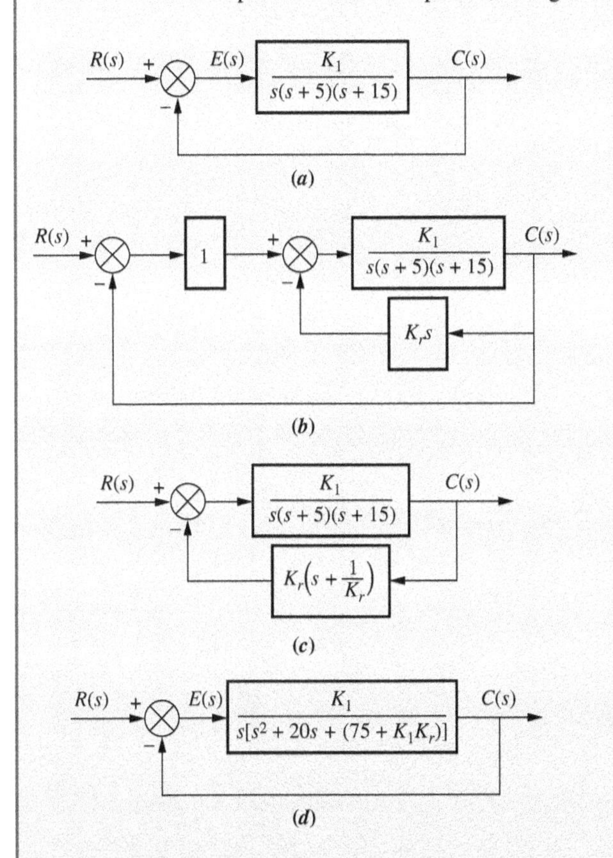

FIGURA 9.49 **a.** Sistema para o Exemplo 9.7; **b.** sistema com compensação de realimentação de velocidade; **c.** sistema compensado equivalente; **d.** sistema compensado equivalente mostrando realimentação unitária.

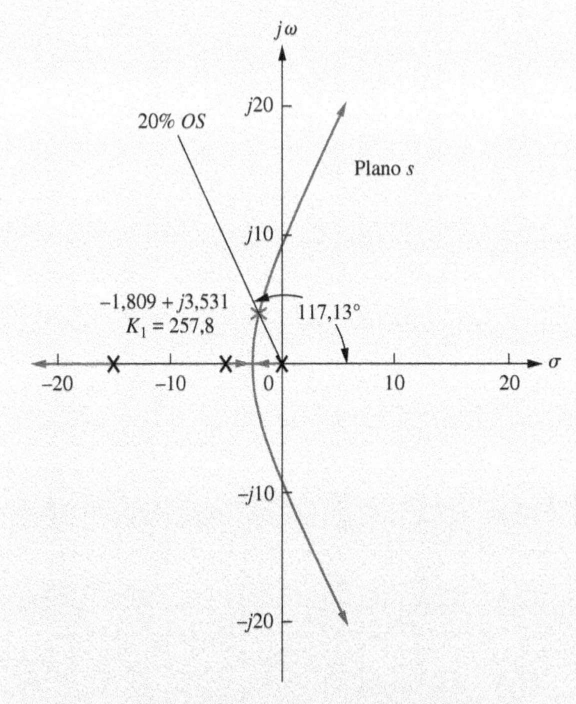

FIGURA 9.50 Lugar geométrico das raízes para o sistema sem compensação do Exemplo 9.7.

TABELA 9.8 Características preditas dos sistemas sem compensação e compensado do Exemplo 9.7.

	Sem compensação	Compensado
Planta e compensador	$\dfrac{K_1}{s(s+5)(s+15)}$	$\dfrac{K_1}{s(s+5)(s+15)}$
Realimentação	1	$0{,}185(s+5{,}42)$
Polos dominantes	$-1{,}809 \pm j3{,}531$	$-7{,}236 \pm j14{,}12$
K_1	257,8	1388
ζ	0,456	0,456
ω_n	3,97	15,87
$\%UP$	20	20
T_s	2,21	0,55
T_p	0,89	0,22
K_v	3,44	4,18
$e(\infty)$ (rampa)	0,29	0,24
Outros polos	−16,4	−5,53
Zero	Nenhum	Nenhum
Comentários	Aproximação de segunda ordem OK	Simular

Em seguida, determine a posição dos polos dominantes para o sistema compensado. Para alcançar uma redução de quatro vezes no tempo de acomodação, a parte real do polo deve ser aumentada por um fator de 4. Assim, o polo compensado possui uma parte real de $4(-1{,}809) = -7{,}236$. A parte imaginária, é então,

$$\omega_d = -7{,}236 \tan 117{,}13^\circ = 14{,}12 \tag{9.39}$$

em que $117{,}13^\circ$ é o ângulo da reta de 20 % de ultrapassagem.

Utilizando a posição do polo dominante compensado $-7{,}236 \pm j14{,}12$, somamos os ângulos a partir dos polos do sistema sem compensação e obtemos $-227{,}33^\circ$. Esse ângulo requer uma contribuição do zero do compensador de $+97{,}33^\circ$ para resultar em 180° no ponto de projeto. A geometria mostrada na Figura 9.52 leva ao cálculo da posição do zero do compensador. Portanto,

$$\frac{14{,}12}{7{,}236 - z_c} = \tan(180^\circ - 97{,}33^\circ) \tag{9.40}$$

a partir do que $z_c = 5{,}42$.

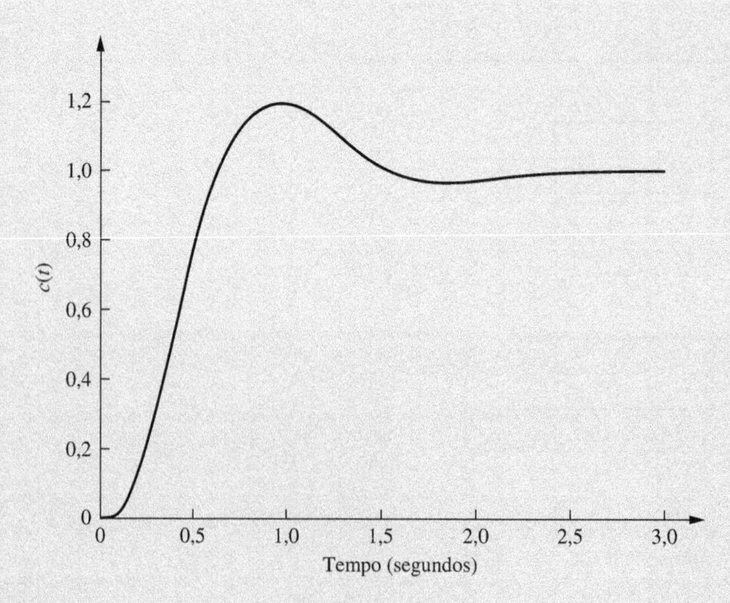

FIGURA 9.51 Resposta ao degrau para o sistema sem compensação do Exemplo 9.7.

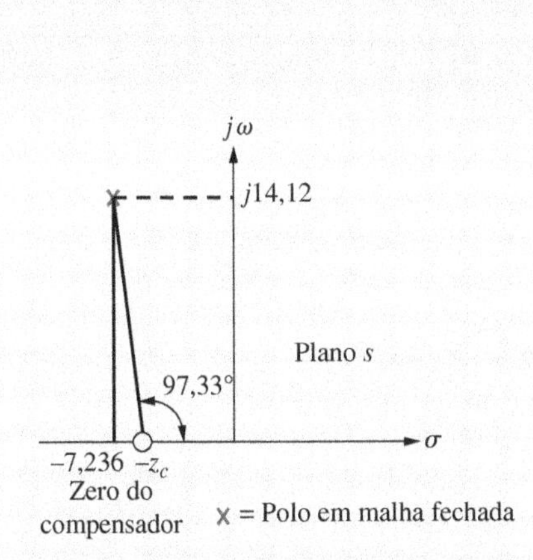

FIGURA 9.52 Determinando o zero do compensador no Exemplo 9.7.

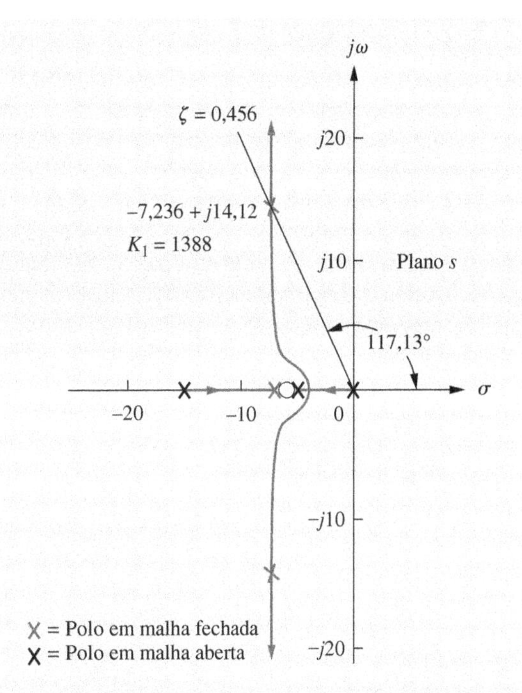

FIGURA 9.53 Lugar geométrico das raízes para o sistema compensado do Exemplo 9.7.

O lugar geométrico das raízes para o sistema compensado equivalente da Figura 9.49(*c*) é mostrado na Figura 9.53. O ganho no ponto de projeto, que é K_1K_r a partir da Figura 9.49(*c*), é obtido como 256,7. Uma vez que K_r é o inverso do zero do compensador, $K_r = 0,185$. Portanto, $K_1 = 1388$.

Para calcular a característica de erro em regime permanente, K_v é obtido a partir da Figura 9.49(*d*) como

$$K_v = \frac{K_1}{75 + K_1K_r} = 4,18 \tag{9.41}$$

O desempenho predito para o sistema compensado é mostrado na Tabela 9.8. Observe que o polo de ordem superior não está suficientemente distante dos polos dominantes e, assim, não pode ser desprezado. Além disso, a partir da Figura 9.49(*d*) verificamos que a função de transferência em malha fechada é

$$T(s) = \frac{G(s)}{1 + G(s)H(s)} = \frac{K_1}{s^3 + 20s^2 + (75 + K_1K_r)s + K_1} \tag{9.42}$$

Portanto, como predito, o zero em malha aberta não é um zero em malha fechada, e não há cancelamento de polo e zero. Assim, o projeto deve ser verificado através de uma simulação.

Os resultados da simulação são mostrados na Figura 9.54 e apresentam uma resposta superamortecida com um tempo de acomodação de 0,75 segundo, comparado com o tempo de acomodação do sistema sem compensação de aproximadamente 2,2 segundos. Embora não atenda aos requisitos de projeto, a resposta ainda representa melhoria em relação ao sistema sem compensação da Figura 9.51. Tipicamente, menos ultrapassagem é aceitável. O sistema deve ser reprojetado para maior redução no tempo de acomodação.

Você pode querer resolver o Problema 8 no final deste capítulo, no qual você pode repetir este exemplo utilizando compensação PD em cascata. Você verá que o zero do compensador para a compensação em cascata é um zero em malha fechada, resultando na possibilidade de cancelamento de polo e zero. Entretanto, a compensação PD é usualmente ruidosa e nem sempre prática.

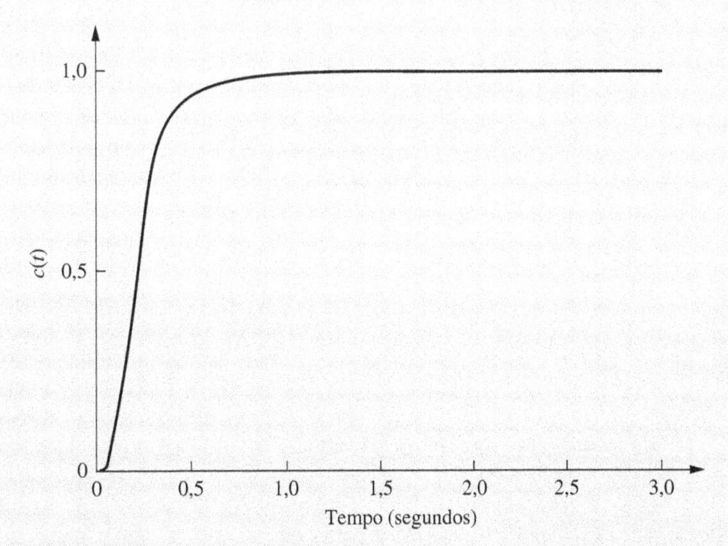

FIGURA 9.54 Resposta ao degrau para o sistema compensado do Exemplo 9.7.

Abordagem 2

A segunda abordagem nos permite utilizar a compensação de realimentação para projetar a resposta transitória de uma malha secundária separadamente da resposta do sistema em malha fechada. No caso de uma aeronave, a malha secundária pode controlar a posição das superfícies aerodinâmicas, enquanto o sistema em malha fechada como um todo pode controlar o ângulo de arfagem total da aeronave.

Veremos que a malha secundária da Figura 9.45 representa basicamente uma função de transferência do caminho à frente cujos polos podem ser ajustados com o ganho da malha secundária. Esses polos então se tornam os polos em malha aberta para o sistema de controle como um todo. Em outras palavras, em vez de alterar a forma do lugar geométrico das raízes com polos e zeros adicionais, como na compensação em cascata, podemos realmente alterar os polos da planta através de um ajuste de ganho. Finalmente, os polos em malha fechada são ajustados pelo ganho de malha, como na compensação em cascata.

Exemplo 9.8

Compensação de Realimentação da Malha Secundária

PROBLEMA: Para o sistema da Figura 9.55(a), projete uma compensação de realimentação da malha secundária, como mostrado na Figura 9.55(b), para resultar em um fator de amortecimento de 0,8 para a malha secundária e um fator de amortecimento de 0,6 para o sistema em malha fechada.

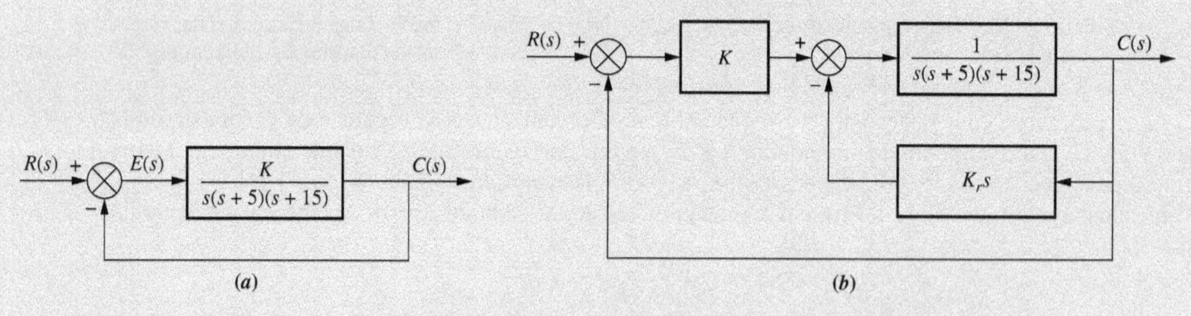

FIGURA 9.55 **a.** Sistema sem compensação; **b.** sistema compensado na realimentação para o Exemplo 9.8.

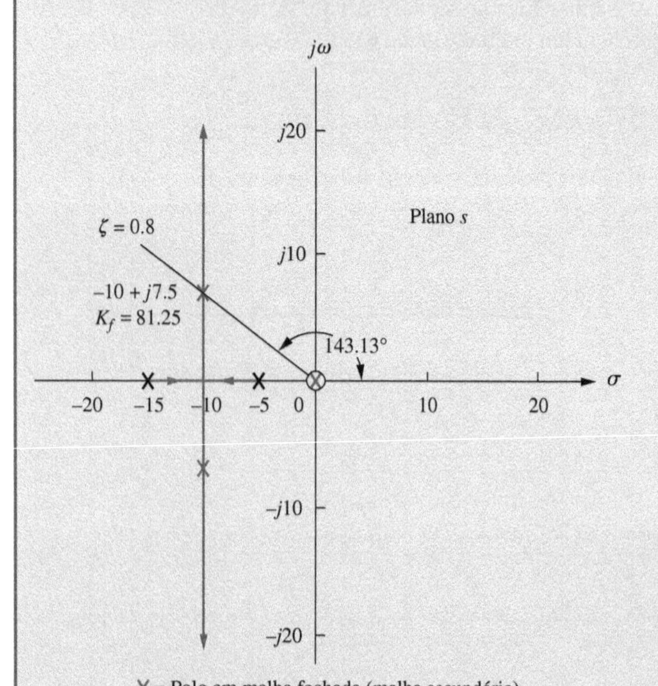

FIGURA 9.56 Lugar geométrico das raízes para a malha secundária do Exemplo 9.8.

SOLUÇÃO: A malha secundária é definida como a malha que contém a planta, $1/[s(s + 5)(s + 15)]$, e o compensador de realimentação, $K_r s$. O valor de K_r será ajustado para definir a posição dos polos da malha secundária e, em seguida, K será ajustado para resultar na resposta em malha fechada desejada.

A função de transferência da malha secundária, $G_{MS}(s)$, é

$$G_{MS}(s) = \frac{1}{s[s^2 + 20s + (75 + K_r)]} \tag{9.43}$$

Os polos de $G_{MS}(s)$ podem ser obtidos analiticamente ou através do lugar geométrico das raízes. O lugar geométrico das raízes para a malha secundária, em que $K_r s/[s(s + 5)(s + 15)]$ é a função de transferência em malha aberta, é mostrado na Figura 9.56. Uma vez que o zero na origem vem da função de transferência de realimentação da malha secundária, esse zero não é um zero em malha fechada da função de transferência da malha secundária. Portanto, o polo na origem permanece parado e não há cancelamento de polo e zero na origem. A Equação (9.43) também mostra esse fenômeno. Vemos um polo parado na origem e dois polos complexos que variam com o ganho. Observe que o ganho do compensador, K_r, varia a frequência natural, ω_n, dos polos da malha secundária, como pode ser visto a partir da Equação (9.43). Uma vez que as partes reais dos polos complexos são constantes $-\zeta\omega_n = -10$, o fator de amortecimento também deve estar variando para manter $2\zeta\omega_n = 20$ uma constante. Traçando a reta $\zeta = 0{,}8$ na Figura 9.56, obtemos os polos complexos em $-10 \pm j7{,}5$.

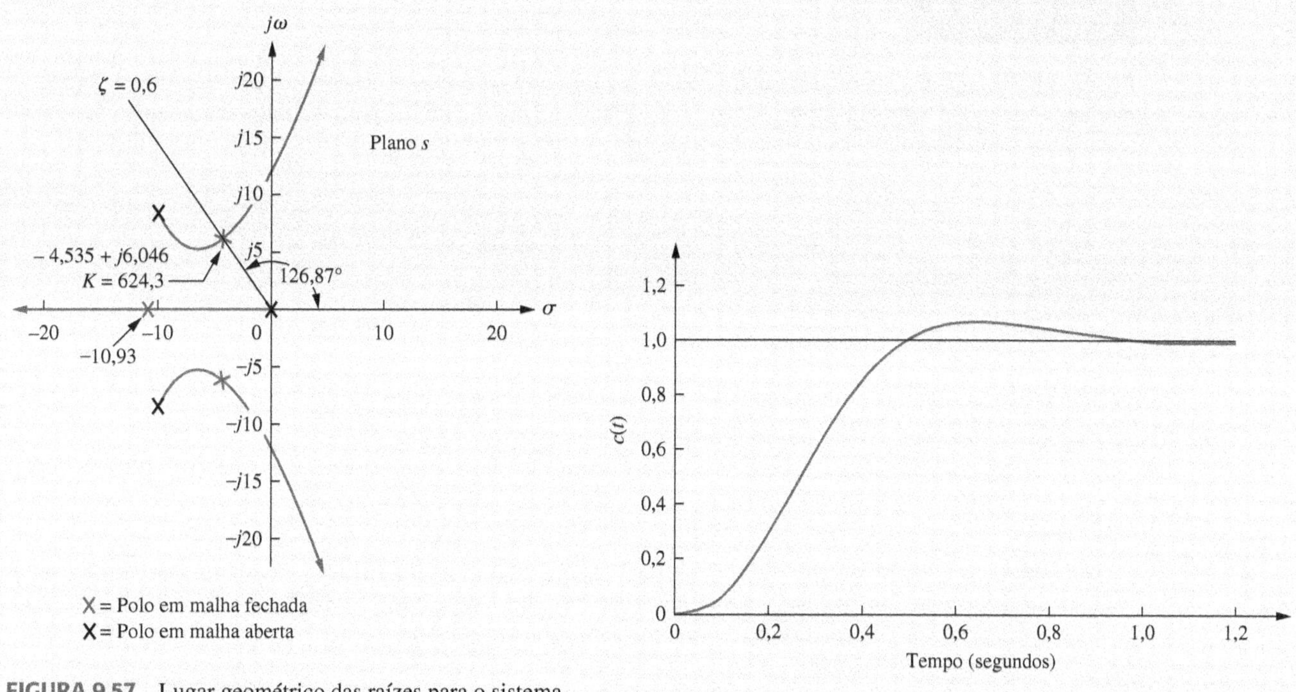

FIGURA 9.57 Lugar geométrico das raízes para o sistema em malha fechada do Exemplo 9.8.

FIGURA 9.58 Simulação da resposta ao degrau para o Exemplo 9.8.

O ganho, K_r, que é igual a 81,25, posiciona os polos da malha secundária, de modo a atender às especificações. Os polos que acabamos de determinar, $-10 \pm j7{,}5$, bem como o polo na origem [Equação (9.43)], atuam como polos em malha aberta que geram um lugar geométrico das raízes para variações do ganho, K.

O lugar geométrico das raízes final para o sistema é mostrado na Figura 9.57. A reta de fator de amortecimento $\zeta = 0{,}6$ está traçada e é feita uma busca sobre ela. Os polos complexos em malha fechada são determinados como $-4{,}535 \pm j6{,}046$, com um ganho requerido de 624,3. Um terceiro polo está em $-10{,}93$.

Os resultados são resumidos na Tabela 9.9. Observamos que o sistema compensado, embora tenha o mesmo fator de amortecimento do sistema sem compensação, é muito mais rápido e também possui um erro em regime permanente menor. Os resultados, entretanto, são resultados preditos, e devem ser simulados para verificar a ultrapassagem percentual, o tempo de acomodação e o instante de pico, uma vez que o terceiro polo não está distante o suficiente dos polos dominantes. A resposta ao degrau é mostrada na Figura 9.58, e está muito próxima do desempenho predito.

TABELA 9.9 Características preditas para os sistemas sem compensação e compensado do Exemplo 9.8.

	Sem compensação	**Compensado**
Planta e compensador	$\frac{K_1}{s(s+5)(s+15)}$	$\frac{K}{s(s^2+20s+156{,}25)}$
Realimentação	1	1
Polos dominantes	$-1{,}997 \pm j2{,}662$	$-4{,}535 \pm j6{,}046$
K	177,3	624,3
ζ	0,6	0,6
ω_n	3,328	7,558
$\%UP$	9,48	9,48
T_s	2	0,882
T_p	1,18	0,52
K_v	2,364	3,996
$e(\infty)$(rampa)	0,423	0,25
Outros polos	−16	−10,93
Zero	Nenhum	Nenhum
Comentários	Aproximação de segunda ordem OK	Simular

Exercício 9.4

PROBLEMA: Para o sistema da Figura 9.59, projete uma compensação de realimentação de velocidade da malha secundária para resultar em um fator de amortecimento de 0,7 para os polos dominantes da malha secundária e um fator de amortecimento de 0,5 para os polos dominantes do sistema em malha fechada.

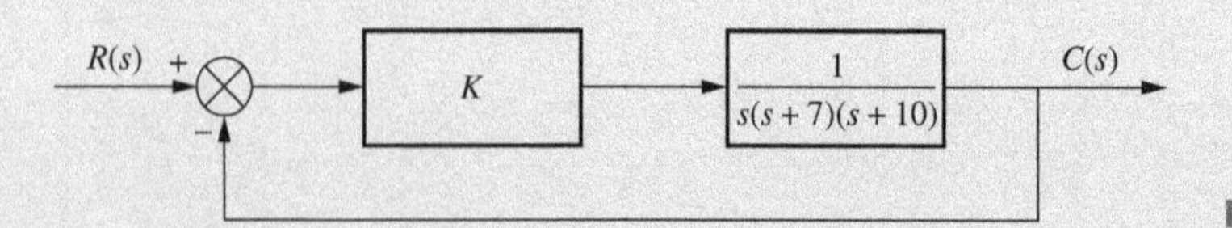

FIGURA 9.59 Sistema para o Exercício 9.4.

RESPOSTA: O sistema é configurado de modo semelhante ao da Figura 9.55(*b*), com $K_r = 77{,}42$ e $K = 626{,}3$.

A solução completa está disponível no Ambiente de aprendizagem do GEN.

Nossa discussão sobre métodos de compensação agora está completa. Estudamos a compensação em cascata e a compensação de realimentação, e as comparamos e contrastamos. Estamos agora prontos para mostrar como realizar fisicamente os controladores e compensadores que projetamos.

9.6 Realização Física da Compensação

Neste capítulo, deduzimos a compensação para melhorar a resposta transitória e o erro em regime permanente em sistemas de controle com realimentação. Funções de transferência de compensadores utilizados em cascata com a planta ou no caminho de realimentação foram deduzidas. Esses compensadores foram definidos por suas configurações de polos e zeros. Eles eram controladores ativos, PI, PD ou PID, ou compensadores passivos, de atraso de fase, de avanço de fase, ou de avanço e de atraso de fase. Nesta seção, mostramos como implementar os controladores ativos e os compensadores passivos.

Realização de Circuito Ativo

No Capítulo 2, deduzimos

$$\frac{V_s(s)}{V_e(s)} = -\frac{Z_2(s)}{Z_1(s)} \tag{9.44}$$

como a função de transferência de um amplificador operacional inversor cuja configuração é repetida aqui na Figura 9.60. Por meio de uma escolha criteriosa de $Z_1(s)$ e de $Z_2(s)$, este circuito pode ser utilizado como um bloco de construção para implementar os compensadores e os controladores, como os controladores PID, discutidos neste capítulo. A Tabela 9.10 resume a realização de controladores PI, PD e PID, bem como de compensadores de atraso de fase, de avanço de fase e de avanço e atraso de fase, utilizando amplificadores operacionais. Você pode verificar a tabela aplicando os métodos do Capítulo 2 para obter as impedâncias.

Outros compensadores podem ser realizados colocando-se os compensadores mostrados na tabela em cascata. Por exemplo, um compensador de avanço e atraso de fase pode ser construído colocando-se o compensador de atraso de fase em cascata com o compensador de avanço de fase, como mostrado na Figura 9.61. Como exemplo, vamos implementar um dos controladores que projetamos anteriormente neste capítulo.

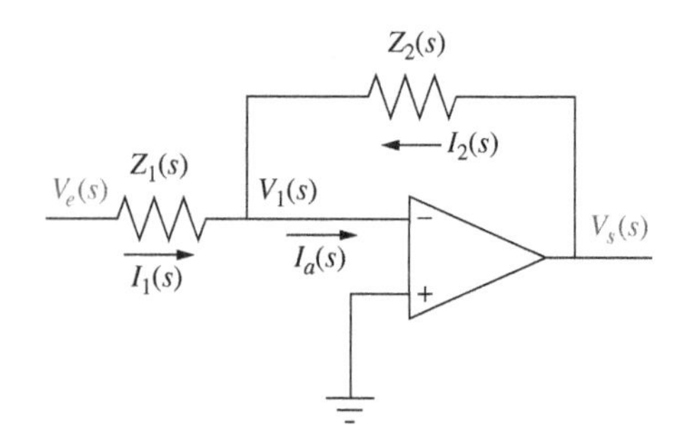

FIGURA 9.60 Amplificador operacional configurado para realização de função de transferência.

TABELA 9.10 Realização ativa de controladores e compensadores, utilizando um amplificador operacional.

Função	$Z_1(s)$	$Z_2(s)$	$G_c(s) = -\frac{Z_2(s)}{Z_1(s)}$
Ganho	R_1	R_2	$-\frac{R_2}{R_1}$
Integração	R	C	$-\frac{\frac{1}{RC}}{s}$
Derivação	C	R	$-RCs$
Controlador PI	R_1	R_2 C	$-\frac{R_2}{R_1}\frac{\left(s+\frac{1}{R_2C}\right)}{s}$
Controlador PD	C R_1	R_2	$-R_2C\left(s+\frac{1}{R_1C}\right)$
Controlador PID	C_1 R_1	R_2 C_2	$-\left[\left(\frac{R_2}{R_1}+\frac{C_1}{C_2}\right)+R_2C_1s+\frac{\frac{1}{R_1C_2}}{s}\right]$
Compensação de atraso de fase	C_1 R_1	C_2 R_2	$-\frac{C_1}{C_2}\frac{\left(s+\frac{1}{R_1C_1}\right)}{\left(s+\frac{1}{R_2C_2}\right)}$ em que $R_2C_2 > R_1C_1$
Compensação de avanço de fase	C_1 R_1	C_2 R_2	$-\frac{C_1}{C_2}\frac{\left(s+\frac{1}{R_1C_1}\right)}{\left(s+\frac{1}{R_2C_2}\right)}$ em que $R_1C_1 > R_2C_2$

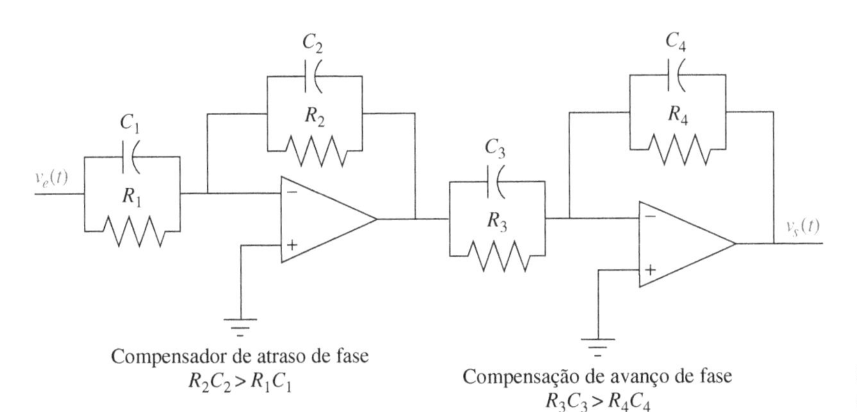

FIGURA 9.61 Compensador de avanço e atraso de fase implementado com amplificadores operacionais.

Exemplo 9.9

Implementando um Controlador PID

PROBLEMA: Implemente o controlador PID do Exemplo 9.5.

SOLUÇÃO: A função de transferência do controlador PID é

$$G_c(s) = \frac{(s+55{,}92)(s+0{,}5)}{s} \tag{9.45}$$

que pode ser colocada na forma

$$G_c(s) = s + 56{,}42 + \frac{27{,}96}{s} \tag{9.46}$$

Comparando o controlador PID na Tabela 9.10 com a Equação (9.46), obtemos as três relações seguintes:

$$\frac{R_2}{R_1} + \frac{C_1}{C_2} = 56{,}42 \tag{9.47}$$

$$R_2C_1 = 1 \tag{9.48}$$

e

$$\frac{1}{R_1C_2} = 27{,}96 \tag{9.49}$$

Uma vez que existem quatro variáveis e três equações, escolhemos arbitrariamente um valor prático para um dos componentes. Escolhendo $C_2 = 0{,}1\ \mu$F, os demais valores são obtidos como $R_1 = 357{,}65$ kΩ, $R_2 = 178{,}891$ kΩ e $C_1 = 5{,}59$ ΩF.

O circuito completo é mostrado na Figura 9.62, na qual os valores dos componentes foram arredondados.

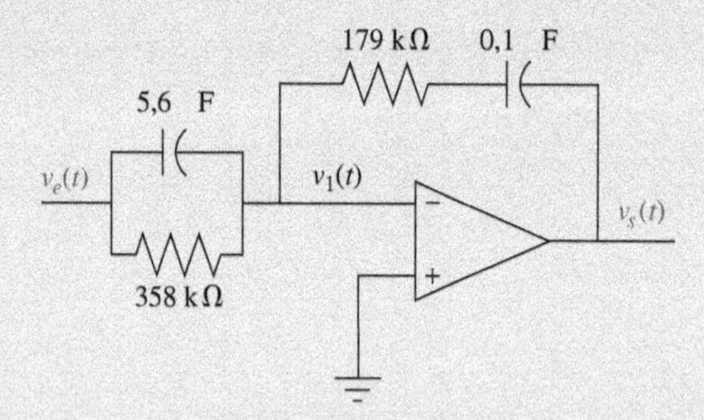

FIGURA 9.62 Controlador PID.

Realização de Circuito Passivo

Os compensadores de atraso de fase, de avanço de fase e de avanço e atraso de fase também podem ser implementados com circuitos passivos. A Tabela 9.11 resume os circuitos e suas funções de transferência. As funções de transferência podem ser deduzidas com os métodos do Capítulo 2.

A função de transferência de avanço e atraso de fase pode ser colocada na seguinte forma:

$$G_c(s) = \frac{\left(s+\frac{1}{T_1}\right)\left(s+\frac{1}{T_2}\right)}{\left(s+\frac{1}{\alpha T_1}\right)\left(s+\frac{\alpha}{T_2}\right)} \tag{9.50}$$

em que $\alpha < 1$. Assim, os termos com T_1 formam o compensador de avanço de fase, e os termos com T_2 formam o compensador de atraso de fase. A Equação (9.50) mostra uma restrição inerente ao uso desta realização passiva. Observamos que a razão entre o zero do compensador de avanço de fase e o polo do compensador de avanço de fase deve ser igual à razão entre o polo do compensador de atraso de fase e o zero do compensador de atraso de fase. No Capítulo 11, projetamos um compensador de avanço e atraso de fase com essa restrição.

Um compensador de avanço e atraso de fase sem essa restrição pode ser realizado com um circuito ativo, como mostrado anteriormente, ou com circuitos passivos, colocando-se os circuitos de avanço de fase e de atraso de fase mostrados na Tabela 9.11 em cascata. Lembre, contudo, que os dois circuitos devem ser isolados para garantir que um circuito não carregue o outro. Caso os circuitos carreguem um ao outro, a função de transferência não será o produto das funções de transferência individuais. Uma possível realização utilizando circuitos passivos é mostrada na Figura 9.63. O isolamento é implementado com um amplificador operacional na topologia não inversora configurado como um seguidor de tensão, em que o ganho é $= (R_f + R_3)/R_f = 1$ se $R_f >> R_3$. O Exemplo 9.10 demonstra o projeto de um compensador passivo.

TABELA 9.11 Realização passiva de compensadores.

Função	Circuito	Função de transferência, $\frac{V_s(s)}{V_e(s)}$
Compensação de atraso de fase		$\frac{R_2}{R_1+R_2}\frac{s+\frac{1}{R_2C}}{s+\frac{1}{(R_1+R_2)C}}$
Compensação de avanço de fase		$\frac{s+\frac{1}{R_1C}}{s+\frac{1}{R_1C}+\frac{1}{R_2C}}$
Compensação de avanço e atraso de fase		$\frac{\left(s+\frac{1}{R_1C_1}\right)\left(s+\frac{1}{R_2C_2}\right)}{s^2+\left(\frac{1}{R_1C_1}+\frac{1}{R_2C_2}+\frac{1}{R_2C_1}\right)s+\frac{1}{R_1R_2C_1C_2}}$

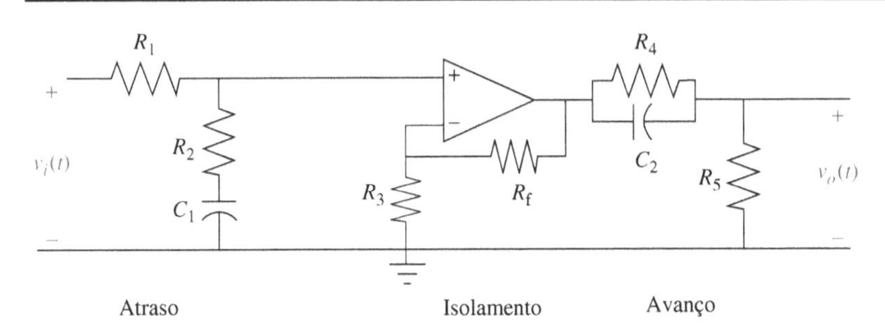

FIGURA 9.63 Compensador de avanço e atraso de fase implementado com circuitos de atraso de fase e de avanço de fase em cascata com isolamento.

Exemplo 9.10

Realizando um Compensador de Avanço de Fase

PROBLEMA: Realize o compensador de avanço de fase projetado no Exemplo 9.4 (Compensador *b*).

SOLUÇÃO: A função de transferência do compensador de avanço de fase é

$$G_c(s)=\frac{s+4}{s+20{,}09} \tag{9.51}$$

Comparando a função de transferência de um circuito de avanço de fase mostrada na Tabela 9.11 com a Equação (9.51), obtemos as duas relações a seguir:

$$\frac{1}{R_1C}=4 \tag{9.52}$$

e

$$\frac{1}{R_1C}+\frac{1}{R_2C}=20{,}09 \tag{9.53}$$

Portanto, $R_1C = 0{,}25$ e $R_2C = 0{,}0622$. Uma vez que existem três componentes no circuito e duas equações, podemos escolher o valor de um dos componentes arbitrariamente. Fazendo $C = 1\ \mu F$, segue que $R_1 = 250\ k\Omega$ e $R_2 = 62{,}2\ k\Omega$.

Exercício 9.5

PROBLEMA: Implemente os compensadores mostrados em **a.** e **b**, a seguir. Escolha uma realização passiva, se possível.

a. $G_c(s) = \dfrac{(s+0{,}1)(s+5)}{s}$

b. $G_c(s) = \dfrac{(s+0{,}1)(s+2)}{(s+0{,}01)(s+20)}$

RESPOSTAS:

a. $G_c(s)$ é um controlador PID e, portanto, requer uma realização ativa. Utilize a Figura 9.60 com os circuitos do controlador PID mostrados na Tabela 9.10. Um possível conjunto de valores aproximados de componentes é

$$C_1 = 10\,\mu\text{F}, \quad C_2 = 100\,\mu\text{F}, \quad R_1 = 20\,\text{k}\Omega, \quad R_2 = 100\,\text{k}\Omega$$

b. $G_c(s)$ é um compensador de avanço e atraso de fase que pode ser implementado com um circuito passivo porque a razão entre o polo e o zero de avanço de fase é o inverso da relação entre o polo e o zero de atraso de fase. Utilize o circuito do compensador de avanço e atraso de fase mostrado na Tabela 9.11. Um possível conjunto de valores aproximados de componentes é

$$C_1 = 100\,\mu\text{F}, \quad C_2 = 900\,\mu\text{F}, \quad R_1 = 100\,\text{k}\Omega, \quad R_2 = 560\,\Omega$$

A solução completa está disponível no Ambiente de aprendizagem do GEN.

Estudos de Caso

Controle de Antena: Compensação de Avanço e Atraso de Fase

Projeto
P

Para o estudo de caso do sistema de controle de posição de azimute de antena no Capítulo 8, obtivemos 25 % de ultrapassagem utilizando um simples ajuste de ganho. Uma vez obtida essa ultrapassagem percentual, o tempo de acomodação foi determinado. Se tentarmos melhorar o tempo de acomodação aumentando o ganho, a ultrapassagem percentual também aumenta. Nesta seção continuamos com o controle de posição de azimute de antena, projetando um compensador em cascata que resulta em 25 % de ultrapassagem com um tempo de acomodação reduzido. Além disso, realizamos melhoria no desempenho do erro em regime permanente do sistema.

PROBLEMA: Dado o sistema de controle de posição de azimute de antena mostrado no Apêndice A2, Configuração 1, projete uma compensação em cascata para atender aos seguintes requisitos: (1) 25 % de ultrapassagem, (2) tempo de acomodação de 2 segundos e (3) $K_v = 20$.

SOLUÇÃO: Para o estudo de caso no Capítulo 8, um ganho do pré-amplificador de 64,21 resultou em 25 % de ultrapassagem, com os polos dominantes de segunda ordem em $-0{,}833 \pm j1{,}888$. O tempo de acomodação é, portanto, $4/\zeta\omega_n = 4/0{,}833 = 4{,}8$ segundos. A função em malha aberta do sistema, como deduzida no estudo de caso no Capítulo 5, é $G(s) = 6{,}63K/[s(s + 1{,}71)(s + 100)]$. Portanto, $K_v = 6{,}63K/(1{,}71 \times 100) = 2{,}49$. Comparando esses valores com o enunciado do problema deste exemplo, queremos melhorar o tempo de acomodação por um fator de 2,4 e queremos uma melhoria de aproximadamente oito vezes em K_v.

Projeto de compensador de avanço de fase para melhorar a resposta transitória: Primeiro, localize o polo dominante de segunda ordem. Para obter um tempo de acomodação, T_s, de 2 segundos e uma ultrapassagem percentual de 25 %, a parte real do polo dominante de segunda ordem deve estar em $-4/T_s = -2$. Posicionando o polo sobre a reta de 113,83° ($\zeta = 0{,}404$, correspondendo a 25% de ultrapassagem) resulta uma parte imaginária de 4,529 (ver Figura 9.64).

Segundo, admita um zero do compensador de avanço de fase e determine o polo do compensador. Admitindo um zero do compensador em -2, junto com os polos e zeros em malha aberta do sistema sem compensação, utilize o programa para o lugar geométrico das raízes apresentado no Apêndice H.2, disponível no Ambiente de aprendizagem do GEN, para determinar que a contribuição angular é de $-120{,}14°$ no ponto de projeto em $-2 \pm j4{,}529$. Portanto, o polo do compensador deve contribuir com $120{,}14° - 180° = -59{,}86°$ para que o ponto de projeto esteja sobre o lugar geométrico das raízes do sistema compensado. A geometria é mostrada na Figura 9.64. Para calcular o polo do compensador, utilizamos $4{,}529/(p_c - 2) = \tan 59{,}86°$, ou $p_c = 4{,}63$.

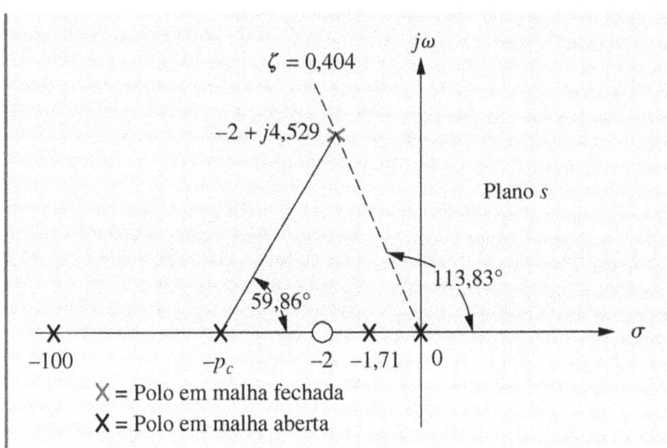

Observação: Esta figura não está desenhada em escala.

FIGURA 9.64 Posicionando o polo do compensador.

Agora, determine o ganho. Utilizando a função em malha aberta do sistema compensado com avanço de fase,

$$G(s) = \frac{6{,}63K(s+2)}{s(s+1{,}71)(s+100)(s+4{,}63)} \tag{9.54}$$

e o ponto de projeto $-2 + j4{,}529$ como o ponto de teste no programa para o lugar geométrico das raízes, o ganho, $6{,}63K$, é determinado como 2549.

Projeto do compensador de atraso de fase para melhorar o erro em regime permanente: K_v para o sistema compensado com avanço de fase é obtido utilizando a Equação (9.54). Portanto,

$$K_v = \frac{2549(2)}{(1{,}71)(100)(4{,}63)} = 6{,}44 \tag{9.55}$$

Como desejamos $K_v = 20$, a melhoria requerida em relação ao sistema compensado com avanço de fase é $20/6{,}44 = 3{,}1$. Escolha $p_c = -0{,}01$ e calcule $z_c = 0{,}031$, que é 3,1 vezes maior.

Determinação do ganho: A função em malha aberta compensada com avanço e atraso de fase completa, $G_{CAA}(s)$, é

$$G_{CAA}(s) = \frac{6{,}63K(s+2)(s+0{,}031)}{s(s+0{,}01)(s+1{,}71)(s+4{,}63)(s+100)} \tag{9.56}$$

Utilizando o programa para o lugar geométrico das raízes no Apêndice H.2, disponível no Ambiente de aprendizagem do GEN, e os polos e zeros da Equação (9.56), procure ao longo da reta de 25 % de ultrapassagem (113,83°) pelo ponto de projeto. Este ponto se deslocou ligeiramente com a inclusão do compensador de atraso de fase para $-1{,}99 \pm j4{,}51$. O ganho neste ponto é igual a 2533, que é $6{,}63K$. Resolvendo para K, resulta $K = 382{,}1$.

Realização do compensador: Uma realização do compensador de avanço e atraso de fase é mostrada na Figura 9.63. A partir da Tabela 9.11, a parcela de atraso de fase possui a seguinte função de transferência:

$$G_{\text{atraso}}(s) = \frac{R_2}{R_1+R_2}\frac{s+\dfrac{1}{R_2C}}{s+\dfrac{1}{(R_1+R_2)C}} = \frac{R_2}{R_1+R_2}\frac{(s+0{,}031)}{(s+0{,}01)} \tag{9.57}$$

Escolhendo $C = 10\ \mu\text{F}$, obtemos $R_2 = 3{,}2\ \text{M}\Omega$ e $R_1 = 6{,}8\ \text{M}\Omega$.

A partir da Tabela 9.11, a parcela de avanço de fase do compensador possui a seguinte função de transferência:

$$G_{\text{avanço}}(s) = \frac{s+\dfrac{1}{R_1C}}{s+\dfrac{1}{R_1C}+\dfrac{1}{R_2C}} = \frac{(s+2)}{(s+4{,}63)} \tag{9.58}$$

Escolhendo $C = 10\ \mu\text{F}$, obtemos $R_1 = 50\ \text{k}\Omega$ e $R_2 = 38\ \text{k}\Omega$.

O ganho de malha total requerido pelo sistema é 2533. Portanto,

$$6{,}63K\frac{R_2}{R_1+R_2} = 2533 \tag{9.59}$$

em que K é o ganho do pré-amplificador e $R_2/(R_1 + R_2)$ é o ganho da parcela de atraso de fase. Utilizando os valores de R_1 e R_2 obtidos durante a realização da parcela de atraso de fase, obtemos $K = 1194$.

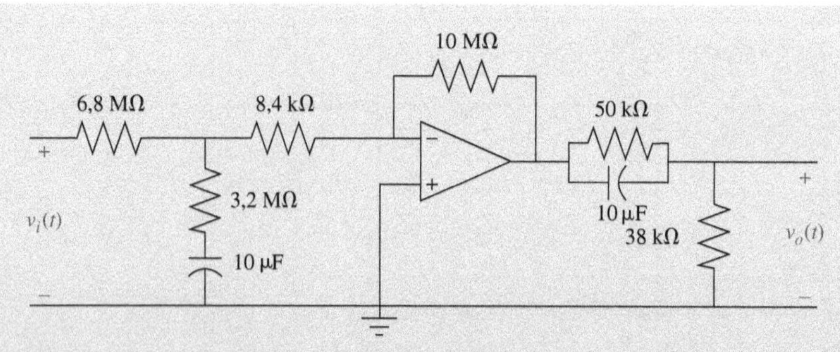

FIGURA 9.65 Realização de compensador de avanço e atraso de fase.

O circuito final é mostrado na Figura 9.65, na qual o pré-amplificador é implementado com um amplificador operacional cuja razão entre o resistor de realimentação e o resistor de entrada é aproximadamente 1194, o ganho requerido do pré-amplificador. O pré-amplificador isola as parcelas de atraso de fase e de avanço de fase do compensador.

Resumo dos resultados do projeto: Utilizando a Equação (9.56) junto com $K = 382{,}1$, obtemos o valor compensado de K_v. Assim,

$$K_v = \lim_{s\to 0} sG_{\text{CAA}}(s) = \frac{2533(2)(0{,}031)}{(0{,}01)(1{,}71)(4{,}63)(100)} = 19{,}84 \tag{9.60}$$

o que é uma melhoria em relação ao sistema compensado com ganho no estudo de caso do Capítulo 8, em que $K_v = 2{,}49$. Esse valor é calculado a partir de $G(s)$ sem compensação fazendo $K = 64{,}21$, como obtido no Estudo de Caso do Capítulo 8.

Finalmente, verificando a aproximação de segunda ordem através de simulação, observamos na Figura 9.66 a resposta transitória real. Compare-a com a resposta do sistema compensado com ganho da Figura 8.29 para constatar a melhoria conseguida pela compensação em cascata em relação ao simples ajuste de ganho. O sistema compensado com ganho resultou em 25 % de ultrapassagem, com um tempo de acomodação de aproximadamente 4 segundos. O sistema compensado com avanço e atraso de fase resultou em 28 % de ultrapassagem, com um tempo de acomodação de cerca de 2 segundos. Caso os resultados não sejam adequados para a aplicação, o sistema deve ser reprojetado para reduzir a ultrapassagem percentual.

DESAFIO: Agora apresentamos um problema para testar seu conhecimento dos objetivos deste capítulo. Dado o sistema de controle de posição de azimute de antena, mostrado no Apêndice A2, Configuração 2, no desafio no Capítulo 8, foi solicitado que você projetasse, usando ajuste de ganho, um tempo de acomodação de 8 segundos.

a. Para sua solução para o desafio no Capítulo 8, calcule a ultrapassagem percentual e o valor da constante de erro estático apropriada.

b. Projete um compensador em cascata para reduzir a ultrapassagem percentual por um fator de 4 e o tempo de acomodação por um fator de 2. Além disso, melhore a constante de erro estático apropriada por um fator de 2.

MATLAB **ML**

c. `Repita o Item b utilizando o MATLAB.`

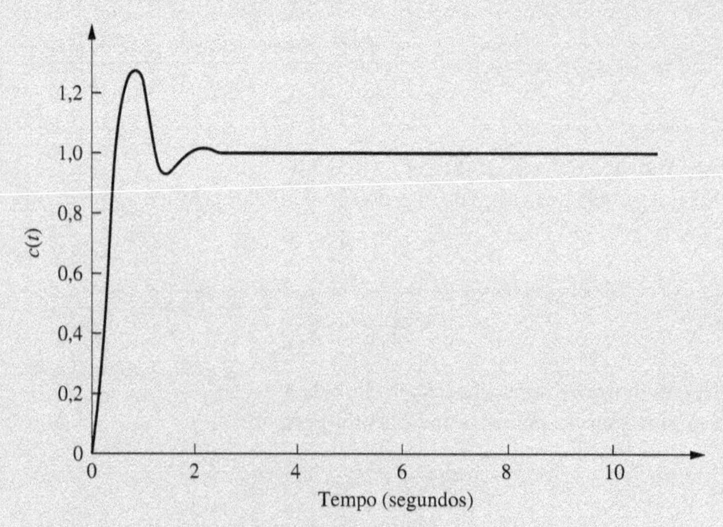

FIGURA 9.66 Resposta ao degrau do controle de antena compensado com avanço e atraso de fase.

Veículo UFSS: Compensação de Avanço de Fase e de Realimentação

Como arremate final para este estudo de caso, reprojetamos a malha de controle de arfagem do veículo UFSS. Para o estudo de caso no Capítulo 8, vimos que a realimentação de velocidade melhorou a resposta transitória. No estudo de caso deste capítulo, substituímos a realimentação de velocidade por um compensador em cascata.

PROBLEMA: Dada a malha de controle de arfagem sem realimentação de velocidade ($K_2 = 0$) para o veículo UFSS mostrada no Apêndice A3, projete um compensador para resultar em 20 % de ultrapassagem e em um tempo de acomodação de 4 segundos (*Johnson, 1980*).

SOLUÇÃO: Primeiro determine a posição dos polos dominantes em malha fechada. Utilizando os 20 % de ultrapassagem e o tempo de acomodação de 4 segundos requeridos, uma aproximação de segunda ordem mostra que os polos dominantes em malha fechada estão localizados em $-1 \pm j1{,}951$. A partir do sistema sem compensação analisado no estudo de caso do Capítulo 8, o tempo de acomodação estimado foi de 19,8 segundos para polos dominantes em malha fechada em $-0{,}202 \pm j0{,}394$. Portanto, um compensador de avanço de fase é requerido para aumentar a velocidade do sistema.

Admita arbitrariamente um zero do compensador de avanço de fase em -1. Utilizando o programa para o lugar geométrico das raízes no Apêndice H.2, disponível no Ambiente de aprendizagem do GEN, verificamos que este zero do compensador, junto com os polos e zeros em malha aberta do sistema, resulta em uma contribuição angular no ponto de projeto, $-1 + j1{,}951$, de $-178{,}92°$. A diferença entre este ângulo e 180°, ou $-1{,}08°$, é a contribuição angular requerida a partir do polo do compensador.

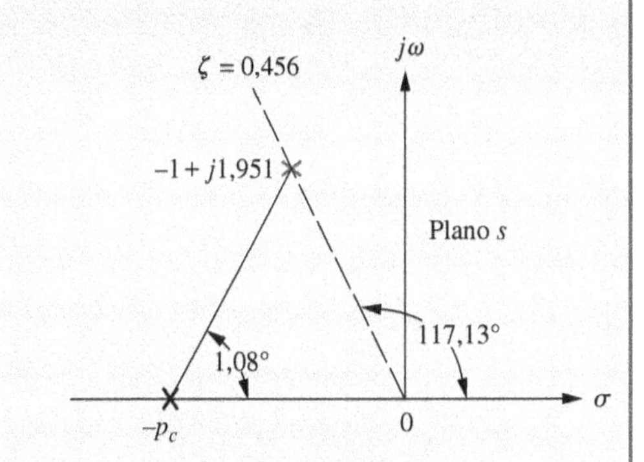

FIGURA 9.67 Localizando o polo do compensador.

Utilizando a geometria mostrada na Figura 9.67, em que $-p_c$ é a posição do polo do compensador, verificamos que

$$\frac{1{,}951}{p_c - 1} = \tan 1{,}08° \tag{9.61}$$

a partir do que $p_c = 104{,}5$. A função de transferência em malha aberta compensada é, portanto,

$$G(s) = \frac{0{,}25K_1(s+0{,}435)(s+1)}{(s+1{,}23)(s+2)(s^2+0{,}226s+0{,}0169)(s+104{,}5)} \tag{9.62}$$

em que o compensador é

$$G_c(s) = \frac{(s+1)}{(s+104{,}5)} \tag{9.63}$$

Utilizando todos os polos e zeros mostrados na Equação (9.62), o programa para o lugar geométrico das raízes mostra que um ganho de 516,5 é requerido no ponto de projeto, $-1 + j1{,}951$. O lugar geométrico das raízes do sistema compensado é mostrado na Figura 9.68.

Um teste da aproximação de segunda ordem mostra mais três polos em malha fechada em $-0{,}5$, $-0{,}9$ e $-104{,}5$. Como os zeros em malha aberta estão em $-0{,}435$ e -1, uma simulação é requerida para verificar se ocorre efetivamente um cancelamento de polos e zeros em malha fechada com polos em malha fechada em $-0{,}5$ e 0,9, respectivamente. Além disso, o polo em malha fechada em $-104{,}5$ é mais que cinco vezes a parte real do polo dominante em malha fechada, $-1 \pm j1{,}951$, e seu efeito sobre a resposta transitória é, portanto, desprezível.

A resposta ao degrau do sistema em malha fechada é mostrada na Figura 9.69, na qual observamos uma ultrapassagem de 26 % e um tempo de acomodação de aproximadamente 4,5 segundos. Comparando essa resposta com a Figura 8.31, a resposta do sistema sem compensação, constatamos uma melhoria considerável no tempo de acomodação e no erro em regime permanente. Contudo, o desempenho da resposta transitória não atende aos requisitos do projeto. Assim, um reprojeto do sistema para reduzir a ultrapassagem percentual é sugerido, caso seja exigido pela aplicação.

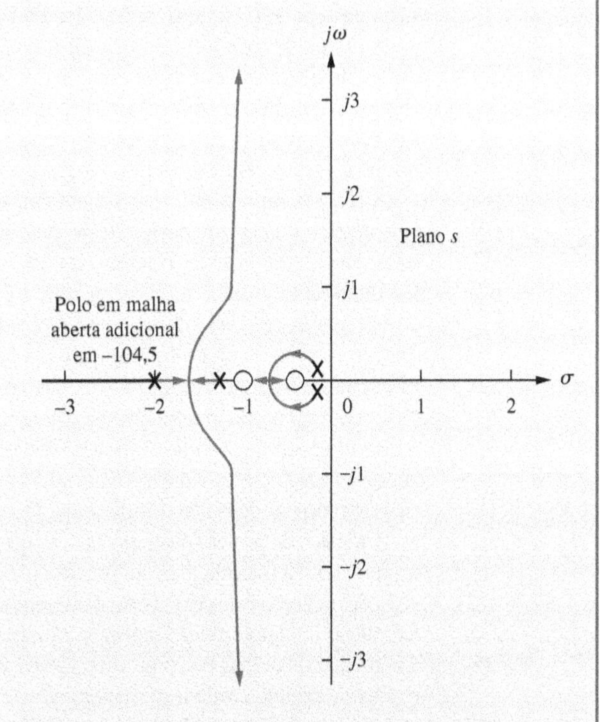

FIGURA 9.68 Lugar geométrico das raízes para o sistema compensado com avanço de fase.

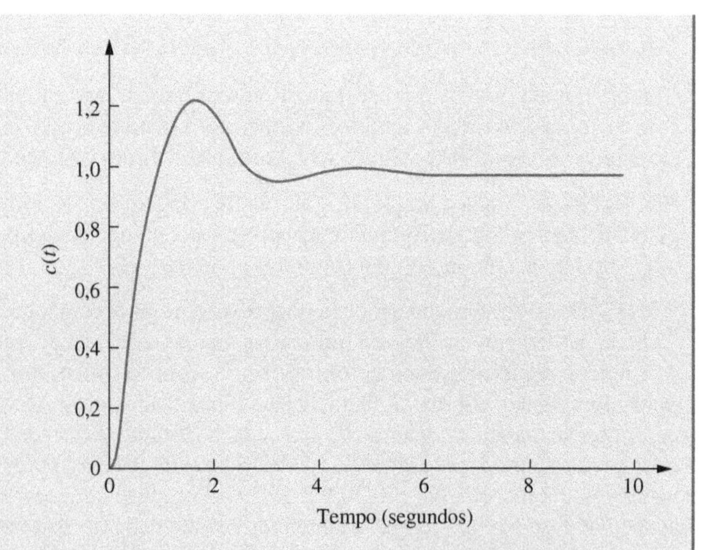

FIGURA 9.69 Resposta ao degrau do veículo UFSS compensado com avanço de fase.

DESAFIO: Agora apresentamos um problema para testar seu conhecimento dos objetivos deste capítulo. O sistema de controle de rumo do veículo UFSS é mostrado no Apêndice A3. A malha secundária contém a dinâmica do leme e do veículo, e a malha principal relaciona o rumo de saída com o rumo de entrada (*Johnson, 1980*).

a. Determine os valores de K_1 e K_2 de modo que os polos dominantes da malha secundária tenham um fator de amortecimento de 0,6 e os polos dominantes da malha principal tenham um fator de amortecimento de 0,5.

MATLAB ML

b. `Repita, utilizando o MATLAB.`

Resumo

Neste capítulo, aprendemos como projetar um sistema para atender a especificações de transitório e de regime permanente. Essas técnicas de projeto superaram as limitações da metodologia coberta no Capítulo 8, na qual uma resposta transitória só poderia ser gerada se os polos capazes de produzi-la estivessem sobre o lugar geométrico das raízes. O subsequente ajuste de ganho resultava na resposta desejada. Uma vez que esse valor de ganho determina o valor do erro em regime permanente da resposta, uma solução de compromisso era necessária entre a resposta transitória desejada e o erro em regime permanente desejado.

A *compensação em cascata* ou a *compensação de realimentação* é utilizada para superar as desvantagens do ajuste de ganho como técnica de compensação. Neste capítulo, vimos que a resposta transitória e o erro em regime permanente podem ser projetados separadamente um do outro. Uma solução de compromisso entre esses dois requisitos não é mais necessária. Além disso, fomos capazes de projetar para uma resposta transitória que não estava representada no lugar geométrico das raízes original.

A técnica de projeto de resposta transitória coberta neste capítulo se baseia na alteração da forma do lugar geométrico das raízes para fazê-lo passar por um ponto de resposta transitória desejada, seguida de um ajuste de ganho. Tipicamente, o ganho resultante é muito maior que o original se a resposta do sistema compensado for mais rápida que a do sistema sem compensação.

O lugar geométrico das raízes é alterado pelo acréscimo de polos e zeros adicionais através de um compensador em cascata ou na realimentação. Os polos e zeros adicionais devem ser verificados para confirmar se as aproximações de segunda ordem utilizadas no projeto são válidas. Todos os polos além do par dominante de segunda ordem devem produzir uma resposta que seja muito mais rápida que a resposta projetada. Assim, os polos não dominantes devem estar pelo menos cinco vezes mais afastados do eixo imaginário que o par dominante. Além disso, todo zero do sistema deve estar próximo de um polo não dominante para que ocorra um cancelamento de polo e zero, ou longe do par de polos dominantes. O sistema resultante pode então ser aproximado por dois polos dominantes.

A técnica de projeto da resposta em regime permanente se baseia na inserção de um polo na origem ou próximo da origem, com a finalidade de aumentar o tipo do sistema ou ter um efeito próximo do aumento do tipo do sistema. Em seguida, um zero é inserido perto desse polo, de modo que o efeito sobre a resposta transitória seja desprezível. Todavia, a redução final do erro em regime permanente ocorre com uma constante de tempo elevada. Os mesmos argumentos a respeito dos outros polos produzindo respostas rápidas e sobre os zeros sendo cancelados para validar uma aproximação de segunda ordem se mantêm verdadeiros para essa técnica. Se as aproximações de segunda ordem não puderem ser justificadas, então uma simulação é requerida para se ter certeza de que o projeto está dentro das tolerâncias.

Os compensadores do projeto de regime permanente são implementados através de *controladores PI* ou *compensadores de atraso de fase*. Os controladores PI adicionam um polo na origem, aumentando assim o tipo do sistema. Os compensadores de atraso de fase, usualmente implementados com estruturas passivas, posicionam o polo fora da origem, porém próximo a ela. Ambos os métodos adicionam um zero muito próximo do polo para não afetar a resposta transitória.

Os compensadores do projeto da resposta transitória são implementados através de *controladores PD* ou *compensadores de avanço de fase*. Os controladores PD adicionam um zero para compensar a resposta transitória; eles são considerados *ideais*. Os compensadores de atraso de fase, por outro lado, não são ideais, uma vez que adicionam um polo junto com o zero. Os compensadores de atraso de fase são usualmente estruturas passivas.

Podemos corrigir a resposta transitória e o erro em regime permanente com um *PID* ou com um *compensador de avanço* ou *atraso de fase*. Ambos são combinações simples dos compensadores descritos anteriormente. A Tabela 9.7 resume os tipos de compensadores em cascata.

A compensação de realimentação também pode ser utilizada para melhorar a resposta transitória. Nesse caso, o compensador é colocado no caminho de realimentação. O ganho de realimentação é utilizado para alterar o zero do compensador ou os polos do sistema em malha aberta, dando ao projetista uma escolha ampla de vários lugares geométricos das raízes. O ganho do sistema é então variado sobre o lugar geométrico das raízes escolhido até o ponto de projeto. Uma vantagem da compensação de realimentação é a capacidade de projetar uma resposta rápida em um subsistema independentemente da resposta total do sistema.

No próximo capítulo, examinamos outro método de projeto, a resposta em frequência, que é um método alternativo ao método do lugar geométrico das raízes.

Questões de Revisão

1. Faça uma breve distinção entre as técnicas de projeto do Capítulo 8 e do Capítulo 9.
2. Cite duas grandes vantagens das técnicas de projeto do Capítulo 9 em relação às técnicas de projeto do Capítulo 8.
3. Que tipo de compensação melhora o erro em regime permanente?
4. Que tipo de compensação melhora a resposta transitória?
5. Que tipo de compensação melhora tanto o erro em regime permanente quanto a resposta transitória?
6. A compensação em cascata para melhorar o erro em regime permanente é baseada em que posicionamento do polo e do zero do compensador? Além disso, declare as razões para esse posicionamento.
7. A compensação em cascata para melhorar a resposta transitória é baseada em que posicionamento do polo e do zero do compensador? Além disso, declare as razões para esse posicionamento.
8. Que diferença no plano s é observada entre a utilização de um controlador PD e a utilização de uma estrutura de avanço de fase para melhorar a resposta transitória?
9. Para aumentar a velocidade de um sistema sem alterar a ultrapassagem percentual, onde os polos do sistema compensado devem estar no plano s em comparação com os polos do sistema sem compensação?
10. Por que há uma melhoria maior no erro em regime permanente se for utilizado um controlador PI em vez de uma estrutura de atraso de fase?
11. Ao compensar o erro em regime permanente, que efeito é algumas vezes observado na resposta transitória?
12. Um compensador de atraso de fase com o zero 25 vezes mais afastado do eixo imaginário que o polo do compensador resultará aproximadamente em quanta melhoria no erro em regime permanente?
13. Se o zero de um compensador de realimentação estiver em -3 e um polo do sistema em malha fechada estiver em $-3{,}001$, você pode afirmar que haverá cancelamento de polo e zero? Por quê?
14. Cite duas vantagens da compensação de realimentação.

Investigação em Laboratório Virtual

EXPERIMENTO 9.1

Objetivos Realizar um estudo de solução de compromisso para a compensação com avanço de fase. Projetar um controlador PI e verificar seu efeito sobre o erro em regime permanente.

Requisitos Mínimos de Programas MATLAB e Control System Toolbox

Pré-Ensaio

1. Quantos projetos de compensadores de avanço de fase atenderão às especificações de resposta transitória de um sistema?
2. Que diferenças os compensadores de avanço de fase do Pré-Ensaio 1 produzem?

3. Projete um compensador de avanço de fase para um sistema com realimentação negativa unitária com uma função de transferência à frente $G(s) = \dfrac{K}{s(s+3)(s+6)}$ para atender às seguintes especificações: ultrapassagem percentual = 20 %; tempo de acomodação = 2 segundos. Especifique o ganho requerido, K. Estime a validade da aproximação de segunda ordem.
4. Qual é a contribuição angular total do compensador de avanço de fase do Pré-Ensaio 3?
5. Determine o polo e o zero de mais dois compensadores de avanço de fase que atenderão aos requisitos do Pré-Ensaio 3.
6. Qual é o erro em regime permanente esperado para uma entrada em degrau para cada um dos sistemas compensados com avanço de fase?
7. Qual é o erro em regime permanente esperado para uma entrada em rampa para cada um dos sistemas compensados com avanço de fase?
8. Escolha um dos projetos de compensador de avanço de fase e especifique um controlador PI que possa ser inserido em cascata com o compensador de avanço de fase para produzir um sistema com erro em regime permanente nulo para ambas as entradas, em degrau e em rampa.

Ensaio

1. Utilizando o Control System Designer, crie o projeto do Pré-Ensaio 3 e apresente o lugar geométrico das raízes, a resposta ao degrau e a resposta à rampa. Utilize os dados para determinar a ultrapassagem percentual, o tempo de acomodação e os erros em regime permanente para degrau e rampa. Registre o ganho, K.
2. Repita o Ensaio 1 para cada um dos projetos do Pré-Ensaio 5.
3. Para o projeto escolhido no Pré-Ensaio 8, utilize o Control System Designer e insira o controlador PI. Apresente a resposta ao degrau e meça a ultrapassagem percentual, o tempo de acomodação e o erro em regime permanente. Apresente também a resposta à rampa para o projeto e meça o erro em regime permanente.
4. Apresente as respostas ao degrau e à rampa para mais dois valores do zero do controlador PI.

Pós-Ensaio

1. Construa uma tabela mostrando valores calculados e reais para a ultrapassagem percentual, o tempo de acomodação, o ganho, K, o erro em regime permanente para entradas em degrau e o erro em regime permanente para entradas em rampa. Utilize os três sistemas sem o controlador PI e o único sistema com o controlador PI do Ensaio 3.
2. Liste os benefícios de cada sistema sem o controlador PI.
3. Escolha um projeto final e discuta as razões de sua escolha.

EXPERIMENTO 9.2

Objetivo Projetar um controlador PID através do LabVIEW.

Requisitos Mínimos de Programas LabVIEW com Control Design and Simulation Module.

Pré-Ensaio

1. Realize o Experimento 8.3 de Investigando Laboratório Virtual.
2. Utilize o sistema descrito no Experimento 8.3 de Investigação em Laboratório Virtual e substitua o controlador ali descrito, $G_c(s) = K_D s + K_P$, por um controlador PID.
3. Projete o controlador para atender aos seguintes requisitos: (1) reduzir o tempo de acomodação obtido no projeto do Experimento 8.3 de Investigação em Laboratório Virtual para menos de 1 segundo e (2) limitar a ultrapassagem percentual para não mais que 5 %.
4. Projete uma VI LabVIEW para testar seu projeto. As entradas do *front panel* serão os ganhos do PID e o numerador e denominador da planta. Os indicadores serão as funções de transferência da planta, do controlador PID e do sistema em malha fechada. Finalmente, providencie um indicador para o gráfico da resposta ao degrau.

Ensaio Execute sua VI LabVIEW e obtenha a resposta ao degrau de sistema em malha fechada.

Pós-Ensaio Compare o desempenho do transitório e do erro em regime permanente entre as respostas ao degrau em malha fechada do Experimento 8.3 de Investigação em Laboratório Virtual desta experiência.

Laboratório de Interface de Hardware

EXPERIMENTO 9.3 Controle de Velocidade Usando Controle PI

Objetivos Controlar a velocidade de um motor em malha fechada usando controle integral e investigar a solução de compromisso desta abordagem.

Material necessário Computador com o LabVIEW instalado; myDAQ; motor com escovas e redução cc com *encoder* de efeito Hall em quadratura (faixa de operação normal de –10 V a +10 V); e chip de controle do motor BA6956AN ou um circuito transistorizado substituto.

Arquivos fornecidos no Ambiente de aprendizagem do GEN

Speed PI Control.vi
Signal Conditioning (SubVI).vi
PI Controller (SubVI).vi

Pré-Ensaio Responda às questões a seguir:

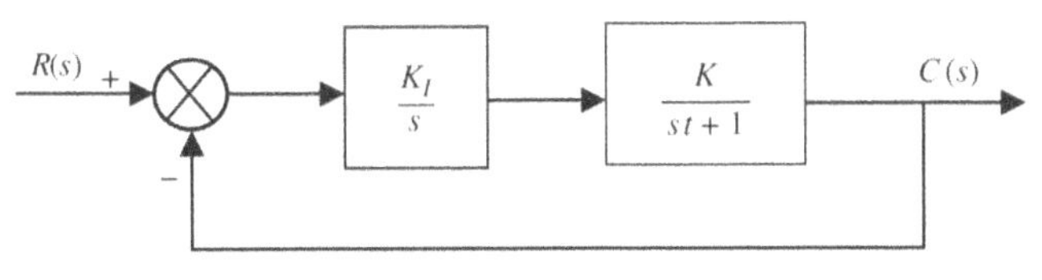

FIGURA P9.70

Para o sistema mostrado na Figura P9.70, faça o seguinte:

1. Determine a função de transferência em malha fechada de $R(s)$ para $C(s)$.
2. Desenhe o lugar geométrico das raízes em função de K_I.
3. Desenhe a resposta ao degrau unitário para o sistema marcando o tempo de acomodação, o instante de pico e o máximo da saída. Verifique todas as possibilidades: superamortecido, criticamente amortecido e subamortecido.
4. Obtenha uma expressão para o erro em regime permanente para uma entrada em degrau unitário.

Ensaio

Software: Use a Speed PI Control.vi e altere a constante na esquerda para adequá-la à relação de engrenagens de seu motor e o CPR do *encoder*, como mostrado na Figura P9.71(*b*). Altere também as constantes ligadas ao controlador PI. Esses valores devem ser a constante de zona morta máxima do motor. Altere as constantes de zona morta dentro do bloco signal conditioning, como você fez no Experimento 8.4.

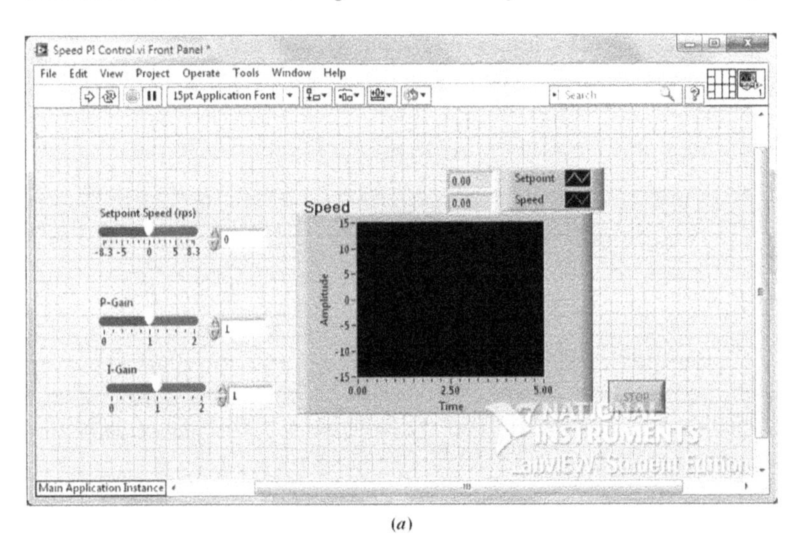

(*a*)

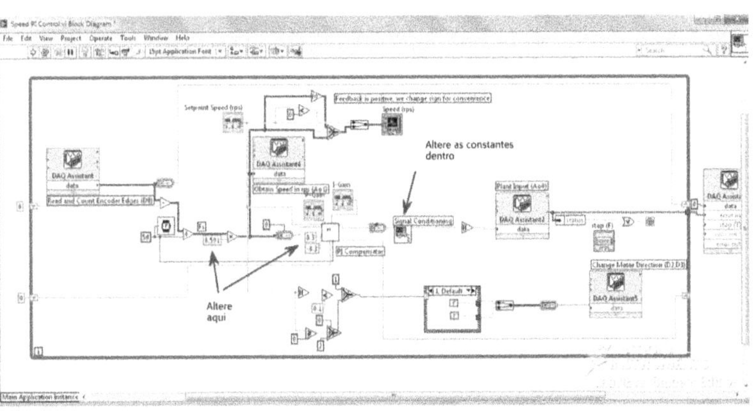

(*b*)

FIGURA P9.71 Speed PI Control.vi: **a.** Front Panel; **b.** Diagrama de Blocos.

Hardware: O mesmo que no Experimento 8.4

Procedimento:

1. Faça o ganho P = 0, e escolha um ganho I pequeno. Verifique a operação de seu sistema em malha fechada. Neste experimento manteremos o ganho P em 0.
2. Desenhe um diagrama de blocos funcional (similar ao apresentado no Capítulo 1) do sistema. Não inclua as funções de condicionamento de sinal, nem os sinais de alteração de direção.
3. Usando a função de transferência que você determinou no Experimento 4.6, desenhe o lugar geométrico das raízes do sistema.
4. Determine a faixa teórica de K_I na qual o sistema é estável em malha fechada.
5. Execute seu programa e sistema para determinar experimentalmente a faixa de K_I na qual o sistema é estável em malha fechada.
6. Faça uma escolha adequada de três valores diferentes de K_I para experimentação.
7. Usando a função de transferência que você determinou no Experimento 8.4 e as três escolhas adequadas de ganho, complete a tabela a seguir utilizando apenas cálculos manuais (calculadoras, tudo bem; mas simulações computacionais não são permitidas). Registre todos os cálculos.

K_P			
T_P – Instante de pico			
%UP – Ultrapassagem percentual			
T_s – Tempo de acomodação			
e_{rp} – Erro em regime permanente (entrada degrau)			

Teórico

8. Para cada um dos três valores de K_I, realize experimentos de entrada em degrau. Utilize um único valor de amplitude da entrada em degrau para os três valores de K_I. Certifique-se de que a captura de seu osciloscópio contenha a resposta transitória do sistema em sua totalidade. Mostre medidas de todos os parâmetros na tabela Teórico anterior e preencha a tabela Experimental a seguir. Observe que T_s, o tempo de acomodação, é difícil de medir na configuração atual devido ao número limitado de canais analógicos disponíveis. Em vez de medir T_s, marque em seu osciloscópio seu valor teórico usando os cursores do osciloscópio. (**Importante**: Neste experimento, pare a VI antes de iniciá-la novamente toda vez que você aplicar uma entrada em degrau. Esta ação reiniciará o integrador.)

K_P			
T_P – Instante de pico			
%UP – Ultrapassagem percentual			
e_{rp} – Erro em regime permanente (entrada degrau)			

Experimental

Pós-Ensaio Faça uma comparação detalhada de suas tabelas Teórico e Experimental. Discuta similaridades e discrepâncias entre valores experimentais e teóricos e apresente possíveis razões.

Bibliografia

Bittanti, S., Dell'Orto, F., Di Carlo, A., and Savaresi, S. M. Notch Filtering and Multirate Control for Radial Tracking in High Speed DVD-Players. *IEEE Transactions on Consumer Electronics*, vol. 48, 2002, pp. 56–62.

Budak, A. *Passive and Active Network Analysis and Synthesis*. Houghton Mifflin, Boston, MA, 1974.

Camacho, E. F., Berenguel, M., Rubio, F. R., and Martinez, D. *Control of Solar Energy Systems*. Springer-Verlag, London, 2012.

Craig, I. K., Xia, X., and Venter, J. W. Introducing HIV/AIDS Education into the Electrical Engineering Curriculum at the University of Pretoria. *IEEE Transactions on Education*, vol. 47, no. 1, February 2004, pp. 65–73.

Craig, J. J. *Introduction to Robotics. Mechanics and Control*, 3d ed. Prentice Hall, Upper Saddle River, NJ, 2005.

D'Azzo, J. J., and Houpis, C. H. *Feedback Control System Analysis and Synthesis*, 2d ed. McGraw-Hill, New York, 1966.

Dorf, R. C. *Modern Control Systems*, 5th ed. Addison-Wesley, Reading, MA, 1989.

Hostetter, G. H., Savant, C. J., Jr., and Stefani, R. T. *Design of Feedback Control Systems*, 2d ed. Saunders College Publishing, New York, 1989.

Irvine, R. G., *Operational Amplifier Characteristics and Applications*, Prentice-Hall, Upper Saddle River, NJ, 1981.

Johnson, H. et al. *Unmanned Free-Swimming Submersible (UFSS) System Description*. NRL Memorandum Report 4393. Naval Research Laboratory, Washington, D.C., 1980.

Karlsson, P., and Svensson, J. DC Bus Voltage Control for a Distributed Power System, *IEEE Trans. on Power Electronics*, vol. 18, no. 6, 2003, pp. 1405–1412.

Khodabakhshian, A., and Golbon, N. Design of a New Load Frequency PID Controller Using QFT. *Proceedings of the 13th Mediterranean Conference on Control and Automation*, 2005, pp. 970–975.

Kuo, B. C. *Automatic Control Systems*, 7th ed. Prentice Hall, Upper Saddle River, NJ, 1995.

Mahmood, H., and Jiang, J. Modeling and Control System Design of a Grid Connected VSC Considering the Effect of the Interface Transformer Type. *IEEE Transactions on Smart Grid*, vol. 3, no. 1, March 2012, pp. 122–134.

Ogata, K. *Modern Control Engineering*, 2d ed. Prentice Hall, Upper Saddle River, NJ, 1990.

Prasad, L., Tyagi, B., and Gupta, H. Modeling & Simulation for Optimal Control of Nonlinear Inverted Pendulum Dynamical System using PID Controller & LQR. *IEEE Computer Society Sixth Asia Modeling Symposium*, 2012, pp. 138–143.

Preitl, Z., Bauer, P., and Bokor, J. A Simple Control Solution for Traction Motor Used in Hybrid Vehicles. *Fourth International Symposium on Applied Computational Intelligence and Informatics*. IEEE. 2007.

Smith, C. A. *Automated Continuous Process Control*. Wiley, New York, 2002.

Thomsen, S., Hoffmann, N., and Fuchs, F. W. PI Control, PI-Based State Space Control, and Model-Based Predictive Control for Drive Systems With Elastically Coupled Loads—A Comparative Study. *IEEE Transactions On Industrial Electronics*, vol. 58, no. 8, August 2011, pp. 3647–3657.

Van de Vegte, J. *Feedback Control Systems*, 2d ed. Prentice Hall, Upper Saddle River, NJ, 1990.

Varghese, J., and Binu, L. S. Adaptive Fuzzy PI Controller for Hypersonic Wind Tunnel Pressure Regulation. *10th National Conference on Technological Trends (NCTT09)*, Nov. 6–7, 2009, pp. 184–187.

Capítulo 10

Técnicas de Resposta em Frequência

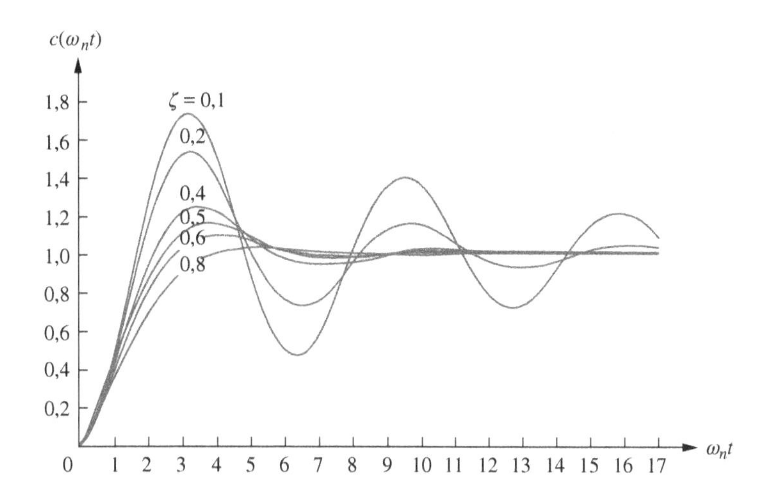

Resultados de Aprendizagem do Capítulo

Após completar este capítulo, o estudante estará apto a:

- Definir e representar graficamente a resposta em frequência de um sistema (Seção 10.1)
- Traçar aproximações assintóticas da resposta em frequência de um sistema (Seção 10.2)
- Esboçar um diagrama de Nyquist (Seções 10.3-10.4)
- Utilizar o critério de Nyquist para analisar a estabilidade de um sistema (Seção 10.5)
- Determinar a estabilidade e obter as margens de ganho e de fase utilizando diagramas de Nyquist e diagramas de Bode (Seções 10.6-10.7)
- Determinar a faixa de passagem, a magnitude de pico e a frequência de pico de uma resposta em frequência em malha fechada, dados os parâmetros da resposta no tempo em malha fechada, de instante de pico, tempo de acomodação e ultrapassagem percentual (Seção 10.8)
- Determinar a resposta em frequência em malha fechada a partir da resposta em frequência em malha aberta (Seção 10.9)
- Determinar os parâmetros da resposta no tempo em malha fechada de instante de pico, tempo de acomodação e ultrapassagem percentual a partir da resposta em frequência em malha aberta (Seção 10.10).

Resultados de Aprendizagem do Estudo de Caso

Você será capaz de demonstrar seu conhecimento dos objetivos do capítulo com um estudo de caso como a seguir:

- Dado o sistema de controle de posição de azimute de antena mostrado no Apêndice A2 e utilizando métodos de resposta em frequência, você será capaz de determinar a faixa de ganho, K, para estabilidade. Você também será capaz de determinar a ultrapassagem percentual, o tempo de acomodação, o instante de pico e o tempo de subida, dado K.

10.1 Introdução

O método do lugar geométrico das raízes para o projeto do transitório, o projeto do regime permanente e a análise da estabilidade foi coberto nos Capítulos 8 e 9. No Capítulo 8, cobrimos o caso simples de projeto através do ajuste de ganho, onde foi realizada uma solução de compromisso entre uma resposta transitória desejada e um erro em regime permanente desejado. No Capítulo 9, a necessidade dessa solução de compromisso foi eliminada pelo uso de estruturas de compensação, de modo que os erros do transitório e em regime permanente puderam ser especificados e projetados separadamente. Além disso, uma resposta transitória desejada não precisava mais estar sobre o lugar geométrico das raízes original do sistema.

Este capítulo e o Capítulo 11 apresentam o projeto de sistemas de controle com realimentação através do ajuste de ganho e de estruturas de compensação a partir de outra perspectiva – a da resposta em frequência. Os resultados das técnicas de compensação de resposta em frequência não são novos ou diferentes dos resultados das técnicas do lugar geométrico das raízes.

Os métodos de resposta em frequência, desenvolvidos por Nyquist e Bode na década de 1930, são mais antigos que o método do lugar geométrico das raízes, descoberto por Evans em 1948 (*Nyquist, 1932*; *Bode, 1945*). O método mais antigo, que é coberto neste capítulo, não é tão intuitivo quanto o do lugar geométrico das raízes. Contudo, a resposta em frequência fornece uma nova perspectiva a partir da qual podemos examinar, com certas vantagens, os sistemas de controle com realimentação. Esta técnica possui vantagens claras nas seguintes situações:

1. Quando as funções de transferência são modeladas a partir de dados físicos, como mostrado na Figura 10.1.
2. Quando os compensadores de avanço de fase são projetados para atender a um requisito de erro em regime permanente e a um requisito de resposta transitória.
3. Quando a estabilidade de sistemas não lineares é estudada.
4. Na solução de ambiguidades, quando um lugar geométrico das raízes é esboçado.

Primeiro discutimos o conceito de resposta em frequência, definimos a resposta em frequência, deduzimos expressões analíticas para a resposta em frequência, representamos graficamente a resposta em frequência e desenvolvemos formas de esboçar a resposta em frequência e, em seguida, aplicamos o conceito à análise e ao projeto de sistemas de controle.

O Conceito de Resposta em Frequência

No regime permanente, entradas senoidais aplicadas a sistemas lineares geram respostas senoidais de mesma frequência. Embora essas respostas tenham a mesma frequência das entradas, elas diferem em amplitude e em fase. Essas diferenças são funções da frequência.

Antes de definirmos a resposta em frequência, vamos examinar uma representação conveniente de senoides. As senoides podem ser representadas por números complexos chamados *fasores*. A magnitude do número complexo é a amplitude da senoide, e o ângulo do número complexo é a fase da senoide. Assim, $M_1 \cos(\omega t + \phi_1)$ pode ser representada como $M_1 \angle \phi_1$, onde a frequência, ω, está implícita.

FIGURA 10.1 As plataformas National Instruments PXI, Compact RIO, Compact DAQ e o dispositivo USB (mostrados da esquerda para a direita) se unem ao programa NI LabVIEW para fornecer estímulos e adquirir sinais de sistemas físicos. O NI LabVIEW pode, então, ser utilizado para analisar os dados, determinar o modelo matemático e criar um protótipo, bem como implementar um controlador para o sistema físico.

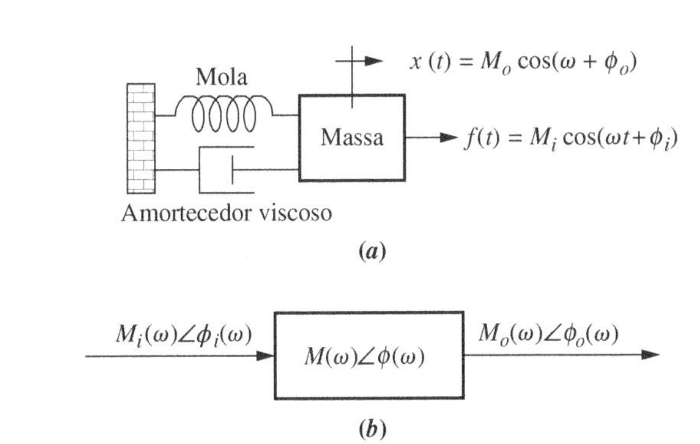

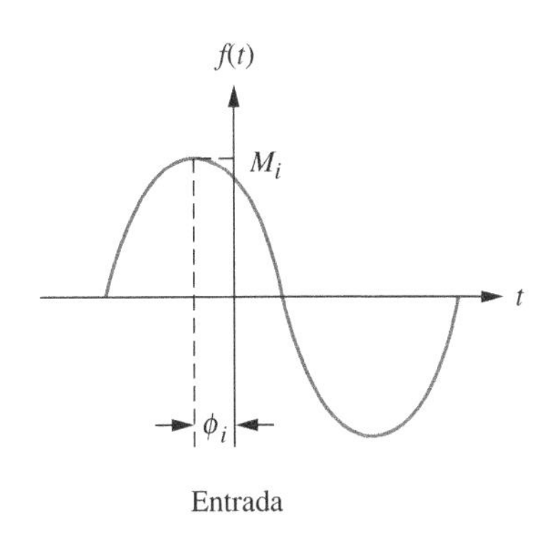

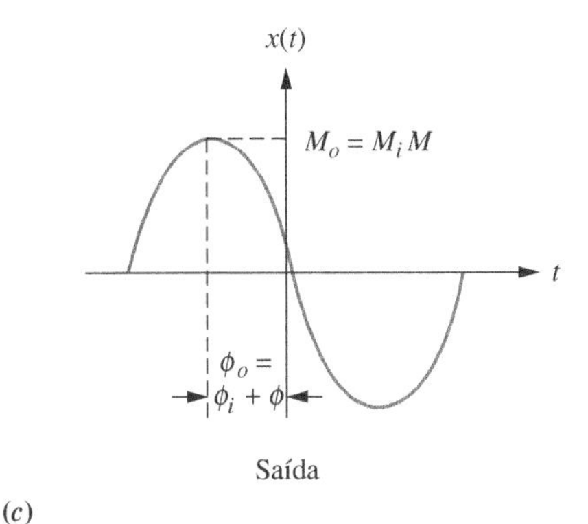

FIGURA 10.2 Resposta em frequência senoidal: **a.** sistema; **b.** função de transferência; **c.** formas de onda de entrada e de saída.

Uma vez que o sistema faz com que tanto a amplitude quanto a fase da entrada sejam alteradas, podemos pensar no próprio sistema representado por um número complexo, definido de modo que o produto do fasor de entrada pela função do sistema resulte na representação do fasor de saída.

Considere o sistema mecânico da Figura 10.2(*a*). Caso a força de entrada, $f(t)$, seja senoidal, a resposta de saída em regime permanente, $x(t)$, do sistema também será senoidal e com a mesma frequência da entrada. Na Figura 10.2(*b*), as senoides de entrada e de saída são representadas por números complexos, ou fasores, $M_e(\omega)\angle\phi_e(\omega)$ e $M_s(\omega)\angle\phi_s(\omega)$, respectivamente. Neste caso, os Ms são as amplitudes das senoides e os ϕs são as fases das senoides, como mostrado na Figura 10.2(*c*). Admita que o sistema seja representado pelo número complexo, $M(\omega)\angle\phi(\omega)$. A saída senoidal em regime permanente é obtida multiplicando-se a representação em número complexo da entrada pela representação em número complexo do sistema. Assim, a saída senoidal em regime permanente é

$$M_s(\omega)\angle\phi_s(\omega) = M_e(\omega)M(\omega)\angle[\phi_e(\omega) + \phi(\omega)] \tag{10.1}$$

A partir da Equação (10.1), observamos que a função do sistema é dada por

$$M(\omega) = \frac{M_s(\omega)}{M_e(\omega)} \tag{10.2}$$

e

$$\phi(\omega) = \phi_s(\omega) - \phi_e(\omega) \tag{10.3}$$

As Equações (10.2) e (10.3) formam nossa definição de resposta em frequência. Chamamos $M(\omega)$ de *magnitude da resposta em frequência* e $\phi(\omega)$ de *fase da resposta em frequência*. A combinação da magnitude e da fase da resposta em frequência é chamada *resposta em frequência*, e é $M(\omega)\angle\phi(\omega)$.

Em outras palavras, definimos a magnitude da resposta em frequência como a razão entre a magnitude da senoide de saída e a magnitude da senoide de entrada. Definimos a fase da resposta como a diferença entre os ângulos das senoides de saída e de entrada. Ambas as respostas são funções da frequência e se aplicam apenas à resposta senoidal em regime permanente do sistema.

Expressões Analíticas para a Resposta em Frequência

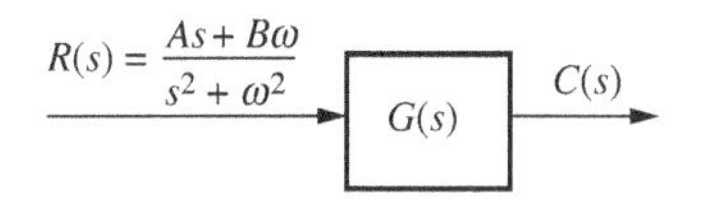

FIGURA 10.3 Sistema com entrada senoidal.

Agora que definimos a resposta em frequência, vamos obter a expressão analítica para ela (*Nilsson, 1990*). Mais adiante, neste capítulo, utilizaremos essa expressão analítica para determinar a estabilidade, a resposta transitória e o erro em regime permanente. A Figura 10.3 mostra um sistema, $G(s)$, com a transformada de Laplace de uma senoide genérica, $r(t) = A\cos\omega t + B$ sen $\omega t = \sqrt{A^2 + B^2}\cos[\omega t - \tan^{-1}(B/A)]$ como entrada. Podemos representar a entrada como um fasor de três maneiras: (1) na forma polar, $M_e\angle\phi_e$, em que $M_e = \sqrt{A^2 + B^2}$ e $\phi_e = -\tan^{-1}(B/A)$; (2) na forma retangular, $A - jB$; e (3) utilizando a fórmula de Euler, $M_e e^{j\phi_e}$.

Resolveremos agora para a parcela de resposta forçada de $C(s)$, a partir do que avaliamos a resposta em frequência. A partir da Figura 10.3,

$$C(s) = \frac{As + B\omega}{(s^2 + \omega^2)}G(s) \tag{10.4}$$

Separamos a solução forçada da solução transitória realizando uma expansão em frações parciais da Equação (10.4). Assim,

$$\begin{aligned} C(s) &= \frac{As + B\omega}{(s + j\omega)(s - j\omega)}G(s) \\ &= \frac{K_1}{s + j\omega} + \frac{K_2}{s - j\omega} + \text{Termos de frações parciais de } G(s) \end{aligned} \tag{10.5}$$

em que

$$\begin{aligned} K_1 = \left.\frac{As + B\omega}{s - j\omega}G(s)\right|_{s\to -j\omega} &= \frac{1}{2}(A + jB)G(-j\omega) = \frac{1}{2}M_e e^{-j\phi_e}M_G e^{-j\phi_G} \\ &= \frac{M_e M_G}{2}e^{-j(\phi_e + \phi_G)} \end{aligned} \tag{10.6a}$$

$$\begin{aligned} K_2 = \left.\frac{As + B\omega}{s + j\omega}G(s)\right|_{s\to +j\omega} &= \frac{1}{2}(A - jB)G(j\omega) = \frac{1}{2}M_e e^{j\phi_e}M_G e^{j\phi_G} \\ &= \frac{M_e M_G}{2}e^{j(\phi_e + \phi_G)} = K_1^* \end{aligned} \tag{10.6b}$$

Para as Equações (10.6), K_1^* é o conjugado complexo de K_1,

$$M_G = |G(j\omega)| \tag{10.7}$$

e

$$\phi_G = \text{ângulo de } G(j\omega) \tag{10.8}$$

A resposta em regime permanente é a parcela da expansão em frações parciais proveniente dos polos da forma de onda de entrada, ou apenas os dois primeiros termos da Equação (10.5). Portanto, a saída senoidal em regime permanente, $C_{rp}(s)$, é

$$C_{rp}(s) = \frac{K_1}{s + j\omega} + \frac{K_2}{s - j\omega} \tag{10.9}$$

Substituindo as Equações (10.6) na Equação (10.9), obtemos

$$C_{rp}(s) = \frac{\frac{M_e M_G}{2}e^{-j(\phi_e + \phi_G)}}{s + j\omega} + \frac{\frac{M_e M_G}{2}e^{j(\phi_e + \phi_G)}}{s - j\omega} \tag{10.10}$$

Aplicando a transformada inversa de Laplace, obtemos

$$\begin{aligned} c(t) &= M_e M_G\left(\frac{e^{-j(\omega t + \phi_e + \phi_G)} + e^{j(\omega t + \phi_e + \phi_G)}}{2}\right) \\ &= M_e M_G \cos(\omega t + \phi_e + \phi_G) \end{aligned} \tag{10.11}$$

que pode ser representada na forma de fasor como $M_s\angle\phi_s = (M_e\angle\phi_e)(M_G\angle\phi_G)$, em que $M_G\angle\phi_G$ é a função de resposta em frequência. Mas, a partir das Equações (10.7) e (10.8), $M_G\angle\phi_G = G(j\omega)$. Em outras palavras, a resposta em frequência de um sistema, cuja função de transferência é $G(s)$, é

$$G(j\omega) = G(s)|_{s\to j\omega} \tag{10.12}$$

Representando Graficamente a Resposta em Frequência

$G(j\omega) = M_G(\omega)\angle\phi_G(\omega)$ pode ser representada graficamente de diversas formas; duas delas são (1) como uma função da frequência, com os gráficos separados de magnitude e fase; e (2) como um diagrama polar, onde o comprimento do fasor é a magnitude, e o ângulo do fasor é a fase. Ao representar gráficos separados de magnitude e fase, a curva de magnitude pode ser traçada em decibéis (dB) em função de log ω, em que dB = 20 log M.[1] A curva de fase é traçada como fase em função de log ω. A motivação para esses gráficos é mostrada na Seção 10.2.

Utilizando os conceitos cobertos na Seção 8.1, os dados para os gráficos também podem ser obtidos por meio de vetores no plano s traçados a partir dos polos e dos zeros de $G(s)$ até o eixo imaginário. Neste caso, a magnitude da resposta em uma frequência específica é o produto dos comprimentos dos vetores a partir dos zeros de $G(s)$ dividido pelo produto dos comprimentos dos vetores a partir dos polos de $G(s)$ traçados até pontos sobre o eixo imaginário. A fase da resposta é a soma dos ângulos a partir dos zeros de $G(s)$ menos a soma dos ângulos a partir dos polos de $G(s)$ traçados até pontos sobre o eixo imaginário. Realizando essas operações para pontos sucessivos ao longo do eixo imaginário obtêm-se os dados da resposta em frequência. Lembre-se de que essa operação em cada ponto equivale à substituição do ponto $s = j\omega_1$ em $G(s)$ e do cálculo de seu valor.

Os gráficos também podem ser obtidos por meio de um programa de computador que calcula a resposta em frequência. Por exemplo, o programa para o lugar geométrico das raízes, discutido no Apêndice H, disponível no Ambiente de aprendizagem do GEN, pode ser utilizado com pontos de teste que estão sobre o eixo imaginário. O valor calculado de K em cada frequência é o inverso da magnitude da resposta, e o ângulo calculado é, diretamente, a fase da resposta naquela frequência.

O exemplo a seguir demonstra como obter uma expressão analítica para a resposta em frequência e representar graficamente o resultado.

Exemplo 10.1

Resposta em Frequência a partir da Função de Transferência

PROBLEMA: Determine a expressão analítica da magnitude da resposta em frequência e da fase da resposta em frequência para um sistema $G(s) = 1/(s + 2)$. Além disso, represente graficamente tanto os diagramas de magnitude e fase separados quanto o diagrama polar.

SOLUÇÃO: Primeiro, substitua $s = j\omega$ na função do sistema e obtenha $G(j\omega) = 1/(j\omega + 2) = (2 - j\omega)/(\omega^2 + 4)$. A magnitude deste número complexo, $|G(j\omega)| = M(\omega) = 1/\sqrt{\omega^2 + 4}$, é a magnitude da resposta em frequência. O ângulo de $G(j\omega)$, $\phi(\omega) = -\tan^{-1}(\omega/2)$, é a fase da resposta em frequência.

$G(j\omega)$ pode ser representada graficamente de duas maneiras: (1) em diagramas separados de magnitude e de fase e (2) em um diagrama polar. A Figura 10.4 mostra os diagramas de magnitude e de fase separados, em que o diagrama de magnitude é $20 \log M(\omega) = 20 \log (1/\sqrt{\omega^2 + 4})$ em função de log ω, e o diagrama de fase é $\phi(\omega) = -\tan^{-1}(\omega/2)$ em função de log ω. O diagrama polar, mostrado na Figura 10.5, é um gráfico de $M(\omega)\angle\phi(\omega) = 1/\sqrt{\omega^2 + 4}\,\angle{-\tan^{-1}(\omega/2)}$ para diferentes valores de ω.

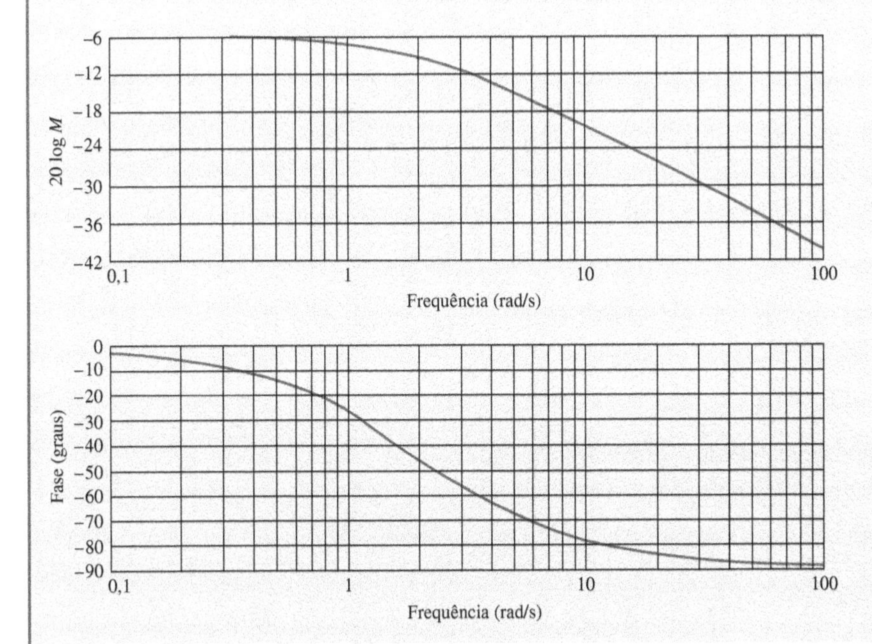

FIGURA 10.4 Diagramas de resposta em frequência para $G(s) = 1/(s + 2)$: diagramas de magnitude e fase separados.

[1] Ao longo deste livro, "log" é utilizado para representar $\log_{10}$, ou logaritmo na base 10.

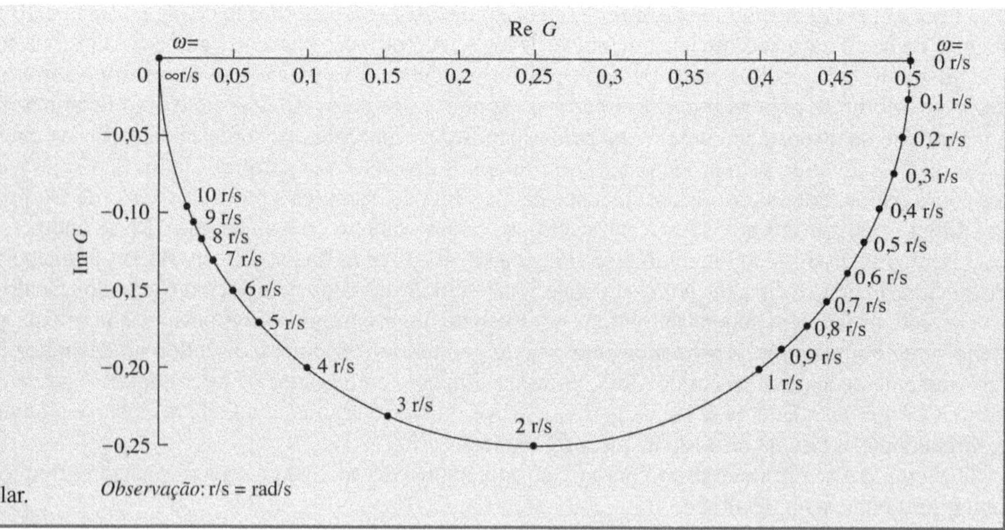

FIGURA 10.5 Diagrama de resposta em frequência para $G(s) = 1/(s + 2)$: diagrama polar.

No exemplo anterior, representamos graficamente a magnitude e a fase da resposta separadas, bem como o diagrama polar, utilizando a expressão matemática para a resposta em frequência. Uma dessas representações da resposta em frequência também pode ser obtida a partir da outra. Você deve praticar essa conversão observando a Figura 10.4 e obtendo a Figura 10.5 utilizando pontos sucessivos. Por exemplo, em uma frequência de 1 rad/s na Figura 10.4, a magnitude é aproximadamente -7 dB, ou $10^{-7/20} = 0{,}447$. O diagrama da fase em 1 rad/s indica que a fase é aproximadamente $-26°$. Assim, no diagrama polar, um ponto de raio 0,447 com um ângulo de $-26°$ é representado e identificado como 1 rad/s. Continuando da mesma forma para outras frequências na Figura 10.4 você pode obter a Figura 10.5.

De modo similar, a Figura 10.4 pode ser obtida a partir da Figura 10.5 selecionando-se uma sequência de pontos na Figura 10.5 e convertendo-os em valores separados de magnitude e fase. Por exemplo, traçando um vetor a partir da origem até o ponto de 2 rad/s na Figura 10.5, observamos que a magnitude é $20 \log 0{,}35 = -9{,}12$ dB e a fase é cerca de $-45°$. A magnitude e a fase são, então, representados em 2 rad/s na Figura 10.4 nas curvas separadas de magnitude e fase.

Exercício 10.1

PROBLEMA:

a. Determine expressões analíticas para a magnitude e a fase da resposta de

$$G(s) = \frac{1}{(s+2)(s+4)}$$

b. Construa diagramas de logaritmo da magnitude e de fase, utilizando o logaritmo da frequência em rad/s como abscissa.

c. Construa um diagrama polar da resposta em frequência.

RESPOSTAS:

a. $M(\omega) = \dfrac{1}{\sqrt{(8-\omega^2)^2 + (6\omega)^2}}$; para $\omega \le \sqrt{8}$: $\phi(\omega) = -\arctan\left(\dfrac{6\omega}{8-\omega^2}\right)$, para $\omega > \sqrt{8}$: $\phi(\omega) = -\left[\pi + \arctan\left(\dfrac{6\omega}{8-\omega^2}\right)\right]$

b. Veja a resposta disponível no Ambiente de aprendizagem do GEN.

c. Veja a resposta disponível no Ambiente de aprendizagem do GEN.

A solução completa está disponível no Ambiente de aprendizagem do GEN.

Nesta seção, definimos a resposta em frequência e vimos como obter uma expressão analítica para a resposta em frequência de um sistema, simplesmente substituindo $s = j\omega$ em $G(s)$. Também vimos como construir uma representação gráfica de $G(j\omega)$. A próxima seção mostra como aproximar os diagramas de magnitude e de fase com o objetivo de esboçá-los rapidamente.

10.2 Aproximações Assintóticas: Diagramas de Bode

As curvas de logaritmo da magnitude e de fase da resposta em frequência em função de log ω são chamadas *diagramas de Bode* ou *curvas de Bode*. O esboço dos diagramas de Bode pode ser simplificado porque eles podem ser aproximados por uma sequência de segmentos de retas. A aproximação através de segmentos de retas simplifica a avaliação da magnitude e da fase da resposta em frequência.

Considere a seguinte função de transferência:

$$G(s) = \frac{K(s+z_1)(s+z_2)\cdots(s+z_k)}{s^m(s+p_1)(s+p_2)\cdots(s+p_n)} \quad (10.13)$$

A magnitude da resposta em frequência é o produto da magnitude da resposta em frequência de cada termo, ou

$$|G(j\omega)| = \left.\frac{K|(s+z_1)||(s+z_2)|\cdots|(s+z_k)|}{|s^m||(s+p_1)||(s+p_2)|\cdots|(s+p_n)|}\right|_{s\to j\omega} \quad (10.14)$$

Portanto, caso conheçamos a magnitude da resposta de cada termo de polo e zero, podemos determinar a magnitude total da resposta. O processo pode ser simplificado trabalhando-se com o logaritmo da magnitude, uma vez que as magnitudes das respostas dos termos de zeros devem ser somadas, e as magnitudes das respostas dos termos dos polos, subtraídas, em vez de, respectivamente, multiplicadas ou divididas, para resultar no logaritmo da magnitude total da resposta. Convertendo a magnitude da resposta em dB, obtemos

$$\begin{aligned}20\log|G(j\omega)| &= 20\log K + 20\log|(s+z_1)| + 20\log|(s+z_2)| \\ &+ \cdots - 20\log|s^m| - 20\log|(s+p_1)| - \cdots|_{s\to j\omega}\end{aligned} \quad (10.15)$$

Assim, se conhecêssemos a resposta de cada termo, a soma algébrica resultaria na resposta total em dB. Além disso, caso pudéssemos fazer uma aproximação de cada termo que consistisse somente em segmentos de retas, a soma gráfica dos termos seria grandemente simplificada.

Antes de prosseguir, vamos examinar a fase da resposta. A partir da Equação (10.13), a fase da resposta em frequência é a *soma* das curvas de fase da resposta em frequência dos termos de zeros menos a *soma* das curvas de fase da resposta em frequência dos termos de polos. Novamente, uma vez que a fase da resposta é a soma de termos individuais, aproximações em segmentos de reta dessas respostas individuais simplificam a soma gráfica.

Vamos mostrar agora como aproximar a resposta em frequência de termos de polos e zeros simples através de segmentos de reta. Posteriormente, mostraremos como combinar essas respostas para esboçar a resposta em frequência de funções mais complexas. Em seções subsequentes, após uma discussão do critério de estabilidade de Nyquist, aprenderemos a utilizar os diagramas de Bode para a análise e o projeto da estabilidade e da resposta transitória.

Diagramas de Bode para $G(s) = (s + a)$

Considere uma função, $G(s) = (s + a)$, para a qual desejamos esboçar diagramas de logaritmo da magnitude e de fase da resposta separados. Fazendo $s = j\omega$, temos

$$G(j\omega) = (j\omega + a) = a\left(j\frac{\omega}{a} + 1\right) \quad (10.16)$$

Em baixas frequências, quando ω tende a zero,

$$G(j\omega) \approx a \quad (10.17)$$

A magnitude da resposta em dB é

$$20\log M = 20\log a \quad (10.18)$$

em que $M = |G(j\omega)|$ e é uma constante. A Equação (10.18) é mostrada graficamente na Figura 10.6(a) de $\omega = 0{,}01a$ a a.

Em altas frequências em que $\omega \gg a$, a Equação (10.16) se torna

$$G(j\omega) \approx a\left(\frac{j\omega}{a}\right) = a\left(\frac{\omega}{a}\right)\angle 90^\circ = \omega\angle 90^\circ \quad (10.19)$$

A magnitude da resposta em dB é

$$20\log M = 20\log a + 20\log\frac{\omega}{a} = 20\log\omega \quad (10.20)$$

em que $a < \omega < \infty$. Observe, a partir do termo intermediário, que a aproximação de alta frequência é igual à aproximação de baixa frequência, quando $\omega = a$, e aumenta para $\omega > a$.

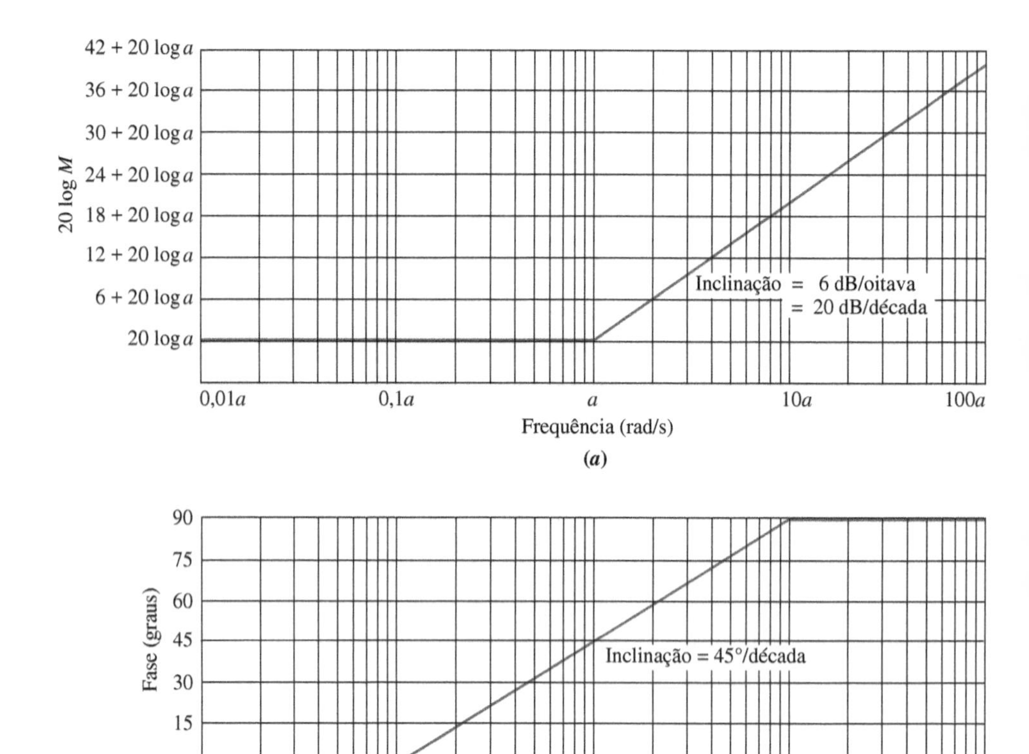

FIGURA 10.6 Diagramas de Bode de $(s + a)$: **a.** diagrama de magnitude; **b.** diagrama de fase.

Caso tracemos em dB, 20 log M, em função de log ω, a Equação (10.20) se torna uma reta:

$$y = 20x \tag{10.21}$$

em que $y = 20 \log M$ e $x = \log \omega$. A reta possui uma inclinação de 20 quando traçada como dB em função de log ω.

Uma vez que cada duplicação da frequência faz com que 20 log ω aumente por 6 dB, a reta cresce com uma inclinação equivalente de 6 dB/oitava, em que uma *oitava* corresponde a uma duplicação da frequência. Este aumento começa em $\omega = a$, em que a aproximação de baixa frequência se iguala à aproximação de alta frequência.

Chamamos de *assíntotas* as aproximações em segmentos de retas. A aproximação de baixa frequência é chamada *assíntota de baixa frequência*, e a aproximação de alta frequência é chamada *assíntota de alta frequência*. A frequência, a, é chamada *frequência de quebra* porque nela ocorre uma quebra entre as assíntotas de baixa e alta frequências.

Muitas vezes é conveniente desenhar a reta sobre uma década em vez de sobre uma oitava, em que uma *década* é 10 vezes a frequência inicial. Sobre uma década, 20 log ω aumenta de 20 dB. Portanto, uma inclinação de 6 dB/oitava é equivalente a uma inclinação de 20 dB/década. O diagrama é mostrado na Figura 10.6(*a*) com ω variando de $0{,}01a$ a $100a$.

Vamos agora examinar a fase da resposta, que pode ser traçada como a seguir. Na frequência de quebra, a, a Equação (10.16) mostra a fase como 45°. Em baixas frequências, a Equação (10.17) mostra que a fase é 0°. Em altas frequências, a Equação (10.19) mostra que a fase é 90°. Para traçar a curva, comece uma década (1/10) abaixo da frequência de quebra, $0{,}1a$, com 0° de fase, e trace uma reta de inclinação +45°/década passando por 45° na frequência de quebra e continuando até 90° uma década acima da frequência de quebra, $10a$. O diagrama de fase resultante é mostrado na Figura 10.6(*b*).

Frequentemente, é conveniente *normalizar* a magnitude e *escalonar* a frequência de modo que o diagrama de logaritmo da magnitude passe por 0 dB em uma frequência de quebra unitária. A normalização e o escalonamento ajudam nas seguintes aplicações:

1. Ao comparar diferentes diagramas de resposta em frequência de sistemas de primeira ou de segunda ordens, todos os diagramas terão a mesma assíntota de baixa frequência depois da normalização e a mesma frequência de quebra depois do escalonamento.
2. Ao esboçar a resposta em frequência de uma função como a Equação (10.13), cada fator no numerador e no denominador terá a mesma assíntota de baixa frequência depois da normalização. Esta assíntota comum de baixa frequência torna mais fácil adicionar os componentes para obter o diagrama de Bode.

TABELA 10.1 Dados da resposta em frequência assintótica e real, normalizadas e escalonadas para $(s + a)$.

Frequência $\frac{}{a}$ (rad/s)	$20 \log \frac{M}{a}$ (dB) Assintótica	Real	Fase (graus) Assintótica	Real
0,01	0	0,00	0,00	0,57
0,02	0	0,00	0,00	1,15
0,04	0	0,01	0,00	2,29
0,06	0	0,02	0,00	3,43
0,08	0	0,03	0,00	4,57
0,1	0	0,04	0,00	5,71
0,2	0	0,17	13,55	11,31
0,4	0	0,64	27,09	21,80
0,6	0	1,34	35,02	30,96
0,8	0	2,15	40,64	38,66
1	0	3,01	45,00	45,00
2	6	6,99	58,55	63,43
4	12	12,30	72,09	75,96
6	15,56	15,68	80,02	80,54
8	18	18,13	85,64	82,87
10	20	20,04	90,00	84,29
20	26,02	26,03	90,00	87,14
40	32,04	32,04	90,00	88,57
60	35,56	35,56	90,00	89,05
80	38,06	38,06	90,00	89,28
100	40	40,00	90,00	89,43

Para normalizar $(s + a)$, colocamos a grandeza a em evidência e formamos $a[(s/a) + 1]$. A frequência é escalonada definindo-se uma nova variável de frequência, $s_1 = s/a$. Em seguida, a magnitude é dividida pela grandeza a para resultar em 0 dB na frequência de quebra. Portanto, a função normalizada e escalonada é $(s_1 + 1)$. Para obter a resposta em frequência original, a magnitude e a frequência são multiplicadas pela grandeza a.

Usamos agora os conceitos de normalização e escalonamento para comparar a aproximação assintótica com os diagramas reais de magnitude e de fase para $(s + a)$. A Tabela 10.1 mostra a comparação para a resposta em frequência normalizada e escalonada de $(s + a)$. Observe que a curva de magnitude real está no máximo 3,01 dB acima das assíntotas. Esta diferença máxima ocorre na frequência de quebra. A diferença máxima para a curva de fase é de 5,71°, o que ocorre uma década acima e uma década abaixo da frequência de quebra. Por conveniência, os dados da Tabela 10.1 são representados graficamente nas Figuras 10.7 e 10.8.

Determinamos agora os diagramas de Bode para outras funções de transferência comuns.

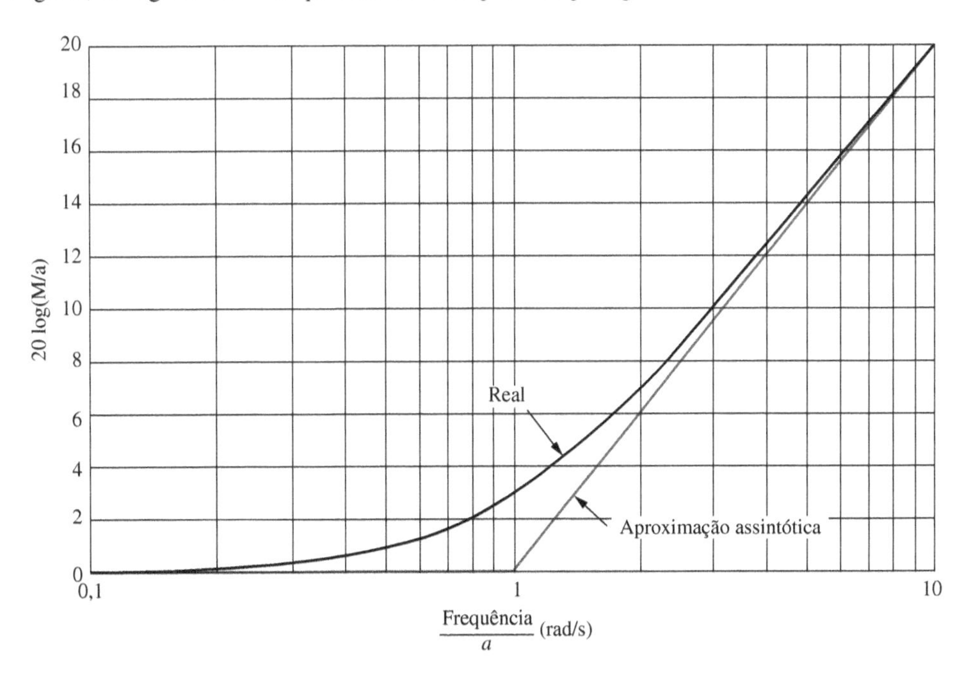

FIGURA 10.7 Magnitudes assintótica e real, normalizadas e escalonadas, da resposta de $(s + a)$.

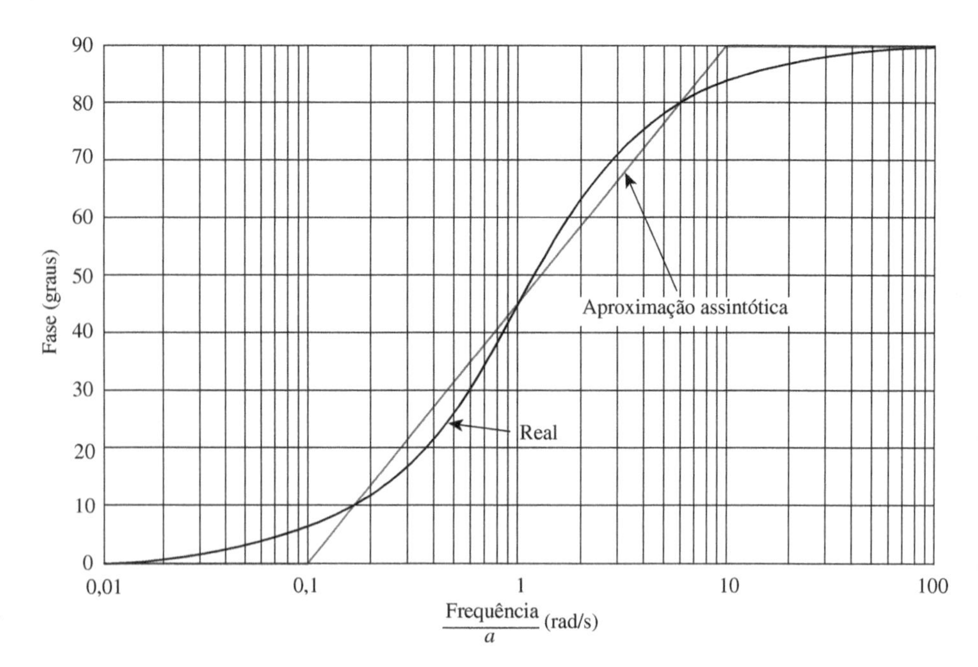

FIGURA 10.8 Fases assintótica e real, normalizadas e escalonadas, da resposta de $(s + a)$.

Diagramas de Bode para $G(s) = 1/(s + a)$

Vamos determinar os diagramas de Bode para a função de transferência

$$G(s) = \frac{1}{(s+a)} = \frac{1}{a\left(\frac{s}{a}+1\right)} \tag{10.22}$$

Esta função possui uma assíntota de baixa frequência de 20 log $(1/a)$ que é obtida fazendo a frequência, s, tender a zero. O diagrama de Bode é constante até que a frequência de quebra, a rad/s, seja atingida. O diagrama é então aproximado pela assíntota de alta frequência, obtida fazendo s tender a ∞. Portanto, em altas frequências,

$$G(j\omega) = \frac{1}{a\left(\frac{s}{a}\right)}\Bigg|_{s\to j\omega} = \frac{1}{a\left(\frac{j\omega}{a}\right)} = \frac{\frac{1}{a}}{\frac{\omega}{a}}\angle -90^\circ = \frac{1}{\omega}\angle -90^\circ \tag{10.23}$$

ou, em dB,

$$20\log M = 20\log\frac{1}{a} - 20\log\frac{\omega}{a} = -20\log\omega \tag{10.24}$$

Observe, a partir do termo intermediário, que a aproximação de alta frequência é igual à aproximação de baixa frequência quando $\omega = a$, e decresce para $\omega > a$. Este resultado é semelhante ao da Equação (10.20), exceto que a inclinação é negativa em vez de positiva. O diagrama de Bode do logaritmo da magnitude diminuirá a uma taxa de 20 dB/década em vez de aumentar a uma taxa de 20 dB/década depois da frequência de quebra.

O diagrama de fase é o negativo do exemplo anterior, uma vez que a função é a oposta. A fase começa em 0° e alcança -90° em altas frequências, passando por -45° na frequência de quebra. Ambos os diagramas, de logaritmo da magnitude e de fase, normalizados e escalonados, são mostrados na Figura 10.9(*d*).

Diagramas de Bode para $G(s) = s$

Nossa próxima função, $G(s) = s$, possui apenas uma assíntota de alta frequência. Fazendo $s = j\omega$, a magnitude é 20 log ω, que é a mesma da Equação (10.20). Portanto, o diagrama de Bode de magnitude é uma reta traçada com uma inclinação de +20 dB/década, passando por zero dB quando $\omega = 1$. O diagrama de fase, que é constante em $+90^\circ$, é mostrado com o diagrama de magnitude na Figura 10.9(*a*).

Diagramas de Bode para $G(s) = 1/s$

A resposta em frequência da inversa da função precedente, $G(s) = 1/s$, é mostrada na Figura 10.9(*b*), e é uma reta com uma inclinação de −20 dB/década passando por zero dB em $\omega = 1$. O diagrama de Bode de fase é igual a -90°.

Cobrimos quatro funções que possuem polinômios de primeira ordem em s no numerador ou no denominador. Antes de prosseguir para polinômios de segunda ordem, vamos ver um exemplo de traçado dos diagramas de Bode de uma função que consiste no produto de polinômios de primeira ordem no numerador e no denominador. Os diagramas serão construídos somando-se as curvas de resposta em frequência individuais.

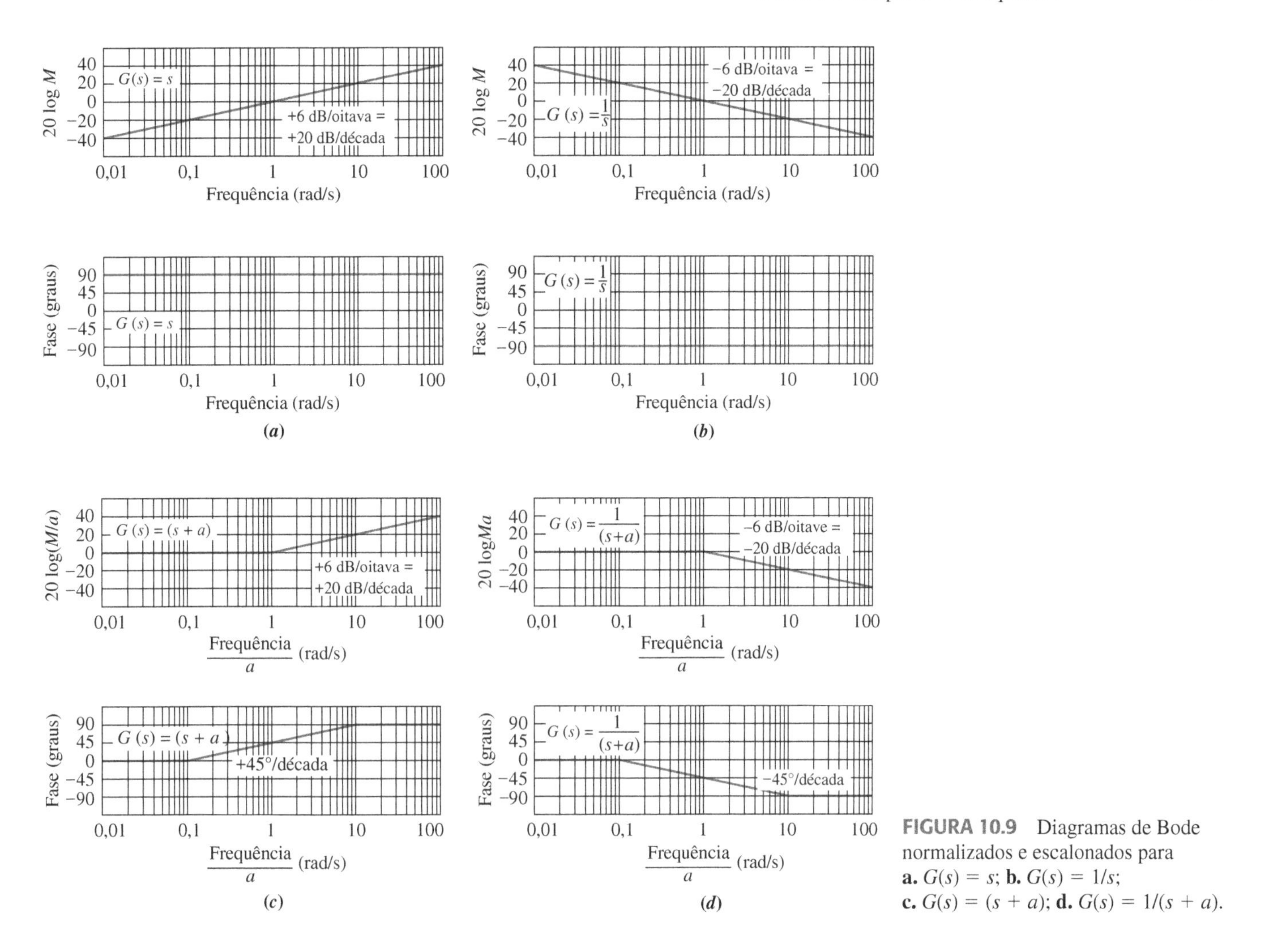

FIGURA 10.9 Diagramas de Bode normalizados e escalonados para **a.** $G(s) = s$; **b.** $G(s) = 1/s$; **c.** $G(s) = (s + a)$; **d.** $G(s) = 1/(s + a)$.

Exemplo 10.2

Diagramas de Bode para Razão de Fatores de Primeira Ordem

PROBLEMA: Esboce os diagramas de Bode para o sistema mostrado na Figura 10.10, em que $G(s) = K(s + 3)/[s(s + 1)(s + 2)]$.

$R(s)$ + ⊗ $E(s)$ → $G(s)$ → $C(s)$ (realimentação −)

FIGURA 10.10 Sistema com realimentação unitária em malha fechada.

SOLUÇÃO: Iremos construir um diagrama de Bode para a função em malha aberta $G(s) = K(s + 3)/[s(s + 1)(s + 2)]$. O diagrama de Bode é a soma dos diagramas de Bode de cada termo de primeira ordem. Portanto, é conveniente utilizar o diagrama normalizado de cada um desses termos de modo que a assíntota de baixa frequência de cada termo, exceto do polo na origem, esteja em 0 dB, tornando mais fácil somar as componentes do diagrama de Bode. Reescrevemos $G(s)$ mostrando cada termo normalizado para um ganho unitário em baixa frequência. Portanto,

$$G(s) = \frac{\frac{3}{2}K\left(\frac{s}{3}+1\right)}{s(s+1)\left(\frac{s}{2}+1\right)} \tag{10.25}$$

Constate agora que as frequências de quebra ocorrem em 1, 2 e 3. O diagrama de magnitude deve começar uma década abaixo da menor frequência de quebra e se estender até uma década acima da maior frequência de quebra. Assim, escolhemos o intervalo de 0,1 radiano a 100 radianos, ou três décadas, como a extensão de nosso diagrama.

Em $\omega = 0{,}1$, o valor de baixa frequência da função é obtido a partir da Equação (10.25) utilizando os valores de baixa frequência para todos os termos $[(s/a) + 1]$ (isto é, $s = 0$), e o valor real para o termo s no denominador. Assim, $G(j0{,}1) \approx \frac{3}{2}K/0{,}1 = 15\,K$. O efeito de K é mover a curva de magnitude para cima (aumentando K) ou para baixo (diminuindo K) por um valor de $20 \log K$. K não tem efeito sobre a curva de fase. Caso escolhamos $K = 1$, a curva de magnitude pode ser desnormalizada posteriormente para qualquer valor de K calculado ou conhecido.

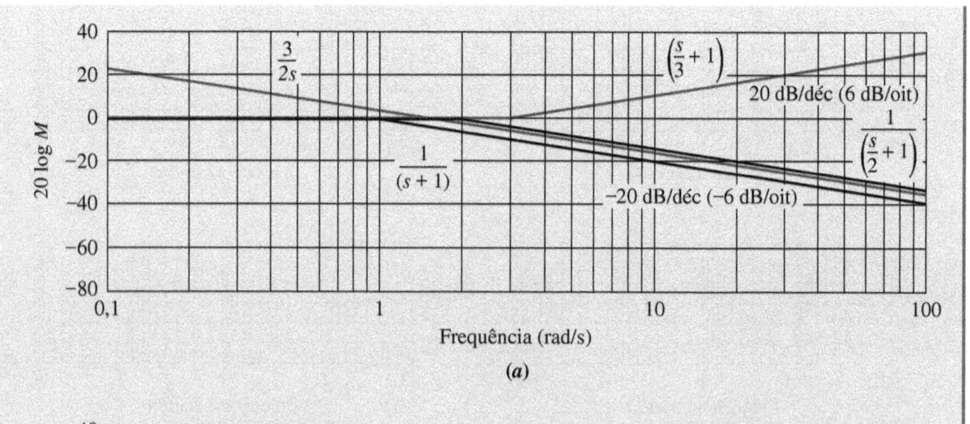

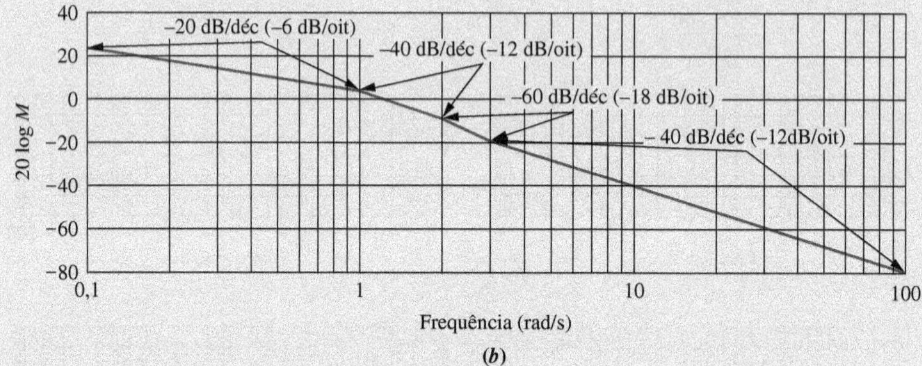

FIGURA 10.11 Diagrama de Bode do logaritmo da magnitude para o Exemplo 10.2: **a.** componentes; **b.** combinação.

A Figura 10.11(*a*) mostra cada um dos componentes do diagrama de Bode do logaritmo da magnitude da resposta em frequência. Somando os componentes produz-se o diagrama composto mostrado na Figura 10.11(*b*). Os resultados são resumidos na Tabela 10.2, que pode ser utilizada para obter as inclinações. Os polos e o zero são listados na primeira coluna. A tabela mostra as contribuições dos polos e do zero em cada frequência. A última linha é a soma das inclinações e se correlaciona com a Figura 10.11(*b*). O diagrama de Bode de magnitude para $K = 1$ começa em $\omega = 0{,}1$, com um valor de $20 \log 15 = 23{,}52$ dB, e diminui imediatamente a uma taxa de -20 dB/década devido ao termo s no denominador. Em $\omega = 1$, o termo $(s + 1)$ no denominador começa sua inclinação descendente de 20 dB/década e provoca uma inclinação negativa adicional de 20 dB/década, ou uma inclinação total de -40 dB/década. Em $\omega = 2$, o termo $[(s/2) + 1]$ começa sua inclinação de -20 dB/década, adicionando novamente -20 dB/década ao diagrama resultante, ou uma inclinação total de -60 dB/década que continua até $\omega = 3$. Nesta frequência, o termo $[(s/3) + 1]$ no numerador começa sua inclinação positiva de 20 dB/década. O diagrama de magnitude resultante, portanto, muda de uma inclinação de -60 dB/década para -40 dB/década em $\omega = 3$ e continua com esta inclinação, uma vez que não existem outras frequências de quebra.

As inclinações são facilmente traçadas esboçando-se segmentos de reta que decrescem 20 dB por década. Por exemplo, a inclinação inicial de -20 dB/década é traçada a partir de 23,52 dB em $\omega = 0{,}1$ até 3,52 dB (um decréscimo de 20 dB) em $\omega = 1$. A inclinação de -40 dB/década começando em $\omega = 1$ é desenhada esboçando-se um segmento de reta a partir de 3,52 dB em $\omega = 1$ até $-36{,}48$ dB (um decréscimo de 40-dB) em $\omega = 10$ e utilizando-se apenas o trecho entre $\omega = 1$ e $\omega = 2$. A próxima inclinação de -60 dB/década é traçada primeiro esboçando-se um segmento de reta a partir de $\omega = 2$ a $\omega = 20$ (uma década) caindo 60 dB, e utilizando-se apenas o segmento da reta entre $\omega = 2$ e $\omega = 3$. A inclinação final é traçada esboçando-se um segmento de reta entre $\omega = 3$ e $\omega = 30$ (uma década) que cai 40 dB. Esta inclinação continua até o final do diagrama.

TABELA 10.2 Diagrama de Bode de magnitude: contribuição em inclinação de cada polo e zero no Exemplo 10.2.

	Frequência (rad/s)			
Descrição	**0,1 (Início: Polo em 0)**	**1 (Início: Polo em −1)**	**2 (Início: Polo em −2)**	**3 (Início: Zero em −3)**
Polo em 0	−20	−20	−20	−20
Polo em −1	0	−20	−20	−20
Polo em −2	0	0	−20	−20
Zero em −3	0	0	0	20
Inclinação total (dB/déc)	−20	−40	−60	−40

A fase é tratada de modo semelhante. Entretanto, a existência de quebras uma década abaixo e uma década acima da frequência de quebra faz com que seja requerido um pouco mais de cálculo. A Tabela 10.3 mostra as frequências de início e fim da inclinação de 45°/década para cada um dos polos e zeros. Por exemplo, observando a linha para o polo em −2, verificamos que a inclinação de −45° começa em uma frequência de 0,2 e termina em 20. Preenchendo as linhas para cada polo e em seguida somando as colunas, obtemos o perfil de inclinação do diagrama de fase resultante. Examinando a linha assinalada com *Inclinação total*, observamos que o diagrama de fase terá uma inclinação de −45°/década de uma frequência de 0,1 a 0,2. A inclinação aumentará, então, para −90°/década de 0,2 a 0,3. A inclinação retornará para −45°/década de 0,3 a 10 rad/s. Uma inclinação de 0°/década ocorre de 10 a 20 rad/s, seguida de uma inclinação de +45°/década de 20 a 30 rad/s. Finalmente, de 30 rad/s até o infinito a inclinação é de 0°/década.

Os diagramas de fase resultantes dos componentes e da composição são mostrados na Figura 10.12. Uma vez que o polo na origem produz uma defasagem constante de −90°, o diagrama começa em −90° e segue o perfil de inclinação que acaba de ser descrito.

TABELA 10.3 Diagrama de Bode de fase: contribuição em inclinação de cada polo e zero no Exemplo 10.2.

	Frequência (rad/s)					
Descrição	**0,1 (Início: Polo em −1)**	**0,2 (Início: Polo em −2)**	**0,3 (Início: Polo em −3)**	**0 (Fim: Polo em −1)**	**20 (Fim: Polo em −2)**	**30 (Fim: Zero em −3)**
Polo em −1	−45	−45	−45	0		
Polo em −2		−45	−45	−45	0	
Zero em −3			45	45	45	0
Inclinação total (graus/déc)	−45	−90	−45	0	45	0

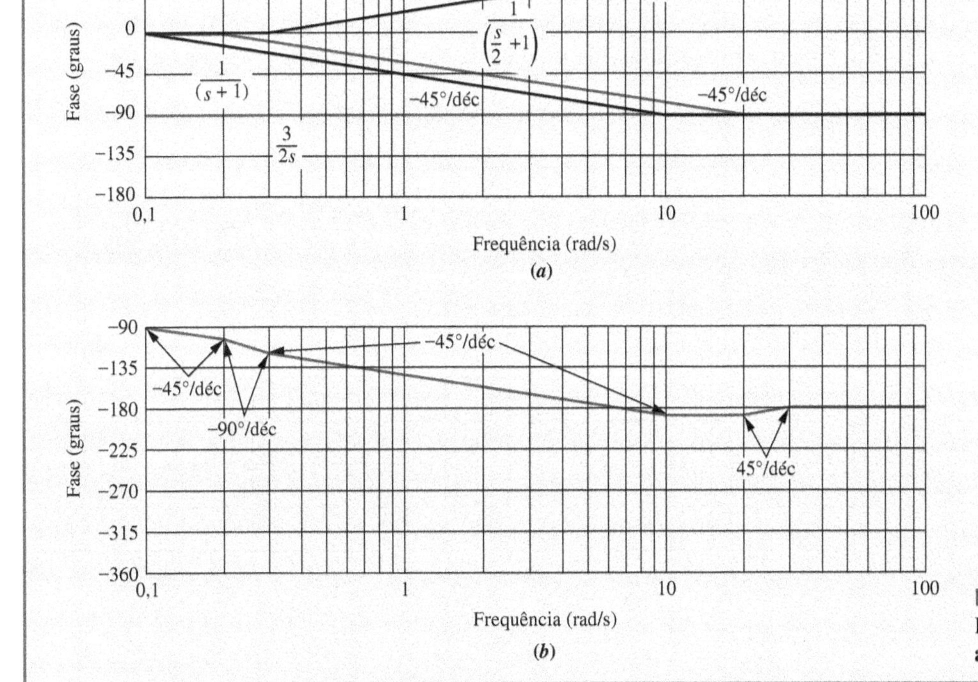

FIGURA 10.12 Diagrama de Bode de fase para o Exemplo 10.2: **a.** componentes; **b.** combinação.

Diagramas de Bode para $G(s) = s^2 + 2\zeta\omega_n s + \omega_n^2$

Agora que cobrimos os diagramas de Bode para sistemas de primeira ordem, voltamos aos diagramas de Bode de logaritmo da magnitude e de fase para polinômios de segunda ordem em s. O polinômio de segunda ordem é da forma

$$G(s) = s^2 + 2\zeta\omega_n s + \omega_n^2 = \omega_n^2\left(\frac{s^2}{\omega_n^2} + 2\zeta\frac{s}{\omega_n} + 1\right) \tag{10.26}$$

Diferente da aproximação da resposta em frequência de primeira ordem, a diferença entre a aproximação assintótica e a resposta em frequência real pode ser grande para alguns valores de ζ. Uma correção dos diagramas de

Bode pode ser realizada para melhorar a exatidão. Primeiro deduzimos a aproximação assintótica e, em seguida, mostramos a diferença entre as curvas de resposta em frequência da aproximação assintótica e real.

Em baixas frequências, a Equação (10.26) se torna

$$G(s) \approx \omega_n^2 = \omega_n^2 \angle 0° \tag{10.27}$$

A magnitude, M, em dB em baixas frequências é, portanto,

$$20 \log M = 20 \log |G(j\omega)| = 20 \log \omega_n^2 \tag{10.28}$$

Em altas frequências,

$$G(s) \approx s^2 \tag{10.29}$$

ou

$$G(j\omega) \approx -\omega^2 = \omega^2 \angle 180° \tag{10.30}$$

O logaritmo da magnitude é

$$20 \log M = 20 \log |G(j\omega)| = 20 \log \omega^2 = 40 \log \omega \tag{10.31}$$

A Equação (10.31) é uma reta com o dobro da inclinação de um termo de primeira ordem [Equação (10.20)]. Sua inclinação é de 12 dB/oitava, ou 40 dB/década.

A assíntota de baixa frequência [Equação (10.27)] e a assíntota de alta frequência [Equação (10.31)] são iguais quando $\omega = \omega_n$. Assim, ω_n é a frequência de quebra para o polinômio de segunda ordem.

Por conveniência, ao representar sistemas com ω_n diferentes, normalizamos e escalonamos nossos resultados antes de traçar as assíntotas. Utilizando o termo normalizado e escalonado da Equação (10.26), normalizamos a magnitude, dividindo por ω_n^2, e escalonamos a frequência dividindo por ω_n. Dessa forma, representamos graficamente $G(s_1)/\omega_n^2 = s_1{}^2 + 2\zeta s_1 + 1$, em que $s_1 = s/\omega_n$. $G(s_1)$ possui uma assíntota de baixa frequência de 0 dB e uma frequência de quebra de 1 rad/s. A Figura 10.13(*a*) mostra as assíntotas do diagrama de magnitude normalizado e escalonado.

Traçamos agora o diagrama de fase. Ele é 0° em baixas frequências [Equação (10.27)] e 180° em altas frequências [Equação (10.30)]. Para determinar a fase na frequência natural, primeiro obtemos $G(j\omega)$:

$$G(j\omega) = s^2 + 2\zeta\omega_n s + \omega_n^2|_{s \to j\omega} = (\omega_n^2 - \omega^2) + j2\zeta\omega_n\omega \tag{10.32}$$

Em seguida, determinamos o valor da função na frequência natural substituindo $\omega = \omega_n$. Uma vez que o resultado é $j2\zeta\omega_n^2$, a fase na frequência natural é +90°. A Figura 10.13(*b*) mostra a fase traçada com a frequência escalonada por ω_n. O diagrama de fase aumenta a uma taxa de 90°/década de 0,1 a 10 e passa por 90° em 1.

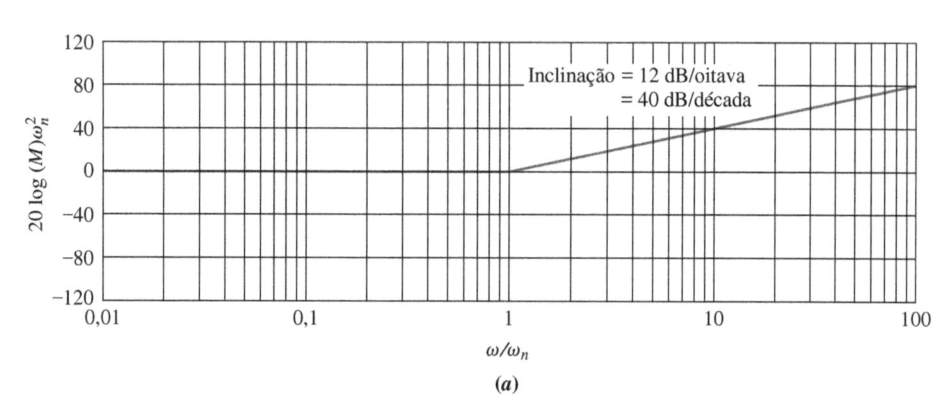

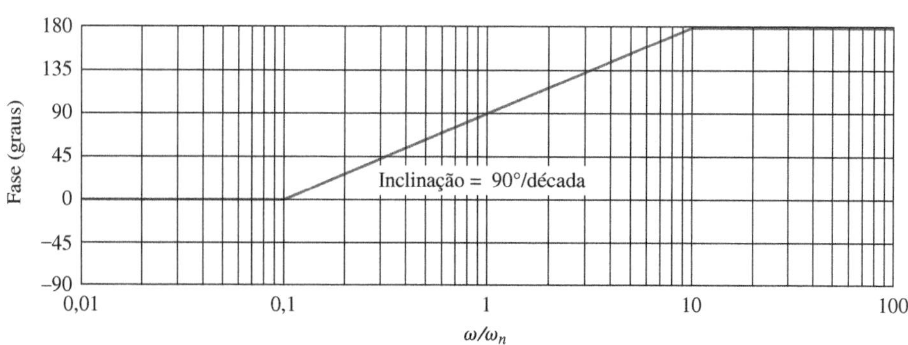

FIGURA 10.13 Assíntotas de Bode para $G(s) = s^2 + 2\zeta\omega_n s + \omega_n^2$ normalizada e escalonada: **a.** magnitude; **b.** fase.

Correções para os Diagramas de Bode de Segunda Ordem

Vamos agora examinar o erro entre a resposta real e a aproximação assintótica do polinômio de segunda ordem. Enquanto o polinômio de primeira ordem possui uma disparidade de não mais que 3,01 dB em magnitude e 5,71° em fase, a função de segunda ordem pode apresentar uma disparidade maior, que depende do valor de ζ.

A partir da Equação (10.32), a magnitude e a fase reais para $G(s) = s^2 + 2\zeta\omega_n s + \omega_n^2$ são, respectivamente,

$$M = \sqrt{(\omega_n^2 - \omega^2)^2 + (2\zeta\omega_n\omega)^2} \tag{10.33}$$

$$\text{Fase} = \tan^{-1}\frac{2\zeta\omega_n\omega}{\omega_n^2 - \omega^2} \tag{10.34}$$

Essas relações estão tabeladas na Tabela 10.4 para uma faixa de valores de ζ e representadas graficamente nas Figuras 10.14 e 10.15 junto com as aproximações assintóticas para magnitude normalizada e frequência escalonada. Na Figura 10.14, que está normalizada em relação ao quadrado da frequência natural, o logaritmo da magnitude normalizada na frequência natural escalonada é $+20 \log 2\zeta$. O estudante deve verificar que a magnitude real na frequência natural não escalonada é $+20 \log 2\zeta\omega^2$. A Tabela 10.4 e as Figuras 10.14 e 10.15 podem ser utilizadas para melhorar a exatidão quando se traçam diagramas de Bode. Por exemplo, uma correção de magnitude de $+20 \log 2\zeta$ pode ser feita na frequência natural, ou de quebra, no diagrama assintótico de Bode.

TABELA 10.4 Dados para diagramas de logaritmo de magnitude e de fase, normalizados e escalonados, para $(s^2 + 2\zeta\omega_n s + \omega_n^2)$. Mag $= 20 \log(M/\omega_n^2)$

Freq. $\frac{\omega}{\omega_n}$	Mag (dB) $\zeta = 0{,}1$	Fase (graus) $\zeta = 0{,}1$	Mag (dB) $\zeta = 0{,}2$	Fase (graus) $\zeta = 0{,}2$	Mag (dB) $\zeta = 0{,}3$	Fase (graus) $\zeta = 0{,}3$
0,10	−0,09	1,16	−0,08	2,31	−0,07	3,47
0,20	−0,35	2,39	−0,32	4,76	−0,29	7,13
0,30	−0,80	3,77	−0,74	7,51	−0,65	11,19
0,40	−1,48	5,44	−1,36	10,78	−1,17	15,95
0,50	−2,42	7,59	−2,20	14,93	−1,85	21,80
0,60	−3,73	10,62	−3,30	20,56	−2,68	29,36
0,70	−5,53	15,35	−4,70	28,77	−3,60	39,47
0,80	−8,09	23,96	−6,35	41,63	−4,44	53,13
0,90	−11,64	43,45	−7,81	62,18	−4,85	70,62
1,00	−13,98	90,00	−7,96	90,00	−4,44	90,00
1,10	−10,34	133,67	−6,24	115,51	−3,19	107,65
1,20	−6,00	151,39	−3,73	132,51	−1,48	121,43
1,30	−2,65	159,35	−1,27	143,00	0,35	131,50
1,40	0,00	163,74	0,92	149,74	2,11	138,81
1,50	2,18	166,50	2,84	154,36	3,75	144,25
1,60	4,04	168,41	4,54	157,69	5,26	148,39
1,70	5,67	169,80	6,06	160,21	6,64	151,65
1,80	7,12	170,87	7,43	162,18	7,91	154,26
1,90	8,42	171,72	8,69	163,77	9,09	156,41
2,00	9,62	172,41	9,84	165,07	10,19	158,20
3,00	18,09	175,71	18,16	171,47	18,28	167,32
4,00	23,53	176,95	23,57	173,91	23,63	170,91
5,00	27,61	177,61	27,63	175,24	27,67	172,87
6,00	30,89	178,04	30,90	176,08	30,93	174,13
7,00	33,63	178,33	33,64	176,66	33,66	175,00
8,00	35,99	178,55	36,00	177,09	36,01	175,64
9,00	38,06	178,71	38,07	177,42	38,08	176,14
10,00	39,91	178,84	39,92	177,69	39,93	176,53

(*continua*)

TABELA 10.4 Dados para diagramas de logaritmo de magnitude e de fase, normalizados e escalonados, para $(s^2 + 2\zeta\omega_n s + \omega^2)$. Mag = $20 \log(M/\omega_n^2)$ (*Continuação*)

Freq. $\frac{\omega}{\omega_n}$	Mag (dB) $\zeta = 0{,}5$	Fase (graus) $\zeta = 0{,}5$	Mag (dB) $\zeta = 0{,}7$	Fase (graus) $\zeta = 0{,}7$	Mag (dB) $\zeta = 1{,}0$	Fase (graus) $\zeta = 1{,}0$
0,10	−0,04	5,77	0,00	8,05	0,09	11,42
0,20	−0,17	11,77	0,00	16,26	0,34	22,62
0,30	−0,37	18,25	0,02	24,78	0,75	33,40
0,40	−0,63	25,46	0,08	33,69	1,29	43,60
0,50	−0,90	33,69	0,22	43,03	1,94	53,13
0,60	−1,14	43,15	0,47	52,70	2,67	61,93
0,70	−1,25	53,92	0,87	62,51	3,46	69,98
0,80	−1,14	65,77	1,41	72,18	4,30	77,32
0,90	−0,73	78,08	2,11	81,42	5,15	83,97
1,00	0,00	90,00	2,92	90,00	6,02	90,00
1,10	0,98	100,81	3,83	97,77	6,89	95,45
1,20	2,13	110,14	4,79	104,68	7,75	100,39
1,30	3,36	117,96	5,78	110,76	8,60	104,86
1,40	4,60	124,44	6,78	116,10	9,43	108,92
1,50	5,81	129,81	7,76	120,76	10,24	112,62
1,60	6,98	134,27	8,72	124,85	11,03	115,99
1,70	8,10	138,03	9,66	128,45	11,80	119,07
1,80	9,17	141,22	10,56	131,63	12,55	121,89
1,90	10,18	143,95	11,43	134,46	13,27	124,48
2,00	11,14	146,31	12,26	136,97	13,98	126,87
3,00	18,63	159,44	19,12	152,30	20,00	143,13
4,00	23,82	165,07	24,09	159,53	24,61	151,93
5,00	27,79	168,23	27,96	163,74	28,30	157,38
6,00	31,01	170,27	31,12	166,50	31,36	161,08
7,00	33,72	171,70	33,80	168,46	33,98	163,74
8,00	36,06	172,76	36,12	169,92	36,26	165,75
9,00	38,12	173,58	38,17	171,05	38,28	167,32
10,00	39,96	174,23	40,00	171,95	40,09	168,58

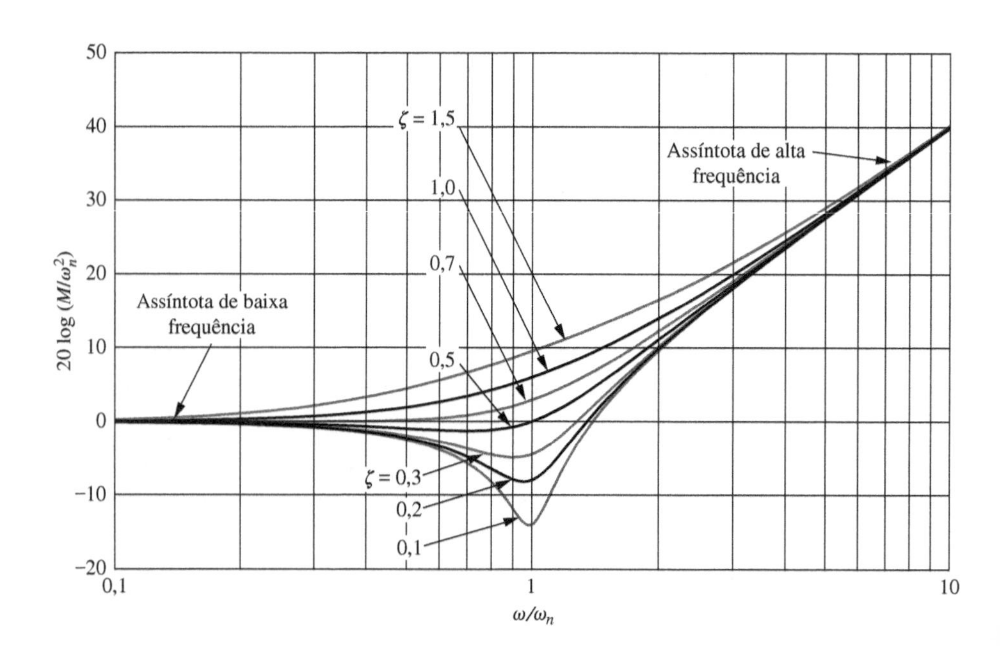

FIGURA 10.14 Logaritmo da magnitude da resposta normalizada e escalonada para $(s^2 + 2\zeta\omega_n s + \omega_n^2)$.

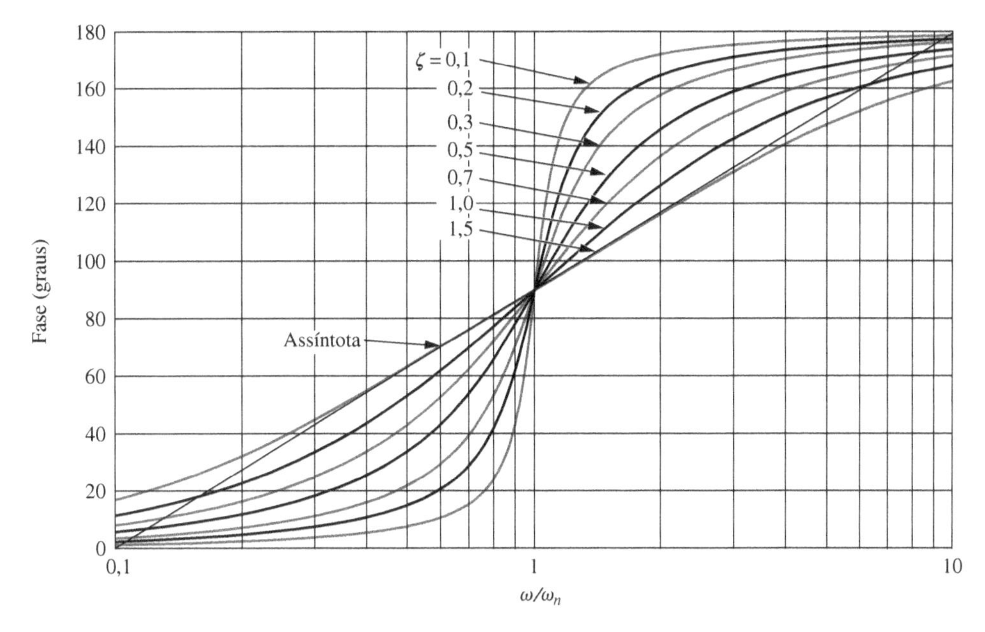

FIGURA 10.15 Fase da resposta escalonada para $(s^2 + 2\zeta\omega_n s + \omega_n^2)$.

Diagramas de Bode para $G(s) = 1/(s^2 + 2\zeta\omega_n s + \omega_n^2)$

Os diagramas de Bode para $G(s) = 1/(s^2 + 2\zeta\omega_n s + \omega_n^2)$ podem ser deduzidos de modo semelhante aos de $G(s) = s^2 + 2\zeta\omega_n s + \omega_n^2$. Determinamos que a curva de magnitude quebra na frequência natural e diminui a uma taxa de -40 dB/década. O diagrama de fase é 0° em baixas frequências. Em $0{,}1\omega_n$, ele começa a diminuir de $-90°$/década e continua até $\omega = 10\omega_n$, onde ele nivela em $-180°$.

A resposta em frequência exata também segue a mesma dedução que a de $G(s) = s^2 + 2\zeta\omega_n s + \omega_n^2$. Os resultados estão resumidos na Tabela 10.5, bem como nas Figuras 10.16 e 10.17. A magnitude exata é o inverso da Equação (10.33), e a fase exata é o oposto da Equação (10.34). A magnitude normalizada na frequência natural escalonada é $-20 \log 2\zeta$, o que pode ser utilizado como uma correção na frequência de quebra no diagrama assintótico de Bode.

Vamos agora ver um exemplo de como traçar diagramas de Bode para funções de transferência que contêm fatores de segunda ordem.

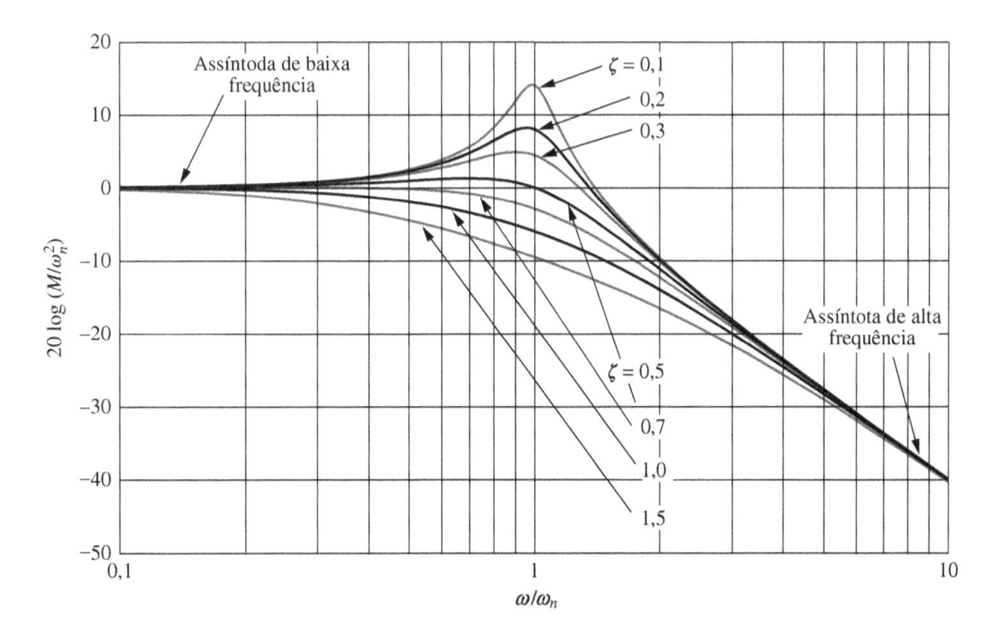

FIGURA 10.16 Logaritmo da magnitude da resposta normalizada e escalonada para $1/(s^2 + 2\zeta\omega_n s + \omega_n^2)$.

TABELA 10.5 Dados para os diagramas de logaritmo da magnitude e de fase, normalizados e escalonados para $1/(s^2 + 2\zeta\omega_n s + \omega_n^2)$. Mag = $20 \log(M/\omega_n^2)$

Freq. $\frac{\omega}{\omega_n}$	Mag (dB) $\zeta = 0,1$	Fase (graus) $\zeta = 0,1$	Mag (dB) $\zeta = 0,2$	Fase (graus) $\zeta = 0,2$	Mag (dB) $\zeta = 0,3$	Fase (graus) $\zeta = 0,3$
0,10	0,09	−1,16	0,08	−2,31	0,07	−3,47
0,20	0,35	−2,39	0,32	−4,76	0,29	−7,13
0,30	0,80	−3,77	0,74	−7,51	0,65	−11,19
0,40	1,48	−5,44	1,36	−10,78	1,17	−15,95
0,50	2,42	−7,59	2,20	−14,93	1,85	−21,80
0,60	3,73	−10,62	3,30	−20,56	2,68	−29,36
0,70	5,53	−15,35	4,70	−28,77	3,60	−39,47
0,80	8,09	−23,96	6,35	−41,63	4,44	−53,13
0,90	11,64	−43,45	7,81	−62,18	4,85	−70,62
1,00	13,98	−90,00	7,96	−90,00	4,44	−90,00
1,10	10,34	−133,67	6,24	−115,51	3,19	−107,65
1,20	6,00	−151,39	3,73	−132,51	1,48	−121,43
1,30	2,65	−159,35	1,27	−143,00	−0,35	−131,50
1,40	0,00	−163,74	−0,92	−149,74	−2,11	−138,81
1,50	−2,18	−166,50	−2,84	−154,36	−3,75	−144,25
1,60	−4,04	−168,41	−4,54	−157,69	−5,26	−148,39
1,70	−5,67	−169,80	−6,06	−160,21	−6,64	−151,65
1,80	−7,12	−170,87	−7,43	−162,18	−7,91	−154,26
1,90	−8,42	−171,72	−8,69	−163,77	−9,09	−156,41
2,00	−9,62	−172,41	−9,84	−165,07	−10,19	−158,20
3,00	−18,09	−175,71	−18,16	−171,47	−18,28	−167,32
4,00	−23,53	−176,95	−23,57	−173,91	−23,63	−170,91
5,00	−27,61	−177,61	−27,63	−175,24	−27,67	−172,87
6,00	−30,89	−178,04	−30,90	−176,08	−30,93	−174,13
7,00	−33,63	−178,33	−33,64	−176,66	−33,66	−175,00
8,00	−35,99	−178,55	−36,00	−177,09	−36,01	−175,64
9,00	−38,06	−178,71	−38,07	−177,42	−38,08	−176,14
10,00	−39,91	−178,84	−39,92	−177,69	−39,93	−176,53

(*continua*)

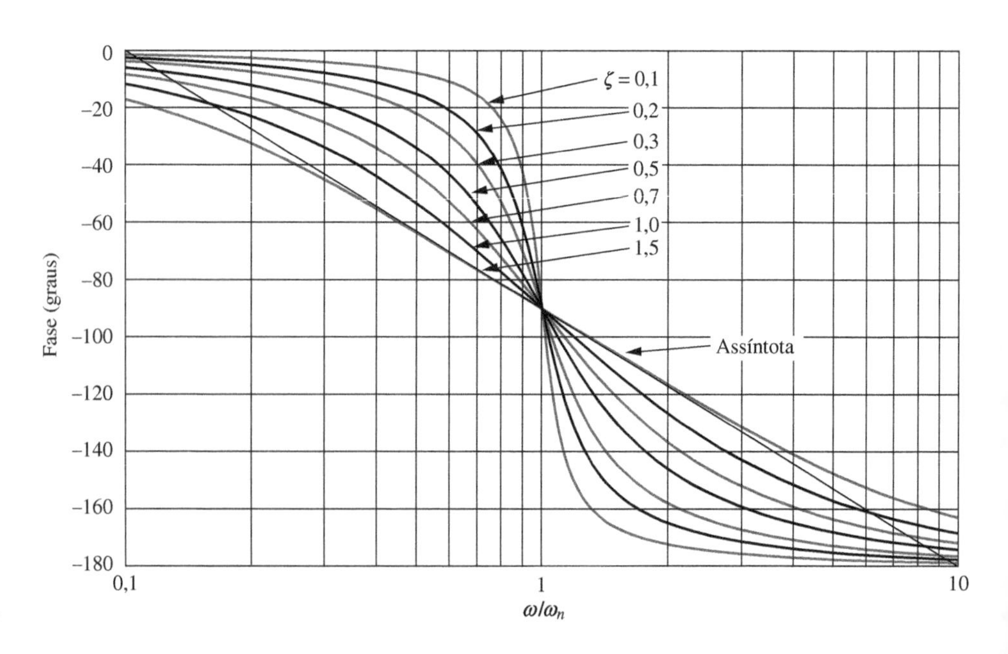

FIGURA 10.17 Fase da resposta escalonada para $1/(s^2 + 2\zeta\omega_n s + \omega_n^2)$.

TABELA 10.5 Dados para os diagramas de logaritmo da magnitude e de fase, normalizados e escalonados para $1/(s^2 + 2\zeta\omega_n s + \omega_n^2)$. Mag = $20 \log(M/\omega_n^2)$ (*Continuação*)

Freq. $\frac{\omega}{\omega_n}$	Mag (dB) $\zeta = 0{,}5$	Fase (graus) $\zeta = 0{,}5$	Mag (dB) $\zeta = 0{,}7$	Fase (graus) $\zeta = 0{,}7$	Mag (dB) $\zeta = 1{,}0$	Fase (graus) $\zeta = 1{,}0$
0,10	0,04	−5,77	0,00	−8,05	−0,09	−11,42
0,20	0,17	−11,77	0,00	−16,26	−0,34	−22,62
0,30	0,37	−18,25	−0,02	−24,78	−0,75	−33,40
0,40	0,63	−25,46	−0,08	−33,69	−1,29	−43,60
0,50	0,90	−33,69	−0,22	−43,03	−1,94	−53,13
0,60	1,14	−43,15	−0,47	−52,70	−2,67	−61,93
0,70	1,25	−53,92	−0,87	−62,51	−3,46	−69,98
0,80	1,14	−65,77	−1,41	−72,18	−4,30	−77,32
0,90	0,73	−78,08	−2,11	−81,42	−5,15	−83,97
1,00	0,00	−90,00	−2,92	−90,00	−6,02	−90,00
1,10	−0,98	−100,81	−3,93	−97,77	−6,89	−95,45
1,20	−2,13	−110,14	−4,79	−104,68	−7,75	−100,39
1,30	−3,36	−117,96	−5,78	−110,76	−8,60	−104,86
1,40	−4,60	−124,44	−6,78	−116,10	−9,43	−108,92
1,50	−5,81	−129,81	−7,76	−120,76	−10,24	−112,62
1,60	−6,98	−134,27	−8,72	−124,85	−11,03	−115,99
1,70	−8,10	−138,03	−9,66	−128,45	−11,80	−119,07
1,80	−9,17	−141,22	−10,56	−131,63	−12,55	−121,89
1,90	−10,18	−143,95	−11,43	−134,46	−13,27	−124,48
2,00	−11,14	−146,31	−12,26	−136,97	−13,98	−126,87
3,00	−18,63	−159,44	−19,12	−152,30	−20,00	−143,13
4,00	−23,82	−165,07	−24,09	−159,53	−24,61	−151,93
5,00	−27,79	−168,23	−27,96	−163,74	−28,30	−157,38
6,00	−31,01	−170,27	−31,12	−166,50	−31,36	−161,08
7,00	−33,72	−171,70	−33,80	−168,46	−33,98	−163,74
8,00	−36,06	−172,76	−36,12	−169,92	−36,26	−165,75
9,00	−38,12	−173,58	−38,17	−171,05	−38,28	−167,32
10,00	−39,96	−174,23	−40,00	−171,95	−40,09	−168,58

Exemplo 10.3

Diagramas de Bode para Razão de Fatores de Primeira e Segunda Ordens

PROBLEMA: Trace os diagramas de Bode de logaritmo da magnitude e de fase de $G(s)$ para o sistema com realimentação unitária mostrado na Figura 10.10, em que $G(s) = (s + 3)/[(s + 2)(s^2 + 2s + 25)]$.

SOLUÇÃO: Primeiro convertemos $G(s)$ para mostrar os componentes normalizados que possuem ganho unitário em baixas frequências. O termo de segunda ordem é normalizado colocando-se ω_n^2 em evidência,

$$\frac{s^2}{\omega_n^2} + \frac{2\zeta}{\omega_n}s + 1 \tag{10.35}$$

Assim,

$$G(s) = \frac{3}{(2)(25)} \frac{\left(\frac{s}{3}+1\right)}{\left(\frac{s}{2}+1\right)\left(\frac{s^2}{25}+\frac{2}{25}s+1\right)} = \frac{3}{50} \frac{\left(\frac{s}{3}+1\right)}{\left(\frac{s}{2}+1\right)\left(\frac{s^2}{25}+\frac{2}{25}s+1\right)} \tag{10.36}$$

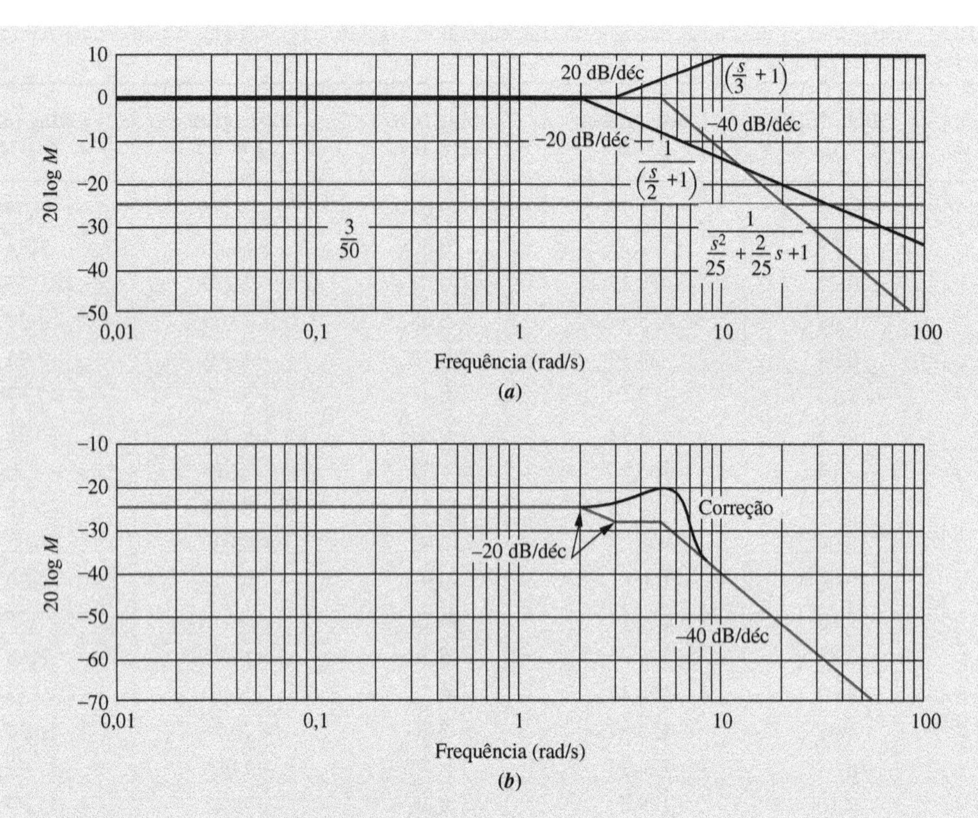

FIGURA 10.18 Diagrama de Bode da magnitude para $G(s) = (s + 3)/[(s + 2)(s^2 + 2s + 25)]$: **a.** componentes; **b.** combinação.

TABELA 10.6 Inclinações do diagrama de magnitude para o Exemplo 10.3.

	Frequência (rad/s)			
Descrição	**0,01 (Início: Diagrama)**	**2 (Início: Polo em −2)**	**3 (Início: Zero em −3)**	**5 (Início: $\omega_n = 5$)**
Polo em −2	0	−20	−20	−20
Zero em −3	0	0	20	20
$\omega_n = 5$	0	0	0	−40
Inclinação total (dB/déc)	0	−20	0	−40

O diagrama de Bode de logaritmo da magnitude é mostrado na Figura 10.18(*b*), e é a soma dos termos individuais de primeira e segunda ordens de $G(s)$ mostrados na Figura 10.18(*a*). Resolvemos este problema somando as inclinações dessas partes constituintes, começando e terminando nas frequências apropriadas. Os resultados estão resumidos na Tabela 10.6, que pode ser utilizada para obter as inclinações. O valor de baixa frequência para $G(s)$ é determinado fazendo $s = 0$, é 3/50, ou −24,44 dB. O diagrama de Bode de magnitude começa neste valor e continua até a primeira frequência de quebra em 2 rad/s. Nesse ponto, o polo em −2 produz uma inclinação decrescente de −20 dB/década até a próxima quebra em 3 rad/s. O zero em −3 provoca uma elevação da inclinação de +20 dB/década, a qual, ao ser somada à curva anterior de −20 dB/década, resulta em uma inclinação líquida de 0. Na frequência de 5 rad/s, o termo de segunda ordem inicia uma inclinação decrescente de −40 dB/década, que continua até o infinito.

A correção da curva de logaritmo da magnitude decorrente do termo de segunda ordem subamortecido pode ser determinada representando graficamente um ponto $-20 \log 2\zeta$ acima das assíntotas na frequência natural. Como $\zeta = 0{,}2$ para o termo de segunda ordem no denominador de $G(s)$, a correção é de 7,69 dB. Pontos próximos da frequência natural podem ser corrigidos tomando-se os valores a partir das curvas da Figura 10.16.

Dirigimos nossa atenção agora para o diagrama de fase. A Tabela 10.7 é criada para determinar a progressão das inclinações no diagrama de fase. O polo de primeira ordem em −2 resulta em uma fase que começa em 0° e termina em −90° por meio de uma inclinação de −45°/década, que começa uma década abaixo de sua frequência de quebra e termina uma década acima de sua frequência de quebra. O zero de primeira ordem

TABELA 10.7 Inclinações do diagrama de fase para o Exemplo 10.3.

	Frequência (rad/s)					
Descrição	**0,2 (Início: Polo em −2)**	**0,3 (Início: Zero em −3)**	**0,5 (Início: $\omega_n = -5$)**	**20 (Fim: Polo em −2)**	**30 (Fim: Zero em −3)**	**50 (Fim: $\omega_n = 5$)**
Polo em −2	−45	−45	−45	0		
Zero em −3		45	45	45	0	
$\omega_n = 5$			−90	−90	−90	0
Inclinação total (dB/déc)	−45	0	−90	−45	−90	0

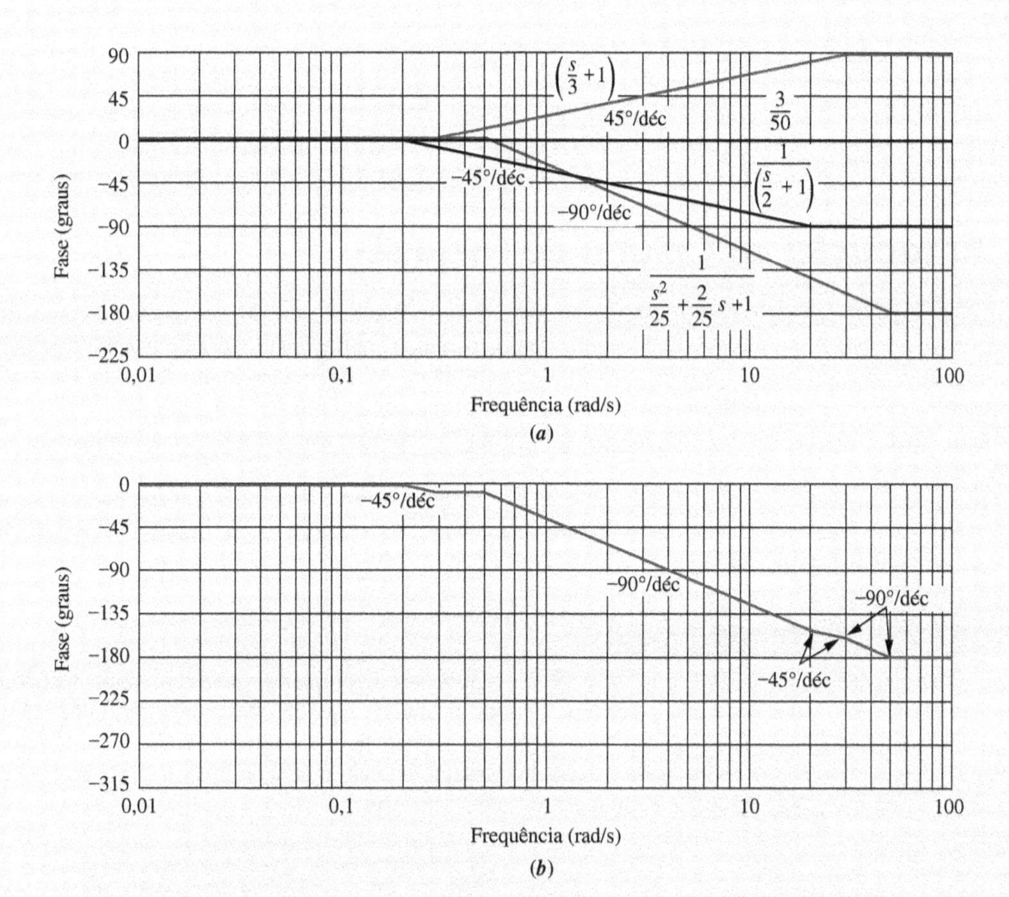

FIGURA 10.19 Diagrama de Bode de fase para $G(s) = (s + 3)/[(s + 2)(s^2 + 2s + 25)]$: **a.** componentes; **b.** combinação.

resulta em uma fase que começa em 0° e termina em +90° por meio de uma inclinação de +45°/década, que começa uma década abaixo e termina uma década acima de sua frequência de quebra. Os polos de segunda ordem resultam em uma fase que começa em 0° e termina em −180° por meio de uma inclinação de −90°/década, que começa uma década abaixo de sua frequência natural ($\omega_n = 5$) e termina uma década acima de sua frequência natural. As inclinações, mostradas na Figura 10.19(*a*), são somadas sobre cada faixa de frequência, e o diagrama de Bode de fase final é mostrado na Figura 10.19(*b*).

MATLAB **ML**

Os estudantes que estiverem usando o MATLAB devem, agora, executar o arquivo ch10apB1 do Apêndice B. Você aprenderá como utilizar o MATLAB para traçar diagramas de Bode e listar os pontos dos diagramas. Este exercício resolve o Exemplo 10.3 utilizando o MATLAB.

Exercício 10.2

Experimente 10.1

Utilize o MATLAB, a Control System Toolbox e as instruções a seguir para obter os diagramas de Bode para o sistema do Exercício de Avaliação de Competência 10.2.

```
G=zpk([-20],[-1,-7,...
-50],1)
bode(G);grid on
```

Depois que os diagramas de Bode aparecerem, clique sobre a curva e arraste para ler as coordenadas.

PROBLEMA: Trace os diagramas de Bode de logaritmo da magnitude e de fase para o sistema mostrado na Figura 10.10, em que

$$G(s) = \frac{(s+20)}{(s+1)(s+7)(s+50)}$$

RESPOSTA: A solução completa está disponível no Ambiente de aprendizagem do GEN.

Nesta seção, aprendemos como construir os diagramas de Bode de logaritmo da magnitude e de fase. Os diagramas de Bode são curvas separadas de magnitude e de fase da resposta em frequência de um sistema, $G(s)$. Na próxima seção, desenvolvemos o critério de Nyquist para estabilidade, que utiliza a resposta em frequência de um sistema. Os diagramas de Bode podem, então, ser utilizados para determinar a estabilidade de um sistema.

10.3 Introdução ao Critério de Nyquist

O critério de Nyquist relaciona a estabilidade de um sistema em malha fechada com a resposta em frequência em malha aberta e a posição dos polos em malha aberta. Dessa forma, o conhecimento da resposta em frequência do sistema em malha aberta fornece informações sobre a estabilidade do sistema em malha fechada. Este conceito é semelhante ao do lugar geométrico das raízes, em que começamos com informações sobre o sistema em malha aberta, seus polos e zeros, e desenvolvemos informações sobre o transitório e a estabilidade do sistema em malha fechada.

Embora a princípio o critério de Nyquist forneça informações sobre a estabilidade, estendemos o conceito para a resposta transitória e para os erros em regime permanente. Assim, as técnicas de resposta em frequência são uma abordagem alternativa ao lugar geométrico das raízes.

Dedução do Critério de Nyquist

Considere o sistema da Figura 10.20. O critério de Nyquist pode nos dizer quantos polos em malha fechada estão no semiplano da direita. Antes de deduzir o critério, vamos estabelecer quatro conceitos importantes que serão utilizados durante a dedução: (1) a relação entre os polos de $1 + G(s)H(s)$ e os polos de $G(s)H(s)$; (2) a relação entre os zeros de $1 + G(s)H(s)$ e os polos da função de transferência em malha fechada, $T(s)$; (3) o conceito de *mapeamento* de pontos; e (4) o conceito de mapeamento de *contornos*.

Fazendo

$$G(s) = \frac{N_G}{D_G} \tag{10.37a}$$

$$H(s) = \frac{N_H}{D_H} \tag{10.37b}$$

obtemos

$$G(s)H(s) = \frac{N_G N_H}{D_G D_H} \tag{10.38a}$$

$$1 + G(s)H(s) = 1 + \frac{N_G N_H}{D_G D_H} = \frac{D_G D_H + N_G N_H}{D_G D_H} \tag{10.38b}$$

$$T(s) = \frac{G(s)}{1 + G(s)H(s)} = \frac{N_G D_H}{D_G D_H + N_G N_H} \tag{10.38c}$$

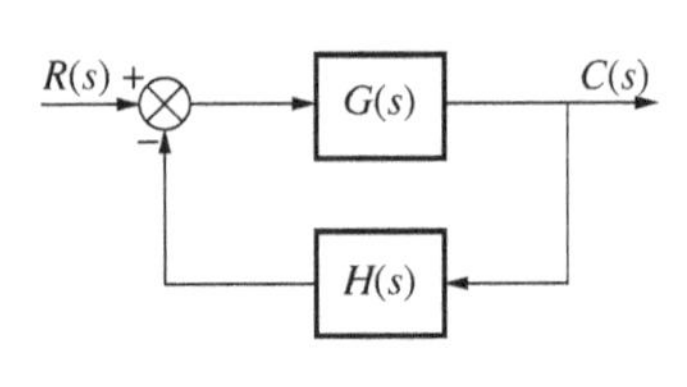

FIGURA 10.20 Sistema de controle em malha fechada.

A partir das Equações (10.38), concluímos que (1) *os polos de* $1 + G(s)H(s)$ *são os mesmos que os polos de* $G(s)H(s)$, *o sistema em malha aberta, e* (2) *os zeros de* $1 + G(s)H(s)$ *são os mesmos que os polos de* $T(s)$, *o sistema em malha fechada.*

Em seguida, vamos definir o termo *mapeamento*. Se tomarmos um número complexo no plano s e o substituirmos em uma função, $F(s)$, o resultado é outro número complexo. Este processo é chamado *mapeamento*. Por exemplo, substituindo $s = 4 + j3$ na função $(s^2 + 2s + 1)$ resulta $16 + j30$. Dizemos que $4 + j3$ é mapeado em $16 + j30$ através da função $(s^2 + 2s + 1)$.

Finalmente, discutimos o conceito de mapeamento de *contornos*. Considere o conjunto de pontos, chamado *contorno*, mostrado na Figura 10.21 como contorno A. Além disso, admita que

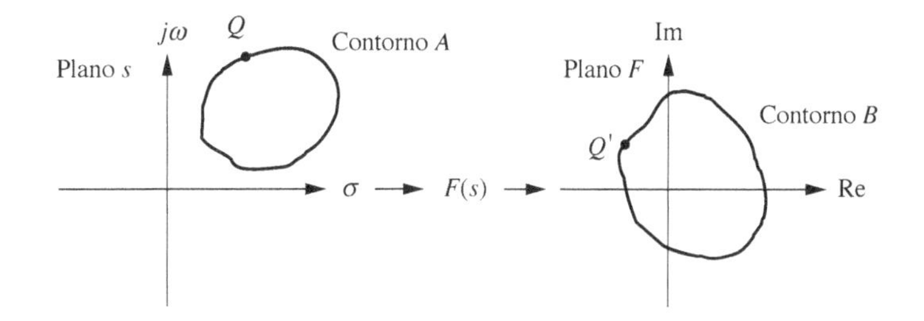

FIGURA 10.21 Mapeando o contorno A no contorno B através da função $F(s)$.

$$F(s) = \frac{(s - z_1)(s - z_2)\ldots}{(s - p_1)(s - p_2)\ldots} \tag{10.39}$$

O contorno A pode ser mapeado através de $F(s)$ no contorno B substituindo-se cada ponto do contorno A na função $F(s)$ e representando-se graficamente os números complexos resultantes. Por exemplo, o ponto Q na Figura 10.21 é mapeado no ponto Q' através da função $F(s)$.

A abordagem vetorial para a realização dos cálculos, coberta na Seção 8.1, pode ser utilizada como alternativa. Alguns exemplos de mapeamento de contorno são mostrados na Figura 10.22 para algumas $F(s)$ simples. O mapeamento de cada ponto é definido pela aritmética de números complexos, no qual o número complexo resultante, R, é calculado a partir dos números complexos representados por V, como mostrado na última coluna da Figura 10.22. Você deve verificar que, caso admitamos um sentido horário para o mapeamento dos pontos do contorno A, então o contorno B é mapeado no sentido horário se $F(s)$ na Figura 10.22 possuir apenas zeros ou possuir apenas polos que não são envolvidos pelo contorno. O contorno B é mapeado no sentido anti-horário se $F(s)$ possuir apenas polos que são envolvidos pelo contorno. Além disso, você deve verificar que, se o polo ou o zero de $F(s)$ é envolvido pelo contorno A, o mapeamento envolve a origem. No último caso da Figura 10.22, a rotação decorrente do polo e a rotação decorrente do zero se cancelam, e o mapeamento não envolve a origem.

Vamos agora começar a dedução do critério de Nyquist para estabilidade. Primeiro mostramos que existe uma relação única entre o número de polos de $F(s)$ contidos no interior de um contorno A, o número de zeros de $F(s)$ contidos no interior do contorno A e o número de voltas que o contorno mapeado B dá em torno da origem no sentido anti-horário. Em seguida, mostramos como esse inter-relacionamento pode ser utilizado para determinar a estabilidade de sistemas em malha fechada. Esse método de determinação da estabilidade é chamado *critério de Nyquist*.

Vamos primeiro admitir que $F(s) = 1 + G(s)H(s)$, com o esboço de polos e zeros de $1 + G(s)H(s)$, como mostrado na Figura 10.23, próximos do contorno A. Assim, $R = (V_1V_2)/(V_3V_4V_5)$. À medida que cada ponto Q do contorno A é substituído em $1 + G(s)H(s)$, um ponto mapeado resulta no contorno B. Admitindo que $F(s) = 1 + G(s)H(s)$ possua dois zeros e três polos, cada termo entre parênteses da Equação (10.39) é um vetor na Figura 10.23. À medida que nos movemos, no sentido horário,

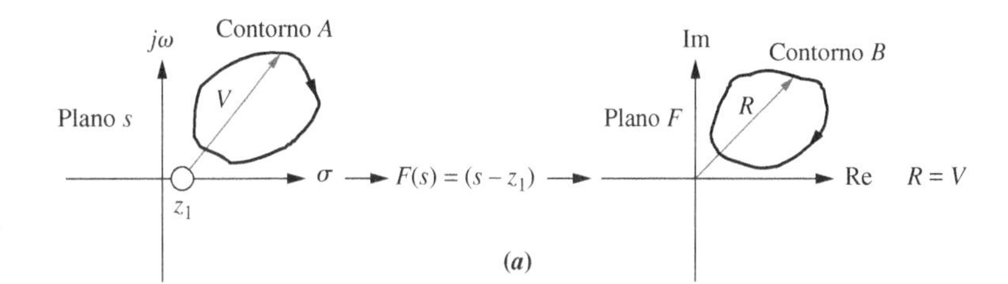

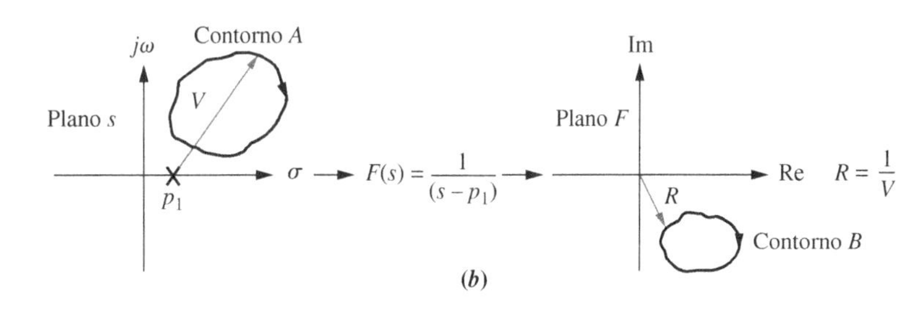

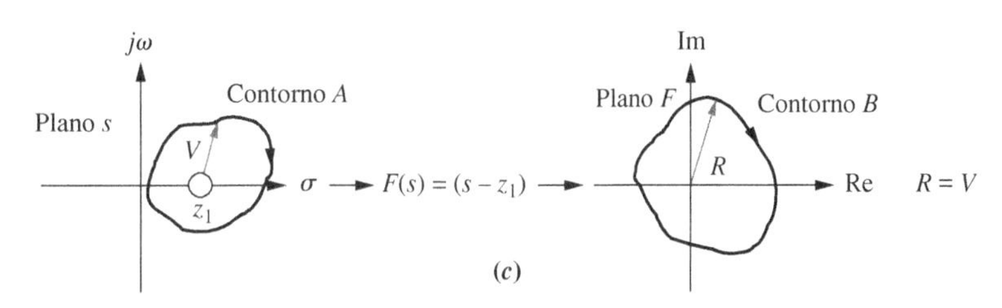

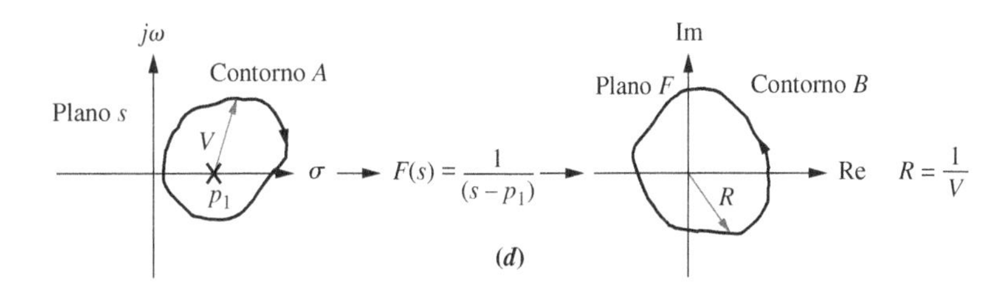

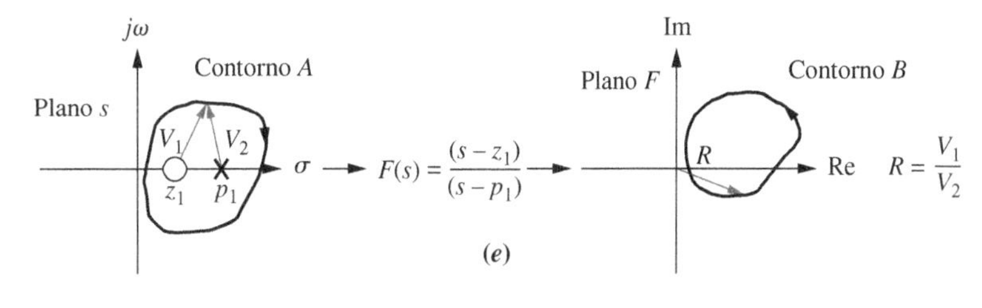

FIGURA 10.22 Exemplos de mapeamento de contornos.

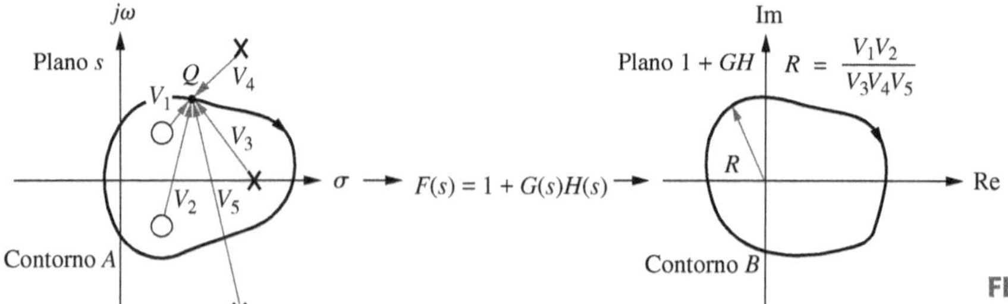

FIGURA 10.23 Representação vetorial do mapeamento.

ao longo do contorno A cada vetor da Equação (10.39) que se encontra no interior do contorno A aparentará ter passado por uma rotação completa, ou por uma mudança em ângulo de 360°. Por outro lado, cada vetor traçado a partir dos polos e dos zeros de $1 + G(s)H(s)$ que existem fora do contorno A parecerá oscilar e retornar à sua posição anterior, passando por uma variação angular líquida de 0°.

Cada fator de polo ou zero de $1 + G(s)H(s)$ cujo vetor passe por uma rotação completa ao redor do contorno A deve resultar em uma alteração de 360° no resultado, R, ou em uma rotação completa do contorno mapeado B. Caso nos movamos no sentido horário ao longo do contorno A, cada zero dentro do contorno A produz uma rotação no sentido horário, enquanto cada polo dentro do contorno A produz uma rotação no sentido anti-horário, uma vez que os polos estão no denominador da Equação (10.39).

Assim, $N = P - Z$, em que N é igual ao número de voltas no sentido anti-horário do contorno B ao redor da origem; P é igual ao número de polos de $1 + G(s)H(s)$ no interior do contorno A; e Z é igual ao número de zeros de $1 + G(s)H(s)$ no interior do contorno A.

Como os polos mostrados na Figura 10.23 são polos de $1 + G(s)H(s)$, sabemos com base nas Equações (10.38) que eles também são polos de $G(s)H(s)$ e são conhecidos. Mas, uma vez que *os zeros mostrados na Figura 10.23 são os zeros de* $1 + G(s)H(s)$, sabemos, com base nas Equações (10.38), que *eles também são polos do sistema em malha fechada e não são conhecidos*. Portanto, P é igual ao número de polos em malha aberta envolvidos e Z é igual ao número de polos em malha fechada envolvidos. Assim, $N = P - Z$, ou, alternativamente, $Z = P - N$, nos diz que o número de polos em malha fechada no interior do contorno (que é o mesmo que o número de zeros dentro do contorno) é igual ao número de polos em malha aberta de $G(s)H(s)$ no interior do contorno menos o número de voltas no sentido anti-horário do mapeamento em torno da origem.

Caso estendamos o contorno para incluir todo o semiplano da direita, como mostrado na Figura 10.24, podemos contar o número de polos em malha fechada no interior do contorno A, no semiplano da direita, e determinar a estabilidade de um sistema. Uma vez que podemos contar o número de polos em malha aberta, P, dentro do contorno, que são os mesmos que os polos de $G(s)H(s)$ no semiplano da direita, o único problema que resta é como obter o mapeamento e determinar N.

Como todos os polos e zeros de $G(s)H(s)$ são conhecidos, o que acontece se mapearmos através de $G(s)H(s)$ em vez de através de $1 + G(s)H(s)$? O contorno resultante é o mesmo que o de um mapeamento através de $1 + G(s)H(s)$, exceto que ele é transladado uma unidade para a esquerda; assim, contamos as voltas em torno de -1 em vez das voltas em torno da origem. Portanto, o enunciado final do critério de estabilidade de Nyquist é o seguinte:

Se um contorno, A, que envolve todo o semiplano da direita, for mapeado através de G(s)H(s), então o número de polos em malha fechada, Z, no semiplano da direita é igual ao número de polos em malha aberta, P, que estão no semiplano da direita menos o número de voltas do mapeamento no sentido anti-horário, N, em torno de −1; isto é, Z = P − N. O mapeamento é chamado diagrama de Nyquist, ou curva de Nyquist, de G(s)H(s).

Agora podemos ver por que esse método é classificado como uma técnica de resposta em frequência. Ao longo do contorno A na Figura 10.24, o mapeamento dos pontos sobre o eixo $j\omega$ através da função $G(s)H(s)$ é o mesmo que substituir $s = j\omega$ em $G(s)H(s)$ para formar a função de resposta em frequência $G(j\omega)H(j\omega)$. Estamos, portanto, determinando a resposta em frequência de $G(s)H(s)$ sobre esta parte do contorno A que corresponde à parte positiva do eixo $j\omega$. Em outras palavras, parte do diagrama de Nyquist é o diagrama polar da resposta em frequência de $G(s)H(s)$.

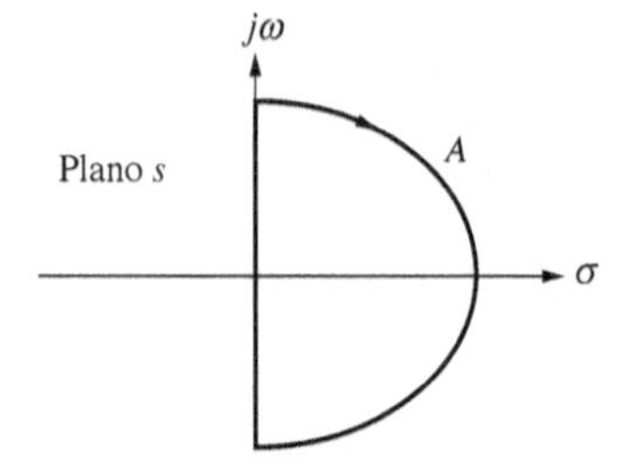

FIGURA 10.24 Contorno envolvendo o semiplano da direita para determinar a estabilidade.

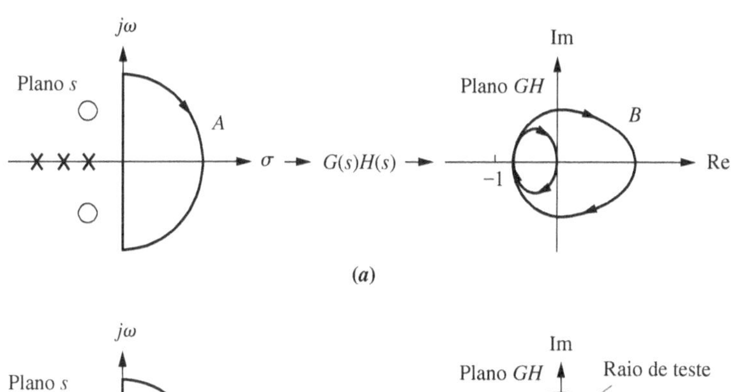

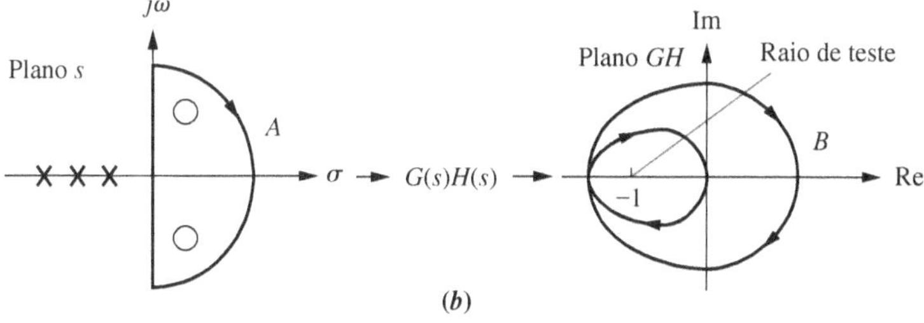

○ = zeros de $1 + G(s)H(s)$
= polos do sistema em malha fechada
Posição desconhecida

X = polos de $1 + G(s)H(s)$
= polos de $G(s)H(s)$
Posição conhecida

FIGURA 10.25 Exemplos de mapeamento: **a.** o contorno não envolve polos em malha fechada; **b.** o contorno envolve polos em malha fechada.

Aplicando o Critério de Nyquist para Determinar a Estabilidade

Antes de descrever como esboçar um diagrama de Nyquist, vamos ver alguns exemplos típicos que utilizam o critério de Nyquist para determinar a estabilidade de um sistema. Esses exemplos nos dão uma visão geral antes de nos preocuparmos com os detalhes do mapeamento. A Figura 10.25(*a*) mostra um contorno *A* que não envolve polos em malha fechada, isto é, os zeros de $1 + G(s)H(s)$. O contorno desse modo é mapeado através de $G(s)H(s)$ em um diagrama de Nyquist que não envolve -1. Assim, $P = 0$, $N = 0$ e $Z = P - N = 0$. Uma vez que Z é o número de polos em malha fechada no interior do contorno *A*, que envolve o semiplano da direita, este sistema não possui polos no semiplano da direita e é estável.

Por outro lado, a Figura 10.25(*b*) mostra um contorno *A* que, embora não envolva polos em malha aberta, gera duas voltas no sentido horário em torno de -1. Assim, $P = 0$, $N = -2$, e o sistema é instável; ele possui dois polos em malha fechada no semiplano da direita, uma vez que $Z = P - N = 2$. Os dois polos em malha fechada são mostrados no interior do contorno *A* na Figura 10.25(*b*) como zeros de $1 + G(s)H(s)$. Você deve ter em mente que a existência desses polos não é conhecida *a priori*.

Neste exemplo, observe que voltas no sentido horário implicam um valor negativo para N. O número de voltas pode ser determinado traçando-se um raio de teste a partir de -1 em qualquer direção conveniente e contando-se o número de vezes que o diagrama de Nyquist cruza o raio de teste. Os cruzamentos no sentido anti-horário são positivos, e os cruzamentos no sentido horário são negativos. Por exemplo, na Figura 10.25(*b*) o contorno *B* cruza o raio de teste duas vezes no sentido horário. Portanto, há -2 voltas em torno do ponto -1.

Antes de aplicar o critério de Nyquist a outros exemplos para determinar a estabilidade de um sistema, devemos primeiro ganhar experiência no esboço de diagramas de Nyquist. A próxima seção cobre o desenvolvimento dessa habilidade.

10.4 Esboçando o Diagrama de Nyquist

O contorno que envolve o semiplano da direita pode ser mapeado através da função $G(s)H(s)$ pela substituição de pontos ao longo do contorno em $G(s)H(s)$. Os pontos ao longo da extensão positiva do eixo imaginário resultam na resposta em frequência polar de $G(s)H(s)$. Aproximações podem ser feitas para $G(s)H(s)$ para pontos ao longo do semicírculo infinito, admitindo-se que os vetores comecem na origem. Assim, seu módulo é infinito e seus ângulos são facilmente calculados.

Entretanto, na maioria das vezes um esboço simples do diagrama de Nyquist é tudo o que é necessário. Um esboço pode ser obtido rapidamente observando os vetores de $G(s)H(s)$ e seus movimentos ao longo do contorno. Nos exemplos a seguir, enfatizamos esse método rápido para esboçar o diagrama de Nyquist. Contudo, os exemplos também incluem expressões analíticas para $G(s)H(s)$ para cada trecho do contorno para ajudar você a determinar a forma do diagrama de Nyquist.

Exemplo 10.4

Esboçando um Diagrama de Nyquist

PROBLEMA: Os controles de velocidade encontram uma ampla aplicação nos setores industrial e doméstico. A Figura 10.26(*a*) mostra uma aplicação: controle de frequência de saída de energia elétrica de um par de turbina e gerador. Regulando a velocidade, o sistema de controle assegura que a frequência gerada permaneça dentro da tolerância. Os desvios a partir da velocidade desejada são medidos, e uma válvula de vapor é alterada para compensar o erro de velocidade. O diagrama de blocos do sistema é mostrado na Figura 10.26(*b*). Esboce o diagrama de Nyquist para o sistema da Figura 10.26.

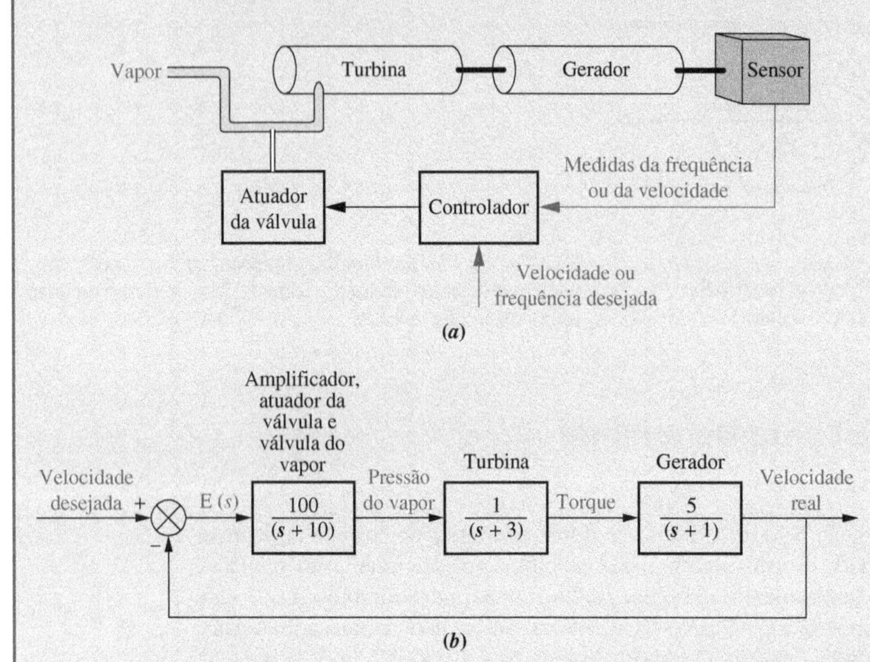

FIGURA 10.26 **a.** Turbina e gerador; **b.** diagrama de blocos do sistema de controle de velocidade para o Exemplo 10.4.

SOLUÇÃO: Conceitualmente, o diagrama de Nyquist é traçado substituindo-se os pontos do contorno mostrado na Figura 10.27(*a*) em $G(s) = 500/[(s+1)(s+3)(s+10)]$. Esse processo é equivalente a efetuar aritmética de números complexos utilizando os vetores de $G(s)$ traçados até os pontos do contorno, como mostrado na Figura 10.27(*a*) e (*b*). Cada termo de polo e zero de $G(s)$, mostrado na Figura 10.26(*b*), é um vetor na Figura 10.27(*a*) e (*b*). O vetor resultante, R, obtido em qualquer ponto ao longo do contorno é, em geral, o produto dos vetores de zeros dividido pelo produto dos vetores de polos [ver Figura 10.27(*c*)]. Assim, a magnitude do resultado é o produto das distâncias até os zeros dividido pelo produto das distâncias até os polos, e o ângulo do resultado é a soma dos ângulos dos zeros menos a soma dos ângulos dos polos.

À medida que nos movemos no sentido horário ao longo do contorno, do ponto A até o ponto C na Figura 10.27(*a*), o ângulo resultante vai de 0° a $-3 \times 90° = -270°$, ou de A' a C' na Figura 10.27(*c*). Uma vez que os ângulos emanam de polos no denominador de $G(s)$, a rotação ou o aumento no ângulo, é na verdade, uma diminuição no ângulo da função $G(s)$; os polos ganham 270° no sentido anti-horário, o que explica por que a função perde 270°.

Enquanto o resultado se move de A' para C' na Figura 10.27(*c*), sua magnitude varia de acordo com o produto das distâncias até os zeros dividido pelo produto das distâncias até os polos. Assim, o resultado vai de um valor finito em frequência zero [no ponto A da Figura 10.27(*a*) existem três distâncias finitas até os polos] até uma magnitude zero na frequência infinita no ponto C [no ponto C da Figura 10.27(*a*) existem três distâncias infinitas até os polos].

O mapeamento do ponto A até o ponto C também pode ser explicado analiticamente. De A a C, o conjunto de pontos ao longo do contorno é imaginário. Portanto, de A até C, $G(s) = G(j\omega)$, ou a partir da Figura 10.26(*b*),

$$G(j\omega) = \left.\frac{500}{(s+1)(s+3)(s+10)}\right|_{s\to j\omega} = \frac{500}{(-14\omega^2+30)+j(43\omega-\omega^3)} \tag{10.40}$$

Multiplicando o numerador e o denominador pelo conjugado complexo do denominador, obtemos

$$G(j\omega) = 500\frac{(-14\omega^2+30)-j(43\omega-\omega^3)}{(-14\omega^2+30)^2+(43\omega-\omega^3)^2} \tag{10.41}$$

Na frequência zero, $G(j\omega) = 500/30 = 50/3$. Portanto, o diagrama de Nyquist começa em 50/3, com um ângulo de 0°. À medida que ω aumenta, a parte real permanece positiva, e a parte imaginária permanece negativa. Em

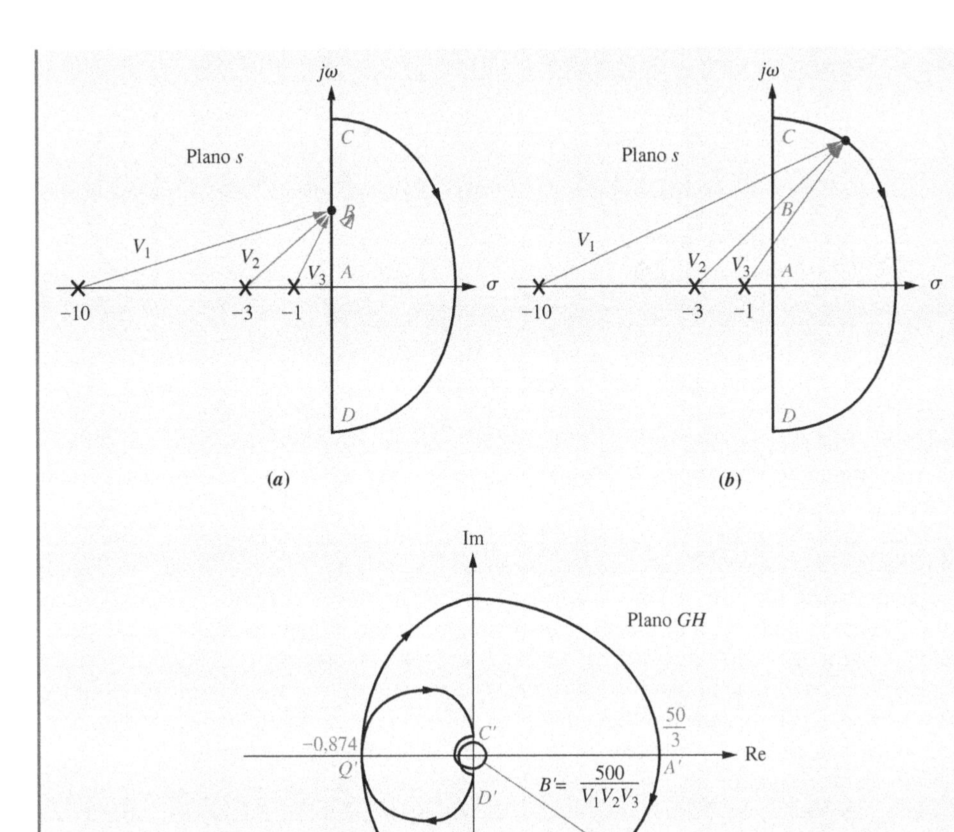

FIGURA 10.27 Cálculo vetorial do diagrama de Nyquist para o Exemplo 10.4: **a.** vetores no contorno em uma frequência baixa; **b.** vetores no contorno ao longo do infinito; **c.** diagrama de Nyquist.

$\omega = \sqrt{30/14}$ a parte real se torna negativa. Em $\omega = \sqrt{43}$, o diagrama de Nyquist cruza o eixo real negativo, uma vez que o termo imaginário se anula. O valor real no cruzamento do eixo, ponto Q' na Figura 10.27(*c*), encontrado substituindo-se na Equação (10.41), é $-0{,}874$. Continuando para $\omega = \infty$, a parte real é negativa e a parte imaginária é positiva. Em frequência infinita, $G(j\omega) \approx 500j/\omega^3$, ou aproximadamente zero a 90°.

Ao longo do semicírculo infinito do ponto *C* ao ponto *D* mostrados na Figura 10.27(*b*), os vetores giram no sentido horário, cada um por 180°. Portanto, o resultado passa por uma rotação no sentido anti-horário de $3 \times 180°$, começando no ponto C' e terminando no ponto D' da Figura 10.27(*c*). Analiticamente, podemos ver isso admitindo que, ao longo do semicírculo infinito, os vetores começam aproximadamente na origem e possuem módulos infinitos. Para qualquer ponto no plano *s* o valor de $G(s)$ pode ser obtido representando cada número complexo na forma polar, como a seguir:

$$G(s) = \frac{500}{(R_{-1}e^{j\theta_{-1}})(R_{-3}e^{j\theta_{-3}})(R_{-10}e^{j\theta_{-10}})} \tag{10.42}$$

em que R_{-i} é a magnitude do número complexo $(s + i)$, e θ_{-i} é o ângulo do número complexo $(s + i)$. Ao longo do semicírculo infinito, todos os R_{-i} são infinitos, e podemos usar nossa hipótese para aproximar os ângulos como se os vetores começassem na origem. Assim, ao longo do semicírculo infinito,

$$G(s) = \frac{500}{\infty\angle(\theta_{-1} + \theta_{-3} + \theta_{-10})} = 0\angle - (\theta_{-1} + \theta_{-3} + \theta_{-10}) \tag{10.43}$$

No ponto *C* na Figura 10.27(*b*), os ângulos são todos 90°. Portanto, o resultado é $0\angle -270°$, mostrado como ponto C' na Figura 10.27(*c*). De modo análogo, no ponto *D*, $G(s) = 0\angle +270°$ que é mapeado no ponto D'. Você pode escolher pontos intermediários para verificar a espiral cujo vetor de raio tende a zero na origem, como mostrado na Figura 10.27(*c*).

O eixo imaginário negativo pode ser mapeado percebendo-se que a parte real de $G(j\omega)H(j\omega)$ é sempre uma função par, enquanto a parte imaginária de $G(j\omega)H(j\omega)$ é uma função ímpar. Isto é, a parte real não mudará de sinal quando valores negativos de ω são utilizados, enquanto a parte imaginária mudará de sinal. Portanto, o mapeamento do eixo imaginário negativo é uma imagem refletida do mapeamento do eixo imaginário positivo. O mapeamento do trecho do contorno do ponto *D* até *A* é traçado como uma imagem refletida em relação ao eixo real do mapeamento do ponto *A* até *C*.

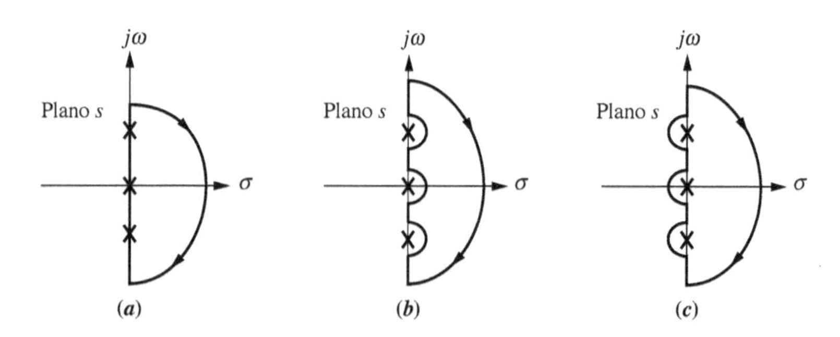

FIGURA 10.28 Desviando ao redor de polos em malha aberta: **a.** polos no contorno; **b.** desvio pela direita; **c.** desvio pela esquerda.

No exemplo anterior, não havia polos em malha aberta situados ao longo do contorno envolvendo o semiplano da direita. Caso esses polos existam, então um desvio ao redor dos polos sobre o contorno é necessário; caso contrário, o mapeamento iria para infinito de uma forma indeterminada, sem informação angular. Consequentemente, um esboço completo do diagrama de Nyquist não poderia ser feito, e o número de voltas em torno de -1 não poderia ser determinado.

Vamos admitir uma $G(s)H(s) = N(s)/sD(s)$, em que $D(s)$ possui raízes imaginárias. O termo s no denominador e as raízes imaginárias de $D(s)$ são polos de $G(s)H(s)$ que estão no contorno, como mostrado na Figura 10.28(*a*). Para esboçar o diagrama de Nyquist, o contorno deve desviar ao redor de cada polo em malha aberta que está em seu caminho. O desvio pode ser à direita do polo, como mostrado na Figura 10.28(*b*), que deixa claro que o vetor de cada polo gira de $+180°$ quando nos movemos ao longo do contorno próximo desse polo. Esse conhecimento da rotação angular dos polos no contorno nos permite completar o diagrama de Nyquist. Naturalmente, nosso desvio deve nos levar apenas a uma distância infinitesimal no semiplano da direita; caso contrário, alguns polos em malha fechada no semiplano da direita serão excluídos da contagem.

Podemos também desviar para a esquerda dos polos em malha aberta. Nesse caso, cada polo gira de um ângulo de $-180°$ quando desviamos ao redor dele. Novamente, o desvio deve ser infinitesimalmente pequeno; caso contrário, poderíamos incluir alguns polos no semiplano da esquerda na contagem. Vamos ver um exemplo.

Exemplo 10.5

Diagrama de Nyquist para Função em Malha Aberta com Polos no Contorno

PROBLEMA: Esboce o diagrama de Nyquist do sistema com realimentação unitária da Figura 10.10, em que $G(s) = (s + 2)/s^2$.

SOLUÇÃO: Os dois polos do sistema na origem estão sobre o contorno e devem ser contornados, como mostrado na Figura 10.29(*a*). O mapeamento começa no ponto *A* e continua no sentido horário. Os pontos *A*, *B*, *C*, *D*, *E* e *F* da Figura 10.29(*a*) são mapeados respectivamente nos pontos *A'*, *B'*, *C'*, *D'*, *E'* e *F'* da Figura 10.29(*b*).

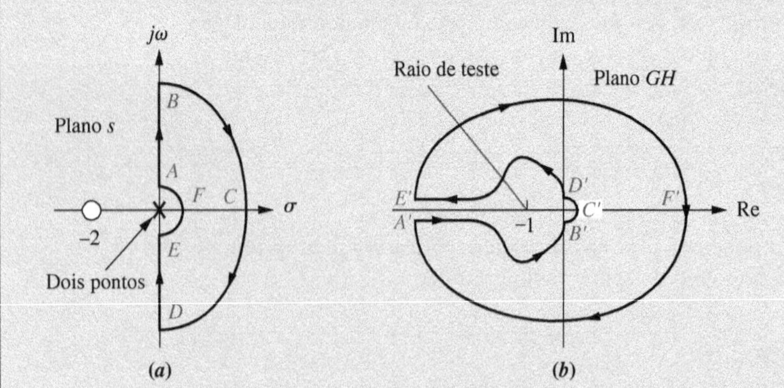

FIGURA 10.29 **a.** Contorno para o Exemplo 10.5; **b.** diagrama de Nyquist para o Exemplo 10.5.

No ponto *A* os dois polos em malha aberta na origem contribuem com $2 \times 90° = 180°$, e o zero contribui com $0°$. O ângulo total no ponto *A* é, portanto, $-180°$. Perto da origem a função é infinita em magnitude, por causa da estreita proximidade com os dois polos em malha aberta. Assim, o ponto *A* é mapeado no ponto *A'*, localizado no infinito com um ângulo de $-180°$.

Movendo do ponto *A* até o ponto *B* ao longo do contorno, resulta uma variação líquida no ângulo de $+90°$ decorrente unicamente do zero. Os ângulos dos polos permanecem os mesmos. Assim, o mapeamento muda por $+90°$ no sentido anti-horário. O vetor mapeado vai de $-180°$ em *A'* para $-90°$ em *B'*. Ao mesmo tempo, a magnitude varia de infinito a zero, uma vez que no ponto *B* há uma distância infinita a partir do zero dividida por duas distâncias infinitas a partir dos polos.

Alternativamente, a resposta em frequência pode ser determinada analiticamente a partir de $G(j\omega) = (2 + j\omega)/(-\omega^2)$, considerando ω variando de 0 a ∞. Em baixas frequências, $G(j\omega) \approx 2/(-\omega^2)$, ou $\infty\angle 180°$. Em altas frequências, $G(j\omega) \approx j/(-\omega)$, ou $0\angle -90°$. Além disso, as partes real e imaginária são sempre negativas.

À medida que percorremos o contorno *BCD*, a magnitude da função permanece em zero (uma distância infinita do zero dividida por duas distâncias infinitas dos polos). À medida que os vetores se movem através de *BCD*, o vetor do zero e os dois vetores dos polos passam por variações de $-180°$ cada. Assim, o vetor mapeado passa por uma variação líquida de $+180°$, que é a variação angular do zero menos a soma das variações angulares dos polos $\{-180 - [2(-180)] = +180\}$. O mapeamento é mostrado como $B'\ C'\ D'$, em que o vetor resultante varia de $+180°$ com uma magnitude ϵ que tende a zero.

Do ponto de vista analítico,

$$G(s) = \frac{R_{-2}\angle\theta_{-2}}{(R_0\angle\theta_0)(R_0\angle\theta_0)} \tag{10.44}$$

para todo plano *s* em que $R_{-2}\angle\theta_{-2}$ é o vetor a partir do zero em -2 até qualquer ponto do plano *s*, e $R_0\angle\theta_0$ é o vetor a partir de um polo na origem até qualquer ponto do plano *s*. Ao longo do semicírculo infinito, todos os $R_{-i} = \infty$ e todos os ângulos podem ser aproximados como se os vetores começassem na origem. Assim, no ponto *B*, $G(s) = 0\angle -90°$, uma vez que todos os $\theta_{-i} = 90°$ na Equação (10.44). No ponto *C*, todos os $R_{-i} = \infty$, e todos os $\theta_{-i} = 0°$ na Equação (10.44). Portanto, $G(s) = 0\angle 0°$. No ponto *D*, todos os $R_{-i} = \infty$, e todos os $\theta_{-i} = -90°$ na Equação (10.44). Assim, $G(s) = 0\angle 90°$.

O mapeamento do trecho do contorno de *D* a *E* é uma imagem refletida do mapeamento de *A* a *B*. O resultado é D' a E'.

Finalmente, no trecho *EFA* a magnitude do resultado tende a infinito. O ângulo do zero não muda, porém cada polo muda de $+180°$. Essa variação resulta em uma alteração na função de $-2 \times 180° = -360°$. Portanto, o mapeamento de E' a A' é mostrado com comprimento infinito e girando $-360°$. Analiticamente, podemos utilizar a Equação (10.44) para os pontos ao longo do contorno *EFA*. Em *E*, $G(s) = (2\angle 0°)/[(\epsilon\angle -90°)(\epsilon\angle -90°)] = \infty\angle 180°$. Em *F*, $G(s) = (2\angle 0°)/[(\epsilon\angle 0°)(\epsilon\angle 0°)] = \infty\angle 0°$. Em A, $G(s) = (2\angle 0°)/[(\epsilon\angle 90°)(\epsilon\angle 90°)] = \infty\angle -180°$.

O diagrama de Nyquist está agora completo, e o raio de teste traçado a partir de -1 na Figura 10.29(*b*) mostra uma volta no sentido anti-horário e uma volta no sentido horário resultando em zero voltas.

MATLAB
ML

Os estudantes que estiverem usando o MATLAB devem, agora, executar o arquivo ch10apB2 do Apêndice B. Você aprenderá como utilizar o MATLAB para construir um diagrama de Nyquist e listar os pontos no diagrama. Você também aprenderá como especificar uma faixa de valores para a frequência. Este exercício resolve o Exemplo 10.5 utilizando o MATLAB.

Exercício 10.3

PROBLEMA: Esboce o diagrama de Nyquist para o sistema mostrado na Figura 10.10, em que

$$G(s) = \frac{1}{(s+2)(s+4)}$$

Compare seu esboço com o diagrama polar obtido no Exercício de Avaliação de Competência 10.1(*c*).

RESPOSTA: A solução completa está disponível no Ambiente de aprendizagem do GEN.

Nesta seção, aprendemos como esboçar um diagrama de Nyquist. Vimos como calcular o valor da interseção do diagrama de Nyquist com o eixo real negativo. Esta interseção é importante na determinação do número de voltas em torno de -1. Além disso, mostramos como esboçar o diagrama de Nyquist quando existem polos em malha aberta sobre o contorno; este caso requer desvios ao redor dos polos. Na próxima seção aplicamos o critério de Nyquist para determinar a estabilidade de sistemas de controle com realimentação.

10.5 Estabilidade Via Diagrama de Nyquist

Utilizamos agora o diagrama de Nyquist para determinar a estabilidade de um sistema, empregando a equação simples $Z = P - N$. Os valores de *P*, o número de polos em malha aberta de $G(s)H(s)$ envolvidos pelo contorno, e de *N*, o número de voltas que o diagrama de Nyquist dá em torno de -1, são utilizados para determinar *Z*, o número de polos no semiplano da direita do sistema em malha fechada.

Caso o sistema em malha fechada possua um ganho variável na malha, uma questão que gostaríamos de levantar é: "Para que faixa de ganho o sistema é estável?" Esta questão, respondida anteriormente pelo método

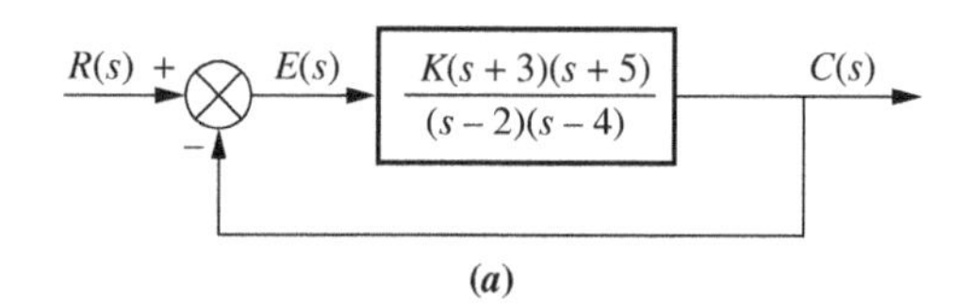

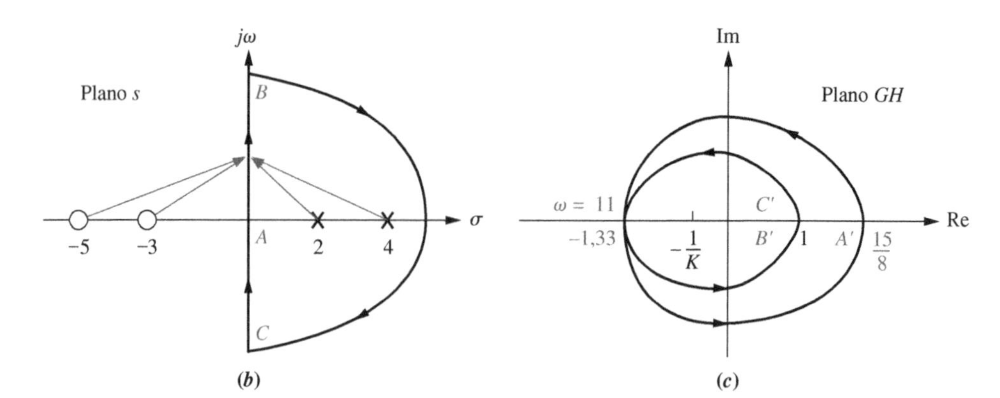

FIGURA 10.30 Demonstrando a estabilidade via Nyquist: **a.** sistema; **b.** contorno; **c.** diagrama de Nyquist.

> **Experimente 10.2**
>
> Utilize o MATLAB, a Control System Toolbox e as instruções a seguir para representar graficamente o diagrama de Nyquist do sistema mostrado na Figura 10.30(*a*).
>
> ```
> G=zpk([-3,-5],...
> [2,4],1)
> nyquist(G)
> ```
>
> Depois que o diagrama de Nyquist aparecer, clique sobre a curva e arraste para ler as coordenadas.

do lugar geométrico das raízes e pelo critério de Routh-Hurwitz, é agora respondida através do critério de Nyquist. A abordagem geral é ajustar o ganho de malha com valor unitário e traçar o diagrama de Nyquist. Uma vez que o ganho é simplesmente um fator multiplicativo, seu efeito é o de multiplicar o resultado por uma constante em qualquer ponto do diagrama de Nyquist.

Por exemplo, considere a Figura 10.30, que resume a abordagem de Nyquist para um sistema com ganho variável, K. À medida que o ganho é variado, podemos visualizar o diagrama de Nyquist na Figura 10.30(*c*) expandindo (ganho maior) ou encolhendo (ganho menor) como um balão. Essa alteração poderia mover o diagrama de Nyquist para além de -1, alterando o quadro da estabilidade. Para esse sistema, uma vez que $P = 2$, o ponto crítico deve ser envolvido pelo diagrama de Nyquist para resultar em $N = 2$ e em um sistema estável. Uma redução no ganho colocaria o ponto crítico fora do diagrama de Nyquist em que $N = 0$, resultando em $Z = 2$, um sistema instável.

A partir de outra perspectiva, podemos pensar no diagrama de Nyquist como permanecendo estacionário e no ponto -1 se movendo ao longo do eixo real. Para isso, ajustamos o ganho como unitário e posicionamos o ponto crítico em $-1/K$ em vez de em -1. Assim, o ponto crítico parece se mover para mais perto da origem à medida que K aumenta.

Finalmente, se o diagrama de Nyquist cruza o eixo real em -1, então $G(j\omega)H(j\omega) = -1$. A partir dos conceitos do lugar geométrico das raízes, quando $G(s)H(s) = -1$ a variável s é um polo em malha fechada do sistema. Portanto, a frequência na qual o diagrama de Nyquist passa por -1 é a mesma frequência na qual o lugar geométrico das raízes cruza o eixo $j\omega$. Assim, o sistema é marginalmente estável se o diagrama de Nyquist interceptar o eixo real em -1.

Em resumo, se o sistema em malha aberta contém um ganho variável, K, faça $K = 1$ e esboce o diagrama de Nyquist. Considere o ponto crítico como $-1/K$ em vez de -1. Ajuste o valor de K para resultar em estabilidade, com base no critério de Nyquist.

Exemplo 10.6

Faixa do Ganho para Estabilidade Via Critério de Nyquist

PROBLEMA: Para o sistema com realimentação unitária da Figura 10.10, em que $G(s) = K/[s(s + 3)(s + 5)]$, determine a faixa de ganho, K, para estabilidade e instabilidade, e o valor do ganho para a estabilidade marginal. Para a estabilidade marginal, determine também a frequência de oscilação. Utilize o critério de Nyquist.

SOLUÇÃO: Primeiro faça $K = 1$ e esboce o diagrama de Nyquist do sistema utilizando o contorno mostrado na Figura 10.31(*a*). Para todos os pontos do eixo imaginário,

$$G(j\omega)H(j\omega) = \frac{K}{s(s+3)(s+5)}\Bigg|_{\substack{K=1 \\ s=j\omega}} = \frac{-8\omega^2 - j(15\omega - \omega^3)}{64\omega^4 + \omega^2(15 - \omega^2)^2} \tag{10.45}$$

Em $\omega = 0$, $G(j\omega)H(j\omega) = -0{,}0356 - j\infty$.

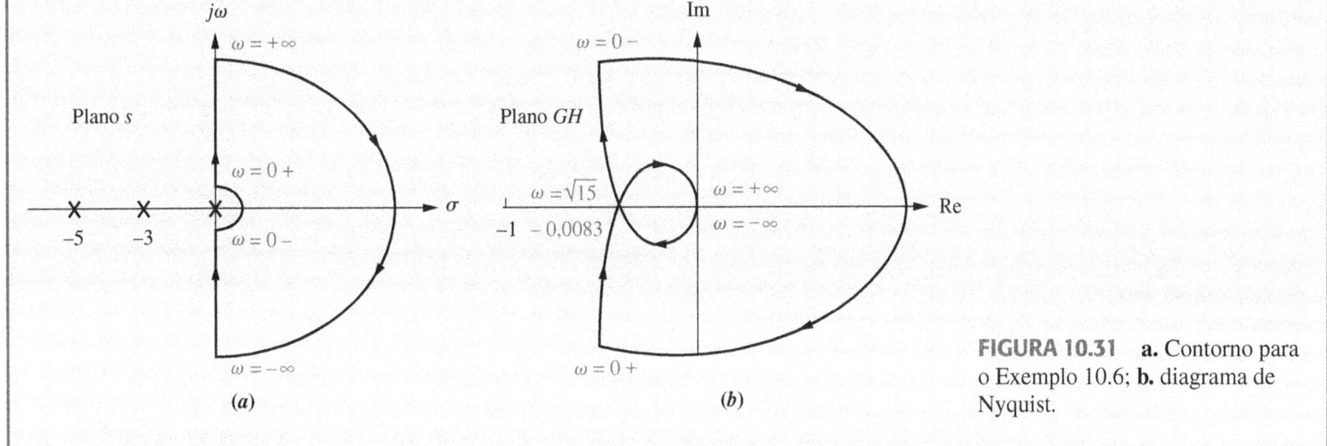

FIGURA 10.31 **a.** Contorno para o Exemplo 10.6; **b.** diagrama de Nyquist.

Em seguida, determine o ponto onde o diagrama de Nyquist intercepta o eixo real negativo. Fazendo a parte imaginária da Equação (10.45) igual a zero, obtemos $\omega = \sqrt{15}$. Substituindo este valor de ω de volta na Equação (10.45) obtemos uma parte real de $-0{,}0083$. Finalmente, em $\omega = \infty$, $G(j\omega)H(j\omega) = G(s)H(s)|_{s\to j\omega} = 1/(j\infty)^3 = 0\angle-270°$.

A partir do contorno da Figura 10.31(*a*), $P = 0$; para estabilidade, N deve então ser igual a zero. A partir da Figura 10.31(*b*), o sistema é estável se o ponto crítico estiver fora do contorno ($N = 0$), de modo que $Z = P - N = 0$. Portanto, K pode ser aumentado de $1/0{,}0083 = 120{,}5$ antes de o diagrama de Nyquist envolver o -1. Assim, para estabilidade $K < 120{,}5$. Para estabilidade marginal $K = 120{,}5$. Para este ganho, o diagrama de Nyquist intercepta -1, e a frequência de oscilação é $\sqrt{15}$ rad/s.

Agora que utilizamos o diagrama de Nyquist para determinar a estabilidade, podemos desenvolver uma abordagem simplificada que utiliza apenas o mapeamento do eixo $j\omega$ positivo.

Estabilidade Via Mapeamento Apenas do Eixo $j\omega$ Positivo

Uma vez que a estabilidade de um sistema seja determinada pelo critério de Nyquist, a avaliação continuada do sistema pode ser simplificada utilizando apenas do mapeamento do eixo $j\omega$ positivo. Esse conceito desempenha um papel principal nas duas próximas seções, em que discutimos a margem de estabilidade e a implementação do critério de Nyquist com diagramas de Bode.

Considere o sistema mostrado na Figura 10.32, estável para valores baixos de ganho e instável para valores altos de ganho. Como o contorno não envolve polos em malha aberta, o critério de Nyquist nos diz que não devemos ter nenhum envolvimento de -1 para que o sistema seja estável. Podemos ver, a partir do diagrama de Nyquist, que as voltas em torno do ponto crítico podem ser determinadas a partir apenas do mapeamento do eixo $j\omega$ positivo. Caso o ganho seja pequeno, o mapeamento passará à direita de -1, e o sistema será estável. Caso o ganho seja elevado, o mapeamento passará à esquerda de -1, e o sistema será instável. Portanto, esse sistema é estável para a faixa de ganho de malha, K, que garante que a *magnitude em malha aberta é menor que a unidade na frequência em que a fase é* 180° (*ou, equivalentemente,* $-180°$). Esta declaração é, portanto, uma alternativa ao critério de Nyquist para esse sistema.

Considere agora o sistema mostrado na Figura 10.33, instável para valores baixos de ganho e estável para valores elevados de ganho. Como o contorno envolve dois polos em malha aberta, duas voltas no sentido anti-horário em torno do ponto crítico são requeridas para a estabilidade. Assim, nesse caso, o sistema é estável se a *magnitude em malha aberta é maior que a unidade na frequência em que a fase é* 180° (*ou, equivalentemente*, $-180°$).

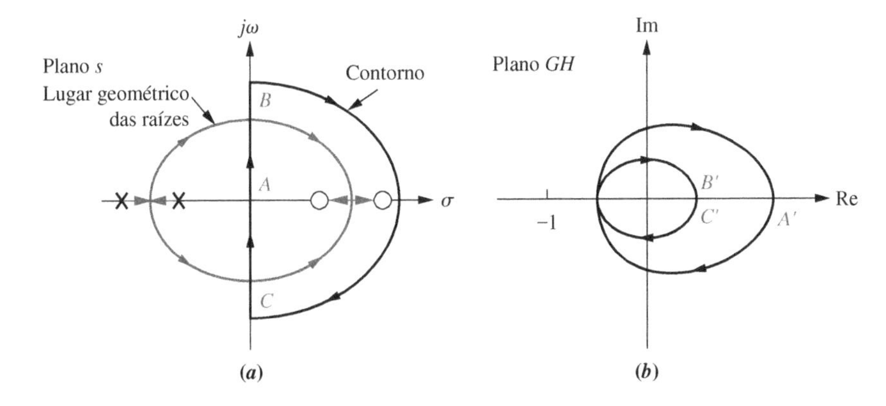

FIGURA 10.32 **a.** Contorno e lugar geométrico das raízes de um sistema estável para ganho pequeno e instável para ganho elevado; **b.** diagrama de Nyquist.

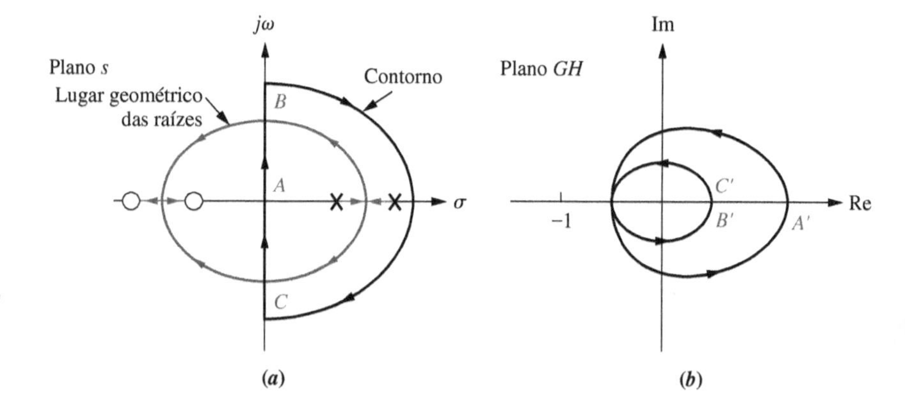

FIGURA 10.33 **a.** Contorno e lugar geométrico das raízes de um sistema instável para ganho pequeno e estável para ganho elevado; **b.** diagrama de Nyquist.

Em resumo, primeiro determine a estabilidade com base no critério de Nyquist e no diagrama de Nyquist. Em seguida, interprete o critério de Nyquist e determine se o mapeamento apenas do eixo imaginário positivo deve ter um ganho menor ou maior que a unidade em 180°. Se o diagrama de Nyquist cruzar ±180° em múltiplas frequências, faça a interpretação com base no critério de Nyquist.

Exemplo 10.7

Projeto de Estabilidade Via Mapeamento do Eixo $j\omega$ Positivo

PROBLEMA: Determine a faixa de ganho para estabilidade e instabilidade, e o ganho para estabilidade marginal para o sistema com realimentação unitária mostrado na Figura 10.10, em que $G(s) = K/[(s^2 + 2s + 2)(s + 2)]$. Para a estabilidade marginal, determine a frequência de oscilação em radianos. Utilize o critério de Nyquist e o mapeamento apenas do eixo imaginário positivo.

SOLUÇÃO: Como os polos em malha aberta estão apenas no semiplano da esquerda, o critério de Nyquist nos diz que não desejamos nenhum envolvimento de -1 para estabilidade. Assim, um ganho menor que a unidade em $\pm 180°$ é requerido. Comece fazendo $K = 1$ e trace o trecho do contorno ao longo do eixo imaginário positivo, como mostrado na Figura 10.34(*a*). Na Figura 10.34(*b*) a interseção com o eixo real negativo é obtida fazendo $s = j\omega$ em $G(s)H(s)$. Iguale a parte imaginária a zero para determinar a frequência e então substitua a frequência na parte real de $G(j\omega)H(j\omega)$. Assim, para qualquer ponto no eixo imaginário positivo,

$$G(j\omega)H(j\omega) = \left.\frac{1}{(s^2 + 2s + 2)(s + 2)}\right|_{s \to j\omega} = \frac{4(1 - \omega^2) - j\omega(6 - \omega^2)}{16(1 - \omega^2)^2 + \omega^2(6 - \omega^2)^2} \qquad (10.46)$$

Igualando a parte imaginária a zero, obtemos $\omega = \sqrt{6}$. Substituindo este valor de volta na Equação (10.46), resulta a parte real, $-(1/20) = (1/20)\angle 180°$.

Este sistema em malha fechada é estável se a magnitude da resposta em frequência é menor que a unidade em 180°. Portanto, o sistema é estável para $K < 20$, instável para $K > 20$ e marginalmente estável para $K = 20$. Quando o sistema é marginalmente estável, a frequência de oscilação em radianos é $\sqrt{6}$.

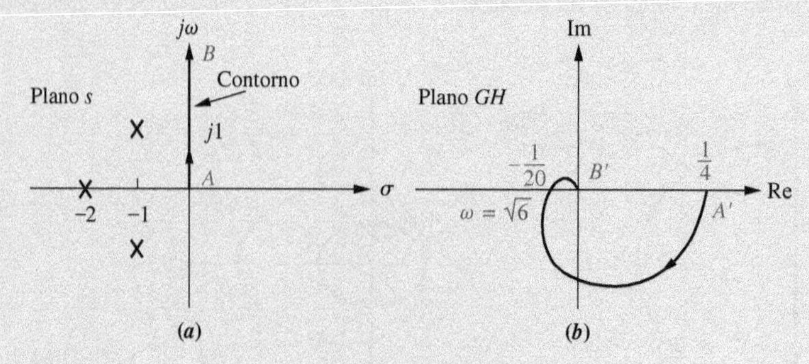

FIGURA 10.34 **a.** Trecho do contorno a ser mapeado para o Exemplo 10.7; **b.** diagrama de Nyquist do mapeamento do eixo imaginário positivo.

Exercício 10.4

PROBLEMA: Para o sistema mostrado na Figura 10.10, em que

$$G(s) = \frac{K}{(s+2)(s+4)(s+6)}$$

faça o seguinte:

a. Trace o diagrama de Nyquist.
b. Utilize seu diagrama de Nyquist para determinar a faixa de ganho, K, para estabilidade.

RESPOSTAS:

a. Veja a resposta disponível no Ambiente de aprendizagem do GEN.
b. Estável para $K < 480$.

A solução completa está disponível no Ambiente de aprendizagem do GEN.

10.6 Margem de Ganho e Margem de Fase Via Diagrama de Nyquist

Agora que sabemos como esboçar e interpretar um diagrama de Nyquist para determinar a estabilidade de um sistema em malha fechada, vamos estender nossa discussão a conceitos que irão eventualmente nos levar ao projeto de características da resposta transitória através de técnicas de resposta em frequência.

Utilizando o diagrama de Nyquist, definimos duas medidas quantitativas de quão estável um sistema é. Essas grandezas são chamadas *margem de ganho* e *margem de fase*. Os sistemas com margens de ganho e de fase maiores podem suportar variações maiores nos seus parâmetros antes de se tornarem instáveis. De certo modo, as margens de ganho e de fase podem ser qualitativamente relacionadas com o lugar geométrico das raízes, no sentido em que sistemas cujos polos estão mais afastados do eixo imaginário possuem um maior grau de estabilidade.

Na última seção discutimos a estabilidade do ponto de vista do ganho a 180° de defasagem. Esse conceito leva às seguintes definições de margem de ganho e margem de fase:

Margem de ganho, G_M. A margem de ganho é a variação no ganho em malha aberta, expressa em decibéis (dB), requerida a 180° de defasagem para tornar o sistema em malha fechada instável.

Margem de fase, Φ_M. A margem de fase é a variação na defasagem em malha aberta requerida no ganho unitário para tornar o sistema em malha fechada instável.

Essas duas definições são mostradas graficamente no diagrama de Nyquist na Figura 10.35.

Considere um sistema que é estável, caso não ocorra envolvimento de -1. Utilizando a Figura 10.35, vamos nos concentrar na definição de margem de ganho. Nesse caso, uma diferença de ganho entre a interseção do diagrama de Nyquist e do eixo real em $-1/a$ e o ponto crítico -1 determina a proximidade do sistema da instabilidade. Portanto, se o ganho do sistema fosse multiplicado por a unidades, o diagrama de Nyquist interceptaria o ponto crítico. Então, dizemos que a margem de ganho é a unidades, ou, expressa em dB, $G_M = 20 \log a$. Observe que a margem de ganho é o inverso do cruzamento do eixo real expresso em dB.

Na Figura 10.35, também vemos a margem de fase representada graficamente. No ponto Q', em que o ganho é unitário, α representa a proximidade do sistema da instabilidade. Isto é, com ganho unitário, caso uma defasagem de α graus ocorra, o sistema se torna instável. Portanto, o valor da margem de fase é α. Mais adiante neste capítulo, mostramos que a margem de fase pode ser relacionada com o fator de amortecimento. Dessa forma, seremos capazes de relacionar características da resposta em frequência com características da resposta transitória, bem como com a estabilidade. Também mostraremos que os cálculos das margens de ganho e de fase são mais convenientes se os diagramas de Bode forem utilizados no lugar de um diagrama de Nyquist, como mostrado na Figura 10.35.

Por enquanto vamos ver um exemplo que mostra os cálculos das margens de ganho e de fase.

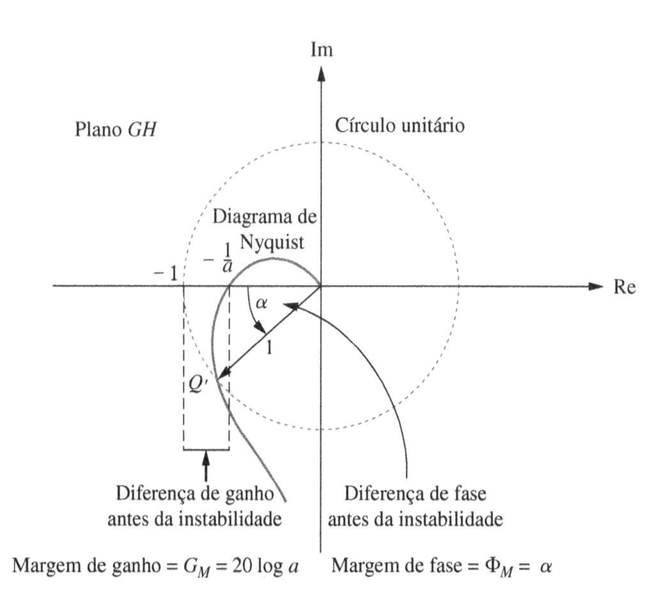

FIGURA 10.35 Diagrama de Nyquist mostrando margens de ganho e de fase.

Exemplo 10.8

Determinando Margens de Ganho e de Fase

PROBLEMA: Determine as margens de ganho e de fase do sistema do Exemplo 10.7, caso $K = 6$.

SOLUÇÃO: Para obter a margem de ganho, primeiro determine a frequência na qual o diagrama de Nyquist cruza o eixo real negativo. Obtendo $G(j\omega)H(j\omega)$, temos

$$G(j\omega)H(j\omega) = \left.\frac{6}{(s^2+2s+2)(s+2)}\right|_{s\to j\omega} = \frac{6[4(1-\omega^2) - j\omega(6-\omega^2)]}{16(1-\omega^2)^2 + \omega^2(6-\omega^2)^2} \tag{10.47}$$

O diagrama de Nyquist cruza o eixo real em uma frequência de $\sqrt{6}$ rad/s. A parte real é calculada como $-0{,}3$. Portanto, o ganho pode ser aumentado por $(1/0{,}3) = 3{,}33$ antes que a parte real se torne -1. Assim, a margem de ganho é

$$G_M = 20\log 3{,}33 = 10{,}45 \text{ dB} \tag{10.48}$$

Para obter a margem de fase, determine a frequência na Equação (10.47) para a qual a magnitude é unitária. No estágio atual, este cálculo requer ferramentas computacionais, como um solucionador de funções ou o programa descrito no Apêndice H.2. Mais adiante, neste capítulo, simplificaremos o processo utilizando os diagramas de Bode. A Equação (10.47) tem ganho unitário em uma frequência de 1,253 rad/s. Nesta frequência, a fase é $-112{,}3°$. A diferença entre este ângulo e $-180°$ é $67{,}7°$, que é a margem de fase.

MATLAB **ML**

Os estudantes que estiverem usando o MATLAB devem, agora, executar o arquivo ch10apB3 do Apêndice B. Você aprenderá como utilizar o MATLAB para determinar a margem de ganho, a margem de fase, a frequência de zero dB e a frequência de 180°. Este exercício resolve o Exemplo 10.8 utilizando o MATLAB.

Ferramenta GUI **FGUI**

O Linear System Analyzer do MATLAB, com o diagrama de Nyquist selecionado, é outro método que pode ser utilizado para determinar a margem de ganho, a margem de fase, a frequência de zero dB e a frequência de 180°. Você é encorajado a estudar o Apêndice E, o qual contém um tutorial sobre o Linear System Analyzer, bem como alguns exemplos. O Exemplo E.2 resolve o Exemplo 10.8 utilizando o Linear System Analyzer.

Exercício 10.5

PROBLEMA: Determine a margem de ganho e a frequência de 180° para o problema no Exercício 10.4, caso $K = 100$.

RESPOSTAS: Margem de ganho = 13,62; Frequência de 180° = 6,63 rad/s.

A solução completa está disponível no Ambiente de aprendizagem do GEN.

Experimente 10.3

Utilize o MATLAB, a Control System Toolbox e as instruções a seguir para obter as margens de ganho e de fase de $G(s)H(s) = 100/[(s+2)(s+4)(s+6)]$ utilizando o diagrama de Nyquist.

```
G=zpk([],[-2,-4,-6],100)
nyquist(G)
```

Depois que o diagrama de Nyquist aparecer:

1. Clique com o botão direito na área do gráfico.
2. Selecione **Characteristics**.
3. Selecione **All Stability Margins**.
4. Posicione o cursor sobre os pontos de margem para ler as margens de ganho e de fase.

Nesta seção, definimos a margem de ganho e a margem de fase, e as calculamos através do diagrama de Nyquist. Na próxima seção, mostramos como utilizar os diagramas de Bode para implementar os cálculos de estabilidade realizados nas Seções 10.5 e 10.6 utilizando o diagrama de Nyquist. Veremos que os diagramas de Bode reduzem o tempo e simplificam os cálculos necessários para obter os resultados.

10.7 Estabilidade, Margem de Ganho e Margem de Fase Via Diagramas de Bode

Nesta seção, determinamos a estabilidade, a margem de ganho, a margem de fase, e a faixa de ganho requerida para estabilidade. Todos esses tópicos foram cobertos anteriormente neste capítulo, utilizando diagramas de Nyquist como ferramenta. Agora utilizamos diagramas de Bode para determinar essas características. Os diagramas de Bode são subconjuntos do diagrama de Nyquist completo, mas em outra forma. Eles são uma alternativa viável aos diagramas de Nyquist, uma vez que são facilmente traçados sem o auxílio de dispositivos computacionais ou os longos cálculos requeridos para o diagrama de Nyquist e o lugar geométrico das raízes. Você deve lembrar que todos os cálculos aplicados à estabilidade foram deduzidos do critério de estabilidade de Nyquist e baseados nesse critério. Os diagramas de Bode são uma forma alternativa de visualizar e implementar os conceitos teóricos.

Determinando a Estabilidade

Vamos ver um exemplo e determinar a estabilidade de um sistema, implementando o critério de estabilidade de Nyquist utilizando diagramas de Bode. Iremos traçar um diagrama de Bode de logaritmo da magnitude e então determinaremos o valor de ganho que garante que a magnitude seja menor que 0 dB (ganho unitário) na frequência em que a fase é $\pm 180°$.

Exemplo 10.9

Faixa de Ganho para Estabilidade Via Diagramas de Bode

PROBLEMA: Utilize diagramas de Bode para determinar a faixa de K para a qual o sistema com realimentação unitária mostrado na Figura 10.10 é estável. Faça $G(s) = K/[(s + 2)(s + 4)(s + 5)]$.

SOLUÇÃO: Uma vez que esse sistema possui todos os seus polos em malha aberta no semiplano da esquerda, o sistema em malha aberta é estável. Portanto, a partir da discussão da Seção 10.5, o sistema em malha fechada será estável se a resposta em frequência tiver um ganho menor que a unidade quando a fase for 180°.

Comece esboçando os diagramas de Bode de magnitude e de fase mostrados na Figura 10.36. Na Seção 10.2, somamos diagramas normalizados de cada fator de $G(s)$ para criar o diagrama de Bode. Vimos que em cada frequência de quebra a inclinação do diagrama de Bode resultante mudou por uma quantidade igual à nova inclinação que foi somada. A Tabela 10.6 demonstra essa observação. Neste exemplo, utilizamos tal fato para traçar os diagramas de Bode mais rapidamente, evitando o esboço da resposta de cada termo.

O ganho em baixa frequência de $G(s)H(s)$ é obtido fazendo s igual a zero. Assim, o diagrama de Bode de magnitude começa em $K/40$. Por conveniência, faça $K = 40$ de modo que o diagrama de logaritmo da magnitude comece em 0 dB. Em cada frequência de quebra, 2, 4 e 5, um incremento de 20 dB/década de inclinação negativa é traçado, resultando no diagrama de logaritmo da magnitude mostrado na Figura 10.36.

O diagrama de fase começa em 0° até uma década abaixo da primeira frequência de quebra de 2 rad/s. Em 0,2 rad/s a curva diminui a uma taxa de $-45°$/década, diminuindo um adicional de 45°/década a cada frequência subsequente (0,4 e 0,5 rad/s) uma década abaixo de cada quebra. Uma década acima de cada frequência de quebra as inclinações são reduzidas de 45°/década em cada frequência.

O critério de Nyquist para este exemplo nos diz que não queremos voltas ao redor de -1 para estabilidade. Portanto, reconhecemos que o diagrama de Bode de logaritmo da magnitude deve ser menor que a unidade quando o diagrama de Bode de fase for 180°. Consequentemente, verificamos que na frequência de 7 rad/s, em que o diagrama de fase é $-180°$, o diagrama de magnitude é -20 dB. Portanto, um aumento no ganho de $+20$ dB é possível antes que o sistema se torne instável. Uma vez que o diagrama de ganho foi escalonado para um ganho de 40, $+20$-dB (um ganho de 10) representa o aumento requerido de ganho acima de 40. Assim, o ganho para instabilidade é $40 \times 10 = 400$. O resultado final é $0 < K < 400$ para estabilidade.

Este resultado, obtido aproximando-se a resposta em frequência por assíntotas de Bode, pode ser comparado com o resultado obtido a partir da resposta em frequência real, que resulta um ganho de 378 em uma frequência de 6,16 rad/s.

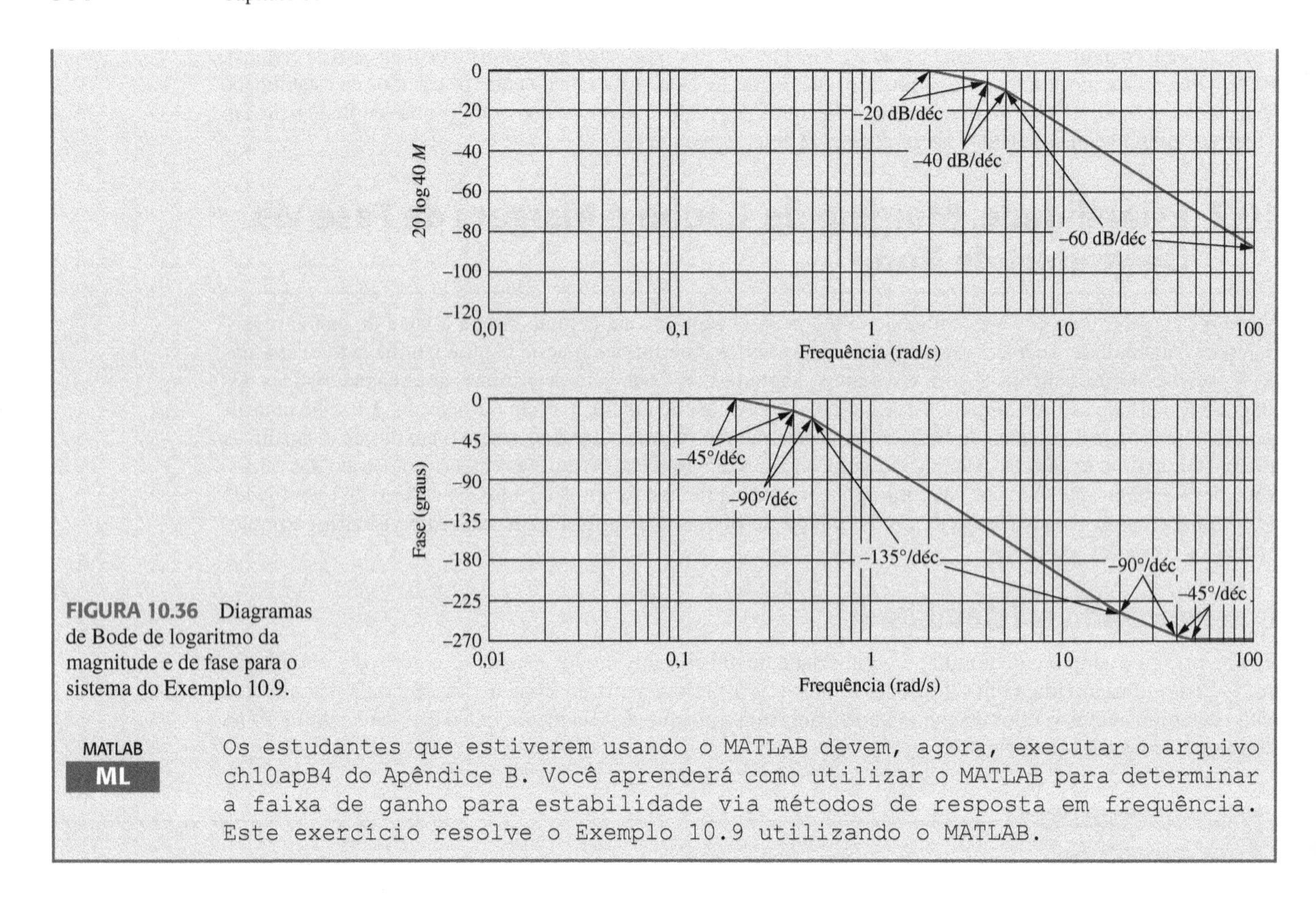

FIGURA 10.36 Diagramas de Bode de logaritmo da magnitude e de fase para o sistema do Exemplo 10.9.

MATLAB ML

Os estudantes que estiverem usando o MATLAB devem, agora, executar o arquivo ch10apB4 do Apêndice B. Você aprenderá como utilizar o MATLAB para determinar a faixa de ganho para estabilidade via métodos de resposta em frequência. Este exercício resolve o Exemplo 10.9 utilizando o MATLAB.

Calculando Margens de Ganho e de Fase

A seguir, mostramos como calcular as margens de ganho e de fase utilizando diagramas de Bode (Figura 10.37). A margem de ganho é obtida utilizando o diagrama de fase para determinar a frequência, ω_{GM}, em que a fase é 180°. Nesta frequência, olhamos para o diagrama de magnitude para determinar a margem de ganho, G_M, a qual é o ganho requerido para elevar a curva de magnitude até 0 dB. Para ilustrar, no exemplo anterior com $K = 40$, a margem de ganho foi obtida como 20 dB.

A margem de fase é obtida utilizando a curva de magnitude para determinar a frequência, ω_{Φ_M}, em que o ganho é 0 dB. Na curva de fase nesta frequência, a margem de fase, Φ_M, é a diferença entre o valor da fase e 180°.

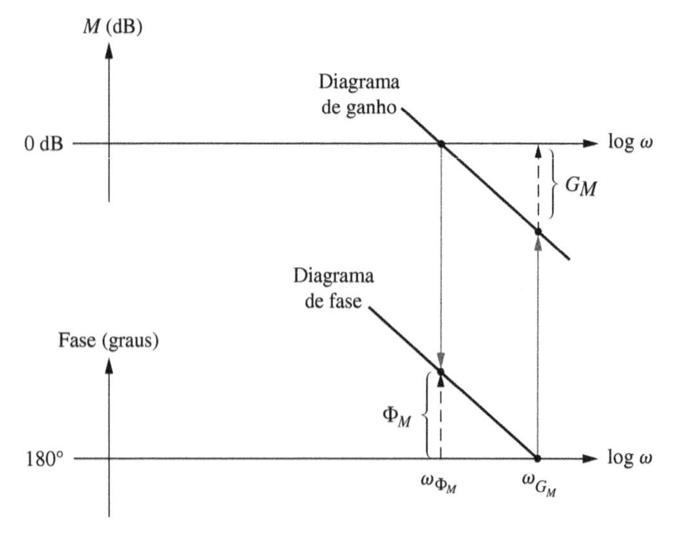

FIGURA 10.37 Margens de ganho e de fase nos diagramas de Bode.

Exemplo 10.10

Margens de Ganho e de Fase a partir dos Diagramas de Bode

PROBLEMA: Caso $K = 200$ no sistema do Exemplo 10.9, determine a margem de ganho e a margem de fase.

SOLUÇÃO: O diagrama de Bode na Figura 10.36 está escalonado para um ganho de 40. Caso $K = 200$ (cinco vezes maior), o diagrama de magnitude será $20 \log 5 = 13{,}98$ dB mais alto.

Para obter a margem de ganho, olhe para o diagrama de fase e determine a frequência em que a fase é 180°. Nessa frequência determine, a partir do diagrama de magnitude, quanto o ganho pode ser aumentado antes de alcançar 0 dB. Na Figura 10.36, a fase é 180° em aproximadamente 7 rad/s. No diagrama de magnitude, o ganho é de $-20 + 13{,}98 = -6{,}02$ dB. Portanto, a margem de ganho é de 6,02 dB.

Para obter a margem de fase, procuramos no diagrama de magnitude pela frequência em que o ganho é 0 dB. Nesta frequência, olhamos o diagrama de fase para obter a diferença entre a fase e 180°. Esta diferença é a margem de fase. Novamente, lembrando que o diagrama de magnitude da Figura 10.36 é 13,98 dB mais baixo que o diagrama real, o cruzamento de 0 dB (–13,98 dB para o diagrama normalizado mostrado na Figura 10.36) ocorre em 5,5 rad/s. Nessa frequência, a fase é $-165°$. Portanto, a margem de fase é $-165° - (-180°) = 15°$.

O Linear System Analyzer do MATLAB, com diagramas de Bode selecionados, é outro método que pode ser utilizado para determinar a margem de ganho, a margem de fase, a frequência de zero dB e a frequência de 180°. Você é encorajado a estudar o Apêndice E, que contém um tutorial sobre o Linear System Analyzer, bem como alguns exemplos. O Exemplo E.3 resolve o Exemplo 10.10 utilizando o Linear System Analyzer.

Ferramenta GUI

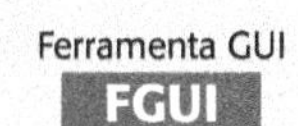

Exercício 10.6

PROBLEMA: Para o sistema mostrado na Figura 10.10, em que

$$G(s) = \frac{K}{(s+5)(s+20)(s+50)}$$

faça o seguinte:

a. Desenhe os diagramas de Bode de logaritmo da magnitude e de fase.
b. Determine a faixa de K para a estabilidade a partir de seus diagramas de Bode.
c. Calcule a margem de ganho, a margem de fase, a frequência de zero dB e a frequência de 180° a partir de seus diagramas de Bode para $K = 10.000$.

RESPOSTAS:

a. Veja a resposta disponível no Ambiente de aprendizagem do GEN.
b. $K < 96.270$
c. Margem de ganho = 19,97 dB, margem de fase = 92,9°, frequência de zero dB = 7,74 rad/s e frequência de 180° = 36,7 rad/s.

A solução completa está disponível no Ambiente de aprendizagem do GEN.

Experimente 10.4

Utilize o MATLAB, a Control System Toolbox e as instruções a seguir para resolver o Exercício de Avaliação de Competência 10.6(*c*) utilizando diagramas de Bode.

```
G=zpk([],...
 [-5,-20,-50],10000)
bode(G)
grid on
```

Depois que os diagramas de Bode aparecerem:

1. Clique com o botão direito na área do gráfico.
2. Selecione **Characteristics**.
3. Selecione **All Stability Margins**.
4. Posicione o cursor sobre os pontos de margem para ler as margens de ganho e de fase.

Vimos que as curvas de resposta em frequência em malha aberta podem ser utilizadas não apenas para determinar se um sistema é estável, mas também para calcular a faixa de ganho de malha que assegura estabilidade. Também vimos como calcular a margem de ganho e a margem de fase a partir dos diagramas de Bode.

É então possível estabelecer um paralelo com a técnica do lugar geométrico das raízes e analisar e projetar a resposta transitória de sistemas utilizando métodos de resposta em frequência? Começaremos a explorar a resposta na próxima seção.

10.8 Relação entre a Resposta Transitória em Malha Fechada e a Resposta em Frequência em Malha Fechada

Fator de Amortecimento e Resposta em Frequência em Malha Fechada

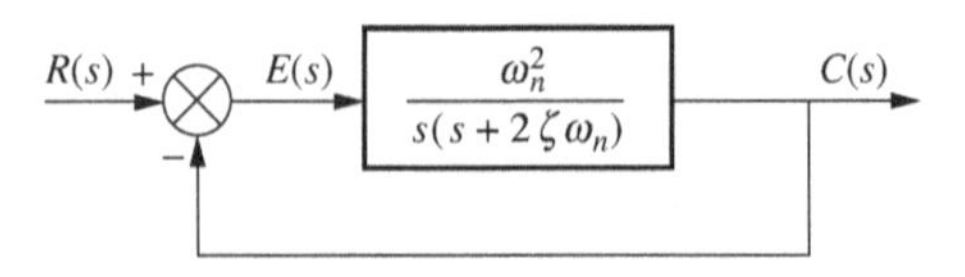

FIGURA 10.38 Sistema em malha fechada de segunda ordem.

Nesta seção, mostraremos que existe uma relação entre a resposta transitória de um sistema e sua resposta em frequência em malha fechada. Em particular, considere o sistema de controle com realimentação de segunda ordem da Figura 10.38, que temos utilizado desde o Capítulo 4, em que deduzimos relações entre a resposta transitória em malha fechada e os polos da função de transferência em malha fechada,

$$\frac{C(s)}{R(s)} = T(s) = \frac{\omega_n^2}{s^2 + 2\zeta\omega_n s + \omega_n^2} \tag{10.49}$$

Deduzimos, agora, relações entre a resposta transitória da Equação (10.49) e características de sua resposta em frequência. Definimos essas características e as relacionamos com o fator de amortecimento, a frequência natural, o tempo de acomodação, o instante de pico e o tempo de subida. Na Seção 10.10, mostraremos como utilizar a resposta em frequência da função de transferência em malha aberta

$$G(s) = \frac{\omega_n^2}{s(s + 2\zeta\omega_n)} \tag{10.50}$$

mostrada na Figura 10.38, para obter as mesmas características da resposta transitória.

Vamos agora determinar a resposta em frequência da Equação (10.49), definir características dessa resposta e relacionar essas características com a resposta transitória. Substituindo $s = j\omega$ na Equação (10.49), calculamos a magnitude da resposta em frequência em malha fechada como

$$M = |T(j\omega)| = \frac{\omega_n^2}{\sqrt{(\omega_n^2 - \omega^2)^2 + 4\zeta^2\omega_n^2\omega^2}} \tag{10.51}$$

Um esboço representativo do diagrama logarítmico da Equação (10.51) é mostrado na Figura 10.39.

Mostramos agora que existe uma relação entre o valor de pico da magnitude da resposta em malha fechada e o fator de amortecimento. Elevando a Equação (10.51) ao quadrado, derivando em relação a ω^2 e igualando a derivada a zero, temos o valor máximo de M, M_p, em que

$$M_p = \frac{1}{2\zeta\sqrt{1 - \zeta^2}} \tag{10.52}$$

em uma frequência, ω_p, de

$$\omega_p = \omega_n\sqrt{1 - 2\zeta^2} \tag{10.53}$$

Uma vez que ζ está relacionado com a ultrapassagem percentual, podemos representar graficamente M_p em função da ultrapassagem percentual. O resultado é mostrado na Figura 10.40.

A Equação (10.52) mostra que a magnitude máxima da curva de resposta em frequência está diretamente relacionada com o fator de amortecimento e, portanto, com a ultrapassagem percentual. Observe também, a partir da

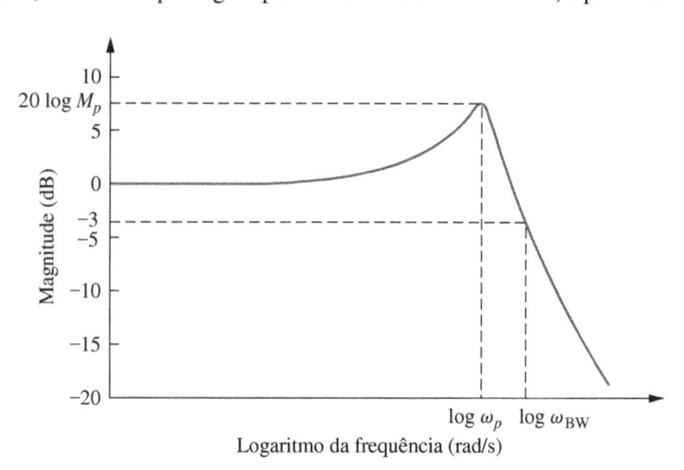

FIGURA 10.39 Diagrama de logaritmo da magnitude representativo da Equação (10.51).

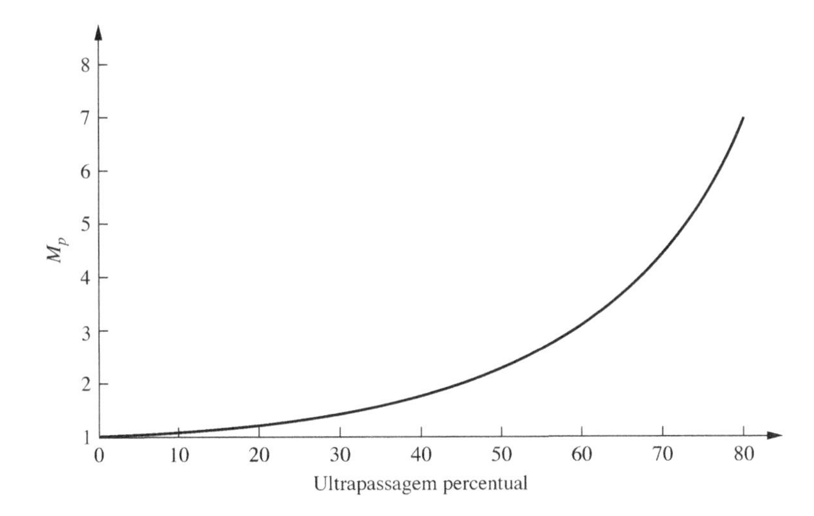

FIGURA 10.40 Pico da resposta em frequência em malha fechada em função da ultrapassagem percentual para um sistema com dois polos.

Equação (10.53), que a frequência de pico, ω_p, não é a frequência natural. Entretanto, para valores pequenos de fator de amortecimento, podemos admitir que o pico ocorre na frequência natural. Finalmente, observe que não haverá um pico em frequências maiores que zero se $\zeta > 0{,}707$. Este valor limitante de ζ para a existência de um pico na curva de magnitude da resposta não deve ser confundido com a ultrapassagem da resposta ao degrau, onde existe ultrapassagem para $0 < \zeta < 1$.

Velocidade da Resposta e Resposta em Frequência em Malha Fechada

Outra relação entre a resposta em frequência e a resposta no tempo ocorre entre a velocidade da resposta no tempo (medida pelo tempo de acomodação, instante de pico e tempo de subida) e a *faixa de passagem* da resposta em frequência em malha fechada. A faixa de passagem é definida como a frequência, ω_{BW}, na qual a curva de magnitude da resposta é 3 dB inferior ao seu valor na frequência zero (veja Figura 10.39).

A faixa de passagem de um sistema com dois polos pode ser obtida determinando a frequência em que $M = 1/\sqrt{2}$ (isto é, -3 dB) na Equação (10.51). A dedução é deixada como um exercício para o estudante. O resultado é

$$\omega_{BW} = \omega_n\sqrt{(1-2\zeta^2)+\sqrt{4\zeta^4-4\zeta^2+2}} \tag{10.54}$$

Para relacionar ω_{BW} ao tempo de acomodação, substituímos $\omega_n = 4/T_s\zeta$, obtido a partir da Equação (4.42), na Equação (10.54) e obtivemos

$$\omega_{BW} = \frac{4}{T_s\zeta}\sqrt{(1-2\zeta^2)+\sqrt{4\zeta^4-4\zeta^2+2}} \tag{10.55}$$

De modo similar, como $\omega_n = \pi/(T_p\sqrt{1-\zeta^2})$,

$$\omega_{BW} = \frac{\pi}{T_p\sqrt{1-\zeta^2}}\sqrt{(1-2\zeta^2)+\sqrt{4\zeta^4-4\zeta^2+2}} \tag{10.56}$$

Para relacionar a faixa de passagem com tempo de subida, T_r, utilizamos a Figura 4.16, conhecendo ζ e T_r desejados. Por exemplo, admita que $\zeta = 0{,}4$ e $T_r = 0{,}2$ segundo. Utilizando a Figura 4.16, a ordenada $T_r\omega_n = 1{,}463$, a partir do que $\omega_n = 1{,}463/0{,}2 = 7{,}315$ rad/s. Utilizando a Equação (10.54), $\omega_{BW} = 10{,}05$ rad/s. Gráficos normalizados das Equações (10.55) e (10.56) e da relação entre a faixa de passagem normalizada pelo tempo de subida e o fator de amortecimento são mostrados na Figura 10.41.

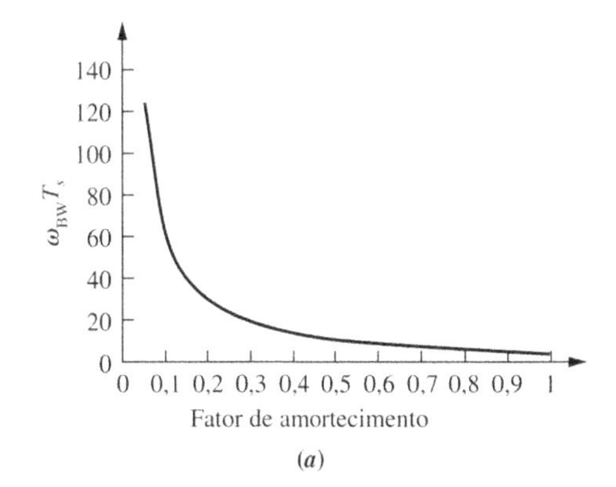

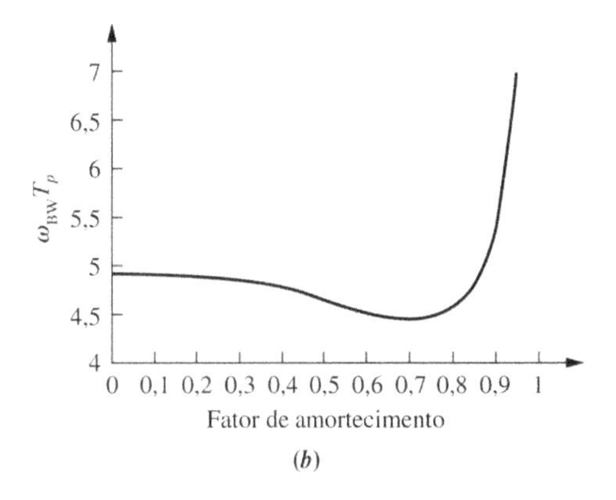

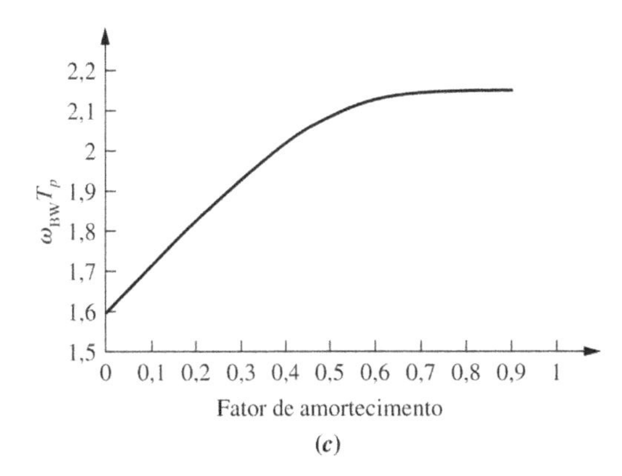

FIGURA 10.41 Faixa de passagem normalizada *vs*. fator de amortecimento para: **a.** tempo de acomodação; **b.** instante de pico; **c.** tempo de subida.

Exercício 10.7

PROBLEMA: Determine a faixa de passagem em malha fechada requerida para 20 % de ultrapassagem e 2 segundos de tempo de acomodação.

RESPOSTA: $\omega_{BW} = 5{,}79$ rad/s.

A solução completa está disponível no Ambiente de aprendizagem do GEN.

Nesta seção, relacionamos a resposta transitória em malha fechada com a resposta em frequência em malha fechada através da faixa de passagem. Continuamos nosso desenvolvimento relacionando a resposta em frequência em malha fechada com a resposta em frequência em malha aberta e explicando a motivação.

10.9 Relação entre as Respostas em Frequência em Malha Fechada e em Malha Aberta

Neste momento, não temos um modo fácil de determinar a resposta em frequência em malha fechada a partir da qual poderíamos determinar M_p e, assim, a resposta transitória.[2] Como vimos, estamos preparados para esboçar rapidamente a resposta em frequência em malha aberta, mas não a resposta em frequência em malha fechada. Contudo, caso a resposta em malha aberta esteja relacionada com a resposta em malha fechada, podemos combinar a facilidade de esboço da resposta em malha aberta com as informações da resposta transitória contidas na resposta em malha fechada.

Círculos de *M* Constante e Círculos de *N* Constante

Considere um sistema com realimentação unitária cuja função de transferência em malha fechada é

$$T(s) = \frac{G(s)}{1 + G(s)} \tag{10.57}$$

A resposta em frequência desta função em malha fechada é

$$T(j\omega) = \frac{G(j\omega)}{1 + G(j\omega)} \tag{10.58}$$

Como $G(j\omega)$ é um número complexo, faça $G(j\omega) = P(\omega) + jQ(\omega)$ na Equação (10.58), o que resulta

$$T(j\omega) = \frac{P(\omega) + jQ(\omega)}{[(P(\omega) + 1) + jQ(\omega)]} \tag{10.59}$$

Portanto,

$$M^2 = |T^2(j\omega)| = \frac{P^2(\omega) + Q^2(\omega)}{[(P(\omega) + 1)^2 + Q^2(\omega)]} \tag{10.60}$$

A Equação (10.60) pode ser colocada na forma

$$\left(P + \frac{M^2}{M^2 - 1}\right)^2 + Q^2 = \frac{M^2}{(M^2 - 1)^2} \tag{10.61}$$

que é a equação de um círculo de raio $M/(M^2 - 1)$ com centro em $[-M^2/(M^2 - 1), 0]$. Esses círculos, mostrados na Figura 10.42 para diversos valores de M, são chamados *círculos de M constante* e são o lugar geométrico

[2] Ao final desta subseção, veremos como utilizar o MATLAB para obter respostas em frequência em malha fechada.

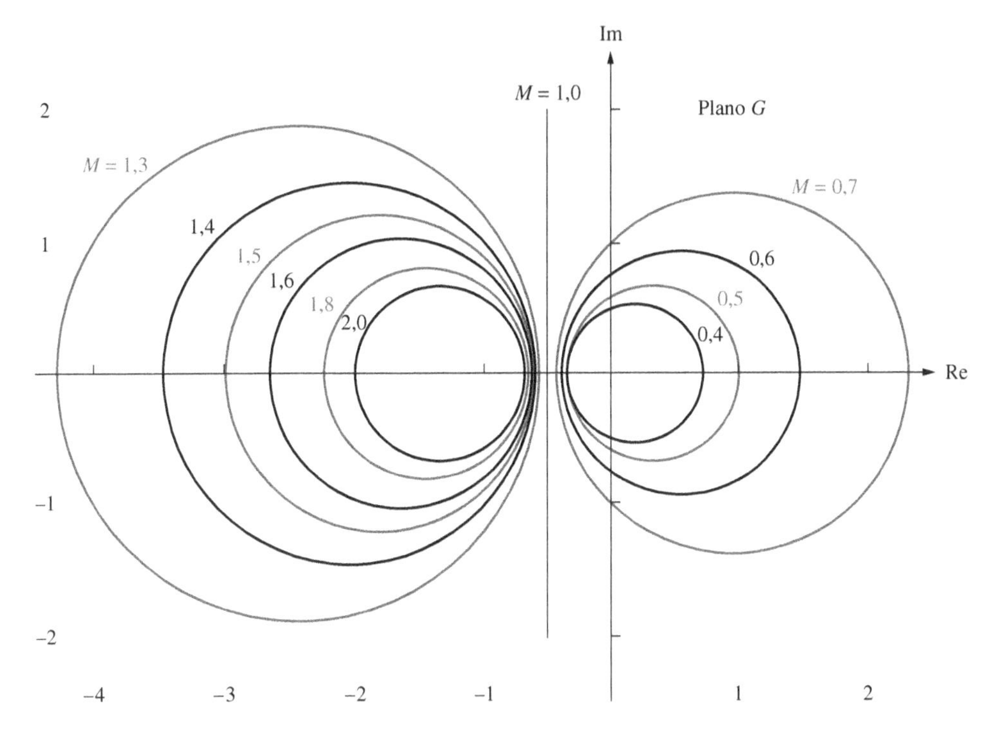

FIGURA 10.42 Círculos de M constante.

da magnitude da resposta em frequência em malha fechada para sistemas com realimentação unitária. Assim, se a resposta em frequência polar de uma função em malha aberta, $G(s)$, for traçada e sobreposta aos círculos de M constante, a magnitude da resposta em frequência em malha fechada é determinada por interseção desse diagrama polar com os círculos de M constante.

Antes de demonstrar o uso dos círculos de M constante com um exemplo, vamos realizar um desenvolvimento parecido para o diagrama de fase em malha fechada, os círculos de N constante. A partir da Equação (10.59), a fase, ϕ, da resposta em malha fechada é

$$\begin{aligned}\phi &= \tan^{-1}\frac{Q(\omega)}{P(\omega)} - \tan^{-1}\frac{Q(\omega)}{P(\omega)+1} \\ &= \tan^{-1}\frac{\dfrac{Q(\omega)}{P(\omega)} - \dfrac{Q(\omega)}{P(\omega)+1}}{1+\dfrac{Q(\omega)}{P(\omega)}\left(\dfrac{Q(\omega)}{P(\omega)+1}\right)}\end{aligned} \tag{10.62}$$

depois de utilizar $\tan(\alpha - \beta) = (\tan\alpha - \tan\beta)/(1 + \tan\alpha\tan\beta)$. Omitindo a notação de função,

$$\tan\phi = N = \frac{Q}{P^2 + P + Q^2} \tag{10.63}$$

A Equação (10.63) pode ser colocada na forma de um círculo,

$$\left(P+\frac{1}{2}\right)^2 + \left(Q-\frac{1}{2N}\right)^2 = \frac{N^2+1}{4N^2} \tag{10.64}$$

que é mostrado na Figura 10.43 para diversos valores de N. Os círculos desse diagrama são chamados *círculos de N constante*. Sobrepondo uma resposta em frequência em malha aberta de um sistema com realimentação unitária aos círculos de N constante obtemos a fase da resposta em malha fechada do sistema. Vamos ver um exemplo da utilização dos círculos de M e N constantes.

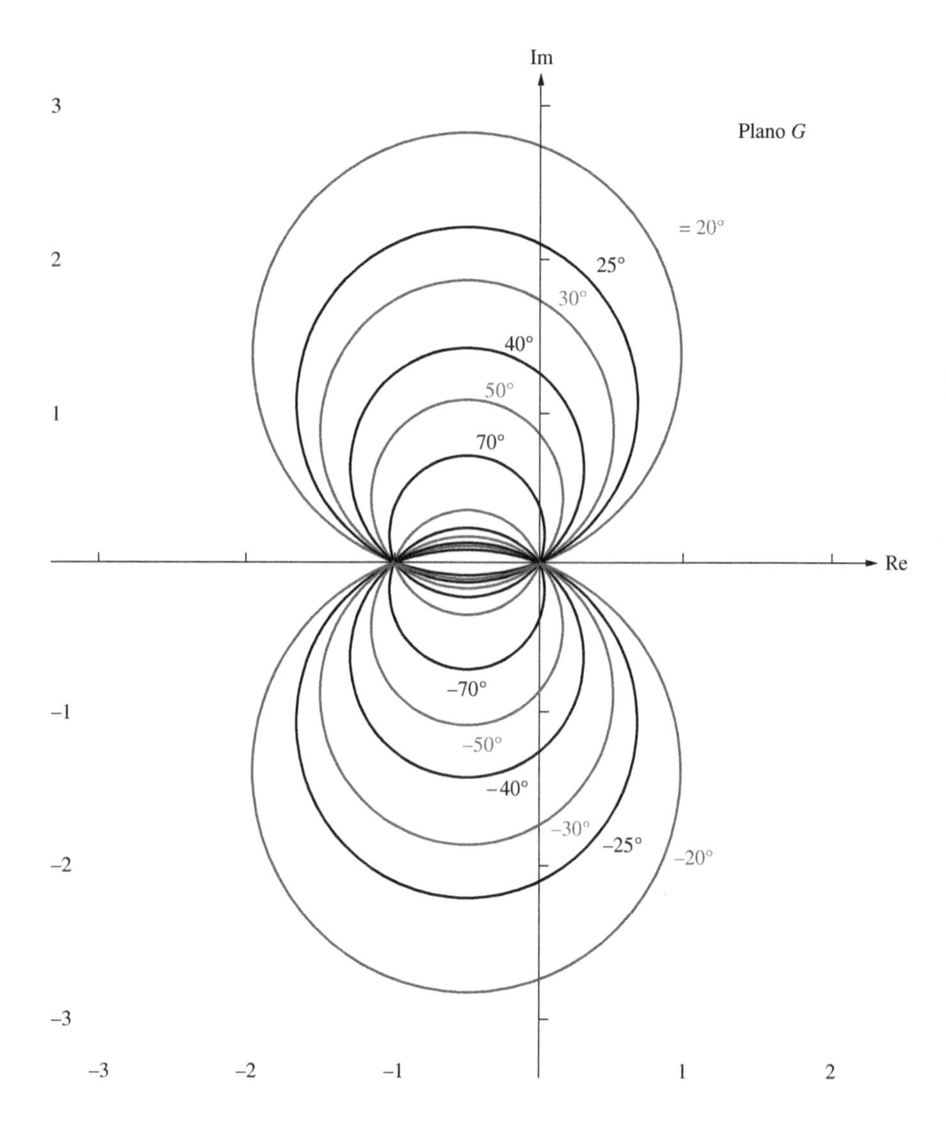

FIGURA 10.43 Círculos de N constante.

Exemplo 10.11

Resposta em Frequência em Malha Fechada a partir da Resposta em Frequência em Malha Aberta

PROBLEMA: Obtenha a resposta em frequência em malha fechada do sistema com realimentação unitária mostrado na Figura 10.10, em que $G(s) = 50/[s(s + 3)(s + 6)]$, utilizando os círculos de M constante, os círculos de N constante e a curva polar da resposta em frequência em malha aberta.

SOLUÇÃO: Primeiro obtenha a função de frequência em malha aberta e construa um diagrama polar da resposta em frequência sobreposto aos círculos de M e N constantes. A função de frequência em malha aberta é

$$G(j\omega) = \frac{50}{-9\omega^2 + j(18\omega - \omega^3)} \tag{10.65}$$

a partir da qual a magnitude, $|G(j\omega)|$, e a fase, $\angle G(j\omega)$, podem ser determinadas e representadas graficamente. O diagrama polar da resposta em frequência em malha aberta (diagrama de Nyquist) é mostrado sobreposto aos círculos M e N na Figura 10.44.

A magnitude da resposta em frequência em malha fechada pode agora ser obtida determinando-se a interseção de cada ponto do diagrama de Nyquist com os círculos M. A fase da resposta em malha fechada pode ser obtida determinando-se a interseção de cada ponto do diagrama de Nyquist com os círculos N. O resultado é mostrado na Figura 10.45.[3]

[3] Você é advertido a não utilizar o diagrama polar *em malha fechada* para o critério de Nyquist. A resposta em frequência em malha fechada, contudo, pode ser utilizada para determinar a resposta transitória em malha fechada, como discutido na Seção 10.8.

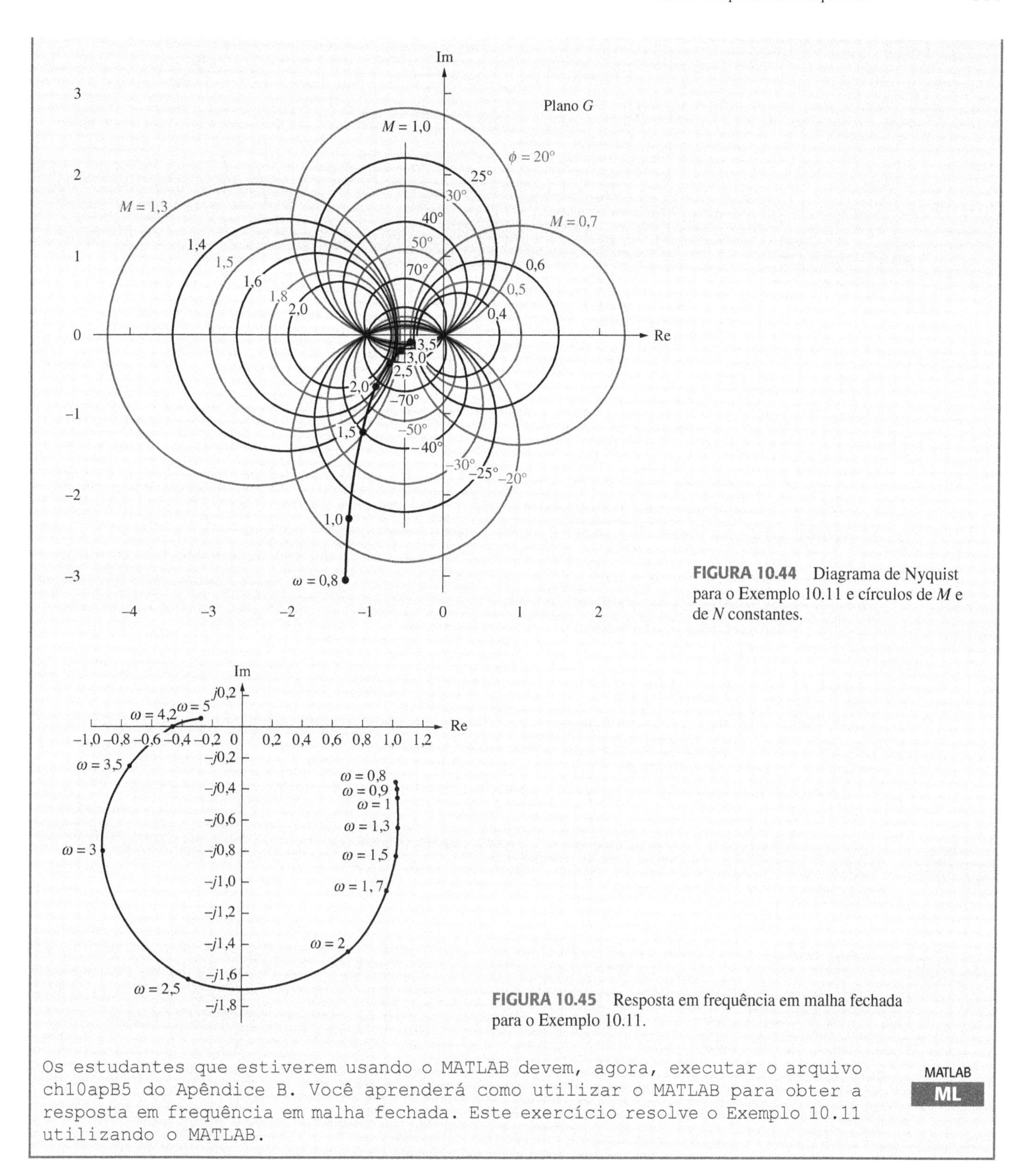

FIGURA 10.44 Diagrama de Nyquist para o Exemplo 10.11 e círculos de M e de N constantes.

FIGURA 10.45 Resposta em frequência em malha fechada para o Exemplo 10.11.

Os estudantes que estiverem usando o MATLAB devem, agora, executar o arquivo ch10apB5 do Apêndice B. Você aprenderá como utilizar o MATLAB para obter a resposta em frequência em malha fechada. Este exercício resolve o Exemplo 10.11 utilizando o MATLAB.

Cartas de Nichols

Uma desvantagem da utilização dos círculos M e N é que alterações do ganho na função de transferência em malha aberta, $G(s)$, não podem ser tratadas facilmente. Por exemplo, no diagrama de Bode uma alteração de ganho é tratada movendo-se a curva de Bode de magnitude para cima ou para baixo por um valor igual à alteração do ganho em dB. Como os círculos M e N não são diagramas em dB, alterações no ganho requerem que cada ponto de $G(j\omega)$ tenha seu comprimento multiplicado pelo aumento ou diminuição do ganho.

Outra apresentação dos círculos M e N, chamada *carta de Nichols*, apresenta os círculos de M constante em dB, de modo que mudanças no ganho sejam tão simples de tratar quanto no diagrama de Bode. Uma carta

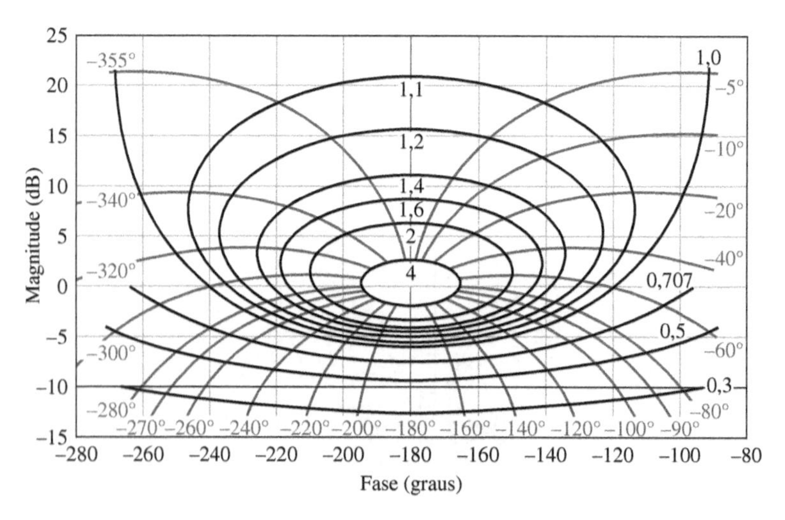

FIGURA 10.46 Carta de Nichols.

de Nichols é mostrada na Figura 10.46. A carta é um gráfico da magnitude em malha aberta em dB *versus* a fase em malha aberta em graus. Todos os pontos dos círculos M podem ser transferidos para a carta de Nichols. Cada ponto dos círculos de M constante é representado por magnitude e fase (coordenadas polares). Convertendo a magnitude em dB, podemos transferir o ponto para a carta de Nichols, utilizando as coordenadas polares com magnitude em dB como ordenada e a fase como abscissa. De modo similar, os círculos N também podem ser transferidos para a carta de Nichols.

Por exemplo, considere a função

$$G(s) = \frac{K}{s(s+1)(s+2)} \tag{10.66}$$

Sobrepondo a resposta em frequência de $G(s)$ na carta de Nichols traçando a magnitude em dB *versus* a fase para uma faixa de frequências de 0,1 a 1 rad/s, obtemos o gráfico na Figura 10.47 para $K = 1$. Caso o ganho seja aumentado em 10 dB, simplesmente eleve a curva para $K = 1$ em 10 dB e obtenha a curva para $K = 3{,}16$ (10 dB). A interseção dos gráficos de $G(j\omega)$ com a carta de Nichols fornece a resposta em frequência do sistema em malha fechada.

MATLAB **ML**

Os estudantes que estiverem usando o MATLAB devem, agora, executar o arquivo ch10apB6 do Apêndice B. Você aprenderá como utilizar o MATLAB para construir um diagrama de Nichols. Este exercício constrói um diagrama de Nichols de $G(s) = 1/[s(s + 1)(s + 2)]$ utilizando o MATLAB.

Ferramenta GUI **FGUI**

O Linear System Analyzer do MATLAB é um método alternativo de obtenção da carta de Nichols. Você é encorajado a estudar o Apêndice E, que contém um tutorial sobre o Linear System Analyzer, bem como alguns exemplos. O Exemplo E.4 mostra como obter a Figura 10.47 utilizando o Linear System Analyzer.

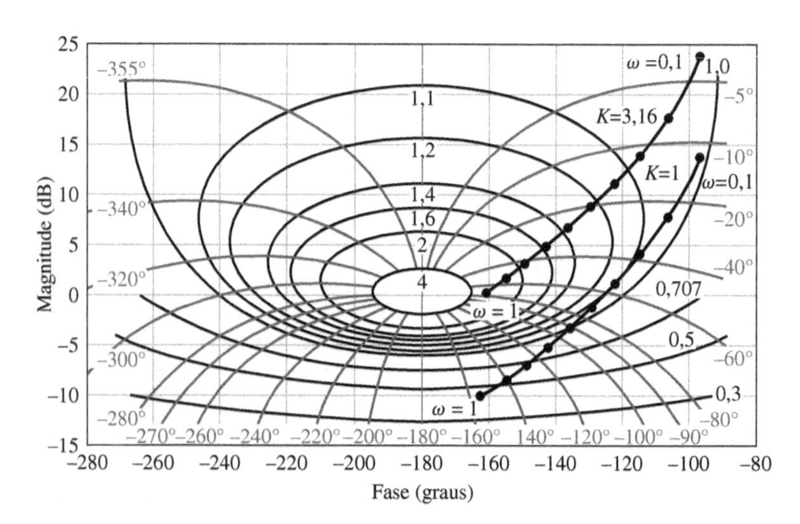

FIGURA 10.47 Carta de Nichols com resposta em frequência para $G(s) = K/[s(s + 1)(s + 2)]$ sobreposta. Valores para $K = 1$ e $K = 3{,}16$ são mostrados.

Exercício 10.8

PROBLEMA: Dado o sistema mostrado na Figura 10.10, em que

$$G(s) = \frac{8000}{(s+5)(s+20)(s+50)}$$

represente graficamente os diagramas de logaritmo da magnitude e de fase da resposta em frequência em malha fechada utilizando os seguintes métodos:

a. Círculos M e N
b. Carta de Nichols

RESPOSTA: A solução completa está disponível no Ambiente de aprendizagem do GEN.

Experimente 10.5

Utilize o MATLAB, a Control System Toolbox e as instruções a seguir para construir uma carta de Nichols do sistema dado no Exercício de Avaliação de Competência 10.8.

```
G=zpk([],...
[-5,-20,-50],8000)
nichols(G)
grid on
```

10.10 Relação entre a Resposta Transitória em Malha Fechada e a Resposta em Frequência em Malha Aberta

Fator de Amortecimento a partir de Círculos M

Podemos usar os resultados do Exemplo 10.11 para estimar as características da resposta transitória do sistema. Podemos determinar o pico da resposta em frequência em malha fechada encontrando a curva de M máximo tangente à resposta em frequência em malha aberta. Então podemos determinar o fator de amortecimento, ζ, e subsequentemente a ultrapassagem percentual, através da Equação (10.52). O exemplo a seguir demonstra o uso da resposta em frequência em malha aberta e dos círculos M para determinar o fator de amortecimento ou, equivalentemente, a ultrapassagem percentual.

Exemplo 10.12

Ultrapassagem Percentual a partir da Resposta em Frequência em Malha Aberta

PROBLEMA: Determine o fator de amortecimento e a ultrapassagem percentual esperados para o sistema do Exemplo 10.11, utilizando a resposta em frequência em malha aberta e os círculos M.

SOLUÇÃO: A Equação (10.52) mostra que existe uma relação única entre o fator de amortecimento do sistema em malha fechada e o valor de pico, M_p, do diagrama de magnitude em frequência do sistema em malha fechada. A partir da Figura 10.44, vemos que o diagrama de Nyquist é tangente ao círculo M de 1,8. Verificamos que este é o valor máximo para a resposta em frequência em malha fechada. Portanto, $M_p = 1{,}8$.

Podemos resolver para ζ reorganizando a Equação (10.52) na seguinte forma:

$$\zeta^4 - \zeta^2 + (1/4M_p^2) = 0 \tag{10.67}$$

Como $M_p = 1{,}8$, então $\zeta = 0{,}29$ e $0{,}96$. A partir da Equação (10.53), um fator de amortecimento maior que 0,707 resulta na inexistência de um pico acima da frequência zero. Dessa forma, escolhemos $\zeta = 0{,}29$, que é equivalente a 38,6 % de ultrapassagem. Deve-se tomar cuidado, contudo, para termos certeza de que podemos fazer uma aproximação de segunda ordem ao associar o valor de ultrapassagem percentual com o valor de ζ. Uma simulação computacional da resposta ao degrau mostra 36 % de ultrapassagem.

Até agora, nesta seção, vinculamos a resposta transitória do sistema com o valor de pico da resposta em frequência em malha fechada obtida a partir da resposta em frequência em malha aberta. Utilizamos os diagramas de Nyquist e os círculos M e N para obter a resposta transitória em malha fechada. Existe outra associação entre a resposta em frequência em malha aberta e a resposta transitória em malha fechada que é facilmente implementada com os diagramas de Bode, os quais são mais fáceis de desenhar que os diagramas de Nyquist.

Fator de Amortecimento a partir da Margem de Fase

Vamos agora deduzir a relação entre a margem de fase e o fator de amortecimento. Esta relação nos habilitará a calcular a ultrapassagem percentual a partir da margem de fase obtida a partir da resposta em frequência em malha aberta.

Considere um sistema com realimentação unitária cuja função em malha aberta

$$G(s) = \frac{\omega_n^2}{s(s + 2\zeta\omega_n)} \tag{10.68}$$

resulta na função de transferência em malha fechada de segunda ordem típica

$$T(s) = \frac{\omega_n^2}{s^2 + 2\zeta\omega_n s + \omega_n^2} \tag{10.69}$$

Para calcular a margem de fase, primeiro determinamos a frequência para a qual $|G(j\omega)| = 1$. Portanto,

$$|G(j\omega)| = \frac{\omega_n^2}{|-\omega^2 + j2\zeta\omega_n\omega|} = 1 \tag{10.70}$$

A frequência, ω_1, que satisfaz à Equação (10.70) é

$$\omega_1 = \omega_n\sqrt{-2\zeta^2 + \sqrt{1 + 4\zeta^4}} \tag{10.71}$$

A fase de $G(j\omega)$ nesta frequência é

$$\begin{aligned} \angle G(j\omega) &= -90 - \tan^{-1}\frac{\omega_1}{2\zeta\omega_n} \\ &= -90 - \tan^{-1}\frac{\sqrt{-2\zeta^2 + \sqrt{4\zeta^4 + 1}}}{2\zeta} \end{aligned} \tag{10.72}$$

A diferença entre o ângulo da Equação (10.72) e $-180°$ é a margem de fase, ϕ_M. Assim,

$$\begin{aligned} \Phi_M &= 90 - \tan^{-1}\frac{\sqrt{-2\zeta^2 + \sqrt{1 + 4\zeta^4}}}{2\zeta} \\ &= \tan^{-1}\frac{2\zeta}{\sqrt{-2\zeta^2 + \sqrt{1 + 4\zeta^4}}} \end{aligned} \tag{10.73}$$

A Equação (10.73), representada graficamente na Figura 10.48, mostra a relação entre a margem de fase e o fator de amortecimento.

Como exemplo, a Equação (10.53) nos diz que não há frequência de pico se $\zeta = 0{,}707$. Portanto, não existe pico na curva de magnitude da resposta em frequência em malha fechada para esse valor do fator de amortecimento e para valores maiores. Assim, a partir da Figura 10.48, uma margem de fase de 65,52° ($\zeta = 0{,}707$) ou maior é requerida da resposta em frequência *em malha aberta* para garantir que não haja pico na resposta em frequência *em malha fechada*.

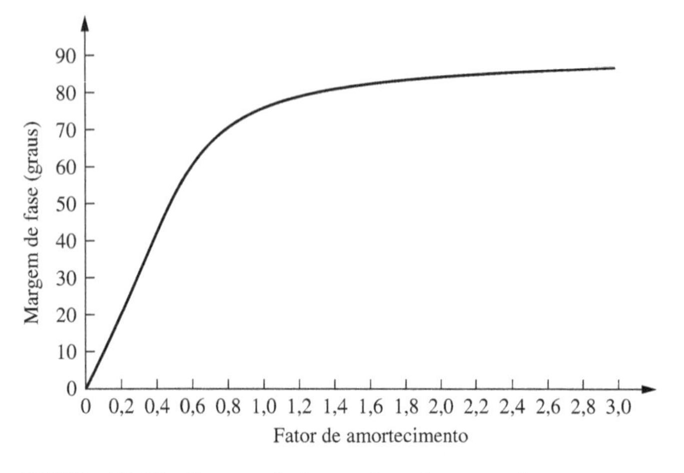

FIGURA 10.48 Margem de fase *vs*. fator de amortecimento.

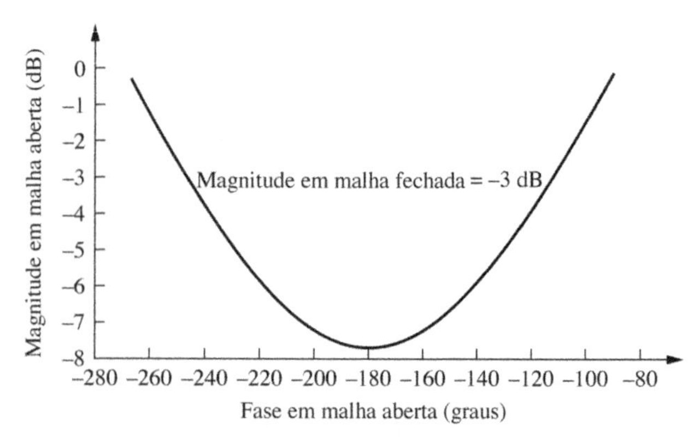

FIGURA 10.49 Ganho em malha aberta *vs*. fase em malha aberta para ganho em malha fechada de −3 dB.

Velocidade da Resposta a partir da Resposta em Frequência em Malha Aberta

As Equações (10.55) e (10.56) relacionam a faixa de passagem em malha fechada com o tempo de acomodação ou o instante de pico e o fator de amortecimento desejados. Mostramos agora que a faixa de passagem em malha fechada pode ser estimada a partir da resposta em frequência em malha aberta. A partir da carta de Nichols, na Figura 10.46, observamos a relação entre o ganho em malha aberta e o ganho em malha fechada. A curva de $M = 0{,}707$ (-3 dB), representada novamente na Figura 10.49 para maior clareza, mostra o ganho em malha aberta quando o ganho em malha fechada é -3 dB. Esta relação tipicamente ocorre em ω_{BW} se o ganho em baixa frequência em malha fechada é 0 dB. Podemos aproximar a Figura 10.49 considerando que a faixa de passagem em malha fechada, ω_{BW} (a frequência na qual a magnitude da resposta em malha fechada é -3 dB), é igual à frequência na qual a magnitude da resposta em malha aberta está entre -6 e $-7{,}5$ dB, caso a fase da resposta em malha aberta esteja entre $-135°$ e $-225°$. Então, utilizando uma aproximação de segunda ordem, as Equações (10.55) e (10.56) podem ser utilizadas, em conjunto com o fator de amortecimento desejado, ζ, para determinar o tempo de acomodação e o instante de pico, respectivamente. Vamos ver um exemplo.

Exemplo 10.13

Tempo de Acomodação e Instante de Pico a partir da Resposta em Frequência em Malha Aberta

PROBLEMA: Dado o sistema da Figura 10.50(*a*) e os diagramas de Bode da Figura 10.50(*b*), estime o tempo de acomodação e o instante de pico.

SOLUÇÃO: Utilizando a Figura 10.50(*b*), estimamos a faixa de passagem em malha fechada determinando a frequência em que a magnitude da resposta em malha aberta está na faixa de -6 a $-7{,}5$ dB, caso a fase da resposta esteja na faixa de $-135°$ a $-225°$. Uma vez que a Figura 10.50(*b*) mostra de -6 a $-7{,}5$ dB em aproximadamente 3,7 rad/s com uma fase da resposta na região especificada, $\omega_{BW} \cong 3{,}7$ rad/s.

Em seguida, determine ζ através da margem de fase. A partir da Figura 10.50(*b*), a margem de fase é obtida determinando primeiro a frequência na qual o diagrama de magnitude é 0 dB. Nessa frequência, 2,2 rad/s, a fase é cerca de $-145°$. Portanto, a margem de fase é de aproximadamente $(-145° - (-180°)) = 35°$. Utilizando a

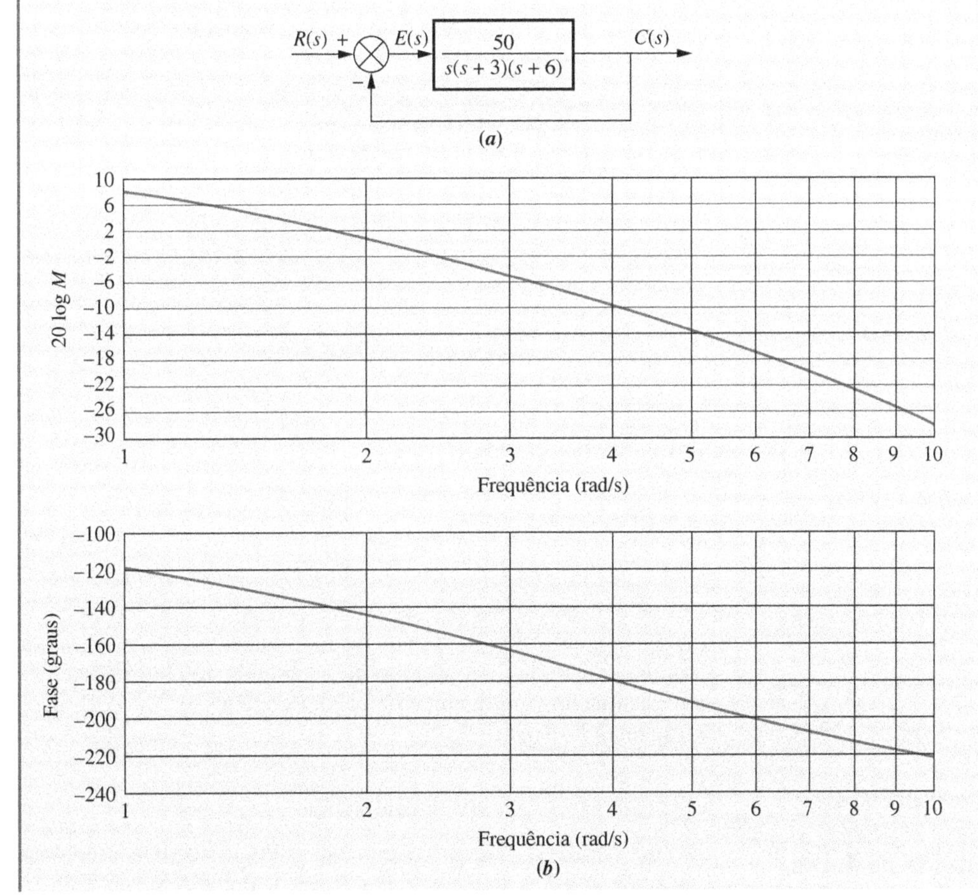

FIGURA 10.50 **a.** Diagrama de blocos; **b.** Diagramas de Bode para o sistema do Exemplo 10.13.

Figura 10.48, $\zeta = 0{,}32$. Finalmente, utilizando as Equações (10.55) e (10.56), com os valoresde ω_{BW} e ζ que acabaram de ser determinados, T_s = 4,86 segundos e T_p = 1,29 segundo. A verificação da análise com uma simulação computacional mostra T_s = 5,5 segundos e T_p = 1,43 segundo.

Exercício 10.9

PROBLEMA: Utilizando a resposta em frequência em malha aberta do sistema na Figura 10.10, em que

$$G(s) = \frac{100}{s(s+5)}$$

estime a ultrapassagem percentual, o tempo de acomodação e o instante de pico da resposta ao degrau em malha fechada.

RESPOSTA: $\%UP = 44\ \%$, $T_s = 1{,}64$ s e $T_p = 0{,}33$ s

A solução completa está disponível no Ambiente de aprendizagem do GEN.

10.11 Características do Erro em Regime Permanente a partir da Resposta em Frequência

Nesta seção, mostramos como utilizar diagramas de Bode para obter os valores das constantes de erro estático para sistemas equivalentes com realimentação unitária: K_p para um sistema do Tipo 0, K_v para um sistema do Tipo 1 e K_a para um sistema do Tipo 2. Os resultados serão obtidos a partir de diagramas de Bode de logaritmo da magnitude não normalizados e não escalonados.

Constante de Posição

Para determinar K_p, considere o seguinte sistema do Tipo 0:

$$G(s) = K\frac{\prod_{i=1}^{n}(s+z_i)}{\prod_{i=1}^{m}(s+p_i)} \tag{10.74}$$

Um diagrama de Bode de logaritmo da magnitude não normalizado e não escalonado típico é mostrado na Figura 10.51(a). O valor inicial é

$$20\log M = 20\log K\frac{\prod_{i=1}^{n} z_i}{\prod_{i=1}^{m} p_i} \tag{10.75}$$

Mas, para esse sistema,

$$K_p = K\frac{\prod_{i=1}^{n} z_i}{\prod_{i=1}^{m} p_i} \tag{10.76}$$

que é o mesmo valor do eixo de baixa frequência. Assim, para um diagrama de Bode de logaritmo da magnitude não normalizado e não escalonado, a magnitude de baixa frequência é 20 log K_p para um sistema do Tipo 0.

Constante de Velocidade

Para determinar K_v para um sistema do Tipo 1, considere a seguinte função de transferência em malha aberta de um sistema do Tipo 1:

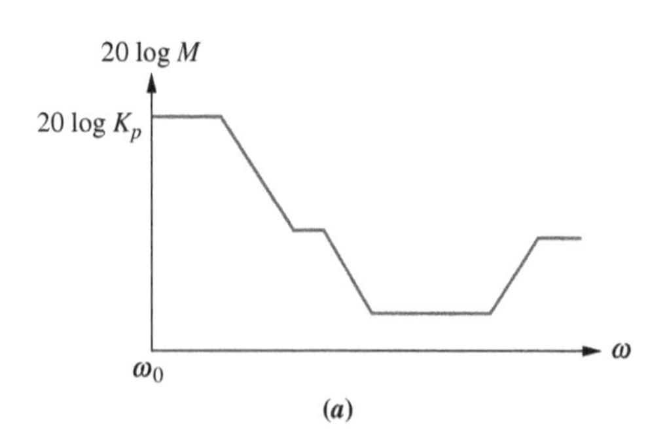

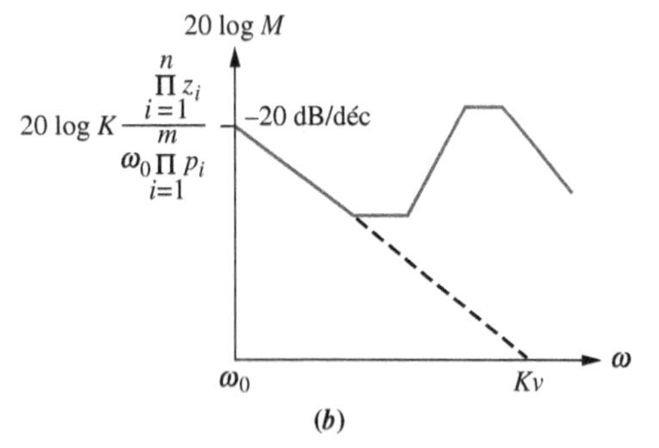

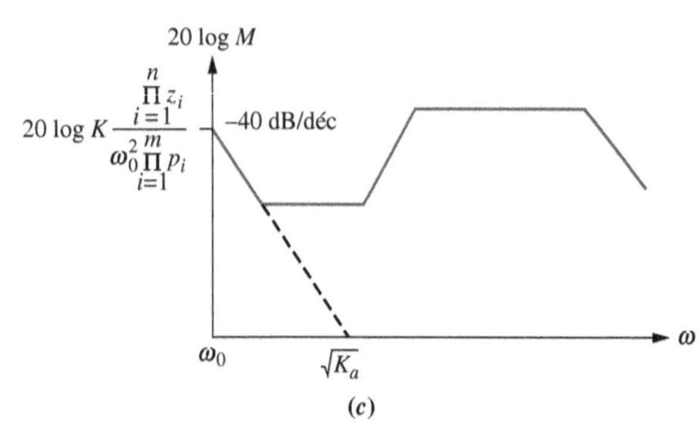

FIGURA 10.51 Diagramas de Bode de logaritmo da magnitude não normalizados e não escalonados típicos mostrando o valor das constantes de erro estático: **a.** Tipo 0; **b.** Tipo 1; **c.** Tipo 2.

$$G(s) = K\frac{\prod_{i=1}^{n}(s+z_i)}{s\prod_{i=1}^{m}(s+p_i)} \tag{10.77}$$

Um diagrama de Bode de logaritmo da magnitude não normalizado e não escalonado típico é mostrado na Figura 10.51(*b*) para esse sistema do Tipo 1. O diagrama de Bode começa em

$$20\log M = 20\log K\frac{\prod_{i=1}^{n} z_i}{\omega_0\prod_{i=1}^{m} p_i} \tag{10.78}$$

A inclinação inicial de -20 dB/década pode ser considerada como tendo sido originada de uma função,

$$G'(s) = K\frac{\prod_{i=1}^{n} z_i}{s\prod_{i=1}^{m} p_i} \tag{10.79}$$

$G'(s)$ cruza o eixo da frequência quando

$$\omega = K\frac{\prod_{i=1}^{n} z_i}{\prod_{i=1}^{m} p_i} \tag{10.80}$$

Mas, para o sistema original [Equação (10.77)],

$$K_v = K\frac{\prod_{i=1}^{n} z_i}{\prod_{i=1}^{m} p_i} \tag{10.81}$$

que é igual à interseção do eixo da frequência, Equação (10.80). Portanto, podemos determinar K_v estendendo a inclinação inicial -20 dB/década até o eixo da frequência em um diagrama de Bode não normalizado e não escalonado. A interseção com o eixo da frequência é K_v.

Constante de Aceleração

Para determinar K_a para um sistema do Tipo 2, considere o seguinte:

$$G(s) = K\frac{\prod_{i=1}^{n}(s+z_i)}{s^2\prod_{i=1}^{m}(s+p_i)} \tag{10.82}$$

Um diagrama de Bode não normalizado e não escalonado típico para um sistema do Tipo 2 é mostrado na Figura 10.51(*c*). O diagrama de Bode começa em

$$20\log M = 20\log K\frac{\prod_{i=1}^{n} z_i}{\omega_0^2\prod_{i=1}^{m} p_i} \tag{10.83}$$

A inclinação inicial de -40 dB/década pode ser considerada como vindo de uma função,

$$G'(s) = K\frac{\prod_{i=1}^{n} z_i}{s^2\prod_{i=1}^{m} p_i} \tag{10.84}$$

$G'(s)$ cruza o eixo das frequências quando

$$\omega = \sqrt{K\frac{\prod_{i=1}^{n} z_i}{\prod_{i=1}^{m} p_i}} \tag{10.85}$$

Mas, para o sistema original [Equação (10.82)],

$$K_a = K\frac{\prod_{i=1}^{n} z_i}{\prod_{i=1}^{m} p_i} \tag{10.86}$$

Portanto, a inclinação inicial de −40 dB/década intercepta o eixo da frequência em $\sqrt{K_a}$.

Exemplo 10.14

Constantes do Erro Estático a partir de Diagramas de Bode

PROBLEMA: Para cada diagrama de Bode de logaritmo da magnitude não normalizado e não escalonado mostrado na Figura 10.52,

a. Determine o tipo do sistema.
b. Determine o valor da constante de erro estático apropriada.

SOLUÇÃO: A Figura 10.52(*a*) é de um sistema do Tipo 0, uma vez que a inclinação inicial é nula. O valor de K_p é dado pelo valor da assíntota de baixa frequência. Assim, 20 log K_p = 25, ou K_p = 17,78.

A Figura 10.52(*b*) é de um sistema do Tipo 1, uma vez que a inclinação inicial é −20 dB/década. O valor de K_v é o valor da frequência em que a inclinação inicial cruza o eixo da frequência em zero dB. Portanto, K_v = 0,55.

A Figura 10.52(*c*) é de um sistema do Tipo 2, uma vez que a inclinação inicial é −40 dB/década. O valor de $\sqrt{K_a}$ é o valor da frequência em que a inclinação inicial cruza o eixo da frequência em zero dB. Portanto, $K_a = 3^2 = 9$.

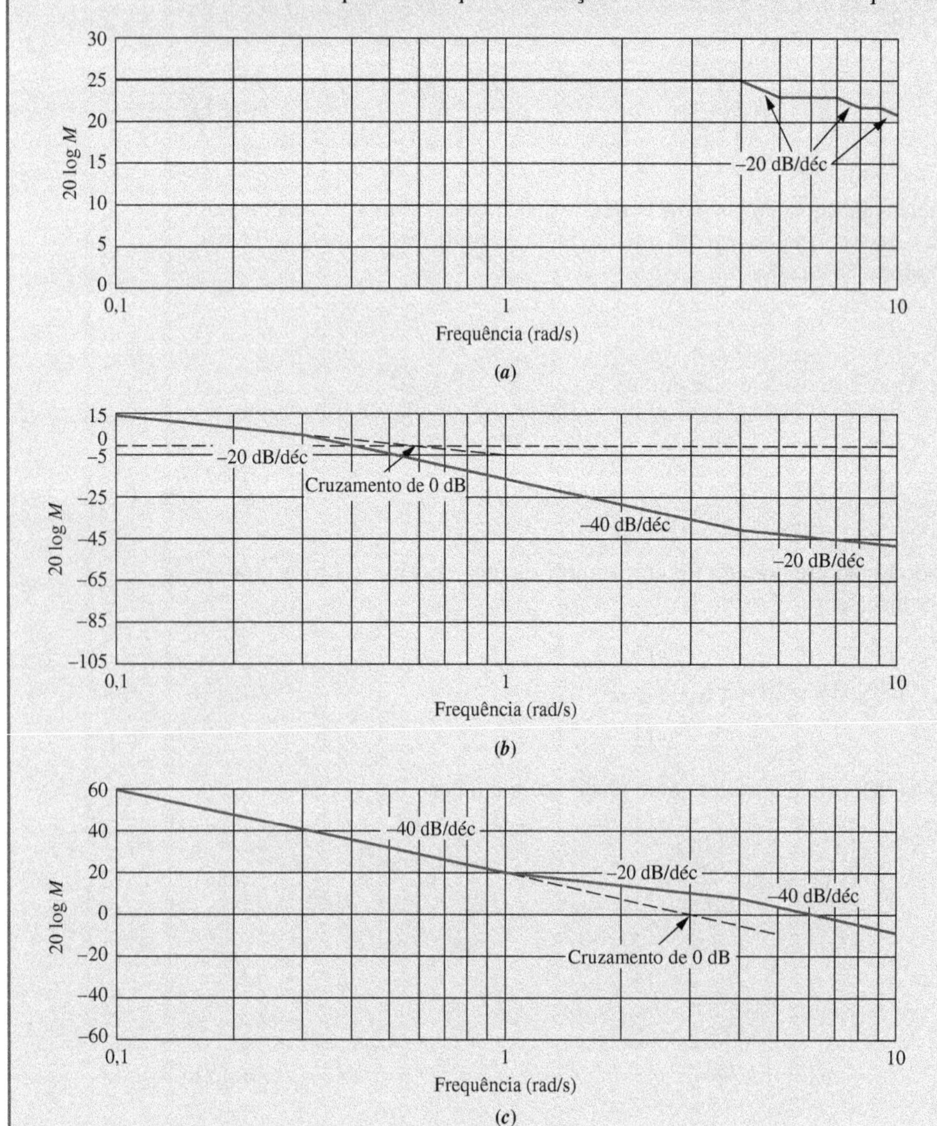

FIGURA 10.52 Diagramas de Bode de logaritmo da magnitude para o Exemplo 10.14.

Exercício 10.10

PROBLEMA: Determine as constantes de erro estático de um sistema com realimentação unitária estável cuja função de transferência em malha aberta possui o diagrama de Bode de magnitude mostrado na Figura 10.53.

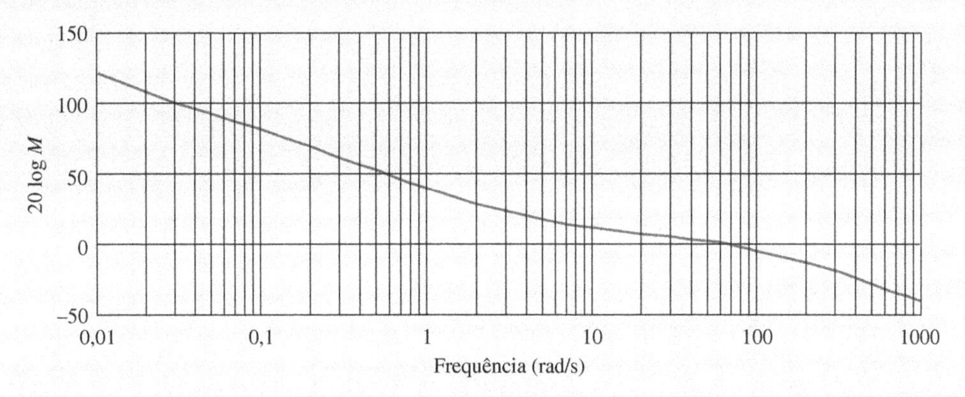

FIGURA 10.53 Diagrama de Bode de logaritmo da magnitude para o Exercício de Avaliação de Competência 10.10.

RESPOSTAS: $K_p = \infty$, $K_v = \infty$ e $K_a = 90{,}25$

A solução completa está disponível no Ambiente de aprendizagem do GEN.

10.12 Sistemas com Atraso no Tempo

O atraso no tempo ocorre em sistemas de controle quando há um atraso entre a resposta comandada e o início da resposta de saída. Por exemplo, considere um sistema de aquecimento que opera aquecendo água para distribuição por tubulação para irradiadores em locais distantes. Como a água quente tem que fluir através da tubulação, os irradiadores não começarão a esquentar até depois de decorrido um atraso de tempo específico. Em outras palavras, o tempo entre o comando para mais calor e o início da elevação da temperatura em um local distante ao longo da tubulação é o atraso no tempo. Observe que isso não é o mesmo que a resposta transitória ou o tempo que a temperatura leva para subir até o nível desejado. Durante o atraso no tempo nada está acontecendo na saída.

Modelando o Atraso no Tempo

Admita que uma entrada, $R(s)$, para um sistema, $G(s)$, resulte em uma saída, $C(s)$. Caso outro sistema, $G'(s)$, atrase a saída por T segundos, a resposta de saída é $c(t - T)$. A partir da Tabela 2.2, Item 5, a transformada de Laplace de $c(t - T)$ é $e^{-sT}C(s)$. Assim, para o sistema sem atraso, $C(s) = R(s)G(s)$, e para o sistema com atraso, $e^{-sT}C(s) = R(s)G'(s)$. Dividindo essas duas equações, $G'(s)/G(s) = e^{-sT}$. Portanto, um sistema com atraso no tempo T pode ser representado em função de um sistema equivalente sem atraso no tempo como se segue:

$$G'(s) = e^{-sT}G(s) \tag{10.87}$$

O efeito da introdução do atraso no tempo em um sistema também pode ser visto a partir da perspectiva da resposta em frequência substituindo $s = j\omega$ na Equação (10.87). Consequentemente,

$$G'(j\omega) = e^{-j\omega T}G(j\omega) = |G(j\omega)|\angle\{-\omega T + \angle G(j\omega)\} \tag{10.88}$$

Em outras palavras, o atraso no tempo não afeta a curva de magnitude da resposta em frequência de $G(j\omega)$, porém ele subtrai uma defasagem linearmente crescente, ωT, do diagrama de fase da resposta em frequência de $G(j\omega)$.

O efeito típico do acréscimo de um atraso no tempo pode ser visto na Figura 10.54. Admita que as margens de ganho e de fase, bem como as frequências de margem de ganho e de fase mostradas na figura se aplicam ao sistema sem atraso no tempo. A partir da figura, observamos que a redução da fase causada pelo atraso reduz a margem de fase. Utilizando uma aproximação de segunda ordem, essa redução na margem de fase resulta em um fator de amortecimento menor para o sistema em malha fechada e em uma resposta mais oscilatória. A redução da fase também leva a uma frequência de margem de ganho menor. A partir da curva de magnitude, podemos observar que uma frequência de margem de ganho menor leva a uma margem de ganho menor, aproximando, dessa forma, o sistema da instabilidade.

Segue-se um exemplo do traçado de diagramas de resposta em frequência para sistemas com atraso.

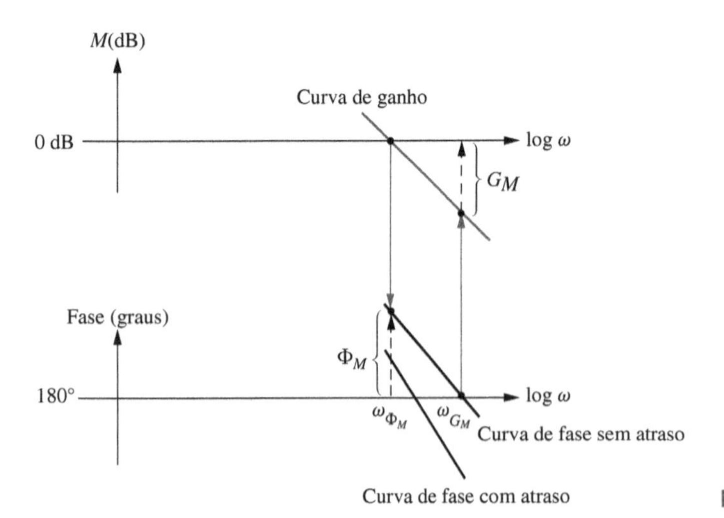

FIGURA 10.54 Efeito do atraso sobre a resposta em frequência.

Exemplo 10.15

Diagramas de Resposta em Frequência de um Sistema com Atraso no Tempo

PROBLEMA: Trace a resposta em frequência para o sistema $G(s) = K/[s(s + 1)(s + 10)]$, caso haja um atraso no tempo de 1 segundo através do sistema. Utilize diagramas de Bode.

SOLUÇÃO: Como a curva de magnitude não é afetada pelo atraso, ela pode ser traçada através dos métodos cobertos anteriormente neste capítulo e é mostrada na Figura 10.55(*a*) para $K = 1$.

O diagrama de fase, entretanto, é afetado pelo atraso. A Figura 10.55(*b*) mostra o resultado. Primeiro trace o diagrama de fase para o atraso, $e^{-j\omega T} = 1\angle - \omega T = 1\angle - \omega$, uma vez que $T = 1$ a partir do enunciado do problema. Em seguida, trace o diagrama de fase do sistema, $G(j\omega)$, utilizando os métodos cobertos anteriormente. Finalmente, some as duas curvas de fase para obter a fase total da resposta para $e^{-j\omega T}G(j\omega)$. Assegure-se de utilizar unidades consistentes para as fases de $G(j\omega)$ e para o atraso, ambos em graus ou em radianos.

Observe que o atraso resulta em uma margem de fase menor, uma vez que em qualquer frequência a fase é mais negativa. Utilizando uma aproximação de segunda ordem, este decréscimo na margem de fase implica um fator de amortecimento menor e uma resposta mais oscilatória para o sistema em malha fechada.

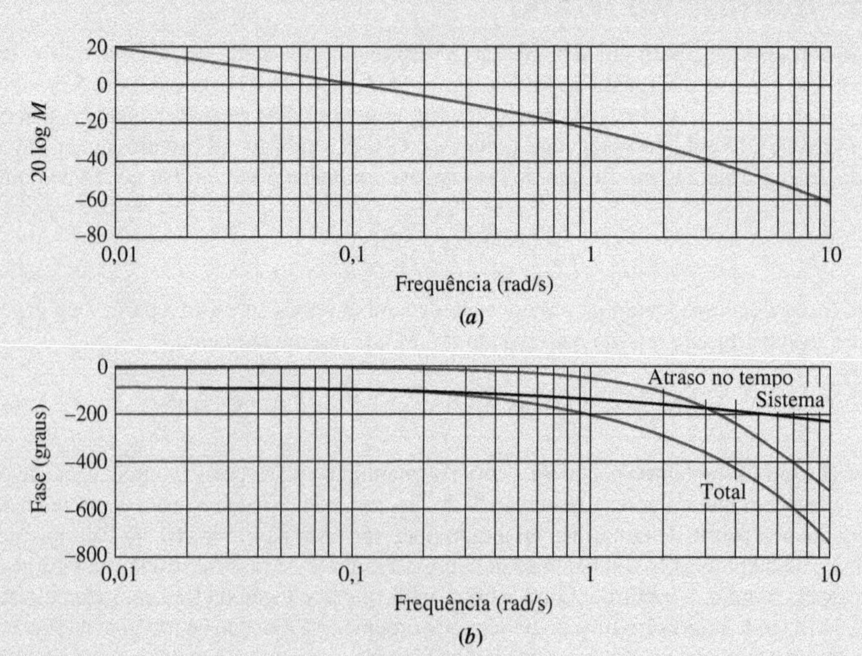

FIGURA 10.55 Diagramas de resposta em frequência para $G(s) = K/[s(s + 1)(s + 10)]$ com um retardo de 1 segundo e $K = 1$: **a.** diagrama de magnitude; **b.** diagrama de fase.

Além disso, há uma diminuição na frequência de margem de ganho. Na curva de magnitude, observe que uma redução na frequência de margem de ganho se reflete em uma margem de ganho menor, dessa forma levando o sistema para mais próximo da instabilidade.

Os estudantes que estiverem usando o MATLAB devem, agora, executar o arquivo ch10apB7 do Apêndice B. Você aprenderá como utilizar o MATLAB para incluir um atraso no tempo nos diagramas de Bode. Você também utilizará o MATLAB para traçar múltiplos diagramas em um único gráfico e rotular os diagramas. Este exercício resolve o Exemplo 10.15 utilizando o MATLAB.

Vamos agora utilizar os resultados do Exemplo 10.15 para projetar a estabilidade, analisar a resposta transitória e comparar os resultados com os do sistema sem atraso no tempo.

Exemplo 10.16

Faixa de Ganho para Estabilidade para Sistema com Atraso no Tempo

PROBLEMA: O sistema em malha aberta com atraso no tempo do Exemplo 10.15 é utilizado em uma configuração com realimentação unitária. Faça o seguinte:

a. Determine a faixa de ganho, K, para resultar em estabilidade. Utilize os diagramas de Bode e as técnicas de resposta em frequência.
b. Repita o Item **a** para o sistema sem atraso no tempo.

SOLUÇÃO:

a. A partir da Figura 10.55, a fase é $-180°$ em uma frequência de 0,81 rad/s para o sistema com atraso no tempo, marcado como "Total" no diagrama de fase. Nessa frequência, a curva de magnitude está em $-20{,}39$ dB. Assim, K pode ser aumentado a partir de seu valor unitário atual até $10^{20,39/20} = 10{,}46$. Portanto, o sistema é estável para $0 < K \leq 10{,}46$.
b. Caso utilizemos a curva de fase sem atraso no tempo, marcada como "Sistema," $-180°$ ocorre em uma frequência de 3,16 rad/s e K pode ser aumentado em 40,84 dB, ou 110,2. Portanto, sem atraso o sistema é estável para $0 < K \leq 110{,}2$, uma ordem de grandeza a mais.

Exemplo 10.17

Ultrapassagem Percentual para Sistema com Atraso no Tempo

PROBLEMA: O sistema em malha aberta com atraso no tempo do Exemplo 10.15 é utilizado em uma configuração com realimentação unitária. Faça o seguinte:

a. Estime a ultrapassagem percentual, caso $K = 5$. Utilize os diagramas de Bode e as técnicas de resposta em frequência.
b. Repita o Item **a** para o sistema sem atraso no tempo.

SOLUÇÃO:

a. Como $K = 5$, a curva de magnitude da Figura 10.55 é levantada por 13,98 dB. O cruzamento de zero dB ocorre, então, em uma frequência de 0,47 rad/s com uma fase de $-145°$, como pode ser observado a partir do diagrama de fase marcado como "Total". Portanto, a margem de fase é $(-145° - (-180°)) = 35°$. Admitindo uma aproximação de segunda ordem e utilizando a Equação (10.73), ou a Figura 10.48, obtemos $\zeta = 0{,}33$. A partir da Equação (4.38), $\%UP = 33\ \%$. A resposta no tempo, Figura 10.56(*a*), mostra uma ultrapassagem de 38 % em vez dos 33 % preditos. Observe o atraso no tempo no início da curva.
b. O cruzamento de zero dB ocorre em uma frequência de 0,47 rad/s com uma fase de $-118°$, como pode ser observado a partir do diagrama de fase marcado como "Sistema". Portanto, a margem de fase é $(-118° - (-180°)) = 62°$. Admitindo uma aproximação de segunda ordem e utilizando a Equação (10.73), ou a Figura 10.48, obtemos $\zeta = 0{,}64$. A partir da Equação (4.38), $\%UP = 7{,}3\ \%$. A resposta no tempo é mostrada na Figura 10.56(*b*). Observe que o sistema sem atraso tem menos ultrapassagem e um tempo de acomodação menor.

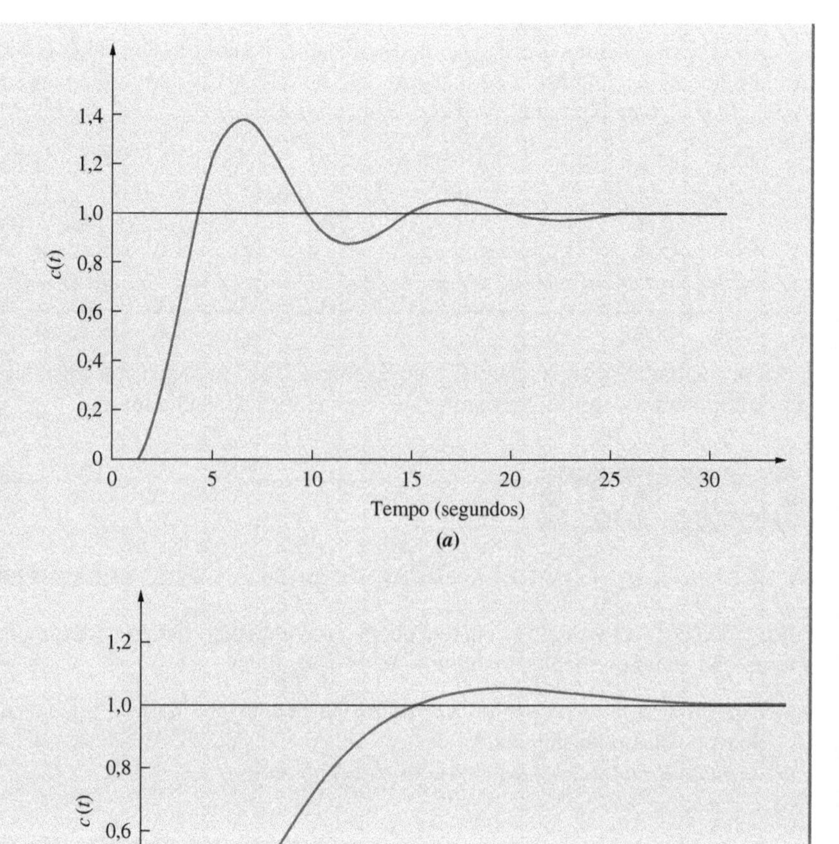

FIGURA 10.56 Resposta ao degrau para o sistema em malha fechada com $G(s) = 5/[s(s + 1)(s + 10)]$: **a.** com 1 segundo de atraso no tempo; **b.** sem atraso.

Exercício 10.11

PROBLEMA: Para o sistema mostrado na Figura 10.10, em que

$$G(s) = \frac{10}{s(s+1)}$$

determine a margem de fase, caso haja um atraso no caminho à frente de

a. 0 s

b. 0,1 s

c. 3 s

RESPOSTAS:

a. 18,0°

b. 0,35°

c. −151,41°

A solução completa está disponível no Ambiente de aprendizagem do GEN.

Experimente 10.6

Utilize o MATLAB, a Control System Toolbox e as instruções a seguir para resolver o Exercício de Avaliação de Competência 10.11. Para cada item do problema faça d = atraso especificado.

```
G=zpk([ ],[0,-1],10)
d=0
[numGd,denGd]=pade...
 (d,12)
Gd=tf(numGd,denGd)
Ge=G*Gd
bode(Ge)
grid on
```

Depois que os diagramas de Bode aparecerem:

1. Clique com o botão direito na área do gráfico.
2. Selecione **Characteristics**.
3. Selecione **All Stability Margins**.
4. Posicione o cursor sobre o ponto de margem no diagrama de fase para ler a margem de fase.

Em resumo, os sistemas com atraso no tempo podem ser tratados utilizando-se as técnicas de resposta em frequência descritas anteriormente, caso a fase da resposta seja ajustada para refletir o atraso no tempo. Normalmente, o atraso no tempo reduz as margens de ganho e de fase, resultando em uma ultrapassagem percentual maior ou na instabilidade da resposta em malha fechada.

10.13 Obtendo Funções de Transferência Experimentalmente

No Capítulo 4, discutimos como obter a função de transferência de um sistema através do teste da resposta ao degrau. Nesta seção, mostramos como obter a função de transferência utilizando dados da resposta em frequência senoidal.

A determinação analítica da função de transferência de um sistema pode ser difícil. Os valores dos componentes individuais podem não ser conhecidos ou a configuração interna do sistema pode não estar acessível. Nesses casos, a resposta em frequência do sistema, da entrada para a saída, pode ser obtida experimentalmente e utilizada para determinar a função de transferência. Para obter um diagrama de resposta em frequência experimentalmente, utilizamos uma força senoidal ou um gerador de sinais senoidais na entrada do sistema e medimos a amplitude e a fase da saída senoidal em regime permanente (ver Figura 10.2). Repetindo esse processo para várias frequências obtemos dados para um diagrama de resposta em frequência. Com base na Figura 10.2(*b*), a amplitude da resposta é $M(\omega) = M_s(\omega)/M_e(\omega)$ e a fase da resposta é $\phi(\omega) = \phi_s(\omega) - \phi_e(\omega)$. Uma vez que a resposta em frequência tenha sido obtida, a função de transferência do sistema pode ser estimada a partir das frequências de quebra e das inclinações. Os métodos de resposta em frequência podem resultar em uma estimativa mais refinada da função de transferência do que as técnicas de resposta transitória cobertas no Capítulo 4.

Os diagramas de Bode são uma representação conveniente dos dados da resposta em frequência para o propósito de estimar a função de transferência. Esses diagramas permitem que partes da função de transferência sejam determinadas e extraídas, abrindo caminho para refinamentos adicionais para determinar as partes restantes da função de transferência.

Embora a experiência e a intuição sejam de valor inestimável nesse processo, os passos a seguir são oferecidos como orientação:

1. Examine os diagramas de Bode de magnitude e de fase e estime a configuração de polos e zeros do sistema. Examine a inclinação inicial no diagrama de magnitude para determinar o tipo do sistema. Examine as excursões de fase para ter uma ideia da diferença entre o número de polos e o número de zeros.
2. Verifique se trechos das curvas de magnitude e de fase representam curvas óbvias de resposta em frequência de polos ou zeros de primeira ou de segunda ordem.
3. Verifique se existe algum indício de picos ou depressões no diagrama de magnitude da resposta que indique um polo ou de um zero de segunda ordem subamortecido, respectivamente.
4. Caso qualquer resposta de polo ou zero possa ser identificada, sobreponha retas apropriadas de ± 20 ou ± 40-dB/década na curva de magnitude ou $\pm 45°$/década na curva de fase e estime as frequências de quebra. Para polos ou zeros de segunda ordem, estime o fator de amortecimento e a frequência natural a partir das curvas padronizadas dadas na Seção 10.2.
5. Crie uma função de transferência de ganho unitário utilizando os polos e os zeros obtidos. Obtenha a resposta em frequência dessa função de transferência e subtraia essa resposta da resposta em frequência anterior (*Franklin, 1991*). Agora você tem uma resposta em frequência de complexidade menor a partir da qual pode recomeçar o processo para extrair mais polos e zeros do sistema. Um programa de computador como o MATLAB é de ajuda inestimável para esse passo.

Vamos demonstrar.

Exemplo 10.18

Função de Transferência a partir de Diagramas de Bode

PROBLEMA: Determine a função de transferência do subsistema cujos diagramas de Bode são mostrados na Figura 10.57.

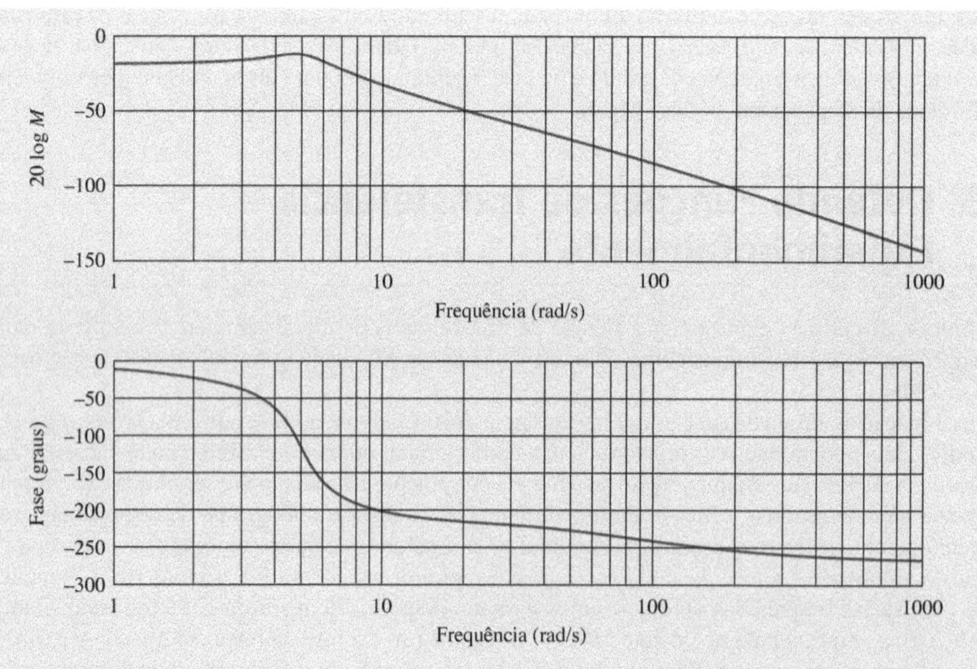

FIGURA 10.57 Diagramas de Bode para subsistema com função de transferência indeterminada.

SOLUÇÃO: Vamos primeiro extrair os polos subamortecidos de que suspeitamos, com base no pico na curva da magnitude. Estimamos que a frequência natural esteja próxima da frequência de pico, em aproximadamente 5 rad/s. A partir da Figura 10.57, vemos um pico de cerca de 6,5 dB, que se traduz em um fator de amortecimento de cerca de $\zeta = 0{,}24$ através da Equação (10.52). A função de segunda ordem com ganho unitário é, portanto, $G_1(s) = \omega_n^2/(s^2 + 2\zeta\omega_n s + \omega_n^2) = 25/(s^2 + 2{,}4s + 25)$. O diagrama da resposta em frequência dessa função é construído e subtraído dos diagramas de Bode anteriores para resultar na resposta da Figura 10.58.

Sobrepondo uma reta de −20-dB/década na magnitude da resposta e uma reta de −45°/década na fase da resposta, encontramos um polo final. A partir da fase da resposta, estimamos a frequência de quebra em 90 rad/s. Subtraindo a resposta de $G_2(s) = 90/(s + 90)$ da resposta anterior resulta a resposta na Figura 10.59.

A Figura 10.59 tem curvas de magnitude e de fase semelhantes às geradas por uma função de atraso de fase. Traçamos uma reta de −20-dB/década e a ajustamos às curvas. As frequências de quebra são lidas, a partir da figura, como 9 e 30 rad/s. Uma função de transferência de ganho unitário contendo um polo em −9 e um zero em −30 é $G_3(s) = 0{,}3(s + 30)/(s + 9)$. Após a subtração de $G_1(s)G_2(s)G_3(s)$, obtemos uma

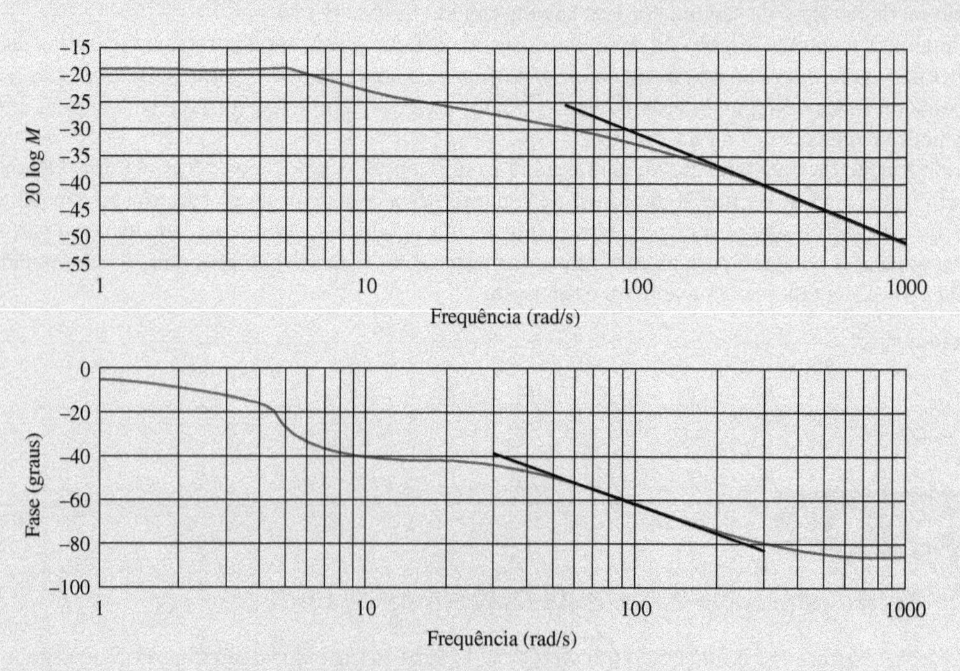

FIGURA 10.58 Diagramas de Bode originais menos a resposta de $G_1(s) = 25/(s^2 + 2{,}4s + 25)$.

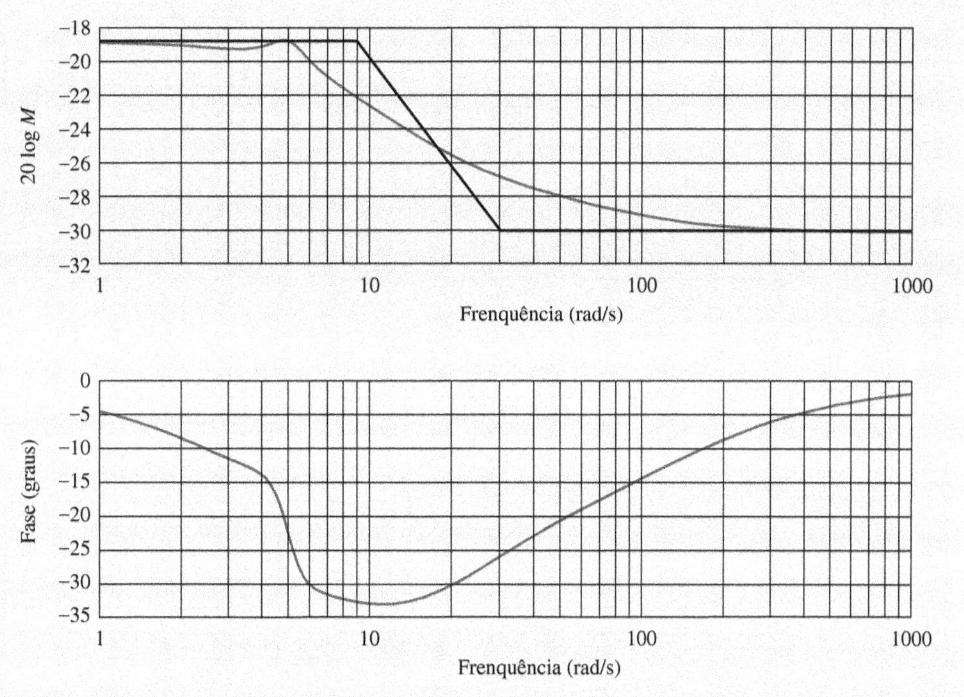

FIGURA 10.59 Diagramas de Bode originais menos a resposta de $G_1(s)G_2(s) = [25/(s^2 + 2{,}4s + 25)]\,[90/(s + 90)]$.

magnitude da resposta em frequência praticamente constante com uma variação de ± 1 dB e uma fase da resposta praticamente constante em $-3° \pm 5°$. Concluímos, assim, que foi terminada a extração de funções de transferência dinâmicas. O valor de baixa frequência, ou valor estático, da curva original é -19 dB, ou 0,11. Nossa estimativa da função de transferência do subsistema é $G(s) = 0{,}11G_1(s)G_2(s)G_3(s)$, ou

$$\begin{aligned} G(s) &= 0{,}11\left(\frac{25}{s^2+2{,}4s+25}\right)\left(90\frac{1}{s+90}\right)\left(0{,}3\frac{s+30}{s+9}\right) \\ &= 74{,}25\frac{s+30}{(s+9)(s+90)(s^2+2{,}4s+25)} \end{aligned} \tag{10.89}$$

É interessante observar que a curva original foi obtida a partir da função

$$G(s) = 70\frac{s+20}{(s+7)(s+70)(s^2+2s+25)} \tag{10.90}$$

```
Os estudantes que estiverem usando o MATLAB devem, agora, executar o arquivo
ch10apB8 do Apêndice B. Você aprenderá como utilizar o MATLAB para subtrair
diagramas de Bode com o objetivo de estimar funções de transferência através
de teste senoidal. Este exercício resolve uma parte do Exemplo 10.18
utilizando o MATLAB.
```

Exercício 10.12

PROBLEMA: Estime $G(s)$, cujos diagramas de Bode de logaritmo da magnitude e de fase são mostrados na Figura 10.60.

RESPOSTA: $G(s) = \dfrac{30(s+5)}{s(s+20)}$

A solução completa está disponível no Ambiente de aprendizagem do GEN.

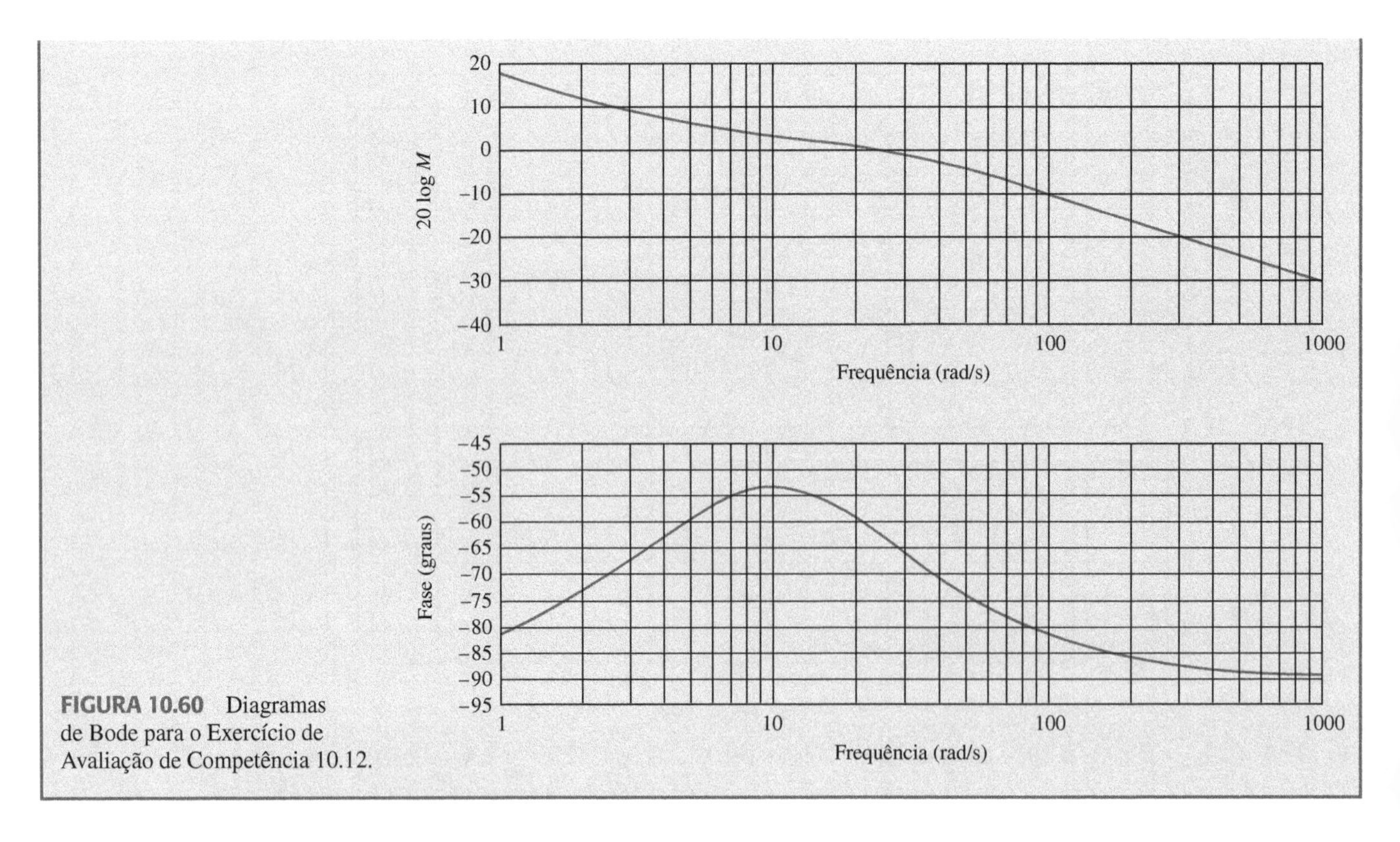

FIGURA 10.60 Diagramas de Bode para o Exercício de Avaliação de Competência 10.12.

Neste capítulo, deduzimos as relações entre o desempenho da resposta no tempo e as respostas em frequência dos sistemas em malha aberta e em malha fechada. Os métodos deduzidos, embora forneçam uma perspectiva diferente, são simplesmente alternativas para o lugar geométrico das raízes e a análise do erro em regime permanente, cobertos anteriormente.

Estudo de Caso

Controle de Antena: Projeto de Estabilidade e Desempenho do Transitório

Projeto P

Nosso sistema de controle de posição de antena serve agora como um exemplo que resume os principais objetivos deste capítulo. O estudo de caso demonstra o uso dos métodos de resposta em frequência para determinar a faixa de ganho para estabilidade e para projetar um valor de ganho para atender a um requisito de ultrapassagem percentual para a resposta ao degrau em malha fechada.

PROBLEMA: Dado o sistema de controle de posicionamento de azimute de antena mostrado no Apêndice A2, Configuração 1, utilize técnicas de resposta em frequência para obter o seguinte:

a. A faixa de ganho do pré-amplificador, K, requerida para estabilidade.
b. A ultrapassagem percentual, caso o ganho do pré-amplificador seja ajustado em 30.
c. O tempo de acomodação estimado.
d. O instante de pico estimado.
e. O tempo de subida estimado.

SOLUÇÃO: Utilizando o diagrama de blocos (Configuração 1) mostrado no Apêndice A2 e realizando redução de diagrama de blocos, obtemos o ganho de malha, $G(s)H(s)$, como

$$G(s)H(s) = \frac{6{,}63K}{s(s+1{,}71)(s+100)} = \frac{0{,}0388K}{s\left(\frac{s}{1{,}71}+1\right)\left(\frac{s}{100}+1\right)} \tag{10.91}$$

Fazendo $K = 1$, temos os diagramas de magnitude e de fase da resposta em frequência mostrados na Figura 10.61.

a. Para encontrar a faixa de K para estabilidade, observamos, a partir da Figura 10.61, que a fase da resposta é $-180°$ em $\omega = 13{,}1$ rad/s. Nessa frequência, o diagrama de magnitude é $-68{,}41$ dB. O ganho, K, pode ser aumentado por 68,41 dB. Portanto, $K = 2633$ fará com que o sistema se torne marginalmente estável. Assim, o sistema é estável se $0 < K < 2633$.

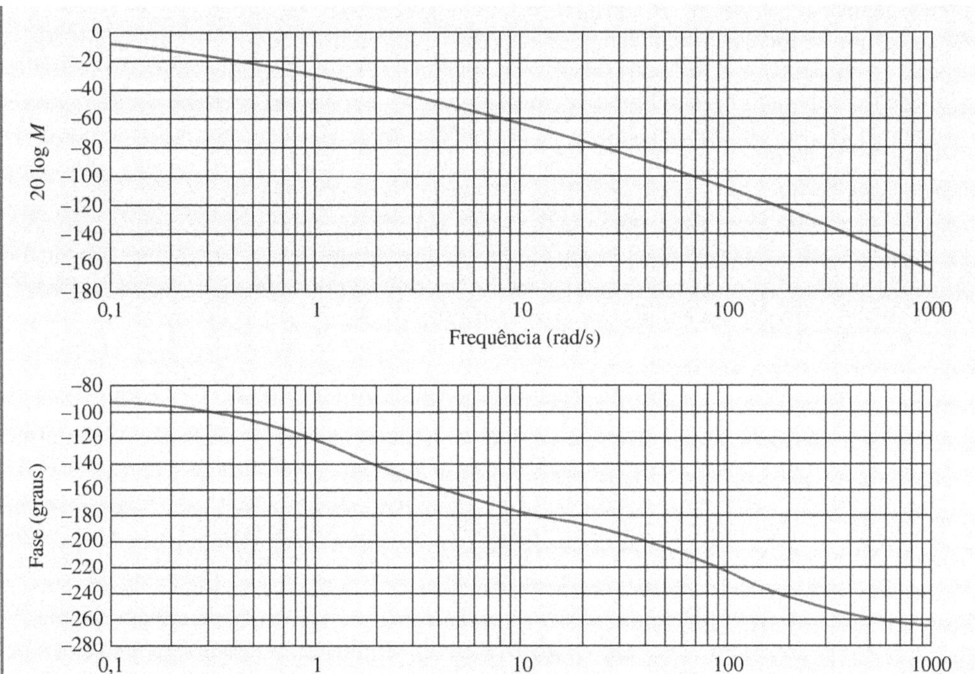

FIGURA 10.61 Diagramas da resposta em frequência em malha aberta para o sistema de controle de antena ($K = 1$).

b. Para determinar a ultrapassagem percentual, caso $K = 30$, primeiro fazemos uma aproximação de segunda ordem e admitimos que as equações da resposta transitória de segunda ordem relacionando a ultrapassagem percentual, o fator de amortecimento e a margem de fase são verdadeiros para este sistema. Em outras palavras, admitimos que a Equação (10.73), que relaciona o fator de amortecimento com a margem de fase, é válida. Caso $K = 30$, a curva de magnitude da Figura 10.61 é deslocada para cima por 20 log 30 = 29,54 dB. Portanto, a curva de magnitude ajustada passa por zero dB em $\omega = 1$. Nessa frequência a fase é −120,9°, resultando em uma margem de fase de 59,1°. Utilizando a Equação (10.73) ou a Figura 10.48, $\zeta = 0,6$ e a ultrapassagem é 9,48 %. Uma simulação computacional mostra 10 %.

c. Para estimar o tempo de acomodação, fazemos uma aproximação de segunda ordem e utilizamos a Equação (10.55). Como $K = 30$ (29,54 dB), a magnitude da resposta em malha aberta é −7 dB quando a magnitude da resposta normalizada da Figura 10.61 é −36,54 dB. Assim, a faixa de passagem estimada é 1,8 rad/s. Utilizando a Equação (10.55), $T_s = 4,25$ segundos. Uma simulação computacional mostra um tempo de acomodação de cerca de 4,4 segundos.

d. Utilizando a faixa de passagem estimada obtida em **c** junto com a Equação (10.56) e o fator de amortecimento obtido em **a**, estimamos o instante de pico como 2,5 segundos. Uma simulação computacional mostra um instante de pico de 2,8 segundos.

e. Para estimar o tempo de subida, utilizamos a Figura 4.16 e determinamos que o tempo de subida normalizado para um fator de amortecimento de 0,6 é 1,854. Utilizando a Equação (10.54), a faixa de passagem estimada obtida em **c**, e $\zeta = 0,6$, obtemos $\omega_n = 1,57$. Utilizando o tempo de subida normalizado e ω_n, obtemos $T_r = 1,854/1,57 = 1,18$ segundo. Uma simulação mostra um tempo de subida de 1,2 segundo.

DESAFIO: Agora apresentamos um problema para testar seu conhecimento dos objetivos deste capítulo. Dado o sistema de controle de posição de azimute de antena mostrado no Apêndice A2, Configuração 3, registre os parâmetros do diagrama de blocos na tabela mostrada no Apêndice A2 para a Configuração 3 para utilização em problemas de desafio de estudo de caso subsequentes. Utilizando métodos de resposta em frequência, faça o seguinte:

a. Determine a faixa de ganho para estabilidade.

b. Determine a ultrapassagem percentual para uma entrada em degrau, caso o ganho, K, seja igual a 3.

c. `Repita os Itens` **`a`** `e` **`b`** `utilizando o MATLAB.`

MATLAB ML

Resumo

Os métodos de resposta em frequência são uma alternativa ao lugar geométrico das raízes para analisar e projetar sistemas de controle com realimentação. As técnicas de resposta em frequência podem ser utilizadas de modo mais eficaz que a resposta transitória para modelar sistemas físicos em laboratório. Por outro lado, o lugar geométrico das raízes está relacionado mais diretamente com a resposta no tempo.

A entrada para um sistema físico pode ser variada de forma senoidal com frequência, amplitude e fase conhecidas. A saída do sistema, que também é senoidal em regime permanente, pode então ser medida em amplitude e em fase em diferentes frequências. A partir desses dados a magnitude da resposta em frequência do sistema, que é a razão entre a amplitude de saída e a amplitude de entrada, pode ser representada graficamente e utilizada no lugar de uma magnitude da resposta em frequência obtida analiticamente. De modo similar, podemos obter a fase da resposta determinando a diferença entre a fase da saída e a fase da entrada em frequências diferentes.

A resposta em frequência de um sistema pode ser representada tanto como um diagrama polar quanto como diagramas separados de magnitude e de fase. Como um diagrama polar, a magnitude da resposta é o comprimento de um vetor traçado a partir da origem até um ponto na curva, enquanto a fase da resposta é o ângulo desse vetor. No diagrama polar, a frequência está implícita e é representada por cada ponto da curva polar. O diagrama polar de $G(s)H(s)$ é conhecido como *diagrama de Nyquist*.

Os diagramas separados de magnitude e de fase, algumas vezes chamados *diagramas de Bode*, apresentam os dados com a frequência explicitamente enumerada ao longo da abscissa. A curva de magnitude pode ser um gráfico do logaritmo da magnitude em função do logaritmo da frequência. A outra curva é um gráfico da fase em função do logaritmo da frequência. Uma vantagem dos diagramas de Bode sobre o diagrama de Nyquist é que eles podem ser desenhados facilmente com a utilização de aproximações assintóticas da curva real.

O critério de Nyquist estabelece a fundamentação teórica a partir da qual a resposta em frequência pode ser utilizada para determinar a estabilidade de um sistema. Utilizando o critério de Nyquist e o diagrama de Nyquist, ou o critério de Nyquist e os diagramas de Bode, podemos determinar a estabilidade de um sistema.

Os métodos de resposta em frequência nos dão não apenas informações sobre a estabilidade, mas também informações sobre a resposta transitória. Definindo grandezas da resposta em frequência como margem de ganho e margem de fase, a resposta transitória pode ser analisada ou projetada. A *margem de ganho* é o valor pelo qual o ganho de um sistema pode ser aumentado antes que ocorra instabilidade, caso a fase seja constante em 180°. A *margem de fase* é o valor pelo qual a fase pode ser alterada antes que ocorra instabilidade, caso o ganho seja mantido unitário.

Enquanto a resposta em frequência em malha aberta leva aos resultados sobre a estabilidade e a resposta transitória que acabaram de ser descritos, outras ferramentas de projeto relacionam o pico e a faixa de passagem da resposta em frequência em malha fechada com a resposta transitória. Como a resposta em malha fechada não é tão fácil de obter como a resposta em malha aberta, por causa da indisponibilidade dos polos em malha fechada, utilizamos auxílios gráficos com o objetivo de obter a resposta em frequência em malha fechada a partir da resposta em frequência em malha aberta. Esses auxílios gráficos são os círculos M e N e a carta de Nichols. Sobrepondo a resposta em frequência em malha aberta aos círculos M e N ou à carta de Nichols, somos capazes de obter a resposta em frequência em malha fechada e então analisar e projetar a resposta transitória.

Atualmente, com a disponibilidade de computadores e de programas apropriados, os diagramas de resposta em frequência podem ser obtidos sem depender das técnicas gráficas descritas neste capítulo. O programa utilizado para os cálculos do lugar geométrico das raízes e descrito no Apêndice H.2 é um desses programas. O MATLAB é outro.

Concluímos a discussão do capítulo mostrando como obter uma estimativa razoável de uma função de transferência utilizando sua resposta em frequência, que pode ser obtida experimentalmente. A obtenção de funções de transferência dessa maneira resulta em mais exatidão do que testes da resposta transitória.

Este capítulo tratou essencialmente da *análise* de sistemas de controle com realimentação através de técnicas de resposta em frequência. Desenvolvemos as relações entre a resposta em frequência, a estabilidade e a resposta transitória. No próximo capítulo, aplicamos os conceitos ao *projeto* de sistemas de controle com realimentação, utilizando os diagramas de Bode.

Questões de Revisão

1. Cite quatro vantagens das técnicas de resposta em frequência sobre o lugar geométrico das raízes.
2. Defina resposta em frequência como aplicada a um sistema físico.
3. Cite duas maneiras de representar graficamente a resposta em frequência.
4. Descreva brevemente como obter a resposta em frequência analiticamente.
5. Defina diagramas de Bode.
6. Cada polo de um sistema contribui com quanto de inclinação para o diagrama de Bode de magnitude?
7. Um sistema com apenas quatro polos e nenhum zero exibiria que valor de inclinação em altas frequências em um diagrama de Bode de magnitude?
8. Um sistema com quatro polos e dois zeros exibiria que valor de inclinação em altas frequências em um diagrama de Bode de magnitude?
9. Descreva a fase assintótica da resposta de um sistema com um único polo em -2.
10. Qual é a principal diferença entre os diagramas de Bode de magnitude para sistemas de primeira ordem e para sistemas de segunda ordem?
11. Para um sistema com três polos em -4, qual é a diferença máxima entre a aproximação assintótica e a magnitude real da resposta?

12. Enuncie resumidamente o critério de Nyquist.
13. O que o critério de Nyquist nos diz?
14. O que é um diagrama de Nyquist?
15. Por que o critério de Nyquist é chamado *método de resposta em frequência*?
16. Quando se esboça um diagrama de Nyquist, o que deve ser feito com polos em malha aberta no eixo imaginário?
17. Que simplificação geralmente podemos fazer no critério de Nyquist para sistemas que são estáveis em malha aberta?
18. Que simplificação geralmente podemos fazer no critério de Nyquist para sistemas que são instáveis em malha aberta?
19. Defina margem de ganho.
20. Defina margem de fase.
21. Cite duas características diferentes da resposta em frequência que podem ser utilizadas para determinar a resposta transitória de um sistema.
22. Cite três métodos diferentes de obter a resposta em frequência em malha fechada a partir da função de transferência em malha aberta.
23. Explique brevemente como determinar a constante de erro estático a partir do diagrama de Bode de magnitude.
24. Descreva a mudança no diagrama de magnitude da resposta em frequência em malha aberta, caso um atraso no tempo seja adicionado à planta.
25. Caso a fase da resposta de um atraso no tempo puro fosse traçada em um gráfico de fase linear *versus* frequência linear, qual seria a forma da curva?
26. Ao extrair sucessivamente funções de transferência constituintes a partir de dados experimentais de resposta em frequência, como você sabe que terminou?

Investigação em Laboratório Virtual

EXPERIMENTO 10.1

Objetivo Examinar as relações entre resposta em frequência em malha aberta e estabilidade, e entre resposta em frequência em malha aberta e resposta transitória em malha fechada, e o efeito de polos e zeros adicionais em malha fechada sobre a capacidade de predizer a resposta transitória em malha fechada.

Requisitos Mínimos de Programas MATLAB e Control System Toolbox

Pré-Ensaio

1. Esboce o diagrama de Nyquist para um sistema com realimentação unitária negativa com uma função de transferência à frente de $G(s) = \dfrac{K}{s(s+2)(s+10)}$. A partir de seu diagrama de Nyquist, determine a faixa de ganho, K, para estabilidade.
2. Determine as margens de fase requeridas para respostas ao degrau em malha fechada de segunda ordem com as seguintes ultrapassagens percentuais: 5 %, 10 %, 20 % e 30 %.

Ensaio

1. Utilizando o Control System Designer, gere os seguintes gráficos simultaneamente para o sistema do Pré-Ensaio 1: lugar geométrico das raízes, diagrama de Nyquist e resposta ao degrau. Faça gráficos para os seguintes valores de K: 50, 100, o valor para a estabilidade marginal obtido no Pré-Ensaio 1 e um valor acima do obtido para a estabilidade marginal. Utilize as ferramentas de ampliação e redução da imagem quando necessário para gerar um gráfico ilustrativo. Finalmente, altere o ganho segurando e movendo os polos em malha fechada ao longo do lugar geométrico das raízes e observe as mudanças no diagrama de Nyquist e na resposta ao degrau.
2. Utilizando o Control System Designer, gere diagramas de Bode e respostas ao degrau em malha fechada para um sistema com realimentação negativa unitária com uma função de transferência à frente de $G(s) = \dfrac{K}{s(s+10)^2}$. Gere esses diagramas para cada valor de margem de fase obtida no Pré-Ensaio 2. Ajuste o ganho para chegar à margem de fase desejada segurando a curva de Bode de magnitude e movendo-a para cima ou para baixo. Observe os efeitos, se houver algum, sobre o diagrama de Bode de fase. Para cada caso, registre o valor do ganho e a posição dos polos em malha fechada.
3. Repita o Ensaio 2 para $G(s) = \dfrac{K}{s(s+10)}$.

Pós-Ensaio

1. Construa uma tabela mostrando os valores calculados e reais para a faixa de ganho para estabilidade, como obtido no Pré-Ensaio 1 e no Ensaio 1.
2. Construa uma tabela a partir dos dados obtidos no Ensaio 2 listando margem de fase, ultrapassagem percentual e posição dos polos em malha fechada.
3. Construa uma tabela a partir dos dados obtidos no Ensaio 3 listando margem de fase, ultrapassagem percentual e posição dos polos em malha fechada.
4. Para cada tarefa dos Pós-Ensaios 1 até 3, explique quaisquer discrepâncias entre os valores reais obtidos e os esperados.

EXPERIMENTO 10.2

Objetivo Utilizar o LabVIEW e as cartas de Nichols para determinar o desempenho da resposta no tempo em malha fechada.

Requisitos Mínimos de Programas LabVIEW, Control Design and Simulation Module, MathScript RT Module e MATLAB

Pré-Ensaio

1. Considere um sistema com realimentação unitária com uma função de transferência do caminho à frente, $G(s) = \dfrac{100}{s(s+5)}$. Utilize o MATLAB ou qualquer método para determinar as margens de ganho e de fase. Adicionalmente, obtenha a ultrapassagem percentual, o tempo de acomodação e o instante de pico da resposta ao degrau em malha fechada.
2. Projete uma VI LabVIEW que irá criar uma carta de Nichols. Ajuste a escala da carta de Nichols para as margens de ganho e de fase estimadas. Então, solicite ao usuário que entre com os valores de margens de ganho e de fase obtidos a partir da carta de Nichols. Em resposta, sua VI irá produzir a ultrapassagem percentual, o tempo de acomodação e o instante de pico da resposta ao degrau em malha fechada.

Ensaio Execute sua VI para o sistema dado no Pré-Ensaio. Teste sua VI com outros sistemas à sua escolha.

Pós-Ensaio Compare o desempenho em malha fechada calculado no Pré-Ensaio com o produzido pela sua VI.

Bibliografia

Åstrom, K., Klein, R. E., and Lennartsson, A. Bicycle Dynamics and Control. *IEEE Control System*, August 2005, pp. 26–47.

Bhambhani, V., and Chen, Yq. Experimental Study of Fractional Order Proportional Integral (FOPI) Controller for Water Level Control. *47th IEEE Conference on Decision and Control*, 2008, pp. 1791–1796.

Bode, H. W. *Network Analysis and Feedback Amplifier Design*. Van Nostrand, Princeton, NJ, 1945.

Camacho, E. F., Berenguel, M., Rubio, F. R., and Martinez, D. *Control of Solar Energy Systems*. Springer-Verlag, London, 2012.

Craig, I. K., Xia, X., and Venter, J. W. Introducing HIV/AIDS Education into the Electrical Engineering Curriculum at the University of Pretoria. *IEEE Transactions on Education*, vol. 47, no. 1, February 2004, pp. 65–73.

Dorf, R. C. *Modern Control Systems*, 5th ed. Addison-Wesley, Reading, MA, 1989.

Franklin, G., Powell, J. D., and Emami-Naeini, A. *Feedback Control of Dynamic Systems*, 2d ed. Addison-Wesley, Reading, MA, 1991.

Galvão, R. K. H., Yoneyama, T., and de Araujo, F. M. U. A Simple Technique for Identifying a Linearized Model for a Didactic Magnetic Levitation System. *IEEE Transactions on Education*, vol. 46, no. 1, February 2003, pp. 22–25.

Hollot, C. V., Misra, V., Towsley, D., and Gong, W. A Control Theoretic Analysis of RED. *Proceedings of IEEE INFOCOM*, 2001, pp. 1510–1519.

Hostetter, G. H., Savant, C. J., Jr., and Stefani, R. T. *Design of Feedback Control Systems*, 2d ed. Saunders College Publishing, New York, 1989.

Khadraoui, S., Nounou, H., Nounou, M., Datta, A., and Bhattacharyya, S. P. A measurement-based approach for tuning of reduced-order controllers. *American Control Conference (ACC)*, June 2013, pp. 3876–3881.

Kim, S.-H., Kim, J. H., Yang, J., Yang, H., Park, J.-Y., and Park, Y.-P. Tilt Detection and Servo Control Method for the Holographic Data Storage System. *Microsyst Technol*, vol. 15, 2009. pp. 1695–1700.

Kuo, B. C. *Automatic Control Systems*, 5th ed. Prentice Hall, Upper Saddle River, NJ, 1987.

Kuo, F. F. *Network Analysis and Synthesis*. Wiley, New York, 1966.

Lam, P. Y. Gyroscopic Stabilization of a Kid-Size Bicycle. *IEEE 5th International Conference on Cybernetics and Intelligent Systems*, 2011, pp. 247–252.

Mahmood, H., and Jiang, J. Modeling and Control System Design of a Grid Connected VSC Considering the Effect of the Interface Transformer Type. *IEEE Transactions on Smart Grid*, vol. 3, no. 1, March 2012, pp. 122–134.

Nilsson, J. W. *Electric Circuits*, 3d ed. Addison-Wesley, Reading, MA, 1990.

Nyquist, H. Regeneration Theory. *Bell Systems Technical Journal*, January 1932, pp. 126–147.

Ogata, K. *Modern Control Engineering*, 2d ed. Prentice Hall, Upper Saddle River, NJ, 1990.

Preitl, Z., Bauer, P., and Bokor, J. A Simple Control Solution for Traction Motor Used in Hybrid Vehicles. *Fourth International Symposium on Applied Computational Intelligence and Informatics*. IEEE. 2007.

Thomas, B., Soleimani-Mosheni, M., and Fahlen, P. Feed-forward in Temperature Control of Buildings. *Energy and Buildings*, vol. 37, 2005, pp. 755–761.

Thomsen, S., Hoffmann, N., and Fuchs, F. W. PI Control, PI-based State Space Control, and Model-Based Predictive Control for Drive Systems With Elastically Coupled Loads—A Comparative Study. *IEEE Transactions on Industrial Electronics*, vol. 58, no. 8, August 2011, pp. 3647–3657.

Wang, X.-K., Yang, X.-H., Liu, G., and Qian, H. Adaptive Neuro-Fuzzy Inference System PID controller for steam generator water level of nuclear power plant, *Proceedings of the Eighth International Conference on Machine Learning and Cybernetics, 2009*, pp. 567–572.

Capítulo 11

Projeto através da Resposta em Frequência

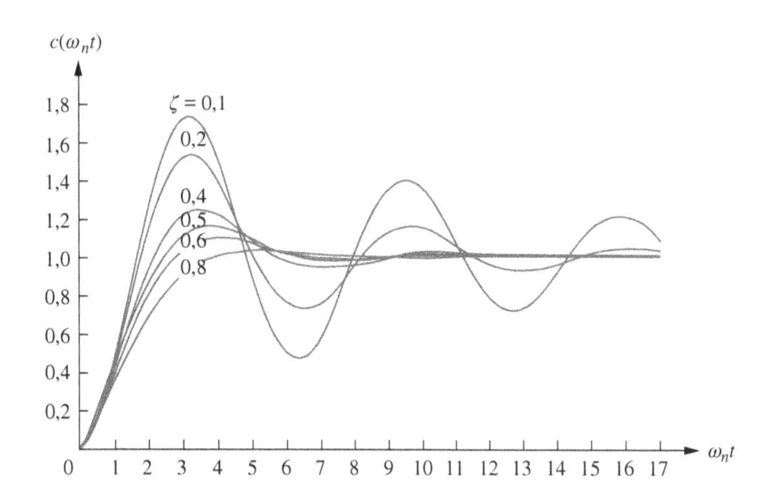

Resultados de Aprendizagem do Capítulo

Após completar este capítulo, o estudante estará apto a:

- Utilizar técnicas de resposta em frequência para ajustar o ganho para atender a uma especificação de resposta transitória (Seções 11.1-11.2)
- Utilizar técnicas de resposta em frequência para projetar compensadores em cascata para melhorar o erro em regime permanente (Seção 11.3)
- Utilizar técnicas de resposta em frequência para projetar compensadores em cascata para melhorar a resposta transitória (Seção 11.4)
- Utilizar técnicas de resposta em frequência para projetar compensadores em cascata para melhorar ambos, o erro em regime permanente e a resposta transitória (Seção 11.5).

Resultados de Aprendizagem do Estudo de Caso

Você será capaz de demonstrar seu conhecimento dos objetivos do capítulo com os estudos de caso como a seguir:

- Dado o sistema de controle de posição de azimute de antena mostrado no Apêndice A2, você será capaz de utilizar técnicas de resposta em frequência para projetar o ganho para atender a uma especificação de resposta transitória.
- Dado o sistema de controle de posição de azimute de antena mostrado no Apêndice A2, você será capaz de utilizar técnicas de resposta em frequência para projetar um compensador em cascata para atender a especificações de transitório e de erro em regime permanente.

11.1 Introdução

No Capítulo 8, projetamos a resposta transitória de um sistema de controle ajustando o ganho ao longo do lugar geométrico das raízes. O processo de projeto consistiu em encontrar a especificação da resposta transitória sobre o lugar geométrico das raízes, ajustar o ganho adequadamente e determinar o erro em regime permanente resultante. A desvantagem do projeto através do ajuste de ganho é que apenas as respostas transitórias e os erros em regime permanente representados por pontos ao longo do lugar geométrico das raízes estão disponíveis.

Para atender a especificações de resposta transitória representadas por pontos fora do lugar geométrico das raízes e, independentemente, requisitos de erro em regime permanente, projetamos compensadores em cascata no Capítulo 9. Neste capítulo, utilizamos diagramas de Bode para estabelecer um paralelo com o processo de projeto via lugar geométrico das raízes dos Capítulos 8 e 9.

Vamos começar realizando algumas comparações gerais entre o projeto via lugar geométrico das raízes e o projeto via resposta em frequência.

Projeto de estabilidade e da resposta transitória via ajuste de ganho. Os métodos de projeto da resposta em frequência, diferentemente dos métodos do lugar geométrico das raízes, podem ser implementados convenientemente sem um computador ou outra ferramenta, exceto para testar o projeto. Podemos facilmente desenhar diagramas de Bode utilizando aproximações assintóticas e ler o ganho a partir dos diagramas. O lugar geométrico das raízes requer tentativas repetidas para determinar o ponto de projeto desejado, a partir do qual o ganho pode ser obtido. Por exemplo, quando se projeta o ganho para atender a um requisito de ultrapassagem percentual, o lugar geométrico das raízes requer a busca em uma reta radial pelo ponto onde a função de transferência em malha aberta resulta em um ângulo de 180°. Para calcular a faixa de ganho para estabilidade, o lugar geométrico das raízes requer uma busca no eixo $j\omega$ por 180°. Naturalmente, ao se utilizar um programa de computador, como o MATLAB, a desvantagem computacional do lugar geométrico das raízes desaparece.

Projeto da resposta transitória via compensação em cascata. Os métodos de resposta em frequência não são tão intuitivos quanto o lugar geométrico das raízes, e têm algo de arte no projeto da compensação em cascata com os métodos deste capítulo. Com o lugar geométrico das raízes, podemos identificar um ponto específico que tenha uma característica de resposta transitória desejada. Podemos então projetar uma compensação em cascata para operar neste ponto e atender às especificações de resposta transitória. No Capítulo 10 aprendemos que a margem de fase está relacionada com a ultrapassagem percentual [Equação (10.73)] e que a faixa de passagem está relacionada tanto com o fator de amortecimento quanto com o tempo de acomodação ou o instante de pico [Equações (10.55) e (10.56)]. Essas equações são bastante complexas. Ao projetarmos uma compensação em cascata utilizando métodos de resposta em frequência para melhorar a resposta transitória, nos esforçamos para alterar a forma da resposta em frequência da função de transferência em malha aberta para atender tanto ao requisito de margem de fase (ultrapassagem percentual) quanto ao requisito de faixa de passagem (tempo de acomodação ou instante de pico). Não há um modo fácil de relacionar todos os requisitos antes da tarefa de alterar a forma da resposta em frequência. Portanto, a alteração da forma da resposta em frequência da função de transferência em malha aberta pode levar a diversas tentativas até que todos os requisitos de resposta transitória sejam atendidos.

Projeto do erro em regime permanente via compensação em cascata. Uma vantagem da utilização de técnicas de projeto em frequência é a capacidade de projetar uma compensação derivativa, como a compensação de avanço de fase, para aumentar a velocidade do sistema e, ao mesmo tempo, criar um requisito de erro em regime permanente desejado que pode ser atendido pelo compensador de avanço de fase sozinho. Lembre-se de que, ao utilizar o lugar geométrico das raízes, há um número infinito de possíveis soluções para o projeto de um compensador de avanço de fase. Uma das diferenças entre essas soluções é o erro em regime permanente. Temos que fazer várias tentativas para chegar à solução que resulta no desempenho do erro em regime permanente requerido. Com técnicas de resposta em frequência, criamos o requisito de erro em regime permanente diretamente no projeto do compensador de avanço de fase.

Você é encorajado a refletir sobre as vantagens e desvantagens das técnicas do lugar geométrico das raízes e de resposta em frequência, à medida que avança através deste capítulo. Vamos examinar mais de perto o projeto via resposta em frequência.

Ao projetarmos através de métodos de resposta em frequência, utilizamos os conceitos de estabilidade, resposta transitória e erro em regime permanente que aprendemos no Capítulo 10. Primeiro, o critério de Nyquist nos diz como determinar se um sistema é estável. Normalmente, um sistema estável em malha aberta é estável em malha fechada se a magnitude da resposta em frequência em malha aberta tiver um ganho menor que 0 dB na frequência em que a fase da resposta em frequência é 180°. Segundo, a ultrapassagem percentual é reduzida aumentando-se a margem de fase, e a velocidade da resposta é aumentada aumentando-se a faixa de passagem. Finalmente, o erro em regime permanente é melhorado aumentando-se a magnitude das respostas em baixas frequências, mesmo se a magnitude da resposta em altas frequências for atenuada.

Estes, então, são os fatos básicos que fundamentam nosso projeto para estabilidade, resposta transitória e erro em regime permanente, utilizando métodos de resposta em frequência, em que o critério de Nyquist e o diagrama de Nyquist compõem a teoria fundamental por trás do processo de projeto. Assim, embora usemos diagramas de Bode pela facilidade de obtenção da resposta em frequência, o processo de projeto pode ser verificado com o diagrama de Nyquist quando surgem dúvidas sobre a interpretação dos diagramas de Bode. Em particular, quando a estrutura do sistema é modificada com polos e zeros adicionais do compensador, o diagrama de Nyquist pode oferecer uma perspectiva valiosa.

A ênfase neste capítulo está no projeto de compensação com atraso de fase, avanço de fase e avanço e atraso de fase. Conceitos gerais de projeto são apresentados primeiro, seguidos de procedimentos passo a passo. Esses procedimentos são apenas sugestões, e você é encorajado a desenvolver outros procedimentos para alcançar os mesmos objetivos. Embora os conceitos em geral se apliquem ao projeto de controladores PI, PD e PID, por questões de brevidade, procedimentos detalhados e exemplos não serão apresentados. Você é encorajado a extrapolar os conceitos e projetos cobertos e a aplicá-los aos problemas envolvendo compensação PI, PD e PID apresentados ao final deste capítulo. Finalmente, os compensadores desenvolvidos neste capítulo podem ser implementados com as realizações discutidas na Seção 9.6.

11.2 Resposta Transitória Via Ajuste de Ganho

Vamos começar nossa discussão do projeto através de métodos de resposta em frequência discutindo o vínculo existente entre margem de fase, resposta transitória e ganho. Na Seção 10.10, a relação entre fator de amortecimento (equivalentemente ultrapassagem percentual) e margem de fase foi deduzida para $G(s) = \omega_n^2/s(s + 2\omega\zeta_n)$. Assim, caso possamos variar a margem de fase, podemos variar a ultrapassagem percentual. Examinando a Figura 11.1, observamos que, se desejarmos uma margem de fase Φ_M, representada por CD, teremos que subir a curva de magnitude por AB. Desse modo, um simples ajuste de ganho pode ser utilizado para projetar a margem de fase e, portanto, a ultrapassagem percentual.

Descrevemos agora um procedimento pelo qual podemos determinar o ganho para atender a um requisito de ultrapassagem utilizando a resposta em frequência em malha aberta e admitindo polos dominantes de segunda ordem em malha fechada.

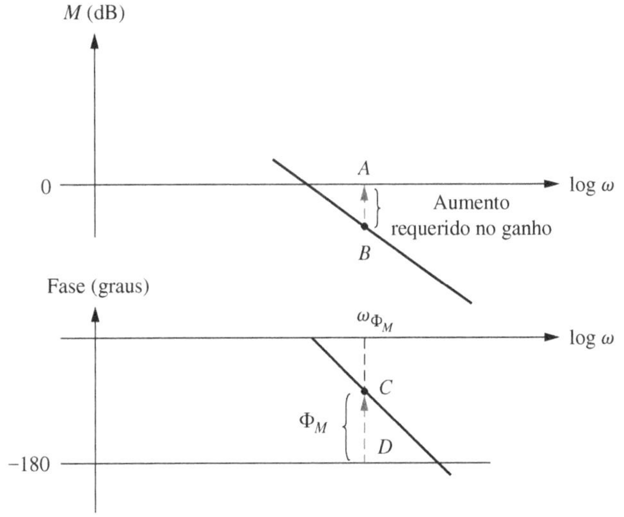

FIGURA 11.1 Diagramas de Bode mostrando o ajuste de ganho para uma margem de fase desejada.

Procedimento de Projeto

1. Trace os diagramas de Bode de magnitude e de fase para um valor conveniente de ganho.
2. Utilizando as Equações (4.39) e (10.73), determine a margem de fase requerida a partir da ultrapassagem percentual.
3. Determine a frequência, ω_{Φ_M}, no diagrama de Bode de fase que resulta na margem de fase desejada, CD, como mostrado na Figura 11.1.
4. Altere o ganho por um valor AB para forçar a curva de magnitude a passar por 0 dB em ω_{Φ_M}. O valor de ajuste de ganho é o ganho adicional necessário para produzir a margem de fase requerida.

Examinamos agora um exemplo de projeto do ganho de um sistema de terceira ordem para ultrapassagem percentual.

Exemplo 11.1

Projeto de Resposta Transitória Via Ajuste de Ganho

Projeto P

PROBLEMA: Para o sistema de controle de posição mostrado na Figura 11.2, determine o valor do ganho do pré-amplificador, K, para resultar em 9,5 % de ultrapassagem na resposta transitória para uma entrada em degrau. Utilize apenas métodos de resposta em frequência.

SOLUÇÃO: Seguiremos agora o procedimento de projeto de ajuste de ganho descrito anteriormente.

1. Escolha $K = 3{,}6$ para começar o diagrama de magnitude em 0 dB em $\omega = 0{,}1$ na Figura 11.3.
2. Utilizando a Equação (4.39), uma ultrapassagem de 9,5 % implica $\zeta = 0{,}6$ para os polos dominantes em malha fechada. A Equação (10.73) fornece uma margem de fase de 59,2° para um fator de amortecimento de 0,6.
3. Localize no diagrama de fase a frequência que resulta em uma margem de fase de 59,2°. Esta frequência é obtida onde a fase é a diferença entre −180° e 59,2°, ou −120,8°. O valor da frequência de margem de fase é 14,8 rad/s.

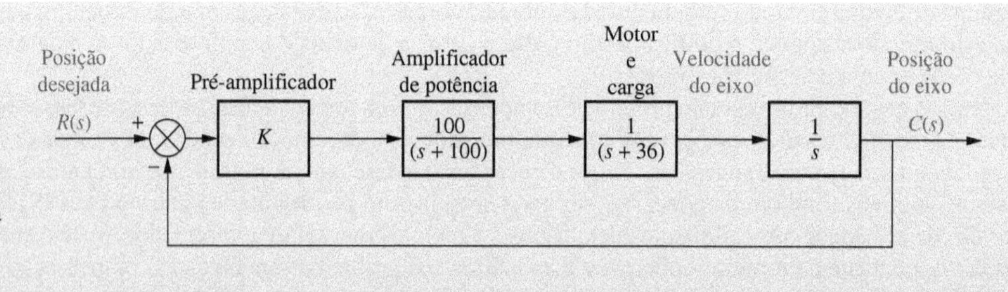

FIGURA 11.2 Sistema para o Exemplo 11.1.

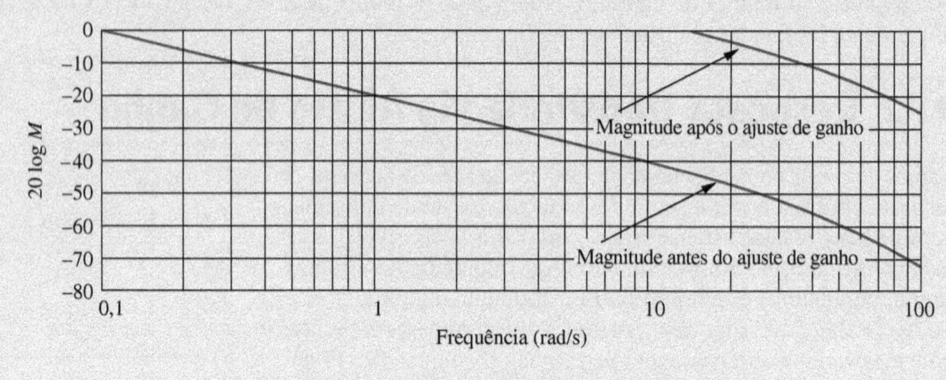

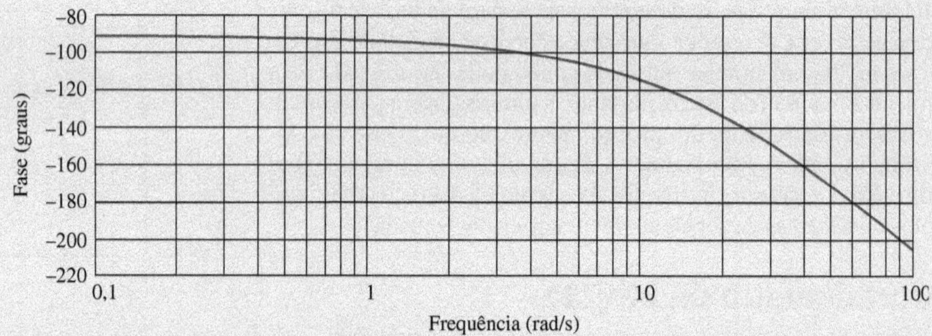

FIGURA 11.3 Diagramas de Bode de magnitude e de fase para o Exemplo 11.1.

4. Na frequência de 14,8 rad/s no diagrama de magnitude, o ganho é determinado como −44,2 dB. Essa magnitude deve ser aumentada para 0-dB a fim de resultar na margem de fase requerida. Como o diagrama de logaritmo da magnitude foi traçado para $K = 3{,}6$, um aumento de 44,2 dB, ou $K = 3{,}6 \times 162{,}2 = 583{,}9$, resulta na margem de fase requerida para 9,48 % de ultrapassagem.

   A função de transferência em malha aberta com o ganho ajustado é

$$G(s) = \frac{58.390}{s(s+36)(s+100)} \tag{11.1}$$

A Tabela 11.1 resume uma simulação, em computador, do sistema compensado com ganho.

TABELA 11.1 Características do sistema compensado com ganho do Exemplo 11.1.

Parâmetro	Especificação proposta	Valor real
K_v	—	16,22
Margem de fase	59,2°	59,2°
Frequência de margem de fase	—	14,8 rad/s
Ultrapassagem percentual	9,5	8.68
Instante de pico	—	0,18 segundo

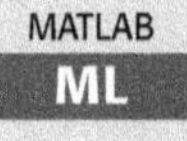

Os estudantes que estiverem usando o MATLAB devem, agora, executar o arquivo ch11apB1 do Apêndice B. Você aprenderá como utilizar o MATLAB para projetar um ganho a fim de atender a uma especificação de ultrapassagem percentual utilizando diagramas de Bode. Este exercício resolve o Exemplo 11.1 utilizando o MATLAB.

Exercício 11.1

PROBLEMA: Para um sistema com realimentação unitária com uma função de transferência à frente

$$G(s) = \frac{K}{s(s+50)(s+120)}$$

utilize técnicas de resposta em frequência para determinar o valor de ganho, K, para resultar em uma resposta ao degrau em malha fechada com 20 % de ultrapassagem.

RESPOSTA: $K = 194.200$

A solução completa está disponível no Ambiente de aprendizagem do GEN.

Para tradução:

Na janela do **Control System Designer** resultante ao rodar **TryIt 11.1**:

1. Selecione **Edit Architecture**.
2. Clique na seta de importação para **G** e clique em OK.
3. Clique com o botão direito na área do diagrama de Bode e certifique-se de que todas as opções em **Show** estão marcadas.
4. Eleve a curva de magnitude até que a curva de fase mostre a margem de fase calculada pelo programa e mostrada na **Command Window** do MATLAB como Pm.
5. Clique com o botão direito na área do diagrama de Bode, selecione **Edit Compensator...** e leia o ganho abaixo de **Compensator** na janela resultante.

Experimente 11.1

Utilize o MATLAB, a Control System Toolbox e as instruções a seguir para resolver o Exercício de Avaliação de Competência 11.1.

```
pos=20
z=(-log(pos/100))/...
 (sqrt(pi^2+...
 log(pos/100)^2))
Pm=atan(2*z/...
 (sqrt(-2*z^2+...
 sqrt(1+4*z^4))))*...
 (180/pi)
G=zpk([],...
 [0,-50,-120],1)
controlSystemDesigner
```

Nesta seção, fizemos um paralelo de nosso trabalho no Capítulo 8 com uma discussão do projeto da resposta transitória através do ajuste de ganho. Nas próximas três seções, fazemos um paralelo do projeto de compensadores via lugar geométrico das raízes do Capítulo 9 e discutimos o projeto de compensação com atraso de fase, com avanço de fase e com avanço e atraso de fase via diagramas de Bode.

11.3 Compensação com Atraso de Fase

No Capítulo 9, utilizamos o lugar geométrico das raízes para projetar estruturas de atraso de fase e controladores PI. Lembre-se de que esses compensadores nos permitiram projetar o erro em regime permanente sem afetar significativamente a resposta transitória. Nesta seção, propiciamos um desenvolvimento paralelo utilizando os diagramas de Bode.

Visualizando a Compensação com Atraso de Fase

A função do compensador de atraso de fase, como pode ser observado nos diagramas de Bode, é (1) melhorar a constante de erro estático aumentando apenas o ganho em baixa frequência sem resultar em instabilidade, e (2) aumentar a margem de fase do sistema para resultar em uma resposta transitória desejada. Esses conceitos estão ilustrados na Figura 11.4.

O sistema sem compensação é instável, uma vez que o ganho em 180° é maior que 0 dB. O compensador de atraso de fase reduz o ganho de alta frequência sem alterar o ganho de baixa frequência.[1] Assim, o ganho de baixa frequência do sistema pode ser elevado para resultar em um K_v grande sem gerar instabilidade. Esse efeito estabilizador da estrutura de atraso de fase ocorre porque o ganho em 180° de fase é reduzido para menos de 0 dB. Através de um projeto sensato, a curva de magnitude pode ser alterada, como mostrado na Figura 11.4, para passar por 0 dB na margem de fase desejada. Assim, tanto K_v quanto a resposta transitória desejada podem ser obtidas. Apresentamos agora um procedimento de projeto.

Procedimento de Projeto

1. Ajuste o ganho, K, para o valor que satisfaz à especificação de erro em regime permanente e trace os diagramas de Bode de magnitude e de fase para este valor de ganho.

---

[1] O nome *compensador de atraso de fase* vem do fato de que a fase da resposta típica do compensador, como mostrado na Figura 11.4, é sempre negativa, ou *atrasada* em fase.

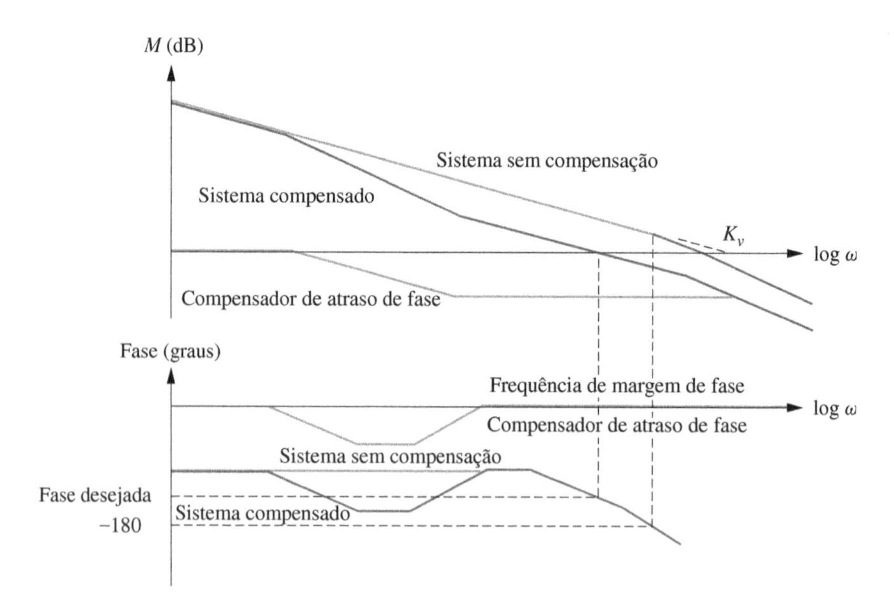

FIGURA 11.4 Visualizando a compensação com atraso de fase.

2. Determine a frequência onde a margem de fase é 5° – 12° maior do que a margem de fase que resulta na resposta transitória desejada (*Ogata, 1990*). Esse passo compensa o fato de que o compensador de atraso de fase pode contribuir com uma fase de $-5°$ a $-12°$ na frequência de margem de fase.
3. Escolha um compensador de atraso de fase cuja magnitude da resposta resulte em um diagrama de Bode de magnitude combinado que passe por 0 dB na frequência determinada no Passo 2, como a seguir: Trace a assíntota de alta frequência do compensador para resultar em 0 dB para o sistema compensado na frequência determinada no Passo 2. Assim, se o ganho na frequência determinada no Passo 2 for de 20 log K_{MF}, então a assíntota de alta frequência do compensador será ajustada em $-20 \log K_{MF}$. Escolha a frequência de quebra superior estando uma década abaixo da frequência determinada no Passo 2.[2] Escolha a assíntota de baixa frequência estando em 0 dB. Conecte as assíntotas de alta e de baixa frequências do compensador com uma reta de -20-dB/década para localizar a frequência de quebra inferior.
4. Reajuste o ganho do sistema, K, para compensar qualquer atenuação na estrutura de atraso de fase, para manter a constante de erro estático com o mesmo valor obtido no Passo 1.

A partir desses passos, você observa que estamos contando com o ajuste inicial do ganho para atender aos requisitos de regime permanente. Então contamos com a inclinação de -20 dB/década do compensador de atraso de fase para atender ao requisito de resposta transitória ajustando o cruzamento de 0 dB do diagrama de magnitude.

A função de transferência do compensador de atraso de fase é

$$G_c(s) = \frac{s + \frac{1}{T}}{s + \frac{1}{\alpha T}} \tag{11.2}$$

em que $\alpha > 1$.

A Figura 11.5 mostra as curvas de resposta em frequência do compensador de atraso de fase. A faixa de altas frequências mostrada no diagrama de fase é onde projetaremos nossa margem de fase. Esta região está depois da segunda frequência de quebra do compensador de atraso de fase, em que podemos contar com as características de atenuação da estrutura de atraso de fase para reduzir o ganho total em malha aberta à unidade na frequência de margem de fase. Além disso, nesta região a fase da resposta do compensador terá um efeito mínimo sobre nosso projeto da margem de fase. Como ainda há algum efeito, aproximadamente 5° – 12°, adicionaremos este valor à nossa margem de fase para compensar a fase da resposta do compensador de atraso de fase (ver Passo 2).

[2] Este valor de frequência de quebra assegura que haverá uma contribuição de fase do compensador de apenas $-5°$ a $-12°$ na frequência determinada no Passo 2.

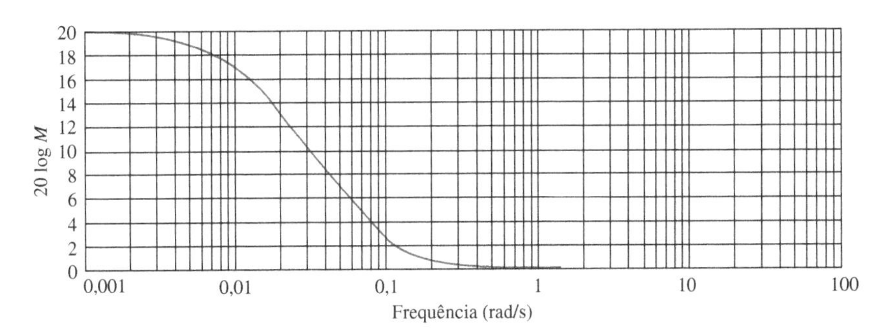

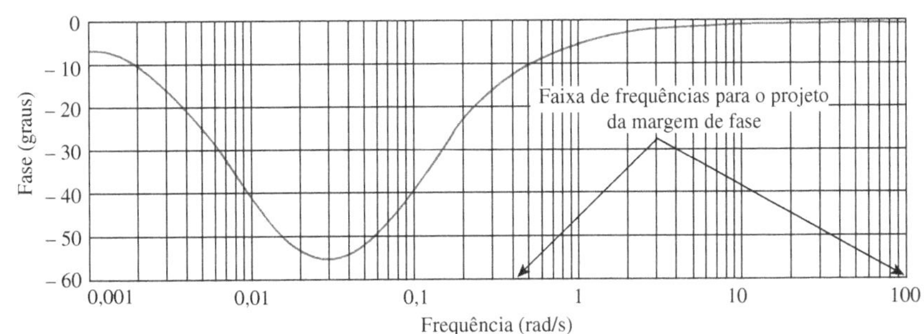

FIGURA 11.5 Diagramas da resposta em frequência de um compensador de atraso de fase, $G_c(s) = (s + 0{,}1)/(s + 0{,}01)$.

Exemplo 11.2

Projeto de Compensação com Atraso de Fase

Projeto P

PROBLEMA: Dado o sistema da Figura 11.2, utilize diagramas de Bode para projetar um compensador de atraso de fase para resultar em uma melhoria de dez vezes no erro em regime permanente com relação ao sistema compensado com ganho enquanto mantém a ultrapassagem percentual em 9,5 %.

SOLUÇÃO: Seguiremos o procedimento de projeto de compensação com atraso de fase descrito anteriormente.

1. A partir do Exemplo 11.1, um ganho, K, de 583,9 resulta em 9,5 % de ultrapassagem. Assim, para este sistema, $K_v = 16{,}22$. Para uma melhoria de dez vezes no erro em regime permanente, K_v deve ser aumentado por um fator de 10, ou $K_v = 162{,}2$. Portanto, o valor de K na Figura 11.2 é igual a 5839, e a função de transferência em malha fechada é

$$G(s) = \frac{583.900}{s(s+36)(s+100)} \tag{11.3}$$

Os diagramas de Bode para $K = 5839$ são mostrados na Figura 11.6.

2. A margem de fase requerida para uma ultrapassagem de 9,5 % ($\zeta = 0{,}6$) é determinada a partir da Equação (10.73) como 59,2°. Aumentamos este valor de margem de fase por 10° para 69,2°, para compensar a contribuição em fase do compensador de atraso de fase. Agora, determine a frequência onde a margem de fase é 69,2°. Esta frequência ocorre em uma fase de $-180° + 69{,}2° = -110{,}8°$ e é 9,8 rad/s. Nesta frequência, o diagrama de magnitude deve passar por 0-dB. A magnitude em 9,8 rad/s é agora +24 dB (exatamente, isto é, não assintótico). Portanto, o compensador de atraso de fase deve fornecer −24 dB de atenuação em 9,8 rad/s.

3. e 4. Projetamos agora o compensador. Primeiro, trace a assíntota de alta frequência em −24 dB. Escolha arbitrariamente a frequência de quebra superior como cerca de uma década menor que a frequência de margem de fase, ou 0,98 rad/s. Começando na interseção desta frequência com a assíntota de alta frequência do compensador de atraso de fase, trace uma reta de −20-dB/década até alcançar 0 dB. O compensador deve ter um ganho estático unitário para manter o valor de K_v que já projetamos fazendo $K = 5839$. A frequência de quebra inferior é determinada como 0,062 rad/s. Assim, a função de transferência do compensador de atraso de fase é

$$G_c(s) = \frac{0{,}063(s+0{,}98)}{(s+0{,}062)} \tag{11.4}$$

em que o ganho do compensador é 0,063 para resultar em um ganho estático unitário.

A função de transferência à frente do sistema compensado é, portanto,

$$G(s)G_c(s) = \frac{36.786(s+0{,}98)}{s(s+36)(s+100)(s+0{,}062)} \tag{11.5}$$

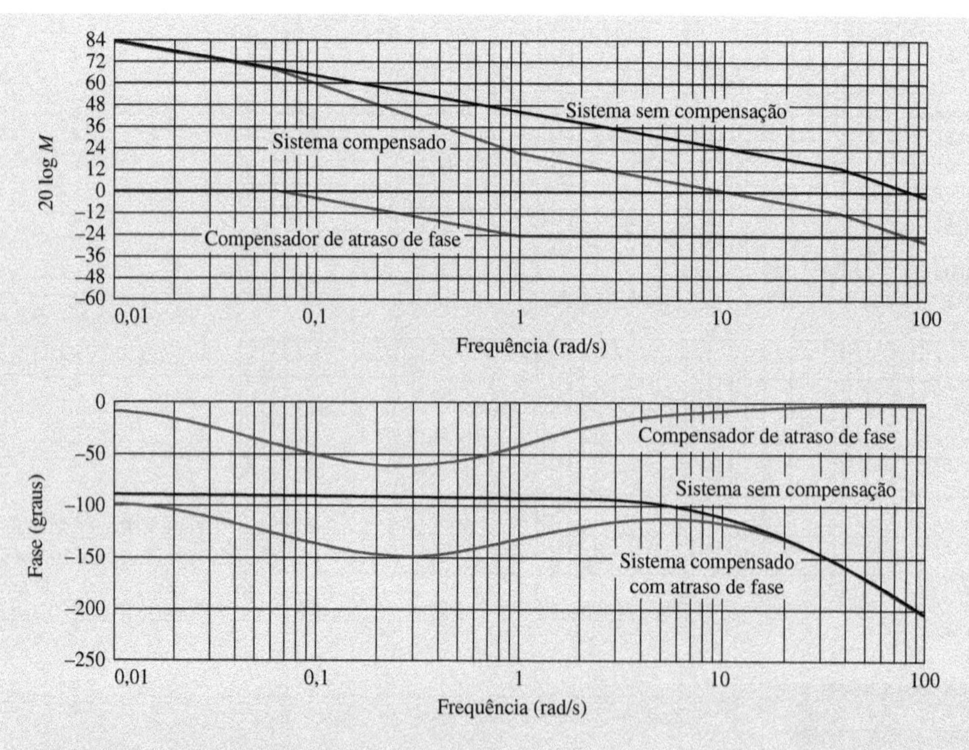

FIGURA 11.6 Diagramas de Bode para o Exemplo 11.2.

As características do sistema compensado, obtidas a partir de uma simulação e de diagramas de resposta em frequência exatos, estão resumidas na Tabela 11.2.

TABELA 11.2 Características do sistema compensado com atraso de fase do Exemplo 11.2.

Parâmetro	Especificação proposta	Valor real
K_v	162,2	161,5
Margem de fase	59,2°	62°
Frequência de margem de fase	—	11 rad/s
Ultrapassagem percentual	9,5	10
Instante de pico	—	0,25 segundo

MATLAB
ML

Os estudantes que estiverem usando o MATLAB devem, agora, executar o arquivo ch11apB2 do Apêndice B. Você aprenderá como utilizar o MATLAB para projetar um compensador de atraso de fase. Você fornecerá o valor do ganho para atender ao requisito de erro em regime permanente, bem como a ultrapassagem percentual desejada. O MATLAB então irá projetar um compensador de atraso de fase utilizando diagramas de Bode, calcular K_v e gerar uma resposta ao degrau em malha fechada. Este exercício resolve o Exemplo 11.2 utilizando o MATLAB.

Exercício 11.2

PROBLEMA: Projete um compensador de atraso de fase para o sistema no Exercício 11.1 que irá melhorar o erro em regime permanente em dez vezes, enquanto continua operando com 20 % de ultrapassagem.

RESPOSTA:

$$G_{\text{atraso}}(s) = \frac{0{,}0691(s+2{,}04)}{(s+0{,}141)}; \quad G(s) = \frac{1.942.000}{s(s+50)(s+120)}$$

A solução completa está disponível no Ambiente de aprendizagem do GEN.

Experimente 11.2

Utilize o MATLAB, a Control System Toolbox e as instruções a seguir para resolver o Exercício de Avaliação de Competência 11.2.

```
pos=20
Ts=0.2
z=(-log(pos/100))/(sqrt(pi^2+log(pos/100)^2))
Pm=atan(2*z/(sqrt(-2*z^2+sqrt(1+4*z^4))))*(180/pi)
Wbw=(4/(Ts*z))*sqrt((1-2*z^2)+sqrt(4*z^4-4*z^2+2))
K=1942000
G=zpk([],[0,-50,-120],K)
controlSystemDesigner(G,1)
```

Quando a janela **Control System Designer** aparecer:

1. Clique com o botão direito na área do diagrama de Bode e selecione **Grid**.
2. Observe a margem de fase mostrada na **Command Window** do MATLAB.
3. Utilizando o diagrama de Bode de fase, estime a frequência na qual a margem de fase do Passo 2 ocorre.
4. Na barra de ferramentas da aba **Bode Editor**, clique no zero vermelho.
5. Posicione o zero do compensador clicando no diagrama de ganho em uma frequência que é 1/10 da obtida no Passo 3.
6. Na barra de ferramentas da aba **Bode Editor**, clique no polo vermelho.
7. Posicione o polo do compensador clicando no diagrama de ganho à esquerda do zero do compensador.
8. Arraste o polo com o *mouse* até que o diagrama de fase mostre uma P.M. igual à obtida no Passo 2.
9. Clique com o botão direito na área do diagrama de Bode e selecione **Edit Compensator...**
10. Leia o compensador de atraso de fase na janela resultante.

Nesta seção, mostramos como projetar um compensador de atraso de fase para melhorar o erro em regime permanente mantendo a resposta transitória relativamente inalterada. Discutimos, a seguir, como melhorar a resposta transitória utilizando métodos de resposta em frequência.

11.4 Compensação com Avanço de Fase

Para sistemas de segunda ordem, deduzimos a relação entre margem de fase e ultrapassagem percentual, bem como a relação entre faixa de passagem em malha fechada e outras especificações do domínio do tempo, como tempo de acomodação, instante de pico e tempo de subida. Quando projetamos a estrutura de atraso de fase para melhorar o erro em regime permanente, desejamos um efeito mínimo sobre o diagrama de fase para resultar em uma alteração imperceptível na resposta transitória. Entretanto, ao projetarmos compensadores de avanço de fase através de diagramas de Bode, desejamos alterar o diagrama de fase. Queremos aumentar a margem de fase para reduzir a ultrapassagem percentual e aumentar o cruzamento de ganho para obter uma resposta transitória mais rápida.

Visualizando a Compensação com Avanço de Fase

O compensador de avanço de fase aumenta a faixa de passagem ampliando a frequência de cruzamento de ganho. Ao mesmo tempo, o diagrama de fase é levantado em altas frequências. O resultado é uma margem de fase maior e uma frequência de margem de fase mais elevada. No domínio do tempo, os resultados são ultrapassagens percentuais menores (margens de fase maiores) com instantes de pico menores (frequências de margem de fase mais elevadas). Esses conceitos são mostrados na Figura 11.7.

O sistema sem compensação possui uma margem de fase pequena (B) e uma frequência de margem de fase baixa (A). Com a utilização de um compensador de avanço de fase, o diagrama de fase (sistema compensado) é levantado para frequências mais altas.[3] Simultaneamente, a frequência de cruzamento de ganho no diagrama de magnitude é aumentada de A rad/s para C rad/s. Esses efeitos resultam em uma margem de fase maior (D), uma frequência de margem de fase mais elevada (C) e uma faixa de passagem maior.

Uma vantagem da técnica de resposta em frequência em relação ao lugar geométrico das raízes é que podemos implementar um requisito de erro em regime permanente, e em seguida, projetar uma resposta transitória. Esta especificação de resposta transitória com a restrição de um erro em regime permanente é mais fácil de implementar com a técnica de resposta em frequência do que com a técnica do lugar geométrico das raízes. Observe que a inclinação inicial, que determina o erro em regime permanente, não é afetada pelo projeto da resposta transitória.

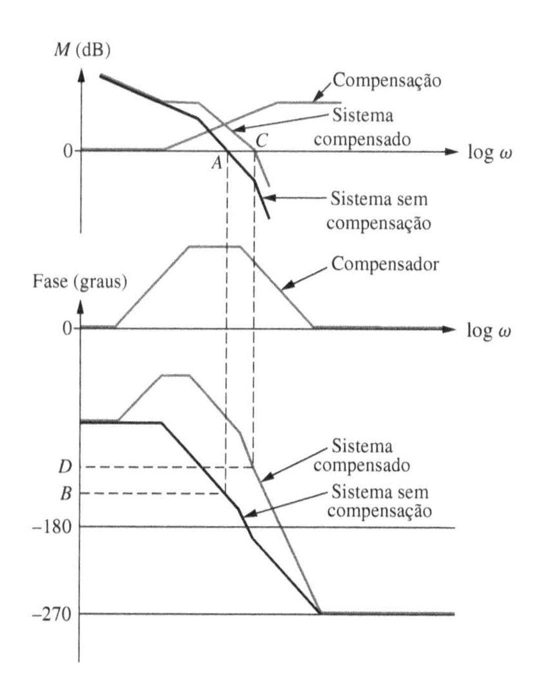

FIGURA 11.7 Visualizando a compensação com avanço de fase.

[3] O nome *compensador de avanço de fase* vem do fato de que a fase da resposta típica mostrada na Figura 11.7 é sempre positiva, ou *avançada* em fase.

Resposta em Frequência do Compensador de Avanço de Fase

Vamos primeiro examinar as características da resposta em frequência de uma estrutura de avanço de fase e deduzir algumas relações valiosas que nos auxiliarão no processo de projeto. A Figura 11.8 mostra diagramas da estrutura de avanço de fase

$$G_c(s) = \frac{1}{\beta}\frac{s+\frac{1}{T}}{s+\frac{1}{\beta T}} \tag{11.6}$$

para diferentes valores de β, em que $\beta < 1$. Observe que os picos da curva de fase variam em ângulo máximo e na frequência onde o máximo ocorre. O ganho estático do compensador é ajustado para a unidade com o coeficiente $1/\beta$, para não alterar o ganho estático projetado para a constante de erro estático quando o compensador é inserido no sistema.

Para projetar um compensador de avanço de fase e alterar tanto a margem de fase quanto a frequência de margem de fase, é útil dispor de uma expressão analítica para o valor máximo de fase e para a frequência na qual o valor máximo de fase ocorre, como mostrado na Figura 11.8.

A partir da Equação (11.6), a fase do compensador de avanço de fase, ϕ_c, é

$$\phi_c = \tan^{-1}\omega T - \tan^{-1}\omega\beta T \tag{11.7}$$

Derivando em relação a ω, obtemos

$$\frac{d\phi_c}{d\omega} = \frac{T}{1+(\omega T)^2} - \frac{\beta T}{1+(\omega\beta T)^2} \tag{11.8}$$

Igualando a Equação (11.8) a zero, determinamos que a frequência, $\omega_{máx}$, na qual a fase máxima, $\phi_{máx}$, ocorre é

$$\omega_{máx} = \frac{1}{T\sqrt{\beta}} \tag{11.9}$$

Substituindo a Equação (11.9) na Equação (11.6) com $s = j\omega_{máx}$,

$$G_c(j\omega_{máx}) = \frac{1}{\beta}\frac{j\omega_{máx}+\frac{1}{T}}{j\omega_{máx}+\frac{1}{\beta T}} = \frac{j\frac{1}{\sqrt{\beta}}+1}{j\sqrt{\beta}+1} \tag{11.10}$$

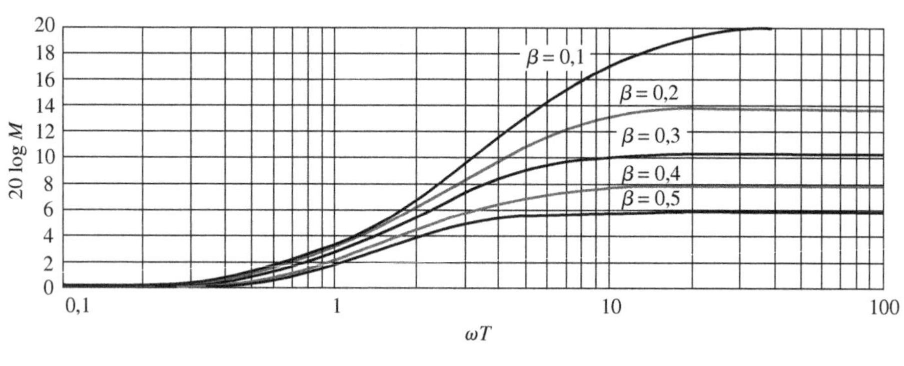

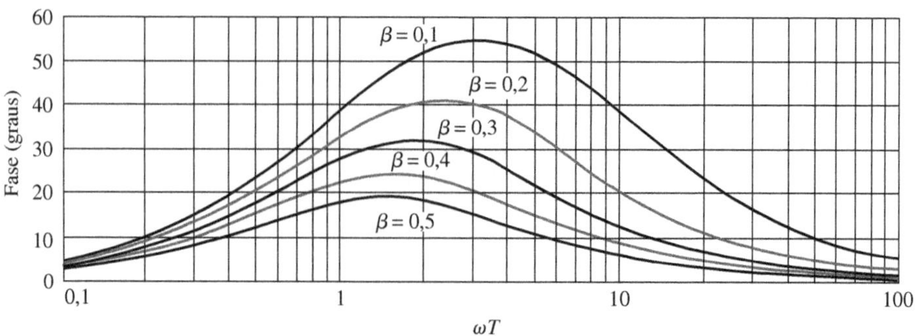

FIGURA 11.8 Resposta em frequência de um compensador de avanço de fase, $G_c(s) = [1/\beta][(s + 1/T)/(s + 1/\beta T)]$.

Fazendo uso de $\tan(\phi_1 - \phi_2) = (\tan\phi_1 - \tan\phi_2)/(1 + \tan\phi_1 \tan\phi_2)$, a variação de fase máxima do compensador, $\phi_{máx}$, é

$$\phi_{máx} = \tan^{-1}\frac{1-\beta}{2\sqrt{\beta}} = \mathrm{sen}^{-1}\frac{1-\beta}{1+\beta} \quad (11.11)$$

e a magnitude do compensador em $\omega_{máx}$ é

$$|G_c(j\omega_{máx})| = \frac{1}{\sqrt{\beta}} \quad (11.12)$$

Estamos agora prontos para enunciar um procedimento de projeto.

Procedimento de Projeto

1. Determine a faixa de passagem em malha fechada requerida para atender ao requisito de tempo de acomodação, instante de pico ou tempo de subida [ver Equações (10.54) a (10.56)].
2. Uma vez que o compensador de avanço de fase tem efeito desprezível em baixas frequências, ajuste o ganho, K, do sistema sem compensação para o valor que satisfaz o requisito de erro em regime permanente.
3. Trace os diagramas de Bode de magnitude e de fase para esse valor de ganho e determine a margem de fase do sistema sem compensação.
4. Determine a margem de fase para atender ao requisito de fator de amortecimento ou de ultrapassagem percentual. Calcule, então, a contribuição adicional de fase requerida do compensador.[4]
5. Determine o valor de β [ver Equações (11.6) e (11.11)] a partir da contribuição de fase requerida do compensador de avanço de fase.
6. Determine a magnitude do compensador no pico da curva de fase [Equação (11.12)].
7. Determine a nova frequência de margem de fase descobrindo onde a curva de magnitude do sistema sem compensação é o negativo da magnitude do compensador de avanço de fase no pico da curva de fase do compensador.
8. Projete as frequências de quebra do compensador de avanço de fase utilizando as Equações (11.6) e (11.9) para obter T e as frequências de quebra.
9. Reajuste o ganho do sistema para compensar o ganho do compensador de avanço de fase.
10. Verifique a faixa de passagem para ter certeza de que o requisito de velocidade no Passo 1 foi atendido.
11. Simule para ter certeza de que todos os requisitos foram atendidos.
12. Reprojete, se necessário, para atender aos requisitos.

A partir desses passos, observamos que estamos aumentando tanto a margem de fase (melhorando a ultrapassagem percentual) quanto a frequência de cruzamento de ganho (aumentando a velocidade). Agora que enunciamos um procedimento com o qual podemos projetar um compensador de avanço de fase para melhorar a resposta transitória, vamos demonstrar sua utilização.

Exemplo 11.3

Projeto de Compensação com Avanço de Fase

Projeto P

PROBLEMA: Dado o sistema da Figura 11.2, projete um compensador de avanço de fase para resultar em 20 % de ultrapassagem e $K_v = 40$, com um instante de pico de 0,1 segundo.

SOLUÇÃO: O sistema sem compensação é $G(s) = 100K/[s(s + 36)(s + 100)]$. Seguiremos o procedimento delineado.

1. Primeiro examinamos a faixa de passagem em malha fechada necessária para atender ao requisito de velocidade imposto por $T_p = 0,1$ segundo. A partir da Equação (10.56), com $T_p = 0,1$ segundo e $\zeta = 0,456$ (20 % de ultrapassagem), uma faixa de passagem em malha fechada de 46,6 rad/s é requerida.
2. Para atender à especificação de $K_v = 40$, K deve ser ajustado em 1440, resultando em $G(s) = 144.000/[s(s + 36)(s + 100)]$.

[4] Sabemos que a frequência de margem de fase será aumentada após a inserção do compensador. Nesta nova frequência de margem de fase, a fase do sistema será menor do que originalmente estimado, como pode ser visto comparando os pontos B e D na Figura 11.7. Assim, uma fase adicional deve ser acrescida àquela fornecida pelo compensador de avanço de fase para corrigir a redução de fase causada pelo sistema original.

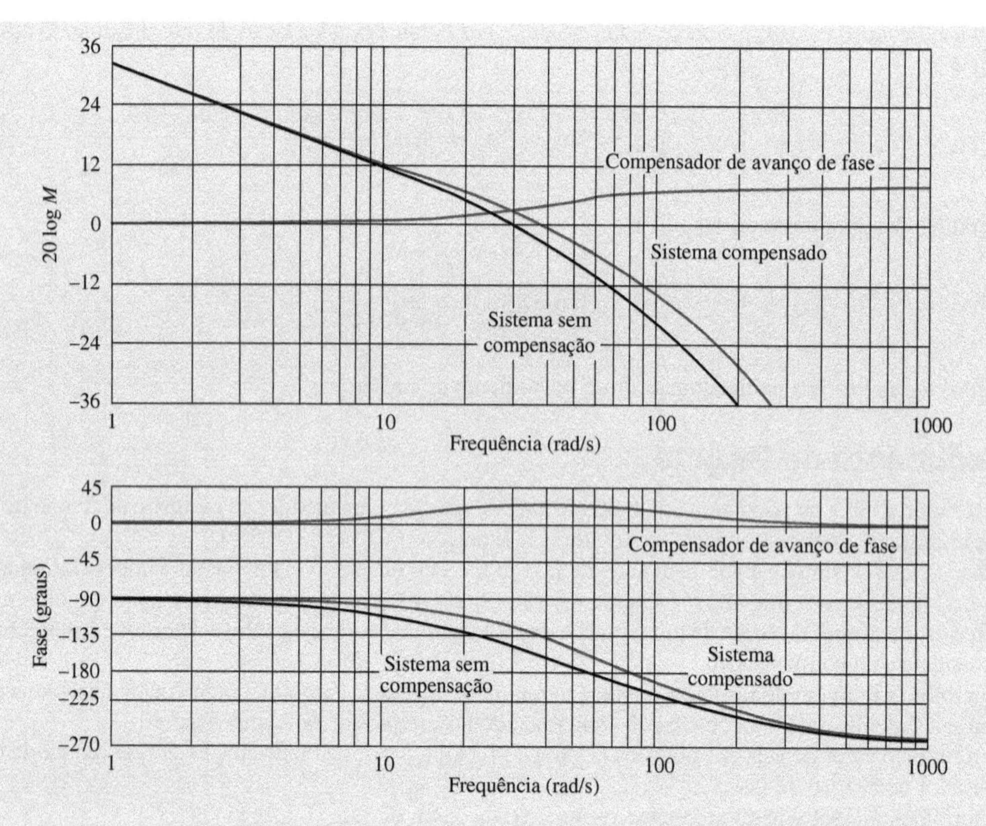

FIGURA 11.9 Diagrama de Bode para a compensação com avanço de fase no Exemplo 11.3.

3. Os diagramas de resposta em frequência do sistema sem compensação para $K = 1440$ são mostrados na Figura 11.9
4. Uma ultrapassagem de 20 % implica uma margem de fase de 48,1°. O sistema sem compensação com $K = 1440$ possui uma margem de fase de 34° em uma frequência de margem de fase de 29,6. Para aumentar a margem de fase, inserimos uma estrutura de avanço de fase que adiciona fase suficiente para resultar em uma margem de fase de 48,1°. Uma vez que sabemos que a estrutura de avanço de fase também irá aumentar a frequência de margem de fase, acrescentamos um fator de correção para compensar a fase menor do sistema sem compensação nesta frequência de margem de fase maior. Como não conhecemos a frequência de margem de fase maior, admitimos um fator de correção de 10°. Assim, a contribuição de fase total requerida do compensador é 48,1° − 34° + 10° = 24,1°. Em resumo, nosso sistema compensado deve ter uma margem de fase de 48,1° com uma faixa de passagem de 46,6 rad/s. Se as características do sistema não forem aceitáveis após o projeto, então um reprojeto com um fator de correção diferente pode ser necessário.
5. Usando a Equação (11.11), $\beta = 0{,}42$ para $\phi_{\text{máx}} = 24{,}1°$.
6. A partir da Equação (11.12), a magnitude do compensador de avanço de fase é 3,76-dB em $\omega_{\text{máx}}$.
7. Caso escolhamos $\omega_{\text{máx}}$ como a nova frequência de margem de fase, a magnitude do sistema sem compensação nesta frequência deve ser −3,76 dB para resultar em um cruzamento de 0-dB em $\omega_{\text{máx}}$ para o sistema compensado. O sistema sem compensação passa por −3,76 em $\omega_{\text{máx}} = 39$ rad/s. Esta frequência é, portanto, a nova frequência de margem de fase.
8. Determinamos agora as frequências de quebra do compensador de avanço de fase. A partir da Equação (11.9), $1/T = 25{,}3$ e $1/\beta T = 60{,}2$.
9. Portanto, o compensador é dado por

$$G_c(s) = \frac{1}{\beta}\frac{s + \dfrac{1}{T}}{s + \dfrac{1}{\beta T}} = 2{,}38\frac{s + 25{,}3}{s + 60{,}2} \tag{11.13}$$

em que 2,38 é o ganho requerido para manter o ganho estático do compensador unitário, de modo que $K_v = 40$ após a inserção do compensador.

A função de transferência compensada em malha aberta final é então

$$G_c(s)G(s) = \frac{342.600(s + 25{,}3)}{s(s + 36)(s + 100)(s + 60{,}2)} \tag{11.14}$$

10. A partir da Figura 11.9, a magnitude da resposta compensada com avanço de fase em malha aberta é −7 dB em aproximadamente 68,8 rad/s. Assim, estimamos a faixa de passagem em malha fechada como 68,8 rad/s. Uma vez que essa faixa de passagem excede o requisito de 46,6 rad/s, admitimos que a especificação de instante de pico é atendida. Esta conclusão sobre o instante de pico é baseada em uma aproximação assintótica e de segunda ordem que será verificada através de simulação.
11. A Figura 11.9 resume o projeto e mostra o efeito da compensação. Os resultados finais, obtidos a partir de uma simulação, e a resposta em frequência real (não assintótica) são mostrados na Tabela 11.3. Observe o aumento na margem de fase, na frequência de margem de fase e na faixa de passagem em malha fechada após a inserção do compensador de avanço de fase no sistema com ganho ajustado. Os requisitos de instante de pico e de erro em regime permanente foram atendidos, embora a margem de fase seja menor do que a proposta e a ultrapassagem percentual seja 2,6 % maior que a proposta. Finalmente, se o desempenho não for aceitável, um reprojeto será necessário.

TABELA 11.3 Características do sistema compensado com avanço de fase do Exemplo 11.3.

Parâmetro	Especificação proposta	Valor real compensado com ganho	Valor real compensado com avanço de fase
K_v	40	40	40
Margem de fase	48,1°	34°	45,5°
Frequência de margem de fase	—	29,6 rad/s	39 rad/s
Faixa de passagem em malha fechada	46,6 rad/s	50 rad/s	68,8 rad/s
Ultrapassagem percentual	20	37	22,6
Instante de pico	0,1 segundo	0,1 segundo	0,075 segundo

Os estudantes que estiverem usando o MATLAB devem, agora, executar o arquivo ch11apB3 do Apêndice B. Você aprenderá como utilizar o MATLAB para projetar um compensador de avanço de fase. Você fornecerá a ultrapassagem percentual, o instante de pico e K_v desejados. O MATLAB então irá projetar um compensador de avanço de fase utilizando diagramas de Bode, calcular K_v e gerar uma resposta ao degrau em malha fechada. Este exercício resolve o Exemplo 11.3 utilizando o MATLAB.

MATLAB

Exercício 11.3

PROBLEMA: Projete um compensador de avanço de fase para o sistema no Exercício 11.1 para atender às seguintes especificações: $\%UP = 20\%$, $T_s = 0{,}2$ s e $K_v = 50$.

RESPOSTA: $G_{\text{avanço}}(s) = \dfrac{2{,}27(s+33{,}2)}{(s+75{,}4)}$; $G(s) = \dfrac{300.000}{s(s+50)(s+120)}$

A solução completa está disponível no Ambiente de aprendizagem do GEN.

Experimente 11.3

Utilize o MATLAB, a Control System Toolbox e as instruções a seguir para resolver o Exercício 11.3.

```
pos=20
Ts=0.2
z=(-log(pos/100))/(sqrt(pi^2+log(pos/100)^2))
Pm=atan(2*z/(sqrt(-2*z^2+sqrt(1+4*z^4))))*(180/pi)
Wbw=(4/(Ts*z))*sqrt((1-2*z^2)+sqrt(4*z^4-4*z^2+2))
K=50*50*120
G=zpk([],[0,-50,-120],K)
controlSystemDesigner(G,1)
```

Quando a janela **Control System Designer** aparecer:

1. Clique com o botão direito na área do diagrama de Bode e selecione **Grid**.
2. Observe a margem de fase e a faixa de passagem mostradas na **Command Window** do MATLAB.
3. Na barra de ferramentas da aba **Bode Editor**, clique no polo vermelho.
4. Posicione o polo do compensador clicando no diagrama de ganho em uma frequência que está à direita da faixa de passagem desejada obtida no Passo 2.
5. Na barra de ferramentas da aba **Bode Editor**, clique no zero vermelho.
6. Posicione o zero do compensador clicando no diagrama de ganho à esquerda da faixa de passagem desejada.
7. Altere a forma dos diagramas de Bode: alternadamente arraste o polo e o zero com o mouse ao longo do diagrama de fase até que o diagrama de fase mostre uma P.M. igual à obtida no Passo 2 e uma frequência de margem de fase próxima à faixa de passagem obtida no Passo 2.
8. Clique com o botão direito na área do diagrama de Bode e selecione **Edit Compensator...**
9. Leia o compensador de avanço de fase na janela resultante.

Tenha em mente que os exemplos anteriores foram projetos para sistemas de terceira ordem e devem ser simulados para assegurar os resultados desejados do transitório. Na próxima seção, examinamos a compensação com avanço e atraso de fase para melhorar o erro em regime permanente e a resposta transitória.

11.5 Compensação com Avanço e Atraso de Fase

Na Seção 9.4, usando o lugar geométrico das raízes, projetamos uma compensação com avanço e atraso de fase para melhorar a resposta transitória e o erro em regime permanente. A Figura 11.10 é um exemplo de um sistema para o qual a compensação com avanço e atraso de fase pode ser aplicada. Nesta seção repetimos o projeto, utilizando técnicas de resposta em frequência. Um método é projetar a compensação com atraso de fase para reduzir o ganho em alta frequência, estabilizar o sistema e melhorar o erro em regime permanente e então projetar um compensador de avanço de fase para atender aos requisitos de margem de fase. Vamos ver um método diferente.

A Seção 9.6 descreve uma estrutura de avanço e atraso de fase passiva que pode ser utilizada no lugar de estruturas separadas de avanço e de atraso de fase. Pode ser mais econômico utilizar uma única estrutura passiva para executar ambas as tarefas, uma vez que o amplificador para isolamento que separa a estrutura de avanço e fase da estrutura de atraso de fase pode ser eliminado. Nesta seção, enfatizamos o projeto de avanço e atraso de fase, utilizando uma única estrutura passiva de avanço e atraso de fase.

A função de transferência de uma única estrutura passiva de avanço e atraso de fase é

$$G_c(s) = G_{\text{Avanço}}(s)G_{\text{Atraso}}(s) = \left(\frac{s+\dfrac{1}{T_1}}{s+\dfrac{\gamma}{T_1}}\right)\left(\frac{s+\dfrac{1}{T_2}}{s+\dfrac{1}{\gamma T_2}}\right) \tag{11.15}$$

em que $\gamma > 1$. O primeiro termo entre parênteses produz a compensação com avanço de fase, e o segundo termo entre parênteses produz a compensação com atraso de fase. A restrição que devemos obedecer aqui é que um único valor γ substitui o parâmetro α da estrutura de atraso de fase na Equação (11.2) e o parâmetro β da estrutura de avanço de fase na Equação (11.6). Para nosso projeto, α e β devem ser o inverso um do outro. Um exemplo da resposta em frequência da estrutura de avanço e atraso de fase passiva é mostrado na Figura 11.11.

Estamos agora prontos para enunciar um procedimento de projeto.

Procedimento de Projeto

1. Utilizando uma aproximação de segunda ordem, determine a faixa de passagem em malha fechada requerida para atender ao requisito de tempo de acomodação, instante de pico ou tempo de subida [ver Equações (10.55) e (10.56)].
2. Ajuste o ganho, K, para o valor requerido pela especificação de erro em regime permanente.
3. Trace os diagramas de Bode de magnitude e de fase para este valor de ganho.
4. Utilizando uma aproximação de segunda ordem, calcule a margem de fase para atender ao requisito de fator de amortecimento ou ultrapassagem percentual, usando a Equação (10.73).
5. Escolha uma nova frequência de margem de fase próxima a ω_{BW}.

(*a*)

(*b*)

FIGURA 11.10 **a.** O National Advanced Driving Simulator na Universidade de Iowa; **b.** teste de condução no simulador com seus gráficos realistas.

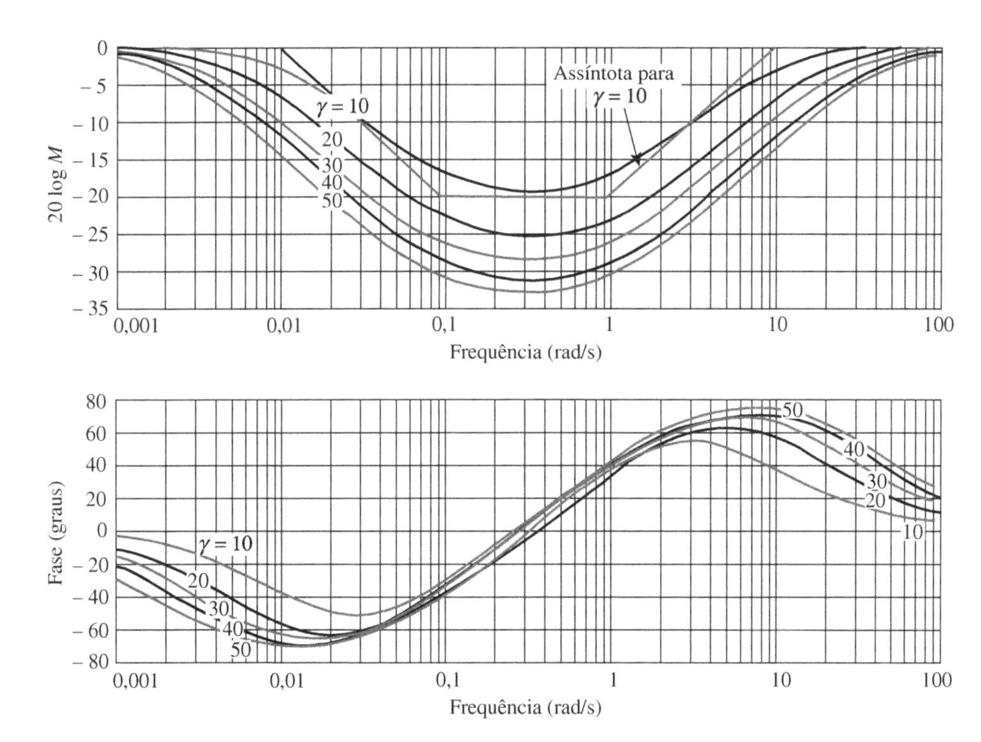

FIGURA 11.11 Exemplos de curvas de resposta em frequência para um compensador de avanço e atraso de fase, $G_c(s) = [(s+1)(s+0{,}1)]/\left[(s+\gamma)\left(s+\dfrac{0{,}1}{\gamma}\right)\right]$.

6. Na nova frequência de margem de fase, determine o valor adicional de avanço de fase necessário para atender ao requisito de margem de fase. Acrescente uma pequena contribuição que será necessária após a inclusão do compensador de atraso de fase.
7. Projete o compensador de atraso de fase escolhendo a frequência de quebra superior uma década abaixo da nova frequência de margem de fase. O projeto do compensador de atraso de fase não é crítico, e qualquer projeto para a margem de fase adequada será deixado para o compensador de avanço de fase. O compensador de atraso de fase simplesmente fornece a estabilização do sistema com o ganho requerido para a especificação de erro em regime permanente. Determine o valor de γ a partir dos requisitos do compensador de avanço de fase. Utilizando a fase requerida do compensador de avanço de fase, a curva de fase da resposta da Figura 11.8 pode ser usada para determinar o valor de $\gamma = 1/\beta$. Este valor, junto com a frequência de quebra superior do atraso de fase encontrada anteriormente, nos permite determinar a frequência de quebra inferior do atraso de fase.
8. Projete o compensador de avanço de fase. Utilizando o valor de γ do projeto do compensador de atraso de fase e o valor admitido para a nova frequência de margem de fase, determine as frequências de quebra inferior e superior do compensador de avanço de fase, utilizando a Equação (11.9) e resolvendo para T.
9. Verifique a faixa de passagem para ter certeza de que o requisito de velocidade no Passo 1 foi atendido.
10. Reprojete, se as especificações de margem de fase ou transitório não forem atendidas, como mostrado através de análise ou simulação.

Vamos demonstrar o procedimento com um exemplo.

Exemplo 11.4

Projeto de Compensação com Avanço e Atraso de Fase

PROBLEMA: Dado um sistema com realimentação unitária em que $G(s) = K/[s(s+1)(s+4)]$, projete um compensador de avanço e atraso de fase passivo utilizando diagramas de Bode para resultar em uma ultrapassagem de 13,25 %, um instante de pico de 2 segundos e $K_v = 12$.

SOLUÇÃO: Seguiremos os passos mencionados anteriormente nesta seção para o projeto de avanço e atraso de fase.

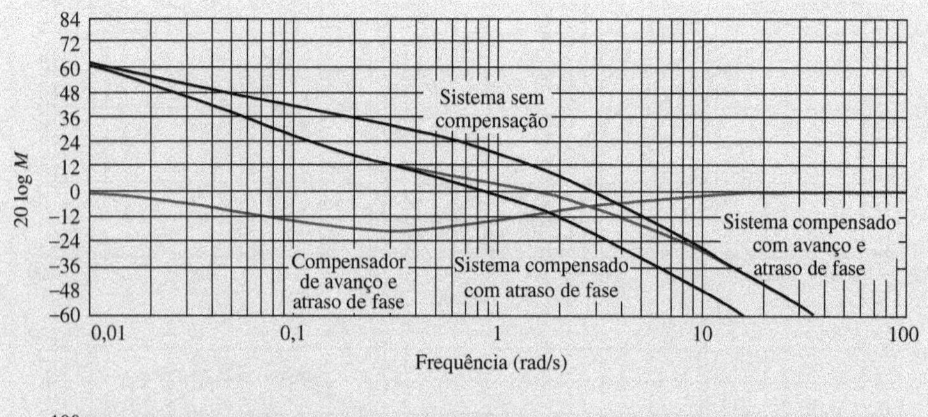

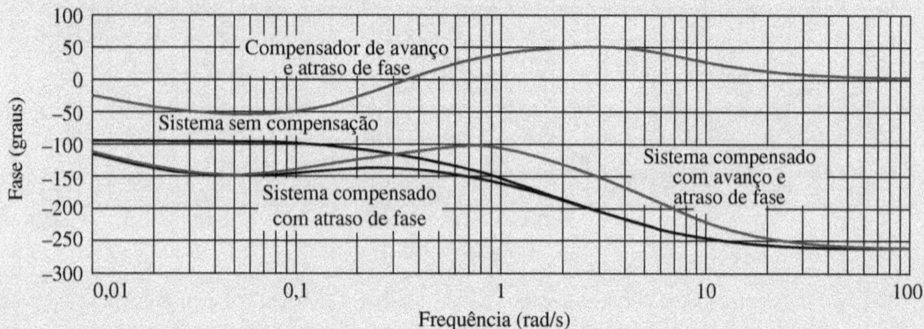

FIGURA 11.12 Diagramas de Bode para a compensação com avanço e atraso de fase no Exemplo 11.4.

1. A faixa de passagem requerida para um instante de pico de 2 segundos é 2,29 rad/s.
2. Para atender ao requisito de erro em regime permanente, $K_v = 12$, o valor de K é 48.
3. Os diagramas de Bode do sistema sem compensação para $K = 48$ são mostrados na Figura 11.12. Podemos ver que o sistema é instável.
4. A margem de fase requerida para resultar em 13,25 % de ultrapassagem é 55°.
5. Vamos escolher $\omega = 1{,}8$ rad/s como a nova frequência de margem de fase.
6. Nesta frequência, a fase sem compensação é $-176°$ e exigiria, caso acrescentemos uma contribuição de $-5°$ do compensador de atraso de fase, uma contribuição de 56° da parcela de avanço de fase do compensador.
7. É a vez do projeto do compensador de atraso de fase. O compensador de atraso de fase nos permite manter o ganho de 48 requerido para $K_v = 12$ e não ter que reduzir o ganho para estabilizar o sistema. Desde que o compensador de atraso de fase estabilize o sistema, os parâmetros de projeto não são críticos, uma vez que a margem de fase será projetada com o compensador de avanço de fase. Assim, escolha o compensador de atraso de fase de modo que a fase de sua resposta tenha efeito mínimo na nova frequência de margem de fase. Vamos escolher a frequência de quebra superior do compensador de atraso de fase uma década abaixo da nova frequência de margem de fase, em 0,18 rad/s. Uma vez que precisamos adicionar 56° de variação de fase com o compensador de avanço de fase em $\omega = 1{,}8$ rad/s, estimamos, a partir da Figura 11.8, que se $\gamma = 10{,}6$ (uma vez que $\gamma = 1/\beta$, $\beta = 0{,}094$), podemos obter cerca de 56° de variação de fase a partir do compensador de avanço de fase. Portanto, com $\gamma = 10{,}6$ e uma nova frequência de margem de fase de $\gamma = 1{,}8$ rad/s, a função de transferência do compensador de atraso de fase é

$$G_{\text{atraso}}(s) = \frac{1}{\gamma}\frac{\left(s+\frac{1}{T_2}\right)}{\left(s+\frac{1}{\gamma T_2}\right)} = \frac{1}{10{,}6}\frac{(s+0{,}183)}{(s+0{,}0172)} \tag{11.16}$$

em que o termo de ganho, $1/\gamma$, mantém o ganho estático do compensador de atraso de fase em 0 dB. A função de transferência em malha aberta do sistema compensado com atraso de fase é

$$G_{\text{comp-atraso}}(s) = \frac{4{,}53(s+0{,}183)}{s(s+1)(s+4)(s+0{,}0172)} \tag{11.17}$$

8. Projetamos agora o compensador de avanço de fase. Em $\omega = 1{,}8$, o sistema compensado com atraso de fase tem uma fase de 180°. Utilizando os valores de $\omega_{\text{máx}} = 1{,}8$ rad/s e $\beta = 0{,}094$, a Equação (11.9) fornece a frequência de quebra inferior, $1/T_1 = 0{,}56$ rad/s. A quebra superior é então $1/\beta T_1 = 5{,}96$ rad/s. O compensador de avanço de fase é

$$G_{\text{avanço}}(s) = \gamma \frac{\left(s + \dfrac{1}{T_1}\right)}{\left(s + \dfrac{\gamma}{T_1}\right)} = 10{,}6 \frac{(s + 0{,}56)}{(s + 5{,}96)} \tag{11.18}$$

A função de transferência em malha aberta do sistema compensado com avanço e atraso de fase é

$$G_{\text{comp-avanço-atraso}}(s) = \frac{48(s + 0{,}183)(s + 0{,}56)}{s(s + 1)(s + 4)(s + 0{,}0172)(s + 5{,}96)} \tag{11.19}$$

9. Verifique, agora, a faixa de passagem. A faixa de passagem em malha fechada é igual à frequência onde a magnitude da resposta em malha aberta é aproximadamente -7 dB. A partir da Figura 11.12, a magnitude é de -7 dB em aproximadamente 3 rad/s. Esta faixa de passagem excede a requerida para atender ao requisito de instante de pico.

O projeto é agora verificado com uma simulação para obter os valores reais de desempenho. A Tabela 11.4 resume as características do sistema. O requisito de instante de pico também é atendido. Uma vez mais, se os requisitos não forem atendidos, um reprojeto será necessário.

TABELA 11.4 Características do sistema compensado com avanço e atraso de fase do Exemplo 11.4.

Parâmetro	Especificação proposta	Valor real
K_v	12	12
Margem de fase	55°	59,3°
Frequência de margem de fase	—	1,63 rad/s
Faixa de passagem em malha fechada	2,29 rad/s	3 rad/s
Ultrapassagem percentual	13,25	10,2
Instante de pico	2,0 segundos	1,61 segundo

MATLAB ML

Os estudantes que estiverem usando o MATLAB devem, agora, executar o arquivo ch11apB4 do Apêndice B. Você aprenderá como utilizar o MATLAB para projetar um compensador de avanço e atraso de fase. Você fornecerá a ultrapassagem percentual, o instante de pico e K_v desejados. O MATLAB então irá projetar um compensador de avanço e atraso de fase utilizando diagramas de Bode, calcular K_v e gerar uma resposta ao degrau em malha fechada. Este exercício resolve o Exemplo 11.4 utilizando o MATLAB.

Como exemplo final, incluímos o projeto de um compensador de avanço e atraso de fase usando a carta de Nichols. Lembre-se, do Capítulo 10, de que a carta de Nichols é uma representação de ambas as respostas em frequência, em malha aberta e em malha fechada. Os eixos da carta de Nichols são a magnitude e a fase em malha aberta (eixos x e y, respectivamente). A resposta em frequência em malha aberta é traçada usando as coordenadas da carta de Nichols em cada frequência. O diagrama de malha aberta é sobreposto a uma grade que fornece a magnitude e a fase em malha fechada. Assim, temos uma representação de ambas as respostas, em malha aberta e em malha fechada. Portanto, pode ser implementado um projeto que altera a forma do diagrama de Nichols para atender a especificações de resposta em frequência em malha aberta e em malha fechada ao mesmo tempo.

A partir da carta de Nichols, podemos ver simultaneamente as seguintes especificações de resposta em frequência que são usadas para projetar uma resposta no tempo desejado: (1) margem de fase, (2) margem de ganho, (3) faixa de passagem em malha fechada e (4) amplitude de pico em malha fechada.

No exemplo a seguir, primeiro especificamos o seguinte: (1) máxima ultrapassagem percentual admissível, (2) máximo instante de pico admissível e (3) mínima constante de erro estático admissível. Inicialmente, projetamos o compensador de avanço de fase para atender aos requisitos de transitório seguido do projeto do compensador de atraso de fase para atender ao requisito de erro em regime permanente. Embora os cálculos possam ser feitos manualmente, utilizaremos o MATLAB e o Control System Designer para traçar e modificar a forma do diagrama de Nichols.

Vamos primeiro enunciar os passos que serão adotados no exemplo:

1. Calcule o fator de amortecimento a partir do requisito de ultrapassagem percentual usando a Equação (4.39).
2. Calcule a amplitude de pico, M_p, da resposta em malha fechada usando a Equação (10.52) e o fator de amortecimento obtido em (1).
3. Calcule a mínima faixa de passagem em malha fechada para atender ao requisto de instante de pico usando a Equação (10.56), com o instante de pico e o fator de amortecimento de (1).

4. Trace a resposta em malha aberta na carta de Nichols.
5. Aumente o ganho em malha aberta até que a curva em malha aberta seja tangente à curva de magnitude em malha fechada requerida, resultando na M_p apropriada.
6. Posicione o zero do avanço de fase neste ponto de tangência e o polo do avanço de fase em uma frequência mais alta. Zeros e polos são acrescentados no **Control System Designer** clicando com o botão direito do mouse sobre o gráfico e então clicando na posição na curva de resposta em frequência em malha aberta onde você deseja acrescentar o zero ou o polo.
7. Ajuste as posições do zero e do polo de avanço de fase até que a curva de resposta em frequência em malha aberta seja tangente à mesma curva de M_p, mas aproximadamente na frequência obtida em (3). Isso resulta no pico em malha fechada apropriado e na faixa de passagem apropriada para resultar na ultrapassagem percentual e no instante de pico desejados, respectivamente.
8. Obtenha a função de transferência em malha aberta, que é o produto da planta e do compensador de avanço de fase, e determine a constante de erro estático.
9. Caso a constante de erro estático seja menor que a requerida, um compensador de atraso de fase deve agora ser projetado. Determine qual é o aumento requerido para a constante de erro estático.
10. Lembrando que o polo de atraso de fase está em uma frequência mais baixa que a do zero de atraso de fase, posicione um polo e um zero de atraso em frequências abaixo da do compensador de avanço de fase e ajuste-os para resultar no aumento desejado na constante de erro estático. Para o exemplo, lembre, com base na Equação (9.5), que o aumento na constante de erro estático para um sistema do Tipo 1 é igual à razão entre os valores do zero de atraso de fase e do polo de atraso de fase. Reajuste o ganho, se necessário.

Exemplo 11.5

MATLAB
ML

Ferramenta GUI
FGUI

Projeto de Avanço e Atraso de Fase Usando a Carta de Nichols, MATLAB e SISOTOOL

PROBLEMA: Projete um compensador de avanço e atraso de fase para a planta, $G(s) = \dfrac{K}{s(s+5)(s+10)}$, para atender aos seguintes requisitos: (1) um máximo de 20 % de ultrapassagem, (2) um instante de pico de não mais que 0,5 segundo e (3) uma constante de erro estático de não menos que 6.

Observação: o MATLAB 8.3 foi usado para este exemplo. Passos similares podem ser usados com o MATLAB 9.3.

SOLUÇÃO: Seguimos os passos que acabaram de ser enunciados,

1. Utilizando a Equação (4.39), $\zeta = 0{,}456$ para 20 % de ultrapassagem.
2. Utilizando a Equação (10.52), $M_p = 1{,}23 = 1{,}81$ dB para $\zeta = 0{,}456$.
3. Utilizando a Equação (10.56), $\omega_{BW} = 9{,}3$ rad/s para $\omega = 0{,}456$ e $T_p = 0{,}5$.
4. Trace a curva de resposta em frequência em malha aberta na carta de Nichols para $K = 1$.
5. Suba a curva de resposta em frequência em malha aberta até que ela tangencie a curva de pico de 1,81 dB em malha fechada, como mostrado na Figura 11.13. A frequência no ponto de tangência é aproximadamente 3 rad/s, o que pode ser verificado deixando o *mouse* sobre o ponto de tangência. Na barra de menu, selecione **Designs/Edit Compensator** ... e descubra o ganho adicionado à planta. Assim, a planta é agora $G(s) = \dfrac{150}{s(s+5)(s+10)}$. A resposta ao degrau em malha fechada ajustada com ganho é mostrada na Figura 11.14. Observe que o instante de pico é cerca de 1 segundo e precisa ser reduzido.
6. Posicione o zero de avanço de fase neste ponto de tangência e o polo de avanço de fase em uma frequência mais elevada.
7. Ajuste as posições do zero e do polo de avanço de fase até que a curva de resposta em frequência em malha aberta seja tangente à mesma curva de M_p, mas aproximadamente na frequência obtida em **3**.

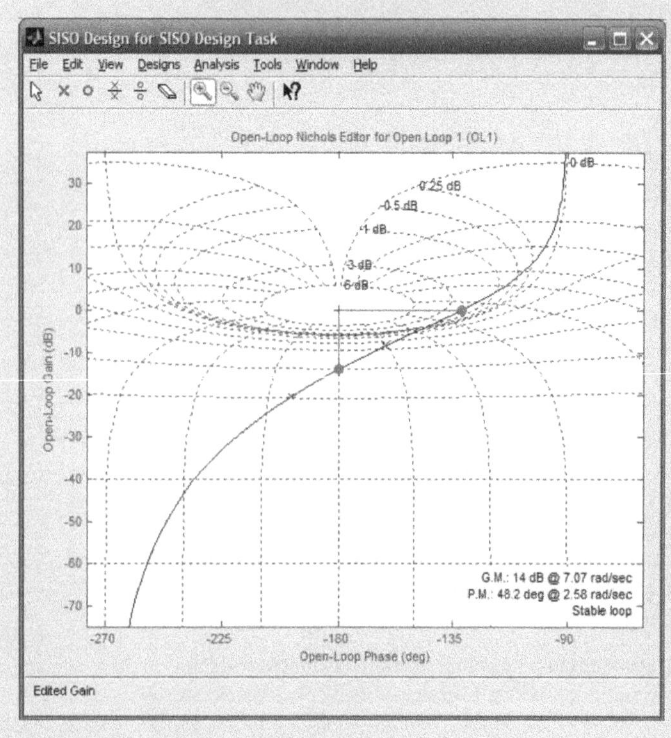

FIGURA 11.13 Carta de Nichols após ajuste de ganho.

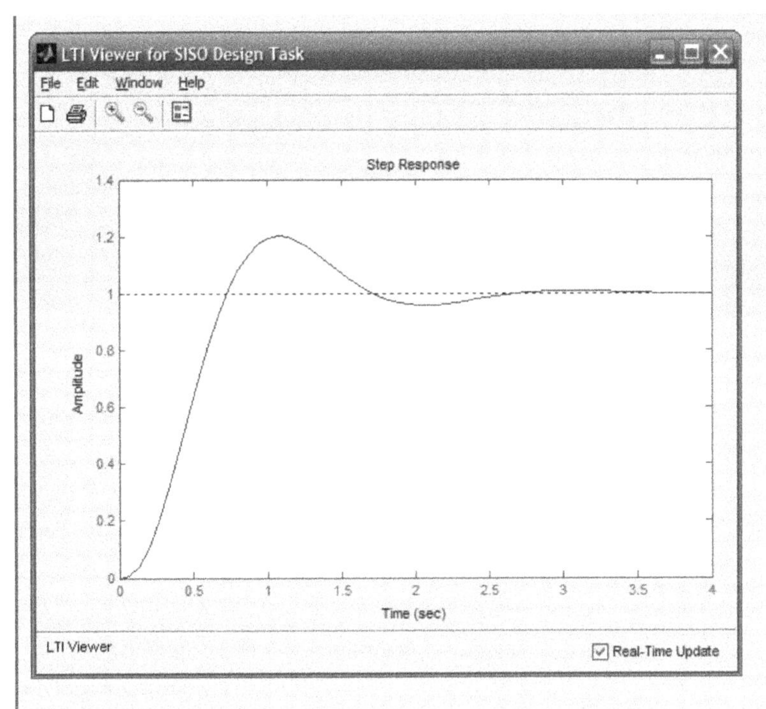

FIGURA 11.14 Resposta ao degrau em malha fechada ajustada com ganho.

8. A verificação de **Designs/Edit Compensator** ... mostra

$$G(s)G_{\text{avanço}}(s) = \frac{1286(s+1,4)}{s(s+5)(s+10)(s+12)}, \text{ que resulta em } K_v = 3.$$

9. Acrescentamos agora uma compensação com atraso de fase para melhorar a constante de erro estático por pelo menos 2.
10. Agora, acrescente um polo de atraso de fase em $-0,004$ e um zero de atraso de fase em $-0,008$. Reajuste o ganho para resultar na mesma tangência de depois da inserção do avanço de fase. O caminho à frente final é determinado como $G(s)G_{\text{avanço}}(s)G_{\text{atraso}}(s) = \dfrac{1381(s+1,4)(s+0,008)}{s(s+5)(s+10)(s+12)(s+0,004)}$.

    A carta de Nichols final é mostrada na Figura 11.15 e a resposta no tempo compensada é mostrada na Figura 11.16. Observe que a resposta no tempo possui a lenta subida para o valor final que é típica da

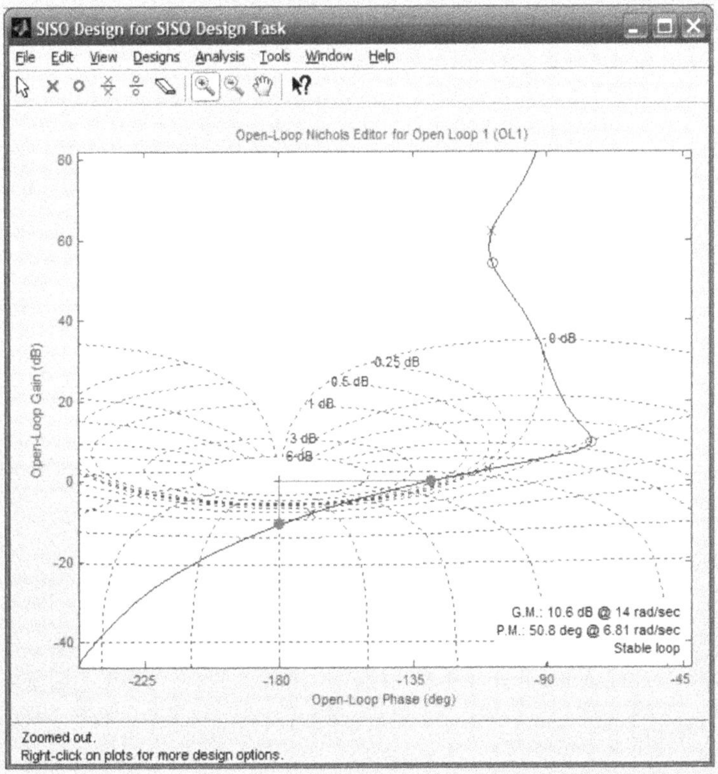

FIGURA 11.15 Carta de Nichols após compensação com avanço e atraso de fase.

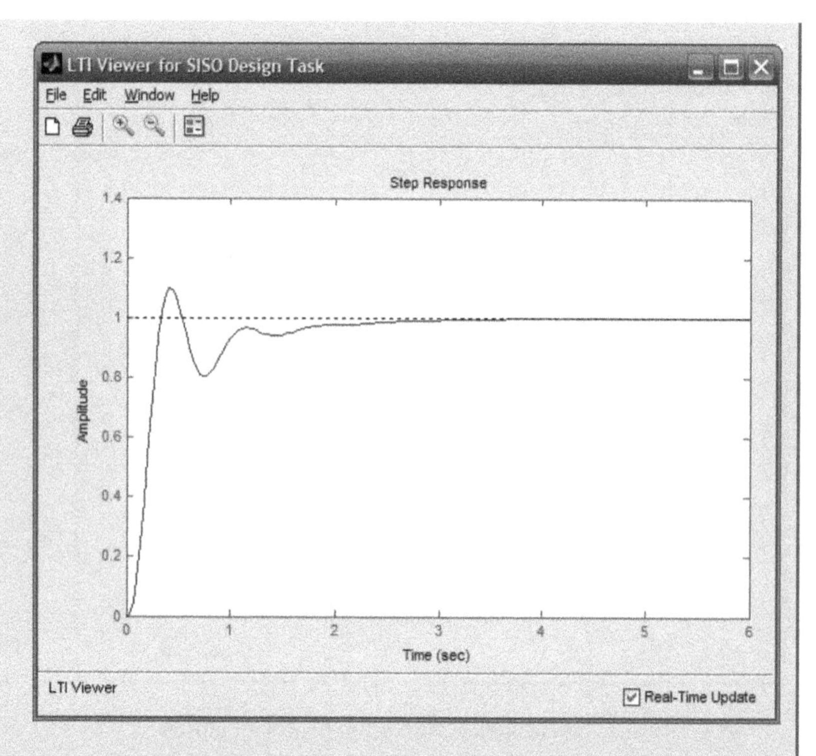

FIGURA 11.16 Resposta ao degrau em malha fechada compensada com avanço e atraso de fase.

compensação com atraso de fase. Se seus requisitos de projeto exigem uma subida mais rápida para a resposta final, então reprojete o sistema com uma faixa de passagem maior, ou tente um projeto apenas com compensação com avanço de fase. Um problema ao final do capítulo propicia a oportunidade para praticar.

Exercício 11.4

PROBLEMA: Projete um compensador de avanço e atraso de fase para um sistema com realimentação unitária com a função de transferência do caminho à frente

$$G(s) = \frac{K}{s(s+8)(s+30)}$$

para atender às seguintes especificações: $\%UP = 10\ \%$, $T_p = 0{,}6$ s e $K_v = 10$. Utilize técnicas de resposta em frequência.

RESPOSTA: $G_{\text{atraso}}(s) = 0{,}456\dfrac{(s+0{,}602)}{(s+0{,}275)}$; $G_{\text{avanço}}(s) = 2{,}19\dfrac{(s+4{,}07)}{(s+8{,}93)}$; $K = 2400$.

A solução completa está disponível no Ambiente de aprendizagem do GEN.

Estudos de Caso

Nosso sistema de controle de posição de azimute de antena serve agora como um exemplo que resume os principais objetivos deste capítulo. Os casos a seguir demonstram a utilização de métodos de resposta em frequência para (1) projetar um valor de ganho para atender a um requisito de ultrapassagem percentual da resposta ao degrau em malha fechada e (2) projetar uma compensação em cascata que atenda a requisitos tanto da resposta transitória quanto do erro em regime permanente.

Controle de Antena: Projeto de Ganho

Projeto
P

PROBLEMA: Dado o sistema de controle de posição de azimute de antena mostrado no Apêndice A2, Configuração 1, utilize técnicas de resposta em frequência para fazer o seguinte:

a. Determinar o ganho do pré-amplificador requerido para uma resposta em malha fechada com 20 % de ultrapassagem para uma entrada em degrau.
b. Estimar o tempo de acomodação.

SOLUÇÃO: O diagrama de blocos do sistema de controle é mostrado no Apêndice A2 (Configuração 1). O ganho de malha, após a redução do diagrama de blocos, é

$$G(s) = \frac{6{,}63K}{s(s+1{,}71)(s+100)} = \frac{0{,}0388K}{s\left(\frac{s}{1{,}71}+1\right)\left(\frac{s}{100}+1\right)} \tag{11.20}$$

Fazendo $K = 1$, os diagramas de magnitude e de fase da resposta em frequência são mostrados na Figura 10.61.

a. Para determinar K para resultar em 20 % de ultrapassagem, primeiro fazemos uma aproximação de segunda ordem e admitimos que as equações da resposta transitória de segunda ordem que relacionam a ultrapassagem percentual, o fator de amortecimento e a margem de fase são verdadeiras para este sistema. Assim, uma ultrapassagem de 20% implica um fator de amortecimento de 0,456. Utilizando a Equação (10.73), esse fator de amortecimento implica uma margem de fase de 48,1°. A fase, portanto, deve ser (–180° + 48,1°) = −131,9°. A fase é −131,9° em $\omega = 1{,}49$ rad/s, em que o ganho é −34,1 dB. Assim, $K = 34{,}1$ dB = 50,7 para uma ultrapassagem de 20 %. Como o sistema é de terceira ordem, a aproximação de segunda ordem deve ser verificada. Uma simulação computacional mostra uma ultrapassagem de 20 % para a resposta ao degrau.
b. Ajustando o diagrama de magnitude da Figura 10.61 para $K = 50{,}7$, encontramos −7 dB em $\omega = 2{,}5$ rad/s, o que resulta em uma faixa de passagem em malha fechada de 2,5 rad/s. Utilizando a Equação (10.55) com $\zeta = 0{,}456$ e $\omega_{BW} = 2{,}5$ rad/s, obtemos $T_s = 4{,}63$ segundos. Uma simulação computacional mostra um tempo de acomodação de aproximadamente 5 segundos.

DESAFIO: Agora, apresentamos um problema para testar seu conhecimento dos objetivos deste capítulo. Considere o sistema de controle de posição de azimute de antena mostrado no Apêndice A2 (Configuração 3). Utilizando métodos de resposta em frequência, faça o seguinte:

a. Determine o valor de K para resultar em 25 % de ultrapassagem para uma entrada em degrau.
b. `Repita o Item **a** utilizando o MATLAB.`

MATLAB
ML

Controle de Antena: Projeto de Compensação em Cascata

Projeto
P

PROBLEMA: Dado o diagrama de blocos do sistema de controle de posição de azimute de antena mostrado no Apêndice A2, Configuração 1, utilize técnicas de resposta em frequência e projete uma compensação em cascata para uma resposta em malha fechada com 20 % de ultrapassagem para uma entrada em degrau, uma melhoria de cinco vezes no erro em regime permanente em relação ao sistema compensado com ganho operando com 20 % de ultrapassagem e um tempo de acomodação de 3,5 segundos.

SOLUÇÃO: Seguindo o procedimento de projeto de avanço e atraso de fase, primeiro determinamos o valor do ganho, K, requerido para atender ao requisito de erro em regime permanente.

1. Utilizando a Equação (10.55) com $\zeta = 0{,}456$ e $T_s = 3{,}5$ segundos, a faixa de passagem requerida é 3,3 rad/s.
2. A partir do estudo de caso anterior, a função de transferência em malha aberta do sistema compensado com ganho era, para $K = 50{,}7$,

$$G(s)H(s) = \frac{6{,}63K}{s(s+1{,}71)(s+100)} = \frac{336{,}14}{s(s+1{,}71)(s+100)} \tag{11.21}$$

   Esta função resulta em $K_v = 1{,}97$. Se $K = 254$, então $K_v = 9{,}85$, uma melhoria de cinco vezes.
3. As curvas de resposta em frequência da Figura 10.61, que são traçadas para $K = 1$, serão utilizadas para a solução.
4. Utilizando uma aproximação de segunda ordem, uma ultrapassagem de 20 % requer uma margem de fase de 48,1°.
5. Escolha $\omega = 3$ rad/s para ser a nova frequência de margem de fase.
6. A fase na frequência de margem de fase escolhida é −152°. Isso corresponde a uma margem de fase de 28°. Considerando uma contribuição de 5° do compensador de atraso de fase, o compensador de avanço de fase deve contribuir com (48,1° − 28° + 5°) = 25,1°.

7. Segue-se agora o projeto do compensador de atraso de fase. Escolha a quebra superior do compensador de atraso de fase uma década abaixo da nova frequência de margem de fase, ou 0,3 rad/s. A Figura 11.8 mostra que podemos obter 25,1° de variação de fase, a partir do avanço de fase, se $\beta = 0{,}4$ ou $\gamma = 1/\beta = 2{,}5$. Assim, a quebra inferior para o atraso de fase está em $1/(\gamma T) = 0{,}3/2{,}5 = 0{,}12$ rad/s.

   Portanto,

$$G_{\text{atraso}}(s) = 0{,}4\frac{(s + 0{,}3)}{(s + 0{,}12)} \tag{11.22}$$

8. Finalmente, projete o compensador de avanço de fase. Utilizando a Equação (11.9), temos

$$T = \frac{1}{\omega_{\text{máx}}\sqrt{\beta}} = \frac{1}{3\sqrt{0{,}4}} = 0{,}527 \tag{11.23}$$

   Portanto, a frequência de quebra inferior do compensador de avanço de fase é $1/T = 1{,}9$ rad/s, e a frequência de quebra superior é $1/(\beta T) = 4{,}75$ rad/s. Assim, o caminho à frente compensado com avanço e atraso de fase é

$$G_{\text{comp-avanço-atraso}}(s) = \frac{(6{,}63)(254)(s + 0{,}3)(s + 1{,}9)}{s(s + 1{,}71)(s + 100)(s + 0{,}12)(s + 4{,}75)} \tag{11.24}$$

9. Um diagrama da resposta em frequência em malha aberta do sistema compensado com avanço e atraso de fase mostra −7 dB em 5,3 rad/s. Assim, a faixa de passagem atende aos requisitos de projeto para o tempo de acomodação. Uma simulação do sistema compensado mostra uma ultrapassagem de 20 % e um tempo de acomodação de aproximadamente 3,2 segundos, em comparação com uma ultrapassagem de 20 % para o sistema sem compensação e um tempo de acomodação de aproximadamente 5 segundos. K_v para o sistema compensado é 9,85 em comparação com o valor do sistema sem compensação de 1,97.

DESAFIO: Agora apresentamos um problema para testar seu conhecimento dos objetivos deste capítulo. Considere o sistema de controle de posição de azimute de antena mostrado no Apêndice A2, Configuração 3. Utilizando métodos de resposta em frequência, faça o seguinte:

a. Projete um compensador de avanço e atraso de fase para resultar em uma ultrapassagem de 15 % e $K_v = 20$. Para aumentar a velocidade do sistema, a frequência de margem de fase do sistema compensado será ajustada em 4,6 vezes a frequência de margem de fase do sistema sem compensação.

MATLAB ML

b. `Repita o Item` **a** `utilizando o MATLAB.`

Resumo

Este capítulo cobriu o projeto de sistemas de controle com realimentação utilizando técnicas de resposta em frequência. Aprendemos como projetar com ajuste de ganho, bem como com compensação com atraso de fase, com avanço de fase e com avanço e atraso de fase em cascata. Características da resposta no tempo foram relacionadas com a margem de fase, frequência de margem de fase e faixa de passagem.

O projeto com ajuste de ganho consistiu em ajustar o ganho para atender a uma especificação de margem de fase. Determinamos a frequência de margem de fase e ajustamos o ganho para 0 dB.

Um compensador de atraso de fase é basicamente um filtro passa-baixo. O ganho de baixa frequência pode ser aumentado para melhorar o erro em regime permanente, e o ganho de alta frequência é reduzido para resultar em estabilidade. A compensação com atraso de fase consiste em ajustar o ganho para atender ao requisito de erro em regime permanente e, então, reduzir o ganho de alta frequência para criar estabilidade e atender ao requisito de margem de fase para a resposta transitória.

Um compensador de avanço de fase é basicamente um filtro passa-alto. O compensador de avanço de fase aumenta o ganho de alta frequência mantendo o ganho de baixa frequência inalterado. Portanto, o erro em regime permanente pode ser projetado primeiro. Ao mesmo tempo, o compensador de avanço de fase aumenta a fase em altas frequências. O efeito é produzir um sistema estável que é mais rápido, uma vez que a margem de fase sem compensação ocorre agora em uma frequência mais alta.

Um compensador de avanço e atraso de fase combina as vantagens de ambos os compensadores de avanço de fase e de atraso de fase. Primeiro o compensador de atraso de fase é projetado para resultar no erro em regime permanente apropriado com estabilidade melhorada. Em seguida, o compensador de avanço de fase é projetado para aumentar a velocidade da resposta transitória. Se uma única estrutura é utilizada para o avanço e o atraso de fase, considerações adicionais de projeto são aplicadas de modo que a razão entre o zero do atraso e o polo do atraso seja igual à razão entre o polo do avanço e o zero do avanço.

No próximo capítulo, retornamos ao espaço de estados e desenvolvemos métodos para projetar características desejadas do transitório e do erro em regime permanente.

Questões de Revisão

1. Qual é a maior vantagem que o projeto de compensadores através da resposta em frequência tem em relação ao projeto através do lugar geométrico das raízes?
2. Como o ajuste de ganho está relacionado com a resposta transitória nos diagramas de Bode?
3. Explique brevemente como uma estrutura de atraso de fase permite que o ganho de baixa frequência seja aumentado para melhorar o erro em regime permanente sem que o sistema se torne instável.
4. A partir da perspectiva do diagrama de Bode, explique brevemente como a estrutura de atraso de fase não afeta significativamente a velocidade da resposta transitória.
5. Por que a margem de fase é aumentada acima da desejada quando se projeta um compensador de atraso de fase?
6. Compare o seguinte para sistemas sem compensação e compensado com atraso de fase projetados para resultar na mesma resposta transitória: ganho de baixa frequência, frequência de margem de fase, valor da curva de ganho próximo à frequência de margem de fase e valores da curva de fase próximo à frequência de margem de fase.
7. Do ponto de vista do diagrama de Bode, explique brevemente como uma estrutura de avanço de fase aumenta a velocidade da resposta transitória.
8. Baseado na sua resposta para a Questão 7, explique por que estruturas de avanço de fase não causam instabilidade.
9. Por que um fator de correção é acrescentado à margem de fase requerida para atender à resposta transitória?
10. Ao projetar uma estrutura de avanço e atraso de fase, que diferença existe no projeto da parcela de atraso de fase em comparação com um compensador de atraso de fase isolado?

Investigação em Laboratório Virtual

EXPERIMENTO 11.1

Objetivos Projetar um controlador PID utilizando a SISO Design Tool do MATLAB. Observar o efeito de um controlador PI e de um controlador PD na magnitude e fase das respostas a cada passo do projeto de um controlador PID.

Requisitos Mínimos de Programas MATLAB e Control System Toolbox

Pré-Ensaio

1. Qual é a margem de fase requerida para 12 % de ultrapassagem?
2. Qual é a faixa de passagem requerida para 12 % de ultrapassagem e um instante de pico de 2 segundos?
3. Dado um sistema com realimentação unitária com $G(s) = \dfrac{K}{s(s+1)(s+4)}$, qual é o ganho, K, requerido para resultar na margem de fase obtida no Pré-Ensaio 1? Qual é a frequência de margem de fase?
4. Projete um controlador PI para resultar em uma margem de fase 5° acima da obtida no Pré-Ensaio 1.
5. Complete o projeto de um controlador PID para o sistema do Pré-Ensaio 3.

Ensaio

1. Utilizando o Control System Designer do MATLAB, prepare o sistema do Pré-Ensaio 3 e mostre os diagramas de Bode em malha aberta e a resposta ao degrau em malha fechada.
2. Arraste o diagrama de Bode de magnitude na direção vertical até que a margem de fase obtida no Pré-Ensaio 1 seja obtida. Registre o ganho K, a margem de fase, a frequência de margem de fase, a ultrapassagem percentual e o instante de pico. Mova a curva de magnitude para cima e para baixo, e observe o efeito sobre a curva de fase, a margem de fase e a frequência de margem de fase.
3. Projete o controlador PI adicionando um polo na origem e um zero uma década abaixo da frequência de margem de fase obtida no Ensaio 2. Reajuste o ganho para resultar em uma margem de fase 5° acima da obtida no Pré-Ensaio 1. Registre o ganho K, a margem de fase, a frequência de margem de fase, a ultrapassagem percentual e o instante de pico. Mova o zero de um lado para outro na vizinhança de sua posição atual e observe o efeito sobre as curvas de magnitude e de fase. Mova a curva de magnitude para cima e para baixo, e observe seus efeitos sobre a curva de fase, a margem de fase e a frequência de margem de fase.
4. Projete a parcela PD do controlador PID ajustando primeiro a curva de magnitude para resultar em uma frequência da margem de fase ligeiramente inferior à faixa de passagem calculada no Pré-Ensaio 2. Adicione um zero ao sistema e mova-o até obter a margem de fase calculada no Pré-Ensaio 1. Mova o zero e observe seu efeito. Mova a curva de magnitude e observe seu efeito.

Pós-Ensaio

1. Compare o projeto do PID do Pré-Ensaio com o obtido através do Control System Designer. Em particular, compare o ganho K, a margem de fase, a frequência de margem de fase, a ultrapassagem percentual e o instante de pico.
2. Para o sistema sem compensação, descreva o efeito da variação do ganho sobre a curva de fase, a margem de fase e a frequência de margem de fase.
3. Para o sistema compensado com PI, descreva o efeito da variação do ganho sobre a curva de fase, a margem de fase e a frequência de margem de fase. Repita para variações na posição do zero.
4. Para o sistema compensado com PID, descreva o efeito da variação do ganho sobre a curva de fase, a margem de fase e a frequência de margem de fase. Repita para variações na posição do zero do PD.

Bibliografia

Barkana, I. Classical and Simple Adaptive Control of Nonminimum Phase Autopilot Design. *Journal of Guidance, Control, and Dynamics*, vol. 28, 2005, pp. 631–638.

Camacho, E. F., Berenguel, M., Rubio, F. R., and Martinez, *D. Control of Solar Energy Systems*. Springer-Verlag, London, 2012.

Craig, I. K., Xia, X., and Venter, J. W. Introducing HIV/AIDS Education into the Electrical Engineering Curriculum at the University of Pretoria. *IEEE Transactions on Education*, vol. 47, no. 1, February 2004, pp. 65–73.

D'Azzo, J. J., and Houpis, C. H. *Feedback Control System Analysis and Synthesis*, 2d ed. McGraw-Hill, New York, 1966.

Dorf, R. C. *Modern Control Systems*, 5th ed. Addison-Wesley, Reading, MA, 1989.

Flower, T. L., and Son, M. Motor Drive Mechanics and Control Electronics for a High Performance Plotter. *HP Journal*, November 1981, pp. 12–15.

Hostetter, G. H., Savant, C. J., and Stefani, R. T. *Design of Feedback Control Systems*, 2d ed. Saunders College Publishing, New York, 1989.

Khadraoui, S., Nounou, H., Nounou, M., Datta, A., and Bhattacharyya, S. P. A Measurement-based approach for tuning of reduced-order controllers. *American Control Conference (ACC)*, June 2013, pp. 3876-3881.

Kuo, B. C. *Automatic Control Systems*, 5th ed. Prentice Hall, Upper Saddle River, NJ, 1987.

Ogata, K. *Modern Control Engineering*, 2d ed. Prentice Hall, Upper Saddle River, NJ, 1990.

Phillips, C. L., and Harbor, R. D. *Feedback Control Systems*. Prentice Hall, Upper Saddle River, NJ, 1988.

Preitl, Z., Bauer, P., and Bokor, J. A Simple Control Solution for Traction Motor Used in Hybrid Vehicles. *Fourth International Symposium on Applied Computational Inteligence and Informatics*. IEEE, 2007.

Raven, F. H. *Automatic Control Engineering*, 4th ed. McGraw-Hill, New York, 1987.

Smith, C. A. *Automated Continuous Process Control*. Wiley, New York, 2002.

Sun, J., and Miao, Y. Modeling and simulation of the agricultural sprayer boom leveling system. *IEEE Third International Conf. on Measuring Tech. and Mechatronics Automation*, 2011, pp. 613–618.

Tasch, U., Koontz, J. W., Ignatoski, M. A., and Geselowitz, D. B. An Adaptive Aortic Pressure Observer for the Penn State Electric Ventricular Assist Device. *IEEE Transactions on Biomedical Engineering*, vol. 37, 1990, pp. 374–383.

Yan, T., and Lin, R. Experimental Modeling and Compensation of Pivot Nonlinearity in Hard Disk Drives. *IEEE Transactions on Magnetics*, vol. 39, 2003, pp. 1064–1069.

Capítulo 12

Projeto no Espaço de Estados

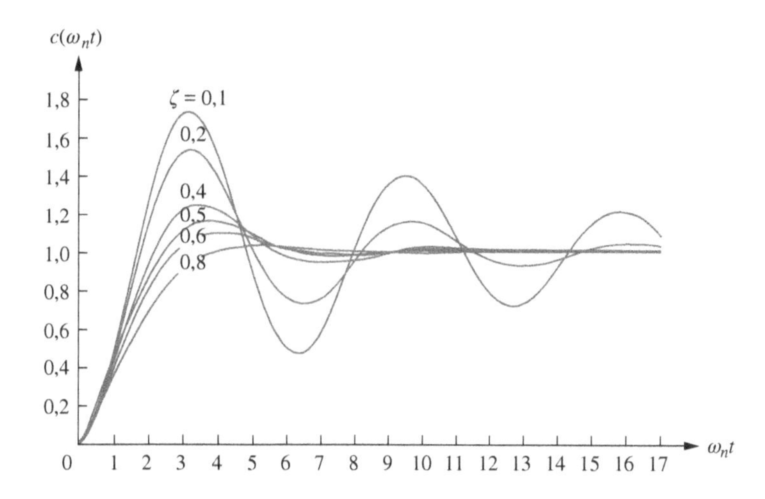

Este capítulo aborda apenas os métodos que envolvem o espaço de estados.

Espaço de Estados
EE

Resultados de Aprendizagem do Capítulo

Após completar este capítulo, o estudante estará apto a:

- Projetar um controlador de realimentação de estado utilizando alocação de polos para sistemas representados na forma de variáveis de fase para atender a especificações de resposta transitória (Seções 12.1 e 12.2)
- Determinar se um sistema é controlável (Seção 12.3)
- Projetar um controlador de realimentação de estado utilizando alocação de polos para sistemas que não estão representados na forma de variáveis de fase para atender a especificações de resposta transitória (Seção 12.4)
- Projetar um observador de estado utilizando alocação de polos para sistemas representados na forma canônica observável (Seção 12.5)
- Determinar se um sistema é observável (Seção 12.6)
- Projetar um observador de estado utilizando alocação de polos para sistemas que não estão representados na forma canônica observável (Seção 12.7)
- Projetar características de erro em regime permanente para sistemas representados no espaço de estados (Seção 12.8).

Resultados de Aprendizagem do Estudo de Caso

Você será capaz de demonstrar seu conhecimento dos objetivos do capítulo com os estudos de caso como a seguir:

- Dado o sistema de controle de posição de azimute de antena, mostrado no Apêndice A2, você será capaz de especificar todos os polos em malha fechada e, em seguida, projetar um controlador de realimentação de estado para atender às especificações da resposta transitória.
- Dado o sistema de controle de posição de azimute de antena, mostrado no Apêndice A2, você será capaz de projetar um observador para estimar os estados.
- Dado o sistema de controle de posição de azimute de antena, mostrado no Apêndice A2, você será capaz de combinar os projetos do controlador e do observador em um compensador viável para o sistema.

12.1 Introdução

O Capítulo 3 introduziu os conceitos de análise e de modelagem de sistemas no espaço de estados. Mostramos que os métodos do espaço de estados, como os métodos da transformada, são ferramentas simples para analisar e projetar sistemas de controle com realimentação. Entretanto, as técnicas do espaço de estados podem ser aplicadas a uma classe mais ampla de sistemas do que os métodos da transformada. Sistemas com não linearidades, como o mostrado na Figura 12.1, e sistemas com múltiplas entradas e múltiplas saídas constituem apenas dois dos candidatos à abordagem no espaço de estados. Neste livro, no entanto, aplicamos essa abordagem apenas a sistemas lineares.

Nos Capítulos 9 e 11, aplicamos métodos do domínio da frequência ao projeto de sistemas. A técnica básica de projeto é criar um compensador em cascata com a planta ou no caminho de realimentação que tenha os polos e zeros adicionais corretos para resultar em uma resposta transitória e em um erro em regime permanente desejados.

Um dos inconvenientes dos métodos de projeto do domínio da frequência, utilizando tanto o lugar geométrico das raízes quanto técnicas de resposta em frequência, é que, após o projeto da posição do par de polos dominantes de segunda ordem, ficamos torcendo, na esperança de que os polos de ordem superior não afetem a aproximação de segunda ordem. O que gostaríamos de ser capazes de fazer é especificar *todos* os polos em malha fechada do sistema de ordem mais elevada. Os métodos de projeto do domínio da frequência não nos permitem especificar todos os polos em sistemas de ordem maior que 2 porque eles não admitem um número suficiente de parâmetros desconhecidos para posicionar todos os polos em malha fechada de modo único. Um ganho a ser ajustado, ou o polo e o zero do compensador a serem escolhidos não resultam em um número suficiente de parâmetros para alocar todos os polos em malha fechada em posições desejadas. Lembre que, para alocar n grandezas desconhecidas você precisa de n parâmetros ajustáveis. Os métodos do espaço de estados resolvem esse problema introduzindo no sistema (1) outros parâmetros ajustáveis e (2) a técnica para obter os valores desses parâmetros, de modo que possamos alocar adequadamente todos os polos do sistema em malha fechada.[2]

Por outro lado, os métodos do espaço de estados não permitem a especificação de posições de zeros em malha fechada, o que os métodos do domínio da frequência permitem através do posicionamento do zero do compensador de avanço de fase. Esta é uma desvantagem dos métodos do espaço de estados, uma vez que a posição do zero afeta a resposta transitória. Além disso, um projeto no espaço de estados pode se mostrar muito sensível à variação de parâmetros.

Finalmente, há uma ampla variedade de suporte computacional para métodos do espaço de estados; diversos pacotes de programas suportam a álgebra matricial requerida pelo processo de projeto. Contudo, como mencionado anteriormente, as vantagens do suporte computacional são equilibradas pela perda da visão gráfica do problema de projeto que os métodos do domínio da frequência fornecem.

FIGURA 12.1 Um robô em uma farmácia hospitalar seleciona medicamentos através de código de barras.[1]

[1] Tadeo F., Perez, Loepez O., and Alvarez T. Control of Neutralization Processes by Robust Loopsharing. *IEEE Trans. on Cont. Syst. Tech.*, vol. 8, no. 2, 2000. Fig. 2, p. 239. IEEE Transactions on Control Systems Technology by Institute of Electrical and Electronics Engineers; IEEE Control Systems Society Reproduced with permission of Institute of Electrical and Electronics Engineers, in the format Republish in a book via Copyright Clearance Center. Reproduzido com permissão do Institute of Electrical and Electronic Engineers, no formato Republicar em um livro através do Copyright Clearance Center.

[2] Esta é uma vantagem, desde que saibamos onde alocar os polos de ordem superior, o que nem sempre é o caso. Uma linha de ação é alocar os polos de ordem superior bem longe dos polos dominantes de segunda ordem ou próximos de um zero em malha fechada para manter o projeto do sistema de segunda ordem válido. Outra abordagem é utilizar conceitos de controle ótimo, o que está além do escopo deste texto.

Este capítulo deve ser considerado apenas uma introdução ao projeto no espaço de estados; introduzimos uma técnica de projeto no espaço de estados e a aplicamos apenas a sistemas lineares. Estudos avançados são necessários para aplicar técnicas do espaço de estados no projeto de sistemas além do escopo deste livro.

12.2 Projeto de Controlador

Esta seção mostra como introduzir parâmetros adicionais em um sistema de modo que possamos controlar a posição de todos os polos em malha fechada. Um sistema de controle com realimentação de ordem n possui uma equação característica em malha fechada de ordem n da forma

$$s^n + a_{n-1}s^{n-1} + \cdots + a_1 s + a_0 = 0 \tag{12.1}$$

Uma vez que o coeficiente da maior potência de s é unitário, há n coeficientes cujos valores determinam as posições dos polos do sistema em malha fechada. Portanto, caso possamos introduzir n parâmetros ajustáveis no sistema e relacioná-los com os coeficientes na Equação (12.1), todos os polos do sistema em malha fechada poderão ser ajustados para quaisquer posições desejadas.

Topologia para Alocação de Polos

Com o objetivo de estabelecer a fundamentação para a abordagem, considere uma planta representada no espaço de estados por

$$\dot{\mathbf{x}} = \mathbf{A}\mathbf{x} + \mathbf{B}u \tag{12.2a}$$

$$y = \mathbf{C}\mathbf{x} \tag{12.2b}$$

e mostrada graficamente na Figura 12.2(*a*), em que as linhas finas são escalares e as linhas grossas são vetores.

Em um sistema de controle com realimentação típico, a saída, y, é realimentada para a junção de soma. É agora que a topologia do projeto muda. Em vez de realimentar y, o que ocorreria se realimentássemos todas as variáveis de estado? Se cada variável de estado fosse realimentada para o controle, u, através de um ganho, k_i, haveria n ganhos, k_i, que poderiam ser ajustados para resultar nos valores desejados dos polos em malha fechada. A realimentação através dos ganhos, k_i, está representada na Figura 12.2(*b*) pelo vetor de realimentação $-\mathbf{K}$.

As equações de estado do sistema em malha fechada da Figura 12.2(*b*) podem ser escritas por inspeção como

$$\dot{\mathbf{x}} = \mathbf{A}\mathbf{x} + \mathbf{B}u = \mathbf{A}\mathbf{x} + \mathbf{B}(-\mathbf{K}\mathbf{x} + r) = (\mathbf{A} - \mathbf{B}\mathbf{K})\mathbf{x} + \mathbf{B}r \tag{12.3a}$$

$$y = \mathbf{C}\mathbf{x} \tag{12.3b}$$

Antes de continuar, você deve ter uma boa noção de como o sistema com realimentação da Figura 12.2(*b*) é efetivamente implementado. Como exemplo, considere o diagrama de fluxo de sinal na forma de variáveis de fase de uma planta, mostrado na Figura 12.3(*a*). Cada variável de estado é então realimentada para a entrada da

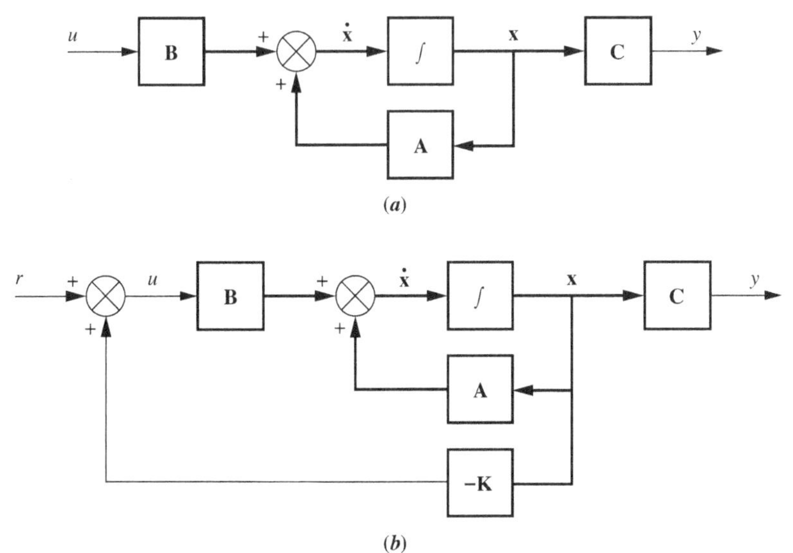

FIGURA 12.2 **a.** Representação no espaço de estados de uma planta; **b.** planta com realimentação de variáveis de estado.

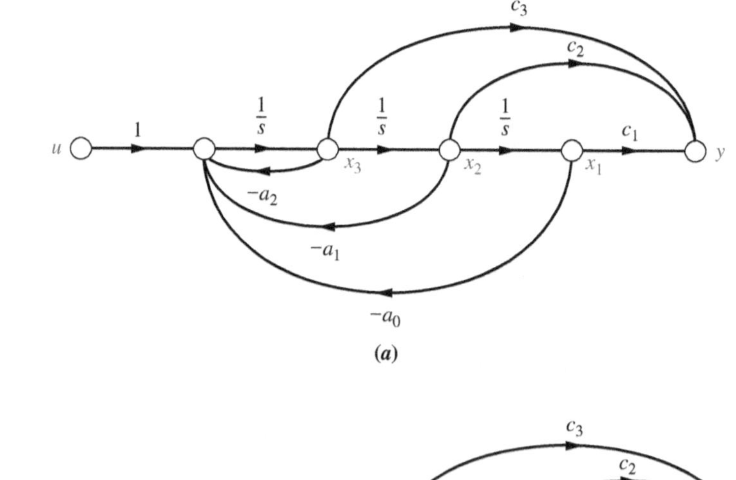

(*a*)

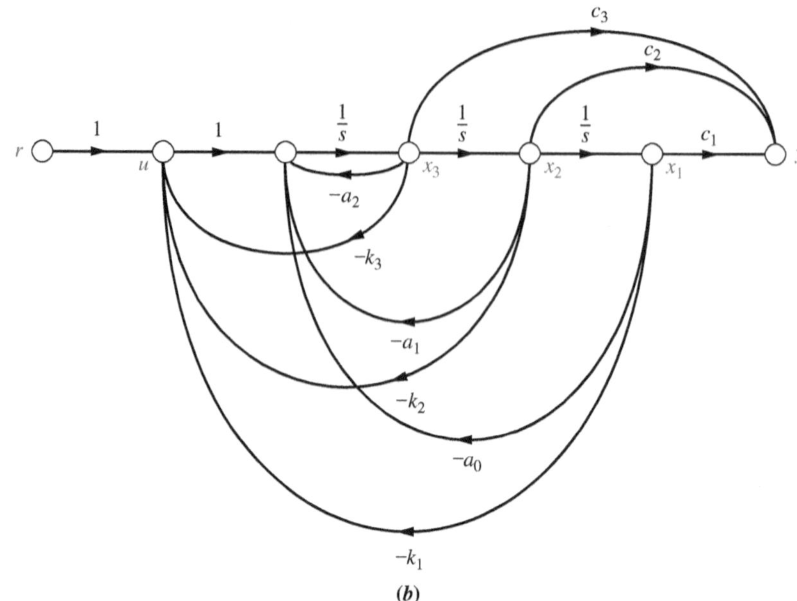

(*b*)

FIGURA 12.3 **a.** Representação em variáveis de fase para planta; **b.** planta com realimentação de variáveis de estado.

planta, u, através de um ganho, k_i, como mostrado na Figura 12.3(*b*). Embora iremos cobrir outras representações mais adiante neste capítulo, a forma de variáveis de fase, com sua matriz de sistema companheira inferior típica, ou a forma canônica controlável, com sua matriz de sistema companheira superior típica, proporcionam o cálculo mais simples dos ganhos de realimentação. Na discussão a seguir, utilizamos a forma de variáveis de fase para desenvolver e demonstrar os conceitos. Os problemas de fim de capítulo lhe darão uma oportunidade para desenvolver e testar os conceitos para a forma canônica controlável.

O projeto de realimentação de variáveis de estado para a alocação de polos em malha fechada consiste em igualar a equação característica do sistema em malha fechada, como o sistema mostrado na Figura 12.3(*b*), a uma equação característica desejada e então determinar os valores dos ganhos de realimentação, k_i.

Se uma planta, como a mostrada na Figura 12.3(*a*), é de ordem elevada e não está representada na forma de variáveis de fase ou na forma canônica controlável, a solução para os k_i pode ser complicada. Assim, é aconselhável transformar o sistema para uma dessas formas, projetar os k_i e, em seguida, transformar o sistema de volta para a sua representação original. Realizamos esta conversão na Seção 12.4, onde desenvolvemos um método para efetuar as transformações. Até lá, vamos dirigir nossa atenção para plantas representadas na forma de variáveis de fase.

Alocação de Polos para Plantas na Forma de Variáveis de Fase

Para aplicar a metodologia de alocação de polos a plantas representadas na forma de variáveis de fase, realizamos os passos a seguir:

1. Represente a planta na forma de variáveis de fase.
2. Realimente cada variável de fase para a entrada da planta através de um ganho, k_i.
3. Determine a equação característica do sistema em malha fechada representado no Passo 2.
4. Decida sobre a posição de todos os polos em malha fechada e determine uma equação característica equivalente.
5. Iguale os coeficientes de mesma ordem das equações características dos Passos 3 e 4, e resolva para k_i.

Seguindo esses passos, a representação em variáveis de fase da planta é dada pela Equação (12.2), com

$$\mathbf{A} = \begin{bmatrix} 0 & 1 & 0 & \cdots & 0 \\ 0 & 0 & 1 & \cdots & 0 \\ \vdots & \vdots & \vdots & \vdots & \vdots \\ -a_0 & -a_1 & -a_2 & \cdots & -a_{n-1} \end{bmatrix}; \quad B = \begin{bmatrix} 0 \\ 0 \\ \vdots \\ 1 \end{bmatrix};$$

$$\mathbf{C} = \begin{bmatrix} c_1 & c_2 & \cdots & c_n \end{bmatrix} \tag{12.4}$$

A equação característica da planta é, portanto,

$$s^n + a_{n-1}s^{n-1} + \cdots + a_1 s + a_0 = 0 \tag{12.5}$$

Agora, construa o sistema em malha fechada realimentando cada variável de estado para u, formando

$$u = -\mathbf{Kx} \tag{12.6}$$

em que

$$\mathbf{K} = \begin{bmatrix} k_1 & k_2 & \cdots & k_n \end{bmatrix} \tag{12.7}$$

Os k_i são os ganhos de realimentação das variáveis de fase.

Utilizando a Equação (12.3*a*) com as Equações (12.4) e (12.7), a matriz de sistema, **A** – **BK**, do sistema em malha fechada é

$$\mathbf{A} - \mathbf{BK} = \begin{bmatrix} 0 & 1 & 0 & \cdots & 0 \\ 0 & 0 & 1 & \cdots & 0 \\ \vdots & \vdots & \vdots & \vdots & \vdots \\ -(a_0 + k_1) & -(a_1 + k_2) & -(a_2 + k_3) & \cdots & -(a_{n-1} + k_n) \end{bmatrix} \tag{12.8}$$

Como a Equação (12.8) está na forma de variáveis de fase, a equação característica do sistema em malha fechada pode ser escrita por inspeção como

$$\begin{aligned} \det(s\mathbf{I} - (\mathbf{A} - \mathbf{BK})) = s^n + (a_{n-1} + k_n)s^{n-1} + (a_{n-2} + k_{n-1})s^{n-2} \\ + \cdots (a_1 + k_2)s + (a_0 + k_1) = 0 \end{aligned} \tag{12.9}$$

Observe a relação entre as Equações (12.5) e (12.9). Para plantas representadas na forma de variáveis de fase, podemos escrever por inspeção a equação característica em malha fechada a partir da equação característica em malha aberta adicionando o k_i apropriado a cada coeficiente.

Admita agora que a equação característica desejada para a alocação de polos adequada é

$$s^n + d_{n-1}s^{n-1} + d_{n-2}s^{n-2} + \cdots + d_2 s^2 + d_1 s + d_0 = 0 \tag{12.10}$$

em que os d_i são os coeficientes desejados. Igualando as Equações (12.9) e (12.10), obtemos

$$d_i = a_i + k_{i+1} \quad i = 0,\ 1,\ 2, \ldots, n-1 \tag{12.11}$$

a partir do que

$$k_{i+1} = d_i - a_i \tag{12.12}$$

Agora que determinamos o denominador da função de transferência em malha fechada, vamos obter o numerador. Para sistemas representados na forma de variáveis de fase, aprendemos que o polinômio do numerador é formado a partir dos coeficientes da matriz de saída **C**. Como as Figuras 12.3(*a*) e (*b*) estão ambas na forma de variáveis de fase e possuem a mesma matriz de saída, concluímos que os numeradores de suas funções de transferência são iguais. Vamos examinar um exemplo de projeto.

Exemplo 12.1

Projeto de Controlador para Forma de Variáveis de Fase

PROBLEMA: Dada a planta

$$G(s) = \frac{20(s+5)}{s(s+1)(s+4)} \tag{12.13}$$

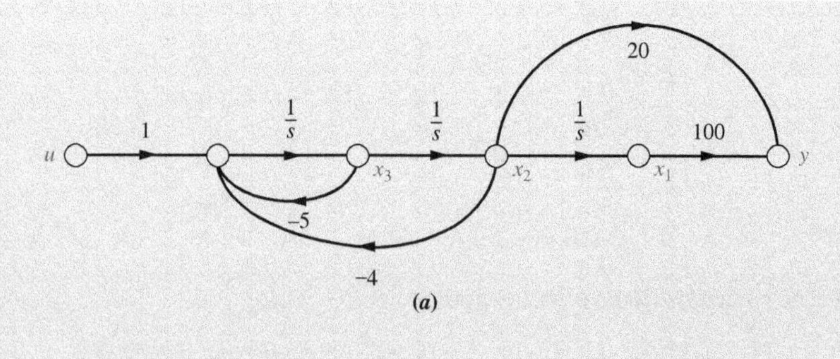

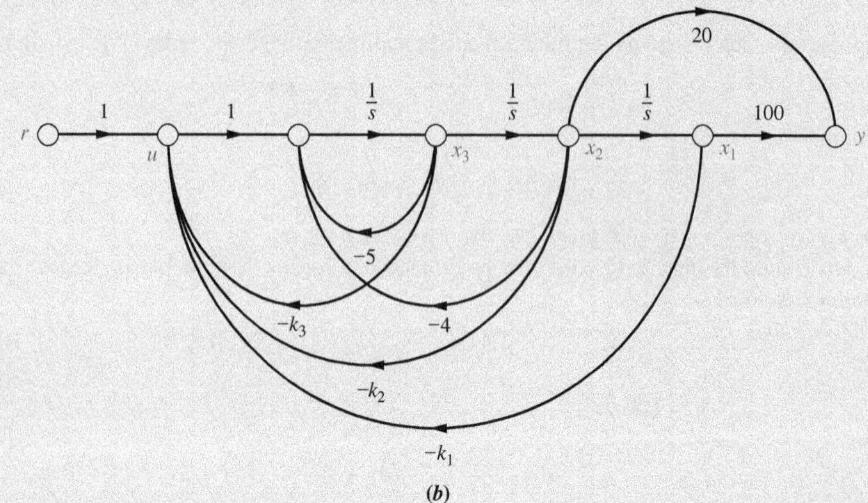

FIGURA 12.4 **a.** Representação em variáveis de fase da planta do Exemplo 12.1; **b.** planta com realimentação de variáveis de estado.

projete os ganhos de realimentação das variáveis de fase para resultar em 9,5 % de ultrapassagem e um tempo de acomodação de 0,74 segundo.

SOLUÇÃO: Começamos calculando a equação característica em malha fechada desejada. Utilizando os requisitos de resposta transitória, os polos em malha fechada são $-5{,}4 \pm j7{,}2$. Como o sistema é de terceira ordem, devemos escolher outro polo em malha fechada. O sistema em malha fechada terá um zero em -5, o mesmo que o sistema em malha aberta. Poderíamos escolher o terceiro polo em malha fechada para cancelar o zero em malha fechada. Contudo, para demonstrar o efeito do terceiro polo e o processo de projeto, incluindo a necessidade de simulação, vamos escolher $-5{,}1$ como a posição do terceiro polo em malha fechada.

Agora, desenhe o diagrama de fluxo de sinal da planta. O resultado é mostrado na Figura 12.4(*a*). Em seguida, realimente todas as variáveis de estado para o controle, *u*, através de ganhos k_i, como mostrado na Figura 12.4(*b*).

Escrevendo as equações de estado do sistema em malha fechada a partir da Figura 12.4(*b*), temos

$$\dot{\mathbf{x}} = \begin{bmatrix} 0 & 1 & 0 \\ 0 & 0 & 1 \\ -k_1 & -(4+k_2) & -(5+k_3) \end{bmatrix} \mathbf{x} + \begin{bmatrix} 0 \\ 0 \\ 1 \end{bmatrix} r \tag{12.14a}$$

$$y = [100 \quad 20 \quad 0]\mathbf{x} \tag{12.14b}$$

Comparando as Equações (12.14) com a Equação (12.3), identificamos a matriz de sistema em malha fechada como

$$\mathbf{A} - \mathbf{BK} = \begin{bmatrix} 0 & 1 & 0 \\ 0 & 0 & 1 \\ -k_1 & -(4+k_2) & -(5+k_3) \end{bmatrix} \tag{12.15}$$

Para obter a equação característica do sistema em malha fechada, forme

$$\det(s\mathbf{I} - (\mathbf{A} - \mathbf{BK})) = s^3 + (5 + k_3)s^2 + (4 + k_2)s + k_1 = 0 \tag{12.16}$$

Esta equação deve corresponder à equação característica desejada,

$$s^3 + 15{,}9s^2 + 136{,}08s + 413{,}1 = 0 \tag{12.17}$$

formada a partir dos polos $-5{,}4 + j7{,}2$, $-5{,}4 - j7{,}2$ e $-5{,}1$, que determinamos anteriormente.

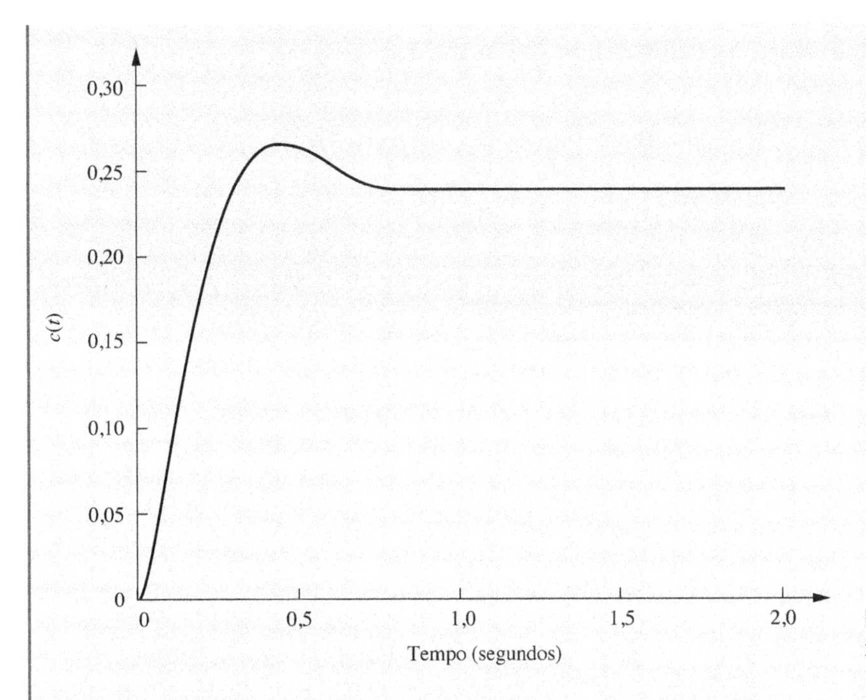

FIGURA 12.5 Simulação do sistema em malha fechada do Exemplo 12.1.

Igualando os coeficientes das Equações (12.16) e (12.17), obtemos

$$k_1 = 413{,}1; \quad k_2 = 132{,}08; \quad k_3 = 10{,}9 \tag{12.18}$$

Finalmente, o termo de zero da função de transferência em malha fechada é igual ao termo de zero do sistema em malha aberta, ou $(s + 5)$.

Utilizando as Equações (12.14), obtemos a seguinte representação no espaço de estados do sistema em malha fechada:

$$\dot{\mathbf{x}} = \begin{bmatrix} 0 & 1 & 0 \\ 0 & 0 & 1 \\ -413{,}1 & -136{,}08 & -15{,}9 \end{bmatrix} \mathbf{x} + \begin{bmatrix} 0 \\ 0 \\ 1 \end{bmatrix} r \tag{12.19a}$$

$$y = [100 \quad 20 \quad 0]\mathbf{x} \tag{12.19b}$$

A função de transferência é

$$T(s) = \frac{20(s+5)}{s^3 + 15{,}9s^2 + 136{,}08s + 413{,}1} \tag{12.20}$$

A Figura 12.5, uma simulação do sistema em malha fechada, mostra 11,5 % de ultrapassagem e um tempo de acomodação de 0,8 segundo. Um reprojeto com o terceiro polo cancelando o zero em -5 irá resultar em um desempenho igual aos requisitos.

Como a resposta em regime permanente tende a 0,24, em vez da unidade, há um grande erro em regime permanente. Técnicas de projeto para reduzir esse erro são discutidas na Seção 12.8.

MATLAB ML

Os estudantes que estiverem usando o MATLAB devem, agora, executar o arquivo ch12apB1 do Apêndice B. Você aprenderá como utilizar o MATLAB para projetar um controlador para variáveis de fase utilizando alocação de polos. O MATLAB irá apresentar o gráfico da resposta ao degrau do sistema projetado. Este exercício resolve o Exemplo 12.1 utilizando o MATLAB.

Exercício 12.1

PROBLEMA: Para a planta

$$G(s) = \frac{100(s+10)}{s(s+3)(s+12)}$$

Experimente 12.1

Utilize o MATLAB, a Control System Toolbox e as instruções a seguir para obter os ganhos de realimentação das variáveis de fase para alocar os polos do sistema do Exercício 12.1 em $-3+j5$, $-3-j5$ e -10.

```
A=[0 1 0
   0 0 1
   0 -36 -15]
B=[0;0;1]
poles=[-3+5j,...
 -3-5j,-10]
K=acker(A,B,poles)
```

representada no espaço de estados na forma de variáveis de fase por

$$\dot{\mathbf{x}} = \mathbf{A}\mathbf{x} + \mathbf{B}u = \begin{bmatrix} 0 & 1 & 0 \\ 0 & 0 & 1 \\ 0 & -36 & -15 \end{bmatrix}\mathbf{x} + \begin{bmatrix} 0 \\ 0 \\ 1 \end{bmatrix}u$$

$$y = \mathbf{C}\mathbf{x} = [1000 \quad 100 \quad 0]\mathbf{x}$$

projete os ganhos de realimentação das variáveis de fase para resultar em 5 % de ultrapassagem e um instante de pico de 0,3 segundo.

RESPOSTA: $\mathrm{K} = [2094 \quad 373{,}1 \quad 14{,}97]$

A solução completa está disponível no Ambiente de aprendizagem do GEN.

Nesta seção, mostramos como projetar ganhos de realimentação para plantas representadas na forma de variáveis de fase com o objetivo de alocar todos os polos do sistema em malha fechada em posições desejadas no plano s. A princípio, parece que o método deve sempre funcionar para qualquer sistema. Entretanto, este não é o caso. As condições que devem existir para ser possível alocar unicamente os polos em malha fechada nas posições desejadas são o tópico da próxima seção.

12.3 Controlabilidade

Considere a forma paralela mostrada na Figura 12.6(*a*). Para controlar a posição dos polos do sistema em malha fechada, estamos dizendo implicitamente que o sinal de controle, u, pode controlar o comportamento de cada variável de estado em x. Se qualquer uma das variáveis de estado não puder ser controlada pelo controle u, então não poderemos alocar os polos do sistema onde desejamos. Por exemplo, na Figura 12.6(*b*), se x_1 não fosse controlável através do sinal de controle e se x_1, além disso, apresentasse uma resposta instável decorrente de uma condição inicial diferente de zero, não haveria uma maneira de realizar um projeto de realimentação de estado para estabilizar x_1. A variável de estado x_1 seguiria de seu próprio modo, independentemente do sinal de controle, u. Portanto, em alguns sistemas um projeto de realimentação de estados não é possível.

Estabelecemos agora a seguinte definição com base na discussão anterior:

Se, para um sistema, for possível obter uma entrada capaz de transferir todas as variáveis de estado de um estado inicial desejado para um estado final desejado, o sistema é dito ***controlável****; caso contrário, o sistema é* ***não controlável****.*

A alocação de polos é uma técnica de projeto viável apenas para sistemas que são controláveis. Esta seção mostra como determinar, *a priori*, se a técnica de alocação de polos é uma técnica de projeto viável para um controlador.

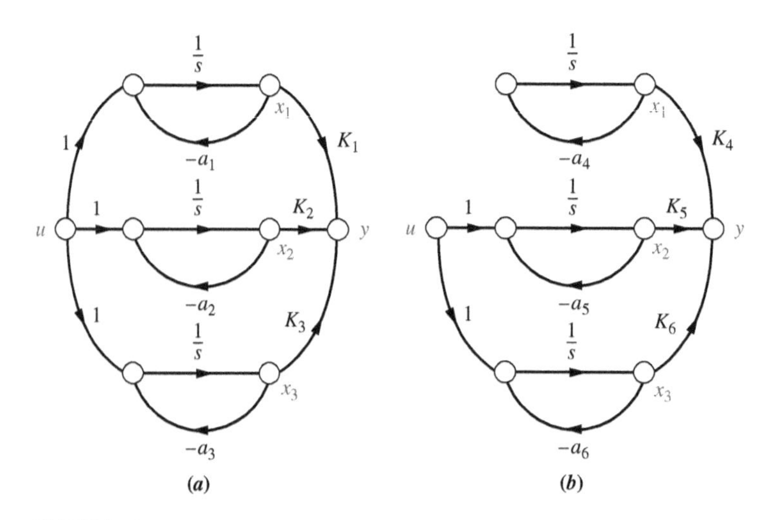

FIGURA 12.6 Comparação entre sistemas **a.** controlável e **b.** não controlável.

Controlabilidade por Inspeção

Podemos explorar a controlabilidade a partir de outro ponto de vista: o da própria equação de estado. Quando a matriz de sistema é diagonal, como para a forma paralela, fica evidente se o sistema é ou não controlável. Por exemplo, a equação de estado para a Figura 12.6(*a*) é

$$\dot{\mathbf{x}} = \begin{bmatrix} -a_1 & 0 & 0 \\ 0 & -a_2 & 0 \\ 0 & 0 & -a_3 \end{bmatrix} \mathbf{x} + \begin{bmatrix} 1 \\ 1 \\ 1 \end{bmatrix} u \tag{12.21}$$

ou

$$\dot{x}_1 = -a_1 x_1 \qquad\qquad\qquad + u \tag{12.22a}$$

$$\dot{x}_2 = \qquad -a_2 x_2 \qquad\qquad + u \tag{12.22b}$$

$$\dot{x}_3 = \qquad\qquad\qquad -a_3 x_3 + u \tag{12.22c}$$

Uma vez que cada uma das Equações (12.22) é independente e desacoplada das demais, o controle u afeta cada uma das variáveis de estado. Isso é controlabilidade a partir de outra perspectiva.

Vamos agora examinar as equações de estado para o sistema da Figura 12.6(*b*):

$$\dot{\mathbf{x}} = \begin{bmatrix} -a_4 & 0 & 0 \\ 0 & -a_5 & 0 \\ 0 & 0 & -a_6 \end{bmatrix} \mathbf{x} + \begin{bmatrix} 0 \\ 1 \\ 1 \end{bmatrix} u \tag{12.23}$$

ou

$$\dot{x}_1 = -a_4 x_1 \tag{12.24a}$$

$$\dot{x}_2 = \qquad -a_5 x_2 \qquad + u \tag{12.24b}$$

$$\dot{x}_3 = \qquad\qquad -a_6 x_3 + u \tag{12.24c}$$

A partir das equações de estado em (12.23) ou (12.24), observamos que a variável de estado x_1 não é controlada pelo controle u. Portanto, o sistema é dito não controlável.

Em resumo, um sistema com autovalores distintos e uma matriz de sistema diagonal é controlável se a matriz de entrada **B** não tiver nenhuma linha nula.

A Matriz de Controlabilidade

Os testes de controlabilidade que exploramos até aqui não podem ser utilizados para representações do sistema que não sejam a forma diagonal ou paralela com autovalores distintos. O problema de visualizar a controlabilidade se torna mais complexo se o sistema possuir polos múltiplos, mesmo que ele esteja representado na forma paralela. Além disso, não se pode sempre determinar a controlabilidade por inspeção para sistemas que não estão representados na forma paralela. Nas demais formas, a existência de caminhos a partir da entrada até as variáveis de estado não é um critério de controlabilidade, uma vez que as equações não estão desacopladas.

Para sermos capazes de determinar a controlabilidade ou, alternativamente, projetar a realimentação de estado para uma planta em qualquer representação ou para qualquer escolha de variáveis de estado, uma matriz que deve ter uma propriedade particular, caso todas as variáveis de estado devam ser controladas pela entrada da planta, u, pode ser deduzida. Declaramos agora o requisito para controlabilidade, incluindo a forma, a propriedade e o nome dessa matriz.[3]

Uma planta de ordem n cuja equação de estado é

$$\dot{\mathbf{x}} = \mathbf{A}\mathbf{x} + \mathbf{B}\mathbf{u} \tag{12.25}$$

é completamente controlável,[4] se a matriz

$$\mathbf{C_M} = [\mathbf{B} \quad \mathbf{AB} \quad \mathbf{A}^2\mathbf{B} \quad \cdots \quad \mathbf{A}^{n-1}\mathbf{B}] \tag{12.26}$$

for de posto n, na qual $\mathbf{C}_\mathrm{M}$ é chamada *matriz de controlabilidade*.[5] Como exemplo, vamos escolher um sistema representado na forma paralela com raízes múltiplas.

---

[3] Ver trabalho de *Ogata* (*1990*: *699-702*) listado na Bibliografia para a dedução.

[4] *Completamente controlável* significa que todas as variáveis de estado são controláveis. Este livro utiliza *controlável* com o significado de *completamente controlável*.

[5] Ver Apêndice G, disponível no Ambiente de aprendizagem do GEN, para a definição de posto. Para sistemas com uma única entrada, em vez de especificar posto n, podemos dizer que $\mathbf{C}_\mathrm{M}$ deve ser não singular, possuir inversa ou ter linhas e colunas linearmente independentes.

Exemplo 12.2

Controlabilidade Via Matriz de Controlabilidade

PROBLEMA: Dado o sistema da Figura 12.7, representado por um diagrama de fluxo de sinal, determine sua controlabilidade.

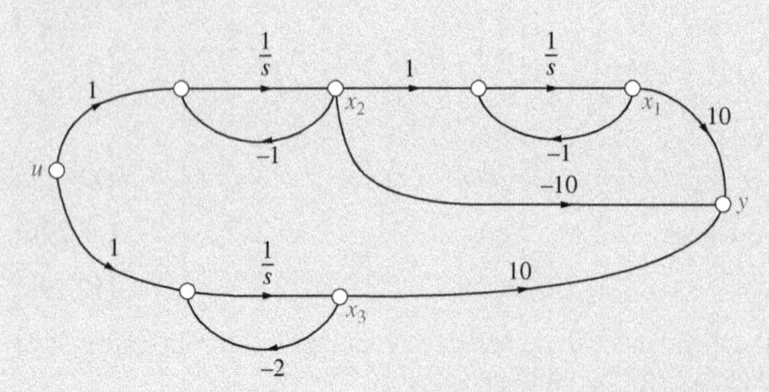

FIGURA 12.7 Sistema para o Exemplo 12.2.

SOLUÇÃO: A equação de estado do sistema escrita a partir do diagrama de fluxo de sinal é

$$\dot{\mathbf{x}} = \mathbf{A}\mathbf{x} + \mathbf{B}u = \begin{bmatrix} -1 & 1 & 0 \\ 0 & -1 & 0 \\ 0 & 0 & -2 \end{bmatrix} \mathbf{x} + \begin{bmatrix} 0 \\ 1 \\ 1 \end{bmatrix} u \tag{12.27}$$

A princípio, pode parecer que o sistema é não controlável por causa do zero na matriz **B**. Lembre, contudo, que esta configuração leva à não controlabilidade apenas se os polos são reais e distintos. Neste caso, temos polos múltiplos em -1.

A matriz de controlabilidade é

$$\mathbf{C_M} = \begin{bmatrix} \mathbf{B} & \mathbf{AB} & \mathbf{A}^2\mathbf{B} \end{bmatrix} = \begin{bmatrix} 0 & 1 & -2 \\ 1 & -1 & 1 \\ 1 & -2 & 4 \end{bmatrix} \tag{12.28}$$

O posto de $\mathbf{C_M}$ é igual ao número de linhas ou colunas linearmente independentes. O posto pode ser obtido determinando-se a submatriz quadrada de maior ordem que é não singular. O determinante de $\mathbf{C_M}$ é -1. Como o determinante é diferente de zero, a matriz 3×3 é não singular e o posto de $\mathbf{C_M}$ é 3. Concluímos que o sistema é controlável, uma vez que o posto de $\mathbf{C_M}$ é igual à ordem do sistema. Portanto, os polos do sistema podem ser alocados com a utilização de projeto de realimentação de variáveis de estado.

MATLAB **ML**

`Os estudantes que estiverem usando o MATLAB devem, agora, executar o arquivo ch12apB2 do Apêndice B. Você aprenderá como utilizar o MATLAB para testar a controlabilidade de um sistema. Este exercício resolve o Exemplo 12.2 utilizando o MATLAB.`

No exemplo anterior, verificamos que, apesar de um elemento da matriz de entrada ser zero, o sistema era controlável. Se observarmos a Figura 12.7, podemos ver o motivo. Nessa figura, todas as variáveis de estado são acionadas pela entrada u.

Por outro lado, caso desconectemos a entrada de dx_1/dt, dx_2/dt ou dx_3/dt, pelo menos uma das variáveis de estado não seria controlável. Para observar esse efeito, vamos desconectar a entrada de dx_2/dt. Isso faz com que a matriz **B** se torne

$$\mathbf{B} = \begin{bmatrix} 0 \\ 0 \\ 1 \end{bmatrix} \tag{12.29}$$

Podemos observar que o sistema é agora não controlável, uma vez que x_1 e x_2 não são mais controladas pela entrada. Essa conclusão é confirmada pela matriz de controlabilidade, que agora é

$$\mathbf{C_M} = \begin{bmatrix} \mathbf{B} & \mathbf{AB} & \mathbf{A}^2\mathbf{B} \end{bmatrix} = \begin{bmatrix} 0 & 0 & 0 \\ 0 & 0 & 0 \\ 1 & -2 & 4 \end{bmatrix} \tag{12.30}$$

Não apenas o determinante dessa matriz é igual a zero, mas também o determinante de qualquer submatriz 2×2. Portanto, o posto da Equação (12.30) é 1. O sistema é não controlável porque o posto de $\mathbf{C}_M$ é 1, menor que a ordem, 3, do sistema.

Exercício 12.2

PROBLEMA: Determine se o sistema

$$\dot{\mathbf{x}} = \mathbf{A}\mathbf{x} + \mathbf{B}u = \begin{bmatrix} -1 & 1 & 2 \\ 0 & -1 & 5 \\ 0 & 3 & -4 \end{bmatrix} \mathbf{x} + \begin{bmatrix} 2 \\ 1 \\ 1 \end{bmatrix} u$$

é controlável.

RESPOSTA: Controlável.

A solução completa está disponível no Ambiente de aprendizagem do GEN.

Experimente 12.2

Utilize o MATLAB, a Control System Toolbox e as instruções a seguir para resolver o Exercício 12.2.

```
A=[-1 1 2
   0 -1 5
   0 3 -4]
B=[2;1;1]
Cm=ctrb(A,B)
Rank=rank(Cm)
```

Em resumo, então, o projeto de alocação de polos através de realimentação de variáveis de estado é simplificado utilizando-se a forma de variáveis de fase para as equações de estado da planta. Todavia, a controlabilidade, a condição para que o projeto de alocação de polos tenha êxito, pode ser mais bem visualizada na forma paralela, em que a matriz de sistema é diagonal com raízes distintas. Em todos os casos, a matriz de controlabilidade sempre dirá ao projetista se é viável a implementação do projeto de realimentação de estado.

A próxima seção mostra como projetar a realimentação de variáveis de estado para sistemas que não estão representados na forma de variáveis de fase. Utilizamos a matriz de controlabilidade como uma ferramenta para transformar um sistema para a forma de variáveis de fase para o projeto de realimentação de variáveis de estado.

12.4 Abordagens Alternativas para o Projeto do Controlador

A Seção 12.2 mostrou como projetar a realimentação de variáveis de estado para resultar em polos em malha fechada desejados. Demonstramos esse método utilizando sistemas representados na forma de variáveis de fase, e vimos quão simples foi calcular os ganhos de realimentação. Muitas vezes, a física do problema requer a realimentação de variáveis de estado que não são variáveis de fase. Para esses sistemas temos algumas opções para uma metodologia de projeto.

O primeiro método consiste em fazer a correspondência entre os coeficientes de $\det(s\mathbf{I} - (\mathbf{A} - \mathbf{BK}))$ e os coeficientes da equação característica desejada, que é o mesmo método que utilizamos para sistemas representados em variáveis de fase. Essa técnica, em geral, conduz a cálculos complexos dos ganhos de realimentação, especialmente para sistemas de ordem elevada não representados em variáveis de fase. Vamos ilustrar essa técnica com um exemplo.

Exemplo 12.3

Projeto de Controlador através de Correspondência de Coeficientes

PROBLEMA: Dada uma planta, $Y(s)/U(s) = 10/[(s+1)(s+2)]$, projete uma realimentação de estado para a planta representada na forma em cascata para resultar em uma ultrapassagem de 15 % com um tempo de acomodação de 0,5 segundo.

SOLUÇÃO: O diagrama de fluxo de sinal para a planta na forma em cascata é mostrado na Figura 12.18(*a*). A Figura 12.18(*b*) mostra o sistema com a realimentação de estado incluída. Escrevendo as equações de estado a partir da Figura 12.18(*b*), temos

$$\dot{\mathbf{x}} = \begin{bmatrix} -2 & 1 \\ -k_1 & -(k_2+1) \end{bmatrix} \mathbf{x} + \begin{bmatrix} 0 \\ 1 \end{bmatrix} r \tag{12.31a}$$

$$y = [10 \quad 0]\mathbf{x} \tag{12.31b}$$

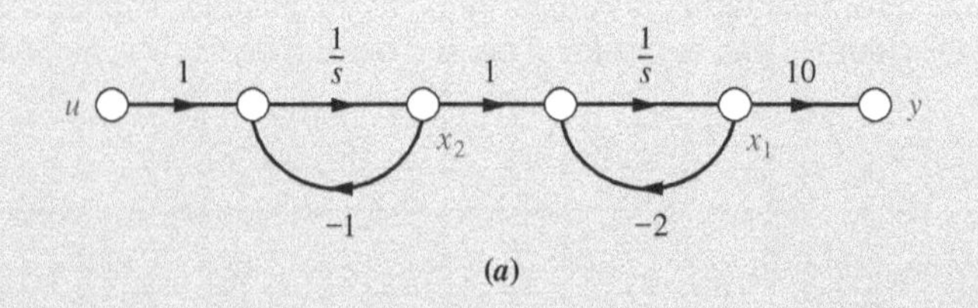

(a)

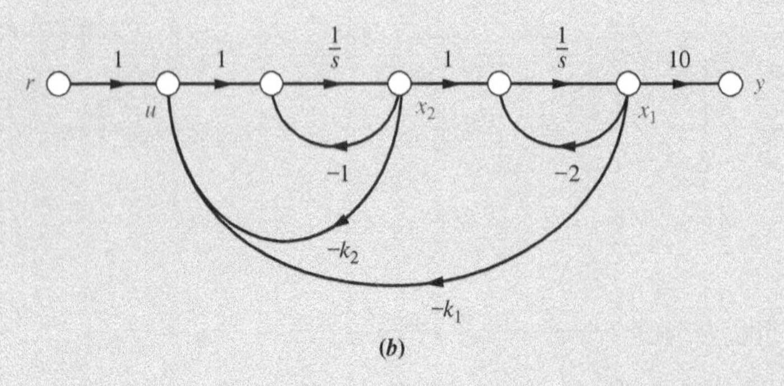

(b)

FIGURA 12.8 **a.** Diagrama de fluxo de sinal em cascata para $G(s) = 10/[(s + 1)(s + 2)]$; **b.** sistema com realimentação de estado incluída.

em que a equação característica é

$$s^2 + (k_2 + 3)s + (2k_2 + k_1 + 2) = 0 \tag{12.32}$$

Utilizando os requisitos de resposta transitória declarados no problema, obtemos a equação característica desejada

$$s^2 + 16s + 239{,}5 = 0 \tag{12.33}$$

Igualando os coeficientes do meio das Equações (12.32) e (12.33), obtemos $k_2 = 13$. Igualando os últimos coeficientes dessas equações junto com o resultado para k_2, resulta $k_1 = 211{,}5$.

O segundo método consiste em transformar o sistema para variáveis de fase, projetar os ganhos de realimentação e transformar o sistema projetado de volta para sua representação no espaço de estados original.[6] Este método requer que desenvolvamos primeiro a transformação entre um sistema e sua representação na forma de variáveis de fase.

Considere uma planta que não está representada na forma de variáveis de fase,

$$\dot{\mathbf{z}} = \mathbf{A}\mathbf{z} + \mathbf{B}u \tag{12.34a}$$

$$y = \mathbf{C}\mathbf{z} \tag{12.34b}$$

cuja matriz de controlabilidade é

$$\mathbf{C}_{\mathbf{Mz}} = [\mathbf{B} \quad \mathbf{AB} \quad \mathbf{A}^2\mathbf{B} \cdots \mathbf{A}^{n-1}\mathbf{B}] \tag{12.35}$$

Admita que o sistema possa ser transformado para a representação em variáveis de fase ($\mathbf{x}$) com a transformação

$$\boxed{\mathbf{z} = \mathbf{P}\mathbf{x}} \tag{12.36}$$

Substituindo esta transformação nas Equações (12.34), obtemos

$$\dot{\mathbf{x}} = \mathbf{P}^{-1}\mathbf{A}\mathbf{P}\mathbf{x} + \mathbf{P}^{-1}\mathbf{B}u \tag{12.37a}$$

$$y = \mathbf{C}\mathbf{P}\mathbf{x} \tag{12.37b}$$

[6] Ver discussões sobre a fórmula de Ackermann em *Franklin* (*1994*) e *Ogata* (*1990*), listados na Bibliografia.

cuja matriz de controlabilidade é

$$\begin{aligned}\mathbf{C_{Mx}} &= [\mathbf{P}^{-1}\mathbf{B} \quad (\mathbf{P}^{-1}\mathbf{AP})(\mathbf{P}^{-1}\mathbf{B}) \quad (\mathbf{P}^{-1}\mathbf{AP})^2(\mathbf{P}^{-1}\mathbf{B}) \quad \cdots \quad (\mathbf{P}^{-1}\mathbf{AP})^{n-1}(\mathbf{P}^{-1}\mathbf{B})] \\ &= [\mathbf{P}^{-1}\mathbf{B} \quad (\mathbf{P}^{-1}\mathbf{AP})(\mathbf{P}^{-1}\mathbf{B}) \quad (\mathbf{P}^{-1}\mathbf{AP})(\mathbf{P}^{-1}\mathbf{AP})(\mathbf{P}^{-1}\mathbf{B}) \quad \cdots \quad (\mathbf{P}^{-1}\mathbf{AP}) \\ &\qquad (\mathbf{P}^{-1}\mathbf{AP})(\mathbf{P}^{-1}\mathbf{AP}) \quad \cdots \quad (\mathbf{P}^{-1}\mathbf{AP})(\mathbf{P}^{-1}\mathbf{B})] \\ &= \mathbf{P}^{-1}[\mathbf{B} \quad \mathbf{AB} \quad \mathbf{A}^2\mathbf{B} \quad \cdots \quad \mathbf{A}^{n-1}\mathbf{B}]\end{aligned} \tag{12.38}$$

Substituindo a Equação (12.35) na Equação (12.38) e resolvendo para **P**, obtemos

$$\mathbf{P} = \mathbf{C_{Mz}}\mathbf{C_{Mx}}^{-1} \tag{12.39}$$

Portanto, a matriz de transformação, **P**, pode ser obtida a partir das duas matrizes de controlabilidade.

Após transformar o sistema para variáveis de fase, projetamos os ganhos de realimentação como na Seção 12.2. Assim, incluindo tanto a realimentação quanto a entrada, $u = -\mathbf{K_x x} + r$, as Equações (12.37) se tornam

$$\begin{aligned}\dot{\mathbf{x}} &= \mathbf{P}^{-1}\mathbf{APx} - \mathbf{P}^{-1}\mathbf{BK_x x} + \mathbf{P}^{-1}\mathbf{B}r \\ &= (\mathbf{P}^{-1}\mathbf{AP} - \mathbf{P}^{-1}\mathbf{BK_x})\mathbf{x} + \mathbf{P}^{-1}\mathbf{B}r\end{aligned} \tag{12.40a}$$

$$\mathbf{y} = \mathbf{CPx} \tag{12.40b}$$

Como esta equação está na forma de variáveis de fase, os zeros deste sistema em malha fechada são determinados a partir do polinômio formado a partir dos elementos de **CP**, como explicado na Seção 12.2.

Utilizando $\mathbf{x} = \mathbf{P}^{-1}\mathbf{z}$, transformamos as Equações (12.40) de variáveis de fase de volta à representação original, e obtemos

$$\dot{\mathbf{z}} = \mathbf{Az} - \mathbf{BK_x P}^{-1}\mathbf{z} + \mathbf{B}r = (\mathbf{A} - \mathbf{BK_x P}^{-1})\mathbf{z} + \mathbf{B}r \tag{12.41a}$$

$$y = \mathbf{Cz} \tag{12.41b}$$

Comparando as Equações (12.41) com as Equações (12.3), o ganho de realimentação de variáveis de estado, $\mathbf{K_z}$, para o sistema original é

$$\mathbf{K_z} = \mathbf{K_x P}^{-1} \tag{12.42}$$

A função de transferência desse sistema em malha fechada é igual à função de transferência para as Equações (12.40), uma vez que as Equações (12.40) e (12.41) representam o mesmo sistema. Assim, com base no desenvolvimento da Seção 12.2, os zeros da função de transferência em malha fechada são iguais aos zeros da planta sem compensação. Vamos demonstrar com um exemplo de projeto.

Exemplo 12.4

Projeto de Controlador através de Transformação

PROBLEMA: Projete um controlador de realimentação de variáveis de estado para resultar em uma ultrapassagem de 20,8 % e um tempo de acomodação de 4 segundos para a planta

$$G(s) = \frac{(s+4)}{(s+1)(s+2)(s+5)} \tag{12.43}$$

que é representada na forma em cascata, como mostrado na Figura 12.9.

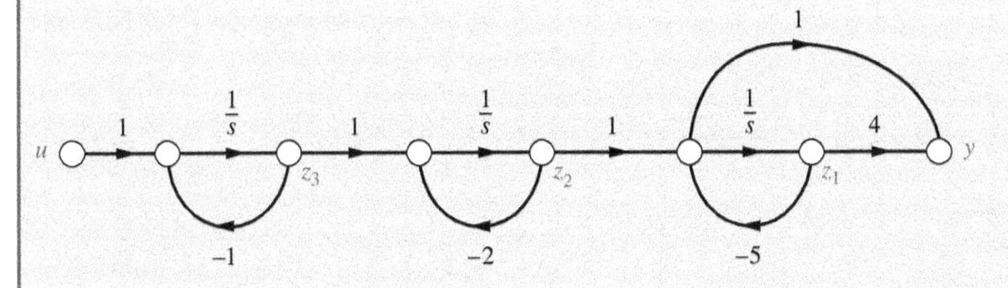

FIGURA 12.9 Diagrama de fluxo de sinal para a planta do Exemplo 12.4.

SOLUÇÃO: Primeiro obtenha as equações de estado e a matriz de controlabilidade. As equações de estado escritas a partir da Figura 12.9 são

$$\dot{\mathbf{z}} = \mathbf{A_z z} + \mathbf{B_z} u = \begin{bmatrix} -5 & 1 & 0 \\ 0 & -2 & 1 \\ 0 & 0 & -1 \end{bmatrix} \mathbf{z} + \begin{bmatrix} 0 \\ 0 \\ 1 \end{bmatrix} u \tag{12.44a}$$

$$y = \mathbf{C_z z} = [-1 \quad 1 \quad 0]\mathbf{z} \tag{12.44b}$$

a partir do que a matriz de controlabilidade é obtida como

$$\mathbf{C_{Mz}} = [\mathbf{B_z} \quad \mathbf{A_z B_z} \quad \mathbf{A_z^2 B_z}] = \begin{bmatrix} 0 & 0 & 1 \\ 0 & 1 & -3 \\ 1 & -1 & 1 \end{bmatrix} \tag{12.45}$$

Como o determinante de $\mathbf{C_{Mz}}$ é -1, o sistema é controlável.

Agora convertemos o sistema para variáveis de fase determinando a equação característica e utilizando essa equação para escrever a forma de variáveis de fase. A equação característica, $\det(s\mathbf{I} - \mathbf{A_z})$, é

$$\det(s\mathbf{I} - \mathbf{A_z}) = s^3 + 8s^2 + 17s + 10 = 0 \tag{12.46}$$

Usando os coeficientes da Equação (12.46) e nosso conhecimento da forma de variáveis de fase, escrevemos a representação em variáveis de fase do sistema como

$$\dot{\mathbf{x}} = \mathbf{A_x x} + \mathbf{B_x} u = \begin{bmatrix} 0 & 1 & 0 \\ 0 & 0 & 1 \\ -10 & -17 & -8 \end{bmatrix} \mathbf{x} + \begin{bmatrix} 0 \\ 0 \\ 1 \end{bmatrix} u \tag{12.47a}$$

$$y = [4 \quad 1 \quad 0]\mathbf{x} \tag{12.47b}$$

A equação de saída foi escrita utilizando os coeficientes do numerador da Equação (12.43), uma vez que a função de transferência deve ser a mesma para as duas representações. A matriz de controlabilidade, $\mathbf{C_{Mx}}$, para o sistema em variáveis de fase é

$$\mathbf{C_{Mx}} = [\mathbf{B_x} \quad \mathbf{A_x B_x} \quad \mathbf{A_x^2 B_x}] = \begin{bmatrix} 0 & 0 & 1 \\ 0 & 1 & -8 \\ 1 & -8 & 47 \end{bmatrix} \tag{12.48}$$

Utilizando a Equação (12.39), podemos agora calcular a matriz de transformação entre os dois sistemas como

$$\mathbf{P} = \mathbf{C_{Mz} C_{Mx}^{-1}} = \begin{bmatrix} 1 & 0 & 0 \\ 5 & 1 & 0 \\ 10 & 7 & 1 \end{bmatrix} \tag{12.49}$$

Projetamos agora o controlador utilizando a representação em variáveis de fase e, em seguida, utilizamos a Equação (12.49) para transformar o projeto de volta para a representação original. Para uma ultrapassagem de 20,8 % e um tempo de acomodação de 4 segundos, um fator da equação característica do sistema em malha fechada projetado é $s^2 + 2s + 5$. Como o zero em malha fechada estará em $s = -4$, escolhemos o terceiro polo em malha fechada para cancelar o zero em malha fechada. Assim, a equação característica total do sistema em malha fechada desejado é

$$D(s) = (s+4)(s^2 + 2s + 5) = s^3 + 6s^2 + 13s + 20 = 0 \tag{12.50}$$

As equações de estado para a forma de variáveis de fase com realimentação de variáveis de estado são

$$\dot{\mathbf{x}} = (\mathbf{A_x} - \mathbf{B_x K_x})\mathbf{x} = \begin{bmatrix} 0 & 1 & 0 \\ 0 & 0 & 1 \\ -(10 + k_{1_x}) & -(17 + k_{2_x}) & -(8 + k_{3_x}) \end{bmatrix} \mathbf{x} \tag{12.51a}$$

$$y = [4 \quad 1 \quad 0]\mathbf{x} \tag{12.51b}$$

A equação característica para as Equações (12.51) é

$$\begin{aligned} \det(s\mathbf{I} - (\mathbf{A_x} - \mathbf{B_x K_x})) &= s^3 + (8 + k_{3_x})s^2 + (17 + k_{2_x})s + (10 + k_{1_x}) \\ &= 0 \end{aligned} \tag{12.52}$$

Comparando a Equação (12.50) com a Equação (12.52), verificamos que

$$\mathbf{K_x} = [k_{1_x} \quad k_{2_x} \quad k_{3_x}] = [10 \quad -4 \quad -2] \tag{12.53}$$

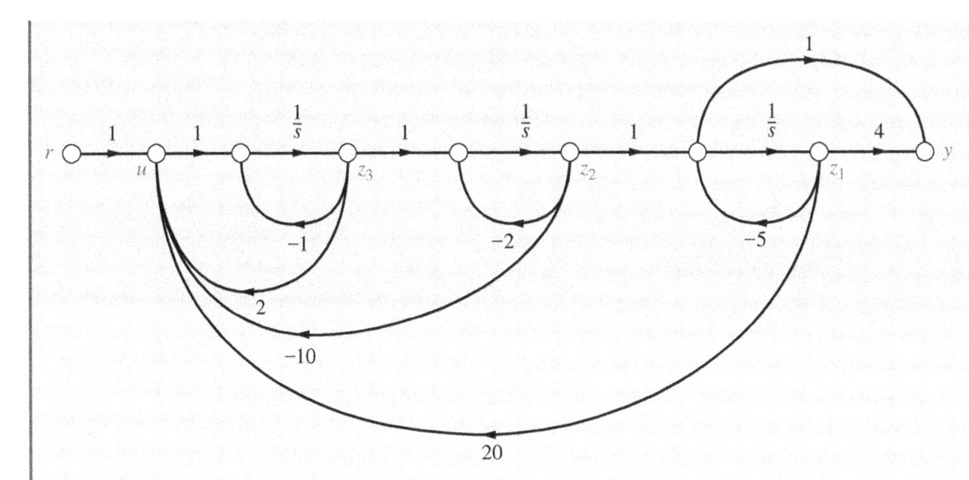

FIGURA 12.10 Sistema projetado com realimentação de variáveis de estado para o Exemplo 12.4.

Utilizando as Equações (12.42) e (12.49), podemos transformar o controlador de volta para o sistema original como

$$\mathbf{K_z} = \mathbf{K_x}\mathbf{P}^{-1} = [-20 \quad 10 \quad -2] \tag{12.54}$$

O sistema em malha fechada final com realimentação de variáveis de estado é mostrado na Figura 12.10, com a entrada aplicada como mostrado.

Vamos agora verificar nosso projeto. As equações de estado para o sistema projetado mostrado na Figura 12.10 com entrada r são

$$\dot{\mathbf{z}} = (\mathbf{A_z} - \mathbf{B_z}\mathbf{K_z})\mathbf{z} + \mathbf{B_z}r = \begin{bmatrix} -5 & 1 & 0 \\ 0 & -2 & 1 \\ 20 & -10 & 1 \end{bmatrix}\mathbf{z} + \begin{bmatrix} 0 \\ 0 \\ 1 \end{bmatrix} r \tag{12.55a}$$

$$y = \mathbf{C_z}\mathbf{z} = [-1 \quad 1 \quad 0]\mathbf{z} \tag{12.55b}$$

Utilizando a Equação (3.73) para obter a função de transferência em malha fechada, obtemos

$$T(s) = \frac{(s+4)}{s^3 + 6s^2 + 13s + 20} = \frac{1}{s^2 + 2s + 5} \tag{12.56}$$

Os requisitos para nosso projeto foram atendidos.

MATLAB ML

Os estudantes que estiverem usando o MATLAB devem, agora, executar o arquivo ch12apB3 do Apêndice B. Você aprenderá como utilizar o MATLAB para projetar um controlador para uma planta não representada na forma de variáveis de fase. Você verá que o MATLAB não requer uma transformação para a forma de variáveis de fase. Este exercício resolve o Exemplo 12.4 utilizando o MATLAB.

Exercício 12.3

PROBLEMA: Projete um controlador de realimentação de estado linear para resultar em 20 % de ultrapassagem e um tempo de acomodação de 2 segundos para a planta,

$$G(s) = \frac{(s+6)}{(s+9)(s+8)(s+7)}$$

que está representada no espaço de estados na forma em cascata por

$$\dot{\mathbf{z}} = \mathbf{A}\mathbf{z} + \mathbf{B}u = \begin{bmatrix} -7 & 1 & 0 \\ 0 & -8 & 1 \\ 0 & 0 & -9 \end{bmatrix}\mathbf{z} + \begin{bmatrix} 0 \\ 0 \\ 1 \end{bmatrix} u$$

$$y = \mathbf{C}\mathbf{z} = [-1 \quad 1 \quad 0]\mathbf{z}$$

RESPOSTA: $\mathbf{K_z} = [-40{,}23 \quad 62{,}24 \quad -14]$

A solução completa está disponível no Ambiente de aprendizagem do GEN.

Nesta seção, vimos como projetar a realimentação de variáveis de estado para plantas não representadas na forma de variáveis de fase. Utilizando matrizes de controlabilidade, fomos capazes de transformar uma planta para a forma de variáveis de fase, projetar o controlador e, finalmente, transformar o projeto de controlador de volta para a representação original da planta. O projeto do controlador depende da disponibilidade dos estados para realimentação. Na próxima seção, discutimos o projeto de realimentação de variáveis de estado quando algumas ou todas as variáveis de estado não estão disponíveis.

12.5 Projeto de Observador

O projeto do controlador depende do acesso às variáveis de estado para a realimentação através de ganhos ajustáveis. Esse acesso pode ser fornecido através de equipamentos. Por exemplo, giroscópios podem medir posição e velocidade em um veículo espacial. Algumas vezes é impraticável utilizar esse equipamento por questões de custo, exatidão ou disponibilidade. Por exemplo, no voo propulsionado de veículos espaciais, unidades de medição inercial podem ser utilizadas para calcular a aceleração. Entretanto, seu alinhamento se deteriora com o tempo; assim, outras formas de medir a aceleração podem ser desejáveis (*Rockwell International, 1984*). Em outras aplicações, algumas variáveis de estado podem realmente não estar disponíveis, ou pode ser muito dispendioso medi-las ou enviá-las ao controlador. Caso as variáveis de estado não estejam disponíveis por causa da configuração do sistema ou do custo, é possível estimar os estados. Os estados estimados, em vez dos estados reais, são então alimentados para o controlador. Um esquema é mostrado na Figura 12.11(*a*). Um *observador*, algumas vezes chamado *estimador*, é utilizado para calcular as variáveis de estado que não estão acessíveis a partir da planta. Nesse caso, o observador é um modelo da planta.

Vamos examinar as desvantagens de tal configuração. Considere uma planta,

$$\dot{\mathbf{x}} = \mathbf{A}\mathbf{x} + \mathbf{B}u \tag{12.57a}$$

$$y = \mathbf{C}\mathbf{x} \tag{12.57b}$$

e um observador,

$$\dot{\hat{\mathbf{x}}} = \mathbf{A}\hat{\mathbf{x}} + \mathbf{B}u \tag{12.58a}$$

$$\hat{\mathbf{y}} = \mathbf{C}\hat{\mathbf{x}} \tag{12.58b}$$

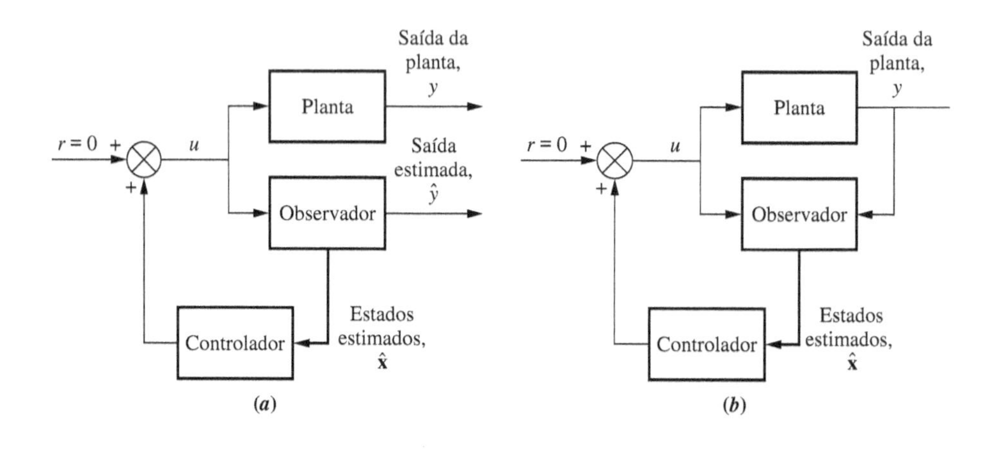

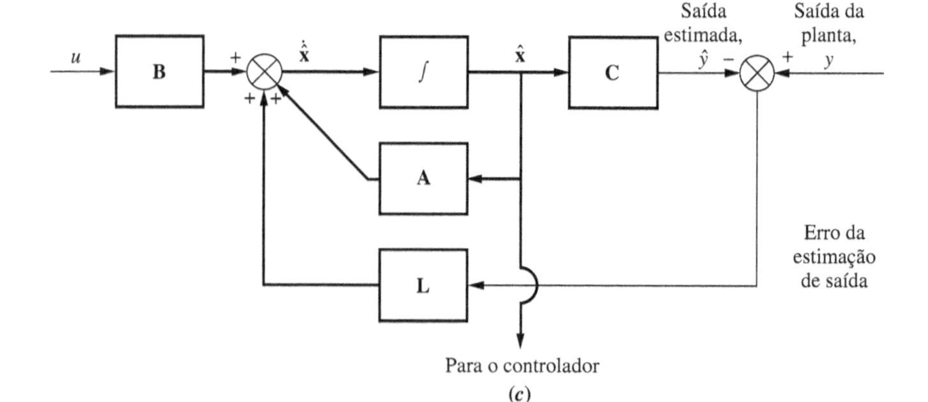

FIGURA 12.11 Projeto de realimentação de estado utilizando um observador para estimar variáveis de estado indisponíveis: **a.** observador em malha aberta; **b.** observador em malha fechada; **c.** vista detalhada de um observador em malha fechada, mostrando a estrutura de realimentação para reduzir o erro de estimação das variáveis de estado.

Subtraindo as Equações (12.58) das Equações (12.57), obtemos

$$\dot{\mathbf{x}} - \dot{\hat{\mathbf{x}}} = \mathbf{A}(\mathbf{x} - \hat{\mathbf{x}}) \tag{12.59a}$$

$$y - \hat{y} = \mathbf{C}(\mathbf{x} - \hat{\mathbf{x}}) \tag{12.59b}$$

Assim, a dinâmica da diferença entre o estado real e o estado estimado está livre, e, se a planta é estável, essa diferença, decorrente de diferenças iniciais nos vetores de estado, tende a zero. Entretanto, a velocidade de convergência entre o estado real e o estado estimado é a mesma da resposta transitória da planta, uma vez que a equação característica para a Equação (12.59a) é a mesma que para a Equação (12.57a). Como a convergência é muito lenta, procuramos por uma forma de aumentar a velocidade do observador e fazer com que seu tempo de resposta seja muito mais rápido que o do sistema controlado em malha fechada, de modo que, efetivamente, o controlador receba os estados estimados instantaneamente.

Para aumentar a velocidade de convergência entre o estado real e o estado estimado, utilizamos a realimentação, mostrada conceitualmente na Figura 12.11(*b*) e em mais detalhes na Figura 12.11(*c*). O erro entre as saídas da planta e do observador é realimentado para as derivadas dos estados do observador. O sistema efetua as correções para levar esse erro a zero. Com a realimentação podemos projetar uma resposta transitória desejada para o observador que é muito mais rápida que a da planta ou a do sistema controlado em malha fechada.

Quando implementamos o controlador, constatamos que as formas de variáveis de fase ou a forma canônica controlável propiciavam uma solução fácil para os ganhos do controlador. No projeto de um observador, é a forma canônica observável que propicia a solução fácil para os ganhos do observador. A Figura 12.12(*a*) mostra um exemplo de uma planta de terceira ordem representada na forma canônica observável. Na Figura 12.12(*b*), a planta é configurada como um observador com a inclusão da realimentação, como descrito anteriormente.

O projeto do observador é separado do projeto do controlador. De modo semelhante ao do projeto do vetor do controlador, **K**, o projeto do observador consiste em calcular o vetor constante, **L**, de modo que a resposta transitória do observador seja mais rápida que a resposta da malha controlada a fim de resultar em uma estimação atualizada rapidamente do vetor de estado. Deduzimos agora a metodologia de projeto.

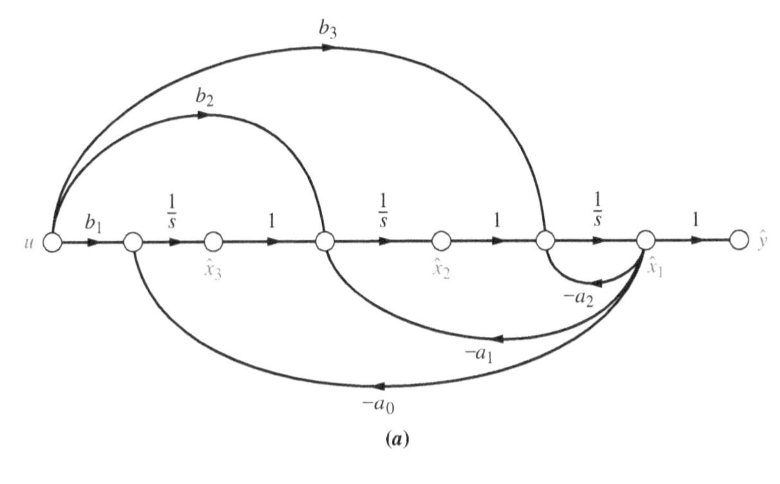

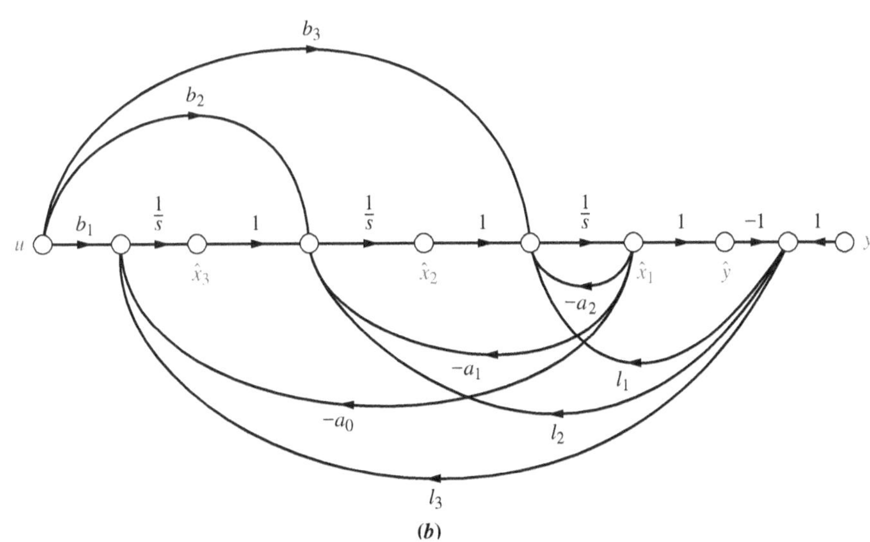

FIGURA 12.12 Observador de terceira ordem na forma canônica observável: **a.** antes da inclusão da realimentação; **b.** após a inclusão da realimentação.

Iremos primeiro determinar as equações de estado do erro entre o vetor de estado real e o vetor de estado estimado, $(\mathbf{x} - \hat{\mathbf{x}})$. Em seguida iremos determinar a equação característica para o erro do sistema e calcular o $\mathbf{L}$ requerido para conseguir uma resposta transitória rápida para o observador.

Escrevendo as equações de estado do observador a partir da Figura 12.11(c), temos

$$\dot{\hat{\mathbf{x}}} = \mathbf{A}\hat{\mathbf{x}} + \mathbf{B}u + \mathbf{L}(y - \hat{y}) \tag{12.60a}$$

$$\hat{y} = \mathbf{C}\hat{\mathbf{x}} \tag{12.60b}$$

Mas, as equações de estado da planta são

$$\dot{\mathbf{x}} = \mathbf{A}\mathbf{x} + \mathbf{B}u \tag{12.61a}$$

$$\mathbf{y} = \mathbf{C}\mathbf{x} \tag{12.61b}$$

Subtraindo as Equações (12.60) das Equações (12.61), obtemos

$$(\dot{\mathbf{x}} - \dot{\hat{\mathbf{x}}}) = \mathbf{A}(\mathbf{x} - \hat{\mathbf{x}}) - \mathbf{L}(y - \hat{y}) \tag{12.62a}$$

$$(y - \hat{y}) = \mathbf{C}(\mathbf{x} - \hat{\mathbf{x}}) \tag{12.62b}$$

em que $\mathbf{x} - \hat{\mathbf{x}}$ é o erro entre o vetor de estado real e o vetor de estado estimado, e $y - \hat{y}$ é o erro entre a saída real e a saída estimada.

Substituindo a equação de saída na equação de estado, obtemos a equação de estado para o erro entre o vetor de estado estimado e o vetor de estado real:

$$(\dot{\mathbf{x}} - \dot{\hat{\mathbf{x}}}) = (\mathbf{A} - \mathbf{LC})(\mathbf{x} - \hat{\mathbf{x}}) \tag{12.63a}$$

$$(y - \hat{y}) = \mathbf{C}(\mathbf{x} - \hat{\mathbf{x}}) \tag{12.63b}$$

Fazendo $\mathbf{e_x} = (\mathbf{x} - \hat{\mathbf{x}})$, temos

$$\boxed{\dot{\mathbf{e}}_\mathbf{x} = (\mathbf{A} - \mathbf{LC})\mathbf{e}_\mathbf{x}} \tag{12.64a}$$

$$\boxed{y - \hat{y} = \mathbf{C}\mathbf{e}_\mathbf{x}} \tag{12.64b}$$

A Equação (12.64a) é livre. Caso os autovalores sejam todos negativos, o erro do vetor de estado estimado, $\mathbf{e_x}$, decairá a zero. O projeto então consiste em resolver para os valores de $\mathbf{L}$ para resultar em uma equação característica desejada ou resposta desejada para as Equações (12.64). A equação característica é determinada a partir das Equações (12.64) como

$$\det[\lambda\mathbf{I} - (\mathbf{A} - \mathbf{LC})] = 0 \tag{12.65}$$

Agora escolhemos os autovalores do observador para resultar em estabilidade e uma resposta transitória desejada que é mais rápida que a resposta controlada em malha fechada. Esses autovalores determinam uma equação característica que igualamos à Equação (12.65) para resolver para $\mathbf{L}$.

Vamos demonstrar o procedimento para uma planta de ordem n representada na forma canônica observável. Primeiro obtemos $\mathbf{A} - \mathbf{LC}$. As formas de $\mathbf{A}$, $\mathbf{L}$ e $\mathbf{C}$ podem ser deduzidas extrapolando-se as formas dessas matrizes a partir de uma planta de terceira ordem, que você pode deduzir a partir da Figura 12.12. Portanto,

$$\mathbf{A} - \mathbf{LC} = \begin{bmatrix} -a_{n-1} & 1 & 0 & 0 & \cdots & 0 \\ -a_{n-2} & 0 & 1 & 0 & \cdots & 0 \\ \vdots & \vdots & \vdots & \vdots & \vdots & \vdots \\ -a_1 & 0 & 0 & 0 & \cdots & 1 \\ -a_0 & 0 & 0 & 0 & \cdots & 0 \end{bmatrix} - \begin{bmatrix} l_1 \\ l_2 \\ \vdots \\ l_{n-1} \\ l_n \end{bmatrix} [1 \quad 0 \quad 0 \quad 0 \quad \cdots \quad 0]$$

$$= \begin{bmatrix} -(a_{n-1} + l_1) & 1 & 0 & 0 & \cdots & 0 \\ -(a_{n-2} + l_2) & 0 & 1 & 0 & \cdots & 0 \\ \vdots & \vdots & \vdots & \vdots & \vdots & \vdots \\ -(a_1 + l_{n-1}) & 0 & 0 & 0 & \cdots & 1 \\ -(a_0 + l_n) & 0 & 0 & 0 & \cdots & 0 \end{bmatrix} \tag{12.66}$$

A equação característica para $\mathbf{A} - \mathbf{LC}$ é

$$s^n + (a_{n-1} + l_1)s^{n-1} + (a_{n-2} + l_2)s^{n-2} + \cdots + (a_1 + l_{n-1})s + (a_0 + l_n) = 0 \tag{12.67}$$

Observe a relação entre a Equação (12.67) e a equação característica, $\det(s\mathbf{I} - \mathbf{A}) = 0$, para a planta, que é

$$s^n + a_{n-1}s^{n-1} + a_{n-2}s^{n-2} + \cdots + a_1 s + a_0 = 0 \tag{12.68}$$

Portanto, se desejado, a Equação (12.67) pode ser escrita por inspeção se a planta está representada na forma canônica observável. Agora igualamos a Equação (12.67) à equação característica do observador em malha fechada desejada, a qual é escolhida com base em uma resposta transitória desejada. Admita que a equação característica desejada seja

$$s^n + d_{n-1}s^{n-1} + d_{n-2}s^{n-2} + \cdots + d_1 s + d_0 = 0 \tag{12.69}$$

Podemos agora resolver para os l_i igualando os coeficientes das Equações (12.67) e (12.69):

$$l_i = d_{n-i} - a_{n-i} \quad i = 1, 2, \ldots, n \tag{12.70}$$

Vamos demonstrar o projeto de um observador utilizando a forma canônica observável. Em seções subsequentes, mostraremos como projetar o observador para outras formas diferentes da canônica observável.

Exemplo 12.5

Projeto de Observador para Forma Canônica Observável

PROBLEMA: Projete um observador para a planta

$$G(s) = \frac{(s+4)}{(s+1)(s+2)(s+5)} = \frac{s+4}{s^3 + 8s^2 + 17s + 10} \tag{12.71}$$

que está representada na forma canônica observável. O observador irá responder 10 vezes mais rápido que a malha controlada projetada no Exemplo 12.4.

SOLUÇÃO:

1. Primeiro represente a planta estimada na forma canônica observável. O resultado é mostrado na Figura 12.13(*a*).
2. Agora forme a diferença entre a saída real da planta, y, e a saída estimada do observador, $\hat{y}$, e acrescente os caminhos de realimentação a partir dessa diferença até a derivada de cada variável de estado. O resultado é mostrado na Figura 12.13(*b*).
3. A seguir, obtenha o polinômio característico. As equações de estado para a planta estimada mostrada na Figura 12.13(*a*) são

$$\dot{\hat{\mathbf{x}}} = \mathbf{A}\hat{\mathbf{x}} + \mathbf{B}u = \begin{bmatrix} -8 & 1 & 0 \\ -17 & 0 & 1 \\ -10 & 0 & 0 \end{bmatrix}\hat{\mathbf{x}} + \begin{bmatrix} 0 \\ 1 \\ 4 \end{bmatrix}u \tag{12.72a}$$

$$\hat{y} = \mathbf{C}\hat{\mathbf{x}} = [1 \quad 0 \quad 0]\hat{\mathbf{x}} \tag{12.72b}$$

A partir das Equações (12.64) e (12.66), o erro do observador é

$$\dot{\mathbf{e}}_{\mathbf{x}} = (\mathbf{A} - \mathbf{LC})\mathbf{e}_{\mathbf{x}} = \begin{bmatrix} -(8 + l_1) & 1 & 0 \\ -(17 + l_2) & 0 & 1 \\ -(10 + l_3) & 0 & 0 \end{bmatrix}\mathbf{e}_{\mathbf{x}} \tag{12.73}$$

Utilizando a Equação (12.65), obtemos o polinômio característico

$$s^3 + (8 + l_1)s^2 + (17 + l_2)s + (10 + l_3) \tag{12.74}$$

4. Agora obtenha o polinômio desejado, iguale os coeficientes aos da Equação (12.74) e resolva para os ganhos l_i. A partir da Equação (12.50), o sistema controlado em malha fechada possui polos dominantes de segunda ordem em $-1 \pm j2$. Para fazer nosso observador 10 vezes mais rápido, projetamos os polos do observador como $-10 \pm j20$. Escolhemos o terceiro polo como 10 vezes a parte real dos polos dominantes de segunda ordem, ou -100. Assim, o polinômio característico desejado é

$$(s + 100)(s^2 + 20s + 500) = s^3 + 120s^2 + 2500s + 50.000 \tag{12.75}$$

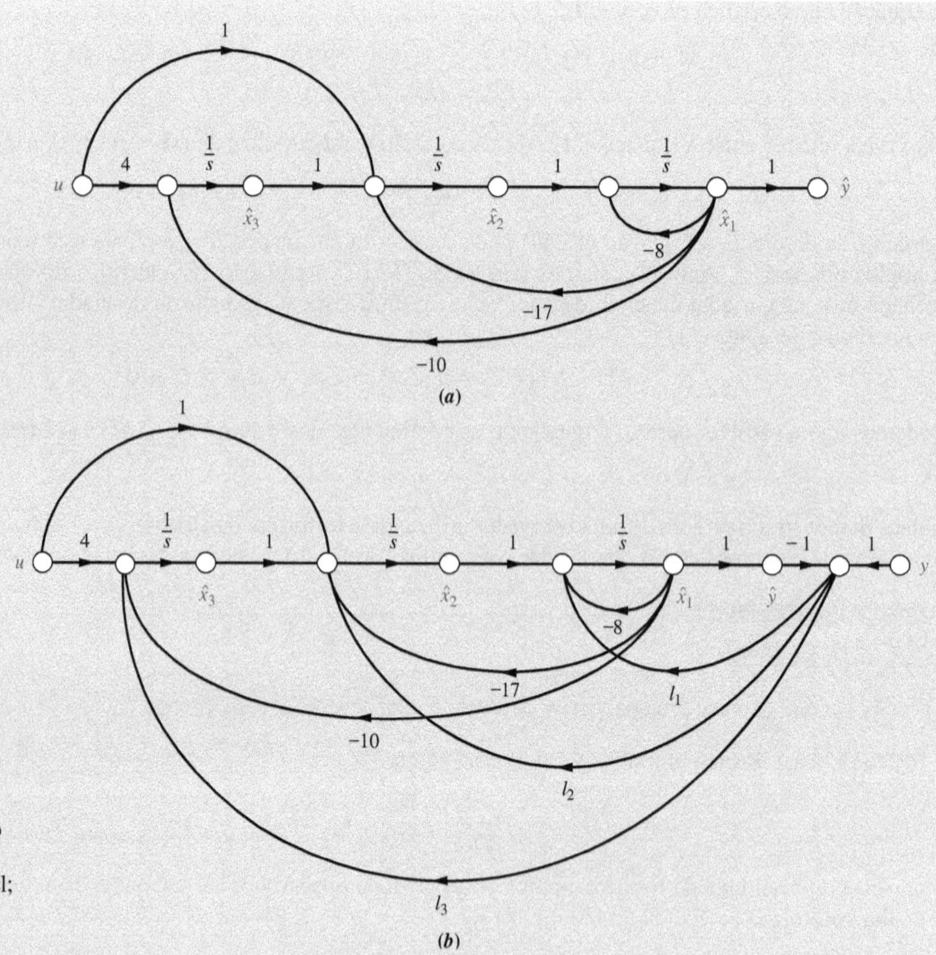

FIGURA 12.13 **a.** Diagrama de fluxo de sinal de um sistema utilizando variáveis da forma canônica observável; **b.** realimentação adicional para criar o observador.

Igualando as Equações (12.74) e (12.75), obtemos $l_1 = 112$, $l_2 = 2483$ e $l_3 = 49.990$.

Uma simulação do observador com uma entrada $r(t) = 100t$ é mostrada na Figura 12.14. As condições iniciais da planta eram todas nulas e a condição inicial de $\hat{x}_1$ foi 0,5.

Como o polo dominante do observador é $-10 \pm j20$, o tempo de acomodação esperado deve ser de cerca de 0,4 segundo. É interessante observar a resposta mais lenta na Figura 12.14(*b*), onde os ganhos do observador foram desconectados, e o observador é simplesmente uma cópia da planta com uma condição inicial diferente.

MATLAB ML

```
Os estudantes que estiverem usando o MATLAB devem, agora, executar o arquivo
ch12apB4 do Apêndice B. Você aprenderá como utilizar o MATLAB para projetar
um observador utilizando alocação de polos. Este exercício resolve o Exemplo
12.5 utilizando o MATLAB.
```

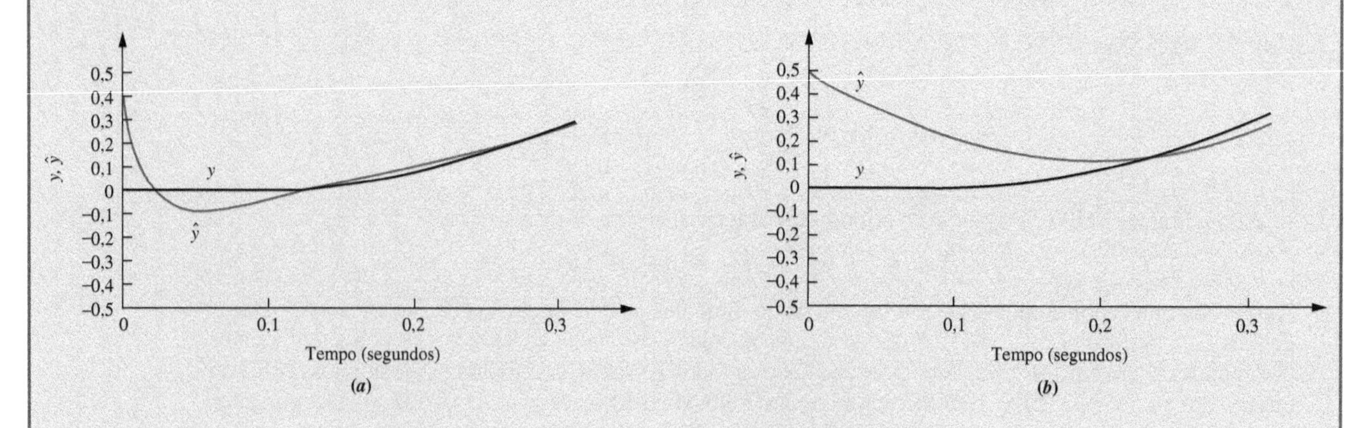

FIGURA 12.14 Simulação mostrando a resposta do observador: **a.** em malha fechada; **b.** em malha aberta com os ganhos do observador desconectados.

Exercício 12.4

PROBLEMA: Projete um observador para a planta

$$G(s) = \frac{(s+6)}{(s+7)(s+8)(s+9)}$$

cuja planta estimada é representada no espaço de estados na forma canônica observável como

$$\dot{\hat{\mathbf{x}}} = \mathbf{A}\hat{\mathbf{x}} + \mathbf{B}u = \begin{bmatrix} -24 & 1 & 0 \\ -191 & 0 & 1 \\ -504 & 0 & 0 \end{bmatrix}\hat{\mathbf{x}} + \begin{bmatrix} 0 \\ 1 \\ 6 \end{bmatrix}u$$

$$\hat{y} = \mathbf{C}\hat{\mathbf{x}} = [1 \quad 0 \quad 0]\hat{\mathbf{x}}$$

O observador irá responder 10 vezes mais rápido que a malha controlada projetada no Exercício 12.3.

RESPOSTA: $L = [216 \quad 9730 \quad 383{,}696]^T$, em que T indica vetor transposto.

A solução completa está disponível no Ambiente de aprendizagem do GEN.

Experimente 12.3

Utilize o MATLAB, a Control System Toolbox e as instruções a seguir para resolver o Exercício 12.4.

```
A=[-24 1 0
   -191 0 1
   -504 0 0]
C=[1 0 0]
pos=20
Ts=2
z=(-log(pos/100))/...
 (sqrt(pi^2+...
 log(pos/100)^2));
wn=4/(z*Ts);
r=roots([1,2*z*wn,...
 wn^2]);
poles=10*[r' 10*...
 real(r(1))]
l=acker(A',C',poles)'
```

Nesta seção, projetamos um observador na forma canônica observável que utiliza a saída de um sistema para estimar as variáveis de estado. Na próxima seção, examinamos as condições nas quais um observador não pode ser projetado.

12.6 Observabilidade

Recorde que a capacidade de controlar todas as variáveis de estado é um requisito para o projeto de um controlador. Os ganhos de realimentação das variáveis de estado não podem ser projetados, se alguma variável de estado for não controlável. A não controlabilidade pode ser mais bem visualizada em sistemas diagonalizados. O diagrama de fluxo de sinal mostrou claramente que a variável de estado não controlável não estava conectada ao sinal de controle do sistema.

Um conceito semelhante rege nossa capacidade de criar um projeto de observador. Especificamente, estamos utilizando a saída de um sistema para estimar as variáveis de estado. Se alguma variável de estado não tiver efeito sobre a saída, então não podemos estimar essa variável de estado observando a saída.

A capacidade de observar uma variável de estado a partir da saída é mais bem visualizada em sistemas diagonalizados. A Figura 12.15(*a*) mostra um sistema em que cada variável de estado pode ser observada na saída, uma vez que cada uma delas está conectada à saída. A Figura 12.15(*b*) é um exemplo de sistema em que nem todas as variáveis de estado podem ser observadas na saída. Nesse caso, x_1 não está conectada à saída e

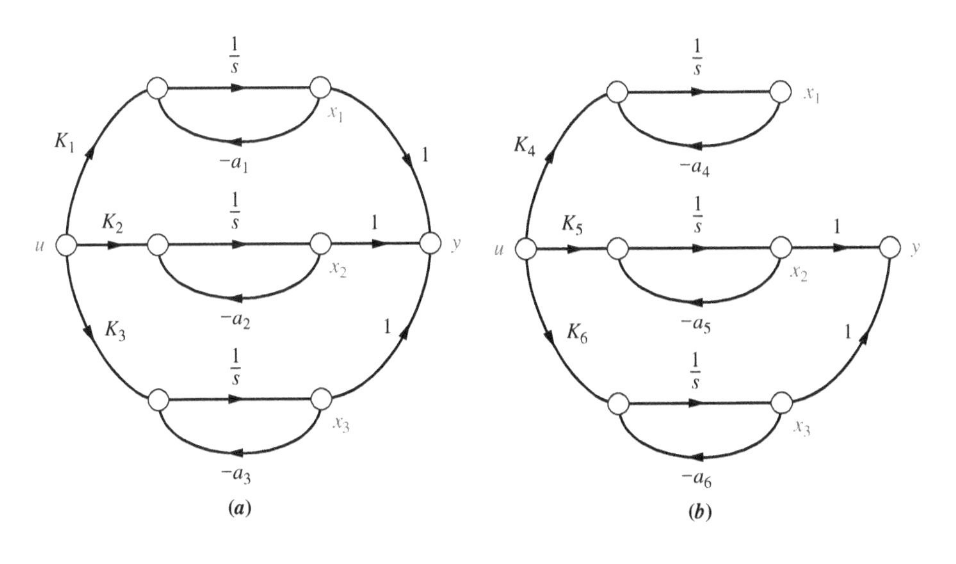

FIGURA 12.15 Comparação entre sistemas: **a.** observável; **b.** não observável.

não poderia ser estimada a partir de uma medida da saída. Declaramos agora a seguinte definição baseada na discussão anterior:

> Se o vetor de estado inicial, $\mathbf{x}(t_0)$, puder ser obtido a partir de $u(t)$ e $y(t)$ medidos durante um intervalo de tempo finito a partir de t_0, o sistema é dito *observável*; caso contrário, o sistema é dito *não observável*.

Enunciando de forma simples, a observabilidade é a capacidade de estimar as variáveis de estado a partir do conhecimento da entrada, $u(t)$, e da saída, $y(t)$. A alocação de polos de um observador é uma técnica de projeto viável apenas para sistemas observáveis. Esta seção mostra como determinar, *a priori*, se a alocação de polos é ou não uma técnica de projeto viável para um observador.

Observabilidade por Inspeção

Também podemos explorar a observabilidade a partir da equação de saída de um sistema diagonalizado. A equação de saída do sistema diagonalizado da Figura 12.15(*a*) é

$$y = \mathbf{Cx} = [1 \quad 1 \quad 1]\mathbf{x} \tag{12.76}$$

Por outro lado, a equação de saída do sistema não observável da Figura 12.15(*b*) é

$$y = \mathbf{Cx} = [0 \quad 1 \quad 1]\mathbf{x} \tag{12.77}$$

Observe que a primeira coluna da Equação (12.77) é zero. Nos sistemas representados na forma paralela com autovalores distintos, se alguma coluna da matriz de saída for zero, o sistema diagonal não é observável.

A Matriz de Observabilidade

Novamente, como para a controlabilidade, os sistemas representados em outras formas que não a diagonalizada não podem ser avaliados de forma confiável quanto à observabilidade por inspeção. Para determinar a observabilidade dos sistemas em qualquer representação ou escolha de variáveis de estado, uma matriz, que deve possuir uma propriedade particular se todas as variáveis de estado devem ser observadas na saída, pode ser deduzida. Declaramos agora os requisitos para observabilidade, incluindo a forma, a propriedade e o nome dessa matriz.

Uma planta de ordem n cujas equações de estado e de saída são, respectivamente,

$$\dot{\mathbf{x}} = \mathbf{Ax} + \mathbf{Bu} \tag{12.78a}$$

$$\mathbf{y} = \mathbf{Cx} \tag{12.78b}$$

é completamente observável,[7] se a matriz

$$\mathbf{O_M} = \begin{bmatrix} \mathbf{C} \\ \mathbf{CA} \\ \vdots \\ \mathbf{CA}^{n-1} \end{bmatrix} \tag{12.79}$$

tiver posto n, em que $\mathbf{O_M}$ é a chamada *matriz de observabilidade*.[8]

Os dois exemplos a seguir ilustram a utilização da matriz de observabilidade.

Exemplo 12.6

Observabilidade Via Matriz de Observabilidade

PROBLEMA: Determine se o sistema da Figura 12.16 é observável.

SOLUÇÃO: As equações de estado e de saída do sistema são

$$\dot{\mathbf{x}} = \mathbf{Ax} + \mathbf{B}u = \begin{bmatrix} 0 & 1 & 0 \\ 0 & 0 & 1 \\ -4 & -3 & -2 \end{bmatrix}\mathbf{x} + \begin{bmatrix} 0 \\ 0 \\ 1 \end{bmatrix}u \tag{12.80a}$$

---

[7] *Completamente observável* significa que todas as variáveis de estado são observáveis. Este livro utiliza *observável* com o significado de *completamente observável*.

[8] Ver *Ogata* (*1990*: *706-708*) para uma dedução.

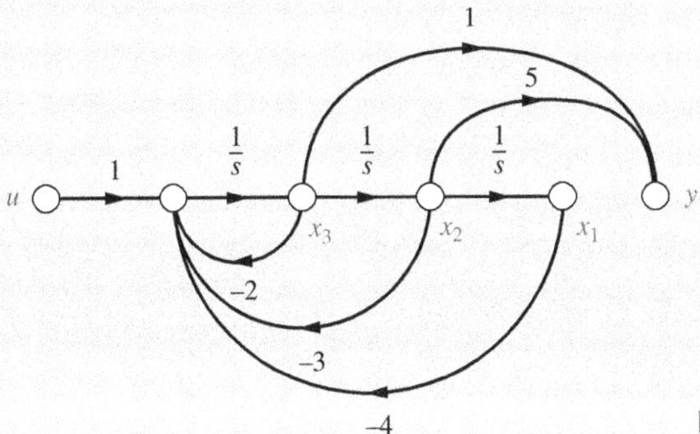

FIGURA 12.16 Sistema do Exemplo 12.6.

$$y = \mathbf{Cx} = [0 \quad 5 \quad 1]\mathbf{x} \qquad (12.80b)$$

Portanto, a matriz de observabilidade, $\mathbf{O_M}$, é

$$\mathbf{O_M} = \begin{bmatrix} \mathbf{C} \\ \mathbf{CA} \\ \mathbf{CA}^2 \end{bmatrix} = \begin{bmatrix} 0 & 5 & 1 \\ -4 & -3 & 3 \\ -12 & -13 & -9 \end{bmatrix} \qquad (12.81)$$

Como o determinante de $\mathbf{O_M}$ é igual a -344, $\mathbf{O_M}$ é de posto completo igual a 3. O sistema é, portanto, observável.

Você pode ter sido induzido a um erro e concluído por inspeção que o sistema é não observável porque a variável de estado x_1 não é alimentada *diretamente* para a saída. Lembre-se de que conclusões sobre a observabilidade por inspeção são válidas somente para sistemas diagonalizados que possuam autovalores distintos.

MATLAB **ML**

```
Os estudantes que estiverem usando o MATLAB devem, agora, executar o arquivo
ch12apB5 do Apêndice B. Você aprenderá como utilizar o MATLAB para testar
a observabilidade de um sistema. Este exercício resolve o Exemplo 12.6
utilizando o MATLAB.
```

Exemplo 12.7

Não Observabilidade Via Matriz de Observabilidade

PROBLEMA: Determine se o sistema da Figura 12.17 é observável.

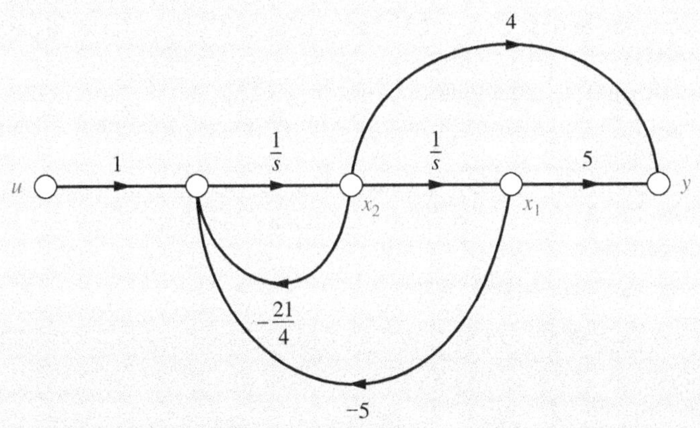

FIGURA 12.17 Sistema do Exemplo 12.7.

SOLUÇÃO: As equações de estado e de saída do sistema são

$$\dot{\mathbf{x}} = \mathbf{Ax} + \mathbf{B}u = \begin{bmatrix} 0 & 1 \\ -5 & -21/4 \end{bmatrix}\mathbf{x} + \begin{bmatrix} 0 \\ 1 \end{bmatrix}u \qquad (12.82a)$$

$$y = \mathbf{Cx} = [5 \quad 4]\mathbf{x} \qquad (12.82b)$$

A matriz de observabilidade, $\mathbf{O}_M$, para esse sistema é

$$\mathbf{O}_M = \begin{bmatrix} \mathbf{C} \\ \mathbf{CA} \end{bmatrix} = \begin{bmatrix} 5 & 4 \\ -20 & -16 \end{bmatrix} \quad (12.83)$$

O determinante dessa matriz de observabilidade é igual a zero. Assim, a matriz de observabilidade não possui posto completo, e o sistema não é observável.

Novamente, você pode concluir, por inspeção, que o sistema é observável porque todos os estados alimentam a saída. Lembre-se de que a observabilidade por inspeção é válida apenas para uma representação diagonalizada de um sistema com autovalores distintos.

Exercício 12.5

Experimente 12.4

Utilize o MATLAB, a Control System Toolbox e as instruções a seguir para resolver o Exercício 12.5.

```
A=[-2 -1 -3
    0 -2  1
   -7 -8 -9]
C=[4 6 8]
Om=obsv(A,C)
Rank=rank(Om)
```

PROBLEMA: Determine se o sistema

$$\dot{\mathbf{x}} = \mathbf{A}\mathbf{x} + \mathbf{B}u = \begin{bmatrix} -2 & -1 & -3 \\ 0 & -2 & 1 \\ -7 & -8 & -9 \end{bmatrix} \mathbf{x} + \begin{bmatrix} 2 \\ 1 \\ 2 \end{bmatrix} u$$

$$y = \mathbf{C}\mathbf{x} = [4 \quad 6 \quad 8]\mathbf{x}$$

é observável.

RESPOSTA: Observável.

A solução completa está disponível no Ambiente de aprendizagem do GEN.

Agora que discutimos a observabilidade e a matriz de observabilidade, estamos prontos para falar sobre o projeto de um observador para uma planta não representada na forma canônica observável.

12.7 Abordagens Alternativas para Projeto de Observador

Anteriormente neste capítulo, discutimos como projetar controladores para sistemas não representados na forma de variáveis de fase. Um dos métodos é igualar os coeficientes de $\det[s\mathbf{I} - (\mathbf{A} - \mathbf{BK})]$ aos coeficientes do polinômio característico desejado. Esse método pode resultar em cálculos complexos para os sistemas de ordem elevada. Outro método é transformar a planta para a forma de variáveis de fase, projetar o controlador e transformar o projeto de volta para a representação original da planta. As transformações foram deduzidas a partir da matriz de controlabilidade.

Nesta seção, utilizamos uma ideia parecida para o projeto de observadores não representados na forma canônica observável. Um método é igualar os coeficientes de $\det[s\mathbf{I} - (\mathbf{A} - \mathbf{LC})]$ aos coeficientes do polinômio característico desejado. Novamente, esse método pode resultar em cálculos complexos para sistemas de ordem elevada. Outro método é primeiro transformar a planta para a forma canônica observável, de modo que as equações de projeto sejam simples; em seguida, realizar o projeto na forma canônica observável e, finalmente, transformar o projeto de volta para a representação original.

Vamos seguir esse segundo método. Primeiro iremos deduzir a transformação entre uma representação de sistema e sua representação na forma canônica observável. Considere uma planta não representada na forma canônica observável,

$$\dot{\mathbf{z}} = \mathbf{A}\mathbf{z} + \mathbf{B}u \quad (12.84a)$$

$$y = \mathbf{C}\mathbf{z} \quad (12.84b)$$

cuja matriz de observabilidade é

$$\mathbf{O}_{Mz} = \begin{bmatrix} \mathbf{C} \\ \mathbf{CA} \\ \mathbf{CA}^2 \\ \vdots \\ \mathbf{CA}^{n-2} \\ \mathbf{CA}^{n-1} \end{bmatrix} \quad (12.85)$$

Agora, admita que o sistema possa ser transformado para a forma canônica observável, $\mathbf{x}$, com a transformação

$$\mathbf{z} = \mathbf{P}\mathbf{x} \tag{12.86}$$

Substituindo a Equação (12.86) nas Equações (12.84) e multiplicando a equação de estado à esquerda por $\mathbf{P}^{-1}$, constatamos que as equações de estado na forma canônica observável são

$$\dot{\mathbf{x}} = \mathbf{P}^{-1}\mathbf{A}\mathbf{P}\mathbf{x} + \mathbf{P}^{-1}\mathbf{B}u \tag{12.87a}$$

$$y = \mathbf{C}\mathbf{P}\mathbf{x} \tag{12.87b}$$

cuja matriz de observabilidade, $\mathbf{O}_{\mathbf{Mx}}$, é

$$\mathbf{O}_{\mathbf{Mx}} = \begin{bmatrix} \mathbf{CP} \\ \mathbf{CP}(\mathbf{P}^{-1}\mathbf{AP}) \\ \mathbf{CP}(\mathbf{P}^{-1}\mathbf{AP})(\mathbf{P}^{-1}\mathbf{AP}) \\ \vdots \\ \mathbf{CP}(\mathbf{P}^{-1}\mathbf{AP})(\mathbf{P}^{-1}\mathbf{AP})\cdots(\mathbf{P}^{-1}\mathbf{AP}) \end{bmatrix} = \begin{bmatrix} \mathbf{C} \\ \mathbf{CA} \\ \mathbf{CA}^2 \\ \vdots \\ \mathbf{CA}^{n-1} \end{bmatrix} P \tag{12.88}$$

Substituindo a Equação (12.85) na Equação (12.88) e resolvendo para $\mathbf{P}$, obtemos

$$\mathbf{P} = \mathbf{O}_{\mathbf{Mz}}^{-1}\mathbf{O}_{\mathbf{Mx}} \tag{12.89}$$

Portanto, a transformação, $\mathbf{P}$, pode ser obtida a partir das duas matrizes de observabilidade.

Após transformar a planta para a forma canônica observável, projetamos os ganhos de realimentação, $\mathbf{L}_x$, como na Seção 12.5. Utilizando as matrizes das Equações (12.87) e a forma sugerida pelas Equações (12.64), temos

$$\dot{\mathbf{e}}_{\mathbf{x}} = (\mathbf{P}^{-1}\mathbf{A}\mathbf{P} - \mathbf{L}_{\mathbf{x}}\mathbf{C}\mathbf{P})\mathbf{e}_{\mathbf{x}} \tag{12.90a}$$

$$y - \hat{y} = \mathbf{C}\mathbf{P}\mathbf{e}_{\mathbf{x}} \tag{12.90b}$$

Como $\mathbf{x} = \mathbf{P}^{-1}\mathbf{z}$ e $\hat{\mathbf{x}} = \mathbf{P}^{-1}\hat{\mathbf{z}}$, então $\mathbf{e}_x = \mathbf{x} - \hat{\mathbf{x}} = \mathbf{P}^{-1}\mathbf{e}_z$. Substituindo $\mathbf{e}_x = \mathbf{P}^{-1}\mathbf{e}_z$ nas Equações (12.90) as transformamos de volta para a representação original. O resultado é

$$\dot{\mathbf{e}}_{\mathbf{z}} = (\mathbf{A} - \mathbf{P}\mathbf{L}_{\mathbf{x}}\mathbf{C})\mathbf{e}_{\mathbf{z}} \tag{12.91a}$$

$$y - \hat{y} = \mathbf{C}\mathbf{e}_{\mathbf{z}} \tag{12.91b}$$

Comparando a Equação (12.91a) com a Equação (12.64a), observamos que o vetor de ganho do observador é

$$\mathbf{L}_{\mathbf{z}} = \mathbf{L}\mathbf{P}_{\mathbf{x}} \tag{12.92}$$

Demonstramos agora o projeto de um observador para uma planta não representada na forma canônica observável. O primeiro exemplo utiliza transformações para e de volta da forma canônica observável. O segundo exemplo iguala coeficientes sem a transformação. Esse método, contudo, pode se tornar difícil se a ordem do sistema for elevada.

Exemplo 12.8

Projeto de Observador Via Transformação

PROBLEMA: Projete um observador para a planta

$$G(s) = \frac{1}{(s+1)(s+2)(s+5)} \tag{12.93}$$

representada na forma em cascata. O desempenho em malha fechada do observador é regido pelo polinômio característico utilizado no Exemplo 12.5: $s^3 + 120s^2 + 2500s + 50.000$.

SOLUÇÃO: Primeiro represente a planta na sua forma original em cascata.

$$\dot{\mathbf{z}} = \mathbf{A}\mathbf{z} + \mathbf{B}u = \begin{bmatrix} -5 & 1 & 0 \\ 0 & -2 & 1 \\ 0 & 0 & -1 \end{bmatrix}\mathbf{z} + \begin{bmatrix} 0 \\ 0 \\ 1 \end{bmatrix}u \tag{12.94a}$$

$$y = \mathbf{C}\mathbf{z} = [1 \quad 0 \quad 0]\mathbf{z} \tag{12.94b}$$

A matriz de observabilidade, $\mathbf{O}_{Mz}$, é

$$\mathbf{O}_{Mz} = \begin{bmatrix} \mathbf{C} \\ \mathbf{CA} \\ \mathbf{CA}^2 \end{bmatrix} = \begin{bmatrix} 1 & 0 & 0 \\ -5 & 1 & 0 \\ 25 & -7 & 1 \end{bmatrix} \tag{12.95}$$

cujo determinante é igual a 1. Portanto, a planta é observável.

A equação característica da planta é

$$\det(s\mathbf{I} - \mathbf{A}) = s^3 + 8s^2 + 17s + 10 = 0 \tag{12.96}$$

Podemos utilizar os coeficientes desse polinômio característico para obter a forma canônica observável

$$\dot{\mathbf{x}} = \mathbf{A_x x} + \mathbf{B_x} u \tag{12.97a}$$

$$y = \mathbf{C_x x} \tag{12.97b}$$

em que

$$\mathbf{A_x} = \begin{bmatrix} -8 & 1 & 0 \\ -17 & 0 & 1 \\ -10 & 0 & 0 \end{bmatrix}; \quad \mathbf{C_x} = [1 \quad 0 \quad 0] \tag{12.98}$$

A matriz de observabilidade para a forma canônica observável é

$$\mathbf{O}_{Mx} = \begin{bmatrix} \mathbf{C_x} \\ \mathbf{C_x A_x} \\ \mathbf{C_x A_x^2} \end{bmatrix} = \begin{bmatrix} 1 & 0 & 0 \\ -8 & 1 & 0 \\ 47 & -8 & 1 \end{bmatrix} \tag{12.99}$$

Projetamos agora o observador para a forma canônica observável. Primeiro construa $(\mathbf{A_x} - \mathbf{L_x C_x})$,

$$\mathbf{A_x} - \mathbf{L_x C_x} = \begin{bmatrix} -8 & 1 & 0 \\ -17 & 0 & 1 \\ -10 & 0 & 0 \end{bmatrix} - \begin{bmatrix} l_1 \\ l_2 \\ l_3 \end{bmatrix} [1 \quad 0 \quad 0] = \begin{bmatrix} -(8 + l_1) & 1 & 0 \\ -(17 + l_2) & 0 & 1 \\ -(10 + l_3) & 0 & 0 \end{bmatrix} \tag{12.100}$$

cujo polinômio característico é

$$\det[s\mathbf{I} - (\mathbf{A_x} - \mathbf{L_x C_x})] = s^3 + (8 + l_1)s^2 + (17 + l_2)s + (10 + l_3) \tag{12.101}$$

Igualando esse polinômio à equação característica do observador em malha fechada desejada, $s^3 + 120s^2 + 2500s + 50.000$, obtemos

$$\mathbf{L_x} = \begin{bmatrix} 112 \\ 2483 \\ 49.990 \end{bmatrix} \tag{12.102}$$

Agora transforme o projeto de volta para a representação original. Utilizando a Equação (12.89), a matriz de transformação é

$$\mathbf{P} = \mathbf{O}_{Mz}^{-1}\mathbf{O}_{Mx} = \begin{bmatrix} 1 & 0 & 0 \\ -3 & 1 & 0 \\ 1 & -1 & 1 \end{bmatrix} \tag{12.103}$$

Transformando $\mathbf{L_x}$ para a representação original, obtemos

$$\mathbf{L_z} = \mathbf{PL_x} = \begin{bmatrix} 112 \\ 2147 \\ 47.619 \end{bmatrix} \tag{12.104}$$

A configuração final é mostrada na Figura 12.18.

Uma simulação do observador é mostrada na Figura 12.19(*a*). Para demonstrar o efeito do projeto do observador, a Figura 12.19(*b*) mostra a velocidade reduzida se o observador for simplesmente uma cópia da planta e todos os caminhos de realimentação forem desconectados.

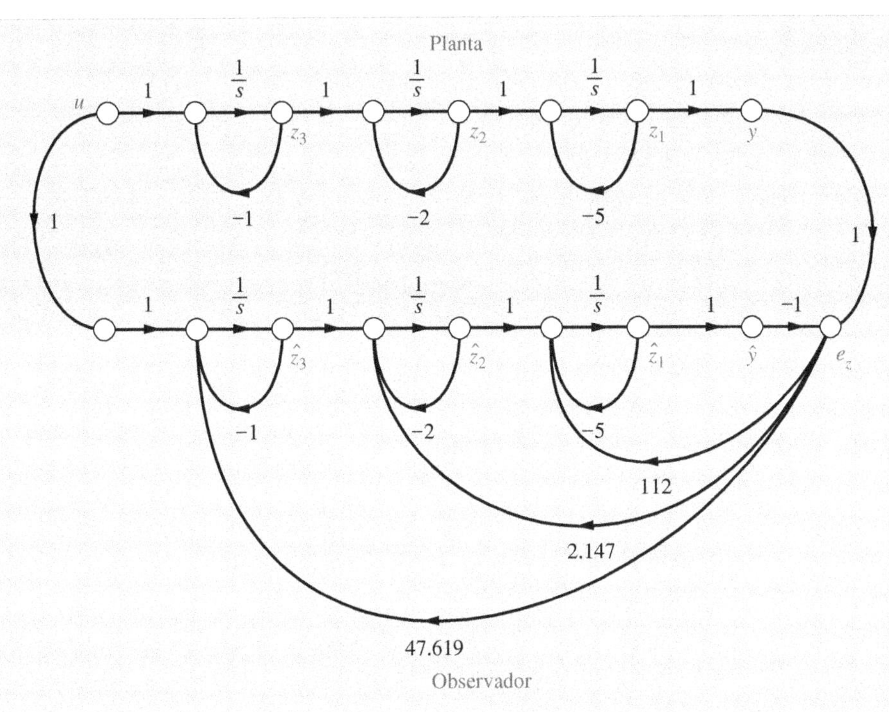

FIGURA 12.18 Projeto de observador.

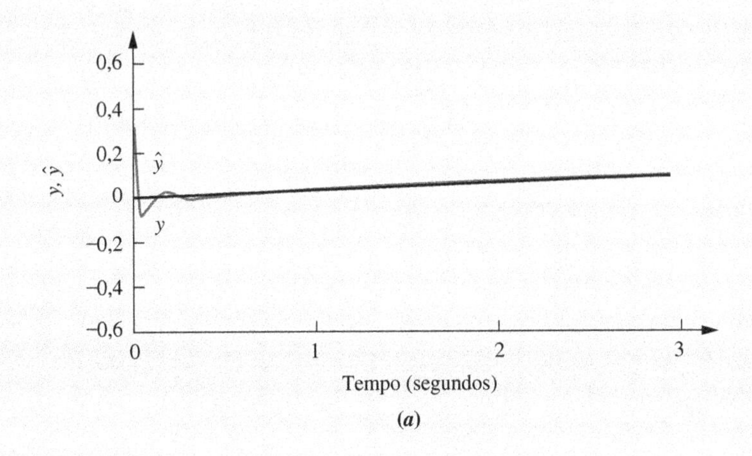

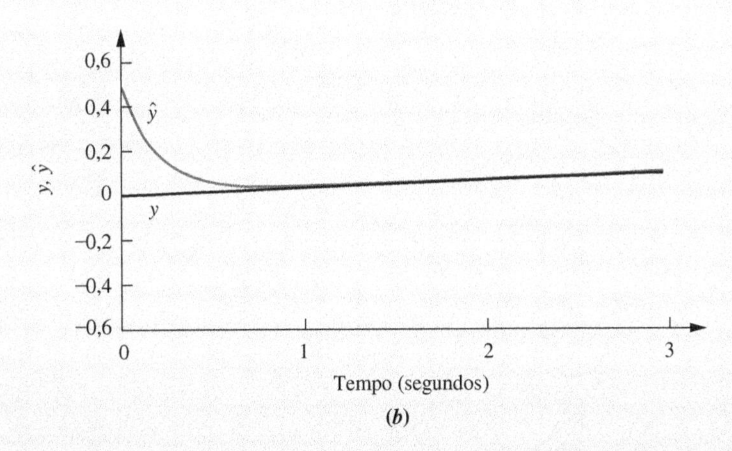

FIGURA 12.19 Simulação da resposta ao degrau do projeto de observador: **a.** observador em malha fechada; **b.** observador em malha aberta com os ganhos do observador desconectados.

MATLAB

ML

Os estudantes que estiverem usando o MATLAB devem, agora, executar o arquivo ch12apB6 do Apêndice B. Você aprenderá como utilizar o MATLAB para projetar um observador para uma planta não representada na forma canônica observável. Você verá que o MATLAB não requer a transformação para a forma canônica observável. Este exercício resolve o Exemplo 12.8 utilizando o MATLAB.

Exemplo 12.9

Projeto de Observador Igualando Coeficientes

PROBLEMA: Um modelo escalonado no tempo para o nível de glicose no sangue é mostrado na Equação (12.105). A saída é o desvio da concentração de glicose a partir de seu valor médio em mg/100 ml, e a entrada é a taxa de injeção intravenosa de glicose em g/kg/h (*Milhorn, 1966*).

$$G(s) = \frac{407(s+0{,}916)}{(s+1{,}27)(s+2{,}69)} \tag{12.105}$$

Projete um observador para variáveis de fase com uma resposta transitória descrita por $\zeta = 0{,}7$ e $\omega_n = 100$.

SOLUÇÃO: Podemos primeiro modelar a planta na forma de variáveis de fase. O resultado é mostrado na Figura 12.20(*a*).

Para a planta,

$$\mathbf{A} = \begin{bmatrix} 0 & 1 \\ -3{,}42 & -3{,}96 \end{bmatrix}; \quad \mathbf{C} = [372{,}81 \quad 407] \tag{12.106}$$

O cálculo da matriz de observabilidade, $\mathbf{O_M} = [\mathbf{C} \quad \mathbf{CA}]^T$, mostra que a planta é observável e podemos prosseguir com o projeto. Em seguida, determine a equação característica do observador. Primeiro temos

$$\begin{aligned} \mathbf{A} - \mathbf{LC} &= \begin{bmatrix} 0 & 1 \\ -3{,}42 & -3{,}96 \end{bmatrix} - \begin{bmatrix} l_1 \\ l_2 \end{bmatrix} [372{,}81 \quad 407] \\ &= \begin{bmatrix} -372{,}81 l_1 & (1 - 407 l_1) \\ -(3{,}42 + 372{,}81 l_2) & -(3{,}96 + 407 l_2) \end{bmatrix} \end{aligned} \tag{12.107}$$

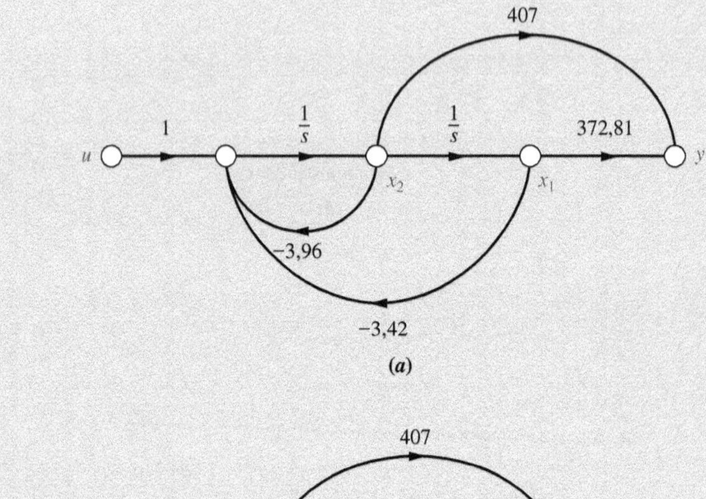

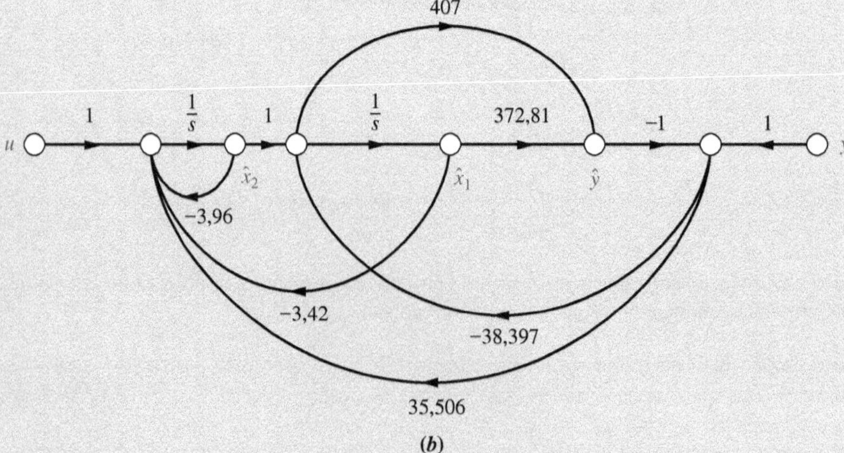

FIGURA 12.20 **a.** Planta; **b.** observador projetado para o Exemplo 12.9.

Agora calcule $\det[\lambda\mathbf{I} - (\mathbf{A} - \mathbf{LC})] = 0$ para obter a equação característica:

$$\det[\lambda\mathbf{I} - (\mathbf{A} - \mathbf{LC})] = \det\begin{bmatrix} (\lambda + 372{,}81l_1) & -(1 - 407l_1) \\ (3{,}42 + 372{,}81l_2) & (\lambda + 3{,}96 + 407l_2) \end{bmatrix}$$
$$= \lambda^2 + (3{,}96 + 372{,}81l_1 + 407l_2)\lambda + (3{,}42 + 84{,}39l_1 + 372{,}81l_2)$$
$$= 0 \quad (12.108)$$

A partir do enunciado do problema, desejamos $\zeta = 0{,}7$ e $\omega_n = 100$. Portanto,

$$\lambda^2 + 140\lambda + 10.000 = 0 \quad (12.109)$$

Comparando os coeficientes das Equações (12.108) e (12.109), obtemos os valores de l_1 e l_2 como $-38{,}397$ e 35,506, respectivamente. Utilizando a Equação (12.60), em que

$$\mathbf{A} = \begin{bmatrix} 0 & 1 \\ -3{,}42 & -3{,}96 \end{bmatrix}; \quad \mathbf{B} = \begin{bmatrix} 0 \\ 1 \end{bmatrix}; \quad \mathbf{C} = [372{,}81 \quad 407];$$
$$\mathbf{L} = \begin{bmatrix} -38{,}397 \\ 35{,}506 \end{bmatrix} \quad (12.110)$$

o observador é implementado e mostrado na Figura 12.20(*b*).

Exercício 12.6

PROBLEMA: Projete um observador para a planta

$$G(s) = \frac{1}{(s+7)(s+8)(s+9)}$$

cuja planta estimada é representada no espaço de estados na forma em cascata como

$$\dot{\hat{\mathbf{z}}} = \mathbf{A}\hat{\mathbf{z}} + \mathbf{B}u = \begin{bmatrix} -7 & 1 & 0 \\ 0 & -8 & 1 \\ 0 & 0 & -9 \end{bmatrix}\hat{\mathbf{z}} + \begin{bmatrix} 0 \\ 0 \\ 1 \end{bmatrix}u$$
$$\hat{y} = \mathbf{C}\hat{\mathbf{x}} = [1 \quad 0 \quad 0]\hat{\mathbf{z}}$$

A resposta ao degrau em malha fechada do observador deve ter 10 % de ultrapassagem com um tempo de acomodação de 0,1 segundo.

RESPOSTA:

$$\mathbf{L_z} = \begin{bmatrix} 456 \\ 28.640 \\ 1{,}54 \times 10^6 \end{bmatrix}$$

A solução completa está disponível no Ambiente de aprendizagem do GEN.

Agora que exploramos o projeto da resposta transitória utilizando técnicas do espaço de estados, vamos voltar nossa atenção para o projeto de características de erro em regime permanente.

12.8 Projeto de Erro em Regime Permanente Via Controle Integral

Na Seção 7.8, discutimos como *analisar* sistemas representados no espaço de estados quanto ao erro em regime permanente. Nesta seção, discutimos como *projetar* sistemas representados no espaço de estados com relação ao erro em regime permanente.

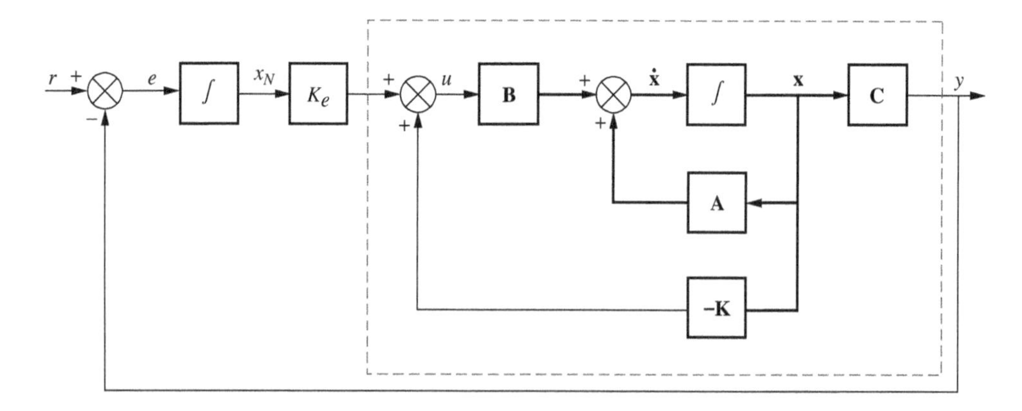

FIGURA 12.21 Controle integral para projeto de erro em regime permanente.

Considere a Figura 12.21. O controlador projetado anteriormente, discutido na Seção 12.2, é mostrado no interior do retângulo tracejado. Um caminho de realimentação a partir da saída foi acrescentado para formar o erro, e, o qual é alimentado à frente para a planta controlada através de um integrador. O integrador aumenta o tipo do sistema e reduz o erro finito anterior a zero. Iremos agora deduzir a forma das equações de estado para o sistema da Figura 12.21 e, em seguida, usaremos essa forma para projetar um controlador. Assim, seremos capazes de projetar um sistema para erro em regime permanente nulo para uma entrada em degrau, bem como projetar a resposta transitória desejada.

Uma variável de estado adicional, x_N, foi acrescentada na saída do integrador mais à esquerda. O erro é a derivada desta variável. Agora, a partir da Figura 12.21,

$$\dot{x}_N = r - \mathbf{C}\mathbf{x} \tag{12.111}$$

Escrevendo as equações de estado a partir da Figura 12.21, temos

$$\dot{\mathbf{x}} = \mathbf{A}\mathbf{x} + \mathbf{B}u \tag{12.112a}$$

$$\dot{x}_N = -\mathbf{C}\mathbf{x} + r \tag{12.112b}$$

$$y = \mathbf{C}\mathbf{x} \tag{12.112c}$$

As Equações (12.112) podem ser escritas como vetores e matrizes aumentados. Assim,

$$\begin{bmatrix} \dot{\mathbf{x}} \\ \dot{x}_N \end{bmatrix} = \begin{bmatrix} \mathbf{A} & 0 \\ -\mathbf{C} & 0 \end{bmatrix} \begin{bmatrix} \mathbf{x} \\ x_N \end{bmatrix} + \begin{bmatrix} \mathbf{B} \\ 0 \end{bmatrix} u + \begin{bmatrix} \mathbf{0} \\ 1 \end{bmatrix} r \tag{12.113a}$$

$$y = [\mathbf{C} \quad 0] \begin{bmatrix} \mathbf{x} \\ x_N \end{bmatrix} \tag{12.113b}$$

Mas

$$u = -\mathbf{K}\mathbf{x} + K_e x_N = -[\mathbf{K} \quad -K_e] \begin{bmatrix} \mathbf{x} \\ x_N \end{bmatrix} \tag{12.114}$$

Substituindo a Equação (12.114) na Equação (12.113a) e simplificando, obtemos

$$\begin{bmatrix} \dot{\mathbf{x}} \\ \dot{x}_N \end{bmatrix} = \begin{bmatrix} (\mathbf{A} - \mathbf{B}\mathbf{K}) & \mathbf{B}K_e \\ -\mathbf{C} & 0 \end{bmatrix} \begin{bmatrix} \mathbf{x} \\ x_N \end{bmatrix} + \begin{bmatrix} \mathbf{0} \\ 1 \end{bmatrix} r \tag{12.115a}$$

$$y = [\mathbf{C} \quad 0] \begin{bmatrix} \mathbf{x} \\ x_N \end{bmatrix} \tag{12.115b}$$

Portanto, o tipo do sistema foi aumentado e podemos utilizar a equação característica associada à Equação (12.115a) para projetar **K** e K_e a fim de resultar na resposta transitória desejada. Perceba que agora temos um polo adicional para alocar. O efeito sobre a resposta transitória de quaisquer zeros em malha fechada no projeto final também deve ser levado em consideração. Uma hipótese possível é que os zeros em malha fechada serão os mesmos da planta em malha aberta. Esta hipótese, que naturalmente deve ser verificada, sugere a alocação de polos de ordem superior nas posições dos zeros em malha fechada. Vamos demonstrar com um exemplo.

Exemplo 12.10

Projeto de Controle Integral

PROBLEMA: Considere a planta das Equações (12.116):

$$\dot{\mathbf{x}} = \begin{bmatrix} 0 & 1 \\ -3 & -5 \end{bmatrix}\mathbf{x} + \begin{bmatrix} 0 \\ 1 \end{bmatrix}u \tag{12.116a}$$

$$y = [1 \quad 0]\mathbf{x} \tag{12.116b}$$

a. Projete um controlador sem controle integral para resultar em uma ultrapassagem de 10 % e um tempo de acomodação de 0,5 segundo. Calcule o erro em regime permanente para uma entrada em degrau unitário.
b. Repita o projeto de do Item **a** utilizando controle integral. Calcule o erro em regime permanente para uma entrada em degrau unitário.

SOLUÇÃO:

a. Utilizando os requisitos de tempo de acomodação e ultrapassagem percentual, determinamos que o polinômio característico desejado é

$$s^2 + 16s + 183{,}1 \tag{12.117}$$

Como a planta está representada na forma de variáveis de fase, o polinômio característico para a planta controlada com realimentação de variáveis de estado é

$$s^2 + (5 + k_2)s + (3 + k_1) \tag{12.118}$$

Igualando os coeficientes das Equações (12.117) e (12.118), temos

$$\mathbf{K} = [k_1 \quad k_2] = [180{,}1 \quad 11] \tag{12.119}$$

A partir das Equações (12.3), a planta controlada com realimentação de variáveis de estado na forma de variáveis de fase é

$$\dot{\mathbf{x}} = (\mathbf{A} - \mathbf{BK})\mathbf{x} + \mathbf{B}r = \begin{bmatrix} 0 & 1 \\ -183{,}1 & -16 \end{bmatrix}\mathbf{x} + \begin{bmatrix} 0 \\ 1 \end{bmatrix}r \tag{12.120a}$$

$$y = \mathbf{Cx} = [1 \quad 0]\mathbf{x} \tag{12.120b}$$

Utilizando a Equação (7.96), determinamos que o erro em regime permanente para uma entrada em degrau é

$$\begin{aligned} e(\infty) &= 1 + \mathbf{C}(\mathbf{A} - \mathbf{BK})^{-1}\mathbf{B} \\ &= 1 + [1 \quad 0]\begin{bmatrix} 0 & 1 \\ -183{,}1 & -16 \end{bmatrix}^{-1}\begin{bmatrix} 0 \\ 1 \end{bmatrix} \\ &= 0{,}995 \end{aligned} \tag{12.121}$$

b. Utilizamos agora as Equações (12.115) para representar a planta controlada com integração, como a seguir:

$$\begin{bmatrix} \dot{x}_1 \\ \dot{x}_2 \\ \dot{x}_N \end{bmatrix} = \begin{bmatrix} \left(\begin{bmatrix} 0 & 1 \\ -3 & -5 \end{bmatrix} - \begin{bmatrix} 0 \\ 1 \end{bmatrix}[k_1 \quad k_2]\right) & \begin{bmatrix} 0 \\ 1 \end{bmatrix}K_e \\ -[1 \quad 0] & 0 \end{bmatrix}\begin{bmatrix} x_1 \\ x_2 \\ x_N \end{bmatrix} + \begin{bmatrix} 0 \\ 0 \\ 1 \end{bmatrix}r$$

$$= \begin{bmatrix} 0 & 1 & 0 \\ -(3 + k_1) & -(5 + k_2) & K_e \\ -1 & 0 & 0 \end{bmatrix}\begin{bmatrix} x_1 \\ x_2 \\ x_N \end{bmatrix} + \begin{bmatrix} 0 \\ 0 \\ 1 \end{bmatrix}r \tag{12.122a}$$

$$y = [1 \quad 0 \quad 0]\begin{bmatrix} x_1 \\ x_2 \\ x_N \end{bmatrix} \tag{12.122b}$$

Utilizando a Equação (3.73) e a planta das Equações (12.116), constatamos que a função de transferência da planta é $G(s) = 1/(s^2 + 5s + 3)$. O polinômio característico desejado para o sistema controlado com integração em malha fechada é mostrado na Equação (12.117). Como a planta não possui zeros, admitimos que não existam zeros no sistema em malha fechada, e aumentamos a Equação (12.117) com um terceiro polo, $(s + 100)$, que possui uma parte real maior que cinco vezes a dos polos dominantes de segunda ordem. O polinômio característico desejado do sistema de terceira ordem em malha fechada é

$$(s+100)(s^2+16s+183{,}1)=s^3+116s^2+1783{,}1s+18.310 \quad (12.123)$$

O polinômio característico para o sistema das Equações (12.112) é

$$s^3+(5+k_2)s^2+(3+k_1)s+K_e \quad (12.124)$$

Igualando os coeficientes das Equações (12.123) e (12.124), obtemos

$$k_1 = 1780{,}1 \quad (12.125a)$$

$$k_2 = 111 \quad (12.125b)$$

$$k_e = 18.310 \quad (12.125c)$$

Substituindo esses valores nas Equações (12.122), resulta o sistema controlado com integração em malha fechada:

$$\begin{bmatrix}\dot{x}_1\\ \dot{x}_2\\ \dot{x}_N\end{bmatrix}=\begin{bmatrix}0 & 1 & 0\\ -1783{,}1 & -116 & 18.310\\ -1 & 0 & 0\end{bmatrix}\begin{bmatrix}x_1\\ x_2\\ x_N\end{bmatrix}+\begin{bmatrix}0\\ 0\\ 1\end{bmatrix}r \quad (12.126a)$$

$$y=\begin{bmatrix}1 & 0 & 0\end{bmatrix}\begin{bmatrix}x_1\\ x_2\\ x_N\end{bmatrix} \quad (12.126b)$$

Para verificar nossa hipótese quanto aos zeros, aplicamos agora a Equação (3.73) às Equações (12.126) e obtemos a função de transferência em malha fechada como

$$T(s)=\frac{18.310}{s^3+116s^2+1783{,}1s+18.310} \quad (12.127)$$

Como a função de transferência corresponde ao nosso projeto, temos a resposta transitória desejada.

Agora, vamos determinar o erro em regime permanente para uma entrada em degrau unitário. Aplicando a Equação (7.96) às Equações (12.126), obtemos

$$e(\infty)=1+\begin{bmatrix}1 & 0 & 0\end{bmatrix}\begin{bmatrix}0 & 1 & 0\\ -1783{,}1 & -116 & 18.310\\ -1 & 0 & 0\end{bmatrix}^{-1}\begin{bmatrix}0\\ 0\\ 1\end{bmatrix}=0 \quad (12.128)$$

Portanto, o sistema se comporta como um sistema do Tipo 1.

Exercício 12.7

PROBLEMA: Projete um controlador integral para a planta

$$\dot{\mathbf{x}}=\begin{bmatrix}0 & 1\\ -7 & -9\end{bmatrix}\mathbf{x}+\begin{bmatrix}0\\ 1\end{bmatrix}u$$

$$y=\begin{bmatrix}4 & 1\end{bmatrix}\mathbf{x}$$

para resultar em uma resposta ao degrau com 10 % de ultrapassagem, um instante de pico de 2 segundos e erro em regime permanente nulo.

RESPOSTA: $\mathbf{K}=\begin{bmatrix}2{,}21 & -2{,}7\end{bmatrix}$, $K_e=3{,}79$

A solução completa está disponível no Ambiente de aprendizagem do GEN.

Agora que projetamos controladores e observadores para resposta transitória e para erro em regime permanente, resumimos o capítulo com um estudo de caso demonstrando o processo de projeto.

Estudos de Caso

Projeto

P

Controle de Antena: Projeto de Controlador e Observador

Neste estudo de caso, utilizamos nosso sistema de controle de posição de azimute de antena para demonstrar o projeto combinado de um controlador e de um observador. Admitiremos que os estados não estejam disponíveis e devem ser estimados a partir da saída. O diagrama de blocos do sistema original é mostrado no Apêndice A2, Configuração 1. Ajustando arbitrariamente o ganho do pré-amplificador em 200 e removendo a realimentação existente, a função de transferência à frente é simplificada para a mostrada na Figura 12.22.

$U(s) = E(s)$ → $\dfrac{1325}{s(s+1{,}71)(s+100)}$ → $Y(s) = \theta_o(s)$

FIGURA 12.22 Diagrama de blocos simplificado do sistema de controle de antena mostrado no Apêndice A2 (Configuração 1) com $K = 200$.

O estudo de caso especificará uma resposta transitória para o sistema e uma resposta transitória mais rápida para o observador. A configuração final de projeto consistirá na planta, no observador e no controlador, como mostrado conceitualmente na Figura 12.23. Os projetos do observador e do controlador serão separados.

PROBLEMA: Utilizando o diagrama de blocos simplificado da planta para o sistema de controle de posição de azimute de antena, mostrado na Figura 12.22, projete um controlador para resultar em uma ultrapassagem de 10 % e um tempo de acomodação de 1 segundo. Aloque o terceiro polo 10 vezes mais longe do eixo imaginário que o par de polos dominantes de segunda ordem.

Admita que as variáveis de estado da planta não estejam acessíveis e projete um observador para estimar os estados. A resposta transitória desejada para o observador é uma ultrapassagem de 10 % e uma frequência natural 10 vezes maior que a da resposta do sistema especificada anteriormente. Como no caso do controlador, aloque o terceiro polo 10 vezes mais longe do eixo imaginário que o par de polos dominantes de segunda ordem do observador.

SOLUÇÃO: **Projeto do Controlador:** Primeiro projetamos o controlador determinando a equação característica desejada. Uma ultrapassagem de 10 % e um tempo de acomodação de 1 segundo resultam em $\zeta = 0{,}591$ e $\omega_n = 6{,}77$. Assim, a equação característica para os polos dominantes é $s^2 + 8s + 45{,}8 = 0$, em que os polos dominantes estão situados em $-4 \pm j5{,}46$. O terceiro polo estará 10 vezes mais longe do eixo imaginário, ou em -40. Portanto, a equação característica desejada para o sistema em malha fechada é

$$(s^2 + 8s + 45{,}8)(s + 40) = s^3 + 48s^2 + 365{,}8s + 1832 = 0 \tag{12.129}$$

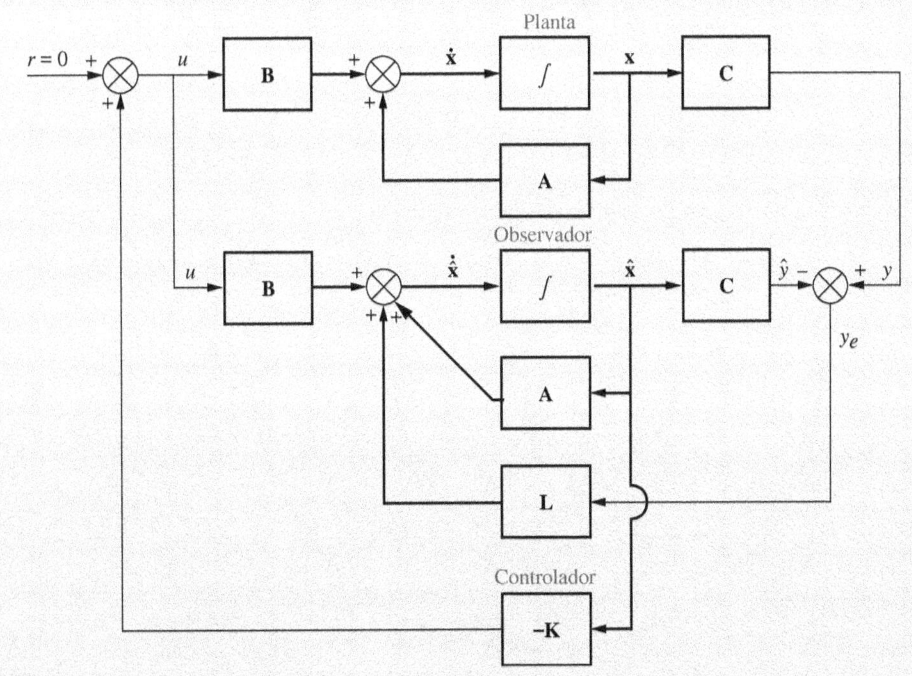

FIGURA 12.23 Configuração conceitual de projeto no espaço de estados, mostrando a planta, o observador e o controlador.

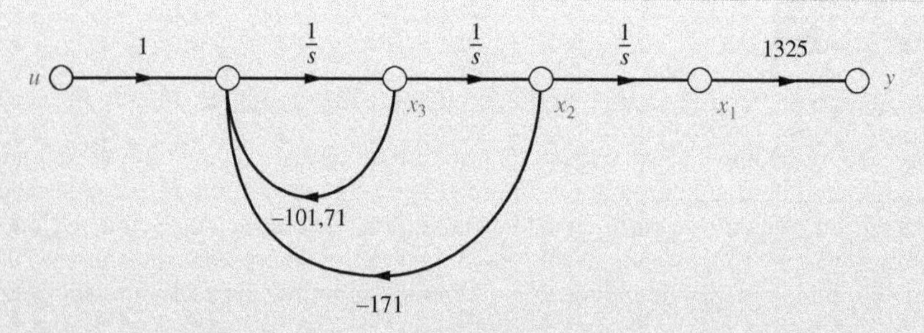

FIGURA 12.24 Diagrama de fluxo de sinal para $G(s) = 1325/[s(s^2 + 101{,}71s + 171)]$.

Em seguida, determinamos a equação característica real do sistema em malha fechada. O primeiro passo é modelar o sistema em malha fechada no espaço de estados e então obter sua equação característica. A partir da Figura 12.22, a função de transferência da planta é

$$G(s) = \frac{1325}{s(s+1{,}71)(s+100)} = \frac{1325}{s(s^2+101{,}71s+171)} \quad (12.130)$$

Utilizando variáveis de fase, essa função de transferência é convertida no diagrama de fluxo de sinal mostrado na Figura 12.24, e as equações de estado são escritas como a seguir:

$$\dot{\mathbf{x}} = \begin{bmatrix} 0 & 1 & 0 \\ 0 & 0 & 1 \\ 0 & -171 & -101{,}71 \end{bmatrix}\mathbf{x} + \begin{bmatrix} 0 \\ 0 \\ 1 \end{bmatrix}u = \mathbf{Ax} + \mathbf{B}u \quad (12.131a)$$

$$y = \begin{bmatrix} 1325 & 0 & 0 \end{bmatrix}\mathbf{x} = \mathbf{Cx} \quad (12.131b)$$

Fazemos agora uma pausa em nosso projeto para verificar a controlabilidade do sistema. A matriz de controlabilidade, $\mathbf{C_M}$, é

$$\mathbf{C_M} = \begin{bmatrix} \mathbf{B} & \mathbf{AB} & \mathbf{A}^2\mathbf{B} \end{bmatrix} \begin{bmatrix} 0 & 0 & 1 \\ 0 & 1 & -101{,}71 \\ 1 & -101{,}71 & 10.173{,}92 \end{bmatrix} \quad (12.132)$$

O determinante de $\mathbf{C_M}$ é -1; portanto, o sistema é controlável.

Continuando com o projeto do controlador, mostramos a configuração do controlador com a realimentação a partir de todas as variáveis de estado na Figura 12.25. Determinamos agora a equação característica do sistema da Figura 12.25. A partir das Equações (12.7) e (12.131a), a matriz de sistema, $\mathbf{A} - \mathbf{BK}$, é

$$\mathbf{A} - \mathbf{BK} = \begin{bmatrix} 0 & 1 & 0 \\ 0 & 0 & 1 \\ -k_1 & -(171+k_2) & -(101{,}71+k_3) \end{bmatrix} \quad (12.133)$$

Portanto, a equação característica do sistema em malha fechada é

$$\det[s\mathbf{I} - (\mathbf{A} - \mathbf{BK})] = s^3 + (101{,}71 + k_3)s^2 + (171 + k_2)s + k_1 = 0 \quad (12.134)$$

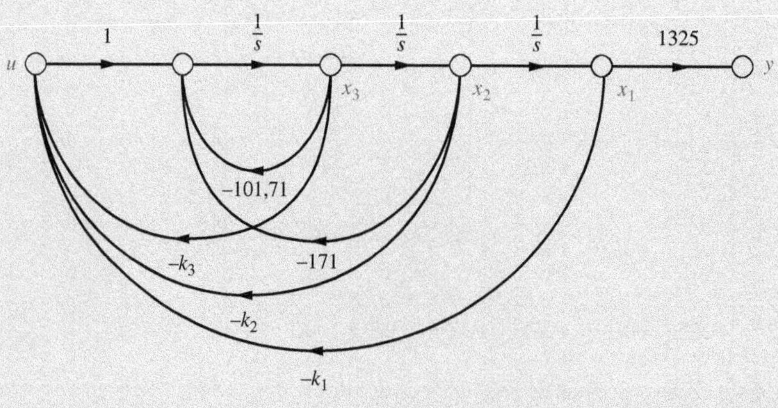

FIGURA 12.25 Planta com realimentação de variáveis de estado para o projeto do controlador.

Igualando os coeficientes da Equação (12.129) com os da Equação (12.134), calculamos os k_i, como a seguir:

$$k_1 = 1832 \quad (12.135a)$$
$$k_2 = 194{,}8 \quad (12.135b)$$
$$k_3 = -53{,}71 \quad (12.135c)$$

Projeto do Observador: Antes de projetar o observador, testamos a observabilidade do sistema. Utilizando as matrizes **A** e **C** das Equações (12.131), a matriz de observabilidade, $\mathbf{O_M}$, é

$$\mathbf{O_M} = \begin{bmatrix} \mathbf{C} \\ \mathbf{CA} \\ \mathbf{CA}^2 \end{bmatrix} = \begin{bmatrix} 1325 & 0 & 0 \\ 0 & 1325 & 0 \\ 0 & 0 & 1325 \end{bmatrix} \quad (12.136)$$

O determinante de $\mathbf{O_M}$ é 1325^3. Portanto, $\mathbf{O_M}$ tem posto 3, e o sistema é observável.

Prosseguimos agora com o projeto do observador. Como a ordem do sistema não é elevada, projetaremos o observador diretamente, sem converter primeiro para a forma canônica observável. A partir da Equação (12.64a), precisamos primeiro obter $\mathbf{A} - \mathbf{LC}$. **A** e **C** das Equações (12.131), junto com

$$\mathbf{L} = \begin{bmatrix} l_1 \\ l_2 \\ l_3 \end{bmatrix} \quad (12.137)$$

são utilizadas para obter $\mathbf{A} - \mathbf{LC}$ como a seguir:

$$\mathbf{A} - \mathbf{LC} = \begin{bmatrix} -1325l_1 & 1 & 0 \\ -1325l_2 & 0 & 1 \\ -1325l_3 & -171 & -101{,}71 \end{bmatrix} \quad (12.138)$$

A equação característica para o observador é agora determinada como

$$\begin{aligned} \det[\lambda\mathbf{I} - (\mathbf{A} - \mathbf{LC})] &= \lambda^3 + (1325l_1 + 101{,}71)\lambda^2 \\ &\quad + (134.800l_1 + 1325l_2 + 171)\lambda \\ &\quad + (226.600l_1 + 134.800l_2 + 1325l_3) \\ &= 0 \end{aligned} \quad (12.139)$$

A partir do enunciado do problema, os polos do observador devem ser alocados para resultar em uma ultrapassagem de 10 % e uma frequência natural de 10 vezes a do par de polos dominantes do sistema. Portanto, os polos dominantes do observador resultam em $[s^2 + (2 \times 0{,}591 \times 67{,}7)s + 67{,}7^2] = (s^2 + 80s + 4583)$. A parte real das raízes desse polinômio é -40. O terceiro polo é então alocado 10 vezes mais longe do eixo imaginário, em -400. A equação característica composta para o observador é

$$(s^2 + 80s + 4583)(s + 400) = s^3 + 480s^2 + 36.580s + 1.833.000 = 0 \quad (12.140)$$

Igualando os coeficientes das Equações (12.139) e (12.140), resolvemos para os ganhos do observador:

$$l_1 = 0{,}286 \quad (12.141a)$$
$$l_2 = -1{,}57 \quad (12.141b)$$
$$l_3 = 1494 \quad (12.141c)$$

A Figura 12.26, que segue a configuração geral da Figura 12.23, mostra o projeto completo, incluindo o controlador e o observador.

Os resultados do projeto são mostrados na Figura 12.27. A Figura 12.27(a) mostra a resposta ao impulso do sistema em malha fechada sem nenhuma diferença entre a planta e sua modelagem como um observador. A ultrapassagem e o tempo de acomodação atendem aproximadamente aos requisitos estabelecidos no enunciado do problema de 10 % e 1 segundo, respectivamente. Na Figura 12.27(b) observamos a resposta projetada no observador. Uma condição inicial de 0,006 foi dada para x_1 na planta para fazer as modelagens da planta e do observador ficarem diferentes. Observe que a resposta do observador segue a resposta da planta quando o tempo de 0,006 segundo é alcançado.

DESAFIO: Agora apresentamos um estudo de caso para testar seu conhecimento dos objetivos deste capítulo. Considere o sistema de controle de posição de azimute de antena mostrado no Apêndice A2, Configuração 3. Se o ganho do pré-amplificador for $K = 20$, faça o seguinte:

a. Projete um controlador para resultar em 15 % de ultrapassagem e um tempo de acomodação de 2 segundos. Aloque o terceiro polo 10 vezes mais longe do eixo imaginário que o par de polos dominantes de segunda ordem. Utilize as seguintes variáveis físicas: saída do amplificador de potência, velocidade angular do motor e deslocamento do motor.

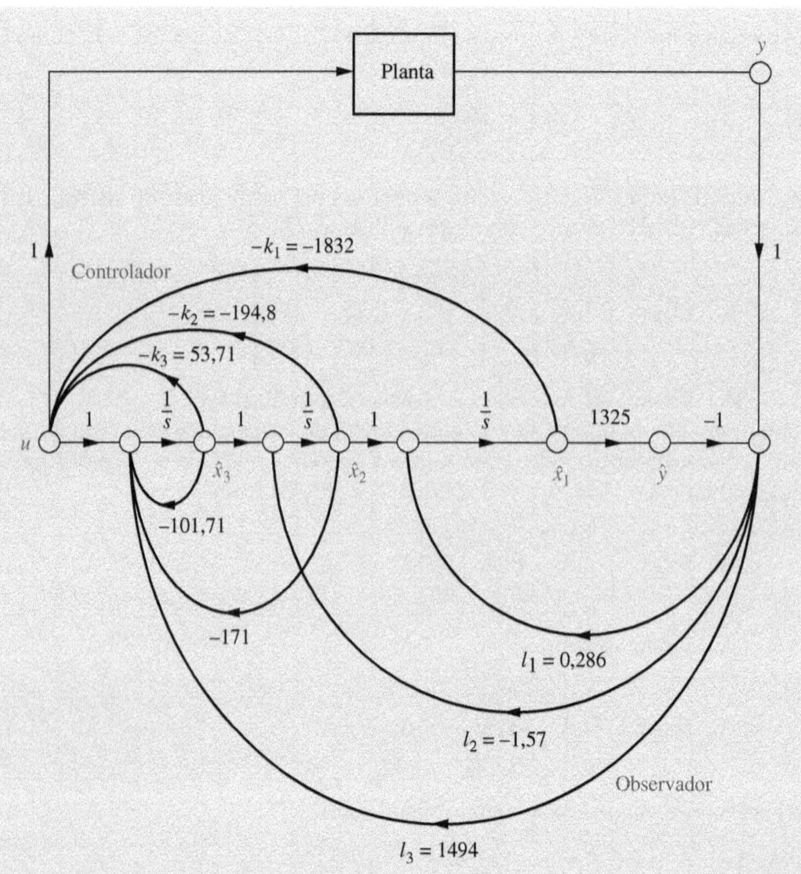

FIGURA 12.26 Projeto completo no espaço de estados para o sistema de controle de posição de azimute de antena, mostrando o controlador e o observador.

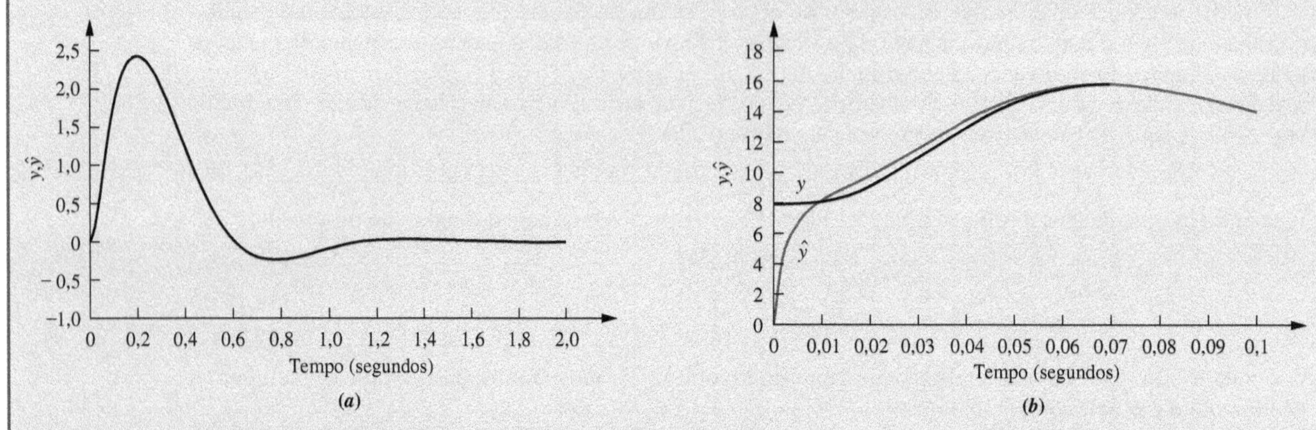

FIGURA 12.27 Resposta projetada do sistema de controle de posição de azimute de antena: **a.** resposta ao impulso – planta e observador com as mesmas condições iniciais, $x_1(0) = \hat{x}_1(0) = 0$; **b.** parte da resposta ao impulso – planta e observador com condições iniciais diferentes, $x_1(0) = 0,006$ para a planta e $\hat{x}_1(0) = 0$ para o observador.

b. Refaça o esquema apresentado no Apêndice A2, mostrando um tacômetro que fornece realimentação de velocidade junto com quaisquer ganhos ou atenuadores adicionais necessários para implementar os ganhos de realimentação de variáveis de estado.

c. Admita que o tacômetro não esteja disponível para fornecer realimentação de velocidade. Projete um observador para estimar os estados das variáveis físicas. O observador responderá com 10 % de ultrapassagem e uma frequência natural 10 vezes maior que a da resposta do sistema. Aloque o terceiro polo do observador 10 vezes mais afastado do eixo imaginário que o par de polos dominantes de segunda ordem do observador.

d. Refaça o esquema do Apêndice A2, mostrando a implementação do controlador e do observador.

MATLAB ML

e. Repita os Itens **a** e **c** utilizando o MATLAB.

Resumo

Este capítulo seguiu o caminho estabelecido pelos Capítulos 9 e 11 – projeto de sistemas de controle. O Capítulo 9 utilizou técnicas do lugar geométrico das raízes para projetar um sistema de controle com uma resposta transitória desejada. Técnicas de resposta em frequência senoidal para o projeto foram cobertas no Capítulo 11, e neste capítulo utilizamos técnicas de projeto do espaço de estados.

O projeto no espaço de estados consiste em especificar as posições desejadas dos polos do sistema e, em seguida, projetar um controlador consistindo em ganhos de realimentação das variáveis de estado para atender esses requisitos. Caso as variáveis de estado não estejam disponíveis, um observador é projetado para emular a planta e fornecer variáveis de estado estimadas.

O projeto do controlador consiste em realimentar as variáveis de estado para a entrada, u, do sistema através de ganhos especificados. Os valores desses ganhos são obtidos igualando-se os coeficientes da equação característica do sistema aos coeficientes da equação característica desejada. Em alguns casos, o sinal de controle, u, não pode afetar uma ou mais variáveis de estado. Chamamos de *não controlável* esse tipo de sistema. Para esse sistema, um projeto completo não é possível. Utilizando a matriz de controlabilidade, o projetista pode dizer se o sistema é ou não controlável antes do projeto.

O projeto do observador consiste em realimentar o erro entre a saída real e a saída estimada. Esse erro é realimentado através de ganhos especificados para as derivadas das variáveis de estado estimadas. Os valores desses ganhos também são obtidos igualando-se os coeficientes da equação característica do observador aos coeficientes da equação característica desejada. A resposta do observador é projetada para ser mais rápida que a do controlador, de modo que as variáveis de estado estimadas efetivamente apareçam instantaneamente no controlador. Em alguns sistemas, as variáveis de estado não podem ser deduzidas a partir da saída do sistema, como é necessário para o observador. Chamamos tais sistemas de *não observáveis*. Utilizando a matriz de observabilidade, o projetista pode dizer se o sistema é ou não observável. Os observadores podem ser projetados apenas para sistemas observáveis.

Finalmente, discutimos formas de melhorar o desempenho do erro em regime permanente de sistemas representados no espaço de estados. A inclusão de uma integração antes da planta controlada resulta em uma melhoria no erro em regime permanente. Neste capítulo, essa integração adicional foi incorporada no projeto do controlador.

Três vantagens do projeto no espaço de estados são evidentes. Primeiro, em contraste com o método do lugar geométrico das raízes, as posições de todos os polos podem ser especificadas para assegurar um efeito desprezível dos polos não dominantes sobre a resposta transitória. Com o lugar geométrico das raízes éramos forçados a justificar uma hipótese de que os polos não dominantes não afetavam consideravelmente a resposta transitória. Nem sempre éramos capazes de fazer isso. Segundo, com a utilização de um observador, não somos mais forçados a obter as variáveis reais do sistema para a realimentação. A vantagem aqui é que algumas vezes as variáveis não podem ser acessadas fisicamente, ou pode se tornar muito dispendioso proporcionar esse acesso. Finalmente, os métodos mostrados se prestam à automação de projeto usando um computador digital.

Uma desvantagem dos métodos de projeto cobertos neste capítulo é a incapacidade de projetar a posição de zeros em malha aberta ou em malha fechada que podem afetar a resposta transitória. No projeto através do lugar geométrico das raízes ou da resposta em frequência, os zeros do compensador de atraso de fase ou de avanço de fase podem ser especificados. Outra desvantagem dos métodos do espaço de estados diz respeito à capacidade do projetista de relacionar as posições de todos os polos com a resposta desejada; essa relação nem sempre é evidente. Além disso, uma vez concluído o projeto, podemos não ficar satisfeitos com a sensibilidade a variações de parâmetros.

Finalmente, como discutido anteriormente, as técnicas do espaço de estados não satisfazem nossa intuição tanto quanto as técnicas do lugar geométrico das raízes, onde o efeito de variações de parâmetros pode ser observado imediatamente na forma de mudanças nas posições dos polos em malha fechada.

No próximo capítulo, retornamos ao domínio da frequência e projetamos sistemas digitais utilizando ajuste de ganho e compensação em cascata.

Questões de Revisão

1. Descreva brevemente uma vantagem que as técnicas do espaço de estados têm em relação às técnicas do lugar geométrico das raízes na alocação de polos em malha fechada para o projeto da resposta transitória.
2. Descreva brevemente o procedimento de projeto para um controlador.
3. Diagramas de fluxo de sinal diferentes podem representar o mesmo sistema. Qual forma facilita o cálculo dos ganhos das variáveis durante o projeto do controlador?
4. Para realizar um projeto de controlador completo, um sistema deve ser controlável. Descreva o significado físico de controlabilidade.
5. Sob que condições a inspeção do diagrama de fluxo de sinal de um sistema pode resultar na determinação imediata da controlabilidade?

6. Para determinar a controlabilidade matematicamente, a matriz de controlabilidade é construída e seu posto é verificado. Qual é o passo final na determinação da controlabilidade se a matriz de controlabilidade for uma matriz quadrada?
7. O que é um observador?
8. Sob que condições você utilizaria um observador no seu projeto de um sistema de controle no espaço de estados?
9. Descreva brevemente a configuração de um observador.
10. Que representação da planta presta-se para um projeto mais fácil de um observador?
11. Descreva brevemente a técnica de projeto para um observador, dada a configuração que você descreveu na Pergunta 9.
12. Compare a principal diferença entre a resposta transitória de um observador e de um controlador. Por que existe essa diferença?
13. A partir de que equação obtemos a equação característica do sistema compensado com controlador?
14. A partir de que equação obtemos a equação característica do observador?
15. Para realizar um projeto de observador completo, um sistema deve ser observável. Descreva o significado físico de observabilidade.
16. Sob que condições a inspeção do diagrama de fluxo de sinal de um sistema pode resultar na determinação imediata da observabilidade?
17. Para determinar a observabilidade matematicamente, a matriz de observabilidade é construída e seu posto é verificado. Qual é o passo final na determinação da observabilidade se a matriz de observabilidade for uma matriz quadrada?

Investigação em Laboratório Virtual

EXPERIMENTO 12.1

Objetivo Simular um sistema que foi projetado para resposta transitória através de um controlador e de um observador no espaço de estados.

Requisitos Mínimos de Programas MATLAB, Simulink e Control System Toolbox.

Pré-Ensaio

1. Este experimento é baseado no seu projeto de controlador e de observador como especificado no problema de Desafio do Estudo de Caso no Capítulo 12. Uma vez que você tenha concluído o projeto do controlador e do observador deste problema, prossiga para o Pré-Ensaio 2.
2. Qual é o vetor de ganho do controlador para seu projeto do sistema especificado no problema de Desafio do Estudo de Caso deste capítulo?
3. Qual é o vetor de ganho do observador para seu projeto do sistema especificado no problema de Desafio do Estudo de Caso deste capítulo?
4. Desenhe um diagrama para Simulink para simular o sistema. Mostre o sistema, o controlador e o observador utilizando as variáveis físicas especificadas no problema de Desafio do Estudo de Caso no Capítulo 12.

Ensaio

1. Utilizando o Simulink e seu diagrama do Pré-Ensaio 4, crie o diagrama Simulink a partir do qual você pode simular a resposta.
2. Crie gráficos de resposta do sistema e do observador para uma entrada em degrau.
3. Meça a ultrapassagem percentual e o tempo de acomodação para ambos os gráficos.

Pós-Ensaio

1. Construa uma tabela mostrando as especificações de projeto e os resultados da simulação para ultrapassagem percentual e tempo de acomodação.
2. Compare as especificações de projeto com os resultados da simulação para ambas as respostas, do sistema e do observador. Explique quaisquer discrepâncias.
3. Descreva quaisquer problemas que você tenha tido implementando seu projeto.

EXPERIMENTO 12.2

Objetivo Utilizar o LabVIEW para projetar um controlador e um observador.

Requisitos Mínimos de Programas LabVIEW, Control Design and Simulation Module e Math-Scropt RT Module.

Pré-Ensaio Projete uma VI LabVIEW que irá projetar o controlador e o observador para o Estudo de Caso de Controle de Antena deste capítulo. Sua VI terá as seguintes entradas: forma de variáveis de fase da planta, os polos do controlador e os polos do observador para atender aos requisitos. Seus indicadores mostrarão o seguinte: a equação em variáveis de fase da planta, se o sistema é ou não é controlável, a equação canônica observável do observador, se o sistema é ou não é observável, os ganhos do controlador e os ganhos do observador. Além disso, apresente as curvas de resposta a impulso e resposta inicial mostradas na Figura 12.27. Adicionalmente, apresente curvas de resposta semelhantes para as variáveis de estado.

Ensaio Execute sua VI e colete dados a partir dos quais seja possível comparar os resultados do estudo de caso com os obtidos a partir de sua VI.

Pós-Ensaio Compare e resuma os resultados obtidos a partir de sua VI com os do Estudo de Caso de Controle de Antena do Capítulo 12.

Bibliografia

Camacho, E. F., Berenguel, M., Rubio, F. R., and Martinez, D. *Control of Solar Energy Systems*. Springer-Verlag, London, 2012.

Cardona, J. E., and Cárdenas, M. O. Design and implementation of a state observer for a textile machine, *IEEE ANDESCON*, 2010, pp. 1–6.

Craig, I.K, Xia, X., and Venter, J.W. Introducing HIV/AIDS Education into the Electrical Engineering Curriculum at the University of Pretoria. *IEEE Transactions on Education*, vol. 47, no. 1, February 2004, pp. 65–73.

D'Azzo, J.J., and Houpis, C.H. *Linear Control System Analysis and Design: Conventional and Modern*, 3d ed. McGraw-Hill, New York, 1988.

Franklin, G. F, Powell, J. D, and Emami-Naeini, A. *Feedback Control of Dynamic Systems*, 3d ed. Addison-Wesley, Reading, MA, 1994.

Hostetter, G. H, Savant, C. J. Jr., and Stefani, R. T. *Design of Feedback Control Systems*, 2d ed. Saunders College Publishing, New York, 1989.

Kailath, T. *Linear Systems*. Prentice Hall, Upper Saddle River, NJ, 1980.

Liu, J.-H., Xu, D.-P., and Yang, X.-Y. Multi-Objective Power Control of a Variable Speed Wind Turbine Based on Theory. *Proceedings of the Seventh International Conference on Machine Learning and Cybernetics,* July 2008, pp. 2036–2041.

Luenberger, D. G. Observing the State of a Linear System. *IEEE Transactions on Military Electronics*, vol. MIL-8, April 1964, pp. 74–80.

Milhorn, H. T. Jr., *The Application of Control Theory to Physiological Systems.*W. B. Saunders, Philadelphia, 1966.

Ogata, K. *Modern Control Engineering*, 2d ed. Prentice Hall, Upper Saddle River, NJ, 1990.

Ogata, K. *State Space Analysis of Control Systems*. Prentice Hall, Upper Saddle River, NJ, 1967.

Prasad, L., Tyagi, B., and Gupta, H. Modeling & Simulation for Optimal Control of Nonlinear Inverted Pendulum Dynamical System using PID Controller & LQR. *IEEE Computer Society Sixth Asia Modeling Symposium*, 2012, pp.138–143.

Preitl, Z., Bauer, P., and Bokor, J. A Simple Control Solution for Traction Motor Used in Hybrid Vehicles. *Fourth International Symposium on Applied Computational Intelligence and Informatics*. IEEE, 2007, pp. 157–162.

Rockwell International. *Space Shuttle Transportation System*. 1984 (press information).

Saini, S. C., Sharma, Y., Bhandari, M., and Satija, U. Comparison of Pole Placement and LQR Applied to Single Link Flexible Manipulator. *International Conference on Communication Systems and Network Technologies*, IEEE Computer Society, 2012, pp. 843–847.

Shinners, S. M. *Modern Control System Theory and Design*. Wiley, New York, 1992.

Sinha, N. K. *Control Systems*. Holt, Rinehart & Winston, New York, 1986.

Tadeo, F., Pérez López, O., and Alvarez, T., Control of Neutralization Processes by Robust Loop-shaping. *IEEE Transactions on Control Systems Technology*, vol. 8, no. 2, 2000, pp. 236–246.

Thomsen, S., Hoffmann, N., and Fuchs, F. W. PI Control, PI-Based State Space Control, and Model-Based Predictive Control for Drive Systems With Elastically Coupled Loads—A Comparative Study. *IEEE Transactions on Industrial Electronics*, vol. 58, no. 8, August 2011, pp. 3647–3657.

Timothy, L. K, and Bona, B. E. *State Space Analysis: An Introduction*. McGraw-Hill, New York, 1968.

Capítulo 13

Sistemas de Controle Digital

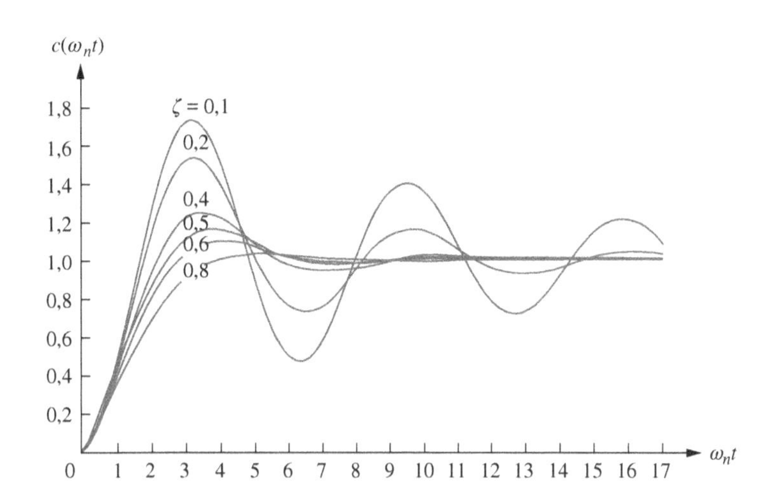

Resultados de Aprendizagem do Capítulo

Após completar este capítulo, o estudante estará apto a:

- Modelar o computador digital em um sistema com realimentação (Seções 13.1 e 13.2)
- Obter a transformada z e a transformada z inversa de funções do tempo e da variável de Laplace (Seção 13.3)
- Obter funções de transferência com dados amostrados (Seção 13.4)
- Reduzir uma interconexão de funções de transferência com dados amostrados a uma única função de transferência com dados amostrados (Seção 13.5)
- Determinar se um sistema com dados amostrados é estável e determinar taxas de amostragem para a estabilidade (Seção 13.6)
- Projetar sistemas digitais para atender a especificações de erro em regime permanente (Seção 13.7)
- Projetar sistemas digitais para atender a especificações de resposta transitória utilizando ajuste de ganho (Seções 13.8 e 13.9)
- Projetar a compensação em cascata para sistemas digitais (Seções 13.10 e 13.11).

Resultados de Aprendizagem do Estudo de Caso

Você será capaz de demonstrar seu conhecimento dos objetivos do capítulo com os estudos de caso, como a seguir:

- Dado o sistema de controle de posição de azimute de antena analógico mostrado no Apêndice A2 e na Figura 13.1(*a*), você será capaz de converter o sistema para um sistema digital, como mostrado na Figura 13.1(*b*) e, em seguida, projetar o ganho para atender uma especificação de resposta transitória.
- Dado o sistema de controle de posição de azimute de antena digital, mostrado na Figura 13.1(*b*), você será capaz de projetar um compensador digital em cascata para melhorar a resposta transitória.

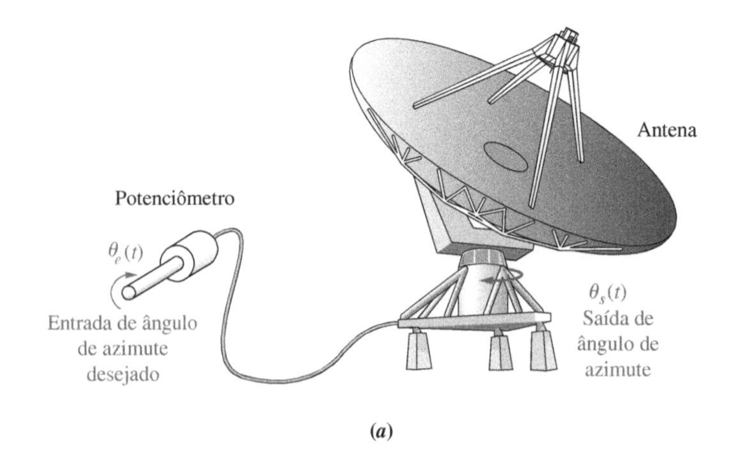

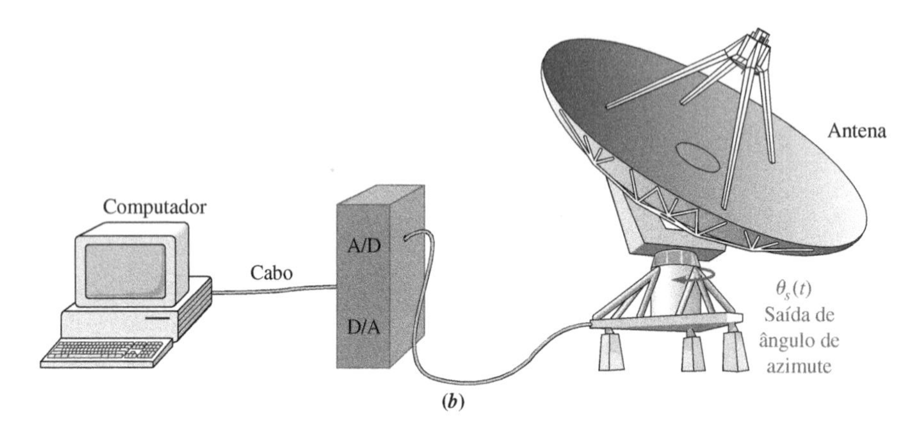

FIGURA 13.1 Conversão do sistema de controle de posição de azimute de antena de **a.** controle analógico para **b.** controle digital.

13.1 Introdução

Este capítulo é uma introdução aos sistemas de controle digital, e cobrirá apenas a análise e o projeto no domínio da frequência. Você é encorajado a prosseguir o estudo de técnicas do espaço de estados em um curso avançado sobre sistemas de controle com dados amostrados. Neste capítulo, introduzimos a análise e o projeto de estabilidade, erro em regime permanente e resposta transitória para sistemas controlados por computador.

Com o desenvolvimento do minicomputador nos meados de 1960 e do microcomputador nos meados de 1970, os sistemas físicos não precisam mais ser controlados por dispendiosos computadores de grande porte. Por exemplo, operações de fresagem que requeriam computadores de grande porte no passado, agora podem ser controladas por um computador pessoal.

O computador digital pode executar duas funções: (1) supervisão – externa à malha de realimentação; e (2) controle – interno à malha de realimentação. Exemplos de funções supervisórias consistem em escalonamento de tarefas, monitoramento de parâmetros e variáveis com relação a valores fora de faixa, ou inicialização do desligamento de segurança. As funções de controle são de nosso principal interesse, uma vez que um computador operando dentro da malha de realimentação substitui os métodos de compensação discutidos até agora. Exemplos de funções de controle são as compensações com avanço e com atraso de fase.

As funções de transferência, representando compensadores construídos com componentes analógicos, são agora substituídas por um computador digital que executa cálculos que emulam o compensador físico. Quais são as vantagens de substituir componentes analógicos por um computador digital?

Vantagens dos Computadores Digitais

A utilização de computadores digitais na malha resulta nas seguintes vantagens com relação aos sistemas analógicos: (1) custo reduzido, (2) flexibilidade na resposta a alterações de projeto e (3) imunidade a ruído. Os sistemas de controle modernos requerem o controle simultâneo de várias malhas – pressão, posição, velocidade e tração, por exemplo. Na indústria siderúrgica, um único computador digital pode substituir vários controladores analógicos com uma redução subsequente no custo. Onde os controladores analógicos implicavam vários ajustes e equipamentos resultantes, os sistemas digitais estão agora instalados. Conjuntos de equipamentos, medidores e botões são substituídos por terminais de computador, onde as informações sobre configurações e desempenho são obtidas através de menus e de telas de apresentação. Computadores digitais na malha podem resultar em um grau de flexibilidade na resposta a mudanças no projeto. Quaisquer mudanças ou modificações que sejam requeridas no futuro podem ser implementadas com simples alterações no programa em vez de modificações dispendiosas de equipamento. Finalmente, os sistemas digitais exibem uma maior imunidade a ruído do que os sistemas analógicos, em virtude dos métodos de implementação.

Onde então o computador é colocado na malha? Lembre-se de que o computador digital está controlando várias malhas; assim, sua posição na malha depende da função que ele desempenha. Tipicamente, o computador substitui o compensador em cascata e, assim, é posicionado no local mostrado na Figura 13.2(*a*).

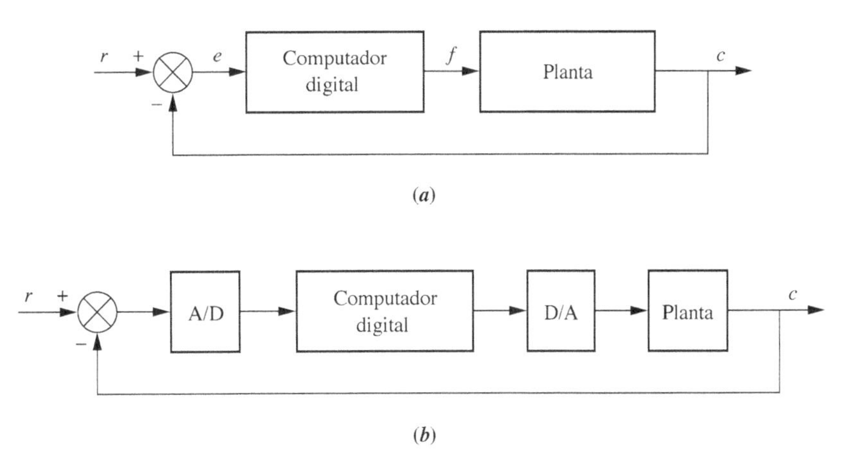

FIGURA 13.2 **a.** Posicionamento do computador digital dentro da malha; **b.** diagrama de blocos detalhado mostrando o posicionamento de conversores A/D e D/A.

Os sinais *r*, *e*, *f* e *c*, mostrados na Figura 13.2(*a*), podem assumir duas formas: digital ou analógica. Até aqui utilizamos exclusivamente sinais analógicos. Os sinais digitais, que consistem em uma sequência de números binários, podem ser encontrados em malhas contendo computadores digitais.

As malhas contendo ambos os sinais, analógicos e digitais, devem fornecer um meio para a conversão de uma forma para a outra como requerido por cada subsistema. Um dispositivo que converte sinais analógicos em sinais digitais é chamado *conversor analógico-digital* (*A/D*). Reciprocamente, um dispositivo que converte sinais digitais em sinais analógicos é chamado *conversor digital-analógico* (*D/A*). Por exemplo, na Figura 13.2(*b*), se a saída da planta, *c*, e a entrada do sistema, *r*, são sinais analógicos, então um conversor analógico-digital deve ser colocado na entrada do computador digital. Além disso, se a entrada da planta, *f*, é um sinal analógico, então um conversor digital-analógico deve ser colocado na saída do computador digital.

Conversão Digital-Analógica

A conversão digital-analógica é simples e realizada instantaneamente. Tensões adequadamente ponderadas são somadas para resultar na saída analógica. Por exemplo, na Figura 13.3, três tensões ponderadas são somadas. O código binário de três bits é representado pelas chaves. Assim, se o número binário é 110_2, as chaves do centro e inferior estão ligadas, e a saída analógica é 6 volts. Na utilização real, as chaves são eletrônicas e são acionadas pelo código binário de entrada.

Conversão Analógico-Digital

A conversão analógico-digital, por outro lado, é um processo de dois passos, e não é instantânea. Existe um atraso entre a tensão analógica de entrada e a palavra digital de saída. Em um conversor analógico-digital, o sinal analógico é primeiro convertido em um sinal amostrado e então convertido em uma sequência de números binários, o sinal digital.

A taxa de amostragem deve ser pelo menos o dobro da faixa de passagem do sinal; caso contrário, haverá distorção. Essa frequência mínima de amostragem é chamada *taxa de amostragem de Nyquist*.[1]

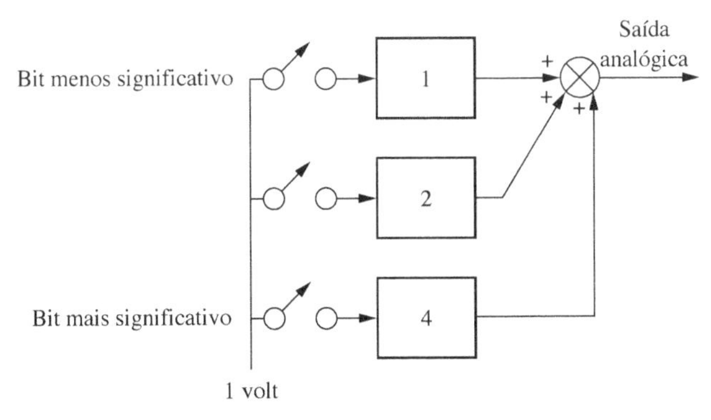

FIGURA 13.3 Conversor digital-analógico.

[1] Ver Ogata (*1987: 170-177*) para uma discussão detalhada.

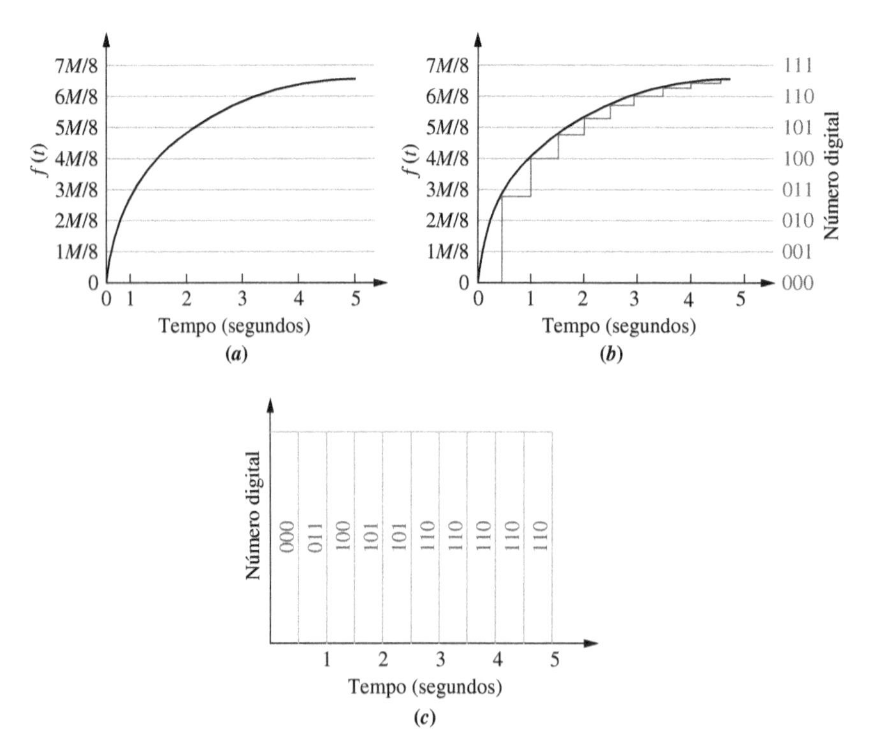

FIGURA 13.4 Passos da conversão analógico-digital: **a.** sinal analógico; **b.** sinal analógico após o amostrador e segurador; **c.** conversão das amostras em números digitais.

Na Figura 13.4(*a*), começamos com o sinal analógico. Na Figura 13.4(*b*), observamos o sinal analógico amostrado em intervalos periódicos e mantido durante o intervalo de amostragem por um dispositivo chamado *amostrador e segurador de ordem zero* (*z.o.h. – zero-order sample-and-hold*), que produz uma aproximação em degraus do sinal analógico. Seguradores de ordem mais elevada, como o segurador de primeira ordem, geram formas de onda mais complexas e mais exatas entre as amostras. Por exemplo, um segurador de primeira ordem gera uma rampa entre as amostras. As amostras são mantidas antes de serem digitalizadas porque o conversor analógico-digital converte a tensão em um número digital através de um contador digital, o qual leva algum tempo para chegar ao número digital correto. Assim, uma tensão analógica constante deve estar presente durante o processo de conversão.

Após a amostragem e manutenção, o conversor analógico-digital converte a amostra em um número digital [como mostrado na Figura 13.4(*c*)], o qual é obtido da maneira a seguir. A faixa de variação da tensão do sinal analógico é dividida em níveis discretos, e a cada nível é atribuído um número digital. Por exemplo, na Figura 13.4(*b*), o sinal analógico está dividido em oito níveis. Um número digital de três bits pode representar cada um dos oito níveis como mostrado na figura. Assim, a diferença entre níveis de quantização é $M/8$ volts, em que M é a máxima tensão analógica. Em geral, para qualquer sistema, essa diferença é $M/2^n$ volts, em que n é o número de bits binários utilizados para a conversão analógico-digital.

Examinando a Figura 13.4(*b*), podemos observar que haverá um erro associado para cada valor analógico digitalizado, exceto para as tensões nos limites, como $M/8$ e $2M/8$. Chamamos este erro de *erro de quantização*. Admitindo que o processo de quantização arredonde a tensão analógica para o nível superior ou inferior mais próximo, o valor máximo do erro de quantização é igual 1/2 da diferença entre níveis de quantização na faixa de tensões analógicas de 0 a $15M/16$. Em geral, para qualquer sistema utilizando arredondamento, o erro de quantização será $(1/2)(M/2^n) = M/2^{n+1}$.

Cobrimos então os conceitos básicos de sistemas digitais. Descobrimos por que eles são utilizados, onde o computador digital é colocado na malha, e como converter entre sinais analógicos e digitais. Uma vez que o computador pode substituir o compensador, devemos ter consciência de que o computador está trabalhando com uma representação de amplitude quantizada do sinal analógico, formada a partir de valores do sinal analógico em intervalos discretos de tempo. Ignorando o erro de quantização, verificamos que o computador opera exatamente como o compensador, exceto que os sinais passam pelo computador apenas nos instantes de amostragem. Descobriremos que a amostragem de dados tem um efeito incomum sobre o desempenho de um sistema com realimentação em malha fechada, uma vez que a estabilidade e a resposta transitória são agora dependentes da taxa de amostragem. Se a taxa de amostragem for muito lenta, o sistema pode ser instável, uma vez que os valores não estão sendo atualizados suficientemente rápido. Se vamos analisar e projetar sistemas de controle com realimentação com computadores digitais na malha, devemos ser capazes de modelar o computador digital e os conversores digital-analógico e analógico-digital associados. A modelagem do computador digital junto com os conversores associados é coberta na próxima seção.

13.2 Modelando o Computador Digital

Se pensarmos sobre o assunto, a forma dos sinais em uma malha não é tão importante quanto o que acontece com eles. Por exemplo, se a conversão analógico-digital pudesse ocorrer instantaneamente e a amostragem ocorresse em intervalos de tempo que tendessem a zero, não haveria necessidade de fazer uma distinção entre os sinais digitais e os sinais analógicos. Assim, as técnicas anteriores de análise e de projeto seriam válidas, independentemente da presença do computador digital.

O fato de que os sinais são amostrados em intervalos especificados e mantidos faz com que o desempenho do sistema varie com variações da taxa de amostragem. Basicamente, então, o efeito do computador sobre o sinal vem dessa amostragem e manutenção do sinal. Portanto, para modelar sistemas de controle digital, devemos obter uma representação matemática desse processo do amostrador e segurador.

Modelando o Amostrador

Nosso objetivo neste momento é deduzir um modelo matemático para o computador digital representado por um amostrador e segurador de ordem zero. Nossa meta é representar o computador como uma função de transferência semelhante à de qualquer subsistema. Quando sinais são amostrados, contudo, a transformada de Laplace com a qual temos lidado se torna um tanto intratável. A transformada de Laplace pode ser substituída por outra transformada relacionada, chamada *transformada z*. A transformada z surgirá naturalmente a partir de nosso desenvolvimento da representação matemática do computador.

Considere os modelos para a amostragem apresentados na Figura 13.5. O modelo na Figura 13.5(a) é uma chave ligando e desligando a uma taxa de amostragem uniforme. Na Figura 13.5(b), a amostragem também pode ser considerada como o produto da forma de onda no domínio do tempo a ser amostrada, $f(t)$, com uma função de amostragem, $s(t)$. Se $s(t)$ é uma sequência de pulsos de largura T_W, amplitude constante e taxa uniforme, como mostrado, a saída amostrada, $f^*_{TW}(t)$, consistirá em uma sequência de porções de $f(t)$ em intervalos regulares. Essa visão é equivalente ao modelo de chave da Figura 13.5(a).

Podemos agora escrever a equação em função do tempo da forma de onda amostrada, $f^*_{TW}(t)$. Utilizando o modelo mostrado na Figura 13.5(b), temos

$$f^*_{T_W}(t) = f(t)s(t) = f(t)\sum_{k=-\infty}^{\infty} u(t-kT) - u(t-kT-Tw) \tag{13.1}$$

em que k é um inteiro entre $-\infty$ e $+\infty$, T é o período do trem de pulsos e T_W é a largura de pulso.

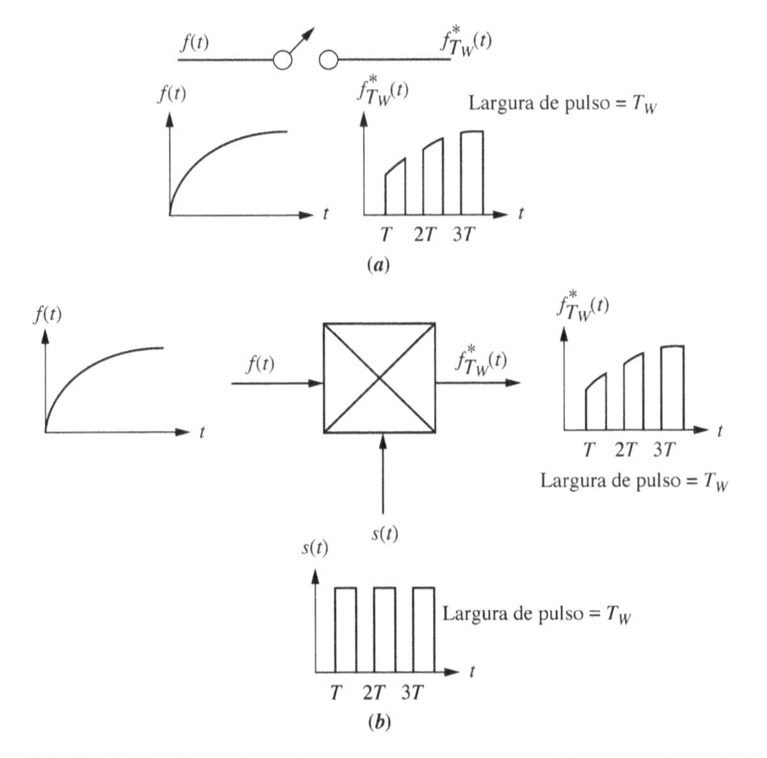

FIGURA 13.5 Duas visões da amostragem com taxa uniforme: **a.** chave abrindo e fechando; **b.** produto da forma de onda no domínio do tempo com a forma de onda de amostragem.

Como a Equação (13.1) é o produto de duas funções do tempo, aplicar a transformada de Laplace para obter uma função de transferência não é simples. Uma simplificação pode ser feita se admitirmos que a largura de pulso, T_W, é pequena em comparação com o período, T, tal que $f(t)$ pode ser considerada constante durante o intervalo de amostragem. Durante o intervalo de amostragem, então, $f(t) = f(kT)$. Portanto,

$$f^*_{T_W}(t) = \sum_{k=-\infty}^{\infty} f(kT)[u(t-kT) - u(t-kT-T_W)] \tag{13.2}$$

para T_W pequena.

A Equação (13.2) pode ser simplificada ainda mais através da visão fornecida pela transformada de Laplace. Aplicando a transformada de Laplace à Equação (13.2), temos

$$F^*_{T_W}(s) = \sum_{k=-\infty}^{\infty} f(kT)\left[\frac{e^{-kTs}}{s} - \frac{e^{-kTs-T_Ws}}{s}\right] = \sum_{k=-\infty}^{\infty} f(kT)\left[\frac{1-e^{-T_Ws}}{s}\right]e^{-kTs} \tag{13.3}$$

Substituindo e^{-T_Ws} por sua expansão em série, obtemos

$$F^*_{T_W}(s) = \sum_{k=-\infty}^{\infty} f(kT)\left[\frac{1-\left\{1-T_Ws+\frac{(T_Ws)^2}{2!}-\ldots\right\}}{s}\right]e^{-kTs} \tag{13.4}$$

Para T_W pequena, a Equação (13.4) se torna

$$F^*_{T_W}(s) = \sum_{k=-\infty}^{\infty} f(kT)\left[\frac{T_Ws}{s}\right]e^{-kTs} = \sum_{k=-\infty}^{\infty} f(kT)T_We^{-kTs} \tag{13.5}$$

Finalmente, convertendo de volta para o domínio do tempo, temos

$$f^*_{T_W}(t) = T_W \sum_{k=-\infty}^{\infty} f(kT)\delta(t-kT) \tag{13.6}$$

em que $\delta(t - kT)$ são funções delta de Dirac.

Assim, o resultado da amostragem com pulsos retangulares pode ser considerado como uma série de funções delta cujas áreas são o produto da largura do pulso retangular com a amplitude da forma de onda amostrada, ou $T_W f(kT)$.

A Equação (13.6) é retratada na Figura 13.6. O amostrador é dividido em duas partes: (1) um amostrador ideal descrito pela parcela da Equação (13.6) que não é dependente das características da forma de onda de amostragem,

$$f^*(t) \sum_{k=-\infty}^{\infty} f(kT)\delta(t-kT) \tag{13.7}$$

e (2) a parcela dependente das características da forma de onda de amostragem, T_W.

Modelando o Segurador de Ordem Zero

O passo final na modelagem do computador digital é modelar o segurador de ordem zero que segue o amostrador. A Figura 13.7 resume a função do segurador de ordem zero, que é manter o último valor amostrado de $f(t)$. Se admitirmos um amostrador ideal (equivalente a fazer $T_W = 1$), então $f^*(t)$ é representada por uma sequência de funções delta. O segurador de ordem zero produz uma aproximação em degraus para $f(t)$. Portanto,

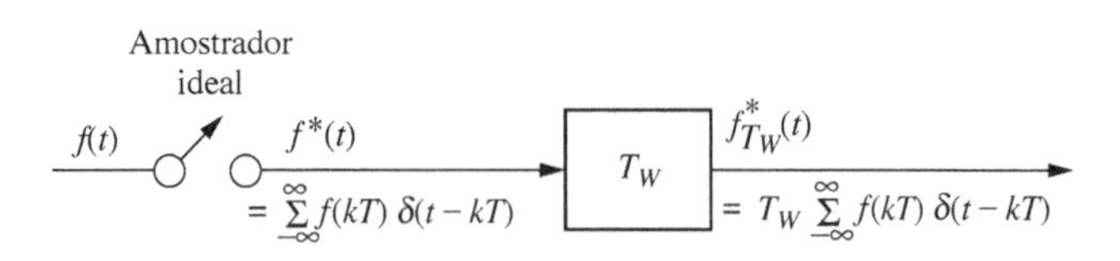

FIGURA 13.6 Modelo da amostragem com um trem de pulsos retangulares uniformes.

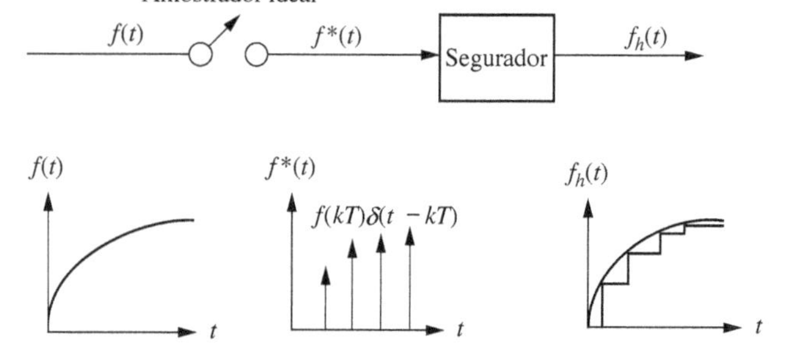

FIGURA 13.7 Amostragem ideal e o segurador de ordem zero.

a saída do segurador é uma sequência de funções degrau cuja amplitude é $f(t)$ no instante de amostragem, ou $f(kT)$. Vimos anteriormente que a função de transferência de qualquer sistema linear é igual à transformada de Laplace da resposta ao impulso, uma vez que a transformada de Laplace de uma entrada em impulso unitário ou função delta é unitária. Como um único impulso a partir do amostrador produz um degrau durante o intervalo de amostragem, a transformada de Laplace desse degrau, $G_h(s)$, que é a resposta ao impulso do segurador de ordem zero, é a função de transferência do segurador de ordem zero. Utilizando um impulso no instante zero, a transformada do degrau resultante que começa em $t = 0$ e termina em $t = T$ é

$$G_h(s) = \frac{1 - e^{-Ts}}{s} \tag{13.8}$$

Em um sistema físico, as amostras da forma de onda de entrada em função do tempo, $f(kT)$, são mantidas durante o intervalo de amostragem. Podemos verificar, a partir da Equação (13.8), que o circuito segurador integra a entrada e mantém seu valor durante o intervalo de amostragem. Como a área da função delta vinda do amostrador ideal é $f(kT)$, podemos então integrar a forma de onda amostrada ideal e obter o mesmo resultado que para o sistema físico. Em outras palavras, se o sinal amostrado ideal, $f^*(t)$, for seguido de um segurador, podemos utilizar a forma de onda amostrada ideal como entrada, em vez de $f^*_{T_w}(t)$.

Nesta seção, modelamos o computador digital colocando dois elementos em cascata: (1) um amostrador ideal e (2) um segurador de ordem zero. Juntos, o modelo é conhecido como *amostrador e segurador de ordem zero*. O amostrador ideal é modelado pela Equação (13.7), e o segurador de ordem zero é modelado pela Equação (13.8). Na próxima seção, começamos a criar uma abordagem de transformada para sistemas digitais introduzindo a transformada z.

13.3 A Transformada z

O efeito da amostragem dentro de um sistema é nítido. Enquanto a estabilidade e a resposta transitória de sistemas analógicos dependem dos valores de ganho e dos componentes, a estabilidade e a resposta transitória de sistemas com dados amostrados dependem também da taxa de amostragem. Nosso objetivo é desenvolver uma transformada que contém a informação da amostragem a partir da qual sistemas com dados amostrados podem ser modelados com funções de transferência, analisados e projetados com a facilidade e com a compreensão que desfrutamos com a transformada de Laplace. Desenvolvemos agora tal transformada e usamos as informações da última seção para obter funções de transferência com dados amostrados para sistemas físicos.

A Equação (13.7) é a forma de onda amostrada ideal. Aplicando a transformada de Laplace a essa forma de onda amostrada no tempo, obtemos

$$F^*(s) = \sum_{k=0}^{\infty} f(kT)e^{-kTs} \tag{13.9}$$

Agora, fazendo $z = e^{Ts}$, a Equação (13.9) pode ser escrita como

$$F(z) = \sum_{k=0}^{\infty} f(kT)z^{-k} \tag{13.10}$$

A Equação (13.10) define a transformada z. Isto é, uma $F(z)$ pode ser transformada em $f(kT)$, ou uma $f(kT)$ pode ser transformada em $F(z)$. Alternativamente, podemos escrever

$$f(kT) \rightleftharpoons F(z) \tag{13.11}$$

Fazendo um paralelo com o desenvolvimento da transformada de Laplace, podemos construir uma tabela relacionando $f(kT)$, o valor da função amostrada no tempo nos instantes de amostragem, com $F(z)$. Vamos ver um exemplo.

Exemplo 13.1

Transformada z de uma Função do Tempo

PROBLEMA: Obtenha a transformada z de uma rampa unitária amostrada.

SOLUÇÃO: Para uma rampa unitária, $f(kT) = kT$. Portanto, o passo da amostragem ideal pode ser escrito, a partir da Equação (13.7), como

$$f^*t = \sum_{k=0}^{\infty} kt\delta(t - kT) \tag{13.12}$$

Aplicando a transformada de Laplace, obtemos

$$F^*(s) = \sum_{k=0}^{\infty} kTe^{-kTs} \tag{13.13}$$

Convertendo para a transformada z fazendo $e^{-kTs} = z^{-k}$, temos

$$F(z) = \sum_{k=0}^{\infty} kTz^{-k} = T\sum_{k=0}^{\infty} kz^{-k} = T(z^{-1} + 2z^{-2} + 3z^{-3} + \cdots) \tag{13.14}$$

A Equação (13.14) pode ser convertida para uma forma fechada formando a série de $zF(z)$ e subtraindo $F(z)$. Multiplicando a Equação (13.14) por z, obtemos

$$zF(z) = T(1 + 2z^{-1} + 3z^{-2} + \cdots) \tag{13.15}$$

Subtraindo a Equação (13.14) da Equação (13.15), obtemos

$$zF(z) - F(z) = (z-1)F(z) = T(1 + z^{-1} + z^{-2} + \cdots) \tag{13.16}$$

Mas

$$\frac{1}{1-z^{-1}} = 1 + z^{-1} + z^{-2} + z^{-3} + \cdots \tag{13.17}$$

o que pode ser verificado realizando-se a divisão indicada. Substituindo a Equação (13.17) na Equação (13.16), e resolvendo para $F(z)$, resulta

$$F(z) = T\frac{z}{(z-1)^2} \tag{13.18}$$

como a transformada z de $f(kT) = kT$.

Symbolic Math

SM

```
Estudantes que estão realizando os exercícios de MATLAB e desejam explorar
a capacidade adicional da Symbolic Math Toolbox do MATLAB devem agora
executar o arquivo ch13apF1 do Apêndice F, que está disponível no Ambiente
de aprendizagem do GEN. Você aprenderá como obter a transformada z de funções
do tempo. O Exemplo 13.1 será resolvido utilizando o MATLAB e a Symbolic
Math Toolbox.
```

O exemplo demonstra que qualquer função de s, $F^*(s)$, que representa uma forma de onda amostrada no tempo pode ser transformada em uma função de z, $F(z)$. O resultado final, $F(z) = Tz/(z-1)^2$, está em uma forma fechada, diferente de $F^*(s)$. Se este é o caso para várias outras formas de ondas amostradas no tempo, então temos a transformada conveniente que estávamos procurando. De modo semelhante, transformadas z de outras formas de onda podem ser obtidas fazendo um paralelo com a tabela de transformadas de Laplace no Capítulo 2. Uma tabela parcial de transformadas z é mostrada na Tabela 13.1 e uma tabela parcial de teoremas da transformada z é mostrada na Tabela 13.2. Para funções que não estão na tabela, devemos realizar um cálculo da transformada z inversa semelhante ao da transformada inversa de Laplace através de expansão em frações parciais. Vamos ver agora como podemos trabalhar no sentido contrário e obter a função do tempo a partir de sua transformada z.

A Transformada *z* Inversa

Dois métodos para obter a transformada z inversa (a função do tempo amostrada a partir de sua transformada z) serão descritos: (1) expansão em frações parciais e (2) o método da série de potências. Independentemente do método utilizado, lembre que como a transformada z foi obtida a partir de uma forma de onda amostrada, a transformada z inversa fornecerá apenas os valores da função do tempo nos instantes de amostragem. Mantenha isso em mente à medida que prosseguimos, porque, mesmo que obtenhamos funções do tempo na forma fechada como resultado, elas são válidas apenas nos instantes de amostragem.

Transformada *z* Inversa Via Expansão em Frações Parciais Lembre que a transformada de Laplace consiste em uma expansão em frações parciais que resulta em uma soma de termos que conduzem a exponenciais, isto é, $A/(s+a)$. Seguindo esse exemplo e examinando a Tabela 13.1, constatamos que funções exponenciais do tempo amostradas estão relacionadas com suas transformadas z da seguinte forma:

$$e^{-akT} \rightleftarrows \frac{z}{z - e^{aT}} \tag{13.19}$$

TABELA 13.1 Tabela parcial de transformadas z e s.

	$f(t)$	$F(s)$	$F(z)$	$f(kT)$
1.	$u(t)$	$\frac{1}{s}$	$\frac{z}{z-1}$	$u(kT)$
2.	t	$\frac{1}{s^2}$	$\frac{Tz}{(z-1)^2}$	kT
3.	t^n	$\frac{n!}{s^{n+1}}$	$\lim_{a\to 0}(-1)^n \frac{d^n}{da^n}\left[\frac{z}{z-e^{-aT}}\right]$	$(kT)^n$
4.	e^{-at}	$\frac{1}{s+a}$	$\frac{z}{z-e^{-aT}}$	e^{-akT}
5.	$t^n e^{-at}$	$\frac{n!}{(s+a)^{n+1}}$	$(-1)^n \frac{d^n}{da^n}\left[\frac{z}{z-e^{-aT}}\right]$	$(kT)^n e^{-akT}$
6.	$\operatorname{sen} \omega t$	$\frac{\omega}{s^2+\omega^2}$	$\frac{z \operatorname{sen} \omega T}{z^2 - 2z\cos\omega T + 1}$	$\operatorname{sen} \omega kT$
7.	$\cos \omega t$	$\frac{s}{s^2+\omega^2}$	$\frac{z(z-\cos\omega T)}{z^2 - 2z\cos\omega T + 1}$	$\cos \omega kT$
8.	$e^{-at}\operatorname{sen} \omega t$	$\frac{\omega}{(s+a)^2+\omega^2}$	$\frac{ze^{-aT}\operatorname{sen}\omega T}{z^2 - 2ze^{-aT}\cos\omega T + e^{-2aT}}$	$e^{-akT}\operatorname{sen} \omega kT$
9.	$e^{-at}\cos \omega t$	$\frac{s+a}{(s+a)^2+\omega^2}$	$\frac{z^2 - ze^{-aT}\cos\omega T}{z^2 - 2ze^{-aT}\cos\omega T + e^{-2aT}}$	$e^{-akT}\cos \omega kT$

TABELA 13.2 Teoremas da transformada z.

	Teorema	Nome
1.	$z\{af(t)\} = aF(z)$	Teorema da linearidade
2.	$z\{f_1(t) + f_2(t)\} = F_1(z) + F_2(z)$	Teorema da linearidade
3.	$z\{e^{-aT}f(t)\} = F(e^{aT}z)$	Derivação complexa
4.	$z\{f(t-nT)\} = z^{-n}F(z)$	Translação real
5.	$z\{tf(t)\} = -Tz\frac{dF(z)}{dz}$	Derivação complexa
6.	$f(0) = \lim_{z\to\infty} F(z)$	Teorema do valor inicial
7.	$f(\infty) = \lim_{z\to 1}(1-z^{-1})F(z)$	Teorema do valor final

Observação: kT pode ser substituído por t na tabela.

Predizemos, portanto, que uma expansão em frações parciais deve ter a seguinte forma:

$$F(z) = \frac{Az}{z-z_1} + \frac{Bz}{z-z_2} + \cdots \tag{13.20}$$

Como nossa expansão em frações parciais de $F(s)$ não contém termos com s no numerador das frações parciais, formamos primeiro $F(z)/z$ para eliminar os termos z no numerador, realizamos uma expansão em frações parciais de $F(z)/z$ e, finalmente, multiplicamos o resultado por z para repor os z's no numerador. Segue um exemplo.

Exemplo 13.2

Transformada z Inversa Via Expansão em Frações Parciais

PROBLEMA: Dada a função na Equação (13.21), obtenha a função do tempo amostrada.

$$F(z) = \frac{0{,}5z}{(z-0{,}5)(z-0{,}7)} \tag{13.21}$$

SOLUÇÃO: Comece dividindo a Equação (13.21) por z e realizando uma expansão em frações parciais.

$$\frac{F(z)}{z}=\frac{0{,}5}{(z-0{,}5)(z-0{,}7)}=\frac{A}{z-0{,}5}+\frac{B}{z-0{,}7}=\frac{-2{,}5}{z-0{,}5}+\frac{2{,}5}{z-0{,}7} \quad (13.22)$$

Em seguida, multiplique tudo por z.

$$F(z)=\frac{0{,}5z}{(z-0{,}5)(z-0{,}7)}=\frac{-2{,}5z}{z-0{,}5}+\frac{2{,}5z}{z-0{,}7} \quad (13.23)$$

Utilizando a Tabela 13.1, obtemos a transformada z inversa de cada fração parcial. Assim, o valor da função do tempo nos instantes de amostragem é

$$f(kT)=-2{,}5(0{,}5)^k+2{,}5(0{,}7)^k \quad (13.24)$$

Além disso, a partir das Equações (13.7) e (13.24), a função do tempo amostrada ideal é

$$f^*(t)=\sum_{k=-\infty}^{\infty} f(kT)\delta(t-kT)=\sum_{k=-\infty}^{\infty}[-2{,}5(0{,}5)^k+2{,}5(0{,}7)^k]\delta(t-kT) \quad (13.25)$$

Se substituirmos $k = 0, 1, 2$ e 3, podemos obter as quatro primeiras amostras da forma de onda no domínio do tempo amostrada ideal. Assim,

$$f^*(t)=0\delta(t)+0{,}5\delta(t-T)+0{,}6\delta(t-2T)+0{,}545\delta(t-3T) \quad (13.26)$$

Symbolic Math

SM

Estudantes que estão realizando os exercícios de MATLAB e desejam explorar a capacidade adicional da Symbolic Math Toolbox do MATLAB devem agora executar o arquivo ch13apF2 do Apêndice F, que está disponível no Ambiente de aprendizagem do GEN. Você aprenderá como obter a transformada z inversa de funções do tempo amostradas. O Exemplo 13.2 será resolvido utilizando o MATLAB e a Symbolic Math Toolbox.

Transformada *z* Inversa Via Método da Série de Potências Os valores da forma de onda amostrada também podem ser obtidos diretamente a partir de $F(z)$. Embora esse método não produza expressões na forma fechada para $f(kT)$, ele pode ser utilizado para representações gráficas. O método consiste na realização da divisão indicada, que resulta em uma série de potências para $F(z)$. A série de potências pode então ser facilmente transformada em $F^*(s)$ e $f^*(t)$.

Exemplo 13.3

Transformada *z* Inversa via Série de Potências

PROBLEMA: Dada a função na Equação (13.21), determine a função do tempo amostrada.

SOLUÇÃO: Comece convertendo o numerador e o denominador de $F(z)$ em polinômios em z.

$$F(z)=\frac{0{,}5z}{(z-0{,}5)(z-0{,}7)}=\frac{0{,}5z}{z^2-1{,}2z+0{,}35} \quad (13.27)$$

Agora realize a divisão indicada.

$$\begin{array}{r@{}l} & 0{,}5z^{-1}+0{,}6z^{-2}+0{,}545z^{-3} \\ z^2-1{,}2z+0{,}35\,) & 0{,}5z \\ & \underline{0{,}5z-0{,}6+0{,}175z^{-1}} \\ & 0{,}6-0{,}175z^{-1} \\ & \underline{0{,}6-0{,}720z^{-1}+0{,}21} \\ & 0{,}545z^{-1}-0{,}21 \end{array} \quad (13.28)$$

Utilizando o numerador e a definição de z, obtemos

$$F^*(s)=0{,}5e^{-Ts}+0{,}6e^{-2Ts}+0{,}545e^{-3Ts}+\cdots \quad (13.29)$$

a partir do que

$$f^*(t) = 0{,}5\delta(t-T) + 0{,}6\delta(t-2T) + 0{,}545\delta(t-3T) + \cdots \tag{13.30}$$

Você deve comparar a Equação (13.30) com a Equação (13.26), o resultado obtido via expansão em frações parciais.

Exercício 13.1

PROBLEMA: Deduza a transformada z para $f(t) = \text{sen}\ \omega t\ u(t)$.

RESPOSTA: $F(z) = \dfrac{z^{-1}\text{sen}(\omega T)}{1 - 2z^{-1}\cos(\omega T) + z^{-2}}$

A solução completa está disponível no Ambiente de aprendizagem do GEN.

Exercício 13.2

PROBLEMA: Obtenha $f(kT)$, se $F(z) = \dfrac{z(z+1)(z+2)}{(z-0{,}5)(z-0{,}7)(z-0{,}9)}$.

RESPOSTA: $f(kT) = 46{,}875(0{,}5)^k - 114{,}75(0{,}7)^k + 68{,}875(0{,}9)^k$

A solução completa está disponível no Ambiente de aprendizagem do GEN.

13.4 Funções de Transferência

Agora que estabelecemos a transformada z, vamos aplicá-la a sistemas físicos determinando funções de transferência de sistemas com dados amostrados. Considere o sistema contínuo mostrado na Figura 13.8(a). Se a entrada é amostrada como apresentado na Figura 13.8(b), a saída ainda é um sinal contínuo. Se, contudo, estivermos satisfeitos em obter apenas a saída nos instantes de amostragem e não entre eles, a representação do sistema com dados amostrados pode ser muito simplificada. Nossa hipótese é descrita visualmente na Figura 13.8(c), na qual a saída é conceitualmente amostrada em sincronismo com a entrada por um amostrador fantasma. Utilizando o conceito descrito na Figura 13.8(c), deduzimos a função de transferência pulsada de $G(s)$.

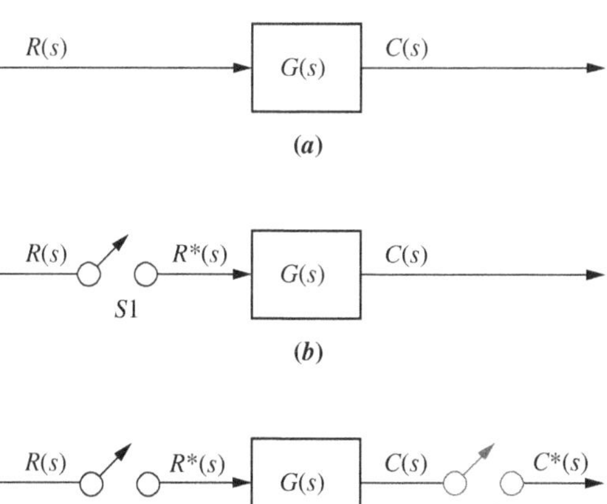

Observação: O amostrador fantasma é mostrado como $S2$.

FIGURA 13.8 Sistema com dados amostrados: **a.** contínuo; **b.** entrada amostrada; **c.** entrada e saída amostradas.

Dedução da Função de Transferência Pulsada

Utilizando a Equação (13.7), verificamos que a entrada amostrada, $r^*(t)$, do sistema da Figura 13.8(c) é

$$r^*(t) = \sum_{n=0}^{\infty} r(nT)\delta(t - nT) \tag{13.31}$$

que é uma soma de impulsos. Como a resposta ao impulso de um sistema, $G(s)$, é $g(t)$, podemos escrever a saída no tempo de $G(s)$ como a soma das respostas aos impulsos gerados pela entrada, Equação (13.31). Assim,

$$c(t) = \sum_{n=0}^{\infty} r(nT)g(t - nT) \tag{13.32}$$

A partir da Equação (13.10),

$$C(z) = \sum_{k=0}^{\infty} c(kT)z^{-k} \tag{13.33}$$

Utilizando a Equação (13.32) com $t = kT$, obtemos

$$c(kT) = \sum_{n=0}^{\infty} r(nT)g(kT - nT) \tag{13.34}$$

Substituindo a Equação (13.34) na Equação (13.33), obtemos

$$C(z) = \sum_{k=0}^{\infty}\sum_{n=0}^{\infty} r(nT)g[(k-n)T]z^{-k} \tag{13.35}$$

Fazendo $m = k - n$, chegamos a

$$\begin{aligned} C(z) &= \sum_{m+n=0}^{\infty}\sum_{n=0}^{\infty} r(nT)g(mT)z^{-(m+n)} \\ &= \left\{\sum_{m=0}^{\infty} g(mT)z^{-m}\right\}\left\{\sum_{n=0}^{\infty} r(nT)z^{-n}\right\} \end{aligned} \tag{13.36}$$

em que o limite inferior, $m + n$, foi alterado para m. O raciocínio é que $m + n = 0$ resulta em valores negativos de m para todo $n > 0$. Mas, uma vez que $g(mT) = 0$ para todo $m < 0$, m não é menor que zero. Alternativamente, $g(t) = 0$ para $t < 0$. Assim, $n = 0$ no limite inferior do primeiro somatório.

Utilizando a definição da transformada z, a Equação (13.36) se torna

$$C(z) = \sum_{m=0}^{\infty} g(mT)z^{-m}\sum_{n=0}^{\infty} r(nT)z^{-n} = G(z)R(z) \tag{13.37}$$

A Equação (13.37) é um resultado muito importante, uma vez que ela mostra que a transformada da saída amostrada é o produto da transformada da entrada amostrada com a função de transferência pulsada do sistema. Lembre que, embora a saída do sistema seja uma função contínua, tivemos que supor uma saída amostrada (amostrador fantasma) para chegar ao resultado compacto da Equação (13.37).

Uma forma de obter a função de transferência pulsada, $G(z)$, é começar com $G(s)$, determinar $g(t)$ e, em seguida, utilizar a Tabela 13.1 para determinar $G(z)$. Vamos ver um exemplo.

Exemplo 13.4

Convertendo $G_1(s)$ em Cascata com Segurador de Ordem Zero em $G(z)$

PROBLEMA: Dado um segurador de ordem zero em cascata com $G_1(s) = (s + 2)/(s + 1)$ ou

$$G(s) = \frac{1 - e^{-Ts}}{s}\frac{(s+2)}{(s+1)} \tag{13.38}$$

determine a função de transferência com dados amostrados, $G(z)$, caso o período de amostragem, T, seja 0,5 segundo.

SOLUÇÃO: A Equação (13.38) representa uma ocorrência comum em sistemas de controle digital, isto é, uma função de transferência em cascata com um segurador de ordem zero. Especificamente, $G_1(s) = (s + 2)/(s + 1)$

está em cascata com um segurador de ordem zero, $(1 - e^{-Ts})/s$. Podemos formular uma solução geral para esse tipo de problema deslocando o s no denominador do segurador de ordem zero para $G_1(s)$, resultando

$$G(s) = (1 - e^{-Ts})\frac{G_1(s)}{s} \tag{13.39}$$

a partir do que

$$G(z) = (1 - z^{-1})z\left\{\frac{G_1(s)}{s}\right\} = \frac{z-1}{z}z\left\{\frac{G_1(s)}{s}\right\} \tag{13.40}$$

Assim, comece a solução obtendo a resposta ao impulso (transformada inversa de Laplace) de $G_1(s)/s$. Portanto,

$$G_2(s) = \frac{G_1(s)}{s} = \frac{s+2}{s(s+1)} = \frac{A}{s} + \frac{B}{s+1} = \frac{2}{s} - \frac{1}{s+1} \tag{13.41}$$

Aplicando a transformada inversa de Laplace, obtemos

$$g_2(t) = 2 - e^{-t} \tag{13.42}$$

a partir do que

$$g_2(kT) = 2 - e^{-kt} \tag{13.43}$$

Utilizando a Tabela 13.1, obtemos

$$G_2(z) = \frac{2z}{z-1} - \frac{z}{z - e^{-T}} \tag{13.44}$$

Substituindo $T = 0,5$, resulta

$$G_2(z) = z\left\{\frac{G_1(s)}{s}\right\} = \frac{2z}{z-1} - \frac{z}{z - 0,607} = \frac{z^2 - 0,213z}{(z-1)(z-0,607)} \tag{13.45}$$

Experimente 13.1

Utilize o MATLAB, a Control System Toolbox e as instruções a seguir para obter $G_1(s)$ no Exemplo 13.4 dado $G(z)$ na Equação (13.46)

```
num=0.213;
den=0.607;
k=1;
T=0.5;
Gz=zpk(num,den,K,T)
Gs=d2c(Gz,'zoh')
```

A partir da Equação (13.40),

$$G(z) = \frac{z-1}{z}G_2(z) = \frac{z - 0,213}{z - 0,607} \tag{13.46}$$

MATLAB ML

Os estudantes que estiverem usando o MATLAB devem, agora, executar o arquivo ch13apB1 do Apêndice B. Você aprenderá como utilizar o MATLAB para converter $G_1(s)$ em cascata com um segurador de ordem zero em $G(z)$. Este exercício resolve o Exemplo 13.4 utilizando o MATLAB.

Symbolic Math SM

Estudantes que estão realizando os exercícios de MATLAB e desejam explorar a capacidade adicional da Symbolic Math Toolbox do MATLAB devem agora executar o arquivo ch13apF3 do Apêndice F, que está disponível no Ambiente de aprendizagem do GEN. A Symbolic Math Toolbox do MATLAB fornece um método alternativo de obtenção da transformada z de uma função de transferência em cascata com um segurador de ordem zero. O Exemplo 13.4 será resolvido utilizando o MATLAB e a Symbolic Math Toolbox com um método que segue de perto o cálculo manual mostrado no exemplo.

MATLAB ML

Os estudantes que estiverem usando o MATLAB devem, agora, executar o arquivo ch13apB2 do Apêndice B. Você aprenderá como utilizar o MATLAB para converter $G(s)$ em $G(z)$ quando $G(s)$ não está em cascata com um segurador de ordem zero. Isto é o mesmo que obter a transformada z de $G(s)$.

MATLAB ML

Os estudantes que estiverem usando o MATLAB devem, agora, executar o arquivo ch13apB3 do Apêndice B. Você aprenderá como criar funções de transferência digitais diretamente.

MATLAB ML

Os estudantes que estiverem usando o MATLAB devem, agora, executar o arquivo ch13apB4 do Apêndice B. Você aprenderá como utilizar o MATLAB para converter $G(z)$ em $G(s)$ quando $G(s)$ não está em cascata com um segurador de ordem zero. Isso é o mesmo que obter a transformada de Laplace de $G(z)$.

Exercício 13.3

Experimente 13.2

Utilize o MATLAB, a Control System Toolbox e as instruções a seguir para resolver o Exercício 13.3.

```
Gs=zpk([],-4,8)
Gz=c2d(Gs,0.25,'zoh')
```

PROBLEMA: Determine $G(z)$ para $G(s) = 8/(s + 4)$ em cascata com um amostrador e segurador de ordem zero. O período de amostragem é 0,25 segundo.

RESPOSTA: $G(z) = 1{,}264/(z - 0{,}3679)$

A solução completa está disponível no Ambiente de aprendizagem do GEN.

A principal descoberta desta seção é que, uma vez que a função de transferência pulsada de um sistema, $G(z)$, tenha sido obtida, a transformada da resposta de saída amostrada, $C(z)$, para uma dada entrada amostrada pode ser calculada utilizando a relação $C(z) = G(z)R(z)$. Finalmente, a função do tempo pode ser obtida aplicando a transformada z inversa, como coberto na Seção 13.3. Na próxima seção, vemos a redução de diagrama de blocos para sistemas digitais.

13.5 Redução de Diagrama de Blocos

Até este ponto, definimos a transformada z e a função de transferência do sistema com dados amostrados, e indicamos como obter a resposta amostrada. Basicamente, estamos fazendo um paralelo com nossa discussão da transformada de Laplace nos Capítulos 2 e 4. Agora traçamos um paralelo com alguns dos objetivos do Capítulo 5, especificamente a redução de diagrama de blocos. Nosso objetivo agora é sermos capazes de determinar a função de transferência com dados amostrados em malha fechada de uma combinação de subsistemas com um computador na malha.

Ao manipular diagramas de blocos de sistemas com dados amostrados, você deve ter o cuidado de lembrar-se da definição da função de transferência do sistema com dados amostrados (deduzida na última seção) para evitar erros. Por exemplo, $z\{G_1(s)G_2(s)\} \neq G_1(z)G_2(z)$, em que $z\{G_1(s)G_2(s)\}$ denota a transformada z. As funções no domínio s devem ser multiplicadas antes da aplicação da transformada z. Na discussão subsequente, utilizamos a notação $G_1G_2(s)$ para denotar uma função única que é $G_1(s)G_2(s)$ após o cálculo do produto. Consequentemente, $z\{G_1(s)G_2(s)\} = z\{G_1G_2(s)\} = G_1G_2(z) \neq G_1(z)G_2(z)$.

Vamos examinar os sistemas com dados amostrados apresentados na Figura 13.9. Os sistemas com dados amostrados são indicados na coluna marcada s. Suas transformadas z são mostradas na coluna marcada z. O sistema-padrão que deduzimos anteriormente é mostrado na Figura 13.9(a), na qual a transformada da saída, $C(z)$, é igual a $G(z)R(z)$. Esse sistema forma a base para os outros elementos na Figura 13.9.

Na Figura 13.9(b) não existe amostrador entre $G_1(s)$ e $G_2(s)$. Assim, podemos considerar uma função única, $G_1(s)G_2(s)$, denotada $G_1G_2(s)$, existindo entre os dois amostradores e resultando em uma função de transferência única, como mostrado na Figura 13.9(a). Consequentemente, a função de transferência pulsada é $z\{G_1G_2(s)\} = G_1G_2(z)$. A transformada da saída, $C(z) = R(z)G_1G_2(z)$.

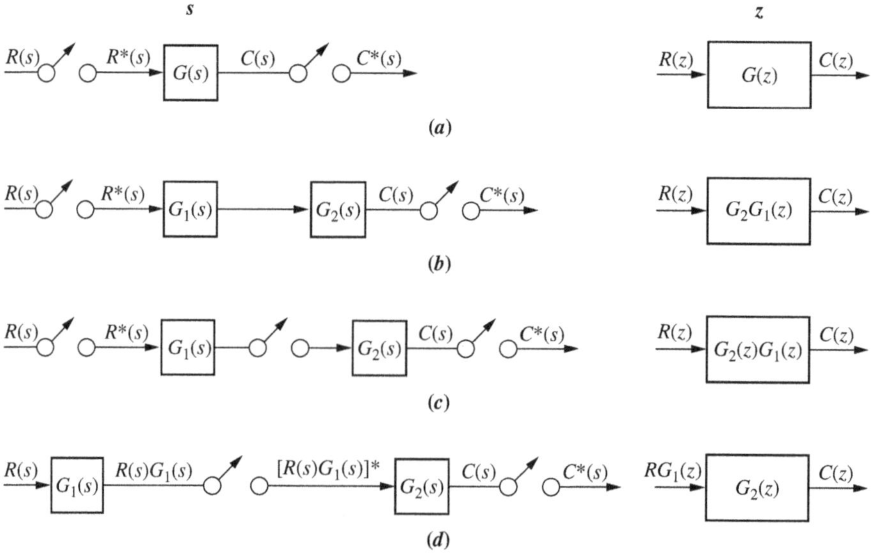

FIGURA 13.9 Sistemas com dados amostrados e suas transformadas z.

Na Figura 13.9(c), temos dois subsistemas do tipo mostrado na Figura 13.9(a) em cascata. Nesse caso, então, a transformada z é o produto das duas transformadas z, ou $G_2(z)G_1(z)$. Consequentemente, a transformada da saída $C(z) = R(z)G_2(z)G_1(z)$.

Finalmente, na Figura 13.9(d), verificamos que o sinal contínuo que entra no amostrador é $R(s)G_1(s)$. Assim, o modelo é o mesmo da Figura 13.9(a), com $R(s)$ substituído por $R(s)G_1(s)$ e $G_2(s)$ na Figura 13.9(d) substituindo $G(s)$ na Figura 13.9(a). A transformada z de entrada de $G_2(s)$ é $z\{R(s)G_1(s)\} = z\{RG_1(s)\} = RG_1(z)$. A função de transferência pulsada do sistema $G_2(s)$ é $G_2(z)$. Consequentemente, a saída $C(z) = RG_1(z)G_2(z)$.

Utilizando as formas básicas mostradas na Figura 13.9, podemos agora obter a transformada z de sistemas de controle com realimentação. Mostramos que qualquer sistema, $G(s)$, com entrada amostrada e saída amostrada, como indicado na Figura 13.9(a), pode ser representado como uma função de transferência com dados amostrados, $G(z)$. Portanto, queremos realizar manipulações de diagramas de blocos que resultem em subsistemas, bem como no sistema com realimentação completo, com entradas amostradas e saídas amostradas. Em seguida, podemos fazer a transformação em funções de transferência com dados amostrados. Segue um exemplo.

Exemplo 13.5

Função de Transferência Pulsada de um Sistema com Realimentação

PROBLEMA: Obtenha a transformada z do sistema mostrado na Figura 13.10(a).

SOLUÇÃO: O objetivo do problema é proceder de forma ordenada, começando com o diagrama de blocos da Figura 13.10(a), e reduzi-lo ao mostrado na Figura 13.10(f).

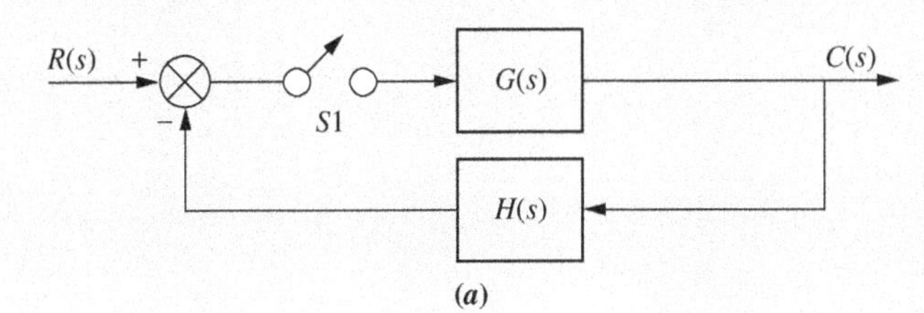

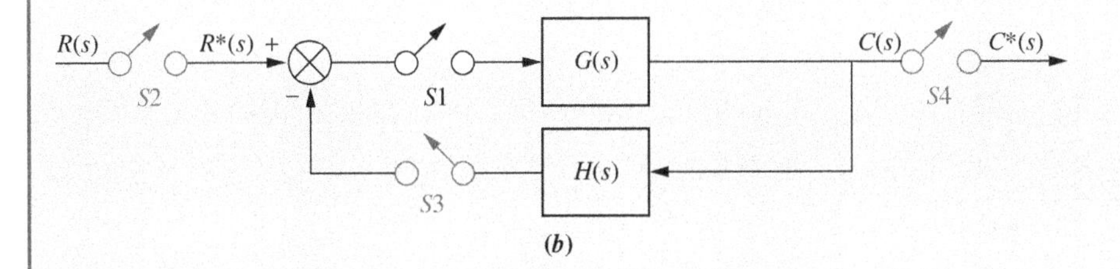

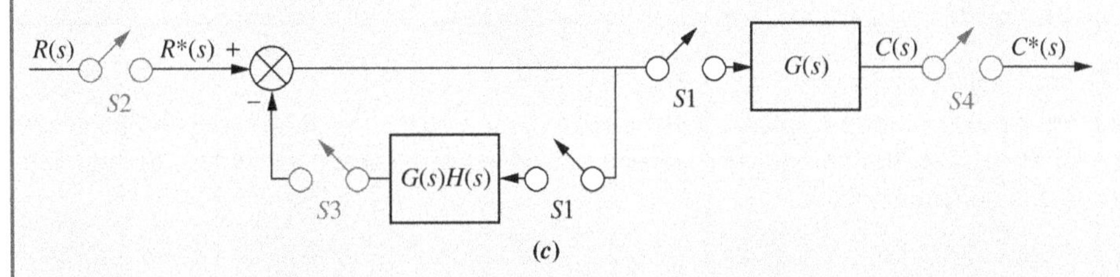

Observação: Amostradores fantasmas são mostrados como $S2$, $S3$ e $S4$.

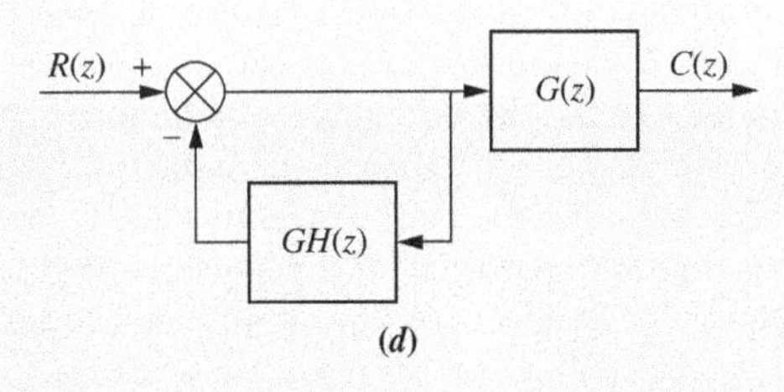

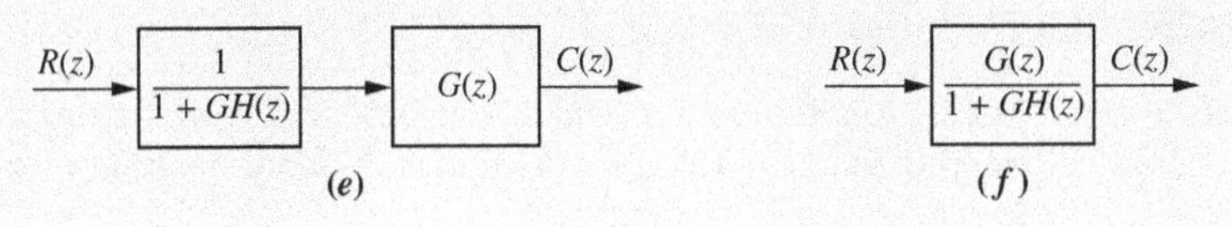

FIGURA 13.10 Passos da redução de diagrama de blocos de um sistema com dados amostrados.

Uma operação que sempre podemos realizar é colocar um amostrador fantasma na saída de qualquer subsistema que tenha uma entrada amostrada, desde que a natureza do sinal enviado para qualquer outro subsistema não seja alterada. Por exemplo, na Figura 13.10(*b*) o amostrador fantasma *S*4 pode ser acrescentado. A justificativa para isso, naturalmente, é que a saída de um sistema com dados amostrados só pode ser obtida nos instantes de amostragem, e o sinal não é uma entrada para nenhum outro bloco.

Outra operação que pode ser realizada é adicionar amostradores fantasmas *S*2 e *S*3 na entrada de uma junção de soma cuja saída é amostrada. A justificativa para essa operação é que a soma amostrada é equivalente à soma das entradas amostradas, desde que, naturalmente, todos os amostradores estejam sincronizados.

Em seguida, mova o amostrador *S*1 e $G(s)$ para a direita passando o ponto de ramificação, como mostrado na Figura 13.10(*c*). A motivação para essa alteração é resultar em um amostrador na entrada de $G(s)H(s)$ para corresponder à Figura 13.9(*b*). Além disso, $G(s)$ com o amostrador *S*1 na entrada e o amostrador *S*4 na saída corresponde à Figura 13.9(*a*). O sistema em malha fechada possui agora uma entrada amostrada e uma saída amostrada.

$G(s)H(s)$ com os amostradores *S*1 e *S*2 se torna $GH(z)$, e $G(s)$ com os amostradores *S*1 e *S*4 se torna $G(z)$, como mostrado na Figura 13.10(*d*). Além disso, convertendo $R^*(s)$ em $R(z)$ e $C^*(s)$ em $C(z)$, temos agora o sistema representado totalmente no domínio *z*.

As equações deduzidas no Capítulo 5 para funções de transferência representadas com a transformada de Laplace podem ser usadas para funções de transferência com dados amostrados apenas mudando a variável de *s* para *z*. Assim, utilizando a fórmula da realimentação, obtemos o primeiro bloco da Figura 13.10(*e*). Finalmente, a multiplicação de sistemas com dados amostrados em cascata produz o resultado final mostrado na Figura 13.10(*f*).

Exercício 13.4

PROBLEMA: Determine $T(z) = C(z)/R(z)$ para o sistema mostrado na Figura 13.11.

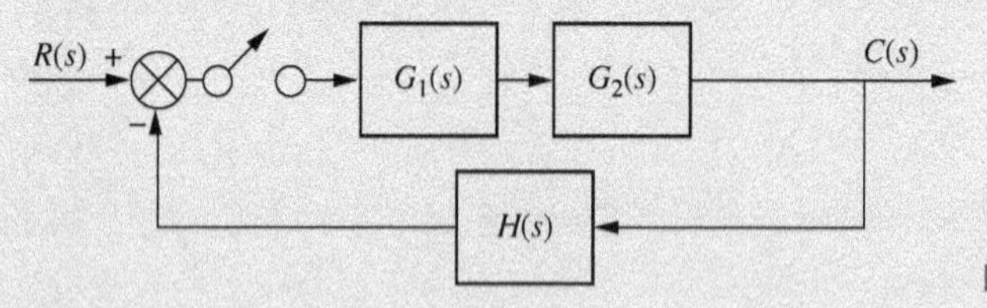

FIGURA 13.11 Sistema digital para o Exercício 13.4.

RESPOSTA: $T(z) = \dfrac{G_1G_2(z)}{1 + HG_1G_2(z)}$

A solução completa está disponível no Ambiente de aprendizagem do GEN.

Esta seção estabeleceu um paralelo com o Capítulo 5 mostrando como obter a função de transferência com dados amostrados em malha fechada de um conjunto de subsistemas. A próxima seção estabelece um paralelo com a discussão de estabilidade do Capítulo 6.

13.6 Estabilidade

A diferença evidente entre sistemas de controle com realimentação analógicos e sistemas de controle com realimentação digitais, como o mostrado na Figura 13.12, é o efeito que a taxa de amostragem tem sobre a resposta transitória. Alterações na taxa de amostragem não apenas alteram a natureza da resposta de superamortecida para subamortecida, mas também podem fazer com que um sistema estável fique instável. À medida que prosseguimos com nossa discussão, esses efeitos ficarão evidentes. Você é incentivado a ficar atento a essa questão.

Discutimos agora a estabilidade de sistemas digitais a partir de duas perspectivas: (1) plano *z* e (2) plano *s*. Veremos que o critério de Routh-Hurwitz pode ser utilizado apenas se realizarmos nossa análise e projeto no plano *s*.

Estabilidade de Sistema Digital Via Plano *z*

No plano *s*, a região de estabilidade é o semiplano esquerdo. Se a função de transferência, $G(s)$, for transformada em uma função de transferência com dados amostrados, $G(z)$, a região da estabilidade no plano *z* pode ser determinada a partir da definição $z = e^{Ts}$. Fazendo $s = \alpha + j\omega$, obtemos

FIGURA 13.12 Um torno usando controle numérico digital.

$$
\begin{aligned}
z = e^{Ts} &= e^{T(\alpha+j\omega)} = e^{\alpha T} e^{j\omega T} \\
&= e^{\alpha T}(\cos \omega T + j \operatorname{sen} \omega T) \\
&= e^{\alpha T} \angle \omega T
\end{aligned} \tag{13.47}
$$

uma vez que $(\cos \omega T + j \operatorname{sen} \omega T) = 1\angle \omega T$.

Cada região do plano s pode ser mapeada em uma região correspondente no plano z (ver Figura 13.13). Os pontos que possuem valores positivos de α estão no semiplano da direita do plano s, região C. A partir da Equação (13.47), as magnitudes dos pontos mapeados são $e^{\alpha T} > 1$. Portanto, pontos na metade direita do plano s são mapeados em pontos fora do círculo unitário no plano z.

Os pontos sobre o eixo $j\omega$, região B, possuem valores nulos de α e resultam em pontos no plano z com magnitude $= 1$, o círculo unitário. Portanto, os pontos sobre o eixo $j\omega$ no plano s são mapeados em pontos sobre o círculo unitário no plano z.

Finalmente, os pontos do plano s que possuem valores negativos de α (raízes no semiplano da esquerda, região A) são mapeados no interior do círculo unitário no plano z.

Dessa forma, um sistema de controle digital é (1) estável, se todos os polos da função de transferência em malha fechada, $T(z)$, estão dentro do círculo unitário no plano z; (2) instável, se algum polo está fora do círculo unitário e/ou se existem polos de multiplicidade maior que um sobre o círculo unitário; (3) marginalmente estável, se polos de multiplicidade um estão sobre o círculo unitário e todos os demais polos estão dentro do círculo unitário. Vamos ver um exemplo.

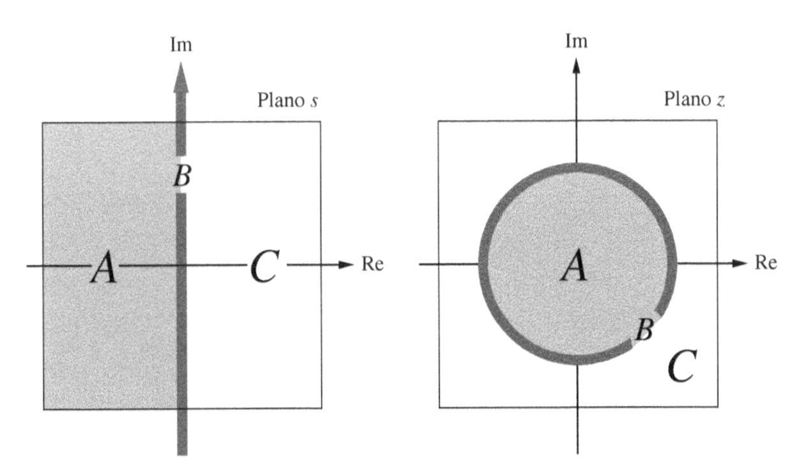

FIGURA 13.13 Mapeando regiões do plano s para o plano z.

Exemplo 13.6

Modelagem e Estabilidade

PROBLEMA: O míssil mostrado na Figura 13.14(*a*) pode ser controlado aerodinamicamente através de torques gerados pela deflexão de superfícies de controle no corpo do míssil. Os comandos para defletir essas superfícies de controle vêm de um computador que utiliza dados de rastreamento em conjunto com equações de guiamento programadas para determinar se o míssil segue a trajetória. As informações provenientes das equações de guiamento são utilizadas para desenvolver comandos de controle de voo para o míssil. Um modelo simplificado é mostrado na Figura 13.14(*b*). Nesse caso, o computador executa a função de controlador utilizando as informações de rastreamento para desenvolver comandos de entrada para o míssil. Um acelerômetro no míssil detecta a aceleração real, a qual é realimentada para o computador. Obtenha a função de transferência digital em malha fechada para esse sistema e determine se o sistema é estável para $K = 20$ e para $K = 100$ com um período de amostragem $T = 0{,}1$ segundo.

SOLUÇÃO: A entrada do sistema de controle é um comando de aceleração desenvolvido pelo computador. O computador pode ser modelado por um amostrador e segurador. O modelo no plano s é mostrado na Figura 13.14(*c*). O primeiro passo na determinação do modelo no plano z é obter $G(z)$, a função de transferência do caminho à frente. A partir da Figura 13.14(*c*) ou (*d*),

$$G(s) = \frac{1 - e^{-Ts}}{s}\frac{Ka}{s(s+a)} \tag{13.48}$$

em que $a = 27$. A transformada z, $G(z)$, é $(1 - z^{-1})z\{Ka/[s^2(s + a)]\}$.

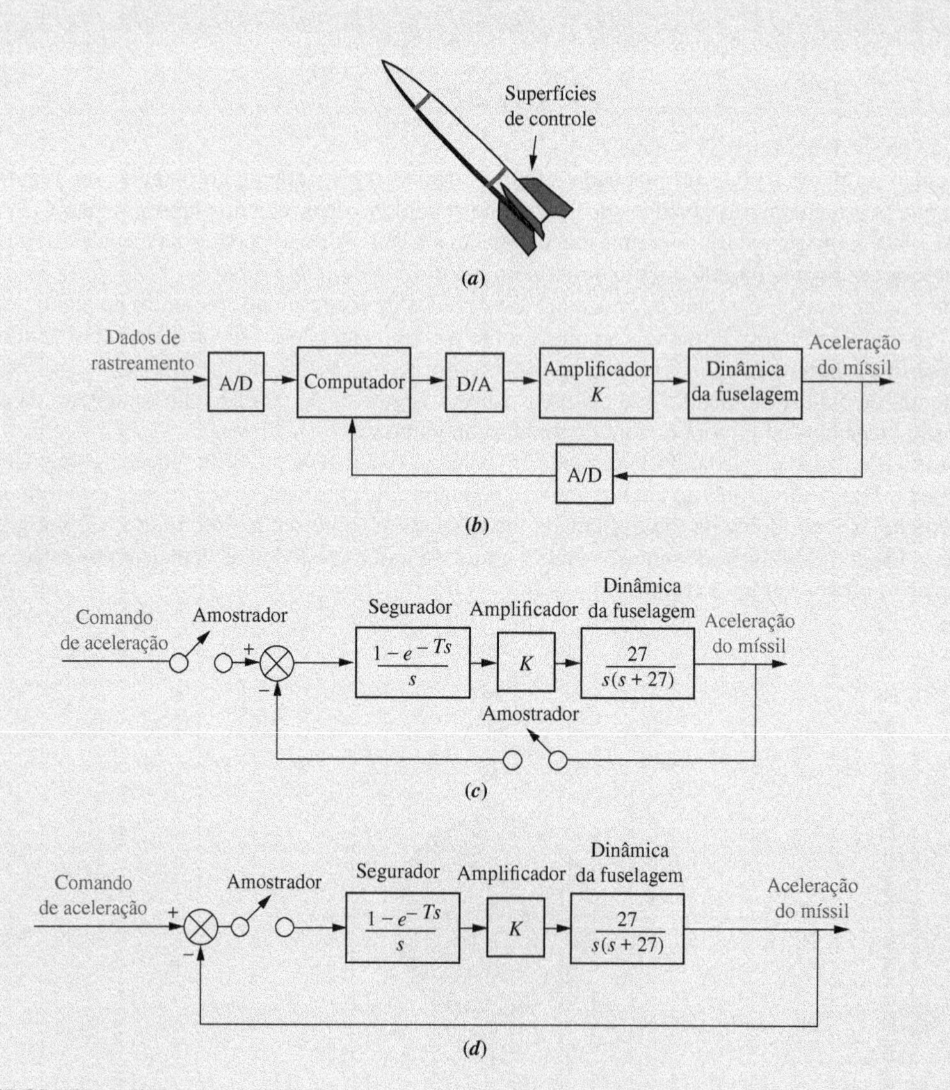

FIGURA 13.14 Determinando a estabilidade do sistema de controle de um míssil: **a.** míssil; **b.** diagrama de blocos conceitual; **c.** diagrama de blocos; **d.** diagrama de blocos com amostrador único equivalente.

O termo $Ka/[s^2(s + a)]$ é primeiro expandido em frações parciais; depois disso determinamos a transformada z de cada um dos termos a partir da Tabela 13.1. Consequentemente,

$$z\left\{\frac{Ka}{s^2(s+a)}\right\} = Kz\left\{\frac{a}{s^2(s+a)}\right\} = Kz\left\{\frac{1}{s^2} - \frac{1/a}{s} + \frac{1/a}{s+a}\right\}$$
$$= K\left\{\frac{Tz}{(z-1)^2} - \frac{z/a}{z-1} + \frac{z/a}{z-e^{-aT}}\right\}$$
$$= K\left\{\frac{Tz}{(z-1)^2} - \frac{(1-e^{-aT})z}{a(z-1)(z-e^{-aT})}\right\} \tag{13.49}$$

Portanto,

$$G(z) = K\left\{\frac{T(z-e^{-aT}) - (z-1)\left(\frac{1-e^{-aT}}{a}\right)}{(z-1)(z-e^{-aT})}\right\} \tag{13.50}$$

Fazendo $T = 0{,}1$ e $a = 27$, temos

$$G(z) = \frac{K(0{,}0655z + 0{,}02783)}{(z-1)(z-0{,}0672)} \tag{13.51}$$

Finalmente, determinamos a função de transferência em malha fechada, $T(z)$, para um sistema com realimentação unitária:

$$T(z) = \frac{G(z)}{1+G(z)} = \frac{K(0{,}0655z + 0{,}02783)}{z^2 + (0{,}0655K - 1{,}0672)z + (0{,}02783K + 0{,}0672)} \tag{13.52}$$

A estabilidade do sistema é determinada através da obtenção das raízes do denominador. Para $K = 20$, as raízes do denominador são $0{,}12 \pm j0{,}78$. O sistema é, portanto, estável para $K = 20$, uma vez que os polos estão dentro do círculo unitário. Para $K = 100$, os polos estão em $-0{,}58$ e $-4{,}9$. Como um dos polos está fora do círculo unitário, o sistema é instável para $K = 100$.

Os estudantes que estiverem usando o MATLAB devem, agora, executar o arquivo ch13apB5 do Apêndice B. Você aprenderá como utilizar o MATLAB para determinar a faixa de *K* para a estabilidade em um sistema digital. Este exercício resolve o Exemplo 13.6 utilizando o MATLAB.

MATLAB
ML

No caso de sistemas contínuos, a determinação da estabilidade depende de nossa capacidade em determinar se as raízes do denominador da função de transferência em malha fechada estão na região estável do plano s. O problema para sistemas de ordem elevada é complicado pelo fato de que o denominador da função de transferência em malha fechada está na forma polinomial, e não na forma fatorada. O mesmo problema ocorre com funções de transferência com dados amostrados em malha fechada.

Existem métodos tabulares para a determinação da estabilidade para sistemas com dados amostrados, como o método de Routh-Hurwitz utilizado para sistemas contínuos de ordem elevada. Esses métodos, que não são cobertos neste capítulo introdutório aos sistemas de controle digital, podem ser utilizados para determinar a estabilidade em sistemas digitais de ordem elevada. Caso você deseje se aprofundar na área de estabilidade de sistemas digitais, você é encorajado a estudar o método tabular de Raible ou o teste de estabilidade de Jury para determinar o número de polos em malha fechada de um sistema com dados amostrados fora do círculo unitário e assim indicar a instabilidade.[2]

O exemplo a seguir demonstra o efeito da taxa de amostragem sobre a estabilidade de um sistema de controle com realimentação em malha fechada. Todos os parâmetros são constantes, exceto o período de amostragem, T. Veremos que a variação de T nos conduzirá pelas regiões de estabilidade e instabilidade como se estivéssemos variando o ganho do caminho à frente, K.

Exemplo 13.7

Faixa de *T* para Estabilidade

PROBLEMA: Determine a faixa de período de amostragem, T, que tornará estável o sistema mostrado na Figura 13.15, e a faixa que o tornará instável.

[2] Uma discussão sobre o método tabular de Raible e o teste de estabilidade de Jury pode ser encontrada em *Kuo* (*1980: 278-286*).

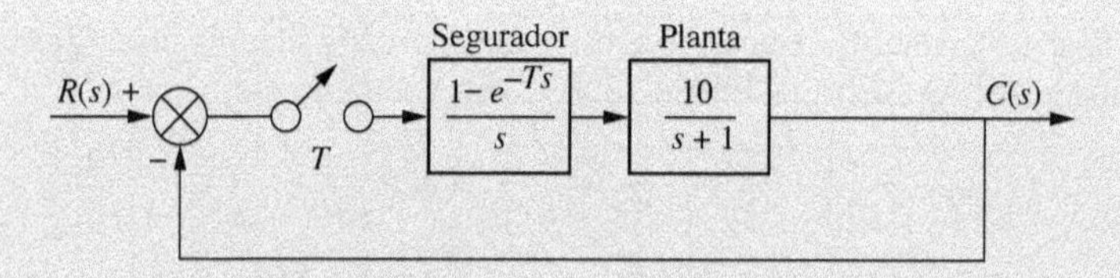

FIGURA 13.15 Sistema digital para o Exemplo 13.7.

SOLUÇÃO: Como $H(s) = 1$, a transformada z do sistema em malha fechada, $T(z)$, é determinada a partir da Figura 13.10 como

$$T(z) = \frac{G(z)}{1 + G(z)} \tag{13.53}$$

Para determinar $G(z)$, obtenha primeiro a expansão em frações parciais de $G(s)$.

$$G(s) = 10\frac{1 - e^{-Ts}}{s(s+1)} = 10(1 - e^{-Ts})\left(\frac{1}{s} - \frac{1}{s+1}\right) \tag{13.54}$$

Aplicando a transformada z, obtemos

$$G(z) = \frac{10(z-1)}{z}\left[\frac{z}{z-1} - \frac{z}{z - e^{-T}}\right] = 10\frac{(1 - e^{-T})}{(z - e^{-T})} \tag{13.55}$$

Substituindo a Equação (13.55) na Equação (13.53), resulta

$$T(z) = \frac{10(1 - e^{-T})}{z - (11e^{-T} - 10)} \tag{13.56}$$

O polo da Equação (13.56), $(11e^{-T} - 10)$, decresce monotonicamente de $+1$ para -1 para $0 < T < 0{,}2$. Para $0{,}2 < T < \infty$, $(11e^{-T} - 10)$ decresce monotonicamente de -1 para -10. Assim, o polo de $T(z)$ estará no interior do círculo unitário, e o sistema será estável se $0 < T < 0{,}2$. Em termos de frequência, em que $f = 1/T$, o sistema será estável desde que a frequência de amostragem seja $1/0{,}2 = 5$ Hz ou maior.

Descobrimos, através do plano z, que sistemas com dados amostrados são estáveis se seus polos estão no interior do círculo unitário. Infelizmente esse critério de estabilidade impede a utilização do critério de Routh-Hurwitz, que detecta raízes no semiplano da direita em vez de fora do círculo unitário. Todavia, existe outro método que nos permite utilizar o familiar plano s e o critério de Routh-Hurwitz para determinar a estabilidade de um sistema amostrado. Vamos introduzir esse tópico.

Transformações Bilineares

As *transformações bilineares* nos dão a capacidade de aplicar nossas técnicas de análise e projeto no plano s a sistemas digitais. Podemos analisar e projetar no plano s como fizemos nos Capítulos 8 e 9 e, em seguida, utilizando essas transformações, converter os resultados para um sistema digital que possui as mesmas propriedades. Vamos examinar este tópico em mais detalhes.

Podemos considerar $z = e^{Ts}$ e sua inversa, $s = (1/T)\ln z$, como a transformação exata entre z e s. Assim, se temos $G(z)$ e substituímos $z = e^{Ts}$, obtemos $G(e^{Ts})$ como o resultado da conversão para s. Analogamente, se temos $G(s)$ e substituímos $s = (1/T)\ln z$, obtemos $G((1/T)\ln z)$ como o resultado da conversão para z. Infelizmente, ambas as transformações resultam em funções transcendentais, as quais, naturalmente, evitamos por causa da já complicada transformada z.

O que gostaríamos de ter é uma transformação simples que resultasse em argumentos lineares ao fazermos a transformação em ambos os sentidos (bilinear) através de substituição direta e sem a complicada transformada z.

Transformações bilineares da forma

$$z = \frac{as + b}{cs + d} \tag{13.57}$$

e sua inversa,

$$s = \frac{-dz + b}{cz - a} \tag{13.58}$$

foram deduzidas para resultar em variáveis lineares em s e z. Diferentes valores de a, b, c e d foram deduzidos para aplicações particulares e resultam em vários graus de exatidão quando se comparam propriedades de funções contínuas e amostradas.

Por exemplo, na próxima subseção veremos que uma escolha particular de coeficientes tomará pontos sobre o círculo unitário e os mapeará em pontos sobre o eixo $j\omega$. Os pontos fora do círculo unitário serão mapeados no semiplano da direita e os pontos dentro do círculo unitário serão mapeados no semiplano da esquerda. Assim, seremos capazes de realizar uma transformação simples do plano z para o plano s e obter informações sobre a estabilidade de um sistema digital trabalhando no plano s.

Como as transformações não são exatas, apenas a propriedade para a qual elas foram projetadas merece confiança. Para a transformação de estabilidade que acaba de ser discutida, não podemos esperar que a $G(s)$ resultante tenha a mesma resposta transitória que $G(z)$. Outra transformação que manterá essa propriedade será coberta.

Estabilidade de Sistema Digital Via Plano *s*

Nesta subseção, examinamos uma transformação bilinear que mapeia os pontos sobre o eixo $j\omega$ no plano s em pontos sobre o círculo unitário no plano z. Além disso, a transformação mapeia pontos do semiplano da direita no plano s em pontos fora do círculo unitário no plano z. Finalmente, a transformação mapeia pontos do semiplano da esquerda no plano s em pontos dentro do círculo unitário no plano z. Portanto, somos capazes de transformar o denominador da função de transferência pulsada, $D(z)$, no denominador de uma função de transferência contínua, $D(s)$, e utilizar o critério de Routh-Hurwitz para determinar a estabilidade.

A transformação bilinear

$$s = \frac{z+1}{z-1} \tag{13.59}$$

e sua inversa

$$z = \frac{s+1}{s-1} \tag{13.60}$$

realizam a transformação requerida (*Kuo, 1995*). Podemos mostrar esse fato como a seguir: Fazendo $s = \alpha + j\omega$ e substituindo na Equação (13.60),

$$z = \frac{(\alpha+1)+j\omega}{(\alpha-1)+j\omega} \tag{13.61}$$

a partir do que

$$|z| = \frac{\sqrt{(\alpha+1)^2+\omega^2}}{\sqrt{(\alpha-1)^2+\omega^2}} \tag{13.62}$$

Portanto,

$$|z| < 1 \quad \text{quando}\ \alpha < 0 \tag{13.63a}$$

$$|z| > 1 \quad \text{quando}\ \alpha > 0 \tag{13.63b}$$

e

$$|z| = 1 \quad \text{quando}\ \alpha = 0 \tag{13.63c}$$

Vamos ver um exemplo que mostra como a estabilidade de sistemas amostrados pode ser determinada utilizando essa transformação bilinear e o critério de Routh-Hurwitz.

Exemplo 13.8

Estabilidade Via Routh-Hurwitz

PROBLEMA: Dado $T(z) = N(z)/D(z)$, em que $D(z) = z^3 - z^2 - 0{,}2z + 0{,}1$, utilize o critério de Routh-Hurwitz para determinar o número de polos de $T(z)$ dentro, fora e sobre o círculo unitário no plano z. O sistema é estável?

SOLUÇÃO: Substitua a Equação (13.60) em $D(z) = 0$ e obtenha[3]

$$s^3 - 19s^2 - 45s - 17 = 0 \tag{13.64}$$

A tabela de Routh para a Equação (13.64), Tabela 13.3, mostra uma raiz no semiplano da direita e duas raízes no semiplano da esquerda. Consequentemente, $T(z)$ possui um polo fora do círculo unitário, nenhum polo sobre o círculo unitário e dois polos dentro do círculo unitário. O sistema é instável por causa do polo fora do círculo unitário.

TABELA 13.3 Tabela de Routh para o Exemplo 13.8.

s^3	1	−45
s^2	19	−17
s^1	−45,89	0
s^0	−17	0

Exercício 13.5

PROBLEMA: Determine a faixa de período de amostragem, T, que fará com que o sistema mostrado na Figura 13.16 seja estável.

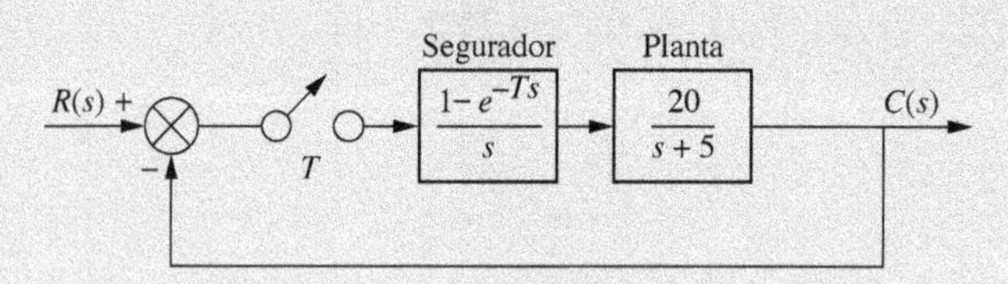

FIGURA 13.16 Sistema digital para o Exercício 13.5.

RESPOSTA: $0 < T < 0{,}1022$ segundo

A solução completa está disponível no Ambiente de aprendizagem do GEN.

Exercício 13.6

PROBLEMA: Dado $T(z) = N(z)/D(z)$, em que $D(z) = z^3 - z^2 - 0{,}5z + 0{,}3$, utilize o critério de Routh-Hurwitz para determinar o número de polos de $T(z)$ dentro, fora e sobre o círculo unitário no plano z. O sistema é estável?

RESPOSTA: $T(z)$ possui um polo fora do círculo unitário, nenhum polo sobre o círculo unitário e dois polos dentro do círculo unitário. O sistema é instável.

A solução completa está disponível no Ambiente de aprendizagem do GEN.

Nesta seção, cobrimos os conceitos de estabilidade para sistemas digitais. Ambas as perspectivas, do plano s e do plano z, foram discutidas. Utilizando uma transformação bilinear, somos capazes de utilizar o critério de Routh-Hurwitz para determinar a estabilidade.

O destaque da seção é que a taxa de amostragem (junto com os parâmetros do sistema, como os valores do ganho e dos componentes) ajuda a determinar ou a destruir a estabilidade de um sistema digital. Em geral, se a taxa de amostragem for muito lenta o sistema digital em malha fechada será instável. Passamos agora da estabilidade para os erros em regime permanente, fazendo um paralelo com nossa discussão anterior sobre erros em regime permanente em sistemas analógicos.

[3] Um *software* de matemática simbólica, como a Symbolic Math Toolbox do MATLAB, é recomendado para reduzir o trabalho necessário para realizar a transformação.

13.7 Erros em Regime Permanente

Examinamos agora o efeito da amostragem sobre o erro em regime permanente de sistemas digitais. Qualquer conclusão geral sobre o erro em regime permanente é difícil por causa da dependência dessas conclusões com relação ao posicionamento do amostrador na malha. Lembre que a posição do amostrador pode alterar a função de transferência em malha aberta. Na discussão sobre sistemas analógicos havia apenas uma função de transferência em malha aberta, $G(s)$, sobre a qual a teoria geral do erro em regime permanente foi baseada e a partir da qual vieram as definições padrão de constantes de erro estático. Para sistemas digitais, contudo, o posicionamento do amostrador altera a função de transferência em malha aberta e, portanto, impede quaisquer conclusões gerais. Nesta seção, admitimos o posicionamento típico do amostrador depois do erro e na posição do controlador em cascata, e deduzimos nossas conclusões adequadamente sobre o erro em regime permanente de sistemas digitais.

Considere o sistema digital na Figura 13.17(*a*), na qual o computador digital é representado pelo amostrador e segurador de ordem zero. A função de transferência da planta é representada por $G_1(s)$, e a função de transferência do z.o.h., por $(1 - e^{-Ts})/s$. Fazendo $G(s)$ igual ao produto do z.o.h. e $G_1(s)$ e utilizando as técnicas de redução de diagrama de blocos para sistemas com dados amostrados, podemos obter o erro amostrado, $E^*(s) = E(z)$. Acrescentando amostradores sincronizados na entrada e na realimentação, obtemos a Figura 13.17(*b*). Movendo $G(s)$ e o amostrador de sua entrada para a direita, passando o ponto de ramificação chega-se à Figura 13.17(*c*). Utilizando a Figura 13.9(*a*), podemos converter cada bloco em sua transformada z, resultando na Figura 13.17(*d*).

A partir dessa figura, $E(z) = R(z) - E(z)G(z)$, ou

$$E(z) = \frac{R(z)}{1 + G(z)} \tag{13.65}$$

O teorema do valor final para sinais discretos estabelece que

$$e^*(\infty) = \lim_{z\to 1}(1 - z^{-1})E(z) \tag{13.66}$$

em que $e^*(\infty)$ é o valor amostrado final de $e(t)$ ou (alternativamente) o valor final de $e(kT)$.[4]

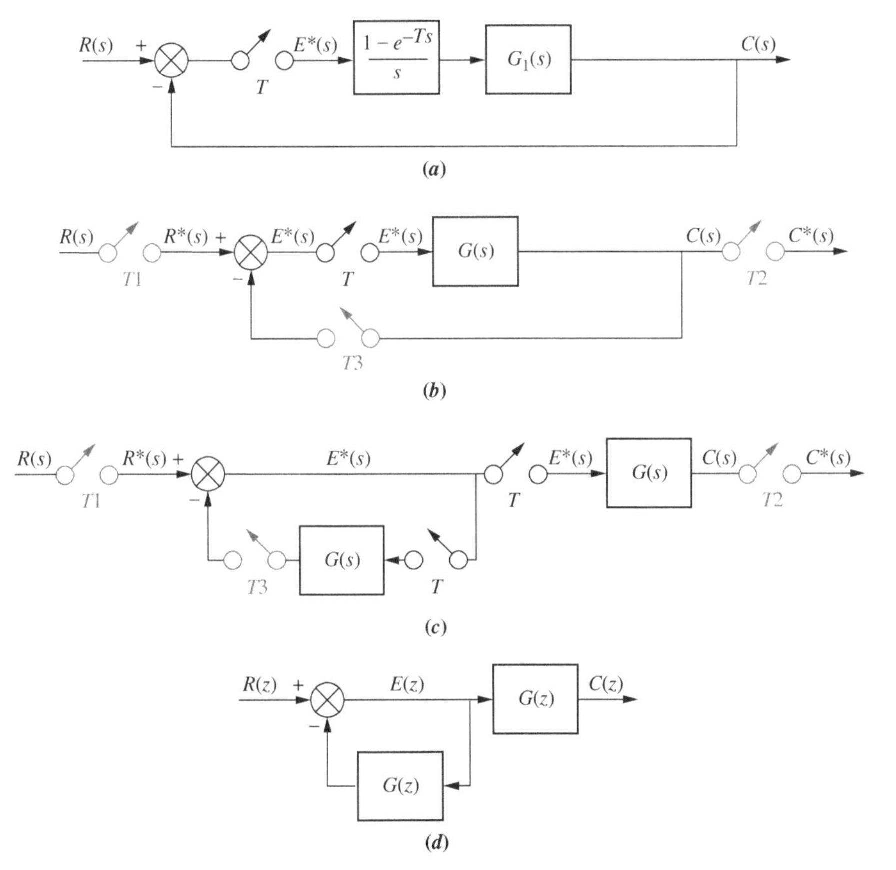

FIGURA 13.17 **a.** Sistema de controle com realimentação digital para obtenção dos erros em regime permanente; **b.** amostradores fantasmas acrescentados; **c.** movendo $G(s)$ e seu amostrador para a direita passando o ponto de ramificação; **d.** sistema equivalente em transformada z.

[4] Ver *Ogata (1987: 59)* para uma dedução.

Utilizando o teorema do valor final na Equação (13.65), constatamos que o erro em regime permanente amostrado, $e^*(\infty)$, para sistemas com realimentação negativa unitária é

$$e^*(\infty) = \lim_{z\to 1}(1 - z^{-1})E(z) = \lim_{z\to 1}(1 - z^{-1})\frac{R(z)}{1 + G(z)} \tag{13.67}$$

A Equação (13.67) deve agora ser avaliada para cada entrada: em degrau, em rampa e em parábola.

Entrada em Degrau Unitário

Para uma entrada em degrau unitário, $R(s) = 1/s$. A partir da Tabela 13.1,

$$R(z) = \frac{z}{z - 1} \tag{13.68}$$

Substituindo a Equação (13.68) na Equação (13.67), temos

$$e^*(\infty) = \frac{1}{1 + \lim_{z\to 1} G(z)} \tag{13.69}$$

Definindo a constante de erro estático, K_p, como

$$K_p = \lim_{z\to 1} G(z) \tag{13.70}$$

reescrevemos a Equação (13.69) como

$$e^*(\infty) = \frac{1}{1 + K_p} \tag{13.71}$$

Entrada em Rampa Unitária

Para uma entrada em rampa unitária, $R(z) = Tz/(z - 1)^2$. Seguindo o procedimento para a entrada em degrau, você pode deduzir que

$$e^*(\infty) = \frac{1}{K_v} \tag{13.72}$$

em que

$$K_v = \frac{1}{T}\lim_{z\to 1}(z - 1)G(z) \tag{13.73}$$

Entrada em Parábola Unitária

Para uma entrada em parábola unitária, $R(z) = T^2z(z + 1)/[2(z - 1)^3]$. Analogamente,

$$e^*(\infty) = \frac{1}{K_a} \tag{13.74}$$

em que

$$K_a = \frac{1}{T^2}\lim_{z\to 1}(z - 1)^2G(z) \tag{13.75}$$

Resumo dos Erros em Regime Permanente

As equações desenvolvidas anteriormente para $e^*(\infty)$, K_p, K_v e K_a são parecidas com as equações desenvolvidas para sistemas analógicos. Enquanto a alocação de polos múltiplos na origem do plano s reduz os erros em regime permanente a zero no caso analógico, podemos ver que a alocação de polos múltiplos em $z = 1$ reduz o erro em regime permanente a zero em sistemas digitais do tipo discutido nesta seção. Essa conclusão faz sentido quando se considera que $s = 0$ é mapeado em $z = 1$ por $z = e^{Ts}$.

Por exemplo, para uma entrada em degrau, vemos que, se $G(z)$ na Equação (13.69) possui um polo em $z = 1$, o limite se tornará infinito e o erro em regime permanente se reduzirá a zero.

Para uma entrada em rampa, se $G(z)$ na Equação (13.73) possui dois polos em $z = 1$, o limite se tornará infinito e o erro se reduzirá a zero.

Conclusões semelhantes podem ser tiradas para a entrada em parábola e a Equação (13.75). Nesse caso, $G(z)$ precisa de três polos em $z = 1$ para que o erro em regime permanente seja zero. Vamos ver um exemplo.

Exemplo 13.9

Obtendo o Erro em Regime Permanente

PROBLEMA: Para entradas em degrau, em rampa e em parábola, obtenha o erro em regime permanente do sistema de controle com realimentação mostrado na Figura 13.17(a), se

$$G_1(s) = \frac{10}{s(s+1)} \tag{13.76}$$

SOLUÇÃO: Primeiro obtenha $G(s)$, o produto do z.o.h. e da planta.

$$G(s) = \frac{10(1 - e^{-Ts})}{s^2(s+1)} = 10(1 - e^{-Ts})\left[\frac{1}{s^2} - \frac{1}{s} + \frac{1}{s+1}\right] \tag{13.77}$$

A transformada z é então

$$\begin{aligned} G(z) &= 10(1 - z^{-1})\left[\frac{Tz}{(z-1)^2} - \frac{z}{z-1} + \frac{z}{z - e^{-T}}\right] \\ &= 10\left[\frac{T}{z-1} - 1 + \frac{z-1}{z - e^{-T}}\right] \end{aligned} \tag{13.78}$$

Para uma entrada em degrau,

$$K_p = \lim_{z \to 1} G(z) = \infty; \quad e^*(\infty) = \frac{1}{1 + K_p} = 0 \tag{13.79}$$

Para uma entrada em rampa,

$$K_v = \frac{1}{T}\lim_{z \to 1}(z-1)G(z) = 10; \quad e^*(\infty) = \frac{1}{K_v} = 0{,}1 \tag{13.80}$$

Para uma entrada em parábola,

$$K_a = \frac{1}{T^2}\lim_{z \to 1}(z-1)^2 G(z) = 0; \quad e^*(\infty) = \frac{1}{K_a} = \infty \tag{13.81}$$

Você observará que as respostas obtidas são as mesmas que os resultados obtidos para o sistema analógico. Entretanto, uma vez que a estabilidade depende do período de amostragem, não deixe de verificar a estabilidade do sistema depois que um período de amostragem for estabelecido e antes de efetuar cálculos do erro em regime permanente.

MATLAB ML

Os estudantes que estiverem usando o MATLAB devem, agora, executar o arquivo ch13apB6 do Apêndice B. Você aprenderá como utilizar o MATLAB para determinar K_p, K_v e K_a em um sistema digital, bem como para verificar a estabilidade. Este exercício resolve o Exemplo 13.9 utilizando o MATLAB.

Exercício 13.7

PROBLEMA: Para entradas em degrau, em rampa e em parábola, obtenha o erro em regime permanente do sistema de controle com realimentação mostrado na Figura 13.17(a), se

$$G_1(s) = \frac{20(s+3)}{(s+4)(s+5)}$$

Faça $T = 0,1$ segundo. Repita para $T = 0,5$ segundo.

RESPOSTA: Para $T = 0,1$ segundo, $K_p = 3$, $K_v = 0$ e $K_a = 0$; para $T = 0,5$ segundo, o sistema é instável.

A solução completa está disponível no Ambiente de aprendizagem do GEN.

Nesta seção, discutimos e calculamos o erro em regime permanente de sistemas digitais para entradas em degrau, em rampa e em parábola. As equações para o erro em regime permanente assemelham-se às dos sistemas analógicos. Até mesmo as definições das constantes de erro estático foram semelhantes. Polos na origem do plano s para sistemas analógicos foram substituídos por polos em $+1$ no plano z para melhorar o erro em regime permanente. Continuamos nossa discussão comparativa passando para uma discussão da resposta transitória e do lugar geométrico das raízes para sistemas digitais.

13.8 Resposta Transitória no Plano *z*

Lembre que para os sistemas analógicos um requisito de resposta transitória era especificado pela escolha de um polo em malha fechada no plano s. No Capítulo 8, o polo em malha fechada estava sobre o lugar geométrico das raízes existente, e o projeto consistia em um simples ajuste de ganho. Se o polo em malha fechada não estivesse sobre o lugar geométrico das raízes existente, então um compensador em cascata era projetado para alterar a forma do lugar das raízes original para passar pelo polo em malha fechada desejado. Um ajuste de ganho, então, completava o projeto.

Nas duas próximas seções, desejamos fazer um paralelo com os métodos analógicos descritos e aplicar técnicas semelhantes a sistemas digitais. Neste capítulo introdutório faremos um paralelo da discussão do projeto através de ajuste de ganho. O projeto de compensação é deixado para um curso avançado.

O Capítulo 4 estabeleceu as relações entre a resposta transitória e o plano s. Vimos que retas verticais no plano s eram retas de tempo de acomodação constante, retas horizontais eram retas de instante de pico constante, e retas radiais eram retas de ultrapassagem percentual constante. Para tirar conclusões equivalentes no plano z, mapeamos agora essas linhas através de $z = e^{sT}$.

As retas verticais no plano s são retas de tempo de acomodação constante e são caracterizadas pela equação $s = \sigma_1 + j\omega$, em que a parte real, $\sigma_1 = -4/T_s$, é constante e está no semiplano da esquerda para estabilidade. Substituindo em $z = e^{sT}$, obtemos

$$z = e^{\sigma_1 T} e^{j\omega T} = r_1 e^{j\omega T} \tag{13.82}$$

A Equação (13.82) representa círculos concêntricos de raio r_1. Se σ_1 for positivo, o círculo terá um raio maior que o do círculo unitário. Por outro lado, se σ_1 for negativo, o círculo terá um raio menor que o do círculo unitário. Os círculos de tempo de acomodação constante, normalizados em relação ao período de amostragem, são mostrados na Figura 13.18 com raio $e^{\sigma_1 T} = e^{-4/(T_s/T)}$. Além disso, $T_s/T = -4/\ln(r)$, em que r é o raio do círculo de tempo de acomodação constante.

As retas horizontais são retas de instante de pico constante. As retas são caracterizadas pela equação $s = \sigma + j\omega_1$, em que a parte imaginária, $\omega_1 = \pi/T_p$, é constante. Substituindo em $z = e^{sT}$, obtemos

$$z = e^{\sigma T} e^{j\omega_1 T} = e^{\sigma T} e^{j\theta_1} \tag{13.83}$$

A Equação (13.83) representa retas radiais com um ângulo θ_1. Se σ for negativo, esse segmento da reta radial estará dentro do círculo unitário. Se σ for positivo, esse segmento da reta radial estará fora do círculo unitário. As retas de instante de pico constante, normalizadas em relação ao período de amostragem, são mostradas na Figura 13.18. O ângulo de cada reta radial é $\omega_1 T = \theta_1 = \pi/(T_p/T)$, a partir do que $T_p/T = \pi/\theta_1$.

Finalmente, mapeamos as retas radiais do plano s para o plano z. Lembre que essas retas radiais são retas de ultrapassagem percentual constante no plano s. A partir da Figura 13.19, essas retas radiais são representadas por

$$\frac{\sigma}{\omega} = -\tan(\text{sen}^{-1}\zeta) = -\frac{\zeta}{\sqrt{1-\zeta^2}} \tag{13.84}$$

Consequentemente,

$$s = \sigma + j\omega = -\omega\frac{\zeta}{\sqrt{1-\zeta^2}} + j\omega \tag{13.85}$$

Transformando a Equação (13.85) para o plano z, resulta

$$z = e^{sT} = e^{-\omega T\left(\zeta/\sqrt{1-\zeta^2}\right)} e^{j\omega T} = e^{-\omega T\left(\zeta/\sqrt{1-\zeta^2}\right)} \angle \omega T \tag{13.86}$$

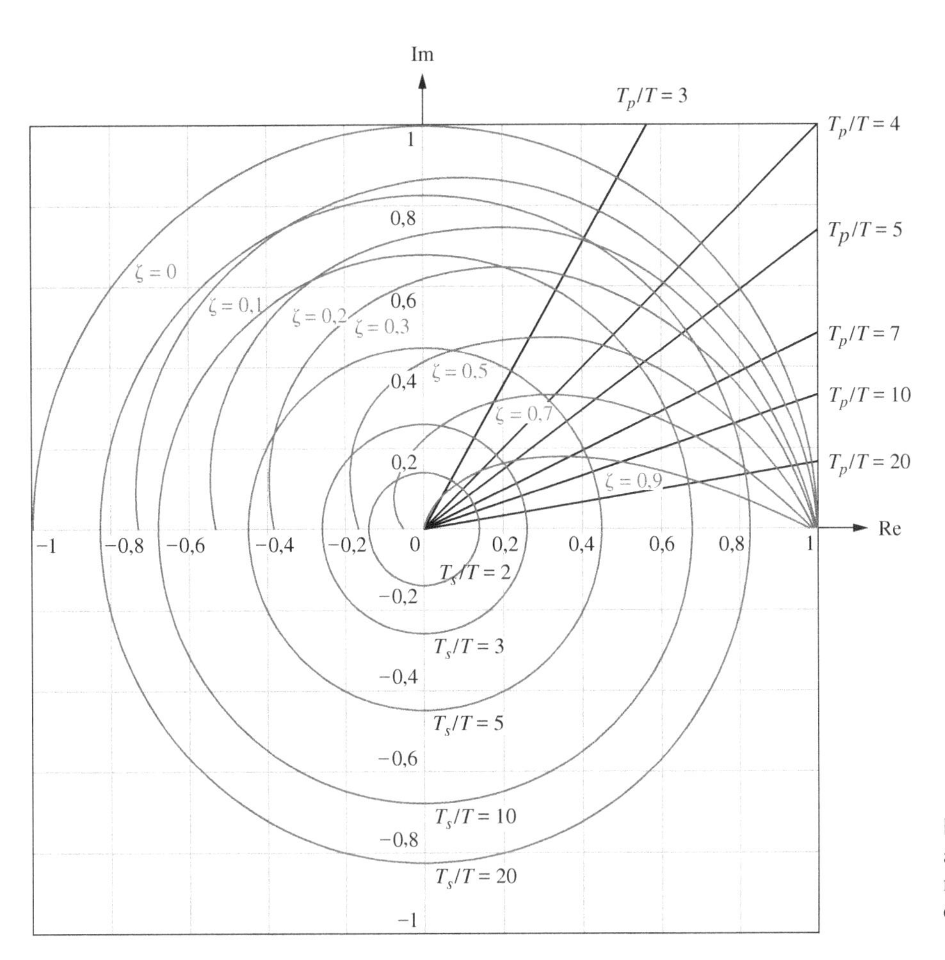

FIGURA 13.18 Curvas de fator de amortecimento, tempo de acomodação normalizado e instante de pico normalizado constantes no plano z.

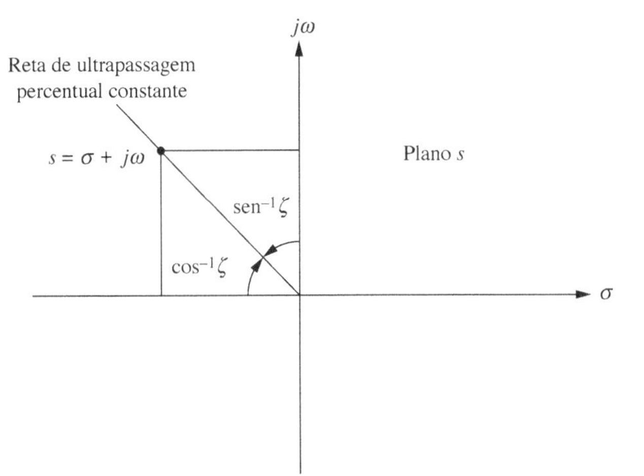

FIGURA 13.19 Esboço no plano s de reta de ultrapassagem percentual constante.

Assim, dado um fator de amortecimento desejado, ζ, a Equação (13.86) pode ser traçada no plano z para uma faixa de ωT, como mostrado na Figura 13.18. Essas curvas podem ser utilizadas como curvas de ultrapassagem percentual constante no plano z.

Esta seção preparou o cenário para a análise e o projeto da resposta transitória de sistemas digitais. Na próxima seção, aplicamos os resultados a sistemas digitais utilizando o lugar geométrico das raízes.

13.9 Projeto de Ganho no Plano *z*

Nesta seção, traçamos lugares geométricos das raízes e determinamos o ganho requerido para estabilidade, bem como o ganho requerido para atender a um requisito de resposta transitória. Uma vez que as funções de transferência em malha aberta e em malha fechada do sistema digital genérico mostrado na Figura 13.20 são idênticas às do sistema contínuo, exceto por uma mudança de variáveis de s para z, podemos utilizar as mesmas regras para traçar um lugar geométrico das raízes.

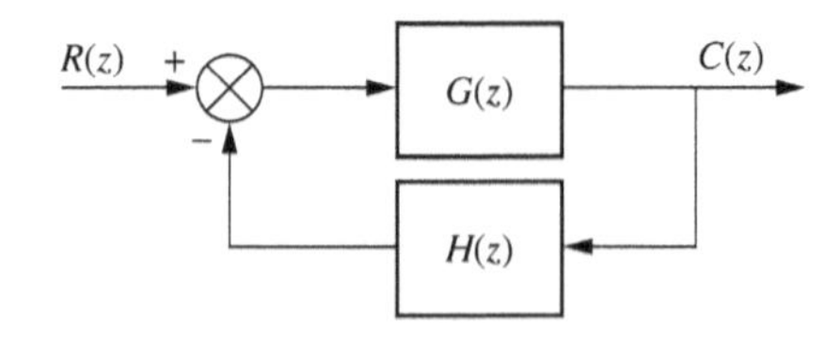

FIGURA 13.20 Sistema de controle com realimentação digital genérico.

Entretanto, a partir de nossa discussão anterior, a região de estabilidade no plano z está dentro do círculo unitário, e não no semiplano da esquerda. Assim, para determinar a estabilidade, devemos procurar pela interseção do lugar geométrico das raízes com o círculo unitário em vez de com o eixo imaginário.

Na seção anterior, deduzimos as curvas de tempo de acomodação, instante de pico e fator de amortecimento constantes. Para projetar a resposta transitória de um sistema digital, determinamos a interseção do lugar geométrico das raízes com as curvas apropriadas mostradas no plano z na Figura 13.18. Vamos examinar o exemplo a seguir.

Exemplo 13.10

Projeto de Estabilidade Via Lugar Geométrico das Raízes

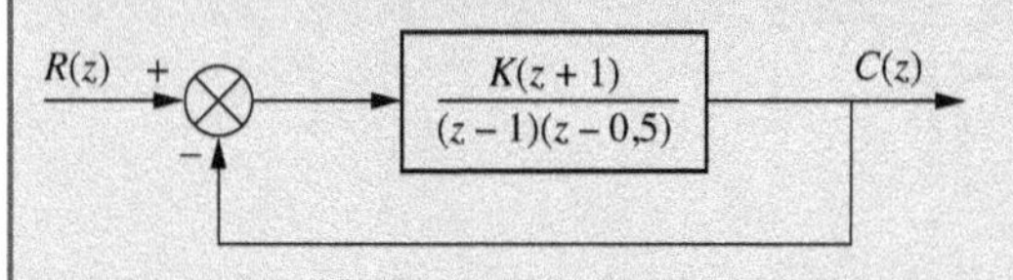

FIGURA 13.21 Controle com realimentação digital para o Exemplo 13.10.

PROBLEMA: Esboce o lugar geométrico das raízes para o sistema mostrado na Figura 13.21. Além disso, determine a faixa de ganho, K, para estabilidade a partir do gráfico do lugar geométrico das raízes.

SOLUÇÃO: Trate o sistema como se z fosse s e esboce o lugar geométrico das raízes. O resultado é mostrado na Figura 13.22. Utilizando o programa para o lugar geométrico das raízes, discutido no Apêndice H.2, que está disponível no Ambiente de aprendizagem do GEN, procure ao longo do círculo unitário por 180°. A identificação do ganho, K, nesse ponto resulta na faixa de ganho para estabilidade. Utilizando o programa, constatamos que a interseção do lugar geométrico das raízes com o círculo unitário é $1\angle 60°$. O ganho nesse ponto é 0,5. Consequentemente, a faixa de ganho para estabilidade é $0 < K < 0{,}5$.

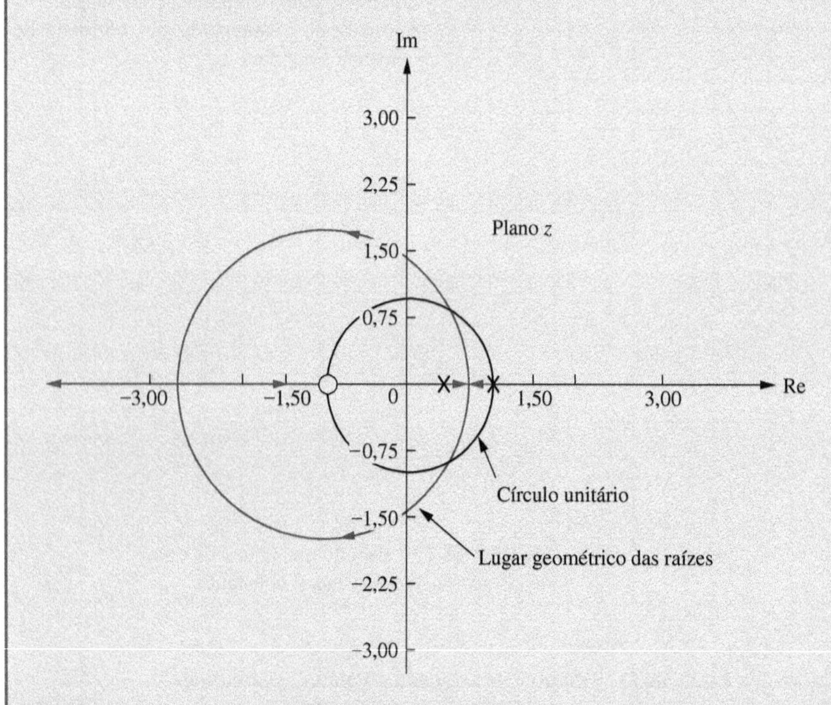

FIGURA 13.22 Lugar geométrico das raízes para o sistema da Figura 13.21.

MATLAB **ML**

Os estudantes que estiverem usando o MATLAB devem, agora, executar o arquivo ch13apB7 do Apêndice B. Você aprenderá como utilizar o MATLAB para traçar um lugar geométrico das raízes no plano z, bem como sobrepor o círculo unitário. Você aprenderá como selecionar interativamente a interseção do lugar geométrico das raízes com o círculo unitário para obter o valor de ganho para estabilidade. Este exercício resolve o Exemplo 13.10 utilizando o MATLAB.

No próximo exemplo, projetamos o valor do ganho, K, na Figura 13.21 para atender a uma especificação de resposta transitória. O problema é tratado de modo semelhante ao projeto do sistema analógico, onde obtivemos o ganho no ponto em que o lugar geométrico das raízes cruzava a curva de fator de amortecimento, tempo de acomodação ou instante de pico especificado. Nos sistemas digitais, essas curvas são como as mostradas na Figura 13.18.

Resumindo, então, trace o lugar geométrico das raízes do sistema digital e sobreponha as curvas da Figura 13.18. Em seguida, determine onde o lugar geométrico das raízes intercepta a curva de fator de amortecimento, tempo de acomodação ou instante de pico desejado e calcule o ganho nesse ponto. Para simplificar os cálculos e obter resultados mais exatos, trace uma reta radial passando pelo ponto em que o lugar geométrico das raízes intercepta a curva apropriada. Meça o ângulo dessa reta e utilize o programa para o lugar geométrico das raízes do Apêndice H.2, que está disponível no Ambiente de aprendizagem do GEN, para procurar, ao longo dessa reta radial, pelo ponto de interseção com o lugar geométrico das raízes.

Exemplo 13.11

Projeto da Resposta Transitória Via Ajuste de Ganho

PROBLEMA: Para o sistema da Figura 13.21, determine o valor de ganho, K, que resulta em um fator de amortecimento de 0,7.

SOLUÇÃO: A Figura 13.23 mostra a curva de fator de amortecimento constante sobreposta ao lugar geométrico das raízes do sistema, como determinado no exemplo anterior. Desenhe uma linha radial da origem até a interseção do lugar geométrico das raízes com a curva de fator de amortecimento de 0,7 (uma reta a 16,62°). O programa para o lugar geométrico das raízes discutido no Apêndice H.2, que está disponível no Ambiente de aprendizagem do GEN, pode agora ser utilizado para obter o ganho procurando, ao longo da reta a 16,62° por 180°, a interseção com o lugar geométrico das raízes. Os resultados do programa mostram que o ganho, K, é 0,0627 em $0,719 + j0,215$, o ponto em que a curva de fator de amortecimento 0,7 intercepta o lugar geométrico das raízes.

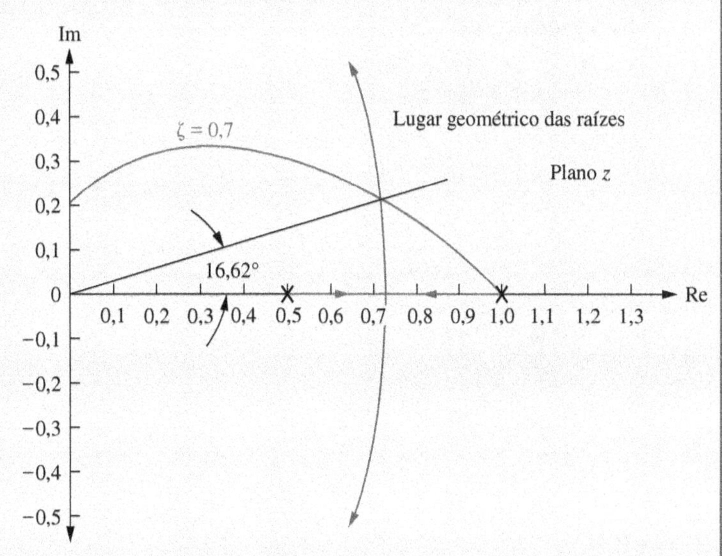

FIGURA 13.23 Lugar geométrico das raízes para o sistema da Figura 13.21 com curva de fator de amortecimento constante de 0,7.

Podemos agora verificar nosso projeto obtendo a resposta ao degrau unitário amostrado do sistema da Figura 13.21. Utilizando nosso projeto, $K = 0,0627$, com $R(z) = z/(z - 1)$, uma entrada em degrau amostrada, obtemos a saída amostrada como

$$C(z) = \frac{R(z)G(z)}{1 + G(z)} = \frac{0,0627z^2 + 0,0627z}{z^3 - 2,4373z^2 + 2z - 0,5627} \tag{13.87}$$

Realizando a divisão indicada, obtemos a saída válida nos instantes de amostragem, como mostrado na Figura 13.24. Uma vez que a ultrapassagem é aproximadamente 5 %, o requisito de um fator de amortecimento de 0,7 foi atendido. Você deve lembrar, contudo, que o gráfico é válido apenas em valores inteiros de instante de amostragem.

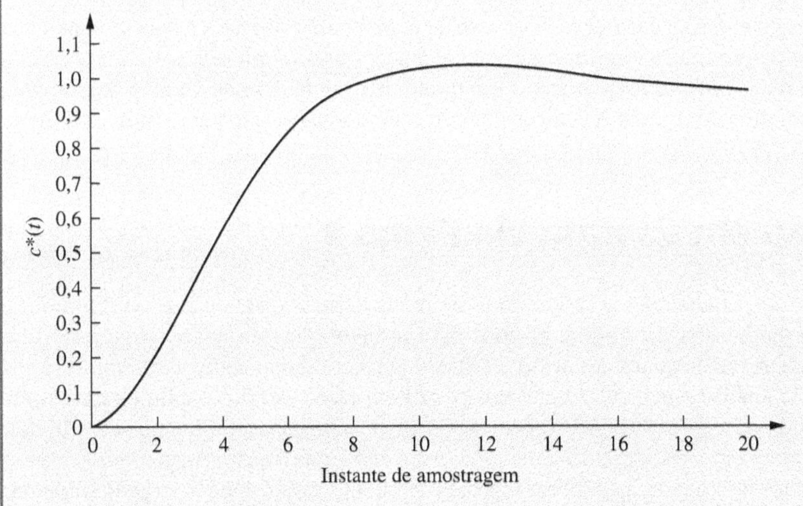

FIGURA 13.24 Resposta ao degrau amostrado do sistema da Figura 13.21 com $K = 0,0627$.

MATLAB

ML

Os estudantes que estiverem usando o MATLAB devem, agora, executar o arquivo ch13apB8 do Apêndice B. Você aprenderá como utilizar o MATLAB para traçar um lugar geométrico das raízes no plano z, bem como sobrepor uma grade de curvas de fator de amortecimento. Você aprenderá como obter o ganho e uma resposta ao degrau em malha fechada de um sistema digital depois de selecionar interativamente o ponto de operação no lugar geométrico das raízes. Este exercício resolve o Exemplo 13.11 utilizando o MATLAB.

Exercício 13.8

Experimente 13.3

Utilize o MATLAB, a Control System Toolbox e as instruções a seguir para resolver o Exercício 13.8.

```
Gz=zpk(-0.5,[0.25,0.75],...
 1,[])
rlocus(Gz)
zgrid(0.5,[])
[K,p]=rlocfind (Gz)
```

Observação: Quando o lugar geométrico das raízes aparecer, clique na interseção da curva de fator de amortecimento 0,5 com o lugar geométrico das raízes para calcular o ganho.

PROBLEMA: Para o sistema da Figura 13.20, em que $H(z) = 1$ e

$$G(z) = \frac{K(z+0{,}5)}{(z-0{,}25)(z-0{,}75)}$$

determine o valor de ganho, K, para resultar em um fator de amortecimento de 0,5.

RESPOSTA: $K = 0{,}31$

A solução completa está disponível no Ambiente de aprendizagem do GEN.

Simulink

SL

O Simulink fornece um método alternativo de simulação de sistemas digitais para obter a resposta no tempo. Estudantes que estão realizando os exercícios de MATLAB e desejam explorar a capacidade adicional do Simulink devem agora consultar o Apêndice C, Tutorial do Simulink. O Exemplo C.4 do Tutorial mostra como utilizar o Simulink para simular sistemas digitais.

Ferramenta GUI

FGUI

O Linear System Analyzer do MATLAB fornece outro método de simulação de sistemas digitais para obter a resposta no tempo. Estudantes que estão realizando os exercícios de MATLAB e desejam explorar a capacidade adicional do Linear System Analyzer do MATLAB devem agora consultar o Apêndice E, o qual contém um tutorial sobre o Linear System Analyzer, bem como alguns exemplos. Um dos exemplos ilustrativos, o Exemplo E.5, obtém a resposta ao degrau em malha fechada de um sistema digital utilizando o Linear System Analyzer.

Nesta seção, utilizamos o lugar geométrico das raízes e o ajuste de ganho para projetar a resposta transitória de um sistema digital. Este método apresenta as mesmas desvantagens de quando aplicado a sistemas analógicos; isto é, se o lugar geométrico das raízes não interceptar um ponto de projeto desejado, então um simples ajuste de ganho não cumprirá o objetivo do projeto. Técnicas para projetar compensação para sistemas digitais podem, então, ser aplicadas.

13.10 Compensação em Cascata Via Plano *s*

Nas seções anteriores deste capítulo, analisamos e projetamos sistemas digitais diretamente no domínio z, incluindo o projeto via ajuste de ganho. Estamos agora prontos para projetar compensadores digitais, como os cobertos nos Capítulos 9 e 11. Em vez de continuar nessa direção do projeto diretamente no domínio z, nos desviamos para cobrir técnicas de análise e de projeto que nos permitem fazer uso dos capítulos anteriores projetando no plano s e em seguida transformando nosso projeto no plano s em uma implementação digital. Cobrimos um aspecto da análise no plano s na Seção 13.6, na qual utilizamos uma transformação bilinear para analisar a estabilidade. Continuamos agora com a análise e o projeto no plano s aplicando-a ao projeto de um compensador em cascata. O projeto direto de compensadores no plano z é deixado para um curso específico sobre sistemas de controle digital.

Compensação em Cascata

Para realizar o projeto no plano s e então converter o compensador contínuo em um compensador digital, precisamos de uma transformação bilinear que preserve, nos instantes de amostragem, a resposta do compensador contínuo. A transformação bilinear coberta na Seção 13.6 não atende a esse requisito. Uma transformação bilinear que pode ser realizada com cálculos manuais e resulta em uma função de transferência digital cuja resposta de saída nos instantes de amostragem é aproximadamente a mesma da função de transferência analógica equivalente é chamada *transformação de Tustin*. Esta transformação é utilizada para transformar o compensador contínuo, $G_c(s)$, no compensador digital, $G_c(z)$. A transformação de Tustin é dada por[5]

$$s = \frac{2(z-1)}{T(z+1)} \tag{13.88}$$

e sua inversa por

$$z = \frac{-\left(s+\frac{2}{T}\right)}{\left(s-\frac{2}{T}\right)} = \frac{1+\frac{T}{2}s}{1-\frac{T}{2}s} \tag{13.89}$$

À medida que o período de amostragem, T, se torna menor (taxa de amostragem maior), a saída do compensador digital projetado se aproxima mais da saída do compensador analógico. Caso a taxa de amostragem não seja suficientemente alta, há uma discrepância em altas frequências entre as respostas em frequência dos filtros digital e analógico. Existem métodos para corrigir a discrepância, mas eles estão além do escopo de nossa discussão. O leitor interessado deve investigar o tópico sobre *prewarping*, coberto em livros dedicados ao controle digital listados na Bibliografia no final deste capítulo.

Astrom e *Wittenmark* (*1984*) desenvolveram uma diretriz para a escolha do período de amostragem, T. Sua conclusão é que o valor de T em segundos deve estar na faixa de $0{,}15/\omega_{\Phi_M}$ a $0{,}5/\omega_{\Phi_M}$, em que ω_{Φ_M} é a frequência (rad/s) de zero dB da curva de magnitude da resposta em frequência do compensador analógico em cascata com a planta.

No exemplo a seguir, iremos projetar um compensador, $G_c(s)$, para atender às especificações de desempenho requeridas. Então utilizaremos a transformação de Tustin para obter o modelo de um controlador digital equivalente. Na próxima seção, mostraremos como implementar o controlador digital.

Exemplo 13.12

Projeto de Compensador Digital em Cascata

PROBLEMA: Para o sistema digital da Figura 13.25(*a*), em que

$$G_p(s) = \frac{1}{s(s+6)(s+10)} \tag{13.90}$$

projete um compensador digital de avanço de fase, $G_c(z)$, como mostrado na Figura 13.25(*c*), de modo que o sistema opere com 20 % de ultrapassagem e um tempo de acomodação de 1,1 segundo. Crie seu projeto no domínio s e transforme o compensador para o domínio z.

SOLUÇÃO: Utilizando a Figura 13.25(*b*), projete um compensador de avanço de fase utilizando as técnicas descritas no Capítulo 9 ou 11. O projeto foi criado como parte do Exemplo 9.6, onde determinamos que o compensador de avanço de fase era

$$G_c(s) = \frac{1977(s+6)}{(s+29{,}1)} \tag{13.91}$$

Utilizando as Equações (13.90) e (13.91), determinamos que a frequência de zero dB, ω_{Φ_M}, para $G_p(s)G_c(s)$ é 5,8 rad/s. Utilizando a diretriz descrita por *Astrom* e *Wittenmark* (*1984*), o valor de T deve estar na faixa de $0{,}15/\omega_{\Phi_M} = 0{,}026$ a $0{,}5/\omega_{\Phi_M} = 0{,}086$ segundo. Vamos usar $T = 0{,}01$ segundo.

Substituindo a Equação (13.88) na Equação (13.91) com $T = 0{,}01$ segundo, resulta

$$G_c(z) = \frac{1778z - 1674}{z - 0{,}746} \tag{13.92}$$

[5] Ver *Ogata* (*1987: 315-318*) para uma dedução.

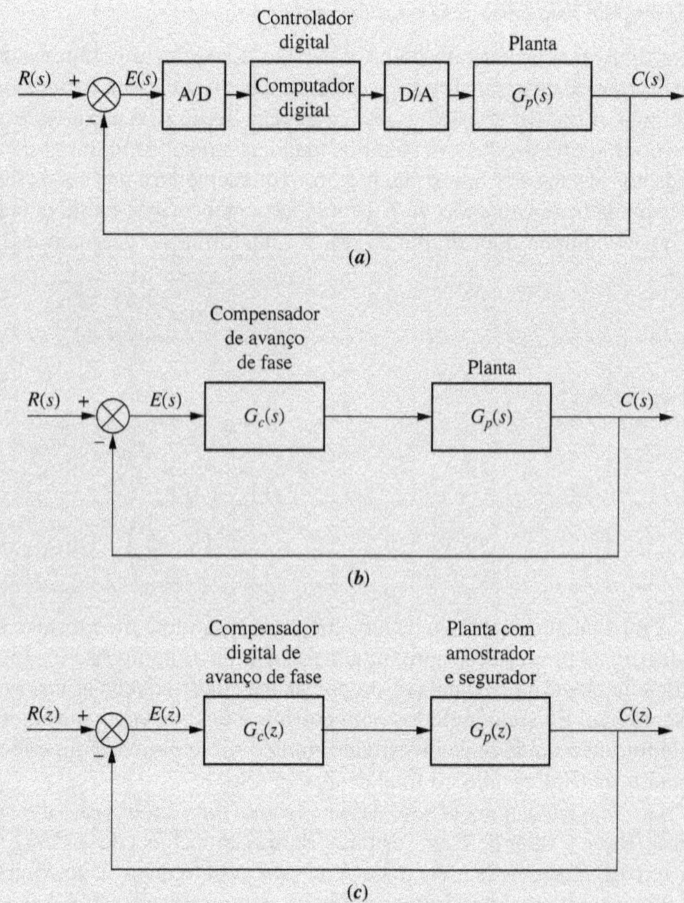

FIGURA 13.25 **a.** Sistema de controle digital mostrando o computador digital realizando a compensação; **b.** sistema contínuo utilizado para projeto; **c.** sistema digital transformado.

A transformada z da planta e do segurador de ordem zero, obtida pelo método discutido na Seção 13.4, com $T = 0{,}01$ segundo, é

$$G_p(z) = \frac{(1{,}602 \times 10^{-7}z^2) + (6{,}156 \times 10^{-7}z) + (1{,}478 \times 10^{-7})}{z^3 - 2{,}847z^2 + 2{,}699z - 0{,}8521} \tag{13.93}$$

A resposta no tempo na Figura 13.26 ($T = 0{,}01$ segundo) mostra que o sistema compensado em malha fechada atende aos requisitos de resposta transitória. A figura mostra também a resposta para um compensador projetado com períodos de amostragem nos extremos da diretriz de Astrom e Wittenmark.

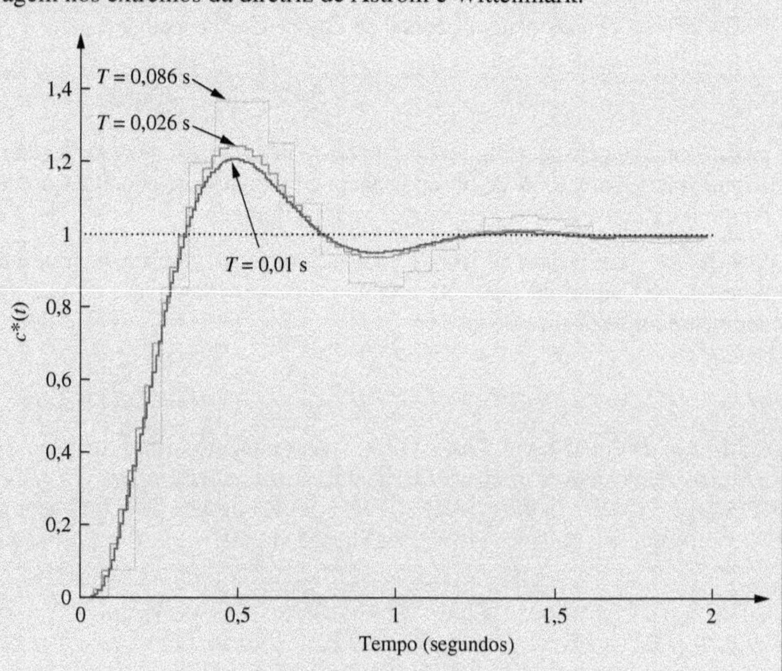

FIGURA 13.26 Resposta em malha fechada do sistema compensado do Exemplo 13.12 mostrando o efeito de três frequências de amostragem diferentes.

Os estudantes que estiverem usando o MATLAB devem, agora, executar o arquivo ch13apB9 do Apêndice B. Você aprenderá como utilizar o MATLAB para projetar um compensador digital de avanço de fase utilizando a transformação de Tustin. Este exercício resolve o Exemplo 13.12 utilizando o MATLAB.

Exercício 13.9

PROBLEMA: No Exemplo 11.3, um compensador de avanço de fase foi projetado para um sistema com realimentação unitária cuja planta era

$$G(s) = \frac{100K}{s(s+36)(s+100)}$$

As especificações de projeto foram as seguintes: ultrapassagem percentual = 20 %, instante de pico = 0,1 segundo e $K_v = 40$. Para atender aos requisitos, o projeto resultou em $K = 1440$ e em um compensador de avanço de fase

$$G_c(s) = 2{,}38\,\frac{s+25{,}3}{s+60{,}2}$$

Caso o sistema deva ser controlado por computador, obtenha o controlador digital, $G_c(z)$.

RESPOSTA: $G_c(z) = 2{,}34\,\frac{z-0{,}975}{z-0{,}9416}$, $T = 0{,}001$ segundo

A solução completa está disponível no Ambiente de aprendizagem do GEN.

Agora que aprendemos como projetar um compensador digital em cascata, $G_c(z)$, a próxima seção nos ensinará como utilizar o computador digital para implementá-lo.

13.11 Implementando o Compensador Digital

O controlador, $G_c(z)$, pode ser implementado diretamente por meio de cálculos no computador digital no caminho à frente, como mostrado na Figura 13.27. Vamos agora deduzir um algoritmo numérico que o computador pode utilizar para emular o compensador. Obteremos uma expressão para a saída amostrada do computador, $x^*(t)$, cuja transformada é mostrada na Figura 13.27 como $X(z)$. Veremos que essa expressão pode ser utilizada para programar o computador digital para emular o compensador.

Considere o compensador de segunda ordem, $G_c(z)$,

$$G_c(z) = \frac{X(z)}{E(z)} = \frac{a_3z^3 + a_2z^2 + a_1z + a_0}{b_2z^2 + b_1z + b_0} \tag{13.94}$$

Realizando a multiplicação cruzada,

$$(b_2z^2 + b_1z + b_0)X(z) = (a_3z^3 + a_2z^2 + a_1z + a_0)E(z) \tag{13.95}$$

Resolvendo para o termo com a maior potência de z operando sobre a saída $X(z)$,

$$b_2z^2X(z) = (a_3z^3 + a_2z^2 + a_1z + a_0)E(z) - (b_1z + b_0)X(z) \tag{13.96}$$

Dividindo pelo coeficiente de $X(z)$ no lado esquerdo da Equação (13.96), resulta

$$X(z) = \left(\frac{a_3}{b_2}z + \frac{a_2}{b_2} + \frac{a_1}{b_2}z^{-1} + \frac{a_0}{b_2}z^{-2}\right)E(z) - \left(\frac{b_1}{b_2}z^{-1} + \frac{b_0}{b_2}z^{-2}\right)X(z) \tag{13.97}$$

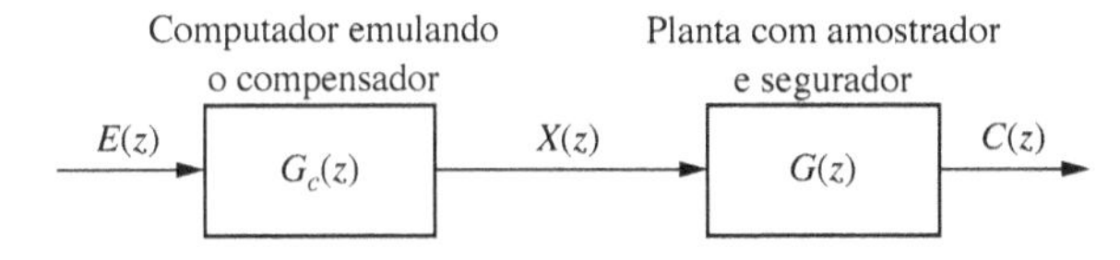

FIGURA 13.27 Diagrama de blocos mostrando a emulação computacional de um compensador digital.

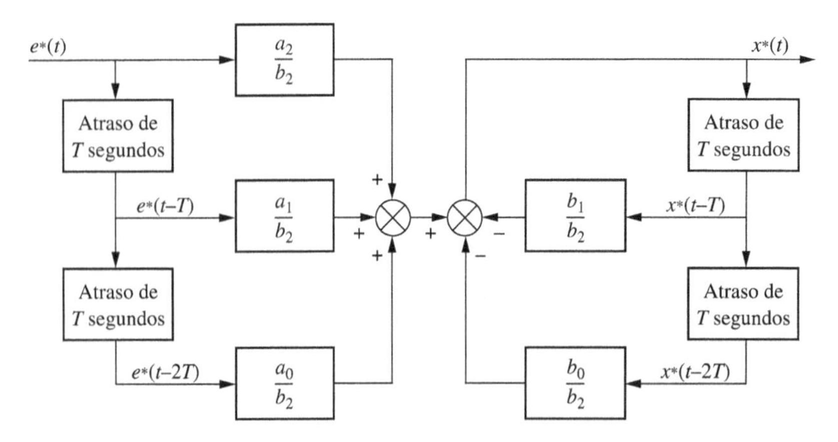

FIGURA 13.28 Fluxograma de um compensador digital de segunda ordem.[6]

Finalmente, aplicando a transformada z inversa,

$$\begin{aligned} x^*(t) &= \frac{a_3}{b_2}e^*(t+T) + \frac{a_2}{b_2}e^*(t) + \frac{a_1}{b_2}e^*(t-T) + \frac{a_0}{b_2}e^*(t-2T) \\ &- \frac{b_1}{b_2}x^*(t-T) - \frac{b_0}{b_2}x^*(t-2T) \end{aligned} \tag{13.98}$$

Podemos constatar, a partir desta equação, que a amostra atual da saída do compensador, $x^*(t)$, é uma função de amostras futura $[e^*(t + T)]$, presente $[e^*(t)]$, passadas $[e^*(t - T)]$ e $[e^*(t - 2T)]$ de $e(t)$, em conjunto com valores passados da saída, $x^*(t - T)$ e $x^*(t - 2T)$. Obviamente, se vamos realizar fisicamente esse compensador, a amostra da saída não pode depender de valores futuros da entrada. Portanto, para ser fisicamente realizável, a_3 deve ser igual a zero para que o valor futuro de $e(t)$ não seja necessário. Concluímos que o numerador da função de transferência do compensador deve ser de ordem igual ou inferior à do denominador para que o compensador seja fisicamente realizável.

Admita, agora, que a_3 seja de fato igual a zero. A Equação (13.98) agora se torna

$$x^*(t) = \frac{a_2}{b_2}e^*(t) + \frac{a_1}{b_2}e^*(t-T) + \frac{a_0}{b_2}e^*(t-2T) - \frac{b_1}{b_2}x^*(t-T) - \frac{b_0}{b_2}x^*(t-2T) \tag{13.99}$$

Portanto, a amostra da saída é uma função de amostras corrente e passadas da entrada, bem como de amostras passadas da saída. A Figura 13.28 mostra o fluxograma do compensador, a partir do qual um programa pode ser escrito para o computador digital.[7] A figura mostra que o compensador pode ser implementado armazenando-se alguns valores sucessivos de entrada e de saída. A saída é então formada por uma combinação linear ponderada dessas variáveis armazenadas. Vamos agora ver um exemplo numérico.

Exemplo 13.13

Implementação de Compensador Digital em Cascata

PROBLEMA: Desenvolva um fluxograma para o compensador digital definido pela Equação (13.100).

$$G_c(z) = \frac{X(z)}{E(z)} = \frac{z+0{,}5}{z^2 - 0{,}5z + 0{,}7} \tag{13.100}$$

SOLUÇÃO: Faça a multiplicação cruzada e obtenha

$$(z^2 - 0{,}5z + 0{,}7)X(z) = (z + 0{,}5)E(z) \tag{13.101}$$

Resolva para a maior potência de z operando sobre a saída, $X(z)$,

$$z^2X(z) = (z+0{,}5)E(z) - (-0{,}5z + 0{,}7)X(z) \tag{13.102}$$

[6] Adaptado de Chassing, R. *Digital Signal Processing* (New York: John Wiley & Sons, Inc., 1999), p. 137. © 1999 John Wiley & Sons, Inc.

[7] Para uma excelente discussão sobre fluxogramas básicos para representar compensadores digitais, incluindo a representação mostrada na Figura 13.28 e fluxogramas alternativos com a metade dos atrasos, ver *Chassaing (1999, pp. 135-143)*.

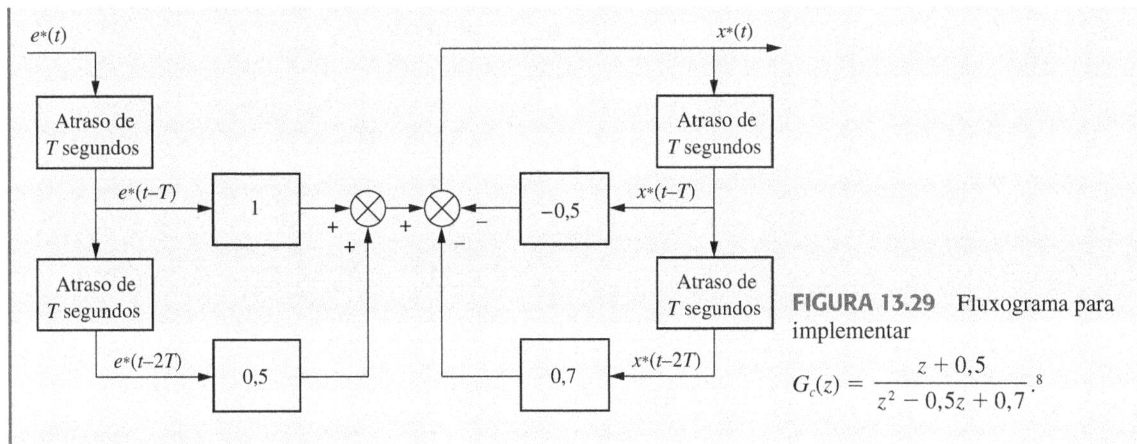

FIGURA 13.29 Fluxograma para implementar

$$G_c(z) = \frac{z + 0,5}{z^2 - 0,5z + 0,7}.^{8}$$

Resolva para $X(z)$ do lado esquerdo da equação,

$$X(z) = (z^{-1} + 0,5z^{-2})E(z) - (-0,5z^{-1} + 0,7z^{-2})X(z) \tag{13.103}$$

A implementação da Equação (13.103) com o fluxograma da Figura 13.29 completa o projeto.

Exercício 13.10

PROBLEMA: Desenhe um fluxograma a partir do qual o compensador

$$G_c(z) = \frac{1899z^2 - 3761z + 1861}{z^2 - 1,908z + 0,9075}$$

pode ser programado se o período de amostragem é 0,1 segundo.

RESPOSTA: A solução completa está disponível no Ambiente de aprendizagem do GEN.

Nesta seção, aprendemos como implementar um compensador digital. O fluxograma resultante pode servir como o projeto de um programa de computador digital para o computador na malha. O projeto consiste em atrasos que podem ser considerados armazenadores para cada valor amostrado de entrada e de saída. Os valores armazenados são ponderados e somados. O engenheiro pode, então, implementar o projeto com um programa de computador.

Na próxima seção, uniremos os conceitos deste capítulo ao aplicarmos os princípios de projeto de sistemas de controle digital ao nosso sistema de controle de azimute de antena.

Estudos de Caso

Controle de Antena: Projeto do Transitório Via Ganho

Projeto **P**

Demonstramos agora os objetivos deste capítulo voltando ao nosso sistema de controle de posição de azimute de antena. Mostraremos onde o computador é inserido na malha, modelaremos o sistema e projetaremos o ganho para atender a um requisito de resposta transitória. Posteriormente, projetaremos um compensador digital em cascata.

O computador irá desempenhar duas funções na malha. Primeiro, o computador será utilizado como dispositivo de entrada. Ele receberá sinais digitais do teclado na forma de comandos e sinais digitais da saída para controle em malha fechada. O teclado substituirá o potenciômetro de entrada, e um conversor analógico-digital (A/D), com um transdutor de realimentação com ganho unitário, substituirá o potenciômetro de saída.

A Figura 13.30(a) mostra o sistema analógico original, e a Figura 13.30(b) mostra o sistema com o computador na malha. Nesse caso, o computador está recebendo sinais digitais de duas fontes: (1) a entrada através do

[8] Adaptado de Chassaing, R. *Digital Signal Processing* (New York: John Wiley & Sons, Inc., 1999), p. 137. © 1999 John Wiley & Sons, Inc.

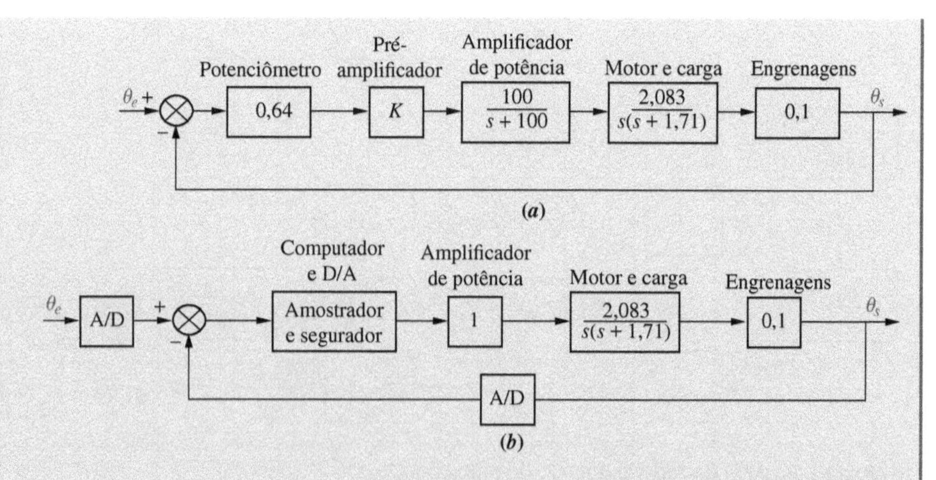

FIGURA 13.30 Sistema de controle de antena: **a.** implementação analógica; **b.** implementação digital.

teclado ou outros comandos de rastreamento e (2) a saída através de um conversor (A/D). A planta está recebendo sinais do computador digital através de um conversor digital-analógico (D/A) e do amostrador e segurador.

A Figura 13.30(*b*) mostra algumas hipóteses simplificadoras que adotamos. O polo do amplificador de potência é admitido como estando distante o suficiente do polo do motor, de modo que podemos representar o amplificador de potência como um ganho puro igual a seu ganho estático unitário. Além disso, incorporamos quaisquer ganhos do pré-amplificador e do potenciômetro ao computador e seu conversor D/A associado.

PROBLEMA: Projete o ganho para o sistema de controle de posição de azimute de antena mostrado na Figura 13.30(*b*) para resultar em um fator de amortecimento em malha fechada de 0,5. Admita um período de amostragem de $T = 0{,}1$ segundo.

SOLUÇÃO: Modelando o Sistema: Nosso primeiro objetivo é modelar o sistema no domínio z. A função de transferência à frente, $G(s)$, que inclui o amostrador e segurador, o amplificador de potência, o motor e a carga, e as engrenagens, é

$$G(s) = \frac{1 - e^{-Ts}}{s}\frac{0{,}2083}{s(s+a)} = \frac{0{,}2083}{a}(1 - e^{Ts})\frac{a}{s^2(s+a)} \tag{13.104}$$

em que $a = 1{,}71$ e $T = 0{,}1$.

Como a transformada z de $(1 - e^{-Ts})$ é $(1 - z^{-1})$ e, a partir do Exemplo 13.6, a transformada z de $a/[s^2(s + a)]$ é

$$z\left\{\frac{a}{s^2(s+a)}\right\} = \left[\frac{Tz}{(z-1)^2} - \frac{(1 - e^{-aT})z}{a(z-1)(z - e^{-aT})}\right] \tag{13.105}$$

a transformada z da planta, $G(z)$, é

$$\begin{aligned} G(z) &= \frac{0{,}2083}{a}(1 - z^{-1})z\left\{\frac{a}{s^2(s+a)}\right\} \\ &= \frac{0{,}2083}{a^2}\left[\frac{[aT - (1 - e^{-aT})]z + [(1 - e^{-aT}) - aTe^{-aT}]}{(z-1)(z - e^{-aT})}\right] \end{aligned} \tag{13.106}$$

Substituindo os valores de a e T, obtemos

$$G(z) = \frac{9{,}846 \times 10^{-4}(z + 0{,}945)}{(z-1)(z - 0{,}843)} \tag{13.107}$$

A Figura 13.31 mostra o computador e a planta como parte do sistema de controle digital com realimentação.

Projetando a Resposta Transitória: Agora que a modelagem no domínio z está completa, podemos começar a projetar o sistema para a resposta transitória requerida. Sobrepomos o lugar geométrico das raízes à curva de fator de amortecimento constante no plano z, como mostrado na Figura 13.32. Uma reta traçada da origem até a interseção forma um ângulo de 8,58°. Procurando ao longo dessa reta por 180°, obtemos a interseção como $(0{,}915 + j0{,}138)$, com um ganho de malha, $9{,}846 \times 10^{-4}K$, de 0,0135. Portanto, $K = 13{,}71$.

Verificando o projeto através da determinação da resposta ao degrau unitário amostrado do sistema em malha fechada, produz-se o gráfico da Figura 13.33, que apresenta uma ultrapassagem de 20 % ($\zeta = 0{,}456$).

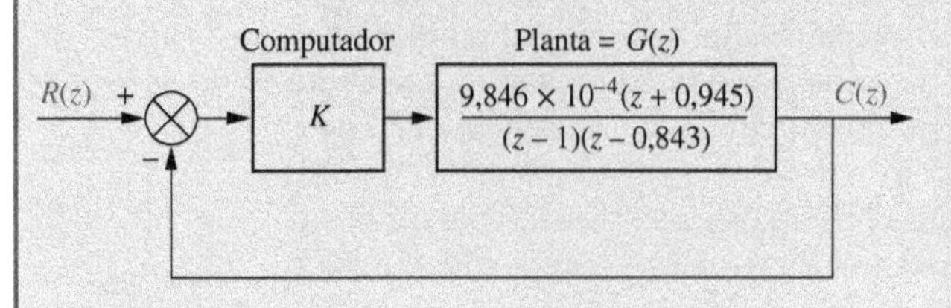

FIGURA 13.31 Sistema de controle de posição de azimute de antena analógico é convertido em um sistema digital.

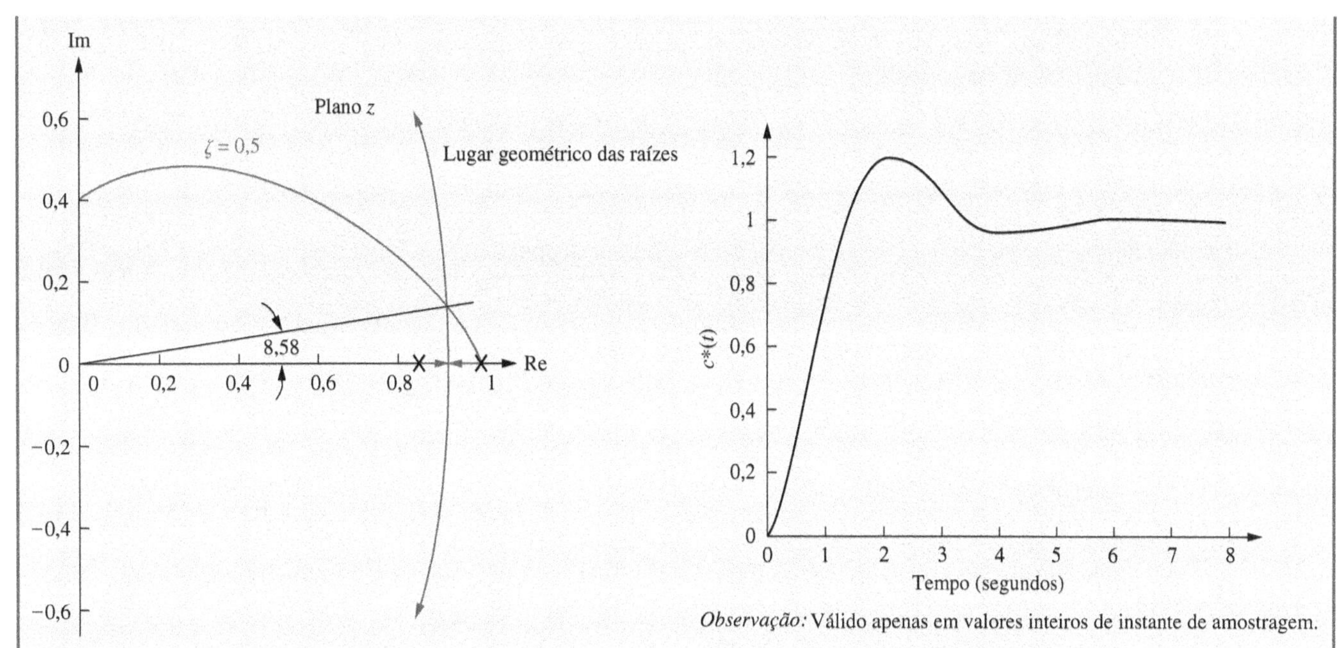

FIGURA 13.32 Lugar geométrico das raízes sobreposto à curva de fator de amortecimento constante.

FIGURA 13.33 Resposta ao degrau amostrado do sistema de controle de posição de azimute de antena.

DESAFIO: Agora apresentamos um estudo de caso para testar seu conhecimento a respeito dos objetivos deste capítulo. Dado o sistema de controle de posição de azimute de antena mostrado no Apêndice A2, Configuração 2, faça o seguinte:

a. Converta o sistema em um sistema digital com $T = 0{,}1$ segundo. Para fins de conversão, admita que os potenciômetros sejam substituídos por transdutores com ganho unitário. Despreze a dinâmica do amplificador de potência.
b. Projete o ganho, K, para 16,3 % de ultrapassagem.
c. Para seu valor de ganho projetado, determine o erro em regime permanente para uma entrada em rampa unitária.
d. `Repita o Item b utilizando o MATLAB.`

MATLAB **ML**

Controle de Antena: Projeto de Compensador Digital em Cascata

Projeto **P**

PROBLEMA: Projete um compensador digital de avanço de fase para reduzir o tempo de acomodação por um fator de 2,5 em relação ao obtido para o sistema de controle de posição de azimute de antena no Estudo de Caso "Controle de Antena: Projeto do Transitório Via Ganho".

SOLUÇÃO: A Figura 13.34 mostra um diagrama de blocos simplificado do sistema contínuo, desprezando a dinâmica do amplificador de potência e admitindo que os potenciômetros sejam substituídos por transdutores com ganho unitário, como explicado anteriormente.

Começamos com um projeto no plano s. A partir da Figura 13.33, o tempo de acomodação é cerca de 5 segundos. Assim, nossos requisitos de projeto são um tempo de acomodação de 2 segundos e um fator de amortecimento de 0,5. A frequência natural é $\omega_n = 4/(\zeta T_s) = 4$ rad/s. Os polos dominantes compensados estão localizados em $-\zeta\omega_n \pm j\omega_n\sqrt{1-\zeta^2} = -2 \pm j3{,}464$.

Projetando o zero do compensador de avanço de fase para cancelar o polo da planta no plano s em $-1{,}71$, resulta em um polo do compensador de avanço de fase em -4. Assim, o compensador de avanço de fase é dado por

$$G_c(s) = \frac{s + 1{,}71}{s + 4} \tag{13.108}$$

Utilizando o lugar geométrico das raízes para calcular o ganho, K, no ponto de projeto, resulta em $0{,}2083K = 16$, ou $K = 76{,}81$.

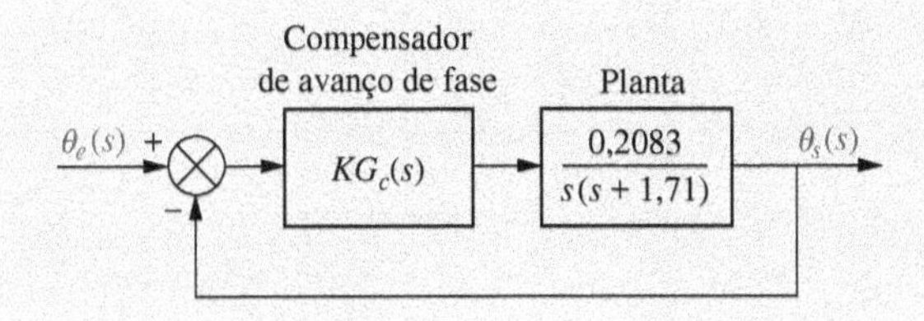

FIGURA 13.34 Diagrama de blocos simplificado do sistema de controle de azimute de antena.

Escolhemos agora uma frequência de amostragem apropriada, como descrito na Seção 13.10. Utilizando o compensador em cascata,

$$KG_c(s) = \frac{76,81(s+1,71)}{(s+4)} \tag{13.109}$$

e a planta

$$G_p(s) = \frac{0,2083}{s(s+1,71)} \tag{13.110}$$

a função de transferência do caminho à frente equivalente, $G_e(s) = KG_c(s)G_p(s)$, é

$$G_e(s) = \frac{16}{s(s+4)} \tag{13.111}$$

A magnitude da resposta em frequência da Equação (13.111) é 0 dB em 3,1 rad/s. Assim, com base na Seção 13.10, o valor do período de amostragem, T, deve ficar na faixa de $0,15/\omega_{\Phi_M} = 0,05$ a $0,5/\omega_{\Phi_M} = 0,16$ segundo. Vamos escolher um valor menor, digamos $T = 0,025$ segundo.

Substituindo a Equação (13.88) na Equação (13.111), em que $T = 0,025$, resulta no compensador digital

$$KG_c(z) = \frac{74,72z - 71,59}{z - 0,9048} \tag{13.112}$$

Para simular o sistema digital, calculamos a transformada z da planta na Figura 13.34 em cascata com um amostrador e segurador de ordem zero. A transformada z da planta amostrada é calculada pelo método discutido na Seção 13.4 utilizando $T = 0,025$. O resultado é

$$G_p(z) = \frac{6,418 \times 10^{-5}z + 6,327 \times 10^{-5}}{z^2 - 1,958z + 0,9582} \tag{13.113}$$

A resposta ao degrau na Figura 13.35 mostra aproximadamente 20 % de ultrapassagem e um tempo de acomodação de 2,1 segundos para o sistema digital em malha fechada.

Concluímos o projeto obtendo o fluxograma do compensador digital. Utilizando a Equação (13.112), na qual definimos $KG_c(z) = X(z)/E(z)$, e fazendo a multiplicação cruzada, resulta

$$(z - 0,9048)X(z) = (74,72z - 71,59)E(z) \tag{13.114}$$

Resolvendo para a maior potência de z operando em $X(z)$,

$$zX(z) = (74,72z - 71,59)E(z) + 0,9048X(z) \tag{13.115}$$

Resolvendo para $X(z)$,

$$X(z) = (74,72 - 71,59z^{-1})E(z) + 0,9048z^{-1}X(z) \tag{13.116}$$

Implementando a Equação (13.116) como um fluxograma, resulta na Figura 13.36.

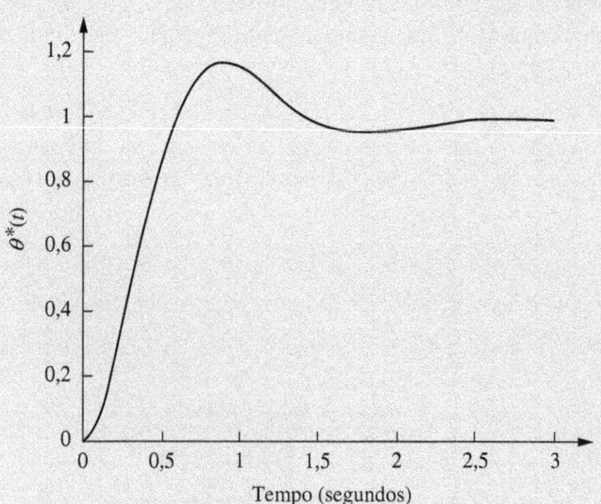

FIGURA 13.35 Resposta ao degrau em malha fechada digital do sistema de controle de antena com um compensador de avanço de fase.

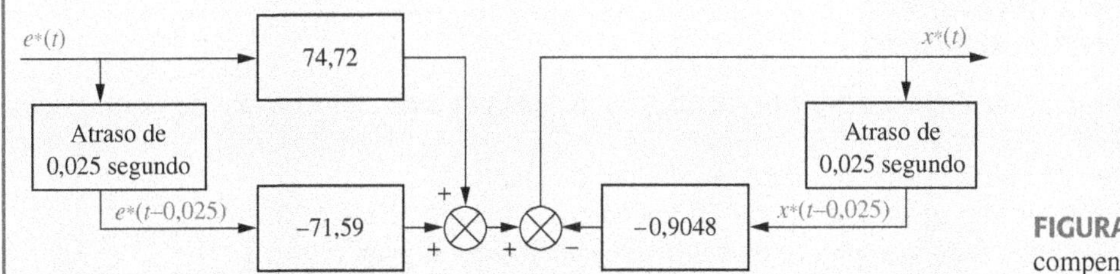

FIGURA 13.36 Fluxograma para compensador digital de avanço de fase.[9]

DESAFIO: Agora apresentamos um estudo de caso para testar seu conhecimento a respeito dos objetivos deste capítulo. Dado o sistema de controle de posição de azimute de antena mostrado no Apêndice A2, Configuração 2, substitua os potenciômetros por transdutores com ganho unitário, despreze a dinâmica do amplificador de potência e faça o seguinte:

a. Projete um compensador digital de avanço de fase para resultar em 10 % de ultrapassagem com um instante de pico de 1 segundo. Projete no plano s e utilize a transformação de Tustin para especificar e implementar um compensador digital. Escolha um período de amostragem apropriado.
b. Desenhe um fluxograma para seu compensador digital de avanço de fase.
c. Repita o Item **a** utilizando o MATLAB.

MATLAB
ML

Resumo

Neste capítulo, cobrimos o projeto de sistemas digitais utilizando métodos clássicos. As técnicas do espaço de estados não foram cobertas. Contudo, você é encorajado a estudar esse tópico em um curso dedicado a sistemas de controle com dados amostrados.

Examinamos as vantagens dos sistemas de controle digital. Esses sistemas podem controlar várias malhas a custo reduzido. Modificações no sistema podem ser implementadas com alterações do programa de computador, em vez de alterações de equipamentos.

Normalmente, o computador digital é colocado no caminho à frente, precedendo a planta. Conversões digital-analógica e analógico-digital são requeridas no sistema para assegurar a compatibilidade dos sinais analógicos e digitais ao longo do sistema. O computador digital na malha é modelado como uma estrutura amostrador e segurador com qualquer compensação que ele execute.

Ao longo do capítulo, vimos comparações diretas com os métodos utilizados para a análise no plano s de transitórios, erros em regime permanente e estabilidade de sistemas analógicos. A comparação é possibilitada pela transformada z, que substitui a transformada de Laplace como a transformada escolhida para analisar sistemas com dados amostrados. A transformada z nos permite representar formas de onda amostradas nos instantes de amostragem. Podemos tratar os sistemas amostrados tão facilmente quanto os sistemas contínuos, incluindo a redução de diagrama de blocos, uma vez que tanto sinais quanto sistemas podem ser representados no domínio z e manipulados algebricamente. Sistemas complexos podem ser reduzidos a um único bloco através de técnicas que fazem um paralelo com as técnicas utilizadas com o plano s. Respostas no tempo podem ser obtidas através da divisão do numerador pelo denominador sem a expansão em frações parciais requerida no domínio s.

A análise de sistemas digitais faz um paralelo com as técnicas do plano s na área de estabilidade. O círculo unitário se torna a fronteira de estabilidade, substituindo o eixo imaginário.

Constatamos também que os conceitos do lugar geométrico das raízes e da resposta transitória são facilmente transportados para o plano z. As regras para esboçar o lugar geométrico das raízes não mudam. Podemos mapear pontos no plano s em pontos no plano z, e vincular características de resposta transitória aos pontos. A avaliação de um sistema com dados amostrados indica que a taxa de amostragem, em acréscimo ao ganho e à carga, determina a resposta transitória.

Compensadores em cascata também podem ser projetados para sistemas digitais. Um método é, primeiramente, projetar o compensador no plano s ou através das técnicas de resposta em frequência descritas nos Capítulos 9 e 11, respectivamente. Em seguida, o projeto resultante é transformado em um compensador digital utilizando a transformação de Tustin. O projeto de compensadores em cascata diretamente no plano z é um método alternativo que pode ser utilizado. Entretanto, essas técnicas estão além do escopo deste livro.

Este curso introdutório de sistemas de controle está agora completo. Você aprendeu como analisar e projetar sistemas de controle lineares utilizando técnicas do domínio da frequência e do espaço de estados. Este curso é apenas um começo. Você deve considerar prosseguir seus estudos sobre sistemas de controle através de cursos avançados sobre controle digital, controle não linear e controle ótimo, nos quais aprenderá novas técnicas para analisar e projetar classes de sistemas não cobertos neste livro. Esperamos ter despertado seu interesse para continuar seus estudos sobre engenharia de sistemas de controle.

[9] Adaptado de Chassaing, R. *Digital Signal Processing* (New York: John Wiley & Sons, Inc., 1999), p. 137. © 1999 John Wiley & Sons, Inc.

Questões de Revisão

1. Cite duas funções que o computador digital pode realizar quando utilizado com sistemas de controle com realimentação.
2. Cite três vantagens da utilização de computadores digitais na malha.
3. Cite duas considerações importantes na conversão analógico-digital que resultam em erros.
4. Em que consiste o modelo em diagrama de blocos de um computador digital?
5. O que é a transformada z?
6. O que a transformada z inversa de uma forma de onda no tempo realmente produz?
7. Cite dois métodos de obtenção da transformada z inversa.
8. Qual método de obtenção da transformada z inversa resulta em uma expressão na forma fechada para a função do tempo?
9. Qual método de obtenção da transformada z inversa produz diretamente os valores da forma de onda no tempo nos instantes de amostragem?
10. Para obter a transformada z de uma $G(s)$, o que deve ser verdadeiro em relação à entrada e à saída?
11. Se uma entrada $R(z)$ para o sistema $G(z)$ resulta em uma saída $C(z)$, qual é a natureza de $c(t)$?
12. Se uma forma de onda no tempo, $c(t)$, na saída de um sistema $G(z)$ for representada graficamente utilizando a transformada z inversa, e uma resposta de segunda ordem típica com fator de amortecimento 0,5 resultar, podemos afirmar que o sistema é estável?
13. O que deve existir para que sistemas com dados amostrados em cascata sejam representados pelo produto de suas funções de transferência pulsadas, $G(z)$?
14. Onde está a região de estabilidade no plano z?
15. Que métodos para a determinação da estabilidade de sistemas digitais podem substituir o critério de Routh-Hurwitz para sistemas analógicos?
16. Para levar os erros em regime permanente em sistemas analógicos a zero, um polo pode ser alocado na origem do plano s. Onde, no plano z, um polo deve ser alocado para levar o erro em regime permanente de um sistema amostrado a zero?
17. Como as regras para esboçar o lugar geométrico das raízes no plano z diferem das regras para esboçar o lugar geométrico das raízes no plano s?
18. Dado um ponto do plano z, como se pode determinar a ultrapassagem percentual, o tempo de acomodação e o instante de pico associados?
19. Dados uma ultrapassagem percentual e um tempo de acomodação desejados, como se pode determinar qual ponto no plano z é o ponto de projeto?
20. Descreva como compensadores digitais podem ser projetados no plano s.
21. Qual característica é comum entre um compensador em cascata projetado no plano s e o compensador digital para o qual ele é convertido?

Investigação em Laboratório Virtual

EXPERIMENTO 13.1

Objetivos Projetar o ganho de um sistema de controle digital para atender a um requisito de resposta transitória; simular um sistema de controle digital para testar um projeto; observar o efeito da taxa de amostragem sobre a resposta no tempo de um sistema digital.

Requisitos Mínimos de Programas MATLAB, Simulink e Control System Toolbox.

Pré-Ensaio

1. Dado o sistema de controle de azimute de antena mostrado no Apêndice A2, utilize a Configuração 2 para obter a função de transferência discreta da planta. Despreze a dinâmica do amplificador de potência e inclua o pré-amplificador, o motor, as engrenagens e a carga. Admita um segurador de ordem zero e um período de amostragem de 0,01 segundo.
2. Utilizando a planta digital obtida no Pré-Ensaio 1, determine o ganho do pré-amplificador requerido para uma resposta do sistema digital em malha fechada com 10 % de ultrapassagem e um período de amostragem de 0,01 segundo. Qual é o instante de pico?
3. Dado o sistema de controle de azimute de antena mostrado no Apêndice A2, utilize a Configuração 2 para determinar o ganho do pré-amplificador requerido para o sistema contínuo a fim de resultar em uma resposta ao degrau em malha fechada com 10 % de ultrapassagem. Considere o sistema em malha aberta como o pré-amplificador, o motor, as engrenagens e a carga. Despreze a dinâmica do amplificador de potência.

Ensaio

1. Verifique seu valor de ganho do pré-amplificador determinado no Pré-Ensaio 2 utilizando o Control System Designer para gerar o lugar geométrico das raízes da função de transferência digital em malha aberta obtida no Pré-Ensaio 1. Utilize o recurso de Design Requirements para gerar a curva de 10 % de ultrapassagem e posicione seus polos em malha fechada nesse limite. Obtenha um gráfico do lugar geométrico das raízes e do limite de projeto. Registre o valor de ganho para 10 % de ultrapassagem. Além disso, obtenha um gráfico da resposta ao degrau em malha fechada utilizando o Linear System Analyzer e registre os valores de ultrapassagem percentual e instante de pico. Utilize essa mesma ferramenta para determinar a faixa de ganho para estabilidade.
2. Utilizando o Simulink, prepare o sistema digital em malha fechada cuja planta foi obtida no Pré-Ensaio 1. Construa dois diagramas: um com a função de transferência digital da planta e outro utilizando a função de transferência contínua da planta precedida de um amostrador e segurador de ordem zero. Utilize a mesma entrada em degrau para ambos os diagramas e obtenha a resposta ao degrau de cada um deles. Meça a ultrapassagem percentual e o instante de pico.
3. Utilizando o Simulink, prepare ambos os sistemas, digital e contínuo, calculados no Pré-Ensaio 2 e Pré-Ensaio 3, respectivamente, para resultar em 10 % de ultrapassagem. Construa o sistema digital com um amostrador e segurador em vez de uma função da transformada z. Represente graficamente a resposta ao degrau de cada sistema e registre a ultrapassagem percentual e o instante de pico.
4. Para um dos sistemas digitais construídos no Ensaio 2, varie o período de amostragem e registre as respostas para alguns valores de período de amostragem acima de 0,01 segundo. Registre o período de amostragem, a ultrapassagem percentual e o instante de pico. Além disso, determine o valor do período de amostragem que torna instável o sistema.

Pós-Ensaio

1. Construa uma tabela contendo a ultrapassagem percentual, o instante de pico e o ganho para cada uma das respostas em malha fechada a seguir: sistema digital utilizando o MATLAB; sistema digital utilizando o Simulink e as funções de transferência digitais; sistema digital utilizando o Simulink e as funções de transferência contínuas com o amostrador e segurador de ordem zero; e sistema contínuo utilizando o Simulink.
2. Utilizando os dados do Ensaio 4, construa uma tabela contendo o período de amostragem, a ultrapassagem percentual e o instante de pico. Além disso, declare o período de amostragem que torna instável o sistema.
3. Compare as respostas de todos os sistemas digitais com um período de amostragem de 0,01 segundo e do sistema contínuo. Explique quaisquer discrepâncias.
4. Compare as respostas do sistema digital com períodos de amostragem diferentes com o sistema contínuo. Explique as diferenças.
5. Tire algumas conclusões sobre o efeito da amostragem.

EXPERIMENTO 13.2

Objetivo Utilizar as várias funções do Control Design and Simulation Module do LabVIEW para a análise de sistemas de controle digital.

Requisitos Mínimos de Programas LabVIEW com Control Design and Simulation Module e MathScript RT Module; MATLAB com Control System Toolbox.

Pré-Ensaio Dados a Figura P8.220 e os parâmetros listados no Pré-Ensaio do Experimento 8.2 do Investigação em Laboratório Virtual para a ligação da junta eletromecânica do ombro do ARM II (Manipulador de Pesquisa Avançada II) de oito eixos da NASA, atuado mediante um servomotor cc controlado pela armadura.

1. Obtenha a função de transferência em malha aberta da ligação da junta do ombro, $G(s) = \dfrac{\theta_C(s)}{V_{ref}(s)}$, ou use seus cálculos do Experimento 8.2 do Investigação em Laboratório Virtual.
2. Utilize o MATLAB e projete um compensador digital para resultar em uma resposta em malha fechada com erro em regime permanente nulo e um fator de amortecimento de 0,7. Se você já tiver realizado o Experimento 8.2 do Investigação em Laboratório Virtual, modifique seu arquivo m desse experimento. Teste seu projeto usando o MATLAB.

Ensaio Simule seu projeto do Pré-Ensaio utilizando um Simulation Loop do Control Design and Simulation Module do LabVIEW. Represente graficamente a resposta ao degrau de duas malhas como a seguir: (1) uma realimentação unitária com o caminho à frente consistindo na função de transferência contínua precedida de um segurador de ordem zero, e (2) uma realimentação unitária como o caminho à frente consistindo na função de transferência discreta equivalente de seu compensador em cascata com a planta em malha aberta.

Pós-Ensaio Compare os resultados obtidos com os de seu programa MATLAB do Pré-Ensaio. Comente sobre as especificações de desempenho no domínio do tempo.

Bibliografia

Astrom, K. J., and Wittenmark, B. *Computer Controlled Systems*. Prentice Hall, Upper Saddle River, NJ, 1984.

Boyd, M., and Yingst, J. C. PC-Based Operator Control Station Simplifies Process, Saves Time. *Chilton's I & CS*, September 1988, pp. 99–101.

Camacho, E. F., Berenguel, M., Rubio, F. R., and Martinez, D. *Control of Solar Energy Systems*. Springer-Verlag, London, 2012.

Chassaing, R. *Digital Signal Processing*. Wiley, New York, 1999.

Craig, I. K., Xia, X., and Venter, J. W. Introducing HIV/AIDS Education into the Electrical Engineering Curriculum at the University of Pretoria. *IEEE Transactions on Education*, vol. 47, no. 1, February 2004, pp. 65–73.

Craig, J. J. *Introduction to Robotics. Mechanics and Control*, 3d ed. Prentice Hall, Upper Saddle River, NJ, 2005.

Hostetter, G. H. *Digital Control System Design*. Holt, Rinehart & Winston, New York, 1988.

Johnson, H. et al. *Unmanned Free-Swimming Submersible (UFSS) System Description*. NRL Memorandum Report 4393. Naval Research Laboratory, Washington, D.C., 1980.

Katz, P. *Digital Control Using Microprocessors*. Prentice Hall, Upper Saddle River, NJ, 1981.

Khodabakhshian, A., and Golbon, N. Design of a New Load Frequency PID Controller Using QFT. *Proceedings of the 13th Mediterranean Conference on Control and Automation*, 2005, pp. 970–975.

Kuo, B. C. *Automatic Control Systems*, 7th ed. Prentice Hall, Upper Saddle River, NJ, 1995.

Kuo, B. C. *Digital Control Systems*. Holt, Rinehart & Winston, New York, 1980.

Mahmood, H., and Jiang, J. Modeling and Control System Design of a Grid Connected VSC Considering the Effect of the Interface Transformer Type. *IEEE Transactions on Smart Grid*, vol. 3, no. 1, March 2012, pp. 122–134.

Neogi, B., Ghosh, R., Tarafdar, U., and Das, A. Simulation Aspect of an Artificial Pacemaker. *International Journal of Information Technology and Knowledge Management*, vol. 3, no. 2, 2010, pp. 723–727.

Nyzen, R. J. *Analysis and Control of an Eight-Degree-of-Freedom Manipulator*, Ohio University Masters Thesis, Mechanical Engineering, Dr. Robert L. Williams II, Advisor, August 1999.

Phillips, C. L., and Nagle, H. T., Jr., *Digital Control System Analysis and Design*. Prentice Hall, Upper Saddle River, NJ, 1984.

Preitl, Z., Bauer, P., and Bokor, J. A Simple Control Solution for Traction Motor Used in Hybrid Vehicles. *4th International Symposium on Applied Computational Intelligence and Informatics*. IEEE, 2007.

Smith, C. L. *Digital Computer Process Control*. Intext Educational Publishers, New York, 1972.

Tou, J. *Digital and Sampled-Data Control Systems*. McGraw-Hill, New York, 1959.

Williams, R. L. II. Local Performance Optimization for a Class of Redundant Eight-Degree of-Freedom Manipulators. *NASA Technical Paper 3417*, NASA Langley Research Center, Hampton VA, March 1994.

Apêndice A1

Lista de Símbolos

$\%UP$	Ultrapassagem percentual
A	Ampère – unidade de corrente elétrica
$\mathbf{A}$	Matriz de sistema da representação no espaço de estados
a_m	Constante de tempo do motor
B	Coeficiente de atrito viscoso mecânico rotacional em N · m · s/rad
$\mathbf{B}$	Matriz de entrada da representação no espaço de estados
C	Coulomb – unidade de carga elétrica
C	Capacitância elétrica em farads
$\mathbf{C}$	Matriz de saída da representação no espaço de estados
$C(s)$	Transformada de Laplace da saída de um sistema
$c(t)$	Saída de um sistema
$\mathbf{C_M}$	Matriz de controlabilidade
D	Coeficiente de atrito viscoso de mecânico rotacional em N · m · s/rad
$\mathbf{D}$	Matriz de transmissão à frente da representação no espaço de estados
D_a	Coeficiente de amortecimento viscoso da armadura de um motor em N · m · s/rad
D_m	Coeficiente de atrito viscoso total na armadura de um motor, incluindo o coeficiente de atrito viscoso da armadura e o coeficiente de atrito viscoso da carga refletido em N · m · s/rad
E	Energia
$E(s)$	Transformada de Laplace do erro
$e(t)$	Erro; tensão elétrica
$E_a(s)$	Transformada de Laplace da tensão de entrada da armadura do motor; transformada de Laplace do sinal de atuação
$e_a(t)$	Tensão de entrada da armadura do motor; sinal de atuação
F	Farad – unidade de capacitância elétrica
$F(s)$	Transformada de Laplace de $f(t)$
$f(t)$	Força mecânica em newtons; função genérica no domínio do tempo
f_v	Coeficiente de atrito viscoso mecânico translacional
g	Aceleração da gravidade
G	Condutância elétrica em siemens
$G(s)$	Função de transferência do caminho à frente
$G_c(s)$	Função de transferência do compensador
$G_c(z)$	Função de transferência amostrada de um compensador
G_M	Margem de ganho
$G_p(z)$	Função de transferência amostrada de uma planta
H	Henry – unidade de indutância elétrica
$H(s)$	Função de transferência do caminho de realimentação
$\mathbf{I}$	Matriz identidade
$i(t)$	Corrente elétrica em ampères
J	Momento de inércia de massa em kg · m²
J_a	Momento de inércia da armadura do motor em kg · m²
J_m	Momento de inércia total na armadura de um motor, incluindo o momento de inércia da armadura e o momento de inércia da carga refletido em kg · m²
$\mathbf{K}$	Matriz de ganho do controlador
K	Constante de mola mecânica translacional em N/m ou constante de mola rotacional em N · m/rad; ganho do amplificador; resíduo
k	Ganho de realimentação do controlador; índice
K_a	Constante de aceleração
K_{ce}	Constante de força contraeletromotriz em V/rad/s
kg	Quilograma = newton · segundo²/metro – unidade de massa
kg · m²	Quilograma · metro² – newton · metro · segundo²/radiano – unidade de momento de inércia
K_m	Ganho do motor
K_p	Constante de posição
K_t	Constante de torque do motor relacionando o torque desenvolvido com a corrente da armadura em N · m/A

K_v	Constante de velocidade
L	Indutância elétrica em henries
$\mathbf{L}$	Matriz de ganho do observador
l	Ganho de realimentação do observador
M	Massa em quilogramas; inclinação das assíntotas do lugar geométrico das raízes
m	Metro – unidade de deslocamento mecânico de translacional
$M(\omega)$	Magnitude de uma resposta senoidal
m/s	Metro/segundo – unidade de velocidade mecânica translacional
M_p	Magnitude de pico da magnitude da resposta senoidal
N	Newton – unidade de força mecânica translacional em quilogramas · metro/segundo^2
N · s/m	Newton · segundo/metro – unidade de coeficiente de atrito viscoso mecânico translacional
n	Tipo do sistema
N/m	Newton/metro – unidade de constante de mola mecânica de translacional
N · m	Newton · metro – unidade de torque mecânico
N · m · s/rad	Newton · metro · segundo/radiano – unidade de coeficiente de atrito viscoso mecânico rotacional
N · m/A	Newton · metro/ampère – unidade da constante de torque do motor
N · m/rad	Newton · metro/radiano – unidade de constante de mola mecânica rotacional
$\mathbf{O_M}$	Matriz de observabilidade
$\mathbf{P}$	Matriz de transformação de similaridade
p_c	Polo do compensador
Q	Coulomb – unidade de carga elétrica
$q(t)$	Carga elétrica em coulombs
R	Resistência elétrica em ohms
$R(s)$	Transformada de Laplace da entrada de um sistema
r	Resistência elétrica não linear
$r(t)$	Entrada de um sistema
R_a	Resistência da armadura do motor em ohms
rad	Radiano – unidade de deslocamento angular
rad/s	Radiano/segundo – unidade de velocidade angular
S	Siemen – unidade de condutância elétrica
s	Segundo – unidade de tempo
s	Variável complexa da transformada de Laplace
$S_{F:P}$	Sensibilidade de F a uma variação relativa em P
T	Constante de tempo; intervalo de amostragem para sinais digitais
$T(s)$	Função de transferência em malha fechada; transformada de Laplace de torque mecânico
$T(t)$	Torque mecânico em N · m
$T_m(t)$	Torque desenvolvido por um motor na armadura em N · m
$T_m(s)$	Transformada de Laplace do torque desenvolvido por um motor na armadura
T_p	Instante de pico em segundos
T_r	Tempo de subida em segundos
T_s	Tempo de acomodação em segundos
T_w	Largura de pulso em segundos
$\mathbf{u}$	Vetor de entrada ou de controle da representação no espaço de estados
u	Sinal de entrada de controle da representação no espaço de estados
$u(t)$	Entrada em degrau unitário
V · s/rad	Volt · segundo/radiano – unidade da constante de força contraeletromotriz do motor
$v(t)$	Velocidade mecânica translacional em m/s; tensão elétrica
$v_{ce}(t)$	Força contraeletromotriz do motor em volts
$v_e(t)$	Tensão de erro
$v_p(t)$	Entrada do amplificador de potência em volts
$\mathbf{x}$	Vetor de estado da representação no espaço de estados
$x(t)$	Deslocamento mecânico translacional em metros; variável de estado
$\dot{x}$	Derivada temporal de uma variável de estado
$\dot{\mathbf{x}}$	Derivada temporal do vetor de estado
$\mathbf{y}$	Vetor de saída da representação no espaço de estados
$y(t)$	Saída escalar da representação no espaço de estados
z	Variável complexa da transformada z
z_c	Zero do compensador
α	Fator de escala do polo para um compensador de atraso de fase, em que $\alpha > 1$; ângulo de ataque
β	Fator de escala do polo para um compensador de avanço de fase, em que $\beta < 1$
γ	Fator de escala do polo para um compensador de avanço e atraso de fase, em que $\gamma > 1$
δ	Ângulo de empuxo
ζ	Fator de amortecimento
θ	Ângulo de um vetor em relação à extensão positiva do eixo real
$\theta(t)$	Deslocamento angular
θ_a	Ângulo de uma assíntota do lugar geométrico das raízes em relação à extensão positiva do eixo real
θ_c	Contribuição angular de um compensador no plano s

$\theta_m(t)$	Deslocamento angular da armadura de um motor
λ	Autovalor de uma matriz quadrada
σ	Parte real da variável da transformada de Laplace, s
σ_a	Ponto de interseção das assíntotas do lugar geométrico das raízes com o eixo real
Φ_M	Margem de fase
$\Phi(t)$	Matriz de transição de estado
ϕ	Fase; ângulo do corpo
ϕ_c	Fase de um compensador
$\phi_{máx}$	Fase máxima
Ω	Ohm – unidade de resistência elétrica
℧	Mho – unidade de condutância elétrica
ω	Parte imaginária da variável da transformada de Laplace, s
$\omega(t)$	Velocidade angular em rad/s
ω_{BW}	Faixa de passagem em rad/s
ω_d	Frequência amortecida de oscilação em rad/s
ω_{Φ_M}	Frequência da margem de fase em rad/s
ω_{G_M}	Frequência da margem de ganho em rad/s
ω_n	Frequência natural em rad/s
ω_p	Frequência da magnitude de pico da magnitude da resposta em frequência em rad/s

Apêndice A2

Sistema de Controle de Posição de Azimute de Antena

Representação

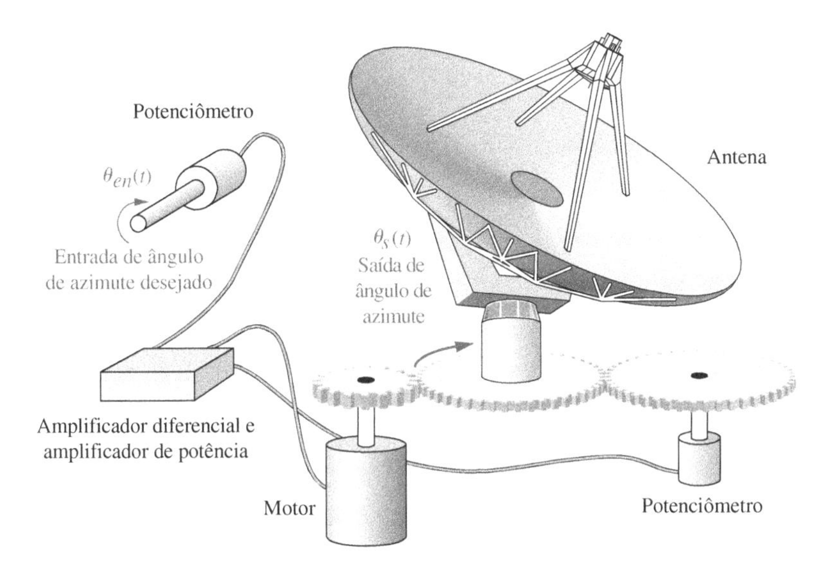

Esquema

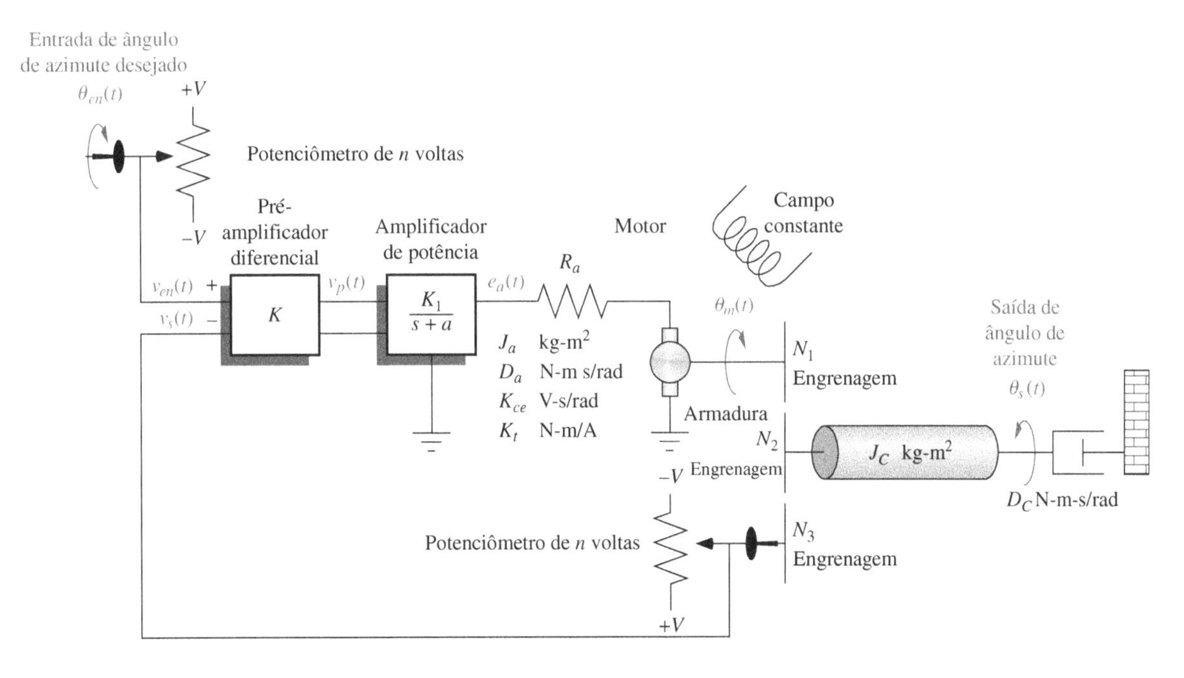

Diagrama de Blocos

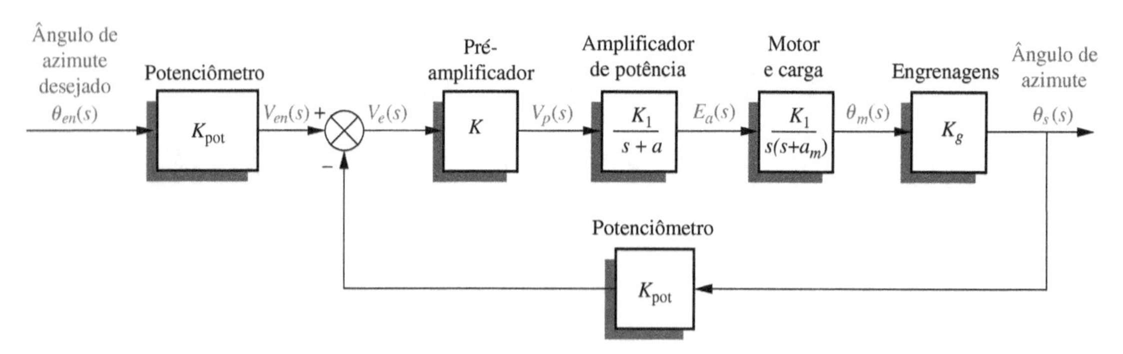

Parâmetros do Esquema

Parâmetro	Configuração 1	Configuração 2	Configuração 3
V	10	10	10
n	10	1	1
K	—	—	—
K_1	100	150	100
a	100	150	100
R_a	8	5	5
J_a	0,02	0,05	0,05
D_a	0,01	0,01	0,01
K_{ce}	0,5	1	1
K_t	0,5	1	1
N_1	25	50	50
N_2	250	250	250
N_3	250	250	250
J_C	1	5	5
D_C	1	3	3

Parâmetros do Diagrama de Blocos

Parâmetro	Configuração 1	Configuração 2	Configuração 3
K_{pot}	0,318		
K	—		
K_1	100		
a	100		
K_m	2,083		
a_m	1,71		
K_g	0,1		

Observação: O leitor deve preencher as colunas Configuração 2 e Configuração 3 depois de completar os problemas de desafio do Estudo de Caso do controle de antena nos Capítulos 2 e 10, respectivamente.

Apêndice A3

Veículo Submersível Não Tripulado Independente (UFSS)

Sistema de Controle de Arfagem

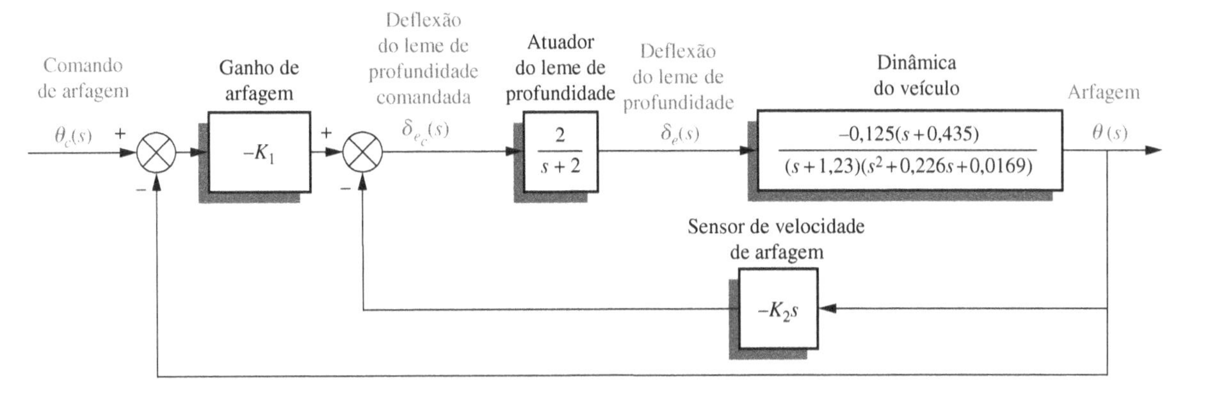

Sistema e Controle de Rumo

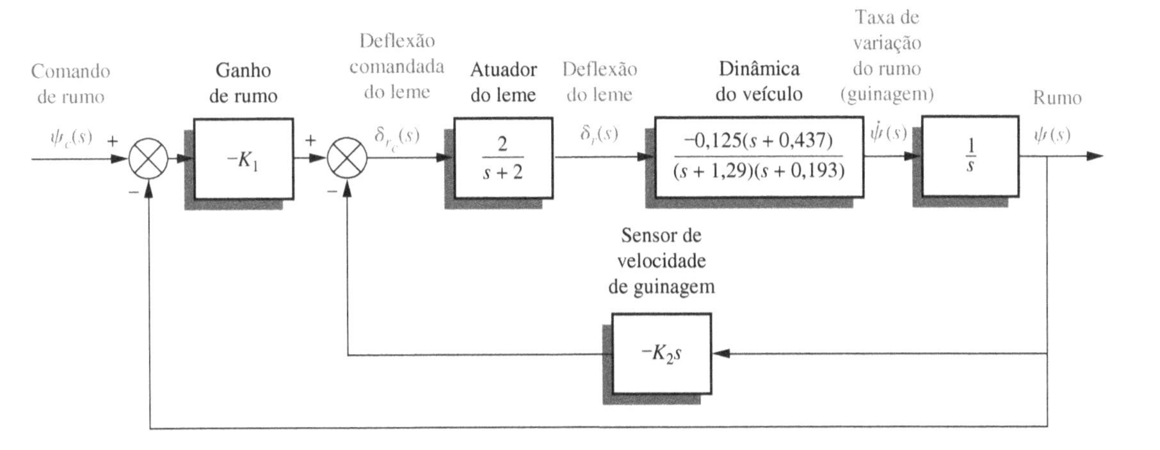

Apêndice A4

Equações-Chave

Modelagem

$$\frac{V_s(s)}{V_e(s)} = -\frac{Z_2(s)}{Z_1(s)} \quad (2.97); \qquad \frac{V_s(s)}{V_e(s)} = \frac{Z_1(s)+Z_2(s)}{Z_1(s)} \quad (2.104)$$

$$\frac{\theta_2}{\theta_1} = \frac{r_1}{r_2} = \frac{N_1}{N_2} \quad (2.133); \qquad \frac{T_2}{T_1} = \frac{\theta_1}{\theta_2} = \frac{N_2}{N_1} \quad (2.135)$$

$$\left(\frac{\text{Número de dentes da engrenagem do eixo de } \textit{destino}}{\text{Número de dentes da engrenagem do eixo de } \textit{origem}} \right)^2 \quad \text{(Veja depois de 2.138)}$$

$$\frac{\theta_m(s)}{E_a(s)} = \frac{K_t/(R_aJ_m)}{s\left[s + \frac{1}{J_m}\left(D_m + \frac{K_tK_{ce}}{R_a}\right)\right]} \quad (2.153)$$

$$\frac{K_t}{R_a} = \frac{T_{\text{bloqueado}}}{e_a} \quad (2.162); \quad K_{ce} = \frac{e_a}{\omega_{\text{vazio}}} \quad (2.163)$$

$$T(s) = \frac{Y(s)}{U(s)} = \mathbf{C}(s\mathbf{I}-\mathbf{A})^{-1}\mathbf{B} + \mathbf{D} \quad (3.73)$$

Resposta no Tempo

$$T_r = \frac{2{,}2}{a} \quad (4.9); \quad T_s = \frac{4}{a} \quad (4.10)$$

$$G(s) = \frac{\omega_n^2}{s^2 + 2\zeta\omega_n s + \omega_n^2} \quad (4.22)$$

$$\%UP = e^{-(\zeta\pi/\sqrt{1-\zeta^2})} \times 100 \quad (4.38)$$

$$\zeta = \frac{-\ln(\%UP/100)}{\sqrt{\pi^2 + \ln^2(\%UP/100)}} \quad (4.39)$$

$$T_p = \frac{\pi}{\omega_n\sqrt{1-\zeta^2}} \quad (4.34); \quad T_s = \frac{4}{\zeta\omega_n} \quad (4.42)$$

Erro em Regime Permanente

$$e(\infty) = e_{\text{degrau}}(\infty) = \frac{1}{1 + \lim_{s\to 0} G(s)} \quad (7.30); \quad K_p = \lim_{s\to 0} G(s) \quad (7.33)$$

$$e(\infty) = e_{\text{rampa}}(\infty) = \frac{1}{\lim_{s\to 0} sG(s)} \quad (7.31); \quad K_v = \lim_{s\to 0} sG(s) \quad (7.34)$$

$$e(\infty) = e_{\text{parábola}}(\infty) = \frac{1}{\lim_{s\to 0} s^2G(s)} \quad (7.32); \quad K_a = \lim_{s\to 0} s^2G(s) \quad (7.35)$$

Lugar Geométrico das Raízes

$$\angle KG(s)H(s) = -1 = 1\angle(2k+1)180° \quad (8.13)$$

$$\sigma_a = \frac{\sum \text{polos finitos} - \sum \text{zeros finitos}}{\#\ \text{polos finitos} - \#\ \text{zeros finitos}} \quad (8.27)$$

$$\theta_a = \frac{(2k+1)\pi}{\#\ \text{polos finitos} - \#\ \text{zeros finitos}} \quad (8.28)$$

$$\theta = \sum \text{ângulos até os zeros finitos} - \sum \text{ângulos até os polos finitos}$$

$$K = \frac{1}{|G(s)H(s)|} = \frac{1}{M} = \frac{\prod \text{distâncias até os polos finitos}}{\prod \text{distâncias até os zeros finitos}} \quad (8.51)$$

Resposta em Frequência

$$M_p = \frac{1}{2\zeta\sqrt{1-\zeta^2}} \quad (10.52); \quad \omega_p = \omega_n\sqrt{1-2\zeta^2} \quad (10.53)$$

$$\omega_{\text{BW}} = \omega_n\sqrt{(1-2\zeta^2) + \sqrt{4\zeta^4 - 4\zeta^2 + 2}} \quad (10.54)$$

$$\Phi_M = \tan^{-1}\frac{2\zeta}{\sqrt{-2\zeta^2 + \sqrt{1+4\zeta^4}}} \quad (10.73)$$

$$\phi_{\text{máx}} = \tan^{-1}\frac{1-\beta}{2\sqrt{\beta}} = \text{sen}^{-1}\frac{1-\beta}{1+\beta} \quad (11.11)$$

$$\omega_{\text{máx}} = \frac{1}{T\sqrt{\beta}} \quad (11.9); \quad |G_c(j\omega_{\text{máx}})| = \frac{1}{\sqrt{\beta}} \quad (11.12)$$

Espaço de Estados

$$\mathbf{C_M} = [\mathbf{B} \quad \mathbf{AB} \quad \mathbf{A}^2\mathbf{B} \quad \cdots \quad \mathbf{A}^{n-1}\mathbf{B}] \quad (12.26)$$

$$\dot{\mathbf{x}} = (\mathbf{A} - \mathbf{BK})\mathbf{x} + \mathbf{B}r; \quad y = \mathbf{Cx} \quad (12.3); \quad \mathbf{O_M} = \begin{bmatrix} \mathbf{C} \\ \mathbf{CA} \\ \vdots \\ \mathbf{CA}^{n-1} \end{bmatrix} \quad (12.79)$$

$$\dot{\mathbf{e}}_\mathbf{x} = (\mathbf{A} - \mathbf{LC})\mathbf{e}_\mathbf{x}; \quad y - \hat{y} = \mathbf{Ce}_\mathbf{x} \quad (12.64)$$

Controle Digital

$$e^*(\infty) = \lim_{z\to 1}(1 - z^{-1})E(z) \quad (13.66)$$

$$K_p = \lim_{z\to 1} G(z) \quad (13.70); \quad K_v = \frac{1}{T}\lim_{z\to 1}(z-1)G(z) \quad (13.73)$$

$$K_a = \frac{1}{T^2}\lim_{z\to 1}(z-1)^2G(z) \quad (13.75)$$

Glossário

Abordagem clássica para sistemas de controle *Ver* **Técnicas do domínio da frequência.**

Abordagem moderna para sistemas de controle *Ver* **Representação no espaço de estados.**

Admitância elétrica O inverso da impedância elétrica. A razão entre a transformada de Laplace da corrente e a transformada de Laplace da tensão.

Amostrador e segurador de ordem zero (z.o.h. – *zero-order sample-and-hold*) Um dispositivo que produz uma aproximação em degraus para um sinal analógico.

Amplificador operacional Um amplificador – caracterizado por uma impedância de entrada muito alta, uma impedância de saída muito baixa e um ganho elevado – que pode ser utilizado para implementar a função de transferência de um compensador.

Aproximação de Euler Um método de integração no qual a área a ser integrada é aproximada por uma sequência de retângulos.

Armadura O componente rotativo de um motor cc através do qual circula uma corrente.

Autovalores Qualquer valor, λ_i, que satisfaça $\mathbf{A}\mathbf{x}_i = \lambda_i \mathbf{x}_i$, para $\mathbf{x}_i \neq 0$. Portanto, qualquer valor, λ_i, que torne $\mathbf{x}_i$ um autovetor da transformação $\mathbf{A}$.

Autovetor Qualquer vetor que seja colinear com um novo vetor de base após uma transformação de similaridade para um sistema diagonal.

Base Vetores linearmente independentes que definem um espaço.

Carta de Nichols O lugar geométrico da magnitude constante e da fase constante da resposta em frequência em malha fechada para sistemas com realimentação unitária, traçado no plano de magnitude em malha aberta em dB *versus* a fase em malha aberta. Permite que a resposta em frequência em malha fechada seja determinada a partir da resposta em frequência em malha aberta.

Circuito elétrico análogo Um circuito elétrico cujas variáveis e parâmetros são análogos aos de outro sistema físico. O circuito elétrico análogo pode ser utilizado na obtenção da solução das variáveis do outro sistema físico.

Círculos de *M* constante O lugar geométrico de magnitude constante da resposta em frequência em malha fechada para sistemas com realimentação unitária. Os círculos permitem que a magnitude da resposta em frequência em malha fechada seja determinada a partir da magnitude da resposta em frequência em malha aberta.

Círculos de *N* constante O lugar geométrico de fase constante da resposta em frequência em malha fechada para sistemas com realimentação unitária. Os círculos permitem que a fase da resposta em frequência em malha fechada seja determinada a partir da fase da resposta em frequência em malha aberta.

Combinação linear Uma combinação linear de n variáveis, x_i, para $i = 1$ até n, dada pela seguinte soma, S:

$$S = K_n X_n + K_{n-1} X_{n-1} + \cdots + K_1 X_1$$

em que cada K_i é uma constante.

Compensação A inclusão de uma função de transferência no caminho à frente ou no caminho de realimentação com a finalidade de melhorar o desempenho transitório ou em regime permanente de um sistema de controle.

Compensação da malha principal Um método de compensação com realimentação que adiciona um zero de compensação à função de transferência em malha aberta com a finalidade de melhorar a resposta transitória do sistema em malha fechada.

Compensação da malha secundária Um método de compensação com realimentação que altera os polos da função de transferência do caminho à frente com a finalidade de melhorar a resposta transitória do sistema em malha fechada.

Compensador Um subsistema inserido no caminho à frente ou no caminho de realimentação com a finalidade de melhorar a resposta transitória ou o erro em regime permanente.

Compensador de atraso de fase Uma função de transferência caracterizada por um polo no eixo real negativo próximo da origem e um zero próximo e à esquerda do polo, que é utilizada com a finalidade de melhorar o erro em regime permanente de um sistema em malha fechada.

Compensador de avanço de fase Uma função de transferência, caracterizada por um zero no eixo real negativo e por um polo à esquerda do zero, que é utilizada com a finalidade de melhorar a resposta transitória de um sistema em malha fechada.

Compensador de avanço e atraso de fase Uma função de transferência, caracterizada por uma configuração de polos e zeros que é uma combinação de um compensador de avanço de fase e de um compensador de atraso de fase, utilizada com a finalidade de melhorar tanto a resposta transitória quanto o erro em regime permanente de um sistema em malha fechada.

Compensador de realimentação Um subsistema colocado no caminho de realimentação com a finalidade de melhorar o desempenho de um sistema em malha fechada.

Compensador derivativo ideal *Ver* **Controlador proporcional derivativo**.

Compensador digital Uma função de transferência amostrada utilizada para melhorar a resposta de sistemas com realimentação controlados por computador. A função de transferência pode ser emulada por um computador digital na malha.

Compensador integral ideal *Ver* **Controlador proporcional integral**.

Constante de aceleração $\lim_{s\to 0} s^2G(s)$

Constante de posição $\lim_{s\to 0} G(s)$

Constante de tempo O tempo para e^{-at} decair para 37 % de seu valor inicial em $t = 0$.

Constante de velocidade $\lim_{s\to 0} sG(s)$

Constantes de erro estático O conjunto formado pela constante de posição, pela constante de velocidade e pela constante de aceleração.

Controlabilidade Uma propriedade de um sistema pela qual é possível determinar uma entrada que conduza todas as variáveis de estado de um estado inicial desejado a um estado final desejado em tempo finito.

Controlador O subsistema que gera a entrada para a planta ou processo.

Controlador proporcional derivativo (PD) Um controlador que alimenta a planta à frente com um sinal proporcional ao sinal de atuação mais sua derivada, com a finalidade de melhorar a resposta transitória de um sistema em malha fechada.

Controlador proporcional integral (PI) Um controlador que alimenta a planta à frente com um sinal proporcional ao sinal de atuação mais sua integral, com a finalidade de melhorar o erro em regime permanente de um sistema em malha fechada.

Controlador proporcional, integral e derivativo (PID) Um controlador que alimenta a planta à frente com um sinal proporcional ao sinal de atuação mais sua integral mais sua derivada, com a finalidade de melhorar a resposta transitória e o erro em regime permanente de um sistema em malha fechada.

Conversor analógico-digital Um dispositivo que converte sinais analógicos em sinais digitais.

Conversor digital-analógico Um dispositivo que converte sinais digitais em sinais analógicos.

Critério de Nyquist Se um contorno, A, que envolve todo o semiplano da direita é mapeado através de $G(s)H(s)$, então o número de polos em malha fechada, Z, no semiplano da direita é igual ao número de polos em malha aberta, P, situados no semiplano da direita menos o número de voltas, N, que o mapeamento dá no sentido anti-horário em torno de –1; isto é, $Z = P - N$. O mapeamento é chamado *diagrama de Nyquist* de $G(s)H(s)$.

Critério de Routh-Hurwitz Um método para determinar quantas raízes de um polinômio em s estão no semiplano direito do plano s, no semiplano esquerdo do plano s e sobre o eixo imaginário. Exceto em alguns casos especiais, o critério de Routh-Hurwitz não fornece as coordenadas das raízes.

Curva torque-velocidade O gráfico que relaciona o torque de um motor com sua velocidade para uma tensão de entrada constante.

Década Frequências que estão separadas por um fator de 10.

Decibel (dB) O decibel é definido como 10 log P_G, em que P_G é o ganho em potência de um sinal. Equivalentemente, o decibel também é 20 log V_G, em que V_G é o ganho em tensão de um sinal.

Diagrama de blocos Uma representação da interconexão de subsistemas que formam um sistema. Em um sistema linear, o diagrama de blocos consiste em blocos representando subsistemas, setas representando sinais, junções de soma e pontos de ramificação.

Diagrama de Bode (gráfico de Bode) Um gráfico da resposta em frequência no qual a resposta em magnitude é representada separadamente da resposta em fase. A resposta em magnitude é traçada em dB *versus* log ω, e a resposta em fase é traçada em ângulo *versus* log ω. Nos sistemas de controle, o diagrama de Bode geralmente é traçado para a função de transferência em malha aberta. Os diagramas de Bode também podem ser traçados como aproximações por segmentos de reta.

Diagrama de fluxo de sinal Uma representação da interconexão de subsistemas que formam um sistema. Consiste em nós representando os sinais e em linhas representando subsistemas.

Diagrama de Nyquist (gráfico de Nyquist) Um gráfico polar da resposta em frequência construído para a função de transferência em malha aberta.

Equação característica Equação formada igualando-se o polinômio característico a zero.

Equação de saída Para sistemas lineares, a equação que expressa as variáveis de saída de um sistema como combinações lineares das variáveis de estado.

Equações de estado Um sistema de n equações diferenciais simultâneas de primeira ordem com n variáveis, em que as n variáveis a serem determinadas são as variáveis de estado.

Equilíbrio A solução em regime permanente caracterizada por uma posição constante ou por uma oscilação com amplitude e frequência constantes.

Erro A diferença entre a entrada e a saída de um sistema.

Erro de quantização Para sistemas lineares, o erro associado com a digitalização de sinais decorrente da diferença finita entre os níveis de quantização.

Erro em regime permanente A diferença entre a entrada e a saída de um sistema depois que a resposta natural tenha decaído a zero.

Espaço de estados O espaço n-dimensional cujos eixos são as variáveis de estado.

Estabilidade A característica de um sistema definido por uma resposta natural que decai para zero à medida que o tempo tende a infinito.

Estabilidade marginal A característica de um sistema definida por uma resposta natural que nem decai nem cresce, mas permanece constante, ou oscila à medida que o tempo tende a infinito desde que a entrada não tenha a mesma forma que a resposta natural do sistema.

Expansão em frações parciais Uma equação matemática na qual uma fração com n fatores no denominador é representada como uma soma de frações mais simples.

Faixa de passagem A frequência na qual a magnitude da resposta em frequência está –3 dB abaixo da magnitude na frequência zero.

Fasor Um vetor rotativo que representa uma senoide da forma $A \cos(\omega t + \varphi)$.

Fator de amortecimento A razão entre a frequência de decaimento exponencial e a frequência natural.

Filtro notch Um filtro cuja magnitude da resposta em frequência apresenta uma grande redução em uma frequência particular. No plano s, ele é caracterizado por um par de zeros complexos próximos ao eixo imaginário.

Força contraeletromotriz A tensão sobre a armadura de um motor.

Frequência de margem de fase A frequência na qual o gráfico da magnitude da resposta em frequência é igual a zero dB. É a frequência na qual a margem de fase é medida.

Frequência de margem de ganho A frequência na qual o gráfico de fase da resposta em frequência é igual a –180º. É a frequência na qual a margem de ganho é medida.

Frequência de oscilação amortecida A frequência senoidal de oscilação de uma resposta subamortecida.

Frequência de quebra Uma frequência na qual o gráfico de magnitude de Bode muda de inclinação.

Frequência natural A frequência de oscilação de um sistema, caso todo o amortecimento seja removido.

Função de transferência A razão entre a transformada de Laplace da saída de um sistema e a transformada de Laplace da entrada.

Função de transferência em malha aberta Para um sistema com realimentação genérico, com $G(s)$ no caminho à frente e $H(s)$ no caminho de realimentação, a função de transferência em malha aberta é o produto da função de transferência do caminho à frente pela função de transferência da realimentação, ou seja, $G(s)H(s)$.

Função de transferência em malha fechada Para um sistema com realimentação genérico com $G(s)$ no caminho à frente e $H(s)$ no caminho de realimentação, a função de transferência em malha fechada, $T(s)$, é $G(s)/[1 \pm G(s)H(s)]$, em que o + é para realimentação negativa, e o – é para realimentação positiva.

Ganho A razão entre a saída e a entrada; geralmente utilizado para descrever a amplificação em regime permanente da magnitude de sinais de entrada senoidais, incluindo os sinais cc.

Ganho de laço Para um diagrama de fluxo de sinal, o produto dos ganhos dos ramos encontrados ao percorrer, seguindo o sentido do fluxo do sinal, um caminho que começa em um nó e termina no mesmo nó sem passar por nenhum outro nó mais de uma vez.

Ganho de laços que não se tocam O produto dos ganhos de laço, dos laços que não se tocam tomados dois a dois, três a três, quatro a quatro, e assim por diante, de cada vez.

Ganho do caminho à frente O produto dos ganhos encontrados quando se percorre um caminho, no sentido do fluxo do sinal, a partir do nó de entrada até o nó de saída de um diagrama de fluxo de sinal.

Giroscópio de velocidade Um dispositivo que responde a uma entrada de posição angular com uma tensão de saída proporcional à velocidade angular.

Impedância elétrica A razão entre a transformada de Laplace da tensão e a transformada de Laplace da corrente.

Impedância mecânica rotacional A razão entre a transformada de Laplace do torque e a transformada de Laplace do deslocamento angular.

Impedância mecânica translacional A razão entre a transformada de Laplace da força e a transformada de Laplace do deslocamento linear.

Independência linear As variáveis x_i, para $i = 1$ até n, são ditas linearmente independentes, caso sua combinação linear, S, seja igual a zero apenas se *todo* $K_i = 0$ e *nenhum* $x_i = 0$. Alternativamente, caso as variáveis x_i sejam linearmente independentes, então $K_n x_n + K_{n-1} x_{n-1} + \cdots + K_1 x_1 = 0$ não pode ser solucionado para nenhum x_k. Assim, nenhum x_k pode ser expresso como uma combinação linear dos demais x_i.

Instabilidade A característica de um sistema definido por uma resposta natural que cresce sem limites à medida que o tempo tende a infinito.

Instante de pico, T_p O tempo necessário para que a resposta ao degrau subamortecida alcance o primeiro pico, ou pico máximo.

Junção de soma Um símbolo no diagrama de blocos que mostra a soma algébrica de dois ou mais sinais.

Laços que não se tocam Laços que não possuem nenhum nó em comum.

Lei de Newton A soma das forças é igual a zero. Alternativamente, depois de passar a força *ma* para o outro lado da equação, a soma das forças é igual ao produto da massa pela aceleração.

Lei de Ohm Para circuitos cc, a razão entre a tensão e a corrente é uma constante chamada *resistência*.

Lei de Kirchhoff A soma das tensões ao longo de uma malha fechada é igual a zero. Além disso, a soma das correntes em um nó é igual a zero.

Linearização O processo de aproximar uma equação diferencial não linear por uma equação diferencial linear válida para pequenas variações em torno do equilíbrio.

Lugar geométrico das raízes O lugar geométrico dos polos em malha fechada, à medida que um parâmetro do sistema é variado. Tipicamente, o parâmetro é o ganho. O lugar geométrico é obtido a partir dos polos e zeros em malha aberta.

Margem de fase A quantidade de defasagem adicional em malha aberta necessária no ganho unitário para tornar instável o sistema em malha fechada.

Margem de ganho A quantidade adicional de ganho em malha aberta, expressa em decibéis (dB), necessária na defasagem de 180° para tornar instável o sistema em malha fechada.

Matriz de transição de estados A matriz que realiza uma transformação sobre $\mathbf{x}(0)$, levando $\mathbf{x}$ do estado inicial, $\mathbf{x}(0)$, para o estado $\mathbf{x}(t)$, para qualquer instante de tempo $t \geq 0$.

Método tabular de Raible Um método tabular para determinar a estabilidade de sistemas digitais, o qual se assemelha ao método de Routh-Hurwitz para sinais analógicos.

Nós Pontos em um diagrama de fluxo de sinal que representam sinais.

Observabilidade Uma propriedade de um sistema pela qual um vetor de estado inicial, $x(t_0)$, pode ser determinado a partir das medidas de $u(t)$ e $y(t)$ em um intervalo finito de tempo a partir de t_0. De forma simples, a observabilidade é a propriedade pela qual as variáveis de estado podem ser estimadas a partir do conhecimento da entrada, $u(t)$, e da saída, $y(t)$.

Observador Uma configuração de sistema a partir da qual estados inacessíveis podem ser estimados.

Oitava Frequências que são separadas por um fator de dois.

Perturbação Um sinal indesejado que corrompe a entrada ou a saída de uma planta ou processo.

Planta ou processo O subsistema cuja saída está sendo controlada pelo sistema.

Polinômio característico O denominador de uma função de transferência. Equivalentemente, a equação diferencial livre, em que os operadores diferenciais são substituídos por s ou λ.

Polos (1) Os valores da variável da transformada de Laplace, s, que fazem com que a função de transferência se torne infinita e (2) quaisquer raízes dos fatores da equação característica no denominador que são comuns ao numerador da função de transferência.

Polos dominantes Os polos que geram predominantemente a resposta transitória.

Ponto de entrada Um ponto sobre o eixo real do plano s em que o lugar geométrico das raízes entra no eixo real a partir do plano complexo.

Ponto de ramificação Um símbolo no diagrama de blocos que mostra a distribuição de um sinal para múltiplos subsistemas.

Ponto de saída Um ponto sobre o eixo real do plano s em que o lugar geométrico das raízes deixa o eixo real e entra no plano complexo.

Ramos Linhas que representam subsistemas em um diagrama de fluxo de sinal.

Realimentação Um caminho pelo qual um sinal retorna para ser adicionado ou subtraído de um sinal anterior no caminho direto.

Realimentação negativa O caso em que um sinal de realimentação é subtraído de um sinal anterior no caminho à frente.

Realimentação positiva O caso em que um sinal de realimentação é adicionado a um sinal anterior no caminho à frente.

Regra de Mason Uma fórmula matemática a partir da qual a função de transferência de um sistema formado pela interconexão de diversos subsistemas pode ser determinada.

Representação no domínio do tempo *Ver* **Representação no espaço de estados.**

Representação no espaço de estados Um modelo matemático para um sistema que consiste em equações diferenciais de primeira ordem simultâneas e em uma equação de saída.

Resíduo As constantes nos numeradores dos termos de uma expansão em frações parciais.

Resposta criticamente amortecida A resposta ao degrau de um sistema de segunda ordem com determinada frequência natural, que é caracterizada por não apresentar ultrapassagem e por ter um tempo de subida mais rápido que qualquer resposta superamortecida com a mesma frequência natural.

Resposta em regime permanente *Ver* **Resposta forçada.**

Resposta forçada Para sistemas lineares, a parte da função de resposta total decorrente da entrada. Ela é tipicamente da mesma forma que a entrada e suas derivadas.

Resposta não amortecida A resposta ao degrau de um sistema de segunda ordem caracterizada por uma oscilação pura.

Resposta natural A parte da função de resposta total decorrente do sistema e da maneira como o sistema armazena ou dissipa energia.

Resposta para entrada zero A parte da resposta que depende apenas do vetor de estado inicial, e não da entrada.

Resposta para estado zero A parte da resposta que depende apenas da entrada, e não do vetor de estado inicial.

Resposta subamortecida A resposta ao degrau de um sistema de segunda ordem caracterizada por apresentar ultrapassagem.

Resposta superamortecida Uma resposta ao degrau de um sistema de segunda ordem caracterizada por não apresentar ultrapassagem.

Resposta transitória A parte da curva de resposta decorrente do sistema e da forma como este obtém ou dissipa energia. Em sistemas estáveis, é a parte do gráfico da resposta anterior ao regime permanente.

Sensibilidade A variação relativa de uma característica do sistema para uma variação relativa em um parâmetro do sistema.

Sinal de atuação O sinal que aciona o controlador. Caso esse sinal seja a diferença entre a entrada e a saída, ele é chamado *erro*.

Sistema de fase não mínima Um sistema cuja função de transferência possui zeros no semiplano da direita. A resposta ao degrau é caracterizada por uma inversão inicial de sentido.

Sistema desacoplado Uma representação no espaço de estados na qual cada equação de estado é função de apenas uma variável de estado. Portanto, cada equação diferencial pode ser resolvida independentemente das demais equações.

Sistema em malha aberta Um sistema que não monitora sua saída e também não a corrige para perturbações.

Sistema em malha fechada Um sistema que monitora sua saída e a corrige para perturbações. É caracterizado por caminhos de realimentação a partir da saída.

Sistema linear Um sistema que possui as propriedades de superposição e homogeneidade.

Sistema passivo Um sistema físico que somente armazena ou dissipa energia. Nenhuma energia é produzida pelo sistema.

Solução homogênea *Ver* **Resposta natural**.

Solução particular *Ver* **Resposta forçada.**

Subsistema Um sistema que é uma parte de um sistema maior.

Tacômetro Um gerador de tensão que produz uma tensão de saída proporcional à entrada de velocidade de rotação.

Taxa de amostragem de Nyquist A frequência mínima na qual um sinal analógico deve ser amostrado para correta reconstrução. Esta frequência é o dobro da faixa de passagem do sinal analógico.

Técnicas de resposta em frequência Métodos de análise e projeto de sistemas de controle que utilizam as características da resposta em frequência de um sistema.

Técnicas do domínio da frequência Métodos de análise e projeto de sistemas de controle lineares que utilizam funções de transferência e a transformada de Laplace, bem como as técnicas de resposta em frequência.

Tempo de acomodação, T_s O tempo necessário para que a resposta ao degrau alcance e permaneça dentro de uma faixa de ±2 % em torno do valor em regime permanente. A rigor, esta é a definição do tempo de acomodação para 2 %. Outros percentuais, por exemplo, 5 %, também podem ser utilizados. Este livro utiliza o tempo de acomodação para 2 %.

Tempo de subida, T_r O tempo necessário para que a resposta ao degrau vá de 0,1 do valor final até 0,9 do valor final.

Tipo *Ver* **Tipo do sistema.**

Tipo do sistema O número de integrações puras no caminho à frente de um sistema com realimentação unitária.

Torque com rotor bloqueado O torque produzido na armadura quando a velocidade de um motor é reduzida a zero sob uma condição de tensão de entrada constante.

Transdutor Um dispositivo que converte uma forma de sinal em outra; por exemplo, um deslocamento mecânico em tensão elétrica.

Transformação bilinear Um mapeamento do plano complexo no qual um ponto, s, é mapeado em outro ponto, z, através da relação $z = (as + b)/(cs + d)$.

Transformação de Laplace Uma transformação que transforma equações diferenciais lineares em expressões algébricas. A transformação é especialmente útil para modelar, analisar e projetar sistemas de controle, bem como para resolver equações diferenciais lineares.

Transformação de similaridade Uma transformação de uma representação no espaço de estados para outra representação no espaço de estados. Embora as variáveis de estado sejam diferentes, cada uma das representações é uma descrição válida do mesmo sistema e do mesmo relacionamento entre a entrada e a saída.

Transformação de Tustin Uma transformação bilinear que converte funções de transferência contínuas em amostradas e vice-versa. A característica importante da transformação de Tustin é que ambas as funções de transferência produzem a mesma resposta de saída nos instantes de amostragem.

Transformação *z* Uma transformação relacionada com a transformação de Laplace utilizada para a representação, análise e projeto de sinais e sistemas amostrados.

Ultrapassagem percentual, %*UP* O valor pelo qual a resposta ao degrau subamortecida ultrapassa o valor em regime permanente, ou valor final, no instante de pico, expresso como uma percentagem do valor em regime permanente.

Variáveis de estado O menor conjunto de variáveis de sistema linearmente independentes tal que os valores dos elementos do conjunto no instante t_0, mais o conhecimento das funções forçantes, determinam completamente o valor de todas as variáveis do sistema para todo $t \geq t_0$.

Variáveis de fase Variáveis de estado tal que cada variável de estado subsequente é a derivada da variável de estado anterior.

Variáveis de sistema Qualquer variável que responde a uma entrada ou a condições iniciais em um sistema.

Variável controlada A saída de uma planta ou processo que o sistema está controlando com a finalidade de obter uma resposta transitória desejada, estabilidade e características de erro em regime permanente.

Velocidade em vazio A velocidade alcançada por um motor com tensão de entrada constante quando o torque na armadura é reduzido a zero.

Vetor de estado Um vetor cujos elementos são as variáveis de estado.

Zeros (1) Os valores da variável da transformada de Laplace, s, que fazem com que a função de transferência se torne zero e (2) quaisquer raízes de fatores do numerador que são comuns à equação característica no denominador da função de transferência.

Índice Alfabético

D

E

F

G

H

I

J

L

M

N

O

P

R

2023/1